AF252791

TRAITÉ

DE

ZOOLOGIE CONCRÈTE

IMPRIMERIE PAUL SCHMIDT
20, rue du Dragon

PHOTOGRAVURE DE MM. DUCOURTIOUX ET HUILLARD
A PARIS

TRAITÉ

DE

ZOOLOGIE CONCRÈTE

PAR

Yves DELAGE
PROFESSEUR
A LA FACULTÉ DES SCIENCES DE PARIS

Edgard HÉROUARD
MAÎTRE DE CONFÉRENCES
A LA FACULTÉ DES SCIENCES DE PARIS

LEÇONS PROFESSÉES A LA SORBONNE

TOME II – 2me Partie

LES CŒLENTÉRÉS

AVEC 72 PLANCHES EN COULEURS ET 1102 FIGURES DANS LE TEXTE

PARIS

LIBRAIRIE C. REINWALD

SCHLEICHER FRÈRES, ÉDITEURS

15, RUE DES SAINTS-PÈRES, 15

1901

TABLE DES MATIÈRES

ERRATA

Page 71, ligne 27, au lieu de *Dysmosphosa*, lisez *Dysmorphosa*.
— 87, légende de la figure, au lieu de *Cordylaphora*, lisez *Cordylophora*.
— 120, ligne 32, au lieu de *Polysiphonia*, lisez *Polysyphonia*. Nous avions corrigé l'orthographe inexacte de Lendenfeld, mais il convient de ne pas faire cette correction en raison de l'existence d'un genre *Polysiphonia* tout différent de Hertwig, page 521.
— 124, — 11 en remontant, supprimez le genre *Lytocarpus* qui se confond avec le sous-genre *Lytocarpia* (même page, 19 lignes plus haut), auquel sa diagnose s'applique.
— 363, — 33, au lieu de *Dixophyllum*, lisez *Discophyllum*. Ce genre, attribué d'ordinaire aux Tétracorallidés et mis en synonymie avec *Cyathophyllum*, a été rapporté par Walcott aux Méduses Acraspèdes.
— 427, — 10, au lieu de *ISINÆ*, lisez *ISISINÆ*.
— 503, — 14, au lieu de *Bolocelatidæ*, lisez *Boloceratidæ*.
— 512, — 1, au lieu de *PARACTINÆ*, lisez *PARACTISINÆ*.
— 527, — 24, au lieu de *Ophiodicus*, lisez *Ophiodiscus*.
— 614, — 14 en remontant, supprimer le genre *Trachypora*, qui se confond avec celui de la page 391, ligne 15 en remontant.
— 616, — 10 en remontant, au lieu de *GEMNATES*, lisez *GEMMANTES*.
— 622, — 9, au lieu de *Antilla* lisez *Antillia*.
— 627, — 3 en remontant, au lieu de *Symphylloida*, lisez *Symphyllioida*.
— 640, — 7 en remontant, au lieu de *Lophoserinæ*, lisez *Lophoseridæ*.
— 699, — 4 en remontant, supprimer le genre *Ptychophyllum* qui se confond avec celui de la page 698.
— 704, — 3, au lieu de : *Battersbya*, lisez *Battersbyia*.
— 736, — 9 en remontant, au lieu de *CYDDIPPIDÆ*, lisez *CYDIPPIDÆ*.
— 798, — 20, au lieu de CALGREEN, lisez CARLGREN.

ADDENDA

Aux Leptolides Gymnoblastidés, ajoutez les genres suivants :
Dendrocoryne (Inaba) (Japon). L'auteur en voudrait faire une famille nouvelle (*DENDROCORYNIDÆ*) voisine des *CORYNINÆ*;
Galanthula (Hartlaub) (mer du Nord);
Hypolytus (Murbach) (atl. Nord-Amér.), à 2 couronnes tentaculaires et à sexes séparés.
Page 153, après *Millepora*, ajoutez : *Millestroma* (Gregory) a les gastropores pas plus gros que les dactylopores (Crét.).
Page 391, ligne 37, au-dessous de *Rœmeria*, ajoutez : *Beaumontia* (Edwards et Haime (Dév., Carb.)

CŒLENTÉRÉS — *CŒLENTERATA*

[*p. p. ZOOPHYTA* (Pallas) ; — *p. p. ZOOPHYTA FIXATA* (Linnæus) ;
p. p. ZOOPHYTARIA (de Blainville) ;
p. p. CELLULARIA (O. F. Müller) ; — *CŒLENTERATA* (Leuckart)]

Les Cœlentérés ont été compris de façons diverses par les auteurs. Les uns y font entrer les Éponges : nous avons donné les raisons pour lesquelles il nous paraissait nécessaire de faire, pour ces dernières, un embranchement à part. D'autres en séparent les Cténophores : nous ne les imiterons pas, pensant que malgré certaines affinités avec les Planaires, ces animaux se laissent plutôt rapporter au type du Cœlentéré normal. D'ailleurs, en faisant ainsi, nous suivons la grande majorité des zoologistes.

Pas plus ici que pour les autres embranchements, nous ne chercherons à créer un type morphologique de l'embranchement, qui serait à la fois bien vague et bien artificiel. Les caractères communs à l'ensemble du groupe seront mis en lumière dans l'étude comparative qui termine le volume.

Nous nous contenterons ici de définir l'animal par ses caractères les plus saillants qui sont au nombre de deux.

La symétrie est radiaire, c'est-à-dire que les organes similaires se répètent *autour* de l'axe du corps et non *le long* de cet axe. Seuls les Echinodermes, réunis autrefois aux Cœlentérés sous le nom de *Zoophytes* (Cuvier), présentent le même caractère. Mais ils en diffèrent à tel point sous tous les autres rapports que toute assimilation est à rejeter : la conception du Zoophyte ne saurait être conservée.

Chez les autres Métazoaires, le diagramme général de l'organisme peut être figuré ainsi : un corps plus ou moins allongé, traversé par un tube digestif ouvert aux deux bouts, d'un côté à la bouche (fig. 1, *b.*), de l'autre à l'anus (*an.*), et, entre ce canal et la paroi du corps, une cavité générale (*cv. gn.*)

Fig. 1.

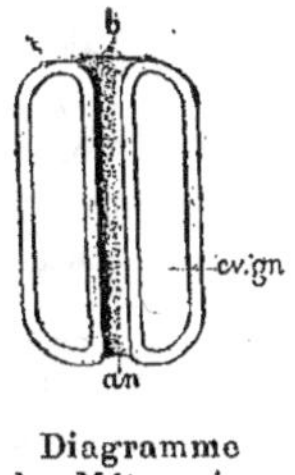

Diagramme des Métazoaires autres que les Cœlentérés (Sch.).

an., anus; b., bouche; cv. gn., cavité générale.

sans communication directe avec celle du canal digestif. Ici, il en est autrement. La bouche (fig. 2, *b*.) s'ouvre dans une cavité en cœcum, sans anus, et la paroi digestive s'accole à la paroi du corps, en sorte que la cavité stomacale et la cavité du corps ne font qu'un et sont réunies en une *cavité gastro-vasculaire* (*cv. gv.*) commune. C'est là le trait essentiel de l'organisme cœlentéré.

Les Cœlentérés se divisent en deux sous-embranchements :

Cnidarea, pourvus de cnidoblastes, dépourvus de palettes ciliées et d'organe sensitif aboral, presque toujours à sexes séparés ;

Ctenarea, dépourvus de cnidoblastes, pourvus de palettes ciliées et d'un organe sensitif aboral, hermaphrodites.

Fig. 2.

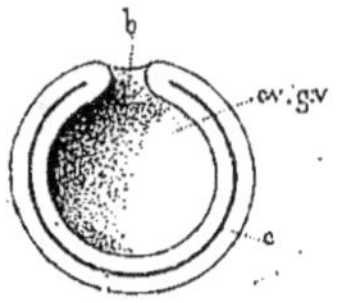

Diagramme des Cœlentérés (Sch.).

b., bouche ; c., mésoglée ; cv. gv., cavité gastro-vasculaire.

1er SOUS-EMBRANCHEMENT

CNIDAIRES — *CNIDAREA*

[*Cnidæ* (Aristote) (1) ;
p. p. Cnidaires ; — *Cnidaria* (H. Milne-Edwards) (2) ;
Polypes ; — *Polypi* ; — *Nematophora* (Ray Lankester)]

TYPE MORPHOLOGIQUE
(Pl. 1 et 2, fig. 1 à 6)

Anatomie.

Bien qu'il se forme embryogéniquement d'une manière tout autre que la gastrule typique d'Häckel, l'animal a essentiellement la constitution de cette forme embryonnaire et pourrait être défini : une gastrula munie de tentacules circumbuccaux. Il est de forme plus ou moins hémisphérique ou conique (**1**, *fig. 1*) ; sa base, tournée en haut, est percée, au centre, d'un orifice qui est la *bouche* (3) ; autour de la bouche, est un cercle irrégulier de *tentacules* (4) longuement coniques, flexibles.

---

(1) De Κνίδη, ortie.

(2) Les Cnidaires de Milne-Edwards ne sont qu'une partie de nos Cnidaires. Cet auteur divisait les Cœlentérés en *Podactiniaires*, comprenant la Lucernaire et *Cnidaires* renfermant tous les autres Cœlentérés.

(3) Nous figurons la bouche plane, bien qu'elle ne le soit jamais : elle est soit saillante en cône, soit invaginée. Ces deux dispositions inverses caractérisent deux grands groupes de Cœlentérés, les Hydrozoaires d'une part et les Scyphozoaires de l'autre, et elles sont incompatibles ; mais elles se laissent aisément concevoir comme dérivées d'une forme plane.

(4) Le nombre des tentacules n'est pas défini : il est tantôt indéterminé (Hydraires), tantôt multiple de 4 (Alcyonaires), tantôt multiple de 6 (Actiniaires). On pourrait, pour fixer les idées, attribuer au type général 12 tentacules. Ce nombre 12 est fréquemment réalisé et c'est celui dont les autres se laissent dériver le plus aisément.

La bouche (**1**, *fig. 1, b.*) conduit dans une *cavité gastro-vasculaire* en cul-de-sac (**cv. g.**) qui occupe tout l'intérieur du corps et se prolonge en un canal étroit jusqu'au sommet des tentacules.

La paroi du corps est composée de deux couches cellulaires, l'*ectoderme* (**ect.**) et l'*endoderme* (**end.**), séparés par une membrane anhiste, la *lame mésogléenne* (**msg.**) représentant le premier rudiment d'un mésoderme encore dépourvu d'éléments cellulaires.

Ectoderme. — L'ectoderme revêt toute la surface extérieure du corps et des tentacules jusqu'à la bouche, où il se continue avec l'endoderme. Il est formé de plusieurs sortes d'éléments cellulaires : les cellules *de revêtement* (**1**, *fig. 3*, **ep.**), les cellules *épithélio-musculaires* (**c. m.**), les cellules *sensitives* (**s.**), les *nématoblastes* (**cnd.**) et les cellules *glandulaires* (**gl.**), toutes faisant partie de la surface ; puis les cellules *ganglionnaires* (**ggl.**) et les cellules *interstitielles* (**c. i.**), situées profondément entre les pieds des précédentes.

Les *cellules de revêtement* sont prismatiques et ne présentent rien de particulier ; elles sont pâles, peu granuleuses, présentent un gros noyau situé près de la base. Généralement elles ne sont point ciliées ; elles ne sont pas essentiellement différentes des suivantes et peuvent être considérées comme des épithélio-musculaires réduites.

Les *cellules épithélio-musculaires* sont de curieux éléments composés de deux parties : une portion cellulaire et un prolongement musculaire. La portion cellulaire (**1**, *fig. 3*, **cm.**) a la forme d'une cellule prismatique de revêtement ordinaire, contiguë à ses voisines avec lesquelles elle forme un revêtement épithélial continu. Mais, à sa base, au lieu de se terminer, comme la cellule de revêtement, en pointe ou en filament, ou en une partie étalée, elle se divise en deux branches qui se détournent à angle droit, tangentiellement et se prolongent en une *fibre musculaire* (**1**, *fig. 3*, **mcl.**). Cette fibre est lisse, longuement fusiforme, ayant sa partie la plus large au point où elle se rattache à la cellule et de là s'étend en deux directions opposées pour se perdre en pointe fine ([1]).

Cette fibre est formée au centre du protoplasma non différencié et, à la périphérie, d'une couche de fibres fibrilles.

La direction des prolongements n'est pas quelconque. Tous sont orientés longitudinalement, sur le corps suivant les méridiens allant de la bouche au pôle aboral, sur les tentacules parallèlement à l'axe ; ils forment par conséquent ensemble une couche longitudinale qui a pour effet de raccourcir le corps et de rétracter et incurver dans tous les sens les tentacules.

La proportion relative des cellules de revêtement et des épithélio-musculaires est variable. Sur le corps, les cellules musculaires sont

---

([1]) C'est là la disposition typique, mais il y a de nombreuses variétés de forme. Les prolongements peuvent partir isolément de la cellule ; il peut y en avoir un seul ou trois, etc.

plus rares; sur les tentacules et sur le cône buccal, elles sont plus nombreuses (¹).

Les *cellules sensitives* sont cylindriques, munies au bord libre d'une soie tactile, le *palpocil* (**1**, *fig. 2* et *3*, *s.*), et prolongées profondément en un filament qui va se mettre en rapport avec les prolongements des cellules ganglionnaires. Elles sont distribuées çà et là entre les épithélio-musculaires, nombreuses surtout sur les tentacules et sur le disque oral.

Les *cellules glandulaires* se distinguent des précédentes par la structure granuleuse de leur protoplasme; pour le reste, elles leur sont semblables et peuvent avoir un prolongement musculaire. Elles sont peu nombreuses, clair-semées (**1**, *fig. 2* et *3*, *gl.*) entre les éléments épithélio-musculaires de soutien.

Entre les pieds des cellules superficielles, en dehors de la couche musculaire, se montrent de nombreuses cellules étoilées à nombreux prolongements très allongés, s'étendant tangentiellement dans tous les sens. Ce sont des *cellules nerveuses ganglionnaires* (**1**, *fig. 2* et *3*, *ggl.*), dont on a pu reconnaître les connexions avec les filaments pédieux des cellules sensitives, mais non avec les fibres musculaires. Elles sont répandues partout, mais plus nombreuses, comme les éléments sensitifs, au voisinage du disque oral.

Entre les pieds des cellules ectodermiques, on observe aussi, mais en certains points seulement, des *cellules interstitielles* (**1**, *fig. 3*, *c. i.*) qui n'atteignent point la surface. Ce sont de petites cellules arrondies, éléments embryonnaires attendant leur différenciation, soit en nématoblastes, qui monteront à la surface, une fois achevés, pour remplacer ceux qui ont été détruits en éclatant, soit en éléments sexuels.

Quant aux *nématoblastes*, qui se rencontrent aussi dans l'endoderme, nous leur consacrerons un article spécial.

Endoderme. — L'endoderme (**1**, *fig. 3*, *end.*) revêt toute la cavité

(¹) C'est KLEINENBERG [72] qui, le premier, reconnut les relations des fibres musculaires avec les cellules épithéliales. Il fit remarquer que les excitations provoquant la contraction de la fibre étaient reçues et transmises par la partie épithéliale de la cellule, jouant le rôle d'élément sensitivo-nerveux et, pour marquer cette union des caractères nerveux et musculaire, proposa pour ces éléments le nom de *cellules neuro-musculaires*. Cette *théorie neuro-musculaire* est incontestablement juste en principe, en ce sens que, là où il n'y a pas d'éléments nerveux et sensitifs différenciés, les choses se passent selon la conception de Kleinenberg. Mais il faut remarquer que lorsque (ce qui est le cas ordinaire) des éléments nerveux se différencient, ce n'est pas aux dépens de la partie cellulaire de la cellule neuro-musculaire, mais aux dépens de cellules ectodermiques profondes qui n'ont point de prolongement musculaire. En sorte que si, physiologiquement, les cellules ectodermiques des Cœlentérés peuvent fonctionner comme éléments neuro-musculaires; si, morphologiquement, on peut dire que l'élément musculaire s'est séparé d'un élément épithélial, on n'est pas cependant autorisé à dire que l'élément sensitivo-nerveux se soit séparé du même élément épithélial qui a fourni l'élément musculaire: à ce titre la théorie neuro-musculaire est fausse. Aussi accepterons-nous avec la plupart des auteurs la substitution proposée par les frères HERTWIG [79, 80] du nom de cellules *épithélio-musculaires* à celui de cellules *neuro-musculaires*.

gastrique et les canaux intérieurs des tentacules, et se continue avec l'ectoderme à l'orifice buccal. Il est formé aussi de plusieurs sortes de cellules analogues à celles de l'ectoderme : cellules *épithélio-musculaires*, cellules *glandulaires* (les unes et les autres pourvues de quelques flagellums, souvent d'un seul), *nématoblastes* et cellules *interstitielles*.

L'élément principal, formant le revêtement général de la cavité, est la *cellule épithélio-musculaire* qui joue en même temps le rôle d'élément absorbant.

La portion musculaire de la cellule ne diffère de celle des éléments homonymes de l'ectoderme que par la direction des fibres, qui est ici tangentielle et circulaire, formant des anneaux transversaux autour de l'axe du corps ou des tentacules. L'action de ces fibres, inverse de celle des fibres longitudinales de l'ectoderme, est d'allonger le corps ou les tentacules en réduisant leur diamètre. Sur le disque buccal, leur disposition est celle d'un sphincter ayant pour centre la bouche. La portion épithéliale diffère de celle des éléments ectodermiques par la présence d'un ou plusieurs cils vibratiles et par une structure granuleuse et très vacuolaire.

Entre ces cellules sont éparses des *cellules glandulaires*, garnies de granulations très nombreuses, volumineuses et souvent colorées.

Il s'y rencontre aussi des *nématoblastes* et des *cellules interstitielles*, semblables aux éléments correspondants de l'ectoderme; parfois même on y a constaté la présence de cellules ganglionnaires ou sensitives.

Lame mésogléenne. — Cette lame (**1**, *fig. 3*, **msg.**) est une mince membrane anhiste correspondant parfaitement à la conception de la *basale*, telle qu'elle a été établie par SPENGEL à propos du *Balanoglossus* (voir vol. 8 de ce Traité), en ce sens qu'elle est un produit de sécrétion formé par les feuillets blastodermiques en tous les points où ces feuillets s'adossent l'un à l'autre ([1]).

Elle est anhiste en ce sens qu'elle est dépourvue de cellules et de noyaux, mais il s'y trouve néanmoins des fibrilles qui vont à travers elle, plus ou moins obliquement, de l'endoderme à l'ectoderme et qui, dans certains cas, sont isolables à l'état de formations indépendantes. Elle est d'ailleurs très mince, quoique nettement dessinée et pourvue d'un double contour très distinct ([2]).

([1]) On a discuté la question de savoir si cette lame provient exclusivement de l'ectoderme ou de l'endoderme ou simultanément de ces deux feuillets. Il est certain que l'un quelconque des deux est capable de la former, car elle se présente aussi bien entre deux feuillets endodermiques (base des tentacules pleins des Hydraires) ou ectodermiques (velum des Craspédotes); aussi est-il naturel d'admettre que, dans les points où elle est interposée à l'endoderme et à l'ectoderme, l'un et l'autre ont contribué à la former.

([2]) Analysée par LANGDON BROWN [95] chez l'Alcyon, sa substance fondamentale a été déterminée comme appartenant au groupe des *hyalogènes*, c'est-à-dire comme étant insoluble mais se transformant par divers traitements (soude caustique à 5 0/0) en une substance soluble, la *hyaline* qui est une sorte de *mucine* décomposable en un hydrate de carbone et une substance protéique. Elle ne contient ni gélatine, ni chondrine, ni nucléo-albumine,

Éléments sexuels. — Ils se forment aux dépens des cellules intermédiaires que nous avons vues conserver un caractère embryonnaire au-dessous du feuillet épithélial superficiel, entre celui-ci et la lame mésogléenne; mais ce sont tantôt les intermédiaires endodermiques, tantôt les intermédiaires ectodermiques qui leur donnent naissance. Leur situation n'a rien de précis. Ils peuvent se montrer, soit sous l'endoderme, soit sous l'ectoderme; dans le premier cas (**1**, *fig. 3, gtx.*), ils font saillie dans la cavité gastrique où ils tombent et sont évacués par la bouche; dans le second, ils font saillie sous l'ectoderme et tombent directement au dehors. Leur lieu de formation primitive est d'ailleurs fréquemment différent de celui où on les voit chez l'adulte former le renflement génital; car, à l'état jeune, ils sont amœboïdes, se déplacent facilement, traversent même la lame mésogléenne et vont s'accumuler pour mûrir en un point parfois assez éloigné de leur lieu de formation primitif; en sorte que des éléments sexuels d'origine première endodermique peuvent former finalement une glande sous-ectodermique dont les produits s'échapperont directement au dehors. Ces points, où ils forment des saillies, soit intérieures soit extérieures, appelées *glandes génitales* ou *gonades*, sont situés parfois sur la paroi latérale du corps, plus souvent sur le disque oral, entre les tentacules et la bouche (¹).

Les sexes sont presque toujours séparés. Chez le mâle, les spermatoblastes sont nombreux; chez la femelle, il n'y a qu'un petit nombre d'œufs qui se développent, les autres cellules germinales de l'amas génital servant d'aliments à celles qui forment les œufs définitifs.

Nématoblastes.

Nous devons décrire ici avec quelque détail cet élément histologique parce qu'il est, au même titre que les grands traits de la conformation générale, caractéristique du Cnidaire. Il peut d'ailleurs se rencontrer aussi bien, quoique moins fréquemment, dans l'endoderme que dans l'ectoderme.

Structure. — La *cellule urticante*, ou *nématoblaste*, ou *cnidoblaste* (**1**, *fig.* 2), se compose de parties diverses dont les unes sont les éléments essentiels de toute cellule, tandis que les autres sont des appareils surajoutés en vue de la fonction spéciale. Les parties communes à toutes les cellules sont le *noyau* et le *cytoplasme*, ce dernier composé de deux parties, l'*enveloppe plasmatique* entourant la capsule urticante (*cp. e.*) et le *pédoncule* (*pd.*). Les parties surajoutées sont au nombre de trois : la principale est le *nématocyste* ou *vésicule urticante*, composé lui-même de deux parties : la *capsule* (*cp. e.*) et le *filament urticant* (*fl.*)

---

mais renferme une faible quantité d'une substance albuminoïde qui n'a pu être déterminée.

(¹) Mais toutes ces variations ne sont vraies que pour l'ensemble du groupe. Dans chaque genre particulier et même, sauf certaines exceptions, dans des groupes fort étendus, l'origine et le lieu de maturation des produits sexuels sont fixes.

enroulé à l'intérieur de la précédente ; la seconde est le *cnidocil* (**cnc.**), petit prolongement du cytoplasme, comparable aux soies tactiles des cellules sensitives et faisant, comme celles-ci, saillie à la surface de l'épithélium dont fait partie le nématoblaste ; la troisième est le *prolongement nerveux* (**nf.**) qui, partant de l'enveloppe plasmatique, se rend au réseau nerveux qui circule dans les parties profondes de l'assise épithéliale. Il nous faut examiner la structure de ces diverses parties.

On peut même prendre du nématoblaste une notion plus rapide et probablement plus juste, en le considérant comme une cellule sensitive possédant, en tant que telle, le prolongement nerveux et le cnidocil ; ce dernier n'étant qu'un palpocil modifié, et à laquelle est surajouté seulement l'appareil explosif, le nématocyste, formé de sa capsule et de son filament urticant.

Noyau. — Le noyau ne présente rien de particulier, si ce n'est sa situation excentrique, la capsule, beaucoup plus grosse que lui, occupant le centre du cytoplasme et le refoulant dans l'épaisseur de l'enveloppe plasmatique.

Cytoplasme. — Nous avons vu que le cytoplasme se décompose en deux parties : le pédoncule et l'enveloppe plasmatique.

Le *pédoncule* (**1**, *fig. 2*, **pd.**), appelé parfois *cnidopode*, ne présente rien de bien particulier : c'est un prolongement rétréci qui descend jusqu'au niveau de la basale (**msg.**) à laquelle il attache le nématoblaste. Il est fréquemment absent.

L'*enveloppe plasmatique* est une simple couche de cytoplasme entourant la capsule et contenant, en un de ses points, le noyau. Sa partie distale forme ce que l'on appelle le *capuchon* ou l'*opercule* (**op.**) ; elle ne se présente d'ailleurs nullement sous l'aspect d'un opercule distinct des parties voisines ; c'est simplement la partie de l'enveloppe plasmatique qui passe au devant d'un orifice de la capsule par lequel est projeté le filament urticant et qui est rejetée elle-même de côté, souvent en bloc, au moment de l'explosion.

Latéralement, en un point excentrique extérieur au capuchon, cette partie distale porte le *cnidocil* (**cnc.**).

La question délicate qui se pose au sujet du cytoplasme, est de savoir s'il présente ou non une différenciation musculaire. Les avis sur ce point sont extrêmement partagés. Mais, en somme, la question semble se trancher dans le sens de la négative (¹).

(¹) D'après CHUN [82] et d'autres, le pédoncule est strié transversalement et formé d'une fibre contractile, en continuité à sa base avec la couche musculaire épithéliale ; dans l'enveloppe plasmatique, il y aurait une sorte de réseau contractile entourant la capsule comme le filet entoure un ballon, laissant libre l'opercule comme celui-ci laisse libre la région de la soupape. MURBACH [93, 94] a montré que l'apparente striation du pédoncule tient à la présence d'un filament lisse entouré en hélice à tours serrés autour du pédoncule ; autour de la capsule, il n'y aurait pas de réseau, mais une simple striation transversale produite par la continuation

Nématocyste. — Dans le nématocyste, nous avons distingué la capsule et le filament urticant.

La *capsule* est une vésicule, ovoïde ou sphérique, et pourvue d'une paroi mince et résistante dont les propriétés semblent analogues à celles de la chitine. Cette paroi est manifestement formée de deux couches, de deux membranes emboîtées. La couche interne (**1**, *fig. 2, cp. i.*), au pôle distal, au lieu de se fermer sur elle-même, s'invagine pour former le filament urticant (*fl.*); la membrane externe (*cp. e.*) au contraire s'arrête simplement, laissant un orifice par lequel sortira le filament au moment de l'explosion. C'est cet orifice que ferme la partie de l'enveloppe plasmatique désignée sous le nom de capuchon (*op.*). En outre du filament urticant, la capsule contient un liquide qui peut-être a des propriétés venimeuses. En disant *peut-être*, nous ne voulons pas mettre des réserves à l'idée que la piqûre des nématocystes soit envenimée, mais à celle que ce venin soit constitué par le *liquide intra-capsulaire*. Autour de la capsule, entre elle et l'enveloppe plasmatique, est en effet une mince couche de *liquide extra-capsulaire* qui pèut-être pourrait constituer le venin. Cette question sera discutée à l'occasion de la physiologie du nématoblaste.

Le *filament urticant* (*fl.*) commence par une partie assez large, évasée, continue par sa base supérieure avec l'orifice de la membrane interne de la capsule et qui descend en ligne droite dans l'axe de celle-ci jusque vers le centre de la capsule. Là elle se rétrécit et se continue avec une partie beaucoup plus mince, filiforme qui se porte d'abord vers la paroi, puis se contourne en hélice en continuant à descendre vers le pôle proximal de la capsule où elle se termine en pointe libre. La portion basilaire large présente le plus souvent quelques crochets à pointe dirigée en dedans. Une question reste litigieuse, celle de savoir si le filament est fermé au bout, comme l'assure Murbach [94], ou s'il est ouvert comme une canule piquante, conformément à ce qu'assurent avoir vu Viguier [90] (chez *Tetraplatia*) et Ivanzov [96]. La question est importante, car, dans ce dernier cas, le liquide intra-capsulaire pourra être inoculé par la piqûre; dans le second, ce sera seulement le liquide extra-capsulaire (*).

Cnidocil (*cnc.*). — C'est un prolongement assez gros, conique,

---

du filament du pédoncule dans l'enveloppe protoplasmique. Pour Murbach, ce filament serait une fibre musculaire lisse et l'appareil serait contractile. Mais Ivanzov [96] a montré que c'était un simple filament élastique ayant pour but de rattacher solidement le nématoblaste à la membrane basale et de l'empêcher d'être emporté par la proie lorsque celle-ci a été traversée par le filament entrant après l'explosion.

Nous reviendrons sur ce point à propos de la physiologie du nématoblaste.

Schneider [92] va jusqu'à dire que, lorsque la tunique musculaire manque, la couche externe de la capsule est elle-même contractile et musculeuse; mais cela ne semble pas pouvoir être admis.

(¹) Il reste cependant une troisième possibilité admise par quelques-uns : le filament serait normalement fermé au bout, mais sa pointe se briserait dans la plaie pour donner issue au liquide intracapsulaire.

immobile, qui fait saillie à la surface de l'épithélium : d'aucuns le
croient formé de cils vibratiles soudés; en tout cas, il est bien de la
nature des cils, mais plutôt de celle de ces cils immobiles qui terminent
les cellules tactiles et que l'on appelle les palpocils.

Prolongement nerveux. — L'existence de ce prolongement a été démontrée par LENDENFELD [87, 88]
et surtout par CHAPEAUX [92] (fig. 3). Il part d'un
point de l'enveloppe plasmatique et se rend au
réseau nerveux intra-épithélial pour se continuer
avec l'un des prolongements (**1**, *fig. 2, n. f.*) de
ses cellules (*ggl.*) (¹).

Physiologie. — On connaît assez bien la manière
dont se fait l'explosion du nématoblaste, mais on
est moins renseigné sur les causes mécaniques
ou autres qui entrent en jeu pour l'effectuer. Décrivons d'abord ce qui est bien connu.

Le cnidocil est, à n'en point douter, l'organe
qui reçoit et transmet l'excitation qui détermine
l'explosion (²).

Au moment où celle-ci se produit, le capuchon
protoplasmique est rejeté de côté et le filament
sort par l'ouverture de la membrane externe de la
capsule, en se dévaginant de telle sorte que, lorsqu'il est complètement sorti, il forme à la capsule un long appendice extérieur. Sa surface interne est devenue externe et se continue maintenant avec la
surface externe de la capsule. Par suite, les crochets basilaires, lorsqu'ils
existent, sont maintenant extérieurs et, comme ils ont tourné de 180°,
ils ont la pointe tournée en arrière comme le crochet d'un harpon. Mais
en se retournant ainsi, ils déchirent les tissus de l'ennemi, ouvrent une
voie plus large au venin et, par leur direction en arrière, maintiennent
le filament implanté dans la plaie. Rappelons d'autre part le filament
hélicoïdal de l'enveloppe plasmatique et du pédoncule, servant, d'après
IVANZOV, à retenir la proie qui, dans ses efforts pour s'enfuir, pourrait
arracher le nématoblaste. Elle y arrive certainement bien souvent, mais
ce filament n'en agit pas moins efficacement pour l'en empêcher, cédant
comme un ressort à boudin à chaque effort pour revenir sur lui-même

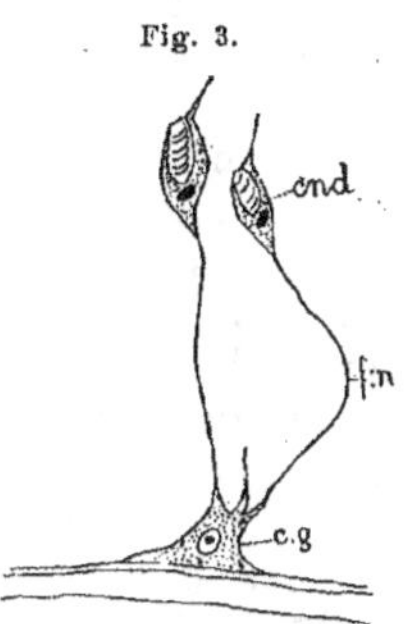

Nématocystes des
tentacules d'*Hydra grisea*
avec leur cellule nerveuse
(d'ap. Chapeaux).

c. g., cellule ganglionnaire;
cnd., cnidoblaste; **f. n.**,
filaments nerveux.

(¹) Dans bien des cas, le nématoblaste n'a qu'un prolongement et il est alors assez difficile
de dire si c'est le pédoncule ou le filament nerveux qui manque. Il est probable que c'est le
premier.

(²) Cette excitation est d'ailleurs, dans une certaine mesure, spécifique. Chez *Hydra*, les
Trichodina, Infusoires parasites qui se déplacent sans cesse sur l'animal, heurtent à chaque
instant les cnidocils sans jamais déterminer l'explosion des nématoblastes : singulière adaptation de ceux-ci dans un sens nuisible à l'animal qu'ils sont chargés de défendre ! Chez le même
animal, NUSSBAUM [87] a constaté que, des nématoblastes, qui sont de deux sortes, les uns
sont excités par un attouchement plat, les autres par le contact d'une pointe.

 CNIDAIRES

dès que l'effort cesse. Le filament se dévagine progressivement (ce qui n'empêche pas que ce soit très vite) de la base vers la pointe et pénètre dans les tissus où on le trouve quelquefois complètement enfoncé. S'il est perforé au bout, ou si simplement sa pointe se brise comme l'admettent quelques observateurs, le liquide intra-capsulaire peut être injecté dans la plaie et l'envenimer ; s'il est imperforé et reste intact, c'est le liquide pericapsulaire qui s'infiltre en s'insinuant le long de sa surface externe ([1]).

La cause de l'éclatement du nématoblaste est beaucoup plus difficile à démêler. La plupart des observateurs LENDENFELD [87], NUSSBAUM [87], ZOJA [90], SCHNEIDER [90, 92], CHUN [92], CHAPEAUX [92], l'attribuent à une contraction du pédoncule et de la tunique musculaire de la capsule. Mais nous avons vu que cette tunique musculaire semble ne pas exister, en sorte que cette cause reste problématique. Comme arguments en sa faveur, on invoque deux faits : 1° l'existence du prolongement nerveux ; mais ce prolongement pourrait servir à d'autres usages, en particulier, comme CHUN l'a fait remarquer, à transmettre à des nématoblastes voisins l'ordre de se décharger quand leur cnidocil n'a pas été excité par l'ennemi. C'est aussi l'avis de CHAPEAUX [92] qui, attribuant, avec raison peut-être, au nématoblaste un rôle sensitif, voit dans le prolongement nerveux le conducteur de l'excitation ; 2° la diminution du volume de la capsule après la décharge. Mais cette diminution n'est pas constante. Dans certains cas (*Pennaria*, *Halistemma*, *Agalma*), les capsules qui ont émis leur filament sont plus grosses que les capsules chargées, et cela

------

([1]) LENDENFELD [97], qui ne croit pas à une injection du liquide intracapsulaire, fait remarquer, d'après les dimensions données par VIGUIER [90], qu'en raison du faible diamètre et de la grande longueur du canal, son issue exigerait une force de propulsion impossible à admettre. Ici, en effet, s'applique la formule de POISEUILLE $V = K \dfrac{Hd^4}{l}$ dans laquelle :

$V =$ volume en mmc. du liquide écoulé en 1 seconde ;
$K =$ coefficient numérique, variable avec la température et la nature du liquide ; pour l'eau à la température ordinaire, il est de 2 495,22 ;
$H =$ pression en millimètres de mercure ;
$d =$ diamètre en mm. du tube, égal à 0mm0007 chez *Tetraplatia* ;
$l =$ longueur du tube en mm., égal à 2mm chez le même animal.

Lendenfeld, pour faire de larges concessions aux partisans de la partie adverse, suppose que la pression dans le réservoir, à l'origine du canal, est de 10 atm., et que le canal, sous cette pression se dilate de 10 fois son diamètre. Dans ces conditions il trouve que 1000 nématocystes agissant pendant 10 secondes (temps supérieur à celui qui est nécessaire pour ressentir les effets du venin), ne pourraient injecter que 162/107mmc de venin, ce qui semble en effet bien faible, en comparaison des effets produits. Ayant refait les calculs et obtenu un nombre très différent de celui de Lendenfeld, nous avons écrit à ce dernier qui a bien voulu nous envoyer le détail de son calcul. Or dans ce calcul, Lendenfeld compte la pression en millimètres d'eau, ce qui multiplie [indûment d'ailleurs, ainsi que nous nous en sommes assurés en recourant au mémoire de Poiseuille] le numérateur par 13,6 et peut compter comme une nouvelle concession [injustifiée] à ses adversaires. Mais d'autre part, il admet que le venin a une viscosité énorme, à laquelle il donne pour valeur 60 et qu'il prend à la 4e puissance, ce qui multiplie le dénominateur par 1 296 × 10^8. Or Poiseuille (Recherches

même a été le point de départ d'une théorie nouvelle de l'éclatement proposée par Ivanzov [96]. D'après ce naturaliste, le contenu de la capsule ne serait pas un liquide inerte, mais une substance gélatineuse très avide d'eau. La membrane interne de la capsule et les parois du filament urticant, qui séparent cette substance du dehors, seraient très perméables à l'eau, mais la paroi externe de la capsule et le capuchon seraient imperméables et s'opposeraient à l'arrivée de ce liquide. Quand le cnidocil est touché, son action serait seulement de faire déjeter le capuchon qui ouvre à l'eau ambiante un accès vers la gélatine intra-capsulaire à travers le sommet de la capsule interne et la portion basi-laire du filament. Ce liquide entrerait ainsi dans la capsule, augmenterait sa pression intérieure et forcerait le filament à se dévaginer. Le point faible de cette séduisante théorie, c'est qu'elle suppose une imperméa-bilité de la capsule externe qui n'est pas réelle, car on constate qu'elle se laisse aisément traverser par les liquides colorés. Signalons enfin l'explication suivante proposée par Grenacher [95]. Dans la capsule la pression est, déjà à l'état de repos, considérable et presque suffisante pour déterminer la dévagination. Ce qui lui fait obstacle, c'est la petitesse de l'orifice de la capsule externe qui s'oppose à la dévagination. Cet orifice est empêché de se dilater par le capuchon soudé à ses bords. Mais ce capuchon est plissé radiairement et, quand le cnidocil est excité, il a pour fonction de faire déplisser le capuchon; celui-ci alors ne maintient plus l'orifice de la capsule, qui se dilate librement et laisse sortir le filament. Malheureusement, ce plissement du capuchon n'est pas très net et on ne voit pas du tout comme le cnidocil peut avoir une action sur lui.

expérimentales sur les mouvements des liquides dans les tubes de très petit diamètre, *in* Mém. des savants étrangers de l'Acad. des Sc. de Paris, vol. 11, p. 443, 1846) indique formelle-ment que le coefficient de viscosité intervient à la première puissance. Son coefficient $K = 2\,495,22$ pour l'eau est obtenu par la formule $K = \dfrac{\pi}{128\,\eta}$, η étant le coefficient de viscosité qui, pour l'eau à 10°, est 0,01309. D'autre part, la valeur 60 attribuée par Lendenfeld au coefficient de viscosité du venin par rapport à l'eau, semble extrêmement exagérée, si l'on songe que, d'après Schröttner (Wiener Berichte, vol. 71, 1878), l'eau addi-tionnée de 49,79 0/0 de glycérine, a pour coefficient de viscosité, à 8°,5 : 0,0926, ce qui, par rapport à l'eau donne $\dfrac{0,0926}{0,01309} = 7,07$. Si on refait le calcul d'après des données plus justes et plus raisonnables, en supposant la pression égale à 1 atm., comptée en millim. de mercure, le tube inextensible, la viscosité égale à 10 pris à la première puissance, on a, pour la quantité en millim. cubes écoulée de 1 nématocyste en 1 seconde :
$$\frac{2\,495,22 \times 760 \times 0,0007^4}{2 \times 10} = 0,00227;$$ et 1000 nématocystes, en 10 secondes, donneront 22^{mmc}, 7, ce qui est singulièrement différent du résultat de Lendenfeld et parfaitement compatible avec l'idée que le liquide sort par le canal du nématocyste. Mais il est juste d'ajouter que les expériences de Poiseuille ont porté sur des tubes beaucoup plus larges et que la résistance à l'écoulement dans ces tubes des nématocystes, qui sont d'un autre ordre de grandeur, est inconnue et peut être beaucoup plus forte. En terminant, nous remercions nos collègues de la Faculté de Paris, MM. Bouty, Lippmann et Poincaré, des renseignements qu'ils ont bien voulu nous donner au sujet de cette question.

En somme, de nouvelles observations sont nécessaires pour résoudre la question difficile du déterminisme de l'éclatement des nématoblastes. En outre du rôle défensif admis par tous, les nématoblastes ont peut-être une fonction sensitive dont Chapeaux [92] s'est efforcé de démontrer l'existence.

Développement. — Le mode de formation de ce curieux élément doit être traité à part, indépendamment de celui de l'animal. Le nématoblaste provient de la différenciation d'une des cellules interstitielles qui sont dans la couche profonde de l'épithélium. La formation du pédoncule, du capuchon, du cnidocil, la manière dont la cellule, une fois formée, vient prendre rang à la surface, entre les autres cellules épithéliales, tout cela se conçoit sans difficulté. Le point délicat est la formation du nématocyste. Elle n'est pas moins discutée que sa physiologie. Il est généralement admis que la capsule se forme aux dépens d'une vacuole dont la paroi se chitinise pour devenir sa membrane. Mais, pour ce qui concerne l'origine du filament urticant, deux théories sont en présence, sans compter leurs variantes multiples : d'après l'une, le filament se forme tout invaginé à l'intérieur de la capsule; d'après l'autre, il se forme extérieurement à la capsule et s'invagine ensuite.

La première est soutenue principalement par Bedot [86]. A la partie la plus élevée de la vacuole vient faire saillie une protubérance plasmatique de sa paroi qui forme le filament invaginé d'emblée, tandis que la paroi de la vacuole forme la capsule (fig. 4). D'après Chun [91, 92], la vacuole devient l'espace péricapsulaire, et le nématocyste tout entier, capsule et filament, se forme aux dépens de la saille protoplasmique. Cette théorie si simple est séduisante en ce qu'elle n'exige pas l'intervention, assez difficile à concevoir, de forces capables de faire invaginer un filament formé en dehors de la capsule.

Fig. 4.

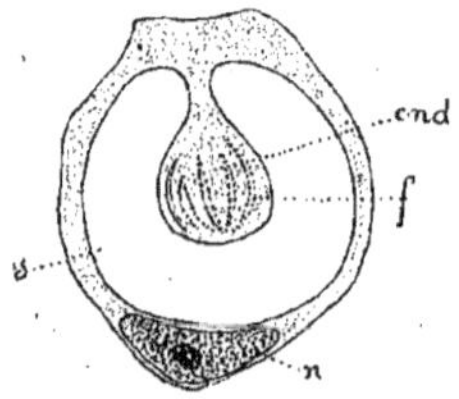

Formation du nématoblaste de *Physalia* (d'ap. Bedot).

cnd., nématoblaste; **f.**, filament urticant; **n.**, noyau; **s.**, substance hyaline qui formera la coque du nématocyste.

Elle paraît cependant moins confirmée par les observations récentes que la théorie adverse, et Schneider [94] soutient que la papille protoplasmique intra-vacuolaire (fait principal sur lequel elle s'appuie) n'est qu'un produit des réactifs.

Dans la théorie de la formation extra-capsulaire, soutenue par Jickeli [82], Nussbaum [87], Schneider [92, 94], Murbach [93, 94], Ivanzov [96], etc., on s'accorde à admettre que la capsule se forme d'une vacuole et que le filament prend naissance en dehors d'elle pour s'invaginer ensuite, sans doute (Murbach [93, 94]) sous l'influence d'une diminution de la pression intra-capsulaire, due peut-être à une émission d'eau. Mais, pour ce qui est du détail du processus, il y a presque autant de variantes que d'observateurs. Une opinion intermédiaire soutenue par Ivanzov [96] est que le filament est, dès sa première formation, partiellement invaginé par l'extrémité distale et, selon que c'est la partie invaginée ou celle qui ne l'est pas qui s'accroît le plus vite, l'invagination paraît plus ou moins complète. C'est seulement à la fin, quand le nématoblaste est presque achevé, que l'invagination se complète (¹).

En somme, ici encore, des recherches plus approfondies sont nécessaires pour trancher les questions en litige.

Morphologie. — La signification morphologique du nématoblaste est également discutée. Pour les uns (CHUN) c'est une cellule épithélio-musculaire et le pédoncule musculaire représenterait la fibre contractile de ces derniers éléments; pour les autres (CHAPEAUX) c'est une cellule sensitive modifiée; pour le plus grand nombre, c'est une cellule épithéliale simple. L'opinion de Chapeaux nous semble la mieux fondée (²).

Physiologie.

L'animal a un mode de vie très simple; il est capable de mouvements d'expansion et de contraction; ses tentacules savent s'incurver vers la bouche pour retenir la proie paralysée par les décharges des nématoblastes, pendant que la bouche se dilate, s'il y a lieu, pour admettre la proie ou se resserre pour la retenir. Dans l'intérieur, les cellules glandulaires gastriques déchargent leurs sucs dissolvants, et les endodermiques épithélio-musculaires brassent le contenu au moyen de leurs flagellums et absorbent les aliments dissous, suivant le processus habituel de la digestion des Métazoaires. Mais il se fait en outre, ainsi que l'a montré METCHNIKOV [80] (³), une *digestion intra-cellulaire* semblable à celle des Amibes, c'est-à-dire une incorporation de particules solides qui sont capturées par des pseudopodes puis digérées, dans les vacuoles où elles se trouvent incluses, dans le cytoplasma. Les résidus indigestes sont expulsés par la bouche.

Il n'y a point d'organes spéciaux pour l'excrétion, ni pour la circulation, ni pour la respiration. La respiration se fait par toutes les surfaces,

---

(¹) Le noyau paraît jouer un rôle dans la formation extra-capsulaire du filament : on trouve, en effet, dans divers cas, ce dernier enroulé en hélice autour du noyau (MURBACH, SCHNEIDER, IVANZOV). Même, d'après MURBACH, la vacuole mère de la capsule serait d'origine intranucléaire. Mais cette notion n'a pas été confirmée. Quant aux cas où l'on a cru voir le filament extra-capsulaire et enroulé autour de la capsule, ils s'expliqueraient, d'après CHUN, par une fausse interprétation de lignes d'épaississement du nématoblaste.

(²) En outre des nématoblastes que nous venons de décrire, il existe, mais chez les Anthozoaires seulement, une forme particulière de ces éléments que l'on appelle les *spirocystes* (*cnidæ cochleatæ* de GOSSE) et qui diffère des nématoblastes par plusieurs caractères essentiels : le filament urticant est plat, contourné en spirale, non piquant, mais collant; il n'est pas continu avec la paroi, mais libre dans la capsule; il n'est pas creux mais plein; il ne se dévagine pas, mais est projeté directement comme une flèche. Par tous ces caractères, il se montre beaucoup plus voisin que les nématoblastes des *trichocystes* des Protozoaires (voir vol. I de ce traité, page 432).

(³) La digestion intracellulaire a été observée la même année chez *Limnocodium* par RAY LANKESTER et, depuis, chez tous les Cœlentérés à l'exception des Trachyméduses.

la circulation de proche en proche par les méats intercellulaires; les produits excrétés s'épanchent dans la cavité gastrique (¹).

Les nématoblastes du corps et des tentacules constituent un moyen de défense très efficace contre la plupart des ennemis, en même temps qu'un moyen d'attaque de la proie.

Développement.

Une segmentation totale et à peu près régulière (**1**, *fig. 4*) donne naissance à un morula (**1**, *fig. 5*) qui bientôt s'allonge, s'aplatit, se couvre de cils et nage, une extrémité en avant. La couche superficielle ciliée constitue l'ectoderme, ses cellules internes forment l'endoderme, et le tout représente une forme larvaire typique connue sous le nom de *planula* (**1**, *fig. 6*). Mais bientôt (**1**, *fig. 7*) les cellules endodermiques se rangent régulièrement en une couche unique autour d'une cavité centrale qui représente la cavité gastrique (*cv. g.*), la bouche (*b.*) se perce au pôle qui était en arrière dans la progression, les tentacules (**1**, *fig. 8, tt.*) poussent autour d'elle sous la forme de petits diverticules en doigt de gant de la cavité gastrique, les cils externes tombent, ceux de la cavité gastrique apparaissent, entre les deux feuillets apparaît la lame mésogléenne (*msg.*), la forme définitive se dessine et l'animal n'a plus qu'à grandir (**1**, *fig. 9*) et à différencier ses éléments cellulaires pour être identique à celui qui l'avait engendré (**1**, *fig. 1*).

Les deux formes fondamentales.

L'animal tel que nous venons de le décrire est-il libre ou fixé?

On ne saurait le dire. C'est une forme idéale, peut-être assez semblable à quelque Cœlentéré ancestral libre, mais qui n'a point de représentant dans les formes actuelles. Celles-ci sont ou libres et alors franchement différenciées dans le sens pélagique, ou fixées et alors modifiées par l'adaptation à ce genre de vie : la forme libre est la *Méduse*, la forme fixée est le *Polype*. Nous allons décrire l'une et l'autre sous leur forme la plus simple, mais cependant semblable à des êtres réels, et montrer comment elles dérivent de la forme indifférenciée qui nous a servi de point de départ.

1. Le Polype. (2, *fig. 1*)

Il y a peu à faire pour transformer en Polype notre type idéal. Il suffit de l'allonger en une forme plus ou moins cylindrique et de lui donner une base aplatie par laquelle il se fixe sur quelque support immergé.

2. La Méduse.

Conformation générale. — Les modifications donnant naissance à la Méduse sont un peu plus importantes. Nous devons supposer d'abord

---

(¹) Il y a chez divers Cœlentérés des pores spéciaux pour les évacuer au dehors. Mais ces formations sont trop exceptionnelles et trop variables pour pouvoir être attribuées au type général.

que l'animal (**2**, *fig. 2*) a pris à la face aborale une forme régulièrement convexe, celle d'un hémisphère qui d'ailleurs peut être surélevé ou, plus souvent, surbaissé; puis que le disque oral s'est invaginé de manière à devenir régulièrement concave, tandis que la bouche elle-même se prolonge, au contraire, en une sorte de trompe, le *manubrium* (*mbm.*), dressée au centre de la concavité. L'animal prend ainsi la forme d'une cloche dont le manubrium formerait le battant, et, dans son attitude normale, il représente, en effet, une cloche suspendue, l'ouverture en bas; mais dans la position morphologique, nous devons le redresser de manière à tenir en haut, comme chez le Polype, la partie qui représente la bouche (*b.*). On l'a comparé aussi à une ombrelle dont le manubrium occuperait la place du manche. Ces comparaisons sont utiles à mentionner parce qu'elles contiennent l'explication des dénominations données aux diverses parties de l'animal.

On appelle *ombrelle* le corps de forme convexe, tout ce qui n'est point les tentacules et le manubrium; et l'on distingue une *ex-ombrelle* (*ex. omb.*) comprenant tout ce qui est au-dessous ou en dehors de la cavité gastrique aplatie par l'invagination du disque oral; une *sous-ombrelle* (*s. omb.*), comprenant le disque oral invaginé, concave, moins le *manubrium* qui en occupe le centre. L'ex-ombrelle et la sous-ombrelle se continuent l'une avec l'autre au niveau du *bord ombrellaire* le long duquel sont implantés les tentacules (*tt.*). Enfin on appelle *cavité ombrellaire* (*cv. omb.*), ou cavité de la cloche, l'espace concave limité par la sous-ombrelle jusqu'à la base des tentacules.

Les tissus des feuillets ectodermiques et endodermiques gardent les mêmes caractères que dans le type général, mais la lame mésogléenne présente une modification capitale. Au niveau de la sous-ombrelle, du manubrium et des tentacules, elle reste mince comme chez le Polype; mais dans toute l'étendue de l'ex-ombrelle elle s'épaissit en une masse considérable que l'on appelle la *mésoglée* (*msg.*) ou la *gelée* et qui, par son développement, rend beaucoup plus saillante la convexité de l'ex-ombrelle.

La forme de la portion épaissie est, en effet, celle d'un fort ménisque convergent, concavo-convexe, mais dont la convexité est de plus forte courbure que la concavité, en sorte que l'épaisseur, maxima au centre, va en diminuant vers la périphérie où elle se réduit à celle de la lame mésogléenne ordinaire.

Cette gelée est anhiste comme la lame mésogléenne dont elle dépend: ce n'est vraiment que cette lame épaissie; on n'y trouve pas davantage de noyaux ou de cellules, mais on y trouve de même, et plus développées, ces fibrilles que nous avons vues s'étendre radiairement de l'endoderme à l'ectoderme à travers la lame mésogléenne et qui ici se développent en un réseau plus ou moins accentué.

Qu'est devenue la cavité gastrique primitive dans ces changements? Comprimée par le développement de la gelée, refoulée par l'invagination de la sous-ombrelle, elle se trouve fortement réduite en épaisseur. Virtuellement, son étendue reste la même et correspond à celle de l'endoderme : elle va jusqu'au bord de l'ombrelle et se prolonge dans les tentacules; mais en fait, les deux lames endodermiques se sont soudées, fusionnées en une seule, dans la plus grande partie de leur étendue, réduisant l'ancienne cavité gastrique à un système de canaux et d'espaces libres que l'on appelle la *cavité gastro-vasculaire*, et qui est constitué de la manière suivante. De la *bouche* (**2**, *fig. 2, b.*) part l'*œsophage* (*œs.*) contenu dans le manubrium. L'œsophage débouche dans un *estomac* (*est.*) occupant la partie centrale au-dessous du manubrium. De l'estomac partent des *canaux radiaires* (*cn. r.*) qui se portent en divergeant vers la périphérie et vont déboucher dans un *canal circulaire* continu (*cn. c.*), qui court dans le bord de l'ombrelle. De ce canal partent les *canaux tentaculaires* (*cn. tt.*) qui pénètrent dans les tentacules et se terminent à leur sommet en cul-de-sac.

Entre les canaux radiaires s'étend une *lame endodermique* continue, appelée aussi *lame vasculaire* ou *lame cathamnale* (*lm.*) qui ne contient même plus virtuellement un espace gastrique, puisqu'elle est réduite à un seul feuillet cellulaire. Cette lame elle-même disparaît le plus souvent et il ne reste plus, en fait de formations endodermiques, que le système gastrovasculaire et la cavité intérieure des tentacules (').

(¹) Parfois l'estomac envoie en bas vers le pôle aboral un prolongement en cul-de-sac qui d'ordinaire détermine une saillie au milieu de l'ex-ombrelle. Ce prolongement taillé en pleine gelée et tapissé d'endoderme se nomme le *cæcum apical* (fig. 5, *c. ap.*) (Stielcanal) et la saillie

Fig. 5.

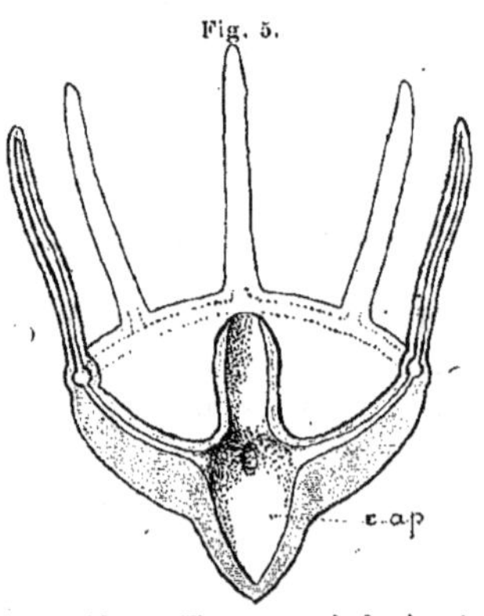

Cnidarea (Type morphologique)
pourvu d'un cœcum apical (Sch.).

c. ap., cœcum apical.

Fig. 6.

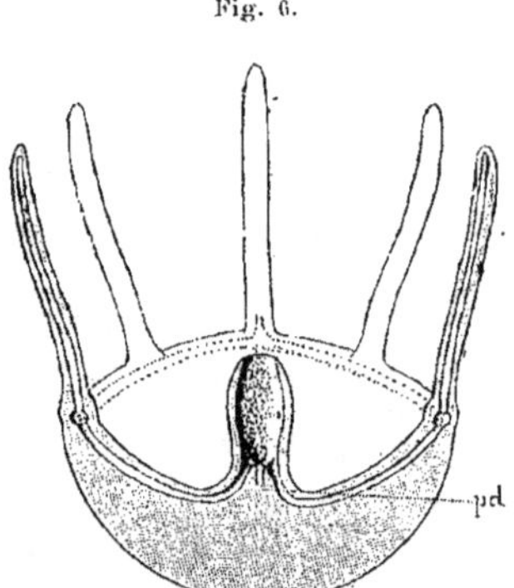

Cnidarea (Type morphologique)
présentant un pédoncule stomacal (Sch.).

pd., pédoncule stomacal.

qui le contient, le *mamelon apical* (Scheitelaufsatz). D'autres fois, on voit au contraire la sous-ombrelle former une forte saillie pleine qui refoule plus loin dans la base du manubrium l'estomac auquel cette saillie sert de support, d'où le nom de *pédoncule stomacal* (fig. 6, *pd.*) qu'on lui donne (Magenstiel). Les canaux radiaires descendent sur les côtés de

Le nombre des canaux radiaires est variable, mais forme un multiple de 4, et leur disposition est constante. S'il y en a 4, ils sont en croix suivant deux méridiens rectangulaires. S'il y en a 8, les 4 nouveaux sont dans les intervalles des premiers ; il peut y en avoir 16, 32, les nouveaux divisant toujours en parties égales l'intervalle des précédents.

Il résulte de là une symétrie rayonnée très remarquable dans laquelle on a, pour la commodité des descriptions, distingué des plans de divers ordres : on nommera *perradiales* les directions des 4 premiers canaux radiaires, *interradiales* les 4 directions bissectrices des angles perradiaux, *adradiales* les 8 directions bissectrices des 8 angles ainsi obtenus, et enfin *subradiales* les 16 directions bissectrices des 16 angles formés de la sorte [1].

Les tentacules suivent aussi la même loi de symétrie et sont au nombre de 4, 8, 16 ou 32 ou plus.

Normalement, s'il y en a 4, ils sont perradiaux ; s'il y en a 8, 4 sont perradiaux, 4 interradiaux, et ainsi de suite, chaque rangée nouvelle se plaçant dans les espaces laissés par les tentacules des rangées précédentes.

Structure. — Au point de vue histologique, l'animal présente des particularités intéressantes dans son système musculaire et dans son système nerveux.

Dans tous les points où la lame mésogléenne reste mince, les cellules ectodermiques, épithélio-musculaires, gardent leur caractère habituel. La sous-ombrelle est donc tapissée d'une double couche de muscles, une radiaire ectodermique et une circulaire endodermique ; les tentacules et le manubrium sont également pourvus de deux couches musculaires, longitudinale externe et circulaire interne, qui leur permettent de s'incurver dans tous les sens, de se rétracter et de s'étendre ; le manubrium peut en outre accomplir des mouvements péristaltiques pour la déglutition ; la bouche enfin est très mobile, apte à se dilater ou à se fermer à la volonté de l'animal.

Mais, là où la mésoglée se développe en une épaisse masse de gelée, c'est-à-dire dans toute l'étendue de l'ex-ombrelle, elles perdent leur prolongement musculaire et deviennent simplement cubiques épithéliales. À ce niveau, les éléments glandulaires, intermédiaires, sensitifs, nerveux et, le plus souvent, les urticants disparaissent. Par contre, les trois derniers deviennent beaucoup plus nombreux au bord du disque,

---

ce pédoncule avant de se réfléchir pour remonter vers le canal circulaire suivant la concavité sous-ombrellaire. — Les tentacules sont souvent pleins, mais cela doit être considéré comme une condition non primitive.

[1] Comparant ces directions à celles de la rose des vents (**2,** *fig*. **2, 0.**), on pourrait assimiler les directions perradiales à celles des points cardinaux N, E, S, O ; interradiales les directions NE, SE, SO, NO ; adradiales les 8 directions NNE, ENE..... et subradiales les 16 directions N1/4NE, NE1/4N, NE1/4E, E1/4NE.....

comme s'ils s'étaient condensés à ce niveau. Le bord de l'ombrelle, immédiatement en dedans de l'insertion des tentacules, est en effet généralement riche en nématoblastes qui peuvent y dessiner un *bourrelet urticant;* du côté ex-ombrellaire de ce bourrelet, sur une étroite zone annulaire, les *cellules sensitives* sont très nombreuses; enfin, les éléments nerveux ganglionnaires se groupent en un *anneau nerveux*, situé dans le bord libre de l'ombrelle et formé de nombreuses cellules multipolaires avec leurs prolongements. On trouve même toujours des organes sensitifs spéciaux annexés d'ordinaire à des tentacules normaux ou transformés. Leurs caractères sont trop variables pour pouvoir être donnés ici en détail. Nous dirons seulement qu'ils sont de deux sortes : des *yeux*, situés à la base des tentacules, du côté externe, où ils déterminent un petit renflement, ou des organes d'équilibration résultant en général de tentacules modifiés et ayant la même position que ces organes. On les appelle, selon leur forme, *statocystes*, *rhopalies*, etc. ; ils sont constitués toujours par une petite masse lourde, *otolithe*, suspendue au voisinage de poils sensitifs qui se trouvent heurtés et impressionnés, quand la masse ou l'organe qui la contient, en vertu de son inertie, oscille dans les déplacements de l'animal.

Ces organes sont toujours annexés au bord ombrellaire et dérivent d'ordinaire de tentacules plus ou moins modifiés que nous appellerons *statorhabdes*.

Sous ses deux formes, l'animal peut avoir des organes reproducteurs. Ceux-ci sont constitués comme nous l'avons indiqué dans le type général qui nous a servi de point de départ; mais il est bon d'ajouter que ceux des Polypes se rencontrent normalement sur la partie infra-tentaculaire du corps, soit à la surface latérale externe, soit sur les faces latérales de la cavité gastrique, tandis que chez la Méduse ils se rencontrent sur la partie intra-tentaculaire, soit sur la paroi externe du manubrium, soit sur la sous-ombrelle à sa face ectodermique ou à sa face gastrique, saillants, dans le premier cas au dehors, dans le second à l'intérieur de l'estomac ou des canaux radiaires.

Physiologie. — L'animal est pélagique et flotte en pleine eau, tantôt près de la surface, tantôt à des profondeurs variables et qui peuvent être très grandes. Il nage au moyen de contractions de sa musculature sous-ombrellaire, le pôle aboral tourné en haut et en avant, par un mouvement de recul. Il saisit avec ses tentacules et son manubrium, très mobiles, les petites proies dont il se nourrit et les ingurgite. Ses organes sensitifs lui fournissent des sensations variables suivant leur nature, visuelles ou statocystiques, ces dernières en relation, plutôt avec la conservation de son équilibre et de son orientation qu'avec des perceptions auditives[1].

---

[1] Il est probable que les yeux ne renseignent l'animal que sur la direction d'où vient la lumière, de même que ses organes statocystiques ne lui donnent que la sensation de l'orienta-

Le Polype et la Méduse peuvent se reproduire soit sexuellement, sous la même forme, par un développement direct, soit asexuellement par bourgeonnement. Mais il n'en est pas toujours ainsi et, dans le cycle évolutif d'une même espèce, on trouve fréquemment une *alternance de génération* entre la forme Polype, née de l'œuf et asexuée, et la forme Méduse, provenant de la précédente par bourgeonnement et pourvue d'éléments sexuels qui donnent naissance au Polype. Mais ces relations sont très variables selon les groupes et seront étudiées à l'occasion de ceux-ci.

Le sous-embranchement des *CNIDAREA* se divise en deux classes ([1]) :

HYDROZOARIA, à bouche saillante débouchant immédiatement dans la cavité gastrique endodermique sans l'intermédiaire d'un pharynx ectodermique invaginé; pas de cloisons ni de filaments gastriques dans la cavité stomacale; organes génitaux situés sous l'ectoderme.

SCYPHOZOARIA, à bouche conduisant dans un pharynx ectodermique invaginé, au fond duquel se fait l'union de l'endoderme avec l'ectoderme; des cloisons et des filaments gastriques dans la cavité stomacale; organes génitaux situés sous l'endoderme.

Ire CLASSE

HYDROZOAIRES — *HYDROZOARIA*

[*HYDROZOA* (HUXLEY); — *APHACELLÆ* (LENDENFELD); ECTOCARPEN (O. et R. HERTWIG) ([2])]

TYPE MORPHOLOGIQUE
(Pl. 8)

Ce type ne diffère de celui du sous-embranchement des Cnidaires que par un petit nombre de caractères appartenant à la forme Polype et à la forme Méduse, qui existent ici côte à côte.

Polype. — Le polype (**3**, *fig. 2*), essentiellement constitué comme celui de notre type des Cnidaires, présente une forme grêle et élancée.

---

tion de son corps par rapport à la direction de la pesanteur. On comprend par là comment deux organes de nature si différente peuvent se suppléer en indiquant à l'animal s'il va vers le haut, vers la lumière, vers la surface, ou vers le bas, vers l'obscurité, vers le fond.

([1]) Dans bien des classifications, on préfère subordonner le caractère de l'invagination œsophagienne à celui de la forme polypoïde ou médusoïde, et l'on distingue alors, comme par exemple LENDENFELD [84], CLAUS [92] les *Polypomedusæ* comprenant les Hydroméduses et les Acalèphes, et *Anthozoa* comprenant les Coralliaires et Actiniaires à forme polype sans méduse. Mais il n'est pas plus rationnel de rapprocher, ainsi que l'a montré GÖTTE [87], les Acalèphes des Craspédotes, que de voir en elles la forme Méduse du Scyphopolype Alcyonnaire ou Actiniaire.

([2]) Les HERTWIG [79] divisaient les Cœlentérés en *Ectocarpen*, à produits sexuels ectodermiques, comprenant, outre nos Hydrozoaires, les Cténophores, et *Entocarpen* à produits sexuels endodermiques, comprenant les Anthozoaires et les Acraspèdes.

Jamais ses parois ne sont épaisses et charnues comme chez les Scypho-zoaires. La *cavité gastrique* (*cv. gv.*) est toujours libre et simple, toujours dépourvue de filaments ou de cloisons tels que nous en trouverons dans la seconde classe. Le disque buccal est saillant et forme un *cône buccal* ou *hypostome* (*hstm.*) plus ou moins proéminent, au sommet duquel est la bouche.

La cavité intérieure de ce cône se trouve ainsi jouer le rôle d'une sorte d'œsophage, mais toujours cet œsophage est endodermique, et la jonction de l'endoderme et de l'ectoderme se fait à l'orifice buccal. Les *tentacules* (*tt.*) sont en nombre non défini et, fréquemment aussi, leur position est sujette à des variations, en sorte qu'ils ne forment pas nécessairement une couronne péribuccale et peuvent se disposer plus ou moins irrégulièrement sur le corps : tous caractères inverses de ceux que nous présenteront les Polypes des Scyphozoaires.

Les *masses génitales*, quand il en existe, sont sous-endodermiques.

Méduse. — La Méduse (**3**, *fig. 1*), qui prend ici le nom de *Craspé-dote*, ou de *Cryptocarpe* est de petite taille, à gelée ombrellaire, peu développée. Elle se caractérise surtout par la réduction de la muscu-lature sous-ombrellaire et son remplacement par un organe additionnel le *velum* chargé spécialement de la fonction locomotrice. Ce velum (*vl.*), qui a valu à l'animal sa dénomination de Craspédote (Κράσπεδον, frange), est un diaphragme en iris, tendu horizontalement à l'entrée de la cavité sous-ombrellaire ([1]). Il a la forme d'un large anneau aplati; son bord externe s'insère au bord de l'ombrelle; son bord interne, libre, limite un large orifice circulaire qui fait communiquer la cavité sous-ombrel-laire avec le dehors. Il est formé de deux lames ectodermiques séparées par une lame de mésoglée.

La lame ectodermique externe est formée par le prolongement de celle de l'ex-ombrelle qui, arrivée au bord ombrellaire, se réfléchit horizon-talement en dedans; la lame interne est formée par le prolongement du feuillet ectodermique sous-ombrellaire qui, lui aussi, se porte en dedans: en sorte que l'union de l'ectoderme de la sous-ombrelle et de l'ex-ombrelle se fait à l'orifice central du velum au lieu de se faire au bord ombrellaire Quant à la lame mésogléenne (**3**, *fig. 3*), elle est un prolongement de celle qui séparait l'endoderme et l'ectoderme de la sous-ombrelle et qui a fourni ce prolongement interne avant de se continuer au bord ombrellaire avec celle qui sépare les deux feuillets de l'ex-ombrelle.

Les deux ectodermes du velum ont la même structure que sur le corps. L'externe, prolongement de l'ectoderme ex-ombrellaire, est

---

([1]) Le velum est normalement tendu horizontalement. Mais il peut, chez certaines Méduses, ou bien pendre verticalement comme un segment du cylindre quand l'animal flotte la bouche en bas et est en état de relâchement complet, ou au contraire s'invaginer en dedans en entonnoir, dans l'état de forte contraction.

donc simplement épithélial, tandis que l'interne, prolongement du sous-ombrellaire, est épithélio-musculaire, ses fibres restant disposées, comme dans la sous-ombrelle, en anneaux transversaux, concentriques ici aux bords de l'ombrelle et de l'orifice central.

Dans la région du bord libre de l'ombrelle, les cellules ectodermiques de soutien deviennent plus hautes, et vibratiles, et les nématoblastes s'accumulent en un anneau circulaire appelé le *bourrelet urticant* (*brt.*).

Les *tentacules* (**tt.**), au nombre de 4 ou d'un multiple de 4 (parfois, mais rarement de 6) sont constitués comme dans la Méduse du type morphologique des Cnidaires, c'est-à-dire normalement souples, creux, contenant un canal intérieur (*cn. tt.*), tapissé d'endoderme, qui s'ouvre à sa base dans le canal circulaire (*cn. c.*) (¹).

L'ectoderme des tentacules est riche en nématoblastes, d'ordinaire groupés en des points précis, surtout vers le bout, où ils forment des accumulations notables, visibles à l'œil nu, appelées *boutons urticants* (*bt.*).

Le *système nerveux* périphérique ou diffus a la même disposition que dans le type des Cnidaires. Il n'existe que là où il y a des muscles ; le système central ou condensé a toujours la forme d'un double cordon marginal, contenu dans le bord d'insertion du velum. Ces deux cordons sont séparés par la lame mésogléenne, l'un sous l'ectoderme externe (**3**, *fig. 1* et *2*, *n. e.*), l'autre, sous l'ectoderme interne (*n. i.*), l'un au-dessus, l'autre au-dessous de l'insertion du velum. Ils sont formés de cellules ganglionnaires prolongées en fibres : l'externe est le plus gros ; il dessert les organes sensitifs ; l'interne plus petit fournit surtout aux muscles du velum.

Les organes des sens comprennent des organes spéciaux et un anneau sensitif situé à la face externe, au bord de l'ombrelle, immédiatement en dedans de l'insertion des tentacules, où les *cellules à soie tactile* sont semées dru entre les éléments de soutien. Ces cellules sont en rapport avec l'anneau nerveux externe. Quant aux organes spéciaux, ils sont annexés à des tentacules ou dérivés de tentacules modifiés, ce sont des *ocelles* ou des *statocystes* ; mais comme ils diffèrent suivant les groupes, il est mieux de les décrire à l'occasion de chacun d'eux.

Les *gonades* (**3**, *fig. 1, gtx.*) sont toujours, à l'état développé, sous l'ectoderme (ce qui n'empêche pas que leur origine première puisse avoir lieu aussi bien dans l'endoderme que dans l'ectoderme) ; elles sont situées dans les parois du manubrium ou des canaux radiaires et les produits sexuels tombent au dehors directement, par la cavité sous-ombrellaire, sans passer par la cavité gastrique.

Ces Méduses sont agiles, animées de mouvements énergiques au

(¹) Nous verrons que ce canal peut disparaître, l'endoderme du tentacule ne formant plus qu'une tige axiale ferme, formée d'une seule file de cellules.

moyen desquelles elles se déplacent assez rapidement. Ce sont les contractions de la sous-ombrelle et surtout celles du velum qui sont les agents de ce mouvement, lequel, pour le reste, s'accomplit conformément à ce que nous avons décrit à l'occasion du type des Cnidaires (¹).

La classe des *HYDROZOARIA* se divise en deux sous-classes :

HYDROPHORIÆ, formes fixées et formant des colonies par bourgeonnement, ou libres, pélagiques et alors solitaires, pouvant bourgeonner pour les besoins de la reproduction des individus restant plus ou moins longtemps attachés à la mère, mais ne formant jamais de colonies véritables ;

SIPHONOPHORIÆ, colonies libres, pélagiques, très polymorphes.

(¹) ROMANES [85] a montré, par des expériences très nettes, que le double cordon nerveux marginal était l'organe central des mouvements de natation et de leur coordination. Si l'on sépare par une section horizontale le bord ombrellaire avec les cordons nerveux et les tentacules du reste de l'ombrelle, le segment qui comprend le disque et le manubrium, quoique beaucoup plus volumineux, est complètement paralysé, tandis que le mince anneau marginal exécute les mêmes contractions qu'auparavant. Si, au lieu d'exciser tout le bord ombrellaire, on n'en excise qu'une portion, laissant une partie adhérente au disque, si petite que soit cette dernière, les contractions persistent dans le disque, montrant par là que le centre nerveux annulaire est capable, en tous ses points, d'exciter la contraction de la totalité du système musculaire sous-ombrellaire, par l'intermédiaire du plexus nerveux diffus de la sous-ombrelle. Si l'on incise le bord ombrellaire par des sections radiaires en divers points de son contour, les mouvements ne sont pas abolis, mais leur coordination a disparu, en sorte que l'ombrelle, au lieu d'entrer en systole en tous ses points à la fois est, dans ses divers secteurs, à des périodes diverses du mouvement : les secteurs se contractent indépendamment les uns des autres. Mais il faut pour cela que les incisions soient assez étendues pour couper non seulement les deux anneaux, mais sans doute aussi les anastomoses détournées qui pourraient exister entre eux par les fibres nerveuses de la sous-ombrelle. Si l'on fait des incisions radiaires de l'ombrelle, mais sans intéresser le bord ombrellaire et les cordons nerveux, aucune incoordination ne se manifeste. Ces diverses expériences ont été récemment corroborées, en 1899, par LOEB (*Einleitung in die vergleichende Gehirnphysiologie*, etc., Leipzig, 8°, 207 p., fig.) qui a découvert en outre le curieux phénomène suivant. Si on avive le bord ombrellaire de deux Méduses en excisant les tentacules, mais sans intéresser les cordons nerveux, et qu'on les joigne par affrontement des bords avivés, elles se soudent et l'on observe alors que leurs mouvements de systole pulsatoire sont synchrones, bien qu'ils ne le fussent pas auparavant. LOEB en conclut que le synchronisme des pulsations des diverses portions de l'ombrelle est dû simplement [a-t-il appliqué cela implicitement aux Méduses Acraspèdes ?] à ce que la partie qui se contracte la première détermine la contraction du reste, en sorte que le rythme commun est toujours celui de la partie la plus excitable et dont les contractions sont les plus rapides. Dans un autre travail, LOEB [99] (*On the nature of the process of fertilisation...* Am. Journ. of Physiol. vol. 3. p. 135-138) constate que, si l'on place le disque de la Méduse paralysé par l'excision du bord ombrellaire dans un milieu plus excitant (eau de mer additionnée de chlorure de magnésium), les contractions rythmiques se montrent de nouveau.

1re Sous-Classe

HYDROPHORES. — *HYDROPHORIÆ*

[*HYDROMEDUSÆ* (Carus); — *MEDUSÆ CRYPTOCARPÆ* (Eschscholtz);
MEDUSÆ HYDROPHORÆ (Huxley);
HYDROIDEA (Agassiz); — *HYDROIDA* (Allman); — *HYDROIDÆ* (Claus);
MEDUSÆ CRASPEDOTÆ (Gegenbaur); — *MEDUSÆ CYCLONEURÆ* (Eimer);
MEDUSÆ GYMNOPHTHALMÆ (Forbes); — *MEDUSÆ APHACELLÆ* (Häckel)]

TYPE MORPHOLOGIQUE

C'est le type même de la classe qui sert ici pour ce premier ordre, la seconde sous-classe étant dérivée de celle-ci par l'introduction d'un polymorphisme très compliqué, combiné avec une vie exclusivement pélagique.

La sous-classe des *HYDROPHORIÆ* se divise en quatre ordres :

HYDRIDA, formes fixées, ne formant pas de colonies permanentes et se reproduisant à l'état de polypes, sans intervention d'une forme médusaire ni de bourgeons sexués spéciaux, médusoïdes, gonophores ou sporosacs ;

LEPTOLIDA, formes sexuées médusiformes se reproduisant par l'intermédiaire d'une forme fixée polypiforme ; les Méduses ont les tentacules creux ou pleins, des ocelles ou des statocystes ectodermiques, pas de bourrelet urticant au bord libre ; elles sont souvent remplacées par des formes régressées, gonophores ou sporosacs qui restent fixées au polype ;

RHADOPHORIDA (Graptolithes), formes toutes fossiles, coloniales, à reproduction toute particulière ;

TRACHYLIDA, Méduses libres, à tentacules pleins, pourvues d'un bourrelet urticant au bord libre et de statocystes portés par autant de statorhabdes à axe endodermique, se reproduisant directement sans intercalation d'une forme fixée.

1er Ordre

HYDRIDES — *HYDRIDA*

[*p. p. HYDRINA* (Ehrenberg); — *HYDRIDÆ* (Huxley);
p. p. GYMNOTOCA (Carus);
GYMNOCHROA (Hincks); — *ELEUTHEROBLASTEA* (Allman)]

TYPE MORPHOLOGIQUE
(Pl. 4 et FIG. 7 à 10)

Nous prendrons pour type de ce groupe le genre *Hydra* qui, longtemps, a été son seul représentant et auquel les recherches récentes ne sont venues adjoindre qu'un petit nombre de formes nouvelles.

C'est un genre à développement direct et qui n'existe que sous la forme Hydraire. Nous n'aurons donc à décrire que cette forme et son développement.

Extérieur. Organisation générale. — L'Hydre (**4**, *fig. 1*) se présente sous l'aspect d'un Polype isolé, de forme grêle et très allongée. Elle mesure, sans compter les tentacules, 1 à 2^{cm} de haut sur 1 à 2^{mm} de large dans sa portion la plus renflée ; ses tentacules mesurent plusieurs centimètres à l'état de complète extension, mais sont extrêmement fins. Au sommet du corps, portée sur un court *hypostome* (*hstm.*), se trouve la *bouche* (*b.*) qui, à l'état de demi-dilatation, se montre entourée de petites lèvres (*lv.*) en nombre égal aux tentacules et leur correspondant. Les *tentacules* (*tt.*), disposés en cercle autour de la base de l'hypostome, sont en nombre variable, de 5 à 6 jusqu'à 18, très longs et tout à fait filiformes. Puis vient le corps, en forme de tronc de cône à grande base supérieure, étroit et allongé ; il se termine en bas par un renflement aplati, le *disque pédieux* (*d. p.*), formant une ventouse par laquelle l'animal se tient fixé. Au centre du disque pédieux est une ouverture, le *pore aboral* (*p.*), faisant communiquer, comme la bouche, la cavité intérieure avec le dehors, en sorte que, strictement, l'animal n'est pas cœlentéré. Mais ce pore n'a nullement la signification ou les fonctions d'un anus : c'est une particularité de structure sans grande signification ; peut-être cependant joue-t-il le rôle de *pore excréteur*. HAMANN [82] a vu les cellules de ce disque pédieux émettre de nombreux pseudopodes qui servent à l'animal à se fixer et surtout à se déplacer.

A l'intérieur est une vaste *cavité gastrique* (*cv. g.*) de forme toute simple et à parois lisses, les plis que l'on a signalés quelquefois sur ces parois n'existant pas chez l'animal parfaitement épanoui. Les tentacules sont creux et leur cavité, bien que tout à fait capillaire, est continue et communique à sa base avec la cavité gastrique.

Structure. — Les parois ont la structure habituelle, ectoderme et endoderme séparés par une lame intermédiaire de mésoglée (*).

(¹) Nous pensons néanmoins devoir décrire l'Hydre avec quelque détail, cet animal étant la forme fondamentale du Polype hydrozoaire et sa structure ayant été étudiée chez elle plus à fond que chez la plupart des autres Polypes. C'est surtout aux recherches de JICKELI, HAMANN, M. NUSSBAUM, A. SCHNEIDER, etc., que nous devons nos connaissances sur ce sujet.

L'ectoderme comprend les diverses sortes d'éléments fondamentaux énumérés à l'occasion du type morphologique.

Les *cellules épithélio-musculaires de revêtement* sont cylindriques, hautes sur le corps, très basses sur les tentacules ; cette hauteur est d'ailleurs très variable, beaucoup plus grande dans l'état de contraction que dans l'état d'extension, ce qui se conçoit aisément, puisque, dans le premier cas, la même quantité de substance est répartie sur une surface beaucoup moins étendue. Elles se terminent en dehors par une base plane munie d'un plateau cuticulaire ; leur extrémité profonde est rétrécie et se prolonge tangentiellement en un (rarement deux ou trois) filament musculaire longitudinal. Ces prolongements musculaires sont formés de deux parties, une fibre lisse contractile et une mince gaine protoplasmique qui entoure la fibre dans toute sa longueur. La fibre est incrustée dans la lame mésogléenne anhiste dans laquelle elle s'est creusée une sorte de gouttière, en sorte que cette lame est toute cannelée par les fibres.

Organes reproducteurs. — L'Hydre est hermaphrodite, et a des organes

L'enveloppe protoplasmique des fibres émet vers le dedans de petits filaments assez longs, et il est à croire, bien que le fait n'ait pu être vérifié, que ces filaments se continuent à travers la membrane avec des filaments semblables, venus de fibres endodermiques. Sur les tentacules, Zykov [98] a vu que les cellules épithélio-musculaires peuvent émettre par leur face libre des petits pseudopodes adhésifs (fig. 7).

Les *cellules glandulaires*, nombreuses, sont aussi épithélio-musculaires et ne diffèrent point des précédents dans leur portion musculaire. Leur partie cellulaire est dépourvue de cuticule et contient de nombreux grains de sécrétion, alignés dans un protoplasma disposé en filaments perpendiculaires à la surface. Elles sont surtout abondantes sur la base du disque pédieux.

Les *nématoblastes* sont de trois sortes, qui ne diffèrent que par la taille et par quelques particularités de structure. Les grands nématoblastes ovoïdes sont constitués de la manière décrite à l'occasion du type morphologique des Cnidaires (voir p. 6). Le filament urticant est de même largeur dans toute la partie filiforme qui surmonte la partie basilaire et n'est pas pointu au bout. Dans les nématoblastes des tentacules, mais non dans ceux du corps, se voit cette enveloppe interprétée comme musculaire et prolongée en un pédoncule qui s'avance jusqu'à la lame mésogléenne. Dans ces gros nématoblastes, le nématocyste mesure 10 à 15 μ de diamètre et le filament urticant $0^{mm},27$ sur 1 μ de diamètre dans sa partie étroite, bien entendu. Les autres espèces de nématoblastes diffèrent de la précédente par des caractères secondaires, taille, longueur et mode d'enroulement du filament, etc. Zoja [90] en distingue trois sortes : *macrocnidies, microcnidies* et *ovoïdocnidies*. Les nématoblastes sont très nombreux sur les tentacules, modérément nombreux sur la moitié distale du corps, peu nombreux sur la moitié proximale, absents à la base du disque pédieux. Par une exception unique, au lieu de constituer des cellules libres, ils seraient ici, d'après Schneider, contenus, leur cnidocil faisant seul saillie au dehors, dans les cellules épithélio-musculaires de revêtement qui en renfermeraient : sur les tentacules, presque toutes plusieurs, jusqu'à 12 ; sur l'hypostome et la portion distale du corps, la plupart d'entre elles, 2 ou 3 ; sur la portion proximale du corps, certaines d'entre elles seulement en possèdent, et d'ordinaire pas plus d'un à la fois. Il figure un noyau pour chacun des nématoblastes d'une même cellule de revêtement, mais on ne dit pas si celle-ci a, en outre, un noyau propre indépendant.

Les *cellules profondes* ou *interstitielles ectodermiques* comprennent les trois sortes habituelles : nerveuses, germinales et indifférentes, ces dernières étant celles qui se transforment en cellules urticantes, nerveuses ou germinales, et présentant les divers stades de cette transformation, tandis que les cellules épithélio-musculaires se multiplient par elles-mêmes, par divisions indirectes. Les *cellules nerveuses* ou *ganglionnaires* sont distribuées à peu près uniformément par tout le corps. Elles sont petites, à noyau relativement gros, étoilées et prolongées aux angles en longs filaments variqueux (peut-être par action des réactifs) que l'on voit s'anastomoser entre eux en réseaux, et envoyer des ramifications aux filaments musculaires et, à ce qu'il semble, aux nématoblastes. Les *cellules germinales* sont étudiées ci-dessous dans le texte principal à l'occasion des organes génitaux. Les *cellules indifférentes* sont petites, cubiques ou arrondies. Leur évolution en cellules germinales ou nerveuses ne présente rien de particulier ; leur développement en nématoblastes a été indiqué à l'occasion de ceux-ci.

La *membrane mésogléenne* ne présente rien de spécial à signaler ; elle existe dans les tentacules aussi bien qu'ailleurs.

L'*endoderme* commence à la bouche et tapisse toute la cavité gastrique et le canal intérieur des tentacules. Il est formé aussi d'une couche superficielle et d'une couche profonde d'éléments interstitiels. La couche superficielle comprend pour élément principal des *cellules épithéliomusculaires absorbantes*.

Fig. 7.

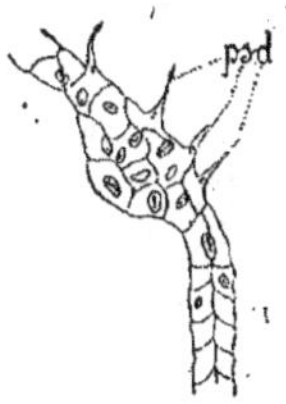

Tentacules d'*Hydra* dont les cellules émettent des pseudopodes (d'ap. Zykov).

psd., pseudopodes.

génitaux qui n'ont aucun caractère de bourgeons reproducteurs ([1]).

Les *testicules* (**4**, *fig. 1*, ♂) se développent sous la forme de petites tumeurs coniques sur la partie du tronc comprise entre le milieu de sa hauteur et l'insertion des tentacules. Leur distribution n'offre aucune régularité, mais ils sont notablement plus fréquents vers la partie supérieure qu'au voisinage du milieu. Leur nombre n'est pas moins variable : pendant l'hiver et le premier printemps, il n'y en a aucun ; en été et en automne on en trouve, selon les circonstances, de deux ou trois jusqu'à une vingtaine. Leur mode de formation est très simple. Ce sont simplement des cellules germinales de l'ectoderme, développées des interstitielles indifférentes (**4**, *fig. 2, c. i.*), qui foisonnent (*tst.*) et finissent par soulever l'épiderme en formant une tumeur. Il est à remarquer que la couche musculaire se soulève aussi de manière à former à la tumeur testiculaire une enveloppe musculeuse (*mcl.*) qui peut contribuer à expulser les spermatozoïdes. Ceux-ci, en mûrissant, donnent à la masse une nuance plus blanche et plus opaque et, à maturité, la tumeur se perce au sommet (**4**, *fig. 1*, *or. tst.*) pour leur donner issue.

L'*ovaire* ou les *ovaires* (**4**, *fig. 1*, ♀), car selon les espèces il y en a un seul ou plusieurs, mais toujours en très petit nombre, sont situés

---

Pour leur partie musculaire, elles ressemblent à celles de l'ectoderme, sauf que leurs fibres contractiles sont plus faibles et, comme d'ordinaire, orientées circulairement ; ces fibres ont, comme celles de l'ectoderme, une gaine protoplasmique complète qui envoie dans la membrane mésogléenne de fins prolongements destinés probablement à se joindre, à titre de *communications protoplasmiques*, aux prolongements homologues des fibres ectodermiques. Leur portion cellulaire est dépourvue de cuticule et possède deux flagellums (rarement un ou trois) ; à leur intérieur, on trouve des globules du produit absorbé et du pigment brun rouge. En outre de ces cellules se trouvent, dans la couche superficielle de l'endoderme, mais seulement dans la cavité gastrique, des *cellules glandulaires*. Elles diffèrent des glandulaires ectodermiques par l'absence de prolongement musculaire et par la possession de deux à trois flagellums. Elles contiennent des globules de sécrétion réfringents.

Certaines des épithélio-musculaires contiennent des *nématoblastes*. Ces nématoblastes sont parfois éclatés et évidemment absorbés avec les proies qu'ils ont piquées. Mais d'autres fois ils sont intacts et ont une gaine musculeuse, ce qui montre qu'ils se sont bien développés là. Mais même alors, l'absence de noyau propre, le fait que l'orifice de la capsule est parfois tourné en dehors vers l'ectoderme et leur présence dans les tentacules où ils ne peuvent servir à rien, rend leur signification quelque peu problématique. Schneider les croit formés directement par les épithélio-musculaires qui les contiennent.

Enfin, à la couche superficielle appartiennent encore des *cellules sensitives* longues, étroites, munies d'une soie rigide saillante et prolongées intérieurement en un filament qui s'unit à ceux du réseau nerveux endodermique.

Les cellules profondes *interstitielles endodermiques* sont semblables à celles de l'ectoderme, mais plus rares. Les unes sont *nerveuses*, en tout semblables à celles de l'ectoderme, les autres sont *indifférentes*, mais ne donnent naissance qu'aux glandulaires de la couche superficielle, les épithélio-musculaires se multipliant par division indirecte, formant les nématoblastes qu'elles contiennent et donnant naissance aux sensitives qui, elles-mêmes, sont l'origine des cellules ganglionnaires.

([1]) Cependant, Asper [80] signale une espèce des lacs de l'Engadine, de couleur rouge vif, qui a les sexes séparés. Exceptionnellement et dans toutes les espèces, on rencontre quelques individus stériles ou ne développant que des produits d'un seul sexe.

aussi sur le tronc, mais entre le milieu de la hauteur et le disque pédieux. Leur volume est plus grand que celui des testicules; leur forme est arrondie et ils sont rattachés au corps par un pédicule d'autant plus étroit qu'ils sont plus gros et plus avancés dans leur développement. On peut même rencontrer parfois, dans la région moyenne, des testicules situés plus bas que les ovaires les plus élevés. Ici aussi, ce sont les cellules germinales ectodermiques développées des interstitielles indifférentes (4, *fig.* 5, *c. i.*) qui foisonnent. Mais une seule d'entre elles, dans chaque ovaire, devient un œuf (4, *fig.* 5, *œf.*), en grossissant beaucoup par absorption des cellules sœurs qu'elle dévore à la manière d'une Amibe, en insinuant entre elles de grands et larges pseudopodes, au moyen desquels elle les capture, en suite de quoi le noyau prend les caractères d'une vésicule germinative (4, *fig.* 6). Ici encore, la couche musculeuse est extérieure à l'œuf et sert à rétracter la paroi distendue

lorsqu'elle s'est ouverte au sommet pour donner issue à l'œuf fécondé. Les ovaires se développent, en général, après les testicules et durent moins longtemps.

Parasites. — Sur le corps et les tentacules se rencontre souvent un Infusoire cilié, *Trichodina pediculus*, qui vit en parasite banal, empruntant à son hôte un support

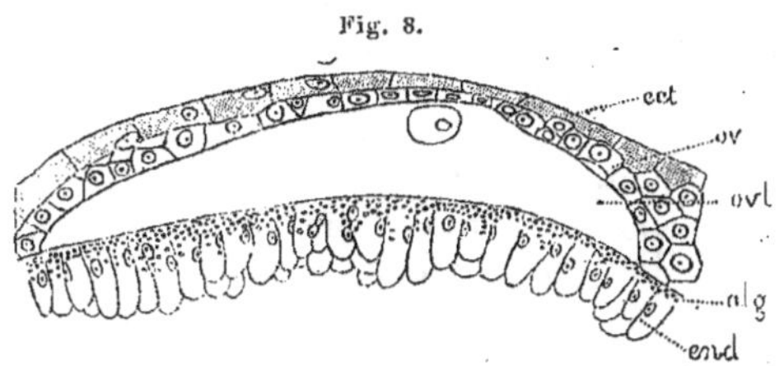

Coupe de l'ovaire de *Hydra* (d'ap. Hamann).
alg., Zoochorelles; *ect.*, ectoderme; *end.*, endoderme;
ov., cellules ovariennes; *ovl.*, ovule.

et peut-être des aliments (voir Zoologie concrète, vol. 1, page 489). Il arrive parfois à pulluler au point de recouvrir toute la surface de l'Hydre et de la faire mourir. Mais, en outre, il existe dans une espèce, *H. viridis*, des Algues symbiotiques, des *Zoochlorelles* (fig. 8, *alg.*) qui lui donnent sa couleur verte et avec laquelle elle est sans doute en échange de services, comme la Planaire *Convoluta* ou l'Infusoire *Paramœcium*, etc. Ces Zoochlorelles sont contenues exclusivement dans les cellules absorbantes de l'endoderme et quelques-unes passent de là dans l'œuf, en sorte que le jeune est infecté dès avant la fécondation.

Elles se multiplient dans les tissus par division en 4. Le fait que l'Hydre verte est beaucoup moins vorace que les espèces non pourvues d'Algues, vient à l'appui de l'idée d'un échange de services.

Physiologie.

Habitat. Locomotion. Alimentation. — Les Hydres vivent sur les plantes immergées des eaux douces. L'Hydre verte recherche la lumière utile à ses Zoochlorelles, et sans doute à elle-même par leur intermédiaire, tandis que les autres espèces, de couleur grise ou brune, recherchent l'obscurité. L'animal est habituellement *fixé* par son disque pédieux qui forme ventouse et qui est maintenu en outre par sa sécrétion glutineuse. Pour *se déplacer*, il fait lâcher prise à son disque pédieux et se meut principalement à l'aide de ses bras (¹). Quand l'Hydre a trouvé une nouvelle place à sa convenance, elle se fixe de nouveau. Pour cela, elle ferme, à l'aide des fibres en sphincter qui l'entourent, le pore situé au fond de la ventouse pédieuse et rien ne s'oppose dès lors à ce que la dite ventouse agisse à la manière ordinaire; une sécrétion des glandes de la face plantaire du disque vient assurer l'adhérence. Pour lâcher prise, elle n'a qu'à relâcher son sphincter aboral et annihiler ainsi l'action de la ventouse.

Épanouie et à l'aise dans une eau calme, elle est immobile ou agite lentement ses tentacules. Inquiétée, elle se *rétracte* aussitôt à un degré incroyable : son corps se réduit à une petite verrue et ses tentacules disparaissent presque entièrement. Si l'on songe que la longueur de ces derniers peut atteindre plusieurs centimètres et se réduit dans ces conditions à 1 millimètre à peine, on concevra combien la puissance de contraction de ses fibres lisses est supérieure à celle des fibres striées des animaux supérieurs évaluée par E. WEBER à 72 0/0 de leur longueur. Pendant cette rétraction, le corps devient très ridé. La membrane mésogléenne cependant ne se plisse pas et les cellules de l'ectoderme s'allongent beaucoup en se rétrécissant. Les *aliments* consistent en petits Vers et Crustacés que l'animal entoure de ses tentacules, crible de ses nématocystes et ingurgite. Les résidus indigestes sont évacués par la bouche.

Multiplication par scission transversale. — Nous verrons avec quelle facilité l'animal, coupé en deux, régénère ce qui manque à chaque moitié. Mais il peut aussi se multiplier par scission transversale spontanée (²). TREMBLEY a même vu un individu se diviser simultanément en trois.

Régénération. — Le pouvoir de régénération est très considérable. NUSSBAUM [87] coupe un segment transversal du tronc qu'il divise ensuite en quatre fragments carrés par quatre sections longitudinales ; chaque fragment s'arrondit et se soude en une vésicule qui s'allonge, forme un pied, pousse des tentacules, se perce d'une bouche et devient un nouvel individu. Les trop petits fragments ne donnent que des individus nains et

Fig. 8 *bis.*

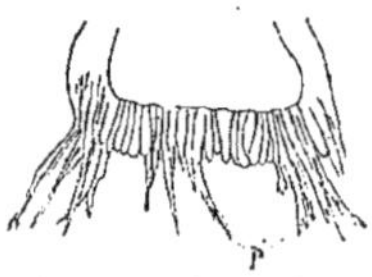

Disque pédieux d'une
Hydre émettant
des pseudopodes
(d'ap. O. Hamann).

p., pseudopode.

(¹) Pour cela, il étend un ou plusieurs bras dans la direction où il veut progresser et les fixe momentanément aux objets résistants qu'ils rencontrent, au moyen de fins pseudopodes qu'émettent leurs cellules épithélio-musculaires au point de contact. Ce phénomène a été récemment constaté par ZYKOV [98]. Mais l'Hydre peut aussi ramper, au moyen de son disque pédieux, dont les cellules, ainsi que l'a montré bien antérieurement HAMANN [82], peuvent aussi émettre des pseudopodes beaucoup plus longs et plus forts que ceux des bras (fig. 8 *bis*).

(²) MARSHALL [82] appelle ce processus *stéléchomérisme* par opposition à la formation de bourgeons latéraux qu'il nomme *pleuromérisme*.

incomplets. Peebles [97] trouvé qu'un fragment de 1/6 de millimètre de diamètre donne un petit Polype avec un seul tentacule ; un fragment de 1/5 à 1/3 de millimètre donne un Polype avec un pied et deux tentacules ; mais la taille de ces Hydres n'est que 1/200 à 1/100 de celle d'un adulte normal. Les morceaux les plus voisins de la tête sont plus aptes et plus actifs à régénérer que ceux des régions inférieures. A volume égal, un fragment est d'autant plus actif qu'il représente une fraction plus grande du corps de l'individu total : ainsi les fragments de jeunes bourgeons sont plus actifs, à volume égal, que ceux des adultes. Roesel et Engelmann disent avoir obtenu des Hydres au moyen de tentacules excisés. Nussbaum ni Peebles [97] n'ont pu y réussir ; mais, si au tentacule reste annexé un fragment de l'aire buccale, la régénération a lieu et le tentacule primitif, qui se trouverait en fausse place, se résorbe (¹).

Il est à remarquer que, dans tous ces cas, l'orientation primitive est respectée. Chaque morceau donnait la tête du côté distal et le pied du côté proximal. La condition du succès semble être double : 1° un fragment pas trop petit ; 2° la présence des deux feuillets dans le fragment.

Expériences de retournement. — Tout le monde connaît la célèbre expérience de Trembley qui, en 1742, retournait des Hydres et les voyait continuer à vivre et à s'alimenter, la paroi de la cavité gastrique faisant fonction de peau et inversement (²). Cette expérience qui n'a eu longtemps qu'un intérêt de curiosité, a pris dans ces dernières années une grande importance, par suite des discussions sur la spécificité des feuillets ; car, dans l'Hydre retournée, en effet, l'endoderme et l'ectoderme échangent leurs places et leurs fonctions. Jenking [79] l'a tentée sans succès. M. Nussbaum [87] l'a réussie au contraire ; mais il arrive à une conclusion toute différente, quant aux résultats de l'opération : il assure que l'ectoderme invaginé fait éruption par la bouche et par les petites blessures de l'endoderme extérieur et forme un nouvel ectoderme extérieur, tandis que l'ectoderme ancien est phagocyté par l'endoderme. Cet endoderme lui-même finit par être remplacé par un endoderme nouveau formé par l'ectoderme nouveau, qui prolifère à sa face profonde par divisions mitosiques. Ainsi, il n'y aurait pas échange de position et

---

(¹) Déjà, en 1740, Trembley avait obtenu 50 Hydres d'une Hydre coupée en 50 morceaux. Roesel, par des cisaillements, obtint des individus monstrueux à plusieurs têtes et plusieurs pieds. Des philosophes de cette époque, Bonnet, Claudius, échafaudèrent sur ces faits des théories relatives à la multiplicité et à la divisibilité de l'âme.

(²) Voici le mode opératoire de Trembley. Il donne à manger à l'Hydre un Ver (*Nais*) relativement gros ; puis, prenant l'Hydre dans sa main, la presse avec un pinceau, de manière à refouler le Ver dans la bouche pour maintenir celle-ci dilatée. Il pousse alors le disque pédieux avec une soie de porc et invagine l'animal de bas en haut dans sa cavité stomacale qui, étant très dilatée, admet aisément la partie que l'on refoule à son intérieur. En continuant à pousser, il achève l'opération, puis retire la soie et replace dans l'eau l'Hydre retournée. Celle-ci se *déretournant* aisément toute seule, pour l'en empêcher, il traverse la région buccale avec de petites brochettes transversales qu'il laisse en place.

de fonctions, puisque les feuillets ont finalement des positions respectives normales; mais le résultat n'en trouble pas moins les principes admis, car 1° l'orientation est renversée, puisque dans cet ectoderme débordant par la bouche, ce qui était proximal devient distal et inversement; 2° la spécificité des feuillets est battue en brèches, puisque l'endoderme nouveau est formé par l'ectoderme sans rien devoir à l'endoderme ancien qui n'a servi que de matière nutritive. WEISMANN, dont certaines théories se trouvaient ébranlées par ces résultats, a fait reprendre la question par son élève ISCHIKAVA [90] qui arrive à la conclusion que les Hydres retournées se déretournent ou meurent et qu'en aucun cas leur ectoderme ne forme de l'endoderme; il a lui-même [90] confirmé les résultats de son élève; mais M. NUSSBAUM [90, 91] soutient la réalité des siens et il semble, en somme, que c'est lui qui a raison.

Expériences de greffe. — Ces expériences, tentées déjà par TREMBLEY, ont été reprises récemment par WETZEL [95, 98] et ont amené à cette conclusion que la *polarité cellulaire* qui, dans la régénération normale, fait développer la tête du côté de la tête et le pied du côté du pied, peut être vaincue par des artifices d'expériences, mais qu'elle finit toujours par reprendre le dessus. Deux segments d'Hydre accolés dans le même sens, la plaie distale de l'une unie à la plaie proximale de l'autre, se soudent sans difficulté et pour toujours. Deux fragments joints tête bêche, se soudent aussi et l'on obtient ainsi une Hydre à deux têtes ou à deux pieds; on peut aussi obtenir la soudure d'un segment moyen retourné bout pour bout. Mais après quelque temps, chaque morceau régénère ce qu'il doit, se complète et les individus complétés se séparent. Ainsi, deux Hydres auxquelles on a coupé la tête et qu'on a soudées forment une Hydre sans tête avec un pied à chaque extrémité; mais au niveau de la soudure (ou dans son voisinage, ce qui montre que la polarité n'est pas stricte) bourgeonnent deux têtes, entre lesquelles l'animal se coupe. Dans les Hydres soudées, les excitations ne passent à travers la soudure, d'un morceau à l'autre, que difficilement et après un temps assez long, ou même pas du tout si les morceaux greffés appartiennent à deux espèces différentes (¹).

(¹) Tout à fait récemment, HERB. W. RAND [99] a fait d'intéressantes expériences de greffe, latérale. Il a constaté qu'une tête avec les tentacules et une partie du corps sous-jacent se greffe aisément sur le côté du corps d'un autre individu; mais peu à peu le point d'union descend vers le pied et là se sépare, comme aurait fait un bourgeon naturellement formé. Si les tentacules de la pièce greffée ont été préalablement excisés, ils peuvent se régénérer, en même temps que le reste du processus se poursuit comme ci-dessus. Les fragments soudés, lorsqu'ils sont trop petits, sont absorbés par le sujet et fusionnés dans sa substance, et les fragments qui subissent ce sort sont plus gros que les plus petits fragments susceptibles de régénérer un individu entier lorsqu'ils sont abandonnés à eux-mêmes. La régénération est donc contrariée par cette tendance à la fusion en un organisme unique. Un autre résultat intéressant est celui-ci. Rand fend en long un bourgeon latéral, suivant son axe et continue l'incision sur le parent qui est sectionné transversalement, de telle sorte qu'une des moitiés longitudinales du bourgeon reste unie au fragment transversal céphalique de la mère et l'autre au fragment pédieux.

Bourgeonnement. — Il se fait de la manière la plus simple qui se puisse imaginer. En un point quelconque du tronc se forme un refoulement total (fig. 9) de la paroi de la cavité gastrique; ce refoulement

Fig. 9.

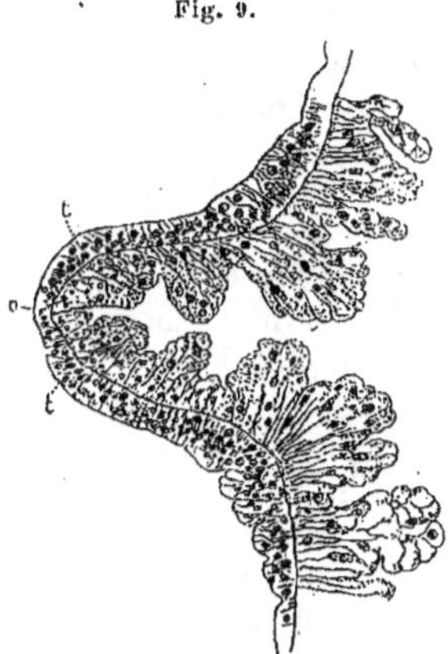

Coupe longitudinale médiane
d'un bourgeon d'*Hydra fusca*
(d'ap. Bräm).

o., point où s'ouvrira la bouche;
t., places où naîtront les tentacules.

s'allonge, s'étrangle à sa base,
se perfore au sommet d'une bouche autour de laquelle naissent,
soit tous ensemble, soit successivement (selon les espèces et
les conditions), les tentacules (*).
    La jeune Hydre (fig. 10, *B*, *B'*)

Fig. 10.

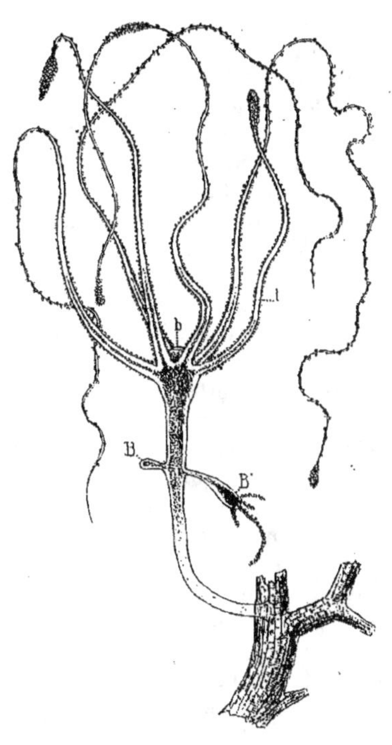

Hydre présentant deux bourgeons.

B et **B'**, bourgeons; **b.**, bouche;
t., tentacules.

L'une et l'autre moitié longitudinale régé-
nèrent la moitié manquante, mais celle qui
est unie au fragment céphalique maternel se comporte comme un bourgeon normal et finit par
se séparer, tandis que celle qui est unie au fragment pédieux, d'ordinaire se place simplement sur son prolongement et devient la tête de ce pied.
    Un point curieux à noter est la rapidité avec laquelle se fait la soudure. Quand les parties
fraîchement coupées des deux individus sont mises en contact de manière à bien se rencontrer
et à presser doucement l'une contre l'autre, la soudure est complète en dix minutes, et, après
un quart d'heure, assez solide pour que les individus puissent être transvasés avec une pipette,
du vase à fond enduit de paraffine où ils ont été maintenus pour l'opération, dans un petit
aquarium.
    (¹) Cependant, d'après ALBERT LANG [92], l'endoderme maternel, ici comme chez les Hydraires
marins, *Eudendrium*, *Plumularia*, ne jouerait aucun rôle dans la formation du bourgeon :
toutes les cellules qui font partie du refoulement seraient phagocytées par les interstitielles
ectodermiques, qui traverseraient la membrane interstitielle ramollie et par les endodermiques

commence alors à se nourrir, puis se détache du corps maternel et se fixe. L'orifice de communication avec la mère se ferme chez celle-ci mais persiste chez le bourgeon et devient le pore aboral. Quand l'animal est bien nourri, le bourgeonnement marche si vite que les bourgeons, avant d'avoir eu le temps de se détacher, forment avec la mère des colonies temporaires et peuvent même bourgeonner à leur tour avant d'être devenus libres. Trembley a vu une colonie de dix-neuf individus appartenant à trois générations (¹).

Cycle évolutif et influence des conditions de vie. — Tandis que la reproduction sexuelle est absente en hiver et au premier printemps (de janvier à avril seulement, plus ou moins selon les espèces), la multiplication par bourgeonnement peut avoir lieu toute l'année. Elle est fortement influencée par l'alimentation. Une Hydre bien nourrie peut fournir de nombreux bourgeons à la fois, qui se détachent deux ou trois jours après avoir commencé à se former. En privant de nourriture une Hydre en train de bourgeonner, on peut retarder le détachement des bourgeons et obtenir des colonies temporaires assez persistantes.

Une nourriture abondante détermine la formation de produits femelles, la disette détermine celle de produits mâles (NUSSBAUM). Après la formation des produits sexuels, l'animal peut encore vivre et bourgeonner (NUSSBAUM), contrairement à ce que l'on avait cru. L'influence de la lumière colorée est d'autant plus pernicieuse (LANG) qu'elle est plus réfrangible. Dans le noir le développement s'arrête.

Développement (4, *fig. 3 à 13*). — Nous avons vu que l'œuf se développait dans la couche des cellules interstitielles ectodermiques, devenait amiboïde (4, *fig. 3, œf.*), saisissait avec ses pseudopodes les cellules germinales sœurs qui formaient avec lui la masse ovarique et les incorporait pour s'accroître à leurs dépens. Ces cellules phagocytées ne sont pas immédiatement digérées, et, dans l'œuf (4, *fig. 4, œf.*) et les blastomères, on trouve jusqu'à la fin du développement de très nombreux et volumineux globules de substance nutritive provenant de cette alimentation excessive, qui constitue ce qu'on avait appelé les *Pseudozellen* (4, *fig. 3, pz.*).

Après avoir fini son gigantesque repas, l'œuf devient de nouveau arrondi, émet au pôle distal les globules polaires (4, *fig. 4, gb.*), fait éclater son enveloppe d'ectoderme qui se rétracte autour de lui de manière à le laisser baigner directement dans l'eau, tandis qu'il reste

---

voisines, et tous les tissus du bourgeon proviendraient du foisonnement d'une seule cellule ectodermique. Malheureusement, ces observations inspirent quelque méfiance, vu qu'elles ont été entreprises par leur auteur dans le dessein de vérifier des idées préconçues de son maître WEISMANN, qui avait besoin de cette solution pour étayer sa théorie de la localisation du plasma germinatif. Elles ont été infirmées, malgré les protestations de LANG [94], par BRÄM [94] et par SEELIGER [94].

(¹) Trembley a calculé qu'une Hydre donne 15 bourgeons en un mois et, comme elle peut vivre deux ans, donne ainsi naissance à 625 000 000 d'individus.

encore attaché à la mère par un étroit pédicule fait de sa propre substance et inséré dans l'ectoderme (4, *fig.* 5). Le pôle libre est le pôle
animal. Dès ce moment il est fécondé et subit aussitôt une segmentation totale et égale (4, *fig.* 6) qui donne naissance à une blastula à
gros éléments avec vaste cavité centrale. L'endoderme (4, *fig.* 7, *end.*)
prend naissance par un processus de bourgeonnement multipolaire, des
blastomères se formant en divers points par division de ceux de la
surface et passant dans la cavité blastocœlienne qu'ils remplissent peu
à peu. Une double enveloppe est produite à ce moment (4, *fig. 8, ch.*),
sécrétée par l'ectoderme qui, contrairement à ce qu'on avait cru,
persiste au-dessous d'elles pour former l'ectoderme définitif (*ect.*); la
première formée, l'externe (4, *fig. 9, ch.*), est chitineuse, ferme quoique
très mince; la seconde, l'interne, est plus mince encore et membraneuse. Aussitôt protégé par elles, l'œuf achève de se dégager et tombe
au fond de l'eau. Sous ces enveloppes, le développement se poursuit
rapidement, la couche ectodermique donne déjà naissance aux cellules
interstitielles (4, *fig. 9, c. i.*) parmi lesquelles sont les germinales de
la génération suivante; la membrane mésogléenne (*msg.*) est sécrétée
et les macromères endodermiques, en se disposant en couche épithéliale, donnent naissance à la cavité gastrique.
Alors l'enveloppe externe s'ouvre, par la chute d'une calotte,
l'interne se fend ou se dissout, soit en même temps soit un
peu plus tard, et l'embryon sort de sa coque (4, *fig. 10,
emb.*) en rampant (4, *fig. 11*). Il se fixe aussitôt par un
point correspondant au pôle végétatif par lequel l'œuf était
attaché à la mère, et pousse des tentacules au pôle opposé
correspondant au pôle animal (4, *fig. 12*). Ces tentacules
paraissent se former, comme pour les bourgeons, selon les
espèces et selon les conditions, tantôt tous ensemble, tantôt
par paires opposées, tantôt plus irrégulièrement. Enfin, la
bouche (4, *fig. 13, b.*) s'ouvre par rupture de la paroi entre
les tentacules, et la jeune Hydre est achevée.

Fig. 11.

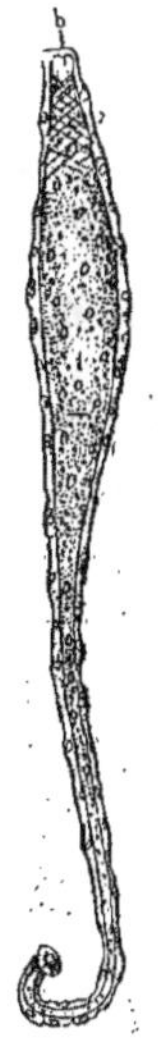

GENRES

Hydra (Linné) (fig. 10). C'est le genre même que nous venons
    de décrire comme type (10 à 15^{mm}, eau douce; vraisemblablement
    cosmopolite).

Microhydra (Ryder) n'a ni disque pédieux ni tentacules; le
    tiers supérieur de sa cavité gastrique paraît spécialement
    digestif, il se multiplie par des bourgeons latéraux; on ne
    lui a pas vu d'organes sexuels. Nous verrons qu'on avait
    émis, sans démonstration d'ailleurs, l'idée qu'il pouvait
    être la larve de *Limnocodium* (0^{mm}5 de long sur 0^{mm}15;
    eau douce, Amér. du Nord).

Protohydra (Greeff) (fig. 11 à 13) n'a pas non plus de tentacules, mais il

*Protohydra
Leuckardi
en état
d'extension
(d'ap. Greeff).*

a un disque pédieux; on ne lui a pas trouvé non plus d'organes sexuels et il ne bourgeonne pas, se multipliant seulement par division transversale (2 à 3mm et tout à fait filiforme; marin; huîtrières d'Ostende).

Cette intéressante forme a été découverte en 1868 par GREEFF qui l'a pu observer pendant plusieurs mois, puis n'a plus été revue qu'une fois en 1892 par Greeff qui en envoya des exemplaires à CHUN, lequel put les étudier et publia dans ses *Cœlenterata* du « Bronn's Thier-Reich » des détails histologiques qu'il ajouta aux connaissances fournies par Greeff. La forme est celle d'un ovoïde étroit prolongé en haut en un long hypostome et en bas en un très long pédoncule (fig. 11); elle est d'ailleurs très variable, l'animal dilatant souvent la portion moyenne de son corps qui se rattache alors brusquement au pédoncule (fig. 12). Les tentacules sont absolument absen's : il n'y en a pas même un rudiment. La structure est celle de l'Hydre avec toutes ses couches. Il y a deux sortes de nématoblastes et, dans les cellules endodermiques, un pigment brun rouge qui donne à l'animal sa couleur. La division (fig. 13) est transversale et se fait par simple étranglement progressif. L'animal ayant pu être observé pendant presque toute l'année, il reste peu de chances pour qu'une reproduction sexuelle ou une multiplication par bourgeonnement ait pu échapper aux observateurs. D'autre part, l'absence de tænioles écarte l'hypothèse émise par quelques auteurs que cette forme ne serait que le scyphistome de quelque Scyphopolype. Il en résulte que la *Protohydra* se présente comme une forme très primitive, et l'on peut d'autant plus la considérer comme telle qu'elle est marine.

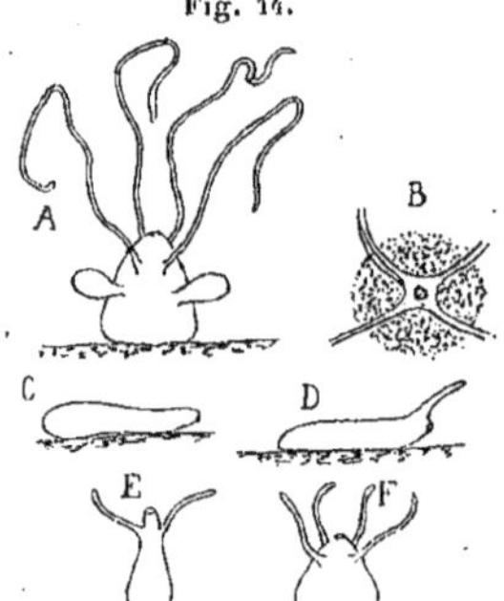

Fig. 12.

Protohydra Leuckarti incomplètement étendu (d'ap. Greeff).

Fig. 13.

Division transversale de *Protohydra Leuckarti* (d'ap. Greeff).

Haleremita (Schaudinn) (fig. 14) est de forme conique, courte, fixé par sa large base, et porte au sommet la bouche, au-dessous de laquelle est un cercle de quatre longs tentacules uniformément chargés de nématoblastes d'une seule espèce et pourvus d'un axe endodermique plein comme chez les Hydraires des Leptolidés. L'animal agglutine des particules étrangères de toutes sortes parmi lesquelles de petites Algues qui continuent à végéter, ce qui lui forme une enveloppe d'où ne sortent que sa bouche et ses tentacules (*B*). On ne lui connaît pas d'organes génitaux et on ne sait pas s'il se reproduit sexuellement. Mais il se multiplie par des bourgeons latéraux (*A*) qui se détachent avant d'être pourvus de tentacules (corps 1mm; tentacules 1 à 8mm; Rovigno, dans l'Adriat.).

Ce curieux organisme mérite quelques détails de plus. Il a été trouvé dans les bacs de l'aquarium marin de Berlin

Fig. 14.

Haleremita (im. Schaudinn).

A, un individu porteur de deux bourgeons; B, aspect de l'extrémité orale; C, bourgeon libre, rampant; D, bourgeon libre, pourvu d'un tentacule; E, bourgeon fixé, porteur de deux tentacules; F, bourgeon arrivé à l'état adulte.

alimentés par de l'eau venue de Rovigno ; il s'y multiplie en abondance. Sa structure est celle de l'Hydre d'eau douce, dont il se distingue surtout par ses tentacules pleins et ses nématoblastes d'une seule espèce. Son ectoderme est riche en glandes adhésives, surtout à la face pédieuse. Les bourgeons se forment au-dessous des tentacules, en tous les points des parois latérales ; ils sont formés par un diverticule des trois couches qui, en 5 heures au moins, quelques jours au plus, se détachent sous la forme d'une vésicule à deux feuillets, close, non ciliée extérieurement. Aussitôt libre, il s'allonge (*C*), rampe, se perce une bouche et se nourrit d'animalcules qu'il tue avec les nématoblastes de son hypostome. Sous cet état, il a la structure d'une gastrula libre ; mais, comme il s'est formé tout autrement, SCHAUDINN le considère comme une forme embryogénique typique à laquelle il donne le nom de *saccula*. Au bout d'un temps assez long, la saccula développe un tentacule (*D*), puis un second, puis les deux autres. Entre le 1er et le 3e tentacule, elle s'arrête, se dresse *E*), prend une forme courte, conique, se fixe par la base et ne diffère plus de son parent que par la taille. Elle bourgeonne avant d'avoir atteint la taille adulte. Cette évolution est bien différente de celle des bourgeons de l'Hydre, qui prennent tous leurs caractères avant de se détacher, ou de celle des rares Leptolidés qui donnent des bourgeons libres, *Corymorpha* ou *Schizocladium*. Chez ce dernier le bourgeon donne l'hydrorhize qui, elle, bourgeonne les hydranthes. En présence de l'absence de reproduction sexuelle (inconnue mais qui peut-être sera découverte), on peut se demander si ce ne serait pas là un de ces produits des conditions des bacs comme on en a cité quelques-uns, une forme qui, en liberté, deviendrait sexuée. En tout cas, ce ne peut être une larve de *Protohydra*, car ce dernier a deux sortes de nématoblastes. Mais peut-être *Protohydra* est-il la saccula sans tentacules de quelque forme qui, adulte, a des tentacules comme *Haleremita*.

APPENDICE

En appendice aux *Hydrida*, nous décrirons une forme très curieuse, dont les affinités n'ont pu être déterminées d'une manière

précise, en raison de l'étrangeté de son évolution et de l'ignorance où l'on est de son mode de reproduction. C'est le genre *Polypodium* (Ussov) (fig. 15 à 28). L'animal, au stade que nous prendrons pour point de départ et que l'auteur appelle la forme *mère*, se montre (fig. 15 et 16) sous l'aspect d'un polype de forme ramassée, avec un

Fig. 15.

Polypodium hydriforme
vu de profil
(d'ap. Ussov).

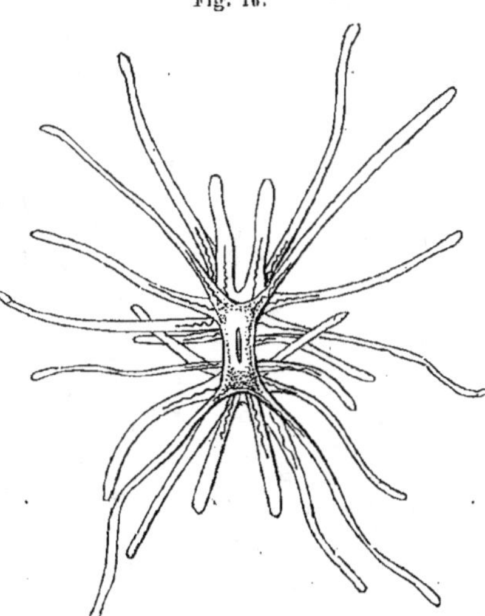

Fig. 16.

Polypodium hydriforme, vu de dessous
prêt à se diviser (d'ap. Ussov).

corps globuleux, surmonté d'un cône buccal percé au sommet d'une bouche et muni de 24 tentacules dont 16 *filiformes* servant à la fixation

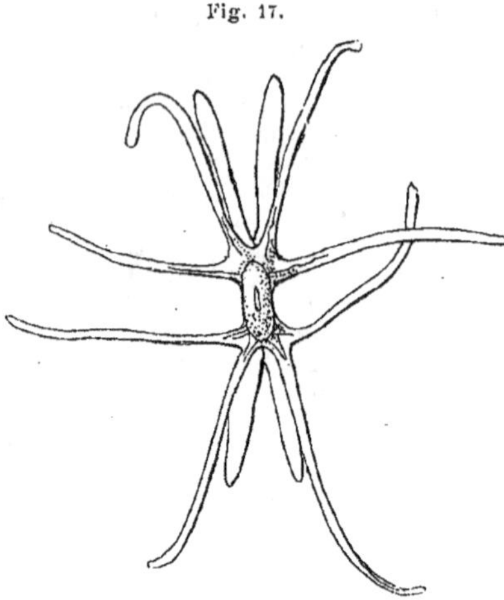

Fig. 17.

Polypodium hydriforme, génération fille, vue de dessous, prête à se diviser (d'ap. Ussov).

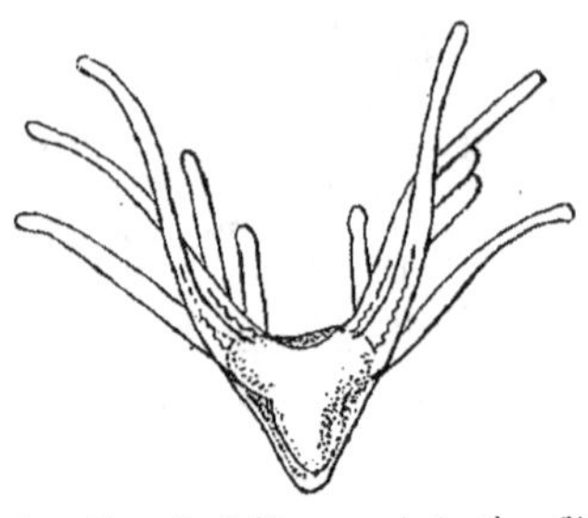

Fig. 18.

Polypodium hydriforme, génération fille, vue de profil (d'ap. Ussov).

et à la déambulation et 8 *claviformes*, très urticants, servant d'arme offensive ou défensive, rabattus vers le bas. Ces tentacules sont tous creux et communiquent avec la cavité du corps qui est libre et lisse. Il n'y a pas d'organes génitaux. L'animal habite l'eau douce, rampe dans la vase et se nourrit de spores végétales et d'Infusoires ou de Rotifères qu'il tue avec les nématoblastes de ses tentacules claviformes.

L'être, à ce stade, se multiplie par division longitudinale et donne deux individus *filles* (fig. 17 et 18), à 12 tentacules dont 4 claviformes, lesquels se divisent à leur tour en 2 individus *petites filles* (fig. 19 et 20) à 6 tentacules dont 2 claviformes. Dans la génération petite-fille, on observe deux formes, l'une à longs tentacules (fig. 19), l'autre à tentacules plus courts (fig. 20). Les

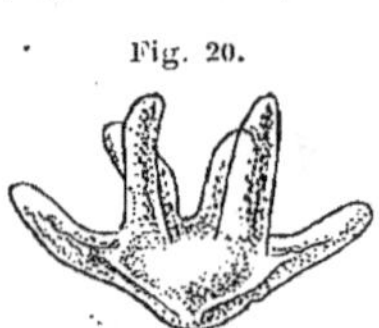

Fig. 20.

Polypodium hydriforme, génération petite fille, 2e forme, vue de profil (d'ap. Ussov).

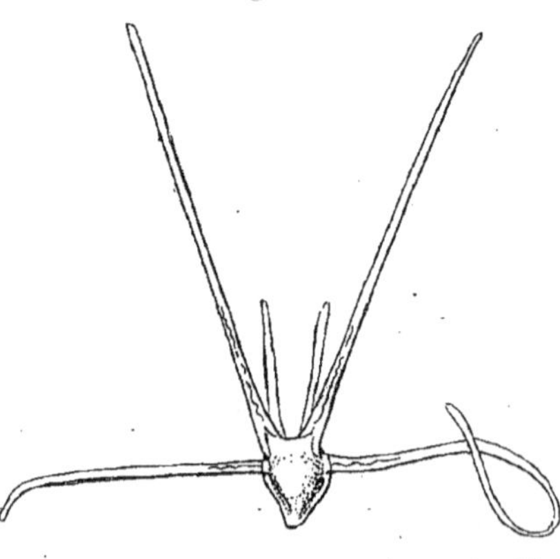

Fig. 19.

Polypodium hydriforme, génération petite fille, 1re forme, vue de profil (d'ap. Ussov).

filles et les petites-filles des deux formes sont capables, en se nourrissant, de grossir et de doubler le nombre de leurs tentacules pour se diviser ensuite (fig. 21), en sorte que chaque mère peut donner naissance finalement à une quarantaine d'individus. Mais, dans tout cela, pas d'organes génitaux. On ignore si ce Polype se transforme en Méduse, s'il devient sexué et comment. Il y a là une large lacune dans notre connaissance de l'évolution.

Fig. 21.

Polypodium hydriforme. Multiplication scissipare de la forme représentée fig. 20 (d'ap. Ussov).

On retrouve l'animal sous la forme d'une planula non ciliée, vivant en parasite dans les œufs de l'Esturgeon sterlet (*Acipenser ruthenus*). Cette forme *planula* n'a été vue que deux fois par Ussov [87] à qui nous devons tout ce que l'on sait sur cet être. Elle s'allonge vraisemblablement en une sorte de *stolon* que l'on trouve, fréquemment lui, dans les œufs, où il est obligé, pour y loger, de se contourner en spirale et atteint 15 à 17ᵐᵐ de long (fig. 22 et 23). Ce stolon est un tube contenant une cavité close et limité par une paroi formée d'endoderme et d'ectoderme, l'un et l'autre sur une seule assise, avec une couche musculaire intermédiaire : il ne semble pas y avoir de lame mésogléenne. Situé entre le vitellus et la membrane de l'œuf, il absorbe le vitellus par la face en contact avec cette substance et, par la face opposée, tournée vers le dehors, donne naissance à 16 renflements, étagés dans toute sa longueur et qui se développent en autant de *bourgeons de 1ᵉʳ ordre* (fig. 24). Ceux-ci sont de simples diverticules de la paroi stoloniale. Bientôt, chacun de ces bourgeons se divise en deux et l'on a ainsi 32 *bourgeons de 2ᵉ ordre*. Ceux-ci sont d'abord semblables aux précédents, mais bientôt ils forment par invagination de leur paroi 24 tentacules (fig. 25 et 26) qui, lorsqu'ils sont achevés, se dévaginent. Le stolon avec ses 32 bourgeons

Fig. 22.

Polypodium hydriforme. Larve vue par transparence dans l'œuf d'*Acipencer* de profil (d'ap. Ussov).

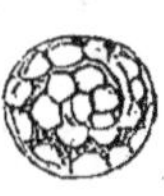

Fig. 23.

Polypodium hydriforme Larve vue par transparence par le pôle de l'œuf (d'ap. Ussov).

Fig. 24.

Polypodium hydriforme. Larve extraite de l'œuf d'*Acipenser* montrant les 16 bourgeons de 1ᵉʳ ordre (d'ap. Ussov).

Fig. 25.

Polypodium hydriforme. Larve montrant les 32 bourgeons de 2ᵉ ordre (d'ap. Ussov).

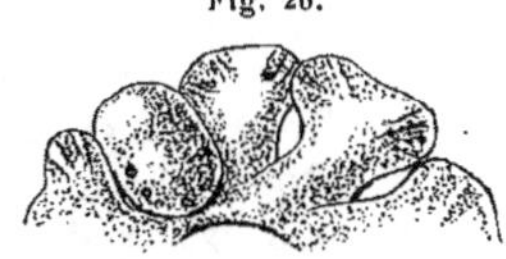

Fig. 26.

Polypodium hydriforme. Fragment grossi de la fig. 25 montrant les tentacules invaginés (d'ap. Ussov).

tentaculifères, se montre alors sous la forme qu'indiquent les figures ci-contre (27 et 28). L'évolution qui précède a duré 4 à 5 mois. À ce moment, les œufs infectés, au nombre de 4 sur 5 en moyenne, ne contiennent autre chose que le parasite qui a absorbé tout le vitellus. Il rompt alors l'enveloppe, devient libre et, en vingt-quatre heures, se divise en 32 segments comprenant chacun un bourgeon avec ses 24 tentacules et un appendice formé par son pédicule et par la portion du stolon qui lui a été attribuée par la division, lequel appendice devient l'hypostome percé de l'orifice buccal. Le bourgeon ainsi libéré n'est autre que l'individu mère qui nous a servi de point de départ.

Polypodium hydriforme. Larve montrant les 32 bourgeons de 2° ordre avec leurs tentacules invaginés (d'ap. Ussov).

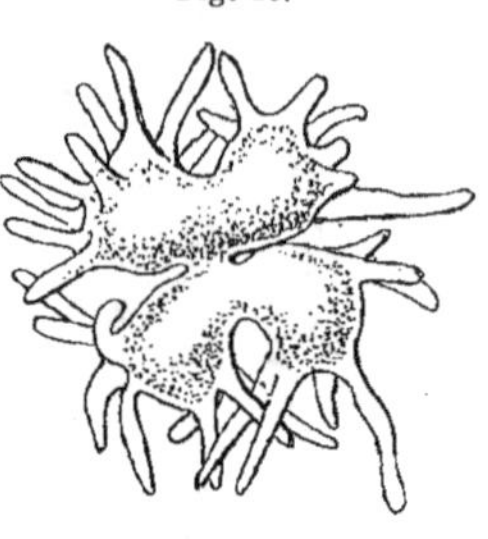

Polypodium hydriforme. Fragment de la larve représentée dans la fig. 27 et plus grossie (d'ap. Ussov).

Il est évident que les affinités réelles de l'animal ne pourront être déterminées que lorsqu'on connaîtra la forme sexuée qui donne naissance à la planula (Individu mère : corps 2ᵐᵐ,3 à 5ᵐᵐ ; parasite des œufs d'*Acipenser ruthenus*, dans le Volga).

2° ORDRE

LEPTOLIDES. — *LEPTOLIDA*

[*LEPTOLINÆ* (Häckel, *emend.*)]

TYPE MORPHOLOGIQUE
(Pl. 5 ET FIG. 29 A 32)

Ici, à l'inverse de l'ordre précédent, il existe une forme *Méduse libre* sexuée, dont les œufs donnent naissance, non à une Méduse semblable à la mère, mais à un Polype fixé appelé plus spécialement *Hydraire* et qui reproduit la Méduse par bourgeonnement.

Il y a donc normalement génération alternante.

Mais il arrive souvent que la Méduse n'arrive pas à son complet développement, qu'elle ne se détache pas du polype qui la forme, que, par suite de réductions de plus en plus accentuées, elle arrive à ne plus constituer qu'une saillie contenant des cellules sexuelles et à peine différente d'un ovaire ou d'un testicule.

Nous aurons à examiner ici ces divers cas comme autant de stades successifs d'une évolution régressive du type morphologique, car il n'y a pas un parallélisme rigoureux entre la classification zoologique et les caractères du cycle évolutif, en sorte que l'étude des types morphologiques secondaires ne nous fournirait pas l'occasion de présenter convenablement l'histoire intéressante des réductions progressives de la forme sexuée.

D'autre part, dans certains genres on constate que les *hydranthes*, c'est-à-dire les individus de la colonie de Polypes, ne sont pas tous semblables, certains d'entre eux subissant des réductions et des différenciations particulières d'où résulte un *polymorphisme* très accentué dont il sera utile de donner ici une idée.

Cycle à Méduses libres.

Méduse. — La Méduse (5, *fig. 1*) ressemble à celle qui a été décrite pour le type morphologique des *Hydrozoariæ* (voir p. 20), et est appelée Craspédote comme celle-ci. Ses tentacules sont ordinairement souples, creux, pourvus d'un canal central tapissé d'endoderme s'ouvrant à sa base dans le canal circulaire; mais souvent aussi ils sont pleins (*Pycnomerinthia* de Vanhöffen); ils restent toujours insérés au bord libre, ne descendent point sur l'ombrelle et, par suite, ne déterminent point, comme chez les Trachylides, la formation de *péronies*; le bord libre de l'ombrelle n'est pas pourvu d'un bourrelet de nématoblastes; l'animal est souple, délicat, peu musculeux; sa natation est peu énergique et non saccadée. Les organes des sens sont variables et nous aurons à les décrire quand nous passerons aux divisions du groupe. Ce sont ou des yeux ou des statocystes, ces derniers jamais portés au bout d'un statorhabde et toujours formés par l'ectoderme seul, sans participation de l'endoderme. Les masses génitales sont placées sur les canaux radiaires ou sur les parois stomacales.

La Méduse bourgeonne quelquefois (¹), engendrant ainsi toujours

---

(¹) Voici, d'après Chun [97] la liste des genres où le bourgeonnement a été observé :

Anthoméduses.

1° *Bourgeonnement sur le manubrium.*

    a) Dans tous les sens (*Margelidæ* de Häckel).

Cubogaster	*Rathkea*
Cytæis	*Lizuza*
Dysmorphosa	*Lizzia*
Mabella	

    b) En spirale autour du manubrium très allongé :

Dipurena	*Sarsia*

2° *Bourgeonnement à la base des tentacules :*

Amphicodon	*Corymorpha*
Codonium	*Hybocodon*
Sarsia	

3° *Bourgeonnement sur le bord ombrellaire :*   *Eleuteria*

Leptoméduses.

1° *Bourgeonnement sur les canaux radiaires :*   *Thaumantias*

2° *Bourgeonnement sur les poches stomacales :*

Epenthesis	*Gastroblasta*

exclusivement des Méduses (*Sarsia*). Mais ce sont des cas particuliers qui, malgré leur fréquence, ne sauraient être généralisés.

Les plus importants seront examinés à l'occasion des genres qui les présentent.

Normalement elle se reproduit par des œufs.

Développement de l'œuf. Formation de l'Hydraire. — L'œuf (**5**, *fig. 2*) est expulsé par l'orifice du velum, fécondé au dehors, et son développement a lieu tout entier hors de l'organisme maternel. Il est pourvu d'une notable quantité de vitellus nutritif. Sa division est néanmoins totale et égale ou sub-égale (**5**, *fig. 3* et *4*) ; et il donne naissance à une *morula* dont les éléments se disposent de bonne heure autour d'une cavité centrale en une seule couche (**5**, fig. 5). La *blastula* ainsi constituée se couvre de cils, nage et sa cavité se remplit peu à peu de cellules endodermiques qui se forment au pôle postérieur (**5**, *fig. 6*) et émigrent à l'intérieur suivant un processus qui a reçu le nom de *prolifération unipolaire*. La larve passe ainsi à l'état de *planula* (DALYELL) ou plutôt de *parenchymula* (**5**, *fig. 7*) (METCHNIKOV).

Après avoir nagé encore quelque temps, elle s'arrête et se fixe par le pôle antérieur (**5**, *fig. 8*). Le pôle fixé s'étale (**5**, *fig. 9*) et envoie des prolongements latéraux qui assurent la fixation. La partie dressée, d'abord plus étroite, se renfle en massue (**5**, *fig. 10* et *11*) ; des tentacules poussent en cercle autour de l'extrémité supérieure (**5**, *fig. 12* et *13*, tt.), et entre eux se perce, dans la paroi, une bouche (**5**, *fig. 14*, b.) qui met en communication avec le dehors l'intérieur où les cellules endodermiques se sont disposées en une seule couche autour d'une cavité gastrique centrale. Entre les deux feuillets se forme, par sécrétion sans doute de l'un et de l'autre à la fois, une mince lame anhiste, la lame mésogléenne.

Bourgeonnement. Formation de la colonie d'Hydraires. — Presque aussitôt formé, le jeune polype se met à bourgeonner, et cela de la manière la plus simple qui se puisse imaginer. Sur la partie cylindrique, intermédiaire au pied fixé et au renflement céphalique en massue, appelée le *pédoncule*, se forme une petite saillie (**5**, *fig. 14*, brg.) comprenant les trois couches du corps et un diverticule de la cavité gastrique. Cette saillie s'accentue, s'allonge, devient claviforme (**5**, *fig. 15*, brg.), une bouche se perce au sommet, un cercle de tentacules pousse autour de la bouche et voilà un nouvel individu formé, un blastozoïte (**5**, *fig. 16*, brg.), inséré par son pédoncule sur le pédoncule de l'oozoïte et dont la cavité gastrique communique à sa base avec la cavité gastrique de celui-ci ([1]).

([1]) D'après Albert LANG [92] c'est tout autrement que se formerait le bourgeon. Au point où se montre la saillie creuse, les cellules endodermiques seraient détruites, mangées par les endodermiques voisines et surtout par les ectodermiques, ou plutôt par certaines intermédiaires sous-ectodermiques (appartenant à l'ectoderme) du bourgeon, qui foisonneraient mitosiquement, traverseraient la membrane intermédiaire ramollie et passeraient dans la couche endodermique pour manger les cellules qui la constituent, se substituer à elles et, finalement,

Le bourgeonnement continue ainsi (fig. 29) non seulement sur l'oozoïte, mais sur les stolons rampants qui partent de sa base pour se ramifier à plat sur le support et aussi sur les blastozoïtes de toute génération dès qu'ils sont devenus assez grands.

Ainsi prend naissance une colonie de nombreux individus. C'est cette colonie que l'on appelle plus spécialement un *Hydraire* (¹).

La forme de la colonie est naturellement variable, étant dépendante du lieu d'apparition des bourgeons et de leur vitesse d'accroissement qui ne sont pas soumis à des règles fixes. Mais, dans chaque genre particulier, la loi de distribution des bourgeons est fixe (²).

Hydraire (Pl. 6). — Etudions maintenant de plus près la structure de l'Hydraire et, en particulier, de l'individu élément de la colonie, c'est-à-dire de l'hydranthe.

L'*hydranthe* a essentiellement la structure du Polype que nous avons décrite à propos du type des Cnidaires et des Hydrozoaires, mais présente certaines particularités qu'il nous faut indiquer. Sa forme est celle d'une petite massue dont la partie renflée correspond à la région céphalique libre, portant la bouche et les tentacules, tandis que le manche corres-

Fig. 29.

Hydrosome
d'*Hippocrene*
(*Bougainvillea ramosa*)
(d'ap. Allman).

---

former l'endoderme du bourgeon. Mais ces recherches ont provoqué une certaine méfiance ayant été entreprises pour vérifier des vues aprioristiques du maître de l'auteur, WEISMANN, dont la théorie du plasma germinatif et du triage des ides dans l'ontogenèse se conciliait mal avec la formation d'un individu aux dépens de nombreuses cellules primitivement indépendantes et appartenant à deux feuillets distincts. Aussi ont-elles été contredites par ANDREWS [92] et par BRÄM [94]. Ce dernier a constaté que la lame mésogléenne reste entière et que les ectodermiques ne se substituent pas aux endodermiques du bourgeon.

(¹) Ce terme d'Hydraire est l'expression zoologique servant à désigner la forme polypoïde du cycle évolutif. Pour la description anatomique, on le nomme plus spécialement *hydrosome*, ce terme désignant l'ensemble de la colonie fixée. ALLMAN, qui en est l'auteur, a proposé toute une série d'autres dénominations dont un certain nombre seulement a été consacré par l'usage. Dans l'hydrosome (**Pl. 6**), on peut distinguer l'*hydrophyton*, ensemble des ramifications, et les *hydranthes* (*polypites* d'Huxley), qui sont les polypes terminant les branches de l'hydrophyton. Dans ce dernier, d'autres auteurs ont proposé de distinguer l'*hydrorhize*, ensemble du système de stolons ramifié ou réticulé, couché à plat sur le support et l'*hydrocaule*, ensemble des rameaux dressés. Dans l'hydranthe on distingue la *tête* et le *pédoncule*, ce dernier étant la partie cylindrique qui continue le renflement terminal jusqu'à la branche la plus voisine de l'hydrocaule, dont il ne diffère pas d'ailleurs essentiellement. Allman distingue en outre le *gonosome*, ensemble des individus médusiformes sexués ou des organes sexuels représentant des Méduses réduites et qui restent fixées à la colonie, par opposition au *trophosome* formé de toute la partie asexuée de la colonie, qui a un rôle essentiellement nutritif.

(²) DRIESCH [89, 90] a montré qu'elle n'est pas essentiellement différente de celle que les botanistes ont étudiée dans le mode de ramescence des plantes : il retrouve la *grappe*, la *cyme*, etc. Dans certains cas, la larve se fixe non par l'extrémité antérieure, mais à plat, par le côté et se transforme tout entière en un stolon rampant qui se ramifie à plat sur le support et donne par bourgeonnement des hydranthes dressés.

pond au pédoncule creux mettant la cavité gastrique en communication avec celle des individus voisins par l'intermédiaire du canal axial de l'hydrophyton.

La bouche est fortement saillante au centre de la couronne tentaculaire, en une sorte de manubrium appelé plus spécialement le *cône buccal* ou *hypostome*. Les tentacules forment normalement une couronne péribuccale régulière. Mais non seulement leur nombre n'a rien de fixe (comme chez tous les Hydrozoaires par opposition aux Scyphozoaires) mais leur disposition même devient souvent irrégulière : parfois on les voit s'étager sur toute la hauteur du corps de l'hydranthe.

Ils sont en nombre modéré, disons une vingtaine; ils sont médiocrement longs, peuvent s'infléchir en tous sens, mais sans jamais présenter une très grande souplesse, car ils sont pleins, ayant leur axe occupé par une file de cellules endodermiques.

La structure est celle qui a été indiquée à propos du type général des Cnidaires.

L'ectoderme sécrète une cuticule d'épaisseur très variable, assez forte sur le pédoncule, plus mince sur l'hydranthe, nulle ou virtuelle sur les tentacules, que traversent les pointes excitatrices des nématoblastes. Quand elle est assez développée, on l'appelle *périderme* ou *périsarque*. Il est lui-même formé d'une assise superficielle prismatique, plus basse sur le pédoncule, plus haute sur les tentacules et le cône buccal, de cellules, les unes simples, de revêtement, les autres épithéliomusculaires, nombreuses surtout sur le cône buccal et les tentacules, rares, mais présentes cependant, sur le pédoncule. A ces éléments sont entremêlés quelques cellules glandulaires et de nombreux nématoblastes, abondants surtout sur les tentacules. Sous cette couche superficielle, entre les pieds des cellules, en dehors des prolongements musculaires, sont des cellules nerveuses pluripolaires formant un réseau délicat dont on a pu suivre les ramifications jusqu'aux cellules urticantes mais non sur les fibres musculaires, et des cellules interstitielles, éléments jeunes, formateurs de nématoblastes et de produits sexuels. La lame mésogléenne ne présente rien de particulier.

. L'endoderme forme deux parties distinctes : 1° le revêtement de la cavité gastrique et des canaux ; 2° l'axe des tentacules.

Dans la cavité gastrique, on observe les cellules prismatiques, munies d'un unique flagellum. Certaines d'entre elles sont épithélio-musculaires, à filament circulaire ; mais on ne rencontre ces dernières qu'au niveau du corps et surtout du cône buccal. Des cellules glandulaires sont aussi entremêlées à l'épithélium cilié, surtout au niveau du cône buccal.

Dans les tentacules il n'y a pas de cavité : leur axe est plein, formé d'une seule file de cellules à dégénérescence vacuolaire ; le protoplasma de ces cellules entoure le noyau central et forme entre les vacuoles un rare réseau de filaments qui vont s'insérer à la membrane épaissie. A

la base des tentacules, cette file axiale se jette, non pas sur l'endoderme gastrique, mais sur un anneau de cellules de même structure et
de même origine embryogénique, qui réunit circulairement tous les axes
endodermiques tentaculaires. Cet anneau, et par conséquent le système
endodermique tentaculaire, ne confinent pas directement à l'endoderme
gastrique, mais en restent séparés par la lame mésogléenne, séparation secondaire d'ailleurs, l'endoderme étant primitivement continu.

La membrane mésogléenne (pour laquelle ALLMAN a proposé le nom
inutile et inusité de *mésosarque*) reste partout mince et anhiste.

L'*hydrophyton* a essentiellement la même structure que le pédoncule
des hydranthes : il est, comme celui-ci, entouré d'un périderme chitineux, plus ferme que sur le pédoncule, sous lequel se trouvent les
trois couches du corps prenant ici, dans leur ensemble, le nom de
cœnosarque et limitant une cavité tubuleuse qui parcourt tout le système
des ramifications de l'arbuscule et des racines, entrant en communication à plein canal avec la cavité de tous les hydranthes, au point où
il se continue avec le pédoncule de ceux-ci. Son ectoderme a la structure habituelle ; les cellules épithélio-musculaires à fibrilles longitudinales y sont peu nombreuses, mais leur présence a été formellement
constatée par WEISMANN [81]. L'endoderme y est formé uniquement
de cellules pourvues d'un flagellum et dépourvues de prolongement
musculaire, en sorte que la couche circulaire interne de muscles
manque absolument dans l'hydrophyton. Le plus souvent, il y a un
espace notable entre le cœnosarque et le périderme auquel celui-ci
est rattaché par des tractus.

La *physiologie* de l'individu ne diffère pas de celle qui a été exposée
à propos du type général (voir p. 13). Chaque hydranthe se nourrit de
particules qu'il attire dans sa cavité gastrique au moyen de ses tentacules et du mouvement ciliaire de son endoderme. En ce qui concerne
l'ensemble de la colonie, il faut ajouter que le chyle résultant de la
digestion des divers hydranthes remplit le système de canaux de
l'hydrophyton, pouvant ainsi être utilisé également par tous les individus de la colonie quelle qu'ait été leur participation à l'alimentation
générale. Ce liquide est soumis à une vague circulation générale non
seulement par le jeu des cils des canaux, mais, ainsi que WEISMANN [81]
l'a montré, par des contractions locales dues aux fibres musculaires
ectodermiques de l'hydrophyton.

Bourgeonnement de la Méduse par l'Hydraire (Pl. 7). — En certains points
de la colonie, soit sur l'hydrophyton, soit sur les hydranthes, soit sur
des rameaux terminaux particuliers, spécialement affectés à cette fonction et appelés *blastostyles*, naissent par bourgeonnement, non plus des
hydranthes, mais des Méduses qui sont celles décrites au commencement de cet article (voir p. 39). Le processus commence comme pour
la formation d'un hydranthe (**7**, *fig. 1*), mais la protubérance initiale
formée des trois couches et d'un diverticule de la cavité gastrovasculaire,

dès qu'elle a pris un certain développement, au lieu de se percer au sommet d'une bouche, forme en ce point un épaississement ectodermique d'importance capitale, car c'est lui qui va déterminer la forme médusaire, et tout à fait caractéristique : on l'appelle le *nodule médusaire* (*Glockenkern* ou *Entocodon* de WEISMANN) (**7**, *fig.* 2, nd.) Ce nodule ne fait point saillie au dehors : il se développe en dedans, en refoulant le feuillet endodermique et la lame mésogléenne qui le séparent de la cavité intérieure. Bientôt, il se détache de la paroi ectodermique, se creuse d'une cavité et se montre alors sous l'aspect d'une vésicule épithéliale formée d'une seule assise cellulaire (**7**, *fig.* 3, nd.) et entourée d'une enveloppe complète dépendant de la lame mésogléenne.

Cette vésicule grandit rapidement en refoulant encore l'endoderme dans la cavité intérieure, de manière à réduire celle-ci à une fente. Dès ce moment, les parties principales de la future Méduse se trouvent indiquées : la cavité du nodule médusaire (**7**, *fig.* 4, **cv. o.**) représente en effet la cavité sous-ombrellaire. La vésicule médusaire, en se développant, a donné naissance, par ses parties proximale et latérale, à l'ectoderme sous-ombrellaire dont le feuillet endodermique refoulé par elle représente l'endoderme. La cavité sous-ombrellaire est, il est vrai, fermée ici du côté distal par une double membrane ectodermique (**7**, *fig.* 5. **vl.**) avec lame mésogléenne interposée, mais cette paroi se percera d'un trou central et la membrane annulaire restant en dehors de cet orifice deviendra le velum (**7**, *fig.* 6, **vl.**).

Quelques modifications bien simples suffisent à achever la Méduse. Au centre de la sous-ombrelle pousse une protubérance, le manubrium (**7**, *fig.* 5, **sp.**), au sommet duquel se perce la bouche ; le bord de l'ombrelle se développe circulairement, un peu au delà du velum, et forme les tentacules et les organes sensitifs (**7**, *fig,* 5 et 6, **tt.**) ; enfin, la cavité endodermique s'obstrue par accollement des deux lames endodermiques qui la limitent, sauf dans les points où doivent persister la cavité gastrique (**7**, *fig.* 5, **cv. gv.**) et les canaux (**7**, *fig.* 5 cn. **r.**) (¹).

Dans les tentacules s'étend, à mesure qu'ils se développent, un prolongement creux du canal circulaire.

Cette Méduse est encore fixée par son pôle aboral à l'Hydraire qui lui a donné naissance et communique largement par le fond de sa cavité gastrique avec le système gastro-vasculaire de celui-ci (**7**, *fig.* 5). Mais peu à peu, surtout par le fait du développement de la gelée dans l'ex-ombrelle, le point d'attache s'allonge et se rétrécit en un pédicule de plus en plus étroit qui finit par se couper, et la Méduse est mise en liberté (**7**, *fig.* 6) (²).

(¹) Cependant, le canal circulaire se formerait secondairement par séparation des feuillets endodermiques accolés à ce niveau.

(²) Dans certains cas (diverses espèces de *Bougainvillea, Syncoryne eximia*), l'ectoderme se dédouble en deux lames jusqu'au pédicule et la lame externe, appelée *ectothèque* par ALLMAN, forme une sorte d'enveloppe protectrice qui se rompt à maturité pour permettre à la Méduse

Cette Méduse présente, comme nous l'avons vu, des masses génitales situées dans la couche profonde de son ectoderme sous-ombrellaire, soit sur les parois du manubrium (**7**, *fig. 6, gtx.*), soit sur celles des canaux radiaires, et de ces œufs se développeront des larves qui recommenceront le cycle évolutif décrit ([1]) Les Méduses bourgeonnées par une même colonie d'Hydraire sont toutes de même sexe, les colonies étant normalement unisexuées ([2]).

Polymorphisme des hydranthes. — Le polymorphisme n'est pas ici, comme chez les Siphonophores que nous étudierons plus loin, la règle de l'organisme. C'est une exception limitée à des groupes, souvent même à des genres isolés. Nous pourrions presque n'en pas tenir compte dans l'étude du type morphologique.

Nous croyons cependant plus à propos de le signaler, puisque nous devons étudier les variations de la forme Méduse; mais nous ne ferons que donner un aperçu de la nature de ces variations, nous réservant d'entrer dans le détail de la structure à l'occasion des groupes ou des genres qui les présentent.

Ces variations consistent dans une différenciation de certains individus de la colonie, en vue d'une fonction particulière, avec atrophie des organes relatifs aux fonctions perdues et développement de ceux qui servent à la fonction pour laquelle l'individu s'est différencié.

La différenciation se fait en vue de trois fonctions : l'alimentation, la production par bourgeonnement d'individus de la forme sexuée et la défense de la colonie.

En vue de l'alimentation, se sont différenciés les *gastrozoïdes* : ce sont des formes rares qui ne se rencontrent que dans le groupe très particulier des *Hydrocorallidæ* et qui diffèrent de l'hydranthe normal simplement par la largeur de sa bouche et la réduction ou la disparition des tentacules.

Bien plus fréquents sont les *blastostyles* (fig. 30, *bsts.*), différenciés en vue de la formation des individus médusiformes sexués : ce sont de courts rameaux terminaux de l'hydrophyton, représentant un hydranthe dépourvu de bouche et de tentacules, ou n'ayant tout au moins que des tentacules rudimentaires. Sur ces blastostyles bourgeonnent de nombreux individus médusiformes : Méduses, Médusoïdes ou gonophores. On en rencontre chez un grand nombre de Leptolides.

La différenciation en vue de la défense de l'organisme se manifeste

---

de s'échapper. La présence d'un ectothèque est au contraire normale, comme nous le verrons plus loin, dans les gonophores et les sporosacs.

([1]) Certaines de ces Méduses peuvent se multiplier par scission longitudinale : tels sont *Phialidium* et peut-être *Gastroblasta* (voir à la description de ces genres).

([2]) Il y a quelques exceptions : *Eleutheria* est hermaphrodite; chez *Myriothela*, les gonophores ♂ et ♀ se rencontrent côte à côte sur les mêmes blastostyles; divers *Sertularinæ* présentent les deux sexes sur les mêmes branches de la colonie; enfin, chez *Dicoryne*, les colonies ont des branches mâles et des branches femelles.

sous diverses formes, toujours astomes et le plus souvent richement armées de nématoblastes.

Les *dactylozoïdes* des Hydrocorallines et les *zoïdes spiraux d'Hydractinia* (fig. 30, *z. s.*) et de *Podocoryne* ne diffèrent des hydranthes normaux que par l'absence de bouche et la réduction des tentacules à une tige plus ou moins longue, armée de très nombreux nématoblastes, ordinairement groupés en un bouton urticant. Ils ont une riche musculature ectodermique longitudinale qui leur permet de s'incliner énergiquement vers les points attaqués et d'opposer leurs nématoblastes à l'ennemi.

Les *nématophores* des Plumularinées sont encore plus réduits, au point que leur nature d'individus de la colonie, quoique certaine, n'est plus évidente.

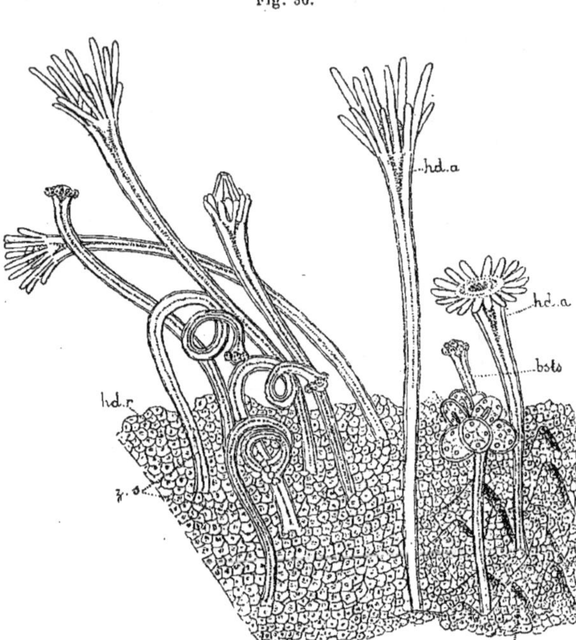

Fig. 30.

Portion marginale de l'hydrosome de *Hydractinia echinata*
(d'ap. Allman).

bsts., blastostyle portant des sparosacs; **ep.**, épines; **hd. a.**, hydrorhize;
z. s., zoïdes spiraux.

Leur cavité gastrique est si peu apparente qu'on l'avait crue absente, leur endoderme étant réduit à un cordon axial de cellules; mais NUTTING [98] a montré qu'elle était persistante. On les voit émettre des prolongements tout à fait semblables aux pseudopodes des Amibes. Ces pseudopodes sont chargés d'ordinaire de nématoblastes; mais, dans certains cas, les nématoblastes sont remplacés par des *cellules adhésives*, ou bien l'on rencontre les deux sortes d'appareils en même temps. Ils sont plus petits que les hydranthes nourriciers. Parfois ils sont nus; mais d'ordinaire, ils sont contenus dans une loge chitineuse dépendant du périderme et correspondant pour eux à ce qu'est l'hydrothèque pour les hydranthes. On distingue alors cette loge, *sarcothèque* du nématophore proprement dit, appelé *sarcostyle* ou *machopolype*. On les trouve chez tous les *Plumularinæ* et, très exceptionnellement, dans les groupes voisins. Ils sont situés sur les branches de l'hydrocaule ou annexés aux hydrothèques ou aux gonanges. Les uns sont fixes, les autres ont leur sarcothèque articulée. Metchnikov pense que certains, dépourvus de nématoblastes, ont un rôle phagocytaire ([1]).

Une dernière forme est représentée par les *épines* de *Podocoryne* et d'*Hydractinia*, dépourvues de toute structure polypiforme, réduites à une protubérance pointue, privées de nématoblastes et ne défendant la colonie que d'une manière passive par leur rigidité et leur forme pointue.

Réductions de la Méduse. — Le type ci-dessus décrit peut subir, avonsnous dit, diverses réductions portant sur la structure et la physiologie de la forme Méduse et que nous devons étudier.

1. *Médusoïdes libres* (**7**, *fig.* 7). — La première réduction que subit la Méduse est la fermeture de la bouche; en même temps, les tentacules disparaissent, le velum et les organes sensitifs du bord de l'ombrelle disparaissent également ou sont rudimentaires. Mais, dans tout le reste de l'organisation, la forme Méduse reste nettement exprimée : il y a une ombrelle avec mésoglée abondante, une sous-ombrelle, des canaux radiaires, etc. Une fois mûr et pourvu de masses génitales, le médusoïde se détache et, bien qu'étant dépourvu de bouche il ne puisse se nourrir, peut vivre et se mouvoir assez longtemps pour disséminer les produits sexuels et favoriser ainsi l'extension de l'espèce. (Ex. : *Pennaria*) ([2]).

2. *Médusoïdes fixes* (fig. 32). — Ils ont les mêmes caractères que les précédents, mais ne se détachent pas à maturité, le velum reste rudimentaire ou nul et la mésoglée ombrellaire ne se développe pas, en sorte que la paroi de la cloche reste mince et membraneuse. Leur degré

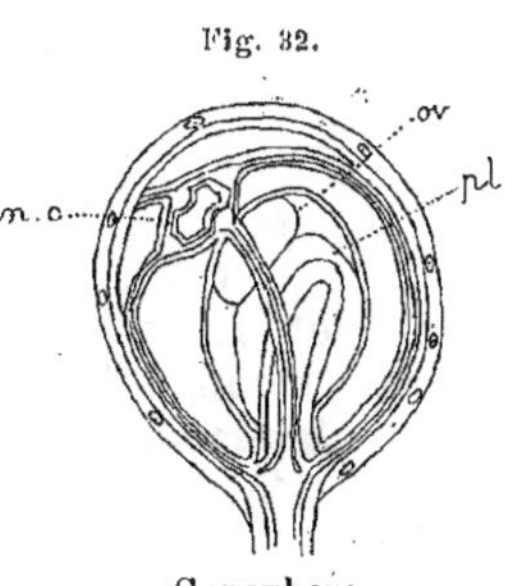

Fig. 32.

Gonophore
de *Tubularia indivisa*
(d'ap. Allman).
cn. c., canal circulaire;
pl., plasma ovarien; **ov.,** ovule.

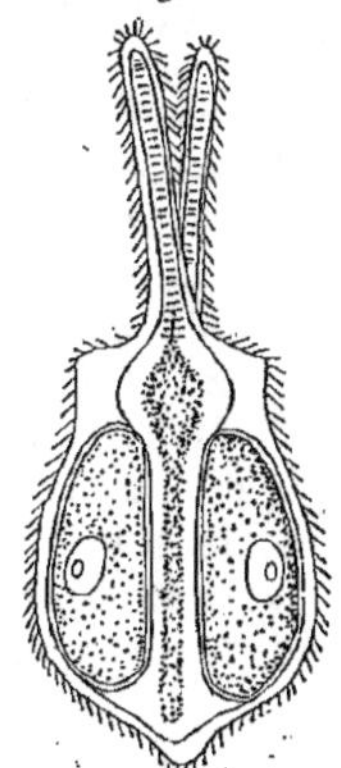

Fig. 31.

Sporosac libre de
Dicoryne vu de profil
(d'ap. Allman).

([1]) Voir aux genres des *Plumularinæ* de plus amples détails sur ces intéressants appareils.

([2]) Dans un seul cas, on voit devenir libre une forme beaucoup plus regressée : c'est dans le genre *Dicoryne*, où un simple sporosac (ou tout au plus gonophore) devient libre fig. 31). Par contre, dans des cas fort rares (*Syncoryne eximia*), il arrive que certaines Méduses parfaites, au lieu de se détacher comme leurs voisines de la même colonie ou de la même branche, restent fixées et développent sur place leurs produits sexuels. C'est un intéressant terme de transition vers les gonophores sessiles.

de réduction est ordinairement plus avancé que chez les Médusoïdes libres, en ce sens que les vaisseaux radiaires sont plus ou moins atrophiés (Ex. : *Tubularia, Cladocoryne* ♀). Mais il peut en être autrement. Chez *Tubularia indivisa*, il y a 4 canaux radiaires et un canal circulaire; la paroi ombrellaire se perce même, dans l'espace entouré par le sinus, d'un orifice correspondant à celui du velum, et la cavité de la cloche communique avec le dehors par un orifice correspondant de l'*ectothèque*. Dans une forme, appelée par Allman *méconidie*, non seulement les canaux sont bien développés, mais les tentacules peuvent être complètement développés (Ex. : *Gonothyrea*).

3. *Gonophores* (**7**, *fig. 8*). — Ici, la réduction fait un nouveau pas : la cloche est entièrement fermée et ne communique pas avec le dehors; sa cavité, en outre, est virtuelle, le manubrium étant en contact avec la sous-ombrelle; enfin, la gelée de l'exombrelle ne se développe pas, en sorte que l'être est réduit à un simple sac entièrement clos, dépourvu de tentacules, qui n'a plus forme de Méduse. C'est une Méduse réduite cependant, et il n'y a pas à en douter, car dans le développement se retrouve le *nodule médusaire* caractéristique.

Dans la mince membrane qui forme la paroi de la cavité virtuelle de la cloche, on retrouve, en outre, toutes les couches caractéristiques : un ectoderme exombrellaire, une lame mésogléenne, une lame endodermique (unique il est vrai, représentant, comme la lame cathamnale interposée aux canaux radiaires des Méduses, le sac endodermique dont les deux parois sont réduites à une seule avec disparition complète de la cavité), une seconde lame mésogléenne et enfin la couche ectodermique sous-ombrellaire confinant à l'ectoderme du manubrium. Celui-ci conserve, sauf l'absence de bouche, générale chez toutes ces Méduses réduites, la structure normale (Ex. : *Clava, Hydractinia, Plumularia*).

Le gonophore est entouré normalement de cette membrane spéciale, que nous avons vu exister exceptionnellement autour des bourgeons des Méduses libres, l'*ectothèque* d'Allman (**7**, *fig. 8, ecth.*), qui est séparé de lui par un étroit espace virtuel ('').

Dans certains cas, la cavité de la cloche, non seulement devient virtuelle, mais disparaît entièrement, l'ectoderme du manubrium et celui de la sous-ombrelle se fusionnant en une lame unique (Ex. : *Campanularia* ♀, *Opercularella, Halecium*).

4. *Sporosacs* (**7**, *fig. 9*). — A ce dernier terme de la réduction, la

---

(¹) Allman donne le nom d'*endothèque* à la membrane formée par la paroi ectodermique du manubrium et celui de *mésothèque* à celle formée par la paroi de la cloche. L'ensemble des couches situées en dehors de l'endoderme du manubrium *(spadice)* constitue le *perigonium*; les produits sexuels sont entre le spadice et le perigonium. De tous ces termes, celui d'ectothèque mérite seul d'être conservé, car seul il désigne une formation non indiquée dans la nomenclature générale des couches de l'animal. On utilise cependant aussi celui de spadice (**7**, *fig. 8, sp.*).

lame endodermique comprise entre les ectodermes exombrellaire et sous-ombrellaire disparaît à son tour, les couches se fusionnent et l'on n'a plus, finalement, qu'un manubrium avec la structure ordinaire et chargé de produits sexuels sous-ectodermiques, logé dans un sac formé d'une membrane ectodermique simple ou double, selon qu'il comprend ou non un ectothèque (Ex. : *Cordylophora, Heterocordyle, Eudendrium, Campanularia* ♂). Dans ce cas, il n'y a plus dans le bourgeonnement de nodule médusaire, en sorte que l'on pourrait se demander si l'on a bien affaire encore à une réduction de la Méduse primitive. Mais la preuve qu'il en est bien ainsi est fournie par le fait que, dans certains cas (*Campanularia flexuosa*), les colonies ♂ ont des sporosacs, tandis que les colonies ♀ forment des gonophores qui sont incontestablement dérivés des Méduses, puisqu'ils se développent par un nodule médusaire.

Cette série de formes fournit un remarquable exemple de réduction d'*individus* libres, à l'état de simples *organes* d'un organisme colonial. L'explication la plus vraisemblable de ces phénomènes a été fournie par Weismann [83] qui leur donne pour cause une maturation précoce des produits sexuels, à un moment où la Méduse chargée de les disséminer n'a pas eu encore le temps de développer ses organes.

Dans la pratique, on réunit d'ordinaire les formes médusaires qui deviennent libres, sous les noms de *Méduses;* et toutes celles qui restent fixées, sous celui de *gonophores;* et cela est d'autant plus utile que, dans bien des cas, on n'a pas décrit les choses avec assez de détail pour permettre des distinctions plus précises. Nous ferons souvent ainsi (¹).

(¹) Il y a de nombreuses divergences dans le dénombrement et la dénomination de ces divers stades de réduction. Nous avons suivi la nomenclature de Weismann [83], sauf que nous n'avons pas établi deux divisions dans les gonophores selon le degré de réduction de leur système endodermique. Nous avons cru devoir conserver aux *sporosacs* ce nom qui leur avait été donné par Allman et auquel Weismann a substitué celui de *sporophores*. Nous avons en outre substitué pour les Médusoïdes le terme *fixe* au terme *sessile* (*sessile Medusoïden, sessile Gonophoren*) qui a, en français, un tout autre sens, celui de fixation directe sans pédoncule. Chun, dans ses *Cœlenterata* (dont la publication est encore bien peu avancée) du *Thier Reich* de Bronn, appelle *Médusoïdes* toutes les Méduses réduites, libres ou fixes, à la condition qu'elles soient dépourvues de bouche, et applique cette dénomination aussi bien aux formes médusaires non pourvues de produits sexuels, comme les cloches natatoires des Siphonophores. Par contre, il applique le nom de *gonophores* aux Médusoïdes pourvus de produits sexuels même quand ils sont libres. Cette manière de faire ne nous paraît pas très heureuse. Allman avait proposé les noms de *planoblaste* pour toutes les formes qui deviennent libres et qui sont presque toujours médusiformes (sauf l'exception de *Dicoryne*) et celui d'*hédrioblaste* à toutes celles qui restent fixées (gonophores et sporosacs); il appelait *Médusoïde* ce que nous avons appelé gonophore et appliquait le nom de *gonophore* à tout corps ou individu reproducteur indistinctement, à toute individualité de son *gonosome*. Dans ses gonophores, il appelle *phanérocodoniques* ceux qui ont les organes et la forme d'une Méduse : ce sont nos Méduses, Médusoïdes et gonophores, et *adelocodoniques* ceux qui sont réduits à un sporosac. Il appelle aussi *gonochèmes* les gonophores phanérocodoniques et *blastochèmes* les individus médusiformes (phanérocodoniques) non sexués et doués de la faculté blastogénétique. Cette nomenclature n'a pas été suivie. Van Beneden [66] avait proposé le nom de *téléon* pour les Méduses

L'ordre des *Leptolida* se divise en trois sous-ordres :

Gymnoblastidæ : hydrosome formant de petites colonies arborescentes, à périderme ne s'étendant pas sur les hydranthes et toujours adhérent à l'épiderme; hydranthes à endoderme gastrique plissé longi-

et Médusoïdes qui se détachent et celui d'*atrophion* pour les Médusoïdes fixes, gonophores, sporosacs, etc., qui ne se détachent pas. Ces noms n'ont pas été acceptés.

Origine des produits sexuels. — On a longtemps cru que les éléments sexuels prenaient naissance au point même où se trouvent les organes génitaux chez la forme adulte qui les porte. Mais les recherches de Weismann [80, 82, 83] et de de Varenne [81, 82] ont montré qu'il n'en était pas ainsi. On trouve, en effet, chez l'Hydraire, dans les couches mêmes du cœnosarque, souvent à bonne distance du point où bourgeonnera la forme sexuée, des cellules germinales qui se différencient nettement des cellules voisines par leur taille et se distinguent déjà en ovocytes ou spermatocytes (selon le sexe de la colonie). Ces cellules, éparses dans le cœnosarque, se groupent peu à peu, au fur et à mesure qu'elles approchent du point où elles doivent s'arrêter, ce qui montre qu'elles sont entraînées là non seulement par l'accroissement général des tissus, mais par un déplacement propre dû à des mouvements amiboïdes. Leur concentration en un point de plus en plus circonscrit précède d'ailleurs la formation du bourgeon sexué, ce qui vient à l'appui de l'opinion émise par de Varenne, qu'à leur présence peut être attribué, en partie au moins, le déterminisme de la formation du bourgeon.

Sur plusieurs points importants, Weismann et de Varenne sont en désaccord, en sorte qu'il est difficile de se prononcer. En général, cependant, nous pensons qu'il est convenable d'accepter l'opinion de celui qui se prononce pour l'affirmative, surtout quand elle est appuyée sur de bonnes figures, car on est plus certain de l'existence de ce qu'on a vu que de l'absence de ce qu'on n'a pas vu. Nous admettrons donc avec Weismann, dont les recherches sont d'ailleurs beaucoup plus étendues que celles de son contradicteur, que l'origine première des produits sexuels peut être soit endodermique, soit ectodermique, ceux-ci, dans le premier cas, traversant la membrane limitante pour passer dans l'ectoderme où se trouvent toujours localisés finalement les organes génitaux. Dans certains cas même, l'origine peut être différente pour les deux sexes d'une même espèce : par exemple, chez *Campanularia flexuosa* dont les testicules sont d'origine ectodermique, tandis que les ovaires proviennent de l'endoderme. — Van Beneden [74] s'est efforcé de démontrer que toujours les produits mâles proviennent de l'ectoderme et les femelles de l'endoderme. Cette vue, établie d'après un trop petit nombre de cas et indûment généralisée, a été soutenue par les élèves de ce savant, en particulier par Fraipont [80]. Mais elle ne tient pas devant l'examen. Chez *Eudendrium racemosum*, par exemple, les produits mâles sont au contraire endodermiques et les femelles ectodermiques (Weismann) et, chez la plupart des autres Hydraires, les deux produits appartiennent l'un et l'autre au même feuillet. De Varenne n'a trouvé, lui, aux produits sexuels, qu'une origine endodermique dans tous les cas. Il n'admet pas même que ces produits sortent à un moment quelconque de l'endoderme et, pour expliquer leur présence (apparente selon lui) dans l'ectoderme du manubrium ou des canaux, il admet qu'au niveau des organes génitaux un nouvel endoderme secondaire se forme par bourgeonnement des cellules endodermiques primitives, en dedans de l'endoderme contenant les éléments sexuels, qui prend ainsi la situation relative et l'apparence d'un ectoderme, tandis que l'ectoderme vrai et la lame mésogléenne s'atrophieraient et seraient réduits à une lamelle externe insignifiante. Mais ses figures ainsi que ses descriptions sont, sur ce point, peu démonstratives.

Weismann pense que l'origine cœnosarcique des produits sexuels n'est pas générale et que, dans bien des cas, ces produits prennent naissance *in situ*, au point où se trouvent chez la forme sexuée la glande génitale. Il en serait ainsi en particulier pour toutes les formes à Méduses libres. Il distingue une origine *cœnogonique* (aux dépens du cœnosarque) très générale dans les formes à gonophores ou à sporosacs et une origine *blastogonique* (*in situ* dans le bourgeon) constante dans les Méduses libres.

Mais de Varenne affirme que, dans les deux seules Méduses qu'il ait étudiées (appartenant

tudinalement; reproduction soit par des Méduses libres appelées *Antho-méduses* (¹), pourvues de 4 à 8 canaux radiaires, ayant pour organes sensitifs des ocelles (Ocellates) et portant les masses génitales sur les parois du manubrium, soit par des formes réduites à l'état de médusoïdes sessiles, de gonophores ou de sporosacs nus, non contenus dans un sac formé par le périderme.

CALYPTOBLASTIDÆ : *hydrosome* comme chez les précédents, sauf que l'endoderme n'est pas plissé et que le périderme s'écarte de l'épiderme au sommet des pédoncules des hydranthes et s'évase autour de ceux-ci en une cupule appelée hydrothèque où ils sont libres de se mouvoir; se reproduisant soit par des Méduses libres appelées *Lepto-méduses* (¹), pourvues de canaux radiaires en nombre variable et souvent très grand, et, en fait d'organes sensitifs, d'ocelles (Ocellates) ou, plus souvent, de vésicules marginales ou statocystes (Vésiculates), et portant les masses génitales sur les canaux radiaires, soit par des formes réduites à l'état de Médusoïdes sessiles, de gonophores ou de sporosacs contenus, comme les hydranthes, dans un sac clos de périderme, *gono-thèque*, qui ne s'ouvre qu'à maturité.

HYDROCORALLIDÆ : Hydraires formant des colonies massives ou ramifiées dans lesquelles les hydranthes, dépourvus de tænioles, sont noyés dans une masse calcaire représentant un périderme épaissi et calcifié; se reproduisant aussi par des Méduses libres.

Dans les deux premiers sous-ordres, une difficulté particulière se présente pour la classification.

Les Méduses d'Hydraires et leurs Polypes ont été connus bien avant que l'on eût reconnu leurs relations génétiques et ont reçu des noms génériques différents, en sorte que la plupart des genres ont deux noms génériques : un pour la forme Méduse, un pour la forme Hydraire. Bien plus, les Méduses ayant une organisation plus compliquée, présentent plus de caractères taxonomiques que les polypes correspondants, en sorte que plusieurs genres de Méduses correspondent à un même genre d'Hydraire. (L'Hydraire *Bougainvillea*, par exemple, correspond par ses diverses espèces aux genres de Méduses *Margelis* et *Hippo-crene;* et il y en a bien d'autres.) En outre, les auteurs se sont partagés en deux catégories, les uns étudiant surtout les Hydraires et dénom-

---

d'ailleurs à deux groupes différents, *Podocoryne carnea* et *Obelia geniculata*), les cellules sexuelles et, en particulier, les ovocytes se montrent très nettement dans l'endoderme du cœnosarque, avant toute indication du bourgeon qui doit former la Méduse. Ses figures sont très claires et nous admettons d'autant mieux son opinion que Weismann, qui soutient la négative, n'a pas tenu compte des travaux de de Varenne.

(¹) La correspondance entre les Gymnoblastes et Anthoméduses d'une part et les Calyptoblastes et Leptoméduses d'autre part, est absolue à deux exceptions près : l'Anthoméduse *Lizzia* correspondrait, d'après ALLMAN, au Calyptoblaste *Leptoscyphus,* et la Leptoméduse *Octorchis*, d'après CLAUS, au Gymnoblaste *Campanopsis*.

mant les genres par la forme Hydraire, les autres étudiant les Méduses et appliquant au genre le nom de la Méduse. Ces derniers ont évidemment raison (¹) au point de vue logique; mais il arrive alors que dans les formes à médusoïdes sessiles et gonophores, on est obligé de revenir à l'Hydraire, en sorte qu'il n'y a plus d'unité dans la taxinomie (²).

Nous avons pris le parti de donner tous les genres, aussi bien de Méduses que d'Hydraires, en les réunissant dans une classification unique dans laquelle nous avons, le plus possible, tenu compte des résultats obtenus par les zoologistes qui ont cherché à classer séparément les deux formes. On verra à propos de chacune des deux tribus, de quelle manière nous avons tenté de résoudre la question.

1ᵉʳ Sous-Ordre

GYMNOBLASTIDÉS. — *GYMNOBLASTIDÆ*

[TUBULAIRES; — *TUBULARIÆ* (Agassiz); — *ATHECATA* (Hincks);
GYMNOBLASTES; — *GYMNOBLASTEA* (Allman); — GYMNOTOCA (Carus) *p. p*;
INTÆNIOLATÆ (Hamann);
MÉDUSES ACRASPÈDES (*p. p.*); — *p. p. ACRASPEDÆ* (Gegenbaur);
MÉDUSES PHANÉROCARPES *p. p.*; — *p. p. PHANEROCARPÆ* (Eschsholtz);
ANTHOMÉDUSES; — *ANTHOMEDUSÆ* (Häckel); — *ANTHUSÆ* (Häckel);
OCÉANIDES *p. p.*; — *OCEANIDÆ p. p.* (Gegenbaur);
MÉDUSES OCELLATES]

TYPE MORPHOLOGIQUE
(Pl. 8)

Hydraire. — Il est conforme à celui que nous avons décrit à propos du type des *Leptolida*, sauf les particularités suivantes. La forme générale de l'hydranthe est allongée, tubuleuse (**8**, *fig. 1*), d'où le nom de *Tubulaires*. Les tentacules (*tt*) sont souvent disséminés sans régularité sur la longue tête de l'hydranthe au lieu d'être groupés en couronne régulière autour de sa bouche (³). La cuticule (*prd.*) reste mince

---

(¹) Si l'on voulait appliquer ce système dans toute sa rigueur, il faudrait aussi, pour être logique, classer les Siphonophores Calicophorides, d'après les caractères de leurs Eudoxies ou de leurs Ersées. Qui voudrait renoncer cependant aux caractères fournis par les cloches natatoires du nectosome?

(²) LENDENFELD [84, 87] a tenté de donner une classification générale. Mais son essai a été des plus malheureux. Il a, en effet, séparé les formes qui ont des Méduses libres ou des Médusoïdes fixes [*Hydromedusinæ*, Lendenfeld] de celles qui ont une reproduction directe ou des gonophores [*Hydropolypinæ*, Lendenfeld], en considérant les gonophores comme des Polypes modifiés et les Médusoïdes comme des Méduses réduites. Cela l'a conduit à séparer des êtres ayant les affinités les plus étroites et à bouleverser la classification. Il n'a pas été suivi.

(³) C'est dans ce dernier cas seulement que leur axe plein endodermique se jette sur un anneau péribuccal endodermique séparé de l'enveloppe gastrique par la lame mésogléenne. Quand ils sont dispersés, leur axe endodermique se jette directement sur l'endoderme gastrique, sans interposition de la lame mésogléenne.

et mérite à peine le nom de périderme, sauf parfois sur l'hydrophyton
et les pédoncules; elle s'avance parfois sur la base des renflements
céphaliques, mais laisse toujours libres les tentacules et, sauf une
exception, la partie supérieure du corps. Toujours elle reste adhérente à
l'ectoderme.

A l'intérieur, on remarque que l'endoderme, au lieu de tapisser la
cavité gastrique parallèlement à l'ectoderme, forme des replis verticaux. Ces replis sont assez irréguliers, épais, peu saillants. Ils commencent en général au nombre de 5 à 6 dans le cône buccal, se divisent
et deviennent plus nombreux dans la cavité gastrique, mais s'effacent
avant d'en atteindre le fond. Ils sont formés par l'endoderme seul sans
participation de la lame mésogléenne (¹); par tous ces caractères ils se
distinguent des *cloisons* que nous aurons à décrire chez les Scyphozoaires.

Méduse. — La Méduse (**8**, *fig. 2* et *3*) appartient au groupe de celles
appelées par Häckel *Anthoméduses* et par Gegenbaur *Océanides* dans leur
classification générale de ces animaux. Elle naît de bourgeons toujours
nus, c'est-à-dire auxquels le périderme ne fournit pas une enveloppe,
d'où les noms de *Gymnoblastes*, *Gymnotoques*.

Construite, pour l'ensemble, conformément au type de celle des
Leptolidæ, elle se caractérise en outre par les traits suivants. Elle est,
en général, de forme élevée, plus haute que large, souvent munie au
pôle aboral d'un prolongement conique contenant un diverticule cœcal
de l'estomac (**8**, *fig. 2*, **dvt.**). Elle a quatre tentacules perradiaux (**tt.**)
auxquels peuvent s'en adjoindre quatre interradiaux, voire même
d'autres encore, plus ou moins irrégulièrement distribués. A la base
externe de chaque tentacule se trouve un ocelle (**y.**), d'où le nom de
Méduses ocellates. Cet *ocelle*, très simple, est situé dans l'ectoderme et
se compose simplement d'un amas de cellules sensitives enchâssées
dans une masse de cellules pigmentaires situées plus profondément.
La cuticule peut, au niveau de l'œil, former un épaississement convexe
qui joue le rôle de lentille. Il n'y a jamais de statocystes.

L'estomac peut occuper deux situations différentes. Normalement
(**8**, *fig. 2*, **est.**), il est au centre de la cupule ombrellaire et ne présente
alors rien de particulier. Il en est toujours ainsi lorsqu'il présente un
prolongement aboral. Mais d'autres fois, il est contenu dans le manubrium (**8**, *fig. 3*, **est.**). Du centre de l'ombrelle s'avance un prolonge-

---

(¹) Hamann [82] attribue une importance très grande et certainement exagérée à ces replis
qu'il compare aux *tænioles* des Acalèphes (voir plus loin) et auxquels il donne le même nom.
Il oppose de ce chef les Gymnoblastidés sous le nom de *Tæniolatæ* aux Calyptoblastidés qui
sont, comme les Hydrides (*Hydra*), *Intæniolatæ*.

Les Siphonophores et les Scyphozoaires sont aussi *Tæniolatæ*. Parmi les Téniolates
Gymnoblastes, il fait une place à part au *Spongicola* chez qui la membrane limitante pénètre
dans les ténioles (*Colloblastæ*), tandis que chez tous les autres l'endoderme seul forme les
replis (*Acolloblastæ*). Les Acalèphes sont aussi colloblastes.

ment de la mésoglée (**8**, *fig. 3, p.*), le long duquel descendent les canaux radiaires avant de se réfléchir pour suivre la concavité de l'ombrelle et arriver au canal circulaire. C'est exactement la disposition que nous décrirons avec plus de détail sous le nom de *pédoncule stoma-cal* à propos des Trachymédusidés dont plusieurs présentent cette disposition avec beaucoup de netteté. Il y a normalement quatre canaux radiaires perradiaux (**8**, *fig. 4, cn. r.*), très rarement six (*fig. 6, cn. r.*) ou huit (*fig. 5, cn. r.*), jamais plus. Les tentacules sont tantôt creux et en communication avec le sinus circulaire (**8**, *fig. 2*), tantôt à axe endodermique plein (**8**, *fig. 3*). Les masses génitales sont situées sur les parois du manubrium où tantôt elles forment quatre groupes (**8**, *fig. 4, gtx.*) ([1]), parfois divisés en quatre paires par un muscle perradial passant au milieu de chacune d'elles (**8**, *fig. 5, gtx.*), tantôt sont confluentes en une zone annulaire continue (**8**, *fig. 6, gtx.*).

Ces Méduses libres sont fréquemment remplacées par des gonophores ou des sporosacs, parfois absentes. Il arrive qu'elles peuvent se reproduire à l'état de Méduses par bourgeonnement (*Sarsia*). Mais ce sont là des caractères particuliers qui seront étudiés à l'occasion des genres qui les présentent ([2]).

([1]) Häckel les décrit et les figure comme perradiales, Vanhöffen [94] assure qu'elles sont toujours interradiales. En réalité, c'est là un peu une querelle de mots. Quand les gonades forment 4 paires, on peut prendre comme éléments d'une paire soit les deux lobes situés de part et d'autre du perradius, soit les deux lobes situés dans un même interradius. Pour Vanhöffen, ce sont ces derniers qui sont continus entre eux proximalement et forment un tout; pour Häckel, ce sont les premiers.

([2]) La constitution de l'œuf présente chez certains Gymnoblastidés, en particulier chez *Tubularia* et chez *Myriothela*, des particularités intéressantes dont il est utile de donner rapidement une idée.

L'œuf ne se forme pas, en effet, ici, comme d'ordinaire, d'un seul ovocyte qui grossit pour se transformer en ovule. De nombreux ovocytes prennent part à sa formation par un processus complexe et variable dans le détail, qui tient à la fois de la phagocytose et de la fusion syncytiale avec destruction cariolytique des noyaux en trop. Les histologistes (Döflein, Grönberg, etc.), discutaient sur l'intervention de l'un ou de l'autre de ces processus quand, dans un travail tout récent, Labbé [99] est venu les mettre d'accord en montrant que le processus était complexe et tenait à la fois ou selon les cas, des divers modes invoqués

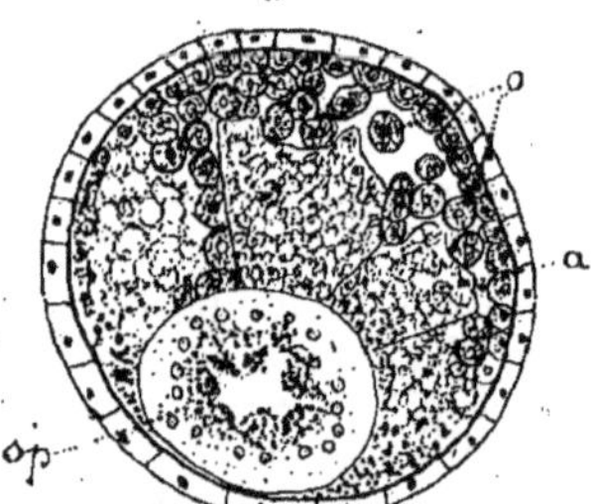

Fig. 33.

Coupe transversale d'un gonophore de *Myriothela* (d'ap. Labbé).

sp., spadice ; **o.**, ovocyte ; **a.**, aires plasmodiales.

et décrits. Dans un premier cas, les ovocytes, devenus amœboïdes, s'anastomosent par leurs pseudopodes et se fusionnent en une masse cytoplasmique unique où ne persiste qu'un seul noyau; les autres, subissent une dégénérescence caryolytique et restent à l'état de *globules vitellins* (Pseudozellen des Allemands). Dans un deuxième cas, les ovocytes se fusionnent de la même manière, mais seulement par petits groupes, formant ainsi de grosses cellules plus fortes, *aires plasmodiales* (fig. 33, *a.*), qui phagocytent les ovocytes (*o.*) plus petits ou restés isolés, dont les noyaux passent également à l'état de Pseudozellen. Enfin, dans un

GENRES ([1])

========= 1re FAM.: *Margelinæ* [*Margelidæ* (Häckel), *Bougainvillcidæ* (Gegenbaur) + *Dicory-
nidæ* (Allman) + *Bimeriidæ* (Allman) + *Eudendriidæ* (Hincks)]. FORME ASEXUÉE : Hydranthes ayant un seul verticille de tentacules filiformes; hydrocaule dressé. — FORME
SEXUÉE : Méduse Océanide (c.-à-d. à gonades, formant autour de l'estomac des
masses, simples ou paires, distinctes), pycnomérinthe (c.-à-d. à tentacules pleins),
lophonème (c.-à-d. à tentacules non groupés en touffes), ou gonophore, parfois libre,
le plus souvent fixé ([2]).

      A. *Genres dont la forme sexuée est une Méduse libre* [*Margelidæ* (Häckel),
                 Bougainvilleidæ (Gegenbaur)].

Hippocrene (Mertens). L'Hydraire, connu plus particulièrement sous le
nom de
(*Bougainvillea*, Lesson) (fig. 40 à 43), est une forme tout à fait normale et
typique. C'est un petit arbuscule dressé dont le tronc se rattache au

---

dernier cas, les ovocytes périphériques, contigus à la surface du gonophore ou à celle du spadice se fusionnent seuls en une aire plasmodiale creuse, contenant assemblés les autres ovocytes qui subissent une dégénérescence totale (caryolytique et plasmolytique) et passent encore
à l'état de Pseudozellen.

    Chez *Tubularia*, il se forme ainsi plusieurs œufs ; chez *Myriothela* il n'en reste finalement
qu'un seul.

    Dans tous les cas, la situation individuelle des ovocytes (loin ou près de la surface ou de
la cavité du spadice) semble leur créer une condition physiologique différente qui intervient
dans le déterminisme de leur sort ultérieur, de leur rôle actif ou passif dans le processus de
phagocytose : les plus voisins de la surface ou de la cavité du spadice résistent et absorbent
ceux qui sont situés plus profondément.

    ([1]) Conformément à ce que nous avons indiqué à la fin du type des Leptolides, nous
avons cherché à établir une classification, tenant compte à la fois des caractères des Hydraires
et de ceux des Méduses. Pour ces dernières, nous avons pris la classification de Vanöffen
[74] légèrement modifiée et, en y introduisant certains des genres supprimés par lui de la
classification d'Häckel [79]. Pour les Hydraires, nous avons établi une classification d'après
la forme et la position des tentacules et, secondairement, d'après les caractères de l'hydrophyton, en suivant les données d'ALLMAN. Nous avons réussi à rendre les deux classifications
concordantes, à l'exception d'un petit nombre de genres inconciliables. Dans un tableau
d'ensemble nous résumons ces classifications en présentant les faits de manière à les rendre
très évidents. Au tableau est jointe une légende explicative destinée à faire comprendre la
signification des particularités typographiques. Cette fusion des deux classifications nous
a amenés à rechercher partout la date d'origine des noms d'Hydraires et de Méduses se
rapportant à un même genre, de manière à conserver celui qui y a droit de par les lois de
la priorité et à faire tomber l'autre en synonymie. Cependant, pour que ce dernier puisse
être facilement retrouvé, nous l'indiquons entre parenthèses, en italiques, en saillie dans la
marge.

    Nous ne prétendons pas avoir réussi complètement dans ce travail. Cela est, à notre
avis, impossible. Mais tout est préférable au système jusqu'ici mis en œuvre, qui consiste
à traiter dans deux classifications différentes, d'une part, les adultes à vie libre pélagique,
de l'autre les larves fixées avec les formes adultes, quand il se trouve qu'elles sont fixées
comme celles-ci.

    Voir au verso et à la page suivante le tableau en question.

    ([2]) Chez un certain nombre de Méduses de cette famille, *Rathkea, Lizzia*, et chez certaines
autres, *Cytæis*, appartenant au groupe des *Margelidæ* de Häckel et placées par nous un peu
plus loin, on observe un curieux mode de bourgeonnement, découvert par SARS [35] et décrit
en détail par CHUN [97 à 1900]. Comme chez les *Sarsia*, le bourgeonnement se fait sur le manu-

<h1 align="center">Classification des Gymnoblastes et des Anthoméduses</h1>

GYMNOBLASTES — ANTHOMÉDUSES (partie supérieure)

Colonne de gauche : **GYMNOBLASTES** — *Tentacules formant 2 verticilles, l'distal sous l'hypostome, l proximal basilaire* — **Tous filiformes** — *Tous simples, Formes coloniales.*

Grand groupe : **Tentacules groupés à la base de l'hypostome, où ils forment le plus souvent un seul verticille, rarement plusieurs.**

Filiformes

Hydrocaule dressé. Un seul verticille de tentacules.

Caractère	Famille (Hydraire)	Genres	Sous-famille	signe	Genres (Méduses)	Famille (Méduses) et notes
Méduse libre.	[Bougainvillidæ]	(Bougainvillea) Margelis, ?, ?, Bathkea			Hippocrene (= Lizzia). Margelis. Lizzia (= Lizella, Margellium). Bathkea. Chiarella.	[Margelidæ]
Sporosac libre.	[Dicorynidæ]	Dicoryne — Perigonimus		×	Dinema◆ (A les gonades comme les Codonides et 2 tentacules seulement)	
Gonophore. — (Hypostome à limite inférieure) indécise.	[Bimeriidæ]	Garveia, Bimeria, Wrightea, Hydranthea, Stylactis, Rhizorhagium, Heterocordyle, Cionistes	Margelinæ	× × × × × × ×		
nette.	[Eudendriidæ]	Eudendrium, Umbrellaria		× ?		
Plusieurs verticilles de tentacules à la base de l'hypostome	[Myrionemidæ]	Myrionema	Myrioneminæ	?		

Hydrophyton encroûtant

Caractère	Famille (Hydraire)	Genres	Sous-famille	signe	Genres (Méduses)	Famille (Méduses) et notes
Méduse libre	[Podocorynidæ]	?, ?, (Podocoryne), ?, ?, ?	Podocorynæ		Thamnostylus, Thamnostoma, Limnorea, Dysmorphosa (= Cytæandra)	[Thamnostomidæ] Bouche à boutons urticants pédonculés ; manubrium beaucoup plus longue que ces derniers.
					Cytœis, Thamnitis, Cubogaster, Mabella	[Cytæidæ] Bouche à boutons urticants pédonculés ; manubrium court.
		Corynopsis			Corynopsis◆ (La Méduse a les caractères [d'Hippocrene]). (Ici prennent place les Turritopsidæ dans la classification de Vanhöffen)	
Gonophore	[Hydractiniidæ]	Hydractinia, Oorhiza, Hydradendrium		?		
Capités	[Clavatellidæ]	(Clavatella)	Clavatellinæ	Eleutheria		[Dendronemidæ]
Les proximaux filiformes, les distaux capités	[Cladonemidæ]	Cladonema	Cladoneminæ	Cladonema (= Dendronema)		
? ? ? (Voir aux Coryni-dæ)			Pteroneminæ		Pteronema, Zanclea, Ctenaria, Gemmaria	[Pteronemidæ]
Les distaux ramifiés. Forme non coloniale. Reproduction inconnue.	[Rhizonemidæ]	Rhizonema	Rhizoneminæ	?		
Méduse libre.	[Nemopsidæ]	Nemopsis	Nemopsinæ	Nemopsis◆ (Donné comme = Hippocrene)		[Nemopsidæ]
Gonophore	[Tubularidæ]	Tubularia	Tubularinæ	×		

Colonne de droite (étiquettes verticales) :
[Lophonemata] Tentacules simples groupés par faisceaux.
[Mononemata] Tentacules simples, isolés les uns des autres.
[Cladonemata] Tentacules ramifiés.
[Pycnomeriathia] Tentacules pleins, à axe occupé par une file de cellules endodermiques.
Gonades formant autour de l'estomac 4 masses simples ou paires.
ANTHOMÉDUSES

HYDRAIRES — ANTHOMÉDUSES (partie inférieure)

Colonne de gauche : **HYDRAIRES** — *Tentacules épars ou formant plusieurs verticilles largement séparés.* — **Tous filiformes.** — **Tous capités.** — *Simples.*

Caractère	Famille (Hydraire)	Genres	Sous-famille	signe / Genres (Méduses)	Genres (Méduses)	Famille (Méduses) et notes
disposés en 3 ou 4 verticelles à peu près équidistants.	[Dendroclavidæ]	(Dendroclava)	Dendroclavinæ		Turritopsis (= Callitiara).	[Turritopsidæ] (1)
?					Stomotoca (= Codonorchis, Amphinema)	[Amphinemidæ] (2)
Disséminés, ne formant pas un groupe proximal distinct d'un groupe distal. — Méduses libres.	[Clavulidæ]	(Clavula), ?, ?, ?, ?, Corydendrium, Campaniclava	Clavulinæ		Turris, Tiara, Pandea, Conis, Catablema, Halitiara, ?, Campaniclava (Donné comme = Dinema)	[Tiaridæ] Des tentacules rudimentaires entre les tent. bien développés qui sont nombreux chez l'adulte et peuvent se réduire à 2 chez le jeune.
Gonophores	[Clavidæ]	Clava, Rhizogeton, Tubiclava, Merona, Cordylophora		× × × × ×		
Méduses libres.	[Corymorphidæ]	Corymorpha (Halatractus), Amalthæa, ?	Corymorphinæ		(Steenstrupia), Euphysa, Amalthæa, Dicodonium	[Corymorphiidæ] Tentacules : 4, 2, 1 ou 0 ; ombrelle régulière ou plus ou moins bilatérale.
	[Hybocodonidæ]	Hybocodon, Amphicodon, Ectopleura			Hybocodon, Amphicodon, Ectopleura	
Gonophores.	[Monocaulidæ]	Monocaulus, Rhizonema, Branchioceriaulthus		× ? ?		
Les proximaux filiformes, les distaux capités.	[Pennariidæ]	Pennaria, Stauridium, Vorticlava, Acharadria, Acaulis, Blastothela	Pennarinæ		(Globiceps), Stauridium, ?, ?, ?, ×	[Pennariidæ] Tentacules : 4, rudimentaires ; ombrelle régulière.
		Heterostephanus			Heterostephanus◆ (La Méduse a les caractères de Steenstrupia)	
Branchus.	[Cladocorynidæ]	Cladocoryne		?		
Méduses libres.	[Syncorynidæ]	Syncorine, ?, (Halocharis), Gymnocoryne, Sphærocoryne, Gemmaria	Coryninæ		(Sarsia) (= Codonium, Syndictyum), Dipurena (= Bathycodon), Corynitis (= Protiara, Modeeria), ?, ?(Méduse libre ?) (Voir aux Ptero-[neminæ])◆	[Sarsidæ] Tentacules : 4, bien développés ; ombrelle régulière.
Formes coloniales.	[Corynidæ]	Coryne, Staurocoryne, Actinogonium		× × ×		
Forme solitaire.		Tiarella		×		
Hydranthes solitaires à tentacules épars réduits à leur bouton urticant.	[Myriothelidæ]	Myriothela	Myriothelinæ	×		
Tentacules réduits à deux, d'un même côté de la bouche bilabiée.	[Hydrolaridæ]	(Lar), ?, ?, ?, ?, ?	Hydrolarinæ		Willia, Willetta, Proboscidactyla, Dicranocanna, Cladocanna, Toxorchis.	
Tentacules réduits à un seul filiforme	[Monobrachidæ]	Monobrachium	Monobrachinæ	Monobrachium		

Colonne de droite (étiquettes verticales) :
[Codonidæ] Tentacules creux, très simples.
[Oceanidæ] Gonades formant autour de l'estomac un seul anneau, ou le recouvrant en entier.
ANTHOMÉDUSES

LÉGENDE DU TABLEAU

× signifie : La forme correspondante manque.
? » » » est inconnue.

Les noms entre parenthèses, en retrait, sont ceux qui, étant moins anciens que les noms correspondants, tombent en synonymie. La classification des Méduses est celle de Vanhöffen, plus ou moins modifiée, où ont été rajoutées, avec le signe = et entre parenthèses, les genres Häckeliens qu'il repousse en synonymie. La classification des Hydraires est originale. Là où les deux classifications ne cadrent pas est placé le signe ◆.

1 A les caractères des *Moncronemata*, où les place Vanhöffen ; mais son Hydraire est très différent, ses boutons urticants buccaux sont sessiles, et il y a un pédoncule stomacal endodermique.

2 Nombreux tentacules rudimentaires entre de rares tentacules bien développés.

sol par une hydrorhize semblable aux racines d'une plante et se ramifie

brium (fig. 34) ; mais deux points sont ici remarquables, la disposition des bourgeons et leur mode de formation.

Loi de disposition des bourgeons. — Les bourgeons forment des cycles successifs circu-

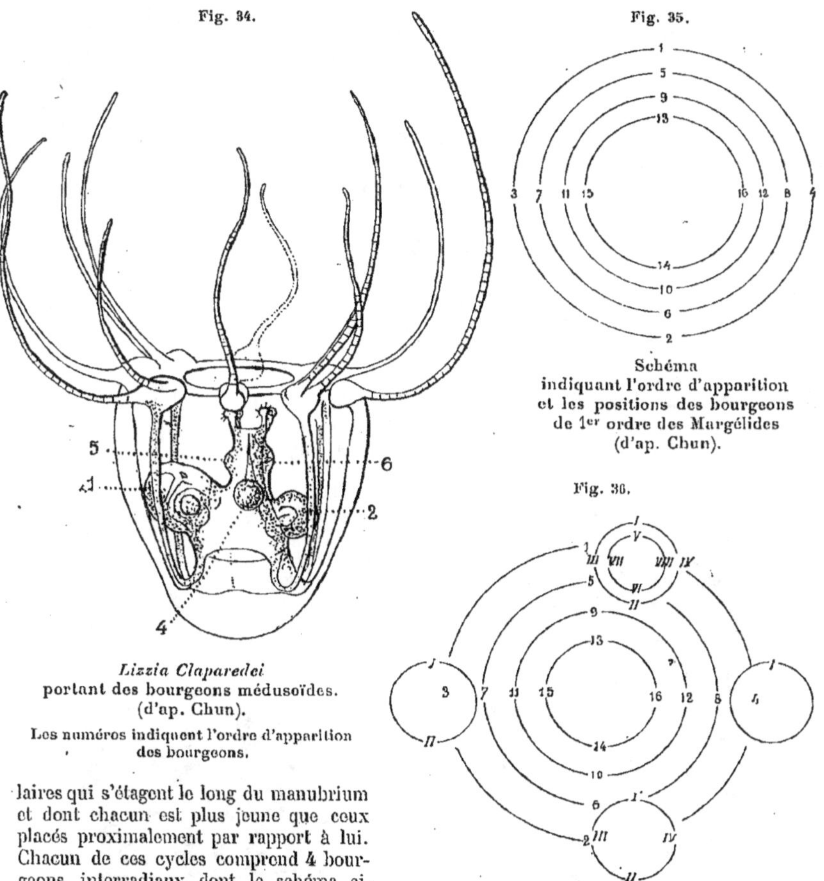

Fig. 34.

Lizzia Claparedei
portant des bourgeons médusoïdes.
(d'ap. Chun).

Les numéros indiquent l'ordre d'apparition
des bourgeons.

Fig. 35.

Schéma
indiquant l'ordre d'apparition
et les positions des bourgeons
de 1er ordre des Margélides
(d'ap. Chun).

Fig. 36.

Schéma indiquant l'ordre d'apparition
et les positions relatives des bourgeons
de 2e ordre chez les Margélides (d'ap. Chun).

laires qui s'étagent le long du manubrium et dont chacun est plus jeune que ceux placés proximalement par rapport à lui. Chacun de ces cycles comprend 4 bourgeons interradiaux dont le schéma ci-contre (fig. 35) représente l'âge relatif, et dans tous les cycles il en est de même, en sorte que les bourgeons sont rangés suivant 4 lignes verticales, . comprenant l'une les aînés de tous les cycles, le 2e ceux d'âge immédiatement inférieur, le 3e ceux un peu plus jeunes encore et le 4e les plus jeunes de tous. Mais l'aîné d'un cycle est plus jeune que le plus jeune du cycle précédent. Les bourgeons les plus âgés peuvent eux-mêmes bourgeonner avant de devenir libres et toujours suivant la même loi (fig. 36).

progressivement vers le haut (fig. 40). Les hydranthes (fig. 41) sont
fusiformes, ont un hypostome conique qui se continue en bas insensiblement avec le reste du corps, et, autour de la base de l'hypostome, un verticille unique de tentacules filiformes. Les rameaux de l'hydrophyton sont revêtus d'un périderme qui s'avance quelque peu sur les hydranthes en s'amincissant, en sorte que, lorsque ceux-ci sont très rétractés, ils sont protégés presque jusqu'aux tentacules, ce qui leur donne un faux air de Calyptoblastidés.

Fig. 40.

Hydrosome
d'*Hippocrene*
(*Bougainvillea
ramosa*)
(d'ap. Allman).

Fig. 41.

Hippocrene
(*Bougainvillea ramosa*)
(d'ap. Allman).

Origine ectodermique de bourgeons. — Chaque bourgeon se forme sans aucune participation de l'endoderme ni de la mésoglée du parent, aux dépens de son ectoderme (fig. 37 à 39). Il se forme un épaississement de ce feuillet; les cellules superficielles deviennent l'ectoderme du bourgeon et les profondes l'endoderme; au centre se produit une cavité tout à fait indépendante de celles du parent. Aux dépens du

Fig. 37.

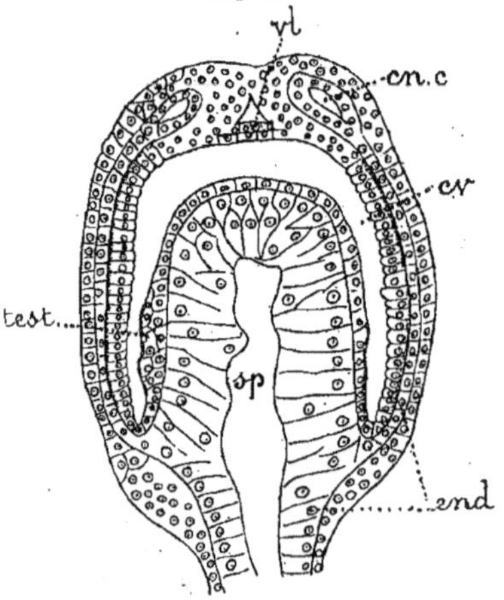

Coupe axiale
d'un bourgeon médusoïde mâle, âgé
(d'ap. Thallwitz).

cn. c., canal circulaire; cv., cavité sous-ombrellaire formée par la cavité du nodule médusaire;
end., endoderme; test., testicule; vl., vélum.

Fig. 38.

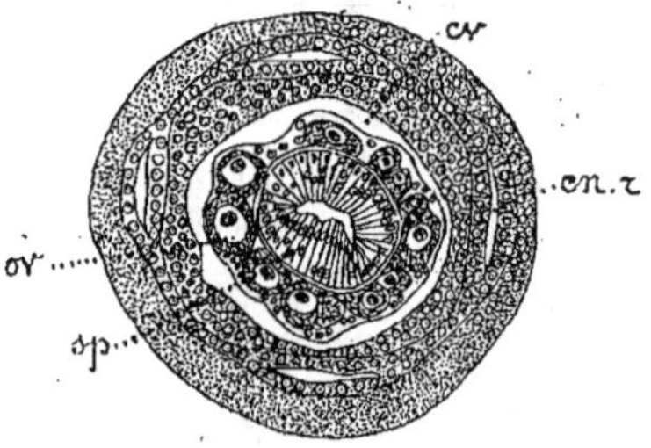

Coupe transversale
d'un bourgeon médusoïde femelle, âgé
(d'ap. Weismann).

ecn. r., canaux radiaires; cv., cavité sous-ombrellaire; sp., spadice; ov., ovules dans l'ectoderme du spadice.

La forme sexuée (fig. 42 et 43), qui a reçu plus spécialement le nom de *Hippocrene*, bourgeonne sous un ectothèque, sur les pédoncules des

Fig. 42.

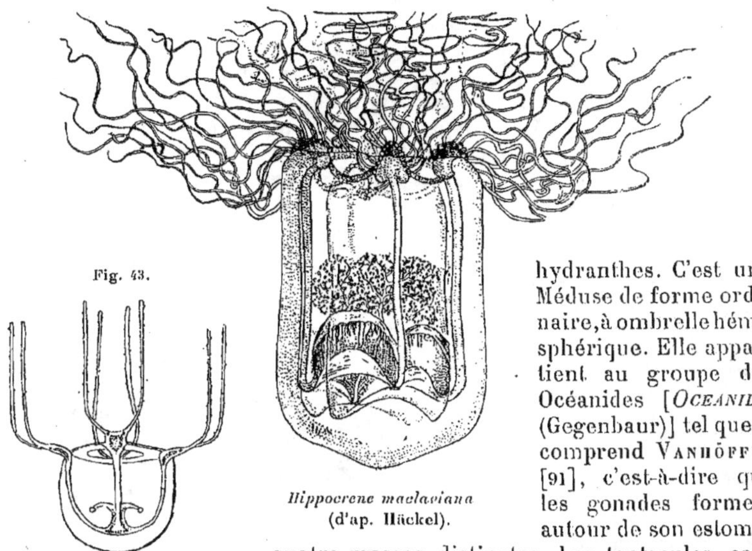

Hippocrene maclaviana
(d'ap. Häckel).

Fig. 43.

Méduse de *Hippocrene*
(*Bougainvillea ramosa*)
(d'ap. Allman).

hydranthes. C'est une Méduse de forme ordinaire, à ombrelle hémisphérique. Elle appartient au groupe des Océanides [*OCEANIDÆ* (Gegenbaur)] tel que le comprend VANHÖFFEN [91], c'est-à-dire que les gonades forment autour de son estomac quatre masses distinctes. Les tentacules, contrairement à ce que croyait HÄCKEL ([2]), sont pleins, caractère que nous allons retrouver dans un bon nombre de genres suivants et que Vanhöffen [91], qui a attiré l'attention sur lui, désigne en appliquant la dénomination de *Pycnomerinthia* à toutes les Méduses qui le présentent. Chez ces *Pycnomérinthes*, l'axe du tentacule est occupé par une file centrale unique de larges cellules endodermiques empilées et qui ont subi cette sorte de vacuolisation spéciale que nous avons déjà plusieurs fois décrite en la désignant sous la dénomination de *différenciation notocordale*. Ces tentacules sont plus ou moins nombreux et groupés en quatre faisceaux perradiaux correspondant aux quatre canaux radiaires. Vanhöffen [91] a réuni sous le nom de *Lophonèmes* [*Lophonemata*]

Fig. 39.

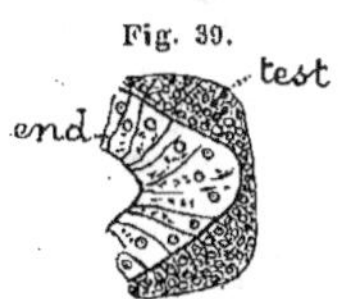

Coupe transversale
du manubrium
de *Podocoryne carnea*
(d'ap. Thallwitz).

end., endoderme du spadice; **test.**, testicule.

---

rudiment en forme de vésicule à deux feuillets unistratifiés ainsi produit, la Méduse se forme par le processus du nodule médusaire déjà décrit (voir page 44).

([1]) L'erreur d'Häckel provient sans doute de ce qu'il a examiné des échantillons imparfaitement conservés, chez lesquels les cellules de l'axe endodermique s'étaient liquéfiées, écoulées, et avaient laissé un canal à leur place.

toutes les Méduses présentant ce caractère de groupement des tentacules en faisceaux. Chaque faisceau comprend de deux à trente tentacules, tous porteurs d'un œil à leur base. En outre de ces *tentacules ombrellaires*, l'animal possède des *tentacules labiaux* (*Mundgriffel*) formés par un prolongement des angles perradiaux de la bouche située au bout d'un court manubrium. Ces tentacules labiaux sont de curieux organes qui ont la forme et la structure des tentacules à axe endodermique plein. Ils sont plus ou moins et, dans certaines espèces, très ramifiés. Leurs nématoblastes sont groupés à leur extrémité en une petite tête renflée qui constitue un *bouton urticant*. Cet appareil sert à l'animal à tâter et à tuer les proies qu'il veut avaler (Hydraire 5 à 6cm; Méduse 2 à 6mm; côtes d'Eur. et d'Amér., Bahama, mer Blanche).

Hernitheca (Hilgendorf) est un Hydraire voisin du précédent (Nouv.-Zélande).

Margelis (Steenstrup) (fig. 44) est une Méduse qui ne diffère de la précédente que par des caractères bien secondaires : l'estomac est plus étroit et formé simplement par le confluent des 4 canaux radiaires (4 à 12mm, Atl., Australie).

On le considère souvent comme ayant la même forme hydraire *Bougainvillea* qu'*Hippocrene*. Mais en bonne logique, on ne peut admettre que deux Méduses de genre différent aient une même forme larvaire; il faut donc constituer deux genres distincts, en attribuant à la Méduse la plus ancienne, *Hippocrene*, l'Hydraire commun, et à faire de l'autre Méduse un second genre *Margelis*, ayant une forme larvaire semblable à celle du premier.

Lizuza (Häckel) (fig. 45) paraît n'être qu'un jeune de *Margelis* (4 à 6mm; mer du Nord, Manche, Gibraltar, Australie).

Fig. 44.   Fig. 45.

Margelis principis (d'ap. Häckel).   *Lizusa multiciliata* (d'ap. Häckel).

Häckel estime que ce genre pourrait provenir de l'Hydraire *Eudendrium*, mais les observations d'Allman écartent cette hypothèse.

Margelopsis (Hartlaub) (Helgoland) est une méduse voisine de *Margelis*.

Nemopsis (Agassiz) est un genre si voisin d'*Hippocrene* par sa forme Méduse, que Vanhöffen le met en synonymie avec ce dernier. Mais son Hydraire diffère à un si haut degré de *Bougainvillea* qu'on ne peut maintenir cette identification. Nous reparlerons de ce *Nemopsis* (p. 78) lorsque nous en serons arrivés aux Hydraires dont il se rapproche et nous aurons à constater là que sa Méduse n'a aucune ressemblance avec celle des genres d'Hydraires voisins. C'est un des points, heureusement rares, où il est impossible de faire cadrer les deux classifications.

Lizzia (Forbes) est une Méduse à forme hydraire inconnue, qui présente les caractères des précédents, mais s'en distingue par ses faisceaux tentaculaires au nombre de 8, 4 perradiaux formés de 2 ou 4 tentacules et 4 interradiaux formés de 1 ou 2 tentacules seulement. Voir à la page 39 ce qui est relatif à son bourgeonnement (3 à 6mm; côtes anglaises, Helgoland, mer Blanche).

Allman a attribué à ce genre comme forme hydraire un Calyptoblastidé, *Leptoscyphus* (voy. p. 136). Mais Häckel pense qu'une exception aussi étrange, une Anthoméduse provenant d'un Calypsoblastidé, ne saurait reposer que sur une erreur d'observation.

Lizzella (Häckel) à faisceaux tentaculaires égaux et formés chacun de 8 tentacules (10mm sur 15mm; Japon) et

Margellium (Häckel) (4 à 6mm; côtes d'Angl. et d'Amér.) ne seraient que des formes jeunes du précédent. Vanhöffen considère même *Lizzia* lui-même comme une forme non adulte à rejeter en synonymie. Mais Maas [97] estime que le genre *Lizzia* doit être conservé.

Rathkea (Brandt), Méduse dont l'Hydraire est également inconnu, ressemble à *Lizzia* et surtout à

Lizzella par la plupart de ses caractères, mais en diffère par ses tentacules labiaux extrêmement ramifiés, au point que le nombre des ramifications terminales peut atteindre 250. Son
développement a été suivi par GEGENBAUR jusqu'à une forme fixée, mais pas assez loin pour
permettre de reconnaître les caractères taxonomiques de l'Hydraire. (Voir à la page 58 ce
qui est relatif à son bourgeonnement) (4 à 6ᵐᵐ; Norvège,
Manche, Médit., mer Noire).

Chiarella (Maas) (fig. 46), Méduse dont l'Hydraire est encore
inconnu, se distingue des précédents par ses 8 faisceaux
tentaculaires dédoublés chacun en deux, en sorte qu'il y en
a 16 en tout; du
sinus circulaire
partent, dans l'in-
tervalle des canaux
radiaires, 4 ca-
naux contripètes
qui s'arrêtent
avant d'atteindre
l'estomac (15 à
20ᵐᵐ de large sur
10 à 15ᵐᵐ de
haut; golfe de Ca-
lifornie).

Perigonimus (Sars)
(fig. 47 à 49). Cet

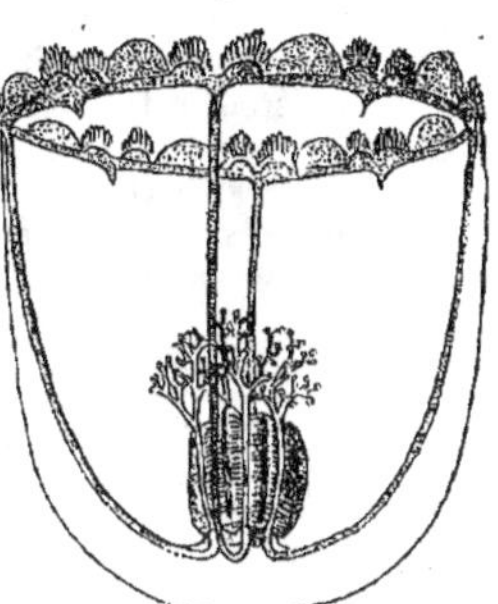

Fig. 46.

Chiarella centripetalis
(d'ap. Maas).

Fig. 47.

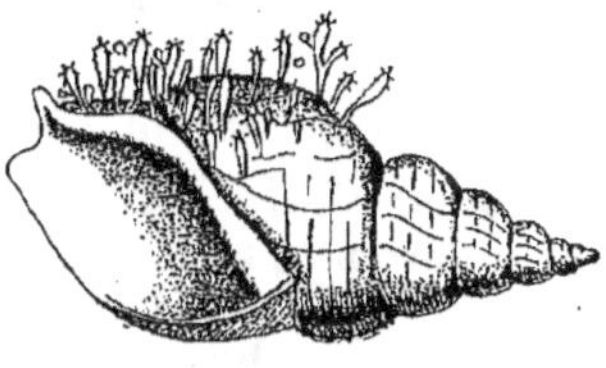

Colonie de *Perigonimus vestitus*
en place sur une coquille de Buccin
(d'ap. Allman).

Hydraire ressemble à *Bougainvillea* dont il ne diffère que par son hydrocaule peu ou point ramifié

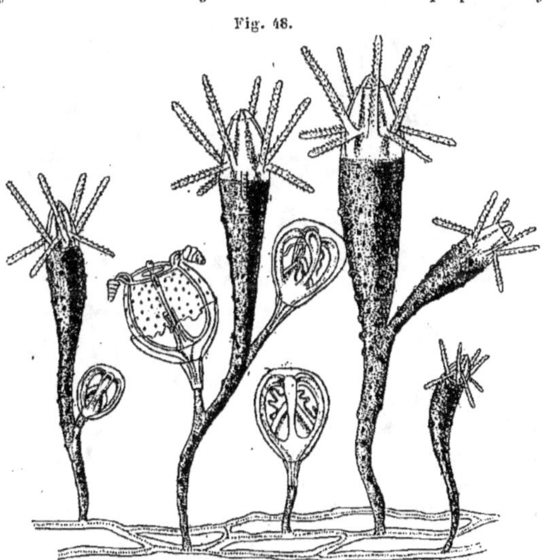

Fig. 48.

Portion de colonie de *Perigonimus vestitus*
(d'ap. Allman).

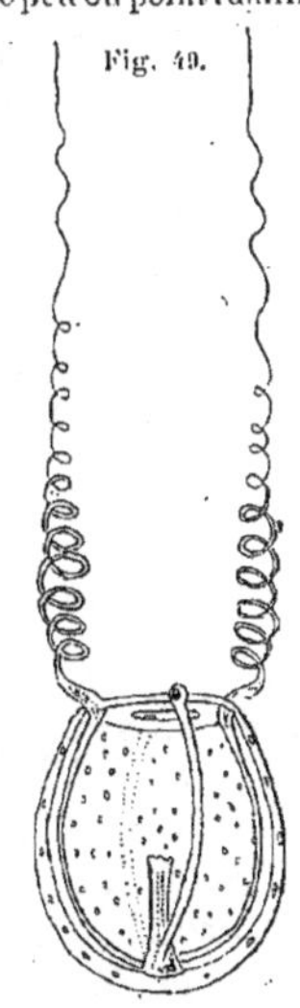

Fig. 49.

Méduse de
Perigonimus vestitus
(d'ap. Allman).

et par un caractère dont la valeur semble bien contestable : le fait que les Méduses naissent
plus bas, sur l'hydrocaule ou même sur l'hydrorhize. La Méduse appartient au genre (fig. 48).

(*Dinema*) (Van Beneden) fig. 49) et diffère considérablement par tous ses caractères de celles des genres précédents. Elle n'a que deux tentacules opposés : mais bien des Méduses à 4 tentacules naissent avec 2 tentacules qui se complètent plus tard. Si, ici, la Méduse devient sexuellement mûre avec 2 tentacules, c'est un caractère un peu secondaire, d'autant plus que les deux tentacules absents peuvent être représentés par leurs bulbes basilaires. Il en est de même pour le fait que ces tentacules sont dépourvus d'ocelles. Mais ce qui est plus important, c'est que la bouche est ronde, simple, sans tentacules labiaux, et que les gonades forment autour de l'estomac un bourrelet continu, tous caractères qui se rencontrent seulement chez des Méduses fort différentes [Codonides] dont les Hydraires ont les tentacules épars sur tout le corps. C'est donc encore un cas où il est impossible de faire cadrer les deux classifications (Hydraire : 3 à 6^{mm}; parfois sur des *Sertularia* ou sur des coquilles de *Pagurus*; côtes anglaises et îles voisines, côtes de Norvège et de Danemark, Californie; Méduse : 2 à 3^{mm}; Baltique, mer du Nord, Manche, Atlant., Médit.).

B. *Genres dont la forme sexuée est un sporosac libre [Dicorynidæ (Allman)].*

Dicoryne (Allman) (fig. 50 à 53). Sur l'hydrorhize réticulée, assez dense, fixée sur la coquille de quelque Gastéropode turbiné (*Buccinus* ou autre) encore pourvue de son habitant naturel, se dressent les branches de l'hydrocaule, les unes

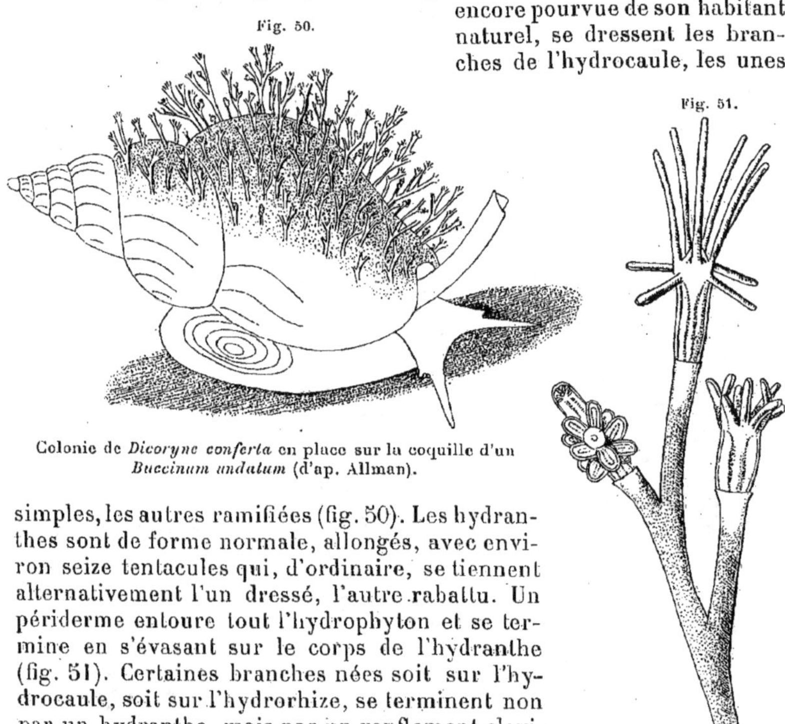

Fig. 50.

Fig. 51.

Colonie de *Dicoryne conferta* en place sur la coquille d'un *Buccinum undatum* (d'ap. Allman).

Groupe d'Hydranthes de *Dicoryne conferta* (d'ap. Allman).

simples, les autres ramifiées (fig. 50). Les hydranthes sont de forme normale, allongés, avec environ seize tentacules qui, d'ordinaire, se tiennent alternativement l'un dressé, l'autre rabattu. Un périderme entoure tout l'hydrophyton et se termine en s'évasant sur le corps de l'hydranthe (fig. 51). Certaines branches nées soit sur l'hydrocaule, soit sur l'hydrorhize, se terminent non par un hydranthe, mais par un renflement claviforme dépourvu de tentacules et de bouche, armé au sommet de nématoblastes sur lesquels bourgeonnent les individus sexués : ce sont des *blastostyles*. La forme sexuée prend naissance de la partie moyenne du blastostyle, aux dépens d'un bourrelet annulaire. Sur ce bourrelet se développent de simples sporosacs qui, par une exception tout à fait rare, se munissent de deux tentacules et deviennent libres comme des Méduses. Les sporosacs mâles et femelles appartiennent toujours à des blastostyles différents et, le plus souvent, à des colonies différentes. A l'état libre, chaque sporosac se montre formé d'une petite masse ovoïde, surmontée de deux tentacules divergents et entièrement ciliée. Grâce à ses cils, il se meut, les tentacules en avant, en tournant autour de son axe. La partie ovoïde représentant le corps du sporosac est essentiellement constituée par un manubrium nu portant à sa base les deux tentacules (fig. 52 et 53). Ce manubrium présente les trois couches habituelles : l'endoderme limitant une cavité axiale entièrement close, l'ectoderme cilié, revêtant toute la surface, et la masse génitale, entre celui-ci et la lame mésogléenne sous-jacente. L'ectoderme se continue directement avec celui des tentacules et présente quelques nématoblastes assez clairsemés. L'endoderme se continue

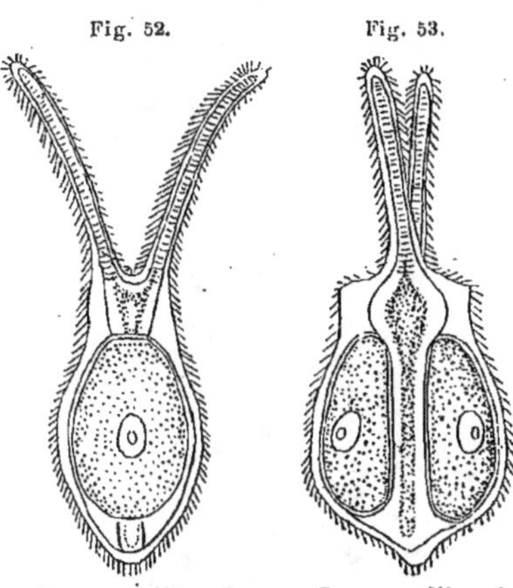

Fig. 52.   Fig. 53.

Sporosac libre de *Dicoryne* vu de face (d'ap. Allman).

Sporosac libre de *Dicoryne* vu de profil (d'ap. Allman).

aussi dans les tentacules sous la forme d'une file axiale de cellules vacuolaires (notocordales). La masse génitale consiste, chez le mâle, en une épaisse couche annulaire, continue, de spermatoblastes ; chez la femelle, elle est formée uniquement de deux gros ovules situés symétriquement, dans un plan perpendiculaire à celui qui contient les tentacules (Hydraire 12 à 15^{mm} ; Iles Lofoden, côtes anglaises, Manche, Australie).

L'interprétation des parties du sporosac est assez délicate. Chun le décrit comme possédant une cloche entièrement fermée et deux tentacules vrais. Mais cette interprétation est inadmissible. Quand on examine, en effet, un sporosac encore adhérent au blastostyle, on voit qu'il est enfermé dans une ectothèque semblable à celui des gonophores ordinaires et que les tentacules sont situés du côté du pédoncule et rabattus distalement le long du corps. Si donc la paroi du corps était une ombrelle, les tentacules seraient extérieurs à celle-ci. — On pourrait plutôt admettre que le corps n'est formé que par un manubrium nu, que l'ombrelle n'existe pas et que les tentacules ont été reportés à la base du manubrium par la régression de l'ombrelle. Bien plus probable semble l'ingénieuse conception d'Allman qui considère les appendices comme représentant, non de vrais tentacules, mais une ombrelle réduite à deux canaux radiaires à endoderme plein et complètement entourés par l'ectoderme, par suite de la disparition (non-formation) de la partie ombrellaire intermédiaire. Leur situation rabattue vers l'extrémité orale du manubrium serait dès lors normale ; le sporosac, en nageant les appendices en avant, progresserait dans le sens normal et ce serait au contraire la direction des appendices qui serait exceptionnelle et comparable à la disposition retroussée que prend la cloche chez certaines Méduses (*Obelia*). Dès lors, le corps reproducteur serait non un simple sporosac, mais

un gonophore, puisqu'il aurait un rudiment d'endoderme ombrellaire. L'étude, non faite encore, du développement permettrait de trancher la question en montrant si les prétendus tentacules se forment ou non par un *nodule médusaire*.

C. *Genres dont la forme sexuée est un gonophore* [*Bimeridæ* (Allman) + *Eudendriidæ* (Hincks). Ces dernières pour le seul genre *Eudendrium*].

Garveia (Strethill Wright) (fig. 54 et 55) diffère si peu de *Bougainvillea* qu'on ne songerait point à l'en séparer si son mode de reproduction ne différait essentiellement, les Méduses libres de celui-ci étant remplacées par de

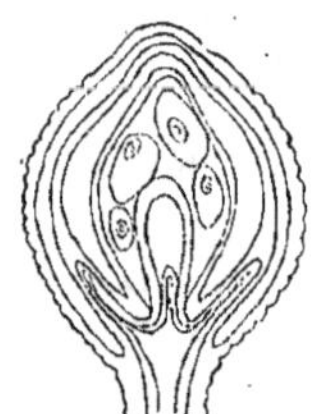

Fig. 55.

Gonophore de
Garveia nutans
(d'ap. Allman).

simples gonophores qui se forment sur les branches de l'hydrocaule. Ces gonophores (fig. 55) ont d'ailleurs la structure normale avec ectothèque et paroi ombrellaire dans laquelle s'étendent plus ou moins loin des rudiments de canaux radiaires (Colonie 10 à 12^{mm}; côtes anglaises).

Fig. 54.

Garveia nutans (d'ap. Allman).

Bimeria (Strethill Wright) (fig. 56) n'en diffère que par une extension plus grande du périderme qui revêt jusqu'à la base des tentacules (Colonie 10 à 12ᵐᵐ; côtes anglaises).

Wrightia (Allman) s'en distingue par la forme de la colonie dont les hydrocaules dessinent de petits entonnoirs disposés côte à côte sur l'hydrorhize (Colonie 1 à 1 1/2ᵐᵐ; côtes anglaises).

Hydranthea (Hincks) a l'hydrocaule rudimentaire, les gonophores (ou sporosacs?) naissent de l'hydrorhize (Petite taille; côtes anglaises).

Stylactella (Häckel) n'en diffère que par son habitat. Son auteur voudrait en faire avec le précédent et le suivant, une famille [*Stylactidæ*,Häckel] (Fixé sur une Annélide; grands fonds du Pacif. nord et équat.).

Stylactis (Allman) n'a plus du tout d'hydrocaule, les hydranthes naissent directement de l'hydrorhize qui forme un réseau rampant dense; mais les sporosacs naissent sur les hydranthes, par groupes au-dessous des tentacules (Colonie 1 1/2 à 2ᵐᵐ; Médit., côte Atl. de l'Am. nord et, par 2900 brasses, Pacif. nord; une espèce symbiotique sur un Poisson Scorpenoïde, *Minous*, dans la mer des Indes).

Rhizorhagium (Sars) a les hydranthes et les gonophores naissant les uns et les autres directement du stolon rampant (Côte de Norvège).

Heterocordyle (Allman) (fig. 57 et 58)

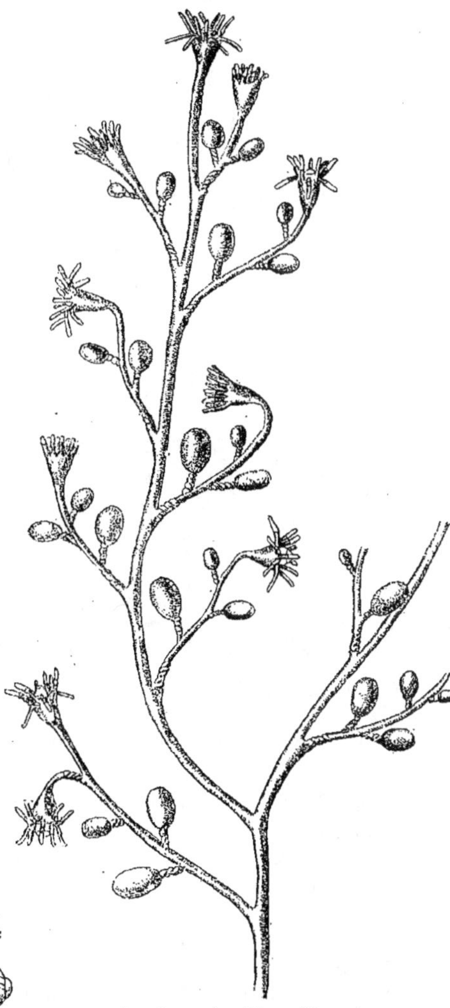

Fig. 56.

Bimeria vestita (d'ap. Allman).

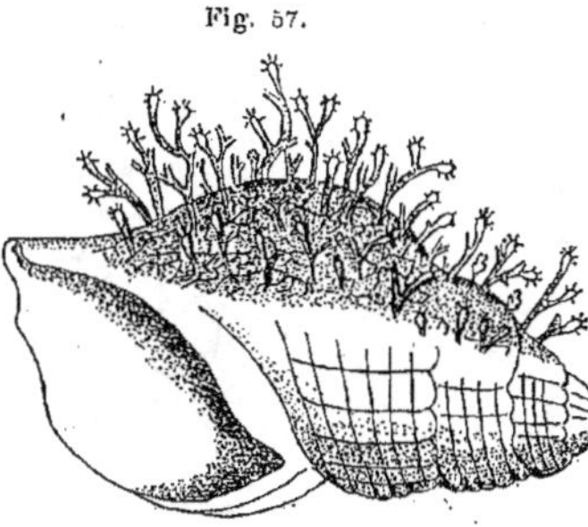

Fig. 57.

Colonne de *Heterocordyle Conybearei* en place sur une coquille de Buccin (d'ap. Allman).

ressemble entièrement à *Dicoryne* dont il diffère seulement par ses organes reproducteurs qui sont de simples sporosacs fixes, disposés en épi sur des blastostyles nés de l'hydrorhize; les sporosacs femelles ne contiennent qu'un seul gros œuf autour duquel se contourne le spadice (10 à 12^mm; sur les coquilles habitées par les *Pagurus*; côte anglaise).

Fig. 58.

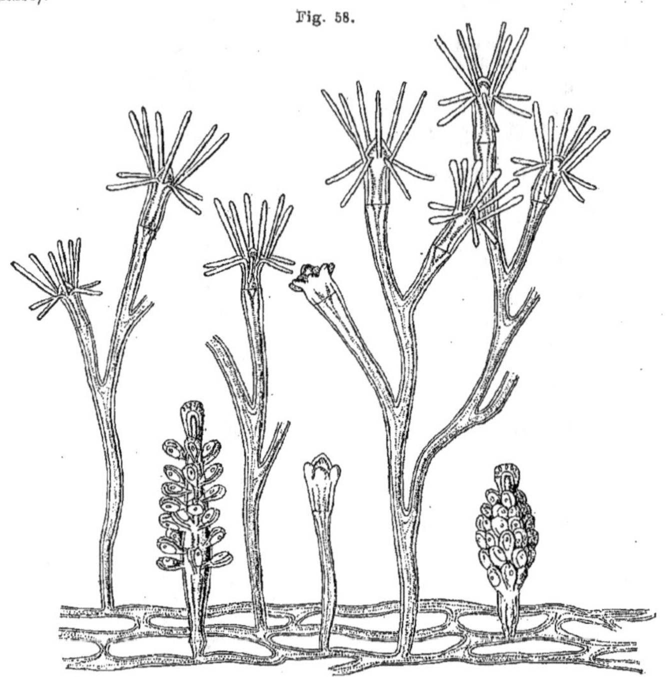

Portion d'une colonie de *Heterocordyle Conybearei* (d'ap. Allman).

Cionistes (Strethill Wright) ne diffère d'*Heterocordyle* que par l'absence d'hydrocaule; les hydranthes naissant directement de l'hydrorhize réticulé (Petite taille; côte anglaise).

Eudendrium (Ehrenberg, *emend.* Allman) (fig. 59 à 65). La forme et l'aspect de la colonie (fig. 59 et 60) sont à peu près les mêmes que chez *Bougainvillea* et les hydranthes (fig. 61 et 62) n'en diffèrent que par la forme évasée, en trompette, de l'hypostome qui, en outre, se raccorde brusquement avec la partie sous-jacente du corps.

La forme sexuée est représentée par de simples sporosacs normaux qui restent fixés. Ils se développent, soit sur le pédoncule de l'hydranthe (fig. 63), soit sur son corps même (fig. 61 et 62), immédiatement au-dessous des tentacules et, dans ce dernier cas, il arrive que l'hydranthe, comme épuisé par cette formation, s'atrophie

Fig. 59.

Eudendrium capillare (d'ap. Allman).

à mesure que les sporosacs grandissent, perd ses tentacules, ferme sa bouche et prend l'aspect d'un blastostyle (fig. 64). Les colonies sont

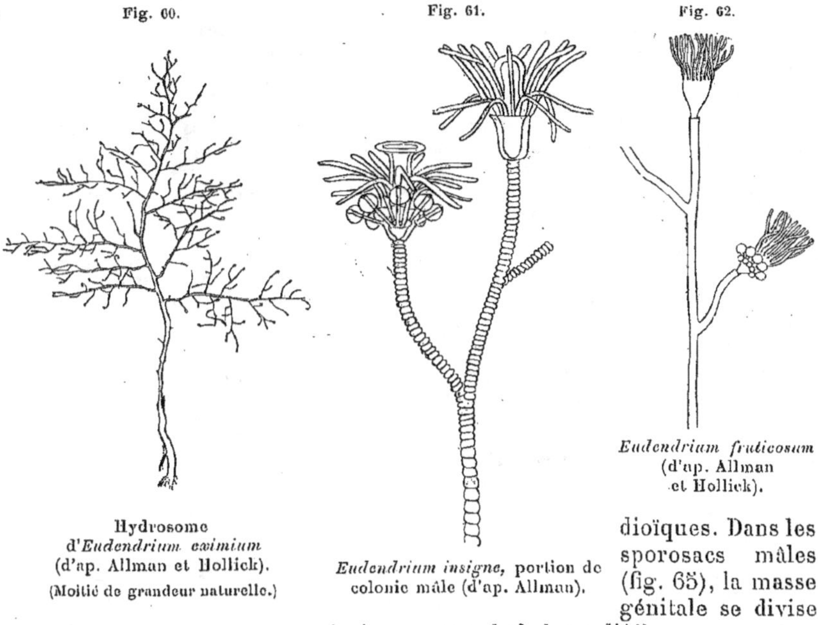

Fig. 60.

Fig. 61.

Fig. 62.

Hydrosome
d'*Eudendrium eximium*
(d'ap. Allman et Hollick).
(Moitié de grandeur naturelle.)

Eudendrium insigne, portion de
colonie mâle (d'ap. Allman).

Eudendrium fruticosum
(d'ap. Allman
et Hollick).

dioïques. Dans les sporosacs mâles (fig. 65), la masse génitale se divise en deux anneaux superposés (*sporosac polythalame* d'Allman, opposé au *sporosac monothalame* ordinaire où la masse est indivise). Dans les

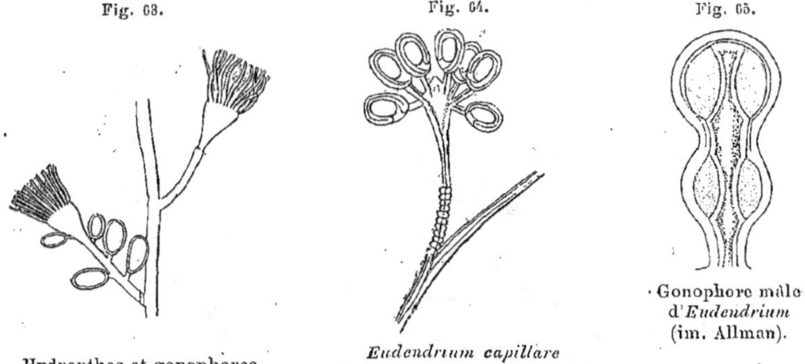

Fig. 63.

Fig. 64.

Fig. 65.

Hydranthes et gonophores
d'*Eudendrium eximium*
(d'ap. Allman et Hollick).

Eudendrium capillare
Hydranthe atrophié portant
des sporosacs femelles
(d'ap. Allman).

Gonophore mâle
d'*Eudendrium*
(im. Allman).

sporosacs femelles, se forme un seul œuf qui y subit son développement jusqu'à l'éclosion de la larve (Colonies jusqu'à

10^{cm} de haut ; Danemark, Côtes Anglaises, Manche, Méditerranée, Amériqüe, Alaska, Californie, Heard Island par 75 brasses, Kerguelen par 105 brasses, Australie, Nouvelle-Zélande).

HÄCKEL donne comme représentant vraisemblablement la forme sexuée de ce genre, une Méduse, *Lizuza*, et cela pour une espèce, *E. ramosum*, pour laquelle ALLMAN décrit et figure les sporosacs, et sans signaler l'opinion d'Allman. Entre les descriptions de ce dernier et les suppositions d'Häckel, il n'y a pas à hésiter.

Umbrellaria (Zoja) a les hydranthes à hydrocaule rudimentaire insérés sur une hydrorhize filiforme, ramifiée, rampante. Gonosome inconnu (Naples, aquarium).

Myrionema (Piclet) diffère d'*Eudendrium* par ses tentacules très nombreux disposés en nombreux verticilles tous serrés à la base de l'hypostome. Son auteur en voudrait faire le type d'une famille [*Myrionemidæ* (Piclet)] (Moluques).

═══ 2° FAM. : PODOCORYNINÆ [*Thamnostomidæ* (Häckel) + *Podocorynidæ* (Hincks) + *Cytæidæ* (L. Agassiz) + (*Hydractiniidæ* (Hincks)]. FORME ASEXUÉE : Hydranthes ayant les mêmes caractères que dans la famille précédente, mais dressés isolément sur un hydrophyton encroûtant. — FORME SEXUÉE : Méduses Océanides Pycnomérinthes Monérénèmes (c.-à-d. à tentacules isolés, non groupés), ou gonophores.

A. *Genres dont la forme sexuée, seule connue, est une Méduse à manubrium plus long que les tentacules buccaux* [*Thamnostomidæ* (Häckel)].

Thamnostylus (Häckel) (fig. 66) est une Méduse qui rappelle tout à fait, par la structure des autres parties de son corps, les Océanides Pycnomé-

Fig. 66.

Thamnostylus dinema

(d'ap. Häckel).

rinthes de la famille des *Margelinæ;* mais ses tentacules ombrellaires, au lieu d'être lophonèmes comme ceux de ces Méduses, sont *Monérénèmes* [*Monerenemata,* VANHÖFFEN, 91], c'est-à-dire isolés, non groupés en faisceaux; ils sont ici au nombre de deux seulement, opposés et perradiaux. Il y a, comme chez les *Margelinæ,* quatre tentacules buccaux, mais ici ils sont très grands, très ramifiés et insérés à la base du manubrium qui, de son côté, est très long et les dépasse de beaucoup (6^{mm}, oc. Antarctique, par 120 brasses).

Thamnostoma (Häckel) a 8 tentacules ombrellaires, 4 perradiaux, 4 interradiaux (6 à 7^{mm}; Médit., oc. Indien);

Limnorea (Péron) a des tentacules, longs et fins, au nombre de 16 et plus (40^{mm} sur 20^{mm}; détroit de Bass).

B. *Genres dont la forme sexuée est une Méduse à manubrium plus court que les tentacules buccaux* [*Podocorynidæ* (Hincks), *Cytæidæ* (L. Agassiz)].

Dysmorphosa (Philippi) (fig. 67) a reçu son nom de la forme Méduse. La forme hydraire décrite sous le nom de

(*Podocoryne,* Sars, *emend.* Allman) est remarquable par la structure toute particulière de son hydrophyton encroûtant, structure qui ne se

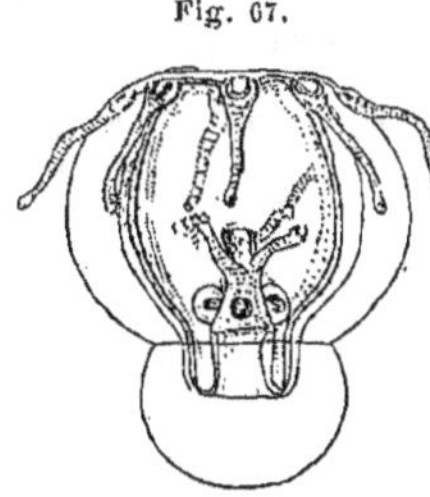

Fig. 67.

Dysmorphosa minima
(d'ap. Häckel).

retrouve que chez les Hydractinies (voir plus loin) et, vraisemblablement, chez *Corynopsis.* Nous la décrirons à propos du genre *Hydractinia* chez lequel elle a été mieux étudiée. Disons seulement qu'ici la croûte est beaucoup plus mince et que les épines sont beaucoup moins développées. Les hydranthes sont semblables à ceux des genres précédents, claviformes, avec un verticille de tentacules filiformes à la base de l'hypostome. Il n'y a pas ici le remarquable polymorphisme que nous trouverons chez *Hydractinia* ([1]).

Sur certains hydranthes, généralement plus petits, à couronne tentaculaire plus réduite, bourgeonnent en cercle, au-dessous de la région tentaculaire, des Méduses qui ont reçu le nom de *Dysmorphosa* et qui se caractérisent, en outre de leur qualité d'Océanides Pycnomérinthes, par le fait d'être Monérénèmes, comme celles des Thamnostominées; elles se distinguent de *Thamnostoma,* auquel elles ressemblent plus particulièrement, par leurs tentacules au nombre de 8, 4 perradiaux et 4 interradiaux, par leur manubrium court et leurs 4 tentacules buccaux simples, non ramifiés, beaucoup plus longs que le manubrium (Hydraire, 8 à 10^{mm} de haut; sur des coquilles de Gastéropodes habitées par des Pagures; mer du Nord, Manche, Méditerranée, Adriatique. — Méduse 0^{mm}5 à 1^{mm}; même distribution et côte Atl. de l'Amér. nord).

([1]) Cependant, d'après HINCKS dont CHUN accepte la description, il y aurait, comme chez *Hydractinia,* des zoïdes spiraux, mais moins forts et non armés de boutons urticants. ALLMAN nie leur existence ou tout au moins leur constance.

Blastogaster (Häckel) et
Gastroblastus (Häckel) sont des Méduses, simples sous-genres de *Dysmorphosa*.

Cytæandra (Häckel) est une Méduse qui, pour Häckel, en diffère génériquement par un nombre plus grand de tentacules (16 et plus), et n'est pour Vanhöffen qu'un synonyme de *Dysmorphosa*. Acceptons-le aussi, tout au plus comme sous-genre, d'autant mieux que sa forme hydraire ne se distingue pas génériquement de *Podocoryne* (0ᵐᵐ5 à 1ᵐᵐ5 ; côtes d'Angl. et de Bretagne).

Cytæis (Eschscholtz) (fig. 68), Méduse à Hydraire inconnu, en diffère par ses tentacules, au nombre de 4 seulement, perradiaux (1 à 6ᵐᵐ : mer Blanche, mer du Nord, Manche, Atl., Médit.).

Nigritina (Steenstrup) et
Cytæidium (Häckel) sont de simples sous-genres du précédent ;

Thamnitis (Häckel), Méduse à Hydraire inconnu, a aussi 4 tentacules seulement, mais fortement bulbeux à la base, et a les tentacules buccaux ramifiés. Les affinités de ce genre sont très discutées : Häckel le place près de *Thamnostylus* ; Vanhöffen le met ici près de *Cytæis*, mais en lui reconnaissant une ressemblance particulière avec *Hippocrene* (4 à 6ᵐᵐ ; Côtes angl. et Atl. Sud-Amér.).

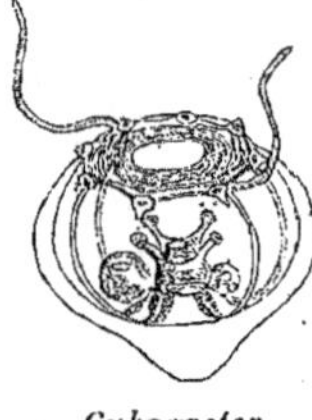

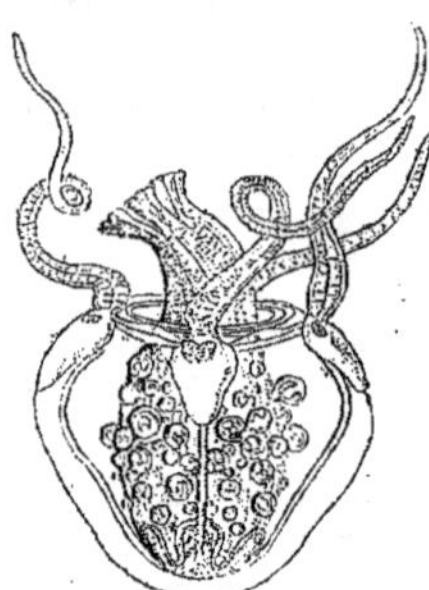

Fig. 68.

Fig. 69.

Cubogaster Gemmascens (d'ap. Häckel).

Cytæis macrogaster (d'ap. Häckel).

Cubogaster (Häckel) (fig. 69), Méduse à Hydraire inconnu, n'a que deux tentacules seulement, opposés et perradiaux (1 à 2ᵐᵐ ; Bretagne, Médit.).

Mabella (Fewkes), Méduse à Hydraire inconnu, peut se définir : un *Dysmosphosa* à 8 canaux radiaires (Côtes Atl. amér.).

Corynopsis (Allman), au contraire, est connu sous ses deux formes. L'Hydraire ne diffère en rien génériquement de *Podocoryne* ; mais sa Méduse aurait, d'après Hodge, dont les observations auraient besoin de confirmation, les caractères de celles de *Margelis* ou d'*Hippocrene*. Si cela se confirmait, ce serait encore un point où les deux classifications ne pourraient cadrer (Côtes angl., sur des coquilles d'eau profonde).

C. *Genres dont la forme sexuée est un gonophore* [*Hydractinidæ* (Allman)].

Hydractinia (Van Beneden) (fig. 70 à 72) est un Hydraire dépourvu d'hydrocaule, réduit à une hydrorhize très

Fig. 70.

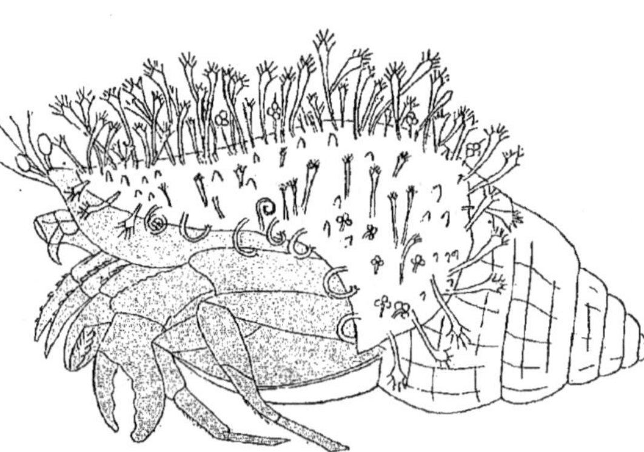

Hydractinia echinata.
Colonie en place sur une coquille de Buccin
habitée par un Pagure (d'ap. Allman).

développée et à structure très particulière, sur laquelle s'implantent directement les hydranthes. Il vit fixé sur des coquilles de Gastéropodes turbinés habitées par des Pagures (fig. 70). L'hydrorhize recouvre la face supérieure de la coquille d'une épaisse couche continue atteignant plus d'un millimètre d'épaisseur. Dans sa profondeur, au contact de la coquille, on trouve des tubes ramifiés, anastomosés en réseau, remplis de cœnosarque et recouverts de périderme, présentant par conséquent la structure fondamentale d'une hydrorhize réticulée (fig. 71, *hd. r.*). Mais le réseau est ici si serré, que les tubes se touchent et que le périderme comble les faibles intervalles qui existent entre eux. En outre, ils forment plusieurs assises superposées. Mais ceux de la couche superficielle, au lieu d'être complets comme les profonds, ne sont garnis de périderme qu'à la face profonde et sur les côtés; leur enveloppe péridermique est ouverte en haut et forme, non pas des tubes, mais de simples gouttières. Il en résulte que, là, le cœnosarque est à

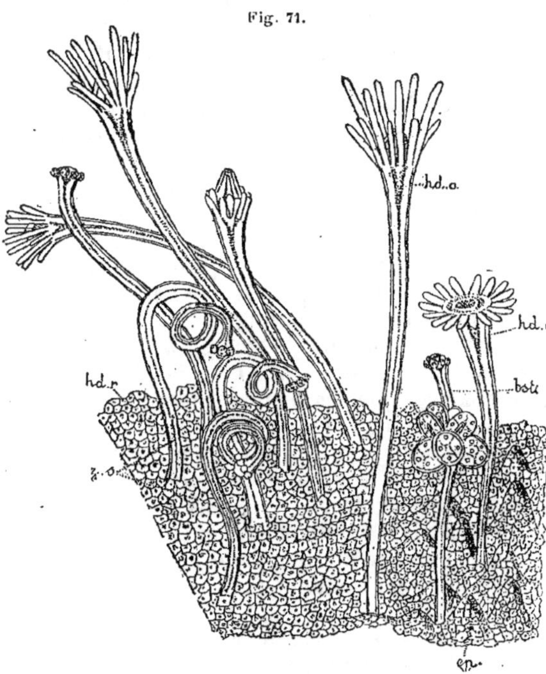

Portion marginale de l'hydrosome d'*Hydractinia echinata* (d'ap. Allman).

bsts., blastostyle portant des sporosacs; **ep.**, épines; **hd. a.**, hydranthes; **hd. r.**, hydrorhize; **s. s.**, zoïdes spiraux.

nu. Le cœnosarque de ces tubes superficiels ne reste pas d'ailleurs confiné dans les gouttières péridermiques : son endoderme forme des tubes indépendants anastomosés en réseau, mais son ectoderme se répand sur toute la surface en une couche continue. Les hydranthes (fig. 71, *hd. a.*) sont implantés sur cette surface; leur ectoderme se continue avec le feuillet homologue du cœnosarque superficiel et leur endoderme avec les tubes endodermiques de ce même cœnosarque. Au fur et à mesure de l'accroissement, les gouttières chitineuses se ferment et se complètent en tubes, mais de nouveaux canaux endodermiques superficiels sont entourés par l'ectoderme qui leur sécrète un périderme, d'abord à la face profonde et sur les côtés, pour constituer une nouvelle couche de gouttières et ainsi de suite. — En certains points se dressent de grosses épines coniques (*ep.*), chitineuses, qui partent de la couche profonde et s'élèvent entre les hydranthes, mais entièrement recouvertes par le cœnosarque superficiel, au point que des hydranthes naissent souvent sur elles. Ces épines sont creusées de canaux en continuité, à la base, avec ceux de la couche profonde de l'hydrorhize et contenant, comme eux, des tubes de cœnosarque, et sont cannelées superficiellement. Ces cannelures se continuent à leur base avec les gouttières péridermiques de la couche superficielle de l'hydrorhize et ne sont autre chose que ces gouttières elles-mêmes. Leur présence fait comprendre la structure de l'épine, dont les canaux intérieurs sont les cannelures superficielles d'une période d'accroissement précédente, qui se sont complétées en tubes par excrétion de périderme du côté externe. Ces épines servent à protéger les hydranthes contre les heurts auxquels ils sont exposés quand le Pagure frotte sa coquille contre les rochers. Elles sont, en effet, assez hautes pour que les hydranthes rétractés (et ils sont très contractiles) n'atteignent pas le niveau de leur pointe.

Les hydranthes sont constitués comme ceux de *Podocoryne*. Mais ils sont ici polymorphes. Ceux qui portent les produits sexuels sont de simples blastostyles (*bsts*), plus courts que les hydranthes nourriciers, sans bouche, à tête renflée et armée d'une couronne de boutons urticants représentant une réduction des tentacules. En outre, il y a, au bord de la colonie qui confine à la bouche de la coquille, des polypes appelés *zoïdes spiraux* (*z.s.*), conformés comme les blastostyles, mais stériles, beaucoup plus longs et très contractiles. Ils se contournent en effet en cor de chasse et se détendent avec vigueur pour heurter l'en-

Fig. 72.

nemi de leur tête armée d'un cercle de boutons urticants. Ce sont les défenseurs de la colonie. Quand le
Pagure est en marche, ils sont immobiles ; mais quand
il est rentré dans sa coquille, ils se courbent d'un
mouvement rythmique vers l'ouverture, comme pour
en défendre l'entrée. Il se pourrait qu'il y eût là un
fait de mutualisme, l'avantage pour l'Hydraire étant
de profiter des parcelles alimentaires, débris des repas
du Pagure.

Gonophore
d'*Hydractinia
echinata*
(d'ap. Allman).

Les colonies sont rigoureusement dioïques. Les blastostyles portent, à quelque distance au-dessous de la
tête, une couronne de sporosacs avec ectothèque dis-
tinct (fig. 72) (10 à 12^{mm} de haut ; sur les coquilles habitées par les *Pagurus* ;
côtes d'Europe et d'Amér. Nord, oc. Indien, Polynésie (?), Philippines (?) et foss.,
Tertiaire).

Oorhiza (Merechkowski) se distingue du précédent par ses sporosacs insérés directement sur
l'hydrorhize, sans blastostyles et ne contenant qu'un œuf (mer Blanche).

Hydradendrium (Hincks) a les hydranthes portés sur un hydrocaule dendriforme fortement épineux; gonosome inconnu (Ceylan).

Chitina (Carter) est dressé et ramifié comme *Hydradendrium*; mais il n'est connu que par son squelette, et sa position restera douteuse jusqu'à ce qu'on ait vu les hydranthes (Nouvelle-Zélande). Ici pourraient peut-être prendre place les genres

Solanderia (Duchassaing et Michelotti) (= *Ceratella*, Gray) et

Dehitella (Gray) qui ont été ballottés dans les groupes les plus divers. Ces formes sont encroûtantes et vivent comme *Hydractinia* sur des coquilles de *Buccinum*. Longtemps, leur squelette seul a été connu. Elles ont été décrites par GRAY [68] comme des Éponges ; c'est CARTER [73] qui a reconnu, par l'emploi des acides, la ressemblance du résidu de la décalcification de la coquille des Buccins avec ce qu'on obtient d'*Hydractinia* par le même traitement. Enfin BALE [88], ayant vu les hydranthes et leurs tentacules, a montré qu'il convenait de les rattacher à la famille des *Coryninæ*.

==== 3ᵉ FAM. : *CLAVATELLINÆ* [*Clavatellidæ* (Hincks), *Dendronemidæ p. p.* (Vanhöffen)].

FORME ASEXUÉE : tentacules tous capités et formant un seul verticille. — FORME SEXUÉE : Méduse Océanide Pycnomerinthe Cladonème, c'est-à-dire à tentacules bifurqués.

Clavatella (Hincks) (fig. 73 et 74). Sur une hydrorhize formant un réseau rampant et protégée par un périderme, se dressent de très courts prolonge-

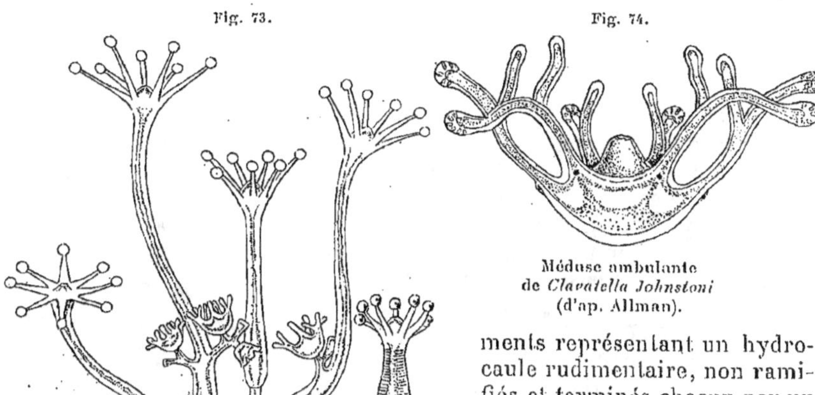

Fig. 73.

Fig. 74.

Hydrosome de *Clavatella prolifera*
(d'ap. Allman).

Méduse ambulante
de *Clavatella Johnstoni*
(d'ap. Allman).

ments représentant un hydrocaule rudimentaire, non ramifiés et terminés chacun par un hydranthe (fig. 73). Ceux-ci sont allongés et munis d'une verticille de tentacules insérés à la base d'un hypostome bien dessiné. Ces tentacules présentent ici un caractère que nous n'avions pas encore rencontré : ils sont *capités*, c'est-à-dire terminés par un renflement sphérique, formé essentiellement d'une accumulation de nématoblastes, tandis que, sur le reste du tentacule, ces éléments se montrent fort clairsemés.

La forme sexuée est une Méduse (fig. 74) qui bourgeonne par petits groupes ramifiés de 2 à 4 individus sur la partie inférieure du corps des hydranthes. On la nomme parfois *Clavatella* comme l'Hydraire, plus souvent.

(*Eleutheria*, Quatrefages). C'est une petite Méduse très aberrante, à ombrelle rudimentaire, dépourvue de velum, à manubrium large et court, conique, sans lèvres buccales. Aux caractères déjà plusieurs fois définis des Océanides pycnomérinthes, elle ajoute celui d'avoir ses tentacules cladonèmes, c'est-à-dire ramifiés (*Cladonemata*, VANHÖFFEN [91]). Ces tentacules, au nombre de 6 (parfois 4 ou 8), sont bifurqués; leur branche externe, détournée en dehors, se termine par une petite tête urticante, tandis que l'interne, terminée par une ventouse, repose sur le sol sur lequel l'animal se fixe ou marche au lieu de nager comme à l'ordinaire. Cette ventouse correspond à la tête urticante, car on la trouve parfois remplacée par celle-ci. A la base de chaque tentacule est un ocelle, parfois deux. De la cavité gastrique partent 6 (parfois 4 ou 8) canaux radiaires. L'animal est hermaphrodite, ayant les éléments mâles à la face dorsale et les femelles à la face ventrale; il peut former des bourgeons au niveau de son sinus circulaire (HARTLAUB [86]) (Hydraire, 8 à 10mm; Méduse, 1 à 2mm; Angleterre, Manche, Roscoff (obs. personnelle inédite), Médit.).

4° FAM. : *CLADONEMINÆ* [*Cladonemidæ* (Allman), *Dendronemidæ p. p.* (Vanhöffen)]. FORME ASEXUÉE : tentacules formant deux verticilles, un basilaire de tentacules filiformes, un distal de tentacules capités. — FORME SEXUÉE : Méduses comme dans la famille précédente.

Cladonema (Dujardin) (fig. 75 et 76). Sur une hydrorhize filiforme, peu développée, se dressent de petits arbuscules ramifiés dont les branches sont terminées par les hydranthes (fig. 75). Ceux-ci sont de forme normale et munis de deux verticilles de tentacules, l'un basilaire, situé à la partie inférieure du corps, l'autre distal, situé à la place normale, à la base de l'hypostome. Les deux verticilles ont chacun seulement 4 tentacules alternant avec ceux de l'autre verticille; les tentacules inférieurs sont filiformes, les supérieurs sont capités.

L'animal est recouvert d'un très mince périderme.

Sur le corps des hydranthes, entre les deux cercles de tentacules, naissent des bourgeons sexués qui se développent en Méduses du même nom que l'Hydraire. Cette

Fig. 75.

Cladonema radium (d'ap. Allman).

Fig. 76.

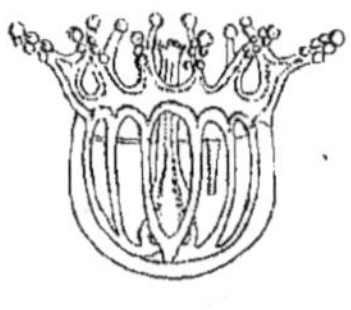

Méduse de *Cladonema radiatum* (d'ap. Allman).

Méduse (fig. 76), très voisine par beaucoup de ses caractères de celle du genre précédent, a une constitution plus normale: elle a une ombrelle en forme de dôme plus qu'hémisphérique, avec un large velum percé d'un orifice relativement petit. Le manubrium, assez développé, est terminé par une bouche pourvue de 4 (parfois 5) tentacules labiaux, non ramifiés, armés de boutons urticants. Il est renflé à sa base par la présence de l'estomac d'où partent 4 canaux radiaux qui, dès leur origine, se bifurquent de manière à en former 8. Il y a de même 8 tentacules ombrellaires, ocellifères, longs, extensibles, ramifiés (*tentacules cladonèmes*), dont les branches sont terminées chacune par un petit bouton urticant. Les deux premières branches de chaque tentacule, les plus voisines de la base, sont plus grosses et leur bouton urticant est remplacé par une ventouse. Quand l'animal repose sur le sol, il porte ses tentacules relevés, mais ces branches basilaires à ventouses restent dirigées en bas, portent sur le sol, et il repose sur elles comme sur 16 petits pieds. Parfois, la symétrie est quinaire : il y a 5 canaux radiaires divisés en 10 branches, 10 tentacules buccaux et 10 tentacules ombrellaires (Hydraire, 20 à 25^{mm}; Méduse, 2 à 3^{mm}; mer du Nord, Manche, Atl., Médit.).

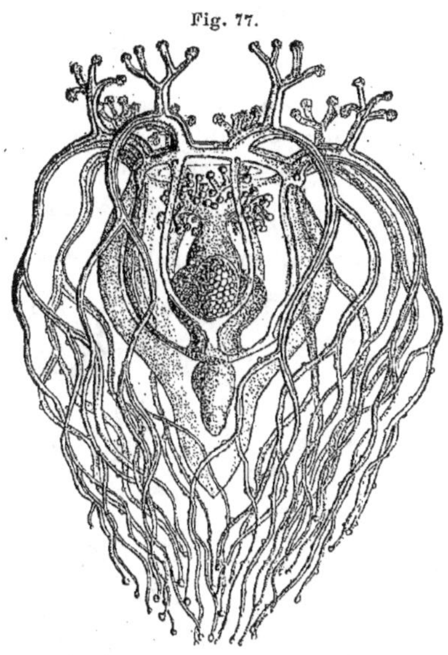

Dendronema stylodendron (d'ap. Häckel).

Dendronema (Häckel) (fig. 77) est une petite Méduse à Hydraire inconnu, si voisine de la précédente que Vanhöffen la considère comme synonyme : elle en diffère par ses tentacules buccaux ramifiés et par le nombre des branches cupulifères de ses tentacules ombrellaires qui n'est pas limité à deux (6^{mm} sur 9^{mm}; Canaries).

══════ 5ᵉ FAM. : *Pteroneminæ* [*Pteronemidæ* (Häckel)]. Forme asexuée : inconnue. — Forme sexuée : Méduse semblable à celle de la famille précédente, mais à tentacules plumeux.

Pteronema (Häckel) (fig. 78) est une Méduse à Hydraire inconnu, de forme aplatie et très semblable par la plupart de ses caractères à celle de *Cladonema*. Elle en diffère par sa

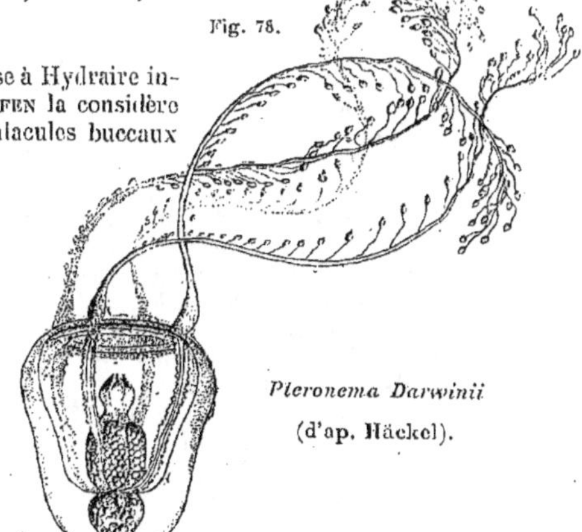

Pteronema Darwinii

(d'ap. Häckel).

bouche, pourvue simplement de quatre lèvres et dépourvue de tentacules buccaux, et par ses tentacules ombrellaires au nombre de quatre et dont les ramifications sont des filaments terminés par une petite tête urticante, très nombreux et disposés le long d'un des bords du tentacule, comme les barbes d'une plume. L'estomac se continue vers le pôle apical en un vaste diverticule en cul-de-sac; la surface de l'ombrelle est lisse, dépourvue de bandelettes urticantes (8 à 12^{mm}; Australie, Nouv.-Guinée).

Zanclea (Gegenbaur) s'en distingue par l'absence de cul-de-sac stomacal et la présence de bandelettes urticantes sur l'ombrelle (3 à 6^{mm}; Médit.);

Ctenaria (Häckel) (fig. 79) ressemble davantage à *Pteronema* par la présence d'un diverticule stomacal; mais il n'a que deux tentacules plumeux, opposés, et sa bouche est armée de tentacules buccaux pédonculés. Les 4 canaux radiaires sont biurqués en 8 branches; sur l'exombrelle sont 8 bandes adradiales de nématoblastes (Voir aux Cténophores pour la comparaison de ces animaux.) (5^{mm}; Pacif. nord, Japon).

Fig. 79.

Ctenaria ctenophora

Ici prend place, par les caractères de sa Méduse, un genre dont l'Hydraire, portant le même nom que sa Méduse, sera décrit loin d'ici dans la famille des *Coryninæ* (p. 98). C'est là une des plus graves incompatibilités entre les deux classifications. Cette Méduse est la forme sexuée du genre

Gemmaria (Mc Crady) (fig. 80). Par tous ses caractères, elle se rapproche des précédentes. C'est comme elles une Océanide pycnomérinthe, cladonème. Elle a, comme *Ctenaria*, une paire seulement de tentacules plumeux, constitués comme chez *Zanclea*; elle est dépourvue de diverticule stomacal, et sa bouche, prolongée en 4 lèvres parfois faiblement indiquées, est dépourvue de tentacules buccaux. Les 4 canaux radiaires sont simples et à leur extrémité distale correspondent, sur l'exombrelle, 4 bandelettes urticantes parfois transformées en petits cœcums tubuleux bourrés de nématoblastes (1 à 2^{mm}; Angl., côtes Atl. de l'Amér. nord.

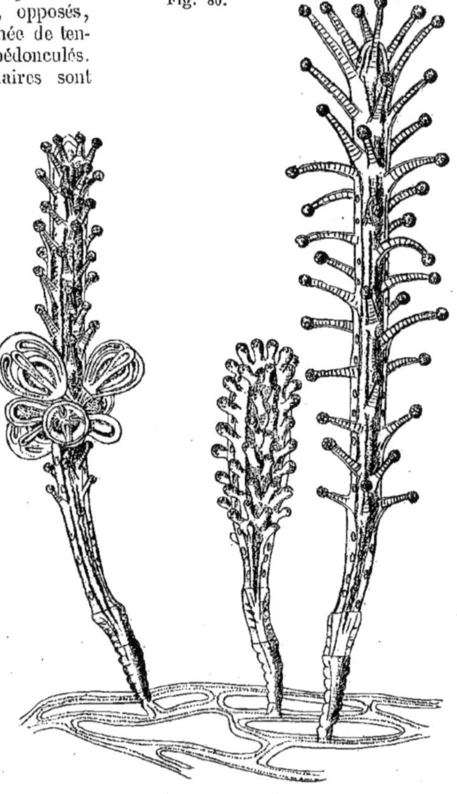

Fig. 80.

Gemmaria (Gemellaria) inflexa
(d'ap. Allman).

===== 6° FAM. : *Nemopsinæ* [*Nemopsiidæ* (L. Agassiz)]. FORME ASEXUÉE : hydranthe à tentacules tous filiformes, sur deux verticilles, un basilaire et un distal. — FORME SEXUÉE : Océanide pycnomérinthe lophonème comme celle des Margelinæ.

Nemopsis (Agassiz) (fig. 81). L'hydrophyton est inconnu. Les hydranthes trouvés détachés, flottants dans la mer, sont de forme conique et montrent au pôle aboral une large ouverture provenant évidemment de leur séparation de l'hydrophyton. Leurs tentacules sont, comme chez *Cladonema*, disposés en deux verticilles réguliers, un basilaire et un distal, mais ils sont tous filiformes, plus nombreux et sans alternance régulière.

La forme sexuée bourgeonne sur le corps entre les deux cercles de tentacules, sous la forme de Méduses de même nom que l'Hydraire et dont les caractères sont très différents de ceux des Méduses des familles voisines, en sorte que c'est là encore une grave incompatibilité entre les deux classifications. Cette Méduse est, en effet, lophonème, c'est-à-dire à tentacules groupés, formant 4 houppes perradiales, tout comme chez les *Margelinæ* auxquels cette Méduse devrait appartenir si elle était classée sans considération de son Hydraire. C'est au point que VANHÖFFEN [91] la met en synonymie avec *Hippocrene*. Les groupes tentaculaires sont formés de deux tentacules claviformes ocellifères, fermes, rabattus vers le pôle aboral, et d'un paquet de petits tentacules souples, non ocellifères. Elle a quatre tentacules buccaux très ramifiés. Les gonades se prolongent sur les canaux radiaires (Hydranthe, Méduse, 19 à 30ᵐᵐ; près de Charlestown, mer du Nord, Australie).

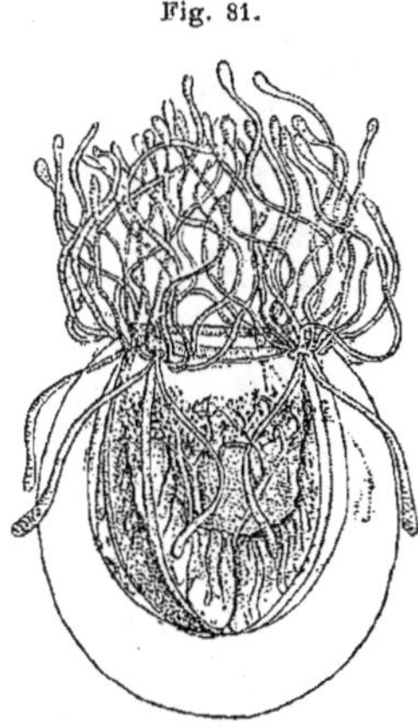

Fig. 81.

Nemopsis heteronema
(Méduse) (d'ap. Häckel).

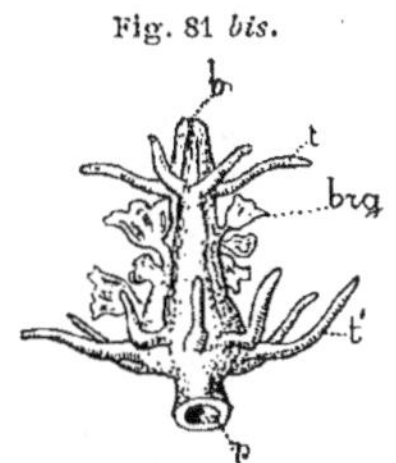

Fig. 81 *bis*.

Nemopsis Gibbesi
(Hydraire)
(d'ap. Mac Crady).

b., bouche; brg., bourgeons; t., tentacules buccaux; t'., tentacules inférieurs; p., orifice aboral.

===== 7° FAM. : *Tubularinæ* [*Tubulariidæ* (Hincks)] FORME ASEXUÉE : hydranthes à tentacules tous filiformes, en deux verticilles, un distal et un proximal. — FORME SEXUÉE : médusoïde fixe.

Tubularia (Linné, *emend.* Allman) (fig. 82 à 87) (¹). Sur une hydrorhize peu développée se dressent les hydrocaules simples ou peu ramifiés (fig. 82) dont

---

(¹) L'animal présente plusieurs particularités histologiques remarquables. Le périderme qui revêt l'hydrophyton est intimement accollé à l'ectoderme. Le cœnosarque n'offre qu'auprès des hydranthes la constitution normale, c'est-à-dire sous l'ectoderme une seule couche endodermique limitant un canal axial en communication avec le prolongement pédonculaire de la cavité gastrique. Plus bas (LOMAN [89]), ce canal se dissocie en plusieurs canaux lacunaires ciliés, creusés dans l'endoderme, communiquant çà et là entre eux et disposés plus ou moins

les branches sont terminées par des hydranthes constitués comme dans le genre précédent, mais plus courts (fig. 83). Les deux rangées de tentacules sont inégales, celle qui occupe la base de l'hypostome étant formée de tentacules plus courts et plus mobiles.

Les bourgeons sexuels sont situés sur des pédoncules qui s'insèrent sur le corps de l'hydranthe entre les deux rangées tentaculaires et re-

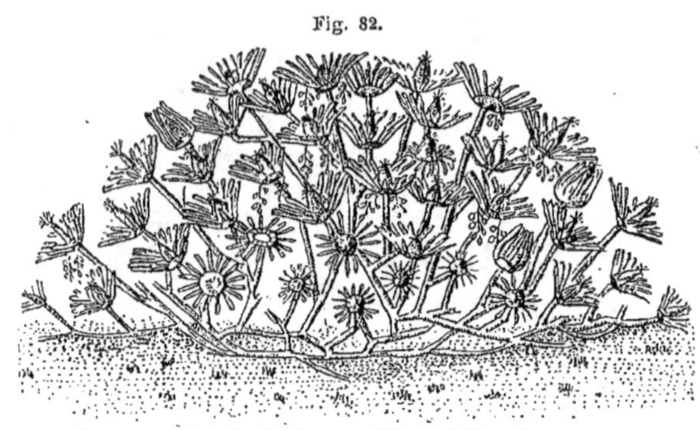

Fig. 82.

Tubularia larynx (d'ap. Allman).

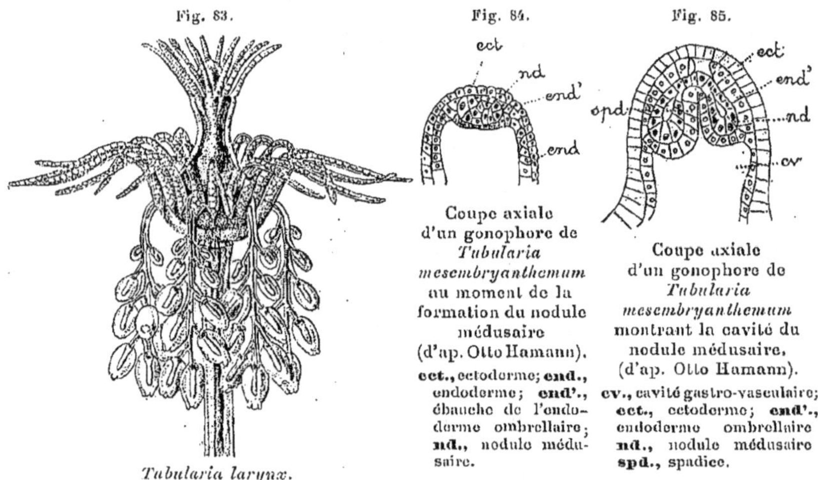

Fig. 83.

Tubularia larynx.
Hydranthe mâle avec des gonophores
(d'ap. Allman).

Fig. 84.

Coupe axiale
d'un gonophore de
*Tubularia
mesembryanthemum*
au moment de la
formation du nodule
médusaire
(d'ap. Otto Hamann).
ect., ectoderme; **end.**,
endoderme; **end'.**,
ébauche de l'endo-
derme ombrellaire;
nd., nodule médu-
saire.

Fig. 85.

Coupe axiale
d'un gonophore de
*Tubularia
mesembryanthemum*
montrant la cavité du
nodule médusaire,
(d'ap. Otto Hamann).
cv., cavité gastro-vasculaire;
ect., ectoderme; **end'.**,
endoderme ombrellaire
nd., nodule médusaire
spd., spadice.

tombent comme des grappes le long du corps en passant entre deux tentacules de la rangée inférieure. Contrairement à ce qui a lieu dans

circulairement autour d'un axe endodermique plein. Les fibres musculaires ectodermiques, bien développées surtout dans les tentacules, se montrent indépendantes des cellules épithéliales et ont leur noyau propre; elles sont striées longitudinalement et même un peu transversalement et dissociables en fibrilles longitudinales. Situées entre l'ectoderme et la membrane anhiste, elles ont les caractères d'un véritable mésoderme. Dans le bas de la cavité gastrique des hydranthes, l'endoderme forme une couronne de lobes saillants formés de cellules fortement colorées.

les grappes végétales, leurs bourgeons terminaux sont les plus avancés.

Ces bourgeons évoluent en médusoïdes fixés (fig. 84 à 87), c'est-à-dire en gonophores ayant tous les caractères d'une Méduse à peine réduite (fig. 87). Il n'y a ni tentacules, ni vélum, ni gelée ombrellaire, mais il y a un manubrium bien développé (imperforé au bout), une cavité sous-ombrellaire ouverte, une paroi ombrellaire avec quatre canaux radiaires se jetant dans un canal circulaire bordant l'orifice; enfin, l'ectothèque lui-même est percé en face de l'orifice de l'ombrelle et, sur les bords de l'orifice, se montrent quatre mamelons coniques, riches en nématoblastes. Dans la cavité sous-ombrellaire, l'œuf se développe en une *planula* (¹). Mais cette planula, avant de devenir libre, prend une forme ovoïde, pousse des tentacules et devient une *actinula*, c'est-à-dire une larve ayant à peu près la forme d'une hydranthe de *Tubularia*. Cette larve nage avec ses cils et peut marcher, la bouche en bas, sur quelques-uns des tentacules de la rangée inférieure agissant comme des pieds, tandis que les autres sont dirigés en haut. Bientôt l'*actinula* se fixe par le pôle aboral, se dresse et pousse des racines, premier rudiment de l'hydrorhize. Plusieurs *actinula* naissent successivement d'un même médusoïde.

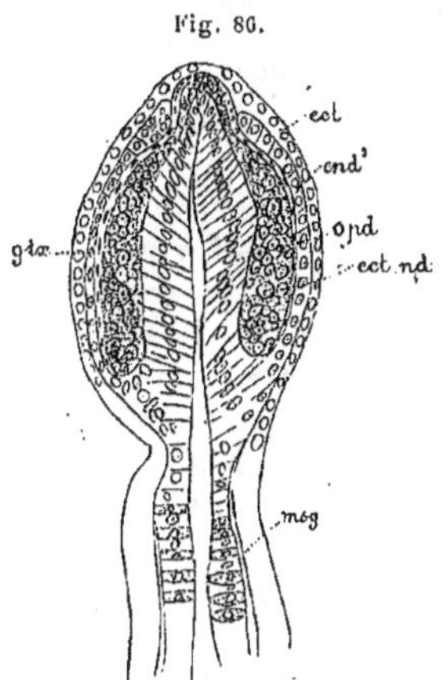

Fig. 86.

Coupe axiale de gonophore de *Tubularia mesembryanthemum* à une époque de son développement où la cavité du nodule médusaire a disparu (d'ap. Otto Hamann).

ect., ectoderme; **ect. nd.**, ectoderme restant du nodule médusaire; **end'.**, endoderme ombrellaire; **gtx.**, produits génitaux; **msg.**, mésoglée; **spd.**, spadice.

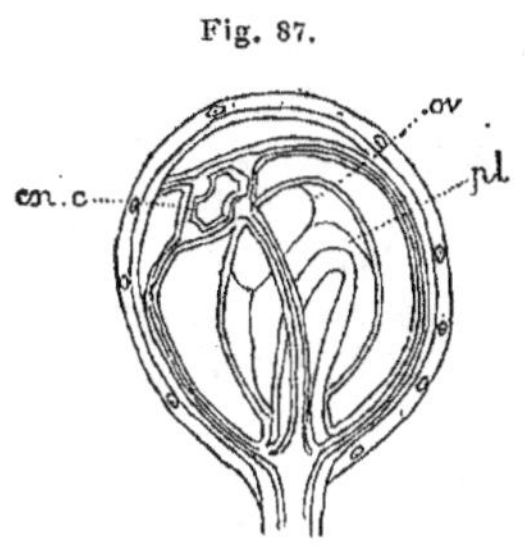

Fig. 87.

Gonophore de *Tubularia indivisa* (d'ap. Allman).

cn. c., canal circulaire; **pl.**, plasma ovarien; **ov.**, ovule.

Remarquons qu'il n'y a pas lieu de chercher une homologie quelconque entre l'*actinula* et la Méduse, quoique l'une et l'autre soient libres, car leur place n'est pas la même dans le cycle évolutif. La Méduse est sexuée, entre l'Hydraire et l'œuf; l'*actinula* est asexuée entre l'œuf et l'Hydraire (Colonie 3 à 25ᶜᵐ de haut; hydranthe 10ᵐᵐ et plus; paraît être cosmopolite).

Dans le genre *Tubularia*, AGASSIZ a taillé trois sous-genres : l'un est le *Tubularia* s. str. dont les caractères sont ceux que nous venons de décrire; les deux autres sont

-----

(¹) D'après CLAMICIAN, le processus serait fort différent de celui qui a été donné comme typique pour la *planula*; mais ses observations ont été contredites de plusieurs côtés.

Thamnocnidia (Agassiz) et

Parhypha (Agassiz), l'un et l'autre ayant pour forme sexuée de simples sporosacs sans canaux radiaires ; ils diffèrent l'un de l'autre seulement par la forme des papilles de l'ectothèque.

Tibiana (Lamarck) a ses hydranthes latéraux et non terminaux sur les branches (Austr.).

===== 8° FAM. : *DENDROCLAVINÆ* [*Dendroclavidæ* (Weismann ?), *Turritopsidæ* (M° Crady ?)].
FORME ASEXUÉE : hydranthes à tentacules filiformes en 3 ou 4 verticilles équidistants.
— FORME SEXUÉE : Méduse Océanide pycnomérinthe, monérénème, à boutons urticants buccaux sessiles et pourvue d'un pseudo-pédoncule stomacal endodermique.

Turritopsis (M° Crady). L'Hydraire de ce genre, d'abord découvert sous sa forme Méduse, est connu sous le nom de

(*Dendroclava*, Weismann). Il forme des arbuscules dressés, ramifiés, dont les rameaux se terminent chacun par un hydranthe, allongé, fusiforme, muni de 18 à 20 courts tentacules filiformes. Ces tentacules ne sont ni entièrement disséminés comme ceux des *Clava* (voir. p. 85), ni disposés en deux groupes distincts, l'un basilaire, l'autre terminal comme chez *Corymorpha* (voir. p. 88). Ils forment 3 à 4 verticilles, pas très nettement indiqués et à peu près équidistants sur le corps de l'hydranthe. L'hydrophyton est recouvert d'un périderme assez fort, mais qui s'arrête brusquement à la base des hydranthes.

La forme sexuée bourgeonne sur les pédoncules des hydranthes, à une certaine distance au-dessous de leur corps, et devient libre sous la forme d'une Méduse. Cette Méduse est de forme assez élevée ; son bord ombrellaire est garni de nombreux et fins tentacules équidistants, non groupés en faisceaux, disposés sur une seule rangée, à axe plein et pourvus d'un ocelle à leur base du côté interne. Cette situation de l'ocelle s'explique par le fait que l'animal tient normalement ses tentacules dirigés vers le pôle aboral de son ombrelle. Le manubrium, assez court, se termine par une bouche entourée de quatre lèvres garnies de boutons urticants sessiles. — L'estomac est contenu tout entier dans le manubrium et émet quatre canaux radiaires qui, déjà dans la base du manubrium, sont indépendants, comme dans le cas où il y a un pédoncule stomacal. Il n'y a pas cependant un vrai pédoncule stomacal, comme chez *Geryonia*, par exemple (voir page 191), car la mésoglée ombrellaire n'envoie aucun prolongement dans le manubrium. Ce qui sépare les quatre canaux radiaires dans le manubrium, ce sont seulement des cellules endodermiques, celles de leurs propres parois qui sont fortement épaissies au point de se rejoindre dans l'axe du manubrium : c'est donc une sorte de *pseudo-pédoncule stomacal*. Les gonades forment quatre masses séparées et ne présentent rien de particulier. Par ces caractères, cette Méduse prend place dans les Océanides pycnomérinthes monérénèmes de Vanhöffen, par conséquent à côté de *Dysmorphosa* et de *Cubogaster*, tandis que l'hydraire est voisin des Clavulines dont les Méduses, *Turris*, *Tiara*, sont des Cœlomérinthes. Là encore, il y a divergence entre les deux classifications (Hydraire, 8 à 12^{mm} ; Méduse, 6 à 8^{mm} ; Manche, Médit., Côtes Atl. d'Amér., Austr.). La Méduse héberge parfois la larve d'une Narcoméduse, *Cunina*, à titre de parasite.

Callitiara (Häckel) (fig. 88 et 89), connu par sa Méduse seulement, est un genre voisin que VANHÖFFEN donne même comme synonyme du précédent. Il en diffère cependant par ses tentacules sur deux rangées et pourvus chacun de deux ocelles, un interne et un externe. HÄCKEL lui décrit un vrai pédoncule stomacal, mais il est probable qu'il ne diffère pas sous ce rapport de *Turritopsis* (8 à 10mm; Canaries).

Fig. 88.

Callitiara polyophthalma (d'ap. Häckel).

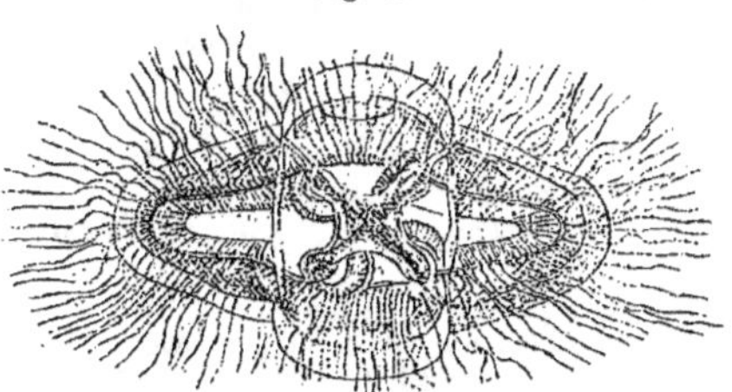

Fig. 89.

Callitiara polyophthalma
vu par la face aborale
(d'ap. Häckel).

═══ 9° FAM. : *CLAVULINÆ* [*Amphinemidæ* (Häckel) + *Clavulidæ* (Str. Wright?) + *Tiaridæ* (Häckel) + *Clavidæ* (Hincks)]. FORME ASEXUÉE : hydranthes à tentacules épars, tous filiformes. — FORME SEXUÉE : Méduse Océanide cœlomérinthe (c'est-à-dire à tentacules creux), ou gonophores.

A. *Genres dont la forme sexuée, seule connue, est une Méduse présentant de nombreux tentacules rudimentaires entre les tentacules bien développés qui sont peu nombreux* [*Amphinemidæ* (Häckel)].

Stomotoca (L. Agassis) (fig. 90 et 91). C'est une petite Méduse de forme plus ou moins hémisphérique, munie d'un volumineux manubrium contenant l'estomac de forme quadrangulaire, porté sur un *pédoncule stomacal*, en sorte que les canaux radiaires, larges et rubanés, sont, dans la première partie de leur trajet, contenus dans le manubrium. Ce dernier se termine par une large bouche à quatre lèvres

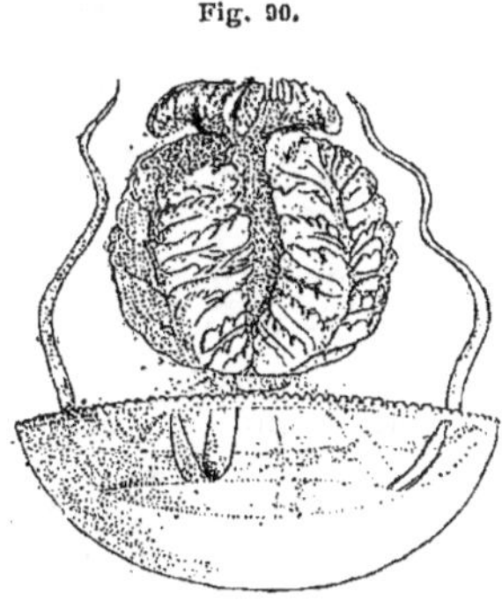

Fig. 90.

Stomotoca pterophylla
(d'ap. Häckel).

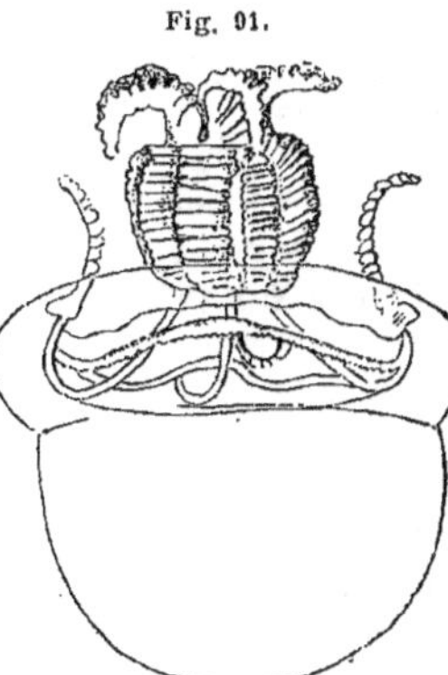

Fig. 91.

Stomotoca divisa (d'ap. Maas).

plus ou moins frangées. Les gonades forment sur les côtés de l'estomac quatre paires de rubans frangés le long de leurs bords interradiaux. Le caractère le plus remarquable gît dans les tentacules ombrellaires, au nombre de deux seulement, opposés, perradiaux et très souples par le fait qu'ils sont creux, parcourus par un canal endodermique dont la cavité entièrement libre se continue à sa base avec celle du sinus circulaire. C'est ce caractère que désigne le terme de *cœlomerinthe* appliqué par Vanhöffen au groupe de Méduses [*Cœlomerinthia*] dont ce genre fait partie. Entre ces deux tentacules principaux, le bord ombrellaire présente de nombreuses petites protubérances qui sont autant de petits tentacules rudimentaires (20 à 30ᵐᵐ; Atl., Pacif.).

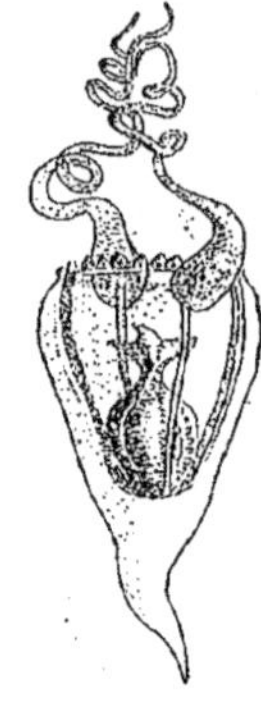

Fig. 92.

*Amphinema
Titania*
(d'ap. Häckel).

Stomotocanna (Häckel), à gonades ramifiées d'un seul côté, et
Stomotocella (Häckel), à gonades ramifiées sur leurs deux bords,
  ne sont, de l'avis même de Häckel, que des sous-genres.
Amphinema (Häckel) (fig. 92), sans pédoncule stomacal (1 à 12ᵐᵐ; Angl.,
  Manche, Atl.), et
Codonorchis (Häckel), différant d'*Amphinema* par le fait que ses gonades se
  prolongent sur les canaux radiaires (2 1/2 à 4ᵐᵐ; côte de Bretagne),
  considérés comme des genres par leur auteur, peuvent aussi être ramenés
  à la valeur de sous-genres, car Vanhöffen les met en complète synonymie avec *Stomotoca*.
Dinematella (Fewkes) diffère de *Stomotoca* par la présence dans le prolongement
  apical de l'ombrelle d'un diverticule stomacal qui le remplit presque en
  entier et qui, fermé chez l'adulte, communique chez le jeune avec le dehors
  par un canal pédonculaire qui, sans doute, est un reste de la larve hydraire
  d'ailleurs inconnue (Côte Atl. nord. amér.).

   B. *Genres où la forme sexuée est une Méduse à tentacules bien développés,
  nombreux, chez l'adulte du moins, entre lesquels sont de rares tentacules
  abortifs* [*Clavulidæ* (Str. Wright ?), *Tiaridæ* (Häckel)].

Turris (Lesson) (fig. 93). L'Hydraire, dont les hydranthes se dressent, portés par un pédoncule rudimentaire sur une hydrorhize filiforme, rampante, revêtue d'un mince périderme, a été décrit sous le nom de
(*Clavula*, Str. Wright). Son caractère le plus saillant réside dans ses tentacules filiformes, qui sont, non plus disposés en un ou deux verticilles, mais irrégulièrement dispersés sur toute la surface du corps.

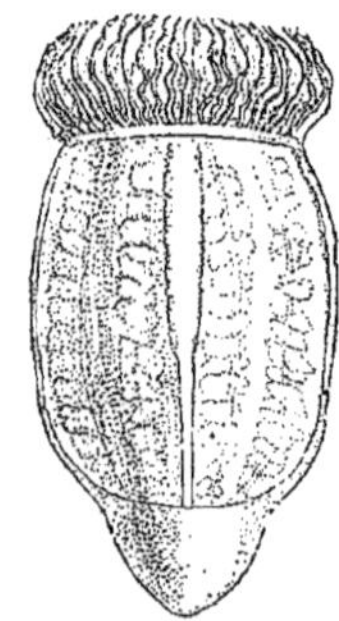

Fig. 93.

Turris digitalis
(d'ap. Häckel).

   La forme sexuée est une Méduse qui était connue bien avant l'Hydraire, en sorte que son nom *Turris* doit avoir la priorité sur celui de ce dernier. C'est, comme celles des *Amphineminæ*, une Océanide cœlomérinthe à quatre larges canaux radiaires rubanés, partant d'un vaste estomac quadrangulaire non porté sur un pédoncule; mais ses tentacules sont beaucoup plus nombreux : il y en a 8 ou 16 et parfois beaucoup plus, disposés alors (sinon même toujours) en deux rangées alternes; entre eux se trouvent encore des tentacules rudimentaires. Les gonades sont frangées sur leurs deux bords. Le manubrium, très gros, remplit une bonne part de la cavité sous-ombrellaire; vers la base, il est relié à la paroi sous-ombrellaire par quatre mésentères perradiaux déterminant quatre diverticules sacciformes. La forme géné-

rale est beaucoup plus large que haute, ainsi que l'indique son nom
(Hydraire, 2 à 3^{mm}; Méduse, 3 à 20^{mm} sur 6 à 40^{mm}; Atl.).

Ici prennent place quelques genres de Méduses dont les Hydraires sont inconnus :

Tiara (Lesson) (fig. 94) qui ne diffère de *Turris* que par ses tentacules sur une seule rangée, et par ses bandelettes génitales dont les ramifications sont irrégulières et souvent réticulées (10 à 20^{mm} sur 12 à 30^{mm}; cosmopolite),

Tiaranna (Häckel), à 8 tentacules, et

Tiarissa (Häckel), à plus de 8 tentacules sont des sous-genres du précédent.

Pandæa (Lesson) qui n'en diffère que par ses tentacules sur une seule rangée et ses bandelettes génitales non ramifiées, peut n'être considéré que comme un sous-genre aussi, Vanhöffen le reléguant même au rang de synonyme (6 sur 8^{mm}, à 10 sur 20^{mm}; Médit., Norvège, Groenland, Australie).

Conis (Brandt) (fig. 95) est semblable à *Pandæa*, mais il présente en plus, au bord de l'ombrelle, une rangée de bulbes ocellaires alternes avec les tentacules, et représentant une deuxième rangée de tentacules réduits à leur portion basilaire (12 sur 15^{mm}, à 25 sur 50^{mm}; Médit., Pacif. Nord).

Catablema (Häckel) (fig. 96) n'a point de bulbes ocellaires au bord de l'ombrelle; ses gonades sont ramifiées; en outre, ses canaux radiaires et son sinus circulaire sont pourvus de lobes glandulaires faisant saillie de la paroi dans leur cavité (20 sur 20 à 25^{mm}; Groenland, côte Atl. Amér. nord).

Halitiara (Fewkes) n'a que 4 tentacules principaux, avec 3 tentacules plus petits dans chacun de leurs intervalles (Antilles, Nouvelle-Angleterre).

Corydendrium (Van Beneden) n'est connu que par sa forme Hydraire, à hydrocaule bien développé, très ramifié, partant d'une hydrorhize filiforme rampante, recouverte ainsi que l'hydrocaule d'un périderme; hydranthe à tentacules filiformes, épars, à hypostome remarquablement extensible et dilatable. Les bourgeons sexuels sont à l'aisselle des derniers rameaux, mais la Méduse développée n'est pas connue (50^{mm}; Médit., parasite sur *Sertularia*);

Campaniclava (Allman) doit prendre place ici si l'on tient compte des caractères de son Hydraire dont les Hydranthes bien développés, partant directement d'une hydrorhize ramifiée, rampante, ont en effet les tentacules épars et filiformes. Mais la Méduse a des caractères tout différents et semblables à ceux de la Méduse *Dinema* de l'Hydraire *Perigonimus*, au point que Häckel la met en synonymie avec cette dernière; en sorte qu'il suffirait que l'Hydraire eût ses 5 à 8 tentacules verticillés et non disséminés pour que le genre, sous ces deux formes, dût prendre place dans les Margélines. Mais cette Méduse ne paraît pas très exactement connue, et il faut se méfier d'une diagnose reposant sur le caractère du nombre réduit des tentacules, tant qu'on ne s'est pas assuré que ce nombre ne se complète pas plus tard (Hydraire, 10 à 15^{mm}; côte de Sicile, pélagique sur des coquilles de *Cleodora*; Méduse, 4 à 5^{mm}; Médit. Trieste).

Fig. 94.

Fig. 95.

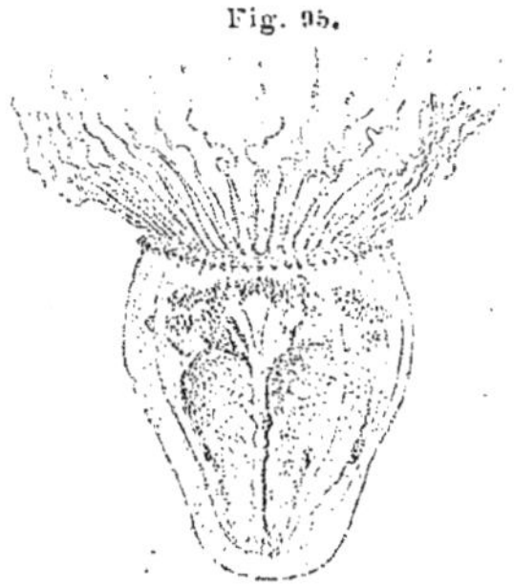

Conis cyclophthalma
(d'ap. Häckel).

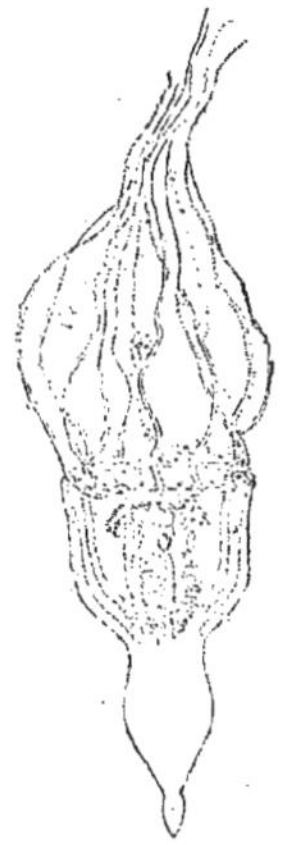

Tiara pileata
(im. Häckel).

Fig. 96.

Catablema campanula
(d'ap. Häckel).

C. *Genres dont la forme sexuée est un gonophore* [*Clavidæ* (Hincks)].

Clava (Gmelin) (fig. 97). La structure de l'Hydraire est essentiellement la même que chez *Clavula;* mais comme elle est beaucoup mieux connue, c'est elle au contraire qui doit servir de terme de comparaison pour la description du premier.

Fig. 97.

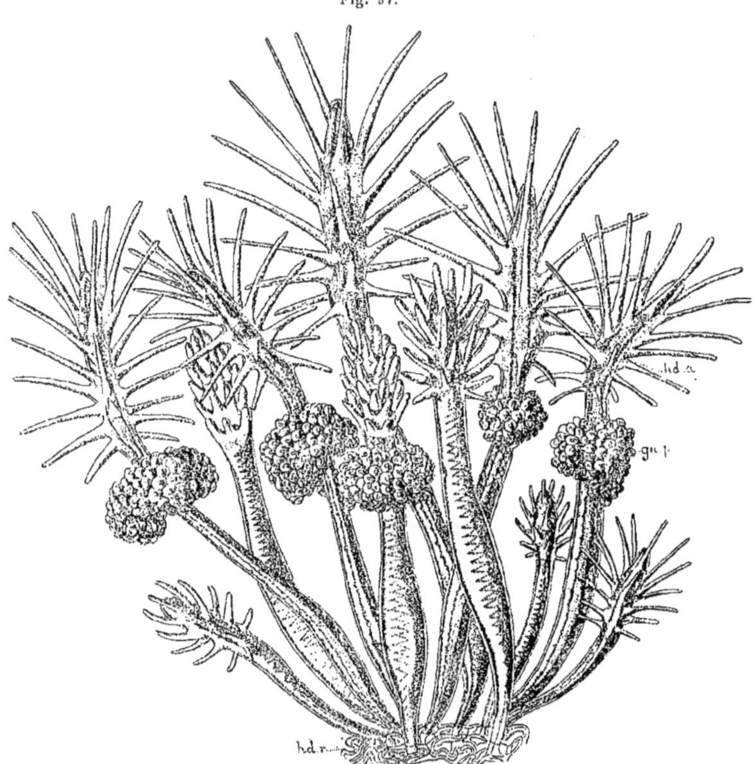

Clava squamata avec les hydranthes à divers états d'extension (d'ap. Allman).

Sur une hydrorhize réticulée, rampante, pourvue d'un périderme, se dressent isolément de longs hydranthes claviformes garnis dans toute la partie renflée de leur corps de tentacules filiformes épars. On les croirait directement implantés sur l'hydrorhize; mais un examen plus attentif montre que chacun est muni d'un très court pédoncule garni aussi de périderme, tandis que l'hydranthe lui-même est nu : tous ces pédoncules représentent un hydrocaule rudimentaire. Au-dessous de la région tentaculaire, est une zone circulaire où se massent, serrés les uns contre les autres, de nombreux bourgeons sexués qui se développent en simples sporosacs (6 à 25^{mm}; côtes de la Manche et de l'Atlantique Européen et Nord-Américain, Australie).

Rhizogeton (L. Agassiz) diffère du précédent par la disparition complète du rudiment d'hydrocaule et par les bourgeons sexués qui se forment directement sur l'hydrorhize, portés sur de longs pédoncules (3 à 6^{mm}; côte Atl. de l'Amér. Nord);

Tubiclava (Allman) (fig. 98 à 100) a au contraire un hydrocaule formé de tigelles peu ramifiées

Fig. 98.

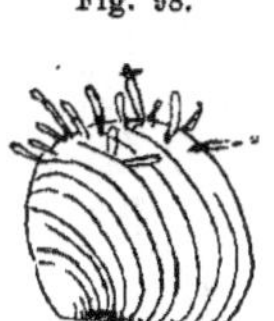

*Tubiclava
cornucopiæ*
sur une coquille
(d'ap. Hincks).

Fig. 99.

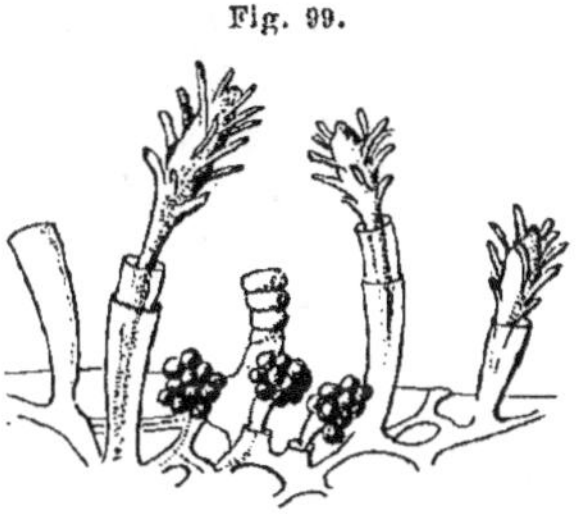

Tubiclava cornucopiæ (d'ap. Alder).

mais assez longues. Les bourgeons sexués, mentionnés seulement de mémoire par ALLMAN, seraient semblables à ceux de *Clava* (6 à 20^{mm}; côtes Anglaises, Nouvelle-Zélande);

Merona (Norman) a le trophosome comme *Tubiclava* et les bourgeons sexués comme *Rhizogeton*, sauf que les pédoncules qui les portent sont de véritables blastostyles (5^{mm}; au large des Shetland).

Cordylophora (Allman) (fig. 101). Ce n'est pas par sa structure que ce genre se montre remarquable. Il ne diffère, en effet, de *Clava* que par des caractères secondaires : hydrocaule bien développé, ramifié, bourgeons sexués nés sur les pédoncules au-dessous du corps des hydranthes et se développant en sporosacs recouverts de périderme et munis d'un spadice ramifié qui pourrait en imposer pour les canaux radiaires d'un gonophore; mais, seul de tout le sous-ordre des *Leptolidæ*, il vit dans l'eau douce ou à peine saumâtre aussi bien que dans l'eau salée. HARGITT [97] a constaté qu'il supportait les modifications brusques de la salure. (25 à 75^{mm}; docks et canaux en communication éventuelle avec la mer dans les Iles Britanniques et en Allemagne, eaux tout à fait douces en France (bassins du Jardin des Plantes de Paris), en Angleterre, dans l'Elbe et en Danemark).

Fig. 100.

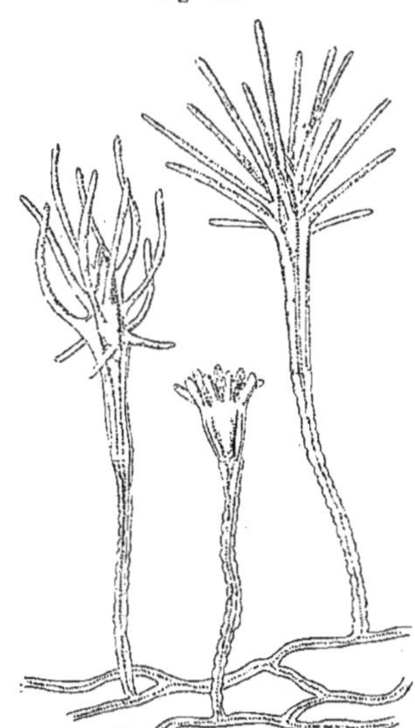

Tubiclava lucerna (d'ap. Allman).

Fig. 101.

Rameau de *Cordylaphora lacustris* femelle
(d'ap. Allman).

gn. p., gonophore à divers stades de développement; **hd. a.**, hydranthes;
pl., planula cilié s'échappant dans le milieu ambiant par le sommet du gonophore.

==== 10ᵉ FAM. : *CORYMORPHINÆ* [*Corymorphidæ* (Allman) + *Hybocodonidæ* (Allman) + *Monocaulidæ* (Allman)]. FORME ASEXUÉE : hydranthes à tentacules tous filiformes, les uns basilaires formant un verticille, les autres distaux, épars ou formant deux ou plusieurs verticilles. — FORME SEXUÉE : Méduse Codonide (c'est-à-dire à gonades formant autour de l'estomac un bourrelet annulaire continu) à tentacules variant de 0 à 4, bien développés et à ombrelle régulière ou plus ou moins bilatérale, ou gonophore.

A. *Genres où la forme sexuée est une Méduse* [*Corymorphidæ* (Allman)].

Corymorpha (Sars, *emend.* Allman) (fig. 102 à 108) est un très remarquable

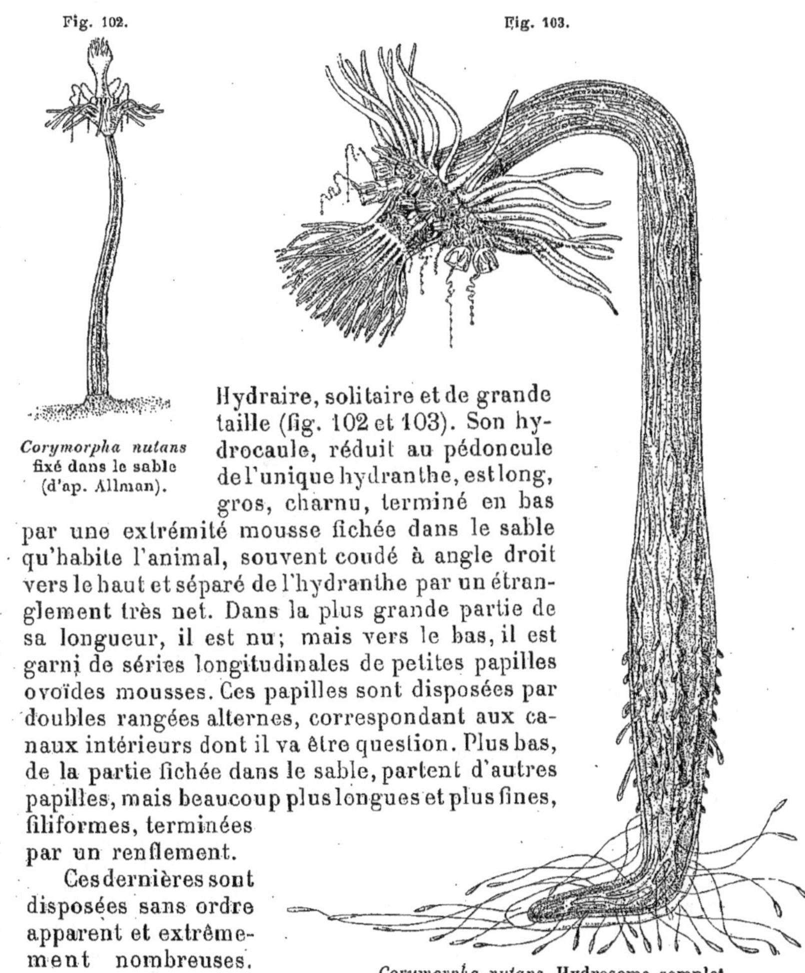

Fig. 102.　　　　　　　　　　　　　　　Fig. 103.

Corymorpha nutans
fixé dans le sable
(d'ap. Allman).

Hydraire, solitaire et de grande taille (fig. 102 et 103). Son hydrocaule, réduit au pédoncule de l'unique hydranthe, est long, gros, charnu, terminé en bas par une extrémité mousse fichée dans le sable qu'habite l'animal, souvent coudé à angle droit vers le haut et séparé de l'hydranthe par un étranglement très net. Dans la plus grande partie de sa longueur, il est nu; mais vers le bas, il est garni de séries longitudinales de petites papilles ovoïdes mousses. Ces papilles sont disposées par doubles rangées alternes, correspondant aux canaux intérieurs dont il va être question. Plus bas, de la partie fichée dans le sable, partent d'autres papilles, mais beaucoup plus longues et plus fines, filiformes, terminées par un renflement.

Ces dernières sont disposées sans ordre apparent et extrêmement nombreuses. Elles représentent,

Corymorpha nutans. Hydrosome complet
(d'ap. Allman).

sans doute, une hydrorhize de nature particulière et servent à ancrer l'animal dans le sable (²).

L'hydranthe a la forme de la figure constituée par deux troncs de cône adossés par leurs bases; le cône inférieur se continue avec le pédoncule, la base commune correspond à l'insertion d'un cercle proximal de tentacules filiformes, grands et peu mobiles; le cône supérieur se termine par l'hypostome à la base duquel sont groupés des tentacules distaux, courts, filiformes, très mobiles, au nombre de 80 environ, disposés en 6 à 7 verticilles très rapprochés (²).

(¹) L'animal ramené par la drague et placé dans une cuvette se montre dépourvu de ces papilles et se fixe par l'extrémité de son pédoncule. Mais bientôt on voit ces filaments se former en nombre si considérable qu'ils constituent, en s'intriquant autour de la base, un tapis complet.

(²) La structure interne n'est pas moins remarquable que l'organisation extérieure. Le pédoncule est revêtu d'une mince pellicule membraneuse qui représente évidemment un péri-

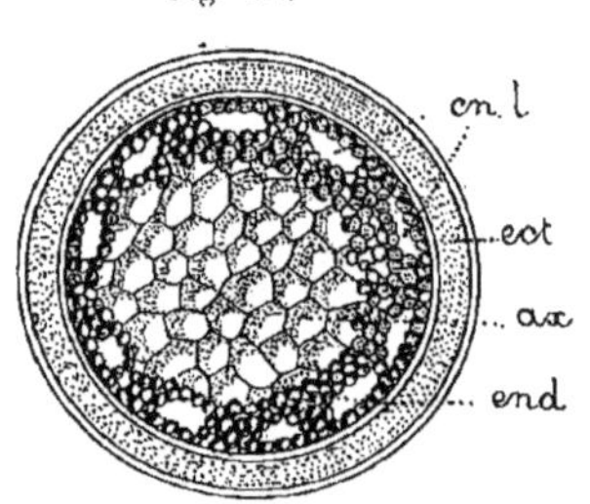

Fig. 104.

Coupe transversale de l'hydrocaule de *Corymorpha nutans* (d'ap. Allman)

ax., axe plein; **cn. l.,** canaux longitudinaux; **ect.,** ectoderme; **end.,** endoderme.

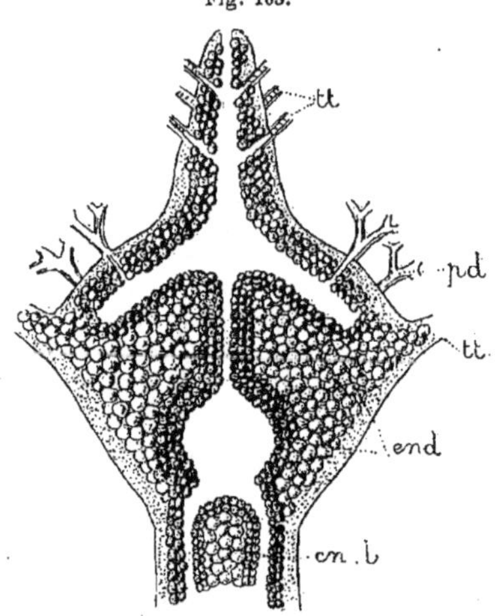

Fig. 105.

Section sagittale d'un hydranthe de *Corymorpha nutans* (d'ap. Allman).

cn. l., canaux longitudinaux; **end.,** endoderme; **pd.,** pédoncules des gonophores; **tt.,** bases des tentacules.

derme particulièrement délicat. Appliquée sur l'ectoderme dans presque toute son étendue, cette pellicule s'en sépare en bas et forme à l'extrémité du pédoncule une enveloppe lâche où celle-ci flotte et que traversent les filaments radiciformes. Sous l'ectoderme (fig. 104, *ect.*) qui a les caractères habituels, et qui fournit une couche musculaire longitudinale très développée, se trouve un endoderme qui forme, comme chez *Tubularia*, au lieu du revêtement unistratifié d'une cavité centrale, une masse creusée de canaux périphériques longitudinaux (fig. 104, 105, *cn. l.*) disposés circulairement autour d'un axe plein. Les cellules qui limitent ces canaux sont granuleuses, orangées. Dans les canaux, le liquide est mis en mouvement par un vif mouvement ciliaire. Au sommet du pédoncule (fig. 105), les canaux se réunissent pour former la cavité centrale du polype. Les doubles rangées de papilles obtuses de la partie du pédoncule qui surmonte immédiatement l'extrémité inférieure envasée correspondent à ces canaux et très probablement communiquent avec eux; et il en est vraisemblablement de même des longues papilles radiciformes de l'extrémité inférieure. Dans l'hydranthe, la

Un peu au-dessus du cercle inférieur de tentacules, naissent du corps
de l'hydranthe, sur deux verticilles, une vingtaine de pédoncules creux,

Fig. 106.

Fig. 107.

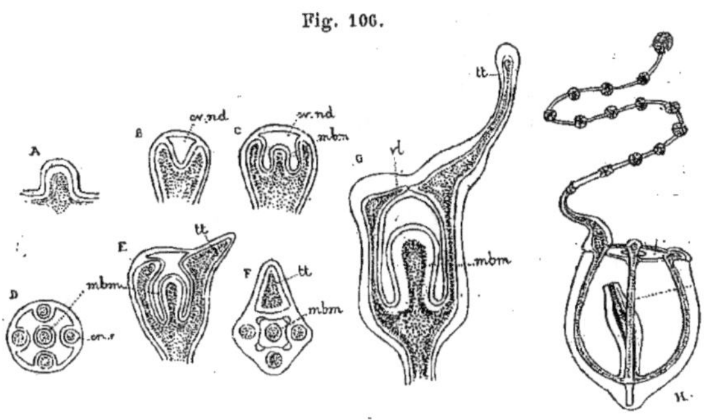

Développement de la Méduse de *Corymorpha nutans*
(im. Allman).

A, bourgeon médusoïde; B et C, formation de la cavité du nodule médusaire; D, coupe au niveau du manubrium du stade représenté en C;
E, commencement de la formation du tentacule; F, coupe transverse du
stade représenté en E; G, formation du vélum; H, la Méduse après son
achèvement complet.

cn. r., canaux radiaires; **cv. nd.**, cavité du nodule médusaire; **mbm.**,
manubrium; **tt.**, tentacules; **vl.**, vélum.

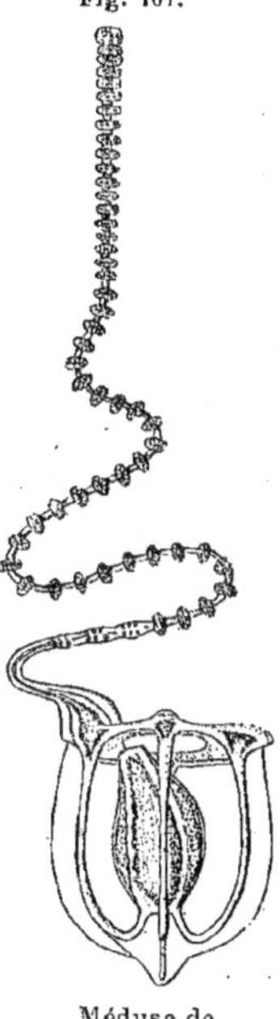

Méduse de
Corymorpha nutans
(d'ap. Allman).

communiquant avec la cavité gastrique de l'hydranthe
et portant chacun une petite grappe de bourgeons
sexués, les plus avancés étant, comme toujours, le
plus près de l'extrémité distale. Ces bourgeons se
développent (fig. 106) en petites Méduses du genre
(*Steenstrupia*, Forbes). Cette Méduse (fig. 107 et 108),
comme toutes celles dont il nous reste à parler dans
la tribu des Anthoméduses, se distingue de toutes celles dont il a été
question jusqu'ici par la disposition de ses gonades qui, au lieu de former quatre masses distinctes, simples ou paires, forment autour de
l'estomac un bourrelet annulaire continu. C'est sur ce caractère que
HÆCKEL a fondé sa division des Codonides [*Codonidæ*] auquel VANHÖFFEN
oppose les Océanides [*Oceanidæ*] à gonades formant quatre masses distinctes. Cette Méduse a une forme et une structure tétramérique normales (bouche sans appendices, quatre canaux radiaires simples, etc.);
mais des quatre tentacules auxquels elle aurait droit, trois sont avortés
et réduits à leur renflement basilaire bulbeux ocellifère. Cette asymétrie,
d'ailleurs, ne s'étend pas à l'ombrelle qui reste régulière. Ce tentacule

structure intérieure est normale, sauf le développement de l'endoderme en nombreuses assises
(fig. 105, *end.*) dont l'intérieure seule est ciliée et teintée en orangé par des granulations
pigmentaires. Les tentacules sont pleins comme d'ordinaire, mais il semble que ceux des
verticilles péribuccaux soient creux sur une faible étendue à leur base.

unique que Häckel considère comme définissant le côté dorsal (de même
que chez les autres Méduses unitentaculées) est long, fort, à base bulbeuse
ocellifère, muni de nombreux an-
neaux urticants et terminé par un
bouton de même nature. L'ombrelle
est munie au pôle aboral d'un petit
prolongement contenant un diverticule de l'estomac (Hydraire, 50 à 75^{mm} ;
Méduse, 1 à 2^{mm}; Angl., Norv., mer du
Nord, Médit., Atl. sud, Californie; zone des
Laminaires).

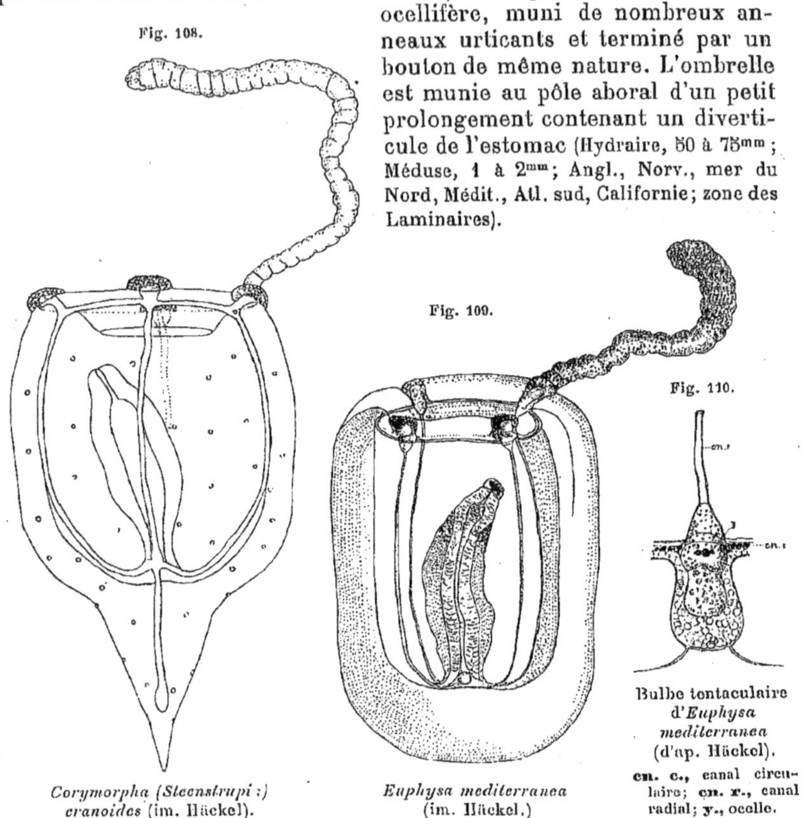

Fig. 108.

Fig. 109.

Fig. 110.

Corymorpha (Steenstrupi ?)
cranoides (im. Häckel).

Euphysa mediterranea
(im. Häckel.)

Bulbe tentaculaire
d'*Euphysa
mediterranea*
(d'ap. Häckel).

cn. c., canal circu-
laire; cn. r., canal
radial; y., ocelle.

   Cette Méduse *Steenstrupia* est donnée par Vanhöffen comme synonyme d'*Euphysa*, mais
on ne saurait, en tenant compte des Hydraires, accepter cette manière de voir.
Euphysa (Forbes) (fig. 109 et 110) a, en effet, pour forme asexuée l'Hydraire
(*Halatractus*, Allman) dont les tentacules distaux sont épars au lieu d'être verticillés : seuls les
tentacules basilaires forment un verticille régulier; la Méduse *Euphysa*, qui se développe de
bourgeons sexués sessiles, est très semblable à *Steenstrupia*, mais dépourvue cependant de
l'appendice aboral et du diverticule stomacal qui distinguent celle-ci (Hydraire, 10 à 12^{mm};
Méduse, 2 à 10^{mm}; Anglet., Médit., Atl., Amér., Austr.).
Amalthæa (O. Schmidt) (fig. 111). L'Hydraire ne diffère guère de *Corymorpha* par ses caractères
taxinomiques; mais il présente diverses particularités anatomiques qui méritent d'être signalées. Le système gastro-vasculaire est constitué (Loman [89]) comme chez *Tubularia* (voir
p. 78) et même la disposition est ici plus compliquée. Non seulement, au-dessous de la tête
des hydranthes, le canal axial se divise, se ramifie dans un cœnosarque massif, mais, dans
une espèce au moins (*A. Vardoeensis*), il part de l'estomac des canaux tapissés d'épithélium

élevé qui vont s'ouvrir au dehors entre les premiers tentacules (environ les 50 les plus proximaux) par un orifice que l'on considère comme un *pore excréteur*; d'autres canaux partant aussi de l'estomac forment un système réticulé dans les parois du corps de l'hydranthe au-dessus du pédoncule. — LOMAN a signalé, dans la même espèce, un aspect qui peut être interprété comme une sorte de *strobilisation*. La tête du polype est, en effet, séparée du pied, au-dessous de l'estomac, par un étranglement ectodermique auquel correspond un diaphragme mésogléen qui ne laisse qu'une étroite communication entre l'estomac et la cavité du pédoncule. La tête de l'hydranthe est donc une sorte de *strobile monodisque d'Hydraire*, mais qui reste attaché au reste du corps.

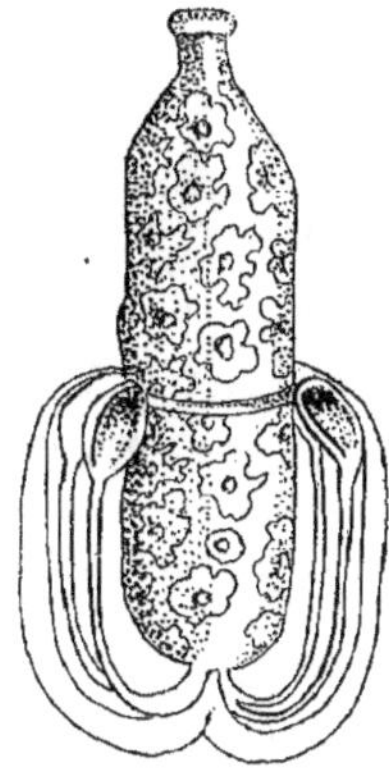

Fig. 111.

Amalthæa amœbigera
(d'ap. Häckel).

La Méduse, de même nom que l'Hydraire, a ses tentacules tous les 4 avortés et réduits à un volumineux bulbe ocellifère; son manubrium, volumineux et contenant l'estomac, fait saillie hors de la cavité ombrellaire par l'orifice du velum (Hydraire 2 1/2 à 15ᶜᵐ; Méduse 2 à 4ᵐᵐ; Islande, Norvège, Canaries, Brésil).

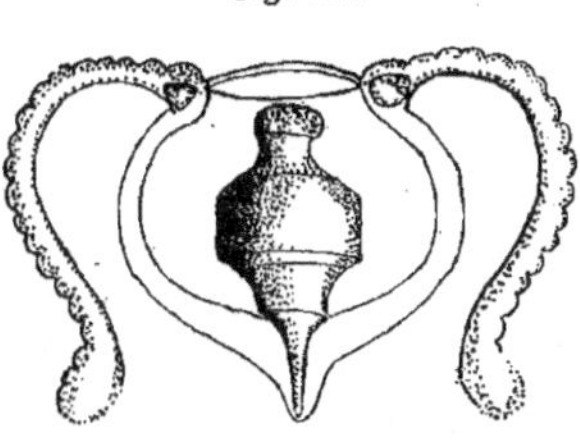

Fig. 112.

Dicodonium cornutum (d'ap. Häckel).

Dicodonium (Häckel) (fig. 112) est une Méduse dont l'Hydraire est inconnu et qui se distingue par ses tentacules dont deux sont bien développés et deux seulement sont réduits à leur bulbe ocellifère. Il a le diverticule gastrique et le prolongement ombrellaire aboral de *Steenstrupia* (2 à 4ᵐᵐ; mer Rouge, Austr.).

Hybocodon (L. Agassiz). L'Hydraire a un verticille basilaire de tentacules longs et deux verticilles de tentacules distaux, courts; l'hydrocaule est simple, à peine ramifié et nettement distinct du corps de l'hydranthe. Il est, dans les classifications d'Hydraires, considéré comme le chef d'une famille particulière [*Hybocodonidæ* (ALLMAN)] contenant aussi les autres genres de ce groupe qui restent à décrire.

La Méduse, de même nom que l'Hydraire, a, comme *Euphysa*, trois tentacules sur quatre réduits à leur bulbe ocellifère; mais son ombrelle ne reste pas régulière comme chez cette dernière : le côté qui porte le tentacule est plus développé et rend la forme générale asymétrique. Le grand tentacule, nu dans la région de sa base ocellifère, porte, plus loin, jusqu'au bout, des boutons urticants. La bouche est nue; il y a 4 canaux radiaires et, sur l'ombrelle, 5 bandes de nématoblastes, 3 correspondant aux canaux des tentacules avortés et deux disposés parallèlement au canal du grand tentacule (Colonie 5ᶜᵐ; Méduse, 1ᵐᵐ; Helgoland, Bahama, Atl, Nord-Amér.).

Amphicodon (Häckel) (fig. 113), que VANHÖFFEN voudrait faire tomber en synonymie avec le précédent, en diffère par certains caractères non négligeables. L'Hydraire est formé d'une hydranthe solitaire, surmontant l'hydrocaule simple, et muni de tentacules dont la disposition verticillée est peu ou point sensible.

La Méduse, de même nom que l'Hydraire, diffère de celle d'*Hybocodon* par le fait que son tentacule unique est divisé en 2 ou 3 filaments (Hydraire 10ᵐᵐ; Méduse 3ᵐᵐ; Normandie, Norvège, Islande).

C'est un genre à affinités bien douteuses, que les caractères de sa Méduse rapprochent certainement d'*Hybocodon* tandis que son Hydraire était placé par ALLMAN à côté de *Bougainvillea*. Mais, Allman reconnaissant que les caractères de l'hydranthe sont mal définis, nous devons, en attendant de plus amples renseignements, le classer d'après ceux de sa forme sexuée.

Selon le nombre des filaments en lesquels se décompose le tentacule unique, on peut distinguer deux sous-genres :

Diplura (Green) à deux filaments et

Triplura (Häckel) à trois filaments.

Ectopleura (L. Agassiz) ne diffère d'*Hybocodon* que par les caractères de sa Méduse née de bourgeons formés sur des pédoncules ramifiés qui prennent naissance sur le corps de l'Hydraire, entre les tentacules proximaux et les distaux. Cette Méduse est en effet régulièrement conformée, ayant, outre ses 4 canaux radiaires, 4 tentacules ocellifères égaux et bien développés et 4 bandes urticantes en situation perradiale régulière sur l'ombrelle (Colouie, 2 1/2ᵐᵐ; Méduse, 3 à 5ᵐᵐ; mer du Nord, Amér.).

Ici nous placerons provisoirement le genre douteux

Microcampa (Fewkes) dont on ne saurait même affirmer, en l'absence des gonades, s'il est une Anthoméduse ou une Leptoméduse. Il se distingue de toutes les autres formes par ses canaux radiaires au nombre de 6 et par ses tentacules dont 5 sont réduits à leur bulbe basilaire, le 6ᵉ seul étant développé en un gros et court appendice claviforme rappelant par sa structure ceux de *Dipurena* (Californie).

Fig. 113.

B. *Genres où la forme sexuée est un gonophore* [*Monocaulidæ* (Allman)].

Monocaulus (Allman). L'Hydraire ne diffère d'*Halatractus* en rien d'essentiel; mais ses bourgeons sexués, au lieu de se dévelop-

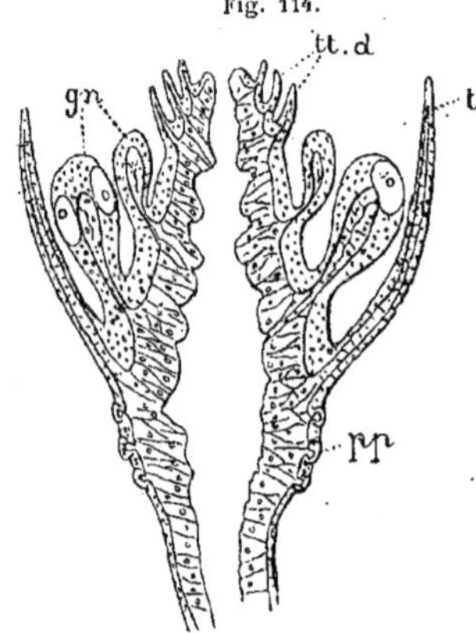

Fig. 114.

Coupe sagittale schématique d'un hydranthe de *Gymnogonos crassicornis* (d'ap. Bonnevie).

gn., gonophores; **pp.**, papilles; **tt. d.**, tentacules distaux; **tt. p.**, tentacules proximaux.

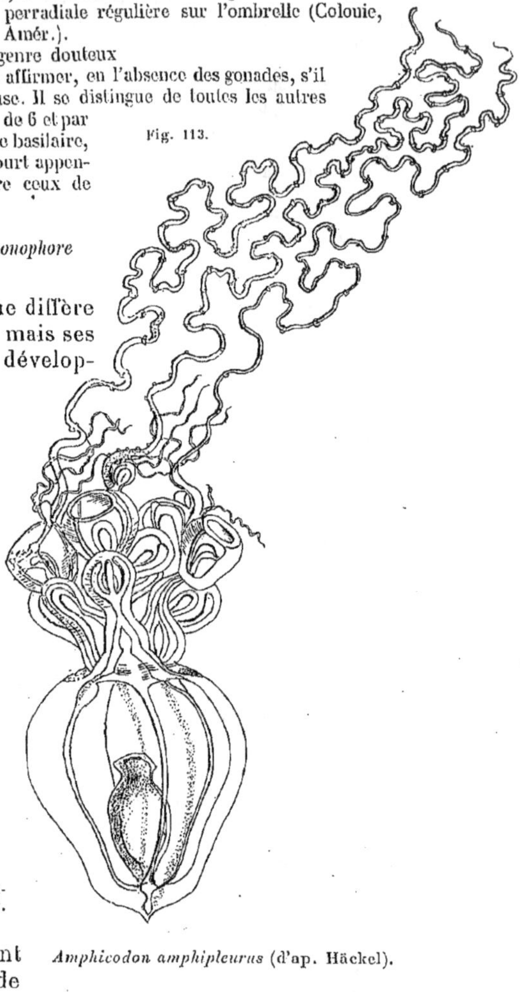

Amphicodon amphipleurus (d'ap. Häckel).

per en Méduses libres, restent fixés à l'état de gonophores ou de sporosacs [les descriptions ne permettent pas de distinguer si c'est l'un ou l'autre] (10 à 12ᶜᵐ; Groenland, Norv., zone des Coralliaires, Atl. Nord-Amér. par 120 brasses, Pacif. Nord par 2900 brasses).

Lampra (K. Bonnevie) ressemble par ses principaux caractères à *Corymorpha*, mais ses bourgeons médusoïdes ont l'aspect de simples sporosacs dérivant cependant d'un bourgeon à nodule médusaire, mais chez lequel ce nodule ne devient pas creux et s'enfonce dans l'endoderme en formant une seule couche sans cavité interposée (oc. Arct.).

Gymnogonos (K. Bonnevie) (fig. 114 et 115) est aussi une forme voisine de *Corymorpha* et s'en distingue aussi par ses bourgeons sexués, réduits ici à leur plus simple expression : ils sont formés d'un simple diverticule saillant de la paroi du corps avec toutes ses couches, et les cellules germinales faisant partie de l'ecto-derme sont simplement recouvertes par une couche d'épithelium ecto-dermique aplati. L'auteur [98] propose pour cette forme le nom de *gono-phore styloïde*. Vers la base du corps, les hydranthes montrent de singulières papilles formées par l'ectoderme avec un axe endodermique plein, que l'auteur suppose être glandulaires (côtes de Norv.).

Ici prennent place deux formes qui ne sont peut-être pas distinctes génériquement l'une de l'autre, ni de *Corymorpha*, d'*Halatractus* ou de *Monocaulus*, mais sur lesquelles il est pour le moment impossible de se prononcer, faute de renseignements sur leurs organes reproducteurs.

La première est le genre

Rhizonema (Clark) pour lequel son auteur proposait une famille spéciale [*Rhizonemidæ*, Clark]. C'est un hydranthe solitaire ayant des tenta-cules tous filiformes et les uns simples, les autres ramifiés [ces derniers correspondant sans doute aux pédoncules porteurs des bourgeons sexués chez *Corymorpha*] et fixé par une base renflée émettant des filaments d'attache; ses bourgeons sexués sont inconnus (Alaska).

La seconde est le genre,

Branchiocerianthus (Mark) (fig. 115 A et 115 B) d'abord décrit par son auteur comme apparenté au Cérianthe parce qu'il supposait, avant de l'avoir disséqué, l'existence de cloisons gastriques. L'absence de ces cloisons lui a montré que son animal était apparenté aux Tubulaires. L'appa-rence générale est celle de *Co-rymorpha*, sauf certaines parti-cularités. Le corps se ter-mine en haut par une sorte de péristome ovale et très oblique par rapport à l'axe du pédoncule, et dont les bords latéraux, dans l'état de contraction, se reploient en de-dans jusqu'à se toucher en leur milieu, restant séparés en avant et en ar-rière par un in-tervalle notable. La couronne de tentacules inférieurs est au bord du péristome et comprend un nombre considérable et toujours impair de ces organes (85 à 97); ils sont inégaux, de plus en plus courts à mesure qu'ils sont plus voisins du bord déclive du péristome. La bouche,

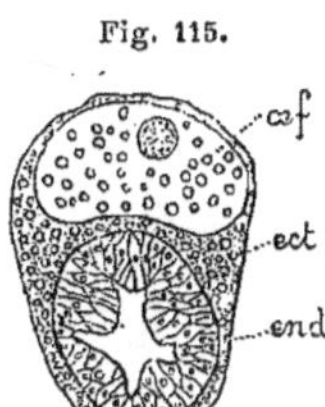

Fig. 115.

Coupe transversale d'un gonophore de *Gymnogonos crassicornis* (d'ap. Bonnevie).

ect., ectoderme; **end.**, endoderme; **œf.**, œuf.

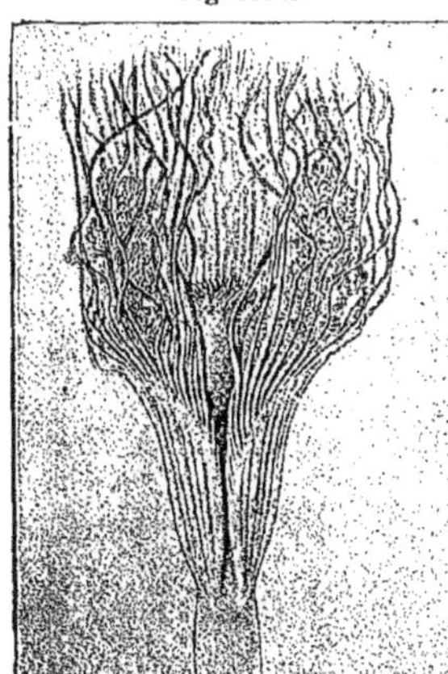

Fig. 115 A.

Branchiocerianthus urceolus vu de face (d'ap. Mark).

Fig. 115 B.

Branchiocerianthus urceolus, vu de face, avec la couronne tentaculaire externe étalée pour montrer les appendices ramifiés (d'ap. Mark).

portée au sommet d'un hypostome très saillant et pourvue d'un siphonoglyphe ventral, est immédiatement entourée d'environ 130 tentacules beaucoup plus courts, disposés sur 5 à 6 verticilles très serrés. Entre ces deux couronnes tentaculaires se trouvent de 24 à 37 grands appendices tubuleux, ramifiés dichotomiquement jusqu'à une dizaine de fois et pouvant porter ainsi chacun jusqu'à 500 branches terminales, que l'auteur avait d'abord considérées comme des branchies, et qu'il assimile maintenant, avec raison, aux pédoncules porteurs des bourgeons sexués chez *Corymorpha*. Il n'y a point trouvé de gonophores, en sorte qu'il ne sait

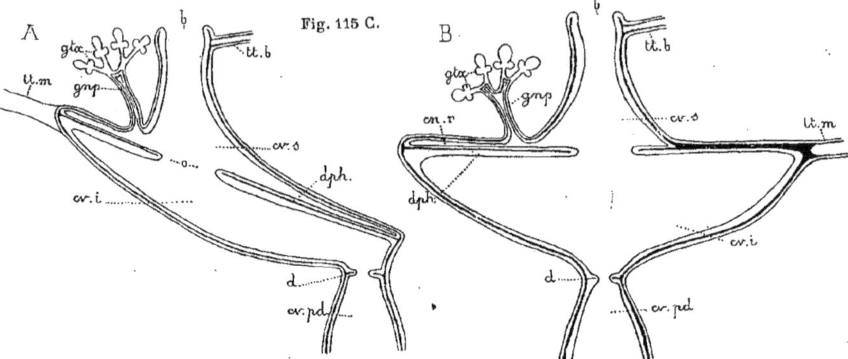

Branchiocerianthus imperator (d'ap. Miyajima).

A. Coupe sagittale schématique de l'hydranthe;
B. Coupe transversale schématique passant par l'axe du pédoncule.

b., bouche; **cn. r.** canal radial : **cv. i.**, chambre inférieure; **cv. pd.**, cavité pédonculaire; **cv. s.**, chambre supérieure; **d.**, diaphragme du pédoncule; **dph.**, diaphragme de la cavité de l'hydranthe; **gnp.**, gonophores; **gtx.**, glandes génitales; **tt. b.**, tentacules buccaux; **tt. m.**, tentacules marginaux.

Fig. 115 D.

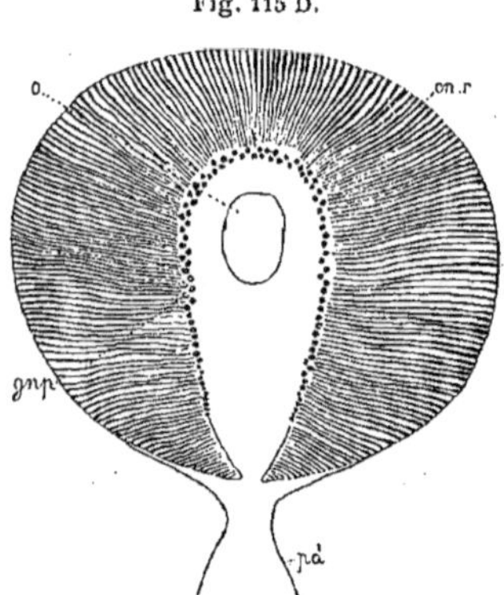

Branchiocerianthus imperator.
Schéma montrant la disposition des canaux radiaires du disque
(d'ap. Miyajima).

cn. r., canaux radiaires; **gnp.**, base des gonophores; **o.**, orifice du diaphragme de l'hydranthe; **pd.**, pédoncule.

rien sur la forme reproductrice de l'animal, mais les coupes lui ont permis cependant de reconnaître leur nature sexuelle. En bas, le corps se termine par un renflement bulbeux paraissant percé d'un pore aboral, garni de filaments d'attache filiformes et protégé par une sorte de coiffe péridermique qui remonte sur le corps sur 1/10e environ de sa hauteur, fournit à chaque filament une fine gaine et se termine inférieurement par un orifice froncé. MIYAJIMA [1900] a trouvé au Japon un exemplaire de ce genre, le *B. imperator* (fig. 115 C) qu'il assimile au *Monocaulus imperator* d'Allman. Cet exemplaire, tout à fait remarquable par ses dimensions (70cm de haut) diffère du *B. urceolus* de Mark par

Fig. 115 E.

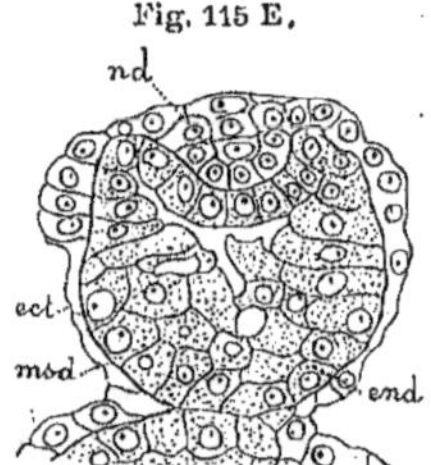

Branchiocerianthus imperator.
Coupe d'un bourgeon génital (d'ap. Miyajima).

ect., ectoderme; **end.**, endoderme; **msd.**, mésoderme; **nd.**, nodule médusaire.

divers caractères. Il ne semble pas pouvoir fermer son péristome en gouttière ; il n'a pas de siphonoglyphe ; il a 198 tentacules marginaux, 180 tentacules buccaux et 96 arbuscules génitaux. L'auteur a fait connaître certains points intéressants de la structure intérieure. Le corps proprement dit de l'hydranthe, inséré tout à fait excentriquement au sommet du pédoncule, a sa cavité divisée en deux chambres superposées par un diaphragme parallèle au péristome. La chambre inférieure, beaucoup plus vaste, est entièrement libre ; elle communique en bas avec la cavité du pédoncule, dont elle est séparée par un petit diaphragme percé d'un trou central. La chambre supérieure, aussi longue et aussi large que l'inférieure, est beaucoup moins élevée. Elle est divisée en nombreux canaux radiaires par des cloisons qui s'attachent d'une part au diaphragme, de l'autre au péritoine (fig. 115 D). Ces canaux, fermés en cul-de-sac en dehors, s'ouvrent en dedans dans la portion axiale qui reste libre. Le diaphragme qui sépare les deux chambres est en effet percé, juste au-dessous du canal de l'hypostome, d'un large trou faisant communiquer les deux chambres. Les arbuscules génitaux correspondent aux canaux radiaires ; leur branche terminale est armée de nématoblastes, tandis que toutes les latérales produisent des bourgeons sexuels où l'auteur a reconnu les rudiments d'une formation médusaire (fig. 115 E), sans pouvoir décider si elle aboutit à une vraie Méduse, à un gonophore ou à un sporosac. Dans le pédoncule, sont des bandes longitudinales qui sont peut-être l'indice de canaux longitudinaux, comme chez *Corymorpha* (Couleur présentant différentes nuances de rouge ; 20^{cm} sur 25 à 38^{mm} de large au niveau du péristome, Pacif. Nord-Amér. par 300 brasses et 70^{cm} sur 80 à 90^{mm}, Japon par 250 brasses).

══════ 11° FAM. : *Pennariinæ* [*Pennariidæ* (GOLDFUSS ?). FORME ASEXUÉE : Hydranthes à tentacules, les uns basilaires, filiformes, les autres distaux, capités. — FORME SEXUÉE : Méduse Codonide à ombrelle régulière et à 4 tentacules rudimentaires.

Pennaria (Goldfuss) (fig. 116 et 117). Sur une hydrorhize filiforme, réticulée, rampante, se dresse un hydrocaule symétriquement ramifié, terminé par des hydranthes allongés à tentacules de deux sortes : les uns basilaires, filiformes, formant un verticille autour de la partie inférieure de l'estomac ; les autres distaux, capités disposés en verticilles plus ou moins distincts sous-jacents à l'hypostome. L'hydrophyton est garni d'un périderme qui engaine la base des hydranthes.

Les bourgeons sexués sur le corps des hydranthes se développent en Méduses appelées (*Globiceps*, Ayres), normales en ce qui concerne la forme, les canaux radiaires (au nombre de 4) et le manubrium (bouche sans appendices), mais à tentacules tous réduits à un épais disque ocellifère qui représente leur renflement basilaire (Colonie, 10 à 20^{mm} ; Méduse, 1 à 2^{mm} ; Médit., Antilles, Atl. Nord-Amér., Australie).

Fig. 117.

Nématoblaste de *Pennaria Cavolinii* (d'ap. O. Hamann).

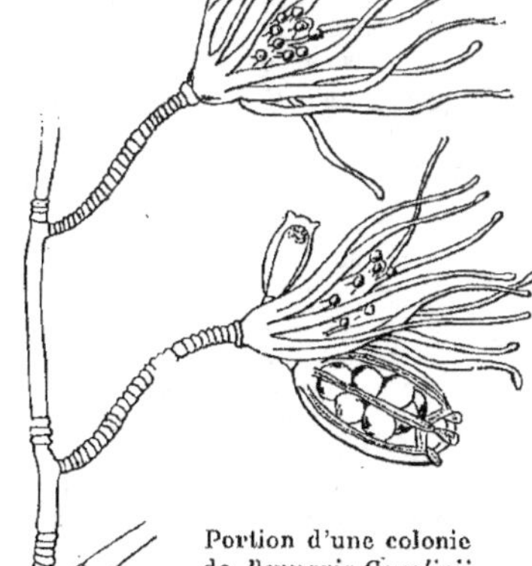

Fig. 116.

Portion d'une colonie de *Pennaria Cavolinii* (d'ap. Allman).

Stauridium (Dujardin) (fig. 118 à 120) a les tentacules distaux capités, disposés en verticilles réguliers de quatre, alternant avec ceux des verticilles voisins; la ramification de l'hydrocaule est irrégulière.

Au sujet de la forme sexuée, règne une certaine indécision. C'est une Méduse, mais ALLMAN lui assigne des caractères qui devraient plutôt la rapprocher de celle des Synco-

Fig. 118.

Stauridium productum.
Polype avec 4 bourgeons
médusoïdes (d'ap. Hartlaub).

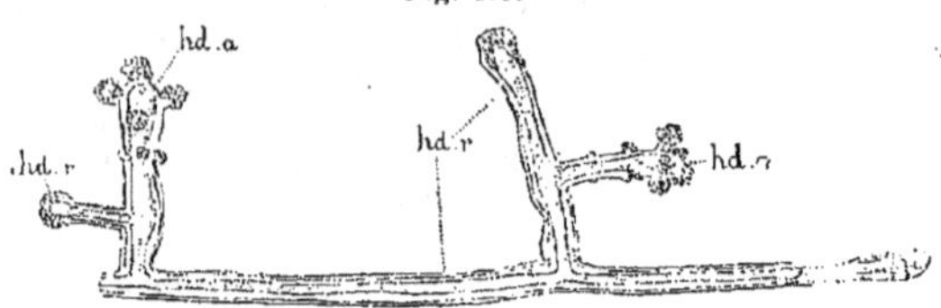

Fig. 119.

Partie de l'hydrorhize de *Stauridium productum*
(d'ap. Hartlaub).
hd. a., hydranthes; **hd. r.,** hydrorhize.

rynes (groupe tout voisin d'ailleurs), car elle aurait quatre tentacules ocellifère bien développés et garnis de boutons urticants. HÄCKEL en parle à l'occasion de son genre *Lizuza*, mais évidemment en pensant à *S. Cladonema* qui est un *Cladonema*. Quant au vrai *Stauridium* (*S. productum*), il lui attribue aussi comme Méduse quelque forme des Corynines, *Codonium* ou *Sarsia* (Colonie 6ᵐᵐ de haut; Manche, Angl.).

Vorticlava (Alder), Hydraire à Méduse inconnue, a les tentacules capités réduits à un seul verticille et point de périderme distinct (Colonie 5ᵐᵐ; Angleterre).

Acharadria (Strethill Wright) (fig. 121), à Méduse également inconnue, ne diffère de *Vorticlava* que par son hydrocaule souvent ramifié et toujours muni d'un périderme (6ᵐᵐ; Angl.).

Acaulis (Stimpson) est un hydranthe à tentacules capités, épars comme *Pennaria*; son hydrophyton est inconnu aussi bien que l'état adulte de ses bourgeons sexués, en sorte qu'on ne peut dire si ceux-ci restent à l'état de gonophores ou aboutissent à des Méduses libres. FEWKES [90] le rapproche de *Myriothela* (hydranthe 12ᵐᵐ; trouvé flottant sur la côte Atl. de l'Amér. nord).

Fig. 120.

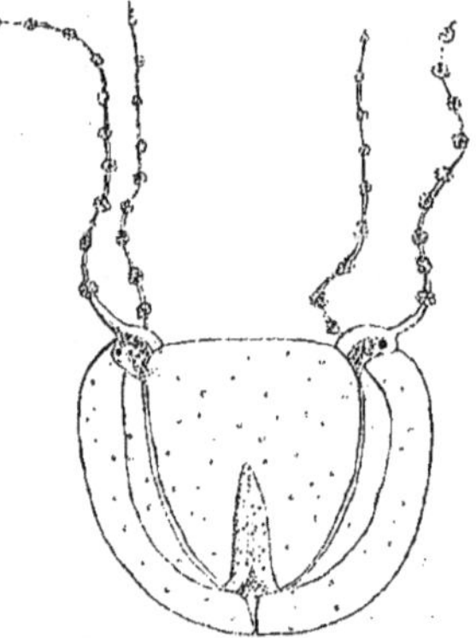

Fig. 121.

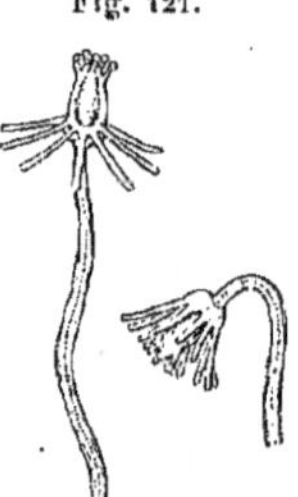

*Acharadria
larynx*
(jeune exemplaire)
(d'ap. Allman).

Méduse de *Stauridium*
(d'ap. Hartlaub).

Blastothela (Verrill) ressemble au précédent, mais l'hydranthe est attaché directement par des processus radiciformes et il possède, entre les tentacules basilaires filiformes et les tentacules capités qui garnissent la partie supérieure du corps, de gros blastostyles portant des gonophores (côte atl. Amér. nord).

Heterostephanus (Allman) a ses hydranthes semblables à ceux de *Vorticlava*, mais solitaires, leur hydrocaule étant réduit à un pédoncule nu, non ramifié. La Méduse a comme *Steenstrupia* trois tentacules sur quatre, avortés, bien que le reste de l'organisation soit régulièrement tétramérique. Par les caractères de sa Méduse, il fait le passage entre cette famille et la précédente (Colonie 20ᵐᵐ; Norvège).

12ᵉ **FAM.** : *CORYNINÆ* [*Cladocorynidæ* (Allman) + *Syncorynidæ* (Allman), *Sarsiadæ* (Forbes) + *Corynidæ* (Hincks)]. **FORME ASEXUÉE** : Hydranthes à tentacules tous capités, simples et multiverticillés ou épars. — **FORME SEXUÉE** : Méduse Codonide, à ombrelle régulière et à 4 tentacules bien développés, ou gonophore.

A. *Hydraire à tentacules ramifiés et à forme sexuée inconnue* [*Cladocorynidæ* (Allman)].

Cladocoryne (W. D. Rotch) (fig. 122) est un Hydraire qui se distingue de tous les précédents, et on peut dire de tous les Hydraires, par ses tentacules inférieurs ramifiés. Ces tentacules inférieurs forment 3 ou 4 verticilles superposés, de chacun 3 ou 4 tentacules, tous munis de nombreuses petites branches latérales terminées par un bouton urticant. Les tentacules distaux sont courts, capités aussi mais non ramifiés, et forment sous l'hypostome un seul verticille. Les hydranthes sont portés sur des pédoncules simples ou à peine ramifiés dressés sur une hydrorhize

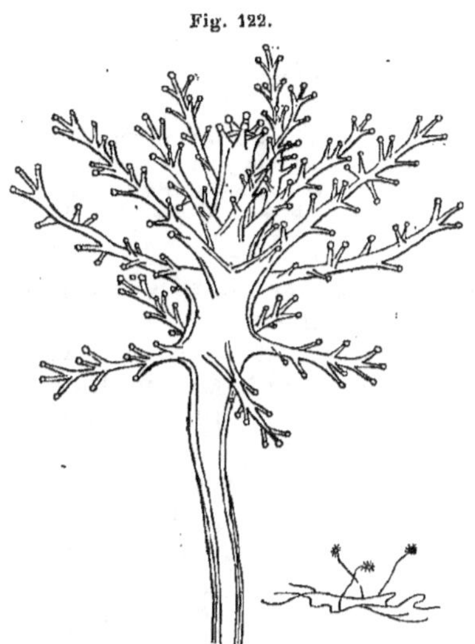

Fig. 122.

Colonie de *Cladoryne floccosa* et individu grossi (d'ap. Allman).

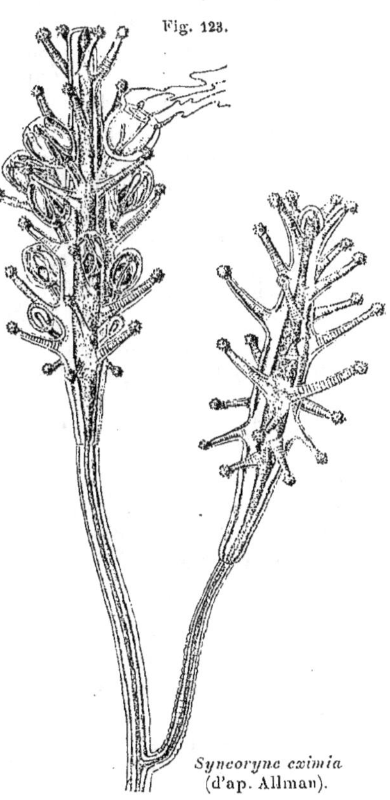

Fig. 123.

Syncoryne eximia (d'ap. Allman).

grêle, délicate, rampante, pourvue d'un mince périderme qui monte jusqu'à la base des hydranthes.

La forme sexuée est inconnue (10 à 15ᵐᵐ; Guernesey, dét. de Torrès).

B. *Hydraires à tentacules non ramifiés, se reproduisant par des Méduses libres* [*Syncorynidæ* (Allman)].

Syncoryne (Ehrenberg, *emend.* Allman) (fig. 123 à 127) a pour caractère principal ses tentacules tous capités, tous épars, sans distinction en basilaires

et péribuccaux. Le corps (fig. 123) est allongé, garni de tentacules uniformément, sur presque toute sa hauteur. L'hydrophyton simple ou ramifié

se dresse sur une hydrorhize réticulée rampante, garnie comme lui d'un périderme.

Les bourgeons sexuels (fig. 125) se forment sur les hydran-thes, soit entre les tentacules, soit dans la région située au-dessous d'eux. Ils se déve-loppent toujours en Méduses (fig. 126); mais, chose remar-quable et tout à fait exception-nelle, chez certaines espèces (*S. Loveni*, *S. gravata*, etc.) les tentacules de la Méduse restent rudimentaires et la Méduse ne devient pas libre, bien que, sous tous les autres rapports, sa constitution soit normale. Elle reste donc fixée comme un mé-

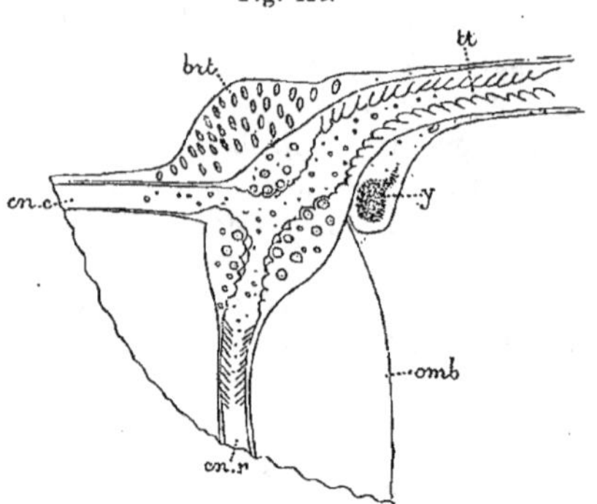

Fig. 124.

Région de la base d'un tentacule de
Syncoryne eximia (d'ap. Allman).

brt., bourrelet urticant; **cn. c.**, canal circulaire;
cn. r., canal radial; **omb.**, ombrelle; **tt.**, tentacule;
y., ocelle.

dusoïde ou un gonophore, et les produits sexuels, en se développant, finissent par garnir toute la cavité sous-ombrellaire.

Mais le plus souvent elle devient libre et se montre alors avec un très long manubrium à base étroite, une bouche simple, sans lèvres ni tentacules, 4 canaux radiaires et 4 tentacules ocellifères, munis de boutons urticants; les masses génitales forment (comme chez les autres Codonides), autour de l'estomac, un anneau simple, ininterrompu. Ces Méduses ont été rapportées à plusieurs genres dont le principal est le genre

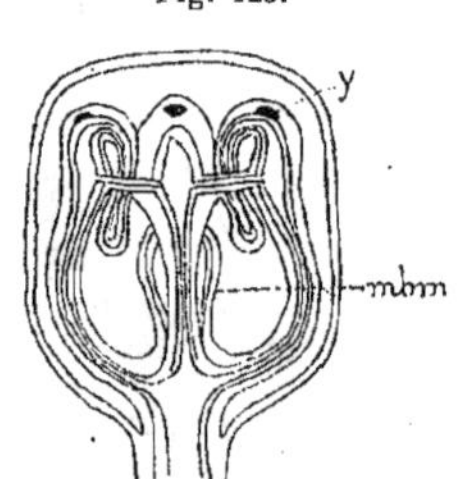

Fig. 125.

Gonophore de *Syncoryne
eximia* (d'ap. Allman).

mbm., manubrium;
y., ocelles.

(*Sarsia*, Lesson) auquel s'applique la brève descrip-tion précédente (Hydraire, 15 à 75ᵐᵐ; Méduse 5 à 30ᵐᵐ; mer Blanche, côtes de Norvège, d'Angl., Helgoland, côtes Atl. de France et de l'Amérique-Nord, Californie, Canaries, Moluques, Australie).

Certains de ces *Sarsia*, en particulier *S. proli-fera*, *S. siphonora*, l'une et l'autre à forme hydraire inconnue, montrent le phénomène du bourgeon-nement qui est exceptionnel chez les Méduses d'Hydraires. La seconde (fig. 127) a un manu-brium démesurément long, dépassant de quatre fois et plus la hauteur de l'ombrelle, portant vers le bout l'estomac qui est ainsi loin au-dessous du velum. Sur ce manubrium poussent des Méduses semblables à la mère, les plus âgées étant les plus voisins de l'extrémité distale. Chez

S. prolifera, c'est sur la base des tentacules, à peine plus longs que le disque, que se fait le bourgeonnement, et il est si rapide que les Méduses ainsi formées portent déjà des bourgeons sur leurs tentacules avant de s'être détachées et d'avoir développé leurs produits sexuels.

Fig. 126.

Fig. 127.

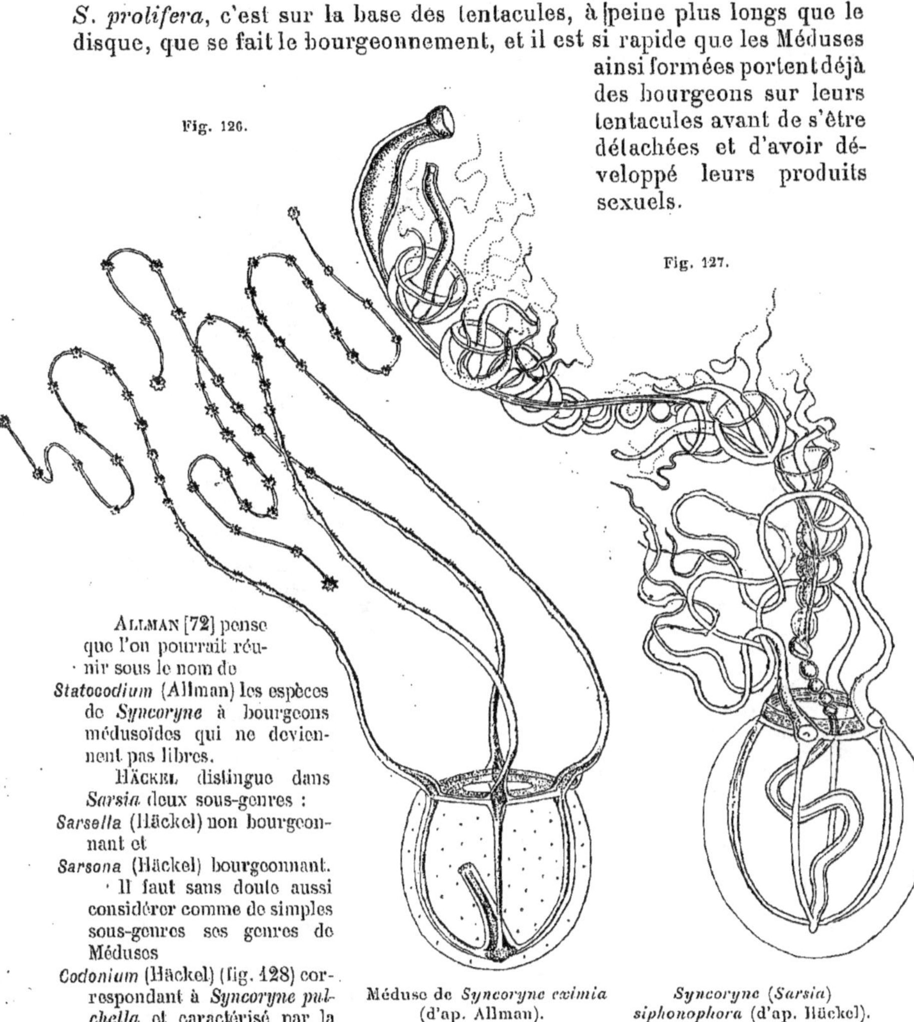

Allman [72] pense que l'on pourrait réunir sous le nom de *Statocodium* (Allman) les espèces de *Syncoryne* à bourgeons médusoïdes qui ne deviennent pas libres.

Häckel distingue dans *Sarsia* deux sous-genres :
Sarsella (Häckel) non bourgeonnant et
Sarsona (Häckel) bourgeonnant.

Il faut sans doute aussi considérer comme de simples sous-genres ses genres de Méduses
Codonium (Häckel) (fig. 128) correspondant à *Syncoryne pulchella* et caractérisé par la présence au pôle apical d'une proéminence contenant un diverticule gastrique, et

Méduse de *Syncoryne eximia* (d'ap. Allman).

Syncoryne (*Sarsia*) siphonophora (d'ap. Häckel).

Syndictyon (Häckel) correspondant à *Syncoryne reticulata* et qui se distingue par la présence sur le disque de petits boutons urticants épars ou groupés suivant des lignes réticulées. Cette forme est très voisine d'*Ectopleura*.

Plotocnide (Wagner) est un genre très voisin de *Syncoryne*, insuffisamment décrit d'après un échantillon mal conservé (mer Blanche).

Nous devons placer ici trois genres de Méduses dont les Hydraires sont inconnus, mais dont les caractères se rapprochent de ceux des Méduses de *Syncoryne*. Le premier de ces genres est

Dipurena (M⁰ Crady) (fig. 129 et 130) qui se distingue de *Sarsia* principalement par ses masses génitales formant autour de l'estomac deux

Fig. 128.

Codonium codonophorum
(d'ap. Häckel).

Fig. 129.   Fig. 130.

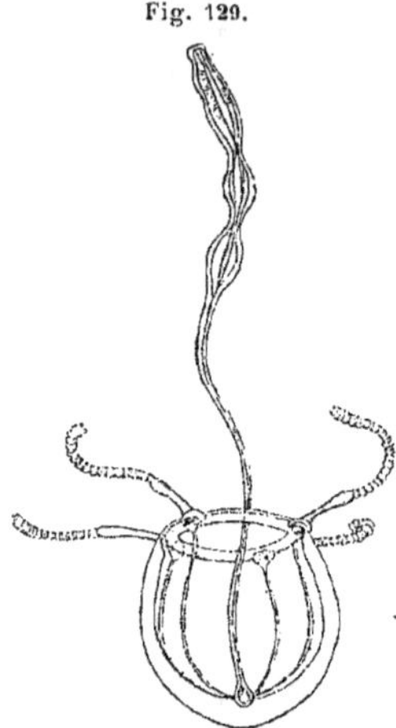

Dipurena dolichogaster
(d'ap. Häckel).

Bulbe ocellaire de *Dipurena dolichogaster* avec l'ocelle et les parties environnantes (d'ap. Häckel).

cnc., canal circulaire; **cn. r.**, canal radial; **y.**, ocelle.

ou plusieurs anneaux parallèles (1,5 à 4ᵐᵐ; Manche, Médit., côtes angl. et côtes atl. de l'Amer. nord) et auquel se rattache

Tetrapurena (Häckel) qui est un simple sous-genre de *Dipurena*; le second est le genre

Bathycodon (Häckel) qui diffère de *Dipurena* par sa forme en pyramide à base carrée avec une bande urticante le long de chaque arête et par ses tentacules pourvus, au bout, d'une ventouse (5ᵐᵐ; Médit.); le troisième est le genre

Corynitis (M⁰ Crady). L'Hydraire connu sous le nom de

(*Halocharis* L. Agassis) diffère à peine de *Syncoryne* dont il se distingue par ses hydranthes cylindroïdes insérés directement, sans hydrocaule, sur l'hydrorhize et par sa Méduse qui, il faut le dire, n'a pas encore été rattachée d'une manière tout à fait certaine à la forme hydraire qu'on lui attribue. Cette Méduse, *Corynitis*, se distingue des précédentes principalement par la conformation de son manubrium. Cet organe est implanté par une large base et de forme quadrangulaire; il contient un pédoncule stomacal, et les 4 canaux radiaires, en descendant sur les côtés de ce pédoncule, déterminent par leur saillie, dans la cavité sous-ombrellaire, 4 diverticules sacciformes interradiaux. Les tentacules sont au nombre de 4, ocellifères, normaux. Les gonades s'écartent, d'après HÄCKEL, de la structure normale chez les Codonides, étant dissociées en quatre masses perradiales indépendantes, en sorte que HÄCKEL retire ce genre des Codonides pour la placer dans ses Tiarides; mais VANHÖFFEN [94] la maintient dans les Codonides en lui attribuant des gonades uniformément réparties autour de l'estomac (Hydraire) (?); Méduse 6-10ᵐᵐ; Atl. mérid.).

A *Corynitis* se rattachent deux genres, connus seulement par leurs Méduses et que VanhÖffen considère comme synonymes de ce dernier. Ce sont :

Modeeria (Forbes) qui en diffère par l'absence des quatre diverticules sous-ombrellaires (4 à 6^{mm}; Angl., Açores), et

Protiara (Häckel) qui n'a ni diverticules sous-ombrellaires ni pédoncule stomacal (4^{mm}; Manche).

Gymnocoryne (Hincks) est au contraire un Hydraire à Méduse inconnue qui ne diffère de *Syncoryne* que par la disposition verticillée de ses tentacules distaux (Angl.).

Sphærocoryne (Pictet) a ses tentacules disposés en 3 ou 4 verticilles serrés sur la zone moyenne de l'hydranthe. Méduse libre (?) (Moluques).

Gemmaria (Mc Crady) (fig. 131), par les caractères de son Hydraire, prend nettement place ici, car la structure de la forme asexuée ne présente aucune différence essentielle avec celle de *Synco-*

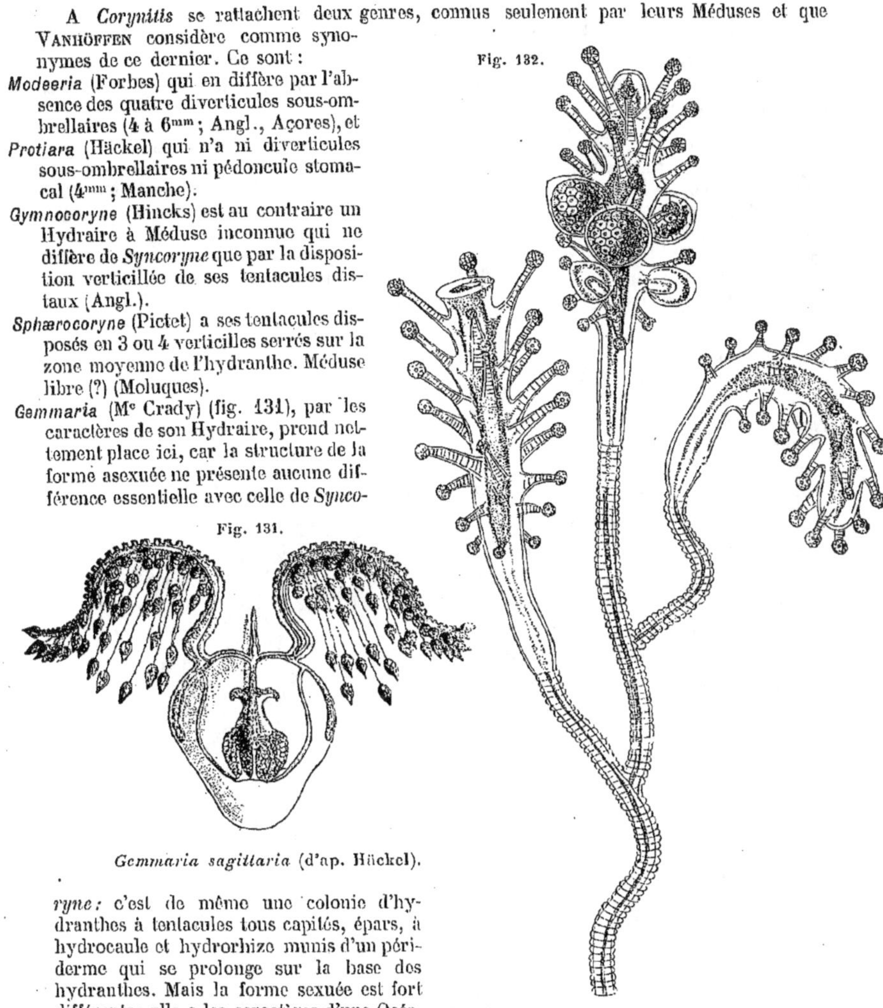

Fig. 131.

Gemmaria sagittaria (d'ap. Häckel).

Fig. 132.

Portion d'une colonie femelle de *Coryne pusilla* (d'ap. Allman).

ryne : c'est de même une colonie d'hydranthes à tentacules tous capités, épars, à hydrocaule et hydrorhize munis d'un périderme qui se prolonge sur la base des hydranthes. Mais la forme sexuée est fort différente : elle a les caractères d'une Océanide Pycnomérinthe et nous avons dû la décrire déjà dans la famille des *Pteroneminæ* (Voir p. 76). C'est donc, comme nous l'avons déjà dit, un point où les deux classifications sont incompatibles (Hydraire, 10 à 15^{mm}; Méduse, 1 à 3^{mm}; Angl., Atl. Nord-Amér.).

C. *Genres dont l'Hydraire a ses tentacules non ramifiés et se reproduisant par des gonophores* [*Corynidæ* (Hincks, *emend.* Allman)].

Coryne (Gärtner, *emend.* Allman) (fig. 132) ne diffère pas de *Syncoryne* par sa forme hydraire. Mais ses bourgeons sexués, au lieu de se développer en Méduses libres, restent à l'état de simples sporosacs. Ils sont placés isolément entre les tentacules épars et capités qui recouvrent le corps de l'hydranthe (6 à 75^{mm}; côtes de Norvège, d'Angleterre, de France, Médit., îles Kerguelen, détroit de Torrès, Nouvelle-Zélande).

Halybotrys (F. de Filippi) n'en diffère que par des caractères secondaires de forme (Médit.).

Actinogonium (Allman) n'est qu'un *Coryne* (*C.* ou *Syncoryne pusilla*) dont les œufs, au lieu de se fixer comme d'ordinaire à l'état de planula, se développent en une larve *actinula* analogue à celle des Tubulaires, mais à quatre tentacules seulement (3 à 4^{mm}; côte de Belgique et de Bretagne; sur la carapace des Crabes et autres objets de natures diverses).

Staurocoryne (Rotch) diffère de *Coryne* par la disposition de ses tentacules qui forment trois verticilles, chacun de quatre tentacules disposés crucialement. La forme sexuée est inconnue (Trouvé dans un aquarium).

D. Comme le précédent, mais forme solitaire.

Tiarella (F. E. Schulze) (fig. 133) est un hydranthe solitaire conique fixé par un étroit pédoncule renflé en bas, avec un court hypostome et trois cercles de tentacules, un oral de 4 à 5, un moyen de 6 et un basilaire de 10 à 14, tous capités et pourvus en outre de saillies urticantes au-dessous du sommet. Le pédoncule et la partie inférieure du corps sont recouverts d'un fin périderme. Reproduction par gonophores (les mâles seuls ont été vus), qui naissent entre les deux cercles inférieurs de tentacules. En outre, une multiplication asexuelle par des bourgeons nés de la portion infratentaculaire de l'hydrante (Trieste, sur des *Cystosira*.).

═══ 13ᵉ FAM. : *Myriothelinæ* [*Myriothelidæ* (Hincks)]. Forme asexuée : hydranthe solitaire à tentacules simples, tous épars et tous capités. — Forme sexuée : sporosacs.

Myriothela (Sars) (**Pl. 9** et fig. 134 à 136) est une forme solitaire très remarquable. L'hydranthe, claviforme ou sub-cylindrique (**9**, *fig. 1*), fixé par son extrémité proximale, couchée horizontalement sur le sol et recouverte de périderme. Le reste du corps est dressé et se termine par le cône buccal. Au-dessous de la bouche et sur la moitié environ de la hauteur de la partie dressée, le corps est hérissé de tentacules très nombreux (200 et plus) (**9**, *fig. 2, tt.*), épars, capités, très petits, formés

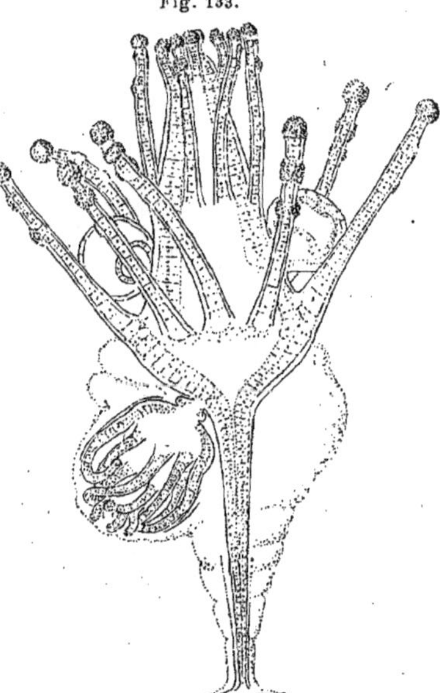

Fig. 133.

Tiarella singularis (d'ap. F. E. Schulze).

d'un pédoncule qui atteint à peine 2^mm de long dans l'état d'extrême extension et d'une tête urticante. Au-dessous de la région tentaculifère

Fig. 134.

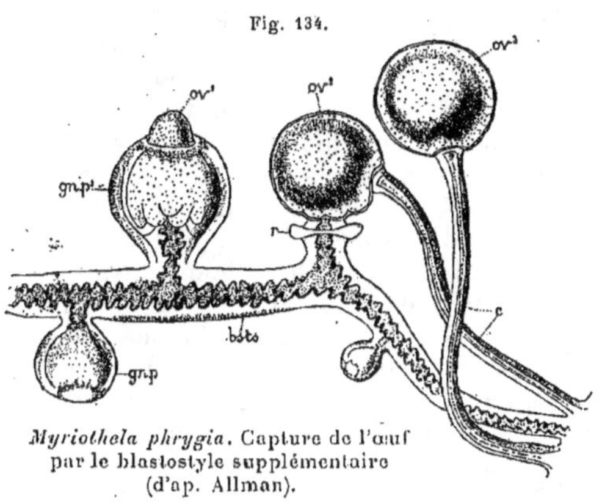

Myriothela phrygia. Capture de l'œuf
par le blastostyle supplémentaire
(d'ap. Allman).

bsts., blastostyle; **c.**, blastostyle supplémentaire; **gn. p.**, gonophores jeunes; **gn. p'.**, gonophore mûr dont la paroi commence a se rétracter pour mettre l'œuf en liberté; **r.**, reste de la paroi du gonophore dont l'œuf est complétement mis a nu; **ov'.**, œuf commençant à être mis à nu par la rétraction de la paroi du gonophore; **ov².**, œuf encore fixé sur son spadice au moment ou un blastostyle supplémentaire vient le capturer; **ov³.**, œuf fixé à l'extrémité d'un blastostyle supplémentaire.

Fig. 135.

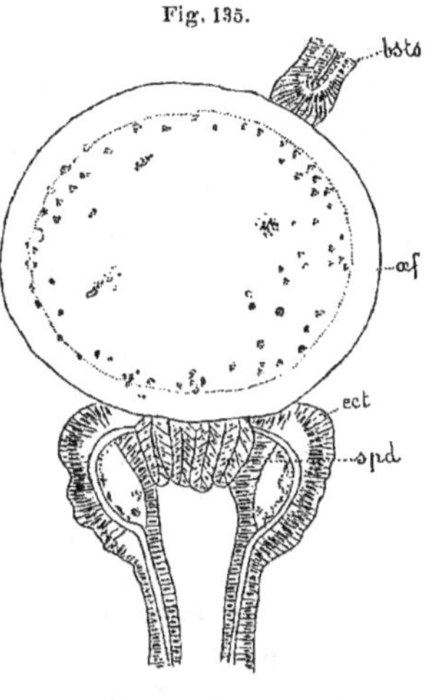

Coupe sagittale d'un gonophore
de *Myriothela* au moment où
l'œuf est mis à nu par la rétraction de l'ectoderme du gonophore et où un blastostyle supplémentaire vient s'accoler à
lui par son extrémité (d'ap.
Korotnev).

bsts., blastostyle supplémentaire; **ect.**, ectoderme du gonophore rétracté autour du pédoncule; **œf.**, œuf; **spd.**, endoderme du spadice rétracté dans le pédoncule.

se trouve le gonosome (**9**, *fig. 1*, *gn. p.*) formant une région en ceinture, au-dessous de laquelle le reste du corps est nu. Ce gonosome est composé de nombreux blastostyles (*bsts.*), reproduisant en petit la forme de la portion dressée de l'hydranthe, sauf que les tentacules sont peu nombreux (6 à 8) et qu'il n'y a pas de bouche. Ces blastostyles portent au-dessous de leur région tentaculaire les bourgeons reproducteurs réduits à des sporosacs. Caractère exceptionnel, il y a des sporosacs des deux sexes sur le même blastostyle, les mâles situés distalement par rapport aux femelles. Il existe, en outre de ces parties, de singuliers organes, les *blastostyles supplémentaires*, qu'Allman [75], à qui on doit tous ces

Fig. 136.

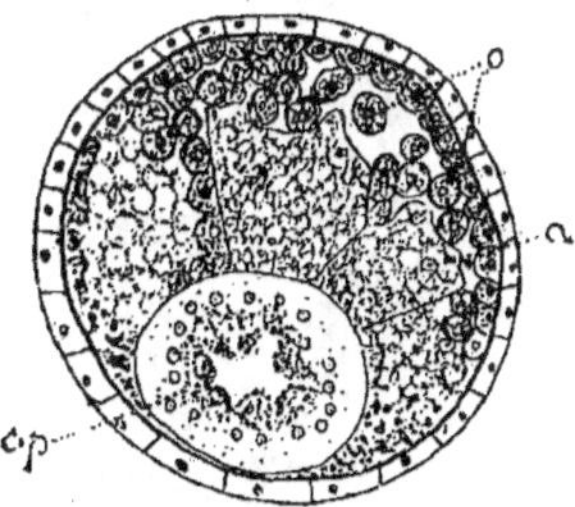

Coupe transversale d'un gonophore
de *Myriothela* (d'ap. Labbé).

sp., spadice; **o.**, ovocyte; **a.**, aires plasmodiales.

renseignements, appelle *claspers*, c'est-à-dire organes préhensiles (**9**, *fig. 2*, *c.* et fig. 134 et 135). Ils sont formés d'un long pédoncule grêle, terminé par une petite dilatation formant ventouse et dépourvue de nématoblastes. Il y en a normalement une paire à la base de chaque blastostyle, mais cela n'est pas constant et quelques-uns se montrent épars entre les blastostyles. Quand l'œuf, formé par fusion syncytiale de nombreux œufs primitifs dont les noyaux, sauf un, dégénèrent (Pseudozellen, voir p. 32), est achevé, il est expulsé du sporosac par la contraction de la couche musculaire de celui-ci et, muni d'une membrane, au lieu de tomber dans l'eau, est saisi par un ou plusieurs de ces claspers qui fixent sur lui leur ventouse (fig. 134 et 135). C'est au bout de ce pédoncule emprunté qu'il se segmente et forme une blastula sur laquelle les tentacules se forment par des invaginations et se dévaginent ensuite. Après cette dévagination, la larve s'allonge et devient libre sous une forme qu'Allman appelle *actinula* (fig. 6 et 7) représentant à peu près l'état adulte du genre *Hydra*. Bientôt l'actinula se fixe et n'a plus qu'à grandir et à développer son gonosome. L'usage de ces singuliers claspers serait, d'après une hypothèse d'Allman, relatif à la fécondation. Les spermatozoïdes, qui sont extrêmement petits, ne seraient pas mis en liberté, mais passeraient dans la cavité du pédoncule des sporosacs

mâles et de là dans celui des claspers pour arriver enfin à l'œuf en traversant la paroi de la ventouse du clasper. KOROTNEV [88] croit aussi à une fécondation interne, mais quand l'œuf est encore uni à son blastostyle. Chez diverses espèces arctiques, BONNEVIE [98] a constaté l'absence de claspers et la persistance des œufs en développement sur les blastostyles (4 à 5cm; oc. Arct., côtes de Norvège, d'Anglet., de Bretagne, orientales de l'Amér.-Nord jusqu'à 2222 m.).

14º FAM. : *HYDROLARINÆ* [*Laridæ* (Hincks), *Hydrolaridæ* (Allman), *Williadæ* (Forbes), *Cladocannidæ* (Häckel)]. FORME ASEXUÉE : hydranthes à tentacules réduits à 2, d'un même côté d'une boucle bilabiée. — FORME SEXUÉE : Méduse à 8 canaux radiaires ramifiés et à 24 tentacules.

La forme hydraire, connue sous le nom de
(*Lar*, Gosse) (fig. 137 à 139), occupe une place à part dans la tribu, en ce sens qu'elle est la seule qui soit asymétrique parmi tous les Hydraires. Sur une hydrorhize filiforme rampante, munie d'un périderme, se dressent, sans intermédiaire

Fig. 137.

Lar Sabellarum (d'ap. Hincks).

d'un hydrocaule, des hydranthes fusiformes. Ceux-ci ont l'hypostome séparé du corps par un étranglement, la bouche entre deux lobes formant

lèvres et deux tentacules seulement, filiformes et insérés côte à côte,
d'un même côté du corps. Sur des blastostyles, nés aussi directement de

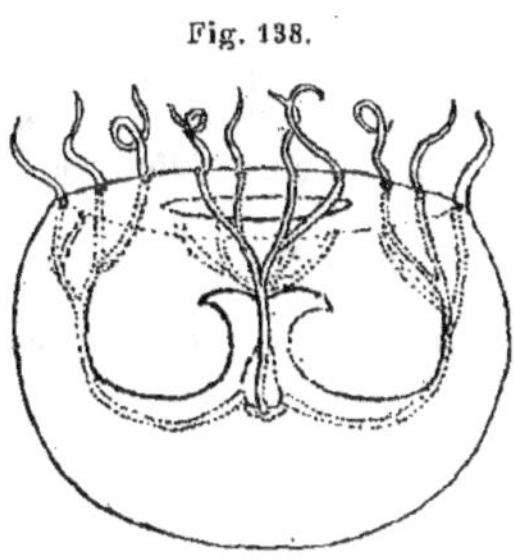

Méduse de *Lar Sabellarum*,
à un stade suivant
la libération de la Méduse.
(im. E. T. Browne).

l'hydrorhize et rappelant ceux d'*Hydractinia* mais plus grêles, se forment, un peu au-dessus du milieu, des bourgeons sexués qui se développent en Méduses libres. Ces Méduses, au moment de leur mise en liberté, ont la bouche simple, le manubrium court, avec un étranglement circulaire au-dessus

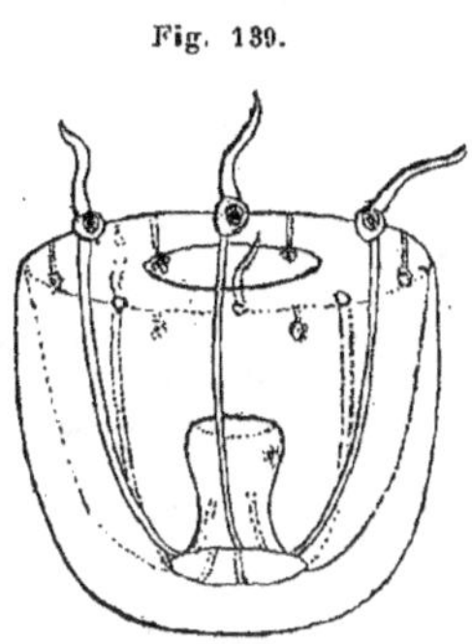

Méduse de *Lar Sabellarum*,
à un stade plus avancé
que celui de la fig. 138
(d'ap. E. T. Browne).

de la bouche, 6 canaux radiaires, 6 tentacules
non ocellifères et, dans les intervalles de ceux-ci,
un peu au-dessous du bord, à la face exombrellaire, un petit processus
claviforme formé d'une accumulation de nématoblastes. Cette Méduse, mesurant à ce moment 1^{mm} de large, n'est évidemment pas adulte; pendant
longtemps on a ignoré quels caractères elle revêtait une fois achevée.
La question a été résolue récemment par BROWNE [96, 97] qui a reconnu
qu'elle se transformait en une Méduse connue depuis longtemps et qui
formait le genre

Willia (Forbes), lequel étant connu depuis 1848 (sous le nom de *Willsia* que
L. AGASSIZ a changée en 1862 en *Willia*, l'animal ayant été nommé en
l'honneur du Dr Will d'Erlangen) doit donner son nom au genre, le genre
Lar ayant été créé par Gosse en 1857 seulement. C'est une Méduse de
forme hémisphérique à manubrium court terminé par une bouche à
6 lobes. Le bord ombrellaire porte 24 tentacules à base renflée ocellifère
avec lesquels alternent 24 processus claviformes urticants. L'estomac se
prolonge en 6 diverticules canaliformes mais larges, qui se dirigent vers
le bord ombrellaire, mais à une certaine distance se rétrécissent brusquement pour se continuer chacun en un canal radiaire qui se divise
2 fois en 2 branches, en sorte qu'il y a finalement 24 canaux radiaires
se jetant dans le canal circulaire en face des tentacules (Hydraire 2 à 3^{mm};
côte anglaise; fixé au pourtour de l'orifice du tube de l'Annélide *Sabella*. Méduse 6 à
8^{mm}; côte angl., côte atl. de France, Californie).

Cette Méduse considérée d'abord comme une Anthoméduse avait été retirée de là par
HÄCKEL qui l'avait placée dans les Leptoméduses, dans la famille des *Cannotinæ* à la suite de
Berenice, en raison de la situation des gonades qui sont situées sur les 6 diverticules canaliformes de l'estomac considérés comme le commencement des canaux radiaires. Mais
BROWNE [96] a montré que ces 6 diverticules appartiennent à l'estomac, que la position des
gonades sur eux est primitive et non secondaire comme le croyait HÄCKEL, enfin qu'il y a des

cellules germinales sur les parois mêmes de l'estomac central, ce qui prouve la nature Antho-méduse de l'animal.

A la suite de *Willia*, nous transportons ici les Méduses que Häckel plaçait avec elle dans la même sous-famille [*Williadæ* (Forbes), *Cladocannidæ* (Häckel)], sans pouvoir assurer que cela soit légitime, jusqu'à ce que ces genres aient été réexaminés. Pour les 3 premiers, la chose semble peu douteuse, les organes génitaux ayant la même situation que chez *Willia*. Pour les deux derniers, c'est plus douteux, les gonades étant dans l'angle de bifurcation des canaux radiaires.

Willetta (Häckel) est comme *Willia*, mais a 4 canaux radiaires seulement (3ᵐᵐ; Atl. nord-amér.);

Proboscidactyla (Brandt) est comme *Willetta*, mais ses canaux se divisent dichotomiquement plus de deux fois (10 à 12 ᵐᵐ; Kamtchatka, Pacif. nord-amér.).

Dicranocanna (Häckel) n'a que 4 canaux dichotomisés seulement une fois (4 ᵐᵐ; côte nord-ouest de l'Afrique).

Cladocanna (Häckel) de même, mais a 6 canaux comme *Willia*, et ses gonades sont nombreuses et à leur extrémité distale (3 à 10ᶜᵐ; Australie, Nouvelle-Guinée).

Toxorchis (Häckel) est comme le précédent, mais a ses 6 canaux divisés dichotomiquement seulement une fois (6ᵐᵐ; Canaries).

════ 15ᵉ **FAM.:** *Monobrachinæ* [*Monobrachidæ* (Merejkowski)]. — **Un seul tentacule filiforme.**

Monobrachium (Merejkowski) (fig. 140). L'hydrorhize consiste en une lame continue non formée d'un ensemble de stolons anastomosés. Sur cette lame se dressent trois sortes d'individus : au centre des individus sexués ou blastostyles; à la périphérie, des hydranthes modifiés en sorte de *pseudo-nématophores* comparables aux zoïdes spiraux d'*Hydractinia;* enfin dans la partie intermédiaire sont les vrais hydranthes mêlés à des blastostyles. Ces hydranthes sont sessiles, cylindriques, tronqués au sommet, à bouche centrale, non lobée, pourvus d'un seul tentacule filiforme placé plus haut que le milieu du corps. La forme sexuée est représentée par des Méduses qui naissent sans blastostyle et possèdent 4 canaux radiaires, 16 tentacules de structure intermédiaire à celle des tentacules creux et des tentacules pleins et 4 paires de gonades, une pour chaque canal. Les cellules sexuelles prennent naissance dans l'hydrorhize et passent de là dans l'ectoderme des canaux radiaires des Méduses : c'est un des rares cas de migration des produits sexuels chez une forme de Méduse bien développée (mer Blanche sur des coquilles de *Tellina*).

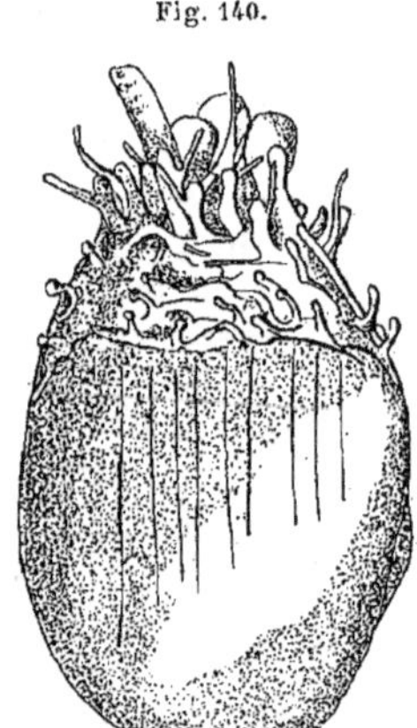

Fig. 140.

Colonie de
Monobrachium parasiticum
sur une coquille de Telline
(d'ap. J. Wagner).

GENERA INCERTÆ SEDIS

Rhizohydra (Cope) ce sont des tiges partant d'une masse sarcodique continue portant des polypes sessiles, ovales, de 1ᵐᵐ, avec 6 rayons moitié aussi longs que le corps. L'auteur n'est pas sûr que ce soit une Hydraire. En tout cas, le cœnœcium basilaire est bien particulier (très abondant sur l'écorce des arbres immergés à la base dans le lac Klamath supérieur, États-Unis).

Oceanopsis (Fewkes) serait une Méduse Océanide se distinguant de toutes les autres de ce groupe par la présence de 8 statocystes. Ce serait une Vésiculate égarée parmi les Ocellates. Mais il ne nous semble pas démontré qu'elle soit une Anthoméduse plutôt qu'une Leptoméduse (Bermudes).

Halicalyx (Fewkes) sur les affinités duquel son auteur ne dit rien, est donné comme une Anthoméduse par le rédacteur de Zoological-Record [1882]. Il possède cependant aussi des statocystes; mais ces organes, au lieu d'être placés comme chez les Leptoméduses entre les tentacules, sont ici dans la base renflée des tentacules, comme les yeux des Anthoméduses. Il y a 12 tentacules à statocystes avec une seule otolithe, renflés au bout en bouton urticant; le manubrium est court, la bouche rectangulaire à 4 lèvres (Floride).

Calycopsis (Fewkes) rappelle un *Turris*, mais se distingue de toutes les autres Anthoméduses par la présence de 16 canaux radiaires au lieu de 4 (Nouvelle-Angleterre).

*Hydriohthys (Fewkes) vit à l'état hydraire en parasite près de la nageoire anale de *Seriola zonata*, où il forme une membrane encroûtante sur laquelle se dressent des hydranthes stériles réduits par le parasitisme à un corps lagéniforme percé au sommet d'une bouche, mais dépourvu de tentacules et des bourgeons sexués qui se développent en Méduses libres rappelant les *Sarsia* avec d'abord 2 tentacules, puis 4, 4 canaux radiaires, etc. L'auteur lui trouve aussi quelque ressemblance avec les Méduses des Vélelles (Nouvelle-Angleterre).

2e SOUS-ORDRE

CALYPTOBLASTIDÉS. — *CALYPTOBLASTIDÆ*

[*THECAPHORA* (Hincks); — *CALYPTOBLASTEA* (Allman);

SKENOTOKA (Carus); — CAMPANULAIRES; — *CAMPANULARIÆ* (Auct.);

SERTULARINA (Ehrenberg); — *p. p. SERTULARIÆ* (Agassiz);

THAUMANTIADÆ (Gegenbaur) + *EUCOPIDÆ* (Gegenbaur);

ÆQUORIDÆ (Gegenbaur) + *WILLIADÆ* (Gegenbaur);

LEPTOMÉDUSES; — *LEPTOMEDUSÆ* (Häckel); — *LEPTUSÆ* (Häckel);

VÉSICULATES + OCELLATES;

VESICULATÆ (Häckel) + *OCELLATÆ* (Häckel)]

TYPE MORPHOLOGIQUE

(Pl. 10 et 11 ET FIG. 141 A 155)

Hydraire. — Dans ses grands traits, la forme hydraire est conforme à celle du type des *Leptolida;* mais elle s'en distingue par divers caractères particuliers. La colonie est arborescente, d'ordinaire très ramifiée et riche en individus. L'hydrorhize et l'hydrocaule sont toujours recouverts, ainsi que les pédoncules particuliers des hydranthes (quand ces pédoncules existent), par un périderme. Mais ici, ce périderme, appelé parfois *périthèce* ou *périthèque*, est très développé et, autour des hydranthes, au lieu de rester adhérent à l'ectoderme, il s'en détache et forme une logette appelée *hydrothèque* (**10**, *fig. 1, hd. t.*) ou *calice*, dans laquelle l'hydranthe (fig. 141, *hd. a.*) est contenu à la manière de certains Flagellés (*Polyœca* par exemple). Au fond de la capsule, l'hydranthe se continue avec le pédoncule, tout comme si le périderme avait conservé son caractère normal de cuticule adhérente au feuillet qui l'a sécrétée. Cette capsule est rigide et immobile; elle ne peut ni se rétracter ni se fermer;

mais l'hydranthe est, lui, très mobile et, à la moindre alerte, se rétracte
à son intérieur. Dans cet état, ses tentacules sont rapprochés, raccourcis,
formant un manchon conique autour de l'hypostome et le corps tout entier est rétracté de manière à s'abriter entièrement dans la cavité de la capsule.

La forme générale de l'hydranthe (fig. 142) n'est pas allongée comme chez les Tubularines, mais conique, assez courte, et les tentacules (**10**, *fig. 1, tt.*) sont toujours disposés en un cercle unique régulier autour de la base de l'hypostome (**10**, *fig. 1, hstm.*) (¹).

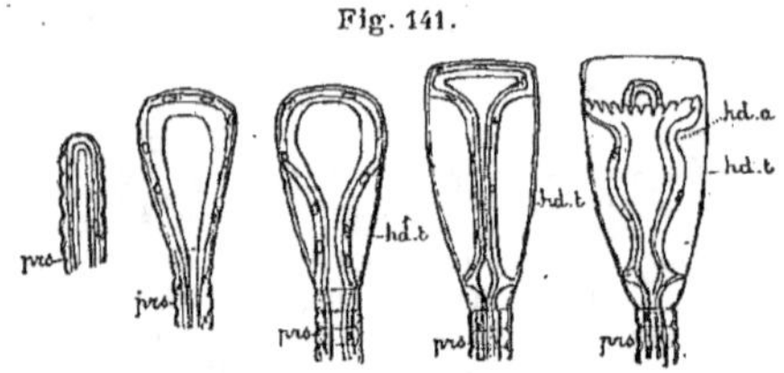

Fig. 141.

Stades successifs de la formation de l'hydrothèque
d'*Obelia (Laomedea) flexuosa*
(im. Allman).
hd. a., hydrante ; **hd. t.**, hydrothèque ;
prs., périderme.

Fig. 142.

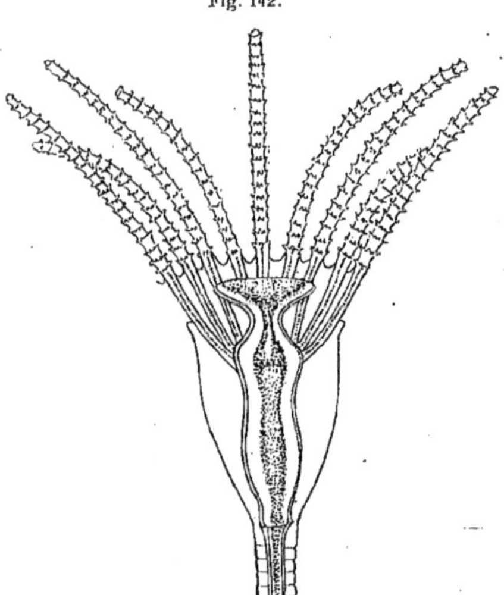

Coupe saxiale de l'hydranthe et de l'hydrothèque
d'*Obelia (Laomedea) flexuosa*
montrant les palmures intertentaculaires.
(d'ap. Allman).

Les bourgeons sexués, qu'ils restent à l'état de gonophores sessiles ou qu'ils se détachent sous la forme de Méduses libres, naissent sur des polypides réduits, appelés *blastostyles* (**10**, *fig. 1, bst.*), qui diffèrent des polypes normaux par leur forme allongée, à peine renflée, et par l'absence de bouche et de tentacules (fig. 143 et 144). Les bourgeons sexués (*brg.*) se forment sur les côtés de leur corps, au-dessous du sommet où devrait être la bouche. Ces blastostyles sont contenus, ainsi que les bourgeons qu'ils portent, dans une loge entièrement close formée par le périderme séparé de la paroi ectodermique. Cette loge, qui représente l'hydrothèque des hydranthes nourriciers, se nomme *capsule, gonothèque*. Allman a donné le nom de *gonange (gonangium)* (**10**, *fig. 1, gng.*) à ce que nous venons définir comme gonothèque ; mais, avec

(¹) C'est dans une famille de ce groupe (celle des *Plumularinæ*) que se rencontre cette modification très remarquable du polype que nous avons décrite d'une manière générale sous le nom de *nématophores* à propos du type des *Leptolida* (voir p. 46) et dont nous indiquerons les caractères particuliers à l'occasion des genres qui les présentent.

d'autres auteurs, nous réserverons le nom de gonange à l'ensemble du gonothèque et de son contenu.

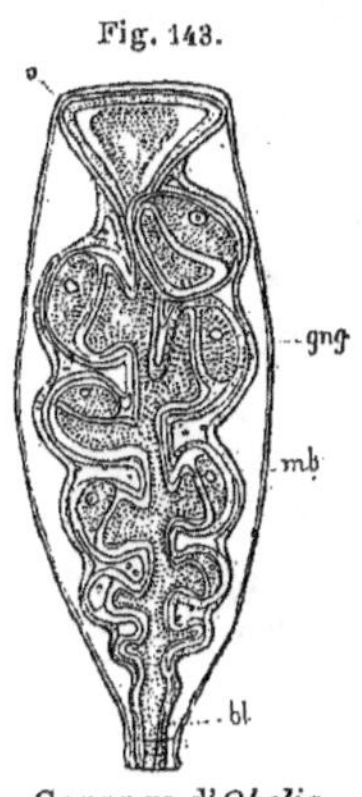

Fig. 143.

Gonange d'*Obelia*
(*Laomedea*) *flexuosa*
(d'ap. Allman).

bl., blastostyle; **gng.**, gonange; **mb.**, membrane enveloppant le contenu du gonange; **s.**, sommet du blastostyle formant opercule.

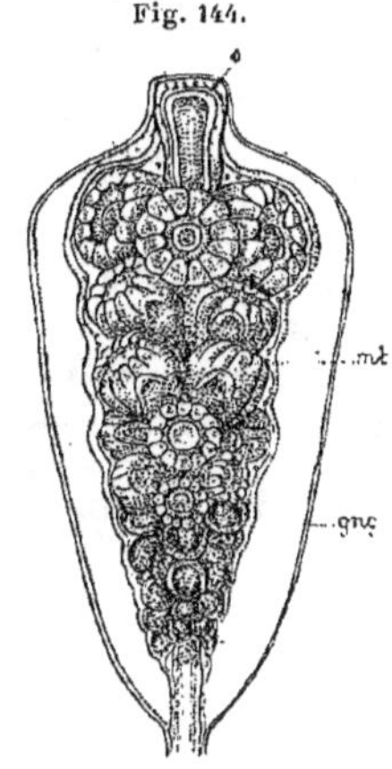

Fig. 144.

Gonange d'*Obelia geniculata* (d'ap. Allman).

gng., gonange; **mb.**, membrane enveloppant les méduses; **s.**, sommet du blastostyle formant opercule.

Le gonange est d'abord fermé au sommet, où le périderme s'accolle à l'extrémité un peu renflée du blastostyle; mais à maturité il s'ouvre pour livrer passage aux Méduses (**10**, *fig. 1*, *md.* et **11**, *fig.* 5) ou aux produits sexuels (¹) selon qu'il produit des Méduses libres ou des gonophores fixes.

Les gonophores ne présentent rien de particulier, mais les Méduses ont des caractères distinctifs remarquables.

Méduse. — Ces Méduses (**10**, *fig.* 2) constituent le groupe de celles qu'on appelle *Leptoméduses* dans les classifications de ces animaux. Ce sont des Méduses de taille petite, de forme large, surbaissée, de texture délicate. Leur corps est souple, dépressible, leur mésoglée molle, leur musculature faible.

(¹) Tantôt cette ouverture se fait simplement par un orifice libre (**11**, *fig.* 5), tantôt il se détache un clapet qui peut tomber ou rester comme une valve mobile. Parfois l'ectoderme du blastostyle (*ectothèque*) vient faire hernie au-dessus du sommet ouvert du gonothèque et former là une sorte de sac membraneux (fig. 145, *mb.*) qui se recouvre d'une couche gélatineuse sécrétée par lui et où les œufs passent pour s'y développer jusqu'à l'éclosion. ALLMAN appelle *acrocyste* cette loge incubatrice (*Sertularia pumila*). D'autres fois (*Diphasia*) il se forme une loge incubatrice plus complexe appelée *marsupium*. Le blastostyle pousse en effet des tentacules qui repoussent devant eux une gaine du gonothèque et s'en coiffent (fig. 146 et 147). En grandissant, ces tentacules convergent en dôme au-dessus du sommet du gonange et se soudent de manière à limiter une cavité entre eux et le sommet mor-

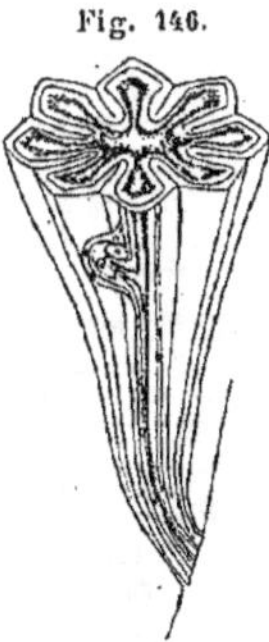

Fig. 146.

Très jeune gonange femelle de *Diphasia* (*Sertularia*) *rosacea*. (d'ap. Allman).

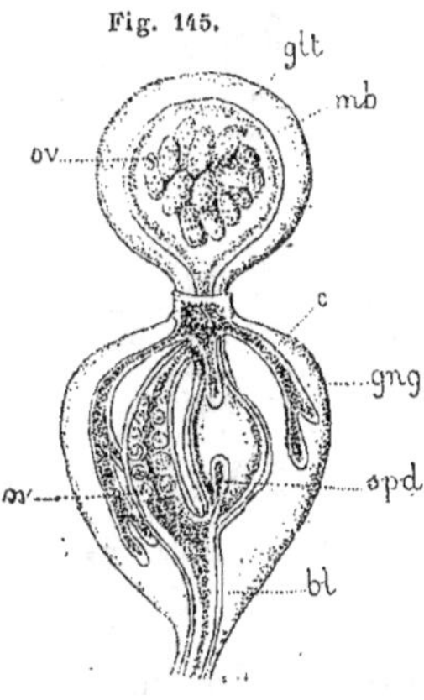

Fig. 145.

Gonange femelle avec acrocyste de *Sertularia pumila* (d'ap. Allman).

bl., blastostyle; **c.**, branches latérales du blastostyle; **glt.**, couche gélatineuse de l'accrocyste; **gng.**, gonange; **ov.**, ovules; **spd.**, spadice.

Le velum est peu musculeux et ses mouvements sont peu énergiques. L'exombrelle est régulièrement convexe, rarement surmontée au sommet d'une pointe ou d'un dôme ; le manubrium est court, la bouche est le plus souvent quadrilobée. L'estomac est peu développé, très rarement porté sur un pédoncule.

L'appareil vasculaire est fort simple : il y a toujours 4 canaux perradiaux (*cn. r.*), souvent 4 interradiaux, parfois 8 adradiaux, assez rarement un grand nombre de canaux (jusqu'à 100 et plus) dans les rayons intermédiaires. Il y a toujours un canal circulaire (*cn. c.*).

Les tentacules sont comme les canaux au nombre de 4, 8, 16, exceptionnellement très nombreux (100 et plus) ; ils sont longs, souples,

---

phologique du gonange, le point où serait la bouche du polype s'il y en avait une (fig. 148 et 149). Cette cavité est le marsupium. Les œufs y passent pour s'y développer. La gaine

Fig. 147.

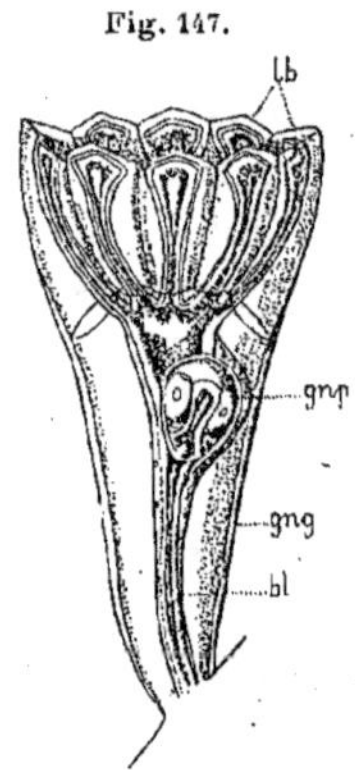

Jeune gonange femelle de *Diphasia* (*Sertularia*) *rosacea*, montrant la formation de la chambre marsupiale (d'ap. Allman).

bl., blastostyle ; **gng.**, gonange ; **gnp.**, gonophore ; **lb.**, lobes périphériques du marsupium.

Fig. 148.

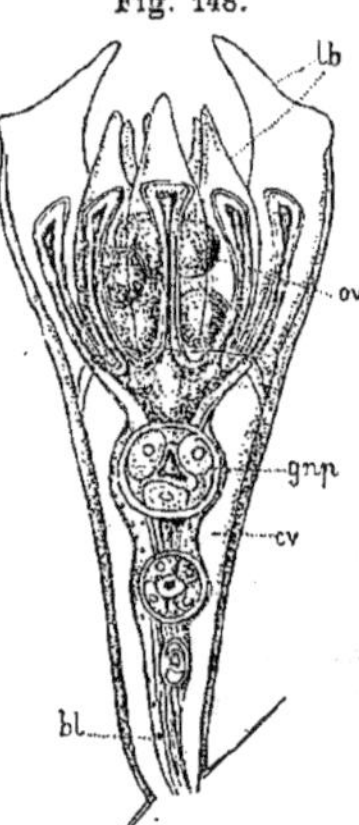

Gonange femelle mûr avec son marsupium chez *Diphasia* (*Sertularia*) *rosacea* (d'ap. Allman).

bl., blastostyle ; **cv.**, cavité du gonange ; **gnp.**, gonophore ; **ov.**, ovules dans le marsupium.

Fig. 149.

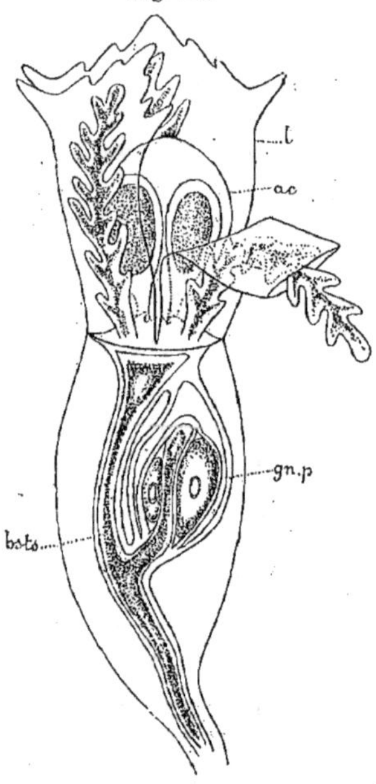

Gonange femelle de *Sertularia tamarisca* avec sa chambre marsupiale (d'ap. Allman).

ac., acrocyste ; **bsts.**, blastostyle ; **gn.p.**, gonophore ; **l.**, lobes formant la paroi du marsupium.

péridermique des tentacules se prolonge en fortes pointes saillantes au-dessus du sommet. Dans certains genres de la famille des Plumularinées, réunis de ce fait par Allman sous le nom de *Phylactocarpes* [*Phylactocarpa*] par opposition aux autres dénommés *Gymnocarpes* [*Gymnocarpa*], les gonanges sont contenues dans des réceptacles protecteurs particuliers dont les plus différenciés ont reçu le nom de *corbules* [*corbula*] (fig. 150). Mais pour bien comprendre ces corbules, il faut d'abord étudier une forme moins différenciée. Chez *Acanthocladium*

très rétractiles, souvent enroulables en hélice, toujours creux, leur

Huxleyi (fig. 151), espèce Challengérienne, les rameaux qui portent les gonanges portent aussi des hydrothèques ; à ces derniers sont adjoints, comme dans tout ce groupe, des néma-

Fig. 150.

Fig. 151.

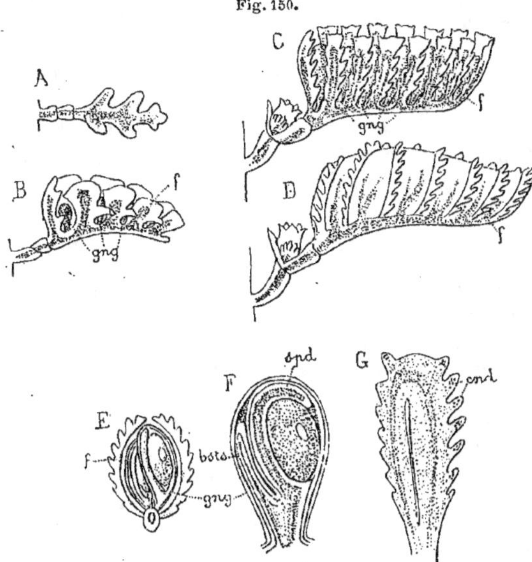

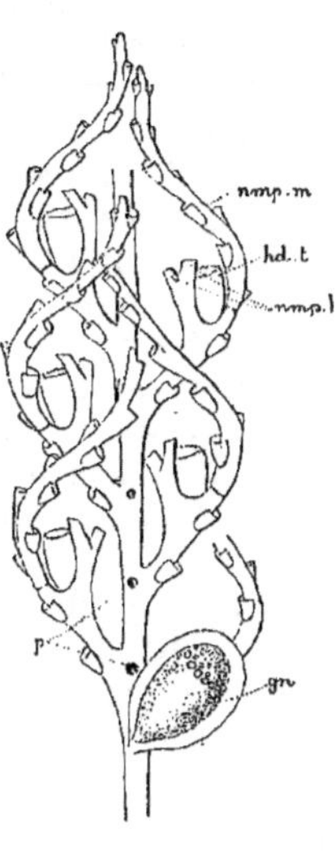

Développement de la corbule d'*Aglaophenia pluma*
(d'ap. Allman).

A à D, 4 stades successifs du développement de la corbule jusqu'à sa maturité (D) ; E section transversale d'une corbule mûre montrant 2 gonanges portant chacun un seul gonophore ; F. Gonange d'une corbule mûre ; G. Foliole de corbule mûre.

bsts., blastostyle ; **cnd.,** nématophores ; **f.,** folioles de la corbule ; **gng.,** gonange ; **spd.,** spadice.

Branche
d'*Acanthocladium Huxleyi*
(d'ap. Allman).

gn., gonange ; **hd. t.,** hydrothèque ; **nmp. l.,** nématophores latéraux ; **nmp. m.,** nématophore médian ; **p.,** points d'attache des gonanges.

tophores, deux formant la paire, latéraux, et un médian. Ces nématophores médians, au lieu de conserver les caractères ordinaires, se développent en une longue tigelle filiforme recourbée qui porte deux rangées latérales de nématophores, en sorte qu'on serait tenté de considérer cette tigelle comme une ramification de l'axe, n'était son insertion à la base d'une hydrothèque normale, au point d'élection des nématophores médians, et le fait qu'elle est continue, non formée d'entre-nœuds. Toutes ces tiges s'incurvent en arcades et forment à la rangée centrale de gonanges un appareil protecteur, d'ailleurs bien rudimentaire. Supposons que ces nématophores

Fig. 152.

Corbule d'*Aglaophenia attenuata*
(d'ap. Allman).

développés en tigelles arquées deviennent plus nombreux, plus serrés, de manière à former une véritable cage à claire-voie, et que les hydrothèques dont ils dépendent aient disparu, et nous aurons la *corbule ouverte* de certains *Aglaophenia* (fig. 152 et 153) (A. *filicula*, A. *atte-*

canal central étant en relation de continuité avec le canal circulaire (¹).

En fait d'organes de sens, il peut y avoir des yeux ou des stato-cystes. La Méduse est dite *Ocellate* quand elle a des yeux, *Vésiculate* quand elle a des statocystes. Les yeux (**10**, *fig. 2*, **y.**) sont de simples taches pigmentaires sur le renflement bulbeux de la base des tentacules. Les statocystes (**stc.**), placées dans les intervalles des tentacules, sont primitivement de simples diverticules (**10**, *fig. 2*, **d.**) de la cavité sous-ombrellaire, creusés dans la paroi du corps au niveau de l'insertion du velum sur le disque. Ces poches cœcales sont tapissées d'ecto-derme sous-ombrellaire, et leurs cellules ectodermiques sont différen-ciées, les unes en statolithes, les autres en éléments sensitifs; les statolithes sont nombreuses et dessinent un fer à cheval. Ces vési-cules ouvertes sont rares et représentent un stade évolutif qui ne reste permanent que chez peu d'espèces (*Mitrocoma* et quelques autres). Chez toutes les autres, la vésicule se forme de la même manière, mais elle se ferme complètement en une vésicule close, saillante du côté externe de l'insertion du velum; les statolithes y sont aussi moins nom-breuses. Mais en tout cas, on voit que le statocyste est essentiellement ectodermique et non endodermique, comme chez les autres Méduses Craspédotes qui en possèdent (fig. 155).

Les yeux et les statocystes sont généralement exclusifs les uns des autres, mais pas cependant d'une façon absolue. Quand il n'y a pas d'ocelles, il y a toujours des statocystes, mais quand il y a

---

nuata). Supposons enfin que les tigelles s'élargissent et se soudent en une cage complète, et nous aurons la *corbule fermée* qui se rencontre dans le même genre et même dans la même espèce (fig. 154) (*A. filicula*). C'est une sorte de grosse capsule ouverte à la base et portée sur un rachis d'où partent des côtes armées de nématophores. Ces côtes sont le reste des tigelles de la claire-voie; les némato-phores se sont disposés for-cément sur une seule rangée tournée vers le dehors. A l'intérieur, sur le rachis, sont les gonanges; le tout rappelle le fruit appelé *gousse*. A la base du rachis, se voit une hydrothèque normale avec ses nématophores normaux.

Fig. 153

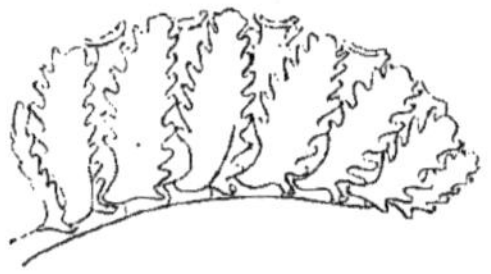

Corbule ouverte d'*Aglaophenia filicula* (d'ap. Allman.)

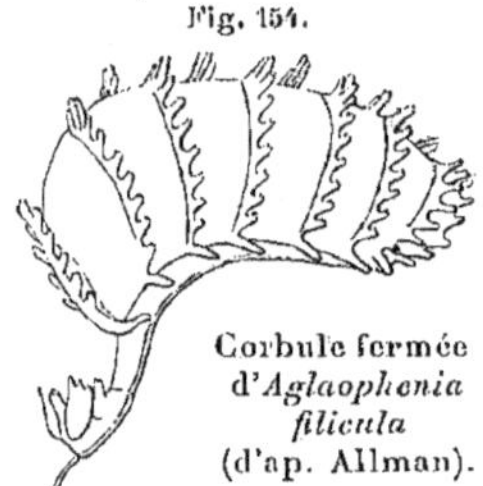

Fig. 154.

Corbule fermée d'*Aglaophenia filicula* (d'ap. Allman).

(¹) Le bord du disque peut porter, en outre des tentacules, des appendices marginaux variés, les uns tentaculiformes pleins, plus petits et moins souples, à axe plein, les *cirres*, les autres claviformes, à axe plein aussi, les *cordyles*, d'autres enfin d'origine tentaculaire aussi, mais réduits à des *tubercules marginaux*. Chez certains genres, on observe de curieuses for-mations, *entonnoirs marginaux* ou *papilles sous-ombrellaires*: ce sont des protubérances coniques, saillantes dans la cavité sous-ombrellaire à l'angle entre le velum et la sous-ombrelle, qui contiennent un diverticule du canal marginal, tapissé de cellules à concrétions brunes et ouvert au sommet de l'organe, et dont l'ouverture est contractile et garnie de cils vibratiles. On leur attribue une fonction excrétrice. On ne les trouve que chez les Leptoméduses et seulement chez quelques-unes d'entre elles, *Æquorea*, *Tima*, *Octorchis*, etc.

des ocelles, il peut, exceptionnellement, y avoir des statocystes (fig. 155).

Les organes sexuels sont toujours une dépendance des canaux radiaires. Si par hasard ils vont jusqu'à l'estomac, c'est par extension secondaire. Ils forment sur ces canaux un diverticule longitudinal, pair ou impair (par rapport à l'axe du canal), tantôt court et saillant, tantôt allongé et plus ou moins contourné ou godronné (¹).

La *régénération* des tentacules et du manubrium a été observée par HARGITT [97] et T. H. MORGAN [99] chez *Gonynema*.

GENRES (²)

1ʳᵉ FAM. : *SERTULARINÆ* [*Sertularidæ* (Hincks)]. FORME ASEXUÉE : hydranthes à hydrothèques sessiles, disposées sur deux rangées sur les rameaux, auxquels elles sont soudées par une partie plus ou moins grande de leur surface latérale. — FORME SEXUÉE : gonophores ou sporosacs.

Sertularia (Linnæus, *emend.*) (fig. 145, 149, 156 à 159). Le genre n'est représenté que par la forme Hydraire. C'est une petite colonie arborescente plus ou moins ramifiée, dressée sur des stolons rampants. Les polypes, contenus dans leurs hydrothèques, sont sessiles, fixés par leur base et même

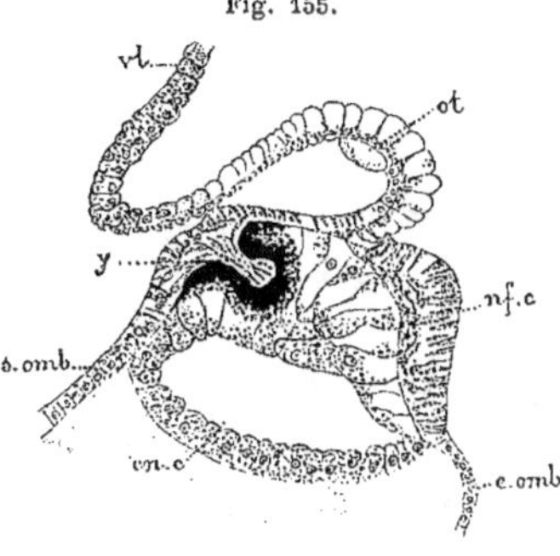

Fig. 155.

Coupe radiale dans la région du corps marginal de *Tiaropsis* (d'ap. Linko).

cn. c., canal circulaire ; **c. omb.**, exombrelle ; **nf. c.**, nerf circulaire ; **ot.**, otolithe ; **s. omb.**, sous-ombrelle ; **vl.**, velum ; **y.**, organe visuel.

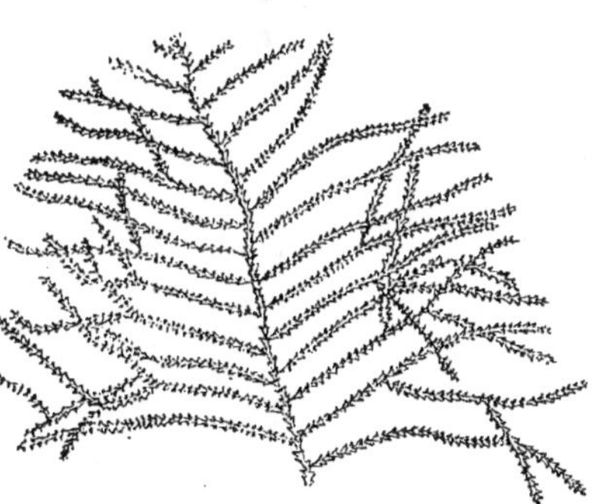

Fig. 156.

Portion d'une colonie de *Sertularia abietina* (d'ap. West).

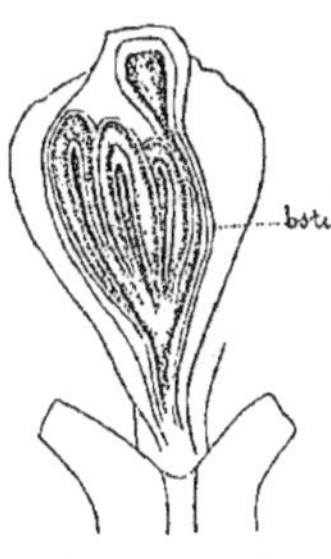

Fig. 157.

Gonange mâle de *Sertularia tamarisca* (d'ap. Allman).

bsts., blastostyle.

(¹) ALLMAN considère les organes génitaux des Leptoméduses comme n'étant pas de vraies glandes génitales, mais plutôt des bourgeons médusaires, réduits à l'état de sporosacs, et part de là pour opposer ces Méduses sous le nom de *blastochèmes* aux autres qui seraient *gonochèmes*. Il se fonde sur la faculté de produire de véritables bourgeons et sur la ressemblance de structure entre ces organes sexuels et des sporosacs.

(²) En ce qui concerne la classification des Calyptoblastidés et des Leptoméduses, nous avons agi comme pour les Calyptoblastidés et les Anthoméduses. Nous ne pouvons que renvoyer à ce que nous avons dit à propos de celles-ci (Voir p. 51). Mais la complication étant ici beaucoup moindre, nous avons jugé inutile d'établir un tableau.

soudés par une certaine étendue de leur surface latérale à la branche qui les porte. Ils sont disposés sur deux rangées opposées, le long des branches et des rameaux. Les individus des deux rangées sont tantôt alternes, tantôt opposés. Les branches qui les portent sont divisées par des septa transversaux de périderme (mais percés d'un trou central pour laisser passer le cœnosarque) en entre-nœuds égaux entre eux. Quand les

Sertularia (Sertularella) polyzonias
(d'ap. West).

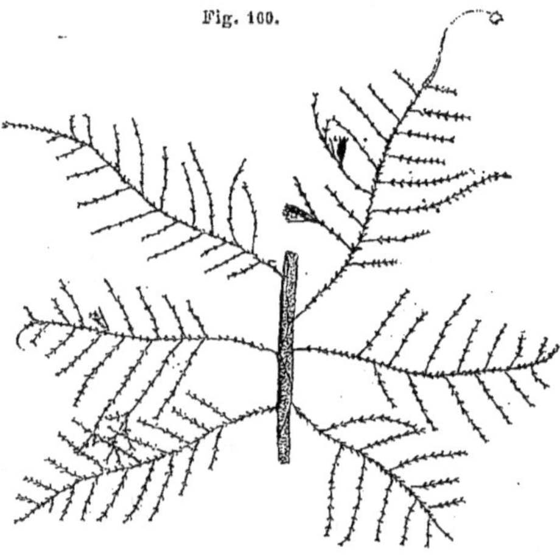

Branche de
Sertularia abietina
(d'ap. Hincks).

polypes sont opposés, il y en a une paire dans chaque entre-nœud; quand ils sont alternes, il y en a soit une paire, soit un seul à chaque entre-nœud. Les gonanges sont disposées d'un seul côté, toujours un peu au-dessous de la base d'un polype. Ils contiennent un blastostyle sur lequel se développent de simples sporosacs dont les produits sexuels s'échappent au dehors directement par l'orifice terminal, au-dessus duquel il peut, dans les colonies femelles, se former un acrocyste pour les œufs (Colonie 1 à 15ᶜᵐ; cosmopolite; 0 à 1160 brasses).

On a vainement tenté de démembrer ce genre, pour séparer sous le nom de *Sertularella* (Gray) les formes chez lesquelles les loges sont alternes au lieu d'être opposées et dont l'orifice est denté et pourvu d'un petit volet operculaire. Ces caractères n'offrent pas une constance suffisante. *Abietinaria* (Kirchenpauer), à hydrothèques ventrus à la base, mérite à

Diphasia attenuata (d'ap. Hincks).

peine d'être distingué génériquement de *Sertularia* (oc. Antarct., mer du Nord, Manche, Atl.).

Monopoma (Marktanner-Turneretscher) est un *Abietinaria* à hydrothèques operculées (Chine).

Diphasia (Agassiz) (fig. 146 à 148 et 160 et 161) a les loges toujours opposées ou sub-opposées, l'orifice de l'hydrothèque muni d'un opercule univalve et les gonanges femelles, grands, pourvus d'un véritable *marsupium* (Voir p. 111), les gonanges mâles petits, pourvus d'un simple orifice tubuleux (1 à 15^{cm}; cosmopolite; jusqu'à 450 brasses).

Hydrallmania (Hincks) (fig. 162 et 163) a de longs entre-nœuds sur lesquels les hydrothèques sont disposées en assez grand nombre sur une seule génératrice. Ce caractère l'avait fait placer parmi les *Plumularinæ*, mais il s'en distingue par l'absence de nématophores (30^{cm}; Ostende, Grand-Manan, Atl. américain et africain; 35 brasses).

Fig. 162. — Portion de colonie d'*Hydrallmania falcata* (d'ap. West).

Fig. 163. — Arrangement des hydrothèques d'*Hydrallmania falcata* (d'ap. Hincks).

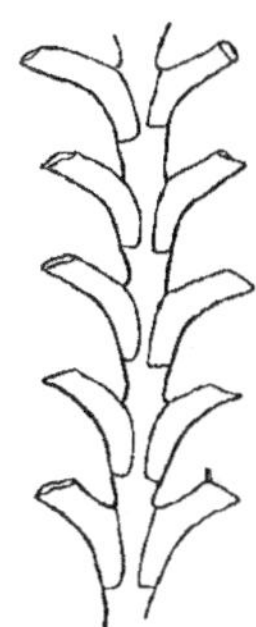

Fig. 161. — Arrangement des hydrothèques de *Diphasia attenuata* (d'ap. Hincks).

Thuiaria (Fleming) (fig. 164) a les entre-nœuds de longueur plus grande et irrégulière et portant chacun un nombre de loges variable, mais supérieur à une paire; point de marsupium; les hydrothèques sont disposées en deux séries longitudinales, et accolées à la branche qui les porte (*adnées*) par une portion toujours assez étendue à leur surface (3 à 10^{cm}; cosmopolite; jusqu'à 770 brasses).

Pericladium (Allman) diffère en *Thuiaria* par ses hydrothèques disposées tout autour de la branche (Japon).

Caminothuiaria (Campenhausen) peut être défini un *Thuiaria* dont les hydrothèques ont un prolongement tubuleux formé d'une mince membrane et fermé par un opercule à plusieurs pièces (Moluques).

Calyptothuiaria (Marktanner-Turneretscher) est comme le précédent, mais à périderme plissé. L'auteur a décrit comme gonothèques des œufs de Mollusques fixés sur les branches (océan Indien, détroit de Magellan).

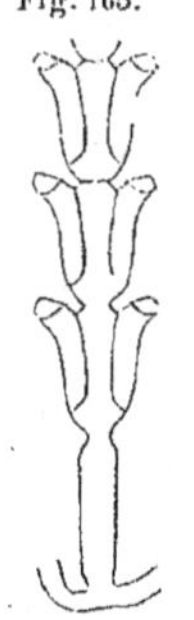

Fig. 164. — *Thuiaria pinnata*. Portion de pinnule avec deux hydranthes (d'ap. Allman et Hollick).

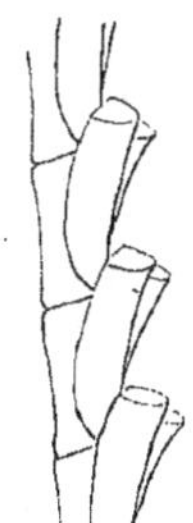

Fig. 165. — *Desmoscyphus longitheca*. Portion de l'extrémité proximale de l'hydrosome, vue de face (d'ap. Allman et Hollick).

Fig. 166. — *Desmoscyphus longitheca*. Portion de l'hydrosome vue de profil (d'ap. Allman et Hollick).

Desmoscyphus (Allman) (fig. 165 et 166) diffère du précédent par le fait que ses deux rangées de loges sont contiguës, et souvent même les hydrothèques se compriment l'une contre l'autre à leur base (5 à 10^{cm}; Australie, Bermudes, Atl. brésilien; 10 à 80 brasses).

Gemminella (Allman) présente le même caractère : ses loges sont adnées par paires, sur le devant de la branche (Dragage du Porcupine, sans indice de localité).

Hypopyxis (Allman) diffère principalement de *Desmoscyphus* par la présence, à la base des hydrothèques, d'une paire de petites loges cupuliformes, qui sont probablement de la nature des *nématophores* que nous rencontrerons chez les Plumularinées (10^{cm}; Australie; 150 brasses).

Staurotheca (Allman) rappelle plutôt un *Sertularia* à loges opposées; mais les paires successives sont placées alternativement à angle droit les unes des autres, le plan qui passe par chacune d'elles étant perpendiculaire à celui qui passe par les deux paires voisines au-dessus et au-dessous (10^{cm}; île Marion; 85 à 150 brasses).

Dictyocladium (Allman) a plutôt la physionomie d'un *Thuiaria*, mais présente un caractère très particulier : ses branches, situées dans un plan, sont anastomosées en réseau; en outre, les entre-nœuds sont longs et inégaux et les loges sont disposées tout autour des branches; les gonanges sont à l'aisselle des rameaux (10 à 15^{cm}; Australie; 40 brasses).

Symplectoscyphus (Marktanner-Turneretscher) a les hydroclades prolongées en une partie sans hydrothèques, qui se comporte comme dans le genre précédent; mais ces hydrothèques sont disposées comme chez *Sertularia* et ont un très délicat opercule à plusieurs pièces; les gonothèques ont l'ouverture légèrement prolongée en tube (Australie).

Synthecium (Allman) a, comme certains *Sertularia*, les loges disposées par paires dans chaque entre-nœud, ou alternes, une par entre-nœud; mais il présente une particularité très remarquable : les gonanges, d'ailleurs conformées normalement, prennent naissance dans certaines hydrothèques dont les caractères ne sont nullement modifiés, mais où le pédoncule occupe la place du polype absent. Naturellement, en raison de leur taille, elles surmontent l'hydrothèque et sont tout entières, sauf leur pédoncule, en dehors d'elle. On voit là une nouvelle preuve que les blastostyles ne sont bien que des polypes transformés (5 à 8^{cm}; Australie, Nouvelle-Zélande; 30 à 35 brasses).

Lineolaria (Hincks) a ses hydrothèques sans opercule, insérées ainsi que les gonothèques par un pédoncule court ou rudimentaire sur les stolons rampants. Allman voudrait en faire le représentant d'une famille distincte [*Lineolaridæ*], caractérisée par l'état non vraiment sessile des hydrothèques et gonothèques (Australie).

Thecocladium (Allman) est à rapprocher du précédent, mais ce qui prend naissance dans certaines hydrothèques, ce ne sont plus les gonanges portées ici comme d'ordinaire par les branches et les rameaux, mais les rameaux eux-mêmes: en sorte que certaines hydrothèques, situées à leur place normale dans la série, forment le premier entre-nœud d'une ramification latérale; le polype de ces hydrothèques est remplacé par la portion du cordon de cœnosarque qui traverse cet entre-nœud (8^{cm}; cap de Bonne-Espérance; 10 à 20 brasses).

Ces deux genres sont considérés par ALLMAN comme formant une famille [*Synthecidæ*], nos *Sertularinæ* étant pour lui une légion, que nous pourrions admettre comme sous-famille.

Selaginopsis (Allman) est donnée par son auteur comme allié à *Grammaria*. Il a cependant un simple tube axial auquel les hydrothèques sont adnées sur plusieurs rangées longitudinales. Gonosome inconnu (Japon).

Le genre suivant forme aussi pour Allman une famille [*Grammaridæ*] :

Grammaria (Stimpson) diffère de *Sertularia* par ses loges disposées par 2 ou 3 opposées tout autour des branches suivant 4 ou 6 génératrices, mais surtout par le caractère de ses branches. Chaque branche, chaque rameau est en effet composé de plusieurs tubes, un central, les autres périphériques. Ces tubes sont étroitement comprimés les uns contre les autres de manière à être polyédriques, et ceux qui forment l'enveloppe périphérique sont en nombre fixe et entourent complètement le tube central. Tous ces tubes ont la même structure, et cette structure est celle d'une branche normale : tube central de cœnosarque et enveloppe de périthèque. Les enveloppes de périthèque sont si fortement soudées les unes aux autres, que la potasse bouillante elle-même ne peut dissocier le faisceau. Les hydrothèques prennent naissance exclusivement

du tube central ; elles montent accolées à lui sur une certaine hauteur,
puis s'en séparent et se portent vers la surface en écartant les tubes
périphériques. Il ne faut pas confondre cette *structure périsiphonique*
si particulière avec la structure polysiphonique des *Plumularinæ*
(Voir ci-dessous.) Le gonosome est inconnu (3 à 15ᶜᵐ ; Grand-Manan, îles Kerguelen, Falkland, Marion, Atl. sud ; 28 à 75 brasses).

Acryptolaria (Norman) présente les mêmes caractères ; ses hydrothèques sont non comprimées à la
base et à disposition alterne ou spirale (Atl., sur le câble sous-marin de Falmouth à Lisbonne).

Idia (Lamouroux) présente aussi une constitution exceptionnelle de son
hydrocaule. La colonie se compose de branches émettant de nombreux
rameaux disposés comme les barbes d'une plume. Sur les branches, la
constitution n'est pas très aberrante : il y a de longs entre-nœuds portant plusieurs hydrothèques alternes sur deux séries ; la seule chose à
noter est une disposition de l'endoderme qui, dans le tube de cœnosarque qui occupe la branche, au lieu de former un revêtement complet,
est dissocié en un réseau. Sur les rameaux, les hydrothèques se
rapprochent d'un même côté en deux séries alternes serrées l'une contre
l'autre ; en outre, le rameau se compose de deux parties, une dorsale
(opposée aux hydrothèques) continue, doublée d'un tube continu de
cœnosarque, et une ventrale, située sous la double série d'hydrothèques
et divisée en deux séries de petites loges distinctes, disposées comme des
hydrothèques et correspondant chacune à une de celles-ci. Chaque loge
n'est en réalité que la base dilatée et connée au tube dorsal d'un polype
avec lequel elle se continue dans toutes ses parties : son périderme avec
l'hydrothèque, son cœnosarque avec la paroi du corps du polype, sa
cavité avec la cavité gastrique de celui-ci. Les hydrothèques se terminent
par une ouverture oblique munie d'un petit opercule mobile univalve,
(10ᶜᵐ ; Philippines, Australie, Atl. sud-américain ; 10 à 20 brasses).

Les branches principales paraissent parfois ramifiées, mais c'est une fausse apparence
due à ce que de nouvelles colonies se sont fixées sur une branche précédente. ALLMAN dit que
les chambres formant la partie antérieure des rameaux communiquent entre elles, et ne parle
pas d'une communication avec le tube dorsal. S'il en est ainsi, la structure est, en effet,
fondamentalement distincte de celle du type morphologique, et il a raison d'en faire une
famille [*Idiidæ*] ; mais, dans ses échantillons, le tube dorsal était mal conservé. Si les chambres
du tube ventral communiquaient non entre elles mais avec le tube dorsal, la structure deviendrait immédiatement normale, ces chambres n'étant que la partie basilaire des polypes, adnée
au tube, dilatée et séparée du reste du polype par un étranglement. Aussi laisserons-nous,
jusqu'à plus ample informé, ce genre avec les précédents dans la famille des *Sertularinæ*.

Pasythea (Lamouroux) a les paires d'hydranthes disposées non en séries continues, mais par
groupes sur le milieu des entre-nœuds qui sont fort longs (Atl., Australie).

Avec le genre suivant, au contraire, commence une famille entièrement distincte :

======= **2ᵉ FAM.** : *PLUMULARINÆ* [*Plumulariidæ* (Hincks).] FORME ASEXUÉE : hydraire à hydrothèques sessiles, disposées sur un seul rang sur les rameaux auxquels elles sont
soudées par une étendue plus ou moins grande de leur surface latérale ; toujours des
nématophores. — FORME SEXUÉE : gonophores.

Plumularia (Lamarck, *emend.* Mᶜ Crady) (fig. 167 à 170). Ici, l'arbuscule qui
représente la colonie a un aspect bien différent. Les branches, nées d'un

stolon rampant, se dressent et se ramifient, mais ne portent jamais directement les hydrothèques. Elles émettent de minces ramifications

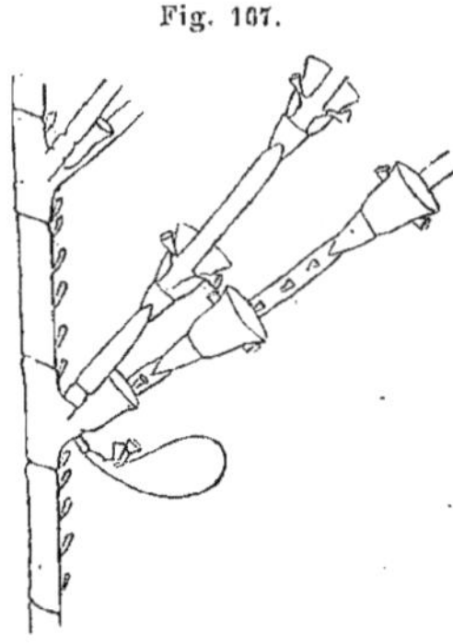

Fig. 167.

Plumularia geminata. Portion d'hydrosome (d'ap. Allman et Hollick).

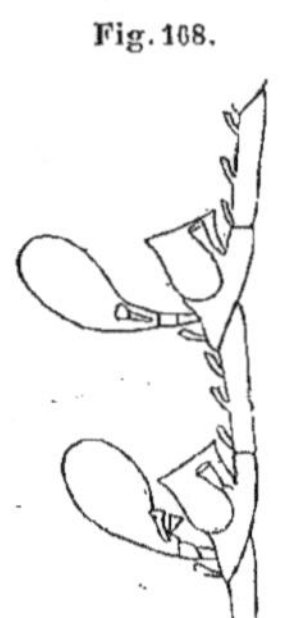

Fig. 168.

Plumularia geminata. Pinnule vue de profil (d'ap. Allman et Hollick).

latérales qui seules portent les polypes (fig. 167) et qui sont disposées exactement comme les barbes d'une plume, d'où le nom du genre. On appelle ces dernières ramifications en barbe de plume les *hydroclades* ou *pennæ* ou *ramuli*, et leur ensemble se nomme *hydrocladium*. L'hydrocaule, c'est-à-dire l'arbuscule ramifié qui porte les hydroclades, est souvent formé comme à l'ordinaire d'un simple tube de cœnosarque entouré de périderme : il est dit alors *monosiphonique*; mais souvent aussi il est constitué d'un faisceau de tubes semblables, associés : il est dit alors *polysiphonique*. Dans ce cas, les tubes parallèles qui forment le faisceau sont plus ou moins étroitement accolés par leur périderme et sont, en outre, unis par des anastomoses latérales, grâce auxquelles non seulement les cœnosarques, mais même les canaux qui en occupent l'axe communiquent entre eux. A mesure qu'il se ramifie, le nombre de ses tubes qui, chaque fois se partage entre les deux branches de la ramification, diminue, en sorte que la grosseur

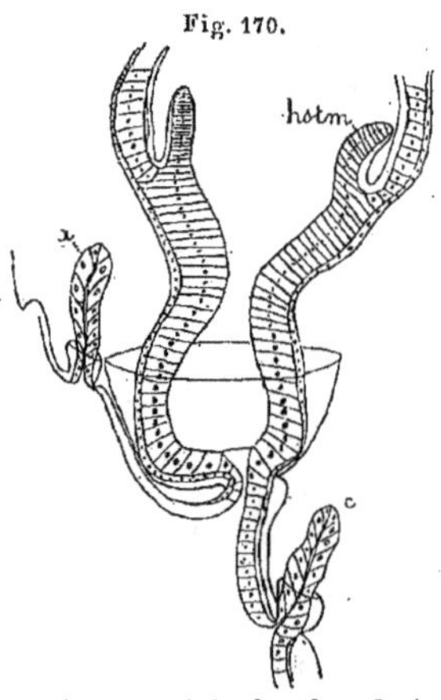

Fig. 170.

Coupe axiale de *Plumularia* (d'ap. O. Hamann).

Fig. 169.

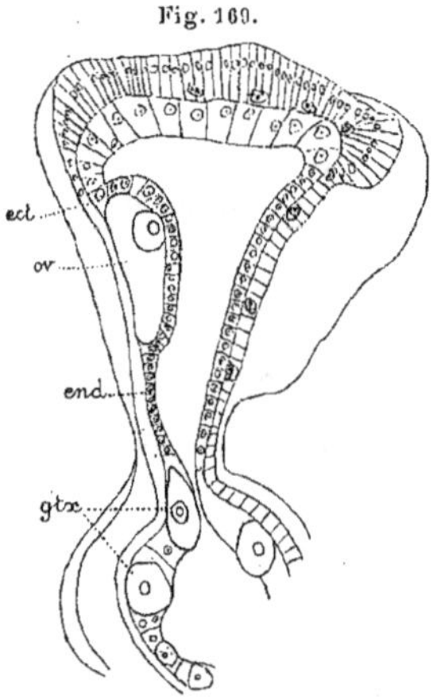

Coupe axiale d'un gonophore de *Plumularia* montrant la migration de l'œuf (d'ap. O. Hamann).

ect., ectoderme ; **end.**, endoderme ; **gtx.**, cellules génitales ; **ov.**, œuf émigrant dans le gonophore.

va en diminuant, comme pour un arbre, de la base au sommet. Le bout des branches est ordinairement monosiphonique; les hydroclades le sont toujours; ces dernières ne sont cependant pas des tubes détachés du faisceau : elles sont les ramifications latérales de celui-ci.

Les hydrothèques sont sessiles comme chez les Sertularinées, mais toujours disposées sur un seul rang. C'est là un caractère constant que nous retrouverons dans tous les genres de la famille. Un autre trait, non moins constant et à peine moins caractéristique (car il existe chez tous et est très exceptionnel dans les autres familles), est la présence de *nématophores*. Ceux-ci sont disposés un peu partout sur l'hydrocladium; d'ordinaire, il y en a une paire aux deux côtés de chaque hydrothèque et souvent il y en a sur des entre-nœuds dépourvus d'hydrothèque; on en rencontre aussi sur l'hydrocaule. Tous sont en forme de trompette et articulés à leur base ('). Ils sont, comme toujours, ouverts au sommet évasé pour l'issue des pseudopodes et à la base pour communiquer avec le cœnosarque sous-jacent, mais n'ont pas d'orifices latéraux.

Les *gonanges*, différents chez les deux sexes, sont disposés aussi exclusivement sur l'hydrocladium et ne présentent pas d'enveloppe protectrice autre que leur gonothèque : ils sont donc nus, d'où le nom de *gymnocarpes* donné par Allman à ce genre et à ceux qui lui ressemblent sous ce rapport. Souvent des nématophores sont échelonnés sur les gonanges, communiquant à leur base avec le blastostyle qu'ils contiennent (1 à 50^{cm}; probablement cosmopolite; du niveau des marées à 150 brasses).

Monopyxis (Ehrenberg, Kirchenpauer) dont chaque clade ne porte qu'un polype,

Isocola (Kirchenpauer) à entre-nœuds tous égaux et polypifères,

Anisocola (Kirchenpauer) à entre-nœuds alternativement longs et courts, ces derniers dépourvus
   d'hydranthes,

Anisocalyx (Donati) à entre-nœuds de même alternativement grands et petits, les premiers avec
   deux hydrothèques, une grande et une petite au-dessous, les seconds avec 1, 2 ou 0 petites
   hydrothèques (peut-être non distinct du genre précédent) (Médit.),

Apostasis (Lendenfeld) à hydrothèques non adnées à leur support,

Haptotheca (Lendenfeld) à hydrothèques adnées à leur support et

Polysiphonia (Lendenfeld) contenant les espèces polysiphoniques,
   ne sont tous que des sous-genres de *Plumularia*.

Kirchenpaueria (Jickeli) ressemble à *Isocola*, mais ses nématophores sont, les uns, ceux situés
   au-dessous des hydranthes, pourvus d'une sarcothèque rudimentaire, cupuliforme, insuffisante
   pour contenir le nématophore qui déborde tout autour de l'ouverture; les autres, ceux situés
   au-dessus des hydranthes ou à la base des hydroclades, complètement nus et reconnaissables,
   sur les pièces sèches seulement, au petit trou, *sarcopore*, par lequel ils communiquaient avec
   les parties molles sous-jacentes (Trieste).

Ophionema (Hincks) a des nématophores filiformes et capités, contenus dans les nématothèques
   uniquement sur les branches; les gonothèques sont à la base des branches; les polypes ne
   sont pas rétractiles (Côtes de Norvège, grands fonds).

Acanthella (Allman) diffère de *Plumularia* par les branches de son hydrocaule qui, vers le bout,

---

(') ALLMAN [83] divise les Plumularinées en deux groupes (familles pour lui), les uns [*Eleutheroplea*] à nématophores articulés, les autres [*Statoplea*] à nématophores soudés; et dans chacun il distingue les gymnocarpes et les phylactocarpes [*Gymnocarpa* et *Phylactocarpa*]. Pour ces derniers, voir au genre *Aglaophenia* (p. 123).

portent de simples épines au lieu et place des hydroclades (20 à 30ᶜᵐ; détr. de Torrès; 10 brasses).

Schizotricha (Allman) se distingue par ses hydroclades bifurquées (12 à 22ᶜᵐ; Kerguelen, Heard-island; 10 à 100 brasses).

Polyplumaria (Sars) a aussi les hydroclades doubles, mais par le fait que le premier entre-nœud de chacune donne naissance à une ramification latérale, d'ailleurs semblable au prolongement principal (3 à 5ᶜᵐ; N.-O. de l'Espagne, Norvège, Açores; 80 à 450 brasses).

Hippurella (Allman) est remarquable par ses hydroclades qui, sur la partie proximale des branches, sont disposées comme les barbes d'une plume, tandis que sur la portion distale elles sont distribuées tout autour de celles-ci (Gulfstream, 283 brasses).

Callicarpa (Fewkes) pourrait être défini un *Hippurella* dont les branches, dans leur partie proximale, seraient nues et réduites à un pédoncule, tandis que la partie distale porterait un gonosome en forme d'épi de blé représentant une sorte de corbule (Floride).

Pleurocarpa (Fewkes) présente une disposition inverse: ici, c'est la base de la branche qui forme le gonosome avec corbule, tandis que la portion distale porte des hydroclades (Floride).

Monostœchas (Allman) (fig. 171 et 172) a les hydroclades toutes d'un seul côté des branches en une rangée unique (Gulfstream, 283 brasses).

Antenella (Allman) (fig. 173 et 174) peut être défini un *Plumularia* dont la tige et les branches sont absentes, en sorte que les hydroclades naissent directement de l'hydrorhize (Gulfstream; 60 brasses, Japon).

Antenellopsis (Jäderholm) est comme *Antenella*, mais ses nématophores, au lieu d'être comme ceux de *Plumularia*, sont comme ceux d'*Aglaophenia* (Japon).

Acladia (Marktanner-Turneretscher) diffère d'*Antenella* par ses hydroclades non divisées en articles et par ses hydrothèques disposées sur plusieurs lignes longitudinales (Cap de Bonne-Espérance).

Heteroplon (Allman) a, outre une paire de nématophores mobiles flanquant les hydrothèques, un nématophore fixe impair au-dessous d'elles et se rapproche par là des *Statoplea* d'Allman (15ᶜᵐ; détr. de Bass; 40 brasses).

Gattya (Allman) est remarquable par ses hydrothèques en forme de bateau fixé à l'entre-nœud, par la poupe, prolongé à l'avant en bec et armé de pointes le long des plats-bords. Il diffère

Fig. 171.

Fig. 172.

Monostœchas dichotoma
(d'ap. Allman et Hollick).

*Monostœchas
dichotoma.*
Portion de pinnule
vue de côté
(d'ap. Allman
et Hollick).

Fig. 173.

*Antenella
gracilis*
(d'ap. Allman
et Hollick).

Fig. 174.

*Antenella
gracilis.*
Portion de
pinnule
vue de côté
(d'ap. Allman
et Hollick).

Fig. 175.

Portion de l'hydrosome
d'*Halopteris carinata*
(d'ap. Allman
et Hollick).

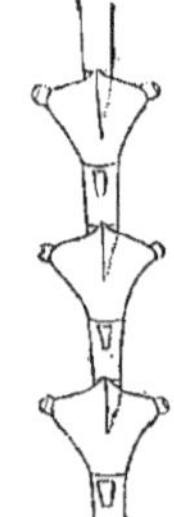

Fig. 176.

Portion
d'une pinnule
de *Halopteris
carinata*
vue de face
(d'ap. Allman
et Hollick).

d'*Heteroplon* par ses branches non pinnées et ses hydrothèques à bord denté (Habitat inconnu.)
Halopteris (Allman) (fig. 175 à 177) a ses nématophores latéraux adnés à l'hydrothèque, et deux ou plus némathophores médians non adnés et dont l'ouverture oblique se continue en une fente. Gonosome inconnu (Gulfstream).
Antennularia (Lamark) (fig. 178 à 182) se distingue de tous les précédents par les hydroclades qui sont dispo-

Fig. 177.

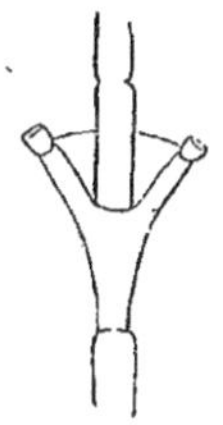

Portion de pinnule portant un hydrothèque de *Halopteris carinata* vue de dos (d'ap. Allman et Hollick).

Fig. 178.

Antennularia antennina (d'ap. West).

Fig. 179.

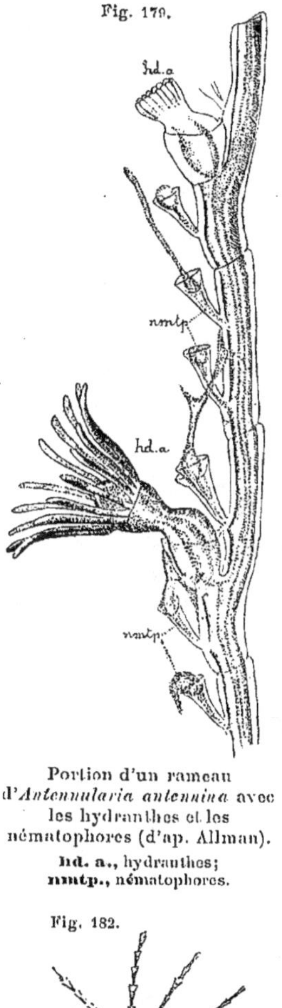

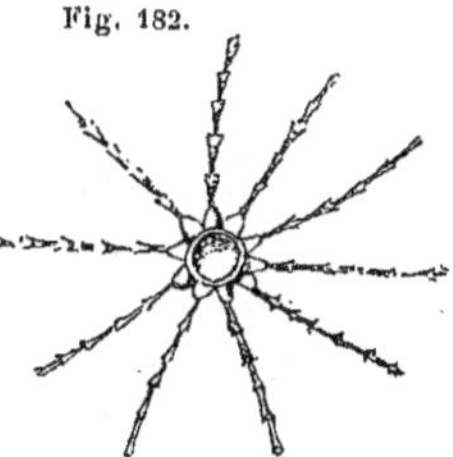

Portion d'un rameau d'*Antennularia antennina* avec les hydranthes et les nématophores (d'ap. Allman).

hd. a., hydranthes; **nmtp.,** nématophores.

Fig. 180.

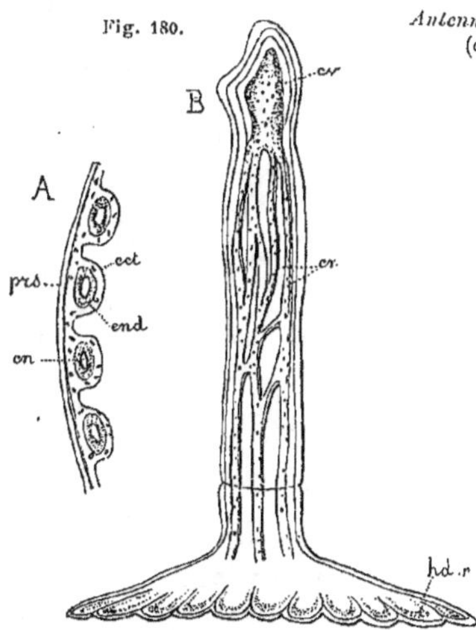

Canaux de l'endoderme d'*Antennularia antennina* (d'ap. Allman).

A, coupe transversale de l'ectoderme de l'adulte; B, très jeune hydroïde.

cn., canaux; **cv.,** cavité dans laquelle les canaux aboutissent; **ect.,** ectoderme; **end.,** endo- **hd. r.,** hydrorhize; **prs.,** périderme.

Fig. 181.

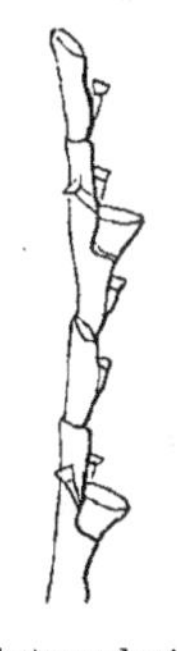

Antennularia antennina. Portion de branche montrant la disposition des hydrothèques et des nématoblastes (d'ap. Hincks).

Fig. 182.

Section transversale d'*Antennularia antennina* montrant l'arrangement des branches en verticelles (d'ap. West).

sées en verticilles autour des branches (6 à 25^{cm} ; cosmopolite ; du niveau des marées à 500 mètres).

Heteropyxis (Heller) est un simple sous-genre du précédent, dont il diffère surtout par son mode différent de ramification.

Antennopsis (Allman) (fig. 183) en diffère par la disposition de ses hydroclades qui sont éparses sur les branches (Gulfstream).

Sciurella (Allman) diffère du précédent par ses gonanges situées à l'aisselle des hydroclades, munies de saillies en forme de cornes et surtout contenant un blastostyle ramifié, dont les branches vont se mettre en rapport par des trous du gonothèque avec des nématophores mobiles, distribués sur toute sa surface (20^{cm} ; Australie, détr. de Torrès ; 5 à 10 brasses).

Aglaophenia (Lamouroux, *emend.* M. Crady) (fig. 184 à 186), par l'aspect général et le mode de ramification, ne diffère pas essentiellement de *Plumularia*. Ce sont les mêmes branches plus ou moins ramifiées, mono- ou polysiphoniques, portant des hydroclades latérales disposées en barbes de plume, avec les hydrothèques sur une seule rangée. Mais les nématophores (fig. 184, *nmtp.*) sont tout différents. Ils se rencontrent exclusivement au voisinage des hydranthes avec lesquels ils ont des rapports fixes ; il y en a régulièrement trois annexés à chaque hydrothèque, deux latéraux formant la paire aux côtés de la partie distale et un impair médian situé un peu au-dessous de sa base. Tous sont fixes (*Statoplea*), c'est-à-dire non articulés. Leur forme est celle d'un nid plus ou moins profond. Chacun a un orifice terminal plus ou moins échancré, par lequel il s'ouvre au dehors, et un orifice basilaire, par où le contenu se continue, non avec l'hydranthe voisin, mais avec le cœnosarque sous-jacent. Le nématophore médian est, en outre, soudé à l'hydrothèque qui le surmonte par une certaine étendue de sa face postérieure, et, sur cette partie soudée, se trouve, dans la paroi commune, un orifice fissiforme par lequel les tissus mous du nématophore se continuent avec ceux de l'hydranthe. Enfin il peut y avoir une ouverture supplémentaire percée dans la partie du bord postérieur qui est libre, au-dessus de la partie de ce bord soudée à

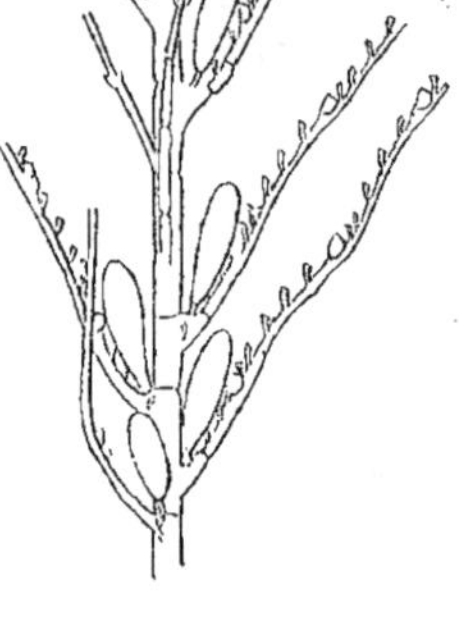

Fig. 183.

Antennopsis hippuris.
Portion de l'hydrosome
(d'ap. Allman et Hollick).

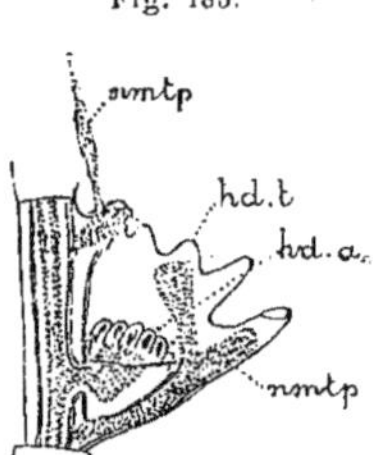

Fig. 184.   Fig. 185.

Hydrothèque
d'*Aglaophenia pluma*
avec l'hydranthe étendu
et les nématophores
contractés
(d'ap. Allman).

Hydrothèque
d'*Aglaophenia pluma*
avec l'hydranthe
contracté et les
nématophores étendus
(d'ap. Allman).

hd. a., hydranthe ; **hd. t.**, hydrothèque ;
nmtp., nématophores.

l'hydrothèque. Les gonanges sont *phylactocarpes*, c'est-à-dire protégés, par groupes, sous cette enveloppe spéciale que nous avons décrite plus haut (Voir p. 111) sous le nom de *corbule*. Rappelons qu'il y a des corbules ouvertes et des corbules fermées (de 5cm à près de 1m; cosmopolite; du niveau des marées à 450 brasses).

Ce genre est, dans la famille des *Plumularinæ*, le chef d'un groupe Allmanien [*Statoplea phylactocarpa*] auquel appartiennent aussi les suivants :

Calathophora (Kirchenpauer),
Pachyrynchia (Kirchenpauer),
Lytocarpia (Kirchenpauer),
Macrorhynchia (Kirchenpauer),
qui ne sont que des sous-genres.

Nematophorus (Clark) diffère d'*Aglaophenia* par la présence à la base de chaque hydroclade d'un processus particulier, arrondi et pourvu d'une petite ouverture près de son extrémité proximale; les

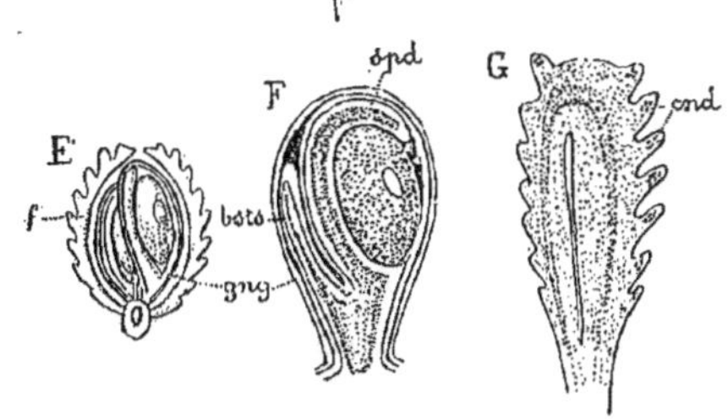

Fig. 186.

Développement de la corbule d'*Aglaophenia pluma* (d'ap. Allman).

A à D, 4 stades successifs du développement de la corbule jusqu'à sa maturité (D); E, section transversale d'une corbule mûre, montrant 2 gonanges portant chacun un seul gonophore; F, gonange d'une corbule mûre; G. foliole de corbule mûre.

bsts., blastostyle; **cnd.**, nématophores; **f.**, folioles de la corbule; **gng.**, gonange; **spd.**, spadice.

nématophores caulinaires sont remarquablement grands; gonosome inconnu (Golfe de Mexico; 39 brasses).

Acanthocladium (Allman) a les branches de l'hydrocaule dépourvues, vers le bout, d'hydroclades, qui sont à ce niveau remplacées par une paire d'épines à chaque entre-nœud; les gonanges sont protégés par cet appareil, représentant le premier degré de formation d'une corbule que nous avons décrite à propos de ces appareils (Voir p. 111) (40cm; Nord de l'Australie; 20 à 40 brasses).

Lytocarpus (Kirchenpauer) a ses gonanges non point contenus dans des corbules, mais plus ou moins protégés par des hydroclades munies seulement de nématophores qui se courbent en arcades au-dessus d'elles (10 à 80 cm; Côtes anglaises, Médit., Atl. américain, Bahia, détr. de Torrès; 8 à 20 brasses).

Streptocaulus (Allman) a les hydroclades disposées non en barbe de plume, mais en spirale; les gonanges sont inconnus (25cm; Saint-Jago; 100 brasses).

Diplocheilus (Allman) a le bord libre des hydrothèques prolongé en un rebord retroussé en collerette rabattue; pas de nématophores latéraux (5 à 8cm; détr. de Bass; 40 brasses).

Cladocarpus (Allman) (fig. 187) a les gonanges nus mais portés sur des appendices protecteurs spéciaux, appelés *phylactogonies*, insérés sur le premier entre-nœud d'hydroclades normales, formées elles-mêmes d'entre-nœuds plus ou moins ramifiés et ne portant, outre les gonanges qui sont à leur base, que des nématophores distribués sur tout le reste de leur longueur (10 à 15ᶜᵐ; Atl., Pacif.; 400 à 900 brasses).

Aglaophenopsis (Fewkes) a les phylactogonies non ramifiées; elles sont formées d'un long pédicule simple, formé d'entre-nœuds et chargé de nématophores (Antilles; 229 brasses).

Halicornaria (Busk, *emend.* Bale) (fig. 188) a, avec les caractères d'un *Aglaophenia*, les gonanges tout à fait nus : il forme pour Allman, avec le genre suivant, la section des *Statoplea gymnocarpa* (15ᶜᵐ; Atl., mer Rouge, Australie; 4 à 32 brasses).

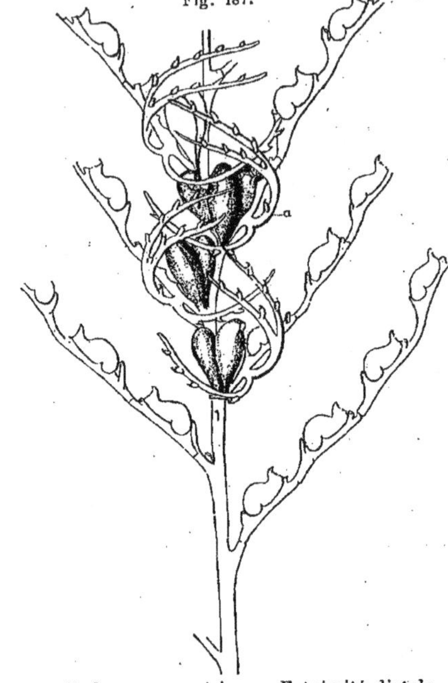

Fig. 188.

Portion de pinnule de *Halicornaria speciosa* (d'ap. Allman et Hollick).

Azygoplon (Allman) a les gonanges nus et pas de nématophores latéraux (10ᶜᵐ; Australie; 40 brasses.

Pentandra (Lendenfeld) a cinq nématophores, deux latéraux et trois supérieurs (Australie).

Taxella (Allman) a tous les caractères d'*Aglaophenia*, mais ses gonophores sont dépourvues de corbules (Ceylan).

Fig. 187.

Cladocarpus ventricosus. Extrémité distale d'une colonie (d'ap. Allman et Hollick). **a.**, phylactogonies.

═════ 3ᵉ FAM. : *CAMPANULARINÆ* [*Campanularinæ* (Allman, *sens. emend.*); *Lafoeidæ* (Hinks)]. FORME ASEXUÉE : hydraire à hydrothèques pédonculées ou tout au moins unies au rameau qui les porte par la base seulement. — FORME SEXUÉE : gonophores ou sporosacs se formant dans des gonanges, qui n'ont jamais d'autre appareil protecteur que leur gonothèque.

Halecium (Oken) (fig. 189 à 191) est essentiellement caractérisé par l'état rudimentaire de ses hydrothèques réduites à un tube appelé parfois *hydrophore*, évasé au bout en trompette (*limbe*), court et toujours incapable de recevoir le polype, même à l'état de rétraction maxima.

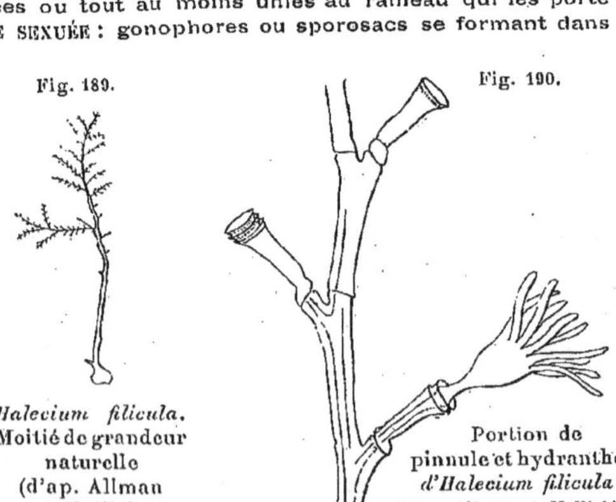

Fig. 189.

Halecium filicula. Moitié de grandeur naturelle (d'ap. Allman et Hollick).

Fig. 190.

Portion de pinnule et hydranthe d'*Halecium filicula* (d'ap. Allman et Hollick).

L'hydrophore ne peut s'accroître lorsque son limbe est formé, mais il peut se former à son intérieur, un peu au-dessous du limbe un second hydrophore, puis de même un troisième dans le second, etc., agencés comme les tubes d'un télescope. L'hydrocaule est tantôt mono-, tantôt polysiphonique (6 à 25ᵐᵐ; cosmopolite; du niveau des marées à 460 brasses).

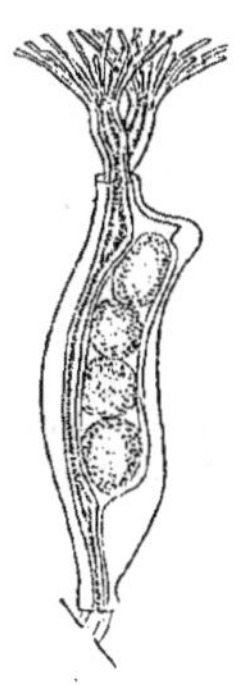

Gonange avec hydranthes développés à l'extrémité du blastostyle chez *Halecium halecium* (d'ap. Allman).

Ce genre est considéré comme le type d'une sous-famille [*Haleciidæ* (Hincks)] contenant aussi les genres ci-dessous :

Haloikema (Bourne) diffère d'*Halecium* par ses hydrothèques pédonculées et ses hydranthes relativement beaucoup plus grands et non rétractiles (Plymouth).

Diplocyathus (Allman) en diffère par la présence d'un nématophore tubuleux à la base de chaque hydrothèque; reproduction inconnue (10ᶜᵐ; détr. de Torrès; 8 à 12 brasses).

Hydrodendron (Sars) a l'aspect général d'une Gorgone. Ses polypes sont très grands, partiellement rétractiles dans des hydrothèques brièvement pédonculées, bisériées; à la base de chaque hydrothèque, un nématophore nu, filiforme, capité. Gonothèque inconnue (Côtes de Norvège, grands fonds et oc. Indien).

Ophiodes (Hincks) a aussi des nématophores, très longs, très actifs, et munis d'une tête armée de nématoblastes, plutôt comme un zoïde spiral d'Hydractinie que comme un vrai nématophore; en outre, les hydrothèques sont terminales, au bout des branches, et non latérales comme chez *Diplocyathus* (3ᵐᵐ; Angl.; de la zone des Laminaires à 5-8 brasses).

Trichydra (T. S. Wright) a les hydrothèques encore plus rudimentaires, réduites à de très courts diverticules tubuleux insérés de place en place sur des stolons rampants, en sorte qu'il n'y a plus à proprement parler d'hydrocaule; les hydranthes sont très longs et si contractiles qu'ils peuvent se rétracter entièrement dans leur minuscule hydrothèque. Reproduction inconnue. Ce genre aberrant est digne de constituer à lui seul une sous-famille [*Trichydridæ* (Hincks)] (3ᵐᵐ; firth of Forth, sur les pierres et les coquilles).

Coppinia (Hassall) (fig. 192) est comme le précédent une forme à affinités douteuses; il est formé de nombreuses hydrothèques, longues et tubuleuses, operculées, immergées par leur base dans une sorte de cœnosarque formant une masse qui sert de centre à la colonie et d'où s'échappent à maturité des embryons à forme de planula, qui se développent directement en un nouvel individu fixé. Il est considéré aussi comme devant former une sous-famille distincte [*Coppiniidæ* (Hincks)] (1ᶜᵐ; commun sur certains *Sertularia* et *Hydrallmannia*; rencontré sur *Cryptolaria*).

Scapus (Norman) est donné par son auteur comme voisin du précédent. La colonie a le même caractère, mais les hydrothèques sont fermées au sommet, sauf un orifice central prolongé en court tube corné (sur *Acryptolaria* provenant du câble sous-marin d'Angleterre à Lisbonne).

Portion d'hydrosome de *Coppinia arcta* (d'ap. Allman).
acy., acrocyste; **gng.**, gonanges coalescents encroûtant la base des hydrothèques; **hd. a.**, hydranthes; **hd. r.**, hydrorhize; **hd. t.**, hydrothèque.

Perisiphonia (Allman) a un hydrocaule *périsiphonique* identique à celui de *Grammaria* (Voir p. 117), sauf que les tubes sont aisés à dissocier par la potasse caustique. Aussi est-ce d'une manière un peu artificielle qu'on le place si loin de cette Sertularinée pour la simple raison que ses hydrothèques sont pédonculées et non adnées au tube axial. D'autre part, il offre un caractère de Plumularinée dans la présence de minimes épines qui hérissent ses tubes périphériques et qu'un examen microscopique montre formées par autant de petits nématophores. Reproduction inconnue (5 à 15 centim. ; Açores, Australie, Nouvelle-Zélande ; 150 à 700 brasses).

Il est le type d'une sous-famille [*Perisiphonidæ* (Allman)] contenant aussi les genres suivants :

Lictorella (Allman) n'a pas de nématophores et ses tubes périphériques ne s'étendent pas jusqu'à l'extrémité distale du tube axial qui est libre vers le bout. Reproduction inconnue (5 à 10^{cm} ; détr. de Torrès, Nouvelles-Hébrides ; 8 à 130 brasses).

Cryptolaria (Busk) (fig. 193 et 194) ne diffère du précédent que par ses hydrothèques qui sont sessiles et plus ou moins adnées au tube axial. On a observé les gonanges (3 à 10^{cm} ; tous les grands océans des régions moyennes du globe ; 20 à 2 500 brasses).

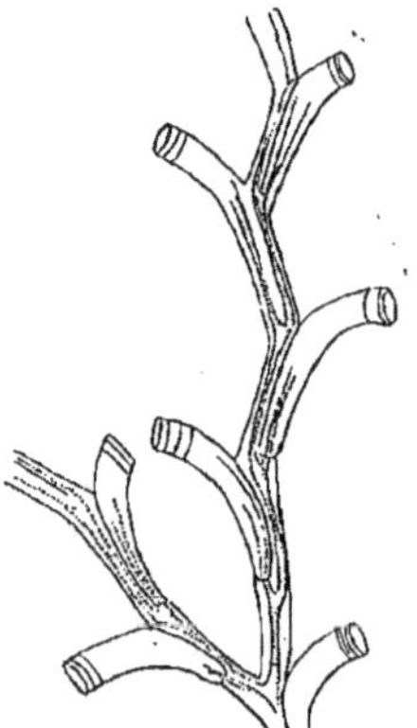

Fig. 193.

Lafoea (Lamouroux) a comme *Lictorella* son tube axial nu vers le bout des branches et ses tubes périphériques dépourvus de nématophores ; mais ses hydrothèques, au lieu d'être portées sur un pédoncule rétréci, sont cylindriques et se continuent à plein canal avec le tube axial. La reproduction de ce genre, cependant fort répandu, est inconnue. Häckel lui donne, sur la foi d'Agassiz, pour forme sexuée une Méduse du genre *Laodice*, mais Agassiz a déclaré ultérieurement l'identification de la forme fixée inexacte (1 à 10^{cm} ; cosmopolite ; du niveau des marées à 450 brasses).

Fig. 194.

Zygophylax (Quelch) est constitué comme *Lafoea* mais a un nématophore de chaque côté de la base du pédoncule de l'hydrothèque. Reproduction inconnue. Son auteur voudrait en faire le chef d'une famille [*Zygophylacidæ*] (Iles du Cap Vert ; 500 brasses), sur des *Diphasia*).

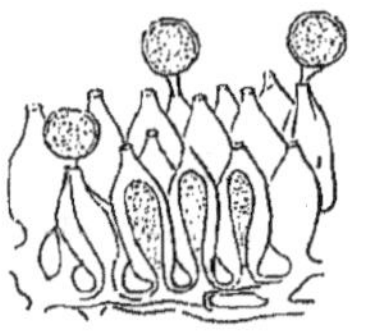

Portion d'un des groupes associés de gonanges de *Cryptolaria conferta* (d'ap. Allman et Hollick).

Portion de l'hydrosome de *Cryptolaria conferta* au voisinage de l'extrémité distale (d'ap. Allman et Hollick).

Hydrella (Gœtte). Il conviendrait peut-être de faire une famille à part pour ce genre qui, par la plupart de ses caractères zoologiques, se rapproche d'*Ophiodes*, mais qui en diffère par quelques particularités zoologiques et anatomiques (pas de ramification de l'hydrocaule, nématophores différents) et surtout par son mode de reproduction. Les œufs se forment aux dépens d'une cellule endodermique du pédoncule des hydranthes et restent là, sans passer dans des gonophores : le reste de l'endoderme s'atrophie et disparaît, l'ectoderme disparaît ensuite et l'œuf reste dans le tube du périderme où il est fécondé, puis tombe dans l'eau où il se développe en un nouvel individu. Il n'y a donc pas trace d'alternance des générations (Naples).

Gœtte [80] fait remarquer que certains Hydraires (*Cordylophora*, *Perigonimus*, *Euden-*

drium, etc.) établissent une transition entre le cas d'*Hydrella* et celui des autres Hydraires à générations alternantes parfaites, par le fait que, chez eux, il y a mélange de génération directe et de reproduction alternante, la formation des produits sexuels n'étant pas exclusivement limitée à une des deux formes du cycle. D'autre part, ALLMAN (88) émet des doutes sur la réalité des observations de Götte chez *Hydrella*.

Salacia (Lamouroux) (fig. 195) a, autant du moins qu'on en peut juger par les dessins en l'absence d'indication formelle, une structure simplement polysiphonique et non périsiphonique comme les précédents ; ses hydrothèques sont cylindriques, sessiles, partiellement adnées aux tubes qui les portent et disposées tout autour des branches en séries régulières. On a vu les gonothèques, mais la reproduction est inconnue. HINCKS le met en synonymie avec *Grammaria*, mais ALLMAN nie, avec raison selon toute apparence, cette identification (10 centim. ; mer du Nord, Canada ; des Laminaires, à 40 brasses).

Ce genre, placé par Hincks à côté de *Lafoea*, mériterait de former avec les suivants une sous-famille distincte à hydrothèques cylindriques comme *Lafoea*, mais à hydrocaule non périsiphonique :

Calycella (Hincks) (fig. 196 à 198) a un hydrocaule polysiphonique ou nul et alors les hydrothèques sont directement insérées sur le stolon rampant monosiphonique ; les hydrothèques sont rétrécies à la base et pourvues d'un opercule formé de plusieurs pièces convergentes ou d'une membrane plissée ; gonanges femelles pourvus d'acrocystes (3mm ; Iles de la mer du Nord ; du niveau des marées à 100 brasses).

Fig. 195.

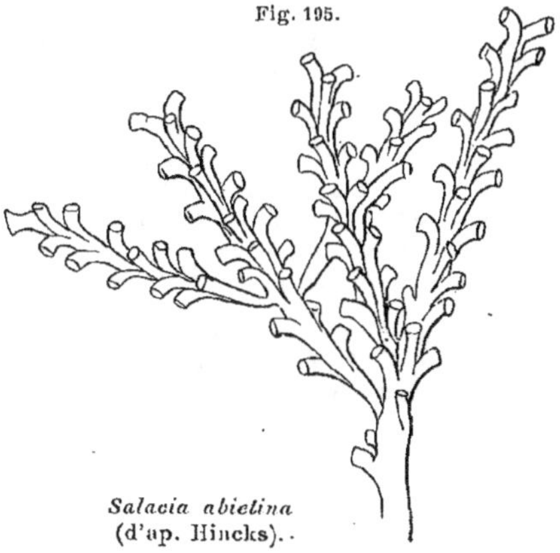

Salacia abietina
(d'ap. Hincks).

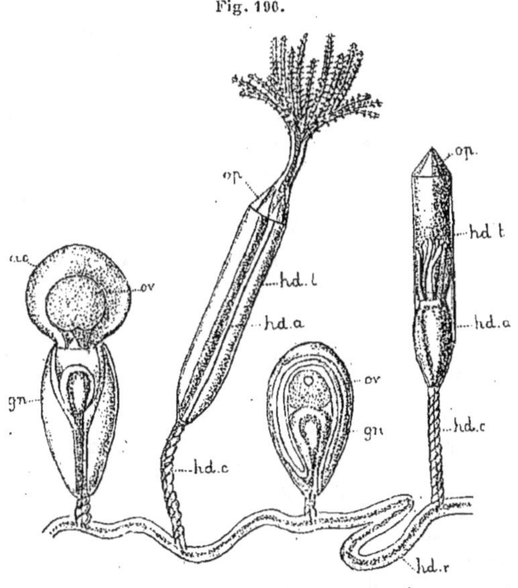

Fig. 196.

Portion d'hydrosome de *Calycella syringa* (d'ap. Allman).
ac., acrocyste ; **gn.** gonange ; **hd. a.**, hydranthe ; **hd. c.**, hydrocaule ; **hd. t.**, hydrothèque ; **hd. r.**, hydrorhize ; **op.**, opercule ; **ov.**, ovule.

Cuspidella (Hincks) a toujours un simple stolon rampant, monosiphonique, les hydrothèques
operculées et aussi larges à la base qu'au som-
met. Reproduction inconnue (Très petit; côtes
anglaises, mer du Nord; sur *Syncoryne* et autres
Hydraires).

Oplorhiza (Allman) a les hydrothèques insérées
par leur pédoncule sur le réseau rampant des
tubes de l'hydrorhize et ont leur orifice découpé
en segments récombants. Sur l'hydrorhize sont
des nématophores contenus dans des réceptacles
tubuliformes ouverts au sommet (Iles Marquises;
296 brasses).

Lafoeina (Sars) diffère du précédent par des nématophores situés sur les stolons entre les hydrothèques (Iles Lofoden; 60 brasses).

Filellum (Hincks) a les hydrothèques sans opercule, irrégulièrement disposées sur un stolon
rampant réticulé que Wyv. Thomson dit immergé dans une croûte chitineuse, caractère
que Hincks n'a pu retrouver. Reproduction inconnue (Très petit; All. afric., Islande; 100
brasses).

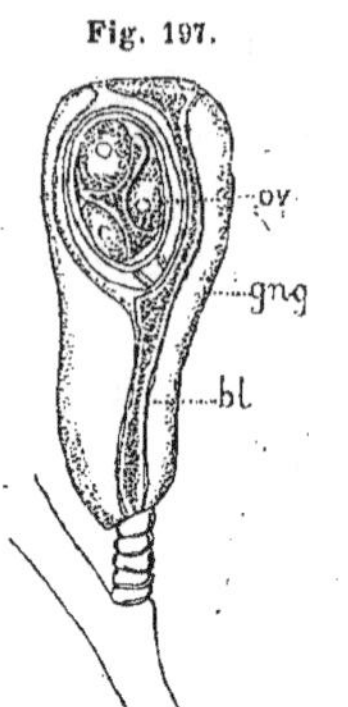

Fig. 197.

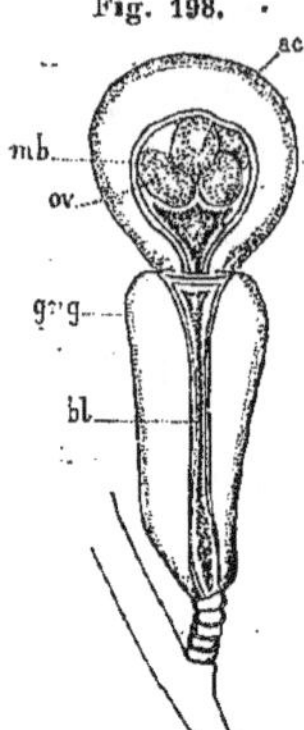

Fig. 198.

Jeune gonange femelle
de *Calycella lacerata*
avant la formation
de l'acrocyste
(d'ap. Allman).

bl., blastostyle; gng.,
gonange; ov., ovules.

Gonange de
Calycella lacerata
après la formation
de l'acrocyste
(d'ap. Allman).

ac., acrocyste; bl.,
blastostyle; gng.,
gonange; mb.,
membrane propre
de l'acrocyste; ov.,
ovules.

Campanularia (Lamarck, *emend.*) genre
type de la famille, a un hydrocaule
monosiphonique, simple ou ramifié, enraciné par une
hydrorhize rampante et portant des hydrothèques pédonculées, campanuliformes, inoperculées, dont la cavité
est séparée de celle du pédoncule par un diaphragme
de périderme perforé en son centre; les hydranthes ont un hypostome
dilaté en trompette; les bourgeons sexués sont de
simples sporosacs contenus dans des gonanges qui
se rencontrent aussi bien sur le stolon que sur les
branches de l'hydrocaule (22ᵐᵐ à 15ᶜᵐ; cosmopolite;
du niveau des marées à 40 brasses).

Fig. 199.

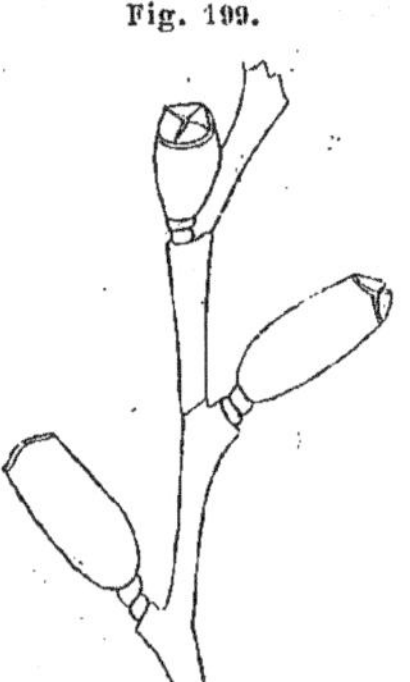

A ce genre, se rattachent les suivants dont plusieurs cependant ne sont placés ici que provisoirement, leur mode de reproduction étant inconnu :

Obelaria (Hartlaub) qui diffère de *Campanularia* par ses colonies beaucoup plus ramifiées et par le fait que ses œufs se développent en
planula hors des gonanges (Helgoland).

Campalaria (Hartlaub) qui s'en distingue par ses gonanges ne contenant
qu'un gros seul gonophore où les œufs restent jusqu'à maturité
(Helgoland).

Lovenella (Hincks) qui en diffère par ses hydrothèques longues et coniques surmontées d'un opercule conique à nombreuses valves; gonosome inconnu (1 à 1 1/2ᵐᵐ; Helgoland, côte d'Angleterre de Suède
et d'Amérique; niveau des marées).

Thyroscyphus (Allman) (fig. 199) à hydrothèques munies d'un opercule
à 4 valves; reproduction inconnue (10 à 15ᶜᵐ; Bahia, détr. de Torrès, mer de Chine, îles
Fidji; 8 à 12 brasses).

Hypanthea (Allman) à hydrocaule très réduit, portant au bout de ses ramifications des hy-

Thyroscyphus ramosus
(d'ap. Allman
et Hollick).

drothèques à cavité si réduite par l'épaisseur des parois que l'hydranthe ne peut s'y retirer ; gonanges sur le stolon (3 à 10^mm ; Atl. sud, oc. Antarct., Kerguelen, Falkland ; 5 à 26 brasses).

Calamphora (Allman) à hydrothèques lagéniformes, inoperculées, sessiles sur un stolon rampant (2^mm ; détr. de Bass ; 38 brasses).

Hebella (Allman) à hydrothèques inoperculées, cylindriques, unies par un pédoncule à un stolon rampant ; gonanges inconnues (2^mm ; Adriat., détr. de Magellan, Singapour, Moluques ; 10 à 15 brasses).

Atractyloides (Fewkes) à hydrothèques inoperculées cupuliformes, longuement pédonculées et partant d'une hydrorhize rampante, et à sporosacs mâles (les sporosacs femelles n'ont pas été vus) portés aussi sur un pédoncule partant de l'hydrorhize (Californie).

Halisiphonia (Allman) à hydrothèques inoperculées, tubuleuses très longues, se continuant par un long pédoncule avec le stolon rampant ; hydranthes à hypostome conique. C'est une espèce de ce genre qui sert de support aux prétendues Éponges cornées des profondeurs d'Häckel *Stannoma* et *Psammophyllum* (Voir ce traité, T. II, 1re partie, page 200) (5 à 8^mm ; Adriat., Sud de l'Australie ; 2 600 brasses).

Opercularella (Hincks) à hydrothèques munies d'un opercule formé par des incisures mobiles du bord de l'orifice ; les sporosacs deviennent extracapsulaires à maturité ; par l'hypostome conique de ses hydranthes, ce genre, ainsi que le précédent, se rapprocherait plutôt de *Campanulina* (1 à 3^cm ; côtes anglaises et belges, Helgoland ; niveau des marées et un peu au-dessous).

Gonothyrea (Allman) (fig. 200) qui ne diffère point de *Campanularia* par les caractères du trophosome ; mais les bourgeons sexués sont médusiformes, pourvus de tentacules qui deviennent extra-capsulaires à maturité et auxquels il ne manquerait que de se détacher pour former de véritables Méduses libres (2 à 5^cm ; mer du Nord, Manche, Atl., Médit. ; niveau des marées et au-dessous).

Calyptospadia (Clarke) qui prend place ici avec doute. Il rappellerait plutôt un *Eudendrium*, mais le périderme forme autour des hydranthes un prolongement hydrothéciforme que l'auteur trouve essentiellement semblable à l'hydrothèque d'un Calyptoblaste (Côte Atl. Am. du Nord.)

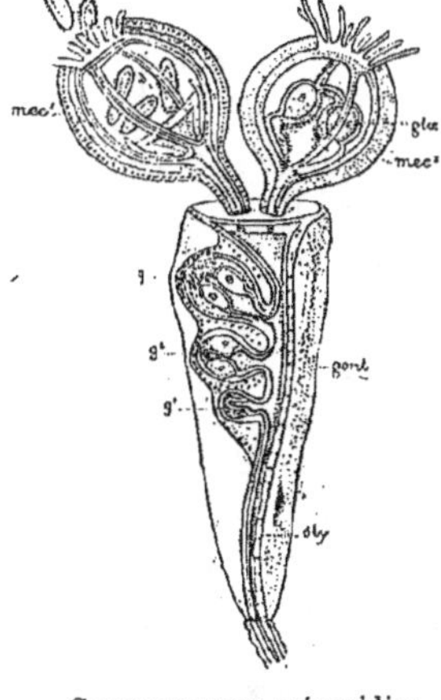

Gonange avec méconidies
de *Gonothyrea Loveni*
(d'ap. Allman).

emb., embryon ; **g¹, g², g³**, bourgeons de gonophores ; **gont.**, gonothèque ; **gtx.**, organes génitaux de la méconidie ; **mec¹, mec²**, méconidies ; **sty.**, blastostyle.

======= 4° FAM. : *HYDROCERATININÆ* [*Hydroceratinidæ* (Spencer)]. — FORME ASEXUÉE : Hydranthes à un seul tentacule sessile sur une hydrorhize massive. — FORME SEXUÉE : ?

Clathrozoon (Spencer). Sur une hydrorhize massive formée d'un réseau de tubes anastomosés, protégés par un périderme chitineux, s'insèrent sans hydrocaule des hydrothèques tubuleuses dans lesquelles peuvent s'abriter complètement des hydranthes pourvus d'un seul tentacule filiforme dressé. Il y a des zoïdes défensifs formés d'un axe endodermique massif et pourvus au sommet de nématoblastes (Australie).

======= 5° FAM. : *EUCOPINÆ* [*Eucopidæ* (Gegenbaur)]. FORME ASEXUÉE : Hydraire comme dans les Campanularines, souvent inconnu. — FORME SEXUÉE : Méduses sans ocelles, à 8 statocystes ou plus (Vésiculates), à estomac le plus souvent bien développé, émettant toujours uniquement 4 canaux radiaires simples, sur lesquels les gonades déterminent autant de diverticules sacciformes ; tentacules en nombre variable, 2, 4, 8 ou ∞ ; pas de cordyles.

Obelia (Péron et Lesueur) (fig. 204 à 209). Sur une hydrocaule dressée,

Hydrosome
d'*Obelia Helgolandica*
(d'ap. Hartlaub).

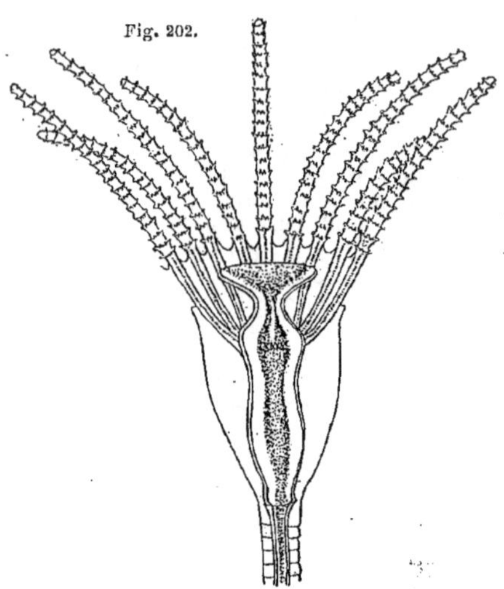

Coupe sagittale de l'hydranthe et de l'hydrothèque
d'*Obelia (Laomedea) flexuosa*, montrant
les palmures intertentaculaires.

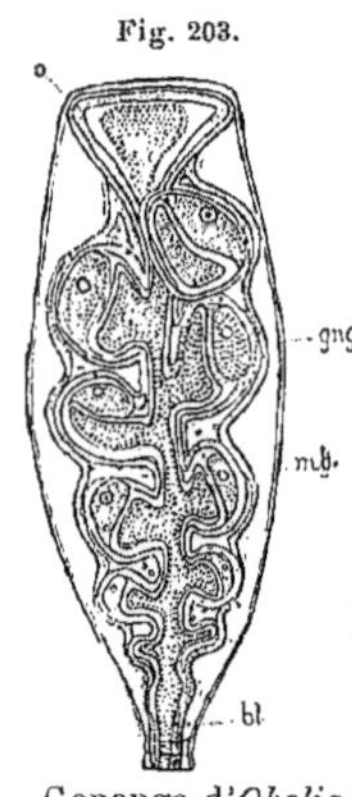

Gonange d'*Obelia
(Laomedea) flexuosa*
(d'ap. Allman).

bl., blastostyle : **gng.,**
gonange ; **mb.,** mem-
brane enveloppant le
contenu de la gonange;
s., sommet du blastostyle formant opercule.

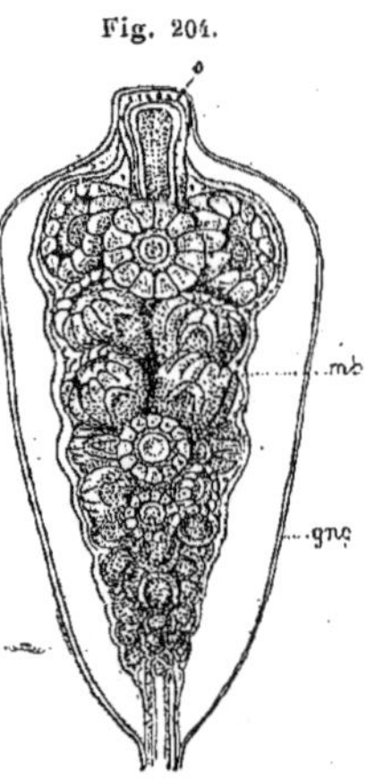

Gonange d'*Obelia
geniculata* (d'ap. Allman).

gng., gonange ; **mb.,** membrane enveloppant les Mé-
duses; **s.,** sommet du blastostyle formant opercule.

Gonange d'*Obelia (Laomedea) repens.*
Coupe transversale et vue d'ensemble
(d'ap. Allman).

bl., blastostyle ; **endt.,** endothèque : **gng.,** gonange ; **s.,** sommet du blastostyle formant
opercule ; **sp.,** spadice.

ramifiée, mono- ou polysiphonique,
enracinée par un stolon rampant,

sont des hydrothèques campanuliformes, inoperculées, pédonculées, nettement distinctes de leur pédoncule, à cavité subdivisée par un dia-

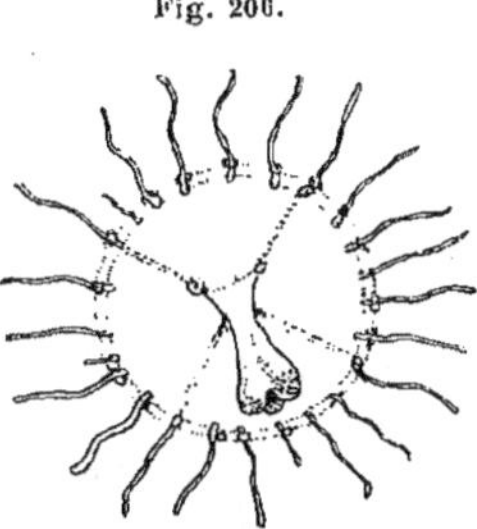

Fig. 206.

Jeune méduse d'*Obelia Adelungi* (d'ap. Hartlaub).

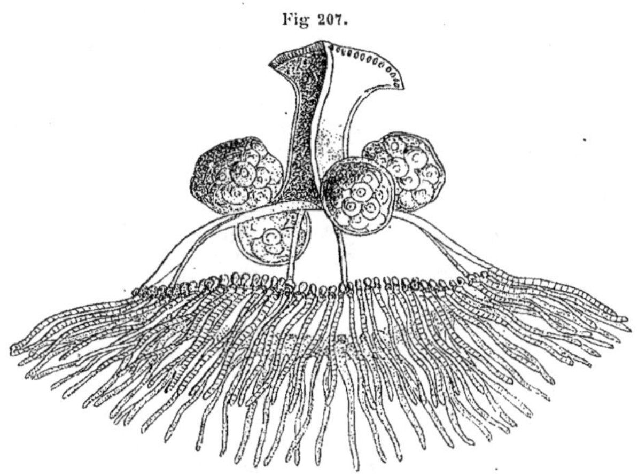

Fig 207.

Obelia gelatinosa, avec l'ombrelle retroussée (d'ap. Häckel).

phragme de péri-
derme situé un peu
au-dessus du fond,
percé en son centre
pour laisser passer le
tube de cœnosarque et sur lequel repose l'hydranthe à large hypostome dilaté (fig. 202). En somme, ces caractères sont ceux d'un *Campanularia*;

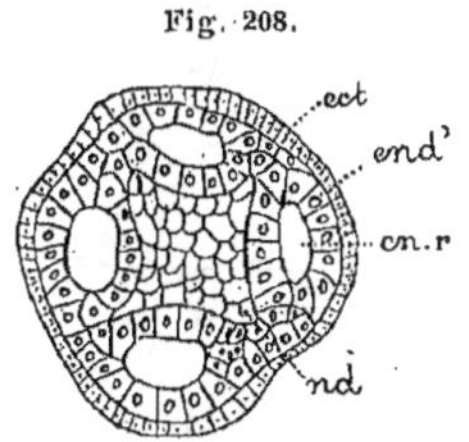

Fig. 208.

Coupe transversale d'un bourgeon d'*Obelia* (d'ap. Otto Hamann).
cn. r., canaux radiaires; **ect.**, ectoderme; **end'.**, endoderme ombrellaire; **nd.**, nodule médusaire.

mais une dif-
férence capi-
tale se montre
dans les bour-
geons sexués.
Ceux-ci, pro-
duits dans des
gonanges (fig.
203 à 205)
semblables à
ceux de *Cam-
panularia*, se
développent
en Méduses
libres, pour-

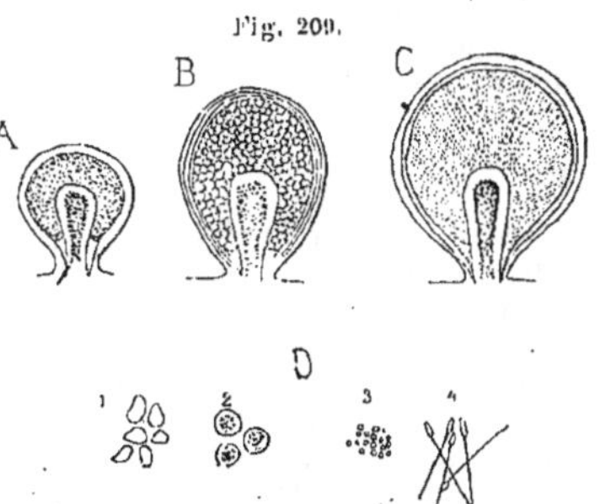

Fig. 209.

Développement des spermatozoïdes chez *Obelia (Laomedea) flexuosa* (d'ap. Allman).
A, B, C, stades successifs du développement d'un gonophore mâle; **D¹,** aspect du tissu spermatique du stade représenté en B ; **D²,** le même après avoir été traité par l'acide acétique : **D³,** le tissu spermatique à un stade plus avancé ; **D⁴,** spermatozoïdes isolés provenant du stade représenté en C.

vues d'organes génitaux et chargées de disséminer les produits sexuels. Ces Méduses (fig. 206 et 207), portant le même nom que l'Hydraire, outre leurs caractères de Leptoméduses décrits à l'occasion du type morphologique (Voir. p. 110) sont caractérisées par l'absence d'ocelles et de statorhabdes, par la présence constante de 8 statocystes annexés au tentacule et placés en dedans de leur base, par leur estomac large, leurs canaux radiaires exactement au nombre de 4 (fig. 208, *cn. r*), non ramifiés, portant chacun un diverticule génital sacciforme, par leurs tentacules au nombre de 16 (4 perradiaux, 4 interradiaux, 8 adradiaux) ou plus (jusqu'à 100 et au delà), par l'absence de cirres tentaculaires, enfin par l'état rudimentaire de leur sous-ombrelle et de leur velum (Hydraire, 2 à 20^{cm}; Méduse, 1 à 6^{mm}; à peu près cosmopolite, de la mer Blanche à l'Australie; du niveau des marées à 780 brasses).

HÄCKEL a proposé pour la forme asexuée d'*Obelia* le nom d'*Obelaria* (Häckel), et de même pour divers autres genres que nous rencontrerons plus loin un nom à forme générique formé de celui de la Méduse modifié par la désinence *aria* (*Eucoparia* pour *Eucope*, *Irenaria* pour *Tima* qui est voisin d'*Irene*; *Æquoraria* pour *Polycanna* qui est voisin d'*Æquorea*), désignations entièrement superflues, qui ne font que surcharger la nomenclature et que nous ne nous astreindrons pas à citer toujours.

Ce genre est le chef d'une sous-famille [*Obelidæ* (Häckel)] contenant aussi les genres suivants :

Obeletta (Häckel), | *Obelissa* (Häckel),
Obelomma (Häckel),

sont de simples sous-genres d'*Obelia*.

Tiaropsis (L. Agassis) (fig. 210 à 212), connu seulement

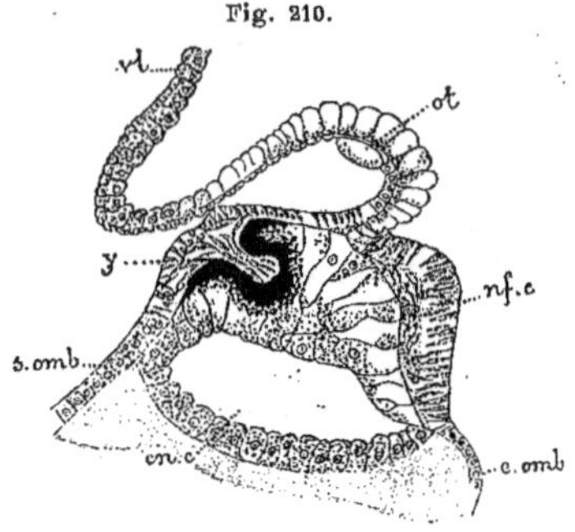

Coupe radiale dans la région du corps marginal de *Tiaropsis* (d'ap. Linko).

cn. c., canal circulaire : **e. omb.**, exombrelle ; **nf. c.**, nerf circulaire ; **ot.** otolithe; **s. omb.**, sous-ombrelle ; **vl.**, velum ; **y.**, organe visuel.

sous sa forme Méduse, diffère d'*Obelia* par la situation de ses statocystes qui alternent avec les tentacules au lieu de leur correspondre; en outre, ces statocystes sont situés à la face sous-ombrellaire du velum et ont la forme de vésicules ouvertes contenant quelques statolithes (Voir p. 113). ZOJA [95] se demande s'il n'est pas une forme jeune d'*Octogonade* (20 à 30^{mm}; mer Blanche, mer du Nord, Atl. nord, Amér., Europe, Australie).

Euchilota (Mc Crady), Méduse à Hydraire inconnu, se distingue par la présence de cirres tentaculaires entre les tentacules (20^{mm}; mer du Nord, Atl. Nord-Amér.).

Eucope (Gegenbaur) est aussi une Méduse qui diffère de celle d'Obelia principalement par le nombre de ses

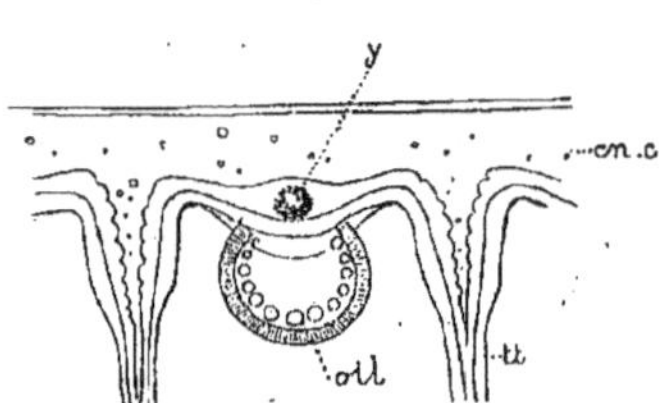

Aspect général du corps marginal de *Tiaropsis* vu du côté de la sous-ombrelle (d'ap. Lincko).

Portion de la marge de l'ombrelle de *Tiaropsis scotica* (d'ap. Allman).

cn. c., canal circulaire; **otl.** otolithes; **tt.**, tentacules; **y.**, yeux.

tentacules qui est de 8 seulement, 4 perradiaux et 4 interradiaux. Son Hydraire est inconnu. Häckel n'en propose pas moins pour la forme asexuée, qu'il suppose semblable à *Campanularia* ou à *Clytia*, le nom d'*Eucoparia*, ce qui est une exagération encore plus abusive de l'excès que nous avons signalé à propos d'*Obelaria* (Manche côtes angl., Médit., Australie, Nouvelle-Zélande).

Eucopium (Häckel) ressemble à *Clytia* (Voir plus loin) par sa forme asexuée; sa Méduse se distingue de la précédente par ses tentacules au nombre de 4 seulement (1 à 5^{mm}; côtes d'Angl., Médit).

Saphenella (Häckel), Méduse à Hydraire inconnu, n'a que 2 tentacules opposés (5^{mm}; îles Sandwich).

Eucopella (Lendenfeld) a les hydranthes se dressant isolément sur des stolons rampants; la Méduse n'a ni estomac, ni bouche, ni tentacules, mais a 8 vésicules marginales bien développées (Australie).

Agastra (Hartlaub) est de même remarquable par l'absence de bouche, de manubrium, d'estomac et de tentacules, ceux-ci réduits à leurs bulbes basilaires. La forme est ovoïde; il y a 4 canaux radiaires portant vers leur milieu les gonades sous la forme de diverticules irréguliers de couleur brune, 8 statocystes; le velum est très grand (1^{mm}; Valencia, Helgoland).

Monosklera (Lendenfeld) est au contraire connu par son Hydraire seul, qui diffère de celui d'*Obelia* par ses entre-nœuds cunéiformes à périderme plus épais d'un côté que de l'autre et par ses hydranthes à pédoncule court (Australie).

Clytia (Lamouroux, *emend.*) (fig. 213 à 216) ne diffère à peu près point d'*Obelia* par les caractères de son Hydraire. Mais sa Méduse, décrite sous le nom de

(*Epenthesis*, Mc Crady) a des caractères sensiblement différents. Les statocystes sont, en effet, au nombre de 16 alternant avec 16 tentacules; il n'y a point de cirres tentaculaires (Polypes, 0^{mm},7; Méduse 6 à 12^{mm}; commun sur

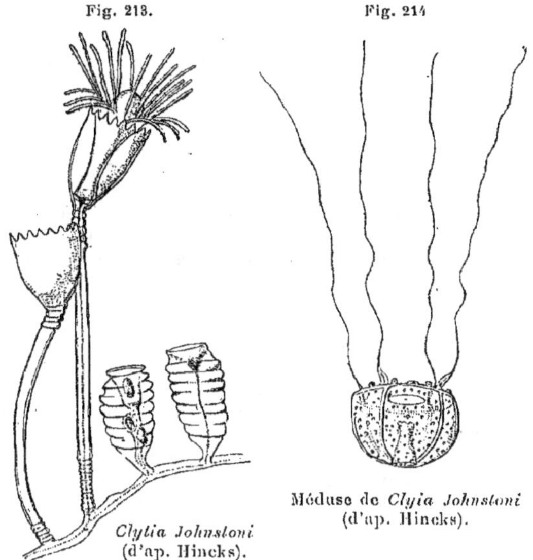

Fig. 213.

Clytia Johnstoni (d'ap. Hincks).

Fig. 214

Méduse de *Clytia Johnstoni* (d'ap. Hincks).

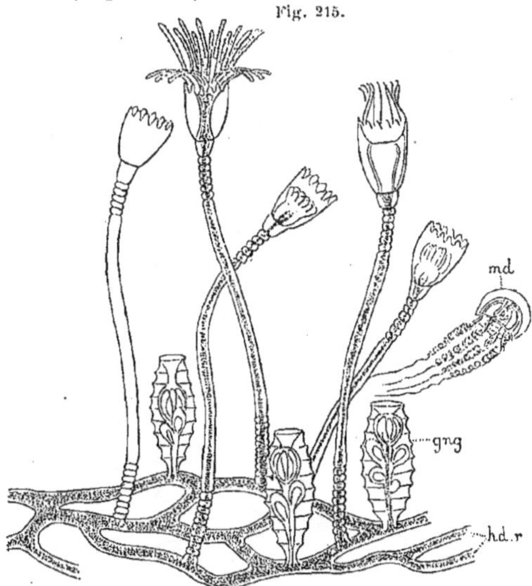

Fig. 215.

Hydrosome de *Clytia Johnstoni* (d'ap. Allman).
gng., gonange; **hd. r.**, hydrorhize; **md.**, Méduse.

toutes les côtes de la Manche et de l'Atl. nord, europ. et amér. ; trouvé aussi aux Moluques et à la Nouvelle-Zélande).

Le genre de Méduses *Eucopium* est donné aussi comme ayant pour forme asexuée un *Clytia*. Mais si les Méduses *Epenthesis* et *Eucopium* diffèrent génériquement, il est nécessaire de faire deux genres, d'attribuer la forme Hydraire *Clytia* au plus ancien des deux genres de Méduses, qui est *Epenthesis* et, comme *Clytia* est plus ancien qu'*Epenthesis*, de prendre le premier comme nom de genre en faisant tomber *Epenthesis* en synonymie. Dès lors, *Eucopium* devient un second genre présentant cette particularité, que sa Méduse seule le distingue de *Clytia*, les caractères différentiels de son Hydraire n'étant pas à eux seuls de valeur générique.

Ce genre est le chef d'une seconde sous-famille [*Phialidæ* (Häckel)] contenant aussi les genres ci-dessous, tous, à l'exception du dernier, Méduses sans Hydraire connu :

Mitrocomium (Häckel), diffère d'*Epenthesis* par ses tentacules au nombre de 8 seulement, et la présence de cirres tentaculaires (16^{mm}; Médit., Australie).

Mitrocomella (Häckel) a au contraire ses tentacules au nombre de 20 à 48 ou plus, et en outre des cirres (12^{mm}; Écosse).

Phialis (Häckel) a aussi de nombreux tentacules (16 à 48 ou plus) et des cirres, mais 12 statocystes seulement (40 à 50^{mm}; All., nord.-amér.).

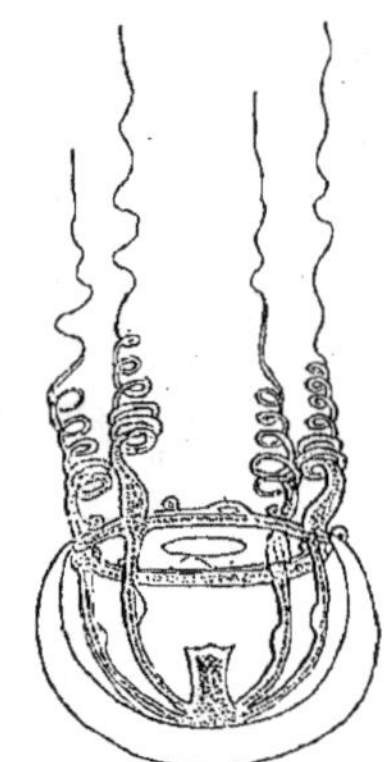

Fig. 216.

Méduse de *Clytia Johnstoni* au moment de sa délivrance (d'ap. Allman).

Fig. 217.

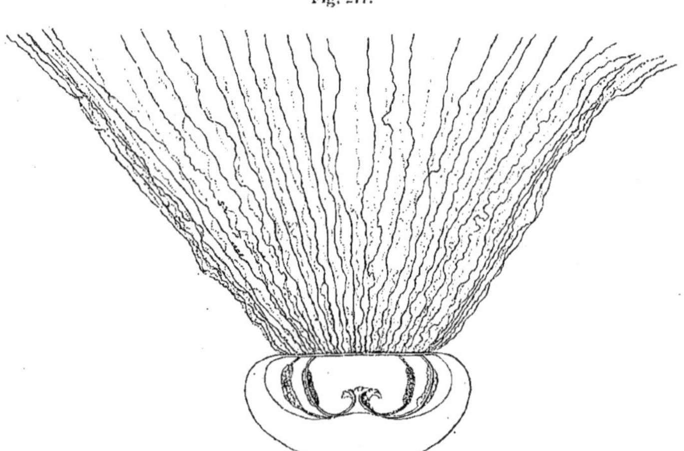

Mitrocoma annæ (d'ap. Häckel).

Phialium (Häckel) est comme le précédent, mais a seulement 4 tentacules (4 à 6^{mm}; Atlant. nord-amér.).

Mitrocoma (Häckel) (fig. 217) diffère au contraire de *Phialis*, dont il se rapproche par ses autres caractères, par ses statocystes au nombre de 20 à 80 ou plus, et en forme de vésicules hémisphériques ouvertes (Voir p. 113); (30 à 40ᵐᵐ; Afrique mérid.).

Campanulina (P. J. van Beneden) (fig. 218 et 219). L'Hydraire diffère de celui de *Clytia* par ses hydrothèques coniques et non en cloche, avec un opercule formé de segments convergents ou d'une membrane plissée, et par ses hydrantes à hypostome conique non dilaté. La Méduse décrite sous le nom de

(*Phialidium*, Leuckart) diffère de *Mitrocoma* par l'absence de cirres tentaculaires (Hydraire 15 à 20ᵐᵐ; Manche, Belgique, Angleterre, Helgoland sur les Zostères, les rochers, les coquilles au niveau des marées; Méduse 10 à 32ᵐᵐ; mêmes localités et All. europ. et amér., Pacif.).

Davidov [84] a observé chez la Méduse une multiplication scissipare suivant des plans successifs perpendiculaires entre eux et diamétraux par rapport à l'animal.

Une autre Méduse, *Polycanna* (Voir plus loin)

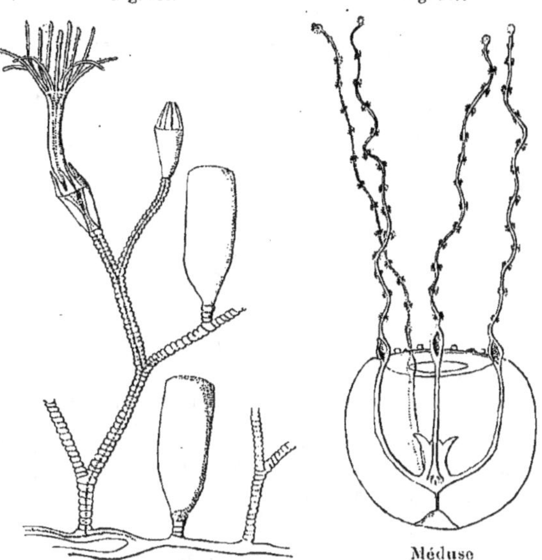

Fig. 218.　　　　　　　　Fig. 219.

Campanulina repens (d'ap. Hincks).

Méduse
de *Campanulina repens*
(d'ap. Allman et Hincks).

a pour Hydraire une forme rapportée à *Campanulina*. Comme elle diffère très nettement de *Phialidium*, elle constitue nécessairement un genre distinct, et comme elle est plus récente que *Phialidium*, c'est à ce dernier qu'il faut rapporter l'Hydraire *Campanulina*, lequel, étant plus ancien que *Phialidium*, doit donner son nom au genre.

Nous plaçons ici le genre

Leptoscyphus (Allman) dont l'histoire présente certaines obscurités. Son Hydraire diffère peu de celui de *Campanulina*, mais sa Méduse serait absolument différente, appartenant aux Anthoméduses des Hydraires Gymnoblastidés, tandis que toutes les Méduses des autres Calyptoblastidés sont des Leptoméduses : cette Méduse serait semblable à celle du genre *Lizzia*, déjà décrit dans le groupe précédent (Voir p. 64). Mais Häckel fait remarquer qu'Allman ayant simplement trouvé ces Méduses dans le même bocal que son *Leptoscyphus*, sans avoir pu s'assurer si elles venaient de lui, il est prudent de réserver son jugement sur un cas aussi extraordinaire. Si l'opinion d'Allman venait à se vérifier, ce serait à renoncer à toute tentative de conciliation entre les classifications des Hydraires et celles des Méduses. Browne [96] est d'avis que cette Méduse est un jeune *Margellium* introduit accidentellement avec le *Leptoscyphus* (Hydraire, taille très petite; sur des Laminaires, par 3 brasses au large de Stromness (?), mer Blanche sur des Ascidies par 5 brasses, Moluques).

Eutima (Mᶜ Crady). L'Hydraire observé par Claus et par Brooks a été décrit sous le nom de

(*Campanopsis*, Claus) semblable à *Campanularia*, avec un hypostome proéminent et un cercle unique de 10 tentacules alternativement longs et courts; le périderme s'arrête à la base des hydranthes. La Méduse qui bourgeonne sur le corps de ceux-ci n'a comme celles d'*Obelia* et de *Clytia* que 8 statocystes adradiaux, mais elle possède un long pédoncule stomacal; ses tentacules sont au nombre de 4; elle possède des cirres marginaux; ses gonades sont disposées sur les 4 canaux radiaires et s'étendent le long de ceux-ci sur la base du manubrium (Hydraire, observé jeune seulement; Méduse, 7 à 40ᵐᵐ; Manche, côtes Atl. de France et d'Amér.).

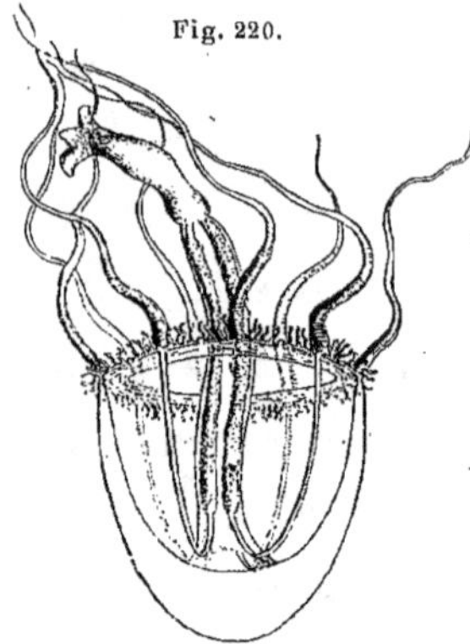

Fig. 220.

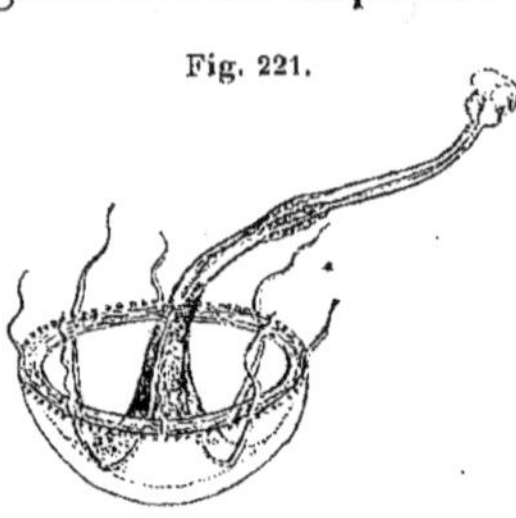

Fig. 221.

Octorchis Gegenbauri (d'ap. Häckel).

Eutimeta gentiana (d'ap. Häckel).

Ce genre est le chef d'une sous-famille [*Eutimidæ* (Häckel)] contenant plusieurs genres, tous, à l'exception du dernier, connus uniquement par leur forme Méduse :

Eutimium (Häckel), dépourvu de cirres (16 à 20ᵐᵐ; Helgoland).

Saphenia (Eschscholtz) pourvu de cirres, mais à deux tentacules opposés seulement (3 à 25ᵐᵐ; Helgoland, côte Anglaise, Atl. Français, Gibraltar).

Eutimeta (Häckel) (fig. 220) qui a 8 tentacules et des cirres (8ᵐᵐ; Canaries).

Eutimalphes (Häckel) qui a des cirres et 16 tentacules ou plus (40ᵐᵐ; Écosse, Australie);

Eutonina (Hartlaub) a des tentacules très nombreux et pas de cirres (Helgoland).

Octorchis (Häckel) (fig. 221) qui a des cirres, 8 tentacules et les 4 masses génitales dédoublées en 8, dont 4 sont restées à la place normale sur les canaux radiaires, tandis que les 4 autres se sont portées sur les côtés de l'estomac (8 à 9ᵐᵐ; Manche, Médit.).

Fig. 222.

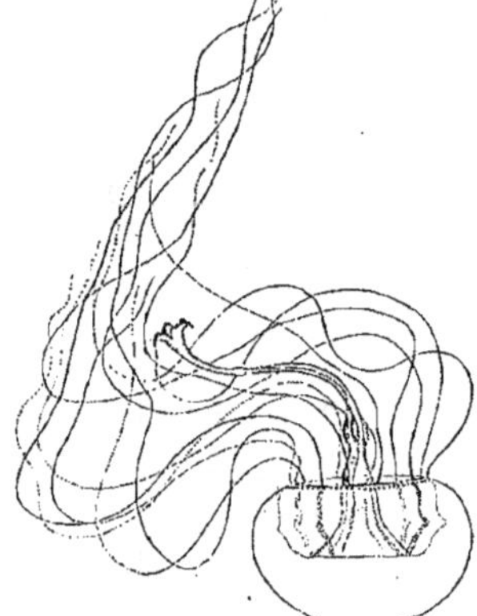

Fig. 223.

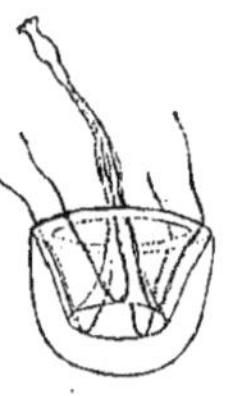

Octorchandra (Häckel) (fig. 222) qui diffère du précédent par ses tentacules plus nombreux (12 à 16 ou plus, (15 à 30ᵐᵐ; Helgoland, Canaries, Atl. nord-amér.).

Octorchidium (Häckel) (fig. 223) qui en

Octorchidinum tetranema (d'ap. Häckel).

Octorchandra germanica (d'ap. Häckel).

diffère au contraire par ses tentacules au nombre de 8 seulement et par l'absence de cirres (3ᵐᵐ; Médit.).

HÄCKEL réunit ces trois derniers genres à 8 gonades dans un groupe [*Octorchidæ*] qu'il oppose à un autre groupe contenant les précédents de la même sous-famille [*Saphenidæ*].

Irene (Eschscholtz) (fig. 224) est une Méduse sans Hydraire connu qui, avec 12 à 16 tentacules ou plus et des cirres marginaux, a comme

Eutima un pédoncule stomacal, court il est vrai, et, comme *Epenthesis*, les vésicules auditives au nombre de 12 à 16 ou plus (20 à 40ᵐᵐ; Médit., côtes Atl. d'Europe et de l'Am. nord).

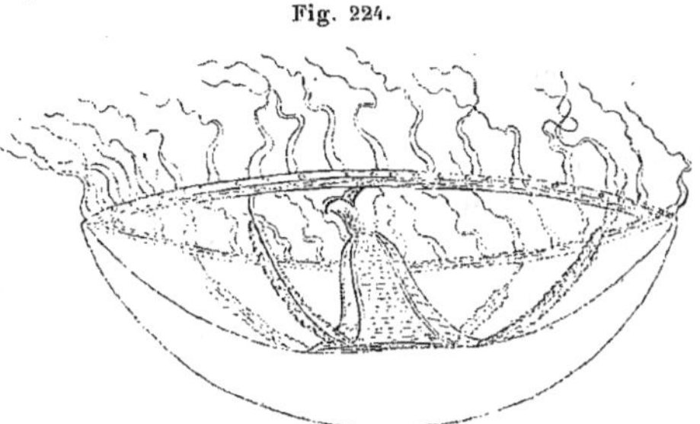

Fig. 224.

Irene pellucida (d'ap. Häckel).

Ces deux derniers caractères se retrouvent également chez les genres voisins qui, pour Häckel, constituent avec lui une quatrième sous-famille [*Irenidæ* (Häckel)] :

Irenium (Häckel), Méduse sans Hydraire connu, n'a que 4 tentacules et pas de cirres (15ᵐᵐ; Côte atl. du Maroc).

Tima (Eschscholtz) (fig. 225 à 227). La Méduse diffère d'Irène par son pédoncule stomacal long, et ses gonades plus longues, régnant sur toute la longueur des canaux radiaires. Chez une des espèces,

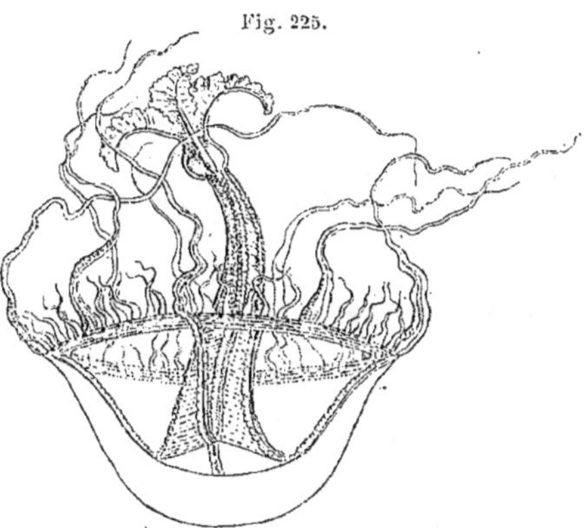

Fig. 225.

Tima Teuscheri (d'ap. Häckel).

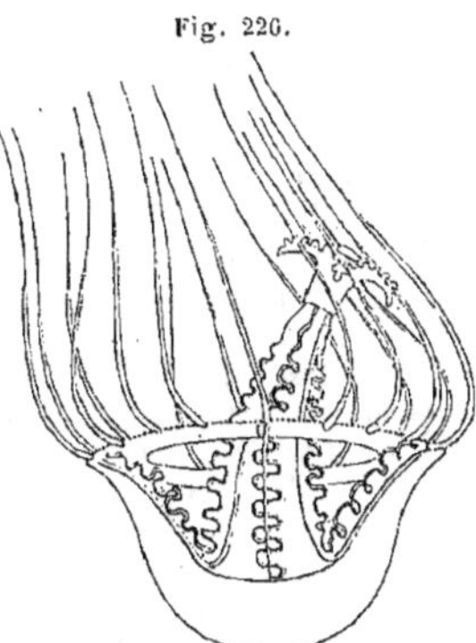

Fig. 226.

Méduse de *Tima Bairdii* montrant les rubans génitaux ondulés (d'ap. Allman).

Fig. 227.

Forme du ruban génital de *Tima Bairdii* femelle

(d'ap. Allman).

T. formosa, A. AGASSIZ a obtenu la fixation de la larve qui a donné un Hydraire assez semblable à *Lafoea* et que Häckel appelle *Irenaria* (40 à 80ᵐᵐ; Atl. nord-européen et américain, Brésil).

Cubaia (Mayer) a 24 tentacules grands, raides, claviformes, avec lesquels alternent 24 petits tentacules cirriformes; à l'extrémité proximale de chacun des 4 canaux radiaires est une tache pigmentaire ectodermique ovale, de couleur verte (Bahama).

Ireniopsis (Mayer) ne diffère du précédent que par la forme différente des statocystes et le plus grand développement du pédoncule stomacal (Bahama).

Irenopsis (Götte) se distingue d'*Irene* et de tous les autres genres de ce petit groupe par ses canaux radiaires au nombre de 6 au lieu de 4; il a 32 tentacules, 6 lèvres buccales; son velum est rudimentaire (Zanzibar).

===== 5e FAM. : *Æquorinæ* [*Æquoridæ* (Eschscholtz)]. FORME ASEXUÉE : inconnue, sauf dans un seul genre, *Polycanna*. — FORME SEXUÉE : Méduse Vésiculate, souvent pourvue d'un long pédoncule stomacal, à statocystes au nombre de 8 au moins, à canaux radiaires au nombre de 8 au moins, parfois très nombreux, jusqu'à 100 et plus, simples et ramifiés à la base, le long desquels s'étendent des masses génitales en cordons; tentacules, 8 au moins; pas de cordyles.

Æquorea (Péron et Lesueur) (fig. 228) est de taille assez grande et de forme aplatie; son manubrium est presque nul et se termine par une bouche largement béante sans lèvres ni franges. Des bords de l'estomac large et aplati partent de nombreux canaux radiaires (16 à 32 ou plus). Quant aux tentacules, ils sont tantôt en même nombre que les canaux radiaires qui se continuent à leur intérieur ou alternent avec eux, tantôt moins nombreux, tantôt plus nombreux. Les vésicules marginales sont plus nombreuses que les tentacules et situées dans leurs intervalles; les organes génitaux forment le long des canaux autant de cordons filiformes, simples ou doubles (6 à 40mm; Médit., Australie, côtes Atl. et Pacif. de l'Am. nord).

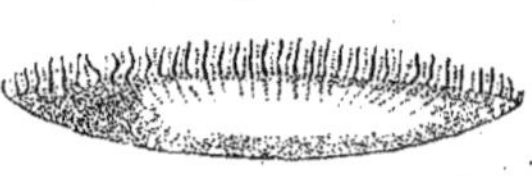

Fig. 228.

Æquorea violacea (d'ap. Cuvier).

Æquoranna (Häckel), | *Æquorella* (Häckel), | *Æquoroma* (Häckel), | *Æquorissa* (Häckel) sont de simples sous-genres d'*Æquorea*.

Rhegmatodes (A. Agassiz) n'en diffère que par sa bouche plus étroite, non béante (4 à 10cm; Atl. nord-amér., Pacif. équat., Australie).

Rhegmatella (Häckel) et
Rhegmatissa (Häckel) n'en sont que des sous-genres.

Stomobrachium (Brandt) a la bouche armée de 4 grosses lèvres, simples ou frangées, et 12 canaux radiaires seulement (3 à 5cm; Atl. amér. nord et sud).

MAAS [97] pense que ce genre devrait prendre place auprès de *Melicertum* et d'*Orchistoma* (Voir plus loin, p. 142, 143).

Staurobrachium (Häckel) a la bouche comme le précédent, mais les canaux plus nombreux (16 à 32 ou plus) (4 à 7cm; Manche).

Mesonema (Eschscholtz) a la bouche large et béante comme *Æquorea*, mais munie de 8 à 16 ou plus lèvres frangées (2 à 13cm; Médit., Atl. nord-amér., Pacifique équat. et sud-amér.).

Mesonemanna (Häckel), | *Mesonemella* (Häckel) et
Mesonemissa (Häckel),
sont des sous-genres du précédent.

Polycanna (Häckel) (fig. 229), seul de toute cette famille est connu sous sa forme Hydraire qui rappelle celle de *Campanulina*, et que Häckel propose d'appeler *Æquoraria*. La Méduse a la bouche comme la précédente, mais étroite et portée au bout d'un long manubrium (6 à 40cm; Manche, Côte angl., Baltique, Médit., Atl. nord-amér.).

Rhacostoma (L. Agassiz *emend.*),
Crematostoma (L. Agassiz *emend.*) et
Zygodactyla (Brandt *emend.*)
sont des sous-genres du précédent.

Octocanna (Häckel) n'a que 8 canaux radiaires; sa bouche est quadrilabiée (1 à 45cm; mer Rouge, oc. Indien);

Fig. 229.

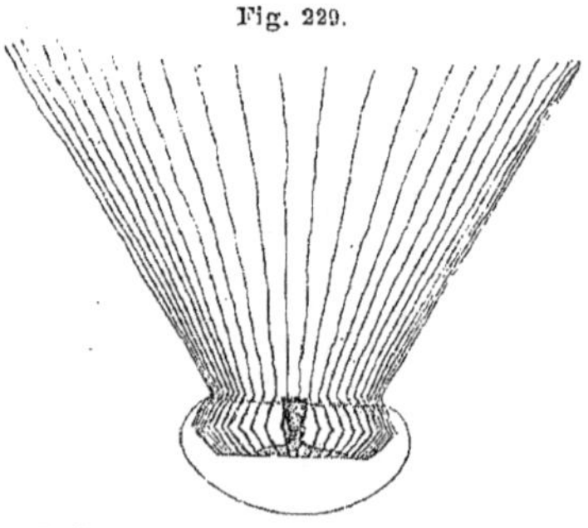

Polycanna germanica (d'ap. Häckel).

Octocannella (Häckel) et

Octocannissa (Häckel) sont des sous-genres du précédent. Pour Häckel, ils constituent avec lui une sous-famille [*Octocannidæ* (Häckel)], à laquelle cet auteur oppose deux autres sous-familles, une [*Polycannidæ* (Häckel)] pour les genres précédents de la même famille, et une troisième [*Zygocannidæ* (Häckel)], pour les genres suivants ci-dessous :

Octogonade (Zoja) diffère d'*Octocanna* par son disque plus convexe, par le nombre de ses lèvres (8 au lieu de 4) et surtout par ses statocystes qui contiennent 4 statolithes au lieu de 1 ou 2 ; sa forme hydraire est inconnue (Messine).

Halopsis (A. Agassiz) n'a que 4 canaux radiaires perradiaux, mais subdivisés dès la base, en nombreuses ramifications centrifuges ; il a des cirres entre les tentacules ; ses statocystes forment des vésicules ouvertes (6 à 7ᶜᵐ ; Atl: nord europ. et amér.).

Ce genre devrait, d'après O. Maas [93], prendre place avec *Tiaropsis* et *Mitrocoma* (Voir plus haut p. 133, 135) dans une famille des *Lafoeidæ* (Metchnikov) caractérisée par des vésicules auditives ouvertes. Dans cette famille, *Tiaropsis* se distingue par l'absence de cirres et *Mitrocoma* par la forme hémisphérique de ses vésicules auditives, s'acheminant vers la forme entièrement fermée des vésicules des autres familles.

Zygocanna (Häckel) a 8 à 16 canaux radiaires ou plus, tous bifurqués à leur base ; les cordons génitaux simples ou doubles sont sur les branches de bifurcation (2 à 4ᶜᵐ ; Nouvelle-Guinée, Australie).

Zygocannula diploconus
(d'ap. Häckel).

Zygocannota (Häckel) est de même, mais ses cordons génitaux forment, le long de chaque canal, 3 branches ou plus, frisées (8 à 10ᶜᵐ ; Australie).

Zygocannula (Häckel) (fig. 230) est comme *Zygocanna*, mais a l'estomac porté sur un grand pédoncule stomacal (6 à 10ᶜᵐ ; Australie, oc. Indien).

Gastroblasta (Keller) (fig. 230 *bis*) que son auteur avait considéré comme une Trachoméduse voisine de *Petasus*, mais digne d'être élevé au rang de famille [*Gastroblastidæ*(Keller)] a été étudié par Lang [86] qui a montré ses affinités avec *Æquorea* et expliqué les très singulières particularités de sa structure. Plus récemment, Brooks [88] a rapporté l'espèce de Lang à la Méduse *Epenthesis* de *Clytia*. Chun le

Fig. 230 *bis*.

Gastroblasta (d'ap. Lang).

A, par la face sous-ombrellaire. — B, de profil.

mb., manubriums.

rapporte, comme autrefois Metchnikov, à *Eucope*. L'animal est remarquable par une très grande irrégularité due à la multiplication insolite de certains organes. Il est comme une Æquorée sur laquelle auraient poussé de nombreux tentacules supplémentaires, d'âge et de taille différents, dont le sinus circulaire aurait donné de nouveaux canaux radiaires, les uns complets, les autres à l'état de diverticules centripètes encore en cul-de-sac et qui, chose plus étrange, aurait formé sur ces canaux radiaires de nouveaux estomacs, les uns encore à l'état de dilatations sacciformes du canal, sans communication avec le dehors, les autres déjà munis d'un manubrium s'ouvrant au dehors par une bouche normale. Mais ces estomacs multiples sont situés excentriquement, n'importe où sous l'ombrelle, et il n'y a pas d'estomac central représentant celui des Méduses normales. Seules, les gonades, souvent tout-à-fait absentes, ne dépassent pas le nombre normal de 4. LANG donne de cette structure l'explication suivante reposant, non sur l'observation de l'évolution, mais sur l'interprétation très plausible des stades observés. Supposons un stade jeune constitué comme celui d'une Æquorée normale ; admettons que cette jeune Méduse soit apte à se multiplier par scissions successives, comme nous l'avons vu chez *Phialidium* (p. 136). Si la multiplication des organes internes marche de pair avec la scission du corps, la structure normale sera conservée. Mais supposons que, peut-être après une série de divisions normales, les organes internes continuent à se multiplier sans que l'animal se scinde, introduisons dans le processus une certaine irrégularité qui fasse que la multiplication ne soit pas la même pour les tentacules, les canaux, les estomacs, etc., et nous aurons un Gastroblaste. La faculté régénératrice est très développée chez cet animal (Médit., mer Rouge).

===== 6ᵉ FAM. : *THAUMANTINÆ* [*Thaumantidæ* (Gegenbaur)]. FORME ASEXUÉE : Très rarement connue, présentant les caractères de celle d'*Obelia* — FORME SEXUÉE : Méduse pourvue d'ocelles (Ocellates), mais très rarement de statocystes, à estomac ordinairement très aplati, émettant des canaux radiaires simples, au nombre de 4 à 8 (parfois nombreux, jusqu'à des centaines) le long desquels courent les gonades formant un long diverticule godronné; pourvues de 4 à 8 (rarement 2 ou au delà de 8) tentacules; souvent des cordyles.

Thaumantias (Eschscholtz) (fig. 231). L'Hydraire est très semblable à celui d'*Obelia*; mais la Méduse est très différente. C'est une Ocellate de forme plus ou moins aplatie, ayant 16 tentacules (parfois plus et jusqu'à des centaines), 4 canaux radiaires, point de cordyles ni de cirres, la bouche pourvue de lèvres frangées (1 à 3ᶜᵐ; Manche, Atl. europ. jusqu'au Groenland, Pacif. nord-amér.).

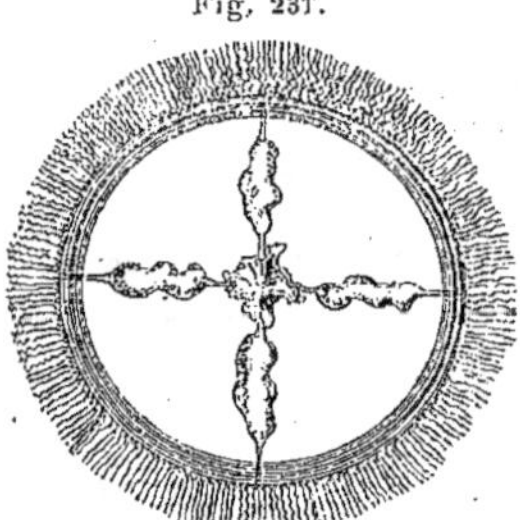

Fig. 231.

Thaumantias Eschscholtzii
(d'ap. Häckel).

Ce genre est le chef d'une sous-famille [*Laodicidæ* (Häckel)] contenant aussi les genres ci-dessous. Chez tous, sauf *Laodice*, la forme Hydraire est inconnue.

Halmonises (Kennel) diffère de *Thaumantias* par sa bouche dépourvue de lèvres; il est remarquable par son habitatdans l'eau douce (2 à 2 1/2ᵐᵐ; lagunes d'eau douce; Antilles, île Trinité).

Staurostoma (Häckel) diffère du précédent par la disposition des parties centrales de l'appareil digestif. La bouche se transforme en une grande fente cruciale formée par ses angles prolongés, et l'estomac disparaît, remplacé par la partie proximale des 4 canaux radiaires. C'est dans les canaux radiaires que s'ouvrent directement les 4 bras de la fente cruciale. Les organes génitaux dessinent également une croix sur les prolongements de la fente cruciale ou sur leurs parties latérales (15 à 22ᶜᵐ; Atl. nord-amér., oc. Arctique, Spitzberg).

Laodice (Lesson) (fig. 232) diffère de Thaumantias

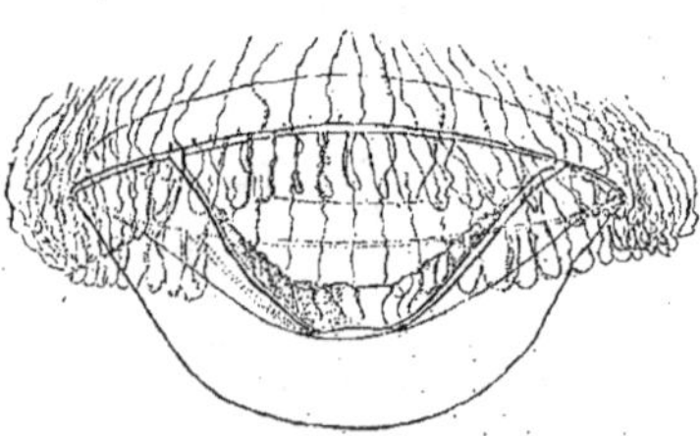

Fig. 232.

Laodice ulothrix (d'ap. Häckel).

par la présence de massues et de cirres au bord du disque, entre les tentacules. A. AGASSIZ a pu observer sa forme hydraire, qu'il avait d'abord rapportée au genre *Lafoea* ; mais il a ultérieurement reconnu que cette assimilation était inexacte (1 à 3ᶜᵐ ; Manche, Médit., Atl. europ. et nord-amér.).

Octonema (Häckel) n'a que 8 tentacules, entre lesquels sont des massues et des cirres (8ᵐᵐ ; îles Sandwich, Honolulu).

Octorhopalon (Lendenfeld) a 8 tentacules dont les 4 perradiaux plus grands ; pas de cirres, mais 8 grandes massues intertentaculaires (Australie).

Tetranema (Häckel) (fig. 234) n'a que 4 tentacules sans massues ni cirres (4 à 8ᵐᵐ ; Écosse et îles voisines, Gibraltar).

Dissonema (Häckel) (fig. 233) enfin n'a que 2 tentacules seulement, perradiaux et opposés, sans massues ni cirres (4ᵐᵐ ; Australie).

Melicertum (A. Agassiz) est une Méduse à Hydraire inconnu, à 8 canaux radiaires avec autant de cordons génitaux et 16 tentacules ou plus, sans statorhabdes. La forme hydraire a été observée par Agassiz ; Häckel l'appelle *Melicertaria* (2 à 2 1/2ᶜᵐ ; Atl. et Pacif. nord-amér.).

Il est le chef d'une petite sous-famille [*Melicertidæ* (Häckel)] de Méduses dont la forme hydraire n'est connue pour aucune :

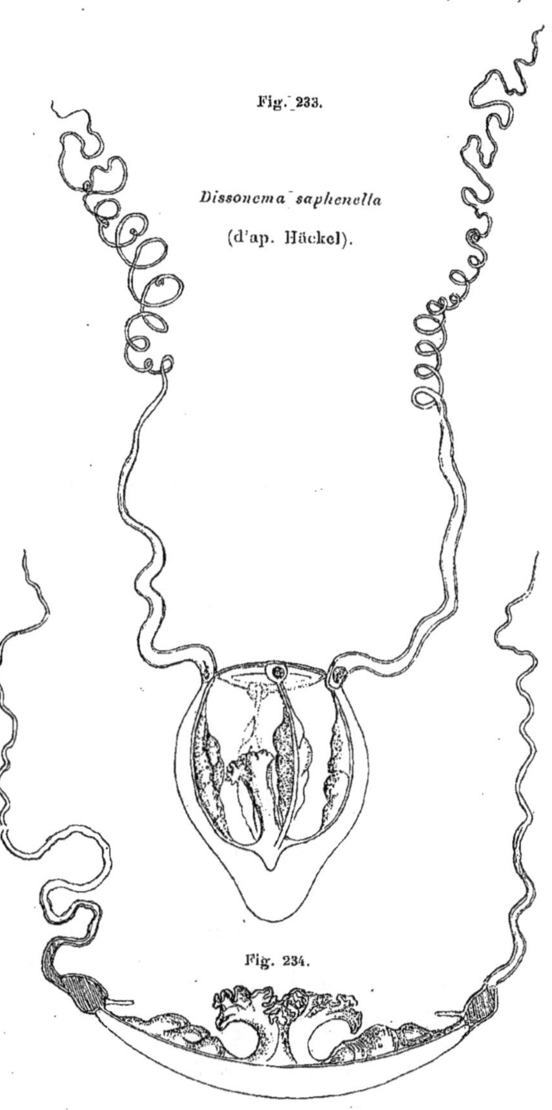

Fig. 233.

Dissonema saphenella

(d'ap. Häckel).

Fig. 234.

Tetranema eucopium (d'ap. Häckel).

Melicertidium (Häckel) semblable au précédent, mais avec des massues marginales (1 1/2^{cm}; Norvège).

Melicertissa (Häckel) (fig. 235) a 8 canaux radiaires, 8 tentacules et des massues marginales (1^{cm}; Canaries).

Melicertella (Häckel) de même, mais sans massues marginales (8^{mm}; Açores).

Orchistoma (Häckel), enfin, a de 16 à 32 canaux ou plus, un pédoncule stomacal bien développé et les masses génitales auprès de la bouche, à l'extrémité proximale des canaux (30 à 40^{mm}; Médit., Golfe de Panama, Antilles, Côtes occid. de l'Afrique?)

Il forme à lui seul pour HÄCKEL une petite sousfamille [*Orchistomidæ* (Häckel)].

Fig. 235.

Melicertissa clavigera (im. Häckel).

======= 7° FAM. : *CANNOTINÆ* [*Cannotidæ* (Häckel)]. FORME ASEXUÉE : inconnue. — FORME SEXUÉE : Méduse pourvue d'ocelles (Ocellate), mais n'ayant que très exceptionnellement des statocystes, à estomac ordinairement très aplati, émettant des canaux radiaires au nombre de 4 à 6 seulement, mais ramifiés ou plumeux, avec les gonades disposées sur leurs ramifications et reproduisant la forme de celles-ci, à tentacules au nombre de 8 au moins et souvent très nombreux; souvent des cordyles.

Fig. 236.

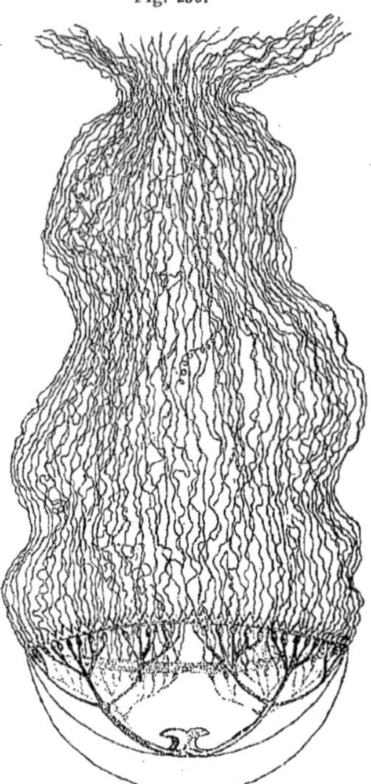

Berenice capillata (d'ap. Häckel).

Berenice (Péron et Lesueur) (fig. 236) est une Méduse de taille moyenne, de forme aplatie ou hémisphérique, munie de longs tentacules en nombre fort variable (de 16 à 120) entre lesquels sont ou non des massues marginales. Le trait caractéristique réside dans l'appareil gastro-vasculaire. Le manubrium, très court, porte une bouche carrée; l'estomac est petit, aplati, quadrangulaire, et de chacun de ses angles part un canal radiaire qui, au milieu de sa course, donne deux branches latérales symétriques; puis le canal et ses branches se portent vers le bord du disque en se ramifiant irrégulièrement (ni dichotomiquement, ni en barbes de plume) et toutes les ramifications arrivent au vaisseau marginal dans lequel elles se jettent. Les masses génitales sont petites, nombreuses et très marginales, étant annexées aux ramifications terminales des canaux où Péron les avait prises pour des suçoirs (1, 6 à 5^{cm}; Atl.).

Ce genre est le chef d'une sous-famille [*Berenicidæ* (Eschscholtz)] contenant aussi les suivants :

Berenicanna (Häckel) et *Berenicetta* (Häckel) ne sont que des sous-genres du précédent.

Dipleurosoma (Axel Boeck) en diffère par ses canaux radiaires au nombre de 6 et par ses masses génitales situées à la partie proximale des canaux et au nombre de 6 comme ceux-ci (7 à 11ᵐᵐ; îles Britann., Norvège, Terre-Neuve).

Cannota (Häckel) a 4 canaux qui se divisent symétriquement en 3 mais ne subissent pas de subdivision ultérieure; aux 12 ramifications terminales sont annexées 12 masses génitales distales (4ᵐᵐ; côte ouest de l'Afrique, Australie).

Dyscannota (Häckel) est semblable sauf que les branches de ses canaux sont asymétriques et que ses gonades sont à l'extrémité proximale des 4 canaux et par conséquent au nombre de 4 seulement (3ᵐ ᵐ; Atl. nord-améric.).

Polyorchis (A. Agassiz) (fig. 237) a 4 canaux radiaires, mais dont la ramification est toute différente, les divisions étant disposées comme les barbes d'une plume et courtes, en sorte qu'elles s'arrêtent en cul-de-sac, sans arriver au sinus circulaire dans lequel le canal principal s'ouvre seul au bout. Les gonades sont appendues aux ramifications proximales, tandis que les ramifications distales sont stériles. L'estomac est long, tubuleux, et le manubrium, bien développé, se termine par une bouche à lèvres bien dessinées (2, 5 à 4ᶜᵐ; côtes du Pacifique nord-amér.).

Fig. 237.

Polyorchis pinnatus
(im. Häckel).

Ce genre est le chef d'une sous-famille [*Polyorchidæ* (Häckel)] contenant aussi les genres ci-dessous :

Gonynema (A. Agassiz) est de même, mais a des gonades à toutes les ramifications de ses canaux (2 ᶜᵐ; côte du Pacif. nord-amér.).

Ptychogena (A. Agassiz) est comme *Gonynema*, mais l'estomac est large, carré et la bouche est sans lèvres (5 à 8 ᶜᵐ; mer du Nord, Atl. nord).

MAAS [93] en a trouvé une espèce à canaux radiaires non ramifiés et se rapprochant par là de *Staurostoma*. Il serait tenté d'en faire un genre, mais ne lui a pas donné de nom.

Staurophora (Brandt) de même, mais la bouche et l'estomac ont disparu, remplacés comme chez *Staurostoma*, avec lequel ce genre a été confondu, par 4 fentes dont sont percés les canaux radiaires à leur portion proximale qui remplit le rôle d'estomac, tandis que les fentes font fonction de bouche (10 à 12 ᶜᵐ; mer Blanche, Pacifique nord).

Staurodisous (Häckel) a ses 4 canaux porteurs chacun d'une seule paire de branches fertiles et disposées en croix avec le canal, ce qui dessine 4 croix (4 à 8ᶜᵐ; Canaries).

Staurodiscoalma (Häckel) et

Staurodiscema (Häckel) sont de simples sous-genres du précédent.

Chromatonema (Fewkes) prend place ici avec doute : il a 4 canaux radiaires colorés en rouge, 12 à 16 tentacules, pas de statocystes (Nouvelle-Angleterre).

3° Sous-Ordre

HYDROCORALLIDÉS. — *HYDROCORALLIDÆ*

[*HYDROCORALLINÆ* (Moseley)]

TYPE MORPHOLOGIQUE
(Pl. 12 et 13 ET FIG. 238 A 244)

Nous prendrons pour type le genre *Millepora* qui est à la fois un des mieux connus et des plus régulièrement constitués.

Extérieur. Conformation générale. — L'aspect extérieur de la Millépore n'a rien de commun avec celui des autres Hydraires. Son apparence est celle d'un polypier massif (**12**, *fig. 1*) et l'on conçoit qu'avant qu'une étude approfondie ait montré ses caractères, on n'ait point songé à la rapprocher des délicats arbuscules que forment les Campanulaires ou les Tubulaires, et encore moins des Méduses auxquelles elles donnent naissance. La Millépore a tout l'aspect des polypiers et vit avec eux dans les récifs de coraux qu'elle contribue à former (¹).

Elle forme des masses pierreuses compactes, s'étalant par une base élargie sur les rochers ou le corail mort et prolongées en digitations irrégulières, courtes et épaisses, peu ra-
mifiées, parfois aplaties en feuilles. La surface est toute garnie de petites émi-nences en forme de verrues (**12**, *fig. 1*, **v.**), larges à la base de 2 à 3ᵐᵐ et peu éle-vées ; elle est en outre criblée de petits trous semblables à des trous d'aiguille et appelés *pores*, disposés en *systèmes* cir-culaires comprenant un pore central plus gros, *gastropore* (**12**, *fig. 1*, *gst. p.* et fig. 238 *gst. z.*), de 0ᵐ2 de diamètre, en-touré de 5 à 8 *dactylopores* plus petits (**12**, *fig. 1*, **dct. p.** et fig. 238, *dctz.*) : ce sont les loges des hydranthes. Normale-ment, un système correspond à une ver-rue dont le gastropore occupe le sommet et les dactylopores la base ; mais il

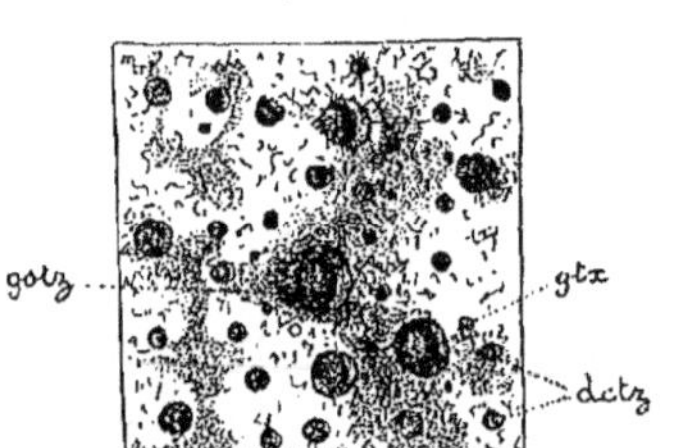

Fig. 238.

Surface du cœnosteum de
Sporadopora dichotoma
montrant la disposition des pores
(d'ap. Moseley).

dctz., dactylozoïdes ; **gstz.,** gastrozoïdes ;
gtx., ampoules génitales.

existe aussi des systèmes indépendants des verrues ; souvent enfin, à certaines places, la disposition circulaire est obscure ou disparue. Au sommet de certaines digitations, sans doute en voie de croissance active, on ne trouve pas de pores. La masse est de couleur brune, le sommet des digitations est jaune vif.

(¹) C'est Louis AGASSIZ qui le premier déclara que les Millépores étaient des Hydraires ; mais il voulut, à tort, attribuer aux Hydraires tous les autres Polypiers tabulés. VERRILL montra que cette extension était mal fondée. Mais c'est à la suite des beaux travaux de MOSELEY [80] que la nature hydraire des Millépores et des autres Hydrocorallines fut définitivement établie.

Les sections verticales (**12**, *fig. 3*) permettent de constater que les pores sont les orifices de petites cavités cylindriques ayant à peine un demi-millimètre de profondeur (*gst. p.* et *dct. p.*), et que la masse tout entière du polypier est formée d'un tissu caverneux irrégulier, à fines mailles séparées par des trabécules microscopiques de substance calcaire se coupant dans tous les sens. Dans les gastropores habitent des polypes normaux, les *gastrozoïdes* (**12**, *fig. 2 gst. z.*), avec une bouche portée sur hypostome (*hstm.*) conique et entourée de 4 à 6 courts tentacules terminés par un gros bouton de nématoblastes; dans les dactylopores habitent les *dactylozoïdes* (*dct. z.*), polypes modifiés, sans bouche, longs et grêles, pourvus de tentacules irrégulièrement distribués le long de leur corps et terminés aussi par un gros bouton de nématoblastes. Certains pores (fig. 238, *gtx.*), non distincts des autres sur le squelette, soit gastropores, soit beaucoup plus souvent dactylopores, conduisent, non dans une loge d'hydranthe étroite et tubuleuse, mais dans une cavité sensiblement plus vaste et arrondie que l'on nomme *ampoule*. Ces ampoules contiennent des individus reproducteurs médusoïdes. On ne les rencontre qu'assez loin du bout des branches et on les a longtemps méconnus parce que rien ne les distingue extérieurement. Cependant, quand elles ont donné issue au Médusoïde, elles sont largement ouvertes et prennent l'aspect d'une cicatrice cupuliforme assez large et peu profonde. De la base des polypes, partent de *grands canaux* tangentiels qui se ramifient en divergeant et se mettent en rapport les uns avec les autres; en outre, un système de *canaux anastomotiques* plus petits forme un vaste réseau qui remplit tous les intervalles, et la substance calcaire n'est qu'une masse de remplissage, appelée *cœnosteum*, comblant toutes les mailles de ce réseau. Si nous ajoutons que la partie vivante ne forme à la surface du polypier qu'une fine membrane d'environ 5 millimètres d'épaisseur, nous en aurons dit assez pour pouvoir passer au détail de la description.

Gastrozoïdes (**12**, *fig. 2, gstz.*). — A l'état d'extension, ils forment une saillie d'environ 1/2 millimètre de haut et sont visibles sous la forme d'un petit point blanc. Quand ils se rétractent, ils disparaissent entièrement, car, à la base de la partie exsertile, la paroi de leur corps, au lieu de se porter immédiatement en dehors pour se continuer avec la surface du polypier, plonge dans la petite loge tubuleuse creusée dans le calcaire et ne se réfléchit qu'au niveau de base de l'hydranthe pour s'unir aux parois de la loge. L'hypostome (*hstm.*) est très court, les tentacules très courts aussi, gros, trapus [et probablement à axe endodermique plein], terminés par une grosse tête de nématoblastes dont le fil urticant est armé à la base de trois épines divergentes. Les parois et le fond de la cavité gastrique sont imperforés; mais de la ligne d'union des parois latérales avec le fond partent 6 ou 8 *grands canaux* radiaires (*cn. r.*), représentant l'hydrorhize, qui se portent à peu près horizontalement en dehors, en divergeant et se ramifiant.

L'endoderme, dont on n'a pu voir les cils, tapisse toute la cavité gastrique, dans laquelle ses cellules prennent un caractère glandulaire, et se continue dans les grands canaux pour former leur revêtement interne; l'ectoderme (*ect.*) revêt la paroi externe et se continue sur les grands canaux pour former leur paroi externe. La lame mésogléenne anhiste sépare ces deux feuillets. Une couche musculaire longitudinale très développée s'étend sur les parois latérales, surtout vers la base, remontant jusqu'à l'hypostome et se continuant en bas jusque sur les grands canaux (¹).

Dactylozoïdes (**12**, *fig. 2, dct. z.*). — Beaucoup plus longs et plus minces que les gastrozoïdes, ils font une saillie d'environ 1 1/2 millimètre quand ils sont entièrement étendus; ils peuvent de même se rétracter entièrement au-dessous de la surface. Le plus souvent ils ne sont pas dressés en ligne droite, mais plus ou moins courbés. Ils n'ont ni bouche ni hypostome; leur extrémité se termine en un petit bouquet de 2 à 3 tentacules qui sont seulement les plus élevés des 10 à 12 (exceptionnellement 5 à 20) tentacules étagés irrégulièrement sur toute leur longueur (*tt.*). Ces tentacules sont beaucoup plus longs et plus actifs que ceux des gastrozoïdes; ils sont de même terminés par un capitule de nématoblastes à trois épines basilaires et ont sûrement un axe endodermique plein. Leur structure est la même que celle des gastrozoïdes; ils ont la même couche musculaire longitudinale, les mêmes grands canaux, radiaires et divergents; mais les cellules de leur cavité centrale n'ont pas le caractère glandulaire qu'il offrait dans celle des gastrozoïdes.

Cœnosarque (**12**, *fig. 2, cnsq.*). — Il faut, ici comme chez les autres Hydraires, donner ce nom aux parties molles du système ramifié qui porte les hydranthes. Il est formé par les grands canaux tangentiels et par le réseau anastomotique des petits canaux. Les grands canaux plongent quelque peu au-dessous du plan des hydranthes, en même temps qu'ils se portent en dehors et se ramifient; ils forment donc un système de canaux grossièrement parallèle à la surface et situé à moins d'un millimètre au-dessous d'elle. Le reste de l'épaisseur ainsi que les intervalles entre les grands canaux est comblé par le système des canaux anastomotiques, qui forment un réseau serré et établissent une communication entre les canaux radiaires de tous les hydrantes (gastrozoïdes et dactylozoïdes) et la colonie. Les canaux, quelle que soit leur taille, sont formés d'un manchon d'ectoderme et d'un revêtement intérieur d'endoderme séparés par la mince lame mésogléenne. L'ectoderme est formé de cellules de revêtement, sauf sur les canaux les plus voisins de la surface, où l'on trouve des nématoblastes diffé-

---

(¹) MOSELEY croit avoir vu une couche musculaire circulaire en dedans de la longitudinale. D'après lui, la couche longitudinale serait en dedans de la lame anhiste [et par conséquent endodermique]; mais ce doit être là une erreur d'observation.

rents de forme de ceux des hydranthes, ovales avec un filament garni d'une spirale d'épines (fig. 239 et 240); l'endoderme est formé de cellules claires qui n'ont pas le caractère glandulaire du revêtement gastrique des gastrozoïdes; les cils n'ont pu être reconnus. Les canaux anastomotiques arrivent au contact des loges tubuleuses occupées par les hydranthes en tous les points de ces parois et viennent là buter comme s'ils allaient s'y ouvrir; mais ils s'y terminent toujours en cul-de-sac; aucun ne communique ni avec ces loges ni avec le dehors au niveau de la surface externe.

Cœnosteum (12, *fig. 3,* **ct.).** — Le cœnosteum ou squelette calcaire de la colonie n'est que l'image négative du réseau formé par les parties molles. Il n'en est pas moins intéressant de le considérer en lui-même. Son ensemble forme une masse caverneuse dont les cavités sont les canaux du cœnosarque et les loges tubuleuses habitées par les hydrantes. Il est partout en rapport avec l'ectoderme par lequel il est sécrété. C'est seulement en étudiant la physiologie de l'animal que nous pourrons expliquer la structure de ses parties profondes. La composition chimique comporte, selon les analyses, 94 à 97 0/0 de carbonate de chaux, 0,27 à 1,2 0/0 de phosphates et de fluorure de calcium et 2,4 à 4,5 0/0 d'eau et de matières organiques.

Ectoderme superficiel (12, *fig.* 2 et 3, *ect.*). — Avec une telle structure, la surface du polypier devrait être formée par une couche nue de cœnosteum ou tout au plus par un réseau de tubes du cœnosarque, avec leur revêtement d'ectoderme, laissant apercevoir dans ses mailles des îlots de cœnosteum nu. Il n'en est point ainsi: la surface est revêtue d'une couche continue d'ectoderme riche en nématoblastes ovales, à fil armé d'une spirale d'épines, qui est peut-être une dépendance de l'ectoderme des canaux superficiels du cœnosarque, mais qui s'étend en outre sur les îlots interposés de cœnosteum. Cette couche s'invagine (*gst. p.* et *dct. p.*) dans les cavités tubuleuses habitées par les hydrantes des deux sortes, pour tapisser leur paroi et se continuer au fond avec le revêtement ectodermique de l'hydrante et avec la paroi ectodermique

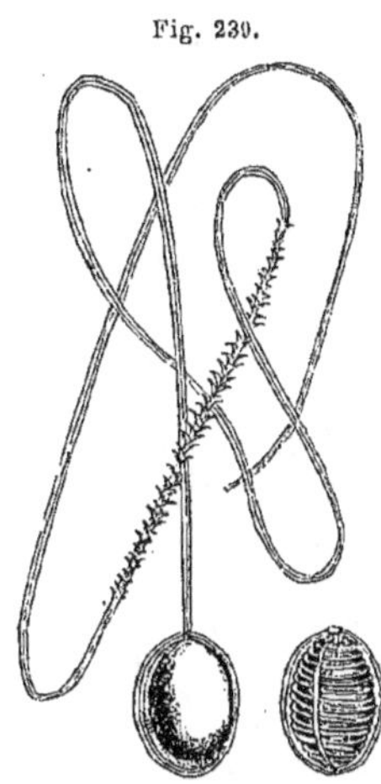

Fig. 239.

Nématocystes ovoïdes de la couche superficielle de *Millepora nodosa* (d'ap. Moseley).

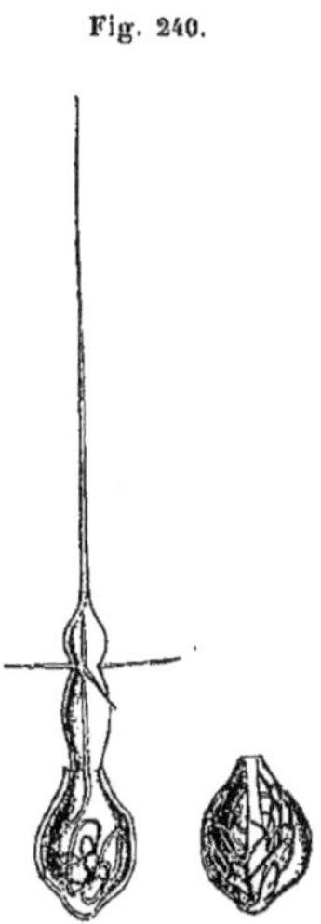

Fig. 240.

Nématocystes des tentacules des zoïdes et existant aussi dans la couche superficielle de *Millepora nodosa* (d'ap. Moseley).

des grands canaux qui partent de sa base. A l'entrée des tubes habités
par les hydranthes, cet ectoderme superficiel est très riche en nématoblastes et très contractile, au point de pouvoir presque fermer les orifices
d'entrée sur les hydranthes rétractés.

Accroissement de la colonie. — Avant de parler des organes de la
reproduction, il est nécessaire d'achever la description de ce qui concerne la structure, et pour cela il faut montrer comment la colonie se
forme et s'accroît sans cesse en certains points, tandis qu'elle passe
dans les autres à l'état de squelette privé de vie. Les très jeunes colonies ont l'aspect de fines membranes, mesurant à peine 1/5 de millimètre d'épaisseur, et ayant déjà entièrement la structure que nous
venons de décrire. Des exemplaires fixés sur des fragments de verre ont
permis à Moseley de le constater avec la plus grande netteté. Le cœnenchyme croît en épaisseur au fur et à mesure que la colonie avance en
âge, si bien que les hydranthes, dont l'accroissement en longueur ne
saurait être indéfini, finiraient par être entièrement immergés. Mais, à
un moment donné, les hydranthes abandonnent le fond de leur loge,
sécrètent à quelque distance au-dessus une cloison calcaire appelée
plancher (**12.** *fig. 3, pl.*), qui devient un nouveau fond, et forment un
nouveau système de grands canaux tangentiels. La chose continue ainsi
indéfiniment, en sorte que le polypier adulte est formé d'une série très
nombreuse de lames extrêmement minces, parallèles à la surface, qui
ont été chacune la lame superficielle, à une période antérieure de sa vie.

Cette couche vivante n'a que 1/2 millimètre d'épaisseur. Dans les
couches immédiatement sous-jacentes, on retrouve encore des tubes de
cœnosarque ayant subi une dégénérescence graisseuse; puis, plus profondément, il n'y a plus que le calcaire caverneux, mort.

Le mode d'accroissement de la Millépore, à la surface, doit se comprendre comme celui de l'Hydractinie : tout est semblable dans les deux
et il suffit de supprimer chez l'Hydractinie les épines et de remplacer
le mince périderme corné par une épaisse substance calcaire pour avoir
la Millépore. Celle-ci, examinée après destruction des parties molles,
montre à la surface, entre les canalicules qui logeaient le cœnosarque,
un réseau de crêtes calcaires correspondant au bord libre des gouttières du périderme de l'Hydractinie. Ce rapprochement, outre qu'il
aide à la compréhension de ces êtres, nous donne la clef de leurs
affinités probables avec les Hydraires régulièrement conformés.

Reproduction. — La Millepore est monoïque, condition exceptionnelle
chez les Hydraires. Les produits sexuels se développent dans le cœnosarque et passent de là dans des hydranthes qui se transforment en
Médusoïdes, lesquels deviennent libres pour les disséminer. C'est surtout
aux recherches de Hickson que sont dues nos connaissances sur leur
évolution.

Médusoïdes libres mâles. — Les éléments mâles ont pour première
origine des cellules germinales, situées dans la couche profonde de l'ec-

toderme des canaux du cœnosarque, au voisinage immédiat des hydranthes. Là, ces cellules se développent en gros spermatoblastes, où se prépare la formation de nombreux spermatozoïdes et que Hickson appelle les *spermosphères*. Ces spermosphères (**13**, *fig. 1, gtx.*) se mettent alors en marche et se portent vers l'hydranthe le plus voisin qui est, le plus souvent, un dactylozoïde, puisque ceux-ci sont plus nombreux que les gastrozoïdes, et vont se placer à son sommet morphologique, c'est-à-dire, autour de la bouche qui bientôt se ferme chez les gastrozoïdes ou au point correspondant chez les dactylozoïdes astomes. Là, les diverses spermosphères se groupent en un amas unique (*fig. 2, gtx.*), le *testicule*, qui grossit de plus en plus. Sous l'influence de cet envahissement, l'hydranthe, que rien jusque là ne distinguait de ses congénères, subit des modifications remarquables qui vont le transformer en un Médusoïde astome et sans tentacules, mais muni d'une ombrelle et d'un manubrium. Les tentacules se résorbent; la portion sous-jacente à l'amas testiculaire se développe en une partie saillante qui plonge dans le testicule et représente un manubrium imperforé (*fig. 6, cv. g.*); à la base du manubrium se développe un repli circulaire qui monte peu à à peu autour du testicule et lui forme un sac ouvert seulement en haut (*fig. 3 à 6, omb.*). Ce sac représente l'ombrelle : il est formé en effet de deux lames ectodermiques, continues l'une avec l'autre à l'orifice (*codonostome*) et comprenant entre elles une lame endodermique, prolongement de l'endoderme du manubrium. Cette ombrelle est d'ailleurs bien rudimentaire, étant dépourvue de canaux radiaires et circulaire, de velum, de tentacules, d'organes sensitifs et de bourrelet urticant au bord libre, qui ne contient point de nématoblastes et n'est même pas épaissi. Le testicule, très accru à ce moment, coiffe la portion endodermique du manubrium (spadice) d'une énorme masse, en forme de coupe épaisse que recouvre seulement une mince lame ectodermique formée de cellules aplaties (*fig. 6, gtx.♂*). Jusqu'ici, la cavité du manubrium communiquait à sa base avec les canaux sous-jacents; mais cette communication se détruit et le Médusoïde devient libre dans la loge de l'hydranthe dont il provient (*M, fig. 7*). Cette loge, accrue par suite de l'accroissement du polype dans sa transformation en Médusoïde, sans doute sous l'action de quelque sécrétion acide (Hickson), n'est autre chose qu'une de ces *ampoules* que nous avons décrites à propos du cœnosteum. L'orifice de l'ampoule (*B, fig. 1 à 5, gst. p.*) s'est fermé dès le commencement de cette évolution par un opercule membraneux, formé par une modification de la lame ectodermique superficielle, qui s'est étendue sur le pore de manière à l'obturer complètement.

Hickson n'a point vu ce Médusoïde sortir; mais il n'est guère douteux qu'il ne devienne libre au dehors, puisqu'il est déjà libre à maturité dans son ampoule. D'autre part, on observe sur de nombreux échantillons de certaines espèces des cicatrices d'ampoules, montrant que celles-ci se sont ouvertes au sommet pour laisser échapper leur contenu.

Ce mode de formation d'un Médusoïde est fort intéressant en ce qu'il nous montre la Méduse naissant d'un hydranthe normal, non prédestiné à cette évolution, sous l'influence des produits sexuels émigrés vers lui ([1]).

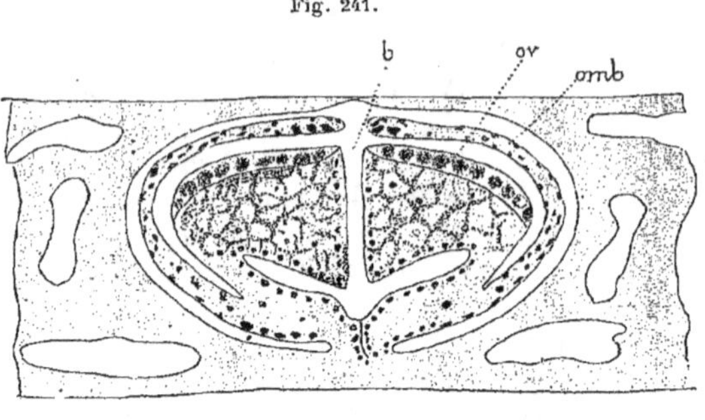

Fig. 241.

Coupe axiale d'un Médusoïde femelle de Millepore en voie de formation (d'ap. Hickson).

b., bouche; **omb.**, ombrelle; **ov.**, ovaire.

Médusoïdes libres femelles. — HICKSON [91] avait d'abord cru que les choses se passaient autrement dans les colonies femelles. Mais il a reconnu ultérieurement [99] que ce qu'il avait pris pour des œufs n'était que des cellules mères de nématoblastes. Il a trouvé des Médusoïdes femelles que DUERDEN [99] a vus à la Jamaïque sortir de l'animal vivant et nager, et dont HICKSON [99] lui-même a donné une description précise. Il se forme, comme chez le mâle, des cavités ampullaires dans lesquelles le Médusoïde (**13**, *fig.* 8) se montre, formé d'une enveloppe ombrellaire mince, sans velum ni tentacules et très peu musculeuse, et dont la cavité est presque entièrement comblée par un énorme manubrium. Celui-ci est percé d'une bouche (**13**, *fig.* 8, *b.* et fig. 241, *b.*) conduisant dans un estomac très réduit (*cv. g.*) d'où partent latéralement quelques (normalement sans doute 4) diverticules radiaires irréguliers et communiquant avec les canaux de la colonie par un

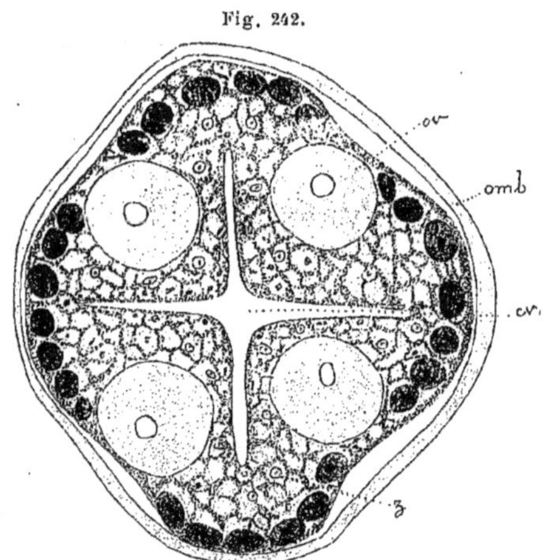

Fig. 242.

Coupe transversale d'un Médusoïde femelle au niveau des organes génitaux (d'ap. Hickson).

cv., cavité gastrovasculaire; **omb.**, ombrelle; **ov.**, œufs; **z.**, Zooxanthelles.

<hr>

([1]) HICKSON voit dans cette Méduse rudimentaire non une forme régressée par la perte de la bouche, des canaux radiaires, des tentacules, du velum, etc., mais une forme primitive qui n'a pas encore développé ces organes. Il attribue aussi à une action irritative, due à la présence des produits sexuels, la sécrétion probable de quelque acide pour déterminer l'accroissement de la loge de l'hydranthe en ampoule.

diverticule proximal traversant le court pédoncule qui rattache le Médusoïde au fond de l'ampoule. La masse du manubrium est formée d'un endoderme vacuolaire très épais contenant quelques Zooxanthelles (fig. 242, z.) et présente, immédiatement sous l'ectoderme, dans une aire circulaire large ayant pour centre la bouche, une assise de cellules germinales (**13**, *fig. 8, gtx.* ♀).

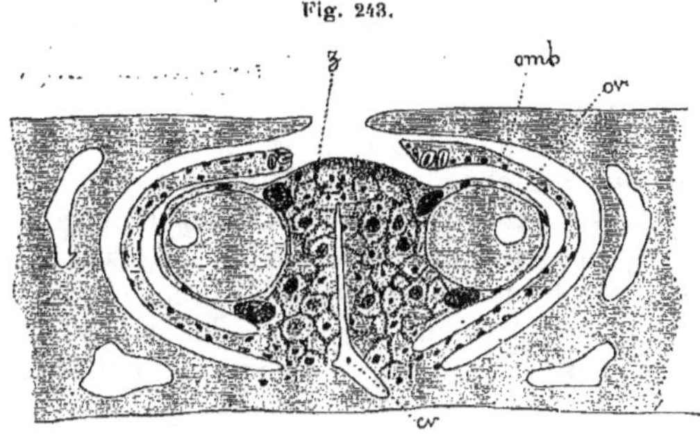

Fig. 243.

Coupe axiale d'un Médusoïde femelle de *Millepora* encore contenu dans sa loge (d'ap. Hickson).

cv., cavité gastrovasculaire; **omb.**, ombrelle; **ov.**, œuf; **z.**, Zooxanthelles.

Plus tard, la bouche se ferme, l'orifice ombrellaire, au bord duquel se montrent des îlots de nématoblastes, s'élargit, et quelques-unes des cellules germinales (1 à 5, sans doute normalement 4) se développent énormément et deviennent les œufs (fig. 243, *ov.*), tandis que leurs voisines s'atrophient et disparaissent. Le Médusoïde se libère alors (**13**, *fig. 9*) et sort (**13**, *fig. 10* et fig. 244) par l'orifice agrandi de l'ampoule. Arrivé dans l'eau ambiante, il fait quelques faibles efforts de natation qui suffisent cependant pour l'écarter quelque peu du parent, et s'arrête ; les œufs sortent par l'orifice ombrellaire, manifestent des mouvements amiboïdes, et sont sans doute fécondés à ce moment. Le Médusoïde, ayant joué son rôle, meurt sans avoir pris aucune nourriture.

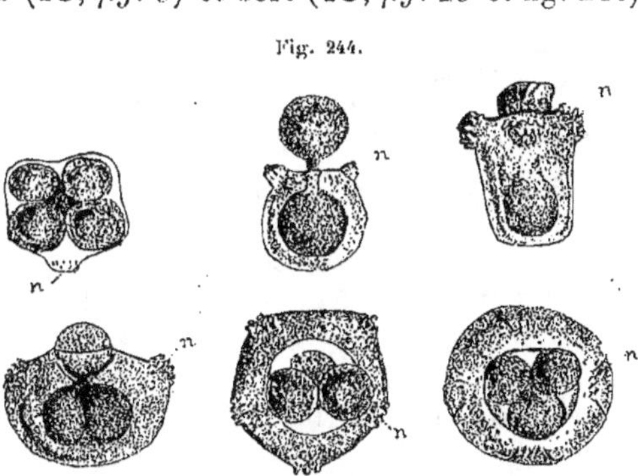

Fig. 244.

Médusoïdes libres de Millépore (d'ap. Hickson).

n., groupes de papilles à nématocystes).

Physiologie. — On sait peu de choses sur la physiologie des Millépores, si difficiles à observer vivants. Moseley a vu les polypes épanouis et indique que les gastrozoïdes se tiennent dressés, à peu près immobiles, tandis que les dactylozoïdes sont ordinairement plus ou moins recourbés et s'inclinent activement en tous sens, soit pour écarter les ennemis, soit, à ce qu'il pense, pour diriger la nourriture vers les gastrozoïdes.

Les uns et les autres sont extrêmement prompts à se rétracter à la
moindre alerte et sont longs à s'épanouir de nouveau, surtout les gastrozoïdes.

Du *développement*, on ne sait que ce que nous en avons dit en parlant
de l'œuf.

Parasites. — Dans l'endoderme des canaux se trouvent de grosses
cellules jaunes qui sont très probablement des *Zooxanthelles*. Ce sont
elles qui donnent aux sommets des branches leur couleur jaune vif.

Le cœnosteum, dans ses parties mortes, est entièrement criblé, perforé, par une Saprolégnée du genre *Achlya*, qui creuse le calcaire de
galeries capillaires pour y loger ses filaments, avec, de distance en distance, de petites cavités sphériques qui y sont appendues latéralement
pour y loger ses renflements reproducteurs. Le parasite est si abondant
qu'après dissolution du calcaire, il forme une sorte de gelée qui occupe
la place du polypier disparu.

GENRES

==== 1re FAM. : *MILLEPORINÆ* [*Milleporidæ* (L. Agassiz)] : Polypier de forme trapue; des
planchers, pas de style (voir plus loin); dactylozoïdes pourvus de tentacules; colonies
monoïques, produits sexuels mâles et femelles portés par des Médusoïdes libres.

Millepora (Linnæus), c'est lui que nous avons décrit comme type morphologique (Toutes les mers chaudes, parmi les récifs coralliens qu'il contribue à
former et fossile depuis le Tertiaire).

Arachnopora (T. Woods) au lieu d'être massif, forme sur les Coraux une mince couche comme
une toile d'araignée (Australie).

Ici prennent place les genres fossiles :

Axopora (Edwards et Haime) (Eocène) et, avec doute,

Cylindrohyphasma (Steinmann) (Calc. carb.).

==== 2º FAM. : *STYLASTERINÆ* [*Stylasteridæ* (Gray)] : Polypier arborescent, tendant vers
la forme en éventail et vers la limitation des hydranthes à une face seulement ou aux
bords des branches; ordinairement pas de planchers, mais un style dans la loge des
gastrozoïdes; dactylozoïdes dépourvus de tentacules; colonies dioïques; pas de Médusoïdes libres (¹).

A. *Genres chez lesquels les pores ne forment pas de systèmes circulaires
réguliers.*

Sporadopora (Moseley) (fig. 245 et 246) est de forme assez massive, mais
beaucoup moins cependant que *Millepora*, plus ramifié et étalé en
éventail. Ses branches sont elliptiques sur la coupe, aplaties dans le
sens de l'éventail. La surface, parfaitement unie, est parsemée de pores,
plus nombreux sur une face que sur l'autre, mais irrégulièrement dis-

---

(¹) HICKSON considère les Stylastérines comme fort distantes des Milléporines. Dans une
lettre inédite il nous dit que les Hydroméduses devraient, à son avis, être classées dans
l'ordre suivant : 1. *ELEUTHEROBLASTEA* [*Hydra*], etc. 2. *MILLEPORINA* [*Millepora*], 3. *GYMNO-
BLASTEA*, 4. *CALYPTOBLASTEA*, 5. *HYDROCORALLINA* [*Stylaster, Distichopora*, etc.], 6. *TRA-
CHYMEDUSA*, 7. *SIPHONOPHORA*. Mais comme il ne donne pas les raisons de cette séparation,
nous nous en tenons à l'opinion ancienne qui nous paraît justifiée.

tribués, en sorte qu'on ne saurait dire lesquels exactement, des dactylopores voisins d'un gastropore, appartiennent à celui-ci. — Les loges

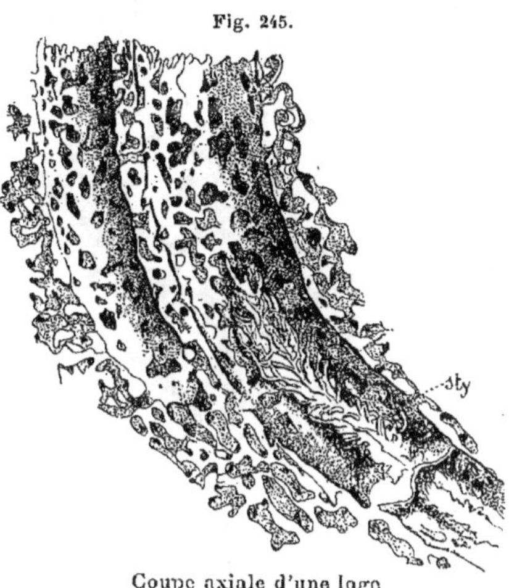

Fig. 245.

Coupe axiale d'une loge
de *Sporadopora dichotoma* (d'ap. Moseley).
sty., style.

des hydranthes sont tubuleuses et très profondes, s'étendant de la surface jusqu'à l'axe de la branche, en suivant un trajet arqué qui, presque perpendiculaire à la surface, au niveau de l'ouverture, devient au fond presque tangent à l'axe, à un niveau beaucoup plus bas que le point de départ. Les tubes des dactylozoïdes sont vides; ceux des gastrozoïdes ont leur axe occupé par une tigelle calcaire, appelée le *style* (fig. 245, *sty.*) qui, étroite et simplement cannelée dans les parties profondes, devient de plus en plus large et déchiquetée vers le haut; ils sont en outre recoupés de *planchers* calcaires extrêmement minces.

La dernière loge, au-dessus du dernier plancher, est seule habitée par l'hydranthe, dont le fond coiffe la partie du style saillante au-dessus du plancher. — Le gastrozoïde a un court hypostome, quatre gros tentacules renflés au bout, mais non terminés par un capitule de nématoblastes, étant garnis de ces appareils sur toute leur surface. De sa base partent seulement quatre canaux rayonnant en croix, qui se portent en divergeant tangentiellement en dehors pour s'anastomoser avec les voisins et avec les branches du réseau anastomotique, tout comme chez *Millepora*. — Les dactylozoïdes sont dépourvus de tentacules et réduits à une expansion digitiforme astome, qui prend elle-même tout à fait la forme et la structure d'un simple tentacule; comme les tentacules du gastrozoïde, ils sont dépourvus de capitule urticant, mais garnis de nématoblastes sur toute leur surface. En bas,

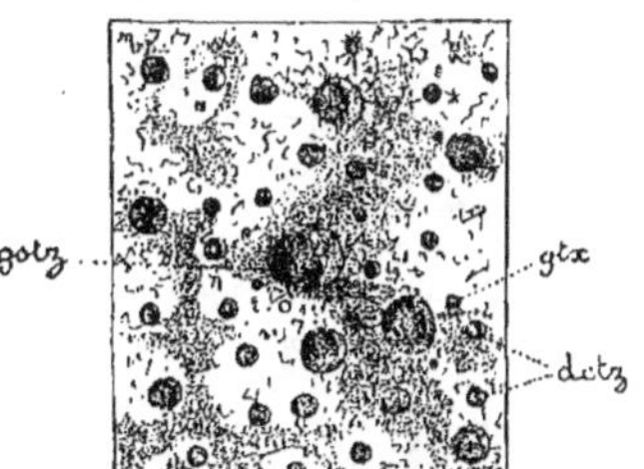

Fig. 246.

Surface du cœnosteum de
Sporadopora dichotoma
montrant la disposition des pores
(d'ap. Moseley).

dctz., dactylozoïdes; **gstz.**, gastrozoïdes
gtx., ampoules génitales.

ils se continuent avec le réseau du cœnosarque. — Comme chez *Millepora*, la couche superficielle, au-dessus du niveau des derniers planchers des gastrozoïdes, est seule vivante. Au-dessous, le polypier est réduit à son cœnosteum mort.

Cependant, il s'y passe encore quelques phénomènes, consistant en une modification du calibre des canaux qui s'élargissent au-dessous de la couche vivante par un processus de résorption, tandis que dans la profondeur des parties tout à fait anciennes, ils s'obturent au contraire par un dépôt secondaire de calcaire. — Les colonies sont de sexe séparé et on ne connaît que les colonies mâles, pourvues d'ampoules développées excentriquement sur le trajet de certains canaux, et renfermant une gonange contenant un à trois sporosacs. Les ampoules sont des cavités non préformées, mais déterminées dans le cœnosteum par le développement des gonophores. Ici, ces ampoules ne sont pas visibles du dehors, étant immergées sous la surface (Au large du Rio de la Plata; 600 brasses).

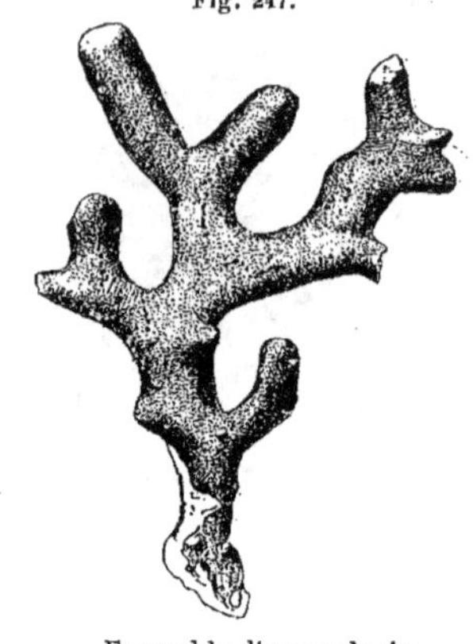

Fig. 247.

Ensemble d'une colonie de *Distichopora irregularis* (d'ap. Moseley).

Errina (Gray) diffère de *Sporadopora* par la présence d'une apophyse en forme d'écaille annexée aux dactylopores. Les colonies femelles ont des ampoules contenant une seule gonange; les colonies mâles sont inconnues (Açores, Atlant. améric., oc. Antarct.; 90 à 458 brasses).

Phalangopora (Kirkpatrick) ressemble à *Errina*, mais ses gastropores forment des séries linéaires simples, séparées des systèmes de dactylopores; les uns et les autres sans styles; la bouche de chaque gastropore est recouverte d'une écaille triangulaire (île Maurice).

Pliobothrus (Pourtalès) diffère de *Sporadopora* par ses gastrozoïdes dépourvus de tentacules et de style, pourvus de nombreux canaux radiaires, et par ses dactylozoïdes dont les tubes viennent s'ouvrir au sommet de petites éminences tubuleuses; les colonies femelles ont leurs ampoules beaucoup plus grandes que celles des mâles, contenant un simple sporosac et placées très profondément (Atl. améric. septentr. et tropical; 100 à 600 brasses).

Distichopora (Lamarck) (fig. 247 à 250) se distingue immédiatement par la disposition de ses pores qui, sans former de systèmes circulaires, sont distribués suivant une loi. Le polypier est flabelliforme (fig. 247) à branches aplaties dans le sens de l'éventail, et sur les deux bords de chaque branche se trouvent trois lignes parallèles de pores (fig. 248): une médiane de larges gastropores et deux latérales de dactylopores plus petits et souvent allongés en travers. Les loges des hydranthes (fig. 249) sont tubuleuses, très pro-

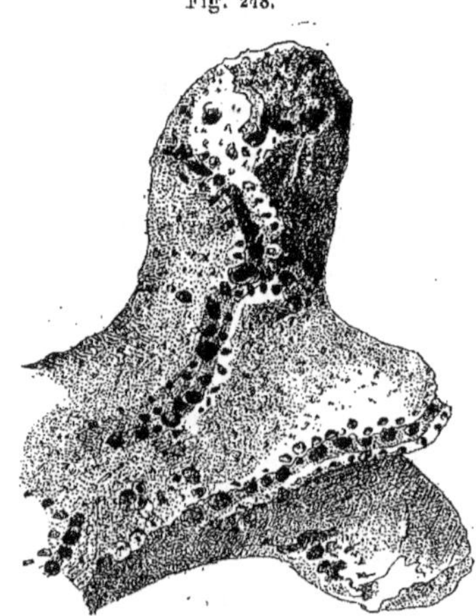

Fig. 248.

Extrémité d'une branche de *Distichopora irregularis*, grossie pour montrer la disposition des lignes de pores (d'ap. Moseley).

fondes, s'étendant de chaque côté très obliquement jusqu'à l'axe, dans le plan médian de la branche, en sorte que suivant ce plan le cœnostome est criblé par ces tubes presque en contact et rendu par là plus fragile, ce qui permet de fendre aisément la branche en deux lames parallèles au plan de l'éventail. Les gastrozoïdes ont un style (fig. 249, *s*) et sont constitués ainsi que les gonanges femelles comme ceux d'*Errina*. Les ampoules des colonies femelles (fig. 250) sont situées ordinairement d'un même côté des branches, elles sont occupées par un seul gros œuf. Cet œuf, formé dans un canal du cœnosarque, grossit et détermine un diverticule excentrique qui constituera le sporo-

Fig. 249.

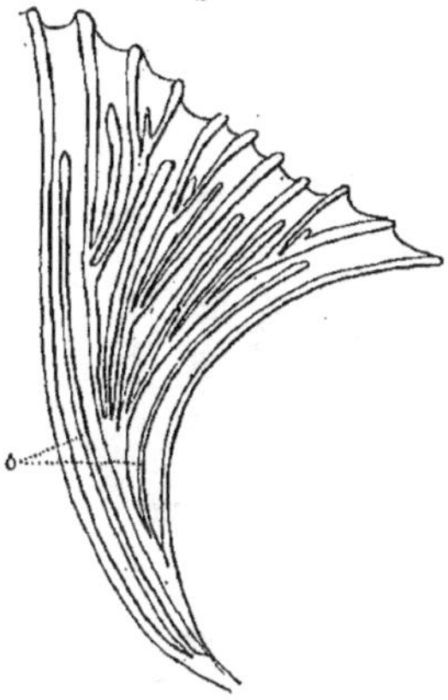

Coupe longitudinale de loges
de *Distichopora coccinea*
(d'ap. Moseley).

s., styles.

Fig. 250.

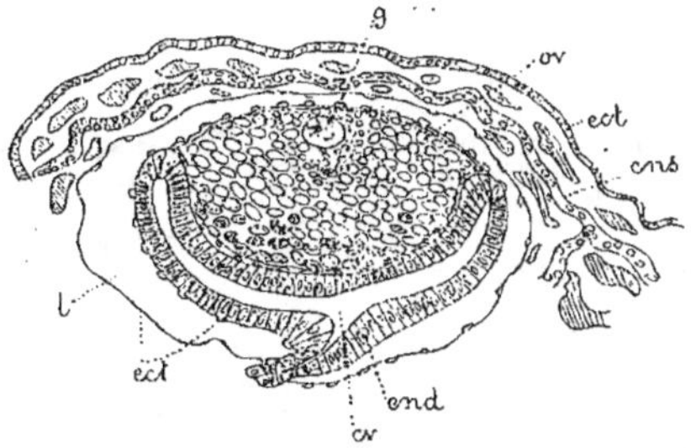

Coupe axiale d'une ampoule génitale femelle
de *Distichopora* (d'ap. Hickson).

cns., cœnosarque; **cv.**, cavité du trophodisque; **ect.**, **ect.**, ectoderme; **end.**, endoderme; **g.**, vésicule germinative; **l.**, cavité de l'ampoule génitale; **ov.**, œuf.

sac. A la base de l'œuf, l'endoderme forme des diverticules qui remontent autour de lui et se soudent en une masse chargée de le nourrir et que Hickson appelle le *trophodisque*. Dans ce sporosac, l'œuf subit une *fragmentation nucléaire* qui donne naissance à une couche nucléaire ectodermique et à une masse intérieure vacuolaire parsemée de noyaux endodermiques. La formation des cellules a lieu par le partage du cytoplasma entre ces divers noyaux, en sorte que la formation de la larve se fait d'emblée, aux dépens d'une cellule ovulaire unique, polynucléée. Les sporosacs mâles, au nombre de 1 à 3 dans les gonanges, sont constitués normalement et se distinguent seulement par le fait qu'à leur sommet un épaississement ectodermique se différencie en un petit spermiducte qui va s'ouvrir au dehors par un fin canal (Toutes les mers chaudes; 10 à 452 brasses).

Fig. 251.

Spinipora (Moseley) (fig. 251 et 252) présente un aspect tout particulier dû à la présence de grandes épines dont sont hérissées ses branches. Ces épines sont creuses et largement échancrées en gouttière dans presque toute la hauteur de leur face supérieure. Dans la gouttière ainsi formée s'insère un grand dactylozoïde sans style, qui ne peut s'y abriter que très imparfaitement. Les gastrozoïdes pourvus d'un style (à six tentacules et quatre canaux radiaires), sont

Fig. 252.

Portion de la surface
du cœnosteum
de *Spinipora echinata*
(d'ap. Moseley).

Spinipora echinata
(d'ap. Moseley).

disposés çà et là dans des enfoncements entre les épines; enfin, il existe une deuxième sorte de dactylozoïdes plus petits, entièrement rétractiles, sans style, qui émergent de tous côtés par de petits dactylopores situés aussi bien sur la base des épines qu'entre elles. Il faut considérer les épines comme formées par le bord des dactylopores des grands dactylozoïdes, qui s'est développé en une apophyse très saillante, entraînant avec elle le dactylozoïde lui-même. Les gonophores sont inconnus (Au large du Rio de la Plata par 600 brasses).

Labiopora (Moseley) a aussi deux sortes de dactylopores, les grands situés dans de larges écailles calcaires disposées en séries longitudinales le long des branches. Pas d'ampoules, parties molles inconnues (oc. Antarctique).

B. *Genres chez lesquels les pores forment des systèmes réguliers circulaires.*

Stylaster (Gray) (fig. 253 à 256) forme des arbuscules ramifiés (fig. 253), étalés dans un plan, en un éventail dont les branches, au lieu de rester cylindriques, ont une forte tendance à s'élargir de manière à prendre, sur la coupe, une forme elliptique à grand axe perpendiculaire au plan de l'éventail. Les pores (fig. 254) sont situés sur de petites éminences cylindriques, à peu près aussi hautes que larges, taillées à pic et situées presque toujours sur les faces latérales des branches, en sorte que les faces de l'éventail sont à peu près complètement stériles. Chacune de ces éminences porte un gastropore central (fig. 256, *gstz.*), entouré d'un cercle régulier de dix à quatorze dactylopores (fig. 256, *dctz.*), mais le gastropore est très large et les dactylopores sont très allongés radiairement, de manière à s'ouvrir en dedans dans le gastropore.

Cette disposition donne à l'ensemble une ressemblance assez grande avec les calices d'un polypier d'Actiniaire sclérodermé et en particulier avec celui des Oculines à côté

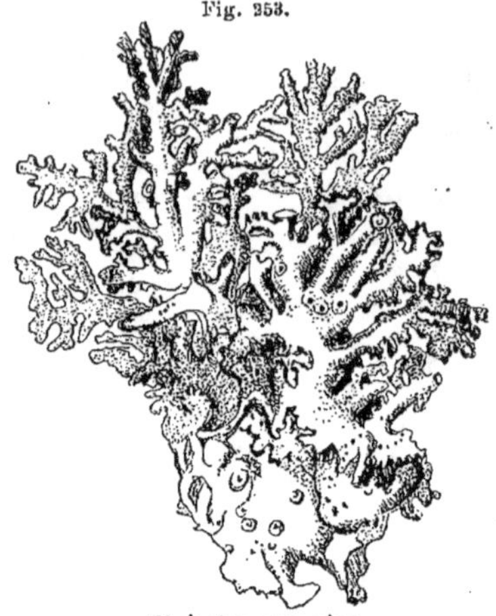

Stylaster sanguineus
(d'ap. H. Milne-Edwards et J. Haime).

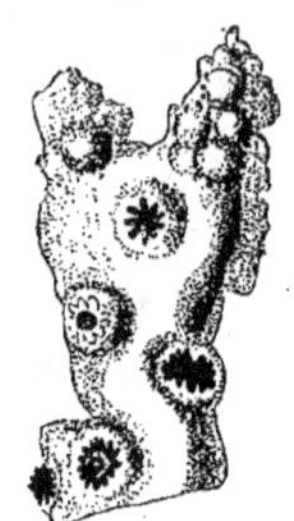

Détail des pores de *Stylaster sanguineus* (d'ap. Milne-Edwards et J. Haime).

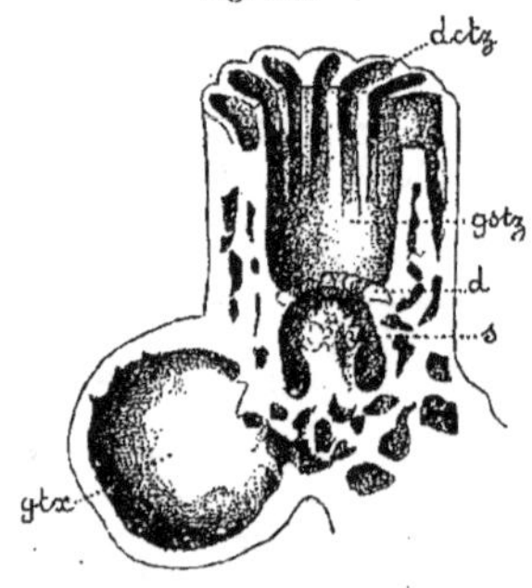

Coupe du cœnosteum de *Stylaster densicaulis* passant par l'axe de la loge d'un gastrozoïde (d'ap. Moseley).

d., diaphragme; **dctz.**, loges des dactylozoïdes; **gstz.**, loge du gastrozoïde; **gtx.**, ampoule génitale; **s.**, style.

Stylaster vu de face (d'ap. Moseley).

dctz., loges des dactylozoïdes; **gstz.**, loge du gastrozoïde; **s.**, style.

desquelles on a longtemps placé toutes les Stylastérines. Il y a d'autant
moins lieu de s'en étonner que la structure intérieure rend la ressemblance encore plus frappante. Au fond de la loge du gastrozoïde s'élève
en effet une grosse papille calcaire à tête renflée et hérissée, le *style*
(fig. 255, *s.*), qui rappelle absolument la columelle d'un Sclérodermé;
au-dessus, est un diaphragme irrégulier (*d.*) formant une sorte de plancher incomplet; plus haut, se voit un cercle de 10 à 14 cloisons radiaires qui rappellent tout à fait les cloisons de ces animaux et qui ne
sont autre chose en réalité que les lames de cœnosteum, séparant les
loges des dactylozoïdes, loges qui s'ouvrent en dedans dans celle du
gastrozoïde sur une bonne partie de leur hauteur. Chacune de ces loges
a cependant, le long de sa partie externe, un prolongement qui s'enfonce
dans le cœnosteum, séparé de la cavité du gastrozoïde et de celles des
dactylozoïdes voisins. Sur la paroi externe de ces prolongements s'élève
une crête calcaire qui est le *style* du dactylozoïde qui l'habite, style latéral et non plus central comme celui du gastrozoïde et beaucoup moins
développé; l'ensemble des dix à quatorze styles avait été pris pour un
deuxième cycle de cloisons rudimentaires. — Tout le cœnosteum est
formé de calcaire caverneux; mais nous ferons mieux comprendre la
disposition de ses cavités en décrivant les canaux du cœnosarque qu'elles
sont destinées à loger.

Le *gastrozoïde* occupe la portion de la loge (fig. 255, *gstz.*) située
au-dessus du style, sur lequel il est en quelque sorte assis. Il est très
court et, bien qu'on ne l'ait jamais vu épanoui, on a peine à croire qu'il
puisse faire saillie au dehors. Il a la forme normale, avec un court
hypostome conique et un cercle de huit gros tentacules trapus. Ces
tentacules sont renflés au bout, mais n'ont pas de capitule de nématoblastes, étant chargés de ces appareils sur toute leur surface.

Les *dactylozoïdes* sont dépourvus de tentacules digitiformes, astomes,
comme ceux de toutes les Stylastérinées, insérés en bas sur leur style et
s'avançant, même en l'état de rétraction, presque jusqu'à la surface, en
sorte qu'il n'est pas douteux qu'épanouis ils ne fassent fortement saillie
au-dessus du gastropore. En cet état, ils ont donc l'aspect des tentacules
d'un Actiniaire sclérodermé. Ils sont garnis, eux aussi, de nématoblastes
sur toute leur surface, sans porter de capitule différencié. Comme chez
Sporadopora, l'ectoderme superficiel revêt la surface du polypier,
s'enfonce dans les dactylopores, arrive à leur base, les revêt, s'enfonce
aussi dans le gastropore, le tapisse jusqu'au fond et, là, se prolonge sur
le gastrozoïde et sur les canaux qui partent de sa base, comme aussi sur
ceux qui partent de la base des dactylozoïdes.

Les *canaux du cœnosarque* forment trois systèmes : 1° des canaux
rayonnants qui partent de la base des gastrozoïdes et se répandent
horizontalement en se ramifiant pour aller rejoindre les canaux similaires des gastrozoïdes voisins; 2° des canaux longitudinaux qui partent
de la base des précédents, montent entre la paroi externe de la loge du

gastrozoïde et la paroi externe des loges des dactylozoïdes, et arrivent ainsi à la base de ceux-ci pour se continuer avec eux ; 3° un réseau serré de canaux anastomotiques plus fins qui s'étend entre les canaux précédents et dans toute la masse du cœnosteum, pénétrant même dans les cloisons de séparation des loges des dactylozoïdes d'un même système.

Il n'y a ici ni planchers, ni portion morte du polypier ; tout est vivant dans toute la masse. L'accroissement se fait par de nouveaux systèmes qui bourgeonnent alternativement aux deux côtés de la base des systèmes anciens et par un dépôt de nouvelles couches de cœnosteum sur les parties anciennes.

Fig. 257.

Allopora profonda
(d'ap. Moseley).

Sur les faces stériles du polypier se voient des saillies arrondies (fig. 255, *gtx.*), souvent groupées par îlots, qui sont les *ampoules* destinées aux corps reproducteurs. Mais la condition est ici bien différente de celle de la Millépore : les colonies sont à sexes séparés ; les œufs, aussi bien que les spermatozoïdes, sont contenus dans des ampoules développées

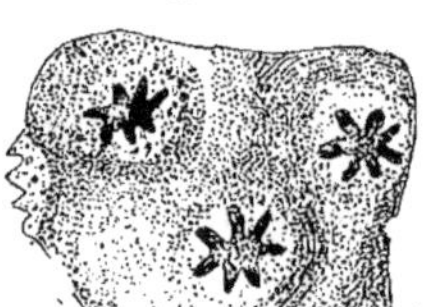

Fig. 258.

Allopora oculina
(d'ap. Milne-Edwards
et J. Haime).

excentriquement sur certains canaux du cœnosarque et portés par des gonophores bourgeonnés sur le cœnosarque et qui ont la structure de simples sporosacs sans jamais atteindre la forme médusoïde ni devenir libres.

Les sporosacs mâles, seuls bien étudiés, sont au nombre de deux à trois dans chaque ampoule ; ils ont la structure d'un sporosac normal auquel s'ajoute seulement un spermiducte formé par une petite papille ectodermique au sommet du sporosac, laquelle se développe en un canal qui perce la paroi calcaire et vient s'ouvrir au dehors par un minuscule orifice (Toutes les mers chaudes ; 100 à 650 brasses et fossile, rare dans le Tertiaire).

Fig. 259.

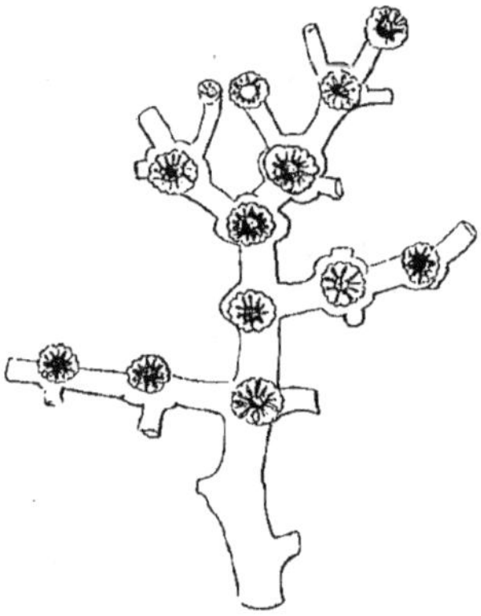

Stenohelia profunda
(d'ap. Moseley).

Allopora (Ehrenberg) (fig. 257 et 258) diffère à peine du précédent par son aspect moins nettement flabelliforme, par ses systèmes distribués sur les faces de l'éventail aussi bien que sur les parties latérales des branches, par ses gastrozoïdes à 12 tentacules et par un bourgeonnement moins régulier des nouveaux systèmes. Les gonophores sont semblables à ceux de *Distichopora* (même habitat et en outre, Fjords de Norvège).

Stenohelia (Sav. Kent, *emend.* Moseley) (fig. 259 et 260) en diffère par l'absence ou l'état rudimentaire des styles dans les dactylozoïdes; en outre, les gastrozoïdes sont dépourvus de tentacules et logés dans des tubes très longs, très profonds, creux dans toute leur longueur, à une seule chambre, et dirigent tous leur ouverture vers une même face de l'éventail (Madère, cap Vert, Antilles; 50 à 600 brasses).

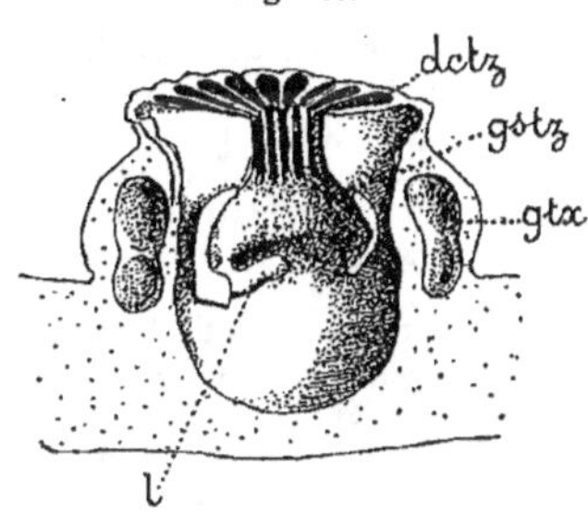

Fig. 260.

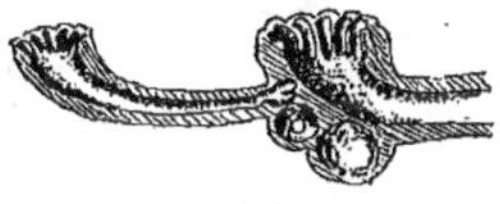

Coupe longitudinale de deux loges de *Stenohelia profunda* (d'ap. Moseley).

Fig. 261.

Coupe sagittale d'une loge d'*Astylus subviridis* (d'ap. Moseley).

dctz., loges des dactylozoïdes; **gstz.**, loge du gastrozoïde; **gtx.**, ampoule génitale; **l.**, languette.

Astylus (Moseley) (fig. 261) n'a plus de styles ni dans les dactylozoïdes ni dans les gastrozoïdes; c'est une forme délicate, petite, en éventail, avec les pores tous tournés vers l'une des faces de l'éventail. Les gastrozoïdes, dépourvus de tentacules, se rétractent, à l'état de contraction, dans la partie profonde de leur tube, laquelle forme un compartiment distinct, séparé du compartiment distal par un rétrécissement annulaire; en outre, l'orifice circulaire de communication entre les deux compartiments est transformé en un orifice en fer à cheval par la présence d'une grosse apophyse linguiforme qui s'insère au bord de l'orifice le plus voisin de la base de la branche et se dresse dans la direction du sommet de cette branche, par conséquent en direction verticale ascendante. Les colonies mâles ont les ampoules en cercle autour de la base des systèmes; colonies femelles inconnues (Au large des Iles Méangis par 500 brasses).

Fig. 262.

Colonie de *Cryptohelia pudica* (d'après Milne-Edwards et J. Haime).

Fig. 263.

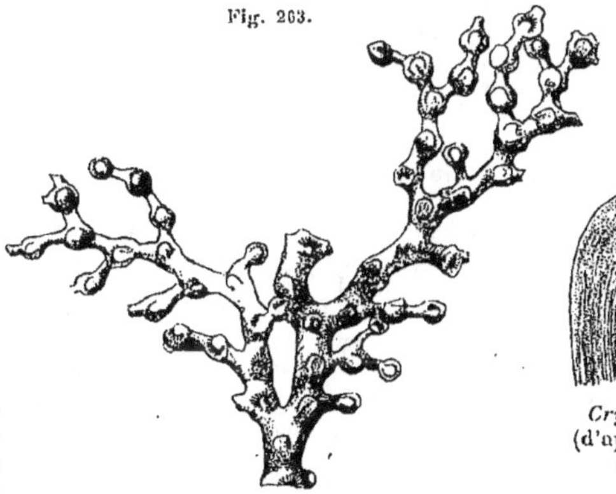

Cryptohelia pudica (d'ap. Moseley).

Fig. 264.

Cryptohelia pudica (d'ap. Milne-Edwards et J. Haime).

Fig. 265.

Cryptohelia pudica (d'ap. Moseley).

l., opercule.

Cryptohelia (Milne-Edwards et Haime) (fig. 262 à 265) ressemble fort au précédent, mais, en place de la languette digitiforme ci-dessus décrite, il a un opercule calcaire situé non à l'orifice de communication entre les deux compartiments de la loge des gastrozoïdes, mais à l'extérieur, au-devant du gastropore. Cet opercule est discoïde, porté par un pédoncule arqué et toujours verticalement ascendant comme la languette du genre précédent; ampoules des colonies mâles comme chez le précédent; colonies femelles portant, annexée à chaque système, une seule ampoule contenant une seule gonange, dans laquelle se développent plusieurs sporosacs qui portent chacun un seul œuf (La plupart des mers chaudes; 270 à 1 530 brasses).

Conopora (Moseley) (fig. 266) diffère des précédents par l'absence de tout appareil protecteur, soit à l'entrée du gastropore, soit à l'orifice de communication entre les deux compartiments de la loge du gastrozoïde; en outre, la colonie est irrégulièrement ramifiée, non flabelliforme et les systèmes ont leurs orifices orientés dans toutes les directions (Au large des îles Kermadec, par 650 brasses).

Fig. 266.

Conopora tenuis
(d'ap. Moseley).

Terminons par l'indication des formes fossiles :

Deontopora (Hall) dont les dactylopores ne forment qu'un arc de cercle de 3/4 de circonférence autour des gastropores (Tertiaire) et

Leptobothrus (Hall) à pores formant des systèmes circulaires, sans sillons radiaires pour les dactylopores (Tertiaire).

<h1 style="text-align:center">APPENDICE</h1>

Stromatoporiens et autres Hydraires fossiles à squelette calcaire massif.

Nous réunissons ici, en appendice aux *Hydrocallidæ*, un certain nombre de formes fossiles à affinités passablement obscures, qui diffèrent sensiblement des Hydrocorallidés par la structure de leur squelette, mais qui s'en rapprochent cependant plus que de tous les autres Hydraires, à l'exception peut-être des Hydractinies qui, d'ailleurs, ont elles-mêmes des relations étroites avec les Hydrocorallidés.

Toutes ont ce caractère commun de former des masses calcaires feuilletées dont les lamelles, minces et disposées parallèlement à la surface, sont réunies par des colonnettes s'étendant à travers les étroits espaces interlamellaires qui les séparent. La substance des lamelles et des colonnettes est réticulée, étant formée de tigelles calcaires diversement jointes ou entrecroisées. Le tout est traversé de canaux, fins ou larges, disposés de façons diverses suivant les cas.

Parmi ces fossiles, les plus importants, en raison de la part considérable qu'ils ont prise dans la constitution de certaines couches géologiques, sont les STROMATOPORIENS, *STROMATOPOREA* [*Stromatoporoidea* (Nicholson et Murie)].

Ils forment des masses souvent considérables, parfois indépendantes, plus ou moins globuleuses, sessiles ou pédiculées, plus souvent encroûtantes, revêtant de couches épaisses le support qui est souvent formé par de vrais Polypiers avec lesquels on les a longtemps confondus. Les lamelles sont onduleuses et leurs ondulations courtes et accentuées, communiquant à la surface générale du fossile un aspect noduleux caractéristique. Elles sont percées de pores, d'ordinaire garnies de tubercules et montrent souvent à leur surface, aussi bien celles de la profondeur que celles qui forment la surface actuelle, des sillons radiaires, *astrorhizes*, orientés autour de centres disséminés. Dans leur épaisseur circulent de fins canalicules, formant dans chacune un réseau tangentiel à mailles à peu près rectangulaires, et les réseaux de lamelles successives sont mis en relation entre eux par des canalicules semblables, mais radiaires, souvent recoupés de planchers, qui suivent l'axe des colonnettes que l'on suppose avoir servi de loge à des hydranthes. On observe en outre, mais dans certains genres seulement, d'autres canaux radiaires beaucoup plus larges, sans parois propres et recoupés aussi de planchers, qui auraient aussi servi de loge à des hydranthes plus grands, en sorte qu'il y aurait ou là un dimorphisme. Chez *Hermatostroma*, on observe de ces grands canaux à planchers, mais qui, ici, sont fermés en bas, munis d'une paroi propre imperforée et sans communication avec les cavités du tissu réticulé ambiant. Nicholson a émis l'idée qu'ils pourraient être les loges d'individus sexués.

Ces êtres ont été considérés à l'origine comme des Coraux et rapprochés par GOLDFUSS des Millépores considérés aussi comme de vrais Coralliaires. DAWSON les rapporta aux Foraminifères; nous en avons parlé à ce titre dans le volume I de cet ouvrage (p. 153), Bütschli lui-même leur trouvant des affinités avec certains de ces Protozoaires, en particulier avec le genre *Polytrema*. Ro-

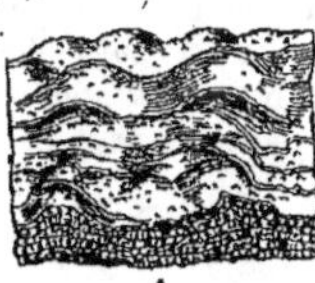

Fig. 266 *bis.*

Stromatopora reticulata (d'ap. Zittel).

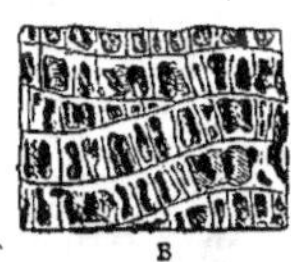

sen [67] en fit des Éponges cornées, Sollas des Éponges siliceuses Hexacti-nellides; Salter, Murie et Nicholson [78], ces derniers tout en reconnais-sant leur ressem-blance avec les Hy-draires, virent en

Fig. 266 *ter.*

Caunopora
(d'ap. Nicholson)

eux des Éponges calcaires. Sandberger et Römer les placèrent parmi les Bryozoaires. Enfin Nicholson [86 à 92], dont l'opinion est aujourd'hui généralement adoptée, les réunit avec les Millépores aux Hydraires, les rapprochant en particulier des Hydractinies.

Tous sont des terrains primaires.

Nous citerons, sans entrer dans la description de leurs caractères différentiels, leurs genres principaux :

Stromatopora (Goldfuss, *emend.* Nicholson) (fig. 266 *bis*) (Dév. Sil.),
Dictyostroma (Nicholson (Sil.),
Actinostroma (Nicholson) (Dév., Sil.),
Clathrodictyon (Nicholson et Murie) (Dév., Sil.),
Labechia (Edwards et Haime) (Sil.),
Beatricea (Billings) (Sil.),
Stromatocerium (Hall, *emend.* Nicholson et Murie) (Sil.),
Rosenella (Nicholson) (Sil.),
Caunopora (Philipps) (fig. 266 *ter*) (Dév.),
Hermatostroma (Nicholson) (Dév.),
Idiostroma (Winchell) (Dév.),
Stylodictyon (Nicholson et Murie) (Dév.),

Stromatoporella (Nicholson) (Dév.),
Parallelopora (Bargatzky) (Dév.),
Syringostroma (Nicholson) (Dév.),
Amphipora (Schulz) (Dév.),
Stachyodella (*) (Nobis) (Dév.)
Carterina (Waagen et Wentzell) (Carb., Perm.),
Disjectopora (Waagen et Wentzell) (Carb., Perm.),
Circopora (Waagen et Wentzell) (Carb., Perm.),
Irregulatopora (Wentzell) (Perm.),
Arduorhiza (Wentzell) (Perm.), et peut-être
Rhaphidopora (Foord) (?).

Nicholson [85] a proposé la classification suivante des Stromatoporiens :

I. *Groupe Hydractinoïde.* — 1. Actinostromides. — Éléments horizontaux et verticaux du squelette se coupant perpendiculairement; pas de tubes distincts pour les hydranthes : *Actinostroma, Clathrodictyum, Stylodictyon (?)*. — 2. Labechides. — Lamelles horizontales peu distinctes, squelette vésiculeux; pas de tubes distincts pour les hydranthes : *Labechia, Rosenella, Beatricea (?), Dictyostroma (?)*.

II. *Groupe Milléporoïde.* — 1. Stromatoporides. — Éléments horizontaux et verticaux du squelette formant un système réticulé uniforme et finement poreux; des canaux à plan-chers pour les hydranthes : *Stromatopora, Stromatoporella, Parallelopora, Syringostroma.* — 2. Idiostromides. — Squelette le plus souvent cylindrique, souvent ramifié, formé d'un grand tube axial à planchers, d'où partent des tubes latéraux également tabulés; squelette régulièrement réticulé : *Diostroma, Hermatostroma, Amphipora, Stachyodes.*

Le genre *Caunopora* présente une particularité dont il est utile de dire quelques mots. Les tubes à planchers dont est traversé le réseau du squelette sont sans communication avec les cavités du tissu réticulé ambiant et si semblables à ceux de certains Alcyonaires à polypier

---

(*) Nous proposons ce nom en place de celui des *Stachyodes*, donné par Bargatzky et qui est préoccupé par un Alcyonnaire de Wright et Studer. (Voir plus loin dans ce volume.)

calcaire, *Aulopora, Syringopora*, que l'on a pensé qu'il pouvait y avoir là une formation mixte : un Stromatoporien quelconque sur lequel se serait fixé l'Alcyonaire, les deux ayant grandi en même temps, l'Alcyonaire développant ses tubes tandis que le Stromatoporien en remplirait les intervalles de son tissu réticulé. Ainsi le genre *Caunopora* n'existerait pas, il y aurait seulement un facies caunoporoïde de certains Stromatoporiens, dû au fait de cette symbiose. Cependant la ressemblance des tubes avec ceux d'un Alcyonaire n'est pas telle qu'elle permette une identification spécifique, en sorte qu'il reste place pour l'hypothèse, émise aussi par Nicholson, que ces tubes seraient, comme chez *Hermatostroma*, destinés peut-être à loger des hydranthes spéciaux reproducteurs.

Autres Hydraires fossiles à squelette calcaire massif

Les genres suivants, placés autrefois parmi les Stromatoporiens, sont considérés aujourd'hui, au moins par certains paléontologistes, comme plus étroitement alliés aux Hydractinies auxquelles ZITTEL [95] les rattache directement. Ils sont cependant bien différents de ces dernières et ont une structure très semblable à celle des Stromatoporiens. La diagnose générale donnée au commencement de cet Appendice s'applique à eux aussi bien qu'aux Stromatoporiens véritables; mais ils se distinguent de ceux-ci par les caractères suivants : ils ne sont point encroûtants et leur surface n'est point onduleuse et noduleuse; ils forment de petites masses indépendantes, de la grosseur d'un petit pois à celle d'une pomme, en général développées sur un corps étranger qui occupe leur centre, ou les traverse comme une broche. Ils sont creusés de canaux radiaires aboutissant à la surface où l'on pense que les hydranthes étaient logés; ni dans leurs lamelles ni dans les colonnettes on ne trouve le système de fins canalicules décrits chez les Stromatoporiens. Ils sont moins anciens que ceux-ci et appartiennent aux terrains secondaires.

Voici leurs principaux genres :

Ellipsactinia (Steinmann) (Jur.),	*Stoliczkaria* (Duncan) (Trias),
Sphæractinia (Steinmann) (Jur.),	*Heterastridium* (Reuss) (Trias),
Thalaminia (Steinmann) (Jur. Crét.),	*Parkeria* (Carpenter) (Crét.),
Porosphæra (Steinmann) (Crét.),	*Loftusia* (Brady) (Eocène).

Ces deux derniers genres ont une ressemblance étroite avec certains Foraminifères et ont été décrits dans le premier volume de cet ouvrage (p. 135) dans la Tribu des Lituolines. Malgré leur ressemblance de structure avec *Sphæractinia*, il n'est peut-être pas tout à fait démontré qu'ils ne soient pas réellement des Foraminifères. Chez *Loftusia*, en particulier, les lamelles, au lieu d'être superposées parallèlement, forment un système continu enroulé en hélice, et le tout a la forme d'un ellipsoïde de révolution. Par contre, la partie centrale que l'on avait prise pour les loges anciennes comblées par un dépôt secondaire, semble n'être qu'un corps étranger ayant servi de premier support à l'animal, ce qui n'arrive pas chez les Foraminifères qui se développent à partir de leur loge initiale libre.

3ᵉ ORDRE

RHABDOPHORIDES. — *RHABDOPHORIDA*

[*RHABDOPHORA* (Allman) ; — GRAPTOLITHES, *GRAPTOLITHIIDÆ, GRAPTOLITHIDA, GRAPTOLITHA (auct.)*]

Les Graptolithes sont des êtres, tous fossiles, au sujet desquels nos connaissances sont encore très disparates, certains ayant permis une étude très avancée de leurs caractères, tandis que d'autres sont connus seulement par quelques traits de leur configuration extérieure. Dans ces conditions, il serait imprudent d'étendre à tous ce que l'on sait de quelques-uns. Aussi, nous nous abstiendrons d'établir un type morphologique général du groupe et passerons tout de suite à ses subdivisions.

L'ordre se divise en trois groupes auxquels nous croyons ne devoir donner que la valeur de tribus :

GRAPTOLINA, possédant un canal axial distinct pour chaque rangée d'hydrothèques ;

RETIOLINA, ayant deux rangées d'hydrothèques dépendant d'un canal axial unique ;

DENDROINA, dépourvus de virgula et possédant, entremêlés à la colonie, des nématophores et des individus blastogènes particuliers.

1re TRIBU

GRAPTOLINES. — *GRAPTOLINA*

[GRAPTOLOIDEA (Lapworth)]

TYPE MORPHOLOGIQUE
(Pl. 14 ET FIG. 267)

Ce que l'on connaissait des Graptolines, il y a seulement quelques années, se réduit à bien peu de choses et peut être résumé en quelques mots. Ce sont des empreintes (fig. 267) dans lesquelles on distingue une série de loges appelées hydrothèques ou thèques, semblables à celles d'une Sertulaire, mesurant 3 ou 4^{mm} de long et disposées en file longitudinale sur une ou deux rangées, un peu obliquement par rapport à l'axe longitudinal de l'ensemble. Ces loges s'insèrent chacune sur la base de la précédente, en sorte qu'elles communiquent toutes entre elles comme si elles étaient insérées sur un *canal axial* commun. Il est commode, pour les descriptions, de tenir compte de ce canal, mais il faut bien comprendre qu'il n'a point une existence indépendante, comme le stolon ou les branches des Hydraires actuels, étant simplement formé par la partie basilaire des loges successives ; il n'est jamais cloisonné. Quand il y a deux rangées (fig. 268), elles sont simplement juxtaposées et disposées sur deux canaux parallèles entièrement indépendants et sans communications.

Au côté du canal opposé à la rangée de loges quand il n'y en a qu'une, ou, quand il y en a deux, au milieu de la pseudo-cloison formée par

Fig. 267.

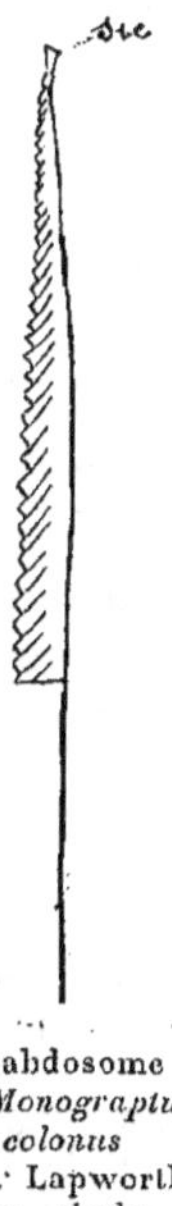

Rhabdosome de *Monograptus colonus* (d'ap. Lapworth). sic., sicule.

Fig. 268.

Dimorphograptus Swanstoni. (d'ap. C. Kurck.)

leur adossement, est une tigelle appelée *axe* ou *virgula* (**14**, *fig. 2*, **v.**), creuse, constituant un axe de soutien. Toujours la virgula est située dans l'épaisseur des parois : elle mesure environ 0^{mm},25 de diamètre.

À l'une des extrémités de la colonie, celle vers laquelle se dirige l'extrémité proximale des thèques, se trouve une loge en forme d'entonnoir, à orifice dirigé en sens inverse de celui des hydrothèques et que l'on appelle la *sicule*, *sicula* (**14**, *fig. 1* et *2*, **sic.** et fig. 269), dont la bouche est souvent ornée d'une *épine* dirigée en sens inverse de la virgula. Bien qu'elle ait la forme d'une loge, la sicula n'est point du tout semblable aux hydrothèques : elle est un peu plus grande, simplement infundibuliforme; elle est en outre orientée suivant l'axe de la colonie et la virgula est formée par un long prolongement de son sommet. Souvent la virgula dépasse la série des loges, à l'extrémité de la colonie opposée à la sicula et se prolonge là en une tigelle nue, longue et grêle, appelée l'*hydrocaule* (**14**, *fig. 1* et *2*, **hd. c.**), bien qu'elle ne soit sans doute pas l'homologue rigoureux de l'hydrocaule des autres Hydraires. — La fossilisation a changé les caractères histologiques et chimiques des parties, mais il semble que tout cela devait être formé de chitine, plus ou moins épaisse suivant les points, comme les loges des Calyptoblastines([1]).

On pensait aussi que les colonies devaient être fichées par l'extrémité siculaire dans la vase du fond ou peut-être flotter à l'état pélagique. Mais, récemment, de très intéressantes recherches, en particulier celles de RÜDEMANN [95] sont venues modifier considérablement les vues sur ces êtres, grâce à de nombreuses données nouvelles fournies par des échantillons remarquablement conservés et traités par les coupes ou par des dissolvants. C'est principalement chez *Diplograptus* que ces découvertes ont été faites et nous prendrons ce genre comme type, sans pouvoir cependant assurer que l'on ait le droit de généraliser ce qui a été découvert à son sujet.

La colonie adulte complète est formée par un assez grand nombre des colonies linéaires ci-dessus décrites et qui s'appellent les *rhabdosomes* (**14**, *fig. 1* et *2 rh.*), convergeant vers un centre commun, à la manière

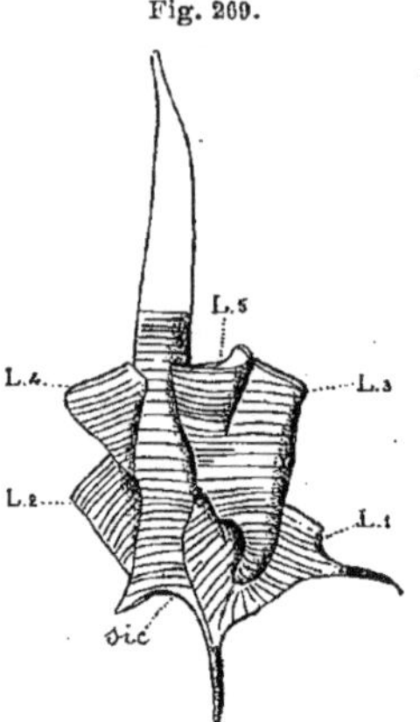

Fig. 269.

Diplograptus gracilis. Sicule ayant bourgeonné les 5 premières hydrothèques, vue du côté de la virgula (d'ap. Wiman).

L. 1, **L.** 2, **L.** 3, **L.** 4, **L.** 5, hydrothèques numérotées suivant leur ordre d'apparition; **sic.**, sicule : **vrg.** virgula.

([1]) Cependant l'étude sur les coupes a montré à PERNER [94, 95] et à GÜRICH [96] que les parois des loges sont composées de nombreuses couches, en sorte qu'on a émis l'idée qu'elles pourraient avoir contenu un mésoderme, au lieu d'être entièrement cuticulaires. Cette opinion semble cependant difficile à concilier avec l'idée que l'on peut se faire de l'anatomie de l'animal.

des baleines d'un parapluie ; les colonies linéaires ont la sicula à l'extrémité distale et l'extrémité proximale prolongée en un hydrocaule nu, qui seul aboutit au centre commun, où il se fusionne avec les autres hydraucaules de la colonie en une sorte de courte racine étoilée appelée le *funicule* (**14**, *fig.* 3 et fig. 270); elles ne sont pas de même taille : il y en a quatre plus grandes orientées dans deux plans perpendiculaires, puis quatre plus courtes dans les plans bissecteurs, puis huit plus courtes dans les intervalles des précédents et. ainsi de suite, avec une certaine régularité.

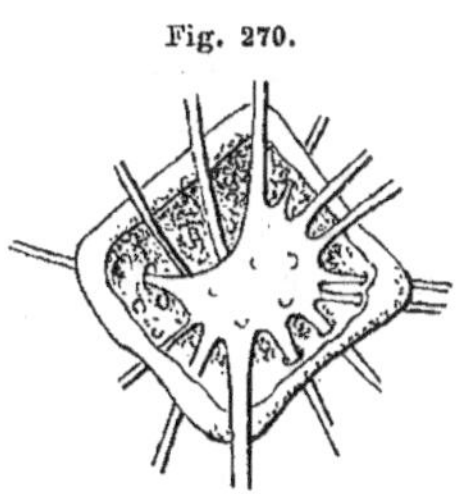

Fig. 270.

Plaque centrale avec le funicule qu'elle contient. (d'ap. Rüdemann).

Le centre commun est formé de trois parties superposées qui se présentent dans l'ordre suivant, en allant de la face concave à la face convexe : 1° le *disque central* (fig. 270 et **14**, *fig.* 4, *d. c.*), sorte de capsule chitineuse à parois épaisses, de forme quadrangulaire, que les hydrocaules percent pour venir se jeter à son intérieur, dans le *funicule* résultant de leur fusion ; 2° une couronne de vésicules à parois minces, les *gonothèques* (**14**, *fig.* 1, 2, 3 et 4, *gn.*) ; 3° le *sac apical* (*s. ap.*), grosse vésicule surmontant les gonothèques et ayant la forme de deux dômes à base rectangulaire, unis par leur base commune en une sphère déformée, dont le méridien équatorial aurait été rendu de forme carrée.

Une question ici se pose, non encore résolue, et de laquelle dépend toute l'interprétation du système. Le sac apical était-il tourné en haut ou en bas, libre ou fixé?

Dans le premier cas, la colonie était flottante, à la manière d'un Siphonophore, et le sac apical était un flotteur; dans le second, la colonie était fixée comme un Hydraire et le sac apical, méritant alors seulement le nom de *sac basilaire* que lui donne Rüdemann, était un appareil d'enracinement, une sorte d'hydrorhize très-particulière. En faveur de la première hypothèse, Rüdemann fait remarquer que l'hydrocaule, étant plus grêle que la portion de la virgula garnie d'hydrothèques, n'était adapté qu'à la supporter par traction et n'eût pas été assez rigide pour la soutenir dressée vers le haut; en outre, la vaste dissémination géographique des Graptolithes s'accorde mieux avec l'idée d'un être pélagique charrié partout par les vagues et les courants. A cela, Lapworth ajoute le fait que les Graptolithes sont toujours aplatis dans une couche unique et non contenus dans l'épaisseur de plusieurs couches superposées.

En faveur de la seconde, plaide la découverte d'une large plaque où se voient de nombreuses colonies, toutes juxtaposées comme des plantes dans un parterre, sans qu'aucune fût superposée à d'autres comme cela serait sans doute arrivé, si elles avaient été déposées là au hasard de la sédimentation.

À l'intérieur des gonothèques, se trouve une partie saillante, que l'on pourrait appeler le *siculostyle* (**14**, *fig. 4*, **sst.**), et qui est chargée de nombreuses sicules insérées sur elle par leur sommet rétréci et tournant leur bouche vers le dehors (**sic. 1**). Les plus distales de ces sicules semblent se détacher comme pour devenir libres (**sic. 2**) et sortir par quelque orifice terminal de la gonothèque.

Mais d'autres (**sic. 3**), celles de la base, ne se détacheraient pas et seraient destinées à former de nouveaux rhadosomes de la colonie. Sur la sicule (**14**, *fig. 5*, **sic.**), en effet, bourgeonne bientôt une hydrothèque (**14**, *fig. 6*, *lg. 1*) qui prend naissance près de la bouche, mais s'accroît en sens inverse de l'orientation de la sicule, en direction proximale, en s'appuyant sur le corps de la sicule ; cette hydrothèque n° 1 en bourgeonne de la même façon (*lg. 1*) une n° 2 (**14**, *fig. 7*, *lg. 2*), et ainsi de suite (**14**, *fig. 8*). Lorsque, comme ici, il y a deux rangs d'hydrothèques, le n° 1 bourgeonne le n° 2 qui passe au côté opposé ; celui-ci donne le n° 3 qui va se placer au-dessus du n° 1 ; et enfin le n° 3 (fig. 269 et 270, *L 3*) en bourgeonne deux (*L 4* et *L 5*) qui sont chacune le premier terme d'une série centripète. Naturellement, la cloison de séparation entre les deux séries de loges ne commence qu'au-dessus de l'hydrothèque n° 3, bien que la colonie soit bisériée dès la base. Au fur et à mesure de ce développement, la sicule allonge son pédicule inséré sur l'hydrostyle et le développe en une tigelle, support des rangées d'hydrothèques, la virgula, dont l'accroissement marche plus vite que la formation des hydrothèques, de manière à former cette partie nue que nous avons appelée l'hydrocaule.

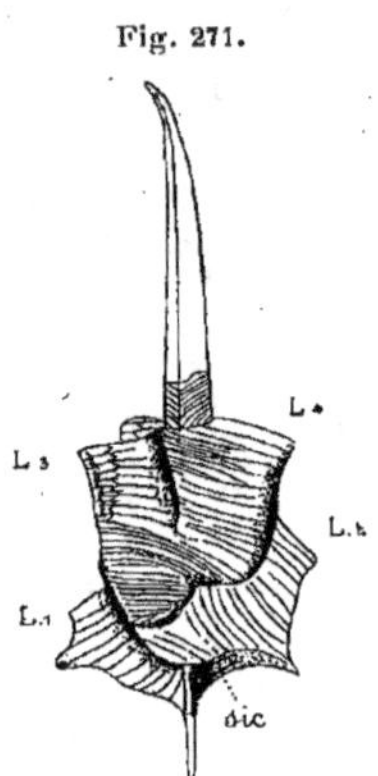

Fig. 271.

Diplograptus gracilis. Sicule ayant bourgeonné les quatre premières hydrothèques, vue du côté opposé à la virgula (d'ap. Wiman).

Le siculostyle dégénère dès que le ou les rhabdosomes auxquels il donne naissance ont commencé à se développer. Les rhabdosomes, se formant ainsi d'une manière successive, sont donc d'âges différents et c'est là l'origine des différences de taille que nous avons constatées dans les colonies adultes.

Quant aux sicules qui se détachent de l'extrémité distale du siculostyle, elles deviennent libres et servent à fonder de nouvelles colonies de la manière suivante. L'extrémité pédonculaire porte une petite pièce carrée (**14**, *fig. 5*, *s. ap.*) à laquelle elle se rattache par un renflement en bouton (*d*). Cette pièce carrée, en se développant, devient le sac apical, et le bouton forme le funicule et le disque central, tandis que la sicule elle-même bourgeonne, comme ci-dessus, un petit rhabdosome. Dès que celui-ci a quelques hydrothèques, il commence à former à sa base des gonothèques (**14**, *fig. 7*, et 8, *gn*) qui donnent, par le même procédé que ci-dessus, de nouveaux rhabdosomes; le rhabdosome primitif disparaît et la petite colonie, en se développant désormais symétriquement, devient semblable aux colonies adultes décrites au début de cet article.

Il y a dans cette histoire encore bien des points obscurs et même douteux, mais ce n'en est a pas moins là un intéressant exemple des résultats étonnants auxquels peut conduire une étude approfondie d'êtres qui n'ont laissé que de faibles traces de leur existence, aux époques les plus reculées.

Les Graptolithes se montrent, par là, bien plus différents des autres Hydraires qu'on n'aurait pu le croire, lorsqu'ils étaient moins bien connus. On voit cependant qu'ils se rapprochent des Calyptoblastidés, et en particulier des Sertulaires plus que de tous les autres par leurs hydrothèques qui, sans doute, contenaient les hydranthes nourriciers ([1]) et par leurs gonothèques contenant un blastostyle (le siculostyle) sur lequel se forment de nouveaux individus. Ce qu'il y a de particulier (si toutefois c'est bien ainsi que sont les choses) c'est la formation, sur le siculostyle, de deux sortes de bourgeons, les uns devenant libres pour fonder de nouvelles colonies, les autres se développant sur place pour accroître la colonie qui les porte. Quant aux sicules, qu'elles soient vraiment des bourgeons ou peut-être des produits d'un développement sexuel, elles représentent certainement un premier individu, fondateur du rhabdosome, rappelant l'oozoïte fondateur d'une colonie de blastozoïtes, colonie indépendante ou branche d'une colonie déjà formée. La sicule fossile n'est que l'enveloppe chitineuse, l'hydrothèque, de cet individu fondateur. La présence de cette enveloppe autour d'un individu qui, chez tous les Hydraires actuels, en est dépourvu, est un des traits les plus remarquables des Graptolithes.

GENRES

=== 1re FAM. : *MONOGRAPTINÆ* [*Monograptidæ* (Lapworth) + *p. p. Climacograptidi* (Frech); *p. p. Axonophora* (Frech) [c'est-à-dire avec virgula]; *Monoprionidæ* (Hopkinson)]. — Une virgula et une seule rangée d'hydrothèques.

Monograptus (*) (Geinitz) (fig. 272 à 274) est formé de branches simples

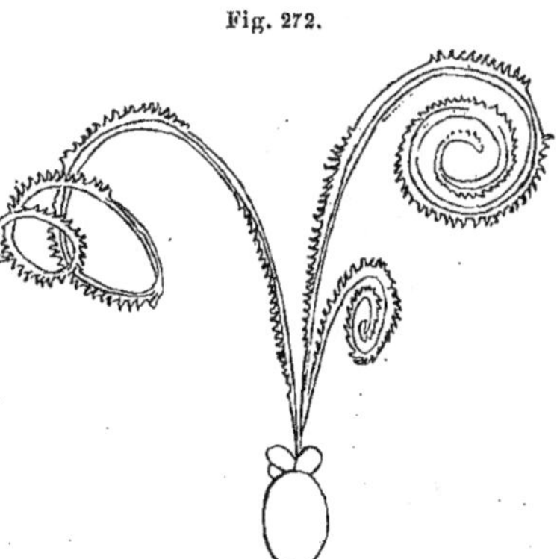

Reconstitution de *Monograptus spiralis* (d'ap. Törnquist).

Fig. 272.

([1]) ALLMAN a émis l'idée que les hydrothèques pouvaient avoir contenu non des hydranthes ordinaires, mais des nématophores qui seraient, par suite, une forme primitive. Cette opinion, déjà bien hasardée à l'époque où elle a été émise. ne reçoit aucun appui des récentes découvertes.

(*) Tous les noms de genres en *graptus* sont écrits parfois *grapsus,* en particulier par Nicholson.

Fig. 273.

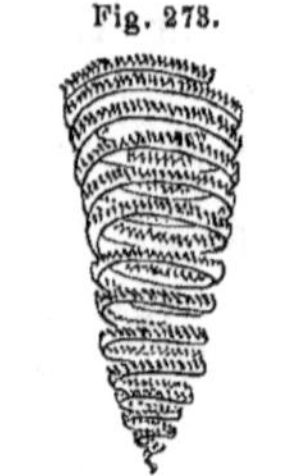

Fig. 274.

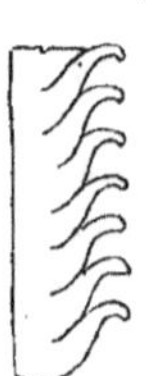  

Monograptus turriculatus
(d'ap. Barrande).

Monograptus (Graptolithus) priodon
vu sous divers aspects (d'ap. Nicholson).

Fig. 275.

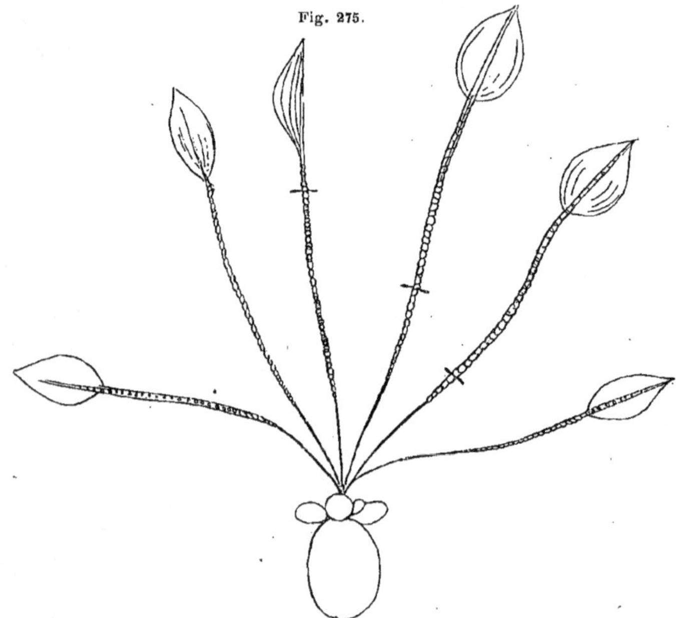

Pristiograptus pala. Reconstitution (d'ap. Frech).

Fig. 276.

 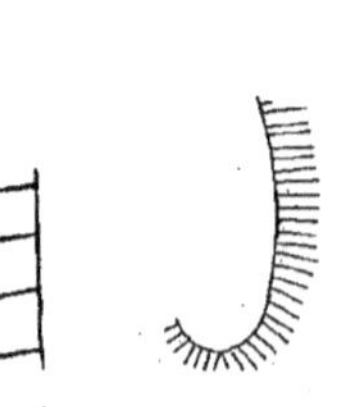 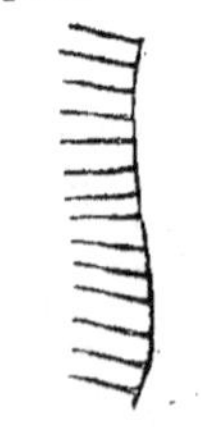 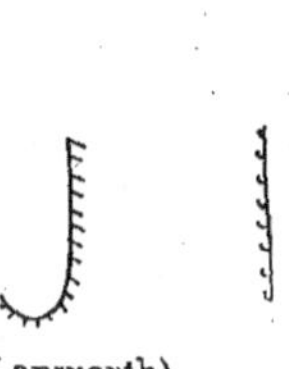

Diverses espèces de *Rastrites* (d'ap. Lapworth).

(non ramifiées), rectilignes ou enroulées en hélice ou en spirale ; la sicule est bien développée, les hydrothèques sont sur une seule rangée, recourbées vers l'extrémité distale, contiguës les unes aux autres. La virgula est dans l'épaisseur de la paroi opposée aux hydrothèques (Sil.)·

Fig. 277.

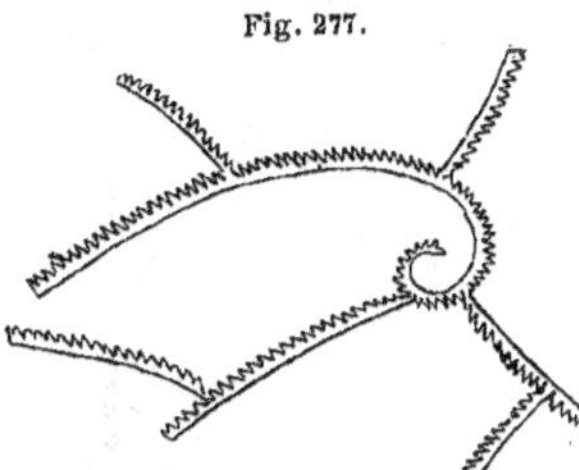

Cyrtograptus Murchisoni
(d'ap. Carruthers).

Pristiograptus (Jäkel) (fig. 275), a les hydrothèques non recourbées (Sil.).

Rastrites (Barrande) (fig. 276), a les hydrothèques ni recourbées ni contiguës (Sil.).

Monoclimacis (Frech), a les hydrothèques
d'abord parallèles à la tige, puis recourbées à angle droit (Sil.).

Cyrtograptus (Carruthers) (fig. 277 et 278) émet des ramifications latérales (Sil.).

Linograptus (Frech) se distingue de tous les
autres par ses hydrothèques orientées en sens
inverse, la bouche vers la sicule (Sil.).

═══ 2ᵉ FAM. : *DIPLOGRAPTINÆ* [*Diplograp-
tidi* (Lapworth) + *p. p. Climacograptidi*
(Frech); *p. p. Axonophora* (Frech); *Diprionidæ* (Hopkin-
son)]. — Une vir-
gula (*Axonopho-
ra*); deux rangées
d'hydrothèques
adossées.

Diplograptus (Mᶜ
Coy) (fig. 279
à 281) est le
genre que
nous avons
décrit comme
type de la tri-
bu (Sil.).

On l'a divisé
en plusieurs sous-
genres :
Glyptograptus (Lap-
worth),

Fig. 278.

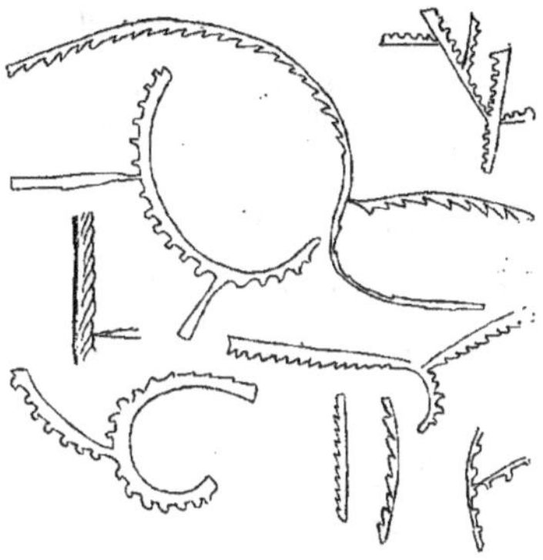

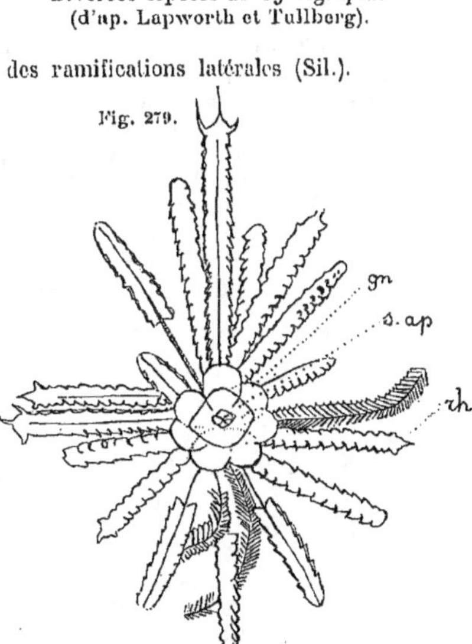

Diverses espèces de *Cyrtograptus*
(d'ap. Lapworth et Tullberg).

Fig. 279.

Colonie de *Diplograptus pristis*,
vu par le sac apical (d'ap. Rüdemann).

gn., gonothèques ; rh., rhabdomes ;
s. ap., sac apical.

Fig. 280.

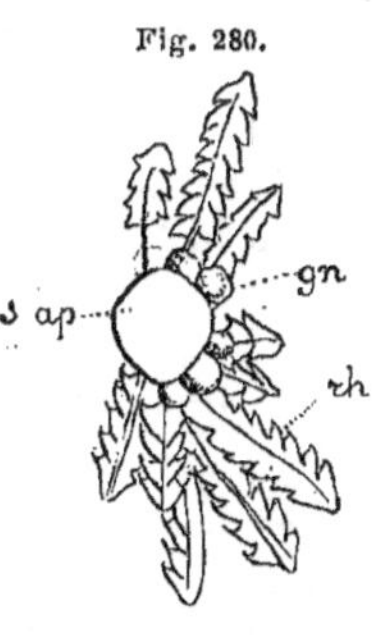

Colonie de
Diplograptus aculeatus
vu par le sac apical
(d'ap. Rüdemann).

gn., gonothèques ; rh.,
rhabdome; s. ap., sac
apical.

Petalograptus (Suess),
Cephalograptus (Hopkinson),
    La famille contient, en outre, les genres :
Climacograptus (Hall) (Sil.),
Retiograptus (Hall) (fig. 282) (Sil.),
Lasiograptus (Lapworth) (Sil.).

Orthograptus (Lapworth).

Trigonograptus (Nicholson) (Sil.) et
Glossograptus (Emmons) (Sil.), pour FRECH,
    synonyme de *Diplograptus*

    Ces trois derniers genres, primitivement placés à côté de *Retiolites* en raison de leurs ramifications et de leurs parois légèrement réticulées, en diffèrent par leur virgula unique centrale. Ils constituaient pour Lapworth une famille [*Glossograptidæ* (Lapworth)] caractérisée par ce caractère de leur virgula, par opposition avec la virgula en zigzag des *Gladiograptinæ* (Voir plus loin, page 175).

    Entre *Diplograptus* à deux séries de loges et *Monograptus* qui n'en a qu'une rangée, on peut considérer comme formes intermédiaires :

Dimorphograptus (Lapworth) (fig. 283) qui a deux séries de loges dans les parties jeunes des branches et une seule (évidemment par réduction secondaire) dans les parties âgées, au voisinage de la sicula (Sil.) et
Dicranograptus (Hall) (Sil.) qui a deux séries à la base et une série vers le haut. Mais cela résulte simplement de ce que c'est une forme à deux branches, dont les deux branches sont soudées jusqu'à une certaine distance de la base. En effet,
Dicellograptus (Hopkinson) (Sil.) qui en est considéré comme un simple sous-genre, est formé de deux branches distinctes jusqu'à la sicula.

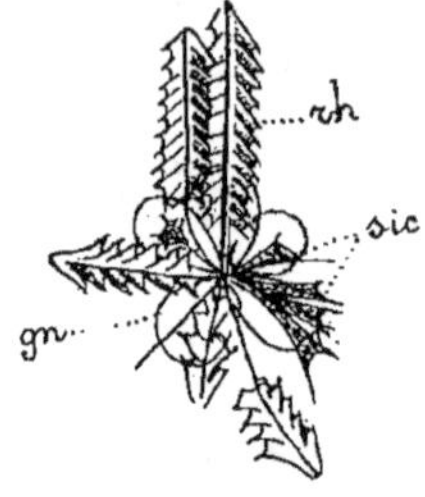

Fig. 281.

Colonie de
Diplograptus pristis
vue par la face funiculaire
(d'ap. Rüdemann).

gn., gonothèques; **sic.**,
sicules ; **rh.**, rhabdomes.

Fig. 282.

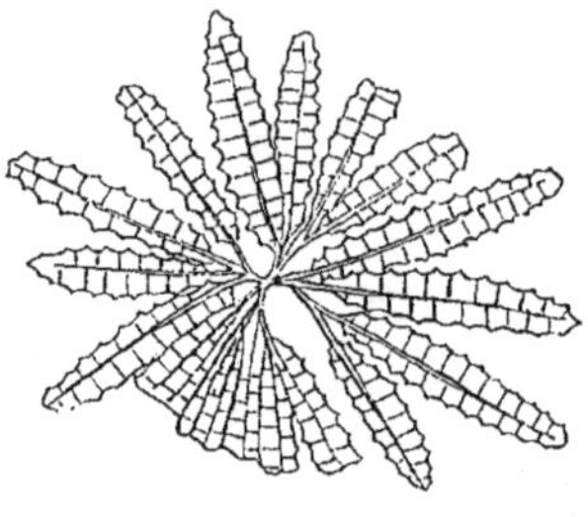

Retiograptus eucharis
(d'ap. Hall).

    3° FAM. : *DICHOGRAPTINÆ* [*Dichograptidi* (Frech), *Didymograptidæ* (auct.) *Leptograptidæ* (*Nemagraptidæ*) + *Dichograptidæ* (Lapworth); *Axonolipa* (Frech) [c'est-à-dire sans virgula]. Pas de virgula. Tous les genres de la famille sont siluriens.

Didymograptus (Mᶜ Coy) (fig. 284 et 285) a pour caractère, en outre de l'absence de virgula, d'être formé de deux branches symétriques, à un seul rang de loges, partant d'une sicula unique.

Fig. 283.

Fig. 284.

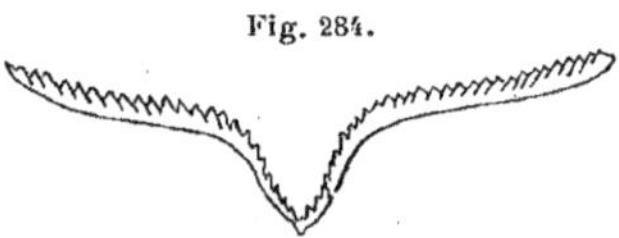

Didymograptus var. *fractus*
(d'ap. Nicholson et Lydekker).

*Dimorphograptus
Swanstoni*
(d'ap. C. Kurch).

Cœnograptus (Hall) (fig. 286 et 287) dont les deux branches sont ramifiées, avec deux sous-genres à 2 rangs de loges :
Pterograptus (Holm) ramifié une fois seulement et
Pleurograptus (Nicholson) ramifié deux fois.
Bryograptus (Lapworth) (fig. 288) a ses deux branches non symétriques.
Tetragraptus (Salter, *emend.* Frech) (fig. 289) a 4 branches (parfois 8) partant d'un court pédoncule simple.

Dichograptus (Salter) (fig. 290) en a 8 ou plus et les hydrothèques très basses.

Temnograptus (Nicholson) et

Clonograptus (Hall) ne sont que des sous-genres du précédent.

Phyllograptus (Hall, *emend.* Holm) (fig. 291) a 4 branches larges soudées par le dos en un tronc unique à 4 rangées de loges.

A la même famille appartiennent les genres douteux :

Amphigraptus (Lapworth),
Nemagraptus (Emmons),
Leptograptus (Lapworth),
Janograptus (Tullberg ?),

Fig. 285.

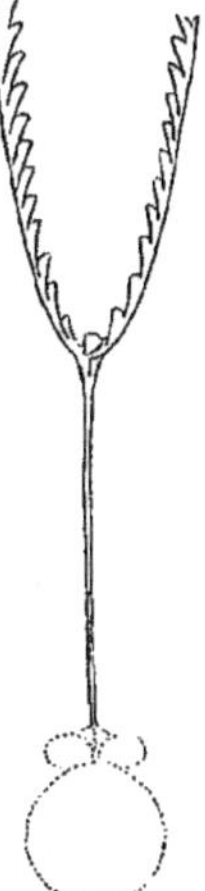

Fig. 286.

Fig. 287.

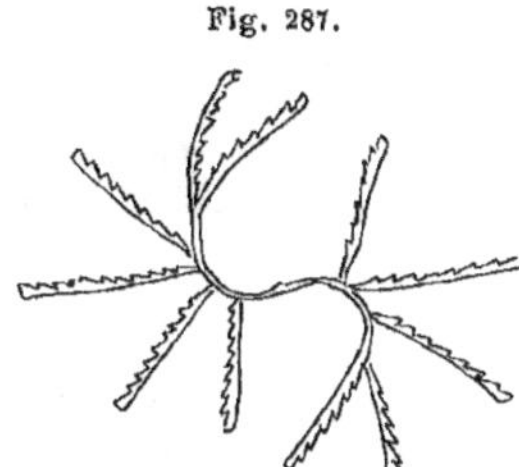

Cœnograptus gracilis
(d'ap. Nicholson).

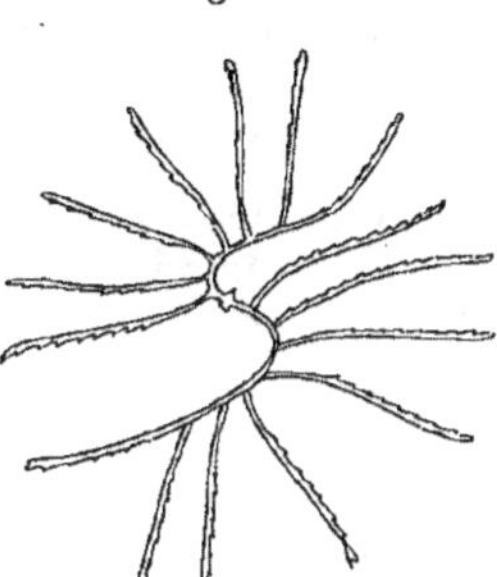

Cœnograptus gracilis
(d'ap. Lapworth).

*Didymograptus
dentatus*
(d'ap. Frech).

Fig. 288.

Bryograptus retroflexus (d'ap. Brögger).

Fig. 289.

Tetragraptus Bigsbyi (d'ap. Frech).

Fig. 290.

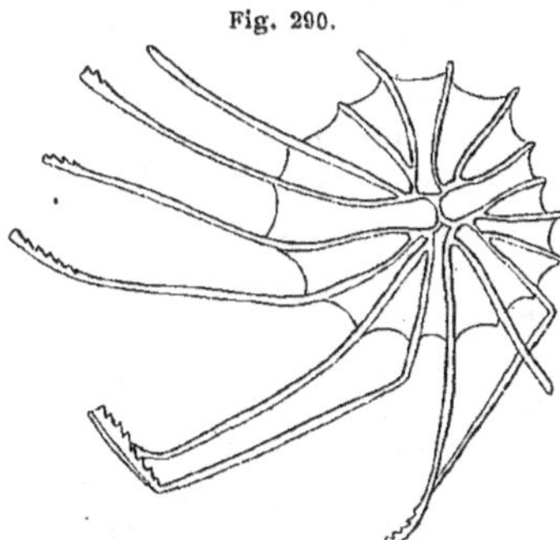

Dichograptus Logani (d'ap. Hall.)

Fig. 291.

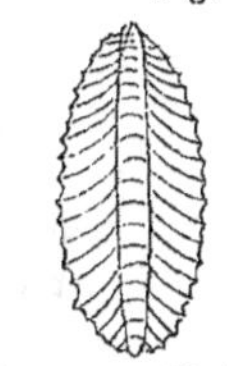

Phyllograptus ilicifolius (d'ap. Hall).

Isograptus (Moberg),
Mæandrograptus (Moberg),
Azygograptus (Lapworth),
Schizograptus (Nicholson),
Ctenograptus (Nicholson),
Holograptus (Holm),
Stephanograptus (Geinitz),
Goniograptus (Mc Goy).

Trochograptus (Holm),
Rouvilligraptus (Barrois),

Loganograptus (Hall),
Clematograptus (Hopkinson),

Est-ce ici qu'il convient de placer le genre
Dawsonia (Nicholson) représentant, d'après son auteur, des gonanges détachées, ainsi que
Rodonograptus (Pocta) et
Thamnocœlum (Pocta), empreintes si insuffisamment conservées que leur nature même de
Graptolites est douteuse ?

2e Tribu

RÉTIOLINES. — *RETIOLINA*

[*RETIOLOIDEA* (Lapworth); — *RETIOLITIDI* (Frech)]

TYPE MORPHOLOGIQUE
(FIG. 292 A 297)

Nous prendrons pour type le genre *Retiolites*.

La structure est ici sensiblement différente de celle du type précédent. La colonie a la forme d'un fuseau très allongé (fig. 292 et 293) mesurant environ 5^{cm} de long sur 4 à 5^{mm} de large au milieu, et aplati de manière à présenter une section ovalaire. Ce fuseau est creux, sa cavité étant celle du canal axial commun; sa paroi est percée le long des deux bords d'une série longitudinale d'ouvertures à bord à peine saillant qui sont les bouches des hydrothèques. La paroi péridermique était évidemment continue, mais il n'en est resté le plus souvent qu'un réseau de fibres chitineuses pleines qui servait à la renforcer. En haut, le tube est fermé par le même réseau de fibres péridermiques; en bas, il n'y a pas, à proprement parler, de sicula, mais le tube axial s'ouvre librement par une bouche bordée d'une fibre plus forte, et l'on peut considérer cette partie inférieure, entre la bouche terminale et la première hydrothèque (*canal initial* de Wiman), comme ayant abrité l'individu fondateur de la colonie et, par conséquent, comme représentant la sicule. Le long du milieu d'une des faces du canal initial, règne une fibre péridermique pleine, plus grosse que les autres, qui s'étend de là, d'une part en bas, au delà de la bouche, en une *épine buccale* (fig. 292)

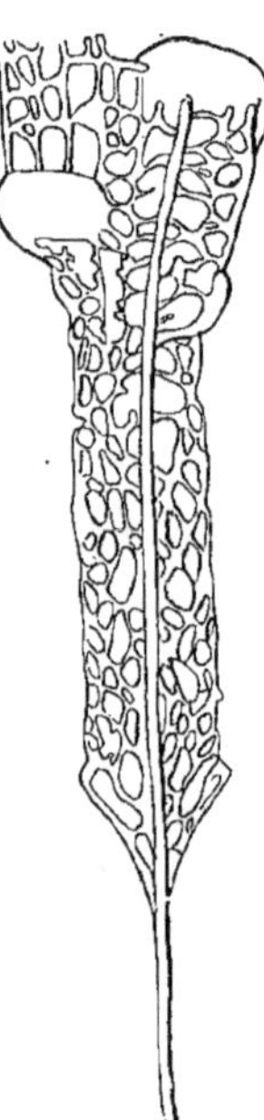

Fig. 292.

Retiolites nassa,
vu du
côté de la virgula
(d'ap. Wiman).

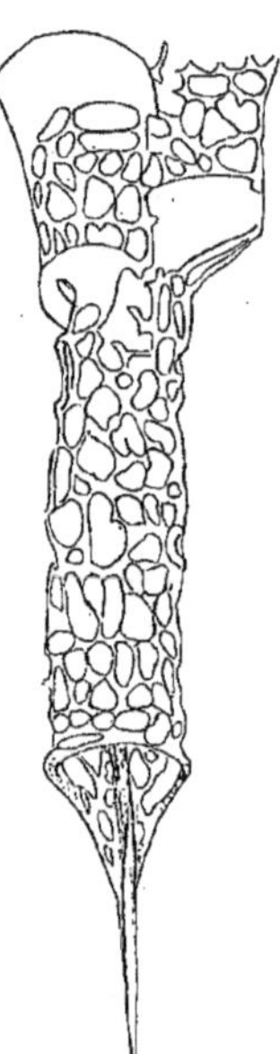

Fig. 293.

Retiolites nassa,
extrémité proximale
vue du côté
de l'anti-virgula
(d'ap. Wiman).

et, d'autre part, tout le long de la colonie à laquelle elle sert d'axe de soutien (fig. 294, *v.* et fig. 295); elle est dans toute son étendue contenue dans le périderme ou tout au moins unie à lui. Cette fibre correspond à la *virgula* dont elle diffère par le fait qu'elle est pleine et n'est pas produite par une sicule normale. WIMAN, en raison de ces différences, pense qu'elle n'est pas homologue à la virgula des autres Graptolithes.

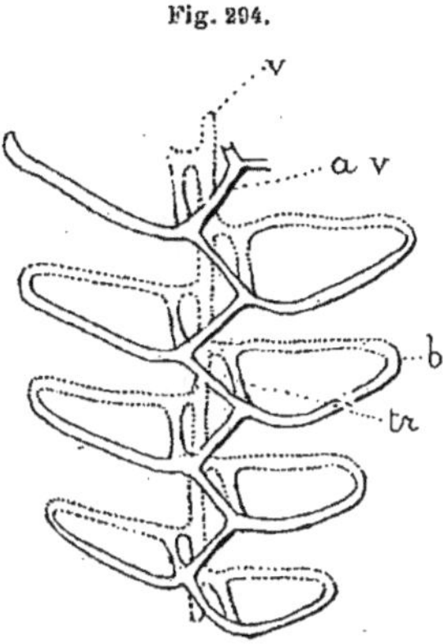

Réseau principal
de *Retiolites geinitzianus*
(d'ap. Wiman).

a. v., anti-virgula; b., arceaux bordant les ouvertures des loges; tr., traverses; v., virgula.

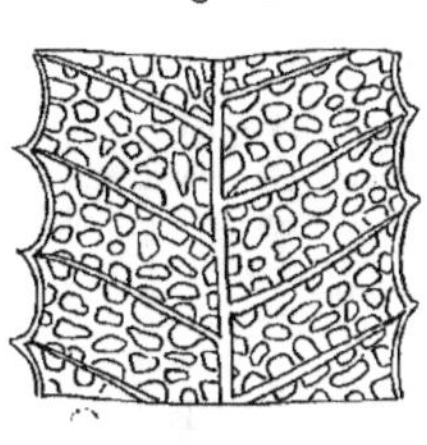

Retiolites venosus.
Vue de la virgula
(d'ap. Hall).

Chez certaines espèces (*R. nassa*) il n'y a rien de plus, sauf certaines fibres péridermiques longitudinales plus grosses divisant la colonie en quatre champs égaux, un virgulaire, un anti-virgulaire et deux latéraux contenant les bouches des hydrothèques; chez d'autres (*R. geinitzianus*), il y a du côté anti-virgulaire une seconde fibre maîtresse (fig. 294, *av.*, 296 *v'.* et 297) appelée abusivement la *virgula en zigzag* qui diffère par sa forme de la virgula normale et qui lui est reliée par des fibres transversales traversant le canal axial. On pourrait dans ces cas considérer la partie comprise entre ces tigelles transversales comme représentant plus spécialement le canal axial. Au sommet de la colonie, les virgula se ramifient et se perdent dans le réseau qui ferme le canal axial. On ne sait rien du développement, mais on a trouvé dans des formes comparables (*Retiograptus*) des colonies formées de nombreux rhabdosomes divergeant d'un centre, en sorte qu'il se pourrait qu'il y eût là aussi quelque chose de semblable à ce qui a été décrit pour *Diplograptus*.

Fig. 296

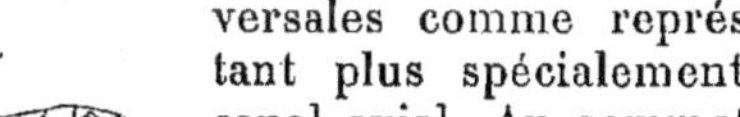

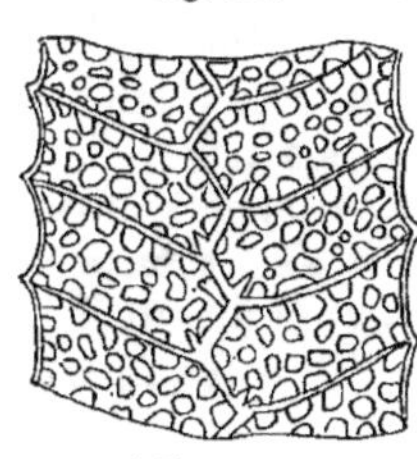

Retiolites vernosus
vue de l'anti-virgula
(d'ap. Hall).

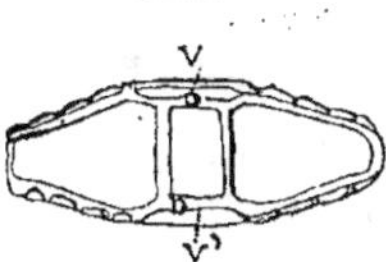

Retiolites geinitzianus
(d'ap. Holm).

v., virgula; v'., anti-virgula.

GENRES

FAM. : *GLADIOGRAPTINÆ* [*Gladiograptidæ* (Hopkinson et Lapworth)]. — **Caractères de la tribu.**

Retiolites (Barrande) (fig. 292 à 297). C'est le genre même que nous venons de décrire comme type (Sil. sup.).

Stomatograptus (Tullberg) (fig. 298) est un simple sous-genre ;
Clathrograptus (Lapworth) (Sil. sup.) et
Gothograptus (Frech) (Sil. sup.) sont des genres voisins.

Fig. 298.

Extrémité distale
de *Stomatograptus*
Törnquisti
(d'ap. Frech.)

3ᵉ TRIBU

DENDROÏNES. — *DENDROINA*

[*DENDROIDEA* (Nicholson) ; — *CLADOPHORA* (Hopkinson) ;
DENDROGRAPTIDI (Römer) ;
AXONOLIPA DENDROGRAPTIDI Frech)]

TYPE MORPHOLOGIQUE
(FIG. 299 ET 300)

Nous prendrons pour type le genre *Dictyonema*.

Cet être (fig. 299) est de forme ramifiée comme presque tous les genres de cette tribu. D'un centre commun partent de nombreuses branches divergeantes qui se ramifient au fur et à mesure, de manière à conserver entre elles à peu près le même écartement et qui sont reliées les unes aux autres par de fines anastomoses en échelle, mais irrégulières. La constitution de la partie centrale est mal connue. Elle était certainement fixée dans le sol et paraît avoir été munie d'une sicula fixée par un disque adhésif. La position de cette sicula à l'extrémité proximale des branches constitue un trait distinctif important par rapport aux vrais Graptolithes. Chaque branche est fournie de deux rangées latérales d'*hydrothèques*. Sur les parois latérales de celles-ci se trouve, alternativement à droite et à gauche, chez *D. cervicorne*,

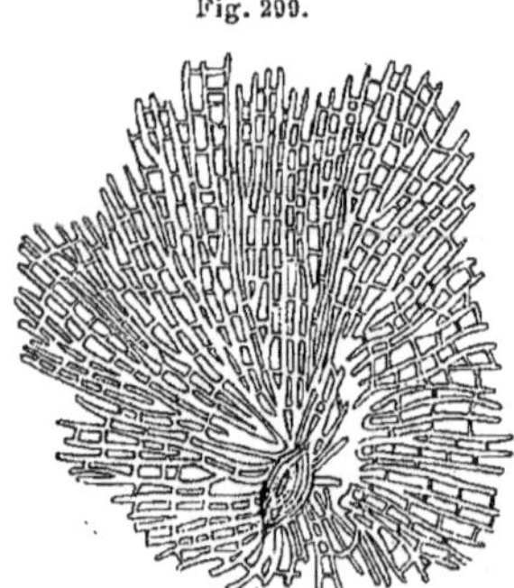

Fig. 299.

Dictyonema reliforme
(d'ap. Hall).

(mais ce n'est pas un caractère générique), un orifice conduisant dans une cavité intérieure en forme de nid qui, d'après HOLM [95], serait une *gonothèque* (fig. 300, g^2, g^3) ayant abrité un gonange chargé de la reproduction sexuelle, mais que FRECH considère avec beaucoup plus de vraisemblance comme une *sarcothèque* ayant abrité un nématophore. En face de chaque sarcothèque, plus ou moins symétriquement par rapport à l'hydrothèque correspondante, est une cavité, non ouverte au dehors mais communiquant intérieurement avec l'hydrothèque, que l'on pourrait appeler le *blastothèque* (b^3), car c'est d'elle que part le bourgeonnement des autres éléments de la colonie. Dans sa cavité prennent

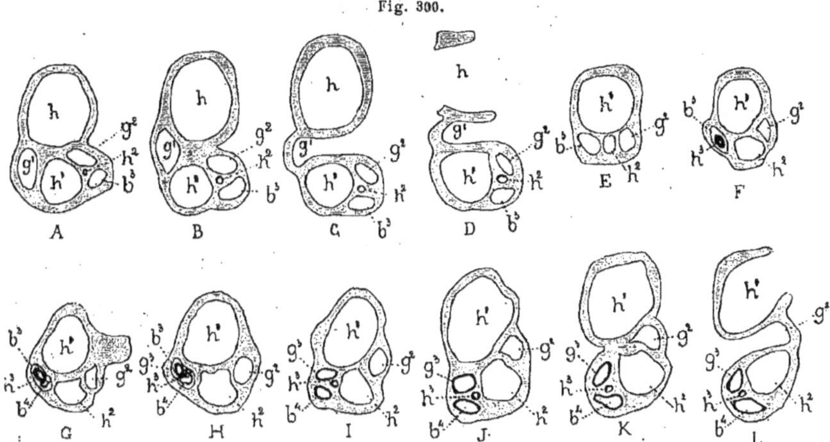

Fig. 300.

Coupe en série de *Dictyonema rarum* (d'ap. Wiman).

A. B. C..... L. coupes successives ; **g.**, gonothèques Holm représentant un sarcothèque pour Frech ; **b.**, blastothèques ; **h.**, hydrothèques.

Les exposants 1, 2, 3, 4, indiquent la succession de ces divers organes. En **F.** on voit le commencement du bourgeonnement de l'hydrothèque **h.³**, par le blastothèque **b.³**; en **G.** apparaît un nouveau bourgeon **b.⁴** qui représente le blastothèque qui fournira dans la suite du développement le groupe immédiatement supérieur **h.⁴ g.⁴ b.⁵**, enfin en **H.** le blastothèque **b³** fournit par un nouveau bourgeon le sarcothèque **g.³** qui complète le groupe **h.³**, **g.³**, **b.⁴**, engendré par le blastothèque **b.³**.

en effet origine l'hydrothèque (fig. 300, H h^3), le sarcothèque (g^3) et le blastothèque (b^4) du niveau immédiatement supérieur, et cela continue ainsi dans toute la hauteur des branches ; les blastothèques seraient donc des loges de bourgeons qui ont disparu en formant les éléments d'une nouvelle assise. Il n'y a pas de canal axial proprement dit, mais toutes les loges communiquent entre elles par leur base, au point où elles ont bourgeonné. Dans le périderme il n'y a pas de virgula et c'est là encore un des traits distinctifs les plus importants de ce type.

Fig. 301.

Dendrograptus Hallianus
(d'ap. Hall.)

GENRES

Dictyonema (Hall) (fig. 299 et 300), c'est le genre même que nous venons de décrire comme type (Cambr., Sil. Dév.).

Ce genre est le chef d'un petit groupe autrefois réuni aux Calyptoblastines, mais qui semble bien avoir avec les Graptolithes des affinités moins lointaines.

Dendrograptus (Hall) (fig. 301),
Callograptus (Hall),
Ptilograptus (Wiman) (fig. 302),
Thamnograptus (Hall),
Buthograptus (Hall),
Acanthograptus (Spencer),
 appartiennent à ce groupe, auquel semblent aussi se rattacher

Inocaulis (Hall),
Stelechocladia (Pocta),
Calyptograptus (Spencer),
Rhizograptus (Spencer),
Cyclograptus (Spencer),

Triplograptus (Richter),
Desmograptus (Hopkinson),
 Tous sont Siluriens.

Caryocaris (Salter),
Phycograptus (Gurley).

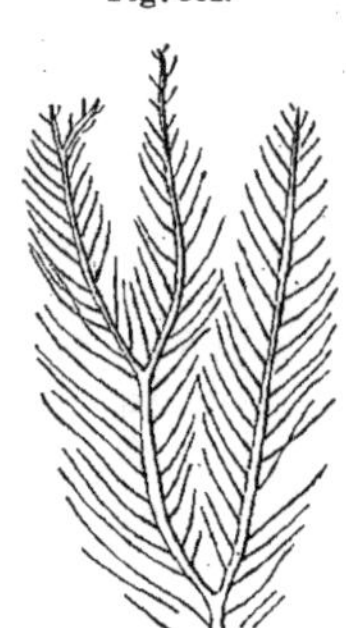

Fig. 302.

Ptilograptus plumosus
(d'ap. Hall).

4e Ordre

TRACHYLIDES. — *TRACHYLIDA*

[Monopsea (Allmann); — Trachylinæ (Häckel);
Trachyméduses (¹) (*Nob.*);
Statocystates; — *Statocystatæ* (*Nob.*)]

(Méduses de haute mer par opposition aux Méduses Leptolides qui sont côtières)

TYPE MORPHOLOGIQUE
(Pl. 15 et FIG. 303 à 310)

L'animal est représenté ici uniquement par une Méduse sexuée qui se reproduit directement, en sorte qu'il n'y a ni forme hydraire, ni génération alternante. Il n'y a donc ici à décrire que les caractères spéciaux de cette Méduse.

La Trachyméduse (**15**, *fig. 6*) est de petite taille (quelques millimètres à quelques centimètres); sa *forme*, parfois élevée en dôme, est plus généralement hémisphérique ou surbaissée. Sa *mésoglée* exombrellaire (**15**, *fig. 6, msg.*), sans être très abondante, est ferme, principalement au bord libre, où elle se condense, en dehors du sinus circulaire (*cn. c.*), en une sorte d'anneau subcartilagineux au niveau duquel l'ectoderme forme un *bourrelet urticant*. Son *velum* (**vl.**) est bien développé et puissamment musclé (*mcl.*), en sorte que ses mouvements de natation sont énergiques et brusques : elle nage par petits bonds saccadés. Ses *tentacules* (*tt.*) au nombre de 4, 8, 16, 32 ou plus sont, suivant la règle, disposés dans les radius d'ordre successif; ils sont modérément souples, plutôt un peu rigides, et cette qualité est due à une particularité que nous avons déjà rencontrée chez certaines Méduses d'Hydraires, les Pycnomérinthes de Vanhôffen. D'ordinaire, en effet, ils ne sont pas creux, et leur endoderme, au lieu de former un petit canal conique, est représenté par une tigelle axiale (**ax.**) formée d'une seule

---

(¹) Ce terme est employé parfois comme synonyme de *Trachoméduses* (Voir p. 182), mais nous préférons le réserver pour la dénomination du sous-ordre qui contient les deux tribus des Trachoméduses et des Narcoméduses. D'autres appellent Trachoméduses à la fois le sous-ordre et la tribu, changeant seulement la désinence, tel Lendenfeld [84] qui divise les *Trachomedusinæ* en *Trachomedusidæ* et *Narcomedusidæ*, etc.

file de cellules. Ces cellules, en outre, ont subi une dégénérescence vacuolaire spéciale (fig. 303) qui leur donne une frappante ressemblance avec celles de la notocorde des Vertébrés ou avec celles d'un parenchyme végétal. Les parois latérales de ces cellules sont épaissies et montrent sur la coupe optique des saillies dues à des épaississements localisés sur leur face interne; ces parois se distinguent nettement de la lame mésogléenne qui les sépare de l'ectoderme; les parois transversales, au contraire, sont fusionnées entre les cellules contiguës en une seule lame, en sorte que la cavité axiale semble plutôt découpée en logettes cylindriques contenant les noyaux que formée d'une file de cellules empilées. Les noyaux sont au milieu de la cavité cellulaire et entourés d'une petite masse protoplasmique qui envoie vers la partie périphérique des trabécules entre lesquels sont les vacuoles. Cette structure a ici les mêmes effets que dans la notocorde, savoir, de transformer le tissu en un axe squelettique souple et ferme à la fois.

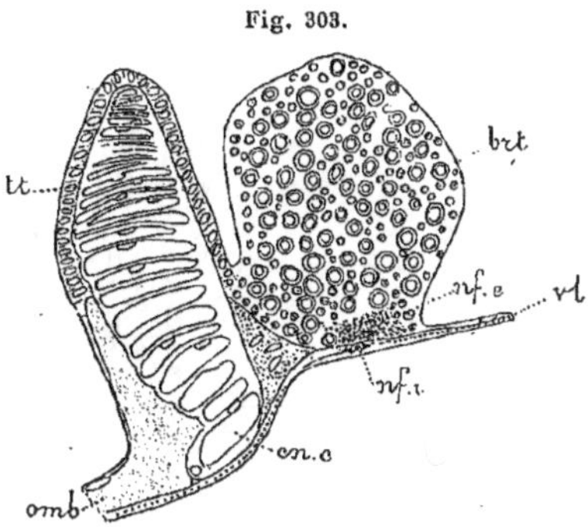

Fig. 303.

Coupe radiale de la région du bourrelet urticant passant par la base d'un tentacule d'*Aglaura hemistoma* (d'ap. O. et R. Hertwig).

brt., bourrelet urticant; **cn. c.**, canal circulaire; **nf. e.**, cercle nerveux externe; **nf. i.**, cercle nerveux interne; **omb.**, ombrelle; **tt.**, tentacule; **vl.**, velum.

Le *système gastrovasculaire* ne présente pas de particularités bien remarquables. Il y a, comme toujours, un *œsophage* endodermique, parfois extrêmement court, un *estomac* (cv.) et des *canaux radiaires* (cn. r.) au nombre de 4 à 8 ou plus, parfois dilatés en poches radiaires assez vastes, et un *sinus circulaire* (cn. c.). Le bord du disque est muni d'un bourrelet épaissi formé de nématoblastes.

Le *système nerveux* (n.) ne présente rien de spécial par rapport à celui du type général (Voir p. 21).

Les *organes des sens* sont représentés par des *statocystes* (**14**, *fig. 6*, **strh.**) contenus dans de petits tentacules spéciaux, qui sont toujours de dernier ordre, étant placés dans les intervalles des tentacules normaux d'ordre moins élevé (¹).

(¹) Il est à remarquer que la loi de symétrie observée chez l'adulte n'est pas toujours primitive et fondamentale. Ainsi, dans le genre *Trachynema*, il y a 4 tentacules perradiaux, 4 tentacules interradiaux et 8 statocystes adradiaux. Mais chez le jeune, il n'y a que 4 tentacules perradiaux et 4 statocystes *interradiaux*. Quand les tentacules interradiaux se montrent, ils refoulent les statocystes dans les intervalles adradiaux. Cela n'est cependant pas une nécessité, car, dans bien des genres, on trouve des statocystes ou autres organes analogues correspondant aux tentacules et situés un peu plus près qu'eux du bord de l'ombrelle.

Ces *tentacules à otocystes* ou *tentaculocystes* comme on les appelle souvent ou *statorhabdes* (fig. 304 à 310), ainsi que nous les appellerons,

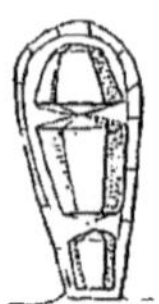

Fig. 304.

Organe sensitif
de *Polyxenia
cyanostylis*
(d'ap. Häckel).

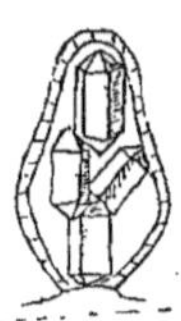

Fig. 305.

Organe sensitif
isolé de *Cunoctona
Lanzerotæ*
(d'ap. Häckel).

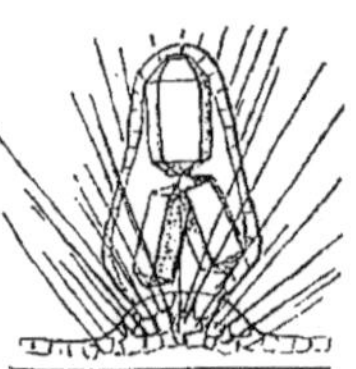

Fig. 306.

Organe sensitif
de *Cunoctona Lanzerotæ*
(d'ap. Häckel).

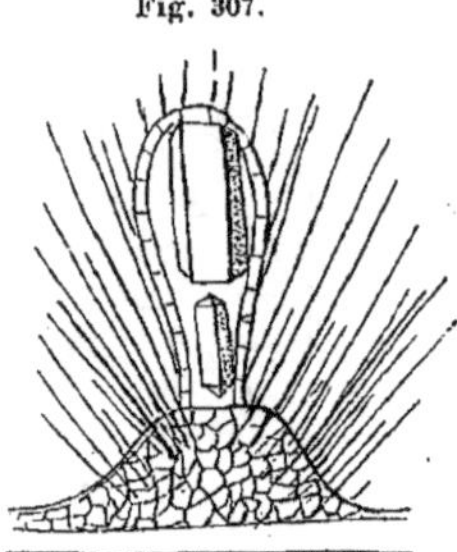

Fig. 307.

Organe sensitif
de *Polyxenia cyanostylis*
(d'ap. Häckel).

sont constitués essentiellement, comme les tentacules normaux, par une assise enveloppante ectodermique et un axe formé d'un file unique de cellules endodermiques; mais ils sont courts, claviformes, renflés au bout, ce qui est dû à ce que les cellules endodermiques terminales sont de plus en plus volumineuses, et contiennent une ou plusieurs otolithes cristallines ou concrétées. Les cellules ectodermiques de la base de ces tentacules et celles du voisinage, souvent développées de

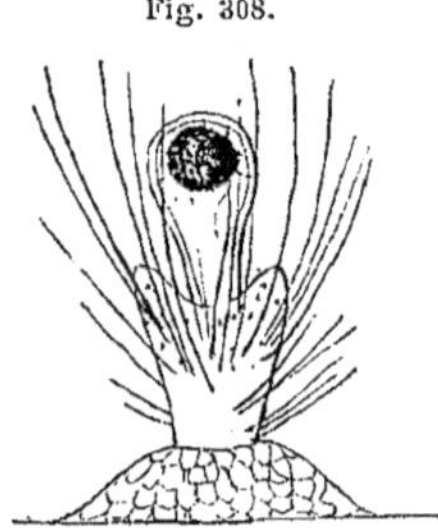

Fig. 308.

Organe sensitif
de *Solmaris coronantha*
(d'ap. Häckel).

Fig. 309.

Organe sensitif
de *Cunina sol maris*
(d'ap. O. et R. Hertwig).
c., concrétion.

manière à former une sorte de *coussin sensitif*, sont munies d'une soie sensitive raide (fig. 308 à 309). Quand l'animal fait un mouvement, le tentacule, chargé par les otolithes qui augmentent son inertie, ne suit ce mouvement qu'avec un certain retard et vient heurter les soies du coussinet basilaire, ou frapper de ses propres soies les parties voisines. C'est donc bien plutôt un organe des sensations de mouvement et d'équilibration réflexe, un *statocyste*, qu'un organe auditif. Par opposition aux Ocellates, *Ocellatæ*, on pourrait donner le nom de Statocystates, *Statocystatæ* aux Méduses pourvues de cet appareil.

Les organes sexuels (**15**, *fig. 6, gtx.*) sont développés le long des canaux radiaires et ne présentent rien de particulier.

Le *développement* est *direct*, c'est-à-dire que l'œuf engendre un être semblable à celui qui l'a produit; on l'appelle aussi parfois *hypogénétique*, par opposition au développement *métagénétique* (*métagénèse* ou *alternance des générations*), dont nous verrons plus loin des exemples et dans lequel l'œuf produit par la forme sexuée (ici, la Méduse) engendre une forme animale différente asexuée (ici, le Polype) qui, à son tour, reproduit la forme sexuée par bourgeonnement.

Les choses se passent essentiellement d'une manière conforme à celle que nous avons décrite à propos du type général des Cnidaires (V. p. 14), en ce qui concerne les premiers phénomènes (') : formation de la bouche, des tentacules, de la cavité gastrique, etc. ; mais nous devons expliquer comment se dessinent les

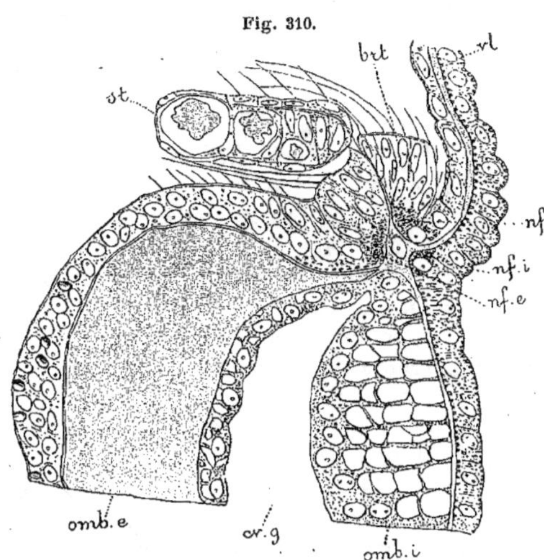

Fig. 310.

Coupe radiale de la région du bourrelet urticant de *Cunina lativentris* passant par un organe sensitif (d'ap. O. et R. Hertwig).

brt., bourrelet urticant; **cv. g.**, cavité gastro-vasculaire; **nf. e.**, cercle nerveux externe; **nf. i.**, cercle nerveux interne; **omb. e.**, ex-ombrelle; **omb., i.**, sous-ombrelle; **st.**, organe sensitif; **vl.**, velum.

---

(1) Nous devons mentionner ici l'existence de deux variations remarquables dans le mode de formation de l'endoderme. Celui-ci, au lieu de se délimiter comme d'ordinaire dans les cellules intérieures d'une morula pleine (*Aglaura*, *Rhopalonema*) peut se former par *prolifération multipolaire* ou par *délamination*.

Dans le premier cas, qui est celui des Narcoméduses (*Æginopsis*), il se forme d'abord une blastula creuse, ciliée, nageante, puis, en divers points des parois, des cellules prolifèrent et passent dans la cavité centrale, qui peu à peu s'en remplit. Ces cellules se disposent ensuite en une couche endodermique accolée à l'ectoderme et constituent l'endoderme, entourant une cavité centrale qui est celle de segmentation et devient la cavité gastrique, quand plus tard la bouche s'ouvre par rupture.

Le second mode, observé en particulier chez *Geryonia*, *Liriope*, par METCHNIKOV, par H. FOL et par BROOKS, consiste en ce que, au stade blastula, les cellules formant la paroi larvaire se divisent toutes par un plan tangentiel qui sépare deux cellules filles, une externe ectodermique, une interne endodermique, et le stade à deux feuillets se trouve ainsi constitué d'emblée. Chaque cellule de la blastula se montre formée de deux parties, un ectoplasme finement granuleux tourné vers le dehors et un endoplasme pâle et fortement vacuolaire, orienté vers le dedans. Ce sont ces deux parties que sépare le plan tangentiel de délamination, pour attribuer la première à l'ectoderme et la seconde à l'endoderme. La distinction de l'ectoplasme et de l'endoplasme existait déjà dans l'œuf et s'est continuée dans tous les blastomères, jusqu'à la délamination.

caractères particuliers de la forme Méduse, c'est-à-dire la forme en cloche, l'ombrelle, le velum, le manubrium et le système des cavités et canaux gastrovasculaires.

Dès que les feuillets se sont formés, une quantité considérable de mésoglée (**15**, *fig. 1, msg.*) est sécrétée entre eux, excentriquement, de manière à refouler la vésicule endodermique vers le point où sera la bouche. Là, les deux feuillets se soudent et la bouche s'ouvre par destruction de la paroi commune, mettant la cavité endodermique en communication avec l'extérieur. A l'opposé de la bouche, au contraire, la mésoglée (**15**, *fig. 2, msg.*) offre son épaisseur maxima qui va en diminuant progressivement sur les côtés, en sorte qu'elle présente déjà la répartition qu'elle aura plus tard dans l'ombrelle. La partie qui avoisine la bouche s'allonge et commence à dessiner le manubrium ; autour d'elle, se montre un bourrelet circulaire, correspondant au futur bord de l'ombrelle, sur lequel commencent à pousser les tentacules (**15**, *fig. 3, tt.*), d'abord quatre perradiaux. La partie de la paroi située en dedans de ce bourrelet représente la sous-ombrelle, et la partie, beaucoup plus étendue, située en dehors, l'exombrelle. Bientôt, la sous-ombrelle s'affaisse (**15**, *fig. 4*) de manière à réduire à un espace virtuel toute la partie périphérique de la cavité endodermique, la partie centrale (*cv.*) restant seule libre pour former l'estomac. Au niveau de la partie périphérique, les deux lames endodermiques se soudent, se fusionnent même en une *lame* unique dite *cathamnale* ou *vasculaire* (**15**, *fig. 5, l.*), qui même finit par se résorber, sauf dans les points où doivent exister plus tard les canaux radiaires (**15**, *fig. 5, cn. r.*) et le canal circulaire (*cn. c.*), qui, dans ce processus, persistent comme des espaces réservés, libres. Ainsi l'on voit que les choses se passent réellement comme nous les avons décrites pour faire dériver (V. p. 15) la forme Méduse de la forme Polype dans le type général des Cnidaires.

L'invagination de la sous-ombrelle détermine la cavité de la cloche dans laquelle le manubrium devient de plus en plus saillant. Ses tentacules interradiaux et autres, s'il y a lieu, se forment comme les perradiaux et reçoivent comme eux une file axiale de cellules endodermiques, en sorte qu'ils sont pleins dès l'origine. Les statocystes (*strh.*) se forment comme des tentacules. Le velum (**15**, *fig. 3, 4, 5, et 6 vl.*) résulte d'un repli ectodermique qui pousse horizontalement en dedans des tentacules (¹).

Les Trachylides sont les seuls Cœlentérés chez lesquels la digestion intracellulaire n'ait pas été observée.

(¹) Il est à remarquer, chez *Geryonia, Liriope* et d'autres, que les 4 premiers tentacules perradiaux larvaires sont caducs et remplacés par 4 permanents, mais qui n'apparaissent qu'après les interradiaux.

Les *Trachylida* se divisent en deux sous-ordres :

Trachomedusidæ, ayant le bord du disque entier, les tentacules marginaux, les gonades sur les canaux radiaires, qui sont au nombre de 4 à 8, les statocystes parfois contenus dans des vésicules intérieures ou extérieures (tentacules modifiés) ;

Narcomedusidæ, ayant le bord du disque découpé en autant de lobes qu'il y a de tentacules ; ceux-ci insérés sur l'exombrelle au-dessous du bord libre de l'ombrelle, auquel ils sont rattachés par les *péronies* ; canaux radiaires 8 à 32 ; gonades sur la paroi gastrique (parfois s'étendant sur les canaux radiaires) ; statocystes dans de vrais tentacules libres.

1er Sous-Ordre

TRACHOMÉDUSIDÉS. — *TRACHOMEDUSIDÆ*

[Trachoméduses ; — *Trachomedusæ* (Hæckel) ;
Trachymedusæ (Hæckel) ; — *Trachusæ* (Hæckel)]

TYPE MORPHOLOGIQUE

Ce type ne diffère de celui de l'ordre en rien d'essentiel et il suffit, pour le définir, de mentionner les particularités de quelques caractères qui prennent ici plus de précision.

Le *bord libre de l'ombrelle* est toujours entier et cela devient un caractère différentiel par rapport aux Narcoméduses. Les *tentacules* sont d'ordinaire nombreux, généralement 8 à 32 au moins, parfois beaucoup plus. Les canaux radiaires, au contraire, sont au nombre de 4 à 8 au plus, si toutefois on ne tient par compte de *canaux accessoires centripètes* qui, parfois, partent du canal circulaire dans les intervalles des canaux principaux et se dirigent radiairement vers l'estomac, mais se terminent en cul-de-sac sans l'atteindre. Les *gonades* sont situées sur les canaux radiaires, qui souvent forment à leur niveau une dilatation. Tantôt elles dessinent sur chaque canal radiaire une masse unique, tantôt elles forment deux masses symétriques, séparées par une bande musculaire longitudinale. Les *statorhabdes*, toujours conformés chez le jeune comme dans le type du sous-ordre, subissent, dans certains cas, une modification particulière. Ils se raccourcissent et il se développe, autour de leur base, un repli ectodermique qui remonte autour d'eux et les enferme dans une

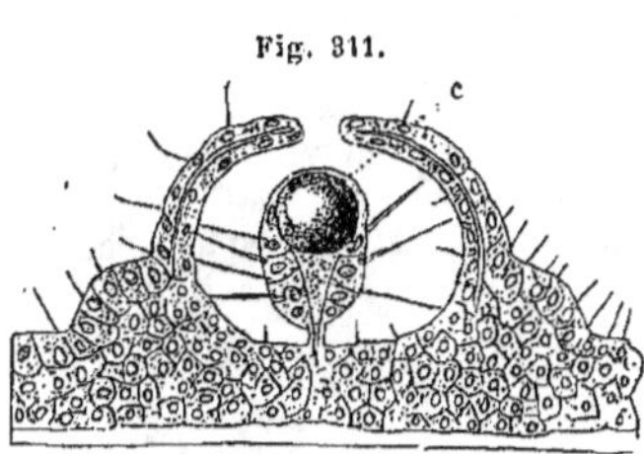

Fig. 311.

Organe sensitif
de *Rhopalonema velatum*
(d'ap. O. et R. Hertwig).
c., concrétion.

vésicule ouverte au sommet (fig. 311). Cette vésicule peut même se fermer et s'enfoncer dans les tissus du bord ombrellaire, en même temps

que le tentacule qu'elle contenait se réduit à un otolithe sessile, en sorte
que l'organe n'est plus du tout saillant au dehors et prend l'aspect d'une
vésicule otocystique. Il revient dans ces cas à l'état de *statocyste*, comme
chez les Leptoméduses, mais, pour bien marquer la différence de structure que nous venons de signaler, nous l'appellerons *statorhabde inclus*.

GENRES

==== 1ʳᵉ FAM. : *PETASINÆ* [*Petasidæ* (Häckel)]. Canaux radiaires, 4; gonades, 4; statorhabdes le plus souvent libres; pas de pédoncule stomacal.

Petasus (Häckel) (fig. 312) est une petite Méduse à peu près aussi haute
que large, de forme régulièrement arrondie. La bouche, de forme
carrée, est portée par un manubrium
qui atteint le niveau du velum. Il y a
quatre canaux radiaires perradiaux et
quatre tentacules, perradiaux aussi,
terminés par un renflement formé d'une
accumulation de nématoblastes. Entre
eux sont les statorhabdes, saillants, nus,
interradiaux. Les gonades, au nombre
de quatre aussi, occupent presque toute
la longueur des canaux radiaires, le
long desquels elles sont couchées (1ᵐᵐ;
Médit., Canaries.)

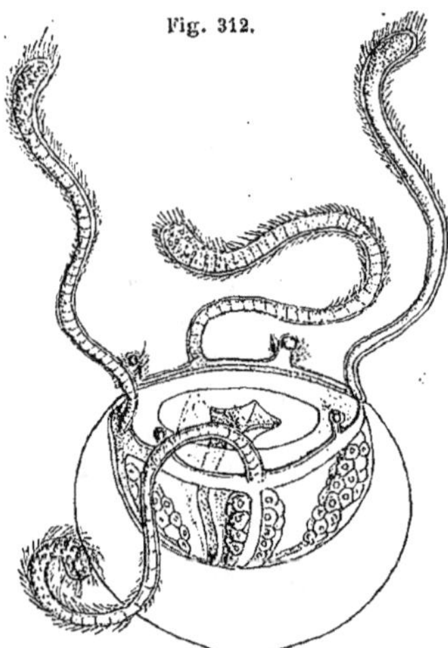

Fig. 312.

Petasus atavus (d'ap. Häckel).

Dipetasus (Häckel) diffère de *Petasus* par la disparition de deux des tentacules. C'est la seule Trachyméduse réduite à 2 tentacules (1ᵐᵐ; oc. Antarct.).
Petasata (Häckel) a 8 tentacules, 4 perradiaux et
4 interradiaux qui repoussent dans les plans adradiaux les 8 statorhabdes avec lesquels ils alternent;
mais les canaux radiaires restent (comme dans tous
les autres genres, sauf indication contraire) au
nombre de 4, ainsi que les gonades (2ᵐᵐ sur 1ᵐᵐ (*);
mer Rouge).
Petachnum (Häckel) a aussi 8 statorhabdes adradiaux, mais ses tentacules sont au nombre de
12 à 16, ceux qui sont adradiaux correspondant par conséquent aux statorhabdes et
s'insérant, un peu au-dessous d'eux, sur l'exombrelle (10ᵐᵐ sur 3ᵐᵐ; mer de Chine).
Aglauropsis (F. Müller) a de nombreux tentacules et statorhabdes (16 à 24 de chaque), inclus dans
des vésicules closes au lieu d'être libres comme dans les genres précédents (2 à 4ᵐᵐ sur 3
à 6ᵐᵐ; Brésil).
Gossea (L. Agassiz). Ici la structure est sensiblement différente : les perradius et les interradius
sont occupés par des groupes de 2 à 3 tentacules; les 8 adradius sont occupés chacun
par 2 à 3 statorhabdes inclus et alternant avec les 8 groupes de tentacules. Les tentacules
sont creux et communiquent avec le canal circulaire, mais pas largement et librement
comme d'ordinaire: ils sont en effet insérés à quelque distance au-dessous du bord du
disque, sur l'exombrelle, et leur canal endodermique se continue dans la mésoglée, en remontant vers le canal circulaire, sous la forme d'un fin prolongement percé d'une lumière étroite.

(*) Quand deux nombres sont ainsi donnés pour les dimensions, le premier indique la largeur, le
second la hauteur de l'ombrelle.

Entre leur base et le fond du disque occupé par une bordure de nématoblastes, s'étend une bandelette ectodermique riche en nématoblastes, qui semble plus tendue que les tissus environnants et que l'on appelle la *bride tentaculaire* (Mantelspange) ou *péronie*. Il y a là une disposition analogue à celle que nous allons rencontrer, plus développée, chez les Narcoméduses. Sur le trajet de ces prolongements tentaculaires, immédiatement au-dessous de l'anneau nerveux, est un *ocelle* rouge (6 à 12^{mm} sur 8 à 10^{mm}, côtes anglaises, côtes de Bretagne).

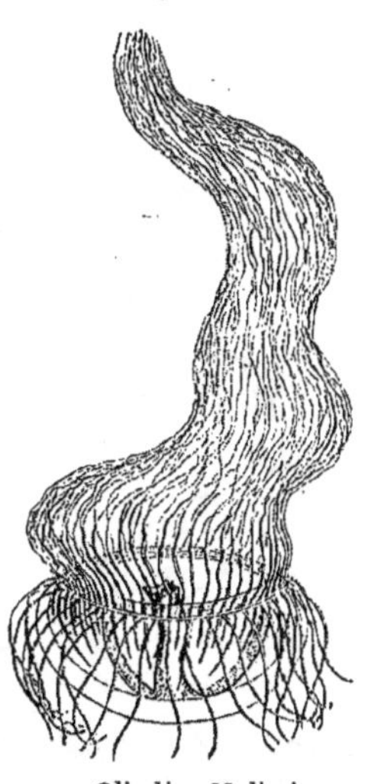

Fig. 313.

Olindias (F. Müller) (fig. 313) n'a, comme les genres précédents, que 4 canaux radiaires principaux allant de l'estomac au canal circulaire, mais il présente en outre de nombreux *canaux radiaires accessoires*, *centripètes* partant du canal circulaire sans atteindre l'estomac et dépourvus de gonades. Il y en a 16 ou plus ; 4 sont interradiaux, 8 adradiaux et ainsi de suite, suivant la loi de symétrie habituelle ; mais leur nombre est de moins en moins régulier à mesure qu'ils appartiennent à un ordre plus élevé. Les tentacules sont très nombreux, jusqu'à plusieurs centaines, et de deux sortes : les uns, conformés comme ceux de *Gossea*, sont fermes et retroussés vers le pôle aboral ; les autres, creux aussi, sont souples au contraire, rejetés du côté buccal comme à l'ordinaire, insérés au bord même du disque et communiquant avec le sinus circulaire, sans portion intermédiaire rétrécie. A chacun des prolongements qui rattachent les tentacules fermes au canal circulaire, est annexée une paire d'otocystes, noyées dans la mésoglée du bord du disque. Le bord du disque est en outre muni de nombreux *corps marginaux* identiques à ceux des *Leptoméduses*, alternant avec autant d'*ocelles* saillants. En raison de ces grandes différences dans la structure, Häckel place ce genre dans une sous-famille [*Olindiadæ* (Häckel)] qu'il oppose à une autre sous-famille [*Petachnidæ*

Olindias Mülleri
(d'ap. Häckel).

(Häckel)] contenant les autres genres de la famille (40 sur 20^{mm} à 100 sur 30^{mm}; Brésil, Médit.). *Mæotias* (Ostroumov) est un genre voisin (Estuaire du Don et du Kuban dans la mer d'Azov).

Trachynema (Gegenbaur, *emend.* Maas) (fig. 314) est une petite Méduse de forme surbaissée, plus large que haute, avec le pôle aboral saillant en forme de mamelon. La mésoglée est peu abondante, la sous-ombrelle et le velum sont fortement musclés. La bouche est quadrangulaire, portée sur un manubrium saillant ; de l'estomac partent 8 canaux radiaires, 4 peradiaux, 4 interradiaux, dont la partie moyenne se dilate en dessus pour former la cavité des gonades, au nombre de 8 aussi, par conséquent. Du bord de l'ombrelle, armé d'un bourrelet de nématoblastes,

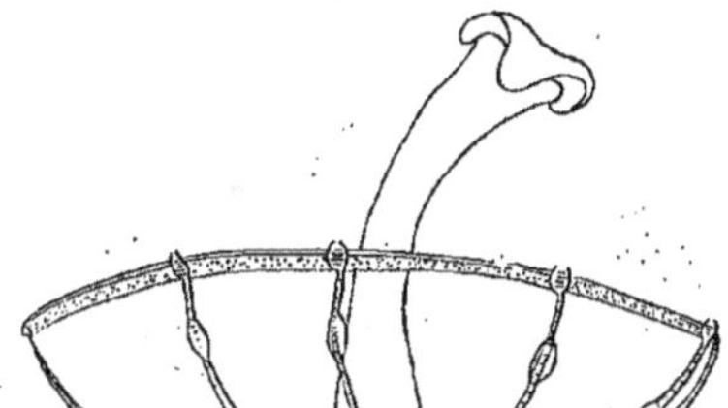

Fig. 314.

Trachynema longiventris
(d'ap. O. Maas).

partent des tentacules, tous semblables et claviformes, 8 constants, correspondant aux canaux, et parfois 8 alternant avec ceux-ci. Il y a de 4 à 8 statocystes, situés dans les 8 adradius, ou même plus (2 à 4^{mm} sur 1 à 2^{mm}; dans un cas (*T. funerarium*) 30^{mm}, sur 15^{mm}; Médit., Canaries, Atl.)

Sminthea (Gegenbaur, *emend.* Häckel) et
Tholus (Lesson, *emend.* Häckel) ne sont que des sous-genres de *Trachynema*, représentant, le premier la forme à 8 tentacules, le second la forme à 16 tentacules;
Rhopalonema (Gegenbaur, *emend.* Maas) (fig. 315 et 311) a 16 otocystes et les tentacules de deux sortes, 8 claviformes correspondant aux canaux et 8 cirriformes alternant avec eux, renflés en massue (6^{mm} sur 12^{mm} à 3^{mm} sur 8^{mm}; Médit., mer de Marmara, Atl., Canaries).

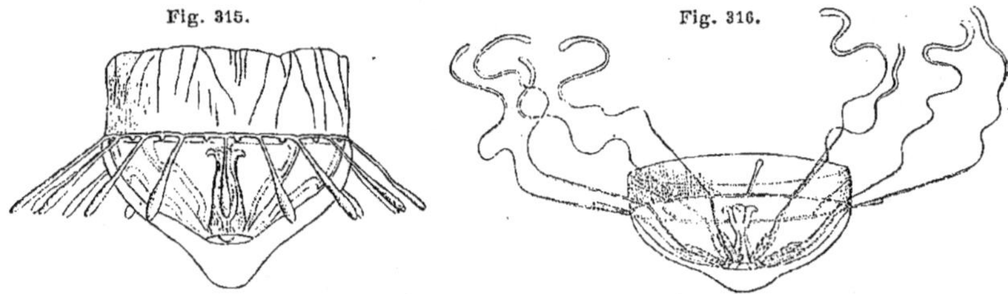

Fig. 315.

Fig. 316.

Rhopalonema cœruleum (d'ap. Häckel).   *Marmanema clavigerum* (d'ap. Häckel).

Marmanema (Häckel) (fig. 316 et 317) peut être considéré comme un sous-genre du précédent, auquel il ressemble par ses tentacules, mais dont il diffère par ses statocystes, au nombre de 8,

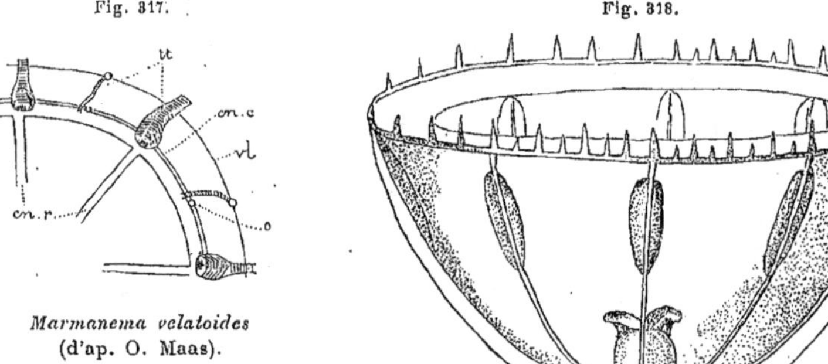

Fig. 317.

Fig. 318.

Marmanema velatoides
(d'ap. O. Maas).

cn. c., canal circulaire; **cn. r.**, canaux radiaires; **o.**, organes des sens; **tt.**, tentacules, **vl.**, velum.

Homœonema typicum (d'ap. Maas).

situés entre les tentacules cirriformes et claviformes (2^{mm} sur 1^{mm} à 10^{mm} sur 5^{mm}; Médit., Atl., Canaries).
Sminthonema (Häckel) et
Cordylonema (Häckel) sont des sous-genres de *Marmanema*, le premier à 8 tentacules, le second à 16 ou plus.

Homœonema (Maas) (fig. 318) a les tentacules très courts, au nombre de 32 à 64 et par conséquent beaucoup plus nombreux que les canaux radiaires (3 à 4^{mm} sur 1 1/2 à 2^{mm}; Atl., côtes Pacif. du Costa Rica, golfe de Californie).

Pantachogon (Maas) (fig. 319) a aussi les tentacules nombreux, mais se distingue principalement par ses gonades qui, au lieu d'être localisées en un point des canaux radiaires sont distribuées irrégulièrement sur tout leur parcours (6 à 10^{mm} sur 8 à 12^{mm}; Atl. nord, à 600 mètres de profondeur).

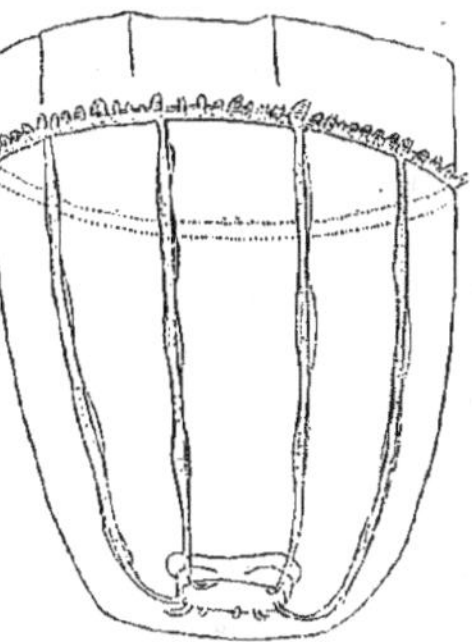

Fig. 319.

Pantachogon Häckelii.
(d'ap. O. Maas).

======= 3° FAM. : *PECTYLLINÆ* [*Pectyllidæ* (Häckel)]. Comme la précédente, mais tentacules en partie en ventouses.

Pectyllis (Häckel) (fig. 320 à 322) a 8 canaux

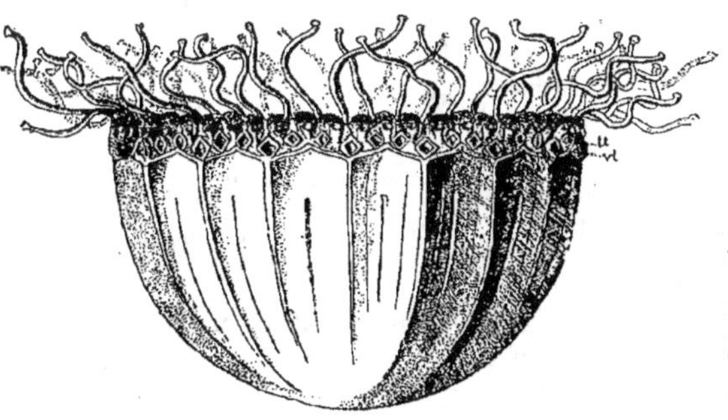

Fig. 320.

Méduse de *Pectyllis arctica* (d'ap. Häckel).
tt., tentacules; **vt.**, ventouses terminant les tentacules courts.

radiaires et point de canaux accessoires. Sur les 8 canaux radiaires, les gonades sont fixées par un mésentère membraneux (fig. 321, *mst.*), saillant dans la cavité sous-ombrellaire, qui les divise chacune en deux moitiés. Du bord du disque, renflé par un bourrelet de nématoblastes, partent de très nombreux tentacules disposés sur plusieurs rangs et terminés au bout par une ventouse (fig. 322, *tt.*) (16 grands alternant avec 64 groupes de 16 à 20 petits). Ces tentacules à ventouse ont un axe endodermique formé de plusieurs files de cellules chordoïdes, et revêtu d'un très mince endoderme;

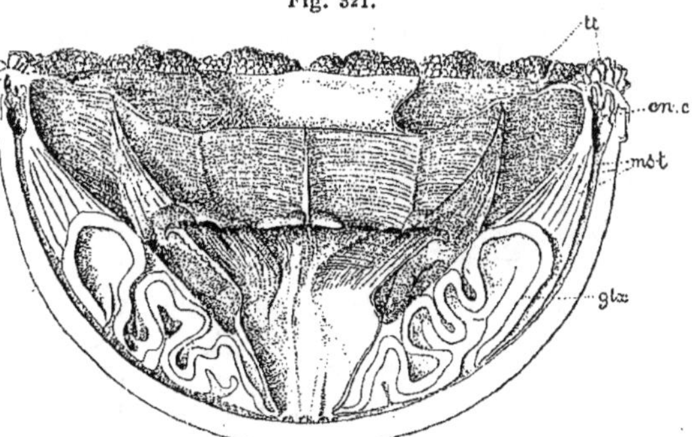

Fig. 321.

Coupe perradiale d'une Méduse de *Pectyllis arctica.*
(d'ap. Häckel).

cn. c., canal circulaire; **gtx.,** gonades;
mst., mésentère supportant les gonades; **tt.,** tentacules.

leur axe est creux chez les plus gros, plein chez les petits ; au bout, ils se renflent et se terminent par une cupule ; ils offrent une certaine ressemblance avec les ambulacres des Échinodermes et l'animal s'en sert de même pour se fixer et se haler. Les petits tentacules à ventouse sont si courts qu'ils sont presque réduits à une ventouse sessile. Il y a en outre de nombreux (?) statorhabdes inclus (18 sur 12^{mm} à 24 sur 16^{mm} ; Groenland, Atl. nord Amér., Halifax par 1 250 brasses).

Pectis (Häckel) diffère du précédent par la présence de canaux accessoires centripètes (36^{mm} sur 24^{mm} ; île Kerguelen, par 1 260 basses).

Pectanthis (Häckel) a les tentacules groupés en 16 faisceaux placés par 2 dans les intervalles des 8 canaux radiaires ; à chaque faisceau est annexé un statorhabde ; il n'y a pas de canaux accessoires centripètes (5^{mm} sur 2^{mm} ; Médit.).

======= 4° FAM.: *AGLAURINÆ* [*Aglauridæ* (L. Agassiz)]. Canaux radiaires, 8; gonades, 2, 4 ou 8 allongées en boudin; tentacules tous semblables; statorhabdes libres; un pédoncule stomacal.

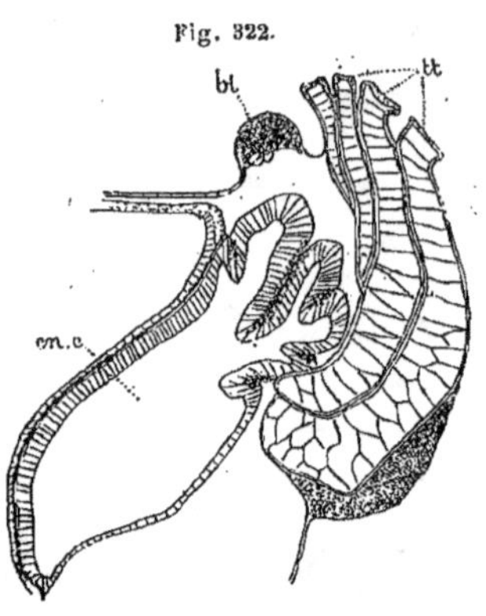

Fig. 322.

Coupe radiale du bord de l'ombrelle de *Pectyllis arctica* (d'ap. Häckel).

bt., bourrelet urticant; **cn. c.**, canal circulaire; **tt.**, tentacules.

Aglaura (Péron et Lesueur) (fig. 323 à 325) a la forme d'un prisme octogonal surmonté d'une pyramide tronquée de même base, qui lui donne, avec certaines lanternes, une ressemblance que peuvent d'ailleurs altérer les variations spécifiques des dimensions relatives. La cavité sous-ombrellaire est très vaste et s'étend presque jusqu'au sommet, la mésoglée étant peu abondante. De son fond, part un volumineux manubrium terminé par une bouche à 4 lèvres. L'estomac est contenu dans le manubrium et ne va pas même jusqu'à la base de celui-ci. Cette base est occupée par une volumineuse proéminence de la mésoglée, recouverte, bien entendu, par les tissus sous-ombrel-

Fig. 323.

Aglaura hemistoma (d'ap. Häckel).

Fig. 324.

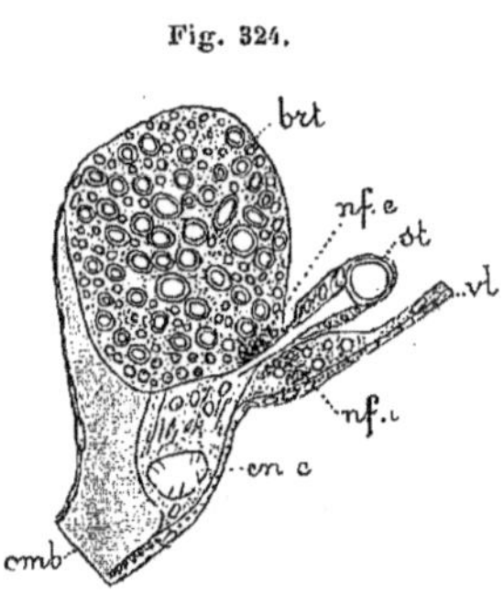

Coupe radiale au niveau du bourrelet sensitif d'*Aglaura hemistoma* (d'ap. O. et R. Hertwig).

brt., bourrelet urticant; **cn. c.**, canal circulaire; **nf. e.**, cercle nerveux externe; **nf. i.**, cercle nerveux interne; **omb.**, ombrelle; **st.**, organe sensitif; **vl.**, velum.

laires et que l'on appelle le *pédoncule stomacal* (Magenstiel). L'estomac se termine en cul-de-sac au sommet de ce pédoncule; mais, des parties latérales de sa base, partent 8 canaux radiaires qui descendent le long du pédoncule, sur les côtés duquel ils déterminent une saillie en forme de cordon. De là, ils vont en suivant la sous-ombrelle jusqu'au canal circulaire. Ils sont très petits ainsi que ce dernier. Géométriquement, 4 sont perradiaux et 4 interradiaux; mais Häckel, d'après l'examen des jeunes dans des formes voisines, pense qu'ils seraient plutôt, tous les 8, adradiaux et proviendraient de la bifurcation de 4 canaux primitifs perradiaux. Il n'y a pas de canaux accessoires. Les tentacules sont au nombre de 16 au moins, ordinairement davantage, tous semblables, pleins, armés comme d'ordinaire de néma-

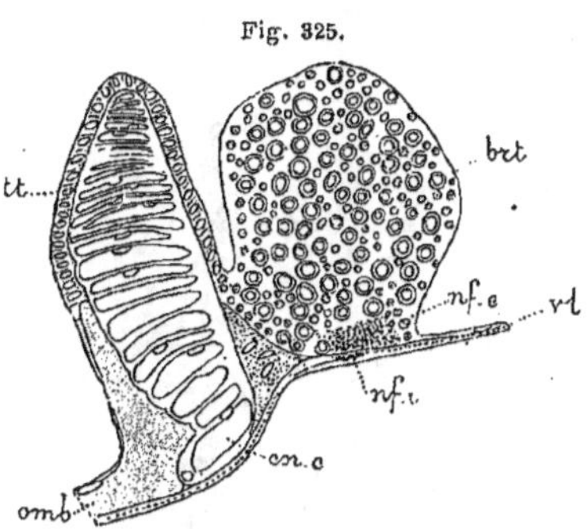

Fig. 325.

Coupe radiale de la région du bourrelet urticant passant par la base d'un tentacule d'*Aglaura hemistoma* (d'ap. O. et R. Hertwig).

brt., bourrelet urticant; **cn. c.**, canal circulaire; **nf. e.**, cercle nerveux externe; **nf. i.**, cercle nerveux interne; **omb.**, ombrelle; **tt.**, tentacule; **vl.**, velum.

toblastes. Il y a 8 statorhabdes libres, non inclus. Les gonades sont au nombre de 8, situées au niveau du pédoncule stomacal, sur les canaux radiaires, qui envoient à leur intérieur un diverticule cœcal nourricier. Elles sont sur la portion des canaux qui longe le pédoncule stomacal. Mais c'est là une situation exceptionnelle qui ne se retrouve pas chez les formes voisines. La sous-ombrelle et le velum sont fortement musclés; il y a en particulier 8 muscles sous-ombrellaires longitudinaux qui alternent avec les canaux radiaires et communiquent une certaine mobilité au pédoncule stomacal (2 sur 4ᵐᵐ à 4 sur 8ᵐᵐ; Médit., Atl., Antilles, Canaries, golfe de Panama, mers du Sud).

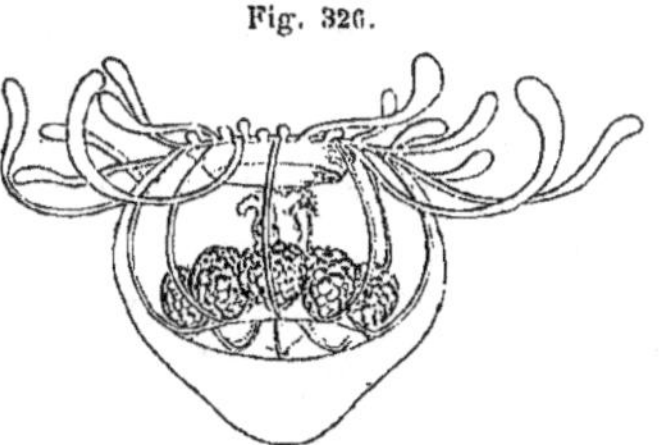

Fig. 326.

Aglantha globulifera (d'ap. Häckel).

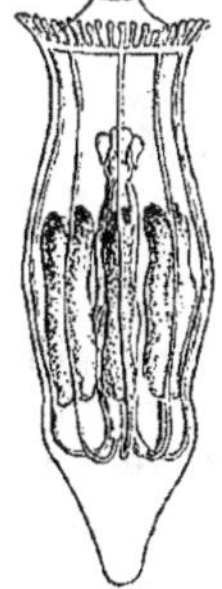

Fig. 327.

Aglisora clata (d'ap. Häckel).

Aglantha (Häckel) (fig. 326) a les gonades situées au point où les canaux radiaires se réfléchissent de la sous-ombrelle sur le pédoncule stomacal et quatre statorhabdes seulement (2ᵐᵐ sur 2ᵐᵐ à 20ᵐᵐ sur 40ᵐᵐ; Helgoland, Atl., Canaries, mers Arctiques).

Aglisora (Häckel) (fig. 327) a les gonades sur la portion sous-ombrellaire des canaux radiaires et les statorhabdes au nombre de 16 (3 à 4ᵐᵐ sur 10 à 12ᵐᵐ; Atl., côtes d'Afrique, cap de Bonne-Espérance).

Les trois genres précédents, tous à 8 canaux et à 8 gonades, ont été réunis dans une sous-famille [*Aglanthidæ* (Häckel)], à laquelle on oppose une seconde sous-famille [*Persidæ* (Häckel)] qui n'a de gonades que sur 2 ou 4 des canaux radiaires et contient les genres : *Stauraglaura* (Häckel) (fig. 328) a 8 canaux radiaires (adradiaux) dont 4 stériles alternant avec 4 portant chacun une gonade sur la partie correspondant au pédoncule stomacal; 4 stato-

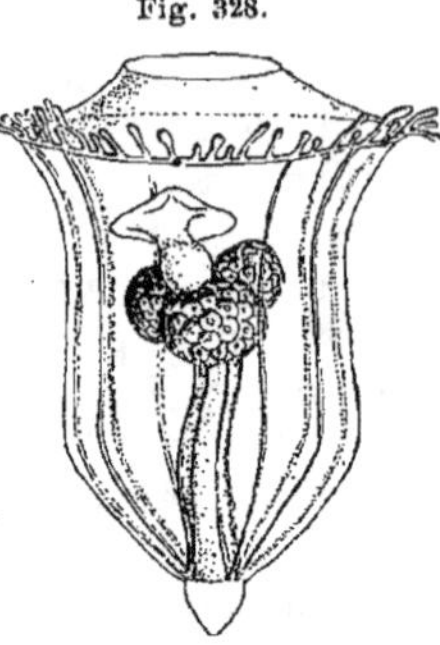

Fig. 328.

Stauraglaura tetragonium (d'ap. Häckel).

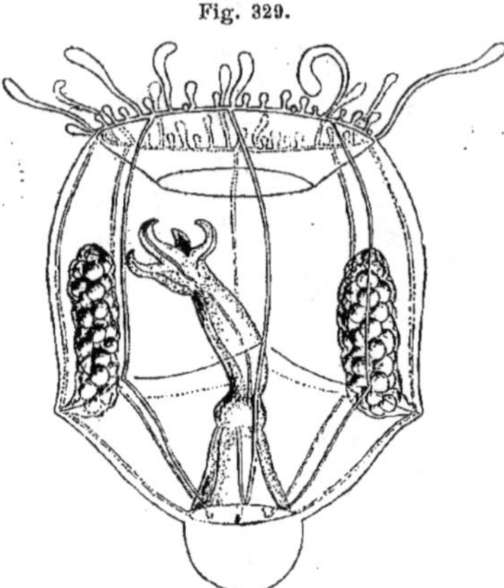

Fig. 329.

Persa lucerna (d'ap. Häckel).

rhabdes interradiaux alternant avec les canaux; 60 à 80 tentacules (8ᵐᵐ sur 12ᵐᵐ; Australie), *Persa* (Mac Crady) (fig. 329) a 6 canaux stériles sur 8, les 2 autres portant chacun une gonade sur sa partie sous-ombrellaire et 8 statorhabdes (1 1/2 à 2ᵐᵐ sur 2 à 3ᵐᵐ; Médit., côte Atl. de l'Amér. nord).

======= 5ᵉ FAM. : *GERYONINÆ* [*Geryonidæ* (Eschscholtz)]. Canaux radiaires 4 à 6; gonades lamelliformes; statorhabdes inclus; un pédoncule stomacal.

Liriope (Lesson) (fig. 330) est une Méduse d'une grande taille, de forme en général surbaissée en calotte de sphère, deux ou trois fois plus large que haute (rarement plus sphérique, presque aussi haute que large). Du fond de la cavité sous-ombrellaire s'élève un très grand *pédoncule stomacal*, constitué comme celui que nous avons décrit ci-dessus chez *Aglaura*, mais beaucoup plus long, égal au moins à la largeur du corps et par conséquent plus long que celui-ci n'est haut, en sorte qu'il dépasse l'ouverture du velum et projette au dehors le manubrium et son contenu. Ce manubrium porte, au bout, la bouche à 4 lèvres et, un peu plus bas, dans une partie légèrement renflée, l'estomac, d'ailleurs peu développé. De celui-ci partent 4 canaux radiaires qui, comme toujours dans ce cas, descendent d'abord sur le pédoncule stomacal pour remonter en sui-

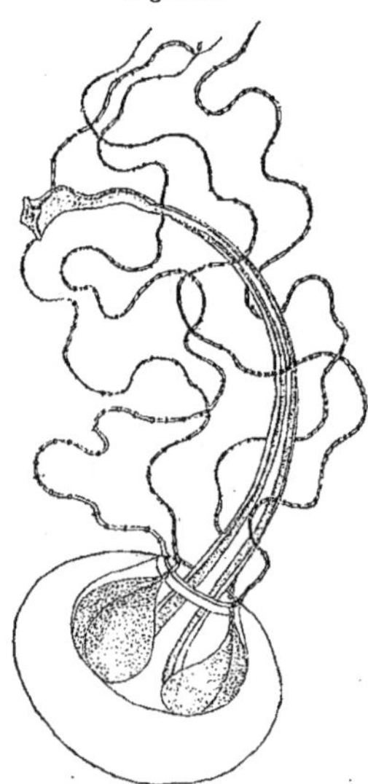

Fig. 330.

Liriope cerasus (d'ap. Häckel).

vant la sous-ombrelle jusqu'au canal circulaire. Le pédoncule stomacal se termine normalement au point où commence l'estomac. Mais, dans certaines espèces (et il en est de même chez les autres genres de la famille, en sorte que c'est un caractère fréquent mais non générique), il se prolonge au sommet en une *languette* qui traverse l'estomac et l'œsophage, et va se terminer au dehors, pendant librement hors de la bouche, entre les 4 lèvres de celle-ci. On ne connaît point la signification physiologique de cette particularité. — Du bord du disque, renflé par un bourrelet urticant, naissent 4 longs tentacules perradiaux creux, en communication large et directe avec le canal circulaire. Parfois, d'autres tentacules se montrent, toujours en multiples de 4. Il y a, en outre, 8 statorhabdes, 4 perradiaux en dedans des tentacules et 4 interradiaux, enfouis dans la mésoglée du bord du disque, et montrant nettement leur origine aux dépens d'un statorhabde enveloppé dans une vésicule rentrée à l'intérieur du corps, car le statocyste, au lieu d'être sessile comme à l'ordinaire, est porté sur un petit pédoncule. — Il y a 4 canaux radiaires se jetant, comme d'ordinaire, dans un sinus circulaire. Mais de ce dernier partent des *canaux centripètes* qui se dirigent vers l'estomac sans l'atteindre et se terminent en cul-de-sac, après un trajet de longueur variable. Il y a 1, 2, 3 ou 5 de ces canaux centripètes dans chacun des intervalles entre les canaux radiaires. Sur les 4 canaux radiaires, sont 4 gonades larges et aplaties en forme de feuilles. Leur développement en largeur a pour conséquence une forte réduction du système musculaire circulaire de la sous-ombrelle, tandis que les faisceaux longitudinaux, un sous chaque canal radiaire et une paire sur les côtés, se montrent très développés. Il en est de même dans le pédoncule stomacal, auquel 4 forts faisceaux longitudinaux interradiaux donnent une remarquable mobilité (5 à 20^mm sur 3 à 15^mm; Médit., Atl., Canaries, Brésil, Pacif. améric. septent. et équat.; héberge parfois des larves de *Cunina* parasites).

Il est à remarquer que, dans le développement, il se forme d'abord 4 tentacules perradiaux primaires, puis 4 interradiaux secondaires qui, les uns et les autres sont pleins, insérés sur l'exombrelle à quelque distance du bord et rattachés à celui-ci par autant de *péronies*, c'est-à-dire de ces brides tentaculaires formées par une bande superficielle tendue de nématoblastes venant du bourrelet urticant et par un prolongement profond de l'axe endodermique du tentacule, allant jusqu'au canal circulaire, avec même une bande musculaire entre l'une et l'autre. Mais ces tentacules sont caducs, en sorte que les permanents sont tertiaires. Nous verrons que, dans des genres voisins, les tentacules larvaires secondaires, interradiaux peuvent persister.

Liriopella (Häckel) et
Liriopissa (Häckel) ne sont que des sous-genres de *Liriope;* le premier à bouche vide, le second avec languette.
Liriopsis (Claus) est un *Liriope* à 8 tentacules (Adriat.).
Liriantha (Häckel) a conservé, en outre de ses quatre tentacules tertiaires, perradiaux, creux, 4 tentacules larvaires, secondaires, pleins, avec péronies (5^mm sur 3 à 30^mm sur 40; Médit., côtes anglaises et américaines orientales, oc. Indien).
Lirianthella (Häckel) et
Lirianthissa (Häckel) sont de simples sous-genres de *Liriantha,* celui-ci avec, celui-là sans languette.

Sphærula (Fewkes) est comme *Liriantha*, mais n'a que les 4 tentacules principaux à base renflée et a 12 statocystes (Floride).

Glossoconus (Häckel) est un *Liriantha* avec canaux accessoires centripètes; il y a une languette buccale (15 à 20ᵐᵐ sur 8 à 10ᵐᵐ; Canaries).

Glossocodon (Häckel) est un *Liriope* avec la même particularité en plus (12 sur 6ᵐᵐ à 20 sur 7ᵐᵐ; Atl., Açores, Nouvelle-Zélande).

Ces genres forment avec *Liriope* une sous-famille [*Liriopidæ* (Häckel)] à laquelle s'opposent les genres suivants, formant une deuxième sous-famille.

Geryonia (Péron et Lesueur) est une grande Méduse, moitié plus large que haute, qui ne diffère essentiellement de *Liriope* qu'en un point : les canaux radiaires sont au nombre de 6 ou d'un multiple de 6, au lieu de 4 ou d'un multiple de 4. Comme ils sont équidistants, on ne peut songer à en considérer deux comme interradiaux et il faut admettre que tous sont perradiaux, la symétrie cruciale ayant fait place à une symétrie triaxiale. Dans chacun des intervalles des canaux radiaires se trouvent, comme chez *Liriope*, 1, 3 ou 5, ou même parfois 7 ou plus, canaux centripètes. Tous les canaux étant fertiles, il y a 6 gonades larges et foliacées comme chez *Liriope*. Il y a de même 6 tentacules au lieu de 4, et 12 statorhabdes au lieu de 8 (50 à 60ᵐᵐ sur 25 à 30ᵐᵐ; Médit., Atl., Australie, oc. Indien, îles Galapagos; héberge parfois des larves de *Cunina* et de *Cunoctantha*, à titre de parasites).

Fig. 331.

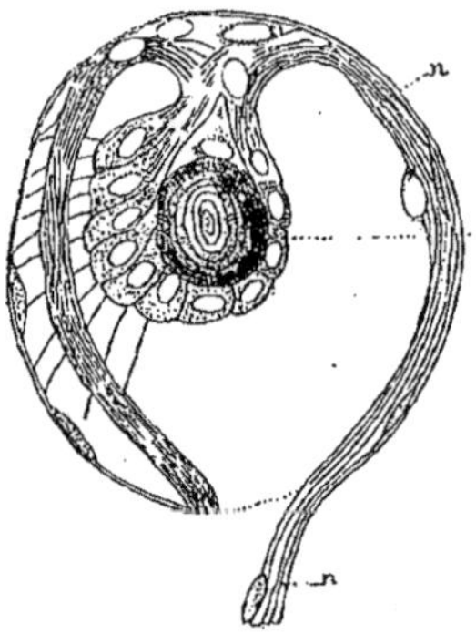

Ce genre est, dans la famille des *Geryoninæ* à laquelle il a donné son nom, le chef d'une sous-famille [*Carmarinidæ* (Häckel] caractérisée par les 6 canaux radiaires et les 6 gonades, et contenant en outre :

Geryones (Häckel) qui, par ses 12 tentacules dont 6 interradiaux, présente avec *Geryonia* les mêmes rapports que *Liriantha* relativement à *Liriope* (50 sur 40ᵐᵐ; côtes mérid. d'Afrique et peut-être oc. Indien).

Carmarina (Häckel) (fig. 331) est comme *Geryonia*, mais a des canaux radiaires centripèdes comme *Glossocodon* (50 sur 30ᵐᵐ à 80 sur 80ᵐᵐ; Médit., Pacifique, Japon).

Carmaris (Häckel), enfin, a des canaux centripèdes et 12 tentacules comme *Geryones*, présentant ici les mêmes rapports que *Glossoconus* dans la sous-famille précédente (30 sur 10ᵐᵐ à 90 sur 110ᵐᵐ; Pacifique, Austr.).

Organe sensitif
de *Carmarina hastata*
(d'ap. O. et R. Hertwig).
c., concrétion; **n.**, nerf.

GENERA INCERTÆ SEDIS

Halicreas (Fewkes) semble être une Narcoméduse se distinguant de toutes les autres par la présence au bord ombrellaire de 8 saillies arrondies tuberculeuses, qui sont la terminaison de 8 côtes saillantes, disposées radiairement sur l'exombrelle. L'auteur ne lui a trouvé ni tentacules, ni statocystes, ni manubrium; il y a 8 gonades en forme de boudin, pendant dans la cavité sous-ombrellaire. Malgré certains caractères d'Acalèphe, la présence d'un velum et l'absence de lobes ombrellaires en fait une Craspédote.

2ᵉ Sous-Ordre

NARCOMÉDUSIDÉS. — *NARCOMEDUSIDÆ*

[Narcoméduses; — *Narcomedusæ* (Häckel);
Narcusæ (Häckel); — *Æginidæ* (Gegenbaur);
Thalassantheæ (Agassiz)]

TYPE MORPHOLOGIQUE
(Pl. 16)

L'animal est de taille moyenne, mesurant quelque 3 à 4 centimètres
de large et en forme de calotte sphérique peu élevée, en sorte que sa
hauteur n'est, le plus souvent, que la moitié ou le quart de son diamètre
16, *fig. 5*). La mésoglée ombrellaire (*msg.*) est peu épaisse, mais particulièrement ferme et élastique, riche en éléments fibrillaires qui
augmentent sa solidité. Son aspect, dû à l'exagération d'une particularité
que nous avons rencontrée à titre exceptionnel et peu accentuée dans
la tribu précédente, est tout à fait caractéristique ; les tentacules (*tt.*)
s'insèrent non plus au bord du disque, mais très bas sur l'exombrelle, en
général au moins aussi loin du bord que du pôle aboral. Leur insertion
sépare l'ombrelle en deux parties de structure très différente : une
partie aborale lenticulaire conformée comme d'ordinaire et une partie
marginale, appelée parfois la *collerette ombrellaire* (*cll.*) (Schirmkragen),
de conformation toute spéciale. La collerette est, en effet, découpée en
lobes correspondant aux intervalles des tentacules. Les encoches qui
séparent ces lobes sont bien marquées, mais pas très profondes cependant,
et sont loin d'arriver jusqu'à la base des tentacules. Entre le fond de
chacune d'elles et le point d'insertion (*r.*) du tentacule correspondant
s'étend un sillon fortement déprimé, au niveau duquel l'ectoderme de
l'exombrelle confine à celui de la sous-ombrelle, sans interposition de
mésoglée, celle-ci ayant été refoulée latéralement par le sillon. En sorte
que la mésoglée exombrellaire, au niveau des lobes, s'étend, en diminuant
graduellement d'épaisseur, jusqu'au bord ombrellaire, comme d'ordinaire, tandis qu'au niveau des encoches, elle s'arrête brusquement à la
base du tentacule correspondant. Le bord festonné de l'ombrelle est
pourvu, comme d'ordinaire, d'un bourrelet urticant (*brt.*), mais ici peu
accentué, et le fond des sillons conduisant des encoches aux tentacules
est occupé par une bandelette ectodermique épaissie qui se continue en
haut avec celle du bord de l'ombrelle et que l'on appelle la *bride tentaculaire* (Tentakelspange) ou *péronie* (*pr.*) (²). Sous chaque péronie est un
nerf péronial (*nf.*) qui se rend de l'anneau nerveux au tentacule.

(¹) La péronie est donnée comme très riche en cellules urticantes, comme si le bourrelet
urticant du rebord ombrellaire se continuait sur elle. Mais des observations nouvelles sont
venues infirmer cette notion. Peut-être ce caractère présente-t-il quelques variations.

Les *tentacules* sont pleins. Il y en a 4 perradiaux, 4 interradiaux, souvent des adradiaux et des subradiaux, mais jamais d'ordre plus élevé, ce qui fait 32 au plus. A leur base, leur axe endodermique se prolonge en une *racine tentaculaire* (**r.**), qui se porte centripètement vers l'estomac, en suivant la face endodermique de la mésoglée exombrellaire et se perd en pointe après un certain parcours, bien avant d'atteindre le centre.

Le velum (**vl.**), fort et bien musclé, suit toutes les sinuosités du rebord ombrellaire et se termine en dedans par un rebord entier.

Dans la cavité sous-ombrellaire, peu profonde, s'ouvre au centre la *bouche*, très large mais peu saillante, avec un manubrium nul ou très court. Elle débouche presque immédiatement dans un vaste *estomac* lenticulaire (**est.**). Les *canaux radiaires* (**cn. r.**), en même nombre que les tentacules, ne sont point, à proprement parler, des canaux, mais plutôt de larges diverticules radiaires aplatis, appelés les *chambres radiaires* ou *poches stomacales*, qui donnent à l'ensemble qu'ils forment avec l'estomac l'aspect d'une rosace. Ils s'étendent en dehors jusqu'à l'insertion du tentacule correspondant et non jusqu'au niveau de l'encoche qui sépare les lobes. Il résulte de là qu'il reste un intervalle entre le bord de l'ombrelle et la terminaison des canaux radiaires, et que le canal circulaire, s'il suivait comme d'habitude le bord ombrellaire, ne pourrait se mettre en rapport avec les canaux radiaires. Mais il modifie son parcours pour l'accommoder à ces circonstances. Il suit (**cn. c.**), dans les lobes, le bord ombrellaire; mais, au niveau des encoches, il descend le long du bord correspondant de la péronie et arrive au canal radiaire dans lequel il se jette. Il se trouve ainsi découpé en autant d'anses indépendantes qu'il y a de lobes, et, sous chaque péronie, courent parallèlement deux *canaux péroniaux* qui mettent les anses en rapport avec les canaux radiaires (¹).

Les *organes sensitifs* sont représentés par de nombreux statorhabdes (**st.**) claviformes, libres, munis à la base d'un bourrelet de cellules ectodermiques armées de poils sensitifs, mais non entourés d'un repli formant vésicule. Ils sont placés au bord libre de l'ombrelle, comme d'ordinaire, immédiatement en dehors de l'insertion du velum. De leur base part souvent un cordon d'épithélium urticant qui descend jusqu'à une certaine distance sur la paroi externe de l'ombrelle ou plutôt du lobe ombrellaire qui porte l'organe et que l'on appelle la *bride statocystique* (**16**, *fig. 5, bd.* et fig. 332, *br.*), *Otoporpa*, de Häckel.

(¹) En fait, on pourrait considérer les choses plus simplement et ne voir dans le canal circulaire qu'un vaisseau continu, extrêmement sinueux, les canaux péroniaux formant simplement les deux segments ascendant et descendant d'une sinuosité; il suffirait pour cela d'attribuer au canal circulaire l'étroite portion terminale des canaux radiaires qui sépare les embouchures des canaux péroniaux. Dans les Méduses où le bord ombrellaire est entier, il y a toujours aussi une certaine discontinuité de direction dans le sinus circulaire aux points où il s'abouche avec les canaux radiaires.

Les *gonades* (*gtx.*) sont placées sur la paroi gastrique et sur la partie proximale des canaux radiaires, empiétant plus ou moins sur l'une ou sur l'autre; elles sont en même nombre que les canaux. Les mâles sont incomparablement plus nombreux que les femelles.

Le *développement* présente nombre de phénomènes très curieux, mais qui se présentent comme des particularités de certains genres et même de certaines espèces, en sorte qu'on ne saurait les étendre à l'ensemble du groupe.

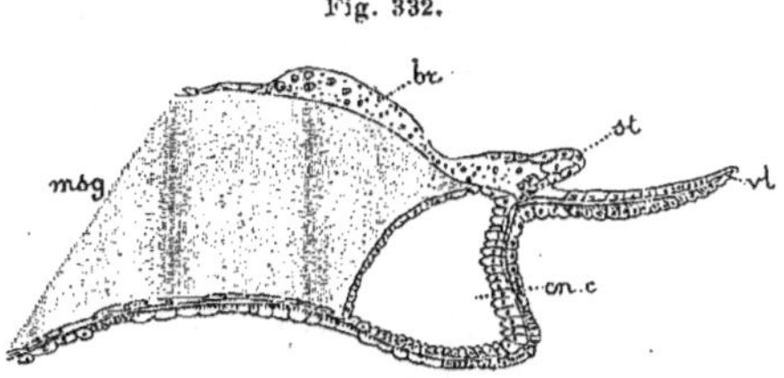

Fig. 332.

Coupe radiale passant par l'otocyste d'une Narcoméduse (d'ap. O. Maas).

br., bride otocystique; **cn. c.**, canal circulaire; **msg.**, mésoglée; **st.**, otocyste; **vl.**, velum.

Mais on peut considérer peut-être comme caractéristiques des Narcoméduses normales, certains phénomènes observés chez divers genres.

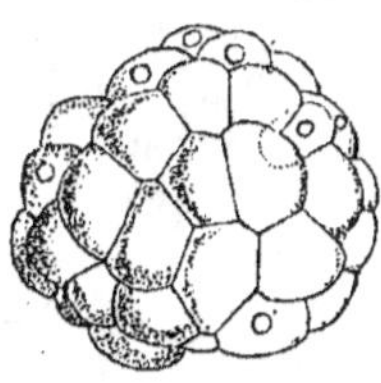

Fig. 333.

Embryon d'*Æginopsis mediterranea* (d'ap. Metchnikov).

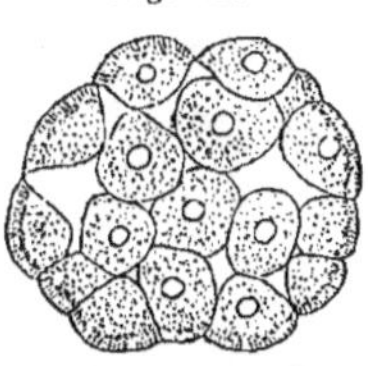

Fig. 334.

Embryon d'*Æginopsis mediterranea* au stade de 59 cellules, vu en coupe optique (d'ap. Metchnikov).

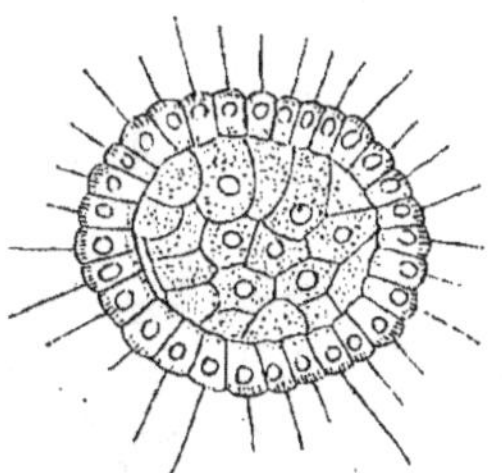

Fig. 335.

Larve ciliée d'*Æginopsis mediterranea*, vue en coupe optique (d'ap. Metchnikov).

Chez *Æginopsis* et *Polyxenia*, étudiés par Metchnikov [74 et 86], la segmentation (fig. 333 et 334) donne lieu à une blastula (fig. 335) à cavité virtuelle dans laquelle, de très bonne heure, des blastomères se détachent çà et là de

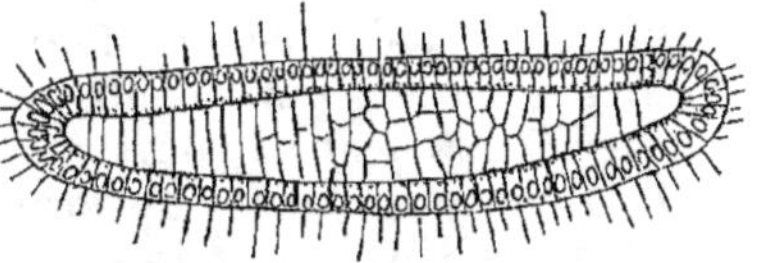

Fig. 336.

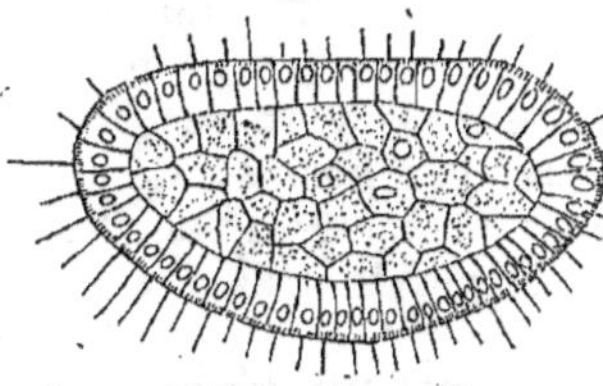

Larve d'*Æginopsis mediterranea* commençant à s'allonger transversalement (d'ap. Metchnikov).

Fig. 337.

Larve d'*Æginopsis mediterranea* allongée transversalement et montrant les cellules endodermiques disposées sur une seule file dans chaque prolongement (d'ap. Metchnikov).

la surface pour passer à l'intérieur, donnant naissance à l'endoderme par le processus que nous avons indiqué à propos du type des *Trachylida* sous le nom de *migration multipolaire*. Il en résulte une larve vermiforme, plus renflée au milieu qu'aux extrémités (**16**, *fig. 1* et fig. 336 et 337), qui représente une simple planula, formée d'un ectoderme cilié et d'un endoderme qui comble toute la cavité ectodermique. Cet endoderme, dans la partie renflée, est formé d'un amas de cellules; mais aux deux extrémités il forme une file axiale unique (**16**, *fig. 2* et fig. 338). Bientôt, dans la partie centrale, les cellules se dissocient, donnent naissance à une cavité intérieure autour de laquelle elles se disposent

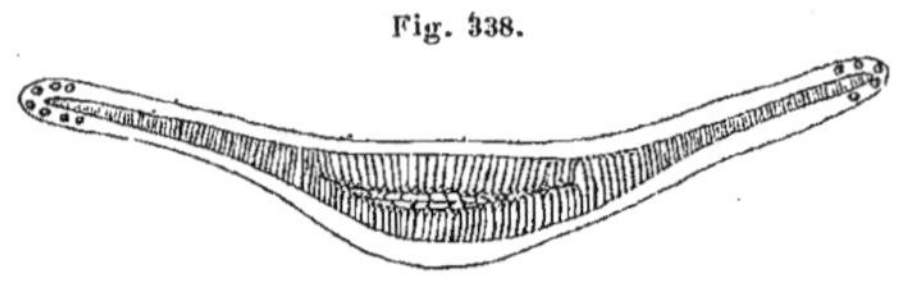

Fig. 338.

Larve d'*Æginopsis mediterranea*
dont les prolongements se sont effilés pour former
les tentacules et présentant
une cavité endodermique close (d'ap. Metchnikov).

en une couche unique; une ouverture formée par destruction de la paroi, met cette cavité en relation avec le dehors (fig. 339, *b*.) et les deux extrémités se relèvent obliquement. L'ensemble représente alors une sorte de petit Polype rudimentaire, pourvu de deux tentacules pleins (les extrémités du corps relevées), d'une cavité gastrique et d'une bouche qui, rapidement, devient très saillante. Deux autres tentacules poussent en croix avec les premiers (**16**, *fig. 3*), la mésoglée apparaît au pôle aboral et s'étend

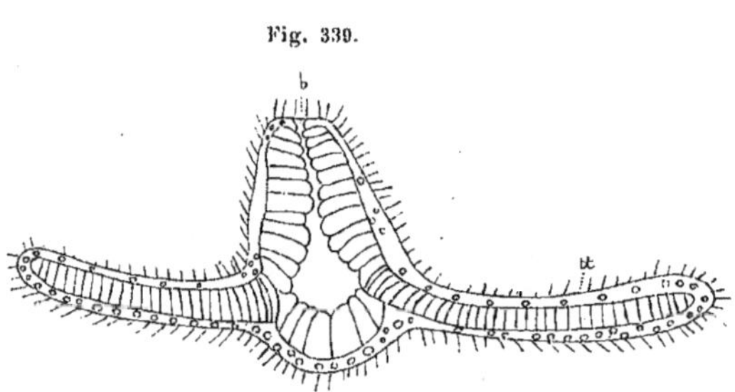

Fig. 339.

Larve d'*Æginopsis mediterranea* âgée de quatre jours
(d'ap. Metchnikov).
b., bouche; **tt.**, tentacules.

dans toute la largeur de l'ombrelle; les lobes proviennent d'un accroissement du bord ombrellaire au delà de la ligne des tentacules (**16**, *fig. 4*) et la mésoglée s'avance à leur intérieur, tandis que dans leurs intervalles, les ectodermes des deux faces opposées se soudent, empêchent la mésoglée de pénétrer entre eux et constituent les péronies; le reste du développement se poursuit comme dans le type normal. Ce qui est surtout curieux, c'est cette formation des deux premiers tentacules aux dépens des deux extrémités d'un corps vermiforme dont l'axe était perpendiculaire à celui de la future Méduse.

Il est à remarquer que les tentacules ne descendent pas secondairement des bords du disque sur l'ombrelle, entraînant avec eux les péronies, comme le suppose Häckel; ils naissent d'emblée à leur place défi-

nitive et ce sont les lobes intertentaculaires qui s'accroissent entre eux.

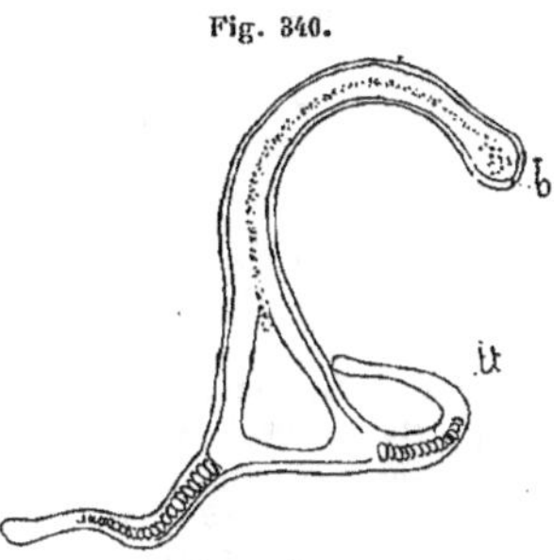

Fig. 340.

Jeune larve
de *Cunoctantha* (*Cunina*) *octonaria*
(d'ap. Mac Crady).

b., bouche; **tt.**, tentacules.

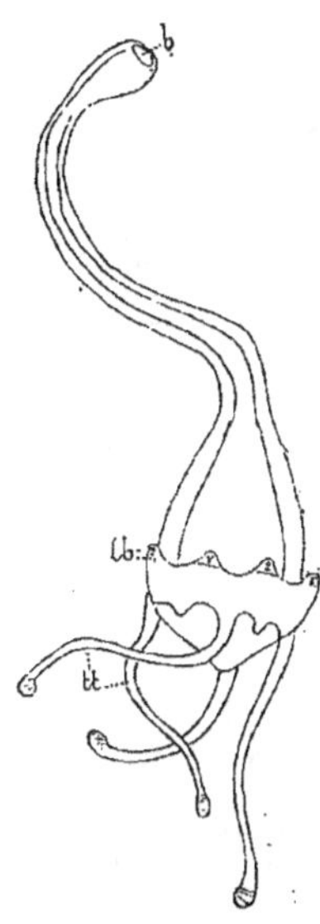

Fig. 341.

Larve de *Cunoctantha*
(*Cunina*) *octonaria*
formant
ses lobes ombrellaires
et ses tentacules
(d'ap. Mac Crady).

b., bouche; **lb.**, lobes ombrellaires; **tt.**, tentacules.

Chez les *Cunina* et divers genres voisins, intervient un curieux parasitisme aux dépens d'autres Méduses plus ou moins voisines, qui entraîne dans le cycle évolutif des modifications importantes dues surtout à l'intervention d'un bourgeonnement très précoce, chez la larve même, aux dépens d'un stolon qui se développe au pôle aboral de la Méduse. Le cas le plus simple est celui de *Cunoctantha* (*C. octonaria*). On ignore son premier développement, et le premier stade connu est celui d'une jeune larve à peu près semblable à celle des *Æginopsis* (fig. 338) au stade à deux tentacules, et que l'on rencontre vivant en ectoparasite sur une Leptoméduse, *Turritopsis*, attachée par son manubrium au bord de l'ombrelle. Elle y est venue très probablement au stade de larve ciliée planuliforme. De là, elle passe dans la cavité ombrellaire et insinue son manubrium, qui est devenu énorme (fig. 340) dans la bouche de l'hôte, tandis qu'elle se maintient fixée sur la surface du manubrium de celui-ci par ses tentacules, dont le nombre est porté à quatre par l'apparition de deux nouveaux en croix avec les premiers (fig. 341). A ce moment, l'ombrelle n'étant pas encore dessinée et la portion aborale du corps étant simplement conique et peu développée, il se forme au pôle aboral un prolongement contenant un diverticule (fig. 342, *stl.*) de la cavité gastrique, sur lequel se forment 6 à 7 bourgeons qui se détachent successivement. Quand ce bourgeonnement est achevé, la larve se détache, son manubrium se raccourcit, son ombrelle se dessine, les lobes ombrellaires bourgeonnent, et peu à peu la forme caractéristique du genre se dessine : c'est un *Cunoctantha* normal (fig. 343 et 344), sur lequel apparaissent enfin les organes génitaux.

Fig. 342.

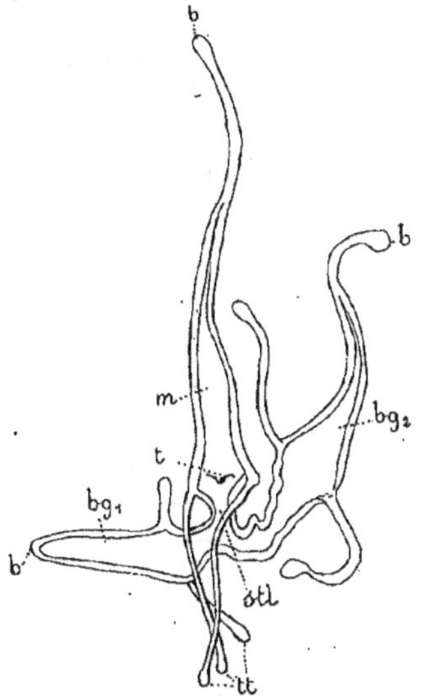

Larve de *Cunoctantha* (*Cunina*) *octonaria*
ayant donné deux bourgeons
(d'ap. Mac Crady).

b., bouches; **bg₁.**, **bg₂.**, bourgeons; **m.**, corps
de la larve qui a produit les bourgeons; **stl.**,
stolon prolifère; **t.**, bourgeon tentaculaire;
tt., tentacules larvaires.

Les bourgeons sont semblables à la larve qui les a produits et suivent une série de modifica-

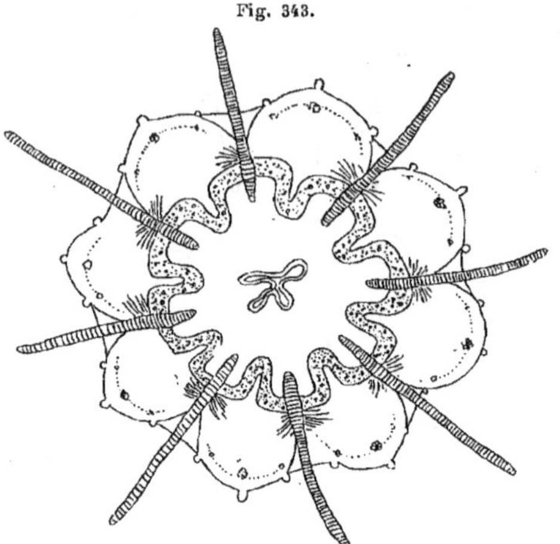

Fig. 343.

Méduse de *Cunoctantha (Cunina) octonaria*,
vue par son pôle aboral (d'ap. Mac Crady).

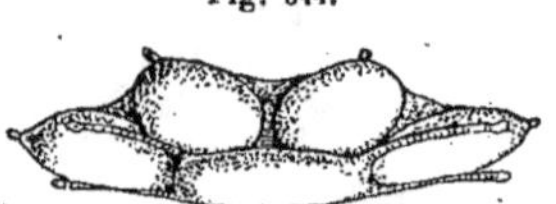

Fig. 344.

Cunoctantha (Cunina) octonaria
(d'ap. Mac Crady).

tions semblables, pour se transformer progressivement en jeunes *Cunoctantha*.

Leur mode de formation, très simple, est illustré par les schémas ci-contre (fig. 345). On voit qu'il se forme d'abord un refoulement des deux parois, contenant un diverticule de la cavité intérieure (*A*). De bonne heure, cette papille se perce d'une bouche (*B*, *b*); puis, à la base, se forme un renflement (*C*), la future ombrelle, au-dessus de laquelle le reste représente le manubrium; sur ce renflement ombrellaire poussent les tentacules (*D*) et, au-dessous de ceux-ci, les lobes; la forme, jusqu'alors allongée comme celle d'un Polype, s'élargit en Méduse (*E*), le manubrium se raccourcit,

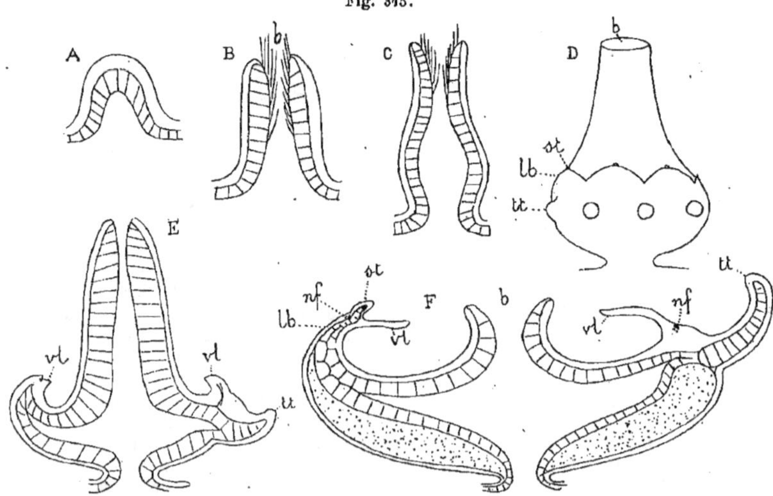

Fig. 345.

Développement d'un bourgeon de *Cunoctantha (Cunina)* (d'ap. Chun).
A, B, C... F, stades successifs du développement du bourgeon; **b.**, bouche; **lb.**, lobes ombrellaires;
nf., nerf; **st.**, organes des sens; **tt.**, tentacules; **vl.**, velum.

le velum pousse, la mésoglée se forme, la cavité gastro-vasculaire se constitue suivant le processus habituel et, finalement, on a une petite *Cunina* (*F*), attachée au stolon par son pôle aboral, et qui n'a plus qu'à se détacher et à se munir d'organes génitaux.

Chez d'autres espèces de *Cunina* (*C. proboscidea, C. rhododactyla*) ou de *Cunoctantha* (*C. Köllikeri, C. parasitica*), il y a sans doute comme d'ordinaire un développement par œufs fécondés, mais il n'est pas connu, et il existe un mode de reproduction tout à fait remarquable, bien étudié par Metchnikov qui l'a découvert, et qui est connu sous le nom de *sporogonie*. C'est une reproduction par cellules germinales non fécondées, se développant à l'intérieur du corps du parent. Le nom d'œufs parthénogénétiques ne saurait convenir à ces éléments reproducteurs, car ils proviennent de cellules germinales non différenciées, aussi bien de celles qui auraient évolué en spermatozoïdes que de celles qui seraient devenues des œufs. Ils sont plutôt comparables à des spores, d'où le terme de sporogonie. On en trouve d'autres exemples dans le Règne animal, en particulier dans les *Rédies* des Trématodes. Voici, brièvement résumée, l'histoire de ce développement.

Chez ces Méduses on voit, dans l'amas de cellules germinales correspondant à l'ovaire ou au testicule, certaines cellules, au lieu de se différencier en élément sexuel mâle ou femelle, grossir et se diviser en deux (fig. 346). L'une des cellules résultant de cette division va continuer à se diviser pour former l'embryon (fig. 347), tandis que l'autre reste indivise mais grossit

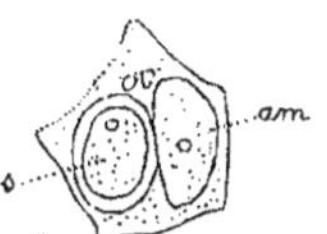

Fig. 346.

Cunina proboscidea.
Division d'une cellule
germinale
en deux cellules
dont l'une, amœboïde,
entoure la seconde
qui formera l'embryon
(d'ap. Metchnikov).

am., noyau de la cellule
amœboïde ; **s.,** cellule qui
formera l'embryon.

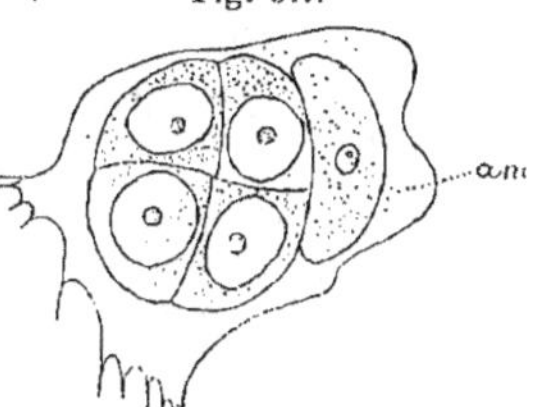

Fig. 347.

Cunina proboscidea.
Morula au stade 4, contenue
à l'intérieur
de la cellule amœboïde
(d'ap. Metchnikov).

am., cellule amœboïde
avec son noyau accolé à la morula.

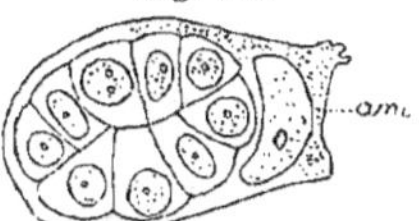

Fig. 348.

Cunina proboscidea
Morula incluse
dans la cellule amœboïde
(d'ap. Metchnikov).

am., cellule amœboïde
et son noyau.

énormément, entoure la petite masse embryonnaire et, finalement, l'englobe complètement à son intérieur à la manière d'un phagocyte (fig. 347, *am.*). Mais ce singulier phagocyte, au lieu de dévorer l'embryon contenu dans son cytoplasme à côté de son noyau, le nourrit au contraire, le protège, et le transporte au point où il doit aboutir, rappelant dans une certaine mesure les *cellules ambulantes* des Doliolides (Voir vol. XIII de ce traité, p. 214) (*). Il devient en' effet amœboïde, se déplace au moyen de ses pseudopodes dans les tissus maternels et aboutit finalement dans la cavité d'un canal gastro-vasculaire en ouvrant l'endoderme qui le revêt. On le trouve là, sous la forme d'une morula, attaché à la paroi du canal par la cellule amœboïde qui, dès ce moment, dégénère rapidement et finit par le mettre en liberté. Il se couvre rapidement de cils et se rend dans la cavité gastrique. Là, il grossit, ses cellules se disposent en deux couches autour d'une cavité gastrique centrale qui se met en communication avec le dehors par une bouche, et les tentacules commencent à pousser sur une ligne circulaire, d'ailleurs plus rapprochée du pôle aboral que de la bouche. Tandis que ces tentacules sont encore à l'état de simples papilles, se forme au pôle aboral un stolon (fig. 349) analogue à celui de *Cunoctantha octonaria* et qui

---

(*) C'est un nouvel intermédiaire entre la phagocytose vraie et la simple fusion des cellules, dont l'un de nous (Delage, Embryogénie des Éponges, *in.* Arch. zool. exp., vol. 10, 1892) a fait connaître un curieux exemple chez la Spongille d'eau douce. Le cas des Éponges se place entre la phagocytose vraie et celui dont il est question ici.

tout de suite se met à bourgeonner de la même manière (fig. 350). Les bourgeons se détachent au fur et à mesure de leur formation, et se transforment, ainsi que, finalement, la larve mère,

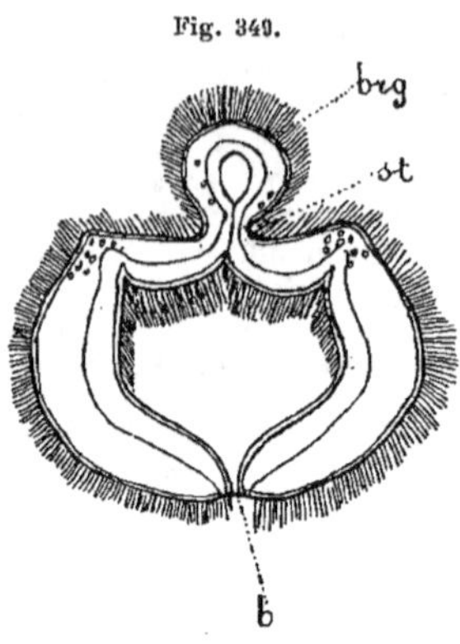

Fig. 349.

Bourgeon larvaire
de *Cunina proboscidea*
(d'ap. Metchnikov).

b., bouche; **brg.**, bourgeon;
st., stolon prolifère.

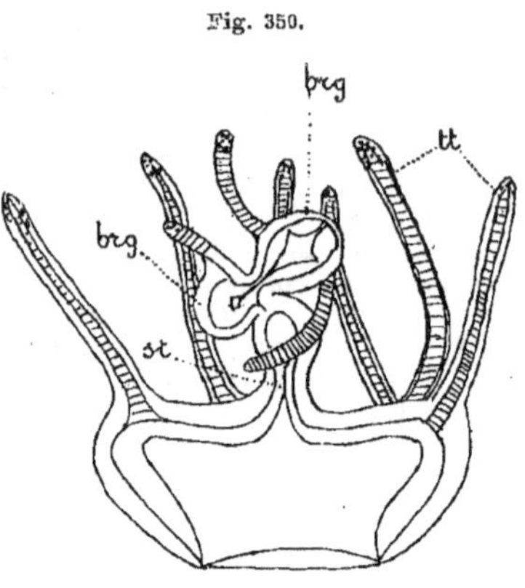

Fig. 350.

Bourgeonnement de *Cunina rhododactyla*
(d'ap. Metchnikov).

brg., bourgeons; **st.**, stolon prolifère;
tt., tentacules.

en jeunes *C. rhododactyla*, semblables au parent primitif.

Chez *C. proboscidea*, le début du développement est conforme à ce qui vient d'être décrit, mais les jeunes bourgeonnés sur le stolon aboral de la larve ne revêtent pas la forme normale et ressemblent à des jeunes de la famille des *Solmarinæ* (Voir plus loin leurs caractères). Mais dès leur issue hors de la mère, ils sont sexuellement mûrs et de leurs œufs naîtront évidemment des jeunes qui reproduiront la forme normale de l'espèce. Il y a donc là une véritable métagenèse.

Mais il arrive aussi que les jeunes larves issues de la spore, au lieu d'émigrer seulement du canal où la disparition de la cellule amœboïde les a mis en liberté dans la cavité gastrique maternelle, sortent au dehors et, nageant avec leurs cils, pénètrent dans la cavité gastrique d'une autre Méduse de genre tout différent, *Liriope*, *Geryonia*, se fixent à la portion intra-stomacale de leur languette, et là, évoluent de la manière ci-dessus décrite. Les relations entre l'hôte et le parasite deviennent alors très difficiles à débrouiller, car on ne sait, avant d'avoir suivi tout le cycle évolutif, si les jeunes inclus sont des parasites appartenant à un autre genre ou s'ils sont des jeunes différant de leur mère par métagenèse.

Le problème se complique encore par le fait que, souvent, dans ces cas, les bourgeons, au lieu de se détacher du stolon prolifère de la larve parasite, restent longtemps fixés sur ce stolon où ils forment une sorte d'*épi* volumineux (*Knospenähre*) (fig. 351) contenu dans la cavité gastrique de l'hôte et partiellement saillant au dehors par la bouche. On a cru d'abord que ce stolon était bourgeonné par l'hôte lui-même, par sa *languette*, et que par conséquent les bourgeons étaient ses produits.

Fig. 351.

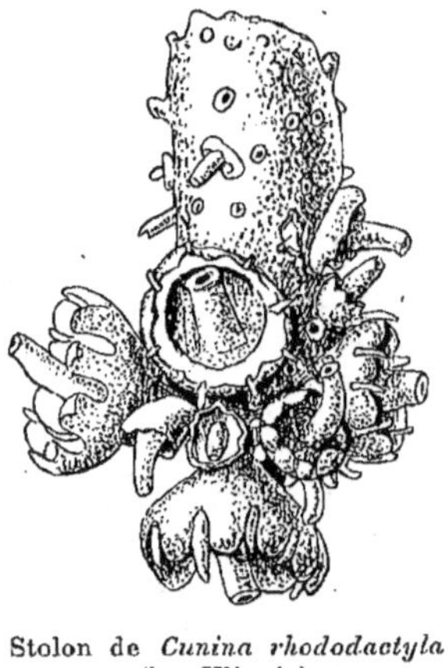

Stolon de *Cunina rhododactyla*
(im. Uljanin).

Häckel [66] a même fondé sur cette erreur une théorie de l'*allotriogenèse* ou *alloiogenèse* suivant laquelle l'hôte, la Géryonie, se reproduirait semblable à elle-même par ses œufs et engendrerait par bourgeonnement des descendants à forme de Narcoméduses.

Enfin chez *Cunoctantha parasitica*, on observe encore d'autres particularités. L'embryon,

formé de même par sporogonie, est associé aussi à une cellule amœboïde comme dans les cas
précédents; mais il arrive qu'il se développe autour de celle-ci de manière à l'englober dans
sa cavité inté-rieure tapissée d'endoderme, ne laissant sortir que ses pseudopodes qui servent à le charrier (fig. 352 à 354). La cellule amœboïde ne sert qu'à cela et non à nourrir l'embryon qui se nourrit par imbibition; l'orifice par lequel elle sort n'est ni un blastopore ni une bouche, mais une très longue fente qui se réduit quand plus tard la cellule entre en régression. Avant ce moment, l'ectoderme se couvre de cils (fig. 352, 353 et 355), en sorte que l'embryon peut nager librement, la cellule amœboïde rétractant

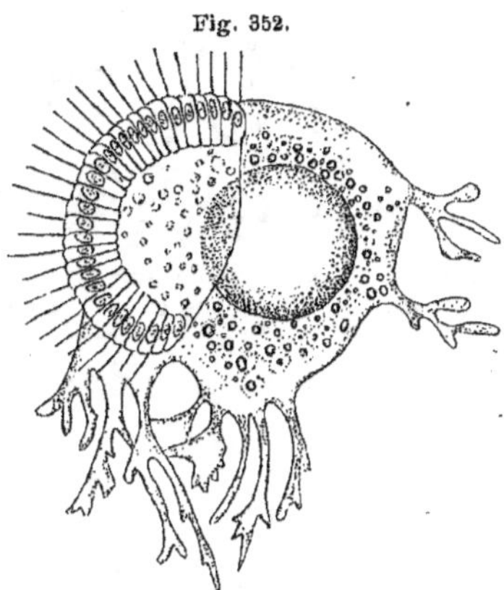

Cunoctantha parasitica. Stade jeune
avec cellule amœboïde
ne présentant qu'un seul noyau
(d'ap. Metchnikov).

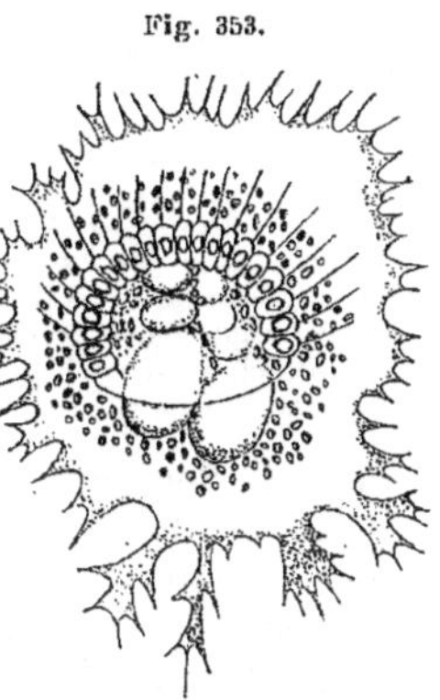

Cunoctantha parasitica.
Stade jeune
avec cellule amœboïde
présentant plusieurs noyaux
(d'ap. Metchnikov).

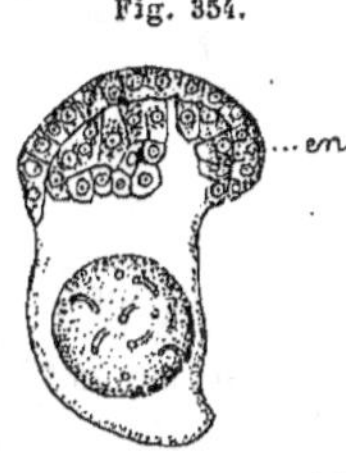

Cunoctantha parasitica.
Coupe transversale du
stade représenté dans la
fig. 353
(d'ap. Metchnikov).
end., endoderme.

Stade plus avancé
de *Cunoctantha
parasitica*
(d'ap. Metchnikov).
s., sillon par lequel
sortent les pseudopodes.

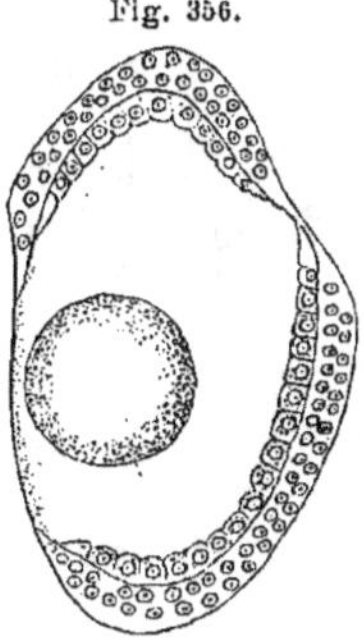

Cunoctantha parasitica.
Coupe longitudinale
du stade représenté
dans la fig. 355
(d'ap. Metchnikov).

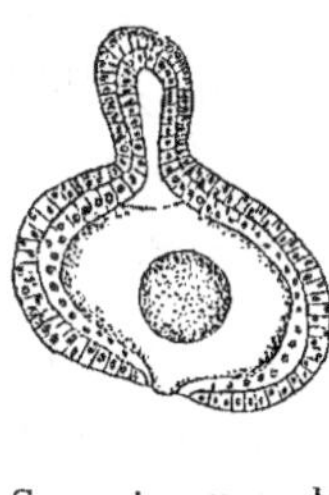

Coupe transversale
d'une larve de
Cunoctantha parasitica,
commençant à former
son prolongement
par prolifération
(d'ap. Metchnikov).

ses pseudopodes à ce moment (fig. 356 et 357). Le bourgeonnement donne naissance à un *épi* chargé de Méduses, comme dans les cas précédents.

D'ordinaire, c'est au stade de larve libre, ciliée, qu'il passe chez son hôte; mais l'embryon peut aussi se rencontrer, encore contenu dans sa cellule endodermique, sous l'épiderme de l'hôte (*Geryonia*) (fig. 358). Sans doute il aura été avalé avec sa mère par la Géryonie qui est très vorace et la mère aura été digérée, tandis que l'embryon aura échappé à la destruction en pénétrant dans les tissus de l'hôte par le moyen de la cellule amœboïde (METCHNIKOV, communication orale). KOROTNEV [91] à qui on doit ces observations, pense que l'embryon doit passer dans la cavité gastrique par le dehors après avoir rompu l'ectoderme qui le recouvre.

GENRES

1re FAM. : *CUNINÆ* [*Cunanthidæ* (Häckel]. Poches stomacales larges, correspondant aux tentacules (1), canal circulaire émettant des canaux péroniaux courts, doubles; statorhabdes munis d'une bride.

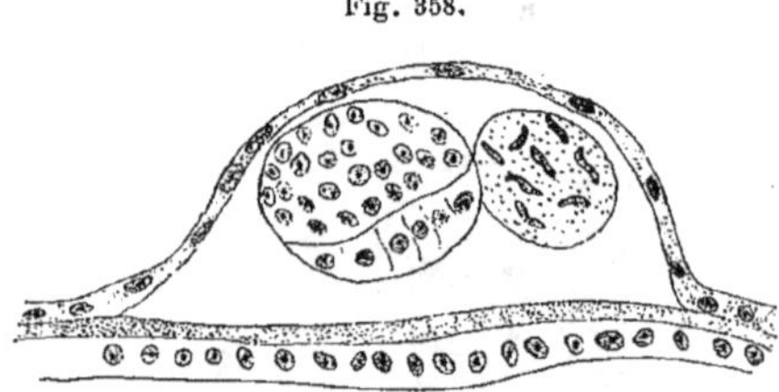

Fig. 358.

Larve de *Cunoctantha* et sa cellule amœboïde sous l'ectoderme de *Geryonia* (d'ap. Korotnev).

Cunina (Eschscholtz) (fig. 359 à 361) correspond à peu près exactement au type morphologique de la tribu. Son caractère générique consiste dans le nombre de ses tentacules, dont il y a toujours plus de 8 et au plus 24 et qui est loin d'être toujours un multiple régulier de 4. Ainsi, il peut y en avoir 9 ou 11, ou bien 17 ou 20, etc.

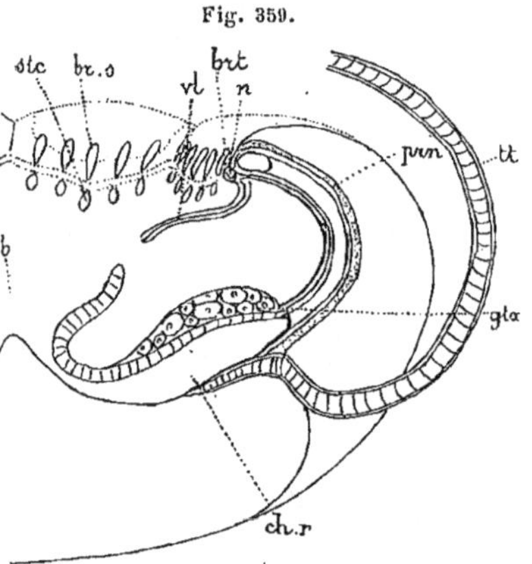

Fig. 359.

Cunina rubiginosa. Coupe perradiale (d'ap. Häckel).

b., bouche; **br. s.**, brides des statorhabdes; **brt.**, bourrelet urticant; **ch. r.**, chambre radiale; **gtx.**, organes génitaux; **n.**, nerf circulaire; **prn.**, péronie; **stc.**, statorhabdes; **tt.**, tentacules; **vl.**, velum.

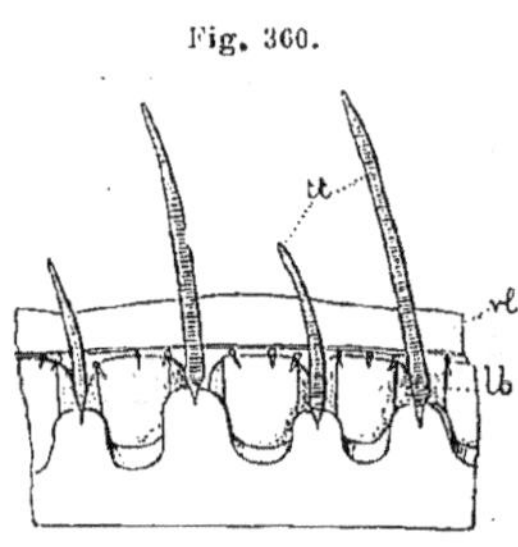

Fig. 360.

Bord ombrellaire de *Cunina duplicata* (d'ap. O. Maas).

lb., lobes; **tt.**, tentacules; **vl.**, velum.

Les poches stomacales, en nombre égal aux tentacules, sont simples, c'est-à-dire non bifurquées à leur extrémité distale. Les larves vivent en parasite de leur mère ou d'autres Méduses (10ᵐᵐ sur 10ᵐᵐ à 70ᵐᵐ sur 40ᵐᵐ; Médit., Atl., Pacif.).

Cunissa (Häckel) diffère de *Cunina* par ses poches stomacales bifurquées à l'extrémité distale (20 à 30ᵐᵐ sur 10ᵐᵐ; oc. Indien).

Cunantha (Häckel) (fig. 362) en diffère de par ses tentacules et poches stomacales au nombre de quatre seulement, perradiaux (1ᵐᵐ en tous sens à 12ᵐᵐ sur 8; Médit.).

Cunarcha (Häckel) (fig. 362 *bis*) diffère de *Cunantha* par ses poches stomacales bifurquées à l'extrémité distale (4ᵐᵐ sur 2ᵐᵐ; Canaries, 1675 brasses).

______

(1) On désigne quelquefois par l'épithète de *pernémale* cette relation de correspondance, tandis qu'on appelle *internémale* la situation alterne par rapport au tentacule.

Cunoctantha (Häckel) (fig. 343) diffère de *Cunina* par ses tentacules et poches stomacales au nombre de 8, 4 perradiaux et 4 interradiaux. Larves parasites de leur mère ou d'autres Méduses (3ᵐᵐ sur 1ᵐᵐ à 16ᵐᵐ sur 6ᵐᵐ; Médit., Atl., Brésil).

Fig. 361.

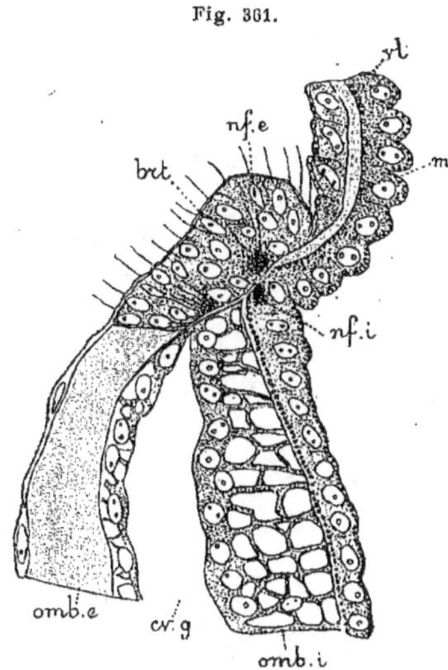

Coupe radiale
dans la région du bourrelet urticant
de *Cunina lativentris*
(d'ap. O. et R. Hertwig).

brt., bourrelet urticant; **cv. g.**, cavité gastrovasculaire; **mcl.**, muscles; **nf. e.**, cercle nerveux externe; **nf. i.**, cercle nerveux interne; **omb. e.**, exombrelle; **omb. i.**, sous-ombrelle; **vl.**, volum.

Fig. 362.

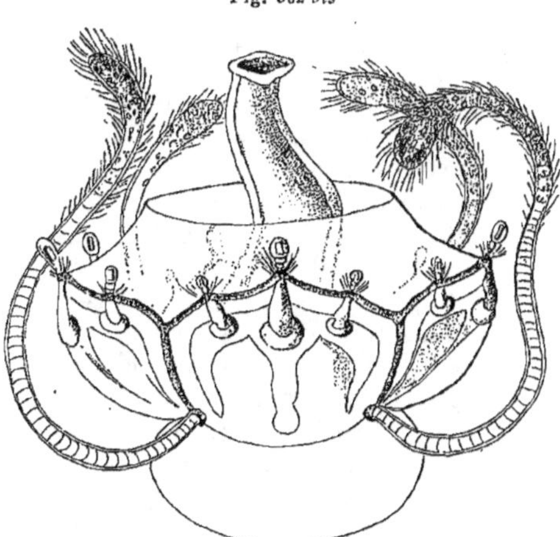

Cunantha primigenia (d'ap. Häckel).

Fig. 362 *bis*

Fig. 363.

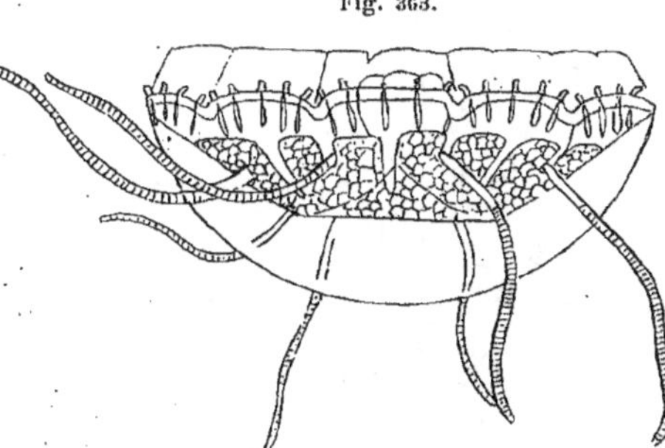

Cunoctona Lanzerotæ (d'ap. Häckel).

Cunarcha æginoïdes (d'ap. Häckel).

Cunoctona (Häckel) (fig. 363) diffère de *Cunoctantha* par ses poches tentaculaires, bifurquées distalement (10 à 15ᵐᵐ sur 5ᵐᵐ; Canaries, côtes sud de l'Afrique).

2ᵉ FAM. : *Peganthinæ* [*Peganthidæ* (Häckel)]. Pas de poches radiaires; canal circulaire découpé en festons séparés; statorhabdes avec bride.

Pegantha (Häckel) (fig. 364 à 366) diffère de *Cunina* par le fait que les

Fig. 364.

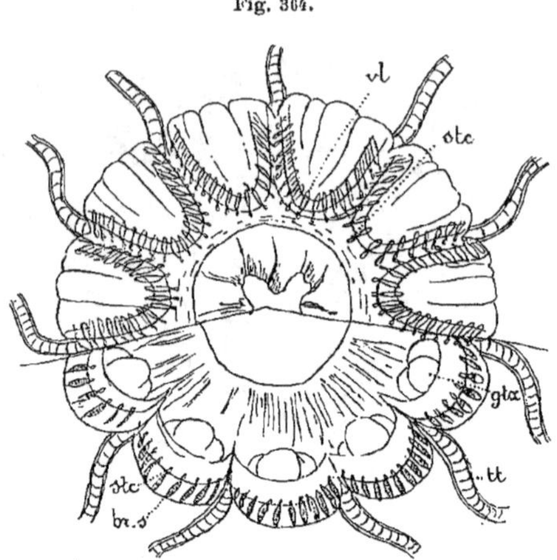

Pegantha triloba. Vue par la face orale.
Dans la région inférieure la partie superficielle
a été enlevée pour montrer la disposition
des organes génitaux (d'ap. Häckel).

br. s., bride du statorhabde; **gtx.**, organes génitaux;
stc., statorhabdes; **tt.**, tentacules; **vl.**, velum.

Fig. 365.

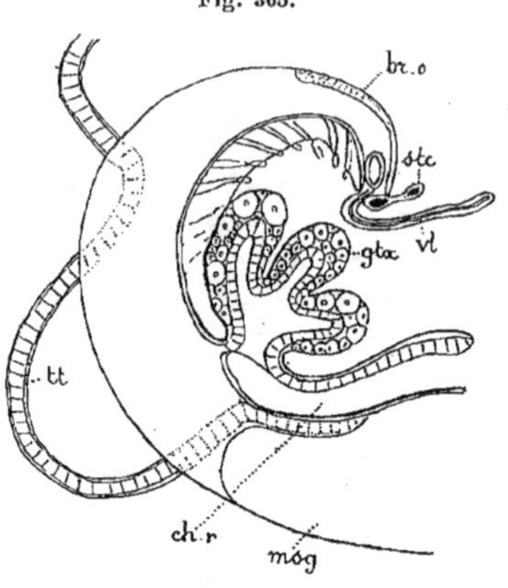

Pegantha triloba. Coupe radiale
(d'ap. Häckel).

br. s., bride du statorhabde; **ch. r.**, chambre
radiale; **gtx.**, organes génitaux; **msg.**, mésoglée; **stc.**, statorhabde; **tt.**, tentacule; **vl.**, velum.

Fig. 366.

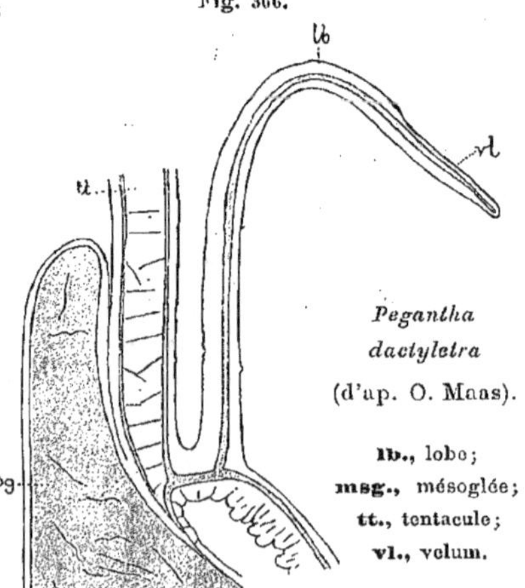

*Pegantha
dactyletra*

(d'ap. O. Maas).

lb., lobe;
msg., mésoglée;
tt., tentacule;
vl., velum.

tentacules se sont avancés beaucoup plus loin encore sur l'ombrelle, jusqu'au niveau du bord externe de l'estomac. Et, comme l'insertion des tentacules marque la limite distale des canaux radiaires, il en résulte que ces canaux (ici poches stomacales) sont supprimés. Le canal circulaire garde les mêmes caractères que chez *Cunina*, mais les branches parallèles (canaux péroniaux) par lesquelles les festons qui suivent le bord des lobes se mettent en rapport avec le reste de l'appareil gastro-vasculaire, descendent ici jusqu'à l'estomac et s'ouvrent directement à son intérieur. L'estomac est simple, arrondi, sans poches radiaires.

Il y a 10 à 30 tentacules alternant avec autant de lobes. Ceux-ci sont fortement bombés et, par suite, forment en dedans autant de petites niches dans lesquelles s'abritent les gonades. Celles-ci sont à la place habituelle; mais, faute de canaux radiaires, se rattachent à la partie marginale de l'estomac. Dans chaque niche, on en trouve une masse, simple ou lobée, dont la cavité intérieure s'ouvre, au pédicule de la masse, dans la partie marginale de l'estomac. Elles forment autant de masses distinctes qu'il y a de niches et, par conséquent, de lobes ombrellaires ou de tentacules (10 à 50ᵐᵐ sur 6 à 12ᵐᵐ; tout le Pacif., oc. Ind., mer de Chine; 82 brasses).

Peganthella (Häckel) et

Peganthissa (Häckel) sont deux sous-genres de *Pegantha* faits, le premier pour les formes à gonades simples, le second pour celles à gonades lobées.

Pegasia (Péron et Lesueur), en outre des masses génitales indépendantes, a un bourrelet circulaire continu de gonades, sur la paroi stomacale, en dedans des masses indépendantes (20 à 40ᵐᵐ sur 10 à 13ᵐᵐ; Atl. sud).

Polycolpa (Häckel) (fig. 367) n'a que le bourrelet continu de gonades de *Pegasia* (16 à 20ᵐᵐ sur 4 à 8ᵐᵐ; mer Rouge, Atl. tropical, Pacif., oc. Indien; 60 brasses).

Polyxenia (Eschscholtz) a comme *Pegasia* un bourrelet continu et des masses distinctes correspondant aux lobes, mais ces dernières ne sont point indépendantes du bourrelet continu sur lequel elles forment des diverticules (30 à 80ᵐᵐ sur 10 à 20ᵐᵐ; Médit., Atl., Pacif. sud., oc. Indien).

Les deux familles des *Cunininæ* et des *Peganthinæ* sont réunies par Häckel en un groupe [*Porpylotæ*] dont il n'indique pas la valeur taxinomique, et caractérisé par la présence des brides statocystiques, *Otoporpa* qu'il oppose à un groupe [*Cordylotæ*] contenant les deux autres familles de Narcoméduses, *Ægininæ* et *Solmarinæ*, et qu'il caractérise par l'absence d'*Otoporpa*.

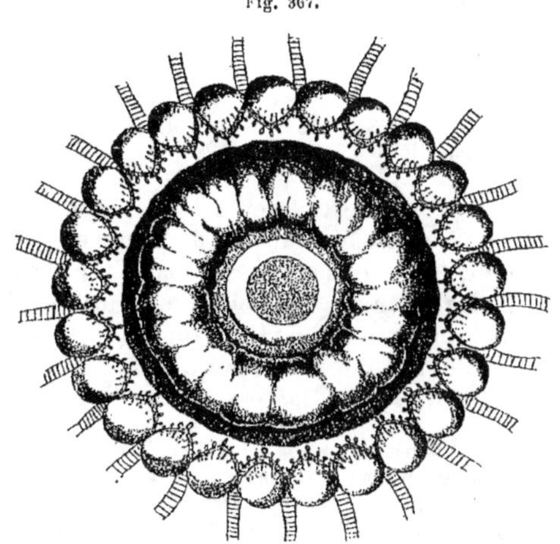

Fig. 367.

Polycolpa Forskalii (d'ap. Häckel).

Ægina (Eschscholtz) (fig. 368 et 369) est de forme plus élevée que les autres Narcoméduses et de contexture plus molle. Les lobes sont aussi moins accentués et ses péronies moins profondément encaissées. Il diffère de *Cunina* et de *Pegantha* par la structure de son appareil gastro-vasculaire qui constitue son trait caractéristique. Il semble, en effet, être dépourvu de canaux radiaires, et le canal circulaire se comporte exactement comme chez *Pegantha*, se jetant directement dans l'estomac au point d'insertion de chaque tentacule par deux canaux péroniaux.

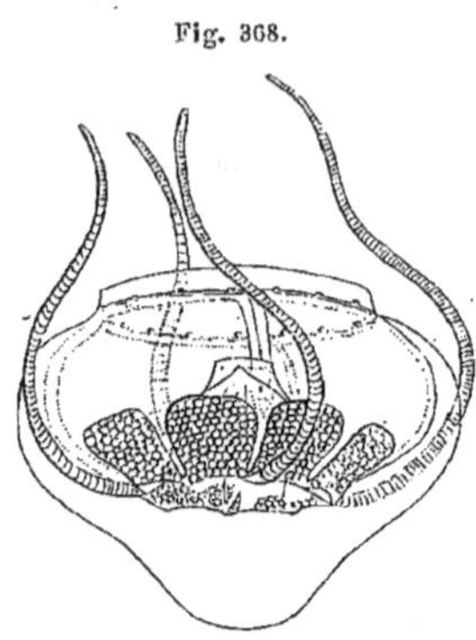

Ægina rhodina vue de profil
(d'ap. Häckel).

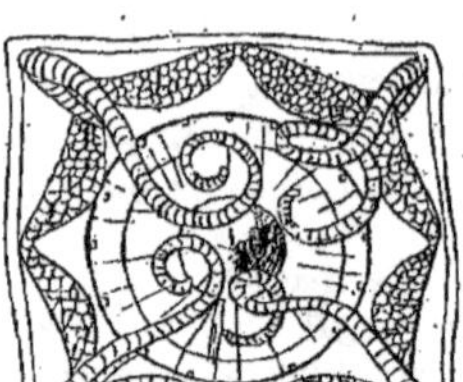

Ægina rhodina
vue par la face orale
(d'ap. Häckel).

Mais, de part et d'autre de chaque péronie, l'estomac émet une poche stomacale qui s'avance dans le lobe correspondant et s'y termine en cul de sac. Ces poches doivent être considérées comme représentant un canal radiaire fendu dans toute sa longueur jusqu'à l'estomac, en sorte que les deux poches situées de part et d'autre d'une péronie forment un tout morphologique, tandis que les deux poches intertentaculaires contenues dans un même lobe appartiennent à deux formations distinctes. Il n'y a que 4 tentacules perradiaux et, par conséquent, 4 paires perradiales de poches stomacales adradiales. Sur ces 8 poches sont autant de gonades, qui leur correspondent et dont la cavité s'ouvre à leur intérieur. Il y a au bord de l'ombrelle 16 statorhabdes qui, caractère important, sont dépourvus de bride (1mm1/2 sur 1mm, à 50mm sur 30mm; Atl., Pacif.).

Ægineta (Gegenbaur) a 8 tentacules, 4 perradiaux, 4 interradiaux sans que cela modifie le nombre de ses poches stomacales et de ses gonades, car les tentacules interradiaux en sont dépourvus (6 sur 10mm à 3 sur 8 mm.; Médit., Atl. sud).

Æginella (Häckel) n'a au contraire que 2 tentacules perradiaux opposés, mais ses poches stomacales et ses gonades restent aussi au nombre de 4 paires (4 à 6mm sur 3 à 4mm; Canaries, Moluques, baie d'Amboine).

Ces trois genres sont réunis en une sous-famille [*Æginetidæ* (Häckel)] caractérisée par 4 paires de poches stomacales et de gonades. Les deux suivants ont au contraire 8 paires, 4 perradiales et 4 interradiales, de poches stomacales et de gonades et forment une deuxième sous-famille [*Æginaridæ* (Häckel)]; ce sont :

Æginopsis (Brandt) (fig. 333 à 339) à 4 tentacules perradiaux (20 à 30mm sur 20 à 30mm; mer Blanche, Detr. de Behring, Japon) et

Æginura (Häckel) à 8 tentacules, 4 perradiaux et 4 interradiaux (30mm sur 15mm; Pacifique sud, Australie).

Enfin les trois derniers genres à 16 paires de poches stomacales et de gonades forment une dernière sous-famille [*Æginodoridæ* (Häckel)]; ce sont :

Æginodisous (Häckel) à 8 tentacules (40mm sur 13mm; oc. Indien, Zanzibar),

Æginodorus (Häckel) à 16 tentacules (50mm sur 16mm; côtes Anglaises) et

Æginorhodus (Häckel) à 32 tentacules (50mm sur 16mm; Atl. sud, Argentine).

==== 4ᵉ FAM. : *SOLMARINÆ* [*Solmaridæ* (Häckel)]. Poches stomacales variables, tantôt correspondant aux tentacules, tantôt alternant avec eux, tantôt absentes ; ni canal circulaire, ni canaux péroniaux ; pas de bride aux statorhabdes.

Solmaris (Häckel) (fig. 370) est de forme plus élevée que la plupart des Narcoméduses. Sa texture est molle, son velum faible et peu développé, sa sous-ombrelle peu musclée. Aussi, nage-t-il non par les contractions générales de la cloche, mais plutôt en ramant, en quelque sorte, au

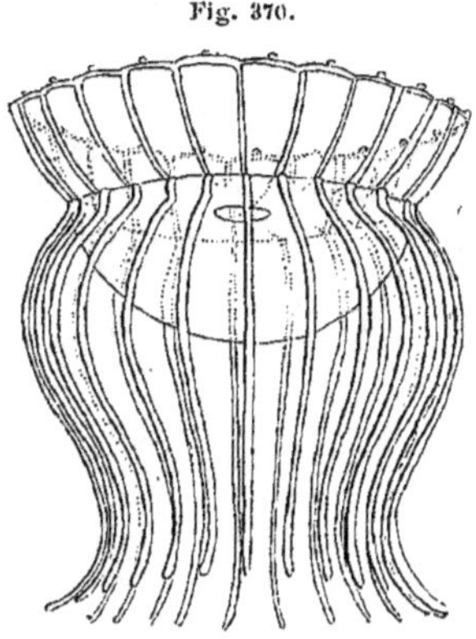

Fig. 370.

Solmaris coronantha (d'ap. Häckel).

moyen de ses tentacules. Ceux-ci, dont le nombre varie de 8 à 64 et plus, sont munis de péronies et alternent comme d'ordinaire avec les lobes de l'ombrelle, munis chacun de 3 à 7 statorhabdes dépourvus de bride. Mais son caractère le plus marquant consiste dans l'extrême simplicité de son système gastro-vasculaire représenté par le seul estomac, les canaux radiaires et circulaires ayant complètement disparu. Il n'y a pas non plus de ces poches stomacales qui représentent une transformation des canaux radiaires. Häckel considère cette simplicité comme résultant d'une réduction secondaire par dégénérescence, et non d'une condition primitive. Maas [93] est d'un avis contraire. Mais l'opinion de Häckel est corroborée par la découverte faite par Hertwig chez des genres voisins (*Solmissus, Solmundella*) de cordons endodermiques pleins aux places où devraient se trouver le canal circulaire. Les gonades, forcées de se réfugier sur l'estomac, forment sur le bord de cet organe un bourrelet circulaire ou polygonal continu (3ᵐᵐ sur 2ᵐᵐ à 100ᵐᵐ sur 30ᵐᵐ ; Manche, Hébrides, Médit., Atl., Pacif., mer de Chine).

Solmarium (Häckel) et
Solmarinus (Häckel) ne sont que des sous-genres de *Solmaris* ;
Solmoneta (Häckel) diffère de *Solmaris* par ses gonades formant autant de masses indépendantes qu'il y a de lobes palléaux (16 sur 4ᵐᵐ à 30 sur 8ᵐᵐ ; Médit., Atl., mer Rouge, Pacif. sud) ; Il forme avec lui une sous-famille [*Solmonetidæ* (Häckel)].
Solmissus (Häckel) a de plus que *Solmaris* des poches stomacales en nombre égal à celui des tentacules (9 à 32) et leur correspondant, et qui représentent des canaux radiaires ; ces canaux sont même en relation, chez une espèce, avec un cordon endodermique plein qui suit le trajet du canal circulaire absent et évidemment le représente (10 sur 5ᵐᵐ à 40 sur 10ᵐᵐ ; Médit. Atl.). Häckel en a fait le représentant (unique) d'une sous-famille [*Solmissidæ*].
Solmundus (Häckel) a aussi des poches stomacales, mais entièrement bifurquées comme celles d'*Ægina* et représentant comme chez ce dernier des canaux radiaires ; il y en a 4 paires perradiales correspondant aux 4 tentacules perradiaux et formés chacun de deux poches adradiales symétriques par rapport à la péronie correspondante (4ᵐᵐ sur 4ᵐᵐ ; Canaries).
Solmundella (Häckel) a les poches stomacales comme *Solmundus*, mais n'a que deux tentacules perradiaux opposés. Comme chez *Solmissus*, dans une espèce au moins, un cordon cellulaire plein représente le canal circulaire (4 à 6ᵐᵐ, sur 3 à 4ᵐᵐ ; Médit., Atl., Canaries). Ce genre forme, pour Häckel, avec le précédent, une sous-famille spéciale [*Solmundinæ*].

APPENDICE

Nous plaçons ici, en appendice, une forme à affinités multiples et assez obscures, qui se rattache aussi bien aux Leptoméduses qu'aux Trachyméduses, et, parmi celles-ci, plutôt aux Trachoméduses qu'aux Narcoméduses, mais qui a cependant des points de ressemblance avec ces dernières, et mériterait peut-être de former une tribu ou même un sous-ordre à part, d'autant plus qu'elle présente dans sa biologie une particularité tout à fait exceptionnelle : elle vit exclusivement dans l'eau douce. Elle fut découverte par Sowerby et nommée, presque en même temps, par Ray Lankester *Craspedacustes* et par Allman *Limnocodium*. C'est ce dernier nom qui a prévalu, bien que le premier eût des droits à la priorité, Lankester ayant retiré le sien par déférence pour Allman.

Limnocodium (Allman) (fig. 370 A à 370 D). C'est une petite Méduse de forme peu élevée, à long manubrium saillant hors de la cavité sous-ombrel-

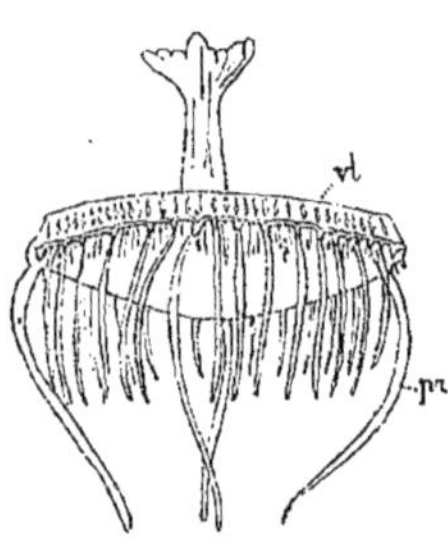

Fig. 370 A.

Limnocodium Sowerbii vu dans son ensemble (d'ap. Ray Lankester).

pr., tentacules perradiaux ; **vl.**, velum.

laire, terminé par une bouche largement quadrilabiée (fig. 370 A). De l'estomac, situé à sa place normale, partent 4 canaux radiaires perradiaux, accompagnés chacun d'une bandelette musculaire, qui portent chacun une gonade sacciforme saillante (fig. B, *glx.*) et se jettent dans un large sinus circulaire. Il y a un étroit velum (*vl.*) disposé comme d'ordinaire.

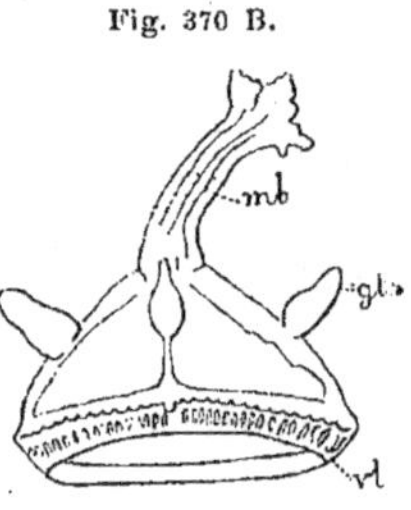

Fig. 370 B.

Limnocodium Sowerbii dont l'ombrelle retournée laisse voir les gonades (d'ap. Ray Lankester).

gtx., gonades ; **mb.**, manubrium ; **vl.**, velum.

Le bord ombrellaire, soutenu par un anneau sub-cartilagineux, porte de nombreux tentacules (fig. 370 A, *tt.*) de trois ordres : il y a 4 grands tentacules perradiaux, 28 tentacules de second ordre plus petits (7 dans chaque quadrant) et 192 tentacules de troisième ordre plus petits encore, situés par 6 dans les intervalles intertentaculaires des canaux de 2e ordre. Le nombre des tentacules de 2e et de 3e ordre ne paraît pas rigoureusement constant. Chose remarquable, ces tentacules ne sont pas tout à fait marginaux : ils sont situés à une petite distance du bord, sur la face exombrellaire et en sont d'autant plus éloignés qu'ils sont de taille plus grande. Une *bande urticante* (fig. 370 C, *bd.*), formée d'une seule assise de cellules et par conséquent ne formant pas bourrelet, est annexée au bord libre de l'ombrelle, mais se détourne en face de chaque tentacule pour se diriger vers sa base, sans atteindre le point d'émergence. Elle est donc extrêmement sinueuse, formant autant de festons qu'il y a de tentacules, festons inégaux, les plus accentués correspondant aux tentacules de 1er ordre. Ces festons forment à chaque tentacule une sorte de *péronie*, comparable (dans une certaine mesure) aux péronies des Narcoméduses (Voir p. 192), mais beaucoup moins accentuée et de nature sensiblement différente. — Ces tentacules sont *pleins*, leur axe étant rempli de cellules endodermiques à dégénérescence notocordale. Mais ces cellules ne forment pas une file unique et elles sont moins cartilagineuses, moins fermes que chez les Trachyméduses. Cet axe se prolonge au-delà de l'insertion du tentacule, en

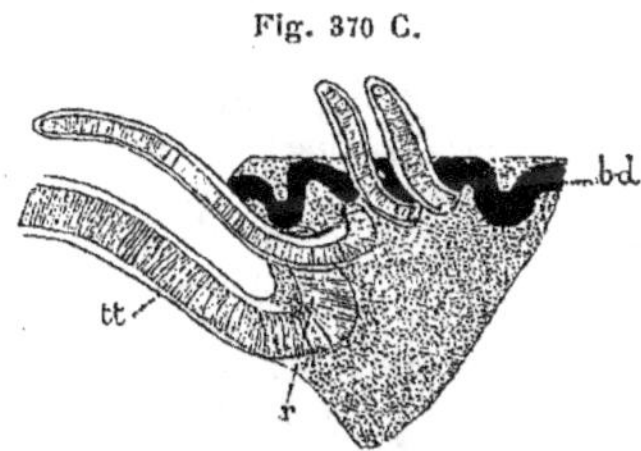

Fig. 370 C.

Limnocodium Sowerbii.
Schéma du bord de l'ombrelle
(d'ap. Ray Lankester).
bd., bandelette urticante;
r., racine tentaculaire; **tt.**, tentacules.

une *racine tentaculaire* (*r.*) comme chez les Narcoméduses, mais beaucoup moins accentuée et *dirigée vers le bord de l'ombrelle* et non vers le pôle aboral de celle-ci. En raison de cette direction de la racine tentaculaire et de son élasticité, les tentacules ont une tendance à se diriger verticalement vers le pôle aboral et c'est, en effet, cette position qu'ils affectent dans les intervalles de repos qui séparent les pulsations locomotrices. — L'animal est pourvu de statorhabdes (fig. 370 D, *st.*) au nombre d'une centaine (50 chez les jeunes, 120 au plus chez les adultes), et d'une constitution tout à fait spéciale. Ils sont situés dans la base du velum, nullement saillants au dehors. Leur partie centrale est formée d'une sphérule de cellules endodermiques dérivant de celles du canal marginal voisin et représentant par conséquent l'axe d'un tentacule abortif. Mais ces cellules ne contiennent aucune concrétion statolithique et se distinguent seulement par une réfringence remarquable, en sorte qu'on serait autant disposé à les comparer à un cristallin qu'à la masse lourde d'un statocyste. Cette sphérule est pourvue d'une enveloppe ectodermique représentant l'ectoderme d'un tentacule, mais qui, au lieu d'être libre au

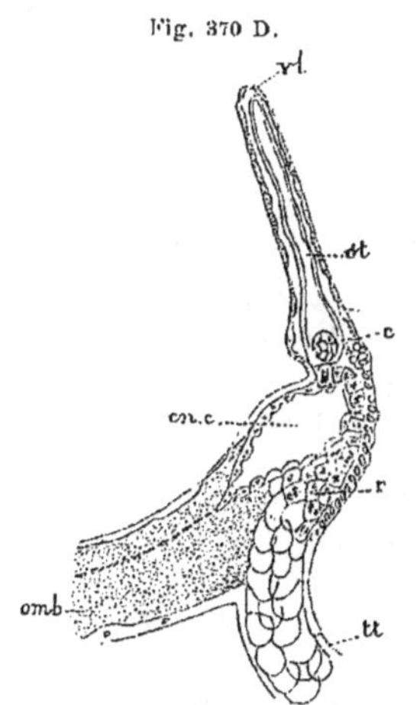

Fig. 370 D.

Limnocodium Sowerbii.
Coupe radiale du bord de l'ombrelle
(d'ap. Ray Lankester).

c., sphérule endodermique du statorhabde; **cn. c.**, canal circulaire; **omb.**, ombrelle; **r.**, racine tentaculaire; **st.**, statorhabde contenu dans l'épaisseur du velum; **tt.**, tentacule: **vl.**, velum.

dehors entre les tentacules normaux, a poussé dans l'*épaisseur du velum*, entre les deux lames de celui-ci. Cette enveloppe forme une vésicule

allongée qui traverse presque toute la largeur du velum et qui contient, à son extrémité externe élargie, la sphérule accolée au sinus circulaire (7 à 8ᵐᵐ; par intermittence, dans le bassin aux Nénuphars de Regent's Park
à Londres, à une température de 33° centigr.)

Plusieurs particularités méritent encore d'être signalées. Les *affinités* sont assez obscures.
Par ses péronies, ses racines tentaculaires et la situation de ses tentacules, l'animal se rapproche des Narcoméduses. Mais comme tous ces caractères de Narcoméduses se rencontrent, à
un degré plus faible, chez certaines Trachoméduses et qu'ils sont précisément peu accentués
chez *Limnocodium*, il n'y a aucune raison de le placer dans les Narcoméduses plutôt que dans
les Trachoméduses. Ses affinités réelles sont, d'après ALLMAN, avec les Leptoméduses et,
d'après RAY LANKESTER, avec les Trachoméduses. Le premier fait valoir à l'appui de sa thèse, la
souplesse des tentacules et la structure des statocystes qui, au premier coup d'œil, ressemblent aux vésicules ectodermiques des Leptoméduses. Mais Ray Lankester a montré que
la sphérule est d'origine endodermique, et ce fait, joint à la structure des tentacules, semble
bien résoudre la question dans le sens indiqué par cet auteur. Ce serait donc une Trachoméduse à caractères de Trachylide peu accentués et faisant le passage aux Leptoméduses dont
les Trachylides semblent descendre.

Le mode de reproduction, qui pourrait trancher la question n'est pas connu. On n'a
trouvé que des mâles. Lankester a trouvé de jeunes *Limnocodium* médusiformes qui donnent
à penser à une reproduction directe. ROMANES (en 1884) a trouvé dans le bassin de Regent's
Park, sur des racines de *Pontederia* de l'Amérique du Sud, un petit Hydroïde fixé, mesurant
au plus 3ᵐᵐ, sans tentacules et très rudimentaire, qu'il soupçonne pouvoir être la larve de
Limnocodium. Mais il n'a établi aucune relation positive de parenté, et il se pourrait que
cette forme ne fût que le *Microhydra* (*M. Ryderi*) (Voir p. 33).

Limnocodium est non seulement une forme d'eau douce, mais il est très sensible à l'eau de
mer, qu'il ne supporte en aucune façon, tandis que plusieurs Méduses marines ont été
trouvées bien portantes dans des points où la salure était très diminuée (*Laomedea*, *Eucope*,
Obelia). La température élevée où il vit, donne à penser qu'il a dû être importé avec des
plantes de quelque région subtropicale, probablement des Indes.

A côté de *Limnocodium*, nous devons signaler le genre
Limnocnida (Gunther) (fig. 371) qui présente les mêmes particularités
biologiques et les mê-
mes difficultés de clas-
sification. L'ombrelle
est plate, discoïde, en-
viron quatre fois plus
large que haute; les
tentacules sont creux,
très nombreux, la bou-
che, ronde, atteignant
un diamètre égal aux
2/3 de celui du corps; le
manubrium est très
court, l'estomac peu
profond, de même lar-
geur que la bouche;
4 canaux radiaires; les

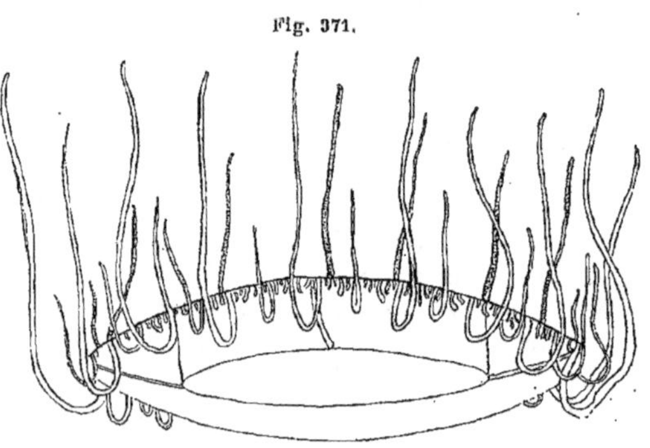

Fig. 371.

Limnocnida tanganyicæ (d'ap. Günther).

gonades sur le manubrium. Les organes sensitifs marginaux sont situés
à l'insertion du velum et formés d'une masse multicellulaire de cellules

réfringentes, renfermée dans une capsule arrondie. L'auteur lui trouve de grandes ressemblances avec *Limnocodium* et dit que ceux qui placent ce dernier dans les Leptoméduses, mettront *Limnocnida* dans les Anthoméduses, tandis que ceux qui font du premier une Trachoméduse, feront une Narcoméduse de *Limnocnida* (Larg. 23^{mm}; lac Tanganyika).

2ᵉ Sous-Classe

SIPHONOPHORES. — *SIPHONOPHORIÆ*

[*SIPHONOPHORA* (Eschscholtz); — ACALÈPHES HYDROSTATIQUES]

TYPE MORPHOLOGIQUE
(Pl. 17 à 20 ET FIG. 373 A 385)

Nous emprunterons notre type à l'ordre des Physophorides et plus spécialement à la famille des Agalminés, qui contient les formes les plus normales (*Stephanomia, Agalma, Anthemodes, Halistemma*, etc.) sans cependant nous astreindre à décrire un genre spécial.

Anatomie.

Extérieur. Conformation générale. — L'animal se présente sous l'aspect d'une colonie polymorphe dont les membres revêtent les formes les plus disparates. Il est pélagique et se rencontre dans les mers chaudes et tempérées. Les nombreux membres de la colonie sont rattachés les uns aux autres par un cordon ou plutôt par un tube, long et mince, que l'on appelle la tige ou *stolon* (**17**, *fig. 1*, *st.*) et qui mesure quelque 3 à 4 décimètres de longueur. A l'une de ses extrémités, ce stolon porte une petite vésicule pleine d'air, le *flotteur* ou *pneumatophore* (*pn.*) qui, dans la position morphologique, détermine l'extrémité supérieure de la colonie.

Au-dessous du flotteur se trouvent, superposés sur une certaine hauteur du stolon, des *vésicules* ou *cloches natatoires* (*clh.*) qui ont tout l'aspect de petites Méduses réduites à leur ombrelle. Elles se contractent énergiquement et servent à faire progresser la colonie. Elles sont insérées au stolon par leur pôle aboral et dirigent leur ouverture en dehors et en bas.

Sur le reste de l'étendue du stolon, les membres de la colonie ne sont point en contact de manière à le garnir entièrement, comme les vésicules natatoires, ni dispersés sans ordre : ils forment d'ordinaire de petits groupes que l'on appelle les *cormidies* (*crm.*) et qui se répètent, semblables à eux-mêmes, dans toute l'étendue du stolon([1]).

([1]) HÄCKEL appelle *cormidies ordonnées* (*cormidia ordinata*) celles que nous prenons ici comme type et qui sont les plus nombreuses, et *cormidies désagrégées* (*cormidia dissoluta*) celles dont les membres, au lieu de former des groupements semblables entre eux, s'éparpillent

Chaque cormidie se compose des parties suivantes : 1° un *bouclier* (**17**, *fig. 2, asz.*), large lame d'un tissu résistant qui sert à protéger les parties plus délicates situées au-dessous d'elle ; 2° un *gastrozoïde* (*gstz.*) conformé comme un polype d'Hydraire, inséré par un pédoncule rétréci, renflé au milieu en estomac, prolongé au bout en un hypostome terminé par une bouche et portant, inséré à sa base, un unique tentacule, très long, très contractile, ramifié, chargé de batteries de nématoblastes et que l'on appelle le *filament pêcheur* (*ft.*) ou parfois, plus spécialement, le *tentacule* ; 3° un petit nombre (4 à 6 d'ordinaire) de *cystozoïdes* (*cyz.*), conformés à peu près comme les gastrozoïdes, mais à bouche étroite, à cavité tapissée de cellules excrétrices, et portant à leur base un filament sensitif appelé *palpacule* ; 4° un ou plusieurs, disons, pour prendre le cas le plus simple, deux *gonozoïdes*, l'un mâle (*gnz.♂*), l'autre femelle (*gnz.♀*), portant des bourgeons sexués sous la forme de sporosacs, gonophores ou Médusoïdes munis, à l'entour de leur manubrium, chez le premier, d'une masse spermatique, chez le second, d'un seul œuf.

Passons, après ce court exposé, à la description détaillée des divers membres de la colonie.

Tige ou stolon. — Le stolon (**17**, *fig. 1* et *2, st.*) est, comme nous venons de le voir, un long tube filiforme auquel sont rattachés tous les membres de la colonie. A la partie supérieure, il se dilate pour former le flotteur ; à l'extrémité inférieure, il est normalement ouvert, mais cet orifice inférieur est souvent fermé, disparu. D'autre part, aux points où il leur donne insertion, son canal (**17**, *fig. 2, cn.*) communique avec les cavités dont sont creusés les appendices ou membres de la colonie. Sa structure, fort simple, est celle de l'hydrocaule ou du pédoncule de n'importe quel Hydraire, sauf l'absence de périderme, ou encore celle du manubrium des Méduses, qui, chez certaines d'entre elles (*Sarsia*), forme un long appendice entre la bouche et la sous-ombrelle. Il est donc formé d'un ectoderme extérieur (**17**, *fig. 3, ep.*), d'un endoderme (*end.*) formant le revêtement interne et d'une membrane mésogléenne anhiste (*msg.*), les séparant l'un de l'autre ; mais ces parties présentent certaines particularités de structure que nous devons indiquer. L'*endoderme* est cilié et ses cellules ont des prolongements musculaires qui constituent une faible *couche musculaire circulaire interne* (*mcl. c. i.*) ; il contient des cellules ganglionnaires. L'*ectoderme*, non cilié, est formé, de même, de cellules à prolongements contractiles formant une faible *couche musculaire circulaire externe* (*mcl. c. e.*). La *lame mésogléenne* (*msg.*), du côté de l'endoderme, ne présente rien de particulier ; mais, du côté externe, elle forme de hautes lamelles rami

---

sur la tige sans former de groupes nets (*Physalia, Agalmopsis*) ou forment des groupes différemment constitués, distribués suivant une loi plus ou moins compliquée (*Cupulita, Halistemma picta*).

fiées, disposées tout autour de l'axe, suivant des plans radiaires longitudinaux. Ces lamelles, serrées les unes contre les autres comme les feuillets d'un livre, s'étendent dans toute la longueur de la tige, s'atténuant seulement peu à peu au voisinage des extrémités où elles disparaissent tout à fait. Leur saillie est très forte, en sorte qu'elles forment la plus grande partie de l'épaisseur des parois. L'ectoderme ne plonge pas entre elles, mais elles sont revêtues sur leurs deux faces de *fibres musculaires longitudinales (mcl. l.)* qui leur forment un revêtement complet. En fait, elles sont destinées seulement à servir de support à ces fibres et à augmenter la surface d'insertion qui leur est offerte. Ces fibres musculaires, bien que dépendant embryogéniquement de l'ectoderme, sont indépendantes de celui-ci, sans rapport avec les cellules épithéliales de ce feuillet. Grâce à elles, le stolon est extrêmement contractile. De nombreuses cellules ganglionnaires se rencontrent dans l'ectoderme, sauf du côté ventral, mais il n'y a pas d'éléments sensitifs ([1]).

En examinant avec soin le stolon, on constate qu'il règne dans toute sa longueur un sillon longitudinal (*sll.*). Ce sillon suit une génératrice de cylindre-stolonial, et l'on est convenu d'appeler *ligne ventrale* cette génératrice, en sorte que le sillon prend le nom de *sillon ventral*. Mais la tige est fortement tordue sur elle-même en spirale, en sorte que le sillon, lui aussi, forme une hélice à tours serrés (17, *fig. 1, sll.*). Tous les appendices ou membres de la colonie, sans exception, sont insérés dans ce sillon; ils forment donc, morphologiquement, une série longitudinale unique; mais, grâce à la torsion, ils semblent disposés tout autour de la tige, orientés dans toutes les directions ([2]).

D'ordinaire, la torsion de la tige part d'un point intermédiaire aux vésicules natatoires et à la cormidie la plus élevée, et se propage à partir de là vers les deux extrémités en direction opposée, à droite vers le haut, à gauche vers le bas. Si, avec HÄCKEL, on appelle *nectosome* la partie de la colonie qui porte les vésicules natatoires et le flotteur, et *siphosome* celle qui porte les cormidies, on peut dire qu'en général le nectosome est sénestre et le siphosome dextre ([3]). Mais ce n'est point là un caractère absolu des Siphonophores ([4]).

La structure histologique est modifiée par la présence du sillon ventral, en ce sens que l'épaisseur des parois de la tige est minima à

([1]) KOROTNEV et K. C. SCHNEIDER ont décrit sur la ligne médiane dorsale du stolon un prétendu *système nerveux central*; mais SCHÄPPI [98] a montré qu'il n'y a là qu'un contact direct de l'endoderme et de l'ectoderme, par suite d'une interruption de la lame mésogléenne, et rien qui puisse être interprété comme un organe nerveux.

([2]) CHUN [97], d'accord avec CLAUS [60], est d'avis que la torsion de la tige au niveau des cloches n'est pas primitive, mais résulte de la position des cloches qui, en bourgeonnant sous le flotteur, se refoulent sans cesse latéralement et déterminent la torsion de l'axe.

([3]) Pour la définition de ces termes, voir Tome I, p. 454.

([4]) Souvent, entre les cormidies, les entre-nœuds du stolon sont protégés par des boucliers parfois assez clairsemés parfois recouvrant toute la tige.

son niveau, les lamelles musculeuses de la lame mésogléenne ayant leur développement maximum du côté dorsal et diminuant graduellement vers le bord ventral (**17**, *fig. 3*) (¹).

Flotteur ou pneumatophore. — Le flotteur est un petit renflement vésiculaire plein d'air qui sert à soutenir la colonie, à l'empêcher de s'enfoncer, sans faire appel aux mouvements des cloches natatoires. Sa structure montre de la manière la plus évidente qu'il n'est autre chose qu'une Méduse réduite. Nous pouvons donc le décrire en rapportant ses parties à celles de la Méduse dont il dérive, ce qui le rendra beaucoup plus facile à comprendre.

La forme extérieure est normalement ovoïde (**18**, *fig. 1*) ; le pôle supérieur est libre et présente un *pore* (*p.*), le plus souvent fermé, qui correspond à l'orifice ombrellaire, dépourvu de tentacules, d'organes sensitifs, de velum, et réduit à un minime orifice qui, le plus souvent même, chez l'adulte, se ferme et s'efface complètement. L'*exombrelle* ne présente rien de particulier, sauf la réduction de la mésoglée (*msg.*) à une membrane assez épaisse, ferme, élastique, anhiste, qui n'est autre que la lame mésogléenne, toujours présente entre l'endoderme et l'ectoderme même chez les individus polypoïdes. De part et d'autre de cette lame, se trouvent les couches musculaires : une ectodermique longitudinale (*mcl. l. e.*), très développée, et une endodermique circulaire (*mcl. c. e.*), très faible. La sous-ombrelle se trouve réduite, par le fait de la fermeture de l'orifice ombrellaire, à une vésicule intérieure. Cette vésicule est divisée par un étranglement en deux parties communiquant largement ensemble : une supérieure, ovoïde, le *réservoir*, ou *sac aérifère* (*rsv.*) ; une inférieure, en cône à base supérieure, l'*entonnoir* ou *cul-de-sac sécréteur* (*etr.*), celui-ci sécrétant l'air qui s'accumule dans celui-là. En ce qui concerne la structure des parois, la lame mésogléenne et l'endoderme ne présentent rien de particulier, sauf la présence éventuelle, dans ce dernier, de granulations pigmentaires qui peuvent donner au flotteur des couleurs parfois très vives ; mais l'ectoderme sécrète dans le réservoir une *cuticule* (*cut.*) qui le tapisse tout entier. Cette cuticule se termine en bas par un bourrelet bordant l'orifice rétréci qui fait communiquer le réservoir avec l'entonnoir. Dans ce dernier, l'épithélium ectodermique est nu et stratifié (*ect. a.*) ; le plus souvent même, il déborde de l'entonnoir dans le réservoir et tapisse la partie inférieure de celui-ci d'une couche (*r.*) qui recouvre la cuticule. Les couches musculaires de la sous-ombrelle sont, à l'inverse de leur disposition sur l'exombrelle, l'ectodermique circulaire (*mcl. e. s.*), l'endodermique

---

(¹) La tige n'est guère variable dans sa structure, mais sa longueur varie dans de très grandes proportions et cela modifie beaucoup la configuration de la colonie. Dans divers genres, elle se raccourcit modérément, mais devient rigide, peu mobile, et naturellement peu musclée (*Crystallodes, Stephanomia, Agalma*, etc.). Ailleurs, elle se réduit au point que les membres qu'elle porte, sont ramenés dans un plan horizontal immédiatement au-dessous du flotteur (Velelles, Porpites, Physalies).

longitudinale (*mcl. l. s.*); d'ailleurs, l'une et l'autre également faibles.

Les lames endodermiques exombrellaire et sous-ombrellaire tapissent une vaste cavité vasculaire (*ch. r.*) qui, sous une faible épaisseur, règne dans toute l'étendue du flotteur et se continue à sa base avec la cavité axiale (*cn.*) du stolon (*stl.*). Nous l'appellerons l'*espace péripneumatique*. Entre les deux lames endodermiques qui le limitent, s'étendent des *septums* endodermiques (**18**, *fig. 1* et *2*, *cl.*) en nombre variable, qui cloisonnent la cavité péripneumatique et la divisent en espaces longitudinaux qui correspondent aux *canaux radiaires* des Méduses normales. Comme chez celle-ci, les septums s'arrêtent un peu en deçà de l'orifice ombrellaire, laissant là les compartiments communiquer entre eux par un espace annulaire correspondant au *sinus circulaire*. Une lame mésogléenne septale s'étend dans les septums, de la lame mésogléenne de l'exombrelle à celle de la sous-ombrelle ([1]).

Cloches ou vésicules natatoires. — Ces parties, appelées aussi quelquefois *nectophores* ou *nectocalyces*, forment, le long de la partie de la tige immédiatement sous-jacente au flotteur, deux rangées opposées alternes s'étendant sur une assez grande longueur (**17**, *fig. 1*, *clh.*) ([2]).

([1]) Les caractères secondaires du flotteur sont très variables et ce n'est qu'en étudiant les groupes plus restreints que nous pourrons donner une idée de ses multiples aspects. Nous l'avons représenté avec un pore apical fermé, condition qui ne se présente jamais, pour rappeler à la fois son existence constante, au moins chez l'embryon, et sa disparition habituelle chez l'adulte. Son développement est sujet aux variations les plus étendues : énorme chez les Velelles, les Porpites, les Physalies, très réduit chez les Physophorides, nul chez les Calicophorides adultes. Sa structure présente des variations non moins étendues. En outre, du *pore apical*, qui persiste quelquefois (*Rhizophysa*), il existe parfois (*Physophora*) un orifice basilaire que K. C. Schneider [96] fait déboucher dans l'entonnoir, tandis que Chun le fait ouvrir dans la cavité endodermique péripneumatique et le considère comme un *pore excréteur*. Chez le même *Physophora*, Chun [97] a décrit de curieuses *cellules géantes* dépendant des éléments ectodermiques de l'entonnoir et qui envoient des prolongements ramifiés dans les septums endodermiques (elles sont en même nombre qu'eux) et dans la couche ectodermique qui tapisse, en dedans de la cuticule, la partie inférieure du réservoir. Ces cellules géantes, pourvues d'un nombre considérable de noyaux, atteignent une longueur de 5^{mm} ; dans le réservoir, leurs prolongements ramifiés s'anastomosent en un réseau. Chez *Rhizophysa*, des cellules, très grandes aussi (3^{mm}) mais non ramifiées, formant la couche profonde de l'épithélium aérifère de l'entonnoir, s'avancent dans la cavité gastrovasculaire du flotteur, jusqu'à une grande hauteur, en refoulant devant elles les petites cellules endodermiques dont elles se forment un manchon ; leur noyau est unique et si gros, qu'après coloration on le voit à l'œil nu. Ces cellules, ainsi que les cellules géantes de *Physophora* serviraient, d'après Chun, de coussins élastiques pendant l'action des muscles compresseurs du flotteur. Mais K. C. Schneider fait remarquer avec raison que leur structure éminemment spongieuse est peu en rapport avec un rôle mécanique et les interprète plutôt comme nourricières apportant peut-être à la glande à gaz des éléments spéciaux qui lui seraient nécessaires. Quant au flotteur extrêmement compliqué des Velelles et des Porpites, et à celui des Auronectes, il sera décrit à propos de ces animaux.

([2]) Leur nombre et leur disposition sont en réalité très variables. Elles peuvent manquer comme chez les Velelles, Porpites, Physalies, ou être réduites à une ou deux, comme chez les Monophyes et Diphyes, ou former plus ou moins de deux rangées. Mais le nombre des rangées n'a qu'une valeur très subordonnée, puisque nous avons vu que les cloches natatoires forment, comme tous les autres membres, une seule rangée qui, par la torsion de la tige,

La forme est absolument celle d'une petite Méduse (**18**, *fig.* 5) et, plus spécialement, d'une Anthoméduse, fixée à la tige par le pore aboral et comprimée de manière à prendre une forme bilatérale. A l'exception du manubrium, des organes sensitifs et des tentacules marginaux [et encore y en a-t-il parfois des rudiments (*Desmophyes*, *Lilyopsis*)] tout est présent. L'ombrelle, la sous-ombrelle, le velum, l'orifice ombrellaire ont la disposition habituelle; les canaux radiaires (*cn.r.*), au nombre de quatre, se jettent distalement dans un sinus circulaire (*cn. c.*) et se réunissent au pôle apical (*cv.*) en un court tronc qui se jette dans le canal axial du stolon (¹). La musculature circulaire ectodermique (*mcl. c. s.*) de la sous-ombrelle et du velum est très développée et permet aux cloches natatoires, par des contractions énergiques,

Fig. 372.

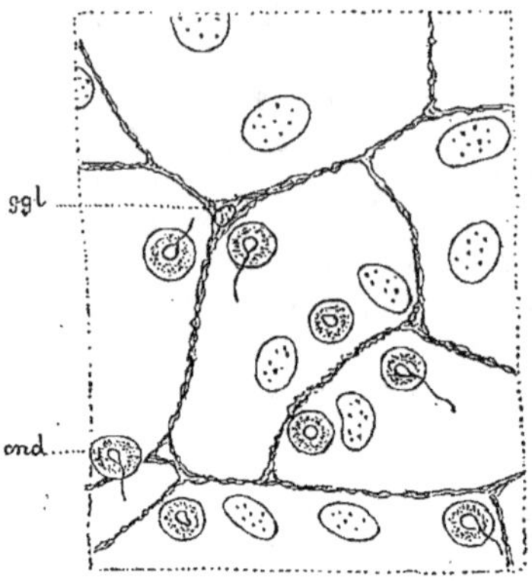

Portion du réseau nerveux exombrellaire de *Physophora* (d'ap. Schäppi).

ggl., cellule ganglionnaire;
cnd., nématoblastes.

de mouvoir la colonie. Leur court pédoncule est aussi musculeux, en sorte qu'elles peuvent s'incliner de diverses façons. Une délicate musculature ectodermique, méridienne sur l'ombrelle, radiaire sur le velum, sert à la dilatation active de la cloche. Il y a un plexus nerveux (fig. 372) sous-épidermique sur l'exombrelle et à la face externe du velum et point d'anneau nerveux externe; mais il y a un anneau nerveux sous-ombrellaire, à la place habituelle (fig. 373).

Fig. 373.

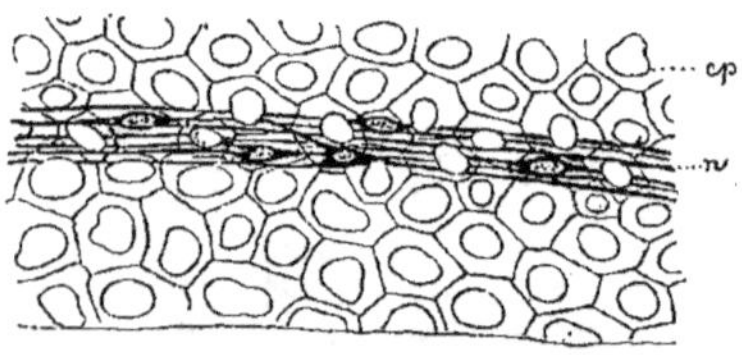

Cercle nerveux de la sous-ombrelle de *Physophora* (d'ap. Schäppi).

n., cercle nerveux;
ep., épithélium sous-ombrellaire.

Cormidies. — Nous arrivons maintenant aux parties qui, au lieu d'être limitées à une région de la colonie, se groupent pour former les cormidies étagées tout le long de la partie inférieure de la tige.

Gastrozoïde et filament pêcheur. — Les *gastrozoïdes*, appelés aussi *siphons*, *hydranthes*, *polypes nutritifs*, etc., n'ont plus la forme d'une Méduse, mais plutôt celle d'un Polype. Ils comprennent normalement

---

prend l'aspect d'une rangée double ou triple. Cependant, Schäppi [98] est d'avis que, chez *Halistemma*, les cloches forment véritablement deux rangées.

(¹) On rencontre parfois un pore qui fait communiquer le canal circulaire avec le dehors et qui peut être fermé par un bourrelet épithélial (Schäppi [98]).

quatre parties : 1° un *pédoncule* (**17**, *fig. 2, pd.*) qui les rattache à la tige et qui a la même structure que celle-ci ; 2° un *bourrelet urticant* (**brt.**), appelé d'ordinaire *estomac basilaire*, bien que son volume soit dû à l'épaisseur de ses parois bourrées de nématoblastes et non à une dilatation de sa cavité, dont l'endoderme, en outre, n'est pas spécialement différencié ; une *valvule pylorique* sépare la cavité du pédoncule de celle du bourrelet ; 3° l'*estomac* (**est.**), séparé du précédent par une constriction annulaire, creusé d'une cavité très renflée à la base, souvent séparée de celle de la région précédente par une valvule et s'effilant peu à peu vers la bouche, tapissé d'un endoderme différencié en quatre ou seize *bourrelets hépatiques* longitudinaux (**hep.**), à cellules colorées en jaune ou en brun rouge par d'abondantes granulations spécifiques, et qui diffèrent des *ténioles* des Acalèphes, dont nous aurons à parler dans une autre partie de ce volume, en ce qu'ils sont formés par l'endoderme seul, sans prolongement de la lame mésogléenne à leur intérieur ; 4° une *trompe* (**tr.**) qui se continue insensiblement avec l'estomac en s'effilant jusqu'à la *bouche*, laquelle est, au contraire, évasée en entonnoir et extrêmement dilatable. La musculature normale du Polype se retrouve ici bien développée, surtout dans la trompe, qui est extrêmement mobile. L'ectoderme est souvent cilié, surtout sur la trompe et l'estomac. Il contient quelques cellules sensitives aux environs de la bouche (¹).

Sur le bourrelet urticant ou à l'union de celui-ci avec le pédoncule, s'insère un unique *tentacule*, spécialement développé et différencié, appelé le *filament pêcheur*, ou *tentacule pêcheur* ou *urticant* (**17**, *fig. 2, ft.*). Ce tentacule, très long, est creusé d'une cavité axiale, se continuant à la base avec celle du gastrozoïde, et se terminant en cœcum au bout. Le plus souvent, il n'est pas simple, mais présente, échelonnées sur toute sa longueur, de fines ramifications appelées les *tentilles* (*tentilla*) (**ttl.**). Chacune de celles-ci se compose normalement de trois parties. La partie basilaire est un simple tube servant seulement à donner de la longueur à l'appareil. La partie moyenne, la plus importante, est le *bouton urticant* (**17**, *fig. 2, bt.* et **18**, *fig. 3*), appelé aussi *saccule*, *cnidosac*, ou mieux *bandelette urticante ;* car, s'il a grossièrement l'apparence d'un simple renflement, il est en réalité formé d'une bande d'épaississement de l'ectoderme. Cet épaississement est formé par l'accumulation d'une quantité énorme de nématoblastes de deux sortes, les uns petits, cylindriques, les autres grands, ovoïdes ou cunéiformes. A son niveau, la tentille est contournée sur elle-même en hélice dextre (²), à tours multiples (3 à 8 au plus). La bandelette urticante est

---

(¹) Dans certains genres il existe plus d'un gastrozoïde par cormidie, et l'on dit alors que celle-ci est *polygastrique* (*Apolemia, Salacia*). La condition *monogastrique* est de beaucoup la plus commune, mais la présence possible de plusieurs siphons est utile à connaître, car elle est invoquée comme argument ou objection dans certaines théories sur l'interprétation de l'organisme des Siphonophores.

(²) L'hélice est dite d'ordinaire *sénestre*. Tout dépend du sens dans lequel on la considère.

fréquemment contenue dans un *involucre* (**18**, *fig. 3*, **inv.**) en forme de cloche, qui a un faux air de Méduse, mais qui est formé par un simple repli de l'ectoderme. La troisième partie de la tentille est simple et contournée en hélice ou trifurquée. Dans ce dernier cas, de ses trois branches, l'une moyenne, courte et renflée s'appelle l'*ampoule termi-nale* (**amp.**), les deux latérales, tentaculiformes s'appellent les *cornes* (**co.**). Elles succèdent immédiatement à la bandelette urticante.

Le tentacule pêcheur, ainsi que la partie pédonculaire des tentilles, a la structure du stolon et est remarquable comme celui-ci par le grand développement de la musculature longitudinale ectodermique, à laquelle la lame mésogléenne fournit en se plissant une surface de développement plus étendue. La musculature circulaire endodermique, quoique beaucoup moins forte que la longitudinale ectodermique, est encore assez développée, en sorte que les mouvements d'extension sont presque aussi vifs que ceux de retrait.

Le filament terminal n'a qu'une cavité axiale virtuelle ([1]); quant au bouton urticant, partie la plus importante de l'appareil, il mérite une description à part.

Bouton urticant. (Pl. 19.) — La bandelette urticante ou bouton urticant a été surtout bien étudiée dans l'ordre des Calycophorides, et en particulier, chez le genre *Stephanophyes*, principalement par Chun [91].

Mais la structure que nous allons décrire se retrouve, non seulement chez tous les Calycophorides où elle est très constante, mais aussi, à quelques modifications près, chez les Physophorides, c'est-à-dire chez le plus grand nombre des Siphonophores. Chez les Cystonectides et les Chondrophorides, ordres peu nombreux en genres, ces organes paraissent autrement conformés, mais ils ne sont que très imparfaite-ment connus.

Le bouton urticant a l'aspect d'un gros renflement réniforme, (**19**, *fig.* 3 et 5) mesurant près d'un millimètre de long, formé par une saillie de la paroi d'un côté que l'on convient de considérer comme dorsal. Que l'on se représente donc, comme point de départ de sa structure, une portion de la tentille, avec ses trois couches : ectoderme, lame mésogléenne et endoderme limitant un canal axial, avec l'ecto-derme développé, du côté dorsal, en un volumineux épaississement qui se perd peu à peu sur les bords, tandis qu'il reste mince au côté ven-

---

Elle est contournée comme une vis ordinaire, dont la pointe correspondrait à son extrémité distale (Voir Tome I, p. 454).

([1]) Tous les caractères énumérés ici sont sujets à de nombreuses variations. Le filament peut être simple, sans tentilles, et porter directement les boutons urticants (*Apolemia*). Les tentilles peuvent être simples, non bifurquées au bout (*Stephanomia* et beaucoup d'autres); l'involucre peut manquer (*Halistemma*) ou au contraire former autour de la bandelette urticante un manchon complet; alors la partie terminale manque nécessairement, et l'on peut voir une paire d'ocelles dans sa paroi (*Discolabe*); *Lychnagalma* au contraire n'a pas moins de 8 filaments terminaux, en outre de l'ampoule.

tral (**19**, *fig. 1*). L'endoderme garde ses caractères habituels : c'est une simple couche d'épithélium cilié. L'ectoderme, au contraire, présente toute une série de différenciations remarquables.

En coupe transversale, il montre les caractères suivants. Du côté ventral, il reste mince et à une seule couche ; ses cellules sont non urticantes. Sur les bords, il est formé d'une seule énorme *cellule géante de soutien* (**19**, *fig. 1, g.*), dont le plasma a subi une transformation vacuolaire. Du côté dorsal, il ne comprend pas moins de quatre couches qui sont, de dedans en dehors : une rangée de sept némato-blastes (*cnd.*), une membrane hyaline (*hy.*), une rangée de cellules arciformes (*ar.*) et une couche de cellules glandulaires (*gl.*). Les *cellules glandulaires* sont assez épaisses et ont les caractères· habituels à cette sorte d'éléments. Les *cellules arciformes* sont disposées trans-versalement dans toute la largeur de la zone ; on n'en peut donc trouver qu'une dans une même coupe transversale. La *membrane hyaline* est une membrane cellulaire extrêmement mince, mais assez forte qui s'appuie sur la tête des nématoblastes et se déprime dans leurs intervalles de manière à les recouvrir étroitement. Les nématoblastes, au nombre de sept (**19**, *fig. 4, cnd.*), un impair médian et trois pairs, sont allongés radialement et dépourvus de musculature et de cnidocil ; leur pôle d'éclatement est tourné vers le dehors.

Il existe en outre de chaque côté, mais seulement dans la partie supérieure (supérieure au point de vue morphologique ; on verra bientôt le sens de cette restriction) un grand nématoblaste en forme de bâtonnet ovoïde (**19**, *fig. 1, cnd. g.*) qui, provenant de l'ectoderme ventral, est venu se placer en dedans de la cellule géante. La lame mésogléenne est très mince, sauf en deux points, du côté ventral, où elle forme une condensation locale, qui est la coupe de deux bandes élastiques en forme de ressorts à boudin aplatis, dont nous allons parler dans un instant.

Vu de profil, le bouton urticant nous montre la distribution en longueur des éléments rencontrés sur la coupe. Le canal axial endoder-mique n'offre rien de particulier. La paroi ventrale est une simple membrane mince. Les parois latérales se montrent constituées par les cellules géantes au nombre de 4 seulement en tout, 2 à droite, 2 à gauche (**19**, *fig. 1, g.*), chacune occupant la moitié de la longueur de l'organe et atteignant près de 1 millimètre de long. La face dorsale montre ses 7 rangées longitudinales de nématoblastes (**19**, *fig. 1, cnd.*) au nombre de près de 100 par rangée, la membrane hyaline (*hy.*) tendue sur eux, les cellules arciformes (*ar.*) sous-tendant cette membrane comme une série de pièces de renforcement disposées à la manière des barreaux d'une échelle, enfin la couche glandulaire continue. On constate en outre, à l'extrémité inférieure du bouton, près de l'insertion du filament terminal, un groupe important de curieux nématoblastes terminés par un cnidocil crochu (**19**, *fig. 1, cnd. c.*) et portés au

sommet d'un long et fin pédoncule musculaire qui, passant entre les
couches superficielles de l'ectoderme, vient s'insérer sur la membrane
hyaline.

Mais tout cela ne donne pas encore une idée exacte de la structure
du bouton urticant, car il s'y ajoute une complication que nous avons
négligée pour ne pas obscurcir sa description, et qui doit être maintenant indiquée. Supposons que, l'organe étant ainsi constitué, la moitié
supérieure de ses parois dorsale et latérales se rabatte ventralement
sur la moitié inférieure, comme la lame d'un couteau de poche sur
son manche, le coude se faisant juste entre les deux cellules géantes
supérieures et les deux inférieures. L'extrémité supérieure viendra
alors se placer à peu de distance au-dessus de l'inférieure, et c'est
pour cela que les grands nématoblastes en bâtonnet, appartenant
morphologiquement à la moitié supérieure rabattue, se montrent en
réalité aussi bien et même plutôt vers le bas que vers le haut. Il faut bien remarquer que la paroi ventrale ne prend pas part à ce mouvement de rotation, en sorte que l'organe ne se double pas en totalité et que ses parties dorsale et latérales *s'invaginent* en quelque sorte dans la cavité axiale. La coupe longitudinale ci-jointe (**19**, *fig.* 2, *invg.*) montre bien les rapports qui résultent de ce mouvement. Enfin, il faut ajouter que, *embryogéniquement*, il n'y a pas du tout ploiement d'une partie déjà formée, mais invagination lente, progressive, parallèle à l'accroissement de l'organe en longueur.

D'après Chun, la cause mécanique de l'invagination serait la torsion de cette région épaissie de la lame mésogléenne que nous avons rencontrée sur la coupe, et qui se développe en une double *bande à ressort* (*r.*) située sous l'ectoderme du côté ven-

Fig. 374.

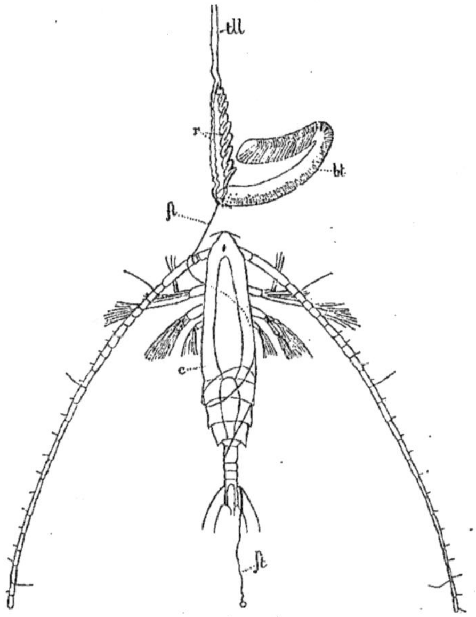

Calanide capturé par le filament terminal
du bouton urticant (d'ap. Chun).

bt., bouton urticant commençant à se déplier après la
rupture des parois latérales de sa cavité d'invagination;
c., *Calanella* entourée par le filament terminal; **ft.**, filament terminal du bouton urticant; **r.**, bandes à ressort;
tll., lentille.

tral. S'il en est ainsi, ces bandes à ressort doivent être tendues *en traction* dans l'organe et non *en compression* comme on l'admet d'ordinaire, et cela infirme en même temps le rôle qu'on leur attribuait de faire éclater le bouton urticant à un moment donné.

Mode d'action du bouton urticant. — Voici comment Chun explique ce rôle et le mode de fonctionnement de l'organe dans son ensemble. Quand le filament terminal (fig. 374, *ft.*) rencontre une proie, il s'accole à elle, s'entortille sur elle et la larde de ses fils urticants. Si cela ne suffit pas, il décharge sur elle les nématoblastes pédiculés de la partie inférieure du bouton urticant, qui, pourvus d'un cnidocil et d'un appareil musculaire, ont tout ce qui leur est nécessaire pour éclater spontanément, ou du moins sous la simple influence d'une excitation sensitive. Si la proie n'est pas encore réduite à l'impuissance, elle se débat, tire sur le bouton urticant (fig. 374, *bt.*) qui se rompt au point d'attache de l'extrémité inférieure invaginée avec la paroi ventrale, au fond de l'invagination. Le bouton s'étend alors, comme un couteau de poche qui s'ouvre, et reste attaché par son extrémité distale à l'extrémité distale des bandes à ressort, libre dans tout le reste de son étendue (fig. 375). Ces bandes sont dès lors le seul lien qui rattache la proie au tentacule, l'ectoderme ventral s'étant rompu dès les premières tractions. Grâce à elles, les secousses de la proie, au lieu de rompre la tentille, ne font qu'étendre le ressort qui revient sur lui-même chaque fois qu'elle cesse de faire effort pour s'enfuir. Mais ces tractions ont pour effet d'arracher la membrane hyaline, et les nématoblastes n'étant plus maintenus par elle, éclateraient alors tous ensemble (*) et achèveraient de tuer la proie.

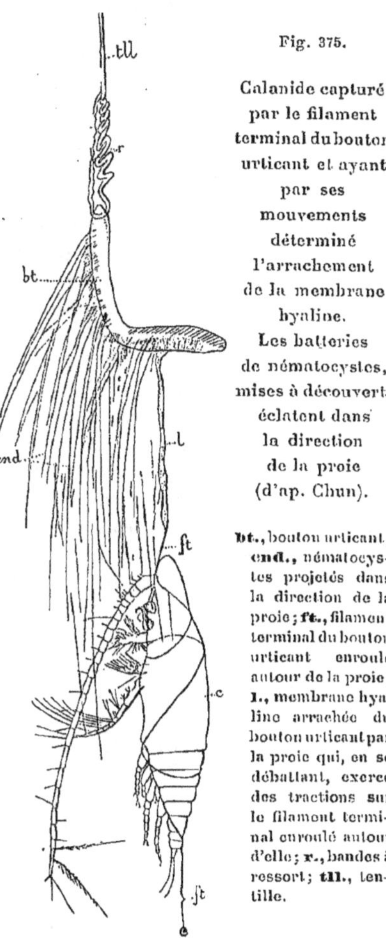

Fig. 375.

Calanide capturé par le filament terminal du bouton urticant et ayant par ses mouvements déterminé l'arrachement de la membrane hyaline. Les batteries de nématocystes, mises à découvert, éclatent dans la direction de la proie (d'ap. Chun).

bt., bouton urticant; **cnd.**, nématocystes projetés dans la direction de la proie; **ft.**, filament terminal du bouton urticant enroulé autour de la proie; **l.**, membrane hyaline arrachée du bouton urticant par la proie qui, en se débattant, exerce des tractions sur le filament terminal enroulé autour d'elle; **r.**, bandes à ressort; **tll.**, lentille.

---

(1) Les cellules arciformes serviraient, d'après Chun, à empêcher un éclatement prématuré des nématoblastes [?].

Quand elle a cessé de se débattre, le filament pêcheur se contracte et l'amène à la bouche du gastrozoïde qui la saisit.

Naturellement, tout bouton qui a éclaté est définitivement hors d'usage; il ne se répare ni ne se régénère. Mais, à la base du filament pêcheur, poussent sans cesse de nouvelles tentilles pourvues de nouveaux boutons, et l'accroissant du tentacule en longueur les transporte peu à peu vers l'extrémité.

Cystozoïdes et palpacules. — Nous donnons le nom de *cystozoïdes* (**17**, *fig. 2, cyz.*) exclusivement à ceux des zoïdes ordinairement appelés *palpes* qui sont asexués et dépourvus de filament pêcheur à boutons urticants. On en rencontre un certain nombre, jamais bien grand, dans chaque cormidie, associés au gastrozoïde unique. Ils sont de forme ovoïde allongée et construits sur le modèle de celui-ci, mais avec certaines simplifications et modifications. Ils ont, comme les gastrozoïdes, un pédoncule, surmonté ou non d'un bourrelet urticant, mais leur région stomacale est à peine renflée, et leur trompe rudimentaire est terminée par un orifice (**17**, *fig. 2, p.*) tout petit, peu dilatable qui, bien qu'il corresponde morphologiquement à la bouche, mérite, en raison de ses fonctions, le nom de *pore excréteur*. L'ectoderme n'a rien de particulier, il est vibratile; la lame mésogléenne et les couches musculaires sont disposées comme chez les gastrozoïdes, et ces dernières sont moins développées que chez eux; mais l'endoderme est tout différent. Il est formé de cellules excrétrices, pourvues d'une grosse vacuole et de nombreuses granulations colorées. Des cils très actifs garnissent la cavité de la trompe et battent vers le dehors pour expulser les produits sécrétés.

A la base du bourrelet urticant est annexé un tentacule spécial (**17**, *fig. 2, ppc.*) qui représente le tentacule pêcheur des gastrozoïdes, mais modifié aussi et simplifié, et que nous appellerons le *palpacule*. Il est extrêmement long et extraordinairement contractile, et se tord en hélice quand il se contracte; il est simple, non pourvu de ramifications et ne présente jamais de boutons urticants. Sa structure diffère peu de celle du tronc des filaments pêcheurs; il a les mêmes couches épithéliales, membraneuses et musculaires, ces dernières non moins développées que chez les gastrozoïdes, le même canal axial clos à l'extrémité, communiquant à la base avec la cavité du cystozoïde dont elle est séparée par une *valvule*. L'ectoderme est surtout formé de cellules glandulaires, peut-être agglutinatives, et de nématoblastes non associés en batteries (¹); il ne paraît pas présenter de cellules sensitives spéciales.

(¹) L'absence des cellules sensitives et la présence des fonctions excrétrices rendent assez impropre le nom de *palpes*, assigné d'ordinaire à ces zoïdes. Häckel, qui croyait que beaucoup d'entre eux étaient privés d'orifice, les distinguait en *palpons* imperforés et *cystons* perforés, distinction qui n'est plus justifiée depuis que les recherches récentes ont montré la présence générale d'un orifice. Il existe cependant des zoïdes imperforés, mais ce sont ou des ramifications des gonozoïdes sexués, des sortes de *blastostyles* sans palpacule (*Physophora, Physalia*) ou, très exceptionnellement (*Physalia, Stephanophyes*), des gastro-

Boucliers. — Les *boucliers*, appelés aussi *bractées*, *hydrophylles*, et qu'il serait mieux de nommer *phyllozoïdes* ou *aspidozoïdes*, sont des sortes d'écailles protectrices annexées aux parties plus délicates pour les protéger (**17**, *fig. 2*, **asz.**). Il y en a au moins un pour chaque cormidie. La forme est en général celle d'une lame triangulaire aplatie (fig. 376), dont la base libre est ordinairement plus courte que les côtés latéraux et pourvue de dents. Il s'insère à la tige, non par son sommet, mais par un point situé un peu au-dessous, par l'intermédiaire d'un court *pédicule* généralement pourvu de muscles qui permettent au bouclier de se rabattre ou de se soulever. Il est formé d'une lame assez épaisse et ferme, de la même substance qui forme la mésoglée ombrellaire des Méduses, mais d'une nature particulièrement ferme, revêtue d'une mince couche d'ectoderme à cellules plates. Sur la face tournée vers le dehors, il y a parfois une ou plusieurs côtes saillantes le long desquelles sont des nématoblastes.

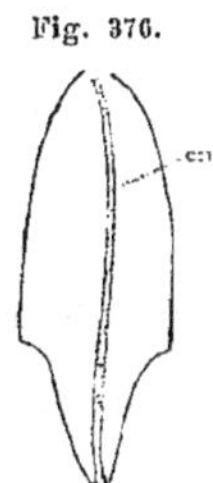

Fig. 376.

Bouclier d'un jeune *Agalma rubrum* (d'ap. K.C. Schneider).

cn., canal endodermique; **cnd.**, batterie de nématocystes.

Dans l'épaisseur de la lame de soutien est creusé un canal endodermique (fig. 376, *cn.*) qui se jette dans le canal du stolon, en passant par le pédicule. Ce canal se prolonge en cul-de-sac, un peu au delà du pédicule, vers le sommet du bouclier. La musculature n'existe qu'au niveau du pédicule, où elle sert à soulever et rabaisser le bouclier ([1]).

---

zoïdes astomes, comme le montre la nature de leur appendice qui est un véritable filament pêcheur avec boutons urticants. A ces derniers, on pourrait à la rigueur conserver le nom de *palpozoïdes*. Exceptionnellement les cystozoïdes semblent assumer le rôle protecteur des boucliers absents (*Discolabe*). Les dactylozoïdes des Porpites et des Velelles sont aussi des sortes de palpozoïdes au sens de Häckel.

([1]) Le nombre des boucliers est très variable, souvent très grand, car il peut y en avoir plusieurs dans la cormidie et un grand nombre disséminés partout sur le stolon. Il est très rare qu'ils soient tout à fait absents (*Discolabe*). Les mouvements des boucliers, d'ordinaire peu étendus, peuvent se transformer en véritable mouvement de rame chez quelques formes dépourvues de cloches natatoires (*Athorybia*). Le canal endodermique, au lieu de rester simple, peut se ramifier (*Praya, Lilyopsis, Stephanophyes*). Chez les Eudoxies, il se dilate, se munit d'une grosse goutte d'huile et assume ainsi les fonctions d'un flotteur. Mais parmi les modifications de structure que le bouclier peut présenter, les deux suivantes sont surtout importantes, ainsi que nous le verrons en discutant la signification morphologique de ces organes. L'une consiste en ce que le canal endodermique, au lieu de se terminer distalement en cul-de-sac, peut atteindre le bord et s'ouvrir au dehors par une petite bouche, ainsi que l'a montré K. C. Schneider [96] (*Agalma, Praya*). La seconde consiste dans la présence, signalée par Häckel [88], d'une petite cloche de Méduse à l'extrémité distale (*Athoria, Rhodophysa*). C'est une petite cavité sous-ombrellaire, creusée dans la mésoglée du bouclier, sans velum ni membrane, mais pourvue d'un sinus circulaire et de 4 canaux radiaires qui se jettent au sommet dans le canal endodermique central du bouclier. La signification de cette formation médusiforme au bout du bouclier, a donné lieu à des discussions. Chun, avec la plupart des auteurs, y voit la preuve que le bouclier n'est qu'un individu médusoïde, réduit en général à son exombrelle et aplati. Schneider veut que le bouclier soit un individu polypoïde, chez lequel

Gonozoïdes et Médusoïdes sexués. — Dans chaque cormidie, d'ordinaire entre les cystozoïdes situés immédiatement sous le bouclier et le gastrozoïde placé un peu plus bas, se trouvent deux appendices astomes, chargés de former les bourgeons sexués et que l'on appelle *gonozoïdes*, ou *blastostyles*, ou *gonostyles*. Ils sont généralement superposés :

Fig. 377.

Gonophore mâle
d'*Anthophysa Darwinii*
(d'ap. Häckel).

l'un au-dessus, porteur des bourgeons femelles (**17**, *fig. 2, gnz.♀*), l'autre au-dessous, porteur des bourgeons mâles (*gnz. ♂*). Normalement, le blastostyle mâle, appelé parfois (HÄCKEL) *androstyle* est simple (fig. 377), et le blastostyle femelle ou *gynostyle* est ramifié (fig. 378).

L'un et l'autre ont une structure toute simple, qui est celle du stolon moins le développement de la musculature, beau-

Fig. 378.

Gonophore femelle de
Anthophysa Darwinii
(d'ap. Häckel).

coup plus réduite que dans celui-ci. Leur forme est allongée, non renflée; ils n'ont ni bouche ni bourrelet urticant, ni tentacule basilaire. Leur canal axial se jette à sa base dans celui du stolon. Ils donnent naissance par bourgeonnement à des Médusoïdes fixes, sexués. Quel que soit leur sexe, ceux-ci sont conformés comme une petite Méduse à laquelle il ne manque que la bouche et les appendices du bord ombrellaire. Il y a une exombrelle avec mésoglée, une sous-ombrelle avec vaste cavité sous-ombrellaire, un velum, quatre canaux radiaires se jetant à leur extré-mité dans un canal circulaire et se réunissant du côté proximal à un court tronc qui traverse le pédoncule apical par lequel la Méduse se rattache au blastostyle et se jette dans le canal axial de celui-ci. Du fond de la cavité sous-ombrellaire naît un gros manubrium imperforé au bout, mais contenant un diverticule endodermique (*spadice*) en communication à sa base avec la base des canaux radiaires. Les produits sexuels, nés dans l'endoderme du blastostyle, émigrent dans le manubrium. Chez les mâles, de nombreux spermato-blastes forment là une forte accumulation testicu-laire; chez les femelles, un seul œuf (**18**, *fig. 4, œf.* et fig. 379) prend place dans le manubrium, mais il se développe beaucoup et refoule excentriquement le spadice qui s'étend

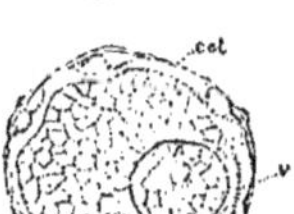

Fig. 379.

Bourgeon médusoïde
femelle de *Cupulita*
vu en coupe optique
(d'ap. Claus).

ect., ectoderme;
v., vésicule germinative.

---

la formation éventuelle d'une cloche médusiforme est une acquisition nouvelle sans signi-fication phylogénétique. Nous ne voyons là, nous, que le résultat d'une tendance de l'orga-nisme à former des cupules médusiformes : l'involucre des lentilles en est un autre exemple.

périphériquement autour de lui en un réseau de canaux endodermiques (**18**, *fig. 4, re.* et fig. 380 et 381). A maturité, la Méduse ne se détache pas, mais l'œuf mûr se détache et sort par l'orifice ombrellaire ([1]).

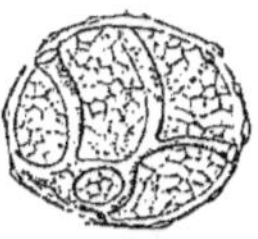

Fig. 380.

Bourgeon médusoïde femelle de *Cupulita* (*Halistemma*) avec son réseau vasculaire périphérique (d'ap. Claus).

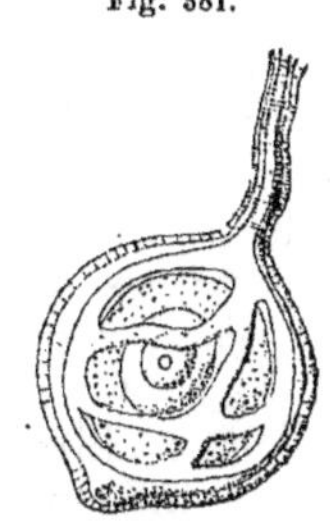

Fig. 381.

Gonozoïde femelle d'*Anthemodes ordinata* entouré d'un réseau de canaux endodermiques (d'ap. Häckel).

Physiologie.

Mouvements. Locomotion. — La colonie se tient dans l'eau, en général au voisinage de la surface ([2]), le flotteur en avant, la tige horizontale avec la ligne ventrale au bas, en sorte que tous les zoïdes des cormidies sont suspendus au-dessous de la tige et dirigés vers le bas. Les mouvements sont de deux sortes, les uns d'ensemble, les autres particuliers. Les mouvements d'ensemble sont eux-mêmes de deux sortes, les uns de descente ou d'ascension, dus au flotteur, les autres de natation, ayant pour agent les cloches natatoires.

Le flotteur est normalement rempli d'un gaz sécrété par les cellules de l'entonnoir, et ce gaz, d'après les recherches de Richard [96], n'est pas de l'air, il contient plus d'azote (85 à 91 0/0), moins d'oxygène par conséquent et 1,8 0/0 d'argon. En contractant sa musculature, surtout la longitudinale ectodermique qui est la plus puissante, le flotteur comprime ce gaz, augmente son poids spécifique et la colonie s'enfonce; elle remonte, lorsqu'il relâche sa musculature.

Les cloches natatoires ont exactement le mouvement des Méduses

---

([1]) Ici encore, les caractères présentent une grande variété. Chez les Chondrophorides (Velelles, Porpites, etc.), les blastostyles sont pourvus d'une bouche, parfois fonctionnelle, et leurs bourgeons sont de vraies Méduses pourvues d'une bouche, qui deviennent libres et mûrissent leurs produits sexuels après s'être détachées. Chez *Desmophyes* et quelques autres, le bord ombrellaire montre des rudiments de tentacules et même des ocelles (*Dicymba*). Plus souvent (*Halistemma, Anthemodes*, etc.), la cloche médusaire reste mince, fermée, et se réduit à une enveloppe membraneuse entourant le manubrium : le bourgeon sexué ne diffère alors d'un simple *sporosac* que par la présence des canaux radiaires et circulaire, qui même deviennent alors irréguliers et peuvent se confondre avec le réseau de canaux endodermiques du spadice.

Quelques Siphonophores ne sont pas monoïques, mais ce sont des exceptions (*Mitrophyes, Galcolaria, Apolemia, Athoralia*). D'autres fois, ce sont les cormidies d'une même colonie qui sont de sexe différent (*Polyphyes, Apolemopsis*). D'autres fois au contraire, c'est le gonozoïde qui devient monoïque, femelle à la base, mâle au sommet (*Forskalia*, les Chondrophorides, etc.). Mais jamais les bourgeons sexués ne sont hermaphrodites. Chez les formes à membres dissociés, non agrégés en cormidies, la répartition des gonozoïdes mâles et femelles devient beaucoup plus irrégulière.

([2]) Cependant il existe des formes d'eau profonde, en particulier les Auronectidés (*Stephalia, Rhodalia*, etc.).

libres. Leurs contractions énergiques ont pour effet un mouvement de recul qui les entraîne dans le sens opposé à l'ouverture de la cloche et la résultante de ces mouvements est dirigée suivant l'axe du nectosome, dans le sens du flotteur et pousse la colonie en avant.

Lorsque l'animal est tranquille, les boucliers sont soulevés, les gastrozoïdes épanouis s'inclinent en divers sens, les tentacules pêcheurs et les palpacules sont en mouvement continuel, s'étendant et se rétractant sans cesse, s'enroulant en spirale et se déroulant, de manière à fouiller l'eau ambiante. La tige elle-même, très contractile, s'inclinant en tous sens, facilite cette recherche. Il est possible que des sensations particulières interviennent aussi pour diriger ces mouvements, tout au moins quand un contact éventuel a indiqué la présence d'une proie. Quoi qu'il en soit, les animaux flottants qui passent au voisinage sont presque sûrement rencontrés par les *batteries de nématoblastes* qui les dardent de petites blessures, leur inoculent leur venin et les tuent. Amenés par les tentacules pêcheurs et les palpacules au contact des gastrozoïdes, ils sont dévorés par ceux-ci, dont la bouche extrêmement dilatable, peut admettre des proies volumineuses. Quand la colonie est inquiétée, la tige, les tentacules, les palpacules, les gastrozoïdes eux-mêmes, ainsi que les cystozoïdes, se rétractent, les boucliers se rabattent et l'animal réduit son volume et s'abrite de son mieux.

La digestion a lieu par les *gastrozoïdes* dont les bourrelets gastriques fournissent un suc digestif. Ce suc circule par le moyen des canaux endodermiques ciliés qui traversent la tige et tous les membres de la colonie, jusque dans les parties les plus reculées. Les *cystozoïdes* servent à déverser au dehors les substances excrémentitielles déposées dans leurs cellules endodermiques sous la forme de cristaux et de concrétions colorées. On a avancé qu'ils pouvaient jouer le rôle d'*anus*. Il n'est pas impossible qu'ils évacuent quelquefois les résidus indigestes ayant franchi par erreur le pylore des gastrozoïdes, mais normalement ceux-ci évacuent eux-mêmes par leur bouche ces résidus, et leur *valvule pylorique* ne laisse passer qu'une chyme assimilable.

On ne sait à peu près rien des fonctions sensitives. Les palpacules semblent, d'après leur structure, avoir des fonctions plutôt mécaniques que tactiles. Les cystozoïdes astomes ou palpozoïdes (*palpons* d'Häckel) n'ont pas non plus une structure en rapport avec des fonctions sensitives.

Des relations passablement contradictoires ont été données touchant la nocivité des Siphonophores. Il semble démontré que ces êtres ne sont pas vénéneux et que l'on peut sans danger les manger eux-mêmes ou manger les animaux qui s'en sont repu. D'ailleurs ils n'ont, pour l'homme au moins, aucune valeur comestible (¹). Par contre, les blessures faites par leurs boutons urticants sont très douloureuses et, dans les pays chauds, peuvent causer des symptômes généraux de fièvre, de

---

(¹) Sauf peut-être pour des naufragés réduits à utiliser le plancton comme aliment.

malaise, et une sensation de brûlure pouvant persister deux ou trois jours.

Fewkes [89] a noté chez un certain nombre de Siphonophores un mode de défense particulier. Ces animaux émettent une sécrétion colorée qui teinte l'eau autour d'eux. Cette sécrétion provient de certaines cellules des boucliers qui paraissent homologues aux nématoblastes et qui sont chargées de pigment. Ce mode de défense déjà signalé chez *Agalma* et *Forskalia* serait plus répandu qu'on n'avait pensé.

Développement.

La fécondation a lieu après la mise en liberté de l'œuf.

Une segmentation totale et égale donne naissance à une morula pleine, dans laquelle se différencient une couche superficielle de petites cellules ectodermiques qui se garnissent de cils et une masse intérieure de grandes cellules chargées de substances nutritives représentant l'endoderme primitif (fig. 382, *end. p.*). Bientôt, l'embryon s'allonge, une couche de cellules endodermiques définitives (**20**, *fig. 1, end.*) se diffé-rencie en dedans de l'ectoderme, aux dépens des endodermiques primitives (**end. p.**), dont le reste s'épuise et disparaît progressivement en fournissant à la larve les substances nécessaires à son accroissement, et laisse à sa place un espace vide qui est le commencement de la cavité gastro-vasculaire de la colonie. Bien avant que ce processus soit achevé, et dès que la larve en s'allongeant a pris une forme ovoïde, on voit se former à son extrémité supérieure, qui est antérieure dans la locomotion par les cils (¹), un épaississement ectodermique (**20**, *fig. 1, pn.* et fig. 383, *nd.*) où se creuse par déhiscence de ses éléments une petite cavité d'abord sans relation avec le dehors. C'est un *nodule médusaire*, organe caractéristique des bourgeons de Méduses, et ce bourgeon se développe exactement comme celui d'une Méduse ordinaire (Voir p. 44). Mais, au lieu de former tous les organes d'une Méduse, il ne développe ni manubrium, ni velum, ni tentacules, ni organes

Fig. 382.

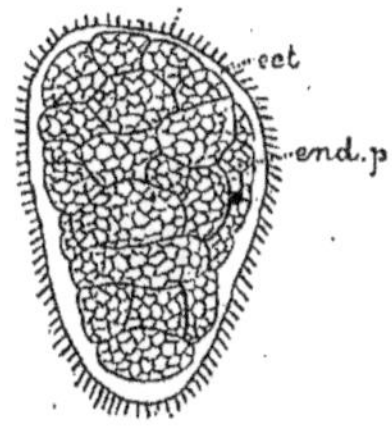

Jeune larve ciliée de *Stephanomia pictum* (d'ap. Metchnikov).

ect., ectoderme; **end. p.**, endoderme primitif.

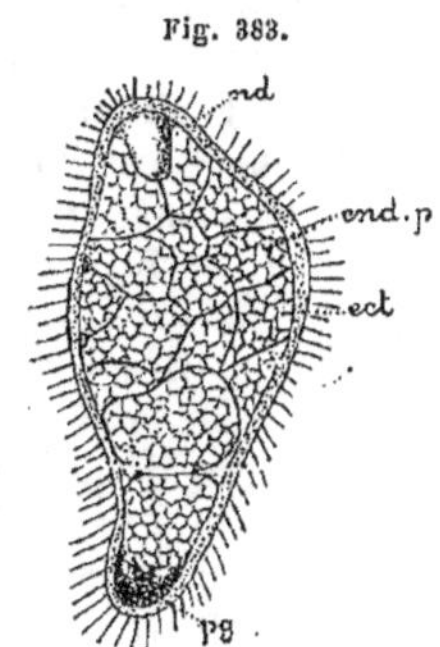

Fig. 383.

Larve de *Stephanomia pictum* présentant le nodule médusaire formateur du pneumatophore (d'ap. Metchnikov).

ect., ectoderme; **end. p.**, endoderme primitif; **nd.**, nodule médusaire; **pg.**, pigment.

(¹) La larve nage l'extrémité en question en avant et en tournant autour de son axe longitudinal.

marginaux et, finalement, devient le flotteur du futur Siphonophore (**20**, *fig. 2, pn.*). Au-dessous du flotteur se dessine un étranglement, et la partie située au-dessous de cet étranglement se développe en un polype qui est le premier *gastrozoïde* de la colonie (*gstz. p.*) et dont la *bouche* s'ouvre à l'opposé du flotteur, à l'extrémité inférieure, en un point où s'était montrée une accumulation de pigment (**20**, *fig. 1, pg.*). Avant même que cette bouche se fût ouverte, s'était formé, un peu au-dessous de l'étranglement et par conséquent à la base du gastrozoïde, un diverticule de l'ensemble des couches du corps, qui, en se développant, va donner naissance au tentacule pêcheur du premier gastrozoïde (**20**, *fig. 1, ft.*).

On arrive ainsi à un stade très remarquable, dans lequel la larve, pour laquelle Häckel a proposé le nom de *Siphonula* (**20**, *fig. 2*), montre les parties suivantes : 1º le flotteur (*pn.*); 2º un gastrozoïde (*gstz. p.*) avec son tentacule pêcheur (*ft.*), d'ailleurs caduc; 3º un étranglement intermédiaire qui représente, sous une forme très raccourcie, le futur stolon de la colonie. C'est sur cette partie, destinée à subir un allongement considérable, que vont bourgeonner, le long d'une ligne que l'on convient d'appeler ventrale, tous les membres ultérieurs de la colonie, cloches natatoires et cormidies [1].

Bourgeonnement.
Accroissement de la colonie.

Dans les formes semblables à celle que nous avons prise comme type, c'est-à-dire à longue tige et à cloches natatoires nombreuses et superposées, il y a deux centres de bourgeonnement (fig. 384) : un pour les cloches natatoires (**20**, *fig. 3, clh. 1*), immédiatement au-dessous du flotteur, et un pour les cormidies

Fig. 384.

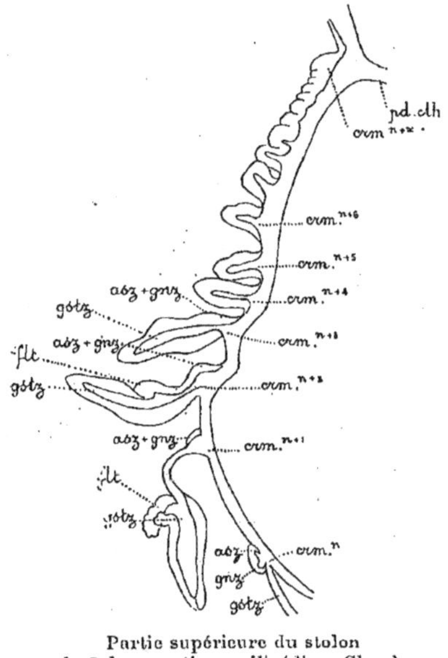

Partie supérieure du stolon
de *Sphæronectis gracilis* (d'ap. Chun).

asz., bourgeons des boucliers; **crm.** n, **crm.** n+1... **crm.** n+x, cormidies numérotées suivant leur ordre d'apparition; **flt.**, filaments pêcheurs; **gnz.**, bourgeons des gonozoïdes; **gstz.**, gastrozoïdes; **pd. clh.**, pédicule de la 1re cloche natatoire.

---

[1] Les auteurs qui considèrent le tentacule pêcheur comme un membre indépendant de la colonie, au même titre que le gastrozoïde ou qu'une cloche natatoire, voient dans ce premier filament pêcheur caduc, le premier produit du bourgeonnement du stolon. Ils considèrent dès lors son point d'insertion comme appartenant à cette ligne ventrale du stolon, sur laquelle bourgeonneront tous les autres membres de la colonie.

(*crm. 1*), au-dessous de la dernière cloche natatoire, en sorte que la cloche la plus inférieure est la plus âgée et la cormidie la plus terminale, la plus âgée aussi (*).

Les cloches se forment successivement et se développent comme de petites Méduses, avec formation d'un *nodule médusaire* (**20**, *fig. 4, clh. 2*).

Chaque cormidie, au moins dans les quelques cas où on a pu l'observer, naît d'un seul bourgeon (²) constitué d'abord par un simple diverticule du stolon avec toutes ses couches et qui donnera le gastrozoïde (**20**, *fig. 4, crn.z.* et fig. 385).

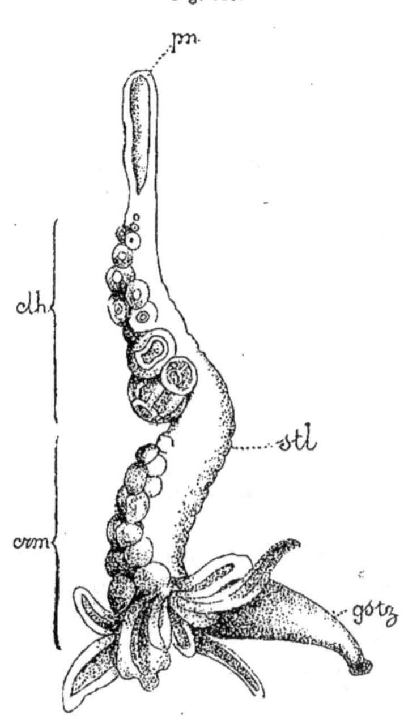

Jeune *Agalmopsis* (d'ap. Gegenbaur).

clh., région des cloches natatoires; **crm.**, région des cormidies : **gstz.**, premier gastrozoïde; **pn.**, pneumatophore.

(¹) Cette loi n'est pas générale pour tous les Siphonophores. Nous verrons en étudiant les types des Calycophorides et des Chondrophorides comment les choses se passent chez eux. Chez les Physophorides, que nous avons principalement en vue en établissant ce type morphologique général, ce sont le plus souvent les bourgeons les plus rapprochés du flotteur qui sont les plus jeunes et les plus petits; mais il y a des exceptions (*Apolemidés, Rhizophysidés,* divers *Agalmidés*) et ce sont alors au contraire les bourgeons les plus inférieurs qui sont les plus jeunes. Dans le cas que nous avons pris comme type, à cormidies bien groupées et toutes semblables, les entre-nœuds sont dépourvus de la faculté blastogénétique et il n'y a que les deux centres de bourgeonnement que nous avons signalés. Mais dans d'autres cas, il n'en est point de même. Ainsi, chez *Cupulita picta*, les cormidies pourraient être numérotées par rang d'âge, en remontant A, B, C, D, selon la règle normale. Mais au-dessous de chaque cormidie, le stolon présente un centre de bourgeonnement qui donne naissance à des cormidies de second ordre, incomplètes, dépourvues de gastrozoïde et qui pourraient être numérotées, en remontant l'entre-nœud : a, b, c, d. Dans les petits entre-nœuds séparant les cormidies de second ordre, peuvent se former des cormidies de troisième ordre, incomplètes aussi, mais disposées suivant la même loi et que l'on pourrait numéroter, toujours en remontant : α, 6, γ, δ. En sorte que, dans la colonie adulte, la loi de distribution devient, en remontant depuis le bout inférieur de la tige : A, α, 6, γ, δ,... a, α, 6, γ, δ,... b. α, 6, γ, δ,... c, α, 6, γ, δ,... B, α..., etc. C'est en somme la même loi, mais compliquée du fait que chaque cormidie, en se séparant du centre de bourgeonnement primitif, emporte avec elle une portion de la zone blastogénétique, qui continue à bourgeonner à la place nouvelle où elle a été entraînée.

(²) K. C. Schneider [97] trouve que les cormidies proviennent non d'un, mais de deux diverticules distincts, nés séparément sur le stolon, l'un formant le gastrozoïde et son tentacule, l'autre donnant naissance au gonozoïde et au bouclier. Ces divergences ont une certaine importance au point de vue de l'interprétation de l'organisme Siphonophore. Chun fait remar-

En grandissant, ce diverticule donne naissance à des diverticules secondaires, un pour le tentacule (*ft.*) et un, tout près de la base, pour le bouclier et le gonozoïde (*asz.* + *gnz.*). Ce dernier se sépare peu à peu du
pédoncule du gastrozoïde, de manière à s'insérer directement sur le stolon, à la base de celui-ci. Il se divise en même temps en deux autres,
un proximal pour le bouclier (*asz.*) et un distal qui, en se subdivisant plus
tard, donnera les deux gonozoïdes (*gnz.*). En aucun point du siphosome
le bourgeonnement ne se fait par nodule médusaire.

Interprétation de l'organisme Siphonophore.

La discussion de cette question ne pouvant être comprise qu'avec
une connaissance approfondie de tout ce qui concerne les Siphonophores, nous préférons la renvoyer à la fin du chapitre concernant ce
groupe.

La sous-classe des *SIPHONOPHORIÆ* se divise en quatre ordres :

PHYSOPHORIDA, pourvus d'un flotteur monothalame et, sauf rare
exception, de cloches natatoires, de boucliers et des autres éléments
constitutifs des cormidies normales; les gonozoïdes donnent des Médusoïdes fixes;

CYSTONECTIDA, pourvus d'un flotteur monothalame très grands et
dépourvus de cloches natatoires et de boucliers; gonozoïdes mâles donnant des Médusoïdes fixes, gonozoïdes femelles donnant des Médusoïdes
libres;

CHONDROPHORIDA, pourvus d'un flotteur très grand, polythalame, et
dépourvus de cloches natatoires, de boucliers et de filaments pêcheurs;
stolon extrêmement raccourci; gonozoïdes mâles et femelles donnant
des Médusoïdes libres;

CALYCOPHORIDA, dépourvus de flotteurs, munis de cloches natatoires très grandes, de boucliers et de gastrozoïdes à filament pêcheur,
mais dépourvus de cystozoïdes; gonozoïdes donnant des Médusoïdes fixes.

---

quer que l'on ne saurait arguer de la formation des diverses parties d'une cormidie aux dépens
d'un diverticule unique pour considérer cet ensemble comme représentant une individualité
unique, car ce diverticule se forme sans nodule médusaire, tandis que les bourgeons médusoïdes sexués qui se formeront sur lui auront chacun un nodule médusaire, signe irréfutable
d'une invidualité personnelle. Mais cela ne prouve rien, car la comparaison avec ce qui se
passe chez les Tuniciers par exemple montre bien qu'un blastozoïte n'en est pas moins une
individualité unique, parce qu'il est apte à bourgeonner d'autres individus, semblables ou non
à lui.

1er ORDRE

PHYSOPHORIDES. — *PHYSOPHORIDA*

[*PHYSOPHORIDÆ* (Eschscholtz); — *PHYSOPHORÆ* (Goldfuss, *p.p.* Chun);
PHYSONECTÆ ᐩ *AURONECTÆ* ᐩ *CYSTONECTÆ* (Häckel);
HAPLOPHYSÆ (Chun)]

TYPE MORPHOLOGIQUE

C'est à cet ordre que nous avons emprunté le type morphologique des Siphonophores, car c'est en effet le plus normal, le plus régulièrement conformé. C'est donc à lui que s'appliquent les caractères donnés à ce type général, les exceptions ou différences signalées dans les notes étant, pour la plupart et sauf indication contraire, applicables aux deux autres ordres.

Les *PHYSOPHORIDA* se divisent en deux sous-ordres :

PHYSONECTIDÆ, flotteur constitué normalement, avec l'entonnoir au-dessous du réservoir et fermé en bas;

AURONECTIDÆ, flotteur très grand et de constitution toute particulière, formé d'un grand sac aérifère auquel est annexé un *aurophore* s'ouvrant d'une part dans sa cavité, de l'autre au dehors.

1er SOUS-ORDRE

PHYSONECTIDÉS. — *PHYSONECTIDÆ*

[*PHYSONECTÆ* (Häckel, *nec* Chun)]

TYPE MORPHOLOGIQUE
(FIG. 386)

Ici encore, nous n'avons à peu près rien à décrire, car les Physonectidés sont le type de l'ordre, le second sous-ordre s'en distinguant par des caractères particuliers qui seront décrits à l'occasion de son type morphologique.

Résumons cependant ses caractères en supposant connus les détails décrits à l'occasion du type morphologique de la sous-classe.

C'est un Siphonophore à flotteur petit et imperforé (fig. 386, *pn.*); à nectosome long, portant deux rangées alternes de cloches (*clh.*) toutes semblables, sauf la taille moindre des plus jeunes ; à siphosome long et mobile, garni de boucliers dans les entre-nœuds ; à cormidies ordonnées, composées chacune d'un seul gastrozoïde avec son tentacule pêcheur muni de tentilles à bouton urticant, de deux à six cystozoïdes avec chacun un palpacule non ramifié, sans boutons urticants, mais riche en nématoblastes et en cellules glandulaires, et de deux gonozoïdes l'un mâle, l'autre femelle, recouverts de gonophores médusiformes mais ne se détachant pas, le tout recouvert d'un ou plusieurs boucliers (¹).

Les *PHYSONECTIDÆ* se divisent en trois tribus :

SIPHOSTELINA, formes à caractères larvaires et qui ne sont peut-être que des jeunes incomplètement développés, formés d'un seul gastrozoïde dont le pédoncule court donne insertion aux autres éléments de la colonie;

MACROSTELINA, à stolon du siphosome, au moins égal en longueur à celui du nectosome;

BRACHYSTELINA, à stolon du siphosome raccourci en une grosse vésicule autour de laquelle les autres éléments du siphosome sont rangés en cercles.

Ces tribus étant suffisamment définies par les diagnoses précédentes, nous ne décrirons pas pour elles des types morphologiques détaillés et, après un court résumé des caractères, nous passerons immédiatement à l'étude des genres qui les constituent.

Fig. 386.

Cupulita (Halistemma) picta (d'ap. Chun)
clh., cloches natatoires; **pn.**, flotteur
stl., stolon.

1ʳᵉ TRIBU

SIPHOSTÉLINES. — *SIPHOSTELINA*

[*SIPHOSTELIA* (Häckel);
PHYSONECTÆ MONOGASTRICÆ (Häckel)]

La colonie est monogastrique, c'est-à-dire formée par un seul gastrozoïde dont le pédoncule, court et terminé en haut par le flotteur, donne insertion aux autres membres de la colonie. L'animal montre ainsi une singulière ressemblance avec un

---

(¹) Les caractères variables sont le nombre des rangées de cloches qui peuvent même manquer, le nombre et la disposition des cormidies qui peuvent être dissociées ou dissemblables ou réduites à une seule, et la longueur de la tige du siphosome qui peut être réduite au pédoncule du gastrozoïde terminal, ou courte et vésiculeuse, ou allongée en un tube au moins égal au nectosome. HÄCKEL a même fondé sur ce caractère une subdivision du groupe en trois sections.

stade jeune du développement que nous avons décrit à propos du type morphologique; aussi y a-t-il de fortes raisons de croire que ce ne sont que des formes jeunes, d'autant plus que leur taille est fort petite. Nous les décrirons cependant comme genres autonomes, mais en faisant les plus expresses réserves à leur sujet.

===== 1re FAM. : *CIRCALINÆ* [*Circalidæ* (Häckel)]. Une couronne de vésicules natatoires.

Circalia (Häckel) (**Pl. 21**, *fig. 1* à 4). La constitution de la colonie devient ici tout à fait différente de ce qu'elle est chez les autres Siphonophores, par le fait qu'il ne se forme qu'une cormidie unique, avec un unique et très grand gastrozoïde autour duquel les autres membres se rangent en cercles, d'où le nom de *monogastriques* donné par Häckel aux genres de ce groupe, par opposition aux autres qui sont *polygastriques*. Le flotteur (**21**, *fig. 1, pn.*) est aussi grand que les cloches natatoires, ombiliqué au sommet (peut-être la trace d'un pore apical fermé); il se continue en bas avec le pédicule du gastrozoïde central, et c'est ce pédicule, pas plus long que d'ordinaire, qui forme le stolon de la colonie. La partie supérieure, légèrement renflée, constitue la tige du nectosome : elle donne insertion à 8 cloches natatoires formant un verticille (**21**, *fig. 1, clh.*). Au-dessous, vient un verticille de 16 cystozoïdes (*cyz.*) (parfois 20) munis chacun de son palpacule (*pp.*); puis vient un verticille formé de 8 gonozoïdes (*gnz.*), dont 4 mâles alternant avec 4 femelles, avec gonophores médusiformes bien développés; enfin, au centre, est le grand gastrozoïde unique, avec son bourrelet urticant situé au-dessous de l'insertion des cystozoïdes et donnant lui-même insertion au tentacule pêcheur muni de tentilles à nombreux nématoblastes, mais dépourvues de boutons urticants et de filaments terminaux. Cette structure donne l'impression non plus d'une colonie d'êtres disparates lâchement unis entre eux par un stolon, mais d'un organisme simple, à individualité bien nette, une sorte de Méduse dont le flotteur serait le disque, dont le gastrozoïde formerait le manubrium et dont les autres organes seraient de petites Méduses bourgeonnées par la base du manubrium (comme cela arrive chez certaines Méduses vraies) et réduites les unes à l'ombrelle (les cloches), les autres à un manubrium, avec un seul tentacule (les cystozoïdes), les autres à un manubrium avec éléments sexuels (les gonozoïdes). La disposition radiaire à 8 rayons renforce cette impression, et c'est un exemple auquel les partisans de la théorie du Médusome aiment à se référer; mais, ici comme dans d'autres genres dont il va être bientôt question, la disposition verticillée n'est probablement qu'une apparence réductible à une disposition hélicoïdale à tours très serrés (2^{cm}, Atl.).

    K. C. Schneider [98] assure que ce n'est que le jeune du genre *Angela*.

===== 2^e FAM. : *ATHORINÆ* [*Athoridæ* (Häckel)]. Comme la précédente; mais les cloches natatoires transformées en boucliers.

Athoria (Häckel) (**Pl. 21**, *fig. 5* à 8) diffère de *Circalia* par la transformation

des 8 cloches natatoires en autant de boucliers (**21**, *fig. 6, asz.*), dont
la nature et l'origine sont nettement indiquées par le fait que leur
extrémité distale est creusée d'une petite cavité sous-ombrellaire avec
canaux radiaires, canal circulaire, en un mot tout ce qui caractérise une
cloche natatoire (*clh.*). En outre, les tentilles du tentacule pêcheur ont
un bouton urticant (**21**, *fig. 8, cnd.*) non involucré et un filament
terminal simple. Les gonozoïdes paraissent n'être qu'au nombre de deux
en tout, un mâle et un femelle, diamétralement opposés (12 à 15mm; Pacif.
sud, oc. Indien).

Athoralia (Häckel) a les boucliers sans cupule médusiforme au bout, les tentilles à bouton urticant involucré et est doïque (oc. Indien).

2ᵉ Tribu

MACROSTÉLINES. — *MACROSTELINA*

[MACROSTELIA (Häckel); — p. p. PHYSONECTÆ POLYGASTRICÆ (Häckel)]

Gastrozoïdes nombreux, portés, ainsi que les autres éléments de la
colonie, sur un siphon au moins égal en longueur au nectosome.

GENRES

1ʳᵉ FAM.: *AGALMINÆ* [*Agalmidæ* (Brandt), *Stephanomidæ* (Huxley)]. Deux rangées
alternes de cloches natatoires; les cormidies multiples et ordonnées; des boucliers.

Stephanomia (Péron et Lesueur) est caractérisé par ses cloches natatoires
fermes, presque cartilagineuses, au nombre de 12, très comprimées de
haut en bas, polyédriques, prolongées de part et d'autre de leur pédicule
d'attache par une auricule latérale qui s'engrène avec les voisines de
manière à former à la tige un revêtement continu et qui contient un
diverticule de la cavité sous-ombrellaire; par la tige de son siphosome
pas plus longue que celle du nectosome, ferme, à peine mobile, couverte de boucliers de forme épaisse, prismatique ou sphéroïdale; enfin,
par les tentilles des filaments pêcheurs se prolongeant, au delà du renflement urticant, en un filament terminal unique (Antilles, Pacifique tropical,
oc. Indien.)

BEDOT [95] est d'avis que *Stephanomia* devrait être rejeté en synonymie et laisser la place
à *Cupulita*.

Crystallodes (Häckel) n'en diffère que par ses tentilles terminées, au delà du bouton urticant, par
trois filaments comme dans notre type morphologique des Siphonophores (Atl., Pacif., oc.
Indien).

Agalma (Eschscholtz) diffère du précédent par ses cormidies dissociées et par ses gastrozoïdes,
cystozoïdes et blastostyles disséminés sans ordre apparent sur un court tronc couvert de
grandes boucliers (4 cm; toutes les grandes mers, y compris la Méditerranée et l'oc. Glacial).

Phyllophysa (L. Agassiz) a les cormidies dissociées comme le précédent, mais les tentilles de ses
filaments pêcheurs simples au bout comme *Stephanomia* et les boucliers de la tige plus clairsemés (Pacifique).

Ces quatre genres sont réunis par HÄCKEL dans une sous-famille [*Crystallodinæ*] à laquelle
il en oppose une autre [*Anthemodinæ*] contenant les autres genres de la famille, lesquels, à

l'inverse des précédents, ont tous la tige du siphosome beaucoup plus longue que celle du nectosome et très mobile. C'est à la 1re sous-famille qu'il faut rattacher

Stephanopsis (Bedot) créé par son auteur pour les *Agalma* et *Crystallodes* à boucliers foliacés sans arêtes vives, et à bouton urticant terminé par un involucre dans lequel les trois branches terminales peuvent se rétracter (Moluques).

Anthemodes (Häckel) (fig. 387 et 388) a les caractères anatomiques de *Stephanomia* et s'en distingue par un caractère qui le rapproche de notre type morphologique : la tige du siphosome est, en effet, très longue et très mobile; en outre, les boucliers sont presque cubiques (Atl.).

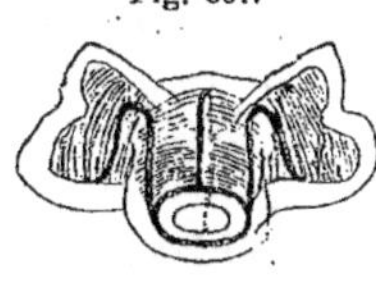

Fig. 387.

Une cloche natatoire d'*Anthemodes ordinata* vue de face (d'ap. Häckel).

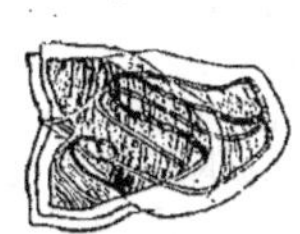

Fig. 388.

Une cloche natatoire d'*Anthemodes ordinata* vue de profil (d'ap. Häckel).

Cuneolaria (Eisenhardt) diffère du précédent par les lentilles de ses filaments pêcheurs trifides au bout (Pacifique).

Bedot le considère comme une forme insuffisamment déterminée qu'il serait bon de rejeter.

Cupulita (Quoy et Gaymard) ressemble à *Anthemodes* par la tige longue et très mobile de son siphosome; mais les lentilles de ses tentacules pêcheurs sont simples au bout. La différence la plus importante consiste en ce que, outre les cormidies complètes disposées régulièrement le long de son siphosome, il a, sur les entre-nœuds qui les séparent, de petites cormidies de second ordre, formées d'un bouclier, d'un cystozoïde avec son palpacule et des deux gonozoïdes, sans gastrozoïde ni tentacule pêcheur. C'est à lui et aux formes voisines que s'applique la loi complexe de bourgeonnement internodal que nous avons exposée plus haut (voir p. 228) (Médit.).

Halistemma (Huxley) n'en diffère que par ses lentilles à bouton urticant dépourvu d'involucre (Médit., Adriat., Atl., Pacif.).

Agalmopsis (Sars) a ses lentilles terminées par trois branches, une médiane vésiculeuse et deux latérales filiformes (Médit., Atl.).

Lychnagalma (Häckel) (**Pl. 22**) a, autour de l'ampoule terminale, une couronne de huit filaments divergents (Médit., oc. Indien).

2º FAM. : Apolemin.æ [*Apolemidæ* (Huxley)]. Comme la précédente, mais tentacules pêcheurs sans ramifications latérales (tentilles); cavités endodermiques du flotteur non divisées en poches radiales par des septums.

Apolemia (Eschscholtz) présente le curieux caractère de posséder dans la région du nectosome, outre les cloches natatoires, de nombreux filaments tentaculiformes insérés sur la tige à la base du pédoncule des cloches. Ces filaments sont considérés d'ordinaire comme des cystozoïdes. Häckel suggère qu'en raison de leur groupement autour de la base des cloches, on devrait les considérer comme des tentacules détournés de leur insertion normale au bord libre de l'ombrelle. Dans un

cas comme dans l'autre, leur présence est une exception remarquable.
Sur la longue et mobile tige du siphosome, à entre-nœuds nus, sans
boucliers, s'étagent des cormidies bien groupées, remarquables par plusieurs caractères : elles ont plus d'un (2 à 4 au plus) gastrozoïde ; leurs
cystozoïdes sont très nombreux (20 à 40 ou plus) et sont protégés par
de nombreux boucliers (20 à 40), en sorte qu'il semble légitime de les
considérer comme des cormidies composées, formées de la fusion de
nombreuses cormidies élémentaires. Les tentacules pêcheurs des gastrozoïdes sont dépourvus de tentilles et par conséquent de boutons
urticants, en sorte qu'ils ne diffèrent point des palpacules des cystozoïdes. Enfin, les cormidies sont unisexuées, possédant chacune des
faisceaux de gonozoïdes à bourgeons sexués médusiformes ; les colonies
elles-mêmes ont les sexes séparés (Atteint 2 à 3 mètres ; Médit.).

Apolemopsis (Brandt) diffère du précédent par ses entre-nœuds couverts de boucliers et par l'état
monoïque de ses colonies, les cormidies restant individuellement dioïques (Atl. nord, Pacif.
tropical).

    HÄCKEL considère ce genre comme méritant de former avec le précédent une sous-famille
[*Apolemopsidæ*] s'opposant à une autre sous-famille [*Dicymbidæ*] formée par le seul genre
ci-dessous :

Dicymba (Häckel) a à peu près les caractères anatomiques d'*Apolemia*,
mais son aspect est tout différent grâce à la réduction de son nectosome
à deux grandes cloches opposées. On serait tenté de le prendre pour
quelque Calycophoride, comme une Diphye, n'était la présence d'un
flotteur au sommet de la tige. La longue tige, très mobile, nue dans les
entre-nœuds, porte des cormidies simples (à gastrozoïde unique) et
monoïques, avec deux gonozoïdes, un de chaque sexe. Ils engendrent
l'un et l'autre des Méduses parfaitement dessinées, portant même au bout
de chacun des quatre canaux radiaires un renflement bulbeux ocellifère
(Atteint 0ᵐ50 ; oc. Indien).

    Citons en terminant un certain nombre de genres pour la plupart anciens et tous si insuf-
fisamment décrits par des fragments indéterminables qu'il serait préférable, d'après BEDOT
[95], de les rejeter :

Haliphyta (Fewkes) (Nouvelle-Angleterre),	*Temnophysa* (L. Agassiz),
Pontocardia (Lesson),	*Polytomus* (Lesson),
Crystallophanes (Brandt).	*Plethosoma* (Lesson).

    Ces deux derniers, *Polytomus* et *Plethosoma*, dans un groupe à rejeter aussi [*Plethosomæ*
(Lesson)].

===== 3° FAM. : *FORSKALINÆ* [*Forskalidæ* (Häckel)]. Cloches natatoires très nombreuses,
disposées en nombreuses séries longitudinales.

Forskalia (Kölliker) (**Pl. 23**). L'aspect de la colonie devient ici tout différent
par suite du grand nombre (plusieurs centaines) des cloches natatoires et
de leurs dispositions semblables à celles des écailles d'une pomme de pin,
c'est-à-dire suivant une spirale très serrée donnant l'illusion d'un arrangement en quinconce. Au sommet du dôme formé par les cloches, est le
flotteur, tout petit. Le siphosome est formé d'un assez long stolon mobile

annelé, sur lequel s'étagent des cormidies dissociées. Les cormidies nourricières sont formées simplement d'un large bouclier et d'un grand gastrozoïde, remarquable par les bandes hépatiques colorées de son estomac et pourvu de son filament pêcheur avec tentilles armées d'une bandelette urticante et terminées par un filament unique. Entre deux cormidies ainsi constituées se trouvent : 1° un nombre variable (2 ou plus) de petites cormidies stériles formées d'un cystozoïde avec son palpacule ; 2° un cystozoïde à la base duquel est annexé, outre le palpacule, un gonozoïde simple (*monostylique*), hermaphrodite, chargé de gonophores femelles à la base, mâles au sommet. En outre, des boucliers plus petits protègent le tronc et les cystozoïdes (Méd., Atl.).

Forskalioma (Häckel) n'est qu'un sous-genre du précédent.

Strobalia (Häckel) en diffère par ses cormidies ordonnées, d'une seule espèce, et par ses blastostyles à deux branches, une mâle, une femelle (Pacif. sud, oc. Indien).

Forskaliopsis (Häckel) se distingue de *Forskalia* par son stolon non annelé et couvert d'innombrables boucliers, par ses blastostyles-insérés directement sur le stolon et par la présence, entre les cloches natatoires, de filaments tentaculiformes comme chez *Apolemia*.

3ᵉ TRIBU

BRACHYSTÉLINES. — *BRACHYSTELINA*

[BRACHYSTELIA (Häckel) ; — p. p. PHYSONECTÆ POLYGASTRICÆ (Häckel)]

Gastrozoïdes nombreux, mais disposés en verticilles horizontaux et très rapprochés les uns des autres, autour d'un stolon court et renflé en vésicule.

1ʳᵉ FAM. : *NECTALINÆ* [*Nectalidæ* (Häckel)]. Une couronne de boucliers à la base du siphosome.

Nectalia (Häckel) (fig. 389). Le nectosome allongé, pourvu de deux rangées opposées de cloches natatoires, surmonté d'un petit flotteur, ne présente rien de particulier. Mais le reste de la colonie prend un aspect très spécial par suite de la réduction de la tige du siphosome à une vésicule assez large, mais très peu élevée. Il en résulte que les cormidies, insérées comme toujours en spirale autour de cette tige, semblent former un simple cercle horizontal sous la base du nectosome. De plus, en raison de leur rapprochement, elles se touchent par leurs bords, en sorte que l'on a finalement des cercles concentriques de zoïdes, disposés comme les éléments d'une fleur, sans apparence de cormidies distinctes. Chaque cormidie se composant (autant qu'on en peut juger par l'unique échantillon observé) d'un seul élément de chaque sorte, on a finalement sous le nectosome, de dehors en dedans : un verticille de longs boucliers, un verticille de cystozoïdes avec leur palpacule, un verticille de gastrozoïdes à estomac garni de villosités hépatiques et à tentacule pêcheur pourvu de tentilles à filament terminal unique, enfin un verticille

central de gono-
zoïdes à deux
branches, une
mâle, une fe-
melle, chargés
de leurs bour-
geons sexués.
L'animal nage
avec une éner-
gie rare dans ce
groupe et rap-
pelant celle des
Calycophorides
(Atl. nord).

Sphyrophysa (L. Agas-
siz) s'en distingue
par son nectosome
à quatre rangées de
cloches et ses len-
tilles trifides au bout
(Atl. tropic.).

BEDOT [95] le considère comme synonyme d'*Agalma*.

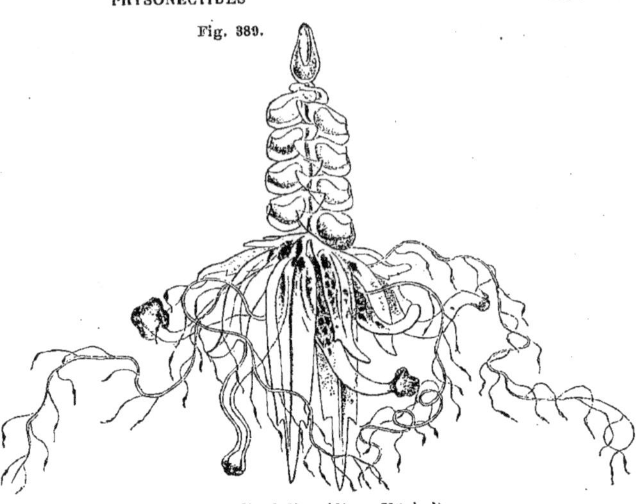

Fig. 389.

Nectalia loligo (d'ap. Häckel).

=== 2° FAM. : *PHYSOPHORINÆ*
[*Physophoridæ* (Huxley), *Disco-
labidæ* (Häckel)]. Comme la
précédente, mais couronne de
boucliers absente, remplacée
par un cercle de grands cystozoïdes.

Physophora (Forskål) (fig.
390 et 391) présente à peu
près la même disposition
des organes que *Necta-
lia*, mais le verticille de
grands boucliers manque
et le verticille des cystozoïdes devient le plus extérieur. Ces cystozoïdes
sont très grands, très
musculeux et semblent
assumer, au moins en
partie, le rôle protecteur
des boucliers. Au-dessous
d'eux est une rangée de

Fig. 391.

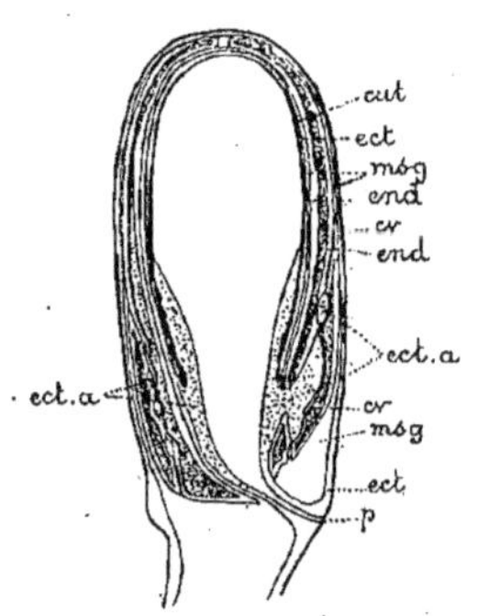

Flotteur
de *Physophora hydrostatica*
(d'ap. K. C. Schneider).

cut., cuticule chitineuse; **cv.**,
cavité endodermique; **ect.**,
ectoderme; **ect. a.**, ectoderme
aérifère et ses prolongements;
end., endoderme; **msg.**, mésoglée; **p.**, pore.

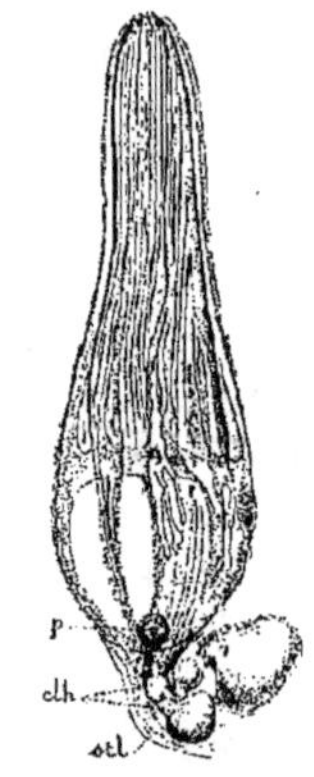

Fig. 390.

Physophora hydrostatica.
Flotteur
d'un exemplaire de 9mm
de longueur portant
à sa base les bourgeons
des cloches natatoires
(d'ap. Chun).

clh., bourgeons des cloches
natatoires; **p.**, pore; **stl.**,
stolon.

cystozoïdes plus petits. Le verticille suivant, contrairement à ce qui
avait lieu chez *Nectalia*, est celui des gonozoïdes à deux branches, le

gynostyle au-dessus de l'androstyle. Enfin le dernier verticille est celui des gastrozoïdes dont les tentacules pêcheurs ont leurs tentilles pourvues d'un involucre autour du bourrelet urticant et dépourvues de filament terminal.

Dans une espèce (*P. magnifica*), sur le côté de l'involucre, se trouve une tache oculiforme colorée, que Häckel considère moins comme un organe visuel que comme une tache prémonitrice avertissant l'ennemi des dangers du bouton urticant. Tandis que, chez *Nectalia*, les cormidies étaient à peine distinctes les unes des autres et ne pouvaient être discernées que d'une manière un peu théorique, ici elles se distinguent aisément par le fait que la vésicule aplatie, qui représente la tige du siphosome, est à facettes, chaque facette correspondant à une cormidie. Rappelons enfin que le flotteur, relativement grand, et dépourvu comme d'ordinaire de pore apical, est implanté un peu excentriquement au sommet de la tige, et qu'au pôle inférieur se trouve un *pore excréteur* (fig. 390 et 391, *p.*) (voir p. 214) conduisant dans la cavité vasculaire qui occupe sa base, en sorte que par là le liquide cavitaire pourrait être expulsé au dehors ([1]).

Un sphincter borde cet orifice. Rappelons aussi (voir même page) les *cellules géantes* ectodermiques qui se ramifient dans l'ectoderme intracuticulaire, et dans les septums endodermiques (Médit., Atl., Pacif.).

Discolabe (Eschscholtz) diffère du précédent par ses cloches natatoires formant quatre rangées; il n'a qu'un verticille de grands cystozoïdes. Il y a aussi une tache oculiforme sur l'involucre des tentilles (Médit., Atl., oc. Indien).

Stephanospira (Gegenbaur) s'en distingue par ses cloches natatoires multisériées; il n'a aussi qu'un seul verticille de cystozoïdes (Atl. nord et tropical).

Angela (Lesson), pour lequel Fewkes propose une famille [*Angelidæ*], a un ectosome très raccourci, cartilagineux, sur lequel sont disposées les cloches natatoires multisériées; il n'y a pas de boucliers; les tentilles sont terminées par trois branches dont la médiane vésiculeuse et les deux latérales filiformes. Rappelons que, d'après K. C. Schneider [98], *Circalia* n'est que le jeune de ce genre (Atl. tropic.).

Angelopsis (Fewkes), insuffisamment décrit, n'est d'après K. C. Schneider, pas distinct génériquement du précédent; d'autres le rapprochent d'*Auralia* (1 400 brasses; Gulf-Stream).

━━━━ 3ᵉ FAM. : Anthophysinæ [*Anthophysidæ* (Brandt), *Athorybidæ* (Huxley)]. Pas de cloches natatoires; en place de celles-ci, un cercle de boucliers.

Anthophysa (Mertens) (fig. 392). Ici, ce n'est pas seulement le siphosome qui se raccourcit, c'est le stolon tout entier de la colonie qui se réduit à une grosse vésicule; et cette vésicule (*cv.*), au lieu de porter le flotteur au-dessus d'elle, est elle-même creuse, pleine d'air et constitue le flotteur; on peut dire que flotteur et stolon se sont fusionnés en une

---

([1]) D'après Chun [97[, dans les contractions violentes du flotteur, le fond de l'entonnoir se romprait et laisserait sortir l'air par le pore excréteur. Que pareille chose arrive, cela est très vraisemblable, mais il semble difficile de voir là avec Chun une fonction presque normale. D'après K. C. Schneider [96] ce pore conduirait normalement dans l'entonnoir. Mais Chun [98] maintient son opinion.

vésicule unique très volumineuse. Sur cette vésicule sont insérés, conformément à la règle, tous les membres de la colonie, sur une hélice si serrée qu'ils ont l'air de former des verticilles concentriques. Le plus élevé de ces verticilles, situé au-dessus de l'équateur de la vésicule, est un cercle de grands boucliers (*asz.*), en sorte que l'animal est dépourvu de cloches natatoires. Ces boucliers assument d'ailleurs l'office de cloches natatoires, car ils sont munis de muscles bien développés qui leur permettent d'accomplir avec beaucoup plus d'énergie les mouvements d'élévation et d'abaissement autour du pédicule, propres à tous les boucliers; en sorte qu'ils agissent comme de véritables rames et font ainsi progresser la colonie. Ils sont en outre pourvus de nématoblastes à leur face in-

Fig. 392.

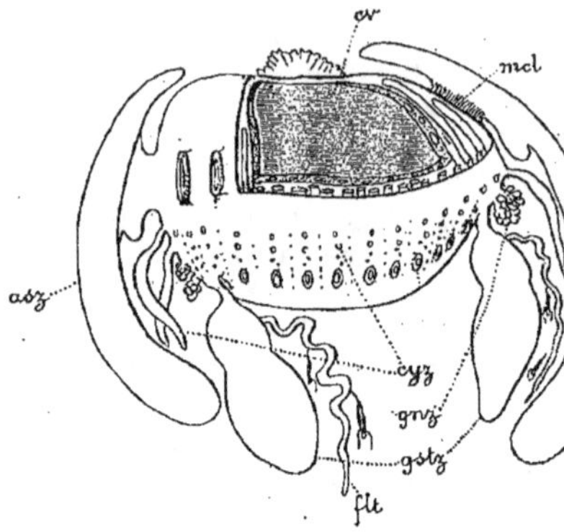

Anthophysa formosa.
Schéma dans lequel les cormidies situées sur le devant de la figure ont été coupées à leur base et dont la paroi de la cavité aérifère a été ouverte en partie (Sch.).

asz., boucliers; **cv.**, cavité aérifère; **cyz.**, cystozoïdes **flt.**, filament pêcheur; **gnz.**, gonozoïdes; **gstz** , gastrozoïdes; **mcl.**, muscles du bouclier.

terne (¹). Au-dessous de la rangée des boucliers, est un verticille de nombreux cystozoïdes avec leurs palpacules, puis un verticille de gastrozoïdes (*gstz.*) avec leur filament pêcheur à tentilles involucrées, trifides au bout et de deux sortes, les unes à bouton urticant petit et simple, les autres à bouton grand et orné de deux appendices ramifiés. Entremêlés à ces gastrozoïdes, sont les gonozoïdes (*gnz.*), un de chaque sexe inséré près de la base de chaque gastrozoïde. Les cormidies, assez aisées à distinguer, grâce à des côtes qui les séparent sur la vésicule stoloniale, paraissent se composer chacune d'un gastrozoïde, d'une paire de gonozoïdes et de plusieurs cystozoïdes (Atl. nord et sud, Pacif. nord).

(¹) Chun a émis l'idée que ces boucliers pourraient n'être que des cloches natatoires transformées. Le fait que, dans un genre voisin, *Rhodophysa*, ces boucliers portent au bout une petite cavité ombrellaire avec ses canaux radiaires et circulaire, viendrait à l'appui de cette idée. Mais cette formation médusiforme au bout des boucliers prouve, tout au plus, que cet organe est d'origine médusaire plutôt que polypienne (et encore y a-t-il des réserves à faire) et non qu'il représente spécialement une cloche natatoire. En outre, le fait découvert par Chun lui-même que, dans le genre voisin *Athorybia*, il existe, en outre, des cloches natatoires rudimentaires, vient à l'encontre de sa théorie. En somme, les boucliers d'*Anthophysa* sont sans doute des boucliers et rien de plus.

Athorybia (Eschscholtz) (fig. 393) diffère du précédent par ses boutons urticants dépourvus des deux prolongements dendritiques signalés chez lui ; il a de petites cloches natatoires rudimentaires (Médit., Atl., Californie, oc. Indien).

Melophysa (Häckel) s'en distingue par ses tentilles à filament terminal unique (Médit. (?)).

Rhodophysa (de Blainville) est de même, mais en outre ses boutons urticants sont sans involucre. C'est chez lui que les boucliers se terminent par une petite cloche natatoire creusée dans leur substance, identique à celle du genre *Athoria* (voir plus haut, pl. 21, fig. 7) (oc. Indien).

Plœophysa (Fewkes) ne serait d'après Häckel qu'un *Anthophysa* ou un *Athorybia* incomplet, déformé, dans lequel son auteur a pris le bord du flotteur rétracté pour un organe nouveau, le *capuchon*. K. C. SCHNEIDER [98] le déclare synonyme d'*Athorybia*. La famille proposée par lui pour ce genre [*Plœophysidæ* (Fewkes)] ne saurait donc être acceptée (Gulf-Stream).

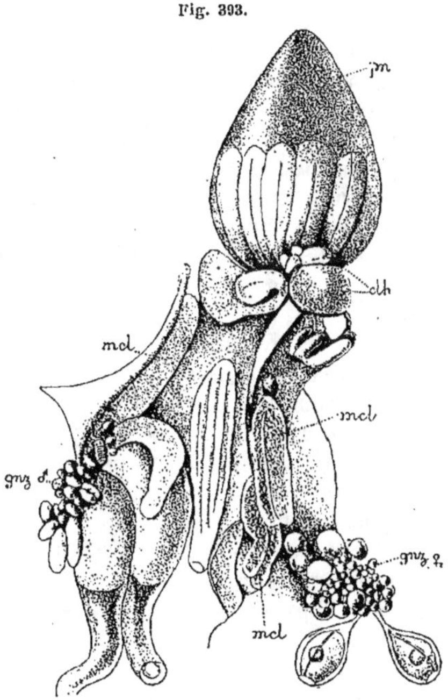

Fig. 393.

Athorybia melo.
Partie supérieure de la colonie
(d'ap. Chun).

clh., cloches natatoires ; **gnz.** ♂, gonozoïde mâle ; **gnz.** ♀, gonozoïde femelle ; **mcl.**, muscles ; **pn.**, pneumatophore.

2me SOUS-ORDRE

AURONECTIDÉS
AURONECTIDÆ

[*AUROPHORIDÆ* (Häckel) ;
AURONECTÆ (Häckel)]

TYPE MORPHOLOGIQUE
(Pl. 24 et 25)

Nous prendrons pour type le genre *Rhodalia*.

C'est, comme toutes les autres de ce sous-ordre, une forme des grands fonds, rapportée par le Challenger et étudiée par HÄCKEL. Elle est courte et massive, mesurant environ 4 centimètres de large sur 6 de hauteur. A la partie supérieure, se trouve un très volumineux flotteur en forme de sphère aplatie d'un pôle à l'autre. Au-dessous de lui est la tige de la colonie qui, comme dans les genres précédents, est courte et renflée. Mais sa structure est tout autre, car au lieu d'être vide, confondue avec le flotteur, elle est parfaitement distincte de celui-ci, pleine, ferme, comblée par une abondante substance anhiste, homologue à la mésoglée des Méduses et creusée d'une multitude de petites cavités canaliformes réticulées, tapissées d'endoderme (**24**, *fig. 1, cv.*). Sur cet axe, sont insérés, en hélice à tours serrés, les membres de la colonie. Au haut, le nectosome est formé par de très nombreuses

(50 à 80) cloches natatoires (*clh.*). Ces cloches semblent disposées en plusieurs anneaux superposés alternes; mais, en réalité, elles ne forment qu'un verticille unique; car, quand on les excise, on voit qu'elles sont rattachées à l'axe par un pédicule en forme de feuillet vertical, et tous ces feuillets forment une seule rangée circulaire (*bs. clh.*); seules, les cloches se détournent alternativement en haut et en bas pour pouvoir trouver place, ce qu'elles ne pourraient faire sans cela, leurs pédicules étant très étroits et très serrés les uns contre les autres.

Au-dessous du nectosome, le stolon bulbeux du siphosome (*stl.*) est garni de très nombreuses cormidies (*crm.*) qui semblent jetées au hasard, mais qui ont en réalité la disposition hélicoïdale habituelle. Chaque cormidie est formée; 1° d'un gastrozoïde (*gstz.*) régulièrement conformé, avec son filament pêcheur (*flt.*) pourvu de tentilles armées chacune d'un bouton urticant non involucré, à extrémité simple, non trifide; 2° d'un gonozoïde (**24**, *fig. 1* et *3*, *gnz.*) se terminant par une extrémité libre, astome, à la manière d'un palpozoïde (gonopalpons) de Häckel), et portant à sa base une branche bientôt bifurquée en deux rameaux chargés de gonophores non médusiformes, réduits à des sporosacs. Chaque rameau est hermaphrodite, ayant des gonophores mâles à la partie distale et des gonophores femelles près de la base ([1]). Il est à remarquer que le gonozoïde s'insère sur la base du gastrozoïde, en sorte que toute la cormidie est portée sur un pédoncule unique. Il n'y a pas de boucliers.

Nous avons fait connaître toute l'organisation de l'animal sans mentionner son organe le plus remarquable, celui qui le distingue et l'élève à la dignité de sous-ordre : c'est *l'aurophore*, auquel le groupe doit son nom.

A la base du flotteur, du côté dorsal, opposé à celui où l'on voit bourgeonner les jeunes cloches natatoires, se trouve un renflement sphérique (**24**, *fig. 1*, *aup.*) qui a, au premier coup d'œil, l'aspect d'une de ces cloches. Sa structure est cependant tout autre. Il n'a pas de cavité sous-ombrellaire et est percé d'une petite ouverture (*aus.*) (*aurostygma*) donnant dans un canal central (*aud.*) (*auroducte*) qui s'ouvre à son autre extrémité par un orifice interne (*aupy.*) (*auropyle*) dans la cavité aérifère du flotteur. L'ectoderme qui tapisse cette dernière en dedans, tapisse aussi le canal de l'aurophore; mais il est, au niveau de ce dernier, stratifié et différencié à la manière de l'épithélium sécréteur de gaz qui tapisse la cavité de l'entonnoir des

---

([1]) Ceux-ci présenteraient, d'après Häckel, une particularité bien remarquable : certains gonophores seraient *monovones* : c'est-à-dire, suivant la règle, portant un seul œuf dans leur manubrium, tandis que les autres seraient *polyovones* c'est-à-dire chargés de plusieurs ovules. Chun [97] a suggéré une explication qui ferait disparaître cette exception singulière en disant que ces gonophores polyovones sont sans doute, non des gonophores, mais des branches du gonozoïde, qui bourgeonneront des gonophores dont chacun emportera avec lui un seul des œufs dont il est chargé.

flotteurs ordinaires. Il résulte de là que l'aurophore n'est rien autre chose que l'entonnoir du flotteur qui, au lieu de rester à la base de celui-ci, a été déjeté sur le côté pour laisser place, au milieu, au stolon bulbeux. La particularité la plus remarquable n'est pas cette situation, caractère bien secondaire, le flotteur étant normalement toujours plus ou moins oblique sur le stolon, mais la présence à sa base d'un orifice aérifère, tout autrement placé que le pore apical de certains flotteurs (Physalies) et sans doute ne lui correspondant pas. Il doit y avoir entre cet appareil et la biologie de l'animal, qui vit sous des pressions énormes (300 à 1 400 brasses), une relation; mais elle n'a pas été découverte (¹).

GENRES

1ʳᵉ FAM. : RHODALINÆ [*Rhodalidæ* (Häckel)]. Pas de canal central du stolon; des tentilles aux filaments pêcheurs.

Rhodalia (Häckel) (**Pl. 25**). C'est le genre que nous venons de décrire comme type (600 brasses; Atl. sud).

Auralia (Häckel) diffère du précédent par son stolon creusé d'une large cavité centrale d'où partent des canaux endodermiques qui se distribuent dans sa couche périphérique et commu-

---

(¹) Nous avons vu chez *Physophora* (voir p. 237) un orifice placé à peu près de la même manière; mais, si du moins l'opinion de Chun est vraie contre celle de K. C. Schneider, touchant la cavité dans laquelle conduit cet orifice, il n'y a aucune comparaison à établir entre cet orifice *excréteur* de *Physophora* conduisant dans la cavité vasculaire et le *pore aérifère* des Auronectides.

Ajoutons ici quelques détails de structure intéressants. Les cavités gastro-vasculaires du stolon bulbeux forment un réseau irrégulier qui communique avec le canal de chacun des zoïdes de la colonie, y compris les canaux radiaires des cloches natatoires. A la partie supérieure du stolon, sous la base du flotteur, ces cavités forment une lacune très plate en hauteur, mais très large (**24**, *fig. 1, l.*), occupant toute la base. Sur ses bords, cette lacune se continue avec la cavité endodermique du flotteur, cavité mince et non divisée en espaces radiaires par des septums. Cette même lacune se continue aussi avec la cavité endodermique de l'aurophore; mais celle-ci est divisée en espaces radiaires par des cloisons septales. Dans le flotteur, on trouve, comme d'ordinaire, une cuticule (*cut.*) revêtue dans la région basilaire d'une lame ectodermique secondaire. Or cette cuticule s'arrête à l'auropyle, après avoir présenté un fort épaississement circulaire, comme d'habitude, tandis que l'ectoderme qui la double en dedans se continue avec l'épithélium de l'auroducte, toutes relations qui confirment l'assimilation de l'aurophore avec l'entonnoir des autres Siphonophores.

Ces interprétations sont dues à K. C. Schneider [98]. Elles nous ont paru plus acceptables que celles de Chun [97] qui assimile l'aurophore au réservoir et la vaste cavité aérifère à l'entonnoir. D'après Chun, l'épithélium sécréteur au lieu de déborder simplement, comme d'ordinaire, de l'entonnoir dans le réservoir, aurait complètement émigré dans celui-ci; enfin le flotteur tout entier serait placé tout à fait transversalement sur la tige et l'orifice extérieur de l'aurophore serait un pôle morphologique supérieur.

Häckel à qui l'on doit tout ce que l'on sait sur ces animaux et que l'on soupçonne d'avoir notablement embelli dans ses dessins les notions anatomiques et histologiques qu'il a pu recueillir sur eux, avait interprété l'épithélium sécréteur de gaz qui forme la paroi de l'auroducte comme du tissu musculaire. Il avait émis l'idée d'une assimilation possible de l'aurophore avec l'entonnoir, mais avait préféré l'interpréter comme une personne médusaire distincte, une cloche natatoire modifiée et adaptée à une fonction spéciale.

niquent avec les cavités vasculaires des zoïdes; en outre, les vésicules natatoires forment, même extérieurement, une rangée unique (Atl. tropical).

═══ 2ᵉ FAM. : *Stephaline* [*Stephalidæ* (Häckel)]. Stolon traversé par un canal central aboutissant à un gastrozoïde primaire central; filaments pêcheurs sans tentilles.

Stephalia (Häckel) (fig. 394 à 396) a comme *Auralia* une couronne unique de vésicules natatoires; mais son caractère principal consiste dans la présence d'un gastrozoïde terminal primaire plus grand que les autres et d'où part un canal endodermique (fig. 395, *cv.*) qui traverse le stolon suivant son axe longitudinal et aboutit directement à la large lacune située sous le flotteur; les canaux formant le réseau endodermique du stolon y débouchent dans toute sa longueur. Les filaments pêcheurs sont simples, sans tentilles (516 à 640 brasses; Atl. nord).

Häckel a donné le nom d'*Auronula* à la larve très intéressante de ce genre. Cette larve se présente avec les caractères d'une larve ordinaire : flotteur et gastrozoïde primaire opposés, ce dernier avec son filament et une vaste cavité gastrique libre. Mais elle présente déjà un aurophore latéral avec ses

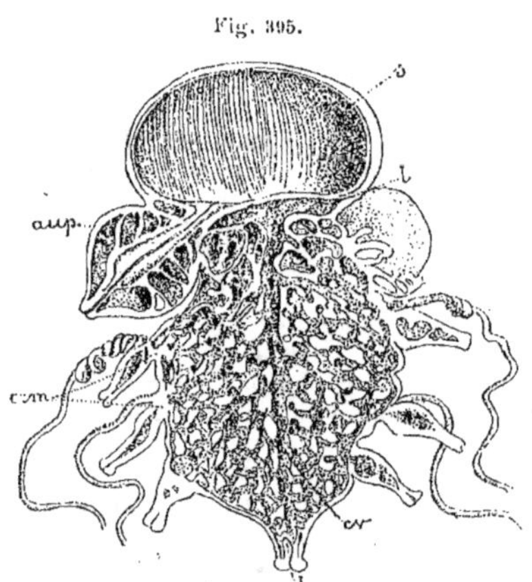

Fig. 394.

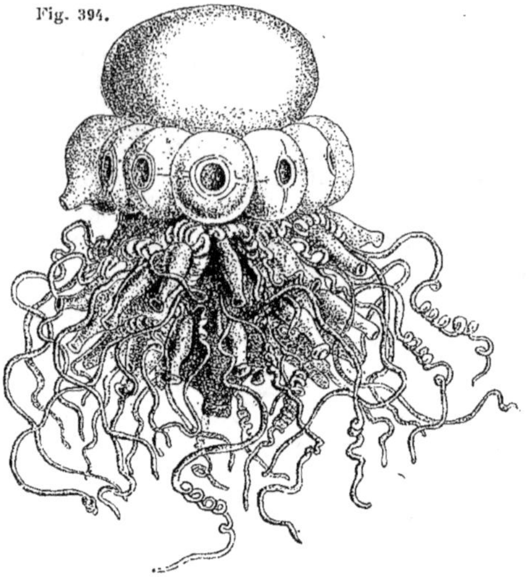

Jeune colonie de *Stephalia corona* (d'ap. Häckel.)

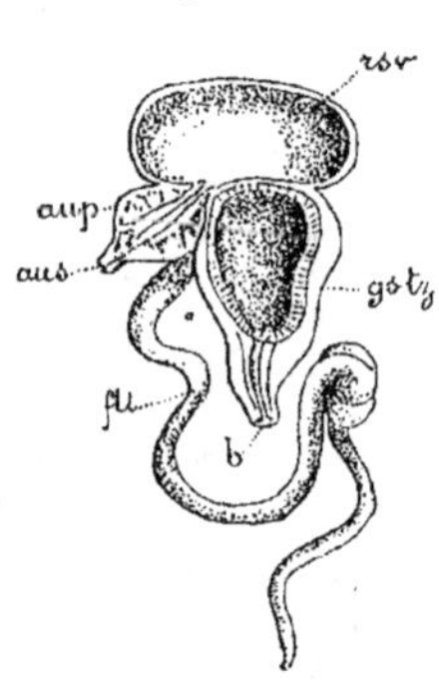

Fig. 395.

Coupe sagittale d'une colonie de *Stephalia corona* (d'ap. Häckel).

aup., aurophore; **b.**, bouche du polype formateur; **crm.**, cormidies; **cv.**, cavités gastro-vasculaires; **l.**, lacune; **s.**, flotteur.

Fig. 396.

Jeune larve de *Stephalia corona* (d'ap. Häckel).

aup., aurophore; **aus.**, aurosigma; **b.**, bouche; **flt.**, filament pêcheur; **gstz.**, gastrozoïde; **rsv.**, réservoir.

caractères très nettement exprimés et débouchant au dehors par un auroducte (fig. 396).

Stephonalia (Häckel) diffère du genre précédent par ses cloches natatoires formant, comme chez *Rhodalia*, deux ou plusieurs rangées, et par ses filaments pêcheurs de deux sortes, les proximaux beaucoup plus grands que ceux des cormidies distales (275 brasses; Pacif. sud).

2ᵉ ORDRE

CYSTONECTIDES. — *CYSTONECTIDA*

[*PNEUMATOPHORIDÆ* (Chun); — *CYSTONECTÆ* (Häckel);
RHIZOPHYSALIÆ (Chun)]

TYPE MORPHOLOGIQUE
(Pl. 26, fig. 2)

Ce type est fort simple. Il suffit pour en avoir une idée de se représenter un Siphonophore normal, notre type morphologique général, si l'on veut, mais dépourvu de cloches natatoires et de boucliers, et possédant un très grand flotteur muni d'un pore apical permanent, conduisant dans la cavité aérifère et pourvu d'un sphincter; sa cavité endodermique péripneumatique n'est pas divisée en chambres radiaires par des septums.

En raison de cette constitution, l'animal ne peut nager, mais il flotte aisément au gré des vagues et du vent et peut à volonté s'enfoncer en chassant par compression l'air de son flotteur par le pore apical. Pour remonter, il le remplit de gaz qu'il secrète à nouveau. Ses gonozoïdes mâles produisent des Médusoïdes fixes et ses gonozoïdes femelles des Médusoïdes libres.

Il se divise en deux tribus (¹) :

RHIZOPHYSINA, à cormidies étagées le long d'une longue tige;

PHYSALINA, à cormidies sans tige distincte, insérées sous la face ventrale du flotteur.

(¹) A ces tribus chez lesquelles tous les genres ont de nombreuses cormidies et dont il fait le groupe des Cystonectes polygastriques, HÄCKEL oppose une forme monogastrique pour laquelle il constitue un groupe des monogastriques [*Cystonectæ monogastricæ* (Häckel), *Monostelinæ* (Häckel)], comprenant le seul genre *Cystalia* (Häckel) (Pl. 29). C'est une forme de petite taille et de structure très simple. Il commence par un grand flotteur ovoïde à axe vertical, avec un pore apical, et nettement divisé en réservoir aérifère et entonnoir chargé de la sécrétion de l'air. Sous ce flotteur est attaché un volumineux et unique gastrozoïde dont le pédicule, de longueur très-modérée, constitue le stolon de la colonie. Sur son bourrelet urticant, ce gastrozoïde porte un long tentacule dont les tentilles sont simples, dépourvues de ramifications terminales et de bouton urticant, mais qui est chargé de nématoblastes sur toute sa longueur. Sous le flotteur sont insérés en cercle, à la base du pédicule, une trentaine de cystozoïdes qui semblent cumuler avec leur fonction habituelle celle des boucliers absents. Un peu plus bas, le pédicule porte un gros gonozoïde très ramifié dont chaque branche est formée de trois rameaux : un médian terminal nu et stérile (*gonopalpon* de Häckel) et deux latéraux et fertiles, l'un simple, le *gynophore*, chargé de gonophores ovifères, l'autre très ramifié, l'*androphore* dont toutes les branches sont chargées de gonophores mâles. L'animal, rencontré dans le Pacifique sud, ne mesure que 6 à 12ᵐᵐ. CHUN [97] a donné de bonnes raisons de croire que ce genre ne devait pas être conservé et représentait seulement une forme larvaire d'*Epibulia* ou de quelque genre voisin. Chun place ici la famille des *Epibulinæ* que nous laissons avec Häckel auprès des Physalies.

1re TRIBU

RHIZOPHYSINES. — *RHIZOPHYSINA*

[*CYSTONECTÆ POLYGASTRICÆ* (Häckel; — *MACROSTELINIÆ* (Häckel);
RHIZOIDEA (Chun, *p. p.*)]

TYPE MORPHOLOGIQUE
(Pl. 26)

Nous prendrons pour type le genre *Rhizophysa* qui n'a, en fait de
caractère un peu important ne s'appliquant pas au groupe entier, que
l'état dissocié de ses cormidies.

L'animal se compose d'une très longue tige, extrêmement contractile
(**26**, *fig. 1, st.*), le long de laquelle sont insérés les divers individus de
la colonie à distance les uns des autres, de manière à former un
ensemble long et grêle, à éléments très dissociés. Au sommet, se trouve
un flotteur (**26**, *fig. 1, pn. fig. 2*) très grand, ovoïde, muni de son pore
apical et de son entonnoir (¹). Sur la longue tige, sont insérées, à bonne
distance les unes des autres, de petites cormidies incomplètes, stériles,
réduites à un simple gastrozoïde (**26**, *fig. 1, gstz.*), sans cystozoïdes ni
boucliers, muni seulement de son filament pêcheur. Il est lui-même de
forme très simple, sans bourrelet urticant, réduit à un tube allongé, à
peine renflé, que termine une bouche évasée en trompette. Le filament
pêcheur (*flt.*) est grand et garni de lentilles polymorphes : les unes en
effet sont simples, les autres sont trifides et, entre ces deux sortes, on
peut rencontrer des sortes de lames à bord libre découpé en ramifications ou digitations armées de nématoblastes et parfois d'un ocelle
coloré. Chacun des entre-nœuds porte un (parfois deux ou quatre) gros
gonozoïde (**26**, *fig. 1, gnz. et fig. 3*) ramifié en touffe, dont chaque
ramification (blastostyle, *gonopalpon*) se termine par une extrémité
(**26**, *fig. 3, blst.*) libre, astome et armée de nématoblastes, tandis qu'à
sa base sont les bourgeons sexués. Ceux-ci sont de deux sortes : les
mâles sont vers la base et nombreux, en forme de gonophores médu-

---

(¹) CHUN en a fait une étude spéciale. Sa musculature est très développée, sa couche longitudinale ectodermique externe forme autour du pore apical un muscle radiaire en iris
destiné à l'ouvrir, tandis que la musculature endodermique circulaire interne forme un
sphincter destiné à le fermer. L'animal l'ouvre et le ferme suivant les besoins. L'ectoderme
sécréteur de l'entonnoir déborde, comme cela arrive souvent, dans le réservoir aérifère pour
revêtir la cuticule d'une couche ectodermique secondaire. Cette couche ici remonte très haut,
jusqu'à une faible distance au-dessous du pore apical. Elle est mobile, tantôt étalée en une
seule assise de cellules hautes, étroites, serrées, tantôt disposée sur plusieurs couches. Le pore
apical est entouré d'une large aréole pigmentaire appartenant aux cellules endodermiques
internes. La cuticule disparaît en bas peu à peu sans former d'anneau épaissi. Suivant la
règle pour ce groupe, il n'y a pas de septums radiaires. Dans la partie inférieure de la cavité
endodermique péripneumatique sont de très grandes cellules ectodermiques, destinées sans
doute à un rôle mécanique et sur lesquelles nous n'insisterons pas, les ayant déjà décrites à
propos du type morphologique. Ce sont les *villi hypocystales* de Häckel.

soïdes avec les quatre canaux radiaires, le canal circulaire et un gros manubrium remplissant la cavité sous-ombrellaire close; les femelles sont sous la forme de bourgeons médusoïdes beaucoup plus parfaits (auxquels il ne manque que les appendices du bord ombrellaire), qui se détachent pour disséminer leurs produits. Il y a une part d'hypothèse dans cette interprétation, car, au moment où elles se détachent, ces Méduses n'ont pas encore de produits sexuels, en sorte que l'on n'est pas absolument certain qu'elles représentent l'élément femelle de la colonie. Ces Méduses libres, qui rappellent par leur structure les Anthoméduses, ont un caractère intéressant que nous ne retrouverons, hors de cet ordre, que chez les Chondrophorides. K. C. SCHNEIDER[98] fait remarquer que les plus jeunes cormidies, encore à l'état de bourgeons, remontent au delà de la tige jusque sur la base du flotteur, ce qui est une première indication de la disposition que nous allons bientôt rencontrer chez les Physalies.

GENRES

==== 1re FAM. : *RHIZOPHYSINÆ* (Chun) [*Rhizophysidæ* (Brandt)]. Cormidies monogastriques; cloches natatoires normales.

Rhizophysa (Péron et Lesueur) est le type que nous venons d'étudier (Médit., Atl., Pacif.).

Pneumophysa (Häckel) n'en diffère que par ses tentilles d'une seule sorte, toutes trifides (oc. Indien).

Nectophysa (Häckel) a les tentilles toutes pareilles, mais simples, non ramifiées (Atl. nord).

Linophysa (Häckel) n'a pas du tout de tentilles (Atl. tropic.).

Cannophysa (Häckel) a les tentilles toutes trifides, mais diffère de *Rhizophysa* par ses cormidies ordonnées : les blastostyles sont attachés au pédicule des gastrozoïdes, et les entre-nœuds ne portent rien (Atl. septentr. et tropic.).

Aurophysa (Häckel) est un *Cannophysa* à tentilles simples (oc. Indien).

En raison du caractère des cormidies, HÄCKEL distingue dans ce groupe deux sous-familles, l'une [*Cannophysidæ*], à cormidies ordonnées, comprenant les deux derniers genres, l'autre [*Linophysidæ*], à cormidies dissociées, comprenant tous les autres.

==== 2° FAM. : *BATHYPHYSINÆ* (Bedot). Polypes munis d'une paire de prolongements aliformes.

Pterophysa (Fewkes) diffère de *Rhizophysa* par le fait que ses polypes présentent une paire de dilatations latérales aliformes disposées longitudinalement et bien pourvues de muscles que l'on suppose devoir servir à l'animal à la manière de rames (jusqu'à 6^m de long, polype terminal jusqu'à 40^{mm}; Gulf-Stream par 2 109 brasses).

Pleurophysa (Fewkes) est une forme à affinités douteuses, par le fait que l'absence de cloches natatoires et de boucliers pourrait être due à la détérioration de l'échantillon : il y a, en effet, sous le flotteur de petites sphères pédonculées occupant la place de cloches natatoires (Gulf-Stream).

Bathyphysa (Studer) (fig. 397). Dans la seule espèce où l'état des échantillons ait permis l'étude du nectosome, celui-ci se montre formé d'un flotteur normal, pourvu d'un pore apical et d'une tige le long de laquelle sont insérées, au lieu de cloches normales, des zoïdes spéciaux de structure très simple, appelés par BEDOT [93] qui les a découverts, *pneumatozoïdes*. Que l'on se figure une vésicule ectodermique en forme de sphère aplatie contenant un sac endodermique tubuleux et contourné en C, de manière à laisser au centre une cavité tapissée exclusivement d'ectoderme. Tout cela est clos et se rattache par un court pédicule à la tige. BEDOT pense que la cavité endodermique est pleine d'air. K. C. SCHNEIDER [98] suggère que ces prétendus pneumatozoïdes ne sont autre chose que de jeunes polypes recourbés en C, munis comme ceux de *Pterophysa* d'une paire d'appendices aliformes qui, ramenés l'un vers l'autre, forment la cavité extérieure tapissée d'ectoderme (Atl.; 1 200 à 3 500 mètres).

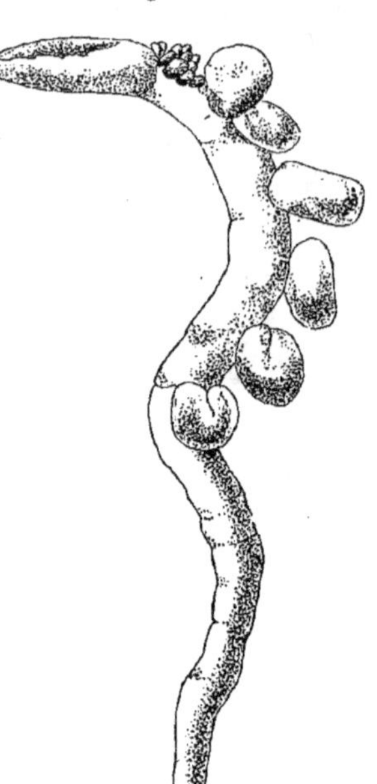

Fig. 397.

Nectosome de *Bathyphysa Grimaldii* (d'ap. Bedot).

═══ 3° FAM. : *SALACINÆ* [*Salacidæ* (Häckel)]. Cormidies polygastriques, contenant chacune plusieurs gastrozoïdes.

Salacella (Nobis) (**Pl. 27**). C'est le genre *Salacia* de Häckel qui doit changer de nom, car il a été maintes fois employé, en particulier pour un autre Cœlentéré, un Hydraire voisin de *Campanularia* (voir p. 128). Il ne diffère essentiellement de *Rhizophyza* que par ses cormidies à gastrozoïdes multiples. Mais son aspect est sensiblement différent (**27**, *fig. 1*). Son flotteur est beaucoup plus grand, à pore apical très large; sa tige atteint 1ᵐ50 sur une largeur de 1/2 millimètre et ne porte qu'un petit nombre (environ 8, bien développées) de cormidies très grosses, séparées par de longs entre-nœuds vides. Chaque cormidie (**27**, *fig. 4*) présente : 1° quatre à six grands gastrozoïdes munis chacun d'un tentacule constitué tout à fait comme ceux que nous allons bientôt décrire dans le genre *Physalia*; 2° une douzaine environ de cystozoïdes qui ne diffèrent des gastrozoïdes que par l'absence de bouche, en sorte que HÄCKEL incline à les considérer comme de jeunes gastrozoïdes non encore développés, bien qu'ils n'aient pas de tentacules; 3° des gonozoïdes très ramifiés (**27**, *fig. 7*), semblables à ceux de *Rhizophysa* et produisant, ici aussi, des Méduses libres probablement femelles. Ces gonozoïdes sont si fournis, que leur insertion exacte n'a pu être déterminée (par 1 990 brasses; Atl. tropic.).

2me TRIBU

PHYSALINES. — *PHYSALINA*

[*CYSTONECTÆ POLYGASTRICÆ* (*p. p.* Häckel); — *BRACHYSTELINIÆ* (Häckel);
PHYSALOIDEA (Chun)]

TYPE MORPHOLOGIQUE
(Pl. 28, ET FIG. 397 A 400)

Nous prendrons pour type le genre *Physalia*.

Pour bien comprendre cet animal, d'une interprétation passablement difficile, il est bon de partir de sa larve qui, heureusement, est bien connue, ainsi que les stades principaux de son développement. Cette larve a une structure très normale et ne diffère en rien d'essentiel de celle de notre type général. Elle est formée, au stade le plus jeune où on la connaisse, d'un vaste flotteur ovoïde, ouvert au sommet et d'un unique *gastrozoïde primitif* (**28**, *fig. 1, gstz. p.*) à large boucle dont les bords étalés sont garnis de nématoblastes. Sur la partie renflée qui surmonte le pédicule (bourrelet cilié, *basigaster*) s'insère un long filament pêcheur (*flt.*) présentant déjà les caractères que nous décrirons pour les filaments de l'adulte.

Pour se développer en un Siphonophore normal, cette larve n'aurait qu'à allonger la base du pédicule du gastrozoïde en un stolon sur lequel bourgeonneraient des cormidies successives. Mais les choses se passent tout autrement. Ce pédicule ne s'allonge que très modérément, en une sorte de prolongement vésiculaire du flotteur, et ce n'est pas même sur ce prolongement qu'a lieu le bourgeonnement des cormidies; il a lieu le long du bord ventral du flotteur, à peu près à égale distance entre le pore apical (**28**, *fig. 2, p. a.*) et la base du gastrozoïde primitif. Là se forment, en direction centripète, des cormidies successives (*crm. 1, crm. 2...*); en sorte que, chez l'adulte, on a deux groupes de cormidies séparés par un intervalle plus ou moins long, un formé simplement du gastrozoïde primitif avec son filament pêcheur, à l'opposé du pore apical, et un second formé de *cormidies secondaires*, plus ou moins nombreuses selon l'âge, à la face ventrale du flotteur. Cependant, chez les individus très adultes de certaines espèces, les deux groupes finissent par se rejoindre. Il résulte de cette situation de la masse principale de cormidies que la colonie, chargée surtout le long du bord ventral du flotteur, se place horizontalement, le pore apical en avant et le bord ventral en bas, et cela d'autant plus que le sac aérifère s'étend peu à peu dans le court stolon vésiculeux jusqu'à la base du gastrozoïde primitif, le long du bord dorsal de la colonie. Celle-ci acquiert de la sorte un axe physiologique vertical perpendiculaire à l'axe morphologique devenu horizontal.

Chez la jeune larve, le flotteur est constitué comme chez les autres Siphonophores et comprend un réservoir aérifère supérieur (**28**, *fig. 3,* *rsv.*) et une arrière-cavité, l'entonnoir (*etn.*), tapissée d'épithélium aérifère et séparée du réservoir par un étranglement des couches internes. A mesure que le flotteur se développe en longueur, ces dispositions changent, le réservoir envahit tout l'espace contenu dans le stolon (**28**, *fig. 4, rsv.*), l'entonnoir s'aplatit, s'étale et son épithélium aérifère, envahissant les régions du réservoir voisines, se présente finalement sous l'aspect d'une bande située sur le plancher ventral du flotteur (**28**, *fig. 4, ect. a.*). Cette *bande épithéliale aérifère,* visible par transparence du dehors, ne se place pas dans le plan sagittal, sur la ligne médiane ventrale, mais un peu de côté (**28**, *fig. 7, ect. a.*), parallèlement à cette ligne, tantôt à droite, tantôt à gauche, dans une même espèce selon les individus, et la ligne suivant laquelle bourgeonnent les cormidies (*crm.*) se place aussi un peu de côté, à droite si la bande épithéliale est à gauche, à gauche si celle-ci est à droite, en sorte que le plan sagittal médian, déterminé par le pore apical, la bouche du gastrozoïde primitif et la ligne médiane ventrale du flotteur, passe entre la bande épithéliale aérifère et la ligne d'insertion des cormidies secondaires. Enfin, le long du bord dorsal (physiologiquement supérieur) du flotteur, se développe une *crête* longitudinale (*crt.*) qui, sur les coupes transversales, se montre comme un prolongement en angle aigu de la cavité arrondie par ailleurs. Cette crête (**28**, *fig. 4, crt.*), d'abord simple, se subdivise, à mesure que l'animal grandit, en six ou huit compartiments successifs au moyen de cloisons transversales (**28**, *fig. 9, cl. 2*). Chacun de ces compartiments primaires est subdivisé en deux compartiments secondaires par une cloison secondaire (*cl. s.*) qui n'atteint que la moitié de la hauteur de la crête, et chacun des compartiments secondaires l'est de même en deux compartiments tertiaires par une cloison tertiaire qui n'a que le tiers de cette même hauteur. En outre, une cloison médiane longitudinale (*cl. m.*), partant du sommet de la crête se porte verticalement en bas, jusqu'au niveau du bord libre des cloisons secondaires, et divise chaque compartiment en deux loges symétriques. Enfin, une lame horizontale (*cl. t.*) (dans la position physiologique, verticale et dirigée de droite à gauche dans la position morphologique) part du bord libre de la cloison médiane et, s'étendant jusqu'au bord libre des cloisons primaires et secondaires et jusqu'aux parois latérales du flotteur, ferme toutes les loges et les sépare de la cavité du flotteur mais incomplètement et en les laissant communiquer avec elle en de nombreux points. Ces cloisons sont formées essentiellement par la lame mésogléenne (**28**, *fig. 8, msg.*) de la paroi externe du flotteur; l'ectoderme superficiel n'y pénètre pas et forme seulement à leur niveau des sillons peu profonds; l'endoderme pariétal, exombrellaire, suit au contraire toutes les sinuosités du cloisonnement, et la paroi sous-ombrellaire avec ses trois couches (endoderme, lame mésogléenne et ectoderme intérieur) pénètre aussi dans tous les compartiments et diverticules résultant du cloisonnement.

Il est maintenant bien facile de faire comprendre l'organisation de la Physalie adulte (**28**, *fig. 5*). La colonie est essentiellement formée de deux parties, le flotteur et les cormidies. Le premier nous est connu. C'est une énorme vésicule de forme à peu près ellipsoïde à grand axe horizontal. Un des pôles, morphologiquement supérieur, porte le pore apical conduisant dans la cavité aérifère. Ce pore n'est pas tout à fait terminal, il est placé au bord supérieur de la base d'un petit prolongement horizontal en éperon. L'autre extrémité donne insertion, au-dessous, au gastrozoïde primaire. Son bord supérieur présente une crête légèrement dentelée.

A l'intérieur, sa cavité très vaste forme dans la crête une double série de loges dont elle est incomplètement séparée par des cloisons.

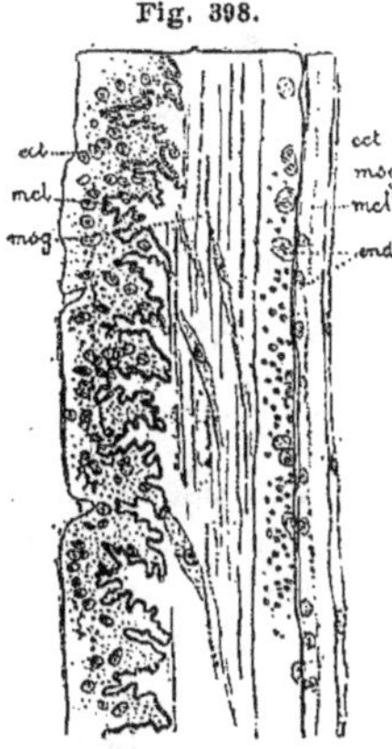

Fig. 398.

Coupe transversale
du flotteur
de *Physalia arethusa*
(d'ap. Chun).

ect., ectoderme; end., endoderme; mcl., musclesectodermiques; mcl'., muscles endodermiques; msg., mésogléc.

Son plancher porte, un peu à côté de la ligne médiane ventrale, la bande épithéliale sécrétrice du gaz. Sur cette même face ventrale, mais à l'extérieur et un peu latéralement, du côté opposé à la bande d'épithélium aérifère, sont insérées les cormidies secondaires, les plus âgées étant les plus voisines du gastrozoïde primaire. Entre les deux parois du flotteur s'étend la large et mince cavité endodermique péripneumatique (fig. 398, *end.*) non divisée par des septums, la sous-ombrelle du flotteur n'étant unie à l'ex-ombrelle qu'au niveau du pore apical. Cette cavité endodermique ne prend quelque épaisseur qu'à la face ventrale du flotteur. Là, elle forme une sorte de large lacune où viennent s'ouvrir les cavités intérieures de tous les éléments des cormidies.

Il ne nous reste qu'à faire connaître la constitution des cormidies, du moins celle des cormidies secondaires, car la cormidie primaire composée d'un unique gastrozoïde avec son filament pêcheur nous est déjà connue.

Sur les colonies pas trop âgées, on distingue nettement les unes des autres les cormidies ventrales au nombre de six à huit, correspondant peut-être aux six à huit compartiments primaires de la crête dorsale. Chacune est composée d'un gastrozoïde (**28**, *fig. 4, gstz.*), d'un cystozoïde (*cyz.*), d'un tentacule pêcheur (*flt.*) et d'un gonozoïde (*gnz.*). Plus tard il pousse sur le pédoncule commun de chacune de ces cormidies ventrales ou secondaires d'autres gastrozoïdes, cystozoïdes, etc., qui représentent sans doute de petites cormidies tertiaires; mais alors l'arrangement des parties devient très confus. La constitution des cormidies secondaires lorsqu'elles sont encore constituées par leurs éléments primitifs, n'est pas conforme au plan normal. Au lieu de trouver, insérés sur le pédicule commun, un gastrozoïde avec son tentacule pêcheur, un ou plusieurs cystozoïdes avec leurs palpacules et un gonozoïde sexué, on constate qu'il y a un

pédicule long et volumineux se terminant par un gros cystozoïde de même taille que le gastrozoïde et astome, et le filament pêcheur est annexé au pédicule de ce cystozoïde, tandis que le gastrozoïde (muni d'une large bouche à bord évasé plus ou moins carré et garni de nématoblastes) est dépourvu de tentacule et porte à sa base le gonozoïde. En sorte que Häckel se demande si ces cormidies ne comprendraient pas originairement deux gastrozoïdes jumeaux dont l'un aurait perdu son filament pêcheur et l'autre sa bouche. Le filament pêcheur n'a pas de tentilles ; il se compose d'un ruban étroit (**28**, *fig. 6* et fig. 399 et 400) dont un des bords, renflé, contient le canal central. Sur ce canal s'insèrent, à courte distance les unes des autres, des accumulations réniformes de gros nématoblastes (*bt.*) qui, d'après Häckel, représenteraient des tentilles raccourcies et réduites à leur organe essentiel. Un de ces

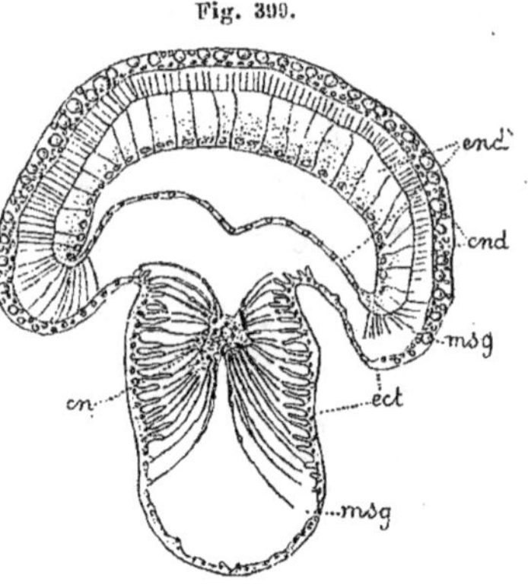

Fig. 399.

Coupe transversale du filament pêcheur de *Physalia arethusa* (d'ap. Chun).

cn., canal central entouré d'endoderme ; **cnd.**, cnidoblastes disposés en batterie dans l'ectoderme ; **ect.**, ectoderme ; **end.**, endoderme ; **msg.**, mésoglée.

filaments pêcheurs, celui d'une des cormidies moyennes, est beaucoup plus développé (10 à 20 fois plus long) que les autres. Le gonozoïde est ramifié en cinq branches dont chacune porte plusieurs petits blastostyles (gonopalpons). Ceux-ci, au-dessous de leur extrémité libre externe, portent d'abord un certain nombre de bourgeons médusoïdes dont le plus distal seul a son ombrelle développée, les autres étant à l'état de bourgeon avant formation de la sous-ombrelle, puis, plus loin vers leur base, de nombreux gonophores mâles fixes.

On n'est pas bien fixé sur la manière dont les Méduses femelles

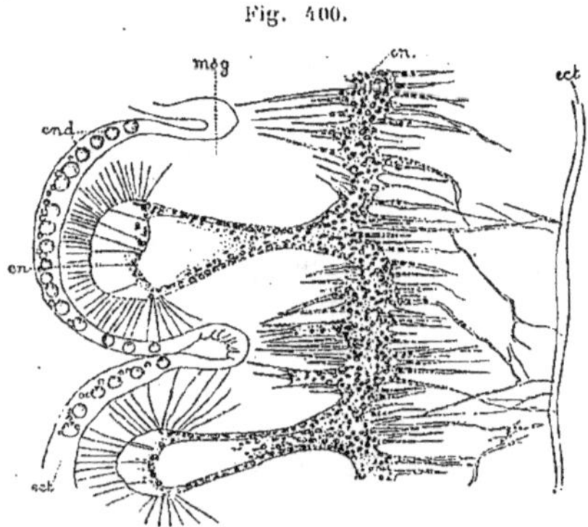

Fig. 400.

Coupe longitudinale du filament pêcheur de *Physalia arethusa* (d'ap. Chun).

cn., canal central entouré d'endoderme ; **cnd.**, cnidoblastes disposés en batterie dans l'ectoderme ; **ect.**, ectoderme ; **en.**, endoderme ; **msg.**, mésoglée.

se comportent à maturité. On admet généralement qu'elles se détachent sous la forme de petites Anthoméduses, mais Schneider pense que ce pourrait être tout le gonozoïde qui se détacherait avant que ces bourgeons sexués soient arrivés à maturité.

L'animal flotte aisément grâce à son puissant flotteur, et sa crête fait l'office d'une petite voile, en sorte que le vent remplace, pour le mettre en mouvement, les cloches natatoires absentes. Pour s'enfoncer, il expulse son gaz par son pore apical au moyen des puissantes musculatures longitudinale externe et circulaire interne de son flotteur, qui fournissent au pore apical, la première un dilatateur radiaire, la seconde un sphincter. En moins d'un quart d'heure, il peut reformer son gaz et remonter à la surface.

GENRES

1ʳᵉ FAM. : *PHYSALINÆ* [*Physalidæ* (Brandt)]. Cormidies en série longitudinale à la face ventrale du flotteur.

Physalia (Lamarck) (**Pl. 28** et fig. 396 à 400). C'est le type décrit ci-dessus. Il a pour caractères génériques spéciaux sa crête, ses cormidies ventrales et son filament pêcheur géant unique. C'est un des Siphonophores les plus remarquables par sa grande taille, sa forme et sa structure singulières, sa grande abondance et la puissance de ses nématoblastes, qui produisent sur l'homme des piqûres aussi fortes que celle d'une aiguille et suivies d'une douleur très cuisante et parfois de fièvre pouvant durer deux ou trois jours. C'est aux uns ou aux autres de ces caractères ou à leurs combinaisons qu'il doit ses noms vulgaires de *galère*, *frégate*, *caravelle*, *bateau de Guinée*, *vaisseau de guerre hollandais*, *vaisseau de guerre portugais* (Flotteur 3 à 12 ᶜᵐ de long, de couleur bleue ou orangée, cormidie bleu foncé, grand filament pêcheur atteignant un mètre; Atl., Pacif., oc. Indien).

Caravella (Häckel) n'est qu'une grande Physalie ayant plusieurs filaments pêcheurs géants (flotteur 20 à 30ᶜᵐ et plus, grands filaments atteignant 20 mètres de long, Atlantique).

Il forme pour HÄCKEL avec le précédent une sous-famille [*Caravellidæ*] à laquelle il oppose, dans une autre sous-famille [*Arethusidæ*], deux genres qui ne sont sans doute que des formes jeunes de *Physalia* et de *Caravella*. Voici ces deux genres :

Alophota (Brandt), qui est un *Physalia* sans crête aliforme (Atl., oc. Indien) et

Arethusa (Häckel), qui diffère de *Caravella* par ce même caractère (Atl., oc. Indien).

2ᵉ FAM. : *EPIBULINÆ* [*Epibulidæ* (Häckel)]. Cormidies disposées en hélice autour d'un court stolon vésiculeux situé sous le flotteur.

Epibulia (Eschscholtz) (**Pl. 29**) est conformé d'une façon beaucoup plus régulière que *Physalia* et, si l'on avait pris pour guide la variation progressive des caractères, aurait dû passer avant lui. Il a en effet un flotteur (**29**, *fig. 6, pn.*) très semblable à celui de *Rhizophora* et, au-dessous, un stolon court et vésiculeux, mais vertical, sur lequel sont insérées en hélice les cormidies. Mais, comme dans bien des genres précédemment étudiés, la grande réduction de hauteur du stolon transforme la disposition hélicoïdale des cormidies en une apparente disposition verticillée de ses éléments. On trouve en effet, sous le flotteur, une couronne de nombreux cystozoïdes qui jouent accessoirement le rôle protecteur des boucliers absents; puis un verticille de gastrozoïdes normalement conformés, avec leurs filaments pêcheurs à tentilles simples au bout et, entre les deux, un verticille de gonozoïdes semblables à ceux des Rhizophysines, en particulier de *Salacia* (Pacifique, oc. Indien).

HÄCKEL place ici, mais avec doute, le genre *Angela* que nous avons rapproché, avec K. C. SCHNEIDER, des Physophores.

3ᵉ ORDRE

CHONDROPHORIDES. — *CHONDROPHORIDA*

[*CHONDROPHORÆ* (Chamisso);
VELELLIDÆ (Eschsholtz); — *CIRRHIGRADÆ* (de Blainville);
PORPITARIÆ (Häckel); — DISCONANTHES; — *DISCONANTHÆ* (Häckel) (¹);
DISCONECTES; — *DISCONECTÆ* (Häckel);
TRACHEOPHYSÆ (Chun)]

TYPE MORPHOLOGIQUE
(Pl. 30)

Anatomie.

Extérieur. Configuration générale. — La colonie se compose essentiellement d'un très vaste flotteur (**30**, *fig. 1, p.a.*) surmontant un gros *gastrozoïde central* (*gstz.*). Entre la base de ce gastrozoïde et le flotteur, il n'y a point de stolon, même court et vésiculeux comme celui de certains genres des ordres précédents; mais le bord du flotteur se prolonge en une collerette arrondie (*clr.*) et c'est dans la zone circulaire entre cette collerette et la base du gastrozoïde que se placent en cercle les autres éléments de la colonie. Ceux-ci sont de deux sortes : un verticille externe de dactylozoïdes (*dctz.*) et un verticille interne de gonozoïdes chargés de bourgeons sexués (*gnz.*). Il n'y a ni cloches natatoires, ni boucliers, ni filaments pêcheurs. Le tout a, avec une petite Méduse, une certaine ressemblance dont les auteurs, et en particulier HÄCKEL, ont tiré parti pour faire dériver phylogénétiquement cette forme d'une Méduse normale qui aurait bourgeonné des zoïdes autour de la base de son manubrium.

Flotteur. — Le flotteur n'est pas seulement très grand, il a une structure très compliquée et très aberrante. Pour le bien comprendre, il faut le considérer chez la larve, connue sous le nom de *Ratarula* (²). A son état le plus jeune, cette *Ratarula* (**30**, *fig. 2*) est formée d'un gros flotteur (*fltt.*) dont la base s'étend en collerette circulaire (*clr.*) et qui surmonte un gros Polype (*gstz.*) réduit à sa partie gastrique renflée. Ce

---

(¹) HÄCKEL appelle, par opposition aux Disconanthes, tous les autres Siphonophores, *Siphonanthes*, *Siphonanthæ*.

(²) Cette larve (celle de la Velelle) a été appelée *Rataria*, nom que Häckel a changé en *Ratarula*, pour laisser celui de *Rataria* à une forme adulte sexuée qui présente des caractères semblables.

flotteur a une structure normale, c'est-à-dire qu'il est formé de deux sacs emboîtés se continuant l'un avec l'autre au niveau du *pore apical*, comme si l'interne résultait d'une invagination de l'externe. Le sac interne ou sous-ombrellaire est réduit au *réservoir aérifère* (*rsv.*). Il n'y a pas, comme dans le cas ordinaire, une arrière-cavité ou entonnoir destiné à la sécrétion du gaz. La cuticule chitineuse (*cut.*) qui tapisse, comme d'ordinaire, le réservoir, est continue au fond de celui-ci, au lieu d'être interrompue, comme d'ordinaire, à l'orifice de communication entre le réservoir et l'entonnoir, puisque celui-ci n'existe pas.

Quand l'animal grandit, toutes les parties de son flotteur grandissent, sauf le revêtement chitineux du réservoir (**30**, *fig. 3, cut.*); il en résulte que l'ectoderme (*ect.*) qui a formé ce revêtement, se sépare de lui sur les parties latérales et l'abandonne au centre de la cavité aérifère agrandie sous la forme d'une vésicule centrale plus petite, appendue au pore apical, et, dans cette position, il sécrète une nouvelle cuticule (**30**, *fig. 4, c.*). Celle-ci forme autour de la vésicule centrale du flotteur un compartiment annulaire continu. En deux points diamétralement opposés, l'ectoderme qui a sécrété la vésicule centrale n'a pas formé de cuticule, et ces deux points (**30**, *fig. 3, o.*) restent sur cette vésicule sous la forme de deux orifices qui la font communiquer avec le compartiment annulaire qui l'entoure. Le même phénomène se reproduit plusieurs fois et, de la sorte, le flotteur de l'adulte se trouve composé d'une vésicule centrale (**30**, *fig. 5, rsv.*) ouverte au dehors par le pore apical (*p.a.*) et d'une série plus ou moins nombreuse de compartiments annulaires concentriques (*c.*) communiquant tous entre eux par des orifices intérieurs appelés *pneumatopyles* et, par l'intermédiaire de la vésicule centrale, avec le dehors. En outre, de cette communication indirecte, il se forme des communications directes, de nombre et de dispositions très-variables, entre les compartiments annulaires et le dehors. Ces communications se font par des orifices formés secondairement, appelés *stigmas* (*stg.*), et que l'on trouve diversement disposés à la face supérieure du flotteur, au centre de laquelle est le *pore apical*.

Au flotteur appartient aussi le système des soi-disant *trachées*, mais nous ne pourrons utilement le décrire qu'après avoir pénétré un peu plus avant dans la description de l'animal.

Gastrozoïde central. — Ce gastrozoïde est remarquable, outre ses dimensions relatives, sa vaste cavité gastrique sillonnée de replis longitudinaux et sa large bouche, par l'absence de ces renflements et étranglements successifs qui déterminent, dans les autres types, un pédicule et le bourrelet urticant ou basigaster. La cavité gastrique s'étend jusqu'à la voûte qui le sépare du flotteur et là, comme d'ordinaire, se continue par une fissure annulaire marginale (**30**, *fig. 5, cn.r.*) avec la base de l'espace endodermique contenu entre les deux sacs exombrellaire et sous-ombrellaire du flotteur. Mais ici, cet espace endodermique péripneumatique n'est pas libre. Comme dans tant d'autres formes, il est divisé en *canaux radiaires* par de nombreux septums (*spt,*), et ces septums, s'avançant jusqu'à la cavité gastrique du polype, divisent la fissure annulaire en question en une série d'orifices plus ou moins nombreux conduisant dans les canaux radiaires de l'espace péripneumatique. Dans la collerette, les *canaux radiaires* se continuent en direction centrifuge et aboutissent à un *canal circulaire* (*cn.c.*) qui occupe dans son bord libre la même situation que le sinus circulaire dans le bord ombrellaire des Méduses (¹).

Organe central. — Entre la voûte de la cavité gastrique du gastrozoïde et le plancher du flotteur se trouve une épaisse masse cellulaire (**30**, *fig. 5, ect.*) formée exclusivement de nématoblastes (*cnd.*), entre lesquels serpentent trois ordres de canaux. C'est comme un épaississement local de l'ectoderme qui aurait envahi les parties profondes jusqu'à former une cloison complète et très épaisse. Chun [97] la compare avec raison au *bourrelet urticant* entourant le basigaster des gastrozoïdes ordinaires; mais il est placé tout autrement, plus haut, au-dessus du point où la cavité endodermique du gastrozoïde s'étale horizontalement pour se continuer avec l'espace endodermique péripneumatique (²). Cette masse que Häckel appelle la *glande centrale* (*centradenia*) n'est pas compacte : elle est criblée de canaux ramifiés de trois sortes : les canaux endodermiques formant deux couches, une supérieure *hépatique* (**30**, *fig. 5, hep.*), sous la base du flotteur, et une inférieure *rénale* (*r.*), sur la base du gastrozoïde, séparées l'une de l'autre par une épaisse masse de nématoblastes (*cnd.*) que traversent un cer-

---

(¹) Ainsi considérées, les choses sont toutes simples; et il n'y a rien d'aberrant dans cette structure, si ce n'est le fait bien secondaire de la fusion du pédicule et du basigaster dans la portion renflée du polype. Il n'en est pas de même si l'on considère, avec Chun [97], la masse cellulaire formant la voûte de la cavité gastrique, comme correspondant au bourrelet urticant des gastrozoïdes ordinaires, car alors la cavité gastrique du gastrozoïde devrait se continuer par un canal *central* dans cette masse et la ramification ne pourrait se faire que plus haut, au-dessus de la partie correspondant au pédicule.

(²) Pour se faire une idée juste de la signification de cette masse centrale, il serait utile de connaître exactement ses rapports avec l'ectoderme. Pour Chun, elle est simplement un épaississement, un foisonnement de l'ectoderme. Pour lui, la lame mésogléenne qui vient des gonozoïdes se porte en dedans pour doubler l'ectoderme qui tapisse la face inférieure des loges du flotteur, et celle qui vient du gastrozoïde central se porte aussi en dedans pour doubler l'endoderme qui forme le fond de la cavité gastrique. L'organe central se trouve dès lors contenu dans une sorte de sac formé par la lame mésogléenne; mais ce sac est ouvert circulairement à la périphérie, et là, entre la base du gastrozoïde et celle des blastostyles, la masse des nématoblastes de l'organe central confine immédiatement à l'ectoderme externe dont elle est une dépendance. Pour Bedot [84], au contraire, le sac en question est complet; les deux lames qui le séparent du flotteur en haut et du gastrozoïde en bas se dédoublent, en abordant l'ectoderme extérieur, en une lame qui descend sur le gastrozoïde et sur les blastostyles et une lame qui sépare la masse centrale de cnidoblastes de l'ectoderme extérieur, entre la base du gastrozoïde et les bases des blastostyles. Mais cette lame annulaire serait percée de trous. Pour Bedot, les nématoblastes de la masse centrale seraient une réserve de ces éléments, destinés à passer par ces trous pour remplacer ceux de l'ectoderme externe. Cette explication est contestée, mais on ne voit pas dès lors quel peut être leur usage.

tain nombre de ramifications allant de l'une à l'autre, et les *trachées*
ectodermiques (*trch.*).

Foie. Rein. — Au point où les canaux endodermiques, partant de la
cavité du gastrozoïde pour monter dans la paroi du flotteur, traversent,
sous l'ectoderme superficiel, la partie périphérique de cette masse,
ils envoient en dedans des branches qui se ramifient à son intérieur et
dont les ramifications s'unissent en un réseau continu. Ce réseau, naturellement tapissé d'une couche endodermique, est considéré comme
une glande en tube en rapport avec la sécrétion du suc digestif, et
leur ensemble a été appelé *foie* (**30**, *fig. 5, hep.*). Ses cellules sont, en
effet, chargées de granulations brunes qui donnent à la masse une couleur
foncée visible à travers les téguments.

Ceux de ces canaux qui forment la partie inférieure de l'organe
central présentent un caractère histologique différent de ceux des
assises supérieures. Leurs cellules contiennent non des granulations
brunes, mais des cristaux de guanine colorés en vert (*plaque blanche* de
Kölliker). Cette partie est considérée comme un *rein* (*r.*), mais dépourvu
de voies excrétrices spéciales (¹).

Trachées. — Les chambres annulaires du flotteur émettent à leur
base de nombreux canaux (**30**, *fig. 5, trch.*) qui plongent aussi dans la
masse centrale et s'y subdivisent, entremêlant leurs ramifications à celles
du foie. Ces canaux sont articulés, c'est-à-dire formés de petits segments
tronc-coniques, ajustés les uns à la suite des autres comme les antennes
des Insectes. Ces ramifications s'étendent très loin, jusque dans les parois
du gastrozoïde et des gonozoïdes. Ces canaux sont, comme les parois
horizontales des chambres du flotteur, formés d'une membrane chitineuse anhiste, tapissée extérieurement d'une couche cellulaire dépendant de l'ectoderme interne du flotteur. Cela donne quelque poids à
l'opinion de Häckel qui considère ces trachées comme un appareil
sécréteur de gaz, correspondant à l'entonnoir, une sorte de *glande
pneumatique* (²). Chun, au contraire, considère l'entonnoir avec ses dépendances comme radicalement absent (chez l'adulte du moins, car il pense
qu'il a pu exister chez la larve et se détruire à un stade très précoce).

Collerette. — La collerette (**30**, *fig. 15, clr.*) est un simple repli de la
paroi du corps, formé d'ectoderme et d'un prolongement de la lame
mésogléenne, repli traversé par les canaux radiaires endodermiques qui
se jettent dans un canal circulaire marginal (*cn.c.*). Au-dessus de ce
canal, est une bordure de grosses glandes (*gl.*) qui sécrètent une
substance mucilagineuse.

(¹) Peut-être cependant les canaux hépatiques sont-ils plus spécialement en rapport avec le
gastrozoïde et les canaux rénaux plus spécialement en rapport avec les gonozoïdes, dont la
bouche servirait à excréter leurs produits. Cependant on décrit les gonozoïdes comme servant
à absorber de la nourriture.

(²) Il donne à l'ensemble de l'organe le nom de *pneumadenia* qui ne peut s'appliquer qu'à
l'ensemble des trachées.

Dactylozoïdes. — Le nom de *tentacules* que l'on donne ordinairement à ces appendices ne leur convient pas, car ils ne correspondent ni aux tentacules annexés d'ordinaire à la base des cystozoïdes ni, comme le voudrait Häckel, aux tentacules marginaux d'une Méduse, ayant appartenu d'abord à la collerette représentant le bord de l'ombrelle et s'étant déplacés pour venir s'insérer à la face sous-ombrellaire. Ce sont des sortes de palpozoïdes tentaculiformes (**30**, *fig. 5, dctz.*), clos au sommet (caractère qui les distingue des cystozoïdes), armés au bout de némastoblastes (*bt.*) et remplaçant d'une manière bien imparfaite les filaments pêcheurs si puissamment armés des autres Siphonophores. Ils sont creusésd'un canal central débouchant en haut dans les canaux endodermiques qui partent en divergeant de la base du gastrozoïde.

Fig. 401.

Gonozoïdes. — Les gonozoïdes (**30**, *fig. 5, gnz.*) sont renflés à la manière de cystozoïdes et portent, directement insérés sur leur surface, les bourgeons sexués (*gtx.*). Ils diffèrent de ceux de tous les autres Siphonophores par le fait qu'ils sont terminés par une bouche fonctionnelle. Ce sont des gastrozoïdes [ou peut-être des cystozoïdes] porteurs de bourgeons sexués. Ceux-ci se développent en petites Anthoméduses à huit ou seize canaux radiaires que Häckel appelle *Discomitra*. Ces Méduses (fig. 401) ne deviennent pas sexuées sur place, elles se détachent d'abord, et c'est à l'état libre, sous lequel elles ont reçu de Gegenbaur le nom de *Chrysomitra*, qu'elles développent sur les parois de leur manubrium les œufs ou les spermatozoïdes.

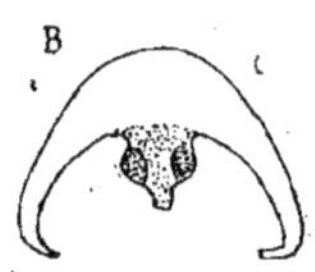

Chrysomitra striata (d'ap. Gegenbaur).

A, aspect extérieur de la Méduse; B, coupe sagittale.

Structure. — Les traits particuliers de la structure ont été décrits ci-dessus. Pour le reste, on trouve comme d'ordinaire l'ectoderme, la lame mésogléenne anhiste et l'endoderme, revêtant des caractères différents suivant les points. Une musculature longitudinale ectodermique et une circulaire endodermique existent partout, très développées surtout sur les parois du flotteur, du gastrozoïde et des dactylozoïdes.

Physiologie.

L'animal flotte à la surface de la mer, ballotté passivement par le vent et les vagues, incapable de mouvements propres, vu l'absence de cloches natatoires. On le considère aussi, en général, comme ne pouvant pas s'enfoncer; mais Häckel s'inscrit en faux contre cette opinion et déclare qu'il peut, à la manière des Physalies, vider son gaz, s'enfoncer et remonter plus tard à la surface en remplissant son flotteur du gaz sécrété par l'épithélium des soi-disant trachées. D'après Chun [97] les trachées auraient une tout autre fonction. L'animal ne sécrète pas de gaz, celui que contient son flotteur est de l'air emprunté à l'atmosphère. Mais cet air serait soumis à une sorte d'oscillation respiratoire. L'animal, en effet, rythmiquement, contracte et déploie sa collerette, ses zoïdes, son flotteur et, de la sorte, fait pénétrer l'air au plus profond de l'organisme par les trachées et l'expulse pour le remplacer par de l'air neuf; il en résulterait une vraie respiration comparable à celle des Insectes, et le mot trachées proposé par lui,(ainsi que celui de *Tracheophysæ* qu'il donne au groupe) indiquerait non une vague similitude, mais une correspondance physiologique. Le fait qu'il existe des formes des grands fonds (*Discalia*) démontre que, conformément aux vues de Häckel, le gaz du pneumatophore est, au moins dans ces formes, sécrété et non emprunté à l'atmosphère, ce qui rend bien improbable un rôle absorbant de l'épithélium des trachées, soit comme fonction concomitante, soit dans d'autres genres.

Pour le reste, la physiologie de l'animal n'a rien de particulier et le rôle de chaque partie se comprend aisément.

Développement.

Nos connaissances sur ce chapitre sont malheureusement très incomplètes. On ne sait rien des premiers phénomènes et, pour les stades larvaires précédant la forme *Ratarula* que nous avons décrite, on n'a qu'une description et une figure fort incomplètes de Bedot [94] qui nous permettent de penser que les Chondrophorides se présentent au début sous une forme assez semblable à celle des autres Siphonophores et comprennent un flotteur, un gastrozoïde primitif et un filament pêcheur primitif. S'il en est ainsi, il n'y aurait qu'à rejeter l'hypothèse de Häckel qui suppose une larve médusiforme développant sous son ombrelle (collerette), autour du manubrium (gastrozoïde), des individus médusiformes incomplets (gonozoïdes), les dactylozoïdes n'étant que les tentacules marginaux déplacés.

GENRES

1re FAM. [: *Discalinæ* [*Discalidæ* (Häckel)]. Flotteur circulaire; structure générale octoradiale.

Discalia (Häckel) (fig. 402 et 403) est une forme petite, très simple et remarquable par une certaine ressemblance avec une Méduse, que lui donne sa structure octoradiée. Sa colle-

Fig. 402.

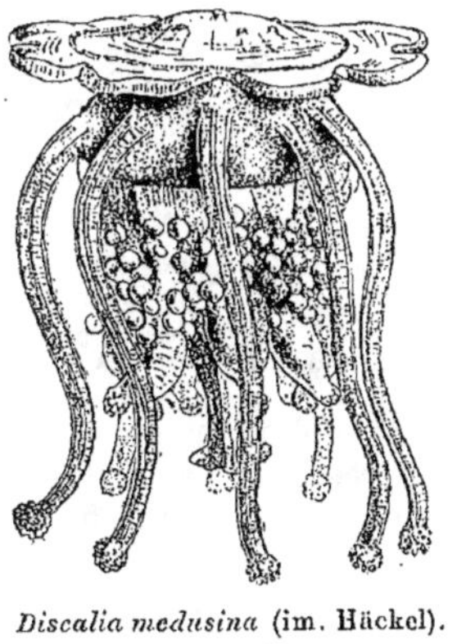

Discalia medusina (im. Häckel).

Fig. 403.

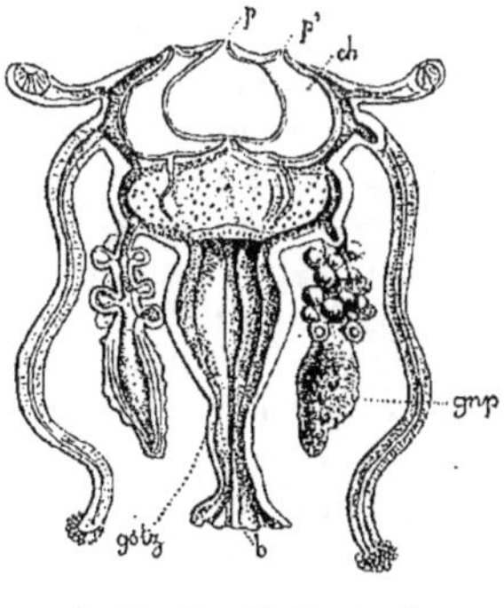

Section longitudinale de *Discalia medusina* (d'ap. Häckel).

b., bouche du gastrozoïde; ch., chambres aérifères; gnp., gonophores; gstz., gastrozoïdes.

rette, située très haut, de manière à laisser au-dessous d'elle la plus grande partie du flotteur, forme huit lobes radiaux; son flotteur comprend, outre la vésicule centrale ouverte par le pore apical (fig. 403, *p.*), non une série de vésicules emboîtées, mais huit chambres périphériques radiaires s'ouvrant toutes dans la vésicule centrale, communiquant avec le dehors par un stigma (*p'*) et envoyant en bas une trachée dans la masse centrale. Les huit stigmas sont régulièrement situés dans les radius. Le gastrozoïde ne présente rien de particulier; les gonozoïdes (*gnp.*) sont au nombre de 8, interradiaux; les dactylozoïdes, au nombre de 8 aussi et perradiaux, se terminent par un renflement urticant. La másse centrale est dépourvue de réseau hépatique (0^{mm}2 à 0^{mm}4; par 2600 à 2750 brasses, Pacif. mérid. et tropic).

Disconalia (Häckel) diffère du précédent par sa forme plus aplatie; par la présence de plusieurs chambres annulaires, continues en dehors des 8 chambres radiales et communiquant avec elles et avec le dehors par des stigmas nombreux; par ses gonozoïdes au nombre de 16 et par ses tentacules très nombreux, groupés en 8 faisceaux et armés chacun de 3 rangées de courts prolongements (une supérieure et deux latérales) terminés par une tête urticante (4 à 6^{mm}; 2400 brasses; Pacif. mérid. et tropic., oc. Indien).

===== 2ᵉ FAM. : *PORPITINÆ* [*Porpitidæ* (Brandt)]. Flotteur circulaire dépourvu de crête et de limbe; structure générale du type morphologique.

Porpita (Lamarck) (**Pl. 31**, *fig. 1* et fig. 404) est une forme large et basse, remarquable par la multiplication considérable du nombre des éléments de la colonie. Le flotteur est, dans son ensemble, lenticulaire (**31**, *fig. 1, flt.*), et la collerette insérée à l'équateur de la lentille est très peu saillante, réduite à une étroite bordure non lobée. La face supérieure est toute garnie de côtes radiaires séparées par des sillons. Au centre est une aire circulaire à cuticule épaisse (*d.*) et dépourvue de pore apical et de stigmas, tandis que dans tout le reste de la surface se trouvent de très nombreux stigmas (*stg.*) disséminés sans régularité. A la face inférieure, se voit, au centre, le gros gastrozoïde (*gstz.*) avec ses caractères habituels; autour de lui sont les gonozoïdes (*gnz.*), porteurs de gonophores très nombreux (jusqu'à plusieurs centaines) et disposés en plusieurs verticilles concentriques. Ces zoïdes sont pourvus d'une bouche dilatable et fonctionnelle, en sorte que, par leurs gonophores, ils sont *blastostyles* et par leur bouche *gastrozoïdes*, d'où le nom de *gonosiphons*

Fig. 404.

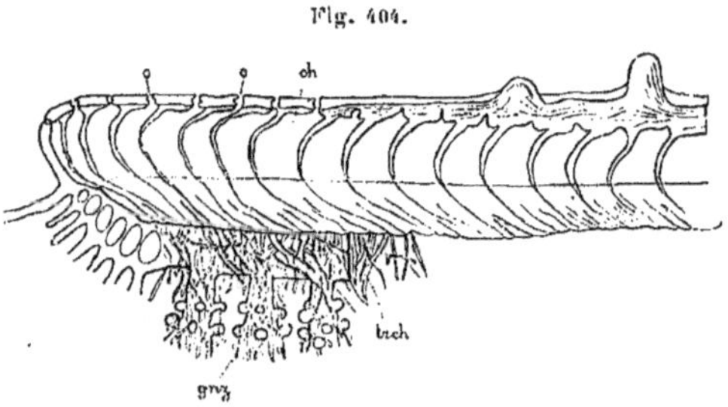

Portion marginale d'une coupe radiale de *Porpita* (d'ap. Huxley).

ch., chambres à air; **gnz.**, gonozoïdes; **o.**, orifices (stigmas) des chambres à air; **trch.**, trachées.

que leur donne Häckel. Rien, mieux que cet exemple, ne montre l'impossibilité d'établir des différences tranchées entre les diverses sortes de zoïdes des Siphonophores. Plus extérieurement, viennent les *dactylozoïdes* (*dctz.*), non moins nombreux que les précédents et disposés comme eux en plusieurs verticilles (jusqu'à 9 et plus). Les plus externes sont les plus jeunes et les plus petits. Leur structure est la même que chez *Disconalia*; ils portent donc vers le bout une rangée inférieure et deux rangées latérales de courtes branches terminées par une tête urticante.

La structure intérieure présente plusieurs particularités remarquables. Le flotteur a la forme d'une lame discoïde très large et peu épaisse. Au milieu est la petite loge centrale (*c*) entourée de huit compartiments disposés en cercle autour d'elle; puis viennent des loges annulaires concentriques en très grand nombre, jusqu'à cent et plus. Toutes ces loges communiquent entre elles par de petits orifices (*pneumothyres* de Häckel) situés près de leur base, et la première communique aussi avec les huit loges radiaires. Cette première loge annulaire s'étend, en outre, en dessous de la loge centrale, qui est séparée par elle des tissus et canaux de l'organe central. Chez le jeune, la loge centrale communique avec le dehors par le pore apical, les huit compartiments radiaires sont pourvus chacun d'un stigma, et de nombreux stigmas irrégulièrement distribués font communiquer chaque loge annulaire en de nombreux points avec le dehors; en outre, chaque loge annulaire communique, en huit points régulièrement espacés, avec chacune des deux loges annulaires entre lesquelles elle est comprise. Chez l'adulte, ces derniers orifices (pneumothyres) se multiplient et perdent toute régularité; en outre, de nombreuses couches cuticulaires se déposent successivement de dehors en dedans sur la zone centrale de la face supérieure du flotteur, et ferment le pore apical et tous les stigmas de la région. La face inférieure du flotteur n'est pas plane mais pourvue de *côtes rayonnantes*, disposées tout à fait comme les cloisons calcaires d'une Fongie (non seulement chez *Porpita fungia*, mais plus ou moins chez les autres espèces), et les intervalles de ces lames sont remplis par des prolongements de l'organe central, en sorte que le flotteur et cet organe s'engrènent étroitement. De la face inférieure des loges aérifères partent de très nombreuses trachées (**31**, *fig. 1, trch.* et fig. 404, *trch.*) qui descendent dans ces côtes et pénètrent par leur bord libre inférieur dans la substance de la masse centrale. Ces trachées sont courtes, non ramifiées et ne s'avancent pas jusque dans la paroi du corps des zoïdes. Le foie (**31**, *fig. 1, hep.*) et le rein (*r.*) ne présentent rien de bien particulier. L'espace péripneumatique contenu dans l'épaisseur de la paroi supérieure du flotteur est cloisonné par de nombreux septums radiaires, et les canaux ainsi déterminés s'étendent à travers la collerette rudimentaire jusqu'au canal circulaire, qui en occupe le bord libre (Flotte à la surface dans tous les grands océans, y compris la Méditerranée).

Porpitella (Häckel) ne diffère du précédent que par l'arrangement de ses dactylozoïdes, formant
16 groupes régulièrement disposés ; en outre, ni son pore apical, ni aucun de ses stigmas n'est
secondairement fermé par un dépôt cuticulaire (Pacif.).

Porpema (Häckel) est un *Porpita* de forme haute, dont le flotteur est élevé en dôme, à loges
aérifères plutôt superposées que juxtaposées et fortement excavé en dessous pour loger
l'organe central ; son gastrozoïde central est très grand et développé en hauteur, en sorte que
le flotteur lui forme seulement une sorte de chapeau ; la collerette est située très haut, ne
laissant au-dessus d'elle que la loge centrale avec le pore apical, les 8 compartiments radiaires
avec leurs stigmas et deux ou trois des loges annulaires (Atl. sud, Pacif. sud, oc. Indien).

Porpalia (Häckel) ne diffère du précédent que par ses tentacules groupés en 8 ou 16 faisceaux
(Atl. et Pacif. tropicaux).

D'après K. C. SCHNEIDER [98], ces deux derniers genres seraient synonymes de *Porpita*.

En raison de la différence de forme, lenticulaire dans les deux premiers, en dôme dans les
deux derniers, HÄCKEL distingue dans la famille deux sous-familles, une [*Porpitellidæ*] pour
Porpita et *Porpitella*, une [*Porpalidæ*] pour *Porpema* et *Porpalia*.

Velella (Lamarck) (**Pl. 31,** *fig.* 2 et fig. 405). La forme générale est, comme
chez *Porpita*, celle d'un disque peu épais, formé essentiellement par

le flotteur et bordé
d'une étroite colle-
rette membraneuse,
sous lequel sont ap-
pendus les zoïdes.
Mais le contour de ce
disque n'est plus cir-
culaire, il a la forme
d'une ellipse ou plu-
tôt d'un rectangle
dont on aurait ar-
rondi les angles de
façon à lui donner

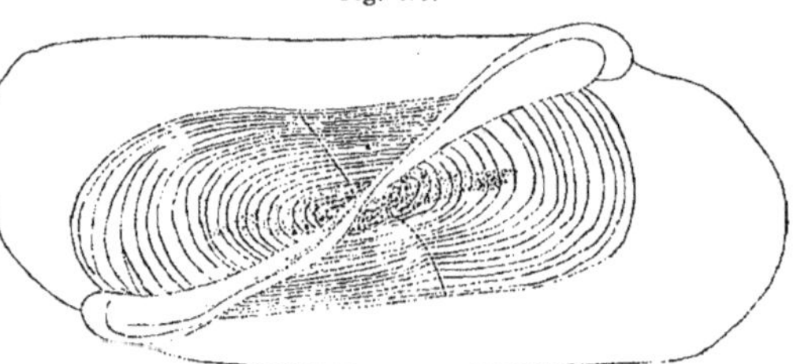

Fig. 405.

Velella spirans (d'ap. Chun).

une forme un peu elliptique (fig. 394). La face supérieure libre est
surmontée d'une large lame verticale, qui a la forme, la disposition et
les fonctions d'une voile latine et qu'on appelle la *voile* (**31,** *fig.* 2, **vle.**).
Cette voile est triangulaire isocèle, fixée par sa base, qui est presque
deux fois plus longue que ses côtés libres. Sa ligne d'insertion ne
correspond pas au grand axe de l'ellipse, mais à la diagonale du
rectangle allongé dont celle-ci dérive ; elle forme donc avec ce grand
axe un angle aigu tantôt d'un côté, tantôt de l'autre de cet axe, suivant
les espèces. Elle est formée de deux parties : une basilaire, ferme parce
qu'elle est soutenue par un squelette intérieur la *crête* (**crt.**), l'autre
terminale, souple, le *limbe* (*l.*). Sur cette même face se trouvent un petit
nombre de stigmas (*stg.*), environ une douzaine. Ils sont placés au pied
de la crête, du côté le plus voisin de l'axe sagittal, par conséquent à sa
droite d'un côté, à sa gauche de l'autre. Ils sont moins nombreux que les

loges annulaires du flotteur, dont une seulement sur trois ou quatre en possède une paire. Ils forment donc environ six paires, symétriques par rapport au centre, de part et d'autre de l'axe transversal de l'ellipse (¹).

La collerette bordant le disque est plus large que chez la Porpite et de même forme que le disque. En ce qui concerne les zoïdes appendus au disque, la seule différence avec *Porpita* consiste en ce que les dacty-lozoïdes (**31**, *fig. 2, dctz.*) sont simples, dépourvus de ramifications à bouton urticant et même de tête urticante terminale et forment un seul verticille. La structure présente quelques particularités à noter concernant surtout le flotteur et la voile.

Le flotteur se compose d'une chambre centrale petite dont les parois forment huit diverticules radiaires peu prononcés, représentant les huit loges radiaires des Porpites et des *Discalia*. Les loges annulaires sont parallèles au bord du disque, et au nombre de 20 à 30. Elles communiquent toutes entre elles par autant de paires d'orifices percés dans les septums de séparation, en deux points diamétralement opposés. Ces orifices sont situés exactement dans le plan passant par le grand axe du disque. Nous avons vu qu'un seulement, sur trois ou quatre, communique directement avec le dehors par une paire de stigmas situés de part et d'autre de la voile, tout près de son pied.

La voile est formée par un repli très mince, mais très élevé de la paroi externe du flotteur. Elle comprend donc l'ectoderme, la lame mésogléenne et l'endoderme, et, entre ses deux feuillets, un mince prolongement de l'espace endodermique péripneumatique. Dans la base de cet espace, entre les deux membranes, se dresse une lame appelée la *crête* (*crt.*), qui le cloisonne en deux compartiments latéraux. Cette lame est de même forme que la voile, mais moins haute, et ne la cloisonne que dans la moitié environ de sa hauteur, laissant au-dessus une large bordure, souple et mobile, qui est le *limbe*. Elle n'est autre chose qu'un repli du sac interne ou sous-ombrellaire du flotteur, contenant une lame chitineuse, le *squelette de la crête*, produite par l'ectoderme interne du flotteur, comme la paroi chitineuse des loges dont elle n'est qu'un repli. Ce squelette chitineux est formé virtuellement de deux lames, mais ces deux lames sont soudées en une seule (²).

En se formant, cette lame soulève naturellement les trois feuillets du

---

(¹) Kölliker [53] décrit entre les deux séries un pore impair médian qui serait le *pore apical*; Chun [97] déclare que ce pore se ferme chez la larve par suite de la présence de la voile qui passe à la place qu'il occupe. Il est possible qu'il y ait sous ce rapport des différences entre les espèces.

(²) Le squelette de la crête et les loges chitineuses du flotteur forment donc un tout chitineux qui résiste après la destruction des tissus mous de la Vélelle et que l'on appelle son *squelette*. Il est formé de deux parties, une lame horizontale elliptique, épaisse, creusée de chambres annulaires, le *squelette du disque*, et une lame triangulaire verticale insérée sur une face de la précédente, obliquement par rapport à son axe, le *squelette de la crête*. C'est ce squelette, d'apparence et de consistance cartilagineuses, qui a valu au groupe contenant la Vélelle, le nom de *Chondrophoræ* que leur a donné Chamisso.

sac interne ou sous-ombrellaire du flotteur et reste revêtue par eux, l'endoderme en dehors, la lame mésogléenne au milieu et l'ectoderme en dedans. La cavité endodermique, portion de l'espace péripneumatique comprise entre les deux lames de la voile, est donc subdivisée par la crête en deux parties latérales qui se fusionnent au-dessus de son bord libre. Dans le disque, l'espace endodermique péripneumatique est divisé, comme chez *Porpita* et chez le type morphologique, par des septums nombreux et rapprochés, en canaux radiaires qui vont se jeter en dehors dans le canal circulaire (*cnc.*) du bord libre de la collerette. En dedans, ces mêmes septums pénètrent dans la voile et subdivisent aussi sa cavité péripneumatique en canaux. Ces canaux partent de la région moyenne de sa base, de chaque côté de la crête, et montent en divergeant vers ses bords. Arrivés au niveau de son bord libre, ils se jettent dans un canal commun qui suit ce bord libre. Du bord opposé de ce canal partent d'autres canaux (mais ici une seule couche dans le plan médian du limbe), qui montent obliquement vers le bord libre du limbe et se jettent là dans un second canal longitudinal qui suit ce bord. Ces deux canaux longitudinaux rejoignent à leurs extrémités ceux du disque et se confondent avec eux [1].

Les trachées (*trch.*) sont peu nombreuses, mais très ramifiées.

L'animal est de couleur bleue [2] (4 à 6^{cm}; Médit., Atl., Pacif.).

---

[1] Les canaux ascendants le long des faces de la crête émettent de courtes ramifications latérales qui s'anastomosent en réseau. Ceux du limbe donnent aussi des branches latérales mais en cul-de-sac et ne formant pas de réseau.

[2] C'est à la Vélelle qu'appartient la forme larvaire connue sous le nom de *Rataria*

Fig. 406.

Fig. 407.

Fig. 408.

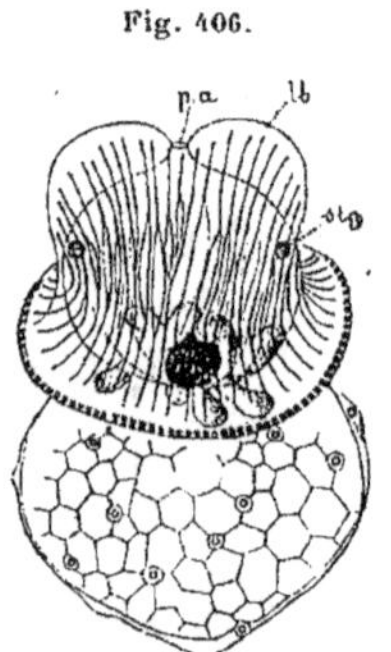

Jeune larve
de *Velella spirans*
(d'ap. Chun).

lb., lobes de la voile; **p. a.**, pore apical; **stg.**, premiers stigmas.

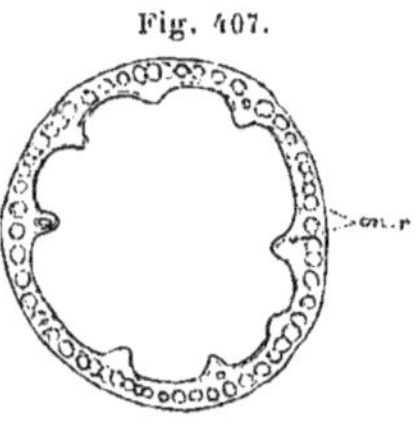

Coupe transversale
d'une jeune *Ratarula*
(d'ap. Chun).

cn. r., canaux radiaires.

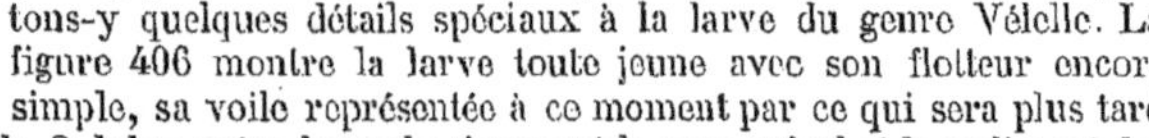

Coupe transversale
d'une *Ratarula* au niveau
du basigaster
(d'ap. Chun).

dctz., dactylozoïdes; **ctc.**, ectoderme à nématoblastes du basigaster; **hep.**, foie.

que HÆCKEL a changé en celui de *Ratarula*, par suite de la découverte d'une forme *Rataria* adulte. Nous avons déjà fait connaître à propos du type morphologique divers points de l'organisation de la *Ratarula*. Ajoutons-y quelques détails spéciaux à la larve du genre Vélelle. La figure 406 montre la larve toute jeune avec son flotteur encore simple, sa voile représentée à ce moment par ce qui sera plus tard le limbe seul, et formée de 2 lobes entre lesquels s'ouvrent le pore apical et le rudiment des

Armenista (Häckel) diffère du précédent par son disque en forme de parallélogramme à angles arrondis, sa collerette divisée en lobes par des encoches et surtout par ses dactylozoïdes plus nombreux formant deux ou plusieurs verticilles (Atl., Pacif., oc. Indien).

Rataria (Häckel) peut être défini une larve *Ratarula* de Vélelle devenue sexuée. Elle a un disque très bombé en forme d'ellipse peu excentrique, régulière, surmonté d'une voile, insérée suivant l'axe sagittal et dépourvue de crête. Les loges annulaires du flotteur sont peu nombreuses, profondément quadrilobées et dépourvues de stigmas, mais la loge centrale garde son pore apical et se munit de deux stigmas diamétralement opposés sur un diamètre oblique par rapport au grand axe. Il y a 16 blastotyles munies d'une bouche et 16 dactylozoïdes simples, sans ramification ni bouton urticant (3 à 4^{mm}; Atl.).

Pour cet être comme pour d'autre Siphonophores à caractères larvaires décrits par HÄCKEL, on peut se demander s'il constitue vraiment un genre autonome ou s'il n'est pas simplement une forme jeune plus ou moins avancée.

4e ORDRE

CALYCOPHORIDES. — *CALYCOPHORIDA*

[*CALYCOPHORIDÆ* (Leuckart);
DIPHYIDÆ (Eschsholtz); — *CALYCONECTÆ* (Häckel)]

TYPE MORPHOLOGIQUE
(Pl. 82)

Nous emprunterons notre type aux formes à cloches multiples (*Polyphyina*), bien que ces formes ne soient ni les plus nombreuses ni les plus parfaites, parce qu'elles sont les plus simples, celles dont les autres dérivent aisément.

Anatomie.

Extérieur, conformation générale. — L'animal se distingue au premier coup d'œil des formes similaires des autres groupes, par l'absence de deux stigmas de la vésicule centrale du flotteur. Les figures 407 et 408 montrent des coupes transversales où sont à remarquer surtout les canaux radiaires, les 8 côtes qui déterminent les 8 diverticules radiaires (?) du flotteur et la disposition bilatérale des premiers dactylozoïdes (*t.*). La figure 409 nous montre le limbe

Fig. 409.

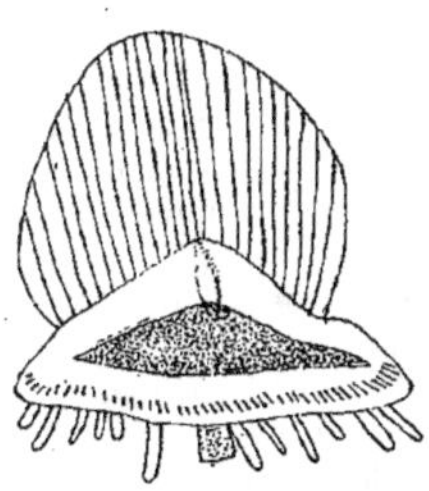

.Rataire de 4^{mm}
(d'ap. Bedot).

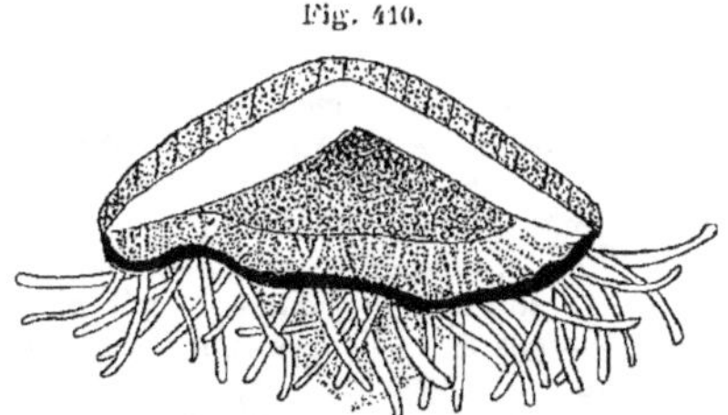

Fig. 410.

Rataire dont le limbe commence à se réduire
et montrant la crête du flotteur
(d'ap. Bedot).

devenu continu, de plus en plus développé, avec ses septums; la figure 410 nous le montre commençant à se réduire, tandis que le sac interne du flotteur envoie à son intérieur le prolongement qui formera la crête.

flotteur. La colonie (**32**, *fig. 10*) ne comprend donc que deux parties, les cloches natatoires et les cormidies. Les cloches natatoires (*clh. 1*; *clh. 2*) sont peu nombreuses, étagées sur deux rangs le long de la tige relativement courte qui les porte, en bas les plus grosses, en haut les plus petites, qui sont en même temps les plus jeunes. Sur le stolon (*stl.*) du siphosome, très long et très mince, les cormidies (*crm.*) très nombreuses, toutes semblables, régulièrement espacées, séparées par des entre-nœuds complètement nus, sont disposées suivant la même loi, les plus petites, qui sont aussi les plus jeunes, vers l'extrémité supérieure. Chaque cormidie comprend exclusivement un large bouclier (**32**, *fig. 10, asz.*), un gastrozoïde (*gstz.*) à court pédicule, portant à sa base un filament pêcheur armé de tentilles munies chacune d'un puissant bouton urticant et un gonozoïde (*gnp.*) réduit à un court pédicule portant un petit nombre de bourgeons sexués médusiformes de l'un ou de l'autre sexe. Il est à remarquer que ces bourgeons ne sont pas portés sur un blatostyle, mais directement insérés sur le court pédicule qui les porte, au pied du gastrozoïde, sans que leur tronc commun porte aucune branche terminée par une extrémité libre qui puisse être considérée comme un blatostyle. Il n'y a ni cystozoïdes ni palpacules (¹).

Mais le trait le plus remarquable de l'organisation consiste dans les rapports de la tige du nectosome et de celle du siphosome. Normalement, ces deux tiges sont sur le prolongement l'une de l'autre, et représentent la première la partie proximale, l'autre la partie distale d'un tronc commun linéaire. Ici, il en est autrement : la tige du nectosome (**32**, *fig. 10, c.*) se continue aussi avec l'extrémité supérieure du siphosome (*stl.*), mais au lieu de continuer à monter, elle descend le long de celui-ci, ou, si l'on préfère, les deux tiges partent côte à côte d'un point commun et descendent parallèlement. Et ce n'est point là un simple changement de direction tel que celui que l'on obtiendrait en ployant entre le nectosome et le siphosome la tige de notre type général, car, s'il en était ainsi, les cloches les plus jeunes devraient être à l'extrémité

(¹) Parmi ces caractères, le seul invariable est l'absence de flotteur. Le nombre des cloches est le plus souvent de deux (DIPHYINA), parfois d'un seulement (MONOPHYINA). Chez les POLYPHYINA, il n'y a ordinairement pas de boucliers. Les bourgeons médusoïdes sont en nombre variable; souvent il n'y en a qu'un seul. Souvent il y a, dans chaque cormidie, en outre des éléments constants, une *cloche cormidienne* ou *cloche accessoire, cloche particulière*, qui a la forme d'un Médusoïde stérile, à velum bien marqué et à musculature puissante. Ces cloches cormidiennes contribuent aux mouvements de la colonie. On les considère en général comme provenant effectivement d'un bourgeon médusoïde sexué devenu stérile et adapté à une fonction nouvelle. Mais CHUN [94], constatant qu'elles naissent d'un bourgeon indépendant et qu'elles présentent, chez *Stephanophyes* au moins, les caractères des cloches du nectosome plutôt que ceux des gonophores, les considère comme des cloches normales nées à une place différente. HÄCKEL appelle *Ersæomes* les cormidies qui ont une cloche accessoire et *Eudoxomes* celles qui n'en ont point, par comparaison à ce qui a lieu chez les Ersées et les Eudoxies (voir plus loin). Enfin parfois (*Stephanophyes*), il existe des cytozoïdes avec leurs palpacules et même des gastrozoïdes accessoires sur les entre-nœuds; ceux-ci ne sont donc pas absolument toujours nus.

inférieure du nectosome, et le point correspondant au flotteur disparu devrait être cette extrémité inférieure, tandis que c'est l'inverse : les cloches les plus jeunes (*clh. 3*; *clh. 4*) sont les plus élevées et le flotteur, s'il existait, serait (l'embryogénie le démontre) au point (*h. 1*) où le nectosome se joint au siphosome. Si l'on redressait en ligne droite la tige de notre animal, on aurait un seul lieu de bourgeonnement à la fois pour les cloches et pour les cormidies, situé au point d'union des tiges qui les portent, tandis que dans le type général il y a deux points distincts de bourgeonnement, un pour les cloches sous le flotteur, un pour les cormidies au-dessous de la dernière cloche. On peut aussi (et cette manière de faire n'est pas inexacte) considérer la tige du nectosome comme formée par le pédicule de la cloche la plus ancienne, lequel s'allonge progressivement et bourgeonne les autres cloches en direction centripète. Ajoutons que le siphosome peut, en se contractant, se retirer, pour y chercher un abri, dans un canal appelé *hydrœcie* (*hydrœcium*) (*hdc.*), compris entre les deux rangées de cloches et formé par des demi-gouttières adossées, creusées dans l'épaisseur de la paroi des cloches, sur leurs faces en regard.

Cloches natatoires (**32**, *fig. 10, clh. 1*; *clh. 2...*).—Elles sont, en général, insérées par un point situé au-dessous de leur pôle apical géométrique, en sorte que ce pôle reste libre. Elles ont une sous-ombrelle bien marquée, bien pourvue de muscles circulaires, un velum très développé, bien musclé aussi, quatre canaux radiaires et un sinus circulaire, parfois même de petits organes marginaux de nature inconnue. D'ordinaire, le canal qui recueille au sommet de la sous-ombrelle les quatre canaux radiaires pour les conduire au pédicule, envoie dans le prolongement apical de la cloche un diverticule (endodermique comme lui) qui se termine en cul-de-sac par une dilatation contenant une grosse goutte d'huile colorée (*h. 2*). Nous donnerons à ce diverticule (*acrocyste* ou *stomatoscyste* de Häckel) le nom d'*oléocyste*. Souvent aussi, le sommet morphologique de la sous-ombrelle (point de réunion des quatre canaux radiaires) est déjeté en dedans, assez loin du sommet géométrique. Dans ce cas, la cloche devient bilatérale par rapport à un plan vertical passant par son pédicule, les deux canaux contenus dans ce plan devenant très inégaux (l'interne le plus court), tandis que les deux canaux latéraux restent semblables (*fig. 2*) ([1]). Une particularité non moins remarquable consiste en une gouttière verticale creusée dans l'épaisseur de leur exombrelle, du côté qui fait face à la série opposée. Ces gouttières sont en ligne droite avec celles des autres cloches de la même rangée et

---

([1]) K. C. SCHNEIDER [96, 98] s'est efforcé de démontrer que, dans toutes les cloches, chez les genres où elles sont juxtaposées, et dans la supérieure, chez les Diphyies et genres voisins où elles sont superposées, l'oléocyste représente, avec le diverticule qui la contient, un bouclier qui se serait soudé à la cloche, et il donne le nom de *cloche-bouclier* (*Deckglocke*) à ce prétendu organe mixte. Mais il ne donne aucune raison valable à l'appui de son idée, qui n'est aucunement confirmée par l'embryogénie. Aussi la rejeterons-nous avec CHUN [97, 98].

font face à celles des cloches de la rangée opposée, de manière à former une sorte de canal ouvert en bas et plus ou moins incomplet sur les côtés, dans lequel passe la partie supérieure du stolon du siphosome et où celui-ci peut s'abriter presque en entier avec ses cormidies lorsqu'il se contracte pour éviter un danger. Nous avons déjà dit que ce canal s'appelait l'*hydrœcie* (**hdc.**); en haut, il se termine en cul-de-sac entre les deux cloches supérieures (¹).

Stolon. — Le stolon (**32**, *fig. 10, stl.*) a la structure et la disposition ordinaires.

Cormidies. — Les cormidies (**32**, *fig. 10, crm.*) étant toutes semblables, nous décrirons successivement les parties constitutives de l'une d'elles.

Bouclier. — Le bouclier (**32**, *fig. 10, asz.*), toujours unique, est large et concave en dessous, de manière à bien abriter les autres éléments de la cormidie. Il présente, comme d'ordinaire, des canaux endodermiques qui rappellent d'une manière plus ou moins éloignée la disposition de ceux d'une Méduse. Le caractère le plus remarquable consiste dans la présence, non constante, d'un diverticule endodermique en cul-de-sac, le *phyllocyste* de Häckel, semblables à ce que cet auteur appelle acrocyste dans les cloches natatoires, contenant comme lui une grosse goutte d'huile colorée et qui est par conséquent aussi un *oléocyste*.

Gonozoïde. — Ainsi que nous l'avons vu, son existence est presque virtuelle, les bourgeons sexués formant un petit arbuscule de Médusoïdes fixes, directement implanté sur le stolon, entre la base du bouclier et celle du gastrozoïde. Ces Médusoïdes ont la constitution habituelle, sous-ombrelle, canaux radiaires, canal circulaire et souvent même rudiments de tentacules marginaux portant à leur base un renflement pigmenté considéré par Häckel comme un œil, mais dont la signification n'est pas suffisamment déterminée. Ils sont d'un seul et même sexe dans chaque cormidie (**32**, *fig. 10, gnz.♂*; *gnz.♀*), mais la colonie est monoïque et les cormidies mâles et femelles sont disposées régulièrement, soit en alternant, soit les mâles en haut et les femelles en bas. Les Médusoïdes mâles (**33**, *fig. 4*) ont un long manubrium chargé de cellules germinales sous l'ectoderme; les femelles (**33**, *fig. 5*) ont un manubrium court et très renflé où sont des œufs assez nombreux et très volumineux. A côté des bourgeons sexués, se trouve souvent un individu médusiforme stérile et très musculeux (**33**, *fig. 2, clh.*), ne différant en rien des cloches natatoires du nectophore et doué des mêmes fonctions : c'est la *cloche cormidienne* ou *cloche spéciale, nectophore*

(¹) Tantôt les cloches sont de forme arrondie, sans angles ni arêtes, et faites d'une mésoglée molle, dépressible (ex.: *Desmophyes, Praya*), tantôt elles sont de forme prismatique, à angles vifs et leur mésoglée est ferme, sub-cartilagineuse (*Abyla, Bassia*). Häckel se demande si l'on ne pourrait diviser les Siphonophores en deux grands groupes fondés sur ce caractère, l'un [*Sphæronectariæ*] à cloches arrondies, l'autre [*Cymbonectariæ*] à cloches prismatiques. Mais il n'a pas appliqué cette idée à sa classification.

spécial des auteurs. Sauf rare exception (*Stephanophyes*), ces cloches cormidiennes ont tous les caractères des Médusoïdes sexués et ne sont rien autre chose sans doute qu'un de ces bourgeons médusiformes (le premier développé) qui est resté stérile et s'est adapté à une fonction locomotrice.

Gastrozoïde. — Le gastrozoïde (**32**, *fig. 10*, *gstz.*) présente la constitution normale : pédicule court; bourrelet urticant, avec la valvule à sa place ordinaire, entre le pédicule et la cavité du bourrelet et non entre celle-ci et l'estomac (CHUN contre HÆCKEL); cavité gastrique avec des bourrelets hépatiques bien dessinés, dans lesquels, selon la règle commune aux *HYDROZOARIA*, ne pénètre pas un repli de la lame mésogléenne. L'hypostome et la large bouche sont armés extérieurement de nématoblastes.

Filament pêcheur. — Le filament pêcheur est muni de nombreuses tentilles à bouton urticant sans involucre et à filament terminal unique. C'est à ce type que s'applique spécialement la description que nous avons donnée du bouton urticant à propos du type morphologique général. Nous n'avons donc qu'à y renvoyer. Ses caractères sont très constants dans tout le groupe des Calycophorides.

Physiologie.

La physiologie des autres organes ne présente rien de particulier. L'animal, plus ou moins soutenu déjà par les gouttes d'huile contenues éventuellement dans ses cloches natatoires et ses boucliers, nage surtout au moyen de ses puissantes cloches.

Développement.

Un développement embryonnaire semblable à celui de notre type général conduit à une larve ciliée (**32**, *fig. 1*), semblable à celle de ce type en tous les points, sauf deux : le bourgeon médusiforme développé au moyen d'un nodule médusaire (**32**, *fig. 2*, *clh. 1*), au lieu d'être situé au pôle supérieur, l'orifice ombrellaire en haut, se forme sur le côté, un peu au-dessus du filament pêcheur primitif (**32**, *fig. 3*, *flt.*) et dirige son orifice ombrellaire obliquement vers le bas; et, au lieu de former un flotteur qui n'a, en somme, que bien peu des caractères d'une vraie Méduse, il devient une vaste cloche natatoire (*clh. 1*), à caractères médusaires très accentués : sous-ombrelle vaste, à large orifice, velum bien développé, quatre canaux radiaires bien réguliers se jetant dans un beau canal circulaire. Comme caractère particulier, cette cloche larvaire présente un diverticule endodermique partant du canal du pédicule et montant vers le pôle apical de l'exombrelle, où il se termine par une dilatation en cul-de-sac (**32**, *fig. 4*, *h.*) contenant une grosse goutte d'huile colorée : en un mot, un oléocyste.

Comme cette cloche larvaire est caduque et disparaît de bonne heure, CHUN a proposé de la considérer comme représentant le flotteur absent.

Cela est complètement abusif. Ce qui distingue une cloche natatoire d'un flotteur, c'est la direction descendante, le lieu d'insertion latéral et le large orifice ombrellaire muni d'un velum musculeux. Or l'organe larvaire caduc a tous ces caractères : il est donc bien une cloche natatoire et rien de plus; et s'il est homologue à un flotteur, c'est à titre simplement de bourgeon médusiforme formé avec un noyau médusaire, ni plus ni moins qu'une cloche natatoire permanente chez une forme possédant un flotteur. Nous dirons donc que notre larve se caractérise par l'absence complète et radicale de flotteur et par la présence, dès le le début de sa formation, d'une première cloche natatoire caduque.

Voyons maintenant comment son développement se poursuit, en suivant surtout les travaux de Chun, dont les belles recherches ont jeté une vive lumière sur ces questions. La cloche primaire, caduque, larvaire (**32**, *fig. 4, clh. 1*), commence à grossir, en même temps que le pédoncule du gastrozoïde primaire (*gstz. p.*) et larvaire mais persistant s'allonge à sa base pour former le stolon (**32**, *fig. 5, stl.*) du siphosome; et sur ce stolon se montrent les bourgeons (*crm. 1; crm. 2...*, etc.), des cormidies successives, toujours en direction centripète, les plus jeunes vers le sommet proximal du stolon. Mais en même temps, un peu au-dessus de ce même point, sur la partie que l'on peut considérer comme le pédicule de la cloche primaire, se forme la première cloche secondaire permanente (**32**, *fig. 5, c.*). C'est le pédicule (*c.*) de cette cloche (**32**, *fig. 7, clh. 2*), qui, en s'allongeant *vers le bas*, va former le stolon du nectosome sur lequel naîtront en direction ascendante ou centripète les cloches successives ultérieures (*clh. 3; clh. 4...*). Bientôt la cloche primaire se détache, ne laissant que son oléocyste (**32**, *fig. 8, h. 1*) avec la goutte d'huile qu'il contient, et c'est ce reste de la cloche primaire qui représente le sommet morphologique de la colonie.

C'est peut-être là un des arguments qui portent à considérer cette cloche primaire comme représentant le flotteur; mais, outre les raisons données plus haut pour repousser cette assimilation, il faut remarquer ici que sa situation, même chez l'adulte, n'est pas celle d'un flotteur, car elle est située entre les foyers de bourgeonnement des cloches et des cormidies, tandis que le flotteur, quand il existe, est toujours placé au-dessus du foyer de bourgeonnement des cloches, séparé par toute l'étendue du nectosome du foyer de bourgeonnement des cormidies. La situation est, au contraire, exactement celle de la cloche la plus ancienne d'un Siphonophore normal, et elle n'est en effet, rien autre chose que cela.

Lorsque la colonie est entièrement développée et que le nombre de cloches propre à l'espèce est atteint, la formation de nouvelles cloches au foyer de bourgeonnement de ces organes n'en continue pas moins; mais, à partir de ce moment, dès qu'une des cloches nouvellement formées devient assez grande, la cloche adulte la plus âgée se détache

et tombe à l'extrémité inférieure du nectosome, en sorte que le nombre
normal de cloches adultes reste à peu près uniforme (¹).

L'ordre des *CALYCOPHORIDA* se divise en trois sous-ordres (²) :

POLYPHYIDÆ, à cloches natatoires nombreuses, soumises à une
rénovation continue par des cloches de remplacement (³);

DIPHYIDÆ, n'ayant à la fois que deux cloches développées, soumises
à une rénovation continue par des cloches de remplacement (⁴);

MONOPHYIDÆ, n'ayant qu'une cloche développée, sans rénovation
par des cloches de remplacement.

1er SOUS-ORDRE

POLYPHYIDÉS. — *POLYPHYIDÆ*

[POLYPHYIDÆ (Chun) sens. emend. (⁵);
POLYPHYIDÆ + DESMOPHYIDÆ (Häckel)]

TYPE MORPHOLOGIQUE

C'est cette tribu que nous avons eu en vue en décrivant le type
général de l'ordre. Nous n'avons rien à ajouter à sa description, si ce
n'est pour insister sur la multiplicité des cloches natatoires qui le caractérise spécialement, pour faire remarquer l'absence fréquente des boucliers dans les cormidies, absence qui ne se rencontre nulle part ailleurs
dans cet ordre, et pour dire enfin que jamais ici les cormidies ne se
détachent pour vivre d'une vie indépendante, ce qui, dans les autres
tribus, se rencontrera au contraire très fréquemment.

(¹) Cela n'a été démontré [à notre connaissance] en ce qui concerne les Polyphyines que
pour *Stephanophyes* par CHUN [94] et peut-être pour *Desmophyes*; mais il semble bien qu'il
doive en être de même pour les autres genres, puisque chez tous on trouve de jeunes cloches
en voie de formation et que très probablement le nombre des cloches adultes a une limite fixe
pour chaque espèce.

De même les *cloches cormidiennes*, au moins chez *Stephanophyes*, sont aussi soumises à
une rénovation incessante au moyen de bourgeons de remplacement nés à leur base.

(²) K. C. SCHNEIDER [98] a récemment proposé une classification nouvelle des Calycophorides dans laquelle, rejetant les anciens critériums, il distingue seulement deux familles,
(*Prayidæ* et *Diphyidæ*) caractérisées principalement : la première par ses cloches en nombre
variable (1 à plusieurs) toutes semblables et à contours arrondis, et par l'incapacité de nager
vigoureusement; la seconde par ses cloches dissemblables au nombre de 2 (la 2e pouvant
manquer), l'une et l'autre à arêtes vives et par la faculté de nager énergiquement. Il fait sur
cette base un remaniement complet des anciens groupements qui, de l'avis de CHUN [98] ne
constitue aucun progrès sur les idées antérieures, loin de là.

(³) Sauf peut-être dans la famille des *Polyphyinæ*.

(⁴) Sauf chez *Amphycaryon*.

(⁵) CHUN [97] range dans les *DIPHYIDÆ*, *Stephanophyes*, *Desmophyes* et les genres voisins,
et ne laisse ici que les genres de notre famille des *Polyphyinæ*, ôtant ainsi toute valeur au
nombre des cloches persistantes. On pourrait adopter cette manière de faire, s'il était démontré
que dans cette famille les cloches adultes ne tombent jamais, car ce serait là un caractère de
valeur. Mais il ne semble pas qu'il en soit ainsi.

GENRES

===== 1re FAM. : *Desmophyinæ* [*Desmophyidæ* (Häckel)]. Cloches superposées sur deux rangées verticales; cormidies pourvues de boucliers.

Desmophyes (Häckel) (**Pl. 33**). C'est à très peu de choses près notre type morphologique. Les caractères génériques spéciaux sont les suivants : les cloches natatoires sont arrondies, sans angles vifs, à mésoglée souple, molle; les cormidies ont un bouclier, et aux gonophores fertiles, formant dans chaque cormidie un petit bouquet assez touffu, est annexé un gonophore stérile très musclé (**33**, *fig. 6*) qui sert de cloche natatoire spéciale ou cormidienne (oc. Indien).

Desmalia (Häckel) est plus régulièrement conformé, en ce sens qu'il n'a pas de cloches cormidiennes (oc. Indien).

===== 2e FAM. : *Polyphyinæ* [*Polyphyidæ* (Chun), *Hippopodidæ* (Kölliker)]. Cloches natatoires nombreuses, superposées sur deux rangs; cormidies dépourvues de bouclier.

Polyphyes (Häckel) (fig. 411) n'a ni boucliers ni cloches cormidiennes. Ses cormidies sont monoïques, les gonophores étant les uns ♂, les autres ♀. Les cloches natatoires du nectosome sont ployées en fer à cheval vers

la tige qui les porte, et sont prolongées au bord ombrellaire en six grosses apophyses dentiformes; leur exombrelle est développée en deux grands prolongements aliformes latéraux qui se portent vers les parties homologues de la rangée opposée et s'imbriquent avec elles, et leur partie apicale monte très haut, de manière à recouvrir le bas de la cloche située au-dessus et à renfermer son ouverture dans la cavité en fer à cheval qu'elle forme, en sorte que

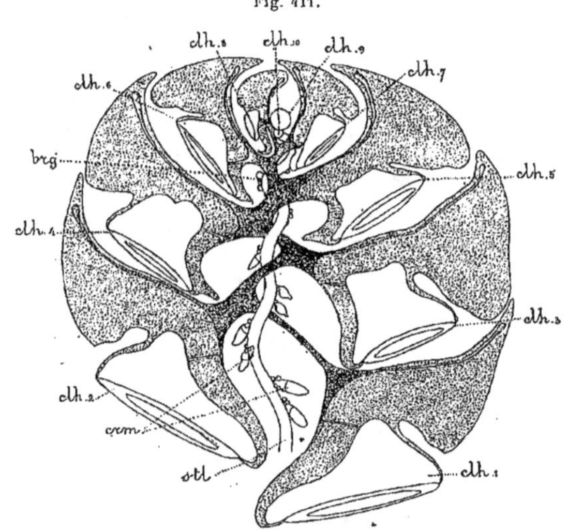

Fig. 411.

Polyphyes (im. Chun).

brg., bourgeons cormidiens; **clh. 1... clh. 10**, cloches natatoires numérotées suivant leur ordre d'apparition; **crm.**, cormidies; **stl.**, stolon.

l'on ne voit les orifices que des deux cloches inférieures; et, entre les deux rangées de cloches, règne un vaste canal où se trouvent les bouches des cloches supérieures aux deux plus âgées, les pédicules qui les rattachent toutes à la tige du nectosome, et enfin la partie supérieure de la tige du siphosome. La tige du nectosome est contournée en hélice autour de cette dernière qui forme l'axe de tout le système (6 à 7 cm.; Médit., Atl.).

Hippopodius (Quoy et Gaymard) (fig. 412 à 414) ne diffère du précédent que par ses cloches, convexes du côté du pédicule et à ailes moins accentuées, à contour général plus arrondi, à

Fig. 412.   Fig. 413.   Fig. 414.

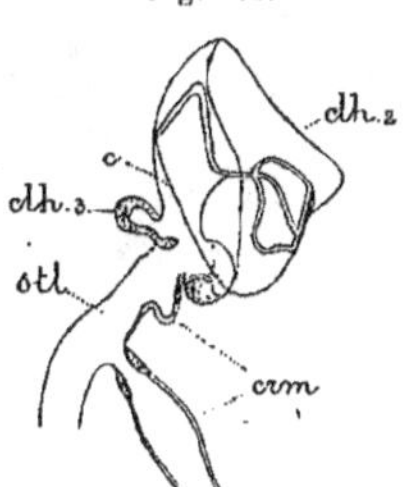

Très jeune larve
d'*Hippopodius luteus*
(d'ap. Metchnikov).
clh. 1, cloche primaire.

Larve d'*Hippopodius luteus*
après la chute
de la cloche primaire
(d'ap. Chun).

c., stolon du nectosome; **clh. 2,** première cloche natatoire permanente; **clh. 3,** deuxième cloche natatoire permanente; **crm.,** cormidies; **stl.,** stolon.

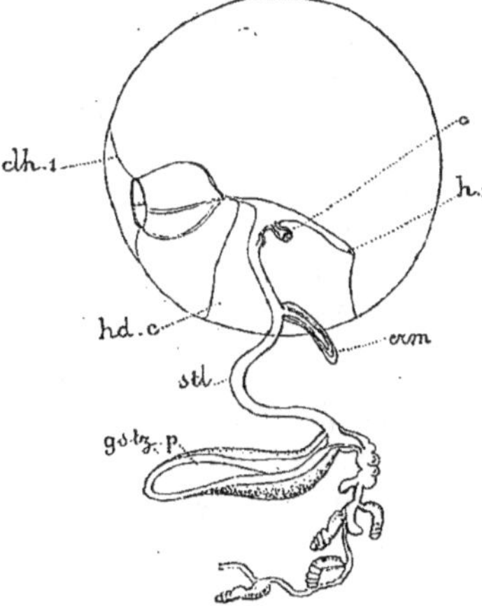

Jeune larve d'*Hippopodius luteus*
au moment de la formation des stolons
(d'ap. Chun).

c., bourgeon du stolon du nectosome; **clh. 1,** cloche primaire; **crm.,** cormidie; **gstz. p.,** gastrozoïde primaire; **h. 1,** oléocyste de la cloche primaire; **hd. c.,** hydrœcie; **stl.,** stolon.

orifice ombrellaire non denté, et par ses cormidies dioïques (Médit., Atl., Pacif.).

Ces deux genres forment pour HÄCKEL une sous-famille [*Hippopodidæ*] à laquelle s'oppose le suivant, formant pour lui une sous-famille distincte [*Vogtidæ*] : c'est le genre *Vogtia* (Kölliker), assez mal connu, qui diffère principalement de *Polyphyes* par la forme prismatique de ses cloches, dont l'orifice est en outre pourvu de 5 dents seulement (Médit., Atl., Pacif.).

Stephanophyes (Chun) (fig. 415) se distingue de tous les autres Siphonophores par les deux caractères ci-dessus indiqués, qui sont non moins exceptionnels l'un que l'autre. Les cloches sont au nombre de quatre. Malgré leur apparente disposition en cercle, elles forment en réalité, comme toujours, une hélice, mais à tours très serrés. Au-dessus d'elles, se montrent de jeunes cloches de remplacement. Les cloches adultes sont grandes, arrondies, à cavité sous-ombrellaire relativement peu développée et très excentrique; leur partie apicale est développée en un grand prolongement de l'exombrelle, vers lequel se dirige un canal endodermique qui, au lieu de se terminer simplement à son sommet, se divise

en nombreuses ramifications, contenant chacune dans leur terminaison
renflée en cul-de-sac une goutte d'huile rouge, ce que l'on peut exprimer en disant que l'oléocyste est ramifié. Les canaux radiaires ont un parcours très contourné. Dans les cormidies, qui sont très nombreuses et fort serrées, le bouclier a aussi un acrocyste ramifié, et à chacune est annexée une grosse cloche cormidienne. Chun a montré que cette cloche est périodiquement rejetée et remplacée par une cloche de remplacement née à sa base, tout comme pour les cloches du nectosome. Les palpozoïdes sont petits et au nombre de deux à trois au milieu de chaque entre-nœud (25cm; Canaries).

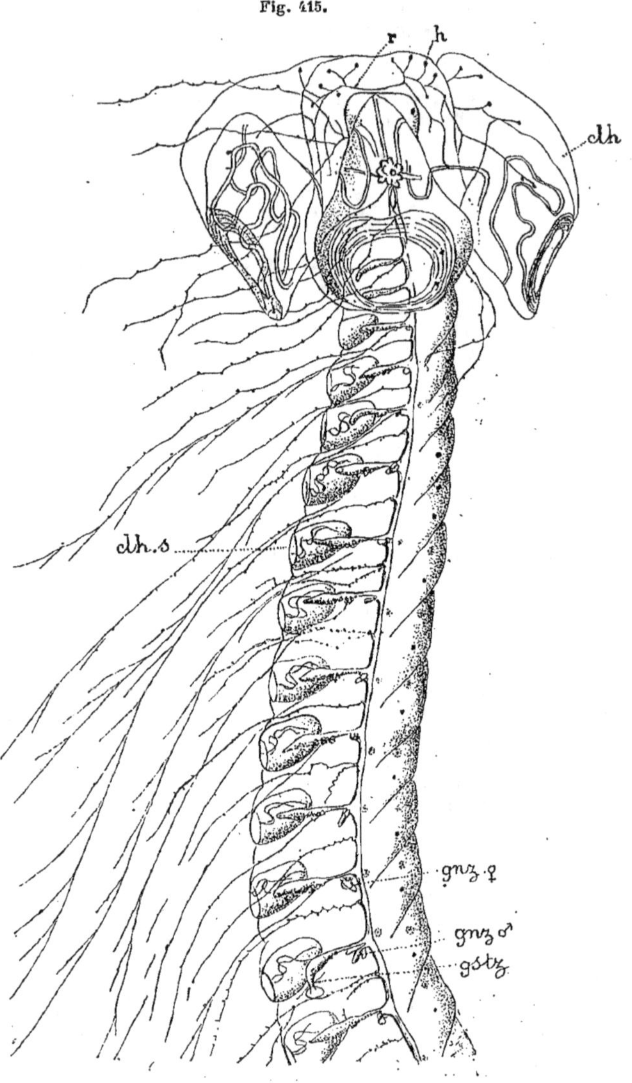

Fig. 415.

Stephanophyes superba (d'ap. Chun).

clh., cloches natatoires ; **clh. s.,** cloches natatoires cormidiennes ; **gnz.** ♂, gonozoïde mâle ; **gnz.** ♀, gonozoïde femelle ; **gstz.,** gastrozoïde ; **h.,** gouttes huileuses ; **r.,** ramifications de l'oléocyste.

2ᵉ Sous-Ordre

DIPHYIDÉS. — *DIPHYIDÆ*

[*DIPHYIDÆ* (Eschscholtz); — *DIPHYIDÆ* (Chun, *sens. restr.*)]

TYPE MORPHOLOGIQUE

Pour définir ce type, il suffit d'admettre que la chute des cloches adultes et leur remplacement par des cloches jeunes se fasse de telle manière qu'il n'y ait jamais que deux cloches adultes à la fois. Dès qu'une jeune grandit, elle s'accroît rapidement, refoule celle des deux anciennes qu'elle doit remplacer, et détermine sa chute.

Il y a nombre d'autres caractères, mais ils sont très différents, selon les rapports qu'affectent les cloches entre elles; aussi ne pouvons-nous les faire connaître qu'en étudiant les types des trois tribus en lesquelles le sous-ordre se divise.

Ces trois tribus sont les suivantes :

PRAYINA, à cloches adultes juxtaposées, opposées, à cormidies mûrissant sur la colonie leurs produits sexuels;

DIPHYINA, à cloches adultes superposées, à cormidies devenant libres sous la forme d'Eudoxies ou d'Ersées;

AMPHICARYONINA, à cloches adultes superposées, la supérieure transformée en un pseudo-bouclier, sans cloches de remplacement.

1ʳᵉ Tribu

PRAYINES. — *PRAYINA*

[*DIPHYIDÆ OPPOSITÆ* (Chun); — *PRAYOMORPHÆ* (Chun)]

TYPE MORPHOLOGIQUE
(FIG. 416)

Nous prendrons pour type le genre *Praya*.

Le siphosome ne présente rien de particulier. Signalons seulement l'absence de cloches cormidiennes et la forme des boucliers, arrondie, avec une échancrure rappelant celle d'un rein. Ceux-ci présentent, outre un court oléocyste, quatre canaux divergents terminés en cul-de-sac, représentant les canaux radiaires.

Le nectosome se compose de deux grandes cloches (fig. 416, *clh.*) disposées en face l'une de l'autre, presque au même niveau. L'une d'elles cependant, la plus ancienne, est un peu plus bas que l'autre. Elles sont semblables l'une à l'autre, de forme obtuse, sans angles vifs et faites d'une gelée souple. Leur sous-ombrelle, dirigée en bas, est relativement petite, mais l'exombrelle forme au-dessus un dôme très élevé. Leur face dite ventrale (tournée vers l'axe) est un peu excavée en gouttière pour former une hydrœcie, d'ailleurs très incomplètement close. C'est un peu au-dessus du milieu de cette face que naît le pédicule qui les rattache à la tige. Dans ce pédicule passe leur canal endodermique, qui descend vers la sous-ombrelle pour former les quatre canaux radiaires. De ces canaux, les deux sagittaux vont directement au canal circulaire, les deux latéraux forment au contraire une série de profondes sinuosités. Avant d'arriver à la sous-ombrelle, le canal commun donne deux diverticules canaliformes qui sont des *oléocystes*, un qui monte vers le sommet du dôme et un qui descend vers la face ventrale de la sous-ombrelle.

Auprès du pédicule des deux cloches adultes se voient cinq à six cloches de remplacement (*clh. r*), toutes très petites, sauf une qui commence à grandir et qui va bientôt remplacer la plus âgée, tandis que la cadette de celle-ci va devenir la plus âgée de la colonie.

Dans les cormidies, les gonophores adultes montrent dans leur manubrium des produits sexuels murs (¹).

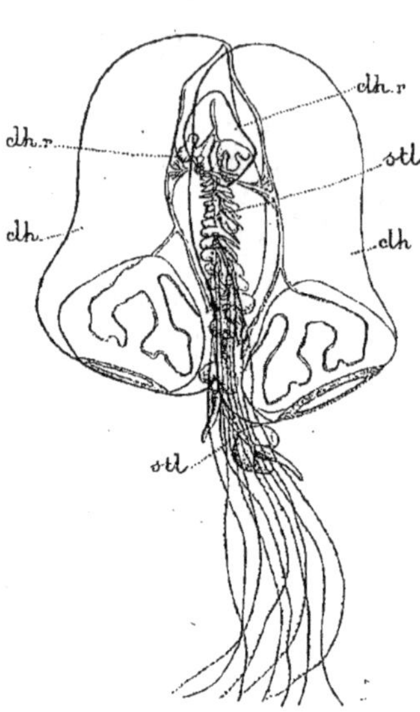

Praya cymbiformis,
Gros exemplaire avec deux cloche de remplacement (d'ap. Chun).

clh., cloches natatoires; **clh. r.**, cloches de remplacement; **stl.**, stolon.

GENRES

Praya (de Blainville). C'est le genre que nous venons de décrire (Médit., Atl.).

Lilyopsis (Chun) en diffère par la présence de cloches cormidiennes (Médit., Atl.).

Häckel attribue, mais ici tout à fait hypothétiquement, à *Lilyopsis* une Eudoxie qu'il nomme *Lilæa* (Häckel).

(¹) Il est peut-être prudent de faire des réserves sur ce point, car Häckel a trouvé une Eudoxie, qu'il a appelée *Eudoxella* (Häckel), dont les boucliers ont la forme et la structure très caractéristiques de ceux de *Praya*. Chun [97] cependant caractérise le groupe en question par la maturation des gonophores sur la colonie. Mais nulle part, à notre connaissance au moins, il ne s'explique sur les *Eudoxella* et paraît guidé surtout par une idée théorique, savoir, que l'absence d'Eudoxies va de pair avec une rénovation active des cloches, tandis que leur présence se rencontre chez les formes où cette rénovation est lente (*Diphyomorphina*) ou nulle (*Monophyidæ*).

2e Tribu

DIPHYINES. — *DIPHYINA*

[*Diphyidæ superpositæ* (Chun); — *Diphymorphæ* (Chun)]

TYPE MORPHOLOGIQUE
(FIG. 417 ET 418)

Nous prendrons pour type le genre *Diphyes* qui a donné son nom au sous-ordre tout entier.

Ici encore, ce n'est pas le siphosome qui présente rien de particulier. Il est conforme à celui du type des Calyconectides et ne se dis-

Fig. 417.

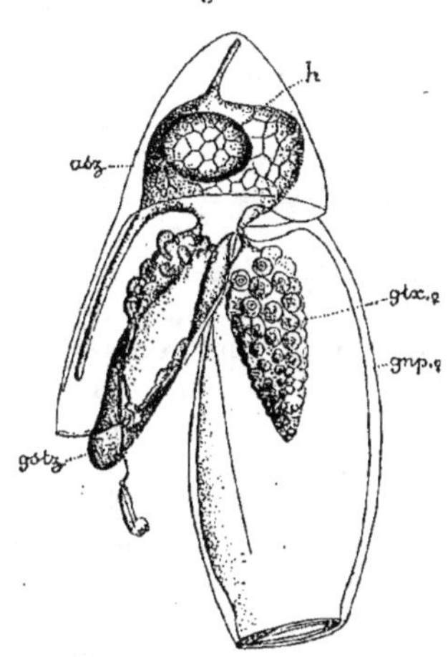

Eudoxia arctica (d'ap. Chun).

asz., bouclier; **gnp.** ♀. gonophore femelle; **gstz.**, gastrozoïde; **gtx.** ♀, produits génitaux femelles portés par le manubrium du gonophore; **h.**, oléocyste.

Fig. 418.

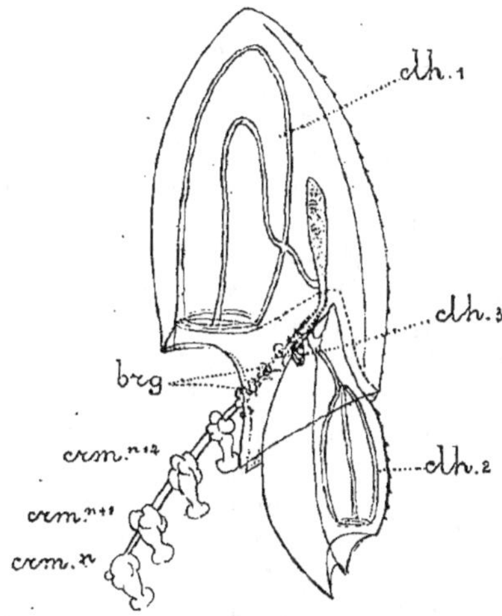

DIPHYINA. (Type morphologique) (Sch.).

brg., bourgeons cormidiens; **clh.1**, 1re cloche natatoire; **clh.2**, 2e cloche natatoire; **clh.3.** bourgeon de la cloche de remplacement; **crm.**n, **crm.**n+1, **crm.**n+2... cormidies numérotées suivant leur ordre d'apparition.

tingue que par la forme un peu spéciale des boucliers. Le bouclier (fig. 417, *asz.*) est en effet fortement courbé, avec sa concavité vers la tige, de manière à bien abriter les autres éléments de la cormidie, et se prolonge au-dessus de son point d'attache en une sorte de capuchon qui embrasse une certaine étendue de la tige; il a un oléocyste qui monte dans le capuchon, mais pas de canaux radiaires.

Le nectosome se compose de deux grandes cloches situées l'une au-dessus de l'autre (fig. 418, *clh. 1; clh. 2*). Elles sont l'une et l'autre de forme conique, élevée, pourvues de cinq crêtes longitudinales saillantes, et se terminant autour de l'orifice ombrellaire en cinq dents : une dorsale, deux latéro-dorsales et deux latéro-ventrales. Elles sont, en outre, faites d'une mésoglée très ferme.

Bien qu'elles soient superposées, elles n'en sont pas moins disposées comme sur une hélice, suivant la condition habituelle, mais cette hélice a le pas assez allongé : elle monte dans un demi-tour d'une quantité notable et, si l'on faisait tourner la cloche inférieure sur cette hélice, elle viendrait se juxtaposer à la supérieure, le dos correspondant au dos et le ventre au ventre, tandis que dans leur situation réelle, elles se regardent par leurs faces ventrales entre lesquelles passe la tige.

Elles ne sont pas semblables. La supérieure (*clh. 1*) est un peu plus grande ; en avant de sa cavité ombrellaire, très haute et située à la partie dorsale, est une excavation conique en cul-de-sac, son hydrœcie, dont les parois latérales, formées par les deux crêtes latéro-ventrales, se prolongent sensiblement plus bas que les autres. Son point d'insertion sur la tige du nectosome correspond au fond de l'hydrœcie. De ce point partent : 1° un long oléocyste qui monte en avant de la cavité ombrellaire jusqu'au sommet de l'exombrelle ; 2° le canal vasculaire de la sous-ombrelle, qui aborde celle-ci en un point de son bord ventral et fournit là les quatre canaux radiaires : le ventral court et rectiligne, descendant immédiatement vers le sinus circulaire, le dorsal montant le long de la partie supérieure du bord ventral, contournant le sommet géométrique de la cavité sous-ombrellaire et descendant le long du bord dorsal, et les deux latéraux, montant aussi vers ce sommet pour se réfléchir avant de l'atteindre et redescendre vers le sinus circulaire.

La cloche inférieure (*clh. 2*) est aussi de forme conique, mais se prolonge en haut en une longue pointe qui vient se loger dans l'hydrœcie de la cloche supérieure dont elle occupe la partie ventrale, laissant à la tige la partie dorsale ; elle se rattache à celle-ci par un point très voisin de son extrémité supérieure. De ce point, part son canal endodermique, qui descend vers le sommet de la cavité sous-ombrellaire sans former d'oléocyste, et se divise régulièrement en quatre canaux radiaires. Son hydrœcie, tournée en avant vers la tige, est formée par une longue gouttière (éventuellement transformée en canal dans une partie de son parcours), située entre ses deux crêtes ventrales, très saillantes et infléchies l'une vers l'autre.

La tige monte dans cette gouttière et va s'insérer au sommet de l'hydrœcie de la cloche supérieure, après avoir fourni, à une très faible distance de sa terminaison, le très court pédicule de la cloche inférieure. Les premiers bourgeons des cormidies (*brg.*) sont situés morphologiquement un peu plus bas ; mais tout cela est si serré, si condensé, qu'en réalité tout semble partir du sommet même de la tige et du fond de l'hydrœcie. Entre les premiers bourgeons cormidiens et le pédicule de la cloche inférieure, se trouve d'ordinaire un bourgeon de cloche de remplacement (*clh. 3*), mais un au plus, ce qui montre que le remplacement des cloches est très peu actif ([1]).

Les cormidies (*crm.*), avons-nous dit, sont constituées de la manière ordinaire, mais elles présentent cette particularité que leurs gonophores n'arrivent pas à maturité tant qu'elles sont en place dans la colonie. Aussi un phénomène nouveau prend-il place ici. Une à une, en commençant par la dernière qui est la plus âgée, et dans un ordre régulièrement ascendant, elles se détachent pour vivre d'une vie libre, et c'est sous cet état seulement qu'elles mûrissent leurs produits sexuels. Il en résulte que le siphosome subit une réduction graduelle à son extrémité distale à mesure qu'il s'allonge à l'extrémité proximale, et forme là de nouveaux bourgeons cormidiens. On n'a aucun renseignement sur le nombre de cormidies qu'une colonie peut ainsi détacher, mais on est certain que ce nombre est notable et correspond à une activité blastogénétique très forte du siphosome. Chun [97] établit une antithèse entre cette activité et la paresse blastogénétique du nectosome, tandis que chez les formes où les cormidies ne se détachent pas, on voit au contraire le nectosome former beaucoup plus rapidement des bourgeons de remplacement. Ce processus explique aussi pourquoi on ne trouve jamais ici ces longs siphosomes de 1 mètre et plus, à cormidies innombrables qui se rencontrent dans d'autres genres.

Ces cormidies détachées ont été connues avant qu'on sût leur origine et ont été dénommées comme des animaux autonomes. On les a appelées des *Eudoxies* (*Eudoxia*) (fig. 417). (Nous verrons plus loin que d'autres, un peu différemment conformées, ont reçu le nom général d'*Ersées, Ersæa*). C'est là un terme général, que nous conserverons comme une dénomination vulgaire, synonyme de cormidie libre, mais on en a fait plusieurs genres et espèces qui ont exactement la même signification pas rapport au Siphonophore correspondant que les genres des Méduses Craspédotes par rapport aux Hydraires dont elles dérivent; et, ici comme pour les Hydraires, on n'a pas toujours pu rapporter les unes aux autres les formes coloniales et les formes eudoxiennes fournies séparément par

---

([1]) Sur le mode de remplacement des cloches, les renseignements sont très insuffisants et passablement contradictoires. Il n'est pas douteux que la cloche supérieure ne soit l'aînée. Si donc les choses se passaient comme chez *Praya*, elle devrait tomber la première, et la cloche inférieure devrait prendre sa place. Mais pour cela, cette dernière devrait modifier considérablement ses caractères: transporter beaucoup plus bas le point d'implantation de la tige, fermer son hydrœcie en cul-de-sac à un niveau assez reculé vers le bas, perdre le prolongement supérieur aigu de son exombrelle, former un oléocyste, modifier les rapports des canaux radiaires avec la sous-ombrelle, etc., etc. Or on n'observe jamais de pareils changements. C'est qu'en effet, les choses se passent ici autrement que chez les autres Calycophorides. Chun [92] a montré que les deux cloches tombent et sont remplacées, indépendamment l'une de l'autre, chacune avec ses caractères propres, par des cloches nouvelles, en sorte que jamais l'une ne prend la place de l'autre et n'a de transformations à subir. Chun [97] a observé chez *Diphyes arctica* un individu n'ayant qu'une cloche adulte, la supérieure, avec un bourgeon de remplacement pour la cloche inférieure.

la pêche pélagique. On considère souvent le cycle évolutif à Eudoxies comme une génération alternante, et l'on donne le nom de *génération monogastrique* à l'Eudoxie et celui de *génération polygastrique* à la colonie entière.

Nous n'avons pas à décrire en détail l'Eudoxie du genre *Diphyes*, puisqu'elle n'est autre qu'une cormidie de celui-ci. Mais il faut cependant indiquer certaines particularités qui se montrent dans les cormidies fixées les plus âgées et s'accentuent après qu'elles se sont détachées.

Le bouclier (fig. 417, *asz.*) a, comme dans la cormidie fixée, la forme d'une feuille épaisse, ferme, fortement concave vers les organes qu'il doit abriter, et surmonté d'un prolongement en capuchon dans lequel s'avance un gros oléocyste (*h*) avec ou sans prolongements canaliformes. Grâce à son oléocyste, le bouclier sert de flotteur à l'Eudoxie. Le gastrozoïde (*gstz.*) et son filament ne présentent rien de particulier. Le bourgeon sexué médusoïde (*gnp.* ♀) possède un gros manubrium chargé de produits sexuels plus ou moins mûrs, mâles ou femelles (*gtx.* ♀), selon le sexe de la cormidie. Rappelons que les cormidies sont mâles et femelles sur la colonie, suivant une alternance plus ou moins irrégulière. Il n'y a jamais à la fois qu'un seul médusoïde adulte. Mais quand il est mûr (et quelquefois même un peu avant), il se détache sous la forme d'une petite Méduse libre et est remplacé par un autre bourgeon médusiforme né du même bourgeon sexuel primitif. Ce bourgeon primitif détache les bourgeons sexuels secondaires, successivement à droite et à gauche de sa base, sans perdre son individualité.

GENRES

Diphyes (Cuvier) (fig. 419 et 420) est le genre que nous venons de décrire comme type. Son Eudoxie appartient au genre

(*Cucullus*, de Blainville) et a été aussi décrite à l'occasion du type morphologique (Méd., Atl., oc. Arct., Pacif., oc. Indien).

Fig. 419.

Diphyes Sieboldi
(d'ap. P. E. Müller).

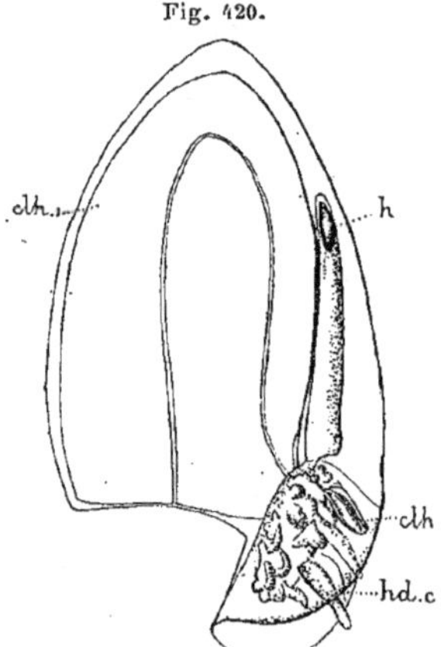

Fig. 420.

Diphyes arctica (d'ap. Chun).
clh., cloche natatoire de remplacement; **clh. 1**, première cloche natatoire; **h.**, oléocyste; **hd.c.**, hydrœcie.

Cette Eudoxie est généralement rapportée au genre *Eudoxia* (Eschscholtz). Mais le nom de *Cucullus* est antérieur d'une année (1824 au lieu de 1825) et il vaut mieux garder le nom d'*Eudoxia* comme terme général pour l'ensemble des Eudoxies.

Diphyopsis (Häckel) en diffère par la présence d'une cloche cormidienne qui se retrouve naturellement chez

(*Ersæa*, Eschscholtz) qui est la forme libre eudoxienne de ses cormidies (Médit., Atl., Pacif.).

On emploie aussi ce nom d'*Ersæa* ou, en le francisant, celui d'*Ersée* comme appellation générale pour désigner les Eudoxies à cloche natatoire. Nous verrons qu'un autre genre (*Doromasia* appartenant aux Monophyidés) a aussi une larve *Ersæa*. Chez ces Ersées, comme dans les cormidies erséiformes encore attachées, il y a un petit bouquet de gonophores médusiformes, dont un adulte plus grand, nés d'un même bourgeon sexuel primitif, et une cloche cormidienne qui n'est autre chose que le premier gonophore né de ce même bourgeon primitif, mais gonophore stérile et adapté à une fonction locomotrice.

Galeolaria (Lesueur) (fig. 421) ressemble davantage à *Diphyes* par l'absence de cloches cormidiennes; mais ses cloches sont plus semblables de forme, pourvues l'une et l'autre d'un oléocyste, dépourvues l'une et l'autre de crêtes et de dents orales, et à côtes ventrales bien séparées et peu profondes, déterminant à peine un rudiment d'hydrœcie ouvert de tous les côtés. En outre, il n'y a pas d'Eudoxies, les cormidies restent attachées à la colonie. (Médit., Atl., oc. Arct., Pacif., oc. Indien).

Fig. 421.

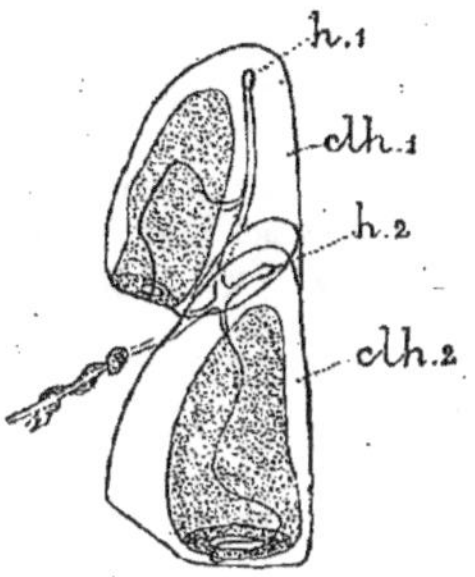

Galeolaria ovata
(d'ap. Keferstein et Ehlers).
clh.1, cloche natatoire supérieure; **clh.2**, cloche natatoire inférieure; **h.1**, oléocyste de la cloche supérieure; **h.2**, oléocyste de la cloche inférieure.

Fig. 422.

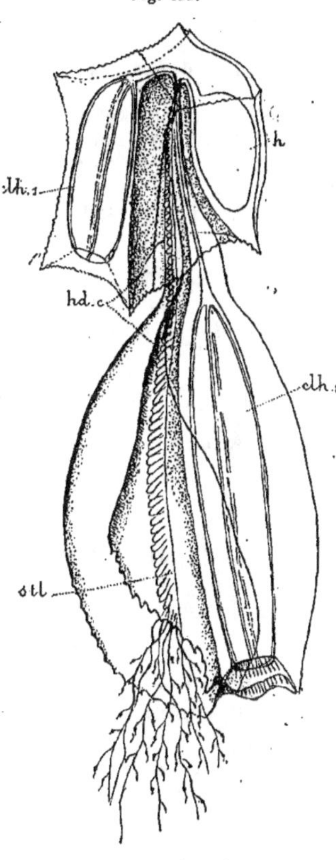

Abyla (Sch.).
clh.1, cloche natatoire supérieure; **clh.2**, cloche natatoire inférieure; **h.**, oléocyste; **hd. c.**, hydrœcie; **stl.**, stolon contenu dans l'hydrœcie.

Abyla (Quoy et Gaymard) (fig. 422) se distingue par la forme très différente de ses deux cloches, dont la supérieure est beaucoup plus petite et tout autrement conformée que l'inférieure, et par l'aspect anguleux, hérissé et la structure ferme de presque toutes ses parties, cloches, boucliers et ombrelle des gonophores (Méd., Atl., Pacif., oc. Indien, Moluques).

La structure singulière de cet être mérite qu'on s'y arrête un instant.

La cloche supérieure a la forme d'un prisme à bases horizontales, polygonales. Les faces latérales verticales ont leurs arêtes très saillantes et se terminant en bas par autant de dents aiguës. La base supérieure se prolonge en une sorte de toit à deux versants. A l'intérieur se trouvent trois parties : au centre, une large et profonde hydrœcie; au côté dorsal de celle-ci la sous-ombrelle haute et étroite, à orifice inférieur ; à son côté ventral un vaste oléocyste. La base inférieure montre les orifices de la sous-ombrelle et de l'hydrœcie et le fond fermé de l'oléocyste. La cloche inférieure a la forme d'une pyramide à base tri- à pentagonale, à

arêtes très saillantes, dont le sommet se prolonge en une longue pointe qui va s'insérer au
fond de l'hydrœcie de la cloche supérieure, s'appuyant contre sa paroi ventrale et laissant du
côté dorsal, c'est-à-dire du côté de la sous-ombrelle, une large place pour la tige. Elle-même
est dépourvue d'oléocyste et présente entre les deux crêtes de sa face ventrale un large sillon
hydrœcial. La tige tout entière peut, à l'état de contraction, se retirer dans l'hydrœcie.

Les cormidies sont remarquables par la forme du bouclier qui est celle de deux prismes
rectangulaires soudés par leurs extrémités, l'un vertical, contenant un vaste oléocyste,
l'autre horizontal contenant un diverticule de celui-ci. L'angle dièdre compris entre eux est
excavé et loge les autres éléments de la cormidie. Parmi ceux-ci sont à remarquer les gonophores au nombre de deux, en forme de pyramide à base pentagonale : ils sont tantôt de
même sexe, tantôt de sexe différent.

Ces cormidies se détachent pour former des Eudoxies comme sous le nom de
(*Amphirhoa*, de Blainville), présentant naturellement le caractère ci-dessus avec la même fermeté de
tissu et les mêmes arêtes vives et pointes épineuses qui caractérisent le nectophore de la
forme-mère.

Les formes suivantes ne sont que des sous-genres du précédent.
Aglaismoides (Eschscholtz) qui est l'Eudoxie de
(*Abylopsis*, Chun),
Bassia (Quoy et Gaymard) avec
(*Sphenoides*, Huxley) qui est son Eudoxie, enfin
Ceratocymba (Chun) qui est l'Eudoxie de quelque forme inconnue, sans doute voisine des précé-
dentes, à moins qu'elle n'appartienne à une Monophyidée.

En outre de ces sous-genres, citons :
Parasphenoides (Bedot) Eudoxie, voisine de *Sphenoides,* mais dont la forme coloniale n'est pas
connue (Amboine) et
Enneagonoides (Huxley) qui n'est connu aussi qu'à l'état d'Eudoxie libre (Amboine).

·3^e Tribu

AMPHICARYONINES. — *AMPHICARYONINA*

[*Amphicaryoninæ* (Chun)]

TYPE MORPHOLOGIQUE

Le jeune ne diffère en rien d'une Diphye normale : il a deux cloches
constituées comme d'ordinaire. Mais à mesure qu'il grandit, on voit la
cloche supérieure s'aplatir et atrophier sa sous-ombrelle et ses canaux
radiaires, qui se réduisent à quatre courts tronçons et à une sorte
de bouclier. En outre, ce bouclier et la cloche sous-jacente sont
entièrement permanents, vu qu'il n'y a pas de cloche de remplacement.

GENRES

Mitrophyes (Häckel) (**Pl. 34**) a son pseudo-bouclier en forme de demi-sphère
creuse. La cloche est un peu plus qu'hémisphérique, avec une exombrelle
épaisse, au pôle apical de laquelle est creusé une petite hydrœcie infundibuliforme d'où la tige part pour se réfléchir vers le bas, dès qu'elle
s'est dégagée. Du point d'insertion de la tige partent, l'un d'un côté, l'autre
de l'autre, les pédicules endodermiques du système de canaux de la
cloche et du pseudo-bouclier. Entre eux est un prolongement qui
s'avance tangentiellement dans la mésoglée de l'exombrelle de la cloche,

et qui constitue son oléocyste. Les cormidies sont eudoxiformes (sans cloche cormidienne) et mûrissent sur place leurs produits sexuels (Atl. nord et tropical).

Amphicaryon (Chun) est un genre voisin (Canaries).

C'est sur ce genre que CHUN a reconnu par l'évolution la nature vraie du pseudo-bouclier, considéré, chez *Mitrophyes*, comme un vrai bouclier par HÄCKEL qui, dès lors, n'admettant qu'une cloche, classait le genre parmi les Monophyidés.

3e SOUS-ORDRE

MONOPHYIDÉS. — *MONOPHYIDÆ*

[*MONOPHYIDÆ* — (Claus); *SPHÆRONECTIDÆ* (Huxley)]

TYPE MORPHOLOGIQUE

Le sous-ordre se caractérise simplement par la réduction de son nectosome à une seule cloche natatoire, très grande il est vrai, et par l'absence complète de cloches de remplacement, en sorte que la cloche unique est permanente. Le siphosome ne présente rien de particulier.

Le sous-ordre se divise en deux tribus :

SPHÆRONECTINA, à cloche sans arêtes vives, dérivant de la cloche larvaire primaire non caduque;

CYMBONECTINA, à cloche de forme anguleuse, à arêtes vives, ayant succédé, comme cloche secondaire, à la cloche larvaire primaire, qui est caduque.

1re TRIBU

SPHÆRONECTINES. — *SPHÆRONECTINA*

[*SPHÆRONECTIDÆ* (Huxley) *s. str.*; — *DIPLOPHYSIDÆ* (Häckel)]

TYPE MORPHOLOGIQUE
(FIG. 423)

Nous prendrons pour type le genre *Sphæronectes*.

Le siphosome, à cormidies eudoxiformes, ne présente rien de particulier. Le nectosome se compose d'une unique cloche très grande (fig. 423, *clh.*), dont la forme est celle d'une sphère dont on aurait enlevé une calotte inférieure d'une hauteur égale au quart environ de son diamètre. La sous-ombrelle, dont l'orifice correspond à la surface de section, est large et basse, de forme régulièrement arrondie. Dans l'épais dôme de mésoglée exombrellaire qui la surmonte, se trouve creusée l'hydrœcie (*hy.c.*), en forme de profond cœcum arqué dont le fond s'avance un peu au delà de l'apex de la cavité sous-ombrellaire et qui, contournant le bord (ventral) de la sous-ombrelle, va s'ouvrir sur le côté de celle-ci, à quelque distance au-dessus de son orifice. La tige (*stl.*) s'insère au fond de cette vaste hydrœcie, où elle peut se retirer tout entière. De sa base partent un oléocyste (*h.*) qui continue sa direction et le court pédicule des quatre canaux radiaires de la sous-ombrelle. L'origine embryogénique de cette cloche n'a pas été formellement établie ; mais, de la comparaison avec les formes larvaires les plus jeunes qu'il ait rencontrées, Chun s'est cru autorisé à conclure que c'était là la cloche primaire de la larve restée persistante. Il y a en effet une ressemblance remarquable entre l'une et l'autre. Seul l'oléocyste diffère sensiblement par sa taille beaucoup plus grande.

Les cormidies se détachent sous forme d'Eudoxies libres, remarquables par la forme arrondie, presque sphérique, de leur bouclier, pourvu d'un oléocyste simple, verticalement ascendant.

GENRES

Sphæronectes (Huxley) (fig. 423) vient d'être décrit comme type. Son Eudoxie appartient au genre
(*Diplophysa* Gegenbaur) (Médit., Pacif., oc. Indien).

Monophyes (Claus) (fig. 424), type du sous-ordre, en diffère par une structure plus simple de

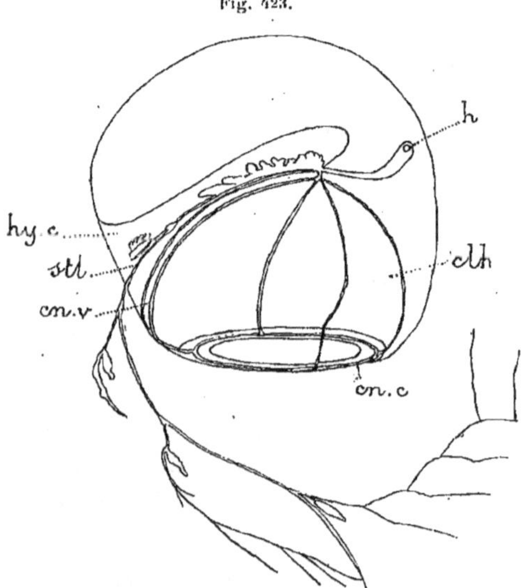

Fig. 423.

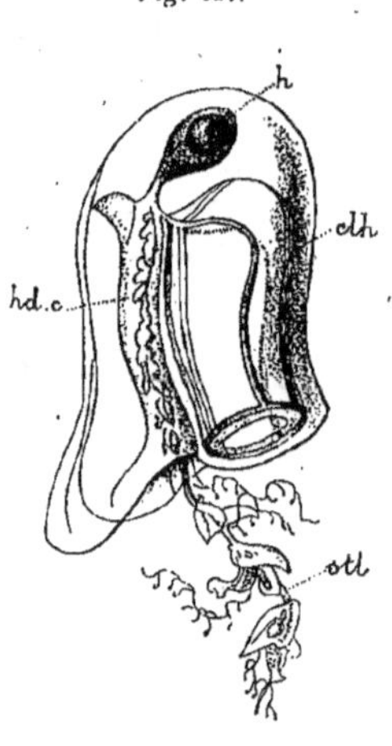

Fig. 424.

Sphæronectes gracilis (d'ap. Chun).

clh., cloche natatoire ; **cn. c.**, canal circulaire ; **cn. v.**, canaux radiaires ; **h.**, oléocyste ; **hy. c.**, hydrœcie ; **stl.**, stolon.

Monophyes princeps.
Portion supérieure
de la colonie (d'ap. Häckel).

clh., cloche natatoire ; **h.**, oléocyste ; **hd. c.**, hydrœcie ; **stl.**, stolon.

l'hydrœcie, réduite à une gouttière limitée par deux saillies aliformes parallèles (Médit., Atl., oc. Indien). Son Eudoxie est aussi un
(*Diplophysa*, Gegenbaur).

2ᵉ Tribu

CYMBONECTINES. — *CYMBONECTINA*

[*CYMBONECTIDÆ* (Häckel)]

TYPE MORPHOLOGIQUE
(FIG. 425 A 427)

Nous prendrons pour type morphologique le genre *Muggiæa*.

Fig. 425.

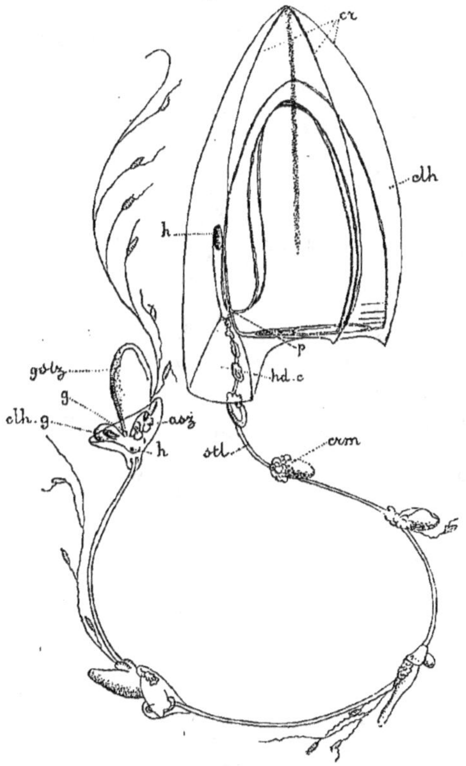

Muggiæa Kochi (d'ap. Chun).

asz., bouclier; **clh.**, cloche natatoire; **clh. g.**, cloche natatoire génitale; **cr.**, crêtes de la cloche natatoire; **crm.**, cormidies; **g.**, bourgeon génital; **h.**, oléocystes; **hd. c.**, hydrœcie; **p.**, point de départ des canaux endodermiques de la cloche natatoire.

Ici encore, c'est sur le nectosome seul que porte la différence des caractères, le siphosome ne se distinguant que par quelques particularités du bouclier de ses cormidies.

La cloche unique (fig. 425, *clh.*) du nectosome est grande et sa forme pourrait être comparée à celle d'un obus qui serait pourvu de cinq crêtes longitudinales (*cr.*) partant du sommet pour descendre, de plus en plus saillantes, vers le bas, où elles se terminent à l'orifice ombrellaire par une dent. De ces crêtes, une est dorsale, deux sont latéro-dorsales et deux latéro-ventrales. Ces dernières sont plus fortes et descendent plus bas. Dans la masse de mésoglée ex-ombrellaire comprise entre leurs bases, est creusée une petite hydrœcie conique (*hd.c.*) dont le sommet, tourné vers le haut, donne insertion à la tige (*stl.*). De ce sommet part un petit oléocyste simple (*h.*) descendant le long du bord ventral de la cavité sous-ombrellaire. Cette dernière, très grande, occupe la majeure partie de l'ombrelle et reproduit sa forme générale. Le point (*p.*) de départ de ses canaux radiaires est situé très bas, au sommet de l'hydrœcie ; aussi ces canaux sont-ils très inégaux, le ventral rectiligne très court, le dorsal montant le long du bord ventral, contournant le sommet et redescendant le long du bord dorsal, les deux latéraux allant former une longue anse vers le sommet géométrique de la sous-ombrelle avant de se rendre au sinus circulaire. Toute la cloche est faite d'une mésoglée ferme, de consistance sub-cartilagineuse.

La ressemblance de cette conformation avec celle de la cloche supérieure d'une Diphye est à remarquer.

Ici, l'on est certain, de par les recherches de Chun [92], que cette cloche est une cloche secondaire ayant succédé à une cloche larvaire primaire caduque. La larve montre, en effet, cette cloche secondaire bourgeonnée à la base du stolon d'une cloche primaire tout autrement conformée. Celle-ci (fig. 426, *clh. 1.*) a la forme d'une mitre, lisse, sans crêtes, ni dents. Le stolon larvaire, pédicule du gastrozoïde primaire, part d'une encoche située au milieu de la hauteur de son bord ventral et protégée par deux lames saillantes limitant entre elles une petite hydrœcie ouverte (fig. 426, *hd.c.*). Du sommet du stolon partent un oléocyste ascendant (*h.*), beaucoup plus grand que celui de la cloche secondaire, et les quatre canaux radiaires beaucoup moins inégaux que dans la cloche définitive. Celle-ci se rattache au stolon sur la génératrice opposée à celle qui porte les bourgeons cormidiens.

Les cormidies se distinguent par une forme anguleuse et une structure ferme de leur bouclier qui rappellent celles de la cloche. Ces caractères se retrouvent sur les Eudoxies (fig. 427) qu'elles forment en devenant libres. Celles-ci ont un grand bouclier galéiforme (*asz.*), pointu au sommet, dont l'axe est occupé par un grand oléocyste simple (*h.*), vertical ; leurs gonophores médusiformes (*c.*) ont la forme de pyramides à base quadrangulaire.

Pour le reste, elles présentent les caractères habituels.

Fig. 426.

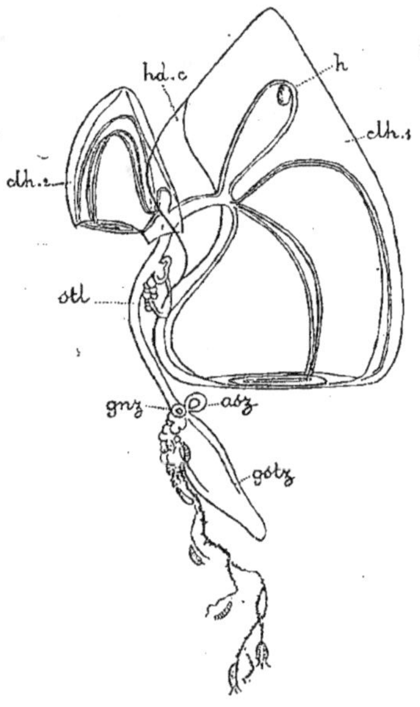

Jeune colonie de *Muggiæa Kochi* n'ayant pas encore perdu sa cloche primaire (d'ap. Chun).

asz., bouclier ; **clh.1**, cloche natatoire primaire ; **clh.2**, première cloche natatoire permanente : **gnz.**, gonozoïde ; **gstz.**, gastrozoïde ; **h.**, oléocyste ; **hd. c.**, hydrœcie ; **stl.**, stolon.

GENRES

Cucubalus (Quoy et Gaymard) (fig. 425 à 427) est le type que nous venons
de décrire. C'est son Eudoxie qui
a reçu plus particulièrement ce
nom. Il est plus connu sous le
nom de

(*Muggiæa*, Busch) donné ultérieurement (1851 au lieu de 1824) à la
colonie entière (Manche, Médit., Atl.
Pacif.).

Voisins sont les genres :

Cymbonectes (Häckel), à hydrœcie ouverte en
gouttière et remontant plus haut, ce qui reporte plus haut le pédicule de la sous-ombrelle, et à boucliers spathiformes. On n'est
pas certain qu'il y ait des Eudoxies (oc.
Indien) ;

Doromasia(Chun),dontla cavité sous-ombrellaire
de la cloche est prolongée en tube au sommet. Les cormidies deviennent libres, comme
celles des *Diphyopsis*, sous la forme d'

(*Ersæa*, Eschscholtz), à bouclier en forme de
cuirasse et muni d'une cloche cormidienne
(Canaries).

Cuboides (Quoy et Gaymard), qui est monoïque
et, en outre, a le bouclier cubique, excavé
en dessous et l'ombrelle des gonophores en
pyramide à plus de 4 côtés, est l'Eudoxie de

(*Halopyramis*, Chun), à cloche ayant quatre
crêtes seulement et la sous-ombrelle rejetée
dorsalement par l'oléocyste et l'hydrœcie qui sont centraux (Médit., Atl., Pacif., oc. Indien).

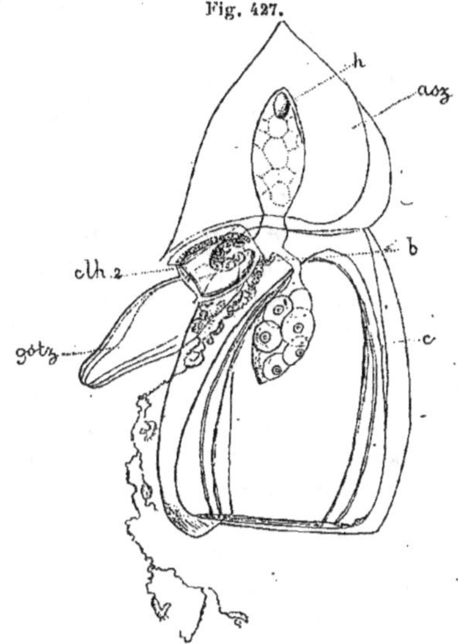

Eudoxie (Eudoxia Eschscholtzii)
libre de *Mugginæa Kochii* (d'ap. Chun).
asz., bouclier; **b.**, bourgeon génital; **c.**, gonophore
médusiforme; **gstz.**, gastrozoïde; **h.**, oléocyste.

Signification de l'organisme Siphonophore.

L'organisme du Siphonophore n'est pas d'une interprétation aisée.
Il se présente en effet avec un caractère mixte, tenant à peu près exactement le milieu entre un être simple pourvu d'organes variés et une
colonie dont les membres se seraient spécialisés de manières différentes. Ces *organes*, si on les interprète comme tels (flotteur, cloches
natatoires, boucliers, gastrozoïdes, filaments pêcheurs, médusoïdes
sexués, etc.), ont une singulière ressemblance avec les Polypes ou les
Méduses qui, ailleurs, chez les Hydroméduses, constituent des êtres
distincts; ces *membres de la colonie*, si on leur attribue cette signification,
sont étrangement métamorphosés, réduits à cet assemblage de tissus
auquel on donne le nom d'organe et qui a tout ce qu'il faut pour remplir
une des fonctions de l'organisme, mais non ce qui serait nécessaire
pour les remplir toutes et, s'il était séparé, vivre d'une vie indépendante.

Il y a là un premier point de vue d'où sont parties deux théories dites l'une *poly-organique*, l'autre *poly-personnelle*.

D'autre part, on peut se demander de quelle souche les Siphonophores sont issus. Par leurs organes polypoïdes, ils ressemblent aux Hydraires, par leurs parties médusiformes, ils rappellent les Méduses ; d'où l'idée de les faire dériver, soit d'une colonie d'Hydraires polymorphe, devenue libre et pélagique, soit d'une Méduse déjà libre qui aurait multiplié ses organes ou aurait bourgeonné des rejetons qui seraient restés unis à elle en un organisme colonial. C'est là un second point de vue d'où sont nées deux autres théories que l'on pourrait appeler *hydromorphe* et *médusomorphe*.

Ces quatre théories ne sont exclusives les unes des autres que deux à deux ; aussi, bien que la théorie polyorganique s'accommode mieux avec la médusomorphe, et la polypersonnelle avec l'hydromorphe, ont-elles donné naissance à des combinaisons diverses dont celle de Häckel est la plus célèbre. Ces quatre théories avec leurs variantes multiples et leurs combinaisons ont divisé les naturalistes en partis nombreux, entre lesquels l'accord est loin d'être fait. Nous allons exposer les principales et les objections auxquelles elles donnent prise, et dire en terminant les conclusions auxquelles il nous paraît légitime de s'arrêter.

Théorie médusomorphe polyorganique. — Huxley [52] est le seul qui ait appliqué d'une façon absolue le principe polyorganique. Conséquent avec sa définition de l'*individu*, qui est pour lui l'ensemble de toutes les parties prenant part au cycle évolutif, depuis l'œuf jusqu'à l'œuf de la génération suivante, il considère comme *organes* toutes les parties de l'individu ainsi compris, même lorsqu'elles se détachent pour vivre d'une vie libre : ainsi, la Méduse libre d'une *Obelia* et à plus forte raison celle d'une Porpite sont de simples organes. Il considère le Siphonophore comme une Méduse dont les organes se sont multipliés, dissociés et répartis sur l'individu, suivant des exigences nouvelles. D'ailleurs, il n'émet aucune hypothèse sur le détail de la dérivation.

Théories médusomorphes mixtes. — Tous les autres naturalistes qui ont fait dériver le Siphonophore d'une Méduse ont vu dans ses parties un mélange d'organes et d'individus associés en colonie.

Eysenhardt [21], qui eut le premier l'idée de cette dérivation, compare le Siphonophore à un Rhizostome dont l'ombrelle en se retroussant aurait formé le flotteur : l'exombrelle tapisserait la paroi de la chambre à air et la sous-ombrelle formerait la paroi externe. Les gastrozoïdes des formes simples, comme *Rhizophysa*, proviendraient des franges du manubrium du Rhizostome, individualisées et transformées ; mais dans des formes plus complexes, comme les Physalies, il voit une colonie formée par la réunion de plusieurs individus dont les flotteurs seuls se sont soudés en un organe unique, les autres parties restant séparées comme membres distincts de la colonie.

Cette théorie, curieuse pour l'époque où elle a été formulée, n'est évidemment qu'une conception subjective, une manière d'envisager un organisme.

Metchnikov [70] et presque en même temps P. E. Müller [71], lui ont donné une forme plus objective et ont tenté de l'appuyer sur des données embryogéniques. Pour Metchnikov, le Siphonophore dérive d'une de ces Méduses à long manubrium bourgeonnant, comme certains *Sarsia*. Le flotteur s'est formé, comme dans la théorie précédente, par retroussement de l'ombrelle, et le manubrium est devenu la tige. Sur cette tige ont bourgeonné des *individus*, les Médusoïdes sexués; mais les autres parties sont des *organes* résultant d'une multiplication des organes de la Méduse, qui se sont ensuite distribués sur la tige aux places convenables : l'ombrelle a donné les cloches, le manubrium a donné les gastrozoïdes, les tentacules marginaux ont donné les filaments pêcheurs, etc.

Hartlaub [96] a fourni quelque appui à la conception de la multiplication des organes en montrant que le manubrium de *Sarsia* se régénérait multiple après excision.

Malgré tout, cette multiplication des organes et leur dispersion reste une des principales difficultés de cette conception; car, si à la rigueur un organe déjà multiple comme le tentacule peut se multiplier encore et se déplacer, on ne voit vraiment pas comment l'ombrelle pourrait se morceler en petites ombrelles, ni comment celles-ci iraient prendre place, loin sur le manubrium, pour former les boucliers.

Häckel [88] a tranché en partie cette difficulté en augmentant le rôle du bourgeonnement et restreignant celui de la multiplication et de la dispersion des organes, dans sa célèbre théorie connue sous le nom de *théorie du Médusome*. Le Siphonophore est un organisme colonial comportant au moins trois générations d'individus. Il y a d'abord un individu fondateur unique, du premier degré, qui est une Méduse (*Protomeda*). Il est représenté simple et complet par la larve (*Siphonula*) dont l'ombrelle est devenue le flotteur, dont le manubrium a formé le gastrozoïde primaire et dont l'unique tentacule marginal s'est déplacé pour devenir le filament pêcheur. Ce flotteur serait formé, d'après Häckel, non par un retroussement de l'ombrelle, mais par une invagination glandulaire de l'exombrelle au pôle apical (¹).

Sur le manubrium, allongé en tige, de cet individu primaire bourgeonnent des individus secondaires ou de seconde génération, les cormidies; ces individus secondaires, sous leur forme normale, sont com-

---

(¹) Chun exagère lorsqu'il dit que, dans cette théorie, la Méduse originelle est dépourvue de sous-ombrelle. La cavité sous-ombrellaire disparaît, mais non la sous-ombrelle en tant que paroi, puisque Häckel admet que les canaux radiaires sont représentés par les chambres endodermiques du flotteur. Bien que Häckel ne s'exprime pas nettement sur ce point, il faut bien que la partie inférieure au moins de la surface externe du flotteur soit de nature sous-ombrellaire, en sorte que sa conception ne diffère au fond de celle de Metchnikov qu'en un point : c'est que la cavité du flotteur provient non d'un retournement de l'exombrelle, mais d'une invagination qui a absorbé celle-ci en partie sinon en totalité.

posés d'une ombrelle, le bouclier, d'un manubrium, le gastrozoïde, et
d'un tentacule marginal qui, en quittant le bord ombrellaire pour se
placer à la base du manubrium, est devenu le filament pêcheur. C'est
chez ces individus secondaires seulement qu'apparaît le phénomène de
multiplication et de dispersion des organes qui donne lieu à la formation
des cystozoïdes par multiplication des manubriums et à celle des palpacules par multiplication du filament pêcheur. Mais il y a aussi des
cormidies incomplètes, réduites à une ou deux de leurs parties, qui
donnent naissance aux boucliers isolés, aux cystozoïdes isolés, etc. Enfin
les individus tertiaires ou de troisième génération sont les Médusoïdes
sexués, bourgeonnés par les gonozoïdes qui appartiennent à la cormidie.

Quant aux cloches du nectosome, ce seraient non des bourgeons
secondaires comparables aux cormidies, mais des organes provenant de
la multiplication et de la dispersion de l'ombrelle de l'individu primaire.

Tout cela s'applique aux *Siphonophores bilatéraux*, qu'il réunit sous
le nom de *Siphonanthes* (*Siphonanthæ*), mais non aux *Siphonophores
radiaires* ou *Disconanthes* (*Disconanthæ*), qui sont nos *Chondrophorida*
(Vélelles, Porpites, etc.). Les premiers se rattachent aux *Anthoméduses*,
les seconds aux *Trachyméduses* (*Trachynema, Pectyllis*), dont ils dérivent
par un processus beaucoup plus simple qui est le suivant.

La larve (*Disconula*) ne diffère d'une Craspédote que par la possession d'un petit flotteur apical, à structure radiaire, produit aussi
par une invagination exombrellaire; son manubrium forme le gastrozoïde central. Il lui pousse des tentacules marginaux qui, en se dépla-
çant un peu vers la sous-ombrelle, deviennent les tentacules de l'adulte.
Les zoïdes périphériques représentent des cormidies secondaires, bourgeonnées sous la sous-ombrelle et réduites à leur manubrium; et les
gonozoïdes sont, comme d'ordinaire, les individus de troisième génération (¹).

HATSCHEK [89], dans son traité de zoologie, a réduit encore plus le rôle
de la multiplication des organes, en considérant les cloches du nectosome comme des bourgeons médusoïdes de seconde génération, devenus stériles et dépourvus de leur manubrium pour se consacrer à
leurs fonctions locomotrices.

Dans toutes les théories médusomorphes, on s'accorde à considérer
la tige comme provenant du manubrium allongé de la Méduse primitive. Cependant, si l'on suit le développement de la larve, on voit
avec la dernière évidence (du moins chez les Siphonantes, les seuls
connus sous ce rapport): que le flotteur, formé avec intervention d'un

______

(1) CHUN et CLAUS [89] se sont élevés avec raison contre cette prétendue *origine diphylé-
tique des Siphonophores* que rien ne démontre. Les gonophores médusoïdes des Vélelles et
des Porpites ont tous les caractères des Anthoméduses et aucun caractère des Trachyméduses.
Les plus jeunes larves connues des prétendus Disconanthes (BEDOT [94]) ont le même caractère bilatéral que celles des Siphonanthes.

nodule médusaire, a tous les caractères d'une Méduse réduite ; que la cavité aérifère provient du nodule médusaire et a tous les caractères d'une cavité sous-ombrellaire ; enfin, que le pédicule du gastrozoïde primaire, au lieu de partir du fond de cette cavité, comme il devrait le faire s'il était véritablement son manubrium, part au contraire, de son pôle apical. Si donc on veut faire dériver le Siphonophore d'une Méduse, il faut admettre que sa tige représente non un manubrium, mais un *stolon* aboral, comme celui de *Cunina*, qui, chargé de bourgeons, forme ces *Knospenähren* dont il a été question dans une autre partie de ce volume (Voir p. 199).

Il est curieux que Metchnikov [74], qui a si bien étudié ces formations, n'ait pas songé à modifier, d'après ces nouvelles vues, sa théorie primitive. Chun, qui a fait valoir cet argument, n'accepte pas cependant de considérer le Siphonophore comme une Méduse dont l'ombrelle est devenue le flotteur et qui a bourgeonné sur un long stolon aboral le reste de la colonie ; en sorte que cette théorie, assez séduisante cependant, reste sans défenseur attitré.

Théories polypersonnelles hydromorphes. — Toutes les théories hydromorphes sont polypersonnelles, c'est-à-dire qu'elles mettent de côté toute idée de répétition et de dispersion d'organes, pour ne voir partout que bourgeonnement d'individus plus ou moins réduits, et ces individus sont ici les membres d'une colonie d'Hydraires devenue libre et pélagique.

Lesueur [13] dès le commencement et H. Milne-Edwards [41] vers le milieu de ce siècle, eurent les premiers l'idée de cette comparaison. Mais c'est par Leuckart [51] et par C. Vogt [54] qu'elle a été établie solidement.

Il n'est pas besoin de longues explications pour la faire comprendre. Les Hydraires sont déjà des colonies très polymorphes : les blastostyles, les dactylozoïdes, les nématophores, les épines protectrices sont des modifications très variées du Polype ; il n'est pas difficile d'admettre que d'autres modifications ont pu prendre naissance. D'autre part, ces colonies produisent non seulement des Polypes, mais des Méduses ; les gonophores avec toutes leurs variétés, depuis le sporosac jusqu'aux Méduses libres complètes, nous montrent déjà une collection passablement variée de bourgeons médusoïdes polymorphes ; il n'est pas inadmissible que d'autres variétés aient pu se former et donner le flotteur, les cloches natatoires et les boucliers.

Des difficultés de détail se présentent ici dans l'interprétation de certaines parties. Ainsi, la cormidie tout entière peut être considérée, comme dans la théorie de Häckel, comme une Méduse unique ; ou bien l'on peut, au contraire, la dissocier et voir dans son bouclier une ombrelle de Méduse (Häckel, Chun) ou un Polype aplati (K. C. Schneider), dans son gastrozoïde un manubrium ou un Polype indépendant, dans son filament pêcheur un tentacule de Méduse ou un tentacule de Polype ou une sorte de dactylozoïde indépendant. Chun nous semble s'être laissé aller à une exagération manifeste lorsqu'il attribue au moindre diverticule la valeur d'une personne indépendante, quand les Méduses et les Polypes nous montrent, dans les tentacules par exemple, des organes d'individualités complexes.

Mais le point délicat est de concevoir comment l'Hydraire fixé a pu devenir libre et se munir d'un organe nouveau, le flotteur.

Claus [84], reculant devant la difficulté de rendre la liberté à un Hydraire fixé, fait provenir le Siphonophore directement de la larve libre.

Korschelt et Heider [90], dans leur traité d'embryogénie, émettent et précisent une idée analogue. Ils pensent qu'une larve d'Hydraire a pu se fixer à la surface de l'eau qui, grâce à la tension superficielle, agit, dans une certaine mesure, à la manière d'une paroi résistante, et là, développer une colonie suspendue à cette surface. La portion basilaire, par suite de son contact avec l'air, se serait creusée en nacelle, puis fermée en flotteur, et, alors seulement, la colonie aurait pu quitter la surface et mener une vie pélagique.

K. C. Schneider [96] assure au contraire, qu'un Hydraire ainsi placé, sans ménagements, dans les conditions de la vie pélagique n'aurait aucune chance de vivre. Aussi pense-t-il et s'efforce-t-il de montrer que la structure et la disposition des parties caractéristiques des Siphonophores (ou du moins, des plus simples d'entre eux, les Calycophorides, avec leurs Eudoxies), se sont produites sur l'Hydraire encore fixé, par les seules nécessités de la division du travail, et qu'alors seulement, un fragment de la colonie, arraché, rendu libre et entraîné par des bourgeons médusoïdes restés adhérents, a formé d'emblée une colonie d'Hydraires adaptée à la vie pélagique, c'est-à-dire un Siphonophore.

Chun [97] enfin, sans se prononcer sur une question qui ne lui semble pas mûre, se demande si les Siphonophores ne dériveraient pas de quelque Hydraire pélagique, dont on a le droit de supposer l'existence lorsqu'on songe à celle du *Nemopsis* (Voir p. 78) et de ces Graptolites pélagiques munis d'un flotteur central, qu'ont dévoilés les récents travaux des paléontologistes.

En comparant dans leurs grands traits, les théories médusomorphes et hydromorphes, on voit qu'elles présentent chacune, par rapport à l'autre, des supériorités et des infériorités. La théorie médusomorphe a l'avantage de partir d'une forme déjà pélagique; elle explique le flotteur d'une manière toute naturelle, fortement appuyée par l'embryogénie, si du moins on envisage la tige comme un stolon apical bourgeonnant. Son point faible est qu'elle doit interpréter tous les organes comme Méduses ou parties de Méduses, car jamais une Méduse ne bourgeonne de Polypes. De là, la nécessité d'attribuer au moindre diverticule se présentant isolé sur la tige, la signification d'une Méduse réduite, ou d'admettre une multiplication et une dispersion d'organes qu'aucune observation ne confirme, et qui, selon la très frappante remarque de Chun, fait ressembler le Siphonophore à ces idoles que l'imagination de leurs barbares adorateurs dote de plusieurs têtes et de plusieurs paires de jambes et de bras.

La théorie hydromorphe échappe à ces inconvénients, car l'Hydraire bourgeonne à la fois des Méduses et des Polypes, et elle est, à tout prendre, plus solide que l'autre; mais nous venons de voir quelle difficulté elle éprouverait à expliquer le flotteur et le passage à l'état pélagique.

Enfin on peut leur faire, à l'une et à l'autre, ce reproche, applicable d'ailleurs à toutes les théories phylogénétiques, qu'elles reconstituent une descendance hypothétique d'après des données absolument insuffisantes et en invoquant les dérivations les plus simples, les plus logiques, les plus naturelles, quand l'observation des processus ontogénétiques nous montre partout, régnant en maîtres, la complication inutile et l'irrationalité, aboutissant à la réalisation de ce qui était impossible à prévoir. Ce n'est pas que tout ne soit rigoureusement logique dans la succession des causes et des effets qui sont intervenus dans l'évolution phylogénétique de chaque forme vivante; mais cette logique est toute de détail et a dû tenir compte de l'intervention de mille conditions accessoires, locales, contingentes, etc., dont nous ne pouvons rien soupçonner; et elle n'a rien de commun avec cette logique à grandes enjambées que nous appliquons dans nos essais de reconstitution phylogénétique.

Dans la critique des théories polypersonnelle et polyorganique, il faut d'abord mettre de côté la discussion stérile qui tend à les envahir, sur la définition de l'organe et de l'individu : tout le monde s'entend sur la chose, tout le monde bataille sur les mots; il n'y a donc autre chose à faire que de laisser ce sujet aux oisifs. Cela mis à part, ce qui reste en discussion, c'est de savoir si tel organe (ne disons pas *représente*, ce qui serait retomber dans les discussions métaphysiques) mais dérive phylogénétiquement d'une partie d'un être (Polype ou Méduse) dont les autres parties sont encore présentes, ou d'un être entier (Polype ou Méduse), réduit à cette partie; si, par exemple, à la place d'un cystozoïde avec son palpacule, il y avait chez l'ancêtre *un seul* polype normal qui n'a gardé qu'un tentacule, ou s'il y en avait deux dont l'un a perdu ses tentacules et dont l'autre a entièrement disparu, à l'exception d'un tentacule qui est resté inséré sur le Polype voisin; ou encore, si là où l'on trouve chez le Siphonophore actuel de petits boucliers sur les entrenœuds, il y avait chez l'ancêtre un seul bouclier dont le rudiment s'est subdivisé en parties qui se sont répandues sur l'entre-nœud précédemment nu, ou s'il y avait sur cet entre-nœud, plusieurs individus complets, médusiformes sans doute, dont il n'est resté que l'ombrelle transformée en bouclier.

Eh bien, cela est non moins inutile à discuter, car nous ne le saurons

jamais. Et trouverait-on même de nouvelles formes intermédiaires, que
la difficulté de leur interprétation laisserait la question presque aussi
insoluble qu'avant !

Pour nous, il nous semble plus rationnel de voir dans le Siphonophore le produit de l'évolution d'un plasma ovospermique, apte à former
d'emblée, avec le concours nécessaire des conditions qu'il rencontre, un
organisme présentant, avec les autres Hydroméduses, des ressemblances
et des différences. Ses ressemblances, il les doit à sa parenté phylogénétique avec celui des Hydroméduses : il forme des parties semblablement (mais non identiquement) conformées (des nématoblastes, des
noyaux médusaires, des ombrelles, des manubriums, des polypes, des
dactylozoïdes, des tentacules, etc., etc.) parce que, dans sa constitution
physico-chimique, il reste fondamentalement semblable à celui de ses
ancêtres Hydroméduses. Ses différences, il les doit aux modifications
qu'il a subies par rapport à ce dernier. Quant à savoir comment ces
modifications se sont produites, si elles ont été graduelles, si elles sont
dues à une action sur l'adulte, dont le retentissement sur le plasma
germinal est pour le moment incompréhensible; ou si elles sont le
produit de certaines variations directes du plasma germinal, cela est
pour le moment impossible. Dire qu'il y a *correspondance objective* entre
telles parties du Siphonophore et telles autres de l'Hydraire ou de la
Méduse, c'est trancher la question dans le premier sens, car si la
seconde hypothèse est la vraie, tout est neuf dans le Siphonophore par
rapport aux formes parentes : ce bouclier ressemble à une ombrelle,
mais il n'a jamais été ombrelle, et ne dérive pas plus d'une ombrelle
que la forme cristalline du soufre octaédrique n'a dérivé graduellement de celle du soufre prismatique.

Toutes nos préférences sont pour cette dernière manière de voir ;
mais comme nous sommes hors d'état de démontrer sa justesse, nous
nous contenterons de dire qu'elle est aussi bien fondée que la première
et que l'on risque de perdre son temps et sa peine en discutant, au sujet
des formes animales des questions de *correspondance morphologique* qui
peut-être ne reposent sur rien d'objectif.

2ᵉ Classe

SCYPHOZOAIRES. — *SCYPHOZOARIA*

[*Scyphozoa* (Götte (¹) *emend.*)]

TYPE MORPHOLOGIQUE
(FIG. 428)

Deux caractères fondamentaux distinguent les Scyphozoaires des Hydrozoaires : la présence d'un stomodæum et le cloisonnement de la cavité gastrique.

Le premier de ces caractères consiste en ce que la portion péri-buccale de la paroi du corps s'est invaginée de manière à faire saillie dans la cavité gastrique, sous la forme d'un cylindre tapissé en dedans d'ectoderme et en dehors d'endoderme, et à reporter à l'extrémité inférieure de ce cylindre pharyngien ou stomodæal, la rencontre du feuillet ectodermique avec l'endoderme. Le second consiste en ce fait que la cavité gastrique est subdivisée en compartiments disposés en cercle par des cloisons radiaires, au nombre de 4 au moins, formées par un repli de l'endoderme, contenant à son intérieur une lame du mésoglée.

Ces caractères se manifestent d'une manière bien différente selon que l'animal revêt la forme d'un Polype ou celle d'une Méduse. La grande majorité des Scyphozoaires (tous ceux qui forment la sous-classe des Anthozoaires) revêtent exclusivement la forme Polype (fig. 428); ils deviennent adultes et sexués sous cette forme et se reproduisent sans qu'à aucun moment la forme Méduse se montre dans le cycle évolutif. Chez eux, le stomodæum invaginé forme un pharynx cylindrique (*ph.*), saillant dans la cavité

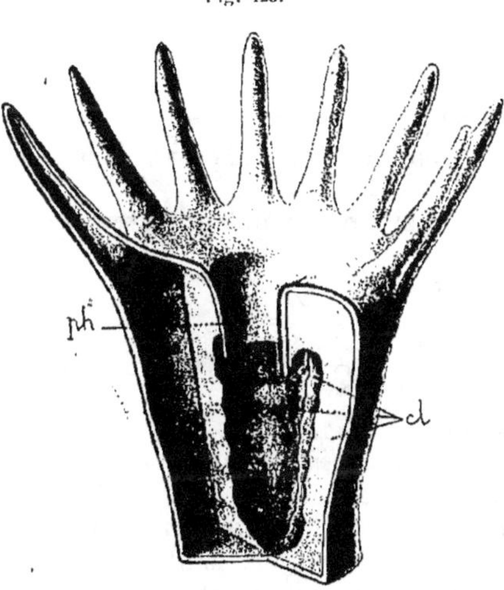

Fig. 428.

Scyphozoaire (Type morphologique) (Sch.).
cl., cloisons; **ph.**, pharynx.

(¹) Götte comprenait dans ses Scyphozoaires les Cténophores, dont nous faisons un sous-embranchement des Cœlentérés.

gastrique et très évident. Les cloisons gastriques (*cl.*) sont, de même, saillantes dans la cavité gastrique et très nettement dessinées. Chez ceux qui ont, à l'état adulte, la forme Méduse (ils forment la sous-classe des Acraspèdes), ces caractères sont beaucoup moins nets. Les cloisons gastriques ont, chez la Méduse, une disposition très variable qui rend plus obscure leur assimilation avec celles des Polypes Anthozoaires. Quant au stomodæum, il est complètement absent, l'endoderme arrivant jusqu'à l'extrème bord des lèvres buccales. Mais ici il existe un stade larvaire polypoïde, le Scyphostome, chez lequel il y a, au début au moins, un stomodæum invaginé et toujours 4 cordons saillants dans la cavité gastrique, qui deviendront les columelles et tænioles de l'adulte, et que l'on a le droit d'assimiler aux cloisons vraies des Polypes Anthozoaires.

Nous ne pouvons donner ici ces indications que sous une forme sommaire, car les Acraspèdes et les Anthozoaires sont si différents, qu'un type détaillé réunissant leurs caractères serait forcément très artificiel; les détails trouveront leur place quand nous décrirons les types des Acraspèdes et des Anthozoaires.

Ajoutons que les Scyphozoaires sont tous exclusivement marins.

Les *Scyphozoaria* se divisent en deux sous-classes :

Acraspediæ, à forme polypoïde à l'état larvaire, médusoïde à l'âge adulte;

Anthozoariæ, à forme restant polypoïde pendant toute la durée du cycle évolutif.

1re Sous-Classe

ACALÈPHES. — ACRASPÈDES. — *ACRASPEDIÆ*

[*Acalephæ* (Leuckart);
Phanerocarpæ (Eschscholtz); *Steganophthalmæ* (Forbes);
Acraspedæ (Gegenbaur);
Lucernaridæ (Huxley); — Discophores; — *Discophoræ* (Agassiz);
Scyphoméduses; — *Scyphomedusæ* (Ray Lankester);
Méduses entocarpes (O. et R. Hertwig); — *Toponeuræ* (Eimer);
Phacellotæ (Häckel)] (¹)

TYPE MORPHOLOGIQUE
(Pl. 35)

Anatomie et Physiologie.

L'animal est en somme une Méduse, et nous connaissons déjà les caractères généraux de cette forme, étudiée à l'occasion du type des

---

(¹) La signification de ces divers noms est utile à indiquer, parce qu'elle rappelle les principaux caractères du groupe : Acalèphes signifie Méduses piquantes (ἀκαλήφη, ortie);

Cnidaires et de tous les types de Méduses Craspédotes des Hydrozoaires. Nous pourrons donc conduire un peu rapidement cette description, en insistant seulement sur les caractères particuliers.

Extérieur. Conformation générale. — L'animal (**35,** *fig. 2*) est de taille
relativement grande. Son *disque* mesure d'ordinaire une dizaine de
centimètres de diamètre et atteint parfois 2 ou 3 décimètres. Il est de
forme subhémisphérique. Le bord de l'ombrelle se prolonge en 16 *lobes*
marginaux (*lb.*) séparés par autant d'encoches dont 4 sont perradiales,
4 interradiales et 8 adradiales. Au fond des dernières, sont insérés
8 tentacules (*tt.*); au fond des premières et des secondes, 8 *corps marginaux* sensitifs ou *rhopalies* (*st.*). L'orifice de la sous-ombrelle est très
largement ouvert par suite de l'absence de *velum*. Du fond de la cavité
sous-ombrellaire s'élève un *manubrium* qui se termine par une *bouche*
évasée (*b.*), de forme carrée, dont les 4 angles perradiaux se prolongent
en autant de *lobes* frangés ou *lèvres* (*lv.*), auxquels on donne même,
lorsqu'ils sont très grands, le nom de *bras*. Dans les 4 angles interradiaux
alternant avec ces lèvres, sont 4 profonds culs-de-sac que nous appellerons les *saccules sous-ombrellaires (poches subgénitales* des auteurs) (*scc.*)
dont on ne voit ici que l'entrée, mais qui plongent profondément dans
le corps. Ces saccules sont séparés par 4 plis partant des angles perradiaux de la bouche et se rendant vers le bord de la sous-ombrelle
sans se déprimer et que l'on appelle parfois les *freins* buccaux (*fr.*), ou
encore, avec HÆCKEL, les *mésogonies*, en raison de leurs rapports avec les
glandes génitales. On aperçoit, en effet, par transparence, au fond des
saccules, les *gonades* (*gtx.*), sous la forme de 4 anses génitales interradiales en fer à cheval, à branches centrifuges, situées en réalité dans
la cavité endodermique adjacente.

A l'intérieur, la plus grande partie de l'épaisseur du disque est formée
par une épaisse masse de *mésoglée* de consistance ferme et élastique.
Tout le reste est constitué par un ensemble compliqué de cavités dont
nous allons indiquer la disposition générale.

A la *bouche* (*b.*), tapissée par l'endoderme jusqu'à l'extrême bord des
lèvres, fait suite un *pharynx* qui communique par un orifice plus ou
moins nettement indiqué, le *cardia*, avec un vaste *estomac* occupant
la partie centrale du disque. Cet estomac se continue par un *pylore*, lui
aussi plus ou moins nettement indiqué, avec une arrière-cavité en cul-
de-sac, le *basigaster* (*bsg.*), creusée dans la substance même du disque
exombrellaire. L'estomac a, en somme, une forme lenticulaire, mais il
constitue en quelque sorte une cavité sans parois, car sa face supérieure

---

Phanérocarpes, à organes génitaux visibles; Stéganophthalmes, à yeux recouverts; Acraspèdes,
sans velum; Discophores, à ombrelle discoïde; Scyphoméduses, à larve Scyphostome; Entocarpes, à cellules germinales endodermiques : nous francisons le nom, parce que les frères
Hertwig l'ont employé en allemand (entocarpen Medusen) et non en latin; Toponeures, à
système nerveux central localisé en certains points et non disposé en anneau continu; Phacellotæ, munies de filaments gastriques ou phacelles.

est formée par l'orifice cardiaque, sa face inférieure par l'orifice pylorique et son bord par une fente circulaire que nous appellerons l'*aditus coronaire* et qui conduit dans la partie périphérique de la cavité endodermique.

Cette partie périphérique, que nous désignerons dans son ensemble sous le nom d'*espace coronaire*, est comprise entre les parties de l'exombrelle et de la sous-ombrelle qui sont extérieures à la partie centrale délimitée par la largeur de l'estomac. Elle est divisée en 4 *chambres radiaires* perradiales, par 4 *septums* interradiaux (**spt.**) qui s'étendent dans presque toute la largeur de l'espace coronaire. Nous disons *presque*, parce qu'en réalité, ces septums n'atteignent d'aucun côté la limite de l'espace coronaire. Distalement, ils restent séparés du bord de l'ombrelle par un étroit orifice (**cn. c.**), grâce auquel les 4 chambres communiquent circulairement les unes avec les autres. Ces 4 orifices constituent les portions interradiales d'un *canal circulaire* qui, dans tout le reste de son étendue, est représenté par la portion distale des chambres radiaires, nullement séparée du reste de leur cavité. Nous leur donnerons, néanmoins, sous la réserve indiquée, le nom de canal circulaire. Du côté proximal, les septums s'arrêtent avant d'atteindre l'estomac, laissant là un espace libre dans lequel passe la partie moyenne de l'anse génitale correspondante (**gtx.**).

Du fond du basigaster montent, accolés à ses parois, dans les interradius, 4 bourrelets assez saillants appelés les *tænioles* (**35**, *fig. 1* et *2*, **tnol.**). Arrivées à l'aditus coronaire, ces tænioles le franchissent sous la forme d'autant de cordons appelés *columelles* (**clml.**), qui vont s'attacher d'autre part à la paroi sous-ombrellaire, juste à l'orifice cardiaque. Les columelles ne sont que la continuation des tænioles, mais elles en diffèrent en ce qu'elles sont libres dans toute l'étendue de leur contour, n'étant fixées que par leurs deux bases. Elles découpent l'aditus coronaire en 4 segments qui sont chacun l'entrée d'une des chambres radiaires; elles marquent la limite exacte entre l'estomac et l'espace coronaire. Elles sont séparées du bord proximal des septums, situés dans les mêmes interradius qu'elles-mêmes, par 4 intervalles qui sont ceux déjà signalés, dans lesquels passent les anses génitales.

Le long du bord interne des tænioles et des columelles sont deux rangées parallèles, appelées *phacelles* (**phll.**), de petits prolongements digitiformes saillants dans la cavité gastrique et que l'on appelle les *filaments gastriques* ou *digitelles* (**flt. g.**).

Du côté distal, les chambres radiaires, ou si l'on veut le canal circulaire, envoient des prolongements dans les lobes ombrellaires, dans les tentacules et dans les rhopalies.

On a pu, dans certains cas, constater l'existence à la base de chaque tentacule, du côté sous-ombrellaire, d'un petit orifice (**35**, *fig. 1*, **p.**) considéré comme un *pore excréteur*, faisant communiquer le canal circulaire avec le dehors.

Les *saccules sous-ombrellaires* (**35**, *fig. 2, scc.*), dont nous n'avons décrit que l'entrée, s'ouvrent par un orifice évasé interradial dans la cavité sous-ombrellaire. Cet orifice donne accès dans une cavité cupuliforme qui déprime la paroi sous-ombrellaire et détermine une voussure plus ou moins forte au plafond de la cavité endodermique sousjacente. Au fond, le saccule se continue par un prolongement conique très allongé qui pénètre dans l'épaisseur de la columelle correspondante, la traverse tout entière, pénètre plus avant encore dans l'intérieur de la tæniole qui fait suite à celle-ci et s'arrête enfin en cul-de-sac, plus ou moins loin dans l'intérieur de cet organe. Par suite de cela, columelles et tænioles sont transformées en des *tubes* dont la cavité axiale est un diverticule ectodermique de la sous-ombrelle.

Ajoutons enfin, pour compléter cette vue d'ensemble, que les gonades forment 4 anses interradiales situées dans les chambres radiaires, sous l'endoderme qui les tapisse, à cheval sur le septum interradial. Chaque anse appartient donc par moitié à deux chambres radiaires contiguës, allongeant ses deux branches centrifuges dans les deux chambres que sépare le septum, tandis que la partie moyenne, proximale, de l'anse enjambe le bord proximal du septum, passant entre celui-ci et la columelle correspondante.

Exombrelle. — Elle ne présente rien de bien remarquable. Son ectoderme est formé de cellules aplaties, sans prolongement musculaire; son endoderme a les caractères habituels de l'épithelium gastro-vasculaire. La plus grande partie de sa masse est formée par une *mésoglée*, épaisse et ferme, renforcée de cellules émigrées des feuillets qui la limitent; ces cellules y prennent une forme étoilée et leurs prolongements anastomosés forment un réseau auquel s'unissent les prolongements pédieux des cellules endodermiques et ectodermiques limitrophes.

Lobes marginaux. — Ce sont de simples saillies arrondies du bord du disque (**35**, *fig. 1* et 2, *lb.*), séparées par des incisures intermédiaires, au niveau desquelles la mésoglée est très mince, de manière à leur laisser plus de souplesse. Ils contiennent une cavité endodermique, diverticule de la chambre radiaire correspondante. Leur face sous-ombrellaire présente des faisceaux longitudinaux de fibres musculaires lisses ectodermiques (**35**, *fig. 1, mcl. lb.*) qui leur communiquent des mouvements d'inflexion vers le dedans, l'effet antagoniste étant passif et dû à l'élasticité de leur mésoglée exombrellaire.

Sous-ombrelle. — L'ectoderme sous-ombrellaire est formé de cellules prismatiques à prolongement musculaire. Ces fibres musculaires forment deux muscles : un annulaire et un longitudinal. Le *muscle annulaire* (**35**, *fig. 1, mcl. a.*) forme une large bande circulaire qui s'étend distalement jusqu'à la base des lobes. Il est très puissant et formé de fibres striées. Il remplace physiologiquement le velum des Craspédotes : en se contractant, il resserre la cavité sous-ombrellaire, en chasse l'eau et produit la natation par un effet de recul; l'effet antagoniste est passif et produit par l'élasticité de la puissante mésoglée exombrellaire. Le *muscle radiaire* (**mcl. d.**) (*muscle en cloche, muscle codonoïde*) est conique et formerait une nappe continue de fibres radiaires doublant toute la sous-ombrelle s'il n'était découpé par les accidents de structure de la sous-ombrelle en faisceaux indépendants. Ces *faisceaux deltoïdes* sont lisses et au nombre de 8, 4 perradiaux passant dans ce que nous avons appelé les *freins* (**fr.**) du manubrium et 4 interradiaux plus courts qui ne dépassent pas l'entrée des saccules sous-ombrellaires. Tous ont la forme de triangles isocèles dont le sommet est proximal et dont la base distale s'arrête à la rencontre du muscle annulaire. Leur fonction n'est pas très bien élucidée.

Lèvres buccales. — Les *lèvres* (**35**, *fig. 2, lv.*), ou *lobes*, ou *bras*, ainsi qu'on les nomme selon leur développement qui est très variable, ont la forme d'une feuille se continuant par sa base avec le bord de la bouche. Leur milieu est occupé par une bande épaissie exactement perradiale, qui occupe la place de la nervure médiane de la feuille et peut se continuer jusque dans les freins du manubrium, tandis que les bords, minces et plus ou moins frangés, incurvés en dedans, sont garnis de nématoblastes ou même de petits *tentacules labiaux* pleins, urticants. C'est avec ces lèvres, munies de muscles puissants, que l'animal saisit et tue ses proies. Le manubrium est, lui aussi, pourvu de muscles qui ne sont, comme les faisceaux deltoïdes, que des parties du muscle radiaire général de la sous-ombrelle.

Cavité gastro-vasculaire. — Nous n'avons rien à ajouter à ce que nous avons dit de sa disposition générale. Elle est tapissée dans toute son étendue par l'endoderme formé de cellules cylindriques ciliées. L'endoderme revêt la paroi interne du manubrium jusqu'à l'extrême bord libre des lèvres, les faces sous-ombrellaire et exombrellaire des cavités gastro-vasculaires, les deux faces des septums, le basigaster, la saillie des tænioles et tout le pourtour des columelles ; enfin il forme la presque totalité des filaments gastriques, qui ne contiennent sous leur épithélium que quelques faisceaux musculaires, d'origine peut-être endodermique (¹).

Dans l'estomac et surtout sur les filaments gastriques (**35**, *fig. 1* et *2, flt. g.*), il s'ajoute aux cellules ciliées des cellules glandulaires digestives. Les filaments gastriques ont, en outre, des nématoblastes, qui ont pour fonction d'achever les proies incomplètement maîtrisées par les décharges des nématoblastes buccaux. Ces filaments sont, en outre, très mobiles, grâce aux fibres musculaires qu'ils contiennent, et contribuent avec les cils à brasser les aliments. Les résidus digestifs sont expulsés par la bouche. Ils ne franchissent jamais l'aditus coronaire. Les poches radiaires ne reçoivent qu'une bouillie chymeuse dont les particules solides peuvent

---

(¹) Ces faisceaux pourraient cependant être d'origine ectodermique s'ils provenaient de ceux des tænioles ou des columelles correspondantes (Voir plus loin). La question n'est pas tranchée.

être absorbées par leurs cellules endodermiques, capables de digestion intra-cellulaire.

Saccules sous-ombrellaires. — Leur disposition étant connue, nous n'avons que quelques détails histologiques à ajouter à leur description. Ils sont tapissés d'ectoderme banal. C'est seulement dans les tænioles (**35**, *fig. 1* et *2, tnol.*) et les columelles (*clml.*) que leurs cellules fournissent des prolongements musculaires longitudinaux auxquels est empruntée la musculature de ces organes. En raison de leurs rapports étroits avec les organes génitaux, on les appelle souvent *poches subgénitales, entonnoirs, entonnoirs subgénitaux*. Les anses génitales (*gtx.*) sont, en effet, à cheval sur les septums qui, étant interradiaux, s'insèrent en partie sur la paroi commune à ces saccules et à la cavité gastro-vasculaire. En raison de la minceur de leurs parois et du fait que, dans les mouvements natatoires, l'eau est incessamment renouvelée à leur intérieur, on les considère aussi comme contribuant à la respiration, d'où le nom de *poches respiratoires* qu'on leur donne aussi quelquefois.

Tentacules. — Ils sont normalement creux et leur cavité axiale débouche dans le canal circulaire. Leur ectoderme est riche en cellules urticantes et leur fournit des fibres musculaires longitudinales, un faisceau interne et un faisceau externe, qui leur permettent de s'infléchir en tous sens.

Corps marginaux ou rhopalies. — Ce sont des organes sensitivo-nerveux d'une structure assez complexe (fig. 429 à 431). Ils sont formés d'un *statorhabde* (**35**, *fig. 2 st.* et **36**, *fig. 1* et *2, otl.*), d'une *fossette olfactive* (*olf.*) et d'un *lobule protecteur* (**36**, *fig. 1* et *2* et fig. 429, *lbl.*). A la base, se trouve un *ganglion nerveux* (*ggl.*) qui sera étudié avec le système nerveux.

Le *lobule* (*lbl.*) est une petite lame en forme de cuiller, coiffant le statorhabde; il est formé par un diverticule de l'exombrelle comprenant deux assises ectodermiques, une sur chaque face, séparées par la membrane mésogléenne, prolongement de la mésoglée exombrellaire. Dans la position morphologique, il est au-dessous

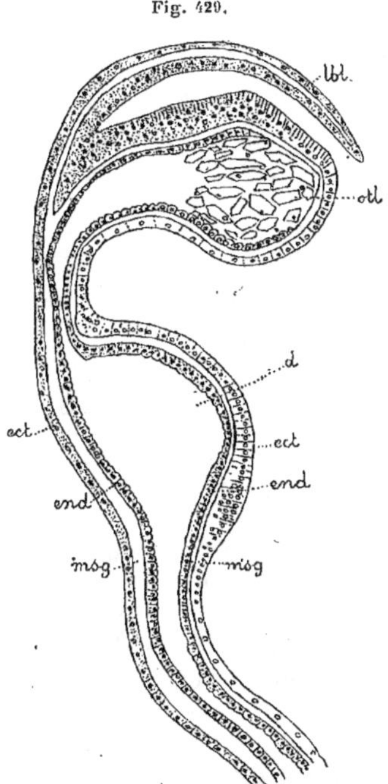

Fig. 429.

Rhopalie de *Periphylla* en coupe sagittale (d'ap. O. Maas).

d., dilatation ventrale du canal; **ect.,** ectoderme; **end.,** endoderme; **lbl.,** lobule; **msg.,** mésoglée; **otl.,** ototithe.

du statorhabde, mais dans la position naturelle de la Méduse, il est au-dessus et sert à l'abriter.

La *fossette olfactive* (**36**, *fig. 1, olf.*) est située à la base du lobule protecteur, du côté opposé au statorhabde, et par conséquent non protégé par le lobule. C'est une profonde fossette tapissée d'épithélium vibratile sensitif, en rapport avec des prolongements du réseau nerveux dont il va bientôt être question.

Le *statorhabde* est un vrai tentacule, mais très réduit en longueur et adapté à des fonctions sensitives spéciales. Il est creux, contient un diverticule endodermique (**36**, *fig. 1 et 2, cv.*) comparable au canal tentaculaire, et diffère de ceux des Craspédotes en ce qu'au lieu d'être un organe d'équilibre *ou* de vision, il sert à l'équilibre *et* à la vision à la fois, portant au bout un statocyste et à la base 3 yeux :

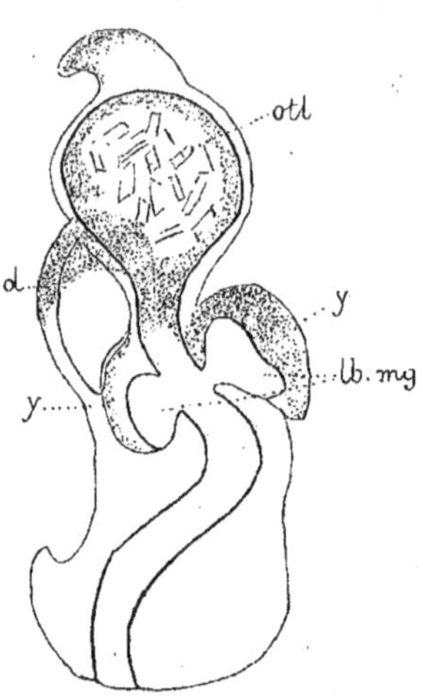

Fig. 430.

Corps marginal (rhopalie)
de *Periphylla*
vu par sa face externe
(d'ap. O. Maas).

d., dilatation ventrale; **lb. mg.**, lobes marginaux; **otl.**, otolithes; **y.**, ocelles.

Fig. 431.

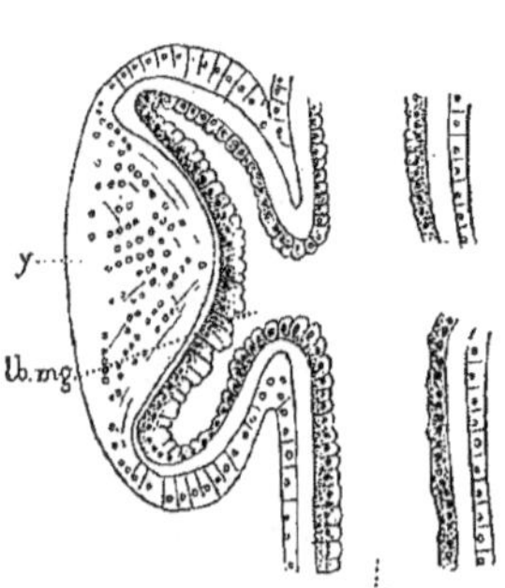

Periphylla. Coupe frontale
d'un lobe marginal
de la rhopalie (d'ap. Maas).

cn., canal; **lb. mg.**, lobe marginal;
y., ocelle.

un impair regardant en haut (en bas dans la position réelle) et deux pairs (**36**, *fig. 2, y.*) regardant en dehors (par rapport à l'axe du statorhabde). L'ectoderme revêt toute la surface du corps marginal en formant des épaississements au niveau des organes sensitifs; la mésoglée (*msg.*) n'y est représentée que par une lame très mince; l'endoderme tapisse toute la cavité et subit des différenciations au niveau des organes sensitifs.

Le *statorhabde* (**36**, *fig. 1 et 2, otl.*) forme un renflement terminal, spécialement logé dans la concavité du lobule protecteur; son ectoderme est formé de hautes cellules prismatiques qui se prolongent inférieure-ment dans la couche nerveuse et qui portent extérieurement une soie sensitive raide. A leur extrémité libre, toutes ces soies (**36**, *fig. 1 et 2, pl. a.*) confinent à la concavité du lobule. L'endoderme comprend deux parties : 1° une couche de cellules ordinaires à disposition épithéliale (**36**, *fig. 1, end.*); 2° une masse de cellules disposées sans ordre et contenant chacune une grosse concrétion statolithique (**36**, *fig. 1 et 2,* *otl.*) ; entre les deux sortes sont des formes de transition qui montrent que les secondes dérivent des premières. La masse des cellules à statolithe ne remplit pas tout à fait la cavité : le canal axial s'y termine par une petite dilatation (*cv.*). L'organe, alourdi par les statolithes et soutenu par un pédicule mince et élastique, oscille dans les mouvements de l'animal et ses soies sensitives viennent butter contre la face interne du lobule et exciter les cellules qui les portent. C'est donc avant tout un organe renseignant l'animal sur ses mouvements et sur sa position, un organe d'équilibration. Cela a été démontré par ENGELMANN [87] et par VERWORN [91] qui ont étendu à ces animaux les résultats obtenus par l'un de nous (*) sur les Crustacés et les Mollusques. On pourrait croire que c'est en même temps un véritable organe d'audition, mais des expériences récentes ont montré à S. JOURDAIN (*L'Audition chez les Invertébrés*, 2 p., 1900) que les Acalèphes sont insensibles aux bruits.

Les *yeux* sont beaucoup moins différenciés. Ce sont des diverticules sacciformes au fond desquels l'endoderme forme une couche pigmentaire, tandis que l'ectoderme fournit les cellules sensitives chargées de recueillir l'impression et qui se relient par un prolongement nerveux à la couche nerveuse générale (**36**, *fig. 1* et *2*, *nf.*). Parfois l'ectoderme forme un épaississement de forme lenticulaire qui peut-être pourrait jouer le rôle d'un organe réfringent. L'histologie des yeux demanderait à être étudiée avec plus de détails.

Système nerveux. — Comme chez les Craspédotes, il y a une partie diffuse et une partie centralisée.

Le *système nerveux diffus* consiste en un plexus de fibres et de cellules nerveuses dépendant de l'ectoderme, circulant entre les pieds des cellules épithéliales ectodermiques aux points où celles-ci fournissent des prolongements musculaires, et par conséquent surtout dans la sous-ombrelle. C'est un système essentiellement moteur. Peut-être cependant est-il aussi sensitif dans les tentacules et les lobes ombrellaires. Il est situé toujours en dehors de l'assise musculaire. On n'a point signalé de plexus endodermique pour les muscles appartenant à ce feuillet.

Le *système central* forme ici, non plus comme chez les Craspédotes, un double cordon circulaire à la base du velum, mais autant de centres distincts (**36**, *fig. 1*, *ggl.*) qu'il y a d'organes marginaux. A la base de chacun de ces organes, les cellules ectodermiques se prolongent en filaments nerveux qui forment un plexus sous-épidermique (extérieur à la mésoglée) auquel se mêlent des cellules ganglionnaires dérivées aussi de l'épiderme. Les prolongements nerveux des cellules sensitives du statorhabde se mettent en rapport avec ce plexus. L'ensemble forme un gros renflement que l'on appelle le *ganglion nerveux* (*ggl.*). Il est bien probable

---

(*) Delage Yves. Sur une fonction nouvelle des otocystes comme organes d'orientation locomotrice. (Arch. zool. exp. sér. 2, vol. 5, 26 p.)

que ces centres se joignent par quelques ramifications extrêmes de leurs
plexus, mais ils ne forment pas d'anneau continu reconnaissable, et,
physiologiquement, ils sont indépendants, chacun gouvernant l'antimère
qui dépend de lui (¹).

Organes génitaux. — Les sexes sont séparés. Les cellules germinales
(**35**, *fig. 2, gtx.*) sont d'origine endodermique et restent dans l'endoderme. La paroi sous-ombrellaire des chambres radiaires est formée
d'un épithélium ectodermique continu, d'une couche mésogléenne très
mince, continue aussi et de l'endoderme continu également. C'est sous
cet endoderme mais dépendant de lui, entre sa couche épithéliale et la
mésoglée, que sont les cellules germinales qui, par leur accumulation,
forment les anses génitales (²). Celles-ci font saillie dans la chambre
radiaire et, à maturité, les produits tombent dans cette cavité pour être
expulsés par la bouche. Le volume de ces organes varie beaucoup selon
leur état de maturité. Pendant la phase active, ils forment un gros cordon
godronné ou mamelonné, ployé en U (**35**, *fig. 1*), dont les deux branches,
réunies proximalement entre la columelle et la base du septum inter-
radiaire, se prolongent en dehors, de part et d'autre de ce septum, plus
ou moins loin vers le bord ombrellaire.

Physiologie. — Comme toutes les Acalèphes, l'animal est marin et,
comme toutes aussi, sauf un très petit nombre d'exceptions, il est pélagique; il nage tantôt à la surface, tantôt à des profondeurs plus ou moins
grandes. Tout ce qui concerne le fonctionnement de ses organes a été dit
à l'occasion de leur description. Ajoutons que l'animal est très vorace
et capture avec ses lobes buccaux des proies relativement volumineuses
qu'il engloutit.

Avant d'aller plus loin, il n'est peut-être pas inutile, sans anticiper sur les innombrables
variations que nous présenteront les types subordonnés et les genres, d'indiquer ce qui, dans
cette structure typique, est constant, et ce qui est variable.

La *forme* sub-hémisphérique est souvent surbaissée en ménisque ou surélevée en dôme ou
même en cône, parfois comprimée en prisme.

Le nombre des *lobes marginaux* varie de 8 à 32 et plus. Il y a toujours au moins 4 tenta-

---

(¹) ROMANES [85] a fait, sur les fonctions de ces centres, des expériences semblables à celles
que nous avons rapportées à propos des Craspédotes (Voir p. 22) mais qui ont conduit à des
résultats tout autres que chez ces dernières. Quand on excise le bord ombrellaire avec les corps
marginaux, le disque n'en continue pas moins à se contracter sous l'action de son plexus diffus
sous-ombrellaire. Si l'on incise le bord ombrellaire par des sections radiaires suffisamment
étendues, entre les corps marginaux, on rend les secteurs ainsi constitués physiologiquement
indépendants et leurs contractions ne sont plus isochrones. Des sections radiaires du disque
n'intéressant pas le bord ombrellaire sont sans effet. Quand on touche avec une pointe un point
du bord ombrellaire, le manubrium s'incurve vers ce point comme pour se porter à sa défense.
(Au sujet du synchronisme des pulsations, voir les expériences de LOEB [99], p. 2-7).

(²) MAAS [97] est d'avis que les cellules germinales, au moins chez les Périphyllides, ne
sont pas d'origine endodermique mais ont une origine embryogénique indépendante, bien
qu'anatomiquement elles se rattachent à l'endoderme. Il se fonde sur l'absence de formes de
transition entre ces cellules et celles de l'endoderme proprement dit (Voir aux Périphyllides,
p. 333, 334).

cules et 4 corps marginaux. Ces derniers peuvent atteindre le nombre de 32 ; quant aux tentacules, ils peuvent devenir extrêmement nombreux (près de 200 chez *Aurelia),* mais alors il y en a plusieurs pour un même lobe. La position des tentacules et des organes marginaux varie par rapport aux rayons cardinaux. Parfois ce sont les tentacules qui occupent les perradius et rejettent les corps marginaux dans les interradius *(Pericolpinæ);* plus souvent ce sont ces derniers organes qui sont perradiaux et rejettent les tentacules dans les interradius et les adradius. Il y a d'autres combinaisons encore. D'ailleurs, tout cela est d'importance un peu secondaire, puisque les rhopalies sont des tentacules modifiés.

Chez les Charybdéidés et quelques Sémostomidés, les lobes ombrellaires sont réunis par une membrane qui comble leurs intervalles et fusionnés ainsi en une lame annulaire continue, musculeuse, qui a une grande ressemblance avec le *velum* des Acraspèdes et qui a reçu le nom de *velarium*. Il diffère essentiellement du velum par son origine et par le fait qu'il contient des prolongements de canaux radiaires, ce qui n'arrive jamais pour le velum.

Les tentacules sont souvent pleins, comme chez les Trachoméduses. Il n'y a même que les Sémostomidés, c'est-à-dire les *Acalumnata* de Vanhöffen et les Lucernaridés qui les aient creux ; en sorte qu'il y a incompatibilité de fait entre le caractère des tentacules creux et la présence des septums chez notre type. Nous les lui avons donnés cependant, les considérant comme plus primitifs.

Les *lèvres buccales* sont toujours au nombre de 4, mais leur développement et les détails de leur disposition varient à l'infini.

Les *saccules sous-ombrellaires* sont parfois absents, souvent très peu profonds, leur partie inférieure étant réduite à un cordon musculaire plein, contenu dans la tæniole, tandis que leur partie supérieure, seule persistante, s'étend seulement jusqu'au plafond de la cavité gastro-vasculaire où elle détermine une voussure Sémostomidés et Rhizostomidés ; parfois, dans ce cas, ils se rejoignent diagonalement par-dessus la bouche (divers Rhizotomidés).

Les anses génitales peuvent se dédoubler en 8.

La disposition des *cavités vasculaires* est peut-être le trait le plus variable, car au lieu des 4 septums longs et étroits que nous avons décrits, il peut n'y avoir que 4 points d'attache, alors plus spécialement appelés *cathammes,* correspondant à la partie moyenne des septums en question (Périphyllidés), ou bien les lames endodermiques ex- et sous-ombrellaires peuvent, au contraire, se souder dans la plus grande partie de leur étendue, réduisant la cavité vasculaire à un système, très variable dans le détail, de canaux radiaires ramifiés (Sémostomidés, Rhizostomidés).

Les *tænioles* sont souvent absentes, et les columelles ne sont que très rarement conservées ; les *filaments gastriques* au contraire ne manquent jamais, mais leur nombre varie dans chaque interradius de un, unique, situé alors à l'insertion supérieure de la columelle disparue ou non, à un petit bouquet assez fourni, ou même à une double rangée régnant dans toute la longueur de la tæniole.

Les *rhopalies* varient passablement comme structure, surtout en ce qui concerne le nombre, la disposition et le degré d'organisation des *ocelles.*

Chez les Charybdéidés, il y a un *cordon nerveux* qui relie en zigzag les ganglions marginaux, et rappelle le cordon des Craspédotes.

Quant aux *pores excréteurs,* il faut dire que leur existence n'a été reconnue que très exceptionnellement.

Développement.

L'œuf, mis en liberté dans la cavité gastrique et expulsé par la bouche, est fécondé au dehors. Mais il peut être retenu par les franges buccales et subir là les premières phases de son développement jusqu'au stade de larve ciliée nageante.

Une segmentation totale et plus ou moins irrégulière donne naissance à une blastula qui, bientôt, se transforme en un embryon à deux feuillets concentriques dont la cavité centrale ne communique point avec le dehors (¹). L'embryon s'allonge alors en un ovoïde (dont le petit bout correspond éventuellement au blastopore fermé) ; son ectoderme se munit de cils et, devenu larve, il se lance à la nage, le gros bout en avant (**36**, *fig. 3*). Après une très courte vie libre, il s'aplatit un peu au gros bout, dont les cellules prennent un caractère glandulaire, tandis que le petit bout se munit de nématoblastes (*cnd.*), et bientôt il se fixe par le gros bout antérieur, tournant en haut l'extrémité correspondant au blastopore disparu (*p.*).

Stade Scyphostome. — Aussitôt fixée (**36**, *fig. 4*), la larve change de forme se renflant à l'extrémité libre (**36**, *fig. 5*), tandis que la partie fixée reste étroite et s'étire en un pédoncule qui sécrétera bientôt un étui chitineux (**36**, *fig. 6, cht.*), dilaté à la base en une lame et destiné à le protéger. L'extrémité opposée, au contraire, s'invagine en un stomodæum (**36**, *fig. 5, std.*), qui se perce au fond d'un *orifice pharyngien*, tandis que son entrée devient la *bouche* (**36**, *fig. 6, b.*). Déjà avant ce moment, a commencé à se former entre l'ectoderme et l'endoderme une couche de substance anhiste, la mésoglée, qui devient rapidement assez épaisse (²).

Par suite de ce processus, la cavité gastrique, au lieu de s'ouvrir directement au dehors, communique avec l'extérieur par l'intermédiaire d'un large canal cylindrique tapissé d'ectoderme, qui est ce vaste stomodæum, caractéristique des Scyphozoaires. Au début, l'orifice externe de ce stomodæum (**36**, *fig. 6, b.*) forme à lui seul toute la face supérieure de la larve, et ses bords se continuent insensiblement avec les parois verticales du corps. Mais bientôt il se délimite plus nettement, et son bord s'élève en une sorte de cheminée tronc-conique, à petite base supérieure, le *manubrium* (**36**, *fig. 7, mbm.*). Autour de ce manubrium reste une zone annulaire qui appartient à la face supérieure du corps. Cette zone forme, par rapport à la cavité gastrique, un diverticule annulaire qui, en s'approfondissant, se divise en deux diverticules symétriques, puis en quatre disposés en cercle et que l'on appelle les *poches gastriques* (**36**, *fig. 6 et 7, p. ect.*) ; ce sont les quatre chambres radiaires déterminant les quatre perradius de l'animal. Les cloisons qui les séparent, et qui sont les quatre *septums* interradiaux (*spt.*), formées

---

(¹) Kovalevsky [84] donne la gastrula comme se formant par embolie. Götte [86] rapporte la formation de l'endoderme à un processus de bourgeonnement polaire : un hémisphère est formé de cellules plus courtes et plus renflées qui passent successivement dans la cavité blasto-cœlienne à mesure qu'elles se multiplient, et s'y arrangent en un feuillet endodermique limitant une cavité gastrique qui se munit, par rupture des parois, d'une bouche primitive, bientôt refermée. Hyde [94] tranche la question en montrant que le processus est variable et complexe, consistant soit en une délamination multipolaire (*Aurelia marginalis*), soit en un mélange à proportions variables de délamination et d'invagination (*A. flavidula, Cyanea arctica*). En tous cas, le blastopore, quand il y en a un, se ferme complètement.

(²) Hyde [94] rapporte à l'endoderme seul la formation de la mésoglée. Ce fait fût-il vrai, qu'on ne pourrait le considérer comme général, puisqu'il y a, chez les Craspédotes, de la mésoglée dans le velum où il n'y a pas d'endoderme.

simplement par les points intermédiaires qui n'ont pas pris part au mouvement d'accroissement en profondeur, sont donc interradiales; elles ne tardent pas à se prolonger vers le bas jusqu'au fond de la cavité gastrique, sous la forme de quatre bourrelets saillants (**37**, *fig. 1, 2, 3*) formés par un repli de la mésoglée doublé d'endoderme, et qui sont les quatre tænioles déjà décrites chez l'adulte. Vers le haut, les tænioles se prolongent aussi le long du bord libre des septums jusqu'au plancher de la cavité gastrique et constituent les *columelles*. Par suite de la présence de ces 4 septums, avec les tænioles et columelles, le Scyphostome a la structure d'un Polype Scyphozoaire tel que l'Alcyon, les cloisons gastriques de celui-ci ayant leur représentant dans les septums avec leurs tænioles et leurs columelles.

Au sommet de chaque poche, l'endoderme forme une file de cellules, empilées comme un rouleau de pièces de monnaies, qui se dresse en soulevant l'ectoderme et la mésoglée, et donne ainsi naissance à un tentacule perradial *plein* (**37**, *fig. 1, c.*). Puis les poches gastriques se dédoublent, se multiplient, forment de nouveaux tentacules par le même processus, et finalement on aboutit à une forme polypoïde fixée, à tentacules nombreux (en nombre non rigoureusement défini) et à poches radiaires multiples, mais dont quatre cloisons interradiales seules se prolongent en tænioles. Ce polype est le *Scyphostome* ou *Scyphistome* ou *Scyphula* ([1]).

[1] C'est Sars [41] qui, le premier, de 1829 à 1841, a fait connaître les relations génétiques des Scyphostomes avec les Acalèphes.

On est loin de s'entendre sur le détail de la formation du stomodæum et des poches gastriques. La description que nous avons donnée est conforme aux résultats de Götte [86]. Claus [92] et Chun [Bronn's Thier Reich] pensent qu'il n'y a pas de stomodæum ectodermique, soit parce que celui-ci se dévaginerait, soit parce qu'il ne se formerait pas, en sorte que, par ce côté, le Scyphostome ne serait pas un Scyphozoaire. Mais Götte [93], dans un travail ultérieur, semble bien démontrer le bien fondé de son opinion. Il va même plus loin et montre que la deuxième paire de poches perradiales se forme, non par un refoulement du sommet de la cavité gastrique, mais par une invagination de la partie inférieure du stomodæum dont la partie supérieure seule deviendrait la cavité buccale du Scyphostome. Il se forme là deux refoulements ectodermiques (**36**, *fig. 6 et 7, p. ect.*) situés dans l'espace intermédiaire au stomodæum et à la paroi du corps, entre les deux premières poches gastriques endodermiques. Ces deux poches ectodermiques ne sont naturellement point closes vers le bas où elles restent en libre communication avec la partie centrale endodermique de la cavité gastrique. Ainsi il y a deux poches endodermiques (**36**, *fig. 6 et 7, p. end.*), celles qui correspondent au grand axe de la bouche qui est elliptique et deux ectodermiques correspondant à l'axe transversal de la bouche, et les 4 septums (*spt.*) ont chacun une face ectodermique et une endodermique. Ce stade à 4 poches perradiales et antérieur à la formation des tentacules, est appelé plus spécialement stade *Scyphula*. Plus tard, dans la formation des poches secondaires, les 4 interradiales (**37**, *fig. 3*) puis 4 des adradiales se forment aux dépens des ectodermiques et leurs septums sont ainsi entièrement ectodermiques, les endodermiques formant seulement les 4 autres adradiales.

Les tentacules (**37**, *fig. 1, 2, 3, tt.*) étant formés par les poches ont, les uns (dix d'entre eux) leur file cellulaire axiale ectodermique, tandis que les autres (six seulement) l'ont endodermique.

D'ailleurs, comme malgré ces différences d'origine l'évolution est identique, ainsi que la

Les Scyphostomes sont aptes à se multiplier par blastogenèse latérale ou stoloniale. Ils bourgeonnent soit comme les Hydres sur les parois de leurs corps, soit comme les Hydraires marins sur un stolon basilaire, des jeunes qui forment avec l'individu mère de petites colonies qui d'ailleurs se dissocient bientôt.

Stade Strobile. — Arrivés à maturité, ils subissent des divisions transversales, soit successives, en sorte qu'il n'y a qu'un sillon à la fois, soit simultanées, et alors le Polype, après s'être beaucoup allongé, montre une série de sillons transversaux successifs (**37**, *fig.* 5) dont les plus âgés et les plus profonds sont toujours les plus terminaux. Le Scyphostome segmenté prend le nom de *Strobile*, et l'on distingue les *Strobiles monodisques* à segmentation successive, ne présentant qu'un sillon à la fois, et les *Strobiles polydisques* (**37**, *fig.* 5), à segmentation simultanée, présentant toute une pile de segments. Chez les Monodisques, le Scyphostome ne donne à la fois qu'une seule larve libre qui se détache à maturité, et en forme, alors seulement, une seconde par une nouvelle division transversale et ainsi de suite. Chez les Polydisques, de nombreuses *Ephyra* sont empilées par rang d'âge comme des soucoupes, montrant sur un même Scyphostome toute la série des stades de leur formation ; elles se détachent successivement une à une.

Les segments provenant de cette segmentation transversale, ou *strobilisation* du Scyphostome, sont de petites Méduses appelées Éphyrules, *Ephyrula* (**37**, *fig.* 6), bien différentes encore de l'animal parfait et qui auront une métamorphose à subir pour lui ressembler (¹).

Avant de former des Éphyrules, le Scyphostome subit encore une modification que nous avons réservée pour la décrire ici, parce qu'elle se relie intimement au processus de formation des Éphyrules.

A la face supérieure du corps, autour du manubrium, en quatre points interradiaux, juste au-dessus des cloisons qui se prolongent inférieurement dans les tænioles, se produit une invagination ectodermique. Ces invaginations (**37**, *fig.* 3, *scc.*), appelées *entonnoirs septaux*, mais qui ne sont autre chose que nos saccules sous-ombrellaires, assez larges à l'en-

---

structure histologique, pour toutes ces parties similaires, cela prouve seulement une fois de plus le peu d'importance des feuillets.

Ces résultats, au moins en ce qui concerne les 4 premières poches, ont été confirmés et mis hors de doute par HYDE [94] qui montre que l'ectoderme prend même part à la formation des filaments gastriques. Il constate qu'au stade à 4 poches et 4 tentacules avec stomodæum invaginé, la larve a absolument la structure typique du Scyphopolype, ce qui tranche la question si controversée des affinités des Acalèphes avec les Hydroméduses ou avec les Anthozoaires.

(¹) On les nomme d'ordinaire *Ephyra*. Mais HÄCKEL, ayant donné ce nom à un genre d'adultes, a proposé celui d'*Ephyrula* pour les larves et celui d'*Ephyræa* pour la forme ancestrale hypothétique qui lui correspond. Strictement, Häckel n'est pas dans son droit, puisqu'il change l'acception d'un terme nettement défini ; mais nous le suivons néanmoins, pensant qu'il y a avantage à donner, quand on le peut, aux noms de ces formes larvaires, baptisées à une époque où on les prenait pour des genres d'adultes, une désinence qui permette de les reconnaître. Quant à son *Ephyræa*, nous n'avons qu'en faire et le laissons complètement de côté.

trée, se prolongent en bas en autant de diverticules de plus en plus étroits à travers les columelles jusque dans les tænioles (**37**, *fig. 4, tnol.*).

Stade Ephyrula. — Si une division transversale vient séparer la tête du Scyphostome de son pied, cette tête devenue libre ne sera cependant pas une Méduse : il lui manquera la formation caractéristique de la Méduse, la sous-ombrelle. Mais si l'on suppose que la face orale du Scyphostome s'invagine dans la cavité gastrique en laissant le manubrium saillant en son milieu, on obtiendra ainsi une cavité sous-ombrellaire. C'est ce qui arrive en effet. Le point de départ de cette action mécanique semble devoir être cherché dans la formation des saccules sous-ombrellaires et peut-être dans la contraction des cordons musculaires engendrés par leur partie inférieure contenue dans les tænioles et les columelles. En outre de ce phénomène essentiel, s'en produisent trois autres : 1° les septums se percent, à leur partie supéro-externe, d'un large orifice qui fait communiquer entre elles les quatre chambres perradiales et établit ainsi un *canal circulaire;* ils se détruisent aussi au contact des columelles qu'ils laissent isolées comme autant de piliers allant du plancher au plafond de la cavité gastrique en travers de l'aditus coronaire; 2° les tentacules, formations larvaires caduques, tombent; 3° au bord de l'ombrelle se forment huit corps marginaux sensitifs, quatre perradiaux, quatre interradiaux portés au bout d'une forte protubérance qui se prolonge à droite et à gauche de chaque corps marginal en un petit *lobe aliforme* (**37**, *fig. 6*) ([1]).

Au moment où l'Éphyrule se détache, elle se montre donc sous la forme d'une petite Méduse, très plate, sans tentacules, à huit corps marginaux, portés sur un lobe saillant et accompagnés chacun d'une paire de lobules aliformes. La solution de continuité produite par la division transversale se ferme complètement du côté de l'Éphyrule qui se détache, tandis qu'elle reste ouverte du côté de l'Éphyrule précédente qui devient terminale, et forme sa bouche.

On voit par là que chez la Méduse adulte, l'endoderme s'avance bien incontestablement jusqu'au bord des lèvres. C'est seulement chez la première Éphyrule détachée du Scyphostome que le manubrium est tapissé intérieurement d'ectoderme. Ceux qui considèrent les feuillets comme le fondement intangible d'un dogme sacré ont le droit de dire que chez deux Éphyrules identiques, la première et les suivantes, les manubriums ne sont pas homologues. Nous préférons voir là une nouvelle preuve du peu d'importance de la notion des feuillets. En tout cas, on voit que

---

([1]) On donne d'ordinaire le nom de *lobes marginaux* aux saillies qui portent les corps marginaux, mais cette dénomination est inexacte, car ces saillies ne sauraient être comparées aux vrais lobes marginaux. Ceux-ci alternent en effet avec les corps marginaux au lieu d'être situés dans les mêmes radius. Quant aux lobes aliformes, ils alternent bien avec les corps marginaux; mais, outre qu'il y en a deux dans chaque intervalle, leur évolution ultérieure (Voir plus loin) montre qu'ils sont une dépendance des corps marginaux et non de vrais lobes ombrellaires.

ce serait par un lien bien faible que les Acraspèdes se rattacheraient aux Scyphozoaires, si ceux-ci n'étaient caractérisés que par leur stomodæum ectodermique. Sous ce rapport, en effet, la première Méduse détachée de chaque Scyphostome, qui seule a un stomodæum ectodermique invaginé, est seule Scyphozoaire ; toutes les autres sont anatomiquement des Hydrozoaires. Mais nous avons vu que la présence de vraies cloisons gastriques chez le Scyphostome établit un lien solide entre lui et les Polypes Anthozoaires.

Intérieurement, l'Éphyrule présente une cavité gastrique centrale, avec quatre tænioles se prolongeant par les columelles jusqu'à la sous-ombrelle. Des filaments gastriques se sont déjà formés le long de ces tænioles. La cavité vasculaire périgastrique se compose de quatre chambres perradiales, incomplètement séparées par les quatre septums interradiaux percés distalement d'une ouverture assez large. Ces poches se prolongent dans les diverticules ombrellaires qui portent les corps marginaux et dans ces corps marginaux eux-mêmes, ainsi que dans les lobes aliformes qui les accompagnent.

Transformation de l'Éphyrule en Acalèphe. — L'Éphyrule (fig. 432, A.) nage et se nourrit à la manière d'une petite Méduse. Elle grossit rapidement et peu à peu modifie ses caractères. La mésoglée du disque se développe ; les corps marginaux (fig. 432, *st.*) deviennent les portions axiale

Fig. 432

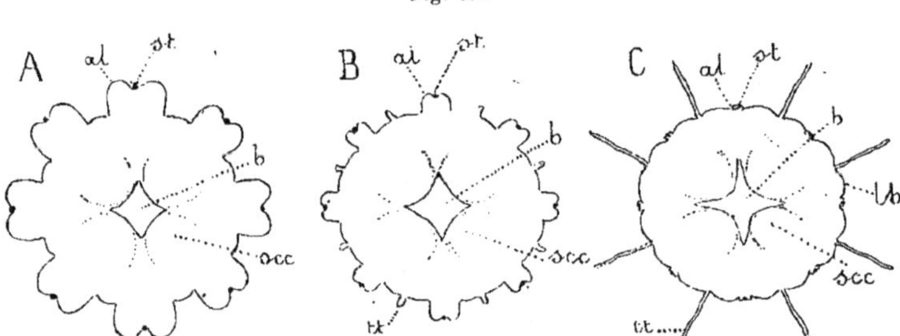

Schéma montrant la transformation de l'Éphyrule en Acalèphe (Sch.).

A, Éphyrule ; B, stade de passage de l'Éphyrule à l'Acalèphe, montrant la formation des tentacules définitifs ; C, stade Acalèphe.

al., expansions aliformes des lobes de l'Éphyrule, qui se transforment chez l'Acalèphe (C) en corps marginaux ; b., bouche ; lb., lobes de l'ombrelle de l'Acalèphe ; scc., saccules sous-ombrellaires ; st., corps marginaux ; tt., tentacules.

et terminale d'un corps marginal ordinaire d'Acalèphe ; les deux lobes aliformes (*al.*), au lieu de grandir, se transforment peu à peu en une paire de vésicules ocellaires, annexée aux parties latérales du corps marginal. Par l'extension graduelle de l'ombrelle, la lobation larvaire de son bord disparaît, des tentacules (*tt.*) poussent entre les corps marginaux, et une lobation normale et définitive (*lb.*) prend naissance dans les intervalles.

C'est donc par une transformation progressive, graduelle, qui ne mérite guère le nom de métamorphose que l'Acalèphe se forme aux dépens de l'Éphyrule ([1]).

La sous-classe des *ACRASPEDIÆ* se divise en quatre ordres ([2]) :

PHRAGMIDA (Cuboméduses). Méduses de forme cubique, sans basigaster, à lèvres buccales courtes, à tentacules pleins sauf à leur base,

---

([1]) Nous n'ignorons pas qu'il y a quelque chose de passablement artificiel dans la manière dont nous traçons la fin de ce développement. En réalité, chez l'Éphyrule, les cloisons septales et les columelles disparaissent complètement et tout un système de soudures se forme entre les lames exombrellaire et sous-ombrellaire de l'endoderme périgastrique, donnant naissance à un système plus ou moins compliqué de canaux radiaires ramifiés.

Mais c'est là le développement spécial de la larve *Ephyrula* des *Ephyropsidæ*, et nous avons à tracer ici celui du type morphologique général, auquel nous avons cru devoir attribuer, non pas des canaux radiaires ramifiés, mais 4 septums interradiaux, condition plus simple et plus primitive. De plus, chez l'*Éphyrula* des Éphyropsidés, les columelles persistent. En décrivant le développement du type des Éphyropsidés, nous rétablirons dans sa réalité la structure et l'évolution de l'*Ephyra* et de sa larve.

([2]) HÄCKEL, qui est le créateur de la classification généralement adoptée, divise les Acraspèdes en deux légions et en six ordres. Voici sa classification avec les termes de la nôtre entre parenthèses pour faire voir leur correspondance :

TESSERONIÆ *vel* *TETRAPERIÆ* *vel* *TESSOMEDUSÆ*	Ombrelle élevée, à bord découpé en 4 segments; à gonades contenues dans les poches radiaires.	*CUBOMEDUSÆ*		*(Phragmida).*
		STAUROMEDUSÆ		*(Tæniolida).*
		PEROMEDUSÆ		
EPHYRONIÆ *vel* *OCTOPERIÆ* *vel* *DISCOMEDUSÆ*	Ombrelle aplatie, à bord ombrellaire découpé en 8; gonades gastriques.	*CANNOSTOMÆ*		*(Discostylida).*
		SEMOSTOMÆ		*(Cheilida).*
		RHIZOSTOMÆ		

Presque tous les auteurs (et nous même ici, sauf quelques variations de détail), ont accepté ses 6 ordres, quitte à leur donner une valeur taxonomique moindre, celle de sous-ordres. Mais on a avec raison trouvé fort mauvaise sa division en légions et cherché à lui en substituer une autre.

CLAUS [88, 93] a mis au premier rang la structure octomérique ou tétramérique du disque et proposé une division en

TETRAMERALIA (Cuboméduses + Stauroméduses d'Häckel) et

OCTOMERALIA (Péroméduses + Discoméduses d'Häckel).

VANHÖFFEN [92] prend pour critérium le mode de cloisonnement de la cavité coronaire et propose la classification suivante. (Les noms entre parenthèses sont ceux de la classification de Häckel pour montrer la correspondance) :

CATHAMNATA à points de soudure entre l'exombrelle et la sous-ombrelle linéaires ou rubanés, à tentacules pleins, à bouche simple, sans grandes lèvres.	*INCORONATA* sans sillon coronaire ni pédales.	*CHARYBDEIDÆ* *LUCERNARIDÆ* *DEPASTRIDÆ* *TESSERIDÆ*	*(Cuboméduses).* *(Stauroméduses).*
	CORONATA à sillon coronaire et pédales.	*PERIPHYLLIDÆ* *EPHYROPSIDÆ*	*(Péroméduses).* *(Cannostomes).*
ACATHAMNATA sans points de soudure, à tentacules creux ou nuls et bouche à 4 grandes lèvres.		*SEMOSTOMÆ* *RHIZOSTOMÆ*	*(Sémostomes).* *(Rhizostomes).*

O. MAAS [97] admet les *Coronata* de Vanhöffen mais trouve avec raison que les Cubomé-

sans tænioles, à septums interradiaux s'étendant sans interruption du bord
ombrellaire à l'estomac, séparant complètement la cavité coronaire en
4 chambres radiaires indépendantes et les anses génitales en deux cordons indépendants ; à filaments gastriques groupés en 4 phacelles
courtes ; à saccules sous-ombrellaires nuls ou réduits à leur portion distale.

TÆNIOLIDA (Stauroméduses et Péroméduses). Méduses de forme
conique, à lèvres buccales courtes, à tænioles et columelles persistantes,
à filaments gastriques presque toujours nombreux et fins, et formant
4 phacelles allongées tout le long des tænioles et des columelles ; à tentacules le plus souvent pleins ; à cavité coronaire plus ou moins complètement divisée en 4 chambres radiaires par 4 septums interradiaux ;

---

duses ont des caractères très particuliers et ne sauraient être réunies aux Stauroméduses ; il
propose le groupement suivant. (Même observation que pour la classification précédente) :

CUBOMEDUSÆ		*(Cuboméduses)*.
STAUROMEDUSÆ		*(Stauroméduses)*
CORONATA .... {	*PERIPHYLLIDÆ*	*(Péroméduses)*.
	EPHYROZOIDÆ	*(Cannostomes)*.
DISCOPHORA .... {	*SEMÆOSTOMATA*	*(Semostomes)*.
	RHIZOSTOMATA	*(Rhizostomes)*.

CHUN, dans le *Thier-Reich* de Bronn, insiste surtout sur les différences dans le développement qui obligent à mettre à part les formes à larve Éphyrule (Sémostomes et Rhizostomes).
Il accepte donc en somme les *Éphyronies* de Häckel, mais dans un sens plus étroit, en en écartant
les Cannostomes qu'il réunit comme VANHÖFFEN aux Péroméduses.

Sous le nom de *SCYPHOMEDUSÆ (s. str.)*, il réunit les Stauroméduses et Cuboméduses dont
le développement, encore peu connu, semble exclure la larve Éphyrule. Enfin il considère les
Péroméduses et les Cannostomes comme formant ensemble un groupe de passage qui d'ailleurs
prend place dans ses *Scyphomedusæ*.

Le seul point sur lequel on semble s'accorder est la nécessité de séparer les Cannostomes
des autres Discoméduses et on tend à les réunir complètement aux Péroméduses, ce qui nous
semble fort exagéré, car si les affinités des Cannostomes avec les Péroméduses sont incontes-
tables, leur ressemblance avec les Discoméduses est également indéniable. Elles doivent
former un ordre à part intermédiaire entre les Discoméduses et les Péroméduses. Nous acceptons
d'autre part l'idée de MAAS que les Cuboméduses sont un groupe très spécial qui ne saurait être
réuni aux Stauroméduses. Ces dernières, au contraire, nous semblent avoir avec les Péroméduses les plus étroites ressemblances.

Cela nous amène à distinguer dans les Acraspèdes 3 ordres caractérisés par une disposition
structurale typique : le premier, par sa forme cubique, ses grands septums interradiaires ; le
second par sa forme conique et par la persistance des tænioles et des columelles et le plus souvent des saccules sous-ombrellaires ; le dernier par sa forme lenticulaire, par l'absence de
tænioles et de columelles et par ses lèvres développées en bras buccaux. Entre les deux derniers,
nous en intercalons un caractérisé par la réunion dans les genres qui le composent des caractères
différentiels des deux ordres voisins. Et nous leur donnons à chacun un nom qui rappelle leur
caractère le plus saillant : *Phragmida* (de φράγμα, cloison) aux Cuboméduses caractérisées par
l'étendue de leurs septums interradiaires ; *Tæniolida* aux Stauroméduses et Péroméduses
caractérisées par la persistance et l'importance de leurs tænioles ; *Cheilida* (de χεῖλος, lèvre)
aux Sémostomes et Rhizostomes si distincts des autres par la grandeur de leurs lèvres buccales formant des sortes de bras ; enfin *Discostylida* qui ont à la fois une columelle (στύλος)
persistante comme les Tæniolides et la forme générale discoïde des Cheilides.

Mais, à notre avis, cette division en ordres est un peu artificielle et pas très nécessaire.
Aussi réserverons-nous l'étude détaillée des types morphologiques pour les sous-ordres, ne
donnant pour les ordres qu'une brève caractéristique sans figures.

à saccules sous-ombrellaires le plus souvent très larges et très profonds.

DISCOSTYLIDA (Cannostomes). Groupe de transition présentant des caractères de l'ordre précédent (tentacules marginaux pleins dans la plus grande partie de leur longueur, bouche à lèvres courtes, sillon coronaire, pédales, columelles persistantes, espace coronaire divisé seulement à sa partie distale en poches divergentes, etc.) unis à des caractères de l'ordre suivant (disque ombrellaire de forme étalée, lenticulaire, saccules sous-ombrellaires réduits à leur portion distale, pas de tænioles ni de septums interradiaux, phacelles formant 4 groupes sous-ombrellaires, tentacules marginaux creux à leur base, etc.).

CHEILIDA (Sémostomes et Rhizostomes). Méduses à disque étalé, de forme lenticulaire, à tentacules marginaux creux ou nuls, à lèvres développées en grands bras buccaux; sans tænioles ni columelles; à saccules sous-ombrellaires réduits à leur portion distale; à cavité coronaire divisée en un système de canaux ramifiés et anastomosés, réunis par un canal circulaire qui est tubuliforme dans toute sa longueur.

1er ORDRE

PHRAGMIDES. — *PHRAGMIDA*

[CUBOMÉDUSES; — *CUBOMEDUSÆ* (Häckel); — *CUBOMEDÆ* (Häckel);
CHARYBDEIDÆ (Gegenbaur); — *MARSUPIALIDÆ* (Agassiz);
CONOMEDUSÆ (Häckel); — *LOBOPHORA* (Claus);
TETRAMERALIA p. p. (Claus); — *CATHAMNATA INCORONATA p. p.* (Vanhöffen)]

Méduses de forme cubique, à tentacules pleins sauf à leur base, à lèvres buccales courtes, caractérisées par la présence de 4 septums interradiaires très développés, s'étendant du bord ombrellaire jusqu'à l'estomac. Ces septums divisent l'espace coronaire en 4 chambres radiaires sans aucune communication *directe* entre elles, ne laissant pas même un orifice pour le canal circulaire et forçant les anses génitales à se diviser en deux branches indépendantes, logées dans les chambres radiaires de part et d'autre des septums et insérées à ces septums. Les tænioles sont absentes, mais il y a lieu de croire que les columelles sont persistantes, représentées par le bord proximal des septums. Les saccules sous-ombrellaires sont nuls ou très petits, réduits à leur portion distale, sous la forme d'une minime cavité faisant à peine saillie à la voûte sous-ombrellaire de l'estomac.

L'ordre contient un seul sous-ordre :

CHARYBDEIDÆ, mêmes caractères que l'ordre.

CHARYBDÉIDÉS. — *CHARYBDEIDÆ*

[Même synonymie que l'ordre.]

TYPE MORPHOLOGIQUE
(Pl. 38)

Nous prendrons pour type le genre *Charybdea*, qui est le plus important du groupe.

Conformation externe. — L'animal est de consistance très ferme, en raison de la résistance presque cartilagineuse de sa mésoglée exombrellaire. Sa forme est cuboïde, ce qui tient à ce que la face aborale du disque s'est aplatie et que le contour s'est comprimé suivant les plans perradiaux, de manière à former 4 faces perradiales, séparées par 4 arêtes interradiales ([1]).

Le bord ombrellaire est, naturellement, carré et porte, à ses angles, 4 tentacules pleins, sauf à leur base renflée (**38**, *tt.*), assez longs et terminés en pointe. Les tentacules ne sont pas insérés directement sur l'ombrelle, mais portés au bout de 4 prolongements de ce bord, appelés les *pédales* (*pda.*), que l'on peut considérer comme la base des tentacules, élargie par un développement plus considérable de la mésoglée à leur niveau. Sur les faces latérales du cube, à une petite distance au-dessous du bord ombrellaire, se trouvent quatre petites niches logeant chacune un corps marginal perradial (*rhp.*). Ces niches se prolongent en un sillon (*sll.*) qui monte jusqu'au bord même de l'ombrelle, en sorte que celui-ci, vu du dehors, paraît avoir 8 lobes. Mais ce n'est là qu'une apparence, car ces sillons n'entament pas toute son épaisseur, et le bord de l'ombrelle se continue en dedans en une membrane ininterrompue disposée comme le velum d'une Craspédote, mais qui en diffère essentiellement par sa structure et que l'on appelle le *velarium* (*vlr.*). Ce velarium est relié en 4 points perradiaux à la sous-ombrelle par autant de petits mésentères que l'on appelle les *frénules* (*frenula*) (*frl.*). Ces frénules divisent en quatre la gouttière à concavité inférieure comprise entre la sous-ombrelle et le velarium.

La cavité sous-ombrellaire est très-profonde et reproduit la forme cubique de l'ensemble. De son fond s'élève un gros mais très court manubrium carré (*mbm.*) à angles perradiaux, alternant par conséquent avec les angles interradiaux de la cavité. Ce manubrium se termine par une large bouche carrée prolongée en quatre petites lèvres perradiales.

Il n'y a pas de saccules sous-ombrellaires.

---

[1] D'ailleurs, ce n'est pas là un caractère strict, car le cube peut s'allonger, émousser ses arêtes, canneler ses faces et ses arêtes, etc. On trouve même normalement des cannelures verticales, en particulier 4 interradiales profondes suivant les arêtes, 4 perradiales suivant le milieu des faces et 8 adradiales intermédiaires.

Conformation intérieure. — La cavité gastrique est très basse et dépourvue de basigaster, par suite de l'aplatissement de la face aborale du disque. Sa forme est celle d'un prisme très court à bases carrées. De l'aditus coronaire partent 4 chambres radiales larges, hautes, mais peu épaisses, contenues dans l'épaisseur des parois du cube creux qui forme, en somme, le corps de l'animal. Ces 4 chambres perradiales sont séparées par 4 septums interradiaux (*spt.*) situés dans les arêtes verticales du cube et occupant toute leur hauteur, depuis l'aditus coronaire jusqu'au bord ombrellaire où ils ne laissent même pas un étroit canal circulaire. Ce dernier n'en existe pas moins, cependant, comme nous allons le voir. Les tentacules, en effet, sont creux à leur base sur une certaine hauteur, et leur cavité (*cv. tt.*) au lieu de venir butter contre le septum, se divise, un peu en deçà, en deux branches (*bf.*) qui, passant de part et d'autre du septum, viennent se jeter dans les angles adjacents des chambres radiaires. Ces deux branches de bifurcation constituent, avec la partie du canal tentaculaire correspondant à leur point de réunion, la partie interradiale du canal circulaire qui, dans ses autres points, se confond avec les poches radiaires elles-mêmes.

En dedans, ces quatre septums, au lieu de s'arrêter à quelque distance de l'aditus pylorique, de manière à laisser, entre leur bord proximal et la columelle correspondante, un passage pour la partie moyenne de l'anse génitale, s'avancent jusqu'à l'estomac et forcent ainsi les anses génitales (*gtx.*) à se couper en 8 paires interradiales de cordons adradiaux indépendants.

Est-ce bien le septum lui-même qui s'avance ainsi jusqu'à l'estomac et est-ce bien son bord libre qui se montre à l'aditus coronaire? Ou ce bord libre n'est-il pas plutôt formé par la columelle persistante, le septum s'avançant seulement jusqu'à la columelle pour se souder à elle? Nous pensons que cette dernière manière de voir est plus naturelle et nous la proposons comme solution provisoire; mais, en l'absence de diverticule exombrellaire dans le bord libre du septum, en l'absence de tout renseignement sur l'existence d'un faisceau musculaire longitudinal dans ce bord libre, nous devons admettre des réserves sur ce point.

Indépendamment des quatre grands septums interradiaux, il en existe quatre autres beaucoup plus petits, perradiaux, situés à la partie la plus distale des poches radiaires. Ces septums perradiaux (*spt. r.*) n'ont pas d'existence indépendante et résultent simplement de la fusion des parois exombrellaire et sous-ombrellaire des poches radiaires, au niveau des courts sillons qui prolongent les niches des corps marginaux. Ils correspondent au bord externe des frénules et ne sont pas interrompus pour le canal circulaire (virtuel à ce niveau où il se confond avec la poche radiaire), qui passe au-dessus d'eux. C'est juste au-dessous d'eux que prend naissance le court diverticule qui pénètre de la poche radiaire dans l'organe marginal. Ils divisent la partie distale des 4 chambres radiaires en 8 *poches marginales* qui se révèlent au dehors par une division peu accentuée du bord ombrellaire en 8 lobes marginaux.

Il n'y a pas de tænioles, à moins qu'on ne considère comme les représentant, ainsi que l'on paraît en avoir le droit, d'après ce que montrent certains genres du groupe (*Chirodropus*), 4 saillies ou paires de saillies de la paroi gastrique exombrellaire, situées juste au-dessus des 4 septums interradiaux. Ces saillies (*phll.*), appelées parfois les *bras gastriques*, pourraient être les restes de 4 tænioles dont les parties distale (columelle) et proximale auraient disparu (à moins que la columelle ne soit représentée par le bord proximal des septums), ne laissant que l'extrémité supérieure, simple ou bifurquée, de la partie proximale. Ces saillies portent en effet chacune un petit phacelle de filaments gastriques (*flt. g.*) séparés ou réunis en pinceau.

Les gonades (*gtx.*) ont ici une disposition qui semble très particulière, bien qu'au fond elle ne s'écarte de la disposition habituelle que dans des points secondaires. Ce sont 8 grandes lames foliacées flottantes dans les poches radiaires, insérées par un de leurs bords (*l.*) à l'une des faces d'un des septums interradiaux. Ce sont, en somme, les 4 anses génitales ordinaires, dissociées chacune en deux branches distinctes, rapprochées sur les faces d'un septum et élargies en lames flottantes dans toute leur étendue, sauf leur bord d'insertion.

Velarium. — Ce velarium (*vlr.*), qui semble être un velum de Craspedote ou un organe nouveau, n'est en somme que le bord ombrellaire rélléchi en dedans. Il est formé en effet par les trois couches fondamentales du corps. L'ectoderme exombrellaire revêt sa face externe ou supérieure, l'ectoderme sous-ombrellaire revêt sa face interne; une lame mésogléenne s'étend dans toute sa largeur; enfin il contient des canaux endodermiques qui, partis du bord supérieur des poches radiaires, pénètrent dans son épaisseur et s'y terminent en cul-de-sac. Or, par analogie avec ce qui se passe chez les Cheilides et chez de nombreuses Méduses Craspédotes, ces canaux doivent être considérés comme étant le reste de la cavité endodermique radiaire s'étendant dans toute la largeur du corps, mais réduits par accolement des deux parois à des espaces tubuleux, réunis d'abord par une *lame cathamnale* qui s'est ensuite atrophiée. De plus, ce velarium n'est pas musculeux. Le velum des Craspédotes est, au contraire, essentiellement musculeux et privé de tout prolongement des cavités endodermiques. Enfin, les relations avec le système nerveux central sont tout autres pour le velum et le velarium. La fonction musculaire du velum est remplie par le muscle circulaire de la sous-ombrelle, qui est ici bien développé, mais divisé par les septums en 4 bandelettes indépendantes, situées sur les faces de la sous-ombrelle.

Rhopalies. — Ces organes (*rhp.*) sont particulièrement bien protégés dans une niche excavée dans la substance subcartilagineuse de l'exombrelle. Le lobule protecteur est en outre assez épais. Le statorhabde

s'insère au fond de la niche par un pédoncule court et grêle; il est
très-renflé au bout. L'extrémité est réservée au statocyste (fig. 433
et 434, *otc.*), qui ne présente rien de bien particulier. Sur les faces laté-

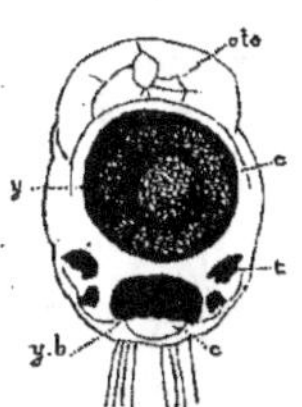

Fig. 433.

Statorhabde
de *Charybdea
marsupialis*
vu de face
(d'ap. Chun).

c., cristallin; otc.,
otocyste; t., taches
oculiformes laté-
rales; y., œil im-
pair principal;
y. b., œil impair
basilaire.

rales sont, non pas une paire,
mais deux, de taches oculiformes
(*t.*) à structure assez rudimentaire. Mais il y a en outre deux
yeux impairs situés sur la face
tournée vers le dehors, dans le
plan perradial de l'organe, l'un
plus grand, presque terminal (*y.*),
l'autre plus petit, basilaire (*y. b.*),
et qui ont une structure très différenciée que l'on ne retrouve ni
dans les autres ordres ni chez tous
les genres de cet ordre. Ces yeux
sont en effet recouverts par l'ectoderme, transparent comme une
cornée. Sous cette cornée, est un

Fig. 434.

Statorhabde de
Charybdea marsupialis
vu de profil (d'ap. Chun).

c., cristallin; otc., otocyste;
t., taches oculiformes latérales; y., œil impair principal; y. b., œil impair
basilaire.

cristallin sphérique (*c.*) formé de grandes cellules allongées radiairement; puis vient un épais corps vitré et
enfin une couche rétinienne formée de cellules pigmentaires alternant régulièrement avec des cellules sensitives munies d'un
long bâtonnet optique (¹). Le tout est une dépendance de l'ectoderme.

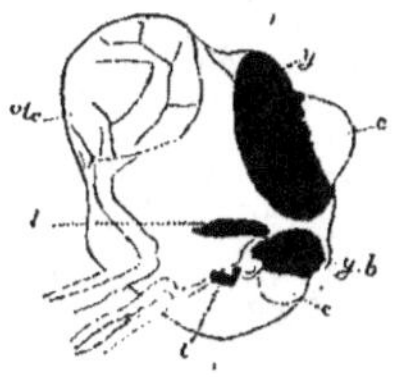

Système nerveux central. — A la base de chaque corps marginal est,
comme d'ordinaire, un ganglion nerveux (**38**, *ggl.*), mais, ici, particulièrement gros. En outre, un ganglion moins développé est annexé à
chaque tentacule (**38**, *ggl. tt.*). Enfin, un cordon nerveux réunit ces
huit centres en suivant un trajet très sinueux, obligé de descendre
dans les perradius pour aller aux corps marginaux et de remonter
dans les interradius pour rejoindre la base des tentacules. Ce cordon
rappelle l'anneau nerveux ex-ombrellaire des Craspédotes, tandis que
l'anneau sous-ombrellaire de ces dernières est absent ici.

Développement. — Tout ce que l'on sait du développement se réduit
à la découverte de formes jeunes, à ombrelle élevée en pyramide et
munies, au pôle aboral, d'un prolongement dans lequel pénètre un diverticule gastrique, ce qui porte à penser que l'animal venait de se détacher
d'une larve scyphostome.

Physiologie. — Il n'y a de remarquable à citer ici que la manière
vigoureuse, énergique, dont nage l'animal, manière bien différente de

---

.(¹) D'après Chrviakov [89], le corps vitré est anhiste et sécrété par les cellules pigmentaires de la rétine. Conant [98] le trouve formé par un prolongement direct de ces cellules.
Conant n'admet pas non plus que les deux sortes de cellules rétiniennes décrites par Cheviakov soient aussi distinctes que l'admet ce dernier.

celle des autres Acalèphes et rappelant celle des Craspédotes. Ce caractère semble commun à tous les genres du groupe.

GENRES

═══ 1re FAM. : *CHARYBDEINÆ* [*Charybdeidæ* (Gegenbaur)]. **Quatre tentacules seulement, 8 poches marginales contenues dans autant de lobes marginaux à peine indiqués; pas de bras gastriques.**

Charybdea (Péron et Lesueur) **(Pl. 38).** C'est le genre décrit comme type (2 à 6cm; Médit., Atl., Jamaïque, Australie; de la surface à 200 brasses).

Charybdella (Häckel) et
Charybdusa (Häckel) ne sont que des sous-genres.
Tamoya (Fritz Müller) s'en distingue par la présence de 4 saccules sous-ombrellaires peu profonds, ne formant qu'une médiocre voussure de la paroi sous-ombrellaire, séparés par 4 mésogonies larges mais saillantes; les phacelles au lieu d'être horizontales sont verticales (Brésil, Antilles).
Procharybdis (Häckel) en diffère par son velarium dépourvu de frénules et de canaux endodermiques (Pacif., Australie, oc. Indien);
Procharagma (Häckel) n'a pas trace de velarium et ses tentacules sont insérés au bord ombrellaire directement, sans pédales (Philippines).

HÄCKEL divise ces 4 genres en deux sous-familles, l'une [*Tamoyidæ*] pour les deux premiers, l'autre [*Procharagmidæ*] pour les deux derniers.

═══ 2e FAM. : *CHIRODROPINÆ* [*Chirodropidæ* (Häckel)]. **Les 4 tentacules remplacés par autant de faisceaux de tentacules; 16 poches marginales contenues dans autant de lobes marginaux bien dessinés; 8 bras gastriques adradiaux.**

Chirodropus (Häckel) (fig. 435 et 436) diffère de *Charybdea* par divers caractères, les uns externes, les autres intérieurs. Les 4 tentacules simples de *Charybdea* sont remplacés

Fig. 435.

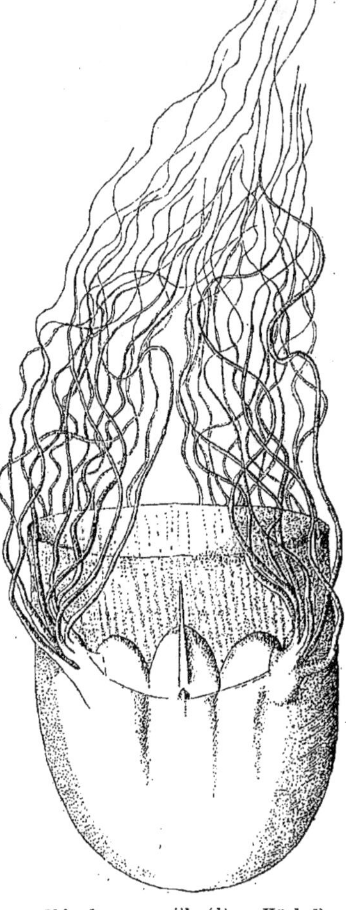

Chirodropus gorilla (d'ap. Häckel).

Fig. 436.

Bras gastrique portant les phacelles de *Chirodropus gorilla* (d'ap. Häckel).

par autant de bouquets de tentacules portés chacun sur une pédale unique; le bord ombrellaire est découpé en 16 lobes et non 8 et beaucoup plus accentués, contenant chacun une *poche marginale*. Dans l'estomac sont 4 paires de saillies ombrellaires qui portent les phacelles et sont ici transformées en un pédoncule beaucoup plus développé (*bras gastrique*) divisé au bout en filaments gastriques grands et nombreux (fig. 436). C'est cette disposition qui a induit Häckel à chercher dans ces pédoncules le représentant des tænioles (7 à 15cm; Ste-Hélène, Brésil, Basse-Guinée).

Chiropsalmus (L. Agassiz) a les pédoncules ci-dessus décrits terminés chacun par un seul filament gastrique (oc. Indien).

=====: 3e FAM. : *Tripedalinæ* [*Tripedalidæ* (Conant)]. Quatre groupes de 3 tentacules; bord ombrellaire non découpé en lobes et contenant cependant 16 poches marginales; pas de bras gastriques.

Tripedalia (Conant) (fig. 437) est le seul représentant de cette famille, intermédiaire aux deux autres, puisqu'il a les tentacules en bouquets et 16 poches marginales comme la seconde, et, comme la première, ses phacelles non portées sur des bras gastriques. Les tentacules sont au nombre de 3 dans chaque groupe et ont chacun une pédale distincte. Le velarium est, comme d'ordinaire, suspendu par 4 frénules et contient des canaux endodermiques ramifiés; la cavité sous-ombrellaire est partagée au fond en 4 saccules sous-ombrellaires par autant de replis en croissants, assez bien développés. Chez la seule espèce du genre, *T. Cystophora*, Conant [98] a trouvé des statocystes singulièrement placés, dans la couche mésogléenne du manubrium. Il y a là 15 à 20 vésicules garnies en dedans de longs cils qui supportent et entretiennent en mouvement incessant une statolithe de forme irrégulière. La forme est cubique, à arêtes arrondies (8 à 9mm; Jamaïque, dans une eau peu profonde).

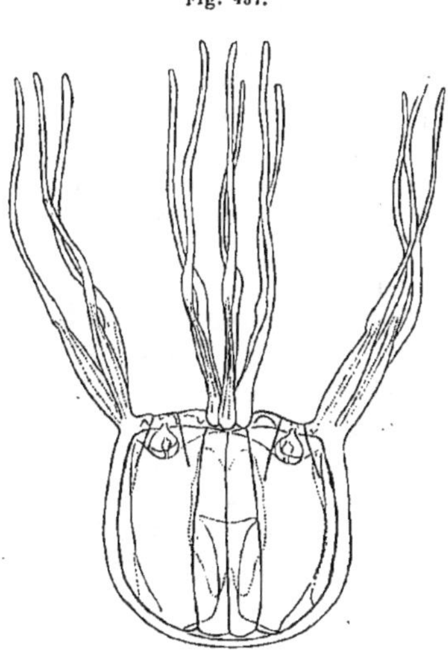

Fig. 437.

Tripedalia cystophora (d'ap. Conant).

2° Ordre

TÆNIOLIDES. — *TÆNIOLIDA*

[*Stauromedusæ* (Häckel) + *Peromedusæ* (Häckel)]

Méduses de forme élevée, pyramidale, à lèvres buccales courtes; caractérisées par la persistance des tænioles et des columelles, presque toujours chargées les unes et les autres de filaments gastriques dans toute leur longueur ; à tentacules le plus souvent pleins ; à cavité coronaire divisée par 4 septums en chambres radiaires communiquant par un canal circulaire.

Cet ordre se divise en trois sous-ordres :

LUCERNARIDÆ. Méduses fixées par un long pédoncule aboral creux terminé par une ventouse, à tentacules creux disposés par bouquets, à rhopalies nulles ou remplacées par des organes adhésifs spéciaux; à saccules sous-ombrellaires très profonds et très larges se prolongeant jusque dans les tænioles, à phacelles formant deux rangées le long des tænioles et des columelles; à septums très longs réservant au dehors un étroit canal circulaire et s'étendant en dedans jusqu'aux columelles, de manière à ne point laisser place à un lobe moyen des anses génitales, en sorte que celles-ci sont décomposées en 8 bandes adradiales.

TESSERIDÆ. Méduses fixées comme les précédentes ou libres, à tentacules pleins ou creux et isolés ou groupés en bouquets, dépourvues de rhopalies; à saccules sous-ombrellaires nuls ou réduits à leur portion distale; à phacelles disposées comme chez les précédentes ou réduites à 4 gros filaments au sommet des columelles; à septums réduits à une bandelette qui laisse en dehors un très vaste canal circulaire et en dedans, entre son bord proximal et les columelles, un espace où passe la portion moyenne des 4 anses génitales.

PERIPHYLLIDÆ. Méduses libres, à tentacules pleins, isolés, et à rhopalies normales; pourvues d'un sillon exombrellaire séparant la partie proximale de l'exombrelle de la partie distale divisée en pédales pour les tentacules et les rhopalies; à saccules sous-ombrellaires très profonds et très larges, se prolongeant dans les columelles et les tænioles, et les dilatant en gros tubes saillants dans les cavités endodermiques; à phacelles comme chez les Lucernaridés; à septums réduits à une étroite bandelette où pourrait passer la portion moyenne des anses génitales, qui sont néanmoins subdivisées en 8 bourrelets adradiaux indépendants.

1er Sous-Ordre

LUCERNARIDÉS. — *LUCERNARIDÆ*

[*LUCERNARIDÆ* (Johnston); — *LUCERNARIÆ* (Clark);
CALYCOZOAIRES; — *CALYCOZOA* (Leuckart); — *CYLICOZOA* (Leuckart);
PODACTINIAIRES; — *PODACTINARIA* (H. Milne Edwards);
STAUROMEDUSÆ p. p. (Häckel);
STAUROMEDÆ p. p. (Häckel); — *TETRAMERALIA p. p.* (Claus);
CATHAMNATA INCORANATA p. p. (Vanhöffen)]

TYPE MORPHOLOGIQUE
(Pl. 39)

Nous prendrons pour type le genre *Lucernaria* et plus particulièrement l'*Haliclystus* qui n'en diffère que par la présence d'organes adhésifs spéciaux remplaçant les rhopalies.

Configuration extérieure. — Par une exception presque unique, l'animal (**39**, *fig. 1*) n'est pas libre, mais fixé. Au pôle aboral, le disque se prolonge en un long et étroit pédoncule terminé en bas par une ventouse par laquelle il se fixe à quelque objet immergé, par exemple à une feuille de Zostère. Ce pédoncule n'est sans doute autre chose que celui de la larve Scyphostome inconnue de l'animal. Sa forme est celle d'un entonnoir dont le tube correspond au pédoncule et la partie évasée à l'ombrelle. Il se tient dans la position morphologique, la bouche en haut, ce qui, joint à la grande minceur de la mésoglée du disque et à quelques autres caractères, lui donne, avec la larve Scyphostome, une ressemblance qui n'a rien d'artificiel. Par suite de la grande réduction de la mésoglée, il est mou et se laisse infléchir en tous sens sous la poussée du moindre courant d'eau.

Au centre du disque est le manubrium, peu saillant, à bouche large et carrée, prolongée aux angles en courtes lèvres frangées. Le bord du disque ne montre pas l'alternance normale de corps marginaux et de tentacules séparés par des lobes ombrellaires. Il n'y a pas de lobes. Aux extrémités des perradius et des interradius sont, au fond d'autant d'encoches, 8 corps marginaux très spéciaux (**39**, *fig. 1*, rhp. et *fig. 2* et *3*), *auricules*, *boutons adhésifs*, *collécystophores* de Clark, *ancres marginales*, qui sont des statorhabdes modifiés et incomplètement différenciés, chez lesquels les organes statocystiques sont absents. Alternant avec ces 8 organes, sont 8 prolongements adradiaux appelés *bras* ou *tentacules primaires* (**39**, *fig. 1*, tt.), bien qu'ils ne soient pas de vrais tentacules, mais des prolongements coniques du bord de l'ombrelle terminés par une tête sphérique, sur laquelle s'insère tout un bouquet de petits tentacules spéciaux, dits *tentacules secondaires* (tt. s.). Enfin l'alternance est quelquefois régulière, mais, le plus souvent, elle ne l'est pas, en ce sens que les prolongements tentaculifères sont plus rapprochés l'un de l'autre et du bouton adhésif intermédiaire dans les interradius que dans les perradius; ou, si l'on préfère, les incisures perradiales sont plus larges et plus profondes que les interradiales.

Les quatre saccules sous-ombrellaires (scc.) sont extrêmement larges et profonds. Leurs orifices occupent presque toute la largeur de la sous-ombrelle, du manubrium à la paroi du disque. Les parties de la sous-ombrelle qui les séparent sont ainsi réduites à quatre ponts perradiaux qui prennent l'aspect d'épaisses cloisons appelés *freins buccaux* ou *mésogonies* (fr.).

Conformation intérieure. — A l'intérieur, le pharynx est court, l'estomac (**est.**) vaste et conique; le basigaster (bsg.) occupe la cavité du pédoncule et descend jusque dans sa ventouse terminale.

L'espace coronaire est divisé en 4 larges chambres radiaires (**39**, *fig. 1* et *5*, **ch. r.**), séparées par 4 longs septums qui s'étendent presque depuis le bord de l'ombrelle, où ils laissent seulement un étroit orifice (**39**, *fig. 1*, **cn. c.**) représentant le canal circulaire, jusqu'aux columelles (**clml.**) où ils s'attachent, sans laisser là d'orifice où puisse passer le lobe moyen des anses génitales, en sorte que celles-ci se trouvent forcément découpées en 8 bandes adradiales (**39**, *fig. 5, gtx.*). Mais ces septums sont très étroits, l'espace entre la sous-ombrelle et l'exombrelle étant extrêmement réduit en épaisseur à leur niveau par la présence du saccule sous-ombrellaire, qui est très volumineux et refoule sa paroi sous-ombrellaire externe vers l'exombrelle.

La cavité des 4 chambres radiaires s'étend, dans les parradius, jusqu'au bord de l'ombrelle, et dans les adradius jusque dans le renflement terminal des prolongements tentaculifères.

Dans toute la hauteur du pédoncule règnent quatre tænioles très-saillantes (**39**, *fig. 1* et *4, tnl.*) qui divisent la cavité du basigaster en 4 compartiments perradiaux. Chez *Haliclystus*, ces 4 compartiments sont même entièrement séparés par le fait que les tænioles se soudent les unes aux autres par leur bord axial, et ils se jettent séparément dans le fond de l'estomac. Mais c'est là un fait exceptionnel. Les tænioles pénètrent dans l'estomac en conservant pendant un certain temps le caractère de simples cordons saillants, puis brusquement se dilatent beaucoup par suite de la présence à leur intérieur d'un vaste saccule sous-ombrellaire. On peut considérer cette portion dilatée qui s'étend jusqu'au pharynx comme représentant les columelles, mais celles-ci ne sont pas nettement distinctes, par suite de l'absence d'un orifice les séparant du bord distal des septums interradiaux correspondants. Tout le long de cette portion dilatée règnent deux rangées de filaments gastriques (*fl. g.*) qui, rapprochées en bas de l'interradius, s'écartent de plus en plus en montant vers les deux adradius adjacents.

Saccules sous-ombrellaires. — Ils sont très larges et très profonds. Leur portion distale (**39**, *fig. 1, scc.*) a la disposition ordinaire et se distingue seulement par sa grande ampleur, en sorte qu'elle occupe toute la surface de la sous-ombrelle, ne laissant entre les 4 orifices que 4 petits freins buccaux fort étroits (*fr.*). Mais au lieu de se rétrécir beaucoup au niveau des columelles, ils gardent, en pénétrant celles-ci (*clml.*), une largeur considérable et les transforment en autant de gros tubes qui font, dans la cavité stomacale, 4 fortes saillies perradiales. Leur largeur est si grande qu'ils refoulent leur paroi externe, qui est la paroi interne des chambres radiaires, contre la paroi exombrellaire, jusqu'à les faire presque se toucher dans les 4 interradius, réduisant les septums à une bandelette très haute, mais très étroite. Dans les tænioles les saccules ne pénètrent pas, du moins à l'état de cavités réelles, mais on trouve à leur place un gros faisceau musculaire axial (**39**, *fig. 1* et *4, mcl.*) qui, évidemment, provient d'un diverticule des saccules qui y pénètrent chez la larve et y a subi cette évolution histologique, si fréquente pour les éléments de l'ectoderme sous-ombrellaire. Ces 4 faisceaux constituent, pour le pédoncule, un appareil musculaire puissant.

Par suite de la grande hauteur de l'estomac et de la largeur énorme dès columelles, les 4 aditus coronaires se trouvent avoir une forme toute particulière : au lieu de fentes horizontales, ils deviennent des boutonnières verticales très larges, il est vrai, mais plus hautes encore, bordées par une rangée de filaments gastriques.

Les cordons génitaux (**39**, *fig. 1* et *5* **gtx.**) ont fondamentalement la disposition normale, mais les deux branches de l'anse sont très longues et ne se rejoignent pas à leur extrémité proximale dans l'interradius interposé, puisque le septum ne leur laisse aucun passage, en sorte qu'elles se trouvent décomposées, en fait, en 8 cordons indépendants adradiaux s'étendant dans la cavité des prolongements adradiaux tentaculifères.

Le muscle annulaire sous-ombrellaire est peu accentué et divisé en 8 segments indépendants.

Tentacules. — Les tentacules vrais ou secondaires (**39**, *fig. 1*, *tt. s.*) sont en nombre très variable, de 15 ou 20 à une ou plusieurs centaines, voire même mille et plus. Leur nombre s'accroît avec l'âge. Ils sont formés d'un petit pédoncule très contractile terminé par une tête urticante. Les trois couches fondamentales du corps prennent part à leur formation et leur axe contient un prolongement de la cavité gastrovasculaire qui se termine dans la tête par un renflement.

Boutons adhésifs. — Ce sont de petits tentacules très courts, creux, terminés par un bouton urticant (**39**, *fig. 2* et *3*, *bt.*). A la base, du côté supérieur, est une tache ocellaire (**39**, *fig. 3*, *y.*); entre cet œil et le bouton urticant est un gros bourrelet annulaire de cellules glandulaires (*brt. gl.*) sécrétant un liquide adhésif qui permet à l'animal de se fixer par ces organes comme avec une ancre, d'où le nom d'*ancres marginales* qu'on leur donne souvent.

Développement. — Le développement n'est que très imparfaitement connu.

La segmentation donne une blastula sans cavité, dont toutes les cellules se joignent au centre. Soit par division transversale, soit par passage à l'intérieur de certaines d'entre elles, la blastula devient une larve sphérique pleine, formée d'une masse centrale endodermique et d'une couche revêtante d'ectoderme. Cette larve s'allonge, devient vermiforme et ses cellules endodermiques se disposent sur une seule file et se vacuolisent. Elle a alors la structure d'un tentacule plein, à peu près comme chez *Æginopsis* (Voir p. 194, 195). Cette larve n'est pas ciliée; elle rampe quelque temps, puis se fixe par l'extrémité antérieure, tandis que le bout opposé muni de nématoblastes se dresse. On ne sait presque rien de son évolution ultérieure. R. S. BERGH [88] a seul signalé un stade jeune où la Lucernaire déjà formée a ses tentacules disséminés le long du bord ombrellaire et non groupés en faisceaux. Les boutons adhésifs se présentent à ce moment comme des tentacules ordinaires.

GENRES

1ʳᵉ FAM. : *LUCERNARINÆ* [*Eleutherocarpidæ* (James Clark), *Haliclystidæ* (Häckel)].
Aditus coronaires largement ouverts. Bourrelets génitaux simplement logés dans la
paroi sous-ombrellaire commune aux chambres radiaires et aux saccules sous-
ombrellaires, de part et d'autre des septums interradiaux.

Haliclystus (J. Clark) (fig. 438). C'est le type morphologique que nous venons

Fig. 438.

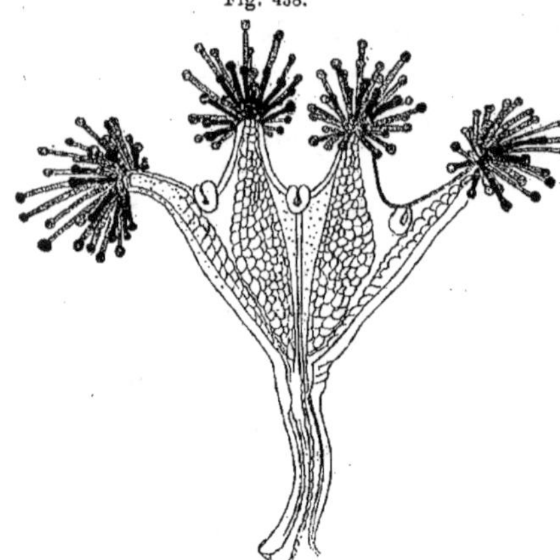

Haliclystus auricula (d'ap. Clark).

de décrire. Génériquement il se caractérise par la présence de ses boutons adhésifs (*Eleutherocarpidæ auri-*

Fig. 439.

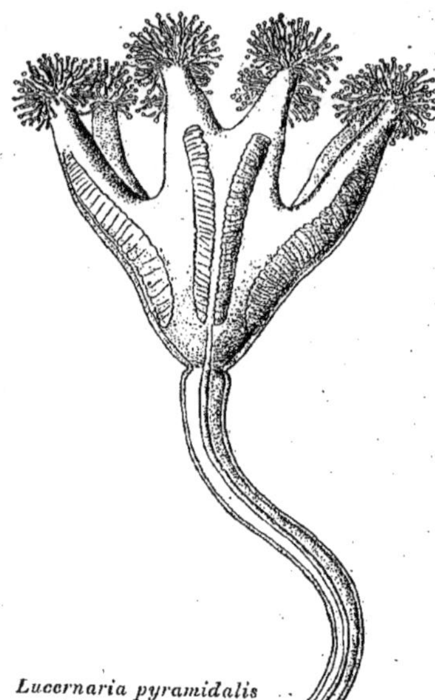

Lucernaria pyramidalis
(d'ap. Häckel).

Fig. 440.

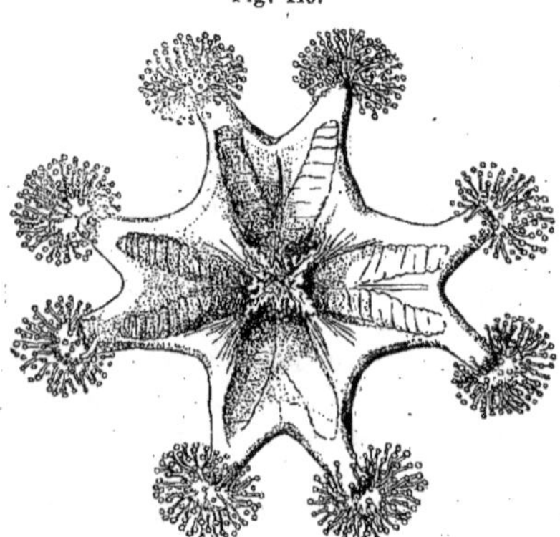

Lucernaria pyramidalis, vu par la face orale
(d'ap. Häckel).

Fig. 441.

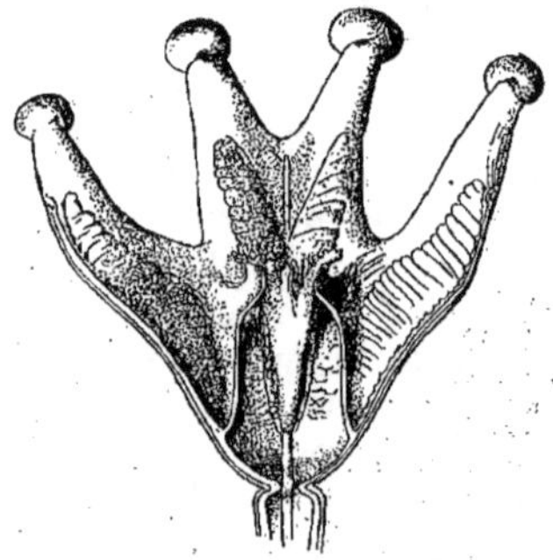

Coupe sagittale interradiale de
Lucernaria pyramidalis (im. Häckel).

culatæ, Clark) et par la subdivision de son basigaster en 4 canaux débouchant isolément dans l'estomac, au sommet du pédoncule (2 à 3^{cm}; côtes d'Europe et d'Amérique, oc. Antarct.).

Lucernaria (O. F. Müller) (fig. 439 à 441) s'en distingue par l'absence de boutons adhésifs (*Eleutherocarpidæ inauriculatæ*, Clark) et par la cavité de son basigaster simplement divisée par les tænioles moins saillantes en 4 cannelures communiquant ensemble tout le long de la ligne axiale (2 à 8^{cm}; même habitat et, en plus, Atl. Nord par 540 brasses).

Lipkea (C. Vogt) est de forme très basse, comme une soupière, et fixé par un pédoncule terminé en ventouse. 8 bras, mais pas de tentacules; des glandes à mucus bien développées; muscle circulaire continu, non découpé en segments; à la face sous-ombrellaire, 4 saccules dans lesquels l'auteur n'a pas vu de gonades, mais de nombreuses tubérosités contenant les corps arrondis qui étaient peut-être des nématoblastes jeunes (Sardaigne; 50 brasses).

2e FAM. : *HALICYATHINÆ* [*Cleistocarpidæ* (J. Clark), *Halicyathidæ* (Häckel)]. Aditus coronaires rétrécis par une cloison endodermique; bourrelets génitaux dans la paroi commune aux saccules sous-ombrellaires et à 4 diverticules gastriques déterminés par cette cloison.

Halicyathus (J. Clark) a comme *Haliclystus* le basigaster divisé en 4 compartiments séparés; comme lui, il a des boutons adhésifs; mais il en diffère par une complication particulière des cavités endodermiques. Ici, les 4 aditus coronaires, au lieu de régner dans toute la hauteur de l'estomac, sont réduits à 4 petits orifices, perradiaux naturellement, situés tout au fond de l'estomac. Tout le reste de l'espace occupé chez *Haliclystus* par le vaste aditus, est fermé ici par une membrane qui va en largeur d'une columelle à l'autre, et en hauteur de l'orifice cardiaque presque jusqu'au fond de l'estomac, ne laissant que l'étroit aditus susmentionné. Cette membrane est due à un simple repli de l'endoderme et est formée de deux lames endodermiques séparées par une mince lame mésogléenne; la lame endodermique interne forme partie de la paroi stomacale et l'externe de la paroi interne des chambres radiaires, la lame entière formant cloison entre ces chambres et l'estomac. Son insertion latérale se fait très en dehors sur la paroi columellaire, de manière à laisser dans la cavité stomacale presque toute la saillie de la columelle. Par suite de cela, les 4 volumineuses colonnes columellaires, dilatées par le saccule sous-ombrellaire qu'elles contiennent, déterminent entre elles 4 profonds diverticules perradiaux de l'estomac, dont le fond est formé et fermé précisément par les membranes ci-dessus décrites. Enfin les bourrelets génitaux, au lieu de rester dans l'épaisseur de la paroi externe des saccules sous-ombrellaires, paroi qui leur est commune avec les chambres radiaires,

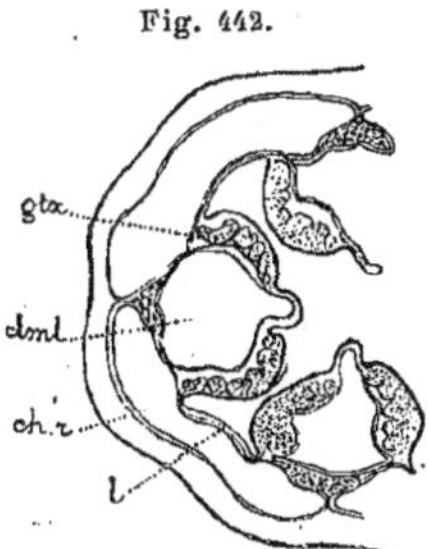

Fig. 442.

Craterolophus tethys
(d'ap. O. Kling).

ch. r., chambre radiaire; **clml.**, columelle; **gtx.**, glandes génitales; **l.**, lamelle endodermique de l'aditus coronaire.

passent dans leur paroi latérale qui leur est commune avec les 4 diverticules gastriques en question (Voir la fig. 442 concernant *Craterolophus*, où la disposition est semblable) (1 à 3^{cm} ; Norvège, Groenland, Atl. nord-Amér.).

C'est à cette disposition, partout fort mal expliquée, que fait allusion le terme *Cleistocarpidæ* (κλείω je renferme, qui donne le verbal κλειστέον). Signalons en outre la présence dans l'épaisseur des septums interradiaires, ici moins étroits que chez *Haliclystus*, de 4 paires de faisceaux musculaires longitudinaux.

Craterolophus (J. Clark) (fig. 442) diffère du précédent, comme *Lucernaria* d'*Haliclystus*, par l'absence de boutons adhésifs ; aussi Clark le range-t-il dans ses *Cleistocarpidæ inauriculatæ*, l'opposant à *Halicyatus* qui constitue ses *Cleistocarpidæ auriculatæ* (Baltique, Nouvelle-Zélande).

===== 3ᵉ FAM. : *Capriinæ* [*Capriidæ* (Antipa)]. 8 bras adradiaux, pas de tentacules.

Capria (Antipa) est fixé par un pédoncule et présente au bord ombrellaire 8 bras adradiaux sans tentacules secondaires, mais capables cependant de jouer le rôle de ces derniers, grâce à une bordure membraneuse finement denticulée et pourvue à sa face sous-ombrellaire de batteries de nématoblastes (Méd., Capri).

2° S O U S - O R D R E

<h2 align="center">TESSÉRIDÉS. — TESSERIDÆ</h2>

[Tesseridæ (Häckel)]

<h3 align="center">TYPE MORPHOLOGIQUE</h3>
(FIG. 55 ᴀ 55)

Nous prendrons pour type le genre *Tessera*.

L'animal (**Pl. 40** et fig. 444 et 445) est de petite taille, libre, en forme de cloche, munie au pôle aboral d'un prolongement comparable au bouton de la cloche et qui est un reste du pédoncule qui existe chez certains autres genres du groupe. La mésoglée exombrellaire est assez épaisse. Le bord du disque, simplement onduleux, forme 8 lobes adradiaux peu accentués (*lb.*). Dans les perradius et les interradius sont 8 tentacules normaux (*tt.*), à axe plein (*ax.*), les 4 perradiaux plus grands ; il n'y a pas de corps marginaux. La sous-ombrelle montre un large manubrium (*mbm.*) assez saillant, terminé par une bouche carrée à 4 lèvres peu saillantes. Il n'y a pas de saccules sous-ombrellaires et l'on voit à leur place les gonades (*gtx.*) former les 4 anses génitales normales, ployées en fer-à-cheval à branches centrifuges, et placées au niveau de la surface générale de la sous-ombrelle.

A l'intérieur, le basigaster (*bsg.*) est naturellement restreint, proportionnellement aux dimensions du bouton de la cloche. L'estomac est large et communique avec l'espace coronaire par 4 vastes aditus allongés transversalement et séparés par 4 columelles non dilatées, faisant suite aux tænioles (*tnol.*) saillantes sur les parois du basigaster et se prolongeant sur les parois de l'estomac. Les phacelles sont réduites à 4 filaments gastriques très grands et très gros (*fl. g.*), insérés aux columelles. L'espace coronaire très ample est très incomplètement divisé en 4 chambres radiaires par autant de courts septums (*spt.*) réduits à d'étroites bandelettes, ou cathamnes, laissant entre elles et le bord de l'ombrelle un énorme orifice très allongé qui représente la portion interradiale du canal circulaire. Entre ces septums et les columelles existe, comme dans le type général des Acraspédiés, un intervalle dans lequel passe le lobe moyen des anses génitales (*gtx.*), dont les branches se prolongent distalement en divergeant dans les adradius adjacents.

Les tentacules sont pleins, leur axe (*ax.*) étant occupé par une épaisse colonne de cellules endodermiques. Le muscle annulaire (*mcl. c.*) de la sous-ombrelle est bien développé, divisé en 8 segments correspondant aux tentacules.

Häckel considère cette forme comme ancestrale, antérieure aux Lucernaires qui seraient dérivées d'elle. C'est très probablement le contraire qui est vrai, les Lucernaires étant plus voisines de la larve Scyphostome par leur pédoncule, leurs saccules sous-ombrellaires prolongés dans les columelles et leurs grands septums interradiaux.

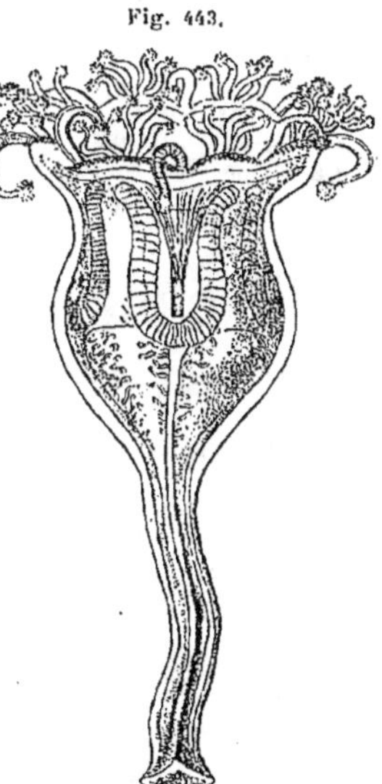

Fig. 443.

Depastrella carduclla
(d'ap. Häckel).

GENRES

1re FAM. : *DEPASTRINÆ* [*Depastridæ* (Häckel)]. Fixés par un pédoncule; bord ombrellaire formant 8 lobes peu saillants, tentaculifères; en outre, 8 tentacules creux, perradiaux et adradiaux; saccules sous-ombrellaires présents, mais réduits à leur portion distale; filaments gastriques petits et nombreux.

Depastrella (Häckel) (fig. 443) forme la transition entre notre type et celui du sous-ordre précédent. Il est fixé comme les Lucernaires par un pédoncule terminé par une ventouse et sa forme générale est la même; mais le bord ombrellaire n'a ni grandes incisures ni bras tentaculifères. Il est découpé en 8 lobes peu saillants portant un bouquet de 4 au moins petits tentacules creux terminés par un bouton urticant. Dans les perradius et les interradius sont 8 tentacules principaux, semblables, creux, à tête urticante, mais plus grands quoique en somme assez courts. Il y a 4 saccules sous-ombrellaires, assez larges mais peu profonds et réduits à leur portion distale, n'envoyant aucun prolongement dans les columelles. Les filaments gastriques sont petits et nombreux, insérés tout le long des tænioles. Le muscle annulaire est onduleux mais continu (6 à 8^{mm}; Canaries).

Depastrum (Gosse) en diffère par ses tentacules secondaires disposés sur plusieurs rangs (mer du Nord, côtes de Norvège et d'Angleterre).

===== 2° FAM. : *TESSERINÆ* [*Tesseranthidæ* (Häckel)]. Formes libres, sans pédoncule, à 8 tentacules pleins, sans saccules sous-ombrellaires, à filaments gastriques variables.

Tessera (Häckel) (**Pl. 40** et fig. 444 et 445); c'est le genre que nous avons décrit comme type du sous-ordre (4 à 5ᵐᵐ; oc. Antarct., au Sud des îles Kerguelen).

Tesserantha (Häckel) diffère du précédent en ce qu'il possède 16 tentacules dont 8 adradiaux et 4 paires de phacelles comprenant chacune de nombreux filaments gastriques (Pacif. sud.)

Tesseraria (Häckel) a 32 tentacules ou 64 ou même plus, sur une seule rangée (Détr. de Bass).

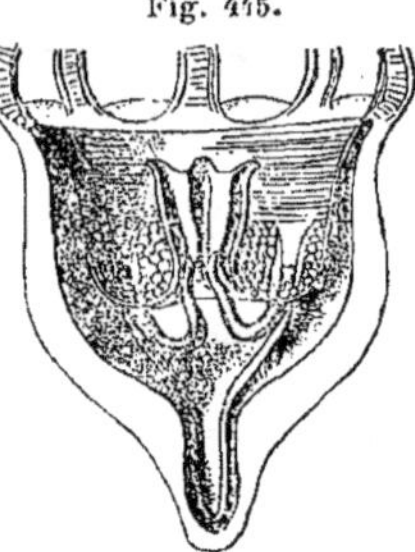

Fig. 445.

Coupe perradiale de *Tessera princeps* (d'ap. Häckel).

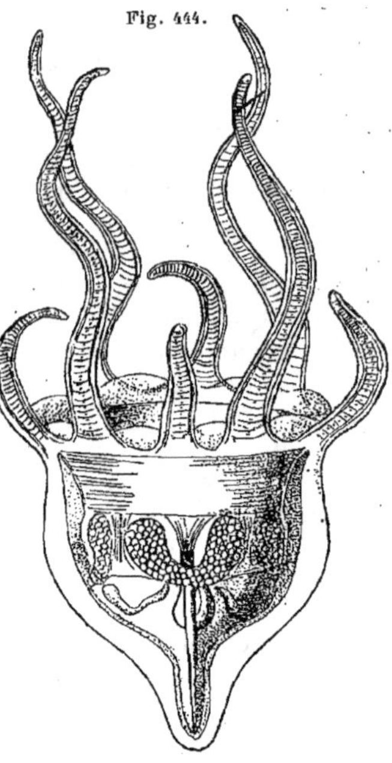

Fig. 444.

Tessera princeps (d'ap. Häckel).

3° SOUS-ORDRE

PÉRIPHYLLIDÉS. — *PERIPHYLLIDÆ*

[PÉROMÉDUSES; — *PEROMEDUSÆ* (Häckel); — *PEROMEDÆ* (Häckel); *CATHAMNATA CORONATA* p. p. (Vanhöffen); *CORONATA* p. p. (Maas); — *PERIPHYLLIDÆ* (Vanhöffen, Maas, Chun)]

TYPE MORPHOLOGIQUE
(Pl. 41)

Nous prendrons pour type le genre principal du sous-ordre, *Periphylla*.

Conformation extérieure. — C'est une Méduse d'assez grande taille, mesurant un à deux décimètres de large. La forme générale est celle d'une cloche et rappelle par conséquent celle d'une Lucernaire dont on aurait coupé le pédoncule ou d'une Tesserie. Du moins en est-il ainsi d'ordinaire et chez l'animal mort; car chez le vivant, les lobes ombrellaires (*lb.*) se renversent en dehors, augmentant la largeur aux dépens de la longueur, et, lorsqu'en même temps la forme générale devient plus surbaissée, comme dans certaines espèces, l'aspect rappelle presque autant celui d'une Cheilide que celui d'une Tæniolide. La mésoglée exombrellaire est très ferme et garde la forme de l'animal après destruction des parties molles par la putréfaction.

La surface externe de l'ombrelle est divisée en deux parties par un profond sillon circulaire, le *sillon coronaire* (') (*sll. c.*). Au-dessous de ce sillon, la forme est simple et n'offre rien de particulier; mais au-dessus de lui, jusqu'au bord ombrellaire, elle a au contraire une constitution très complexe.

Le bord du disque présente comme d'ordinaire des tentacules (*tt.*) et des rhopalies (*rhp.*), et ces appendices sont, en tout, au nombre de 16, dont 12 tentacules et 4 rhopalies seulement; et, chose singulière, les rhopalies sont intercalées entre deux ordres de tentacules; il y a en effet 4 tentacules perradiaux, puis 4 rhopalies interradiales et enfin 8 tentacules adradiaux. D'ailleurs, les tentacules perradiaux et interradiaux sont identiques entre eux, en sorte qu'en faisant abstraction de la distinction purement conventionnelle entre perradius et interradius, on peut dire que le bord ombrellaire présente alternativement trois tentacules, puis une rhopalie et ainsi de suite.

La partie de l'exombrelle comprise entre le sillon coronaire et l'insertion des appendices est divisée par 16 profonds sillons verticaux alternant avec eux. Ce ne sont pas des incisures, les lobes ombrellaires ne commençant qu'au delà, mais de simples sillons n'intéressant qu'une partie de l'épaisseur de l'exombrelle. Il serait même plus exact de dire que ce ne sont que les intervalles entre des portions saillantes dues à un fort épaississement de la mésoglée exombrellaire à leur niveau. Ces 16 épaississements correspondent aux appendices, tentacules et corps marginaux, qui sont insérés à leur extrémité distale, tandis que leur extrémité proximale confine au sillon coronal. On les nomme les *pédales* (*pda.*).

Au delà de l'insertion des appendices, le bord ombrellaire est divisé par 16 incisures en 16 *lobes ombrellaires* (*lb.*) alternant avec les appendices. Les lobes alternent donc aussi avec les pédales; mais le sillon (*sll. l.*) qui sépare deux pédales se prolonge sur la ligne médiane du lobe correspondant et le partage en deux moitiés. Ces sillons ne sont pas des incisures, ils n'entament pas toute l'épaisseur du lobe, qu'ils laissent indivis, et ne s'étendent pas non plus jusqu'à son extrémité distale.

Les tentacules (*tt.*) sont pleins, longs, minces, effilés au bout, très enroulables en dedans.

La cavité sous-ombrellaire est très peu profonde. La partie centrale est occupée par un manubrium (*mbm.*) court mais très large, de forme carrée à angles perradiaux, sans lèvres buccales (*).

---

(1) C'est à ce sillon que fait allusion le terme *coronata* de la classification de VANHÖFFEN.

(2) Ce bord est, chez certaines espèces, muni de 4 paires interradiales de petits tentacules filiformes, qui sont le prolongement d'autant de côtes pharyngiennes produites par un épaississement de la mésoglée et entre lesquelles sont autant de sillons interradiaux.

En dehors du manubrium, la surface sous-ombrellaire présente 4 grands enfoncements interradiaux qui sont les entrées des saccules sous-ombrellaires (*scc.*) séparés par quatre parties perradiales (*mésogonies* de Häckel) qui, n'ayant pas été invaginées, persistent comme cloisons entre les poches génitales et dont le bord libre supérieur est saillant par rapport au reste de la surface.

Ces saccules sont ici extrêmement profonds et il n'est aucune Méduse qui les présente à un égal degré de développement. Ils s'étendent, en effet, presque jusqu'à l'extrême pôle aboral de l'exombrelle, presque aussi loin que le plus profond cul-de-sac de la cavité gastrique. Leur disposition dans la profondeur sera décrite avec l'organisation interne.

Le bord de la sous-ombrelle est garni sur une assez grande hauteur au-dessous de l'insertion des appendices par le *muscle annulaire* (*mcl. c.*) bien visible sans dissection. Mais ce muscle n'est pas continu. Il est divisé en 16 segments indépendants qui alternent avec les lobes ombrellaires ([1]).

Le *muscle longitudinal* ou *muscle conique* se montre aussi très nettement sous la forme de 8 faisceaux deltoïdes triangulaires à base distale : 4 perradiaux dont le sommet correspond aux cloisons séparant les poches génitales, et 4 interradiaux dont le sommet est situé sur la paroi externe de ces mêmes poches, en un point où cette paroi se rattache à l'exombrelle et dont il sera question plus loin. Leur base distale s'arrête au niveau du bord proximal du muscle circulaire.

Enfin, on voit aussi très bien du dehors les gonades (*gtx.*) sous la forme de 8 cordons adradiaux ployés en U dont la partie moyenne distale est au niveau du bord inférieur du muscle annulaire, tandis que les deux branches plongent profondément dans les poches génitales.

Organisation interne. — Le point difficile et essentiel est de bien comprendre la disposition compliquée et les relations mutuelles des deux systèmes de cavités qui se pénètrent réciproquement et s'intriquent ensemble : les saccules sous-ombrellaires et les cavités gastro-vasculaires.

Cette disposition est, en fait, très compliquée et est fort difficile à bien comprendre lorsqu'on se place, comme on le fait d'ordinaire, au point de vue de l'anatomie descriptive pure. Mais elle devient fort simple et fort claire lorsqu'on s'appuie sur la considération des tænioles et des columelles et sur leurs rapports avec les saccules sous-ombrellaires qui les pénètrent.

Faisons, pour un moment, abstraction de ces saccules, et partons de la disposition que nous avons assignée à notre type général des Acraspédiés.

Notre Périphyllie se présente, d'abord, avec une cavité endodermique

---

([1]) Häckel nomme ce muscle *velarium*; mais cela nous semble abusif puisqu'il fait partie du bord vertical de la sous-ombrelle et ne se détache pas comme une membrane indépendante rattachée à celle-ci seulement par son bord.

très vaste, sans subdivisions intérieures. Au-dessous du pharynx cylindrique contenu dans le manubrium, nous n'avons qu'une large cavité banale, de forme conique, dont la base, horizontale et supérieure, correspond au niveau général de la sous-ombrelle et, extérieurement, à peu près au sillon coronaire, et qui se continue jusqu'au pôle aboral de l'exombrelle. Dans cette cavité, distinguons d'abord deux portions à peu près d'égale hauteur: une inférieure, conique, le basigaster (*bsg.*); une supérieure, tronc-conique, l'estomac, s'étendant l'une et l'autre en dehors jusqu'à l'exombrelle, sans distinction d'une partie axiale et d'une partie coronaire.

Sur les parois du basigaster, faisons saillir 4 forts cordons interradiaux, les tænioles (*tnol*); puis prolongeons ces tænioles en 4 cordons, les columelles (*clml*), qui traversent la cavité gastrique, attachées seulement à leurs extrémités, en bas au bout des tænioles, en haut à la sous-ombrelle. Nous aurons de la sorte établi 4 aditus coronaires (*ad. c.*), séparant l'estomac de la portion coronaire de la cavité endodermique. Creusons maintenant les 4 saccules sous-ombrellaires (*scc.*) et prolongeons-les jusqu'au sommet des tænioles, de manière à rendre les tænioles et les columelles creuses. Tout cela est normal et typique.

Pour obtenir la Périphyllie, il nous suffit de supposer que les saccules sous-ombrellaires deviennent très larges, non seulement dans leur portion distale ou sous-ombrellaire comme dans notre type général, non seulement dans leur portion moyenne ou columellaire comme chez la Lucernaire, mais jusque dans leur portion proximale ou tæniolaire.

Par suite de cette dilatation générale des saccules, les quatre tænioles (*tnol.*) se trouvent distendues en quatre gros boudins coniques, faisant une très forte saillie dans la cavité du basigaster, mais sans cesser de rester soudés à sa paroi externe ou exombrellaire dans toute leur longueur. Les 4 columelles (*clml.*) au contraire formeront 4 énormes colonnes cylindriques, libres sur tout leur contour latéral, et faisant également saillie dans l'estomac et dans l'espace coronaire; car, contrairement à ce qui existait chez la Lucernaire, elles ne sont pas contiguës à l'exombrelle, mais restent à peu près à égale distance de la paroi exombrellaire et de l'axe vertical du corps.

Que va-t-il résulter de cela?

1° Dans le basigaster (*bsg.*), la cavité primitivement conique et régulière va se trouver former 4 larges diverticules perradiaux, sans communication directe entre eux ni avec l'espace coronaire, et débouchant tous par un large orifice ovalaire dans la portion axiale rétrécie du basigaster.

2° Dans l'estomac, nous allons avoir aussi une partie axiale rétrécie et 4 grandes boutonnières perradiales qui sont les aditus coronaires (*ad. c.*) conduisant dans l'espace coronaire. Ces aditus ne sont plus ici de simples fentes, mais des couloirs d'une certaine longueur dans le sens radial, car ils ont pour faces latérales les parois latérales des colonnes columellaires dilatées.

Tout le long des deux bords des boutonnières verticales conduisant dans les diverticules du basigaster ou dans les aditus coronaires, nous trouvons une rangée de fins et nombreux filaments gastriques (*fl. g.*) s'étendant sans interruption du fond du basigaster à l'orifice cardiaque. Il n'y a là de particulier que l'écartement des deux files d'une même paire, écartement dû à la dilatation de l'espace qui les sépare.

Cela bien compris, passons à la description de la cavité coronaire.

Celle-ci est pour le moment libre dans toute son étendue : elle a pour paroi externe, la portion moyenne de l'exombrelle, pour paroi interne, la face externe des colonnes columellaires; en bas, elle se termine en cul-de-sac au niveau de l'orifice pylorique où la soudure de la base supérieure des tænioles à la paroi exombrellaire, s'étendant à toute la largeur de cet orifice, lui interdit toute extension au-dessous de ce niveau. Les quatre tænioles (*tnol.*) se touchent, en effet, à leur base supérieure, tandis que plus bas elles se rétrécissent en cône, laissant entre elles les diverticules du basigaster (*bsg.*). En haut, enfin, la cavité coronaire s'étend jusqu'au bord ombrellaire. Mais il y a dans cette région supérieure des particularités qu'il faut maintenant indiquer.

Il convient de distinguer, dans cette cavité, deux parties superposées, l'une au-dessous, l'autre au-dessus du sillon coronaire.

Au niveau même de ce sillon, ou plutôt un peu au-dessous, se trouvent quatre points d'attache interradiaux (*spt.*), en forme d'étroites brides, qui constituent les septums, mais extrêmement réduits en hauteur. Entre le bord ombrellaire et leur bord distal, reste un grand espace représentant le canal circulaire, entre leur bord proximal et les columelles, un espace non moins étendu où *pourrait passer* le lobe moyen des anses génitales (*gtx*). Les chambres radiaires, dont la séparation est marquée, plutôt qu'effectuée, par les quatre brides septales, sont entièrement libres dans leur portion proximale; mais au delà des septums ou, pour mieux dire, du sillon coronaire, dans la région correspondant aux pédales et aux lobes ombrellaires, elles présentent une disposition assez compliquée. Les sillons qui séparent les pédales les unes des autres déterminent une soudure des parois exombrellaires et sous-ombrellaires de la cavité sous-jacente; les pédales sont donc creuses, mais leurs cavités sont séparées les unes des autres par autant de septums radiaires s'avançant proximalement jusqu'au niveau du canal coronaire et s'arrêtant là, en sorte que toutes les poches pédalaires s'ouvrent en bas, dans les chambres radiaires.

Nous avons vu que les pédales alternent avec les lobes ombrellaires. Les cloisons interpédalaires correspondent donc au milieu des lobes ombrellaires. Elles se continuent (*sll. l.*) dans ces lobes de manière à diviser leur cavité en deux moitiés longitudinales juxtaposées. Ces deux moitiés communiquent donc séparément avec deux loges pédalaires adjacentes. Mais ces cloisons ne s'étendent pas jusqu'à l'extrême bord des lobes et laissent là les deux poches lobaires communiquer l'une avec l'autre.

On a donné le nom de *canal festonné* au passage continu, mais sinueux, formé par la série des 32 poches des lobes ombrellaires avec les 16 communications qui les réunissent à l'extrémité distale des lobes ([1]).

Enfin chaque corps marginal (*rhp.*) possède un petit diverticule endodermique, mais il n'en est pas de même pour les tentacules, qui sont pleins.

Tentacules. — Les tentacules (*tt.*) sont donc pleins, à axe endodermique solide, formé non par une seule pile de cellules, ce qui serait presque impossible, vu leur volume, mais par une masse de cellules endodermiques à structure vacuolaire cordoïde ([2]).

Ils sont pourvus de deux muscles, un externe abducteur qui existe seulement dans le tiers ou le quart supérieur, et un interne adducteur, qui règne dans toute la longueur ([3]). En se contractant, ce muscle interne porte d'abord le tentacule au dedans, puis l'enroule sur sa face interne.

Corps marginaux. — Ce sont ceux-là mêmes que nous avons attribués au type général, en raison de ce qu'ils représentent un terme moyen de complexité et de ce qu'ils ont été bien décrits par MAAS [97]. Nous ne pouvons donc que renvoyer à ce qui en a été dit (Voir p. 300 à 302) ([4]).

Gonades. — Pour que leur disposition fût normale, il faudrait qu'il y eût quatre anses interradiales à branches dirigées en dehors et dont la partie moyenne, à cheval sur la bride septale, passerait entre cette

---

([1]) En outre, au point où les tentacules s'insèrent à leur pédale entre les bases de deux lobes adjacents, la bande musculaire interne de cet appendice se divise en deux racines divergentes qui, en s'enfonçant dans les tissus du bord de l'ombrelle, déterminent, par invagination de la paroi de ce bord, une sorte de petit cul-de-sac ectodermique. Il y a ainsi dans la base de chaque pédale deux saillies déterminant à elles deux une petite cloison parallèle aux faces ombrellaire et sous-ombrellaire, et fendue en son milieu entre les deux saillies qui la composent. Cette cloison détermine dans le canal festonné, au moment où il passe d'un lobe à l'autre, une division en deux canaux incomplètement séparés, situés l'un en dehors, l'autre en dedans, et que HÄCKEL appelle, le premier *poche abvélarienne (avelar Tasche)*, et le second *poche advélarienne (velar Tasche)*. Ces poches d'ailleurs, tout comme les deux compartiments juxtaposés des lobes ombrellaires, communiquent en bas avec la portion indivise de l'espace endodermique coronal. Tous ces détails ne semblent pas avoir l'intérêt que leur accordent Häckel qui les a découverts et MAAS [97] qui a corrigé les descriptions de celui-ci.

([2]) Häckel les donne comme creux; il décrit même et figure à l'entrée de leur canal intérieur une double valvule. VANHÖFFEN [92] a montré que la prétendue cavité axiale provient de la liquéfaction des cellules endodermiques dans des échantillons mal conservés. Quant à la double valvule, elle résulte simplement de ce que la membrane mésogléenne du tentacule envoie vers la base de celui-ci deux prolongements intérieurs qui sectionnent l'axe endodermique et qui, étant d'une substance plus résistante, persistent après la liquéfaction de ce dernier.

([3]) C'est ce dernier qui, en se divisant à sa base, forme la cloison tangentielle de la cavité de la pédale.

([4]) La structure très-complexe que leur attribue HÄCKEL dans ses descriptions et dans ses planches ne correspond pas à la réalité des choses. Häckel n'a pas fait de coupes et a inexactement interprété les apparences extérieures.

bride (**spt.**) et la columelle (**clml.**). Pour arriver à la disposition réalisée
ici (**gtx.**), il faut suppo-
ser d'abord que l'anse se
rompt au milieu, rendant
ses deux branches indé-
pendantes, ce dont nous
avons eu déjà des exem-
ples. Il faut admettre, en
outre, que ces deux bran-
ches s'étendent beaucoup
plus bas, jusqu'au niveau
de la portion adhérente
des tænioles. Il faut enfin
imaginer que chaque
branche directe, ou cen-
trifuge, s'accroisse à son
extrémité distale, de ma-
nière à donner une se-
conde branche centripète
qui descende parallèle-
ment à la première (fig.

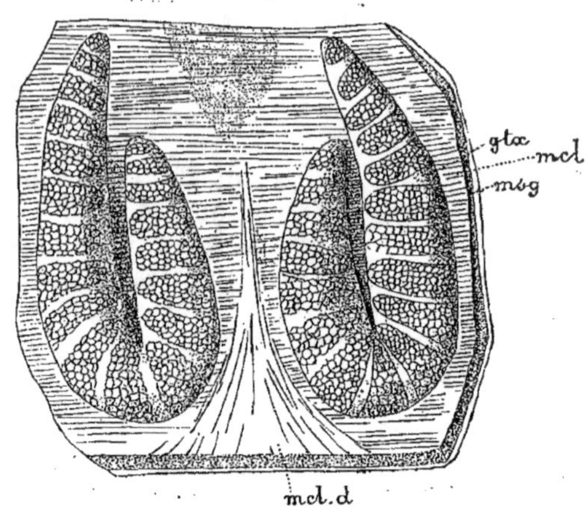

Fig. 446.

Gonades de *Periphylla* (d'ap. O. Maas).
gtx., gonades; **mcl.**, muscles sous-ombrellaires;
mcl. d., muscles deltoïdes; **msg.**, mésoglée.

446), et en dedans d'elle par
rapport à l'axe de l'**U** primitif.
On aura ainsi transformé les
4 anses interradiales à branches
centrifuges en 8 anses adradiales à branches centripètes
par un processus semblable à
ceux dont l'ontogenèse nous
montre des exemples nom-
breux et dont l'observation
des diverses espèces de *Periphylla* nous montre certains
termes de passage.

Ces 8 anses adradiales sont
placées dans les poches radiaires qui en contiennent
chacune deux. Elles n'ont pas
de rapport immédiat avec les
septums et sont insérées directement à la paroi sous-ombrellaire dans toute leur longueur. Chaque branche a la
forme d'une bandelette gau-

Fig. 447.

Periphylla. Repli génital pendant librement
dans la cavité gastro-vasculaire (d'ap. O. Maas).

c., point d'attache du repli génital; **cv. end.**, cavité
gastro-vasculaire; **end.**, endoderme; **msg.**, mésoglée;
ov., œufs; **s. omb.**, paroi sous-ombrellaire.

frée, adhérente par un de ses bords (fig. 447, c.). Elle est formée d'un refoulement sacciforme de l'épithélium endodermique dans la cavité radiaire. Cet épithélium reste cylindrique et ne forme pas les cellules germinales. Celles-ci se trouvent à l'état jeune au voisinage de l'insertion (fig. 447, c.) de la bandelette, entre les couches épithéliales, et ne montrent pas de formes de transition entre les plus jeunes et l'épithélium endodermique voisin (end.) (¹). Les œufs (fig. 447, ov.) à mesure qu'ils grossissent passent vers le centre de la lamelle où on les trouve entourés d'une mésoglée assez abondante.

Chez les mâles, on trouve dans une situation analogue de petits testicules arrondis.

Il y a lieu de se demander pourquoi les quatre anses génitales interradiales primitives, à cheval sur les septums, n'ont pas persisté ici, puisqu'il y a passage pour leur lobe moyen entre le septum et la columelle. Nous avons vu, en effet, par l'étude des types précédents que, toutes les fois que ce passage persiste, les anses gardent leur disposition primitive, et que celles-ci ne se scindent en deux cordons adradiaux indépendants que quand le septum, restant soudé à la columelle, empêche leur lobe moyen de se former. La cause de la disposition réalisée chez la Périphyllie nous paraît résider dans la situation très reculée des septums vers le bord distal et dans la division de la partie distale de l'ombrelle en pédales. On voit que, par suite de cette disposition, les anses génitales, si elles avaient conservé leur disposition primitive ne pourraient loger leurs branches que dans deux poches pédalaires, en sorte qu'elles manqueraient de place pour se développer, tandis qu'en descendant au fond de l'ombrelle elles ont pour se développer toute la cavité des chambres radiaires.

Développement. — Il est entièrement inconnu.

GENRES

1ʳᵉ FAM. : *PERIPHYLLINÆ* [*Periphyllidæ* (Häckel)]. 16 tentacules, dont 4 perradiaux et 8 adradiaux.

Periphylla (Steenstrup) (fig. 448 et 449). C'est le genre que nous venons de décrire. C'est une Méduse qui paraît habiter la profondeur plutôt que la surface. Elle est très vorace et, en raison de sa grande taille et de la largeur de sa bouche, capable d'avaler des proies énormes, Poissons, Crustacés dont on retrouve les résidus indigestes dans la cavité axiale de son estomac (6 à 20ᶜᵐ; Atl., Pacif., Amér., Australie, Nouvelle-Zélande; oc. Arct. et Antarct.; par 700 à 2000 brasses.)

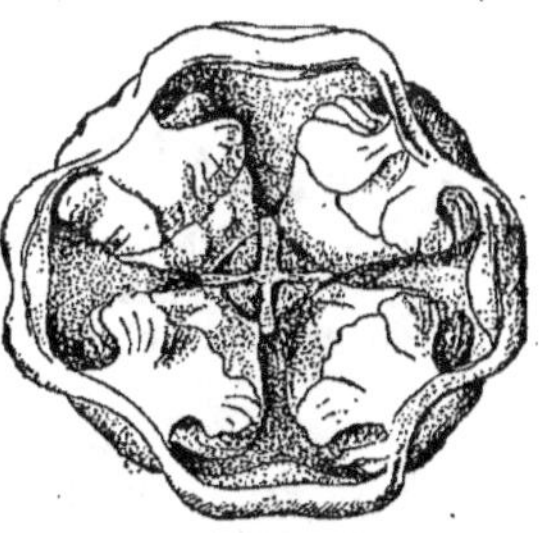

Fig. 448.

Ouverture buccale et cavité du manubrium de *Periphylla hyacinthina* (d'ap. Häckel).

(¹) En sorte que Maas [97] en conclut qu'elles ont une origine indépendante.

Periphema (Häckel) n'a que la valeur d'un sous-genre.

Peripalma (Häckel) en diffère par ses poches génitales ne pénétrant pas dans les tænioles adhé-

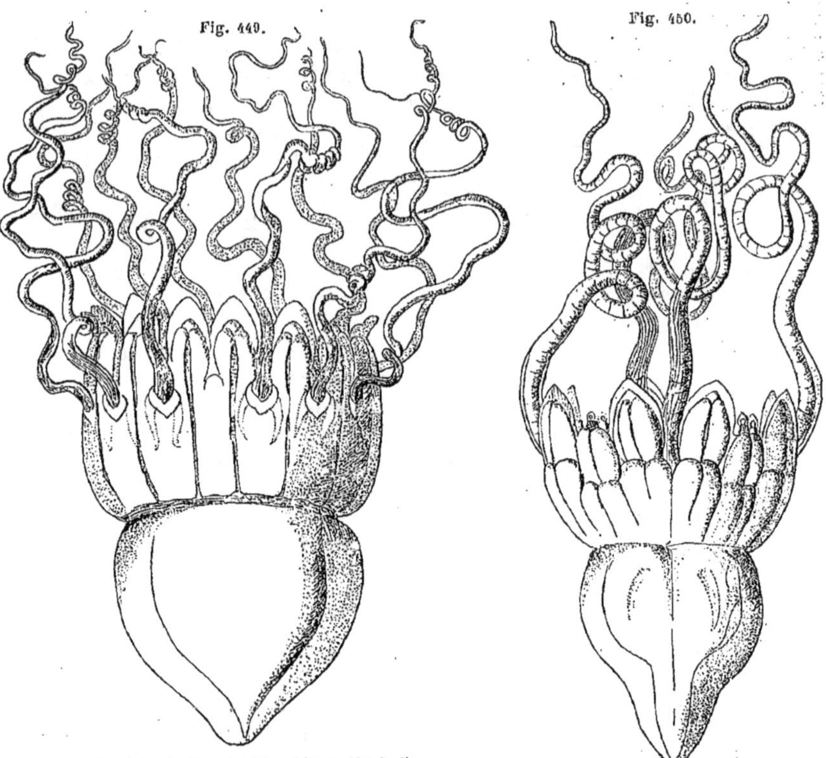

Fig. 449.

Fig. 450.

Periphylla hyacinthina (d'ap. Häckel).

Pericolpa quadrigata (d'ap. Häckel.)

rentes de l'estomac apical et par l'absence de filaments gastriques sur ces tænioles (Gibraltar).

===== 2° FAM. : PericoLpinÆ [*Pericolpidæ* (Häckel)]. 4 tentacules seulement, perradiaux; point de tentacules adradiaux.

Pericrypta (Häckel). C'est un *Periphylla* auquel manquent les 8 tentacules adradiaux avec les pédales et lobes ombrellaires qui en dépendent (1 à 3^{em}; îles Kerguelen, Australie, Nouvelle-Zélande.)

Fig. 451.

Corps marginal de *Pericolpa quadrigata*, vu de profil (d'ap. Häckel).

Fig. 452.

Corps marginal de *Pericolpa quadrigata*, vu par sa face externe (d'ap. Häckel).

Fig. 453.

Corps marginal de *Pericolpa quadrigata*, vu par sa face interne (d'ap. Häckel).

Pericolpa (Häckel) (fig. 450 à 455) diffère de *Pericrypta* de la même manière que *Peripalma* de *Periphylla :* dans la basigaster, les tænioles sont pleines et dépourvues de filaments gastriques. La forme est en outre plus haute et l'ombrelle porte un prolongement apical accentué (île Kerguelen).

3ᵉ Ordre

DISCOSTYLIDES
DISCOSTYLIDA

[*DISCOMEDUSÆ CANNOSTOMÆ* (Häckel) ; *EPHYROPSIDÆ* (Claus)]

Les êtres dont il est ici question n'y sont réunis en un ordre spécial que parce qu'il est également impossible de les réunir à l'ordre suivant, comme le fait Häckel, ou au précédent, comme le veulent Vanhöffen et Maas. Ils n'ont pas, en effet, de caractères différentiels propres, mais présentent une combinaison à dose à peu près égale des caractères des *Tæniolida* et de ceux des *Cheilida ;* le nom même que nous proposons pour eux rappelle qu'ils ont un disque ombrellaire étalé comme ceux-ci, et des columelles (styles, de στύλος, colonne) comme ceux-là. Avec les premiers ils ont de commun : leur sillon coronaire, leurs pédales, leurs tentacules marginaux, pleins dans la plus grande partie de leur étendue, leurs lèvres buccales courtes, leurs columelles ; aux seconds, ils ressemblent par leur disque étalé, lenticulaire, leurs saccules sous-ombrellaires réduits à leur portion distale, par l'absence de tænioles et de septums interradiaux, par leurs phacelles en 4 bouquets sous-ombrellaires, enfin par leurs tentacules dont la base est creuse. La structure intérieure de la partie comprise entre le sillon coronaire et le bord de l'ombrelle ressemble à celle des Périphyllies, mais annonce celle que nous trouverons réalisée avec plus de complication chez les Cheilides.

L'ordre ne comprend qu'un sous-ordre :

EPHYROPSIDÆ, qui a les caractères de l'ordre, pouvant se résumer ainsi : ombrelle étalée, lenticulaire ; des columelles ; saccules sous-ombrellaires peu profonds ; pas de tænioles ni de septums interradiaux.

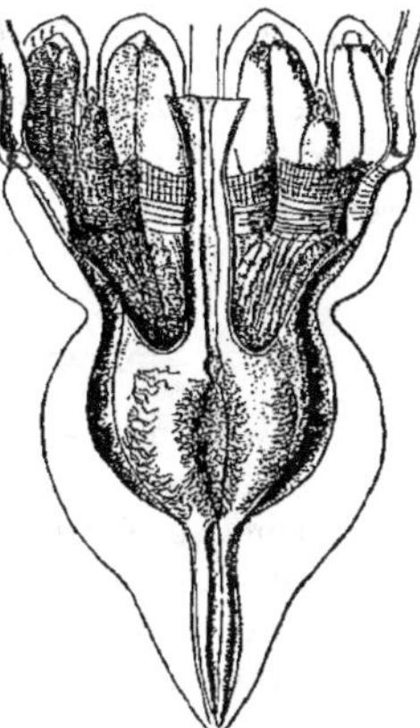

Fig. 454.

Coupe perradiale de *Pericolpa quadrigata* (d'ap. Häckel).

Fig. 455.

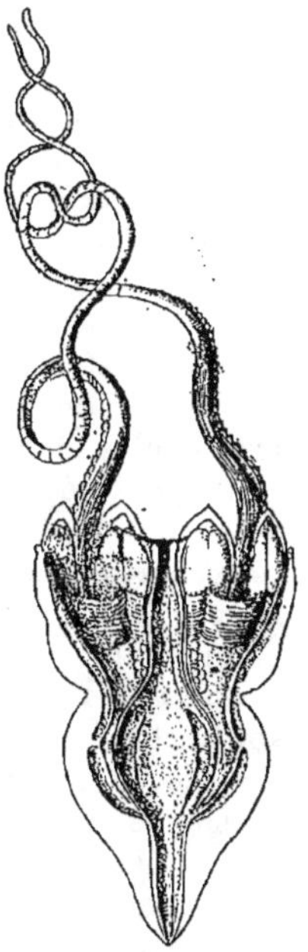

Pericolpa quadrigata (d'ap. Häckel).

Sous-Ordre

ÉPHYROPSIDÉS. — *EPHYROPSIDÆ*

[*STEGANOPHTHALMATA p. p.* (Forbes);
DISCOMEDUSÆ CANNOSTOMÆ (Häckel); — *OCTOMERALIA p. p.* (Claus);
CATHAMNATA CORONATA p. p. (Vanhöffen);
EPHYROPSIDÆ (Claus); — *CORONATA p. p.* (Maas)]

TYPE MORPHOLOGIQUE
(Pl. 42)

Configuration externe. — L'animal est de petite taille, mesurant quelque 2 ou 3 centimètres de large, et de forme tout autre que les types précédents, étant très surbaissé, étalé. Pour la première fois, ici, l'ombrelle peut recevoir le nom de *disque* qu'on lui donne souvent; elle est cependant plutôt lenticulaire. La surface exombrellaire est divisée en deux parties par un profond *sillon coronaire* (**42**, *fig. 1* et *2, sll.c.*). La partie proximale ou inférieure est lisse, régulièrement arrondie et ne présente rien de particulier. La partie supérieure ou *couronne marginale* est divisée par autant de sillons en 16 bourrelets saillants qui sont autant de *pédales* (*pda.*) disposées tout comme chez *Periphylla* et formées comme chez celui-ci par des épaississements verticaux de la mésoglée exombrellaire. Ces 16 pédales sont naturellement 4 perradiales, 4 interradiales et 8 adradiales. Ces dernières portent chacune un tentacule (*tt.*); les perradiales et interradiales portent chacune un corps marginal (*rho.*). Au delà de la couronne de pédales se trouve une couronne de 16 lobes ombrellaires (*lb.*) alternant avec elles et beaucoup plus minces. Chacun est divisé dans sa partie proximale en deux moitiés par un sillon longitudinal prolongeant celui qui passe entre les deux pédales correspondantes. Il n'y a donc dans tout cela d'autre différence essentielle avec *Periphylla* que la forme générale surbaissée et le remplacement des 4 tentacules perradiaux par autant de rhopalies, ce qui est, en somme, un retour à la condition normale.

Vu par la face sous-ombrellaire, l'animal montre, comme *Periphylla*: au centre, un large manubrium (**42**, *fig. 1, mbm.*), peu saillant, carré, avec une indication de 4 courtes lèvres prolongeant les angles perradiaux de la bouche; à la périphérie, la face interne de 16 lobes marginaux, et en dedans de ceux-ci un large muscle annulaire subdivisé en 16 segments allant chacun du milieu d'un lobe au milieu du lobe adjacent, en enjambant la base d'un tentacule ou d'une rhopalie. Mais entre ce muscle et le manubrium, les saccules sous-ombrellaires (*scc.*), au lieu de s'enfoncer jusqu'au pôle aboral de l'exombrelle, sont très superficiels. Ils laissent voir à leur intérieur 4 anses génitales (*gtx.*) dont les branches divergent en direction centrifuge dans les adradius. Entre elles, dans les perradius par conséquent, et entre leurs branches, par conséquent dans les interradius, se voient les faisceaux deltoïdes du muscle sous-ombrellaire longitudinal, mais faibles, à peine indiqués.

Cavités intérieures. — En raison de la forme surbaissée du disque, il n'y a pas de basigaster ; la cavité du manubrium donne accès dans un estomac large et très bas, de forme lenticulaire. A la périphérie de l'estomac, l'aditus coronaire est divisé en 4 fentes perradiales par 4 piliers rattachant la voûte exombrellaire au plancher sous-ombrellaire. Ces 4 piliers (*clml.*) ne sont pas des septums, mais des columelles, seules persistantes, les tæniòles ayant disparu. Leur nature est démontrée en effet: 1° par leur rapport intime avec les filaments gastriques dont il existe un bouquet inséré à l'extrémité sous-ombrellaire de chacune d'elles; 2° par leur rapport avec les anses génitales qui sont situées en dehors d'elles, et non à cheval sur elles, comme cela devrait être si elles étaient des septums; 3° enfin par leur rapport avec les saccules sous-ombrellaires qui, bien que peu accentués, dirigent nettement leur fond vers elles, de telle manière que si leur cavité se prolongeait, elle pénétrerait à leur intérieur, comme chez *Periphylla* ou *Lucernaria*.

Il n'y a pas de septums interradiaux. Au delà des columelles, l'espace radiaire est continu et non divisé en 4 chambres radiaires (*cr.*) comme d'habitude. Il n'y a donc pas lieu de discuter, comme Häckel et Maas, si cet espace représente le système des chambres radiaires ou le sinus circulaire. Il les représente l'un et l'autre, confondus par suite de l'absence des septums qui devraient les séparer.

A la périphérie, l'espace coronaire se continue dans les pédales, mais il est divisé par les sillons qui les séparent en autant de compartiments séparés. Ces compartiments radiaires s'ouvrent en bas dans l'espace radiaire et, distalement, se divisent en deux branches, une pour chacune des moitiés correspondantes des deux lobes marginaux correspondant à la pédale. La cavité de ces lobes est en effet divisée en deux compartiments adjacents par le sillon qui se voit à leur face externe. Mais, comme ni le sillon ni la cloison correspondante ne vont jusqu'à l'extrémité distale des lobes, il reste là un *canal festonné* comme chez *Periphylla* (¹).

Tentacules. — Ils sont de longueur modérée, effilés au bout et pleins, leur axe endodermique (**42**, *fig. 1*, *ax.*) étant formé vers le bout d'une seule file de cellules qui, vers les parties basilaires plus épaisses, sont remplacées par un cordon de cellules juxtaposées sans arrangement régulier. Vers la base cependant, ce cordon se creuse au centre d'une cavité qui s'ouvre dans l'espace endodermique radiaire, en sorte que, sur une minime étendue, les tentacules sont creux.

Rhopalies. — Elles sont construites sur le type normal. Cependant il

---

(¹) Comme chez ce dernier aussi, mais d'une manière moins accentuée, il peut y avoir un cloisonnement tangentiel incomplet de la portion interlobaire de ce canal, dû à l'invagination produite par chaque tentacule au point où il s'insère.

n'y a pas d'yeux latéraux. L'œil basilaire ventral est seul développé et, chez les formes des grands fonds, paraît subir une atrophie plus ou moins accentuée.

Gonades. — Il y a peu à ajouter à ce que nous avons dit de leur disposition. Elles sont naturellement rattachées par un repli mésentérique à la paroi endodermique sous-ombrellaire (*gtx.*).

Développement. — Claus [83] a décrit une larve *Ephyrula* qui ne paraît pas différer essentiellement de celle des Discoméduses.

GENRES

══════ 1ʳᵉ FAM. : *Ephyrinæ* [*Ephyridæ* (Häckel), *Acystellæ* (Häckel), *Nausithoidæ* (Claus *nec* Häckel)]. Cavité des lobes ombrellaires, non ramifiée.

Ephyropsis (Gegenbaur, Claus) est conforme à notre type et si nous ne l'avons pas expressément choisi, c'est parce que les renseignements que l'on possède sur son organisation, manquent un peu de détails et de précision (8 à 12ᵐᵐ de large sur 2 à 6ᵐᵐ de haut; Chine, Jap., Australie).

Ephyra (Péron, Lesueur et Häckel) (fig. 456) et *Zonephyra* (Häckel) (fig. 457) ne sont que des sous-genres du précédent, que Claus rejette pour leur substituer le genre précédemment établi par Gegenbaur, *Ephyropsis*. Il trouve avec raison que leurs caractères distinctifs sont sans valeur (les cavités endodermiques se prolongeant dans les lobes ombrellaires chez le second, tandis qu'elles s'arrêteraient

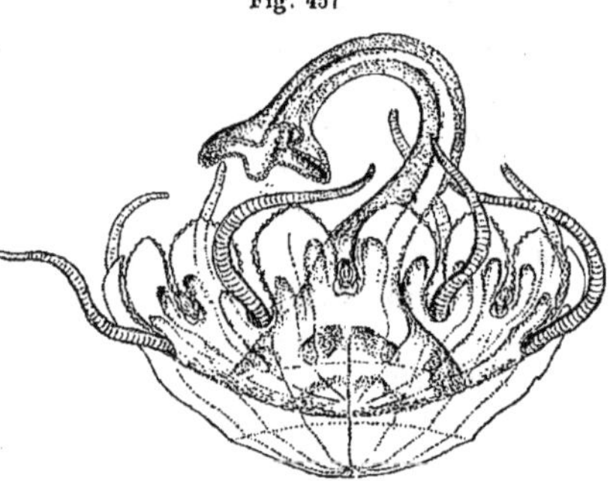

Fig. 456.

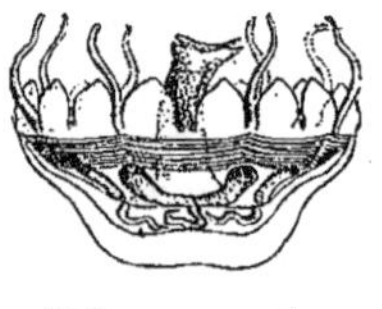

Ephyra prometor (d'ap. Häckel).

Fig. 457

Zonephyra zonaria (d'ap. Häckel).

à leur base chez le premier, et la partie médiane des anses génitales se détachant chez *Zonephyra* sous la forme d'un renflement arrondi); en outre il voit un inconvénient à détourner de sa signification primitive le sens du terme *Ephyra* qui désigne la larve libre produite par la segmentation du Scyphostome, d'autant plus que l'*Ephyra* de Péron et Lesueur n'était bien que la larve en question. Mais on peut éviter cet inconvénient en substituant avec Häckel le terme *Ephyrula* à celui d'*Ephyra* pour désigner la forme larvaire. Il est bon en effet que les noms de ces formes larvaires se distinguent par leur désinence de ceux des genres vrais.

Palephyra (Häckel) (fig. 458) n'aurait que 8 diverticules périphériques de l'espace radiaire, un en face de chaque rhopalie, et ces 8 diverticules se diviseraient en 16 pour les 16 lobes ombrellaires dont la cavité serait indivise, les tentacules étant privés de tout diverticule se dirigeant vers eux. Mais Claus [83] révoque en doute non seulement l'importance, mais la réalité de ce caractère. Il ne resterait

Fig. 458.

Palephyra primigenia (d'ap. Häckel).

alors entre les deux genres d'autre différence que la forme de l'anse génitale qui montre un pincement médian annonçant sa dislocation en deux lobes adradiaux. C'est là tout au plus un caractère de sous-genre (mer Rouge, oc. Indien).

Ces genres forment pour HÄCKEL une sous-famille distincte [*Palephyridæ*] où prendraient place :

Ephyroides (Fewkes), qui est un *Ephyropsis* portant sur l'exombrelle 16 à 32, ou plus, côtes radiaires alternant avec un nombre égal de lobes ombrellaires (Gulf-Stream, 1 500 brasses), et

Bathyluca (A. G. Mayer) qui a 16 tentacules et 8 rhopalies. La bouche semble être dépourvue de lèvres; mais, l'échantillon unique étant fort détérioré, ce caractère manque de certitude (Atl. amér.).

Nausithoe (Kölliker) (fig. 459) diffère d'*Ephyropsis* par la dislocation des 4 anses génitales interradiales en 8 cordons adradiaux indépendants. Il suffit d'admettre pour comprendre ce changement que la partie moyenne de l'anse a disparu, laissant indépendantes les deux branches qu'elle réunissait. En outre, ces deux branches, écartées de manière à se placer au milieu même de l'adradius et à devenir toutes équidistantes, se sont ramassées en une petite masse arrondie. Enfin les columelles se sont élargies dans le sens tangentiel, réduisant

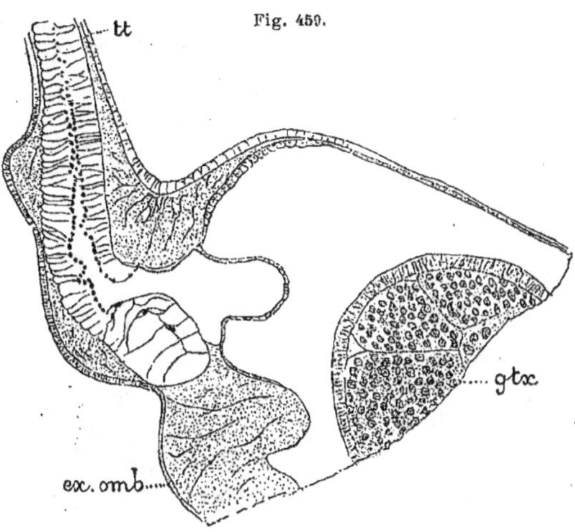

Nausithoë punctata. Coupe radiale au niveau d'un tentacule (d'ap. Vanhöffen).
ex-omb., exombrelle ; **gtx.**, glandes génitales ; **tt.**, tentacules.

d'autant la largeur des fentes pyloriques (8 à 10^mm sur 3 à 4^mm; Médit., Adriat., Pacif.).

La larve Scyphostome de *Nausithoe* est particulièrement intéressante et ses relations de parenté ont été longues à établir. Elle fut découverte par ALLMAN [74], vivant en parasite dans l'intérieur d'une Éponge cornée. Allman lui donna le nom de *Stephanoscyphus* (*S. mirabilis*) et la considéra comme un Hydraire, type d'un ordre nouveau, celui des *Thecomedusæ*. Il reconnut sa nature composée et sa ressemblance de structure avec une Méduse. L'animal fut retrouvé par F. E. SCHULZE [77] qui le crut nouveau, l'appela *Spongicola* (*S. fistularis*) et montra que c'est à lui qu'appartenaient les prétendus nématoblastes qu'EIMER [72] avait cru trouver dans les Éponges. La véritable nature de ce prétendu Hydraire, soupçonnée par METCHNIKOV [86], a été mise hors de doute par MAYER et Lo BIANCO [90] qui virent les Éphyres de *Stephanoscyphus* se détacher, et reconnurent en elles un stade jeune de *Nausithoe* décrit par CLAUS [83] (Voir MELLY [91]). Ces larves sont parasites d'Éponges très diverses : *Spongelia, Myxilla, Esperia, Suberites, Reniera*, et ont besoin de leur hôte, car en dehors de lui les larves proscyphostomiennes de *Nausithoe* nagent indéfiniment sans se transformer.

Nausicaa (Häckel) (fig. 460) en diffère par le rapprochement de ses 8 gonades par paires dans les interradius, formant ainsi sous ce rapport une transition entre *Nausithoe* et *Ephyropsis* (Médit.).

Nauphanta (Häckel) (fig. 461 et 462) est au contraire sous ce rapport comme *Nausithoe*. Il différerait de ce dernier, d'après Häckel, par la division des cavités endodermiques de ses lobes ombrellaires en deux moitiés juxtaposées par une cloison médiane incomplète du côté distal. Il décrit à *Nausithoe* des lobes ombrellaires à cavité indivise comme celles de *Palephyra*, et communiquant avec les parties proximales de l'espace endodermique radiaire par l'intermédiaire de 8 diverticules seulement, correspondant aux pédales rhopaliennes. Mais CLAUS [83] affirme que *Nausithoe* a des diverticules aussi bien dans les pédales tentaculaires que dans celles des rhopalies et que ses lobes ombrellaires sont subdivisés tout comme nous l'avons décrit dans le type de l'ordre; et nous l'avons suivi dans notre diagnose de ce genre. Dès lors il ne reste entre *Nauphanta* et *Nausithoe* d'autre différence que la plus grande profondeur des sculptures

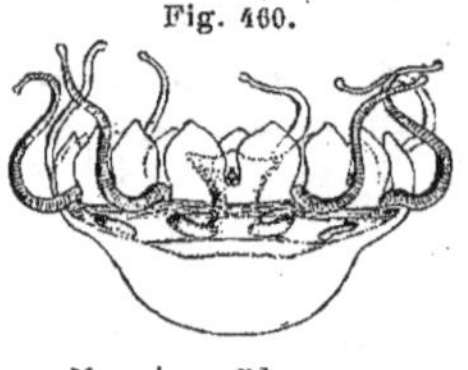

Nausicaa Phacacum
(d'ap. Häckel).

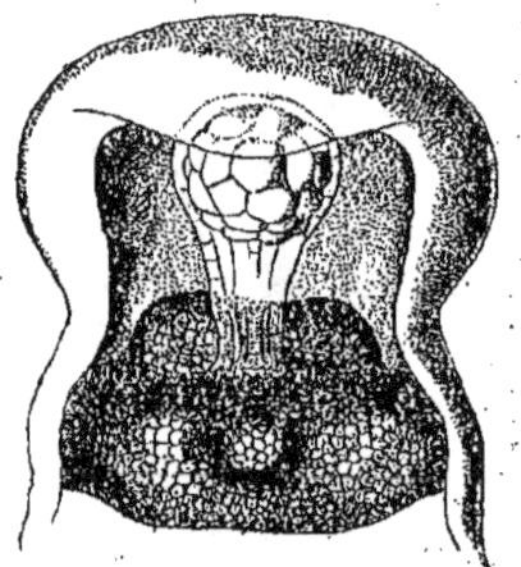

Organe sensitif
de *Nauphanta Challengeri*
(d'ap. Häckel).

Fig. 461.

Nauphanta Challengeri (d'ap. Häckel).

de l'exombrelle chez le premier (sillon coronal et sillons entre les pédales plus accentuées, pédales plus saillantes, etc.), ce qui est un bien maigre caractère (Atl. sud, oc. Antarct., Panama; 1 425 à 2 000 brasses).

HÄCKEL admet pour ces 3 genres une sous-famille [*Nausithoidæ* (Häckel 1880)].

Nauphantopsis (Fewkes) est un *Nauphanta* à 32 lobes ombrellaires au lieu de 16, différence qui en entraîne d'autres, nécessairement, dans le système vasculaire (Gulf-Stream, 2 000 brasses).

Atolla (Häckel) (fig. 463) est construit sur le même patron que *Nausithoe*, mais il en diffère par la multiplication de ses appendices dont le nombre est double ou quadruple, mais pas exactement, ce nombre n'étant ni constant, ni régulier. Il y a de 16 à 32 rhopalies, autant de tentacules et, naturellement, un nombre de lobes marginaux égal à celui de la somme de ces appendices. Le nombre des pédales et des diverticules endodermiques augmente corrélativement, mais les diverticules

des pédales rhopaliennes sont sensiblement plus étroits que ceux des
pédales tentaculaires et, dans les lobes ombrellaires, le compartiment
rhopalien est aussi beaucoup plus étroit que celui qui vient du diverticule tentaculaire. L'existence d'un canal festonné n'a pu être démontrée. Les 8 gonades sont arrondies,

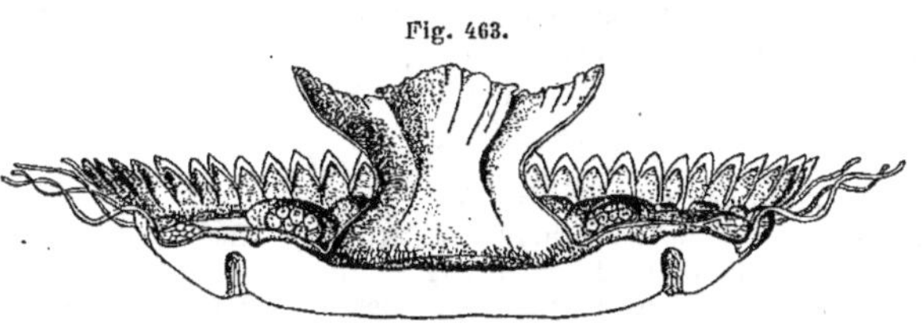

Atolla (Collaspis) Achillis, vue en coupe axiale (d'ap. Häckel).

ployées en croissant à concavité proximale, rattachées par un mésentère qui suit le bord convexe. La mésoglée ombrellaire est épaisse et
sub-cartilagineuse (6 à 15ᶜᵐ sur 1 à 7ᶜᵐ de haut; Atl., oc. Antarct., Pacif., Panama;
par 1 000 à 2 000 brasses).

HÄCKEL met ce genre dans une sous-famille [*Collaspidæ*] où il place en même temps un
genre *Collaspis* que FEWKES et VANHÖFFEN ont reconnu être un synonyme d'*Atolla*.

═══ 2ᵉ FAM. : *LINERGINÆ* [*Linergidæ* (Häckel), *Hypocystellæ* (Häckel)]. Cavité des lobes
ombrellaires découpée au bord en prolongements ramifiés.

Linerges (Häckel) (464) rappelle *Zonephyra* par ses 4 gonades ployées en
fer à cheval. Mais il en diffère par les cavités de ses lobes ombrellaires
qui, au lieu de reproduire simplement la forme extérieure de ces lobes,
sont déchiquetées le long de leur bord externe. Cela est dû à des lignes
de soudure des parois ex- et sous-ombrellaire de la poche qui, partant
du bord libre, pénètrent dans la cavité endodermique en se ramifiant.
Cette disposition exclut naturellement la possibilité d'un canal festonné,
et elle annonce les canaux radiaires ramifiés que nous allons rencontrer dans l'ordre suivant. En outre de cela, il existe à la face sous-
ombrellaire des organes particuliers dont la signification est encore
énigmatique. Ce sont des vésicules
saillantes au dehors, formées par un
refoulement de la paroi sous-ombrellaire de la cavité endodermique
radiaire. On les considère en général
comme des *vésicules branchiales*
ayant pour rôle, comme leur nom
l'indique, de fournir une étendue
plus grande à la surface respiratoire. HÄCKEL ayant trouvé à leur intérieur (dans des échantillons d'ailleurs fort mal conservés) des élé-

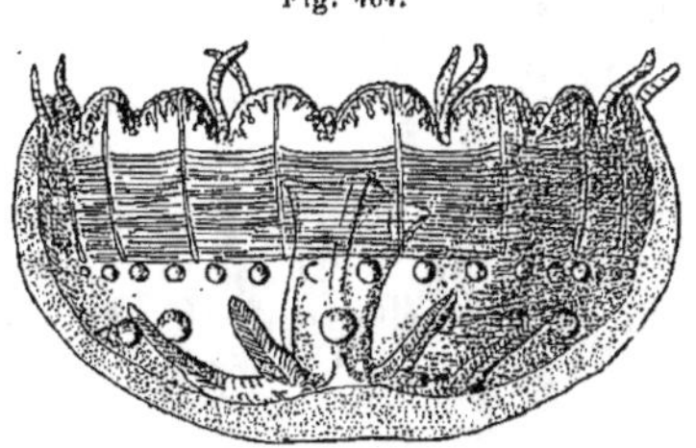

Linerges mercurius (d'ap. Häckel).

ments rappelant les spermatoblastes, suggère que ce pourraient être des
vésicules testiculaires comme chez *Chrysaora* (Voir plus loin), et l'animal

serait alors hermaphrodite. Jusqu'à plus ample informé, il vaut mieux les appeler simplement *vésicules sous-ombrellaires*. Elles sont régulièrement disposées en deux cercles concentriques, un proximal de 16 perradiales, interradiales et adradiales, et un distal de 32 plus petites, disposées par deux dans les intervalles des précédentes (12 à 20ᵐᵐ sur 6 à 12ᵐᵐ; Antilles, mer de Chine, oc. Indien).

Linantha (Häckel) n'a pas de vésicules sous-ombrellaires (Pacif. tropic. amér.)

Pour Häckel il forme avec le précédent une sous-famille [*Linanthidæ*], à laquelle il oppose une autre sous-famille [*Linuchidæ*] contenant les deux suivants :

Liniscus (Häckel), à 48 vésicules sous-ombrellaires et à gonades disloquées en 8 masses rapprochées par paires dans les interradius (Atl. tropical afric.) et

Linuche (Häckel), à vésicules sous-ombrellaires très nombreuses et à gonades formant 8 masses équidistantes (Atl. tropic. amér.)

4ᵉ ORDRE

CHEILIDES. — *CHEILIDA*

[DISCOMEDUSÆ SEMOSTOMÆ (Häckel)
+ DISCOMEDUSÆ RHIZOSTOMÆ (Häckel); — ACATHAMNATA (Vanhöffen)]

Ces Acraspédiés, de beaucoup les plus nombreux en genres, en espèce et en individus, sont caractérisés par leur grande taille, leur forme étalée, lenticulaire, leur bouche prolongée en 4 énormes lèvres perradiales qui reçoivent ici le nom de *bras buccaux* (d'où le nom donné à l'ordre), leurs tentacules marginaux creux ou nuls, par l'absence de tænioles, de columelles et de septums, par leurs filaments gastriques formant toujours 4 phacelles sous-ombrellaires aux points où aboutiraient les columelles si celles-ci existaient, par leurs saccules sous-ombrellaires toujours réduits à leur portion distale, enfin par leur cavité coronaire divisée en un système de canaux, ramifiés et anastomosés, avec un canal circulaire marginal qui est tubuliforme dans toute sa longueur.

L'ordre se divise en deux sous-ordres :

SEMOSTOMIDÆ, pourvus de tentacules marginaux, à lèvres en gouttière ouverte et à bouche librement ouverte ;

RHIZOSTOMIDÆ, sans tentacules marginaux et à lèvres soudées, ainsi que la bouche qui est remplacée par de nombreuses et fines ostioles disposées tout le long des sutures labiales et buccales.

1er Sous-Ordre

SÉMOSTOMIDÉS. — *SEMOSTOMIDÆ*

[*STEGANOPHTHALMATA p. p.* (Forbes);
SÉMOSTOMES ou SÉMÉOSTOMES; — *SEMOSTOMÆ* (L. Agassiz);
DISCOMEDUSÆ p. p. (Häckel); — *DISCOMEDÆ p. p.* (Häckel);
PHANEROCARPÆ p. p. (Eschscholtz); — *DISCOPHORÆ p. p.* (Claus)]

TYPE MORPHOLOGIQUE
(Pl. 43)

Nous prendrons pour type le genre le plus simple et le plus régulièrement conformé, *Pelagia*.

Configuration extérieure. — L'animal (**Pl. 43**) est de taille moyenne, mesurant environ 6 à 8 centimètres de large. Sa forme est lenticulaire, avec une épaisseur maxima deux ou trois fois moindre que la largeur. La surface exombrellaire est dépourvue de sillons coronaire ou radiaire. Elle est ici, mais ce caractère n'est point général, hérissée de petites papilles disséminées qui sont des boutons urticants, ayant chacun la forme d'une sphérule portée sur un pédoncule assez large et très court.

Le bord de l'ombrelle est mince et découpé en 16 lobes (*lb.*) séparés par autant d'encoches où se trouvent les appendices, savoir : 8 rhopalies perradiales et interradiales (*rhp.*), et 8 tentacules adradiaux très longs et effilés à l'extrémité (*tt.*).

A la face sous-ombrellaire, le manubrium ordinaire en tube saillant est remplacé par 4 énormes *lèvres* (*lv.*) ou *bras buccaux* perradiaux. Morphologiquement, ces bras ne sont autre chose que les angles perradiaux de la bouche, que nous avons déjà vus souvent prolongés en courtes lèvres dans les types précédents. Mais, en fait, l'aspect est tout autre, non seulement par suite de l'énorme développement de ces lèvres, mais en raison de ce que les fentes interradiales qui les séparent se sont prolongées presque jusqu'à la sous-ombrelle, sinon tout à fait, faisant ainsi passer dans ces lèvres ce qui ailleurs formait le manubrium, en sorte qu'il n'y a plus de manubrium. Ces lèvres ont la forme de longues feuilles lancéolées dont la nervure médiane est formée par un épaississement de la mésoglée en forme de gouttière à concavité interne, tandis que les parties latérales du limbe sont fortement godronées, ce qui multiplie considérablement le développement des bords dont la face ectodermique est armée de nombreux boutons urticants semblables à ceux du disque. Les quatre épaississements de la mésoglée qui forment la nervure des bras buccaux se jettent à leur base sur la sous-ombrelle où ils se continuent sous la forme de quatre fortes saillies perradiales, les *piliers buccaux*, qui rattachent solidement les bras buccaux au corps. Il n'est pas rare de voir l'animal se reposer sur ses bras buccaux rapprochés, prenant ainsi l'aspect d'une table ronde à un seul pied.

La surface sous-ombrellaire présente dans les interradius 4 orifices ovalaires (*o. scc.*) qui sont ceux des saccules sous-ombrellaires. Mais ceux-ci se présentent ici sous une forme très différente de celle qui est normale chez les autres types. Ce n'est pas une cavité infundibuliforme s'avançant profondément à l'intérieur du corps et s'ouvrant au dehors par un large orifice évasé, mais une cavité (*scc.*) représentant la portion distale du saccule, vaste et peu profonde, toute étalée en largeur et dont l'entrée est fortement rétrécie par un accroissement centripète (par rapport à son centre propre) de ses bords.

Le *système musculaire* sous-ombrellaire se compose, comme d'ordinaire, d'un *muscle annulaire* (*mcl.*) assez fort, divisé en 16 segments qui vont d'un lobe à l'autre, s'attachant au milieu de chacun d'eux, et d'un système longitudinal beaucoup plus faible comprenant 16 petits *faisceaux deltoïdes* qui s'arrêtent distalement au bord proximal du muscle coronaire, et 16 petits *faisceaux lobaires* (*lb.*) partant du bord distal du muscle coronaire pour se rendre dans les lobes, qu'ils sont chargés de mouvoir.

La mésoglée exombrellaire, épaisse et très ferme, même dans la sous-ombrelle, donne à l'animal une consistance presque cartilagineuse.

Cavités endodermiques. — La bouche s'ouvre directement dans un vaste estomac (*est.*) large et très surbaissé, de forme lenticulaire, dépourvu de basigaster et qui se continue insensiblement avec les parties périphériques de la cavité endodermique. Il n'y a en effet ici aucune de ces séparations (tænioles, columelles, septums interradiaux) que nous avions toujours rencontrées jusqu'ici, sinon toutes ensemble, au moins en partie présentes. L'aditus coronaire est circulaire et continu, et il serait même impossible de fixer sa position si nous n'avions un repère qui seul est resté pour nous montrer la place des columelles disparues. Ce repère, ce sont les phacelles. Elles sont sur la paroi sous-ombrellaire de l'estomac, dans les interradius, en dedans des gonades. Elles forment là, sur le plancher saillant des saccules sous-ombrellaires, un petit buisson de filaments gastriques (*fl. g.*). Leur limite externe marque celle de l'estomac, dans lequel elles sont encore contenues, puisque les columelles quand elles existent sont situées immédiatement en dehors d'elles.

L'espace radiaire n'est donc pas divisé ici en quatre chambres radiaires comme dans le type normal; mais il n'est cependant pas libre. Sa partie distale est divisée, par 16 cloisons marginales (*cl.*) correspondant aux lobes, en 16 diverticules radiaires correspondant aux appendices (['](#)). Ces cloisons s'avancent jusqu'au bord ombrellaire et se soudent à lui. Comme les cloisons alternent avec les incisures séparant les lobes, celles-ci divisent la partie distale des 16 diverticules (*dv.*)

(¹) Nous verrons à propos du développement que ces seize cloisons ne sont pas les septums interradiaux multipliés et déplacés. Ceux-ci disparaissent complètement chez l'Éphyrule pour être remplacés par des soudures de nouvelle formation.

en 32 poches lobaires, et les 2 poches de chaque lobe appartiennent à
2 diverticules radiaires distincts. Ces poches ne sont point réunies
distalement par un canal marginal; elles ne communiquent entre elles
qu'indirectement, par le fait qu'elles s'ouvrent toutes en dedans dans la
portion indivise de par la cavité radiaire.

Tentacules et rhopalies. — Les tentacules (*tt.*) sont longs, creux, effilés
au bout, garnis de boutons urticants semblables à ceux du disque et des
bras buccaux; leur cavité s'ouvre directement dans le diverticule radiaire correspondant; elle est ciliée comme toutes celles tapissées par
l'endoderme.

Les *rhopalies* (*rhp.*) ont aussi leur cavité en communication avec le
diverticule radiaire correspondant. Leur partie statocystique ne présente
rien de particulier. L'œil est situé à la base, du côté externe, et est dépourvu de lentille. Le lobule protecteur est simplement formé par une
petite lamelle, fort épaisse relativement, réunissant comme un pont les
deux côtés de l'incisure qui sépare les deux lobes contigus à la rhopalie;
il porte à sa base externe une fossette olfactive (*olh.*) qui est très profonde
en raison de l'épaisseur du lobule.

Gonades et saccules sous-ombrellaires. — Bien que conforme au fond à
celle du type général, la disposition de ces parties présente ici des particularités remarquables.

Les *saccules* (*scc.*) méritent ici plus que nulle part ailleurs le nom de
poches sub-génitales qui leur a été donné. Ils sont formés chacun par un
sac lenticulaire creusé dans l'épaisseur de la sous-ombrelle. La paroi
supérieure est épaisse, ferme, à peine bombée, percée en son milieu d'un
orifice arrondi; elle est formée par un repli annulaire comprenant deux
lames ectodermiques avec une lame mésogléenne interposée. Cette
dernière, mince au bord de l'orifice, va en s'épaississant de plus en plus
vers le bord adhérent où elle se perd dans la mésoglée sous-ombrellaire. La paroi inférieure est beaucoup plus mince et forme dans la
cavité gastrique sous-jacente une saillie assez accentuée. Elle est formée
aussi de deux feuillets épithéliaux avec une lame mésogléenne interposée, mais cette lame est très mince et les deux feuillets sont, le
supérieur ou externe ectodermique (c'est celui qui tapisse la cavité
du saccule), l'interne ou inférieur endodermique (faisant partie du
revêtement de la cavité gastrique). Il faut dans cette paroi distinguer deux
parties : l'une centrale qui, du côté de la poche, ne présente rien de particulier et du côté gastrique est hérissée de *filaments gastriques* (*fl. g.*);
l'autre périphérique, en forme de fer à cheval à concavité interne et qui
correspond à la gonade (*gtx.*).

La *gonade* est constituée par la partie périphérique latérale et externe
du plancher inférieur du saccule sous-ombrellaire. Elle n'est pas, comme
dans les types précédents, simplement saillante dans la cavité gastrique
par suite d'un épaississement dû au foisonnement des cellules germinales.
Elle forme un diverticule, un refoulement de la paroi commune au

saccule et à la cavité gastrique, dans cette dernière cavité. La cavité de
ce refoulement s'ouvre dans la cavité du saccule (*scc.*) par une fente en fer
à cheval, tandis qu'elle est complètement séparée de la cavité gastrique.
Ce diverticule ne rappelle un fer à cheval que par sa forme générale, car
son bord libre saillant dans la cavité gastrique (il serait plus exact de
dire dans la cavité radiaire, puisque les filaments gastriques marquent la
limite de l'estomac) est onduleux et frangé de manière à multiplier
l'étendue de sa surface. La structure fondamentale est la même que
partout ailleurs, et les éléments sexuels tombent à maturité dans la
cavité gastrique pour être évacués par la bouche.

Développement. — En tout ce qui concerne le Scyphostome et la
formation de l'Éphyrule, le développement est conforme à celui du type
générale des Acalèphes, pour la bonne raison que c'est à ce groupe que
nous avons emprunté celui de notre type. Mais, au moment où l'Éphyrule
est encore fixée, ses quatre septums interradiaires se résorbent complètement et, peu de temps après sa mise en liberté, ses quatre columelles se
détruisent aussi, en sorte qu'il n'y a à ce moment aucun cloisonnement
de la cavité endodermique. Mais bientôt les lames endodermiques exombrellaire et sous-ombrellaire de l'espace radiaire se soudent suivant
seize lignes subradiales, c'est-à-dire situées de part et d'autre des adradius, et forment les seize cloisons que nous avons décrites chez l'adulte.
Ces cloisons sont donc une formation nouvelle, distincte des quatre
septums interradiaux du type général (¹).

GENRES

1ʳᵉ FAM. : *PELAGINÆ* [*Pelagidæ* (Gegenbaur), *Typhlocannæ p. p.* (Häckel)]. Diverticules
radiaires sans sinus marginal et sans ramifications.

Pelagia (Péron et Lesueur) est le type ci-dessus décrit (3 à 8ᶜᵐ sur 1 à 5;
cosmopolite).

Sanderia (Götte) en diffère par ses appendices tous en nombre double (lobes marginaux, 54 au
lieu de 32; rhopalies, 16 au lieu de 8; diverticules radiaires, 32 au lieu de 16) et par ses
lèvres buccales rudimentaires. Götte voudrait sur ces différences établir une distinction de
deux groupes [*Eupelagidæ* et *Sanderiæ*] (Singapour).

Chrysaora (Péron et Lesueur) se distingue du précédent par la multiplication des tentacules et, corrélativemeut, des lobes ombrellaires. Il
se forme en effet dans les 16 espaces subradiaux intermédiaires aux
rhopalies per- et interradiales et aux tentacules adradiaux, 16 nouveaux
tentacules. Il y a donc en tout 24 tentacules et 8 rhopalies formant
ensemble 32 appendices séparés par 32 lobes. Mais le nombre des cloisons,

---

(¹) Il est vrai que chez les formes où l'adulte présente quatre cloisons interradiales, soit
complètes (*Charybdea, Lucernaria*), soit réduites à d'étroits septums (*Periphylla*), le développement est inconnu, en sorte que l'on ne peut assurer que ce soient les restes persistants de
quatre septums larvaires. Mais il est bien probable qu'il en est ainsi, puisqu'ils occupent la
même position, et s'il n'en est pas ainsi, le seul fait de se reformer à la même place constitue
un caractère qui les distingue des cloisons radiaires des Cheilides.

et par suite celui des diverticules radiaires, n'augmente pas : chaque diverticule rhopalien dessert seulement sa rhopalie, tandis que chaque diverticule tentaculaire dessert 3 lobes dont les incisures divisent sa partie distale en autant de poches lobaires, d'ailleurs peu profondes. En outre, l'animal, par une exception presque unique (Voir cependant plus haut le genre *Linerges*) est *hermaphrodite*. Les jeunes sont mâles ; puis vient une période d'hermaphroditisme, puis, chez l'animal très adulte ou âgé, les glandes ne produisent plus que des œufs (¹) (10 à 40cm sur 4 à 20cm; cosmopolite).

Dactylometra (L. Agassis) a, en outre des 24 tentacules de *Chrysaora*, 16 tentacules plus petits, annexés par paires aux rhopalies, un de chaque côté de ces organes. Ces petits tentacules ont leur lobe, ce qui porte à 48 le nombre de ceux-ci ; mais les lobes des petits tentacules sont petits, formant une simple subdivision de lobes rhopaliens (Atl. améric.).

C'est ici que semble prendre place la Méduse fossile
Acraspedites (Häckel) (Jur. de Solenhofen) et

Deux autres Méduses fossiles appartiennent à ce sous-ordre, toutes les autres étant des *Rhizostomidæ* (Voir p. 363).

Ce sont les genres
Semæostomites (Häckel) (Jur.) pour lequel son auteur a proposé une famille [*Lithosemæidæ*] et
Eulithota (Häckel) (Jur.) pour lequel il en proposé une seconde [*Eulithotidæ*].

===== 2° FAM. : *Cyaneinæ* [*Cyaneidæ* (L. Agassiz), *Typhlocannæ p. p.* (Häckel)]. Diverticules radiaires sans sinus marginal, mais ramifiés à leur partie distale.

Cyanea (Péron et Lesueur). Pour décrire *Cyanea*, il suffit de prendre *Pelagia* et de lui faire subir trois modifications qui constituent les seules différences essentielles entre ces deux genres : la première porte sur les tentacules, la seconde sur les gonades, la troisième sur les cloisons radiaires. — Pour avoir les *tentacules* de *Cyanea*, il suffit de remplacer chacun de ceux de *Pelagia* par un gros bouquet de tentacules situés non dans l'encoche même qui sépare les deux lobes, mais un peu plus en dedans sur la sous-ombrelle. Ils sont là, disposés régulièrement sur plusieurs arcs de cercle concentrique, les plus internes étant les plus grands. Ils sont extrêmement longs, atteignant dans certaines espèces jusqu'à 40 mètres, minces et très contractiles grâce à une bande musculaire qui parcourt en hélice allongée toute leur longueur. — Pour avoir les gonades, il suffit de supposer que celles de *Pelagia* se sont dévaginées de manière à venir former en dehors quatre grandes masses que l'on ne saurait mieux comparer qu'à l'intestin grêle de l'homme avec son mésentère : l'intestin représente le bord épaissi, godronné, où sont les cellules germinales ; le mésentère représente la double membrane qui le

---

(¹) D'après Häckel, certains individus ne suivraient pas cette règle et seraient dès l'origine, pour toute leur vie, mâles et femelles. Les produits des deux sexes se forment côte à côte dans les mêmes glandes génitales ; mais en outre il existe sur toute l'étendue de la surface sous-ombrellaire, y compris les lobes et les bras buccaux, des *vésicules testiculaires* formées par un refoulement de la paroi endodermique, dont l'épithélium est formé de cellules germinales mâles.

rattache au corps ; entre ces deux lames est une poche, un *diverticule génital* tout à fait comme chez *Pelagia*, mais retourné, sa cavité s'ouvrant dans l'estomac. Quant aux saccules sous-ombrellaires de *Pelagia*, ils ont tout à fait disparu, à moins qu'on ne considère comme les représentant, ainsi qu'il paraît légitime, les quatre dépressions d'où émergent les mésentères des gonades et qui sont surtout formées par la saillie d'un fort bourrelet mésogléen qui encadre la bouche, se rendant de l'un à l'autre pilier buccal. Les produits sexuels tombent dans la cavité de ce diverticule et de là dans l'estomac pour être expulsés, suivant la règle, par la bouche. — Les huit cloisons radiales de *Pelagia* se retrouvent ici, disposées de la même façon ; mais, vers leur partie distale, elles s'élargissent progressivement et se ramifient. Dans les lobes ombrellaires, partent aussi du bord libre de nombreuses cloisons ramifiées centripètes qui s'avancent vers les cloisons centrifuges précédentes et se placent dans leurs intervalles de telle manière que les espaces interposés, formant l'image négative de ce système de cloisons, dessinent dans chaque lobe deux canaux ramifiés. On doit donc dire que les 16 diverticules radiaires se terminent distalement par 32 canaux ramifiés s'avançant dans les lobes ombrellaires, deux pour chacun de ceux-ci.

Cette disposition exclut bien entendu l'existence d'un sinus circulaire.

A cela ajoutons que la sous-ombrelle, entre les lobes et les gonades, est garnie de fortes stries circulaires concentriques formées par un épaississement de la mésoglée et destinées à donner une plus large surface de développement au muscle annulaire. Enfin, les rhopalies sont abritées sous un lobule protecteur très grand qui les rejette assez loin à la surface sous-ombrellaire de l'encoche qui les porte (de 10ᶜᵐ jusqu'à 2ᵐ et plus sur 4 à 20ᶜᵐ de haut ; se rencontrent quelquefois par millions dans presque toutes les mers).

Desmonema (L. Agassis) ne diffère de *Cyanea* que par la disposition de ses tentacules sur un seul arc de cercle dans chaque adradius (Atl. sud, cap Horn).

Procyanea (Häckel) est plus normal, n'ayant que huit tentacules, un dans chaque incision adradiale (oc. Indien) ;

Medora (Couthouy) a 24 tentacules, 3 espacés dans chaque adradius (Terre-de-Feu).

Stenoptycha (L. Agassis) a 40 tentacules, 5 espacés dans chaque interradius (Australie, Groenland).

HÄCKEL réunit tous ces genres dans une sous-famille [*Medoridæ*] ; il admet une autre sous-famille [*Drymonemidæ*] pour le suivant :

Drymonema (Häckel), qui a de nombreux tentacules, non plus groupés comme ceux de *Cyanea* ou de *Desmonema*, mais épars sous toute la sous-ombrelle, sans même rester limités à l'interradius (Médit., par 600 brasses).

Il forme enfin une troisième sous-famille [*Pateridæ*] pour les deux genres suivants :

Patera (Lesson), qui a 16 rhopalies, les 8 incisures interradiales portant ici une rhopalie au lieu d'un tentacule. Dans les 16 subradius, alternant avec les rhopalies, se trouvent 16 groupes de 5 tentacules disposés en arc de cercle. Il n'y a que 16 lobes ombrellaires, mais ils sont découpés chacun en lobes plus petits qui sont en même nombre que les tentacules et alternent avec eux (cap Vert, mer de Chine).

Melusina (Häckel) qui diffère du précédent par ses tentacules disposés non en 16 arcs de cercle, mais en 16 groupes massifs (par 20 brasses entre Valparaiso et Juan Fernandez).

====== 3ᵉ FAM. : *Flosculinæ* [*Flosculidæ* (Häckel), *Cyclocannæ p. p.* (Häckel)]. Cloisons radiaires larges, réduisant les diverticules radiaires à des canaux radiaires réunis par un sinus circulaire.

Floscula (Häckel) (fig. 465) peut être décrit en quelques mots en partant de *Pelagia*. Que l'on se figure une Pélagie dont les 16 cloisons radiaires, au lieu de rester étroites, se sont étalées en autant de larges surfaces de soudure entre les endodermes ex- et sous-ombrellaire, de manière à réduire les 16 diverticules radiaires à autant de *canaux radiaires* correspondant aux 8 rhopalies et aux 8 tentacules et se prolongeant à leur intérieur. En outre, au niveau de la base des lobes, ces canaux sont réunis par des anastomoses tangentielles qui, ensemble, forment un *canal circulaire.*

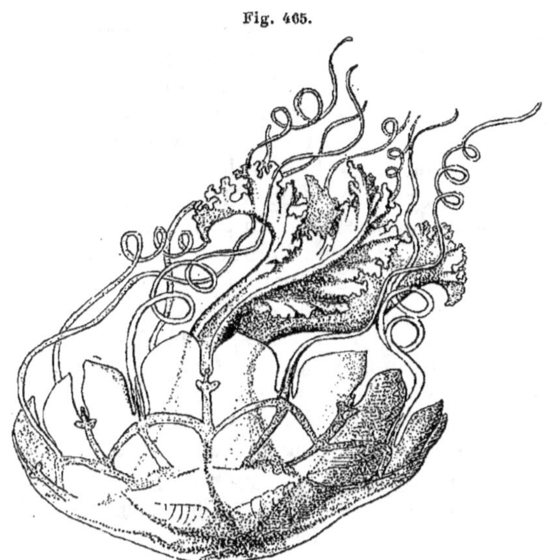

Fig. 465.

Floscula Promethea (d'ap. Häckel).

Les lobes ombrellaires sont pleins (2ᶜᵐ sur 0ᶜᵐ8; oc. Indien).

Floresca (Häckel) présente la même différence par rapport à *Chrysaora* que *Floscula* par rapport à *Pelagia.* C'est donc une Floscule à 24 tentacules et 32 lobes ombrellaires. Mais le nombre des canaux radiaires n'augmente pas pour cela, les tentacules recevant leurs canaux endodermiques de l'anse du canal circulaire qui passe en dedans de leur base (Nouvelle-Calédonie).

====== 4ᵉ FAM. : *Ulmarinæ* [*Ulmaridæ* (Häckel), *Cyclocannæ p. p.* (Häckel)]. Cloisons radiaires larges et ramifiées, transformant les diverticules radiaires en un système plus ou moins compliqué de canaux radiaires anastomosés, réunis par un canal circulaire.

Aurelia (Péron et Lesueur). Il est facile à se représenter, en partant encore de *Pelagia* dont il diffère par deux caractères, l'un portant sur le cloisonnement de la cavité coronaire, l'autre sur les tentacules. Comme chez *Floscula*, par l'étalement des septums radiaires en larges surfaces de soudure, la cavité coronale est transformée en étroits canaux à direction centrifuge; mais ces canaux, au lieu d'être simples, sont ramifiés, et ils sont, en outre, plus nombreux. Il y en a 4 perradiaux, passant entre les gonades et s'avançant jusqu'au niveau de l'extrémité proximale des branches de celles-ci, et 5 dans chaque interradius, qui commencent au niveau du bord distal de la partie moyenne des gonades. Tout ce qui est en dedans des gonades constitue la cavité gastrique centrale, libre de toute adhérence et de tout cloisonnement, s'avançant plus loin vers le dehors dans les interradius, où sont les gonades, que dans les perradius. Partis du bord de cette cavité, les canaux radiaires se portent vers le bord ombrellaire en se ramifiant plus ou moins, en sorte que les 24 qu'il y avait au départ, arrivent à en former plus de 150. Tous se terminent dans un étroit canal circulaire qui suit le bord de l'ombrelle et d'où partent les canaux tentaculaires. Cette disposition des canaux radiaires se retrouve, avec de nombreuses variantes de détail, dans les autres genres de la famille.

Il n'en est pas de même pour les tentacules dont la disposition que nous allons décrire est spéciale à quelques genres du groupe.

Il y a 8 ou 16 larges lobes ombrellaires, d'ailleurs peu saillants, adradiaux, interposés alternativement ou par paires aux 8 rhopalies per- et interradiales. Chacun de ces lobes est découpé, au bord, en un grand nombre (20 à 25) de petits lobes à peine visibles, alternant avec un nombre égal de courts tentacules creux, filiformes, effilés au bout. En dedans de cette couronne de lobes et de tentacules, règne une étroite membrane continue que l'on doit considérer comme un *velarium* rudimentaire. Comme ce velarium, malgré sa petitesse, est plus visible que les lobes intertentaculaires, on le prend en général pour le vrai bord libre de l'ombrelle et on décrit les tentacules comme rejetés à la face exombrellaire du disque; mais cela n'est pas logique (1 à 40^{cm} sur une épaisseur deux à trois fois moindre; cosmopolite, commun dans la plupart des océans).

Fig. 466.

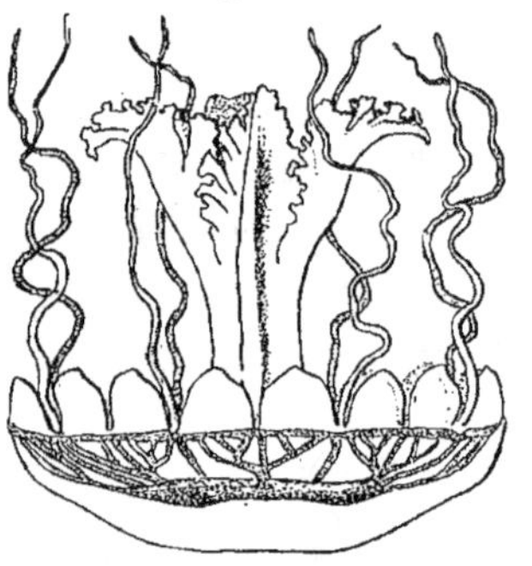

HÄCKEL a subdivisé le genre en deux sous-genres :

Aureletta (Häckel) à 8 grands lobes marginaux,
Aurelissa (Häckel) à 16 grands lobes marginaux.
Aurosa (Häckel) diffère d'*Aurelia* par ses bras buccaux bifides dans la majeure partie de leur longueur (oc. Indien).
Auricoma (Häckel) en diffère par ses rhopalies au nombre de 16 (Pacif. tropic.).

Il forme avec *Aurelia* pour Häckel une sous-famille [*Aurelidæ*].

Ulmaris (Häckel) (fig. 466) a 8 tentacules interradiaux, alternant avec les 8 rhopalies, régulièrement insérés au fond des incisures interlobaires, et 16 lobes, tout comme *Pelagia* dont il ne diffère dès lors que par ses canaux radiaires ramifiés (Atl. sud).

Umbrosa (Häckel) a 24 tentacules marginaux et 32 lobes; il se rapproche donc de *Chrysaora* dont il diffère par ses canaux radiaires ramifiés, tout comme *Ulmaris* de *Pelagia* (Adriat.).

Undosa (Häckel) a 40 tentacules marginaux et 48 lobes et se rattache par conséquent à *Dactylometra* (Médit., Atl. afric. tropic.).

Ulmaris prototypus, vue de profil (d'ap. Häckel).

Ces trois genres forment pour Häckel une deuxième sous-famille [*Umbrosidæ*], et il réunit dans une troisième sous-famille [*Sthenonidæ*] les deux suivants :

Sthenonia (Eschscholtz), qui a de nouveau les tentacules écartés du bord ombrellaire, mais insérés à la sous-ombrelle et formant 8 groupes adradiaux linéaires, et possède 32 lobes ombrellaires (Kamtschatka) et

Phacellophora (Brandt), qui a 16 rhopalies, 48 lobes marginaux et les tentacules en 16 groupes adradiaux linéaires (Médit., Pacif. nord-améric.).

2e SOUS-ORDRE

RHIZOSTOMIDÉS. — *RHIZOSTOMIDÆ*

[*STEGANOPHTHALMATA p. p.* (Forbes); — *RHIZOSTOMÆ* (Cuvier, Häckel)]

TYPE MORPHOLOGIQUE
(Pl. 44 et 45)

Nous prendrons pour type le genre *Rhizostoma*.

Conformation générale. — Pour la forme et l'apparence générale, et même pour certains traits de la conformation interne (cavité gastrovasculaire, gonades, etc.), ce type diffère peu de celui du sous-ordre précédent, de la Pélagie. C'est, comme ce dernier, une grande Méduse (**44**, *fig. 6* et **45**, *fig. 3*), mesurant 10 à 20 centimètres de large, de forme lenticulaire, surmontée du volumineux panache que forment au centre de la face orale les énormes bras buccaux (**45**, *fig. 3, br.*). Le bord du disque est de même pourvu de 8 rhopalies (*rhp.*) perradiales et interradiales, logées au fond d'incisures qui séparent 8 lobes marginaux. Mais il n'y a pas d'incisures pour les tentacules. Les 8 lobes rhopaliens sont subdivisés au bord en nombreux lobes (80 à 180; le plus souvent 80, 10 pour chaque grand lobe) plus petits (*lbl.*), mais il n'y a qu'eux en fait de grands lobes de premier ordre : les tentacules ne sont pas simplement rejetés à distance du bord, à la face exombrellaire, ils sont réellement absents; et ce caractère, absolu dans toute l'étendue de l'ordre, est un des plus remarquables parmi ceux qu'il présente. Les saccules sous-ombrellaires (*scc.*) sont disposés comme chez la Pélagie.

A l'intérieur, la disposition de la cavité gastrique, des phacelles, l'absence complète de tænioles, de columelles, de septums, sont encore autant de caractères communs avec la Pélagie. Enfin la cavité coronaire, si elle est plus compliquée que chez la Pélagie, ne diffère en rien de celle de certains genres dérivés de ce type, par exemple, de l'Aurélie. C'est, comme chez cette dernière, un réseau de canaux formé par la ramification et l'anastomose d'un certain nombre de canaux radiaires (**45**, *fig. 2, cn. r.*), dont les branches ultimes sont réunies en outre par un canal circulaire (*cn. c.*) qui suit le bord de l'ombrelle. Certains des principaux canaux radiaires sont dirigés spécialement vers les rhopalies, mais non vers les tentacules, puisque ces derniers sont absents.

Outre l'absence de tentacules marginaux, notre type actuel diffère de celui du sous-ordre précédent, par une constitution tout autre de la bouche et des bras buccaux.

Pour bien comprendre la disposition des organes buccaux et leur signification, le moyen le plus simple est de suivre leur développement.

Chez l'Ephyrule en voie de transformation, mesurant seulement 3 à 4 millimètres, au moment où le système vasculaire se compose seulement de seize larges canaux radiaires réunis par un canal circulaire, la bouche a une conformation normale. Les bras buccaux, encore courts (44, *fig. 1*), et déjà bifides au bout (44, *fig. 3*), ont leurs bords fortement reployés en dedans, de manière à transformer leur face orale en une profonde gouttière (*gtt.*); mais il n'y a nulle part soudure entre les parties rapprochées, et les quatre gouttières convergent en bas vers une bouche librement ouverte (*b.*). Il n'y a là que l'exagération d'une disposition normale. Mais, à mesure que l'animal grandit, les deux bords de la gouttière se rapprochent davantage, puis se soudent jusqu'au bout de la bifurcation terminale d'une part, jusqu'à la bouche de l'autre, et ferment ainsi non seulement les gouttières brachiales, mais la bouche elle-même. En place des 4 bras en gouttière, on trouve 4 gros tubes avec une suture ventrale (44, *fig.* 2 et 4 *s.*), en place de la bouche, une paroi fermée; et la place de la bouche n'est indiquée que par une suture cruciale (*c.*), dont les quatre branches ne sont que la continuation des sutures brachiales convergeant vers un centre punctiforme qui marque le centre de la bouche disparue. Mais, si l'orifice buccal a disparu, la cavité buccale a persisté : au-dessous de la suture cruciale est une cavité axiale (45, *fig. 3*) dans laquelle viennent déboucher les quatre canaux des bras et qui s'ouvre dans l'estomac (*est.*) tout comme si rien n'avait été changé.

L'animal va-t-il donc être condamné à ne pas manger?

Non, car tout le long des sutures, sur les bras et sous la cavité buccale, de nombreuses petites *ostioles* (44, *fig. 6*, *ost.*) sont restées ouvertes, formant autant de bouches minuscules par où l'animal peut, non plus engloutir des proies volumineuses, mais aspirer les sucs et même des fragments d'un volume notable des proies qu'il capture.

Telle est la disposition essentielle, réduite à son expression la plus simple; mais il reste à préciser, corriger, ajouter de nombreux points laissés de côté à dessein.

Bras buccaux. — La bifurcation que nous avons vu se produire à l'extrémité distale du bras chez la jeune Éphyrule, n'est pas le résultat d'une fente séparant après coup des parties déjà formées. C'est le résultat de la formation de deux lobes produits par accroissement plus actif en deux points séparés par une zone intermédiaire (44, *fig. 3* et 4, *d.*) où l'accroissement a été très faible. Il se produit de la même manière une seconde bifurcation (44, *fig. 5*, *f.*) à l'extrémité de chacune des 2 branches de chacun des 4 bras et, par le même processus encore, les bords libres des gouttières se garnissent de festons de 1er, 2e et 3e ordre, destinés à augmenter l'étendue de la ligne suturale et par suite le nombre des ostioles buccales.

Franges labiales et ostioles. — La soudure ne se produit pas, comme nous l'avons supposé, entre les *bords* de la gouttière, de manière à transformer toute sa cavité en un large canal et à faire des ostioles de simples perforations sans épaisseur. Ce sont les *faces* endodermiques qui s'accolent, puis se soudent, ne laissant que le fond de la gouttière pour former un étroit canal axial. Par suite, les ostioles sont de petits canaux (**44**, *fig. 6, ost.*) qui se rendent de ce canal central à la surface, en suivant un trajet radiaire assez étendu. Enfin la soudure n'intéresse pas l'extrême bord, en sorte que la ligne suturale est représentée par un sillon continu, de profondeur modérée, mais dont les faces sont endodermiques et au fond duquel s'ouvrent les ostioles. La formation des festons de 1er, 2e et 3e ordre, le long des deux bords de chaque gouttière (**45**, *fig. 1, gtt.*), donne à la ligne suturale une forme plus compliquée et une étendue plus grande. Tout le long de son parcours sinueux, se détachent d'elle de courtes branches latérales (**45**, *fig. 1, t.*) qui elles-mêmes sont découpées en petits sinus en cul-de-sac (*s.*).

On donne le nom de *franges ostiales* ou simplement *franges* (*crispæ suctoriæ* d'Häckel), à la partie saillante et godronnée qui porte à son bord libre le sillon au fond duquel sont les ostioles.

Formation des 8 bras. — Les 4 bras perradiaux bifurqués de la larve ne s'accroissent pas d'une façon régulière. Les 2 branches de bifurcation s'allongent énormément, tandis que la partie proximale impaire grossit beaucoup et s'allonge fort peu. En outre, la mésoglée sous-ombrellaire comprise entre les racines des quatre bras, s'accroît beaucoup non seulement en épaisseur, mais en hauteur, refoulant devant elle l'ectoderme sous-ombrellaire jusqu'à combler finalement tout l'espace compris entre les bases des bras jusqu'à leur bifurcation. Il en résulte que les 4 racines perradiales se trouvent noyées dans la sous-ombrelle, et que de la sous-ombrelle semblent se détacher immédiatement 8 bras interradiaux indépendants. Mais il suffit d'examiner leurs sutures ventrales pour constater que ces 8 sutures interradiales se réunissent deux à deux en 4 sutures perradiales avant d'arriver au centre, et pour trouver là une preuve évidente de l'existence des 4 bras perradiaux primitifs.

Disque buccal. — Déjà chez la Pélagie, nous avons vu qu'il régnait tout le long du bras un épaississement médian de la mésoglée disposé comme la nervure principale d'une feuille. Cette nervure, se prolongeant jusqu'à la mésoglée sous-ombrellaire, forme les 4 piliers brachiaux. Nous venons de voir comment ces 4 piliers étaient réunis par une sorte de palmure mésogléenne. En dedans d'eux, la surface sous-ombrellaire comprise entre leurs bases s'épaissit aussi dans les intervalles des lignes suturales. Tout cela fait que la région buccale, qui, dans les autres types, n'était qu'une surface idéale, devient un objet massif, volumineux, de forme plus ou moins cubique, saillant sous le disque et de consistance ferme, grâce à la mésoglée sub-cartilagineuse qui forme la plus grande partie de sa masse. C'est ce que l'on appelle le *disque buc-*

cal (**44**, *fig. 6* et **45**, *fig. 3, d. b.*). Il est arrondi ou octogonal, les 8 bras sont la continuation de ses 8 arêtes adradiales et sa face supérieure libre porte la croix suturale dont le centre montre la place de la bouche disparue.

Franges dorsales. — Nous avons vu qu'une seconde bifurcation (**44**, *fig. 5, f.*) se produit à l'extrémité des 8 bras. Celle-ci a un sort tout différent de la première. Elle reste peu profonde, localisée à l'extrémité, et ses deux branches se renversent en dehors, en tournant dans un plan vertical, de manière à se placer à la face externe du bras, où elles forment deux petites gouttières réfléchies, descendantes (**44**, *fig. 6* et **45**, *fig. 3, fr. d.*). Ces deux gouttières subissent d'ailleurs le même processus de festonnement et de soudure, avec formation d'un sillon superficiel et d'ostioles, que la gouttière ventrale. Elles ne sont en somme que la partie terminale de celle-ci bifurquée et renversée en dehors. On peut les désigner sous le nom de *franges dorsales*. Il y a donc en tout 8 franges ventrales adradiales et 16 franges dorsales subradiales ([1]).

([1]) HÄCKEL fonde sur la présence ou l'absence des franges dorsales, la division en familles des Méduses à franges buccales soudées. Dans chacun des sous-ordres de ces Méduses, il distingue les *Multicrispæ* à franges dorsales des *Unicrispæ* qui en sont dépourvues. Il a été très vivement attaqué sur ce point par CLAUS [83]. On ne peut nier en effet que les dénominations proposées ci-dessus ne soient mal appropriées, car il est choquant d'appeler *Unicrispæ* des Méduses qui peuvent avoir de très nombreuses franges à chaque bras, lorsque les bras sont ramifiés, sous le prétexte que ces franges multiples sont toutes ventrales. Mais c'est là un point secondaire. On peut changer le terme et garder l'idée. Or cette idée, CLAUS semble ne pas l'avoir bien comprise ; et, de fait, elle est difficile à saisir, Häckel ayant l'habitude d'exprimer indéfiniment et dans ses incessantes répétitions des mêmes choses, les mêmes idées par des formules invariables, en sorte que ce qui est obscur une fois reste obscur tout le long de ses volumineuses monographies. D'ailleurs Häckel lui-même ne paraît pas s'en être toujours référé à un principe absolu pour la distinction des états unicrispe et multicrispe. Une étude suffisamment approfondie montre que la différence entre les Unicrispes et les Multicrispes gît en ceci :

Chez les Unicrispes, il y a d'abord à chaque bras une seule frange ventrale qui va jusqu'à son extrémité. Si un bras vient à se ramifier, chaque ramification donne naissance à une nouvelle frange, mais toutes ces franges restent morphologiquement ventrales qu'elles soient ou non déjetées, renversées en dehors, tant qu'elles appartiennent individuellement à autant de ramifications séparées. On peut reconnaître, à travers toutes les torsions accidentelles ou autres qu'elles peuvent subir, les franges ventrales à ce qu'elles se rattachent à la frange principale par leur partie basilaire et proximale; à ce qu'en les étalant, on pourrait, sans rien déchirer, les ramener dans le même plan que la frange ventrale principale; à ce qu'enfin chaque rameau distinct n'a jamais qu'une seule frange (unicrispe), et qu'une coupe transversale perpendiculaire à son axe ne peut rencontrer qu'une frange, qui suit un trajet proximal pour venir se rattacher à la frange principale.

Chez les Multicrispes au contraire, on trouve, soit sur le bas (indépendamment des épaulettes s'il y en a) soit sur ses ramifications, trois franges appartenant au même tronçon et qu'une coupe perpendiculaire à l'axe rencontre en même temps attenantes au même morceau. De ces trois franges, une est ventrale et se rattache en direction centripète aux parties plus proximales de l'appareil de franges, tandis que les deux autres sont dorsales et se rattachent à la frange ventrale congénère en un point distal, savoir à l'extrémité distale du tronc qui les porte toutes les trois.

Le bras multicrispe, au lieu d'aller en s'effilant progressivement jusqu'au bout, comme

Appendice claviforme. — Chez le jeune Rhizostome, et pendant toute la vie chez beaucoup d'autres genres, les franges et sillons ventral et dorsaux se continuent directement entre eux, à l'extrémité du bras, en formant une figure que l'on pourrait comparer à un Y dont les trois branches auraient été reployées perpendiculairement à son plan. Mais chez l'adulte, ici et dans quelques genres voisins, il se forme au bout du bras un organe particulier auquel on peut donner le nom d'*appendice claviforme* (**44**, *fig*. 5 et 6 et **45**, *fig*. 3, *p. cl*.) et qui est difficile à bien comprendre. Dans le cas où cet appendice existe, les franges directes et réfléchies s'interrompent un peu en deçà de l'extrémité du bras, leurs sillons s'arrêtent là en cul-de-sac et sont par suite tous les trois indépendants les uns des autres, discontinus, tandis que le canal axial du bras reste continu avec les canaux axiaux des parties réfléchies, tout comme dans les cas où il n'y a pas d'appendice claviforme. L'extrémité terminale est occupée par un espace libre, recouvert d'ectoderme qui se continue en bas avec les espaces interposés aux trois sillons. Au centre de cet espace s'élève une saillie terminée par une tête renflée : c'est l'*appendice claviforme*, formé essentiellement d'une protubérance de mésoglée cartilagineuse recouverte d'ectoderme et creusée, comme nous allons le voir, d'une cavité endodermique centrale. Le pédoncule de l'organe n'est

font le bras unicrispe et ses branches quand il en a, se renfle avant sa terminaison et prend la forme d'une pyramide triangulaire à base proximale se rattachant à la portion proximale cylindrique ou aplatie; les trois franges suivent les trois arêtes et sont entièrement séparées à la base proximale, tandis qu'elles se réunissent au sommet distal. Il peut y avoir là, au sommet distal, une interruption par suite de l'intercalation de l'appendice claviforme (Voir plus loin), mais c'est là une modification secondaire qui s'est introduite à un certain moment et qui ne change rien à la disposition fondamentale des parties.

Tout cela est fort clair; mais ce qui l'est moins, c'est l'origine de l'état multicrispe et la disposition des canaux intérieurs dans les franges dorsales, car ce sujet a été insuffisamment étudié.

Chez le Rhizostome, la chose est très nette, grâce aux recherches de CLAUS [83]. Les franges dorsales proviennent des deux branches d'une bifurcation terminale, qui se sont réfléchies dorsalement. S'il n'y avait qu'une simple flexion en dehors, on n'aurait pas le droit de considérer cela comme un état multicrispe, puisqu'on pourrait en les étalant ramener les franges à l'état ventral. Mais l'état multicrispe s'est constitué par le fait que le bord concave opposé à la frange s'est progressivement raccourci, de manière à produire le même effet que si la partie renversée s'était ultérieurement soudée dos à dos avec la partie principale.

Mais dans les autres cas, on n'a pas suivi le développement, et les canaux intérieurs sont figurés de manières diverses. Chez *Crambessa* par exemple, LENDENFELD [88], AGASSIZ et A. G. MAYER [98] figurent un seul canal axial (**46**, *fig*. 3, *cn*.) dans lequel viennent déboucher de trois côtés les canalicules transversaux venant des ostioles; tandis que, chez *Lychnorhiza*, HÄCKEL [79] et, chez *Leonura*, HÄCKEL [82], figure trois canaux, un pour chaque frange, se réunissant à la base proximale de la pyramide.

Le mode de formation ne saurait être ici le même que précédemment. Ces franges dorsales prennent naissance peut-être par le même processus que les épaulettes (Voir plus loin), ou peut-être par deux sinus qui se forment latéro-dorsalement, en allant de la pointe vers la base, ouvrant ainsi deux longues fentes dorsales qui se lobent et finalement se soudent en réservant les canicules des ostioles avec (*Lychnorhiza*) ou sans (*Crambessa*) canal principal à direction basipète.

pas cylindrique, mais prismatique triangulaire, et ses trois faces, tournées vers les trois sillons qui convergent vers elles, sont excavées en gouttières, d'ailleurs peu profondes, et qui se perdent en arrivant vers le renflement terminal. L'organe est creusé d'un canal axial qui, en bas, se jette dans le canal axial du bras au point même où sa branche directe se divise en Y pour former les deux branches réfléchies. On a cru longtemps que ce canal s'ouvrait au sommet par une ostiole terminale et sur les faces latérales du pédoncule par des rangées d'ostioles latérales. Mais il n'en est rien. CLAUS [83] a montré que le canal axial fournissait en effet dans la tête des branches latérales, mais ces branches se terminent en cul-de-sac, ainsi que le canal axial lui-même, avant d'aboutir à la surface. Elles se forment pendant le développement de l'organe, uniquement pour permettre un épaississement localisé qui a pour résultat la formation de la tête de la massue.

A quoi donc sert cet organe s'il ne porte pas d'ostioles?

Il sert uniquement, d'après CLAUS [83], à porter une armature de petits boutons urticants dont il est couvert. En somme, la structure et sans doute la signification morphologique de cet appendice sont celles d'un gros tentacule à tête urticante ([1]).

Tentacules labiaux. — Dès avant leur soudure, les bords libres des franges labiales sont garnis de petits tentacules capités à tête urticante, que l'on appelle les *tentacules labiaux* (**44**, *fig. 6* et **45**, *fig, 3, tt. l.*). Ces tentacules sont pleins, et pourvus d'une musculature longitudinale qui se perd dans la lèvre brachiale. Ils sont exclusivement ectodermiques et nullement assimilables, comme le prétend HÄCKEL, aux filaments gastriques ([2]).

Épaulettes. — L'organe qui a reçu ce nom (**44**, *fig. 6*, et **45**, *fig. 3, epl.*) consiste en huit paires de franges ostiales supplémentaires, qui se trouvent situées à la face externe des huit bras près de leur base. Chacune de ces *épaulettes* a la forme d'un entonnoir fortement aplati transversalement et courbé dans le plan de compression. Le sommet tronqué de l'entonnoir s'insère à la face dorsale du bras un peu à côté du plan médian de celui-ci, symétriquement à l'autre épaulette de la paire du même bras; son bord supérieur, long et concave, est tourné vers le bras; l'inférieur court est tourné vers la sous-ombrelle; le bord

---

([1]) Son développement a été étudié par CLAUS [83] qui a montré qu'il se forme par trois bourgeons de mésoglée, qui se développent dans les trois angles de l'Y formé par les gouttières directe et récurrentes du bras à un moment où elles ne sont pas encore soudées en franges à ostioles. Ces trois bourgeons, en grossissant, se rapprochent et se soudent, coupant ainsi les trois gouttières brachiales directe et réfléchies au point où elles confluent en Y. Leur soudure ne se fait d'ailleurs que par la périphérie, et l'espace central ménagé entre elles forme le canal axial de l'organe.

([2]) Ne pourrait-on considérer *l'appendice claviforme* comme résultant de la soudure sous-ectodermique de trois de ces tentacules autour d'une cavité axiale en continuité avec le canal endodermique du bras?

externe, correspondant à l'ouverture aplatie de l'entonnoir, est formé par une frange ostiale, bordée de tentacules, en tout semblable aux franges directe et récurrentes du bras. L'organe contient un canal aplati qui se jette à la base dans la portion basilaire du canal axial du bras correspondant, côte à côte avec le canal de l'épaulette congénère et qui, distalement, communique par de fins canaux divergents avec les ostioles du sillon de l'épaulette. Ces organes ne sont nullement, comme l'indique Häckel, des portions détachées des franges récurrentes terminales qui se seraient trouvées reportées vers la base par un accroissement intercalaire. Ce sont des formations nouvelles. Claus [83] a montré, en effet, que leurs tentacules marginaux se forment d'abord, à un moment où leur cavité n'existe pas encore, ce qui, par parenthèse, fournit une preuve indiscutable de la nature ectodermique de ces tentacules; puis la partie qui porte ces tentacules devient saillante par suite d'un accroissement localisé de la mésoglée sous-jacente, qui soulève l'ectoderme en forme de crête, et alors seulement se forme dans l'épaisseur de la crête une cavité en communication avec le canal axial du bras, et qui vient s'ouvrir au dehors par rupture de la paroi du bord externe de la crête (¹).

Physiologie. — Il n'y a rien autre ici à signaler que ce qui concerne le fonctionnement de la bouche, tout le reste étant conforme au type général. Bien que la bouche soit transformée en multiples ostioles minuscules, il serait inexact de croire que les Rhizostomidés n'absorbent que des proies minimes ou ne font que sucer les sucs des plus volumineuses. Deux conditions en effet leur permettent d'agir autrement : la première est l'extrême dilatabilité des ostioles, la seconde est le fait que les ostioles débouchent au fond d'un sillon librement ouvert, dont les parois sont revêtues de cellules endodermiques dont beaucoup sont glandulaires et douées des mêmes propriétés digestives que les cellules gastriques. Dès lors, quand une proie est saisie entre les bras, elle y subit une sorte de digestion externe qui la dissocie en une bouillie absorbable par les ostioles, et celles-ci, en se dilatant, peuvent engloutir des fragments d'un volume notable. On a rencontré dans les canaux

---

(¹) Ces épaulettes, ou du moins leurs premiers rudiments représentés par une petite saillie tentaculigère, se montrent par paires dans les perradius et les interradius et forment, par conséquent, 8 paires, 4 perradiales et 4 interradiales. Plus tard, par suite des inégalités de l'accroissement intercalaire, elles deviennent équidistantes et se montrent au nombre de 16 subradiales, non groupées en paires. Chez l'adulte enfin, par suite de la continuation du même processus, elles se groupent de nouveau en 8 paires, mais adradiales et correspondant aux 8 bras. Elles arrivent ainsi à correspondre exactement aux franges terminales récurrentes, mais on voit que c'est là une disposition secondaire et que les deux épaulettes d'un même bras appartiennent en réalité à deux paires disloquées et réassociées suivant un nouvel arrangement. En réalité, il n'est pas démontré que certaines franges dorsales, celles qui sont alimentées par une branche de bifurcation du canal qui dessert la frange ventrale, soient essentiellement différentes des épaulettes. Il faudrait, pour l'affirmer, avoir suivi leur développement, ce qui n'a pas été fait.

brachiaux de grands Rhizostomes des Poissons d'un pouce de long.

Les *produits sexuels* (**44**, *fig. 6* et **45**, *fig. 3, gtx.*) continuent à tomber dans la cavité gastrique et sont évacués par les ostioles tout comme ils l'étaient par la bouche dans les types précédents.

Le sous-ordre des Rhizostomidés se divise en deux tribus :

Tetrademnina, à saccules sous-ombrellaire indépendants ;

Monodemnina, à saccules sous-ombrellaires fusionnés en une cavité unique interposée à la sous-ombrelle et au disque buccal.

1re Tribu

TÉTRADEMNINES
TÉTRADEMNINA

[*Rhizostomæ* (Cuvier) ;
Rhizostomæ impervæ (Grenacher et Noll) ;
Tetrademnæ (Häckel) ;
Toreumidæ (Häckel)
+ *Pilemidæ* (Häckel) [1]]

TYPE MORPHOLOGIQUE

C'est celui-là même que nous avons choisi pour l'ordre. Nous n'avons pas à le redécrire ici.

GENRES

= 1re FAM. : *Archirhizinæ* [*Archirhizidæ* (Häckel)]. Ni épaulettes, ni ramification terminale des bras, ni tentacules labiaux.

Archirhiza (Häckel) (fig. 467 et 468) est beaucoup plus simplement constitué que notre type morphologique. Les huit bras sont simples, gros et courts, sans bifurcation

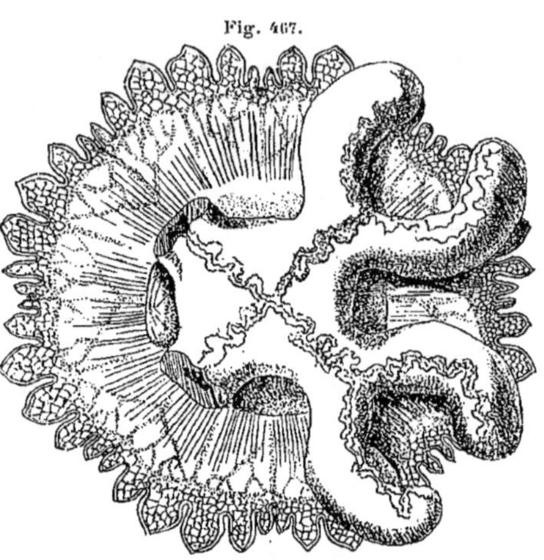

Fig. 467.

Archirhiza primordialis, vu par la face orale.
(d'ap. Häckel).
Deux des bras buccaux ont été coupés.

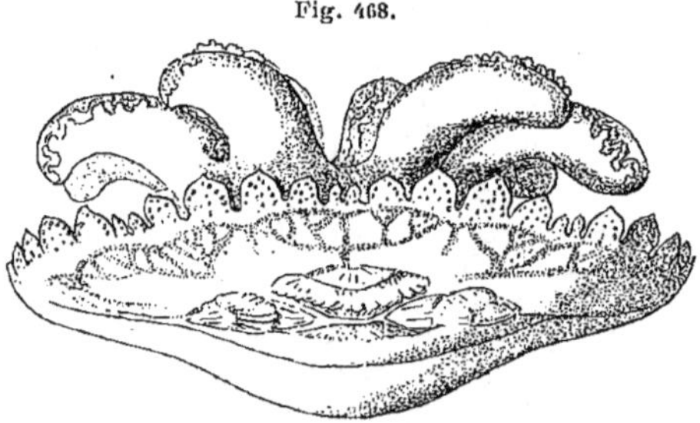

Fig. 468.

Archirhiza primordialis, vu de profil
(d'ap. Häckel).

---

[1] *Rhizostoma*, cela se comprend, signifie à bouche radiciforme ; *Tetrademniæ* signifie à 4 demnes, les *demnes, demnia*, étant les saccules sous-ombrellaires ou *poches sub-génitales* ; *imperviæ* indique qu'il n'y a pas passage libre d'une poche à l'autre comme dans le sous-ordre suivant.

terminale ni franges réfléchies, sans épaulettes, sans tentacules labiaux. C'est une forme de petite taille, à disque buccal large et bas, à système vasculaire très simple, qui se présente avec les caractères d'un type ancestral dont les autres auraient pu dériver par complication progressive (4ᵒᵐ sur 2ᵒᵐ ; détr. de Bass., Nouvelle-Zélande).

══════ 2° FAM. : *Lychnorhizinæ* [*Lychnorhizidæ* (Häckel)]. Pas d'épaulettes ; bras terminés par 3 franges, dont 2 dorsales et 1 ventrale.

Lychnorhiza (Häckel) nous fait passer d'emblée à une forme beaucoup plus compliquée. Il n'a pas encore d'épaulettes ; mais sa taille est

Fig. 469.

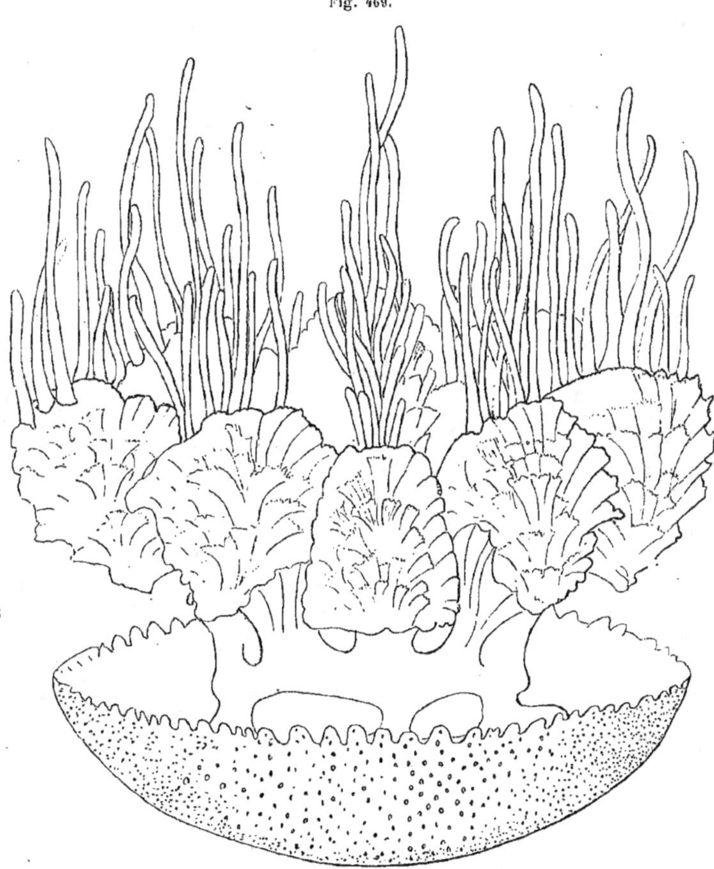

Phyllorhiza punctata (d'ap. Lendenfeld).

normale; le disque buccal est cylindrique, élevé; le système vasculaire présente déjà toute la complexité, la richesse de ramifications que nous lui avons trouvée dans le type morphologique; les franges ostiales sont pourvues de tentacules labiaux, même extrêmement longs, filiformes, chargés de boutons urticants pédiculés; les bras se terminent par une partie élargie en forme de pyramide triangulaire, dont une arête interne porte la fin de la frange ventrale, tandis que les deux autres portent chacune une frange dorsale (12 à 16^cm sur 5 à 6^cm; Brésil).

Toxoclytus (L. Agassiz) diffère du précédent par l'absence complète de tentacules labiaux, filiformes ou autres (Atl. tropic., Malaisie).

Loborhiza (Vanhöffen) de même, mais son système vasculaire présente aussi des différences et se rapproche de celui de *Crambessa* (Pacif. sud-amér.).

Phyllorhiza (L. Agassiz) (fig. 469) a comme *Lychnorhiza* de longs tubercules labiaux filiformes, mais il en diffère par la forme aplatie, lamelleuse des 3 franges terminales de ses bras (Australie, Chine, Japon).

3e FAM.: *Cassiopeinæ* [*Polyclonidæ* (Häckel) + *Polyrhizidæ* (Häckel); *Cepheidæ* (Claus) + *Cassiopeidæ* (Claus)]. Pas d'épaulettes; bras terminés par 3 branches, mais ne formant pas de franges dorsales.

Cassiopea (Péron et Lesueur) a les tentacules labiaux courts et claviformes; les huit bras ont des ramifications latérales qui se présentent comme des branches de second ordre, détachées d'une portion axiale bien distincte d'elles et divisée au bout en deux branches terminales, mais sans former de franges dorsales. Il présente en outre ce caractère particulier que nous ne rencontrerons plus dans ce groupe (sauf quelques cas exceptionnels où il sera indiqué) qu'il y a plus de huit rhopalies : ces organes sont en effet au nombre de 16 (10 à 12^cm sur 2 à 4^cm; mer Rouge, oc. Indien, Malaisie, Australie, Pacif., Atl. afric.).

Fig. 470.

Cephea conifera (d'ap. Häckel).

Polyclonia (**L.** Agassiz) diffère du précédent en ce qu'il n'a que 12 rhopalies (Hindoustan, Floride).

Toreuma (Häckel) reprend le nombre normal de 8 rhopalies qui, jusqu'à indication contraire, ne va plus varier (Austr., oc. Indien).

Cephea (Péron et Lesueur) (fig. 470) a ses 8 bras comprimés latéralement, sans ramifications latérales, mais largement divisés au bout en deux branches plus ou moins renversées en dehors, mais sans formation de franges dorsales. En outre, les tentacules labiaux sont longs et filiformes (Pacif. équat., Australie, mer Rouge, oc. Indien).

Polyrhiza (**L.** Agassiz) est comme le précédent, sauf qu'il a de nouveau les bras ramifiés comme *Cassiopea*, mais suivant un autre mode, dichotomiquement, en sorte que l'on ne saurait distinguer une partie principale distincte des branches latérales (mer Rouge, Moluques, Nouvelle-Guinée).

Netrostoma (**L. S.** Schultze) a les bras ramifiés aussi dichotomiquement, mais pas de tentacules labiaux, les canaux radiaires moins nombreux, l'exombrelle verruqueuse, non sillonnée (Malaisie).

Halipetasus (**L. S.** Schultze) a les bras comprimés comme les précédents, mais dans le sens dorsoventral, ramifiés de même, les canaux radiaires au nombre de 32 et l'exombrelle non verruqueuse ni sillonnée, mais parsemés de petites granulations éparses (Malaisie).

4° FAM. : *Stomolophinæ* [*Stomolophidæ* (Häckel)]. Des épaulettes; bras soudés à la base, se divisant au bout en 2 branches légèrement renversées au dehors.

Stomolophus (L. Agassiz) (fig. 471 et 472) a les huit bras ramifiés et terminés seulement par deux branches qui se renversent légèrement en dehors. Les bras sont, en outre, ainsi que leurs branches, soudés à leur base en un gros cylindre, sans trace à l'extérieur des divisions, qui sont reconnaissables à la ramification des franges ostiales. Enfin, les bras sont munis d'épaulettes, au nombre de 8 paires comme chez *Rhizostoma*, et constituées comme chez celui-ci, mais

Fig. 471.

Stomolophus fritillaria.
Extrémité du manubrium, vue de face :
la moitié supérieure appartient
à un exemplaire jeune et
la moitié inférieure à un exemplaire âgé
(d'ap. Häckel).

Fig. 472.

Stomolophus fritillaria.
Manubrium
d'un exemplaire jeune
présentant les 8 paires
d'épaulettes
encore peu développées
(d'ap. Häckel).

plus développées et formant ensemble autour du cylindre brachial un gros manchon annulaire (8 à 14^em sur 6 à 9^em; Atl. et Pacif. amér.).

Häckel place ce genre ainsi que le suivant dans les formes à franges dorsales, mais il nous est impossible de nous rendre compte, d'après ses figures, qu'il puisse y avoir ici de *vraies* franges dorsales, et Gegenbaur [83] ni Lendenfeld [88] ne les signalent.

Brachiolophus (Häckel) est de même, mais la soudure basilaire de ses bras est beaucoup moins étendue. Claus [83] suggère que ce pourrait être un jeune du précédent (8^em sur 4^em; Pacif. équat.).

Stomatonema (Fewkes), de même aussi, mais ses 8 bras buccaux sont entièrement distincts les uns des autres. En raison de sa taille, nous ferons la même suggestion que Claus pour le genre précédent (35^{mm}; port de Montevideo).

===== 5° **FAM. :** *Rhizostominæ* [*Pilemidæ* (Häckel)]. **Des épaulettes; bras non soudés à la base, divisés au bout en 2 branches fortement renversées au dehors et formant des franges réfléchies.**

Rhizostoma (Cuvier). C'est le genre décrit comme type morphologique et qui est la plus haute expression du groupe; on voit qu'il se caracté- rise par ses épaulettes et par la bifurcation terminale de ses huit bras en deux branches adradiales réfléchies en dehors, formant deux franges dorsales franchement opposées à la ventrale et séparées d'elle par une interruption occupée par l'appendice claviforme que nous avons décrit (10 à 80^{cm} sur 3 à 12^{cm}; Médit., Atl , mer Rouge, mer de Chine).

Eurhizostoma (Häckel) et
Stylonectes (L. Agassiz) sont des sous-genres du précédent.
Eupilema (Häckel) en diffère par l'absence d'appendice claviforme (les Marquises, Sumatra).
Rhopilema (Häckel) a au contraire des formations de même nature que les appendices claviformes, non seulement au bout des bras, mais tout le long des sillons brachiaux (Madagascar .
Nectopilema (Fewkes) se caractérise par la présence de 8 lobes ombrellaires dans chaque octant et par la présence de nombreux appendices filiformes annexés aux bras buccaux (Atl. amér.).

Ce genre est considéré par son auteur comme faisant le passage aux *Stomolophinæ*.

C'est à cette famille que paraissent appartenir la plupart des Méduses fossiles (les autres appartenant au sous-ordre des *Semostomidæ*), dont certaines, bien que très anciennes, nous sont parvenues admirablement conservées. Nous en donnons ici simplement la liste d'après le beau travail de WALCOTT [98] :

Brooksella (Walcott) (Cambr.);	*Hexarhizites* (Häckel) (Juras.), sans doute non
Laotira (Walcott) (Cambr.);	distinct du précédent;
Dactyloidites (Häckel) (Cambr.);	*Leptobrachites* (Häckel) (Juras.);
Eophyton (Torell) (Cambr.);	*Medusites* (Germar) (Crét.);
Medusina (Walcott) (Cambr. à Perm.);	*Medusichnites* (Matthew) (Crét.).
Rhizostomites (Häckel) (Juras.);	

Citons aussi ici 2 genres dont la nature en tant que Méduses est douteuse :

Bythotrephis (Nicholson) (Jur.);	*Dixophyllum* (Hall) (Jur.).

2e TRIBU

MONODEMNINES. — *MONODEMNINA*

[*Rhizostomæ perviæ* (Grenacher et Noll); — *Monodemniæ* (Häckel);
Versuridæ (Häckel) + *Crambessidæ* (Häckel)]

TYPE MORPHOLOGIQUE
Pl. 46.

Nous prendrons pour type le genre *Crambessa*.

Organisation générale. — Il sera facile à décrire en partant du type de l'ordre, le Rhizostome, auquel il ressemble dans tous ses traits essen- tiels, sauf certaines modifications très remarquables portant sur les bras et surtout sur les saccules sous-ombrellaires, modifications qui retentissent, d'ailleurs, dans une certaine mesure sur d'autres organes, en particulier sur l'estomac et les conduits qui en partent. Le disque, les huit rhopalies, les lobes ombrellaires sans tentacules marginaux, les parties périphériques de l'appareil gastro-vasculaire ne présentant pas de différences essentielles, nous passerons immédiatement aux organes sur lesquels portent les modifications caractéristiques.

Portique. — Supposons que, chez un Rhizostome, les quatre saccules sous-ombrellaires (**45**, *fig. 3, scc.*) s'accroissent peu à peu vers le dedans jusqu'à se rejoindre en faisant disparaître les parois qui les séparent; à ces quatre cavités indépendantes se trouvera substituée une cavité unique qui les représente, mais que l'on a cru devoir désigner par un nom spécial, universellement adopté, celui de *portique génital* ou simplement *portique*. Le portique est donc une sorte de chambre centrale discoïde ayant des parois et des ouvertures. Son plancher (**46**, *fig. 1 et 2, pl.*) est formé par la *membrane gastro-génitale* séparant la cavité stomacale de la cavité génitale; son plafond par le *disque buccal* (**46**, *fig. 1, d. b.*); ses parois sont formées par les quatre *piliers brachiaux* perradiaux (*pil.*), séparés par quatre larges baies interradiales qui sont les anciennes ouvertures externes des quatre saccules sous-ombrellaires.

Ces dernières n'étant pas modifiées n'ont pas à être décrites de nouveau.

Les *piliers brachiaux* (**46**, *fig. 1 et 2, pil.*) sont aussi constitués comme chez le Rhizostome et rattachent comme chez lui les bras buccaux à la sous-ombrelle; la seule différence, c'est qu'ils sont complètement libres latéralement, au lieu de se continuer en dedans avec une des parois séparant les saccules sous-ombrellaires.

Le *disque buccal* (**46**, *fig. 1, d. b.*) est constitué en dessus comme celui du Rhizostome; il montre la suture cruciale à branches perradiales, dont le centre marque la place de la bouche fermée; mais en dessous il est libre, séparé de la sous-ombrelle par le portique dont il forme le plafond. De ses angles perradiaux partent en bas les quatre piliers brachiaux (*pil.*), en haut les huit bras adradiaux (*br.*), car la division des bras en deux branches se fait juste au départ du disque buccal.

La *membrane gastrogénitale* (**46**, *fig. 2, pl.*) montre nettement la trace des quatre saccules qui ont contribué à la former. Elle est divisée en effet par deux bandes diagonales qui se coupent en son centre, séparant quatre aires interradiales correspondant au plancher des quatre saccules fusionnés. Ces aires sont en effet formées d'une membrane mince, souple, déprimée, portant les gonades (*gtx.*), tandis que les bandes diagonales, correspondant à l'insertion inférieure des cloisons de séparation, sont fermes et rendues saillantes par un épaississement de la mésoglée à ce niveau.

Les *gonades* (**46**, *fig. 1 et 2, gtx.*) ont conservé exactement la même disposition que si les saccules sous-ombrellaires ne s'étaient pas fusionnés. Elles forment quatre fers à cheval interradiaux, à ouverture dirigée en dehors et font saillie sur les deux faces de la mince membrane qui les contient, mais continuent à dépendre morphologiquement de la face gastrique ou endodermique de cette membrane. Comme chez le Rhizostome, les produits sexuels tombent dans la cavité gastrique et sont évacués par les ostioles.

Cavité buccale et canaux des piliers. — Mais en se fusionnant, les quatre saccules ont coupé la communication entre la cavité buccale et l'estomac.

Comment les aliments absorbés par les ostioles vont-ils arriver à l'estomac?

Ils y arrivent ici par une voie détournée, de création nouvelle.

Au milieu, la cavité gastrique est complètement séparée du dehors par la membrane gastro-génitale (**46**, *fig. 1, pl.*); mais à la périphérie, aux points où ceux des canaux radiaires qui sont situés dans les perradius prennent naissance, se trouvent quatre canaux ascendants qui se portent dans les piliers brachiaux (*pil.*) du portique, les traversent et, à leur extrémité supérieure, là où ils se divisent chacun en deux bras libres, se divisent aussi en deux branches, une pour chaque bras. Par là, les aliments absorbés par les ostioles ont un libre accès dans l'estomac. Il existe en outre un *sinus buccal* (*sin.*) situé dans l'épaisseur du disque buccal et qui est le reste de la cavité buccale dont l'orifice s'est fermé. Ce sinus est fermé en bas par le plafond du portique, fermé en haut par la suture de la bouche; mais sur les côtés il communique, par quatre canaux perradiaux situés sous la suture cruciale, avec les canaux des piliers, au point où ces derniers se divisent pour former les canaux de bras. Ce sinus buccal et ses branches servent à recevoir et à conduire les aliments absorbés par les ostioles de la suture cruciale (¹).

Bras et franges ostiales (**46**, *fig. 1, br.*). — Il n'y a rien ici qui soit typique pour les Monodemnines, chez lesquelles ont peut retrouver, sauf les épaulettes toujours absentes, toutes les dispositions qui se rencontrent chez les Tétrademnines. Chez *Crambessa*, notre type, la partie basilaire du bras ne présente rien de particulier. Le bout est constitué comme chez le Rhizostome, sauf l'absence d'appendice claviforme et la longueur beaucoup plus grande des franges dorsales (*fr. d.*) qui descendent presque jusqu'au disque buccal. Au bout du bras, les deux franges dorsales et la ventrale (*fr. v.*) se réunissent en pointe, tandis qu'à leur extrémité proximale les deux franges dorsales s'arrêtent brusquement, laissant la frange ventrale se continuer jusqu'à la bouche. A l'intérieur, il y a un canal brachial unique (**46**, *fig. 3, cn.*) qui monte sous la frange ventrale (*fr. v.*) jusqu'au sommet du bras et qui reçoit de trois côtés les canalicules des ostioles par de petits troncs formés par la fusion d'un petit groupe de canalicules.

(¹) Ces ostioles peuvent d'ailleurs s'atrophier et entraîner la disparition du sinus buccal.

GENRES

═══ 1ʳᵉ FAM. : *CHAUNOSTOMINÆ* [*Chaunostominæ* (Leudenfeld)]. Gouttières brachiales non soudées, bouche non soudée.

Pseudorhiza (Lendenfeld) (fig. 473 et 474) est une forme très curieuse qui, à l'organisation d'un franc Rhizostomidé monodemnine, joint quelques caractères de Sémostomidé. Les 8 bras, courts et épais, sont simplement creusés d'une étroite gouttière, qui n'est point largement étalée comme

Fig. 473.

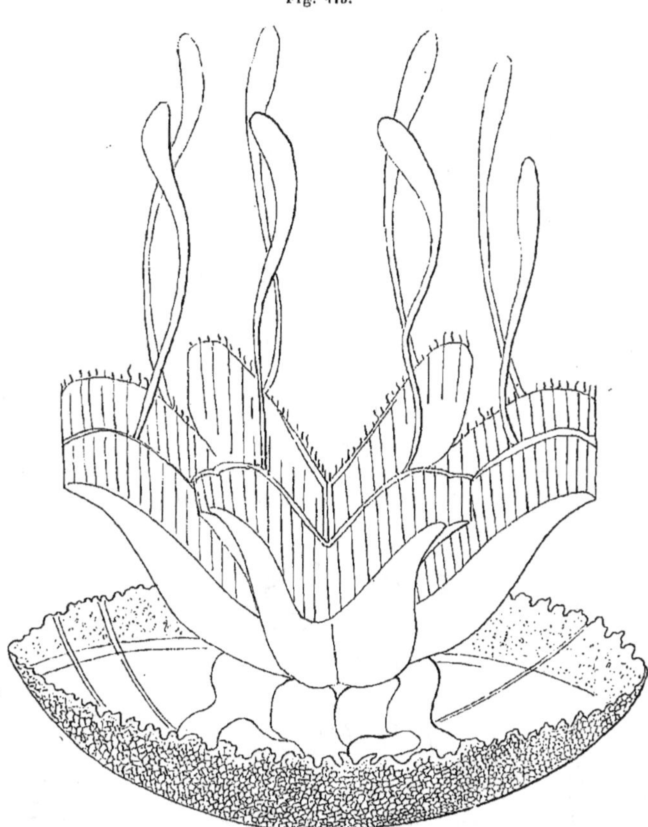

Pseudorhiza aurosa (d'ap. Lendenfeld).

celle de la Pélagie ou de l'Aurélie, mais où il n'y a ni soudure, ni canal fermé, ni ostioles. Sur les côtés, ces bras portent de petites ramifications insérées comme des barbes de plume et constituées comme le bras lui-même, avec une gouttière qui les parcourt et se jette en dedans dans celles des bras. Au bout, le bras est bifide sur une moitié environ de sa longueur, et entre les deux branches est un grand appendice claviforme qui souvent manque (soit naturellement, soit parce qu'il est caduc). Les deux branches de bifurcation sont constituées comme le bras lui-même, mais leurs ramifications en barbes de plume sont plus nombreuses et plus longues. Enfin les ramifications, soit du bras, soit de ses branches terminales, au lieu de s'étaler dans un plan comme les barbes d'une plume, sont rapprochées parallèlement, se faisant face d'un côté à l'autre par leurs gouttières. Les gouttières des bras convergent en dedans vers une bouche centrale, librement ouverte. Mais la cavité buccale, au lieu de conduire directement à l'estomac par un passage axial, communique avec la portion marginale de l'estomac par 4 canaux passant dans les piliers buccaux perradiaux, tout comme chez *Crambessa*. Tout comme chez ce dernier aussi, les 4 saccules sous-ombrellaires sont fusionnés et déterminent un portique typique. Enfin, il n'y a pas de tentacules marginaux, caractère qui achève de trancher la question des affinités de ce genre en faveur des Rhizostomidés. (40ᶜᵐ sur 6ᶜᵐ; Australie).

Monorhiza (Haacke) semble n'être qu'une espèce du précédent (Australie).

2° FAM.: *HAPLORHIZINÆ* [*Haplorhizidæ* (Häckel)]. **Bras non ramifiés.**

Haplorhiza (Häckel) pourrait être défini un *Archirhiza* monodemne. Au caractère monodemne il joint celui d'être de fort petite taille, d'avoir le disque buccal large et bas, les 8 bras simples, sans ramification aucune, et le système des canaux radiaires très simple (4 à 5ᶜᵐ sur 2ᶜᵐ; Australie).

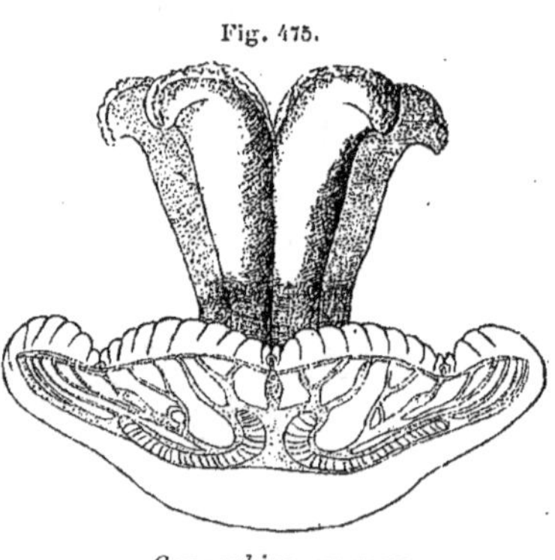

Fig. 475.

Cannorhiza connexa
(d'ap. Häckel).

Fig. 474.

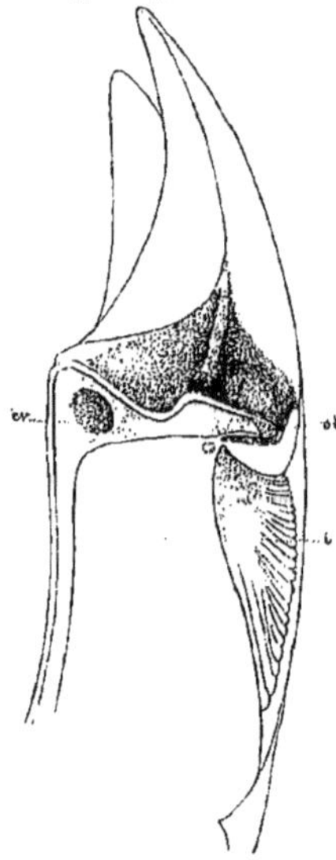

Pseudorhiza aurosa.
Coupe radiale du bord de l'ombrelle passant par un statorhabde (d'ap. Lendenfeld).

ev., cavité endodermique; **i.,** cavité de l'entonnoir sensitif; **st.,** statorhabde.

Cannorhiza (Häckel) (fig. 475) diffère du précédent par ses bras soudés à leur base en un cylindre creux (Nouvelle-Zélande).

Versura (Häckel) (fig. 476 et 477) a les bras assez courts, formés d'une partie axiale qui se prolonge jusqu'à l'extrémité, où elle se termine par un appendice claviforme, et de ramifications latérales se détachant de la partie axiale comme les barbes d'une plume; les tentacules labiaux sont courts et claviformes (6 à 8^{cm} sur 2 à 3^{cm}; îles de la Sonde, oc. Indien).

Fig. 476.

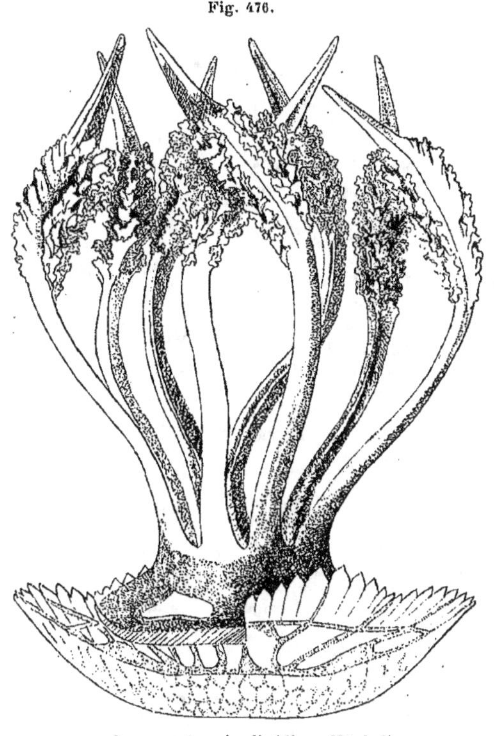

Fig. 477.

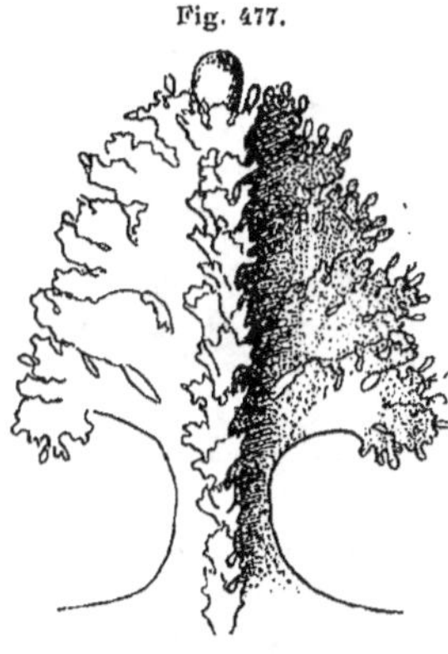

Un tentacule buccal de
Versura palmata (d'ap. Häckel).

Leonura terminalis (d'ap. Häckel).

Crossostoma (L. Agassiz) diffère du précédent par la suture buccale en étoile à 8 branches au lieu de 4 et munies de petites houppes (Canaries, mer de Chine, oc. Indien).

Cotylorhiza (L. Agassiz) a les bras divisés au bout en deux branches, entre lesquelles ne se prolonge pas la partie basilaire; ces branches sont simples ou à ramification plumeuse mais non dichotome; les tentacules labiaux sont longs et filiformes (Médit., Atl.).

Stylorhiza (Häckel) diffère du précédent par ses bras à ramifications multiples et partout dichotomes (mer Rouge, oc. Indien).

Crambessa (Häckel) (fig. 478). C'est le genre que nous avons décrit comme type de la tribu. Génériquement, il est caractérisé par l'absence d'appendice claviforme au sommet de la pyramide terminale du bras (4^{cm} sur 2^{cm}

à 60ᶜᵐ sur 30ᶜᵐ; côte Atl. de France et d'Espagne, Brésil, Australie; a été trouvé fixé sur le Poisson Téléostéen *Caranx*; trouvé aussi à l'embouchure de la Loire dans les eaux saumâtres).

Mastigias (L. Agassiz) en diffère par un appendice claviforme au sommet de la pyramide brachiale (Nouvelle-Guinée, oc. Indien, mer de Chine, Pacif. équat.).

Desmostoma (Vanhöffen) a, à la même place, tout un faisceau de filaments (mer Rouge).

Eucrambessa (Häckel) a de semblables appendices tout le long des franges terminales du bras (Madagascar).

Cramborhiza (Häckel) ressemble sous tous les autres rapports à *Lychnorhiza* et devrait être placé à côté de ce dernier si son portique monodemne n'obligeait à le rapprocher de *Crambessa* (Brésil).

===== 5ᵉ FAM. : *LEPTOBRACHI-NÆ* [*Leptobrachidæ* (Gegenbaur), *Himantostomidæ* (Häckel) + *Leptobrachidæ* (Häckel)]. **Bras partiellement fusionnés à leur base avec le disque buccal, longuement effilés, pourvus de franges dorsales.**

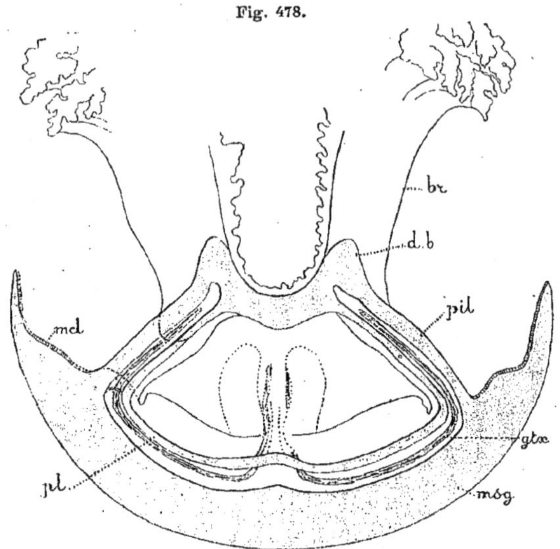

Crambessa Tagi (d'ap. Grenacher Noll).

br., bras buccaux; **d. b.**, disque buccal; **gtx.**, cordon génital; **mcl.**, muscles sous-ombrellaires: **msg.**, mésoglée; **pil.**, piliers branchiaux; **pl.** plancher du portique.

Leonura (Häckel) a les 8 bras longuement effilés. La partie basilaire est fondue dans le disque buccal et l'on peut considérer la partie libre comme correspondant à la pyramide terminale; car, bien que les franges dorsales ne commencent que beaucoup plus loin, la division du canal brachial en 3 branches, une pour chacune des 3 franges terminales (la ventrale et les deux dorsales), a lieu dès le point où ils deviennent libres. Par suite d'une régression, l'extrémité terminale du bras est tout à fait dépourvue de franges, puis vient une région où les 3 franges sont présentes, puis de nouveau une région nue et enfin une région où la frange ventrale reparaît pour ne plus cesser jusqu'à la suture buccale, formée des 8 franges brachiales adradiales, qui ne se groupent pas en 4 franges perradiales avant de se rejoindre au centre du disque buccal (8 à 10ᶜᵐ sur 3 à 7ᶜᵐ; Australie, Nᵈˡᵉ-Zélande et Juan-Fernandez par 2160 brasses).

Leptobrachia (Brandt) a, au contraire, la suture buccale à 4 branches perradiales, suivant la condition habituelle (Pacif. équat.).

Thysanostoma (L. Agassiz) a les bras fusionnés à leur base sur une moins grande hauteur; les franges de la portion terminale, qui est en forme de longue lanière, règnent sur toute l'étendue de cette portion sans laisser aucune place nue, depuis le point où elles commencent jusqu'au bout, et la frange ventrale est ininterrompue depuis la base du bras jusqu'à son extrémité. Entre les franges dorsales, s'intercalent à leur base de courtes franges dorsales supplémentaires (Australie, Nouvelle-Guinée).

Himantostoma (L. Agassiz) en diffère par la présence à l'extrémité de chaque bras d'un renflement dépourvu de franges, qui correspond peut-être à l'appendice claviforme de *Rhizostoma* (mer Rouge, Pacif.).

2ᵉ Sous-Classe

ANTHOZOAIRES. — *ANTHOZOARIÆ*

[Coraux; — Coralliaires (Edwards et Haime);
Actinozoa (Huxley)]

TYPE MORPHOLOGIQUE

Nous avons déjà défini, à propos du type des Scyphozoaires, les caractères essentiels des Anthozoaires : Polypes pourvus d'un stomodæum, de cloisons gastriques et d'organes sexuels par lesquels ils se reproduisent directement, sans métagenèse, sans intervention d'une forme Méduse dans le cycle évolutif. Les détails circonstanciés trouveront mieux leur place à propos de l'étude des deux ordres en lesquels la sous-classe se divise. Nous n'avons donc à ajouter ici que quelques brèves indications relatives à certains caractères communs aux deux ordres de la sous-classe.

La *bouche* est en forme de fente longitudinale et le *pharynx* est aplati transversalement, disposition qui détermine un plan sagittal de symétrie très évident. A l'état de repos, les bords de la bouche et les faces du pharynx se touchent dans leur partie moyenne. Mais il reste le long des bords antérieur et postérieur de ce dernier, ainsi qu'aux extrémités correspondantes de la première, une partie entr'ouverte sous la forme d'un canal béant. Ces deux canaux sont appelés les *siphonoglyphes*. Ils servent à la circulation de l'eau dans la cavité gastrique. Il n'y en a parfois qu'un seul (**47**, *fig. 6, sipg.*); plus rarement ils sont tout à fait absents. Les *tentacules* sont toujours creux et toujours péribuccaux, ordonnés en un ou plusieurs cercles réguliers, jamais épars sur toute la hauteur de la colonne, comme il arrive chez divers Hydrozoaires. Leur nombre est toujours défini, égal soit à 8, soit à 6 ou à un multiple de 6. Les *cloisons gastriques* alternent avec les tentacules et déterminent des loges profondes au sommet desquelles s'ouvrent les tentacules, en sorte qu'il y a un rapport déterminé entre le nombre des tentacules et celui des cloisons et des loges. Les cloisons sont musculeuses et présentent en particulier sur une de leurs faces (face nettement définie pour chaque cloison dans chaque groupe donné) un remarquable *muscle longitudinal* ou *muscle unilatéral* qui fait une forte saillie en forme de bourrelet (**47**, *fig. 8, mcl. l.*). Elles montrent en outre, à leur bord libre, un épaississement remarquable en forme de cordon, pourvu de cils vibratiles et de nématoblastes et appelé *entéroïde* (**47**, *fig. 1, entd.*).

Enfin, les *gonades* sont situées sous l'endoderme des cloisons où, à maturité, elles déterminent une saillie notable.

La sous-classe des *ANTHOZOARIÆ* se divise en deux ordres :

OCTANTHIDA, à tentacules pinnés, au nombre de huit invariablement ainsi que les cloisons;

ACTINANTHIDA, à tentacules non pinnés, au nombre de 6 ou d'un multiple de 6, ainsi que les cloisons, sauf dans un petit groupe fossile (Coralliaires Rugueux) où la symétrie est tétramère.

1er ORDRE

OCTANTHIDES. — *OCTANTHIDA*

[OCTACTINIAIRES; — *OCTACTINIA* (Ehrenberg);
ALCYONAIRES; *ALCYONARIA* (H. Milne-Edwards);
OCTOCORALLIAIRES; — *OCTOCORALLIA* (Häckel)]

TYPE MORPHOLOGIQUE
(Pl. 47 à 49 ET FIG. 479 A 493)

Anatomie.

Conformation générale. — A son état le plus simple, le plus élémentaire, l'animal se présente naturellement avec les caractères du type de la sous-classe. C'est donc un Polype (**47**, *fig. 1*) pourvu d'un pharynx invaginé dont la paroi axiale est revêtue d'ectoderme. Mais il présente en outre des caractères particuliers qui le distinguent nettement du Polype typique du second ordre de la sous-classe.

Il est de *taille* relativement petite, mesurant seulement quelques millimètres de haut tandis que c'est par centimètres que se mesure la taille des Actinanthides; ses *parois* sont minces et non charnues comme celles du Polype des Actinanthides; sous ces deux rapports, il se rapproche plus des Hydrozoaires que de ces derniers.

Ses *tentacules* (**47**, *fig. 1, tt.*) sont toujours, invariablement, au nombre de huit, disposés en un seul cercle péribuccal; en outre, ils sont pourvus de petites ramifications latérales disposées comme les barbes d'une plume, ce que l'on exprime en disant qu'ils sont *pinnés*, et l'on donne le nom de *pinnules* à leurs ramifications (**47**, *fig. 1, pnl.*). Dans le jeune âge, ces tentacules, ainsi que leurs ramifications, sont garnis de *cils vibratiles*; mais le plus souvent, chez l'adulte, ces cils disparaissent et il en est de même à fortiori pour le reste de la surface du corps.

A l'intérieur, les *cloisons* (**47**, *fig. 1, cl. d., cl. l., cl. v.*) sont en même nombre que les tentacules et alternent avec eux, subdivisant la partie périphérique de la cavité gastrique en 8 *loges* correspondant aux tentacules et se prolongeant au sommet, chacune dans la cavité de l'un de ceux-ci. Ces cloisons sont toutes *égales*, toutes *équidistantes* et nullement disposées par couples. On verra, à propos des Actinanthides la signification de ce caractère négatif.

Comme dans le type général de la sous-classe, la bouche (**47**, *fig. 1, b.*) est allongée et le pharynx est, à son entrée au moins, aplati dans un plan que l'on peut considérer comme sagittal. Dans le type général, l'existence de ce plan permet de distinguer le sens dorso-ventral du sens transversal, mais non de distinguer une partie dorsale d'une ventrale ni le côté droit du côté gauche, puisque rien ne distingue ces parties l'une de l'autre. Ici, il n'en est pas de même. Il n'y a qu'un (**47**, *fig. 1, sipg.*) *siphonoglyphe*, dont la présence permet de distinguer l'une de l'autre une partie dorsale et une ventrale : on a convenu d'appeler *ventrale* celle qui présente cette gouttière. La partie *dorsale* se trouve par là même définie, de même les côtés droit et gauche, mais comme ils ne diffèrent en rien l'un de l'autre, il n'y a aucun intérêt à les distinguer.

La définition du plan sagittal permet d'ajouter un caractère aux tentacules, cloisons et loges. Si l'on appliquait ici la terminologie usitée pour les Méduses, on devrait dire que les tentacules sont perradiaux et interradiaux, que les loges sont de même perradiales et interradiales et que les cloisons sont adradiales.

Les cloisons, avons-nous dit, sont équidistantes et égales en ce sens qu'elles sont toutes de même ordre, de même cycle, toutes également saillantes; mais elles ne sont pas semblables. Les deux ventrales (**47**, *fig. 4, cl. v.*) et les quatre latérales (*cl. l.*) sont toutes les six identiques entre elles. Dans leur partie supérieure, elles présentent au bord libre cet épaississement en forme de bourrelet que nous avons appelé l'*entéroïde* (**47**, *fig. 1, entd.*) et qui n'est pas creusé en gouttière; à ce niveau, elles sont privées de masses sexuelles, mais, au-dessous de l'entéroïde, elles sont minces au bord libre et ont leurs faces garnies de petites tumeurs qui sont, selon le sexe, des ovaires ou des testicules (**47**, *fig. 1*, et *fig. 7, gtx.*). Les deux cloisons dorsales (*cl. d.*), au contraire, ont un entéroïde (**47**, *fig. 1, entd. d.*) beaucoup plus long, qui descend jusqu'à leur extrémité terminale; leur bord libre est creusé en une gouttière très accentuée (fig. 479), régnant dans toute sa longueur et pourvue de cils particulièrement actifs; elles sont stériles dans toute leur étendue; enfin Wilson [84] a montré que l'épithélium de leur entéroïde était formé par un prolongement de celui du pharynx et, par conséquent, d'origine ectodermique.

Coupe transversale du bourrelet d'une cloison dorsale d'*Alcyonium digitatum* (d'ap. Hickson).

ect., ectoderme; *end.*, endoderme; *gtt.*, gouttière ciliée; *msg.*, mésoglée.

Structure. — La structure générale est celle que nous avons indiquée pour le type de la sous-classe et nous n'avons à signaler ici que les particularités spéciales au type de l'ordre.

L'*ectoderme* n'est point cilié, du moins chez l'adulte, pas même (au moins en général) sur les tentacules ni sur les pinnules. Il est essentiellement formé de cellules cubiques de soutien, entremêlées de cellules glandulaires et d'une faible quantité de nématoblastes petits et peu urticants. Sur les tentacules, les nématoblastes sont plus abondants mais de la même nature. L'ectoderme ne paraît fournir des fibres musculaires que sur le disque buccal et à la face interne des tentacules où ces fibres forment un système à la fois adducteur pour les tentacules et constricteur pour l'orifice buccal. C'est aussi principalement sur les tentacules et le disque buccal que l'on peut reconnaître une couche nerveuse ectodermique présentant d'ailleurs les caractères habituels (¹). Dans le pharynx (**47**, *fig. 1, ph.*), l'ectoderme est cilié, et dans le siphonoglyphe ses cils sont longs et très actifs. Rappelons que c'est lui qui forme l'entéroïde des deux cloisons dorsales, constitué par un bourrelet plein où ne se trouvent que des cellules fortement ciliées sans mélange d'éléments glandulaires ou urticants.

La *mésoglée* (**47**, *fig. 1, msg.*), est peu épaisse et c'est à son faible développement qu'est due la minceur des parois du corps ; mais elle s'avance dans les cloisons et c'est elle qui les détermine, l'endoderme ne faisant que les tapisser. Elle est, par elle-même, anhiste comme toujours, mais elle renferme des cellules étoilées, émigrées de l'ectoderme à son intérieur et qui y forment un réseau lâche. Certaines de ces cellules forment à leur intérieur de petites pièces squelettiques calcaires tout à fait semblables aux spicules microsclères de certaines Éponges et qui ont reçu le même nom de *spicules* (fig. 480 et 481) : on les appelle aussi quelquefois *sclérites*. Ces spicules ont le plus souvent la forme de bâtonnets hérissés de pointes simples ou brièvement ramifiés. Lorsqu'ils sont adultes, leur cellule formatrice disparaît et ils deviennent libres dans la mésoglée (²).

Fig. 480.

Spicule de
*Cælogorgia
palmosa*
(d'ap. Wright
et Studer).

Fig. 481.

Diverses formes
de spicules
d'*Alcyonium digitatum*
(d'ap. Hickson).

(¹) KRUKENBERG [87] a reconnu chez *Xenia* une couche nerveuse dans toute l'étendue du corps et même dans les parties communes de la colonie, mais peu développé dans les points autres que les tentacules et le disque buccal.

(²) Dans certains cas, par exemple chez *Alcyonium* d'après HICKSON [95] et chez *Xenia* d'après ASHWORTH [99], il y a dans la mésoglée un réseau de cellules étoilées, unies par leurs prolongements entre elles et avec des cellules sous-jacentes à l'ectoderme et à l'endoderme. Cela est considéré par ces auteurs comme un *réseau nerveux*. Mais la nature nerveuse de ses

L'*endoderme* est partout, jusqu'au fond de la cavité des tentacules, formé de cellules cylindriques ciliées (**47**, *fig. 2, end.*). Sur les entéroïdes latéraux et ventraux, les seuls formés par lui, leurs cils sont plus longs et plus actifs, et les cellules qui les portent sont entremêlées de cellules glandulaires (fig. 482, *gl.*) et de nématoblastes, ces derniers petits et peu urticants comme ceux du reste du corps. L'endoderme présente une couche nerveuse qui, dans les rares cas où elle a pu être décelée (Herdman [84] chez *Sarcodictyon*, Hickson [95] chez *Alcyonium*), se présente sous la forme d'un réseau de cellules étoilées couché sur la face interne de la mésoglée (fig. 483). L'endoderme ne

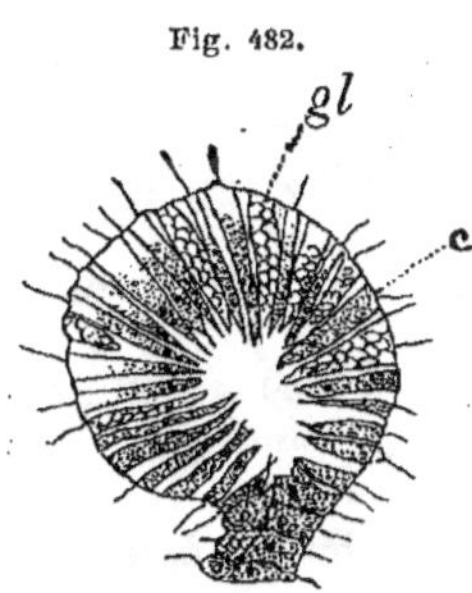

Coupe transversale d'un bourrelet mésentéroïde d'*Alcyonium digitatum* (d'ap. Hickson).

gl., cellules glandulaires; **c.**, cellules ciliées.

Fig. 483.

Plexus nerveux et musculature circulaire endodermique chez *Alcyonium digitatum* (d'ap. Hickson).

mcl., muscles; **nf.**, nerfs.

fournit point de muscles à la paroi du corps : seules les faces des cloisons en sont pourvues. Ces cloisons ont, comme nous l'avons indiqué à propos du type général, leurs deux faces très différentes l'une de l'autre au point de vue musculaire, l'une étant plane, munie d'un mince *muscle septal radiaire* (**47**, *fig. 8, mcl. r.*), dont les fibres sont en relation avec les éléments épithéliaux, l'autre portant un fort renflement musculaire déterminé par le *muscle septal longitudinal* (*mcl. l.*) qui s'attache en haut au disque buccal et dont les fibres, indépendantes des éléments épithéliaux, bien que provenant de ceux-ci, couvrent la vaste surface de développement qui leur est fournie par la face plissée de la mésoglée (*msg.*). Ce qu'il y a ici de caractéristique, c'est là disposition relative des deux faces musculaires : la face renflée portant le muscle longitudinal est, pour toutes les cloisons (**47**, *fig. 4, mcl.*), la ventrale, celle qui est tournée vers le siphonoglyphe. Par suite, dans la chambre radiaire ventrale, les deux faces septales sont musculaires (*cl. v.*) (en appelant ainsi celles qui portent les muscles longitudinaux, beaucoup plus développés que les radiaires). Dans la chambre dorsale, aucune n'est musculaire (*cl. d.*); dans les six chambres latérales,

---

éléments n'est nullement démontrée; et il est à remarquer que, du côté de l'endoderme où la chose se voit le plus nettement, les cellules avec lesquelles ces prétendus éléments nerveux se mettent en rapport, ne sont pas les nerveuses intra-épithéliales, mais des cellules situées *sous la couche musculaire*.

une paroi, la dorsale, est musculaire, tandis que l'autre ne l'est pas
(*cl. l.*).

Les sexes sont séparés.

Les *gonades* (**48**, *fig.* 2 et *3, ov.*) sont de simples amas de cellules
germinales provenant d'une prolifération des cellules endodermiques
sous-jacentes à la couche épithéliale superficielle. Chez les femelles,
une ou deux au plus des cellules de l'amas grossissent et se transforment
en œuf, en dévorant les éléments germinaux voisins. L'épithélium ambiant leur forme une sorte de paroi folliculaire de plus en plus nette
à mesure qu'ils sont plus gros. Chez les mâles, toutes les cellules se
transforment en spermatoblastes qui forment des spermatozoïdes.
(**48**, *fig. 1*). Il n'y a rien dans tout cela qui soit bien particulier, les deux
ordres de la sous-classe ne présentant pas de différences essentielles
sous ce rapport.

Physiologie.

Dans l'attitude épanouie (fig. 484), l'animal est étiré en longueur; ses
tentacules sont allongés, renversés en dehors et ont leurs pinnules allongées et étalées;
la bouche est
presque fermée,
mais sans effort,
et le siphono-
glyphe est large-
ment ouvert. Un
courant d'eau tra-
verse incessam-
ment la cavité
gastrique, des-
cendant par le
siphonoglyphe et
remontant le
long du bord dor-
sal. Les cils du si-
phonoglyphe, en
effet, battent vers
le dedans et ceux
des gouttières
des entéroïdes
dorsaux battent
vers le dehors.
Comme les enté-

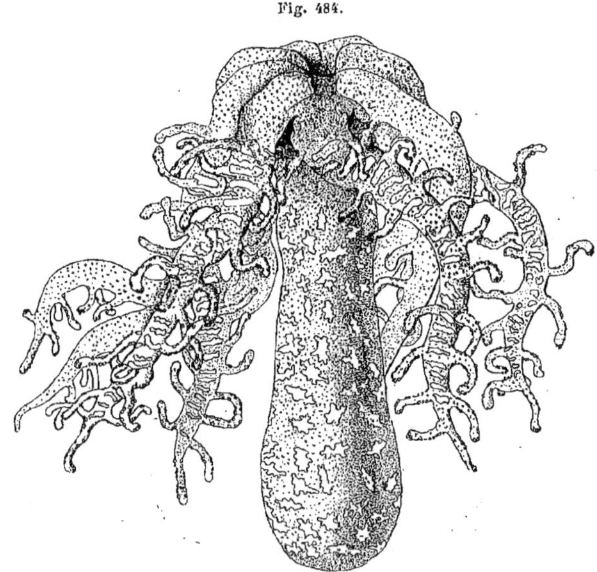

Haimeia hyalina (d'ap. Koren et Danielssen).

roïdes dorsaux descendent jusqu'au fond de la cavité gastrique, le courant de sortie part du fond de l'estomac et, par suite, le courant d'entrée
arrive, forcément aussi, jusqu'au fond, bien que le siphonoglyphe ne

l'actionne que jusqu'au pharynx. Ce courant d'eau sert peut-être à la respiration ; mais il semble bien que celle-ci soit suffisamment assurée par l'osmose gazeuse de la surface du corps, surtout au niveau des tentacules, et probablement de fines particules alimentaires sont fournies à l'animal par ce moyen. Mais en outre, et c'est là sans doute le principal mode d'alimentation, l'animal peut absorber des proies relativement volumineuses en ouvrant sa bouche qui s'arrondit en se dilatant. Les cellules glandulaires des entéroïdes sécrètent un suc digestif qui dissout les aliments, mais il semble que les cellules endodermiques soient capables d'absorber aussi des particules solides et d'en opérer la digestion intracellulaire.

Dès que l'animal est inquiété, il se contracte. Pour cela, il commence à reployer en dedans ses tentacules, resserre son disque buccal, puis, contractant ses muscles septaux longitudinaux, il invagine son disque buccal avec les tentacules et resserre l'entrée de l'invagination ('). Le pharynx, dans ce mouvement, se plisse en lanterne vénitienne et tous les organes sont contractés. Le corps prend une forme générale plus courte et plus renflée.

Pour se dévaginer, il peut faire intervenir ses muscles septaux radiaires dont l'action simultanée allonge son corps en le rétrécissant. Mais le relâchement des rétracteurs suffirait sans doute, aidé de l'admission dans la cavité gastrique de la masse d'eau qui en avait été expulsée par la contraction.

Les cils endodermiques, en lançant l'eau dans les tentacules, leur communiquent une certaine turgescence qui doit suffire à les étaler quand ils n'en sont pas empêchés par une contraction active.

Comme les résidus alimentaires, les produits sexuels sortent par la bouche.

Développement.

(Pl. 48)

Il n'y a rien de bien particulier dans le développement. La fécondation se fait avant même que l'œuf soit tombé dans la cavité gastrique maternelle, et c'est dans cette cavité que se passent la segmentation et la formation de la larve.

Une segmentation totale donne naissance à une morula (**48**, *fig. 4*) dont la couche superficielle se dispose en ectoderme (**48**, *fig. 5, ect.*), tandis que les cellules intérieures, se fondant au milieu par dégénérescence graisseuse (*f.*), créent une cavité gastrique (**48**, *fig. 6, c.*) que

---

(¹) La manière dont se disposent les tentacules chez l'animal rétracté est variable. Tantôt ils sont simplement retirés vers le bas sans changer de direction (*Tubipora*), tantôt ils se reploient (*Alcyonium*), tantôt s'invaginent en doigt de gant, soit sur une moitié de leur longueur (*Rhizoxenia*), tantôt dans toute leur étendue (*Corallium*).

Dans les formes coloniales, KRUKENBERG [87] (chez *Xenia*) a démontré expérimentalement la transmission des contractions dans toute l'étendue de la colonie.

limite un endoderme formé par les plus superficielles dés cellules endodermiques (**48**, *fig*. 7, **end**.). Dans cette cavité, les cellules centrales
dégénérées restent comme un magma destiné à être digéré ; entre

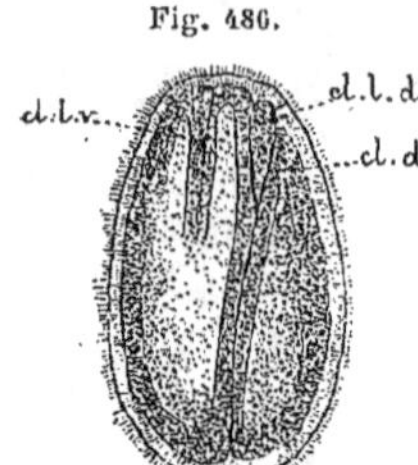

Fig. 485.

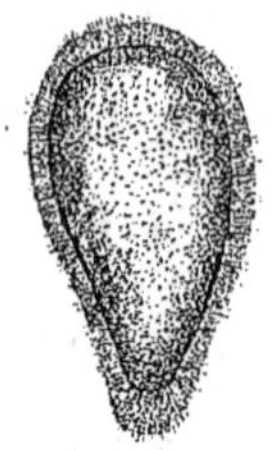

Larve libre
de
Leptogorgia
âgée de 24 heures
(d'ap. Wilson).

Fig. 486.

Larve de *Leptogorgia*
(d'ap. Wilson).

cl. d., cloison dorsale; **cl.l.
d.**, cloison latéro-dorsale ;
cl., l. v., cloison latéro-
ventrale.

Fig. 487.

Leptogorgia.
Larve âgée
de
trois jours et demi
en état
de contraction
(d'ap. Wilson).

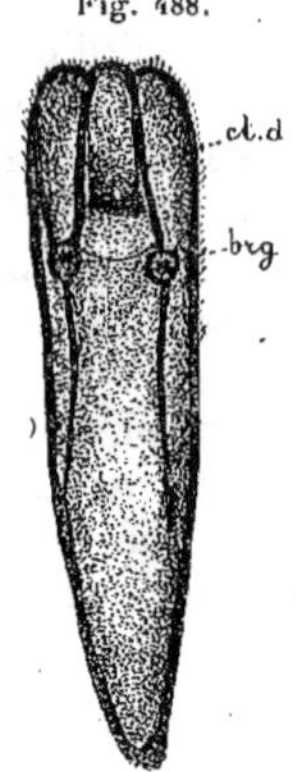

Fig. 488.

Leptogorgia.
Larve âgée de
trois jours et demi
en état
d'extension
(d'ap. Wilson).

brg., bourgeons; **cl.
d.**, cloisons dor-
sales.

l'ectoderme et l'endoderme se sécrète une lame mésogléenne. L'ectoderme se couvre de cils, la larve prend
une forme ovoïde (fig.
485) et, alors seulement,
sort de la cavité gas-
trique maternelle, par
la bouche, se lance à la
nage, puis bientôt vient
se poser, sinon se fixer, sur le sol par le
pôle antérieur (**48**, *fig*. 8). Au pôle opposé,
une invagination (*invg*.) donne naissance
au pharynx (**48**, *fig*. 9, **ph**.), qui se perfore au fond, mettant la cavité gastrique
en rapport avec l'extérieur. Les tentacules
(**48**, *fig*. 10 et 11, **tt**.) et les cloisons (fig. 486
à 489) se forment les uns et les autres simultanément et tout simplement, celles-ci
par des replis intérieurs de l'endoderme
qu'accompagne un prolongement de la
mésoglée, ceux-là par des refoulements.

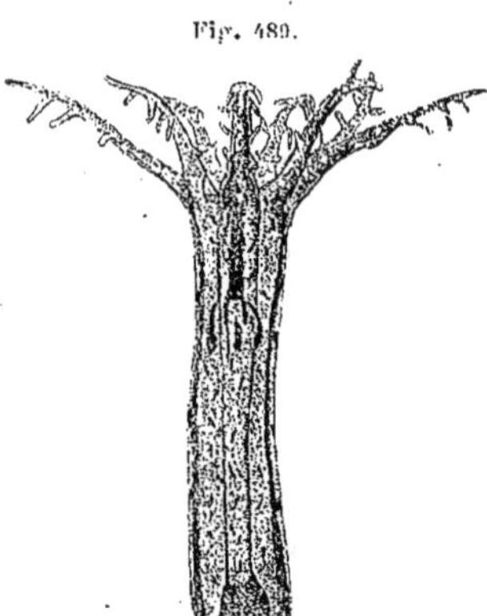

Fig. 489.

Leptogorgia.
Individu âgé de 13 jours
(d'ap. Wilson).

Bourgeonnement. Formation des colonies.

L'oozoïte, avant de reproduire par voie sexuelle un nouvel oozoïte
simple, se multiplie par bourgeonnement. Le processus organogénique
du bourgeonnement est le plus simple qui se puisse imaginer. En un
point, généralement vers la base, se forme un petit refoulement com-

prenant les trois couches du corps avec un diverticule de la cavité (fig. 490). C'est le rudiment d'un bourgeon qui a d'emblée la constitution de la larve venant de se fixer et se comporte comme celle-ci pour se transformer en un polype parfait; il forme donc son pharynx par une invagination apicale qui se perce au fond, ses cloisons par des replis et ses tentacules par des refoulements en doigt de gant ([1]).

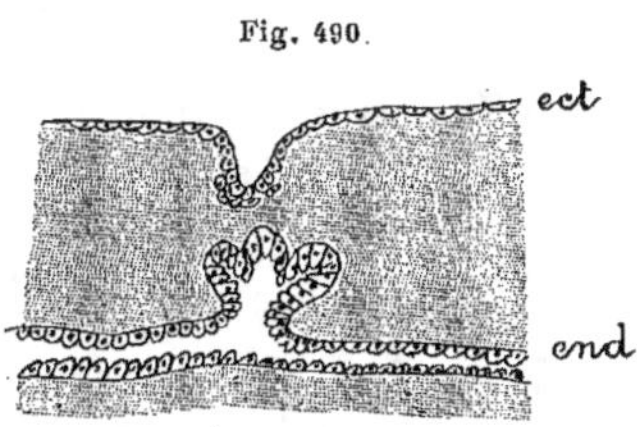

Formation d'un bourgeon chez *Alcyonium digitatum* (d'ap. Hickson).

Dans quelques cas, il ne bourgeonne pas du tout (*Haimea*) ou, s'il bourgeonne, ses bourgeons se détachent aussitôt de lui (*Hartea*). Mais dans l'immense majorité des cas, les bourgeons ne se détachent pas. Ils restent unis à l'individu qui les a produits, bourgeonnent eux-mêmes, lorsqu'ils sont adultes, de nouveaux blastozoïtes, et de là résulte la formation d'une colonie ([2]).

Union progressive des membres de la colonie. — Selon le lieu où se forment les bourgeons, selon leur mode d'union à leur mère, selon les vitesses relatives du bourgeonnement et de l'accroissement et selon bien d'autres facteurs encore inutiles à énumérer, la colonie revêt les aspects les plus variés. Ce serait rompre le plan de cet ouvrage que de les décrire ici: nous les ferons connaître à l'occasion des types secondaires ou même des genres; mais nous pouvons, dès maintenant, donner une idée des principales formes de colonies en les considérant comme les stades d'une évolution progressive de notre type morphologique, stades qui n'ont aucune prétention à ressembler à ceux de la phylogenèse et où il ne faut voir qu'un procédé commode de description.

Stade Haimea (**49**, *fig. 1*). — C'est celui de l'oozoïte simple se reproduisant comme tel et ne bourgeonnant pas.

Stade Cornularia (**49**, *fig. 2*). — De la base de l'oozoïte, au ras de la lame pédieuse, naissent un ou deux prolongements cylindriques ou *stolons* rampants, sur lesquels naissent çà et là des blastozoïtes dressés. Les stolons sont anastomosés en un réseau grêle et à mailles larges.

Stade Clavularia (**49**, *fig. 3*). — Ce qui part de la base de l'oozoïte n'est plus un prolongement tubuleux, mais une lame horizontale, revê-

---

([1]) Dans les formes où une épaisse mésoglée sépare l'endoderme de l'ectoderme, le bourgeon débute par un refoulement endodermique qui se porte vers la surface; l'ectoderme situé en face s'invagine pour former le pharynx; les deux diverticules se rencontrent et leur paroi commune se perfore. A partir de ce moment, le processus est le même que dans le cas pris ici comme type.

([2]) Le bourgeonnement est le seul mode de multiplication agame. Cependant on a, très exceptionnellement, observé une multiplication par fissiparité (STUDER [94], chez *Gersemia* et chez *Schizophytum* (Voir p. **270**, **274**); de même chez les formes fossiles *Heliolites*, *Monticulipora* (Voir p. **396**).

tue sur ses deux faces d'un ectoderme continu et contenant une couche de mésoglée, dans laquelle est creusé un réseau de tubes endodermiques sur lesquels naissent des blastozoïtes dressés, comme dans le cas précédent.

Stade Tubipora (**49**, *fig. 4*). — Au lieu d'être unis entre eux seulement par une lame basilaire commune, les Polypes sont joints, en outre, par des lames horizontales situées à diverses hauteurs et traversées par des canaux connectifs endodermiques, allant d'un Polype à l'autre, et sur lesquels peuvent bourgeonner d'autres individus.

Stade Telesto (**49**, *fig. 7*). — Ici, un Polype axial, seul fondateur de la colonie, forme l'axe d'une colonie dendriforme et qui donne naissance sur ses côtés, à diverses hauteurs, à des Polypes de second ordre, nés de canalicules endodermiques développés dans la mésoglée périphérique du Polype axial. Les Polypes de deuxième ordre, eux-mêmes, se développent en branches et, par le même processus, engendrent des Polypes de troisième ordre.

Stade Organidus (**49**, *fig. 5*). — Ici, les Polypes se soudent, sous un ectoderme commun, mais sans rien perdre de leur individualité.

Stade Xenia (fig. 491). — Les Polypes gardent encore leur individualité; mais, sous l'ectoderme qui les réunit et entre eux, est une mésoglée commune, peu abondante, il est vrai, mais où circule un système de canaux anastomotiques établissant entre leurs cavités gastriques des relations très multiples. C'est sur ces canaux que naissent les bourgeons.

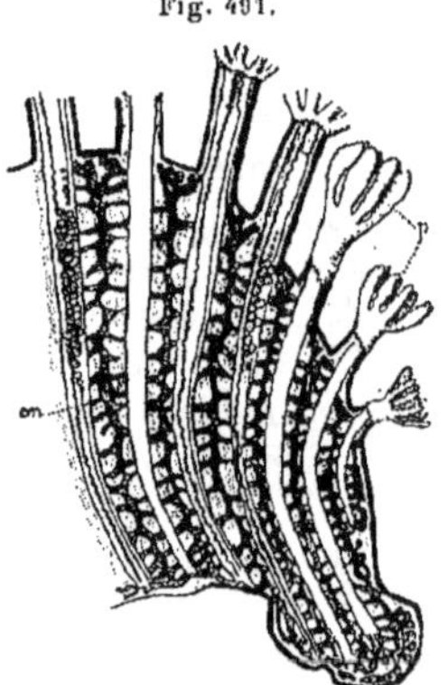

Fig. 491.

Xenia Novæ-Britanniæ.
Coupe longitudinale
(d'ap. Ashworth).

cn., canaux endodermiques;
p., Polypes.

Stade Vœringia (**49**, *fig. 6*). — Un pas de plus est fait vers la solidarité coloniale par le fait que certains Polypes gardent seuls leur cavité gastrique intacte, persistante dans toute la hauteur de la colonie, les cavités des autres se jetant à leur base dans les précédentes. Il se forme en outre dans la mésoglée périphérique un réseau de canalicules endodermiques qui établit des relations vasculaires entre les divers Polypes.

Stade Alcyonium (**49**, *fig. 8*). — Jusqu'ici, les corps des Polypes sont restés extérieurement distincts les uns des autres et des parties qui les réunissent, stolons, lame stoloniale, canaux anastomotiques. Mais supposons les stolons ou autres parties qui les réunissent se raccourcissant beaucoup; ou supposons plutôt, ce qui est plus vrai, que la paroi du corps des Polypes s'épaississe beaucoup vers sa base, par suite d'un accroissement considérable de la mésoglée : les intervalles entre les Polypes vont disparaître et les corps des Polypes finiront même par se fusionner; et l'on aura alors une masse de mésoglée coloniale commune, recouverte d'un ectoderme colonial n'appartenant en propre à aucun individu, et dans laquelle seront enfouis, jusqu'à mi-corps, les Polypes.

Cet ensemble de tissus communs appartenant à la colonie et non à des Polypes en particulier, s'appelle *sarcosome*, ou *cœnosarque* (¹).

Stade Corallium ou *Gorgonia* (**52**, *fig*. 3). — Ici, enfin, sur un squelette ramifié formant l'axe de la colonie, s'étend une couche épaisse de sarcosome où circulent de grands canaux établissant des relations directes entre les membres les plus distants de la colonie, et les Polypes, très courts et disposés perpendiculairement à la surface, sont enfouis à mi-corps dans le sarcosome et réunis aux grands canaux par de courtes branches partant du fond de leur cavité gastrique.

Dans ces deux derniers stades, les Polypes sont constitués dans leur portion extérieure libre de la manière normale, mais leur portion enfouie est réduite à la cavité endodermique avec son revêtement épithélial, la couche mésogléenne s'étant fusionnée avec la mésoglée commune et la couche ectodermique s'étant trouvée refoulée par le développement de la mésoglée, loin de là, à la surface générale de la colonie, où elle s'est confondue avec le revêtement épithélial colonial. Dans la mésoglée commune sont noyés aussi les canaux anastomotiques qui établissent les unions vasculaires entre les différents individus et sur lesquels bourgeonnent les nouveaux blastozoïtes.

Formation d'un squelette continu. — Un autre phénomène se joint au bourgeonnement pour multiplier la variété des formes que peut revêtir notre type. Ici encore, c'est à propos des types secondaires et des genres que nous en ferons connaître le détail, mais nous devons dès maintenant indiquer les grandes lignes de la question.

Fig. 492.

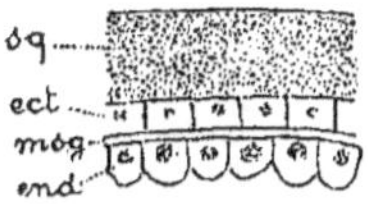

Coupe transversale de la paroi du corps de *Cornularia* (d'ap. Koch).

ect., ectoderme; **end.**, endoderme; **msg.**, mésoglée; **sq.**, exosquelette.

Le squelette est toujours d'origine ectodermique (²), mais il peut néanmoins occuper les positions les plus diverses par rapport à l'animal ou à la colonie et mériter le nom d'exosquelette, de mésosquelette ou d'endosquelette.

Exosquelette. — C'est une simple lame cornée sécrétée par le Polype à sa surface externe, à la manière du périderme des Hydraires. C'est une formation très exceptionnelle, qui ne joue point un rôle important à titre d'élément de variation dans la série des caractères. On le rencontre, par exemple, chez les *Cornularia* (fig. 492), où il revêt non seulement le corps des Polypes, mais les stolons.

Mésosquelette. — Nous donnerons ce nom, de préférence à celui de

(¹) Le terme de *sarcosome* est le plus ancien, ayant été créé dès 1864 par H. de Lacaze-Duthiers dans sa belle étude du Corail. On a proposé aussi celui de *cœnenchyme*, mais il vaut mieux le réserver pour les parties squelettiques.

(²) Wilson [83] a cependant invoqué l'existence des spicules endodermiques chez *Renilla*. Mais ce cas, s'il est vrai, est tout au moins très exceptionnel.

squelette mésodermique généralement adopté, à celui qui est formé par les spicules de la mésoglée qui, ainsi que nous l'avons vu, se forment dans des cellules émigrées de l'ectoderme dans la mésoglée.

Tant que ces spicules restent isolés, ils n'apportent aucun caractère nouveau, même lorsqu'ils appartiennent à une mésoglée coloniale, comme chez l'Alcyon. Mais il n'en est plus de même lorsqu'ils arrivent à se souder en une masse continue.

Deux cas peuvent alors se présenter.

S'il n'y a pas de sarcosome, les spicules, en se soudant, reproduisent simplement la forme du corps des Polypes et des canaux, lames ou stolons qui les réunissent. Il en est ainsi chez le seul exemple de ce cas, *Tubipora* (**50**, *fig. 1* et 2), où le squelette forme un système de tubes distincts, réunis seulement par des lames transversales.

S'il y a un sarcosome, les spicules ont toute liberté pour former, en se soudant, une masse squelettique sans rapport nécessaire avec la forme des individus. C'est ce qui arrive chez le Corail, *Corallium* (**52**, *fig. 3*), où il se développe en un axe dendriforme central, sur le tronc et les branches duquel s'étend une lame de sarcosome, dans laquelle les Polypes sont enfouis à mi-corps.

Endosquelette. — Chez les Gorgones, l'ectoderme de la surface pédieuse de l'oozoïte sécrète des couches cornées qui se superposent en tel nombre qu'elles arrivent à former un squelette dendriforme extrêmement grand et ramifié. Mais ce squelette (fig. 493) reste toujours intérieur, la lame pédieuse qui le sécrète s'invaginant dans le centre de la colonie au fur et à mesure qu'il se développe, de manière à toujours le coiffer, le revêtir d'une lame ectodermique continue (fig. 494).

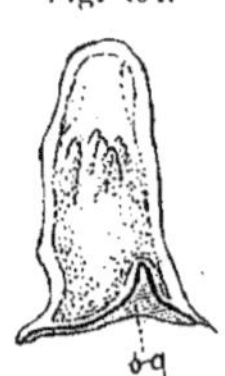

Fig. 494.

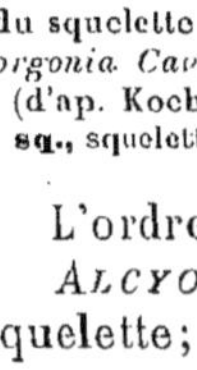

Formation du squelette de *Gorgonia Cavolini* (d'ap. Koch). **sq.**, squelette.

Le squelette intérieur ainsi formé n'est pas sans une certaine ressemblance avec celui du Corail, mais il s'en distingue absolument par sa nature. Tandis que celui du Corail est immédiatement en rapport avec la mésoglée, celui de la Gorgone est partout morphologiquement extérieur à l'animal, étant séparé de lui par la lame ectodermique invaginée continue qui le revêt dans toute son étendue et qui sert à le sécréter.

Fig. 493.

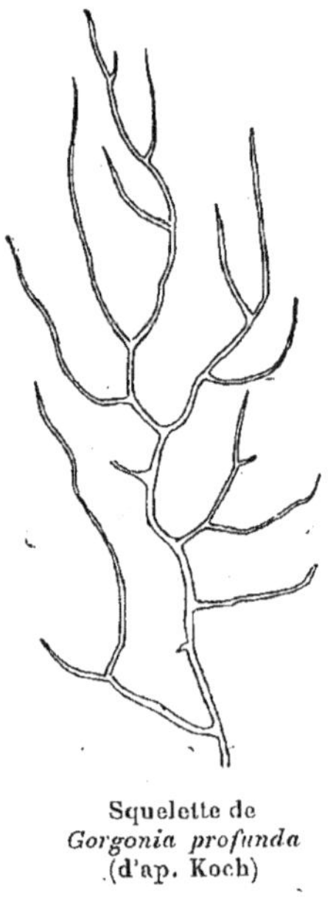

Squelette de *Gorgonia profunda* (d'ap. Koch)

L'ordre des *OCTANTHIDA* se divise en trois sous-ordres :

ALCYONIDÆ, individus solitaires ou colonies fixées, sans endosquelette;

Gorgonidæ, colonies fixées, supportées par un endosquelette dendriforme;

Pennatulidæ, colonies non fixées, dont les Polypes sont polymorphes et distribués régulièrement sur une partie terminale, portée par un pédoncule dépourvu de Polypes.

1ᵉʳ Sous-Ordre

ALCYONIDÉS. — *ALCYONIDÆ*

[Polypes tubifères (Lamarck);
Zoanthaires sarcinoïdes (de Blainville);
Zoophytaria carnosa (Gray); — *p. p. Sarcophytaria* (Häckel)
Alcyonidæ (H. Milne-Edwards; — *Alcyonacea* (Verrill)]

TYPE MORPHOLOGIQUE

C'est le même type que pour l'ordre entier, auquel nous n'avons à ajouter que les deux caractères indiqués dans la diagnose ci-dessus : l'un positif, d'être toujours fixé, l'autre négatif, de n'avoir jamais d'endosquelette.

GENRES [1]

═══ 1ʳᵉ FAM.: *Haimeinæ* [*Haimeinæ* (P. Wright), *Haimeidæ* (Wright et Studer), *Monoxenidæ* (Häckel), *Protalcyonaria* (Hickson)]. **Polypes isolés, ne formant pas de colonies, ni de polypier.**

Haimea (H. Milne-Edwards) (fig. 484) est le type même qui nous a servi pour l'ordre des *Alcyonida*, dans toute sa simplicité primitive : c'est l'orzoïte isolé, libre, ne bourgeonnant pas, se reproduisant uniquement par voie sexuelle. Il est de forme allongée, cylindrique, rétractile; ses spicules sont en aiguilles épineuses, en croix ou en massue (3 à 4ᵐᵐ; côtes de l'Algérie, de Norvège à 150 brasses, îles Fidji?)

Hartea (P. Wright) (fig. 495) en diffère par ses tentacules renflés à la base et par ses spicules longs et dendritiques dans la partie supérieure du corps, stelliformes vers sa base. Il bourgeonne, mais ses bourgeons se détachent aussitôt de lui et ne donnent pas naissance à une colonie (8ᵐᵐ; côte occid. d'Irlande).

Fig. 495.

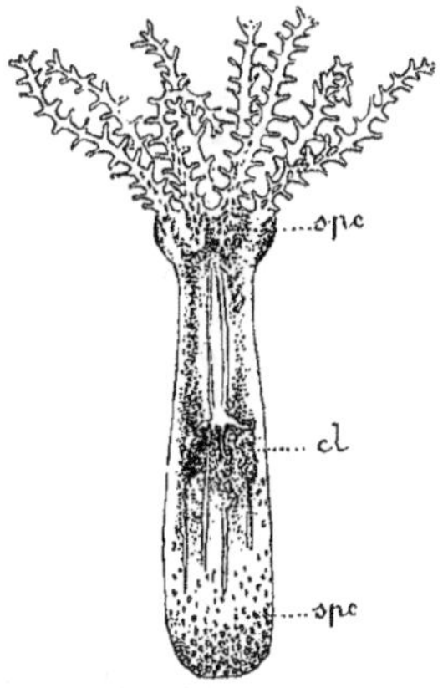

Hartea elegans
(d'ap. Perceval Wright).
cl., cloisons; **spc.**, spicules.

---

(1) Il est bon de savoir en commençant l'étude des genres que, dans l'ouvrage magistral de H. Milne-Edwards et J. Haime [57], et dans certains de ceux qui l'ont suivi, le nom de *polypiérite* est donné au polype isolé ou au polype représentant l'unité constitutive des colonies.

Cependant il se pourrait qu'éventuellement ses bourgeons ne se détachent pas et donnent naissance à une colonie au moins temporaire.

Le genre

Psuchastes (Str. Wright) n'est sans doute qu'une colonie analogue (habitat?).

Monoxenia (Häckel) est dépourvu de spicules (Taille non indiquée; mer Rouge).

═══ 2° FAM.: *Clavularinæ* [*Cornulariadæ* (Dana), *Cornularinæ* (Milne-Edwards), *Cornulariidæ* (Verrill), *Cornularida* (Koch) ; *Cornulariidæ* (Wright et Studer), *Clavulariidæ* (Hikson), *Stolonifera* (Hikson, *emend.*)]. Les polypes de la colonie partent tous d'une base stoloniale commune et ne sont unis entre eux que par leur pied, au niveau de cette base. Pas de polypier.

Cornularia (Lamarck) (fig. 496 et 497) est la forme la plus simple de la tribu, en ce sens que les stolons basilaires sont isolés, indépendants les uns des autres. Chacun forme un simple tube comprenant les trois couches du corps, et s'il se joint çà et là aux stolons voisins, c'est seulement en des points étroits, de manière à former avec eux un réseau, mais sans jamais se souder à eux sur une certaine étendue, en sorte que la coupe transversale d'un stolon ne contient jamais qu'un seul canal endodermique. Au niveau des nœuds du réseau, les cavités des tubes stoloniaux s'ouvrent l'une dans l'autre. Il n'y a pas de spicules, mais les stolons et la base des Polypes sont protégés par une enveloppe externe cornée : c'est un des rares exemple de la présence d'un exosquelette (4 à 5ᵐᵐ Médit., Chine).

Clavularia (Quoy et Gaymard) (fig. 498 à 499) diffère du précédent en ce

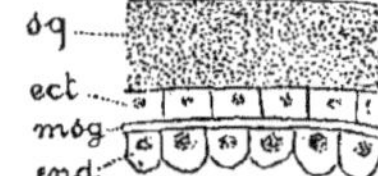

Fig. 496.

Portion d'une colonie de *Cornularia cornucopiæ* de grandeur naturelle (d'ap. Koch).

Fig. 497.

Coupe transversale de la paroi du corps de *Cornularia* (d'ap. Koch).

ect., ectoderme; **end.**, endoderme; **msg.**, mésoglée; **sq.**, exosquelette.

Fig. 498.

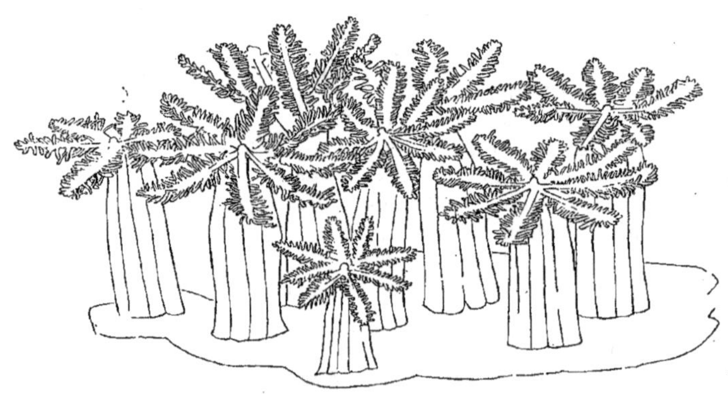

Clavularia Garciæ (d'ap. Hickson et King).

que les stolons, tout en restant individuellement distincts en ce qui concerne leurs tubes endodermiques, sont réunis en une lame par fusion de leur mésoglée que recouvre un ectoderme commun. Les Polypes sont donc implantés sur une lame peu épaisse, étalée sur le support, revêtue sur ses deux faces d'un ectoderme commun et composée d'une nappe de mésoglée dans laquelle circule un réseau de canaux endodermiques

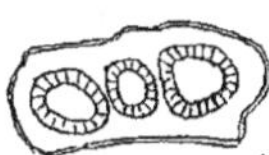

Fig. 499.

Coupe transversale d'un stolon de *Clavularia ochracea* (d'ap. Koch).

(fig. 499). Sur cette lame se dressent les Polypes, dont les corps sont entièrement libres dans tout le reste de leur hauteur, mais qui sont partiellement rétractiles dans l'épaisseur de la lame. Du fond de leur cavité gastrique partent quelques tubes endodermiques qui font partie du réseau de la lame stoloniale.

Le bourgeonnement de nouveaux individus a naturellement son point de départ dans les tubes endodermiques de la lame stoloniale. Il n'y a point d'exosquelette, mais il y a des spicules dans la mésoglée.

C'est seulement dans le cas typique (groupe des *Clavularia membranipoda* de Wright et Studer) que la lame stoloniale est continue (*C. Garciæ*). Souvent cette lame se dissocie en cordons stoloniaux (groupe des *Clavularia stolonifera* de Wright et Studer) anastomosés en réseau ; ou plutôt c'est là une condition primitive, plus voisine de celle de *Cornularia*, la lame stoloniale continue étant le terme ultime de la soudure. Mais, même lorsque ces stolons sont grêles, ils se distinguent de ceux de *Cornularia* (outre l'absence d'enveloppe cornée et la présence de spicules) par le fait que chacun contient plus d'un tube endodermique; il en renferme au moins deux ou trois, courant parallèlement dans une gaine commune de mésoglée et recouverts par un ectoderme commun (3 à 50^{mm}; Médit., Atl., Spitzberg, détroit de Magellan, Pacif., Australie, Indes, Célèbes, Zanzibar, Tristan d'Acunha; de quelques mètres à 1 267 brasses).

Une espèce (*C. australiensis*) contient des *Xanthochlorelles*.

Rhizoxenia (Ehrenberg) à Polypes nullement rétractiles (Norvège, Atl. nord, Médit., îles Fidji, Moluques),

Sarcodictyon (Forbes), à stolon rubané et Polypes rétractiles, dont certains sont des *siphonozoïdes* (côtes anglaises),

Anthelia (Savigny) (fig. 500) à stolon membraneux, tentacules rétractiles dans les Polypes, mais Polypes non rétractiles dans le stolon (mer Rouge, cap de Bonne-Espérance) et

Cornulariella (Verrill) qui ne se distingue de *Cornularia* que par la forme de ses spicules (golfe du Saint-Laurent) ne sont tout au plus que des sous-genres. Hickson [95] et May [99] les considèrent même comme de simples espèces de *Clavularia*.

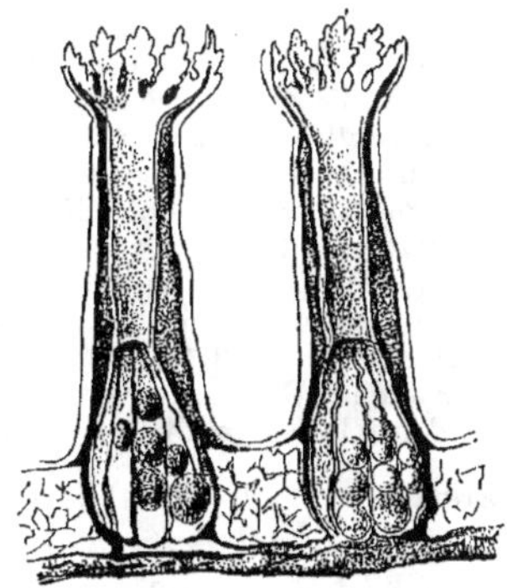

Fig. 500.

Coupe longitudinale d'*Anthelia capensis* (d'ap. Studer).

Gymnosarca (Sav. Kent) (fig. 501 et 502) qui forme à sa base d'épaisses expansions d'où partent

des stolons *libres*, ramifiés et anastomosés sur lesquels sont les Polypes, est aussi, d'après
Hickson, une forme douteuse; car, si ses stolons libres sont
de vrais stolons, il n'y a pas de raison de la séparer de
Cornularia; si ce sont des branches d'un sarcosome ramifié, elle appartient aux ALCYONINÆ. Finalement, Hickson [95]
en fait encore un synonyme *Clavularia* (Portugal).

Cyathopodium (Verrill) a pour caractère essentiel ses stolons
courts et encroûtés de calcaire rappelant de loin la lame
basilaire de *Tubipora* (Pacif. nord).

Fig. 501.

Sympodium (Ehrenberg) (fig. 503) étale sa
membrane stoloniale sur des objets
étrangers, qui sont souvent des squelettes d'organismes vivants, *Crinoïdes,
Gorgones*. Les Polypes qui se dressent
sur cette membrane ont leur partie
libre divisée en deux parties, une terminale, à parois minces, entièrement
rétractile dans la suivante et une basilaire, appelée le calice, à parois
épaisses, plus coriace et plus spiculeuse, ordinairement divisée par 8 sillons en 8 bandes, qui se prolongent
en autant de dents triangulaires. Après

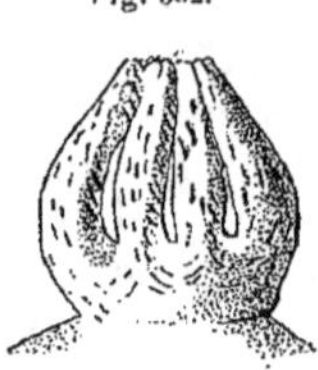

Fig. 502.

Polype de
*Gymnosarca
Bathybius*
(d'ap. S. Kent).

Gymnosarca Bathybius sur un
fragment de *Lophohelia prolifera*
(d'ap. S. Kent).

que la partie exsertile s'est retirée dans le calice, celui-ci se contracte et se réduit à une
sorte de verrue. La portion terminale présente aussi des spicules qui entourent la base
du péristome et se prolongent sur la base des tentacules du côté externe. Les vaisseaux
forment deux couches, une superficielle horizontale, en réseau assez régulier, et une
profonde tout à fait irrégulière, réunies par des canaux capillaires circulant dans les

Fig. 503.

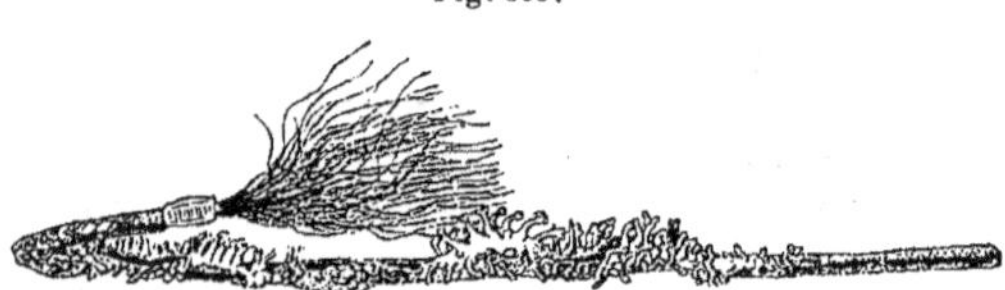

Sympodium norvegicum sur un tube de *Sabella penicillus*,
demi-grandeur naturelle (d'ap. Koren et Danielssen).

intervalles (oc. Arct., mer du Nord, Atl., Médit., mer Rouge, Pacif.; de la surface à 400 mètres).

Koch [*Zool. Jahrb.*, vol. 5, 1890] a cherché à démontrer que l'espèce type du genre, le
S. coralloides, est un vrai *Alcyonium*. Mais Lacaze-Duthiers [1900] conclut de ses minutieuses recherches que cette opinion n'est pas fondée.

Rolandia (Lacaze-Duthiers) diffère de *Sympodium* par l'absence de spicules dans la région péristomienne des Polypes et dans la moitié profonde de l'épaisseur du sarcosome (Médit.).

Erythropodium (Kölliker), que son auteur voudrait rattacher ainsi que *Sympodium* aux Gorgonidés,
semble n'être pas distinct génériquement de ce dernier (mer Caraïbe).

Callipodium (Verrill) (côte atl. de France, Panama) et

Anthopodium (Verrill) (Caroline du nord),
l'un et l'autre insuffisamment étudiées, prennent place ici avec doute.

Stereosoma (Hickson) (fig. 504 et 505) se distingue des espèces membrani-
podes de *Clavularia*, auxquelles il ressemble pour ses autres caractères,
par l'absence de spicules et la disposition de ses pinnules tentaculaires,
qui sont peu nombreuses, écartées les unes des autres et nullement
disposées en barbes de plume. Ses tentacules ne sont pas rétractiles et
les Polypes ne le sont pas non plus : ils en sont empêchés par une rigidité

particulière de leurs parois due à la présence d'une sorte de squelette sous-ectodermique très particulier. On trouve en effet, entre l'ecto-

Fig. 504.

Stereosoma celebense (d'ap. Hickson et King).

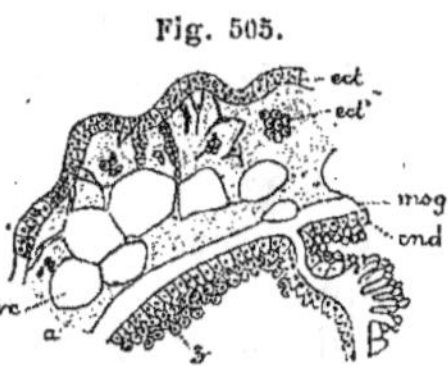

Fig. 505.

Coupe transversale de la paroi du corps de *Stereosoma celebense* (d'ap. Hickson).

a., couche de substance homogène; ect., ectoderme; ect'., couche profonde d'ectoderme; end., endoderme; msg., mésoglée ; vc., vacuoles ; z., Zooxanthelles.

derme et la mésoglée, mais parfaitement distincte de celle-ci, une substance de consistance cornée. Cette substance est anhiste, mais on y trouve des vacuoles et des cellules et îlots de cellules qui ont émigré de l'ectoderme à son intérieur et ont servi à la sécréter. Schenk [96] en fait aussi un synonyme de *Clavularia* (15ᵐᵐ; Célèbes.)

══════ 3ᵉ FAM. : *Hicksoninæ* (Nobis). Les Polypes sont unis entre eux par la membrane stoloniale basilaire et en outre par des canaux connectifs. Pas de polypier.

Hicksonia (Nobis) (fig. 506 à 508). Nous proposons d'élever sous ce nom à la dignité de genre le *Clavularia viridis* de Quoy et Gaymard, qui se distingue de toutes les autres espèces du genre et de tous les autres genres des Stoloniférines par la présence de *tubes connectifs* qui s'étendent çà et là d'un Polype à l'autre, mettant en

Hicksonia (Clavularia) viridis (d'ap. Hickson et King).

communication leurs cavités gastriques à différents niveaux, loin au-

dessus de la base, formée par un réseau de cordons stoloniaux comme
chez les espèces stolonifères (au sens de
WRIGHT et STUDER) de *Clavularia*. Par ce caractère, ce genre se rapproche de *Tubipora;*
il s'en rapproche aussi par son habitat, qui
est le même, et par son squelette. Il n'y a
pas de spicules dans la partie supérieure du
corps; mais dans la partie inférieure il y en
a de très grands, en forme de bâtonnets
épineux; en outre, la mésoglée, partout relativement très épaisse, est soutenue par un
système de fibres cornées, unies entre elles
en un réseau, si serré sur les parties inférieures de la colonie, qu'après la mort la
forme générale se trouve conservée. N'était l'absence de planchers, ce
genre pourrait même prendre
place dans la famille des Tubipo-
rines (5 à 10^{mm}, colonie un pied carré
et plus; archipel Malais, Célèbes, sur
la marge des récifs coralliens du côté
de terre) (¹).

Fig. 507.

Coupe transversale de la paroi
du corps de *Hicksonia (Clavularia)
viridis* (d'ap. Hickson).

f., fibres cornées incluses dans
la mésoglée.

Fig. 508.

Spicule de *Hicksonia (Clavularia) viridis*
(d'ap. Hickson).

4° FAM. : *TUBIPORINÆ* [*Tubiporina* (Ehrenberg), *Tubiporinæ* (Milne-Edwards), *Tubi-
poridæ* (Dana, *emend.* Gray), *Tubiporida* (Koch) + *Favositidæ* (Edwards et Haime) + *Syringoporidæ* (Edwards et Haime) + *Halysitidæ* (Edwards et Haime), *Autothecalia* (G. Bourne)].
Les polypes sont unis par la membrane basilaire et par des plates-formes successives
parallèles à cette base; ils sont munis de planchers, et l'appareil spiculaire de la colonie est fusionné en un polypier continu formant des tubes dans lesquels les Polypes
sont logés.

Tubipora (Linnæus) (**Pl. 50**). Ce genre important par les nombreuses
particularités de sa structure réclame une étude quelque peu détaillée.
 Parties molles. — Faisons d'abord abstraction du squelette si curieux
de notre animal et ne considérons que ses tissus mous. On peut dans
ces conditions en donner très aisément une idée. Partons du stade *Clavularia*, de notre type morphologique (p. 378). C'est, comme nous l'avons
vu (voir aussi à la description de ce genre), une colonie formée par de
longs Polypes dressés côte à côte sur une membrane basilaire commune (**50**, *fig.* 2, *mb. b.*), étalée sur le support et formée par une nappe
de mésoglée recouverte d'ectoderme sur ses deux faces et parcourue par

---

(¹) HICKSON nous fait savoir qu'il a rencontré sur les récifs des Célèbes des échantillons
parfaitement adultes et dépourvus de tubes connectifs. Au point de vue taxonomique strict, il
peut y avoir là une objection à l'idée de séparer *Clavularia viridis* des autres *Clavularia.*
Mais au point de vue où nous nous sommes placés dans cet ouvrage, où nous cherchons surtout à montrer l'évolution progressive des caractères, cela n'a pas grande importance, car il
n'en reste pas moins vrai que *Clavularia viridis* montre une tendance vers la formation de
connexions nouvelles au-dessus de la base et nous achemine vers *Tubularia.*

un réseau de tubes endodermiques en communication avec la base des cavités gastriques des Polypes. Il suffit pour avoir la Tubipore d'ajouter que, de distance en distance, à diverses hauteurs au-dessus de la base, les Polypes se mettent en relation les uns avec les autres par des *plates-formes* (c'est ainsi qu'on les appelle) (**50**, *fig. 2, ptf.*), exactement constituées comme la membrane stoloniale basilaire. Ces plates-formes sont en effet formées par une lame de mésoglée s'étendant horizontalement entre les Polypes, se continuant avec leur mésoglée pariétale, recouverte sur ses deux faces par un ectoderme en continuité avec leur ectoderme pariétal et parcourue par un réseau de canaux endodermiques (**50**, *fig. 2, cv.*) qui, au point où la plate-forme rencontre chaque Polype, s'ouvre dans la cavité de celui-ci. Nous avons rencontré chez *Hicksonia* une disposition analogue, ne différant de celle-ci que par le fait que les *canaux connectifs* étaient isolés et situés à des niveaux quelconques.

Un point encore est à signaler pour achever de caractériser la Tubipore. Dans la cavité gastrique des Polypes, à une assez grande profondeur au-dessous de la bouche, s'établissent des cloisons appelées *planchers* (*tabulæ*) (**50**, *fig. 2, tb.*). Ces planchers sont formés par une lame de mésoglée partant circulairement de la mésoglée pariétale et s'étendant en travers de la cavité, en forme de cloison complète, recouverte sur ses deux faces par un prolongement du revêtement épithélial endodermique. L'ectoderme n'y prend aucune part et rien à l'intérieur ne décèle leur présence. Ajoutons que ces cloisons ne sont pas toujours planes. Parfois elles sont un peu convexes vers le haut; beaucoup plus fréquemment, elles sont vers le haut concaves, souvent en forme de coupe, parfois assez creuses pour dessiner un entonnoir. Assez fréquemment même, elles sont si développées en hauteur qu'elles dessinent un véritable cylindre, un tube intérieur situé dans celui qui forme les parois du corps (**50**, *fig. 4, cy.*). Comme il y a plusieurs de ces cloisons dans la hauteur du corps d'un même Polype, il peut arriver alors que le tube d'un niveau inférieur atteigne celui qui vient au-dessus et les deux forment alors deux cylindres emboîtés. Il peut y avoir ainsi jusqu'à trois tubes emboîtés. Il arrive aussi que des trabécules (**50**, *fig. 4, tr.*) secondaires, alors au nombre de huit comme les antimères du corps, rattachent la face externe du plancher tubuleux à la paroi du corps ou à celle du plancher tubuleux dans lequel il est inclus. Ce ne sont là même que des formes fondamentales régulières, et les planchers peuvent revêtir des formes très diverses et très irrégulières dont la description ne présenterait pas grand intérêt.

Le reste de l'organisation, tentacules, pharynx, cloisons, entéroïdes, gonades, etc., etc., est conforme au type général des Octanthides.

Squelette. — La mésoglée contient des spicules, et ces spicules sont si nombreux, si serrés les uns contre les autres, qu'ils s'engrènent les uns avec les autres, absolument à la manière des os de membrane du crâne, et forment un tout aussi résistant que s'ils étaient soudés (**50**, *fig. 1 et 3*).

La forme générale du squelette est facile à se représenter : c'est celle de la mésoglée (**50**, *fig*. 2, *msg*.) de la colonie avec cette particularité que :

1° C'est l'assise moyenne de la mésoglée qui seule forme un squelette (**50**, *fig*. 2, *sp*.). Entre cette assise et l'ectoderme d'une part, entre elle et l'endoderme d'autre part, reste partout une mince couche mésogléenne molle, où les spicules sont épars et indépendants comme dans les autres Octanthides. En outre, la lame squelettique n'est pas continue : elle est criblée de petits pores ou plutôt de petits canaux (**50**, *fig*. 3, *c*.) qui la traversent de part en part, par lesquels la mésoglée sous-ectodermique extérieure à elle se met en relation avec la mésoglée sous-endodermique intérieure au moyen de petits tractus de substance mésogléenne molle ;

2° La partie distale du corps (**50**, *fig*. 2, *p*.), sur une hauteur de quelques millimètres comprenant les tentacules, le disque buccal et une certaine hauteur de la paroi du corps au-dessous de ce dernier, est mince, molle, à spicules rares et non engrenés, de manière à rester souple. Cette partie peut, sous l'action des muscles septaux, s'invaginer dans le tube calcaire et mettre à l'abri les organes les plus délicats de l'animal.

Bien que la description précédente donne une idée générale du squelette, il n'est pas inutile de le décrire en lui-même.

Ce squelette se compose d'un vaste ensemble de tubes cylindriques (**50**, *fig*. 1, *t*.) disposés côte à côte, pas tout à fait parallèlement, mais en divergeant un peu à partir de la base. Ces tubes, dont la longueur atteint 20 centimètres, n'ont que 2^{mm} environ de diamètre. Ils sont séparés les uns des autres par des intervalles assez réguliers de 2 à 5^{mm}. Ils partent d'une lame basilaire commune (*mb. b.*) étalée sur le support et qui n'est que fort rarement présente dans les échantillons.

De distance en distance, séparées les unes des autres, par des intervalles de 8 à 15^{mm} environ, sont les plates-formes (**50**, *fig*. 1, *ptf*.), plus ou moins parallèles à la lame basilaire et mesurant environ 3/4 de millimètre d'épaisseur. Ces plates-formes sont en grand nombre dans la colonie, et la plus élevée peut partir du sommet distal des tubes. Les parois des tubes sont simplement perforées par les canalicules transversaux, ordinairement appelés *pores*, dont nous avons expliqué l'origine ; les plates-formes au contraire sont, ainsi que la lame basilaire, creusées d'un réseau de canaux vides, correspondant au réseau de canaux endodermiques des tissus mous, et ce sont les parois de ces canaux qui sont traversées par les canalicules transversaux.

Dans les tubes sont les planchers calcaires correspondant à ceux que nous avons décrits dans les parties molles.

Comme les tubes vont en divergeant depuis la base, leurs intervalles grandissent progressivement. Mais, dès que leur écartement a dépassé un certain maximum, on voit un nouveau tube (**50**, *fig*. 2, *p'*.) naître sur la plate-forme et continuer à partir de ce niveau. De la sorte, le nombre des tubes augmente régulièrement vers la partie distale de la colonie et leur écartement moyen reste constant. Tout le squelette est d'un beau rouge foncé. L'aspect de l'ensemble justifie le nom donné à la colonie : *orgue de mer*, *Orgelkoralle*, *organpipe corals*.

Formation et accroissement de la colonie. — La formation des parties dont la présence n'est pas exceptionnelle étant comprise, il n'y a plus à expliquer que celle des cloisons et des plates-formes, et le bourgeonnement des individus intercalaires.

Les planchers se forment par une saillie annulaire (**50**, *fig. 2, tb.*) de la paroi gastrique qui contient un prolongement de même forme de la mésoglée et qui se développe en direction centripète jusqu'à fermer à la fin son orifice central. Les spicules pénètrent alors dans le plancher et forment à son intérieur un plancher calcaire de forme correspondante.

Les plates-formes prennent naissance toujours au sommet distal des tubes. Il se forme en ce point une couronne annulaire constituée par une lame mésogléenne recouverte d'ectoderme. Cette couronne s'étend de plus en plus vers le dehors, arrive à rencontrer celle des individus voisins et se fusionne à elle en une lame continue que surplombent seulement les parties rétractiles des polypes. Un peu plus tard, la cavité gastrique envoie dans cette lame des diverticules canaliformes qui s'y ramifient et s'y anastomosent en réseau; plus tard enfin, les spicules s'y engrènent et forment la plate-forme squelettique.

Les Polypes, parties molles et squelette, s'accroissent vers le haut, et lorsqu'ils ont atteint une hauteur suffisante au-dessus de la plate-forme précédente, en forment une nouvelle. Leur accroisement n'est cependant pas indéfini : quand ils ont traversé une quinzaine de plates-formes, ils s'arrêtent. Les nouveaux Polypes, prenant naissance sur les plates-formes dans les intervalles des autres, proviennent de bourgeons qui se forment par le processus décrit : un refoulement, parti d'un canal endodermique de la dernière plate-forme avant sa calcification, se porte vers le haut, une invagination ectodermique stomodæale s'avance à sa rencontre, s'unit à elle, et ainsi se trouvent réunis les éléments d'un bourgeon qui n'a qu'à se compléter et à grandir.

Enfin il reste à ajouter que seule la partie distale de la colonie, comprenant au plus ce qui est au-dessus de l'avant-dernière plate-forme, est vivante : le reste (**50**, *fig. 2, sq'.*) est mort, réduit au squelette que ne recouvrent plus les tissus mous. Il en est de même à l'intérieur pour tout ce qui est au-dessous du dernier plancher situé peu au-dessous de la dernière plate-forme vivante. (Les colonies forment des masses considérables de la grosseur de la tête et davantage; fait partie des récifs coralliens; mer Rouge et océan Indien jusqu'aux Seychelles, Zanzibar, Pacifique tropical, Australie, Philippines, îles Fidji, Nouvelle-Irlande.)

On plaçait autrefois à côté des Tubipores un certain nombre de formes fossiles qu'une étude plus approfondie, faite principalement par Nicholson [84], a fait retirer de cette place pour les joindre aux Hexanthides sous le nom de *Tabulés, Tabulata* (Edwards et Haime). Mais plus récemment Hickson [93] a montré que le principal caractère sur lequel Nicholson s'était fondé n'est pas exact et que les autres n'ont point de valeur. Les Syringopores et les genres voisins ont des planchers coniques ou cylindriques rattachés aux parois par des trabécules rappelant les cloisons des Actinanthides, et l'on croyait que *Tubipora* n'avait que des planchers plans. On vient de voir qu'il n'en est pas ainsi et il semble raisonnable de replacer jusqu'à plus ample informé auprès des Tubipores, les Syringopores qui entraînent à leur suite les Favosites. Bourus [95] est du même avis. Les Halysites et les Aulopores sont entraînés aussi à la suite des précédents.

Dès lors, les *Chætetes* et *Monticulipora* passant avec les *Heliolites* à côté des Helioporines comme nous le verrons plus loin, l'ancien groupe fossile des *Tabulés, Tabulata* (Edwards et Haime) disparaît.

Fig. 509.

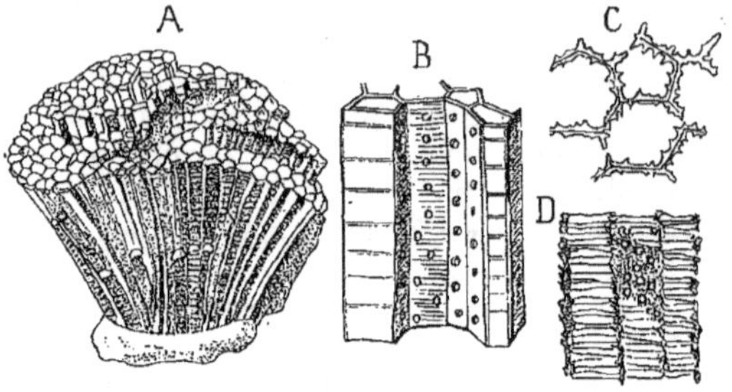

Favosites polymorpha (d'ap. Zittel et Nicholson).
A, une portion du polypier ; B, tubes ouverts montrant les orifices internes ; C, coupe transversale ; D, coupe longitudinale.

Favosites (Lamarck) (fig. 509) est un genre entièrement fossile dont le polypier est massif ou branchu, formé de tubes prismatiques à six pans, à pores assez espacés et à planchers *équidistants*, soudés les uns aux autres par leurs faces, sans plates-formes (Sil. à Carb.)

Ce genre peut être considéré comme le chef d'une sous-famille classée par les paléontologistes au rang de famille [*Favositidæ* (Edwards et Haime)] contenant aussi les genres suivants :

Columnopora (Nicholson) (Sil.),
Emmonsia (Edwards et Haime) (Sil., Dév.),
Nyctopora (Nicholson) (Sil.),
Aræopora (Nicholson et Etheridge) (Dév.),
Pachypora (Lindström) (Sil., Dév.),
Trachypora (Edwards et Haime) (Dév.),
Dendropora (Michelin) (Dév.),
Rhabdopora (Edwards et Haime) (Carb.),

Striatopora (Hall) (Sil., Dév.),
Alveolites (Lamarck) (Sil., Dév.),
Cœnites (Eichwald) (Sil., Dév.),
Michelinia (de Koninck) (Dév., Carb.),
Vermipora (Hall) (Sil.),
Syringolites (Hinde) (Sil.),
Rœmeria (Edwards et Haime) (Dév.),

Ces deux derniers genres, *Syringolites* et *Rœmeria*, font le passage au suivant.

Fig. 510.

Syringopora (Goldfuss) (fig. 510) a ses tubes cylindriques, non contigus, unis non par des plates-formes, mais par des trabécules isolés ; ses planchers sont infundibuliformes (Sil. à Carb.)

Ce genre peut être considéré comme le chef d'une autre sous-famille élevée par les paléontologistes au rang de famille [*Syringoporidæ* (Edwards et Haime)] et contient en outre les genres suivants :

Chonostegites (Edwards et Haime) (Dév.),
Thecostegites (Edwards et Haime) (Dév.).

*Syringopora
ramulosa*
(d'ap. Zittel).

Halysites (Fischer) (fig. 511) a ses tubes cylindriques soudés chacun seulement à deux autres (ou parfois trois aux points de rencontre de deux lames), de manière à former non un ensemble massif, mais un système de lames intriquées et entrecroisées, un peu comme chez le Bryozoaire *Eschara* (Sil. à Carb.).

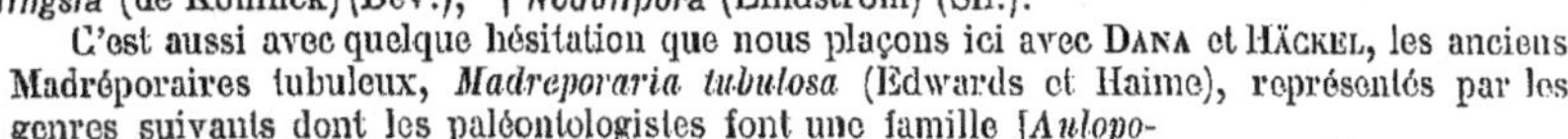

Fig. 511.

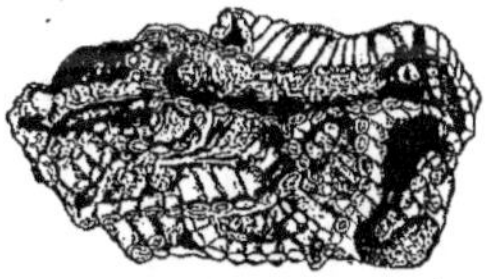

D'après BOURNE [95] ce genre devrait être placé auprès d'*Heliopora* dans ses *Cœnothecalia*, ainsi que le genre suivant que l'on considère comme formant avec *Halysites* une sous-famille élevée au rang de famille par les paléontologistes [*Halysitidæ* (Edwards et Haime)] :

Tetradium (Dana) (Sil.) qui, d'après d'autres, serait une Algue calcaire.

Halysites catenularia
(d'ap. Neumayr).

Douteuse est la place des genres :

Billingsia (de Koninck) (Dév.), | *Nodulipora* (Lindström) (Sil.).

C'est aussi avec quelque hésitation que nous plaçons ici avec DANA et HÄCKEL, les anciens Madréporaires tubuleux, *Madreporaria tubulosa* (Edwards et Haime), représentés par les genres suivants dont les paléontologistes font une famille [*Auloporidæ* (Zittel)].

Fig. 512.

Aulopora (Goldfuss) (fig. 512) ramifié, rampant, dont les tubes courts, cylindriques ou cuculliformes, à parois épaisses, perforées, bourgeonnent de la base les uns des autres, et qui n'a pas de véritables planchers (Sil. à Carb.),

Oncopora (Pocta) (Sil.),
Reptella (Rolle) (Sil., Dév.) et
Cladochonus (M° Coy) (Calc. Carb.),

═══ 5° FAM. : *HELIOPORINÆ* [*Helioporidæ* (Moseley), *Cœnothecalia p. p.* (G. Bourne)] Comme la précédente, mais point de platesformes; en outre, les tubes sont contigus, en sorte que les Polypes sont complètement immergés dans une masse commune calcifiée. Mais il n'y a qu'un unique réseau de canalicules endodermiques, réunissant les Polypes à la base de leur portion exsertile et qui doit être considéré comme le réseau de la membrane stoloniale basilaire, repoussé sans cesse vers le haut par le squelette qui se développe au-dessous de lui.

Aulopora tubæformis
(d'ap. Goldfuss).

Heliopora (de Blainville) (fig. 513 à 516) est compté parmi les Coraux dont il partage l'habitat et dont il a tout l'aspect. Il forme des amas de volume variable, de forme assez massive, se prolongeant en lobes ou en digitations aplaties, de manière à ressembler à des feuilles épaisses (fig. 513). En raison de la couleur de son squelette, il a reçu le nom de *Corail bleu*. A l'état vivant et épanoui, l'animal se montre recouvert d'un ectoderme continu, lisse, qui ne pénètre point dans les cavités du squelette sous-jacent. De distance en distance se montrent les extrémités distales, souples et invaginables, des Polypes à structure normale (¹). La surface en est toute garnie. A cette portion invaginable fait suite une cavité gastrique très courte, obtuse, logée dans une petite niche cupuliforme du squelette sous-jacent. Mais si cette niche est peu profonde, cela tient à ce qu'elle est séparée des parties sous-

---

(¹) A l'état invaginé, les tentacules sont retournés en doigt de gant, mais leurs pinnules ne se retournent pas et restent saillantes dans la cavité tentaculaire.

jacentes par son *plancher* calcaire : elle n'est en réalité que la partie
terminale d'un long tube cloisonné par des planchers successifs et qui
s'enfonce plus ou moins pro-
fondément vers la base du
polypier. Exactement à l'union
de la portion exsertile et de la
partie logée dans le squelette,
la cavité gastrique émet une
douzaine de canaux endodermiques (fig. 514), qui se portent
radiairement, parallèlement à
la surface, tout autour du Polype, se ramifient, s'anastomosent et finalement se joignent aux canaux correspondants venus des Polypes voisins,
formant avec eux un vaste
réseau sous-jacent à l'ectoderme qui revêt la surface du
squelette dans lequel les Polypes sont incorporés. De ce
réseau partent, en direction

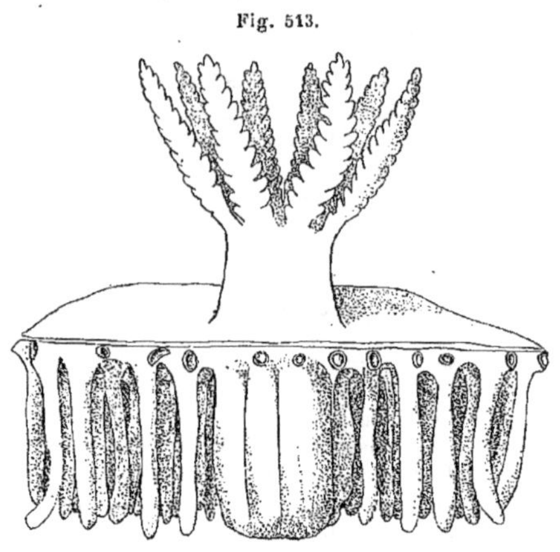

Fig. 513.

Représentation semi-schématique du Polype
d'*Heliopora cærulea* avec le tissu sous-jacent,
après décalcification (d'ap. Bourne).

centripète, des canaux qui s'enfoncent perpendiculairement à la surface
(fig. 513) et se terminent bientôt en cul-de-sac sans se joindre, ni se
ramifier, ni entrer en communication réciproque autrement que par le
réseau tangen-
tiel dont ils par-
tent tous. Ces
canaux centri-
pètes sont lo-
gés, comme les
Polypes, dans
des canaux
creusés dans le
squelette, en
même nombre
qu'eux et qui
leur correspon-
dent individuel-
lement. Ces ca-
naux endoder-

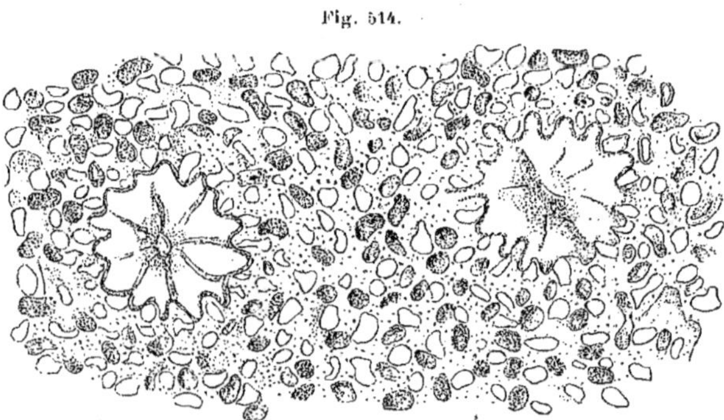

Fig. 514.

Portion de colonie d'*Heliopora cærulea* décalcifiée, vue de dessus
(d'ap. Bourne).

miques centripètes s'arrêtent bientôt, avons-nous dit, en cul-de-sac,
à peu près au niveau du fond de la cavité gastrique des Polypes. Ils
sont arrêtés là, en effet, par une cloison calcaire, un *plancher*. Mais les
tubes calcaires qui les logent continuent au-dessous de ce plancher,

comme ceux, beaucoup plus larges, qui logent les Polypes, et s'enfoncent plus ou moins profondément dans le polypier, recoupés de distance en distance par des planchers semblables à celui qui confine au fond du canal endodermique en cul-de-sac qu'il contient. Au-dessous de ces planchers et, par conséquent, au delà d'une mince couche superficielle générale de 2 à 3 millimètres d'épaisseur, il n'y a plus de tissus mous en relation avec le dehors.

La structure générale est aisée à saisir. Il y a un ectoderme général revêtant la surface entre les Polypes et la paroi du corps de ceux-ci jusqu'au fond de leur pharynx [1]. L'endoderme tapisse la cavité de la portion exsertile des Polypes et forme à lui seul la paroi de la portion logée dans le squelette. Il forme aussi à lui seul les canaux endodermiques du réseau tangentiel et ceux qui plongent dans la profondeur. Sous l'ectoderme, est une mince couche de mésoglée, contenant quelques rares cellules émigrées et point de spicules. Une mince couche semblable revêt la surface de l'endoderme. Tout le reste est occupé par le calcaire du squelette, qui forme en quelque sorte l'image négative des parties molles sous-ectodermiques.

Examiné en lui-même, le squelette constitue une masse reprodui-

Fig. 515.

Schéma du mode de croissance
et de la structure
d'*Heliopora cœrulea*
(d'ap. Bourne).

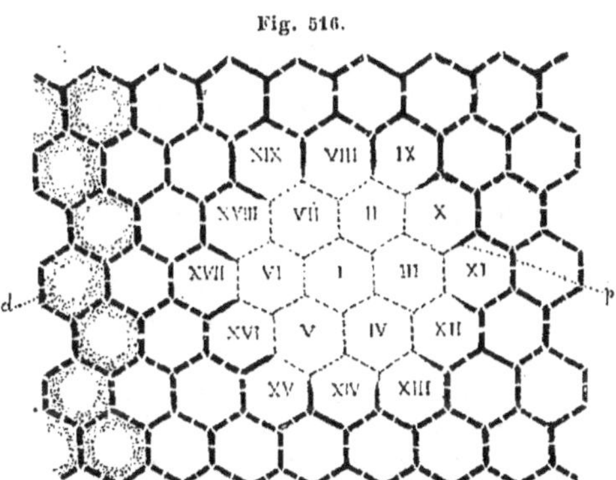

Fig. 516.

Schéma de la structure du squelette d'*Heliopora*
et d'*Heliolites* (d'ap. Bourne).

d., dépôt secondaire ;
p., pseudoseptes entourant la loge du Polype.

Au centre de la figure les tubes I à XIX ont subi un arrêt de
développement complet ou partiel pour former la loge du Polype.

sant la forme générale de l'animal vivant et criblée de canaux (fig. 515 et 516). Ces canaux sont de deux sortes [2] : les uns larges (un peu plus

---

[1] Il n'y a de nématoblastes que dans l'ectoderme des Polypes, et encore sont-ils extrêmement petits.

[2] Il y a, en outre, des galeries creusées à travers la masse par un Ver parasite, *Leucodora*, qui ont été parfois décrites comme faisant partie de la structure normale du polypier.

de 1ᵐᵐ environ) pour les Polypes, les autres très étroits (1/4ᵐᵐ à peine) pour les canaux centripèdes (¹). Les uns et les autres se dirigent vers la base du polypier de la manière suivante : ils plongent d'abord perpendiculairement à la surface (c'est-à-dire horizontalement pour ceux des faces latérales), puis se détournent assez brusquement pour se rendre verticalement vers la base. Tous, avons-nous vu, sont recoupés par des planchers successifs, distants de 2 à 3 millimètres les uns des autres.

Le squelette est formé, non par des spicules intracellulaires soudés, mais par la calcification d'une substance extracellulaire, qui néanmoins en se calcifiant forme de petites pièces de forme définie (²).

Comme toujours, cette substance est sécrétée par des cellules sous-ectodermiques dérivées de l'ectoderme. Mais ici, les cellules, appelées *calicoblastes*, au lieu d'être fusionnées avec les éléments intérieurs de la mésoglée, forment à la surface de celle-ci, du côté opposé à l'endoderme ou à l'ectoderme, une couche continue appliquée sur le squelette qu'elle doit sécréter et qui conserve des rapports de continuité avec l'ectoderme. On les voit s'enfoncer de la face profonde de l'ectoderme et s'insinuer entre le squelette et la mésoglée proprement dite, en lames plus ou moins continues (³).

On serait tenté de croire que la partie de la colonie sous-jacente aux derniers planchers est morte. Il n'en est pas tout à fait ainsi. Les planchers, en se formant, coupent les parties des Polypes et des tubes centripètes sous-jacentes à eux. Mais ces parties ne meurent pas complètement. Elles sont formées d'endoderme, d'un peu de mésoglée et d'une assise de *calicoblastes*. Ces derniers tout au moins gardent une certaine activité et provoquent le dépôt continu de nouvelles couches de calcaire à l'intérieur des canaux calcaires des deux sortes. Ce dépôt secondaire arrive vite à être beaucoup plus épais que le squelette primitif et à rétrécir de plus en plus le diamètre des canaux dont les plus anciens finissent par être comblés. C'est ce calcaire secondaire qui est bleu : les parties jeunes superficielles sont d'un gris jaunâtre et l'animal vivant est de couleur brun chocolat (⁴).

Il reste pour avoir une idée complète de ce remarquable animal à faire comprendre sa croissance.

A mesure que de nouvelles couches se déposant à la surface aug-

---

(¹) Ces deux sortes de canaux, ou plutôt leurs orifices superficiels, sont souvent décrits sous les noms d'*autopores* pour les grands et de *siphonopores* pour les petits, locutions à rejeter parce qu'elle repose sur l'idée erronée que les petits canaux logent des siphonozoïdes. Il n'y a pas de siphonozoïdes chez *Heliopora*.

(²) Cette forme est celle de trois lamelles se coupant en Y, qui s'agencent pour former les canaux.

(³) BOURNE [95] attache une grande importance à cette disposition qu'il a découverte, mais ce n'est qu'une particularité secondaire, puisqu'en tout cas les éléments squelettogènes sont d'origine ectodermique directe.

(⁴) On a appliqué les divers réactifs à l'étude de cette couleur bleue et décrit leur action, mais sans arriver à la définir nettement.

mentent l'étendue de celle-ci, les intervalles entre les Polypes et ceux entre les canaux centripètes s'accroissent. Aussi, pour maintenir l'écartement moyen invariable entre ces parties, il se forme de nouveaux Polypes et de nouveaux canaux centripètes. Les canaux centripètes intercalaires se forment simplement par un petit bourgeon né sur le réseau de canaux tangentiels, du côté tourné vers le calcaire sous-jacent. Au point où il se trouve, ce dépôt de calcaire est arrêté et un nouveau tube prend naissance pour continuer à partir de là, indéfiniment, en direction centrifuge. Son accroissement est centrifuge, en effet, car son extrémité proximale est un point fixe, et c'est son extrémité distale qui s'accroît au fur et à mesure que la masse du calcaire s'avance en repoussant l'ectoderme et la couche des canaux tangentiels ([1]). Les Polypes se forment aussi par un bourgeon des mêmes canaux tangentiels, mais dirigé vers le dehors, celui-là, et se développant à la manière ordinaire. Sous ce bourgeon, la formation du calcaire est arrêtée aussi, et ainsi se forme son canal, qui prend la place d'une douzaine environ de petits canaux arrêtés et fusionnés pour le former, ainsi que le montre la figure 516 ([2]).

On voit par là comment et pourquoi les canaux des fondateurs de la colonie s'enfoncent seuls jusqu'à la base du polypier, les autres prenant naissance à des niveaux successifs pour se continuer tous jusqu'à la surface (Taille modérée, très variable; de Singapore au détroit de Torrès, dans les récifs coralliens, sous environ 2 pieds d'eau, et fossile depuis le Crétacé).

Polytremacis (d'Orbigny) (Crétacé) est un genre voisin.

Heliolites (Dana) est massif, peu ou point lobé; ses grands canaux résultent de la fusion de 3 cercles concentriques de petits tubes, ce qui lui donne régulièrement 12 prétendus septums, comme le montre la figure 516; en outre, les petits canaux se multiplient par dichotomie et non par intercalation (Sil., Dév.).

On le considère souvent comme le chef d'une famille spéciale [*Heliolitidæ* (?)].

Pachycanalicula (Wentzell) est un sous-genre du précédent.

Plasmopora (Edwards et Haime) (Sil., Dév.),

Propora (Edwards et Haime) (Sil.),

Lyellia (Haime) (Sil.),

Thecia (Edwards et Haime) (Sil.),

Polysolenia (Reuss) (Tert.), sont des genres voisins.

⸻ 6° FAM. : *Chætetinæ* [*Chætetidæ* (Edwards et Haime), *Chætetidæ* + *Monticuliporidæ* (Nicholson)]. Formes fossiles, dont il reste un polypier formé de tubes parallèles, d'une seule espèce ou de deux grosseurs peu différentes, à parois imperforées et munies de planchers; se multipliant par gemmation et par division dichotomique.

Monticulipora (d'Orbigny, *emend.* Nicholson) (fig. 517 et 518) est d'aspect très variable, dendriforme, massif ou même encroûtant. Il est formé

([1]) Exceptionnellement, quelques canaux peuvent se former par division dichotomique de canaux préexistants, comme c'est la règle chez *Heliolites*.

([2]) Les canaux des Polypes montrent des saillies longitudinales latérales au nombre d'une quinzaine, que l'on avait à tort comparées aux septums des Polypes hexanthides et qui ne sont autre chose que la paroi saillante des petits canaux périphériques fusionnés pour les former.

de tubes cylindriques, les uns un peu plus larges, *autopores*, les autres plus fins, *mésopores*, groupés autour des premiers, et parfois

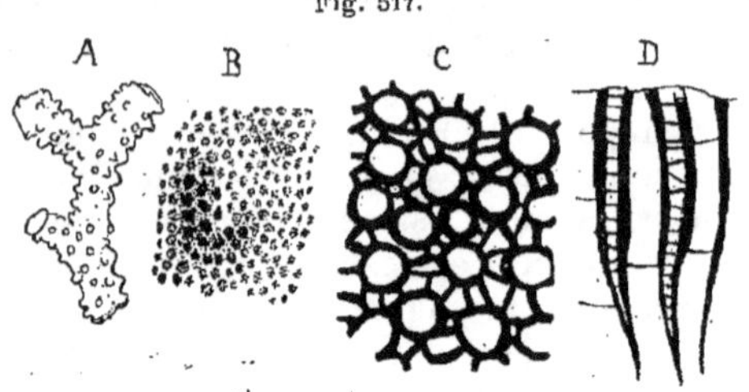

Fig. 517.

Monticulipora (Heterotrypa) ramosa
(d'ap. Zittel et Nicholson).

A, branche de la colonie; B, portion de la surface;
C, coupe parallèle à la surface; D, coupe longitudinale.

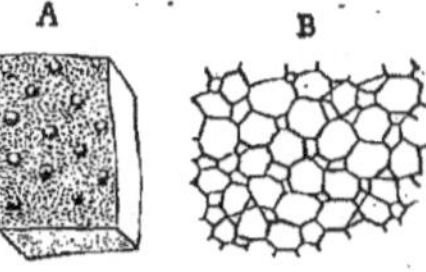

Fig. 518.

Monticulipora mamillata
(d'ap. Nicholson).

A, surface de la colonie;
B, coupe transversale.

d'autres canaux encore plus fins, *acanthopores*, à parois épaisses, distri-bués entre les autres. Les parois sont formées de deux couches de calcaire. La multiplication des tubes se fait par gemmation ou par divi-sion dichotomique des tubes préexistants (Sil. à Trias).

C'est avec les réserves nécessaires que nous plaçons ici ce groupe, ballotté des Bryo-zoaires aux Anthozoaires Madréporidés parmi les Tabulés, *Madreporaria tabulata*, et aux Antho-zoaires Octanthides, à côté soit de *Tubipora*, soit d'*Heliolites*. L'absence de perforations des parois de canaux connectifs et de séparation entre les tubes plaide contre les affinités avec *Tubipora*. Cependant, si, comme Nicholson en a émis l'idée, la couche externe des tubes est due à un dépôt secondaire ayant comblé les intervalles de tubes séparés à l'état jeune, une des principales différences avec *Tubipora* disparaît; mais ces deux couches n'existent pas dans tous les genres. D'autre part, chez *Chætetes* et les autres, les tubes sont tous de même dia-mètre, ce qui fait disparaître une des principales ressemblances avec *Heliolites*.

Chætetes (Fischer) (fig. 519) est le second grand genre de la famille; il se distingue par ses tubes d'une seule espèce, à parois entièrement fusionnées et sans couches distinctes (Carb. à Jur.).

Ici prend place une longue série de genres dont certains doivent être considérés comme de simples sous-genres ou même des synonymes des genres pré-cédents. Nous ne ferons qu'en donner les noms en re-produisant, légèrement augmentée, la liste que nous en avons déjà donnée dans le tome V de cet ouvrage à la page 79, à la suite des Bryozoaires auxquels ces fossiles ont été rattachés par divers auteurs. Presque tous sont siluriens ou tout au moins des terrains pri-maires; un petit nombre s'élèvent jusqu'au Crétacé.

Ulrich a taillé dans cette série de genres de nom-breuses familles [*Monticuliporidæ, Heterotrypidæ, Cal-loporidæ, Trematoporidæ, Batostomellidæ, Amplexo-poridæ, Diplotrypidæ, Ceramoporidæ, Fistuliporidæ, Botrylloporidæ*] qu'il réunit en un sous-ordre [*Tre-postomata*] caractérisé par la présence de *planchers* comme dans les *Polypiers tabulés* et qui sont appelés ici *diaphragmes* et *cystiphragmes* :

Fig. 519.

Chætetes radians (d'ap. Nicholson).

A, coupe longitudinale;
B, coupe transversale.

Atactoporella (Ulrich),	Peronopora (Nicholson),	Mesotrypa (Ulrich),
Homotrypella (Ulrich,	Homotrypa (Ulrich). —	Heterotrypa (Nicholson),

Dekayia (Edwards et Haime)(*),
Petigopora (Ulrich),
Dekayella (Ulrich). —
Calloporella (Ulrich),
Aspidopora ? (Ulrich). —
Trematopora (Hall),
Acanthoclema (Hall),
Bactropora (Hall),
Nicholsonella (Ulrich),
Constellaria (Dana),
Stellipora (Hall),
Idiotrypa (Ulrich). —
Batostomella (Ulrich),
Stenopora (Londasle),
Anisotrypa (Ulrich),
Bythopora (Miller et Dyer),
Eridotrypa (Ulrich),
Callotrypa (Hall),
Leioclema (Ulrich). —
Amplexopora (Ulrich),

Monotrypella (Ulrich),
Petalotrypa (Ulrich),
Atactopora (Ulrich),
Leptotrypa (Ulrich),
Discotrypa ? (Ulrich). —
Diplotrypa (Nicholson),
Monotrypa (Nicholson),
Batostoma (Ulrich),
Hemiphragma ? (Ulrich). —
Stromatotrypa (Ulrich),
Ceramopora (Hall),
Ceramoporella (Ulrich),
Crepipora (Ulrich),
Diamesopora (Hall),
Spatiopora (Ulrich),
Bythotrypa (Ulrich),
Chilopora (Haime),
Chiloporella (Ulrich),
Ceramophylla (Ulrich),
Anoiotichia (Ulrich). —

Eridopora (Ulrich),
Dianulites (Eichwald)
Chilotrypa (Ulrich),
Meekopora (Ulrich),
Strotopora (Ulrich),
Lichenotrypa (Ulrich),
Buskopora (Ulrich),
Selenopora (Hall),
Pinacotrypa (Ulrich). —
Botryllopora (Nicholson). —
Archæopora ? (Eichwald),
Lunatipora (Winchell),
Verticillipora (Mac Coy),
Dania (Edwards et Haime),
Orbipora (Eichwald). — [zel]. —
Geinitzella (Waagen et Went-
Neuropora (Bronn). —
Fistulipora (Mac Coy),
Callopora (Ulrich),   [ridge.
Prasopora (Nicholson et Ethe-

======= 7° FAM. : *TELESTINÆ* [*Telestinæ* (H. Milne-Edwards) + *p. p. Cornulariidæ*, (Wright et Studer)]. **Polypes bourgeonnant d'un Polype axial, qui forme seul le tronc de la colonie. Pas de polypier.**

Cœlogorgia (H. Milne-Edwards) (fig. 520 et 521). L'animal forme une colonie dendriforme mince, élancée, couverte de Polypes peu saillants qui lui donnent l'aspect d'une Gorgone. Aussi l'avait-on placé parmi ces animaux. Mais la structure est tout autre. D'une étroite membrane stoloniale basilaire, transformée en une simple sole de fixation, part un unique Polype axial dont le corps très long forme le tronc de la colonie et se termine par une extrémité qui est le sommet morphologique de ce tronc, bien qu'elle ne se distingue guère des extrémités des branches. Cette extrémité est formée par la portion distale d'un petit Polype, à structure normale, portion qui a les parois minces et est invaginable. Le reste, représentant la très longue portion basilaire du corps de ce même Polype, a la structure normale d'un corps de Polype avec ses trois couches. Mais l'assise mésogléenne sous-ectodermique est épaisse et chargée de spicules qui donnent à cette portion une certaine rigidité. — Tout cela n'offre rien de bien particulier. Ce qui est plus remarquable, c'est que dans cette assise, se trouve, comme dans le tronc fasciculé de *Vœringia* par exemple, un réseau de canalicules endodermiques en communication multiple avec la cavité gastrique du Polype axial. De ces canalicules sont nés par bourgeonnement de nouveaux Polypes qui, ainsi, au lieu de descendre jusqu'au pied du tronc, se détachent d'un point de celui-ci,

Fig. 520.

Spicule de
*Cœlogorgia
palmosa*
(d'ap. Wright
et Studer).

(*) Écrit par erreur *Dekaya* dans notre volume V.

à un niveau quelconque et, se comportant comme le Polype axial, for-

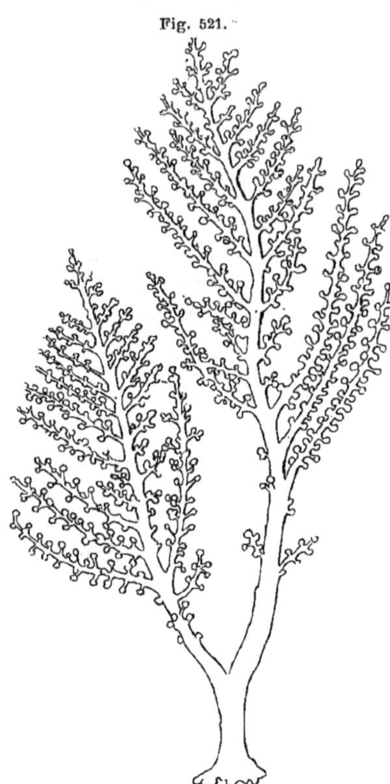

Fig. 521.

ment autant de branches du tronc. Ces branches ont donc aussi un Polype axial unique qui se rattache proximalement aux canalicules sous-ectodermiques du tronc; elles se terminent distalement par une tête rétractile de Polype et, sur tout le reste de leur longueur, sont formées par un corps de Polype avec mésoglée spiculeuse assez abondante et parsemée de canalicules endodermiques. De ces canalicules partent enfin des Polypes de 3ᵉ ordre qui garnissent la branche et sont conformés comme ceux qui terminent les branches ou le tronc, sauf qu'ils sont beaucoup plus courts, n'ont pas de canalicules dans leurs parois et ne bourgeonnent pas. Les Polypes ne sont pas rétractiles (15 à 20ᶜᵐ de haut, diamètre

Colonie de *Cælogorgia palmosa*
(d'ap. Wright et Studer).

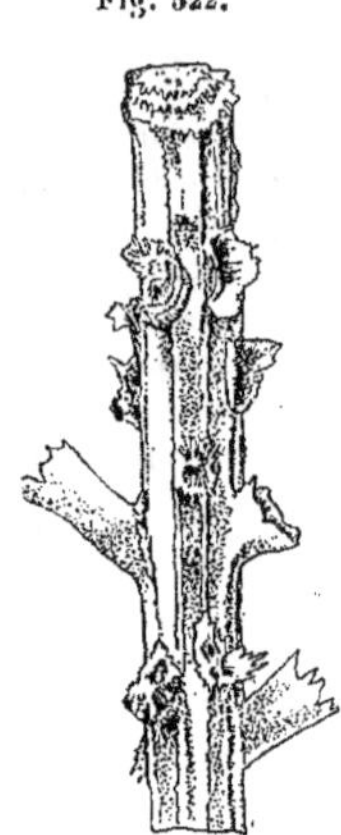

Fig. 522.

Squelette
de *Telesto
trichostemma*
(d'ap. Studer).

du tronc 5 à 6ᵐᵐ; Zanzibar, Madagascar, canal de Mozambique).

Telesto (Lamouroux) (fig. 522 et 523) offre une structure semblable. Le Polype axial est stérile. Il y a une enveloppe cornée, superficielle en dehors de l'ectoderme, et cette enveloppe envoie sous l'ectoderme des prolongements qui pénètrent dans la mésoglée et forment autour des spicules calcaires une enveloppe cornée qui les soude entre eux et à l'enveloppe externe. Polypes rétractiles (Australie, mer des Indes, Hong-Kong, côtes américaines, Brésil, Guadeloupe, île Fidji; de 3 à 1 675 brasses).

Solaranthelia (Studer) a la membrane basilaire stoloniale plus développée et les Polypes axiaux multiples et formant des troncs peu accentués. Les spicules forment de larges plaques écailleuses, épineuses en dehors (Atl. nord et équatorial).

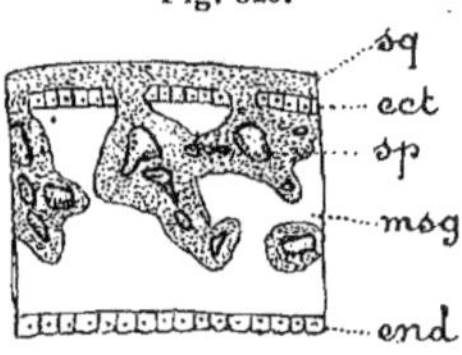

Fig. 523.

Coupe de la paroi de *Telesto*
(d'ap. Koch).

ect., ectoderme; end., endoderme; msg., mésoglée; sp., spicules inclus dans des prolongements de l'exosquelette sq., exosquelette.

Pseudogorgia (Kölliker) est remarquable par une sorte de symétrie bilatérale résultant d'un aplatissement du Polype axial formant le tronc, qui est nu dans sa moitié inférieure et sur lequel, au-dessus de ce point, les Polypes entièrement rétractiles sont disposés en deux rangées latérales opposées. Vers le sommet, le tronc redevient cylindrique (Australie).

════ 8ᵉ FAM. : *Xeniinæ* [*p. p., Alcyoninæ exsertæ* (Klunzinger), *Organinæ* (Danielssen, *Xenina* (Ehrenberg), *Xenidæ* (Verrill), *Bellonelladæ* (Gray), *Nidalidæ* (Gray), *p. p. Lemnaliadæ* (Gray); + *Nephthyidæ* (Verrill); + *Spongodinæ* (Wrigth et Studer) (¹); + *Siphonogorgiidæ* (Rückenthal)]. Polypes non rétractiles, réunis sous un ectoderme commun en un faisceau logé dans une mésoglée commune peu abondante et entouré d'un réseau de canalicules endodermiques, qui établit des relations vasculaires entre les polypes dans toute la hauteur de colonie et d'où bourgeonnent les nouveaux individus. Pas de polypier.

Organidus (Danielssen) (fig. 524). Ici, la fusion des Polypes en colonie devient sensiblement plus accentuée. Non seulement il y a une membrane basilaire commune de laquelle partent les Polypes, mais ceux-ci se rapprochent jusqu'à se toucher et même se fusionner sous un ectoderme commun dans la plus grande partie de leur hauteur. Ils forment ainsi un faisceau et c'est seulement vers son extrémité distale qu'ils s'écartent du faisceau et reprennent un ectoderme propre et une indépendance complète.

Fig. 524.

Organidus Nordenskiöldi
(d'ap. Danielssen).

Naturellement, sous l'ectoderme commun, les mésoglées sont fusionnées et comblent les intervalles entre les canaux cylindriques tangents formés par les cavités gastriques des Polypes. Mais cette mésoglée est restée mince, peu abondante, en sorte que les corps des Polypes se dessinent nettement sous la forme d'un bourrelet et peuvent être suivis dans toute la hauteur du tronc formé par leur réunion. C'est à la base seulement qu'ils se perdent dans la membrane stoloniale transformée en une simple sole de fixation.

La colonie a la forme d'un court tronc non ramifié dont les Polypes se détachent individuellement sans ordre. Ceux-ci sont rétractiles et ont

---

(¹) Avec diverses variantes de désinence : *Xeninæ* (Dana), *Xeniadæ* (Gray), *Xeniidæ* (Wright et Studer), *Organidæ* (Wright et Studer), *Nephthyadæ* (Gray).

d'abondants spicules partout jusque dans les tentacules et dans la paroi du pharynx. On a constaté la dioïcité des colonies (2ᶜᵐ; Spitzberg, Açores; 65 à 260 brasses).

Schizophytum (Studer) est un *Organidus* doué de la propriété de se multiplier par scissiparité. On voit certains Polypes, aussi bien les latéraux que le terminal, se fendre et former deux têtes se rattachant à un tronc commun; en sorte que le nombre des tubes du tronc est inférieur au nombre des Polypes de la colonie. C'est un des rares cas connus de *scissiparité chez un Alcyonidé* (Açores, 130 à 318ᵐᵐ).

Xenia (Savigny) (fig. 525 à 530). La colonie est formée par une étroite lame basilaire d'où part un court tronc ramifié, dont chaque branche, cylindrique, est formée par un faisceau de Polypes qui, au sommet de la branche, divergent en bouquets (fig. 525 et 526). La portion libre des Polypes est relativement longue et nullement rétractile. Par rapport aux formes précédentes, un nouveau progrès dans la solidarisation de la colonie se réalise ici : sous l'ectoderme commun aux faisceaux de Polypes se montrent, dans la mésoglée qui les entoure, des canaux endodermiques semblables à

Fig. 525.

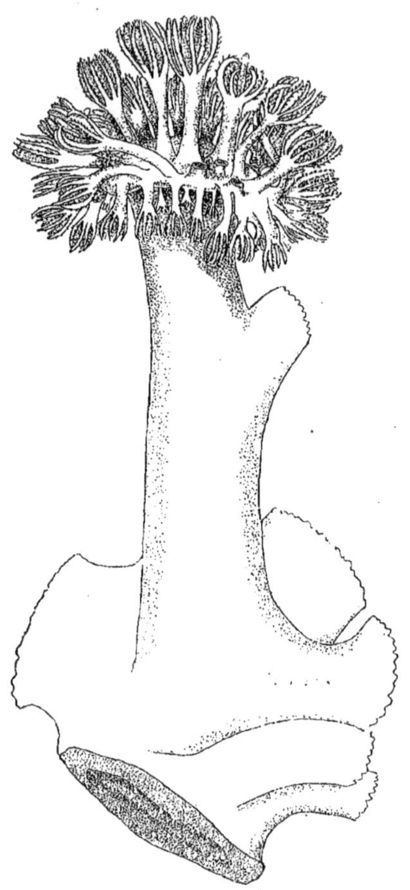

Une des branches d'une colonie de
Xenia Hicksoni (d'ap. Ashworth).

Fig. 526.

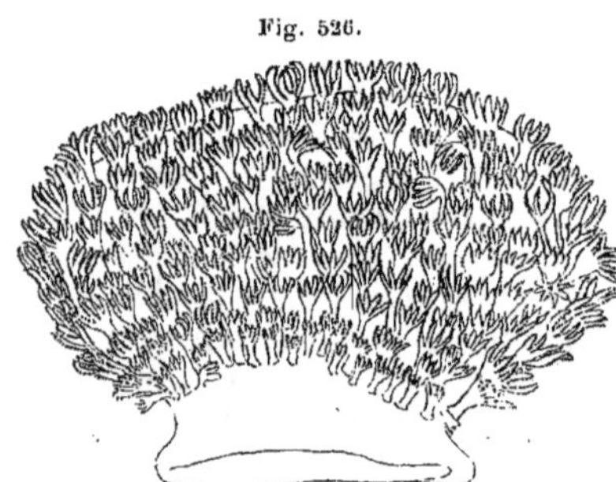

Xenia Novæ-Britanniæ
(d'ap. Ashworth).

ceux qui partent de leur pied dans la membrane stoloniale basilaire. Il y a d'abord un réseau tangentiel superficiel, puis un système de canaux longitudinaux qui passent entre les cavités gastriques des Polypes et se mettent en rapport avec ces cavités dans toute la hauteur de leur portion immergée par un grand nombre de courtes branches transversales (Ashworth [1900]). Cela ajoute un élément important à la solidarité de la colonie. Les tentacules ont de chaque côté 3 rangs de pinnules. Les spicules, petits et ovales ou discoïdes, rappelant des globules du sang,

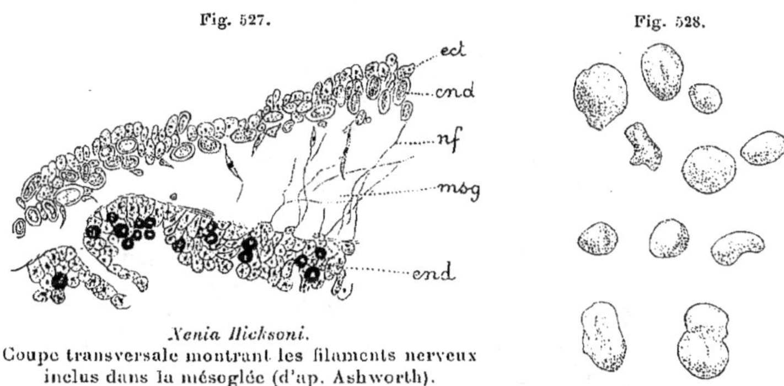

Fig. 527.

Xenia Hicksoni.
Coupe transversale montrant les filaments nerveux
inclus dans la mésoglée (d'ap. Ashworth).
end., nématocystes; **ect.**, ectoderme; **end.**, endoderme;
msg., mésoglée; **nf.**, filaments nerveux.

Fig. 528.

Spicules de *Xenia Garciæ*
(d'ap. Bourne).

sont contenus dans les cellules ectodermiques qui se prolongent dans la mésoglée en traînées continues avec l'ectoderme. L'animal présente une mollesse particulière grâce au faible développement de ses spicules (3^{cm}; mer Rouge, oc. Indien, Mozambique, Célèbes, Pacif. équat., Australie, Moluques).

ASHWORTH [99] vient de donner d'une espèce de *Xenia* une monographie détaillée d'où nous extrairons quelques détails complémentaires. Dans le tronc commun à un faisceau de Polypes, la couche mésogléenne (fig. 529, *msg.*) appartenant à chaque individu est plus dense et se distingue nettement de la mésoglée commune de remplissage (fig. 530, *msg.*). Il y a là un caractère distinctif intéressant par rapport aux Alcyons. Dans cette mésoglée commune, en outre du système de canaux superficiels, sont, entre les Polypes, des canaux longitudinaux (fig. 529 et 530, *cn.*) qui parcourent toute la hauteur du faisceau et, par des canalicules latéraux, se mettent en relation entre eux, avec les canaux superficiels et avec les cavités des polypes voisines. En bas, les canaux des diverses catégories se jettent dans un réseau commun où se perdent aussi les cavités des Polypes. Les cloisons dorsales des Polypes ont seules des entéroïdes (fig. 529, *f. m.*). Les bourgeons naissent toujours au bord externe de la partie terminale du faisceau, au point où les Polypes externes du faisceau deviennent libres, d'un des canaux communs du système superficiel; après leur formation, ils allongent leur cavité le long du faisceau; il est probable qu'ils finissent par atteindre la base, car sans cela le faisceau ne saurait rester cylindrique comme c'est le cas. Ici aussi, la dioïcité des colonies a été constatée.

Heteroxenia (Kölliker) (fig. 531), sans doute non distinct génériquement de *Xenia*, forme un faisceau dressé où la mésoglée est plus épaisse et où les Polypes sont réunis presque jusqu'à leur extrémité. Il présente deux sortes de Polypes : les Polypes normaux *autozoïdes*, qui ont, comme chez *Xenia*, 3 rangs de pinnules de chaque côté et des Polypes abortifs, les *siphozoïdes*, à tentacules réduits à de courtes papilles, stériles, et dont la cavité gastrique, au lieu de se prolonger jusqu'au pied de la colonie comme cela a lieu pour tous les autozoïdes, s'arrête court, communiquant avec les autres seulement par l'intermédiaire des canaux-endodermiques. Leur fonction est inconnue (mer Rouge, Zanzibar, Australie).

Fig. 529.

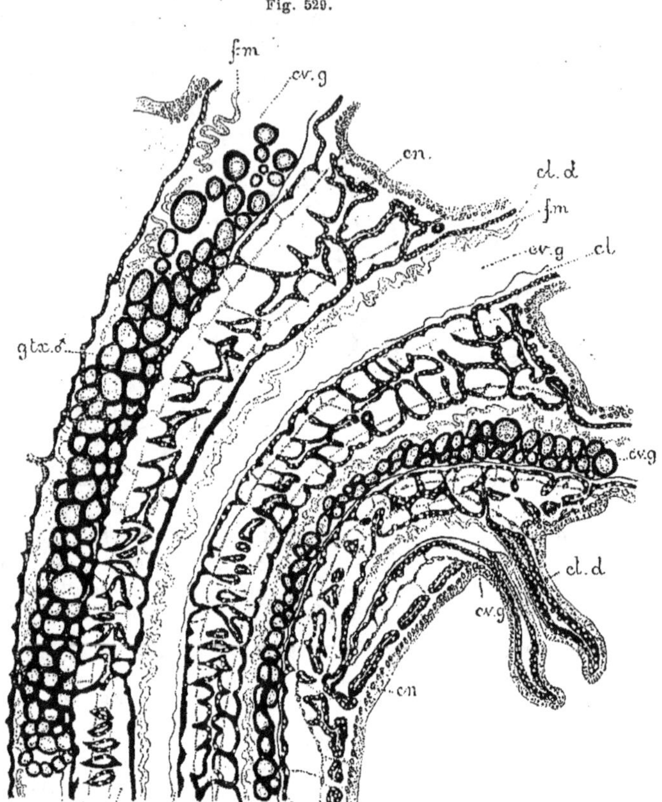

Xenia Hicksoni.

Coupe longitudinale de la région où les Polypes sont inclus sous un ectoderme commun.
Dans la cavité gastrique on n'a pas figuré les masses génitales qui y étaient contenues
pour mettre mieux en évidence la cavité gastrique (d'ap. Ashworth).

cl., cloisons mésentéroïdes; **cl. d.**, cloison dorsale; **cl. v.**, cloison ventrale; **cv. g.**, cavité gastrique des Polypes; **f. m.**, entéroïdes des cloisons dorsales; **gtx.** ♂, masses génitales mâles; **msg.**, mésoglée.

Cespitularia (Valenciennes), comprenant les espèces dendriformes du genre *Xenia*, devrait aussi sans doute être considéré comme un synonyme ou tout au plus un sous-genre de ce dernier (Mozambique).

Ceratocaulon (Jungersen) forme un tronc indivis couvert d'une cuticule cornée foncée (Golfe de Bothnie).

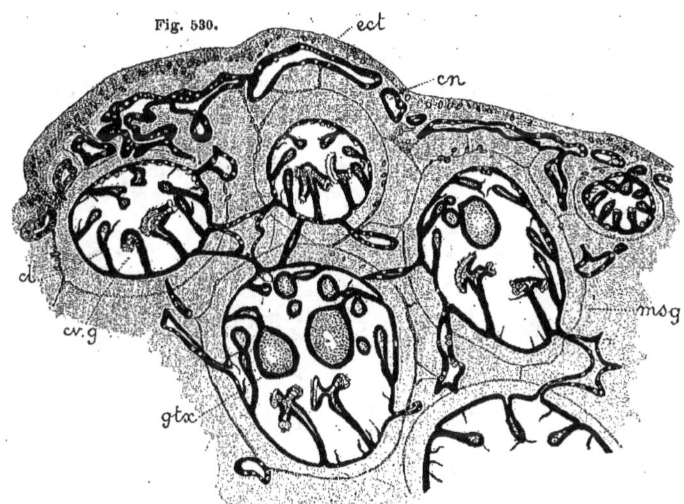

Xenia Hicksoni: Coupe transversale de la région où les Polypes sont inclus sous un ectoderme commun (d'ap. Ashworth).

cl., cloisons mésentériques; **cn.**, canaux endodermiques; **cv. g.**, cavité gastrique; **ect.**, ectoderme commun; **gtx.**, masses génitales; **msg.**, mésoglée.

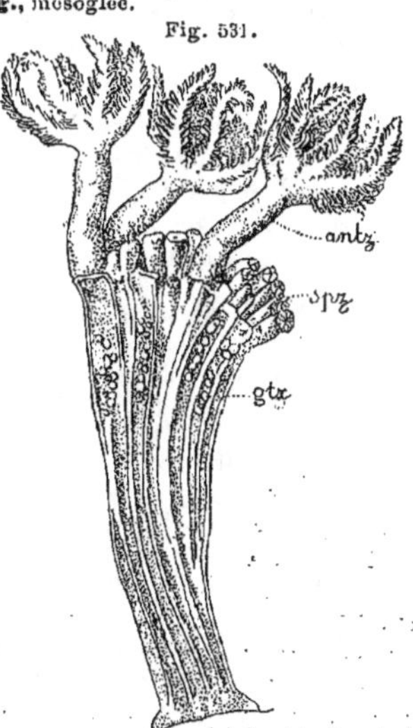

Portion d'une coupe longitudinale d'*Heteroxenia Elizabethæ* (d'ap. Bourne).

antz., anthozoïdes; **gtx.**, glandes génitales; **spz.**, siphonozoïdes.

Vœringia (Danielssen) (fig. 532 et 533). Ici, chez les colonies adultes, ce sont seulement les fondateurs de la colonie qui descendent jusqu'à la membrane basilaire, les autres, bourgeonnés plus tard sur les canalicules endodermiques du tronc ou sur les parois des Polypes aînés, commencent à différentes hauteurs au-dessus de la base et se détachent du tronc à différents niveaux. La colonie se présente sous la forme d'un tronc puissant d'où se détachent, sur toute sa hauteur, de grosses et courtes branches qui bientôt se résolvent en quelques bouquets de têtes divergeantes de Polypes. Sous l'ectoderme est une couche assez épaisse de mésoglée commune, où circule un abondant réseau de canalicules endodermiques qui se mettent en rapport avec les cavités des Polypes. Sa présence n'empêche pas d'ailleurs que l'on voie se dessiner au dehors les cavités des Polypes sous la forme de bourrelets longitudinaux saillants, qui se poursuivent dans les branches. Mais ces canaux sont en nombre relativement très faible, une vingtaine dans le tronc. Pour le plus grand nombre des Polypes, en effet, la cavité gastrique, après avoir présenté pendant quelque temps, dans sa partie distale, un diamètre normal, s'atténue en un très étroit canal endodermique dont la cavité finit même par devenir virtuelle et qui se place au

Fig. 532.

Vœringia dryopsis

(d'ap. Danielssen).

Fig. 533.

Polype de
Vœringia mirabilis
(d'ap. Danielssen).

centre de la couche formée par les larges cavités gastriques périphériques pour finalement s'ouvrir dans l'un d'eux. Il y a des spicules dans la mésoglée périphérique ainsi que sur les parois des portions exsertiles des Polypes, mais on n'en trouve que peu ou point dans les cloisons de mésoglée séparant les cavités gastriques dans le tronc et les branches.

Les Polypes sont isolés ou groupés en faisceaux. (Jusqu'à 20^{cm} de haut sur 25^{mm} de diamètre; Atl. par 1 267^m, oc. Arct.).

Ce bourgeonnement direct des blastozoïtes sur les Polypes fondateurs est bien exceptionnel, si même il est réel, et l'on peut se demander si DANIELSSEN a bien observé, car c'est une règle générale que partout où il y a des canalicules endodermiques dans la mésoglée, c'est sur eux que bourgeonnent les nouveaux individus.

Fulla (Danielssen), qui montre par la disposition de ses branches une certaine symétrie bilatérale (oc. Arct.),

Duva (Danielssen), qui a les branches plus longues et généralement plus ramifiées et les Polypes non rétractiles (mer du Nord, oc. Arct.),

Drifa (Danielssen), qui a les branches principales épaisses et couvertes de petits rameaux garnis tout autour de Polypes non rétractiles (oc. Arct.),

Barathrobius (Danielssen) (fig. 534), en buisson ou arborescent à ramification plus étendue, à spicules, fort abondants, orientés transversalement dans la partie inférieure du corps, longitudinalement vers le haut et dans les tentacules (oc. Arct.),

Gersemia (Marenzeller), dressé, ramifié ou parfois tubéreux, avec fort peu de mésoglée, mais

Fig. 534.

Barathrobius digitatus
(d'ap. Danielssen).

des spicules très abondants jusque dans les pinnules, et chez lequel Studer [91] a observé la scissiparité (oc. Arct.),

Gersemiopsis (Danielssen), très ramifié, rare en spicules, à Polypes non rétractiles, présentant dans le pharynx deux grosses papilles épithéliales dont la signification est inconnue (oc. Arct.),

Eunephthya (Verrill), à Polypes non rétractiles, particulièrement bien armés (Atl. par 1 267ᵐ, Groenland, cap de Bonne-Espérance, Floride, Australie),

Paranephthya (Wright et Studer), à colonies dendriformes où les spicules intérieurs sont encore peu abondants et où les Polypes, non rétractiles, paraissent avoir, sinon tous, du moins en majeure partie, leur cavité gastrique se prolongeant jusqu'au bas du tronc (îles de l'Amirauté),

Scleronephthya (Wright et Studer), peu différent du précédent, mais à armature de spicules plus accentuée (Japon),

Nannodendron (Danielssen) (fig. 535), arborescent avec un tronc coriace couvert sur toute sa hauteur de branches polypifères (oc. Arct.),

ne semblent pas avoir une valeur générique distincte de *Vœringia* et sont considérés aujourd'hui comme de simples synonymes de ce dernier par Kükenthal [96] et par May [99]. Ces auteurs réunissent tous ces genres en un genre unique créé pour les recevoir :

Nannodendron elegans
(d'ap. Danielssen).

Paraspongodes (Kükenthal) caractérisé par la disposition des Polypes, qui sont épars ou fasciculés mais non groupés en chatons comme chez *Ammothea* et *Nephthya*, ni armés d'un faisceau de spicules dépassant les autres au bord supérieur du calice comme chez *Spongodes* et *Nephthya*.

Ammothea (Savigny) diffère de *Vœringia* par la disposition de ses Polypes groupés en chatons (Pacif., oc. Indien).

Spongodes (Lesson) (fig. 536 à 538), en ce qui concerne la structure générale du corps, ne diffère pas essentiellement des précédents. Mais il tire un aspect tout particulier du développement énorme de son appareil de spicules. Dans les cloisons séparant les cavités gastriques du tronc et des branches, il n'y en a encore que peu ou point, mais dans les parties périphériques ils sont si nombreux et si forts qu'ils forment une véritable cuirasse.

Fig. 536.

Spongodes laxa
(d'ap. Wright et Studer).

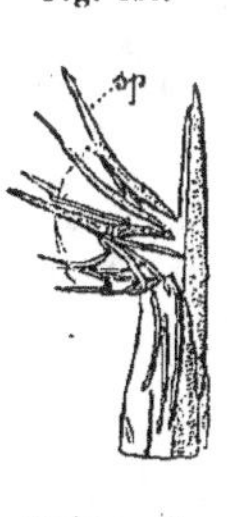

Fig. 537.

Polype de
Spongodes mollis
(d'ap. Holm).
sp., spicules.

Fig. 538.

Tentacule de
Spongodes ulex
(d'ap. Holm).
sp., spicules.

Sur les portions libres des Polypes, ils sont aussi très développés et les tentacules en particulier sont pourvus à leur face externe d'une couche complète de spicules en chevrons. Aussi ne sont-ils pas rétractiles et ne peuvent-ils que s'incurver en dedans, situation dans laquelle on les trouve toujours après la mort. Les Polypes ne sont pas non plus rétractiles, mais ils sont néanmoins bien protégés, par le fait qu'à la base de leur portion libre se trouvent d'énormes spicules dressés comme des piques pour repousser les ennemis éventuels. Il y a, en particulier, un faisceau plus saillant au bord supérieur du calice, qui est considéré comme caractéristique de ce genre et de *Nephthya*. Ces dispositions justifient le nom d'*Alcyoniens armés* que H. Milne-Edwards avait donné aux genres qui les présentent et qui a été abandonné comme n'ayant pas l'importance qui lui avait été attribuée. La forme, massive ou arborescente, est très variable (2 à 15^{cm}; descend au plus à 100 brasses; Atl., mer Rouge, oc. Indien, Australie, îles de la Sonde, Philippines, Japon, Pacifique et fossile depuis le Crétacé).

Ce genre peut être considéré comme le chef d'une sous-famille [*Alcyoniens armés* (H. Milne Edwards *emend.*); *p. p. Siphonogorginæ* (Wright et Studer *emend.*); *Nephthyidæ* (Verrill); *nec Spongodinæ* (Wright et Studer)] caractérisée par son armature de spicules saillants et contenant aussi les genres ci-dessous :

Fig. 539.

Panope (Holm),
Spongodia (Gray) et
Nephthya (Savigny),
à Polypes groupés en chatons au lieu d'être isolés ou groupés en faisceaux comme chez les vrais *Spongodes*, sont d'après Holm des sous-genres du précédent.

Il en est probablement de même de
Phrontis (Duchassaing) (Antilles).
Siphonogorgia (Kölliker) (fig. 539) est très bourré de spicules et rappelle par sa forme et son aspect général les Gorgones, d'où le nom qui lui a été donné par son auteur qui en faisait le type d'une sous-famille [*Siphonogorgiaceæ*] faisant le passage aux Gorgones. Mais cette assimilation est artificielle. Il est ramifié dans toute sa hauteur, et les Polypes, partiellement rétractiles dans de petits calices, présentent cette particularité que quatre seulement de leurs cloisons descendent dans la profondeur de la cavité gastrique, les deux dorsales stériles et

Portion d'une branche de
Siphonogorgia pustulosa
(d'ap. Studer).

deux sexuées. Kükenberg [96] en fait aujourd'hui une famille de valeur égale aux autres *Xeniinæ* (mer Rouge, Australie, Pacifique, Amboine, Nouvelles-Hébrides, îles de l'Amirauté, Moluques).
Chironephthya (Wright et Studer) forme un tronc de diamètre uniforme qui se résout au sommet seulement en branches digitiformes; il est très spiculeux (Japon).

Alcyonium (Linnæus) (**Pl. 51**, fig. 540 à 545). Nous avons déjà, à propos du type morphologique (Voir p. 379), donné une idée de cette forme (**51**, *fig.* 2) qui n'est pas, comme les précédentes, exceptionnelle, mais représente au contraire un état sinon primitif, du moins habituel du groupement des individus en colonie. Ici, l'union entre les individus ne s'établit pas par de simples membranes basilaires, des ponts ou des trabécules laissant au corps de chacun une individualité presque complète. Les Polypes se sont rapprochés, fusionnés dans la plus grande partie de leur hauteur dans une mésoglée commune (**51**, *fig. 1, msg.*) recouverte d'un ectoderme commun, et leurs extrémités distales seules, portant la bouche et la couronne tentaculaire, avec une faible hauteur du corps sous-jacent, restent entièrement distinctes, tandis que toute la partie inférieure du corps, noyée dans la mésoglée commune, ne conserve d'individuellement distincte que la cavité gastrique (*cv.*) et l'endoderme qui la tapisse, et ne se manifeste plus au dehors par un bourrelet saillant.

La colonie (**51**, *fig. 2*) se présente sous l'aspect d'une masse de la grosseur d'une petite pomme, fixée par une base étroite (qui cependant ne forme pas pédicule) et prolongée en grosses digitations obtuses. En raison de cette forme et de sa couleur, variant d'un jaune blafard à un ton de chair, elle a reçu les noms de *main de mer*, *main de larron*, *main de mort*, *doigts de mort*, etc., que chaque peuple exprime dans sa langue. Lorsqu'elle est bien épanouie, elle se montre garnie de petites fleurs blanches, saillantes de 2 à 5 millimètres ou même plus, larges de 2 millimètres environ, qui sont les parties exsertiles des Polypes (**51**, *fig. 2, p.*).

Ces parties exsertiles (fig. 540) ont la structure normale de la partie supérieure du corps d'un Polype. Elles contiennent le pharynx avec son siphonoglyphe (fig. 541, *sipg.*), le haut des huit cloisons avec la totalité

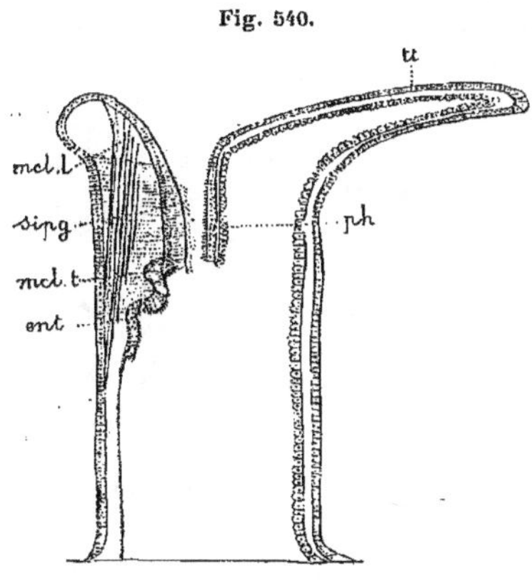

Fig. 540.

Coupe sagittale de la portion rétractile d'un Polype d'*Alcyonium digitatum* (d'ap. Hickson).

ent., entéroïde; **mcl. l.**, muscle longitudinal de la cloison; **mcl. t.**, muscle transversal de la cloison; **ph.**, pharynx; **sipg.**, siphonoglyphe; **tt.**, tentacule.

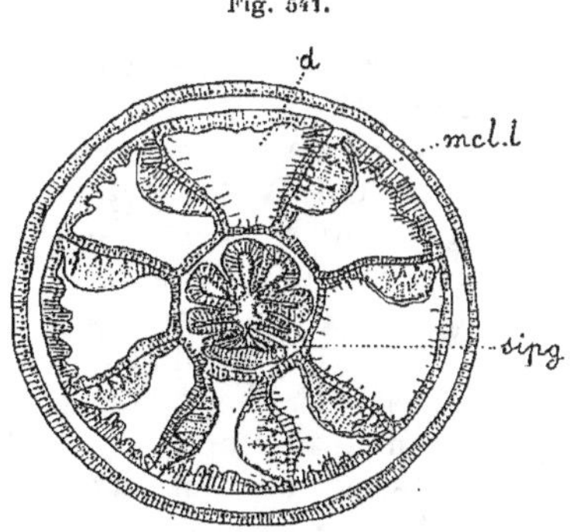

Fig. 541.

Coupe transversale d'un Polype dans la région du pharynx (d'ap. Hickson).

d., loge dorsale; **mcl. l.**, muscles longitudinaux des cloisons; **sipg.**, siphonoglyphe.

de l'entéroïde des deux ventrales et des quatre latérales (fig. 542), et
même une partie de la portion génitale située au-dessous. Cette portion
exsertile s'invagine à la moindre alerte sous la
traction des muscles longitudinaux des cloisons.
A l'état d'invagination, les tentacules sont simplement ployés, la pointe en dedans, et le pharynx est plissé en lanterne vénitienne.

A la base de cette portion exsertile, l'ectoderme du Polype se continue avec celui qui revêt
la masse charnue de la colonie; la mince mésoglée contenue dans les parois se jette dans la
masse mésogléenne générale, mais l'endoderme,
avec la cavité qu'il limite, s'enfonce directement
dans la profondeur, sans rien perdre de son individualité.

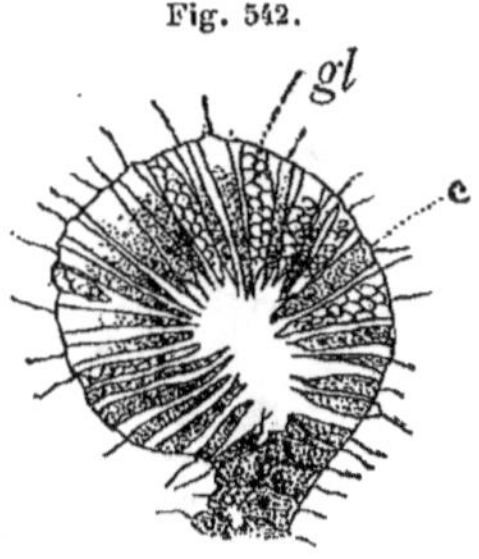

Fig. 542.

Entéroïde
d'*Alcyonium digitatum*
gl., glandes cellulaires;
c., cellules ciliées.

L'ensemble des cavités gastriques des divers
Polypes (**51**, *fig. 1*, **cv**.) forme un système de
larges canaux disposés longitudinalement en convergeant un peu vers
la base de fixation et se terminant en cul-de-sac à diverses hauteurs
selon leur âge. Celles des plus âgés, des fondateurs de la colonie, arrivent
presque jusqu'à la surface de fixation, celles des plus jeunes ne s'enfoncent qu'à quelques millimètres, celles des individus d'âge moyen
s'arrêtent à des niveaux intermédiaires. La disposition générale est
telle qu'un Polype intercalaire apparaît chaque fois que, par le fait de la
divergence, deux Polypes voisins se sont écartés l'un de l'autre au delà
d'un certain maximum qui ne dépasse guère le diamètre moyen d'un
Polype.

Ces cavités gastriques contiennent la partie inférieure des huit cloisons (**51**, *fig. 1*, **cl**.) dont six (les ventrales et les latérales) sont dépourvues à ce niveau d'entéroïdes et portent des œufs, tandis que les
deux autres (les dorsales) sont stériles et sont munies jusqu'au fond
d'un entéroïde en gouttière. La portion sexuée des six cloisons antérieures ne s'étend pas jusqu'au fond, tant s'en faut : au delà d'une
dizaine de millimètres au-dessous de la portion exsertile, il n'y a plus
de masses génitales. Mais les œufs détachés et les embryons restent
dans la cavité maternelle et on les trouve, à la saison convenable,
occupant le fond des cavités gastriques des colonies femelles. Les colonies sont en effet dioïques, et il n'y a même pas chez elles d'hermaphroditisme successif, car on trouve chez les plus jeunes l'un ou l'autre sexe
déjà reconnaissable.

Les cavités gastriques se terminent en cul-de-sac. Mais elles ne sont
pas pour cela closes et sans communication indirecte les unes avec les
autres. La masse du sarcosome est traversée, en effet, par un système
extrêmement irrégulier de larges *canaux vasculaires* (**51**, *fig. 1*, **cn**.)
tapissés d'endoderme, qui se ramifient et s'anastomosent en un large

réseau et s'ouvrent çà et là dans la cavité gastrique des Polypes. C'est sur les branches superficielles de ce réseau que naissent par bourgeonnement les individus intercalaires (fig. 543), nés sur les points où l'écartement des Polypes aînés divergeants leur laisse la place de se former. Les jeunes Polypes sont donc reliés à leur base aux canaux endodermiques et, par ceux-ci, aux Polypes plus âgés voisins. Comme il en a été de même pendant toute la vie de la colonie, tous les Polypes se trouvent ainsi en rapport par leur base avec les Polypes plus âgés voisins, et par divers points de leur hauteur avec les Polypes voisins plus jeunes. En outre, des canaux endodermiques établissent des unions plus ou moins directes entre les Polypes au niveau de leur partie moyenne. Il résulte de cette disposition que les canaux vasculaires sont de plus en plus nombreux vers les parties superficielles, c'est-à-dire jeunes, de la colonie. Vers la base ils sont rares. Peut-être même s'atrophient-ils dans les parties anciennes. Par ce système de canaux, les cavités de tous les Polypes sont mises en relations réciproques et les sucs élaborés par chacun, mis en circulation par le mouvement ciliaire des cavités gastriques et des canaux, sont distribués à toute la colonie.

Fig. 543.

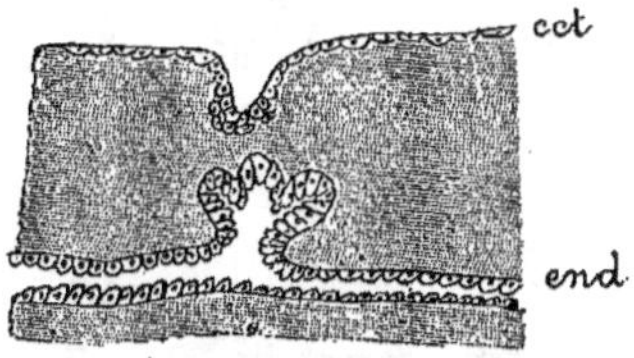

Formation d'un bourgeon chez
Alcyonium digitatum
(d'ap. Hickson).

Il existe en outre dans la mésoglée un réseau beaucoup plus fin et à plus petites mailles, mais non moins irrégulier, de *tractus endodermiques* décrits comme des canaux capillaires par certains auteurs (VOGT et YUNG), et qui ont sans doute la signification de ramifications vasculaires, mais qui, d'après HICKSON [95], seraient pleins et souvent réduits à une seule file cellulaire. Ces cordons partent des canaux vasculaires et se rattachent par des prolongements de quelques-unes de leurs cellules à un réseau de *cellules étoilées* endodermiques, logé aussi dans la mésoglée.

Fig. 544.

Tout cet ensemble nous paraît constituer une même formation de cordons endodermiques, reliant les Polypes à travers la mésoglée, et dont les plus larges seuls sont devenus canaliformes et se sont adaptés à une fonction circulatoire. Les autres, bien que non creusés d'une cavité, peuvent néanmoins servir à conduire à la mésoglée les sucs amenés jusqu'à eux.

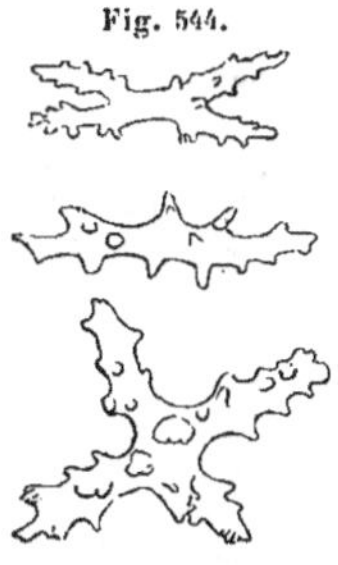

Diverses formes
de spicules
d'*Alcyonium digitatum*
(d'ap. Hickson).

La mésoglée est bourrée de spicules en aiguilles épineuses (**51**, *fig.* 3 et fig. 544), mais nulle part ceux-ci ne se soudent ni ne s'engrènent en un squelette continu. Des spicules petits et isolés se rencontrent dans l'épaisseur des parois de la portion exsertile au-dessus de son union avec le sarcosome et au-dessous de la base des tentacules.

Il ne nous semble pas utile d'insister, après ce qui a été dit à propos de *Tubipora* et d'*Heliopora*, sur le mode d'accroissement de la colonie. Chaque Polype s'accroît par son extrémité distale, et la masse du sarcosome s'accroît aussi de manière à ne pas laisser la portion souple extensile dépasser un certain maximum de longueur (4 à 12^{cm} ; du niveau des plus basses mers à 450 brasses ; dans les parties tempérées de toutes les mers).

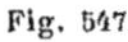

Fig. 545.

Plexus nerveux et musculature circulaire endodermique chez *Alcyonium digitatum* (d'ap. Hickson).

mcl., muscles; **n.**, nerfs.

Sarcophyton (Lesson) en diffère par sa forme en champignon avec Polypes émergeant sur la face convexe du chapeau et par ses spicules cylindriques claviformes ou en aiguilles verruqueuses (Adriat., mer Rouge, oc. Indien, Australie, Pacif.).

Lobophytum (Marenzeller) est formé de lobes polypifères sur un pédoncule nu. Ses spicules sont légèrement différents (mer Rouge, oc. Indien, Australie, Moluques).

Anthomastus (Verrill) est formé d'une tête arrondie polypifère sur un court pédoncule nu; les spicules sont aussi différents (Norvège, Atl., Pacif. nord, Japon).

Sarakka (Danielssen) est peu ramifié, presque subclaviforme, et a une mésoglée commune peu abondante, riche en spicules (Côtes de Norvège, Tristan da Cunha).

Krystallofanes (Danielssen) a un tronc formé d'un petit nombre de cavités gastriques d'où se détachent en hélice à pas allongé les courtes branches portant les Polypes (Spitzberg);

Nidalia (Gray) (fig. 546 et 547) a les Polypes émergeant d'une tête plus ou moins renflée qui surmonte un tronc nu (Atl., Méd., oc. Arct.).

Daniela (Koch) a les Polypes non rétractiles, répandus sur toute la surface d'une colonie dendritique (Naples).

Sinularia (W. May) est formé d'un tronc nu divisé en plusieurs courtes branches cylindriques polypifères au sommet, et dont les intervalles se prolongent en profonds sillons sur le tronc (Côte orientale d'Afrique).

Metalcyonium (Pfeffer) se distingue des précédents par l'absence de siphonozoïdes (Atl. sud-améric.).

Paralcyonium (H. Milne-Edwards) est remarquable par le fait que sa partie inférieure est coriace à la périphérie, tandis que la partie distale, seule polypifère, est molle et dépressible et peut se rétracter dans la première pour s'y mettre à couvert. Les Polypes n'étant pas rétractiles, on pourrait le placer dans les *Xeniinæ*, parmi les genres faisant suite à *Vœringia*, où nous en avons placé plusieurs autres rapportés par d'autres auteurs aux *Alcyoniinæ* (côte d'Algérie).

Fascicularia (Viguier) dont son auteur voudrait faire une sous-famille [FASCICULARINES] en diffère par le fait que les Polypes sont entièrement distincts les uns des autres jusqu'au niveau de la colonne basilaire. LACAZE-DUTHIERS a montré qu'il n'était cependant qu'une espèce du genre précédent (= *P. Edwardsi*) (port d'Alger).

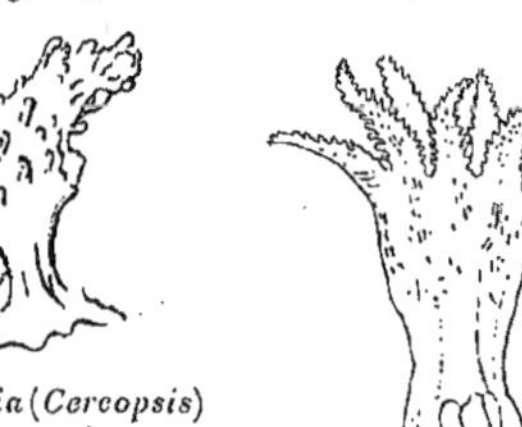

Fig. 546. Fig. 547.

Nidalia (Cercopsis) Bocagei vu dans son ensemble (d'ap. S. Kent).

Polype de *Nidalia (Cercopsis) Bocagei* (d'ap. S. Kent).

10ᵉ FAM. : *Scleraxoninæ* [*p. p. Gorgonacea* (Verrill), *p. p. Axifera* (Gray), *p. p. Gorgo-nidæ* (Dana), *p. p. Scleraxonia* (Wright et Studer), *Pseudaxonia* (Koch)]. Spicules réunis ou fusionnés en un polypier axial dressé, dendriforme, recouvert par un sarcosome dans lequel sont noyés les Polypes, mis en relation par un réseau de canalicules et par un système de larges canaux endodermiques périsquelettiques.

1. — *Polypier fragile souvent mal délimité, formé de spicules mal agglomérés par simple intrication ou avec interposition d'une minime quantité de substance cornée* [*Briareacea* (H. Milne-Edwards); *Paragorgiaceæ* (Kölliker); *Briareidæ* (Wright et Studer)].

Solenocaulon (Gray) (fig. 548). La colonie est dressée, dendriforme, non cylindrique ou conique comme d'ordinaire, mais rubanée, en ce sens que, sur la coupe, le tronc et les branches se montrent aplatis avec deux faces bien distinctes. L'une des faces est recouverte d'un sarcosome abondant où sont engagés les Polypes; l'autre face est formée par une lame squelettique constituée par des spicules très nombreux, très serrés, réunis par un maigre réseau de substance cornée, et recouverte, du côté opposé au sarcosome polypifère, par un simple ectoderme doublé d'une mince lame de mésoglée. Dans le sarcosome, les Polypes sont réunis par un fin et large réseau de canalicules endodermiques; ces canalicules se mettent en rapport par quelques-unes de leurs branches avec une couche de canaux endodermiques plus larges, longitudinaux, recouvrant la lame squelettique sur la face polypifère. La lame formant la colonie est courbée en gouttière, concave sur sa face non poly-pifère. On peut considérer cette forme comme faisant transition avec celles où les Polypes sont réunis seulement par une épaisse membrane stoloniale encroûtante comme chez *Sympodium*, en supposant seulement que cette lame a soudé ses spicules en un squelette du côté du support et que le tout, quittant ce support, s'est redressé. Cependant, dans le tronc et les grosses branches, la structure tend à se rapprocher de celle des formes à axe central que nous allons bientôt rencontrer, par le fait que la gout-tière formant la colonie se ferme en cylindre fendu longitudinalement et que la couche des gros canaux se montre aussi sur la face polypifère : il suffirait que le cylindre se fermât tout à fait pour que le squelette devînt central, ne différant de celui des formes élevées du groupe que par la présence d'une cavité axiale tapissée d'ectoderme. (Taille non indiquée; Australie, Philippines, Moluques).

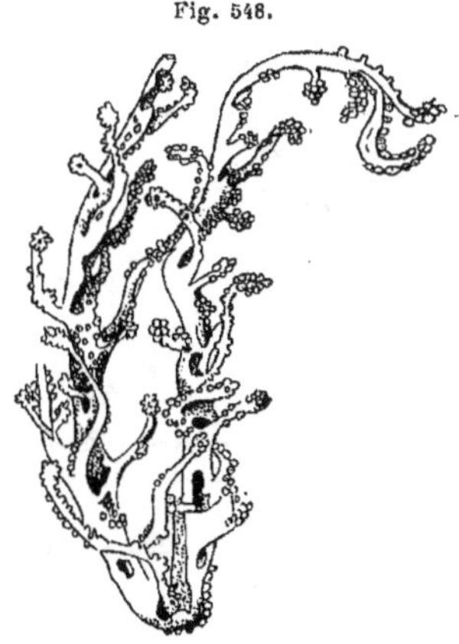

Fig. 548.

Solenocaulon Grayi (d'ap. Studer).

Sclerosolenocaulon (Germanos) et
Malacosolenocaulon (Germanos) sont des sous-genres du précédent.

Leucœlla (Gray) est une forme voisine, en apparence plus primitive encore, mais mal connue (Australie).

Semperina (Kölliker) est au contraire plus différencié, sa forme est plus cylindrique et son squelette est axial, mais encore excentrique, avec les Polypes prédominants d'un côté (Philippines).

Suberia (Studer) est tout à fait cylindrique et son squelette est bien central (Montevideo, Nouvelle-Zélande, Australie).

Anthothela (Verrill) est parfois simplement encroûtant, plus souvent dressé, ramifié; ses Polypes ne sont pas rétractiles et se protègent seulement, à l'état de contraction, par la base de leurs tentacules incurvés en dedans; le fond de leur cavité gastrique confine à l'axe (Nouvelle-Ecosse, Pacif., Amér. équat.).

Paragorgia (H. Milne-Edwards) (fig. 549 et 550). Les Polypes sont rétractiles dans des calices verruciformes et sont de deux sortes, *auto-zoïdes* et *siphonozoïdes*, ces derniers sans tentacules; le polypier n'est pas nettement séparé du sarcosome ambiant (Côtes de Norvège).

Briareum (de Blainville) (fig. 551) forme des masses dressées, irrégulièrement lobées; le polypier est mal défini, traversé

Fig. 549.

par les gros canaux endodermiques; les Polypes sont entièrement rétractiles, mais sans calices (Floride, Norvège).

Fig. 550.

Deux Polypes de *Paragorgia nodosa* (d'ap. Koren et Danielssen).

Paragorgia nodosa demi-grandeur naturelle (d'ap. Koren et Danielssen).

Ces genres sont généralement réunis avec *Solenocaulon* dans une sous-famille [*Briareinæ* (Studer et Wright)].

Titanideum (Agassiz) ressemble à *Briareum*, mais son polypier est bien distinct, moins spongieux (Carolines).

Spongioderma (Kölliker) est de nouveau cylindrique, dendriforme, avec un polypier bien défini, à la surface duquel sont appliqués les canaux longitudinaux; les Polypes sont rétractiles dans des calices (Cap de Bonne-Espérance).

Iciligorgia (Ridley) est comme le précédent, mais au lieu d'avoir un contour cylindrique, il est irrégulièrement prismatique, et les Polypes émergent dans des sillons creusés dans les arêtes longitudinales (Guadeloupe, détroit de Torrès).

Ces genres sont ordinairement réunis en une deuxième sous-famille [*Spongioderminæ* (Wright et Studer)] et les deux sous-familles réunies en un groupe compté comme famille [*Briareacea* (H. Milne-Edwards); *Paragorgiaceæ* (Kölliker); *Briareidæ* (Wright et Studer)] que nous pouvons accepter comme sous-famille.

2. — *Spicules peu-nombreux, empâtés dans une abondante substance cornée, formant ainsi un polypier ferme et souple [p.p.* SCLEROGORGIACEÆ (Kölliker); SCLEROGORGIDÆ (Wright et Studer)].

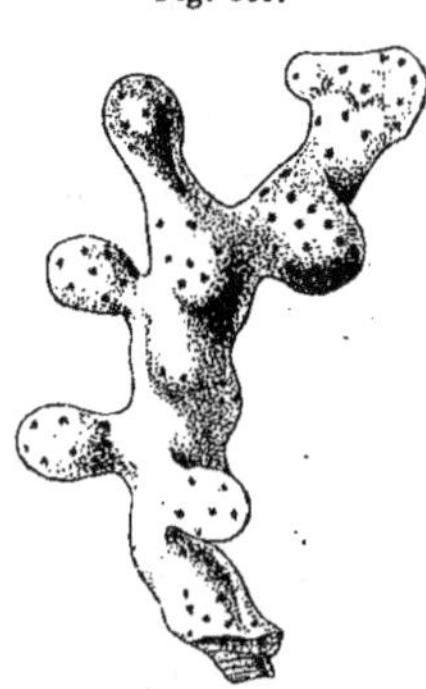

Fig. 551.

Briareum Frielei (d'ap. Koren et Danielssen).

Suberogorgia (Gray, *emend.*) forme des colonies dressées, dendritiques, à branches parfois anastomosées, légèrement comprimées ainsi que le tronc; le sarcosome est épais, sillonné dans les points où ne sont pas les Polypes, qui sont rétractiles dans des calices légèrement proéminents. On donne le nom de *calice* à la partie proximale du Polype, saillante à la surface du sarcosme, à parois épaisses et rigides, incapable de s'invaginer, et dans laquelle la portion distale, mince et souple, peut se rétracter. Le caractère essentiel consiste dans la nature du squelette formé de spicules rares, empâtés dans une abondante substance cornée constituant avec eux un polypier ferme et flexible bien délimité de l'épais sarcosome qui le recouvre (Atl., Pacif., oc. Indien, Australie, Japon).

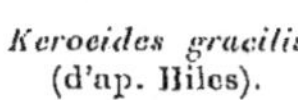

Fig. 552.

Keroeides (Wright et Studer) (fig. 552) est formé de branches légèrement aplaties, étalées dans un plan; ses Polypes sont rétractiles dans des calices protégés par des écailles polygonales (Nouvelle-Bretagne, Nouvelle-Guinée, Japon et peut-être Amérique).

3. — *Le Polypier est formé de disques successifs, alternativement calcaires et cornés* [MELITHÆIDÆ (Ridley) ; MELITHÆACEÆ (Kölliker); MELITHODIDÆ (Wright et Studer) ; MELITHÆADÆ + MOPSELLADÆ + TRINELLADÆ + p. p. ELLISELLADÆ (Gray)].

Melitodes (Verrill). C'est l'ancien genre *Melitæa* de Lamarck, dont le nom a dû être changé comme déjà donné par Fabricius à un Lépidoptère. C'est une colonie dressée, ramifiée, tantôt dans un plan, tantôt dans toutes les directions, à branches souvent anastomosées, couvertes de Polypes rétractiles dans de petits calices plus ou moins proéminents. Son caractère essentiel consiste dans la constitution de son polypier qui est formé de segments successifs, régulièrement alternants, les uns cornés, les autres calcaires. Ceux-ci, appelés *entre-nœuds*, sont formés de spicules nombreux, serrés, réunis par une maigre quantité de matière cornée; ceux-là, appelés *nœuds*, sont, au contraire, formés essentiellement de substance cornée souple, contenant de rares spicules. Les ramifications se détachent des nœuds. Le polypier — mais c'est ici un caractère générique qui ne se retrouve pas dans les genres alliés — est pénétré par les grands canaux du système endodermique longitudinal (Australie, Pacif., Singapour, Nouvelle-Bretagne.)

Keroeides gracilis (d'ap. Biles).

Mopsella (Gray) (Golfe de Bengale, Australie, Pacif.) et

Acabaria (Gray) (Australie, Japon), n'en diffèrent que par la forme de leurs spicules.

Psilacabaria (Ridley) de même, mais en outre ses Polypes sont disposés en spirale (Australie).

Wrightella (Gray) a les branches comprimées, avec les Polypes sur les bords et point de canaux endodermiques dans l'intérieur du polypier (Seychelles, mer Rouge).

Clathraria (Gray) est formé de branches cylindriques, de diamètre uniforme, courbées en divers sens, anastomosées, non pénétrées par les canaux endodermiques (habitat inconnu).

Parisis (Verrill) diffère de tous les autres par le fait que ses branches naissent des entrenœuds calcaires (Australie, Japon, île Maurice).

4. — *Polypier entièrement calcaire formé de spicules fusionnés en une masse continue* [CORALLIDÆ (Gray); CORALLINÆ (Dana)].

Corallium (Lamarck) (**Pl. 52** et fig. 553 à 555) peut être considéré comme le type le plus élevé du sous-ordre des Alcyonidés et son organisation est très bien connue, grâce à l'admirable monographie qu'en a donnée H. DE LACAZE-DUTHIERS [64]. La colonie, ou *zoanthodème*, est dressée, ramifiée, fixée sur les roches par une base légèrement élargie; elle présente, à l'état vivant, une belle couleur rouge rappelant celle du corail des joailliers, qui forme son squelette; mais les portions exsertiles des Polypes sont blanches.

Fig. 553.

Spicule de *Corallium* (d'ap. de Lacaze-Duthiers).

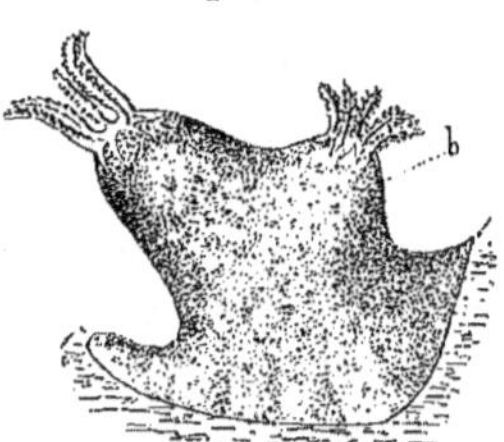

Fig. 554.

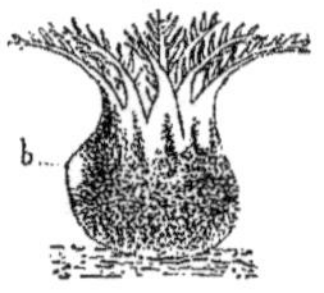

Corallium rubrum. Oozoïte bourgeonnant le premier blastozoïte (d'ap. de Lacaze-Duthiers).

b., bourgeon.

Le sarcosome (**52**, *fig. 3*) forme une épaisse couche sur laquelle sont disposés sans ordre les Polypes entièrement rétractiles. Ceux-ci (**52**, *fig. 1*) sont courts, noyés à peu près à mi-corps dans la mésoglée commune. Leur base arrondie confine au polypier, dans lequel elle détermine une petite dépression très superficielle. À l'état de contraction, ils ne forment qu'une légère saillie froncée au sommet; leurs tentacules sont alors complètement invaginés, retournés comme un gant, et les pinnules elles-mêmes se retournent de la même manière, la face endodermique en dehors. Pour l'organisation, ils ne diffèrent du type morphologique en rien d'essentiel. — Entre ces Polypes normaux, complets, *autozoïdes*, sont disséminés de nombreux petits Polypes réduits, *siphonozoïdes* (**52**, *fig. 3*), sans tentacules, apparaissant comme de simples pores contractiles qui établissent une communication directe entre les canalicules endodermiques et le dehors.

Le sarcosome contient, outre les éléments cellulaires émigrés de l'ectoderme, des spicules en forme de petits prismes quadrangulaires, dont les deux bases portent chacune une et les quatre faces chacune deux petites têtes épineuses (fig. 553). Ces spicules sont d'un beau rouge et ce sont eux qui donnent au sarcosome sa couleur. Dans le sarcosome circule un riche réseau de fins canalicules endodermiques (**52**, *fig. 2*) qui se mettent en rapports multiples avec la cavité gastrique des polypes à leur base : c'est sur eux que bourgeonnent les nouveaux blastozoïtes. Tout contre le polypier est une couche continue de grands canaux endodermiques longitudinaux (**52**, *fig. 3*) qui ne pénètrent pas dans le polypier, mais s'impriment sur lui par autant de petites gouttières apparaissant à l'œil nu

Fig. 555.

Corallium rubrum. Oozoïte ayant bourgeonné le premier blastozoïte (d'ap. de Lacaze-Duthiers).

b., blastozoïte.

sous l'aspect de fines stries. Ces grands canaux s'unissent entre eux par de courtes anastomoses transversales et se mettent en rapport multiple avec le réseau des canalicules superficiels. — Le polypier (**52**, *fig. 3*) est axial, central, formé d'un arbuscule calcaire continu, très résistant et de la belle couleur rouge que l'on connaît : c'est lui qui constitue le *corail* des bijoutiers qui le polissent et le façonnent de diverses manières. Sa surface est striée par les canaux longitudinaux et, à certaines places, montre de petites dépressions très superficielles que LACAZE-DUTHIERS a appelées *calices*, mais qui n'ont rien de commun avec les calices formés dans d'autres genres par cette base épaissie, appartenant aux tissus mous, qui sert à recevoir la portion exsertile quand elle s'invagine. Ce polypier est formé par des spicules fusionnés en une masse continue, où leurs limites ne sont plus distinctes, même sur les coupes microscopiques. Mais, dans les parties jeunes en voie d'accroissement rapide, c'est-à-dire à l'extrémité des branches, on voit nettement les spicules s'agglomérer peu à peu en lames calcaires, d'abord minces, qui s'épaississent plus tard. Lacaze-Duthiers a constaté que les Polypes sont quelquefois hermaphrodites et que les colonies le sont le plus souvent (De quelques centimètres à 1 ou 2 décimètres; Médit., cap Vert, par 10 à 150 mètres ordinairement 20 à 50 brasses, pour le *C. rubrum*; île Maurice, pour *C. stylasteroides*.)

Pleurocorallium (Gray) a deux sortes de spicules; les branches sont comprimées et portent les polypes principalement sur une de leurs faces (Pacif., île Prince-Edward, Madère).

Hemicorallium (Gray) a le polypier blanc et les Polypes sur le bord interne des branches (Madère).

2e SOUS-ORDRE

GORGONIDÉS. — *GORGONIDÆ*

POLYPIERS CORTICIFÈRES (Lamarck) ; — POLYPIERS CORTICAUX (Cuvier) ;
CORALLEA (de Blainville ; — *GORGONIADÆ* (Johnston ;)
[*p. p. GORGONIDÆ* (Dana); — *CERATOCORALLINA* (Ehrenberg ;)
p. p. AXIFERA (Gray); — *p. p. GORGONACEA* (Verrill);
CORALLIADÆ (Gray) ; — *GORGONIDÆ* (Edwards et Haime, Kölliker) (¹).
AXIFERA (Koch); — *HOLAXONIA* (Wright et Studer)]

TYPE MORPHOLOGIQUE
(Pl. 53 ET FIG. 556 A 560)

Si nous voulions, pour donner une idée du type des Gorgonidés, partir de celui de l'ordre des Octanthides, nous devrions recommencer toute la série des descriptions qui nous a progressivement amenés de ce type si simple aux formes les plus élevées des Alcyonidés. Pour éviter

---

(¹) Dans toutes les dénominations anciennes, sont compris le Corail et tous les Alcyonidés à squelette axial continu.

des redites inutiles, nous demandons donc au lecteur de vouloir bien déroger au plan habituel de ce traité et, pour l'étude du type des Gorgonidés, de partir du genre le plus élevé des Alcyonidés, du Corail, *Corallium*.

Pour tout ce qui concerne l'extérieur (**52**, *fig*. *1* et *2*) et les parties molles, notre type est constitué comme le Corail. C'est le même arbuscule dressé, ramifié, implanté sur le sol par une base élargie (fig. 556), recouvert d'un épais sarcosome sur lequel émergent les portions exsertiles des Polypes. Souvent, cette portion exsertile ne part pas directement du sarcosome. La portion proximale du Polype, épaisse et rigide, forme à la surface du sarcosome une saillie permanente appelée *calice*, et c'est de ce calice que part la portion distale, exsertile, mince et souple, capable de s'invaginer dans le calice pour s'y abriter. Les Polypes ont la même structure; il n'y a qu'exceptionnellement des siphonozoïdes (*Dasigorgia*). Dans la mésoglée, on retrouve les mêmes canaux endodermiques formant un réseau, la même couche de canaux longitudinaux (ici, plus étroits en général que le réseau des canaux superficiels) autour d'un axe central, les mêmes spicules formés dans des cellules ectodermiques émigrées dans la profondeur. Les spicules sont incolores, en sorte que ce n'est pas à eux que le sarcosome doit ses couleurs souvent brillantes. La substance colorante appartient aux parties molles. Aussi est-elle soluble et peu stable, ce qui fait que les échantillons conservés dans l'alcool ou desséchés, perdent complètement leur couleur primitive ([1]).

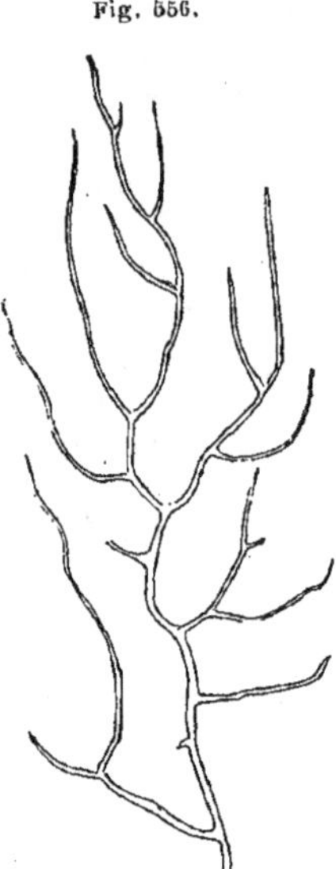

Fig. 556.

Squelette de
Gorgonia profunda
(d'ap. Koch).

L'axe lui-même ne diffère pas, en apparence, de celui, sinon du Corail même, du moins des autres formes des Scléraxonines. Il n'est pas, en effet, entièrement calcaire; il est formé de substance cornée unie à une quantité variable de matière calcaire, en sorte qu'il est, suivant les genres, plus ou moins souple, plus ou moins rigide, mais jamais entièrement calcaire.

Mais la particularité essentielle qui le distingue réside dans son mode de formation et ce mode est si différent de celui du polypier du Corail, qu'il constitue le caractère sur lequel est fondée la distinction des Gorgonidés et des Alcyonidés. Il n'est pas, en effet, plongé dans la mésoglée, ni formé par soudure de ses spicules : il est séparé d'elles par une couche

---

([1]) Il y a cependant quelques exceptions, chez *Gorgonella*, par exemple, où la couleur, étant due aux spicules comme chez le Corail, persiste après la mort.

continue d'épithélium ectodermique qui le sécrète et le revêt dans toute son étendue, en sorte que, bien que contenu à l'intérieur du sarcosome, il est, morphologiquement, extérieur à l'animal (fig. 557 et 558).

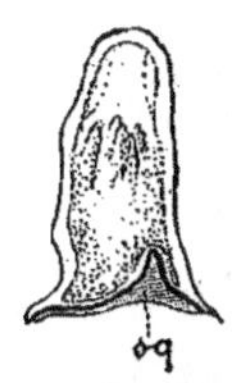

Fig. 557.

Formation du squelette de *Gorgonia Cavolinii* (d'ap. Koch).

sq., squelette.

Pour concevoir bien nettement sa signification, il faut le suivre dans son développement chez un genre, où il soit bien connu, chez la Gorgone, par exemple, où le polypier est entièrement corné.

Le jeune oozoïte fixé ne diffère en rien de celui que nous avons décrit pour le type des Octanthides et n'a encore aucun squelette. Bientôt, entre l'ectoderme qui revêt la base fixée et le sol, apparaît une mince lamelle cornée sécrétée par cet ectoderme (fig. 557 *sq.*). Cette lame, dès sa formation, se montre convexe vers le Polype, en forme de verre de montre, et refoule l'ectoderme dans la cavité gastrique. Bientôt une seconde lamelle se dépose sur la première, plus convexe et plus saillante, et refoulant un peu plus loin le plancher de la cavité gastrique. Le processus continue et ainsi s'élève, entre le sol et le Polype, qui ne cesse pas de la recouvrir, une colonne squelettique soudée au sol par sa base et qui est le rudiment du polypier.

Si cette colonne restait axiale, elle soulèverait sur son sommet l'oozoïte primitif. Il n'en est pas ainsi : elle est excentrique, en sorte que celui-ci se trouve bientôt relégué sur ses côtés (fig. 558). En s'accroissant, et refoulant devant elle le plancher de la cavité gastrique, elle applique ce plancher contre un point de la paroi latérale supérieure et détermine entre les feuillets accolés une soudure qui sépare de la cavité gastrique un diverticule tapissé d'endoderme et en communication avec elle par un ou deux orifices rétrécis. Ce diverticule est le premier rudiment des canaux endodermiques qui se développera par lui-même pour former le système de ces canaux dans la future colonie. Déjà, il fonctionne comme organe blastogénétique, car c'est lui qui, en bourgeonnant vers l'ectoderme qui s'invagine à sa rencontre, donne naissance au premier blastozoïte.

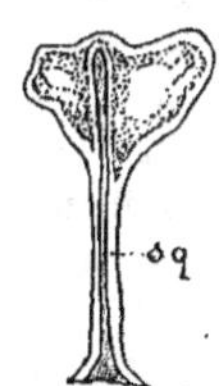

Fig. 558.

Jeune colonie de *Gorgonia Cavolinii* ne présentant encore que deux Polypes et laissant voir par transparence le squelette (d'ap. Koch).

sq., squelette.

Il n'est pas besoin de plus longues explications pour comprendre comment, par la continuation de ce processus, se formera l'ensemble de la colonie avec son polypier. Mais il nous faut donner sur ce dernier quelques détails complémentaires. L'ectoderme invaginé qui le revêt est formé de cellules, d'abord cubiques, et qui restent telles vers le haut, dans les parties jeunes en voie d'accroissement actif, mais qui, dans les parties plus âgées, deviennent peu à peu aplaties. Cet épithélium sécrète, extérieurement à lui, la sub-

stance cornée qui forme le polypier. Les ramifications se montrent sous
la forme d'une petite tubérosité, voisine du sommet, laquelle, peu à
peu, s'accroît en une branche.

La structure est le résultat du mode de formation.

Chez la Gorgone, le tronc (et il en est de même des branches) est
formé de petites coupoles cornées (fig. 559 c.), superposées de telle sorte
que chacune est, vers ses parties centrales,
assez éloignée de la précédente, tandis que
sur ses bords elle s'en rap-
proche et finit par se souder à elle directement, sans
espace interposé. De là résulte que chaque nouvelle
lamelle accroît beaucoup
plus la hauteur que la largeur, d'où la forme géné-
rale, réductible à un cône
extrêmement allongé.

Il y a même deux par-
ties à distinguer dans ce
cône : une *centrale, médullaire* (fig. 560, *cv.*), formée
par les étages successifs de
coupoles dirigées perpendi-

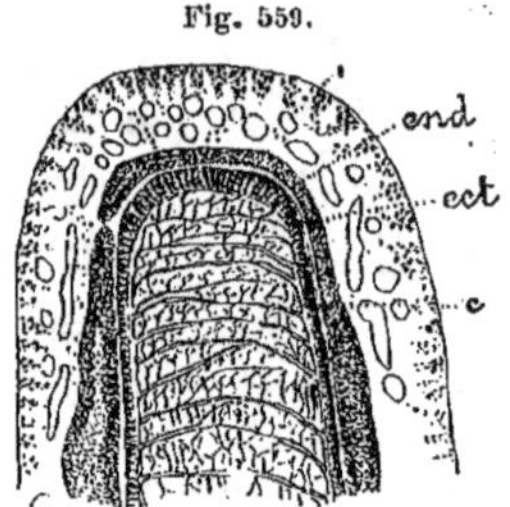

Fig. 560.

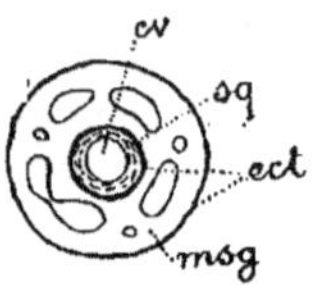

Coupe transversale
d'une branche de
Gorgonia Cavolinii
(d'ap. Koch).

cv., partie centrale du
squelette; **ect.**, ectoderme; **msg.**, méso-
glée; **sq.**, partie pé-
riphérique du sque-
lette.

Fig. 559.

Coupe longitudinale
de l'extrémité terminale
du squelette et du sarcosome
contigu chez *Gorgonia Cavolinii*
(d'ap. Koch).

c., coupoles cornées; **ect.**, ectoderme formateur du squelette;
end., endoderme.

culairement à l'axe et séparées par des cavités, l'autre *périphérique*
(fig. 560, *sq.*), *corticale*, formée de lamelles concentriques et toutes
soudées ensemble sans espace interposé. La partie médullaire a le même
diamètre dans toute la hauteur du polypier, mais elle ne forme à la
base qu'une faible partie du diamètre total, tandis que, vers le sommet,
elle forme ce diamètre presque tout entier; la partie corticale, au contraire, est épaisse à la base et se réduit à rien au sommet du tronc et
des branches. Les espaces compris entre les coupoles de la partie médullaire ne sont pas vides; ils sont formés seulement d'une substance
beaucoup plus molle que les coupoles et que la partie corticale. Cette
partie médullaire est la première à se charger de calcaire, non dans la
Gorgone, mais dans d'autres genres. Ailleurs encore, la substance est
cornéo-calcaire dans toute son étendue, avec des proportions variées de
l'un et de l'autre élément. Enfin, nous verrons même que, dans certains
cas (*Isis*), le polypier peut être formé de disques alternatifs de substance
calcaire et de matière cornée.

Mais, ce qu'il faut bien retenir, c'est que, dans tous les cas, la substance calcaire est sécrétée en même temps que la matière cornée et
par les mêmes cellules ectodermiques, extérieurement à elles, et que
les spicules de la mésoglée sous-jacente ne prennent aucune part à sa
formation.

GENRES

═══════ 1re FAM. : *Gorgoninæ* [*Gorgonidæ* (Dana, *p. p.*, Verrill), *Gorgoniaceæ* (H. Milne Edwards, *p. p.*)]. Polypier corné avec peu ou point de calcaire; colonies, ordinairement ramifiées dans un plan, avec tendance à l'aplatissement des branches dans ce plan et à une distribution des Polypes, rétractiles dans des calices, en séries longitudinales sur les côtés ou sur les faces des branches.

Gorgonia (Linnæus, *emend.* Verrill) (**53**, *fig. 1* et *2*) est à peu près notre type morphologique. Son polypier est corné et nous avons fait connaître sa structure. La colonie étale ses branches en éventail dans un plan et parfois peut les anastomoser en réseau. Le tronc et les branches sont aplatis et c'est sur les deux bords que s'insèrent les Polypes entièrement rétractiles dans des calices (Quelques décimètres ; Atl., Médit., Golfe de Bengale, 50 à 100 brasses.)

Eugorgia (Verrill) en diffère surtout par des caractères de spicules (Côtes occid. de l'Amér.).

Swiftia (Duchassaing et Michelotti), de même, et en outre semble avoir du calcaire dans son polypier (Indes occid.).

Danielssenia (Grieg) a son polypier cylindrique non ramifié (Norvège).

Callistephanus (Wright et Studer) est peu ramifié, a les branches disposées à angle droit sur le tronc, les Polypes principalement latéraux, le polypier cornéo-calcaire (Ile de l'Ascension, Pacif. amér. équat.).

Stenogorgia (Verrill) a de nouveau le polypier corné, les Polypes orientés en séries longitudinales ou éparses, courbés en dedans à l'état de rétraction (Atl., Norvège).

Leptogorgia (H. Milne-Edwards, *emend.* Verrill.) (fig. 561) a entre ses branches des anastomoses si fréquentes qu'il peut être dit réticulé (Côtes occid. d'Afrique, occid. et orient. d'Amérique, Pacif., Australie).

Lophogorgia (H. Milne-Edwards) a les branches aplaties comme d'ordinaire dans cette famille, sauf au bout où elles sont cylindriques ; les Polypes sont dépourvus de calices et si complètement rétractiles qu'ils disparaissent tout à fait à l'état de contraction (Côtes orient. d'Afrique.

Platycaulos (Wright et Studer) a les Polypes pourvus de calices ; son polypier est aplati, comprimé, partiellement calcaire, surtout dans l'axe des branches (Mer de Banda).

Hymenogorgia (Valenciennes) semble fort différent de *Gorgonia* au premier abord ; il ne forme pas, en effet, un arbuscule, mais une large feuille à parenchyme continu. Un examen plus attentif montre que ce parenchyme est formé par le seul sarcosome, tandis que le polypier corné forme à l'intérieur un arbuscule ramifié, tout comme chez la Gorgone. Les Polypes sont sur les deux faces, réunis dans le parenchyme par le système des canalicules superficiels qui les a suivis, tandis que les grands canaux longitudinaux sont restés le long des branches du polypier, sur les côtés situés dans le plan du parenchyme (20cm ; Atl. amér. équat.).

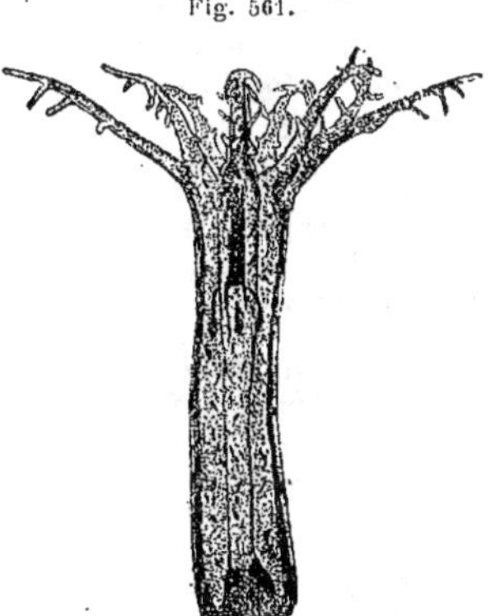

Fig. 561.

Leptogorgia.
Individu âgé de 13 jours.
(d'ap. Wilson).

Phytogorgia (H. Milne-Edwards) mérite à peine de former un sous-genre du précédent dont il ne diffère que par l'anastomose en réseau des branches du polypier.

Phycogorgia (Valenciennes) est de même, mais les branches du polypier, au lieu d'être étroites, sont elles-mêmes élargies comme les feuilles d'un Fucus, et le sarcosome ne fait que combler les faibles intervalles qui le séparent (Atl. amér. équat.).

Xiphigorgia (H. Milne-Edwards) a la forme d'une feuille découpée en lames étroites, gladiiformes, ayant pour axe les branches très comprimées du polypier, et formées pour le reste par le sarcosome étalé (Atl. amér. équat.).

══════ 2° FAM. : Muriceinæ [*Muricea* (Lamouroux), *p. p. Primnoaceæ* (H. Milne-Edwards), *Muriceadæ* (Studer), *Muriceidæ* (Verrill)]. Polypier corné; spicules très développés, épineux, faisant saillie à la surface; Polypes partiellement rétractiles dans des calices armés.

Anthomuricea (Wright et Studer). Sur le polypier corné, en arbuscule dressé, s'étend un sarcosome peu épais, sur lequel les Polypes sont assez clairsemés. Toute la surface du sarcosome est hérissée par les pointes des spicules sous-jacents qui se dressent perpendiculairement à elle. Les Polypes sont pourvus d'un calice à 8 dents, bien armé de spicules qui avancent leur pointe dans ces dents. La portion moyenne de leur partie exsertile, celle qui est comprise entre le calice et les tentacules, est invaginable dans le calice. Les tentacules ne sont pas rétractiles, ils se rabattent seulement sur la bouche; mais comme leur base est armée à sa face externe de spicules en chevrons, ils forment, ainsi rabattus, une sorte d'opercule assez efficace, fermant l'orifice du calice (20 à 40ᶜᵐ; Médit., Patagonie, 25 à 140 brasses).

Tous les genres ci-dessous ne diffèrent du précédent que par des caractères secondaires portant principalement sur la forme des spicules, la disposition de l'opercule, l'arrangement des Polypes sur les branches, etc. :

Acanthogorgia (Gray) (fig. 562) (Atl., Chine, Philippines, Nouvelle-Bretagne, Nouvelle-Ecosse),

Paramuricea (Kölliker) (Côtes de Norvège, Atl., Terre-Neuve., Australie, îles Salomon),

Astromuricea (Germanos) (Moluques),

Hypnogorgia (Duchassaing et Michelotti) (Guadeloupe),

Muriceides (Wright et Studer) (Açores, côtes de Norvège, Philippines),

Clematissa (Wright et Studer) (Açores par 1135ᵐ, Tristan d'Acunha, Patagonie),

Fig. 562. Fig. 563.

Polype d'*Acanthogorgia* (d'ap. Hiles).

Polypes de *Villogorgia rubra* avec leur opercule (d'ap. Hiles).

Villogorgia (Duchassaing et Michelotti) (fig. 563 et 564) (Atlantique, Pacifique, océan Indien),
Dendrogorgia (Duchassaing) (Guadeloupe),
Anthogorgia (Verrill) (Chine, Japon, Pacif. améric. équat.),
Placogorgia (Wright et Studer) (Ile Saint-Paul),
Echinomuricea (Verrill) (Philippines, Détr. de Torres, mer de Chine, Moluques),
Echinogorgia (Kölliker) (Pacif., Maurice, Australie, oc. Indien, Japon),
Menacella (Gray) (Habitat inconnu),
Boarella (Gray) (Habitat inconnu),

Phœocella (Gray) (Médit.),
Heterogorgia (Verrill) (Panama),
Astrogorgia (Verrill) (Chine),
Bebryce (Philippi) (Açores, Mé-
dit., Nouvelle-Guinée),
Acamptogorgia (Wright et Studer)
(fig. 565) (Atl., Médit., Ja-
pon, îles Fidji, Nouvelle-
Guinée, Nouvelle-Bretagne,
Moluques),
Muricella (Verrill) (fig. 566) (Atl.,
Pacif., oc. Indien., Australie,
Japon),
Eumuricea (Verrill) (Panama,
Pérou),
Lignella (Gray) (Antilles).
Menella (Gray) n'est pas ramifié,
et est formé d'une simple tige
dressée, renflée supérieure-
ment (Bombay, (?) Japon).
Acis (Duchassaing et Michelotti)
est remarquable par les im-
menses spicules de son sarcosome, atteignant jusqu'à 3ᵐᵐ
de long (Maurice, Guade-
loupe, Japon).
Thesea (Duchassaing et Michelotti) ne semble pas différer
génériquement d'*Acis* (Guadeloupe, Indes orient.).

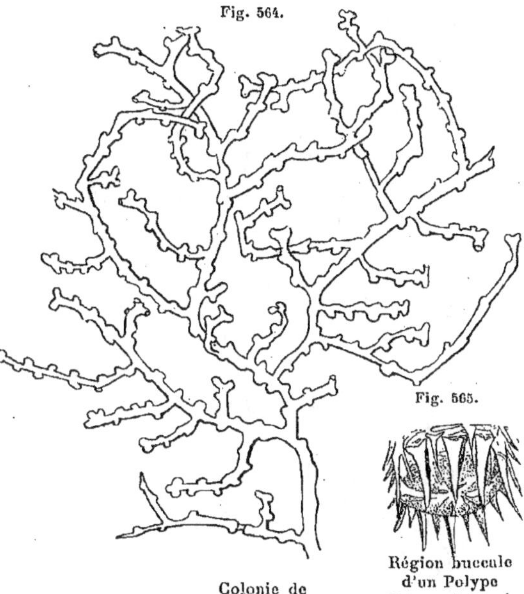

Fig. 564.

Colonie de
Villogorgia rubra
(d'ap. Hiles).

Fig. 565.

Région buccale
d'un Polype
d'*Acamptogorgia*
montrant
la disposition
des spicules
de l'opercule
(d'ap. Hiles).

Muricea (Lamouroux, *emend.* Verrill) (**53**, *fig.* 3.) diffère
d'*Anthomuricea* par le fait que ses Polypes sont un peu
plus profondément rétractiles dans leurs calices ; en outre, la lèvre dorsale de ce dernier
est saillante comme un lobe qui peut se rabattre sur le Polype rétracté (Médit., Atl. et Pacif.
amér., Australie, Chine, Bahia.).

Elasmogorgia (Wright et Studer) a ses Polypes protégés à
l'état de rétraction par les bords de leurs calices qui se
rabattent par dessus les tentacules (archipel Papou).

3ᵉ FAM. : Plexaurinæ [*Plexauridæ* (Gray), *Euni-
ceidæ* (Kölliker)]. Polypier cornéo-calcaire, plus ou
moins minéralisé dans ses parties âgées, souple
dans ses parties jeunes ; sarcosome épais, Polypes
rétractiles, soit directement dans le sarcosome, soit
dans de petits calices verruciformes.

Plexaura (Lamouroux) est dendritique ; il a un
polypier très peu minéralisé, souple, et les
Polypes entièrement rétractiles dans le sarcosome remarquablement épais qui les re-

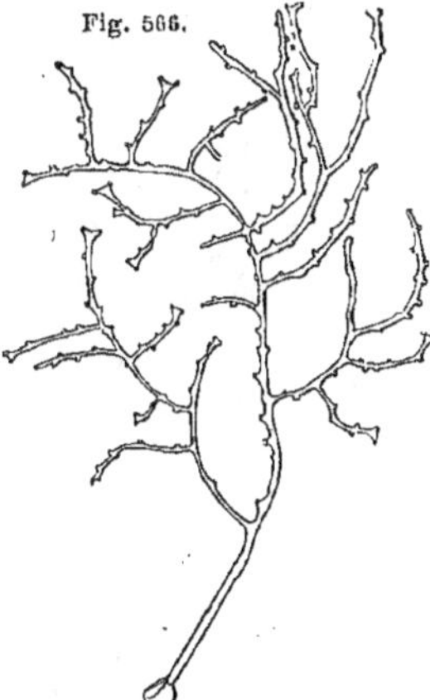

Fig. 566.

Colonie de *Muricella flexilis*
(d'ap. Hiles).

couvre, en sorte qu'à l'état de rétraction ils apparaissent comme un simple petit pore, qui ne détermine aucune saillie (Atl., golfe de Bengale, Pacif.; faible profondeur).

Il en est de même pour les genres suivants qui ne diffèrent de *Plexaura* que par des caractères secondaires portant principalement sur la forme et l'arrangement des spicules :

Busella (Gray), très ramifié, à sarcosome mince (Guadeloupe),

Muritella (Gray), ramifié dans un plan, avec le tronc, les grosses branches comprimées et les petites branches cylindriques, renflées au bout (Californie),

Plexauroides (Wright et Studer) (fig. 567), ramifié dans un plan avec une portion calcaire au centre

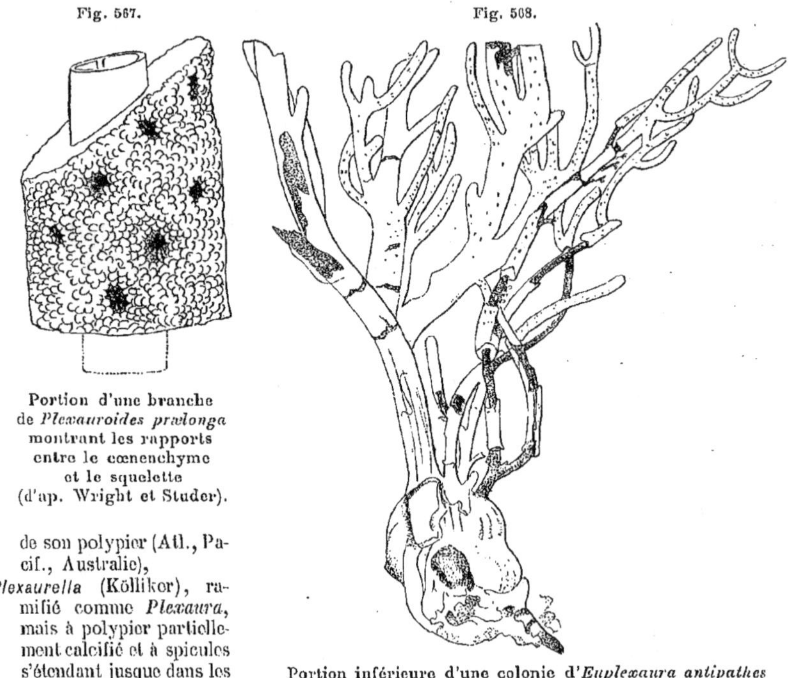

Fig. 567.

Portion d'une branche de *Plexauroides prælonga* montrant les rapports entre le cœnenchyme et le squelette (d'ap. Wright et Studer).

de son polypier (Atl., Pacif., Australie),

Plexaurella (Kölliker), ramifié comme *Plexaura*, mais à polypier partiellement calcifié et à spicules s'étendant jusque dans les pinnules des Polypes (Atl., Pacif., Philippines),

Fig. 568.

Portion inférieure d'une colonie d'*Euplexaura antipathes* (d'ap. Hiles).

Pseudoplexaura (Wright et Studer), peu ramifié avec quelques grains calcaires dans le polypier (Atl., Pacif.),

Euplexaura (Verrill) (fig. 568), semblable à *Plexaura* mais à spicules différents (Atl., Pacif., Japon),

Eunicea (Lamouroux) (fig. 569) a au contraire des grains calcaires dans le polypier et, surtout, les Polypes pourvus de calices à orifice bilabié, qui, à l'état de rétraction restent saillants à la surface comme de fortes papilles (Atl., détr. de Magellan, Pacif.; faible profondeur à 175 brasses).

Les genres suivants ne diffèrent d'*Eunicea* que par des caractères secondaires de spicules :

Psammogorgia (Verrill) à polypier corné, à spicules s'étendant jusque dans le Polype (Atl., Pacif., golfe de Bengale (?), Nouvelle-Zélande),

Eunicella (Verrill) caractérisé surtout par les spicules (Médit., Atl., Pacif.),

Platygorgia (Studer) à polypier corné, ramifié dans un plan et aplati dans ce plan ; les Polypes sont rétractiles dans des calices, mais ceux-ci sont eux-mêmes enfoncés dans le sarcosome et non saillants, présentant une condition intermédiaire à celle qui distingue *Eunicea* de *Plexaura*. (Atl., Pacif.).

=== 4ᵉ FAM. : *DASYGORGINÆ* (*Chrysogorgidæ* (Verrill), *Dasygorgidæ* (Wright et Studer)]. Polypier cornéo-calcaire, entièrement calcaire à la base, formé dans le reste de son étendue de substance cornée entremêlée de grains calcaires, recouvert d'un sarcosome très mince, sur lequel se dressent de grands Polypes couverts de spicules et dont les tentacules seuls sont plus ou moins rétractiles.

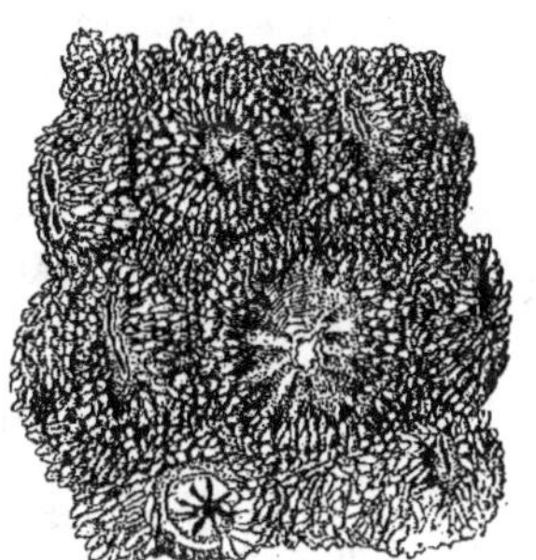

Portion d'une branche d'*Eunicea palmata* (d'ap. Studer).

Strophogorgia (P. Wright) (fig. 570) est une forme très particulière. Le polypier n'est pas ramifié : c'est une simple tige rampante ou dressée, à reflets irisés dus à ses grains calcaires, se terminant en bas par des stolons radiciformes calcaires qui l'enracinent dans la boue du fond ; les Polypes, grands, sessiles ou pédonculés, sont disposés en une série longitudinale unique (20 à 60ᶜᵐ ; Atl., Japon, de 345 à 1 875 brasses).

Ce genre à caractères exceptionnels est considéré comme formant une sous-famille [*Strophogorginæ* (Wright et Studer)] à laquelle s'oppose une 2ᵉ sous-famille [*Chrysogorgidæ* (Verrill), *Chrysogorginæ* (Wright et Studer)] contenant tous les autres genres de la famille, dont l'un des principaux est :

Dasygorgia (Verrill, *emend.*) (fig. 571 et 572). D'une base élargie, soudée au support et entièrement calcaire, part un polypier cornéo-calcaire à reflets irisés dus à la présence de grains calcaires dans la couche superficielle de la substance cornée. En raison de l'abondance des grains calcaires, le polypier est rigide et ne présente quelque souplesse qu'au sommet, vers les parties jeunes. Il a l'aspect d'un arbuscule ramifié dichotomiquement. Mais, en y regardant de près, on voit qu'il se ramifie suivant un mode très spécial, celui de la *cyme unipare*: c'est-à-dire

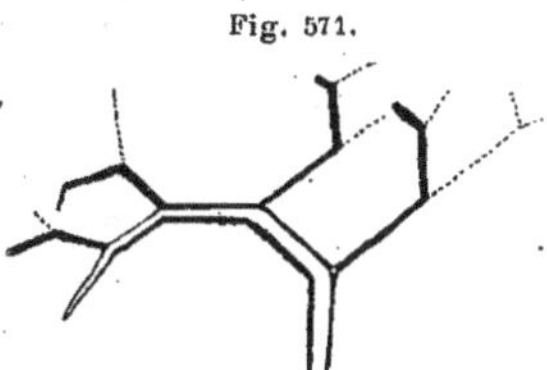

Fig. 571.

Schéma du mode de développement des branches chez *Dasygorgia* (d'ap. Wright et Studer).

Colonie de *Strophogorgia Verrilli* (d'ap. Wright et Studer).

que chaque branche émet ses rameaux tous d'un même côté, mais, en même temps, se déjette chaque fois légèrement du côté opposé, de manière à prendre elle-même la position de la seconde branche d'une division dichotomique, ainsi que le montre le schéma ci-contre (fig. 571). Les Polypes (fig. 572) sont assez espacés, deux en général seulement sur chaque entre-nœud. Les spicules sont abondants dans le sarcosome et se prolongent sur les Polypes et sur la face externe de leurs tentacules, mais non sur les pinnules. Ainsi cuirassés, les Polypes ne sont pas rétractiles, mais ils rabattent leurs tentacules sur leur bouche, ne laissant ainsi exposées que des parties protégées par un cuirassement de spicules (10 à 15^{cm}; Atl., Pacif., Océanie, Philippines, Japon; 80 à 1 875 brasses).

Fig. 572.

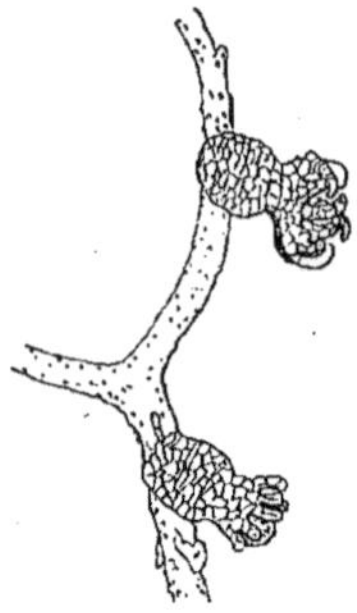

Deux Polypes latéraux de *Dasygorgia axillaris* (d'ap. Wright et Studer).

La cyme unipare peut prendre des aspects très variés : quand la branche et le rameau partant d'un même point sont de grosseurs peu différentes, ils s'écartent à peu près également de la direction précédente et prennent l'aspect d'une division dichotome; mais dans le cas contraire, le rameau s'écarte beaucoup tandis que la branche, beaucoup plus forte, continue presque la direction primitive, selon la même loi qui règle l'écartement des branches d'un système vasculaire. Dans ce cas, le tronc reste presque rectiligne et émet des branches latérales. En outre, la cyme est souvent hélicoïde et, selon le pas de l'hélice que forment les points d'insertion des branches, prend des aspects variés. Quand l'hélice est à tours serrés, avec forte prédominance du tronc sur les branches, la colonie peut prendre l'aspect d'un Sapin ou d'un Cyprès.

Lepidogorgia (Verrill), à tige non ramifiée, fixée par des racines ramifiées, à sarcosome recouvert de petites écailles oblongues (Nouvelle-Angleterre par 900 à 1 700 brasses),

Chrysogorgia (Duchassaing et Michelotti) (fig. 573), composé de formes, à affinités discutées (Antilles, Nouvelle-Bretagne),

Iridogorgia (Verrill), possédant des siphonozoïdes (Antilles),

Herophila (Steenstrup) (Antilles) et

Riisea (Duchassaing et Michelotti) (Antilles), sont des genres voisins.

Fig. 573.

Chrysogorgia constricta (d'ap. Hiles).

===== 5° FAM. : PRIMNOINÆ [*p. p. Primnoaceæ* (Valenciennes), *Primnoadæ* (Gray), *Primnoidæ* (Verrill, *emend.* Studer et Wright)]. Polypier cornéo-calcaire, à base entièrement calcaire, à Polypes rétractiles dans un calice pédonculé cuirassé, comme le sarcosome, de spicules en écailles, qui dessinent à son bord libre 8 lobes saillants, formant opercule sur le Polype rétracté.

Primnoa (Lamouroux) a un polypier grêle, entièrement calcaire à la base, cornéo-calcaire dans le reste de son étendue, mais assez riche en matière minérale pour être rigide. Il est surtout remarquable par la forme et le cuirassement de ses Polypes. Ceux-ci sont situés au sommet de calices saillants, pédonculés. Les spicules du sarcosome, très développés et formant sur celui-ci un revêtement écailleux, montent sur le calice et

le cuirassent, mais pas sur toute sa surface, le côté tourné vers l'axe
étant nu. Au bord libre du calice, cependant, le cuirassement est complet, et là les écailles forment 8 lobes mobiles qui peuvent se rabattre
sur le Polype rétracté dans le calice et le protéger. En outre de cela,
le pédoncule est mobile et, lorsque le Polype est rétracté, il se courbe
vers l'axe en se tordant de manière à abriter son ouverture contre la
paroi de celui-ci. Les Polypes sont disposés sur les branches en hélice à
pas serré (Atteint une grande taille, Atl., des régions polaires aux Antilles et aux
îles du Cap Vert, et fossile, Miocène).

Ce genre est le chef non seulement de la famille, mais d'une sous-famille [*Primnoinæ*]
(Wright et Studer) contenant aussi les suivants :

Stachyodes (Wright et Studer) a ses Polypes disposés en verticilles, et ses calices se tordent vers
le bas à l'état de contraction (Açores, Océanie, Pacif. amér. équat.).

Calypterinus (Wright et Studer) a ses Polypes verticillés aussi, mais disposés de manière à
laisser inoccupée toute une bande longitudinale creusée en sillon (Iles Fidji).

Narella (Gray, *emend.* Studer) a ses Polypes disposés en verticilles de trois, alternes, séparés par
de longs intervalles (Atl., Pacif., Japon).

Thouarella (Gray) a les branches se détachant du tronc à angle droit et les Polypes ordinairement
disposés en courtes spirales qui en comprennent trois par tour (Atl., Pacif., Océanie, Japon).

Amphilaphis (Wright et Studer) est ramifié dans un plan (Tristan d'Acunha, Pacif. améric. équat.).

Plumarella (Gray, *emend.* Studer) a un polypier très minéralisé, ramifié aussi dans un plan, comme
une plume ; les Polypes sont en hélice autour des branches (Atl., Floride, Patagonie, Australie,
Japon).

Primnoella (Gray) a un polypier non ramifié, avec les Polypes disposés en verticilles de 4 à 20 et
les calices bilatéraux (Atl. et Pacif. améric., Australie).

Dichotella (Gray) a le tronc et les branches se terminant en pointe fine et les Polypes disposés
en quinconce sur des séries longitudinales (Habitat in-
connu).

Callirhabdos (Philippi) est une forme insuffisamment connue
et à affinités douteuses, que son auteur trouve semblable
au Pennatulidé *Virgularia*, tandis que Hilgendorff le
rappoche de *Primnoella* (Côtes du Chili, 64 brasses).

Myura (Gray) est aussi non ramifié et est partout (calices et
sarcosome) recouvert de grandes écailles plates ; les calices
sont disposés en deux séries irrégulières, opposées (Habitat
inconnu).

Calligorgia (Gray, *emend.* Studer) est ramifié dans un plan,
avec ses Polypes disposés irrégulièrement sur le tronc,
en verticilles de plus de trois sur les branches (Toutes les
grandes mers y compris la Médit.).

Gray avait mis ces deux genres, avec quelques autres
dans une famille spéciale (*Calligorgiadæ*, Gray)]. Le suivant forme pour Wright et Studer une sous-famille [*Prim-
noidinæ*].

Primnoides (Wright et Studer). Il est caractérisé par l'absence
de spicules operculaires (Pacifique sud).

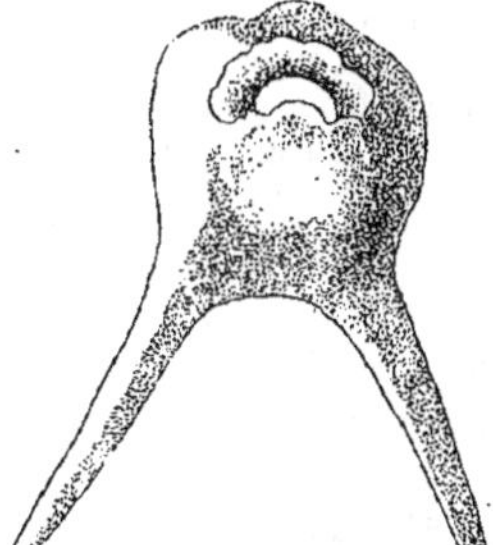

Fig. 574.

Spicule de
Calyptrophora japonica
(d'ap. Wright et Studer).

Les deux suivants sont aussi élevés par les mêmes auteurs au rang de sous-familles,
la première [*Calyptrophorinæ* = *Calyptrophoradæ* (Gray)] pour

Calyptrophora (Gray) (fig. 574) caractérisé, outre la présence d'un opercule, par les spicules des
Polypes qui, au lieu d'être en étroites écailles imbriquées, forment de larges plaques annu-
laires se recouvrant en partie (Japon, Océanie, oc. Indien, Pacif. amér. équat.); la seconde
[*Callozostrinæ*] pour

Callozostrum (P. Wright) caractérisé, outre la présence d'un opercule, par sa forme non ramifiée
et par son polypier peu minéralisé, flexible, probablement rampant, autant qu'on en peut
juger, du moins du fait de l'existence d'une bande dépourvue de Polypes, tandis que le reste
de la surface en est garni (Oc. Antarct.).

Fannyella (Gray) (Oc. Antarct.) et

Sydella (Gray) (Oc. Antarct.)
sont des genres bien douteux faits par leur auteur d'après des figures, sans qu'il semble en
avoir vu les échantillons.

Jukella (Gray) (Pacif. Sud) semble aussi prendre place ici.

======= 6° FAM. : *Isinæ* [*Isidinæ* (H. Milne-Edwards), *Melithæaceæ* (Kölliker)]. Polypier formé
de segments alternatifs cornés et calcaires.

Isis (Linnæus) forme des colonies ramifiées couvertes de petits Polypes
épars, sans calices, entièrement rétractiles dans un épais sarcosome et
n'ayant rien en apparence de bien remarquable. Mais le polypier, mis à nu,
se montre avec des caractères très particuliers. Il est formé de segments
alternatifs, de taille à peu près semblable, les uns calcaires appelés
entre-nœuds, les autres cornés appelés *nœuds*. C'est toujours des nœuds
cornés que partent les branches, et elles commencent elles-mêmes par
une partie cornée formant une pièce unique avec le nœud du tronc (Atl.,
Pacif., mer des Indes, Océanie, et fossile, Crétacé, Tertiaire).

Ces dénominations ne sont pas uniformément adoptées. EDWARDS et HAIME (57), KOCH [78]
appellent *nœuds* les parties calcaires ; mais il semble préférable d'appeler ainsi, avec WRIGHT
et STUDER, les parties par lesquelles les branches se rattachent les unes aux autres. Les
pièces calcaires sont cylindriques, de 1 à 2^{cm} de long, striées à la surface par les fins canaux
longitudinaux contigus, droits ou onduleux.

KOCH [87] qui a étudié avec soin ce squelette chez *Isidella* (*Isis neapolitana*), a trouvé que les
pièces calcaires sont creusées d'un canal central qui, cependant, dans les parties âgées, est
comblé par un dépôt calcaire secondaire. Ce canal s'étend sur les parties cornées d'une même
branche, mais il se ferme en cul-de-sac au bas du dernier entre-nœud calcaire; les pièces
cornées de raccord entre les branches sont donc imperforées. Sur les coupes minces, la
partie calcaire se montre formée d'une substance transparente, coupée par des lignes radiaires
sombres. Celles-ci correspondent à des lames non calcifiées.

Ce genre est le seul représentant d'une sous-famille [*Isidinæ* (Wright et Studer); *Isidæ*
(Gray)].

Isidella (Gray) a les segments cornés beaucoup plus courts que les entre-
nœuds calcaires. Son sarcosome est beaucoup plus mince; aussi ses
Polypes, qui sont en outre beaucoup plus grands, ne peuvent pas s'y
retirer. Ils ne sont pas rétractiles et se contentent pour s'abriter, de
rabattre sur leur bouche leurs tentacules pourvus de petits spicules à
leur face externe (Jusqu'à 1^m ; Médit., cap de Bonne-Espérance; 50 brasses).

Ce genre forme avec les suivants une deuxième sous-famille [*Ceratoisidinæ* (Wright et
Studer; *Ceratoisidæ* (Verrill); *Keratoisidæ* (Gray); *Acanelladæ* (Gray); *Mopseadæ* (Gray.)]

Acanella (Gray) diffère d'*Isidella* par son mode de ramification, les branches partant par verticilles des nœuds cornés (Atl., Pacif., Japon).

Equisetella (Gray), insuffisamment connu par son squelette seul, semble se rapprocher d'*Acanella*
(Japon).

Bathygorgia (P. Wright) est non ramifié à pièces calcaires très longues, à Polypes disposés d'un
seul côté, couverts, ainsi que le sarcosome, de larges spicules aplatis (Yokohama).

Ceratoisis (P. Wright) (fig. 575) est remarquable par le fait que, lorsqu'il est ramifié, les branches partent des entre-nœuds calcaires (Médit., Antilles, Atl. sept., îles Fidji, Nouvelle-Écosse).

Lepidisis (Verrill), n'est probablement pas distinct du précédent (Guadeloupe, Pacif. amér. équat.).

Callisis (Verrill) a aussi les branches partant des entre-nœuds calcaires qui sont ou pleins ou creusés d'une cavité très étroite (Antilles).

Solerisis (Studer) se rapproche du genre suivant par ses calices claviformes, cuirassés de spicules (Australie, Pacif.); un Tunicier vit en commensal sur les tiges de l'espèce du Pacifique, *S. pulchella* (Studer).

Chelidonisis (Studer) ressemble au précédent, mais en diffère par la forme de ses spicules, analogues à ceux d'*Isis* (Açores; 454ᵐ).

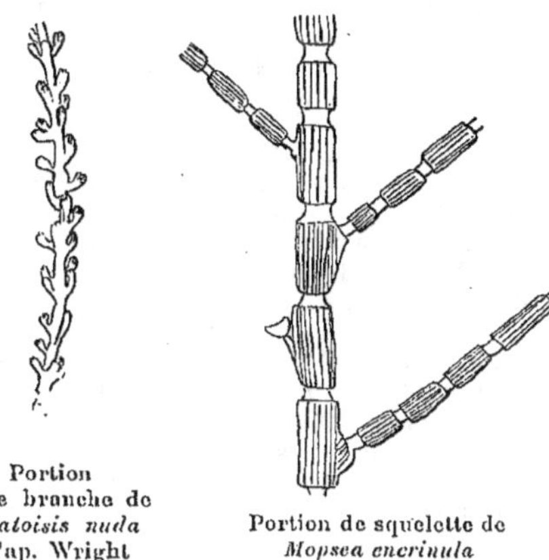

Portion d'une branche de *Ceratoisis nuda* (d'ap. Wright et Studer).

Portion de squelette de *Mopsea encrinula* (d'ap. Wright et Studer).

Mopsea (Lamouroux) (fig. 576) a aussi les entre-nœuds calcaires beaucoup plus longs que les nœuds; mais en outre, ses Polypes, petits et disposés en spirale sur les branches étalées dans un même plan, sont rétractiles dans des calices claviformes, protégés par une forte armature de spicules qui s'étend sur les tentacules et rend plus efficace le rôle protecteur de ceux-ci lorsqu'ils se rabattent sur l'entrée du calice pour protéger l'animal rétracté (20ᶜᵐ; Australie et fossile Eocène).

Ce genre est le chef d'une dernière sous-famille [*Mopseinæ* (Wright et Studer); *Mopseidæ* (Gray) p. p.] contenant en outre les genres :

Acanthoisis (Wright et Studer) étalé aussi dans un plan, à Polypes très petits, à sillons des entre-nœuds calcaires séparés par des lignes denticulées (Australie) et

Primnoisis (Wright et Studer) ramifié dans les trois directions de l'espace, avec Polypes largement espacés, disposés en hélice et pourvus de spicules dans l'épaisseur de leurs cloisons (Atl., oc. Antarct., îles Loyauté).

Ici prennent place les genres fossiles.

Moltkia (Steenstrup) à pièces calcaires creusées de profonds sillons longitudinaux (Crét.) et peut-être le genre douteux

Websteria (Edwards et Haime) (Eocène).

════ 7ᵉ FAM.: *Gorgonellinæ* [*Gorgonellaceæ* (Valenciennes); *Gorgonellidæ* (Wright et Studer); *Ellisellidæ* + p. p. *Calligorgiadæ* (Gray)]. Polypier calcaire; sarcosome mince; Polypes disposés en séries longitudinales, rétractiles dans de petits calices saillants.

Gorgonella (Valenciennes, *emend.*) est dendritique, ramifié dans un seul plan, souvent avec des anastomoses entre les branches; les Polypes, rétractiles dans de petits calices, sont disposés sur deux rangées longitudinales; le sarcosome est mince; le polypier est très calcaire, rigide : il contient cependant une certaine quantité de substance cornée, car il conserve sa forme après décalcification (Pacif., Australie, oc. Indien, île Maurice et fossile, Miocène).

Ctenocella (Valenciennes) est formé de petites tigelles portant d'un seul côté des rameaux disposés comme les dents d'un peigne (Antilles, Australie, Chine).

Phenilia (Gray) est dendritique, avec les Polypes disposés en deux ou trois rangées irrégulières, de chaque côté des branches (Australie).

Heliania (Gray) a ses Polypes en deux à quatre rangées longitudinales, alternes de chaque côté des rameaux, irrégulièrement disposés sur les branches principales (Philippines).

Raynerella (Gray) a les Polypes disposés irrégulièrement tout autour des branches; la colonie est très ramifiée, en éventail, à branches et rameaux pinnés; sarcosome mince (Australie).

Verrucella (H. Milne-Edwards, *emend.*) (figr 577) a un sarcosome plus épais et les calices fermés à l'état de rétraction par les tentacules rabattus sur leur orifice en forme d'opercule étoilé. Une espèce donne asile à une Actinie commensale de la famille des *Amphianthinæ* dont, comme on sait, tous les membres vivent sur des Gorgonidés. Cette Actinie est nommée provisoirement par son auteur, *Peronanthus* (Hiles 1899) (Atl., Antilles, oc. Indien, Nouvelle-Bretagne, Pacif.).

Ellisella (Gray) a un sarcosome épais et les Polypes disposés sur deux rangées (Australie).

Juncella Valenciennes) est de même, mais avec les calices allongés, bien saillants (Parties tempérées de tous les grands océans).

Reticella (Gray) est voisin du précédent (Chine).

Scirpearia (Cuvier) n'est pas ramifié (Atl., Australie).

Scirpearella (Wright et Studer) est peu ou point ramifié, avec les Polypes en rangées longitudinales ou en spirales (Pacif., Japon).

Nicella (Gray) est ramifié avec un sarcosome mince, sur lequel les calices sont disposés perpendiculairement et tronqués au sommet (Maurice).

Fig. 577.

Une branche de
*Verrucella
granifera*
(d'ap. Hiles).

3° Sous-Ordre

PENNATULIDÉS. — *PENNATULIDÆ*

[*PENNATULIDÆ* (H. Milne-Edwards); — *PENNATULACEA* (Verrill);
POLYPIERS NAGEURS (Cuvier); — *CALAMIDES* (Latreille);
SABULICOLÆ (Gray)]

TYPE MORPHOLOGIQUE
(Pl. 54 ET FIG. 578 A 583)

Nous prendrons pour type le genre *Kophobelemnon* qui a l'avantage d'être une forme initiale presque aussi simple que la Vérétille et de présenter cependant un squelette (dont l'absence ou l'extrême réduction chez la Vérétille est un caractère exceptionnel) et une première indication de cette symétrie bilatérale qui, en s'accentuant, deviendra chez les formes élevées du groupe un des principaux éléments de leur différenciation.

Configuration extérieure. — L'animal se présente sous la forme d'une tigelle haute d'environ 30 centimètres sur 1 centimètre à peine de diamètre, non ramifiée, dressée, assez grêle, couverte de Polypes (54, *fig. 1, p.*) dans les deux tiers environ de sa longueur, nue dans le reste de son étendue. Cette partie privée de Polypes est inférieure : nous l'appellerons le *pédoncule* (**54**, *fig. 1, pd.*). Elle est fichée par son extrémité dans la vase, mais non fixée à un support quelconque, en sorte que l'animal est libre. C'est là un caractère essentiel de tout ce sous-ordre. La partie polypifère, un peu plus renflée que le pédoncule, constitue le *rachis* (**54**, *fig. 1, rch.*). Les Polypes sont très grands (fig. 578), leur portion exsertile mesurant, lorsqu'ils sont épanouis, jusqu'à 3 centimètres. Ils sont disposés sur 4 à 6 rangées longitudinales et d'une manière passablement irrégulière, en sorte que les rangées ne sont guère distinctes. En tout cas ils sont toujours alternes d'un côté à l'autre et ne forment pas de rangées transversales circulaires. C'est là encore un caractère très général du sous-ordre. L'extrémité du rachis en est toujours dépourvue. Ils manquent aussi le long d'une bande longitudinale souvent marquée d'un sillon (**54**, *fig. 1, sill.*); ce dernier caractère rend la colonie bilatérale et permet de l'orienter : on est convenu d'appeler *ventral* le côté où est cette bande nue.

Fig. 578.

Polype de *Gunneria borealis* (d'ap. Danielssen).

c., calice.

Les grands Polypes sont très rétractiles; cependant les tissus du sarcosome s'étendent à la base de leur portion exsertile en un petit cylindre qui n'est pas rétractile et dans lequel ils peuvent se retirer (**54**, *fig. 1, p'.*). Cette portion basilaire se referme alors sur eux et reste saillante comme une petite papille à la surface du sarcosome : on l'appelle, ici aussi, le *calice* (**54**, *fig. 1, c.*).

En examinant de près le rachis, on voit qu'en outre des grands Polypes elle est criblée d'une multitude de petites papilles percées d'un trou au sommet. Ce sont les *siphonozoïdes* (**54**, *fig. 1, sipz.*), Polypes très petits, rudimentaires, dépourvus de tentacules et dont les organes internes sont aussi fort réduits, ainsi que nous le verrons plus loin. Ces siphonozoïdes garnissent tout le rachis, même la bande ventrale, et ne manquent que sur une étroite surface, au-dessous de chaque grand Polype, surface qui correspond à la portion inférieure du corps de celui-ci, laquelle, étant implantée obliquement dans le sarcosome, n'avoisine la surface que du côté abaxial du Polype.

Polypes. — Les Polypes sont exactement conformes au type morphologique de l'ordre, et il n'y a pour compléter leur étude qu'à faire connaître les particularités de leur forme. Ils sont courts, en ce sens que leur portion enfouie dans le sarcosome ne s'étend pas loin vers le pied de la colonie comme chez les *Alcyons*. La longueur de cette portion n'est pas cependant réduite à l'épaisseur du sarcosome qui est ici très faible. Ils sont en effet implantés dans le sarcosome obliquement, en sorte que leur cavité gastrique occupe le long du rachis une hauteur à peu près égale à celle de leur portion exsertile. C'est à cette portion, située au-dessous de la partie exsertile et abaxialement, relativement aux rapports du Polype avec le tronc de la colonie, que correspondent les parties du sarcosome dépourvues de siphonozoïdes. De petits spicules sont présents dans l'épaisseur de leur paroi, jusque dans les tentacules.

Siphonozoïdes. — Les siphonozoïdes (**54**, *fig. 1* et *fig. 5*, **sipz.**) sont constants chez tous les Pennatulidés et constituent une des plus importantes caractéristiques du groupe, car nous avons vu que, dans les autres sous-ordres, ils ne se rencontrent qu'à titre exceptionnel. Comme toujours ce sont des Polypes de très petite taille, dépourvus de tentacules, dont les cloisons dorsales ont seules un développement normal et descendent jusqu'au fond de leur cavité gastrique, les six autres cloisons étant réduites à la portion qui s'étend du pharynx invaginé à la paroi du corps. Ces cloisons étant les seules qui puissent porter des organes sexuels, et la portion qui pourrait les porter étant absente, ces organes manquent et le siphonozoïde est stérile. Korotnev [87] a trouvé chez le genre voisin *Veretillum* une couche presque continue de petits nématoblastes dans le revêtement épithélial ectodermique du pharynx. On ne sait si ce caractère est spécial à ce genre ou s'il présente quelque généralité.

Sarcosome. — Le sarcosome a la structure habituelle. Il est peu abondant et pénétré d'un système très développé de canaux aquifères. Il contient des spicules (**54**, *fig. 6*, **sp.**), mais dans la couche périphérique seulement. Ceux-ci ne s'étendent jamais dans les cloisons profondes qui séparent les canaux, sauf tout à fait au sommet de la colonie, là où sans doute ils se soudent pour contribuer à la formation de l'axe squelettique. Ici, ces spicules font saillie à la surface qu'ils hérissent de petites aspérités. Leur forme est celle de courtes aiguilles prismatiques triangulaires.

Canaux endodermiques. — Le système de ces canaux est ici plus développé que dans les autres sous-ordres des Octanthides. Il y a d'abord 4 grands canaux longitudinaux (**54**, *fig. 2, 5* et *6*, **cn. d.**, **cn. l.**, **cn. v.**) profonds, correspondant à ceux qui, chez le Corail et les Gorgones, forment un manchon autour de l'axe, puis deux couches régulières de fins canaux périphériques, une tout à fait superficielle longitudinale (**54**, *fig. 6*, **cn.**) et une transversale un peu plus profonde; enfin, la mésoglée est partout traversée par un système de canalicules intermédiaires irréguliers, qui établissent la communication entre les autres canaux et le fond de la cavité gastrique des Polypes et des siphonozoïdes.

La disposition des *4 grands canaux longitudinaux* est intimement liée à celle de l'*axe squelettique* (**54**, *fig. 5* et *6*, **sq.**).

Admettons d'abord que la colonie soit creusée d'une cavité axiale s'étendant dans toute la longueur et réduisant le sarcosome à une couche corticale d'épaisseur sensiblement moindre que son diamètre; imaginons ensuite que cette cavité soit divisée par deux épaisses cloisons cruciales se coupant le long de son axe en 4 canaux longitudinaux parallèles (**54**, *fig. 6*, **cn. d.**, **cn. l.**, **cn. v.**); plaçons enfin, dans la partie

commune aux deux cloisons cruciales de mésoglée une tigelle squelettique calcaire (**54**, *fig. 6*, **sq.**) occupant l'axe du corps, et nous aurons
une idée de la disposition fondamentale des parties.

Les canaux sont l'un ventral (**cn. v.**), l'autre dorsal (**cn. d.**) et les
deux derniers latéraux (**cn. l.**) ; ceux-ci sont un peu plus petits que les
deux médians.

Cette disposition est en somme, on le voit, semblable à celle qui
existe chez la Gorgone ou le Corail, avec réduction considérable du
diamètre de l'axe squelettique, réduction du nombre des canaux qui
l'entourent, augmentation du calibre de ces canaux et augmentation
d'épaisseur des cloisons et des lames de mésoglée qui entourent et
séparent ces diverses parties.

Suivons maintenant les canaux et la tige squelettique dans leur
longueur. Les uns et les autres règnent en somme dans presque toute
l'étendue du tronc et de la tige. Vers le haut de la tige, les deux canaux
latéraux cessent d'abord en cul-de-sac à une assez grande distance du
sommet ; puis l'un des deux canaux médians s'arrête lui-même et un
seul d'entre eux monte jusqu'au bout.

En bas, les deux canaux latéraux (**54**, *fig. 2*, **cn. l.**) s'arrêtent aussi
en cul-de-sac, et les deux canaux médians existent seuls, séparés par
une cloison transversale appelée le *septum transverse* (**54**, *fig.* 2 et 4, **spt.**),
et descendent jusqu'au fond du pédoncule. La tige squelettique (**sq.**),
contenue dans l'axe du corps, au milieu des cloisons séparant les canaux
longitudinaux, s'écarte au bas de cet axe pour venir se terminer dans
l'un ou l'autre des deux canaux médians, plus souvent le dorsal, par une
extrémité libre qu'accompagnent les extrémités en cul-de-sac des deux
canaux latéraux (**54**, *fig*, 4, **e.**) ([1]).

([1]) Nous suivons ici la description simple donnée par YUNGERSEN [88] pour *Pennatula*.
Elle diffère sensiblement de celle donnée précédemment par KÖLLIKER [72], qui paraît avoir
interprété de simples perforations dans les parois des canaux comme des terminaisons de ces
cloisons, se continuant plus bas sous une forme modifiée. Comme les descriptions de
Kölliker s'appliquent à notre type et qu'il les donne comme valables pour l'ensemble du
groupe, sauf en ce qui concerne le détail, nous croyons devoir les reproduire ici.

D'après Kölliker, la disposition est beaucoup plus compliquée (fig. 579). Les quatre cloisons
séparant les canaux, au lieu de rester équidistantes, se rapprochent d'abord du plan transversal à leur insertion externe et finissent par se fusionner en ce point, de telle sorte que les
canaux dorsal et ventral arrivent à se joindre et à occuper chacun la moitié de l'espace total,
séparés par une double cloison transversale, entre les deux feuillets de laquelle les canaux
latéraux sont contenus. Puis le canal dorsal envoie du côté ventral à droite et à gauche un
prolongement fusiforme, qui s'insinue peu à peu dans l'épaisseur de la paroi externe commune formée par le sarcosome du corps, en contournant le canal ventral de manière à l'en-
velopper. Ces deux prolongements finissent par se réunir en avant du canal ventral et séparer
complètement celui-ci de la paroi. Il résulte de là que le canal dorsal s'est transformé en
une *cavité pédonculaire* qui occupe tout l'intérieur du pédoncule et qui contient à son intérieur un organe libre de toute adhérence à la paroi et formé par la tige squelettique au
centre, par les deux canaux latéraux sur les côtés et par le canal ventral en avant. La
cavité pédonculaire, en continuité directe avec le canal dorsal, descend jusqu'à l'extrémité

Le peu que l'on sait du développement de ces parties permet de se faire, relativement à ces canaux et cloisons, une idée encore mal précise quant au détail, mais qui cependant éclaire très utilement la conception du Pennatulidé. Il faut se représenter la colonie comme surmontée d'un *Polype terminal* (d'ailleurs souvent disparu) dont le corps a formé le rachis et le pédoncule et dont la cavité gastrique se prolonge jusqu'au fond de ce dernier. Des 8 cloisons gastriques de ce Polype, les 2 dorsales vont jusqu'au fond de la cavité pédonculaire; ce sont elles qui forment, dans leur plus grande longueur, les deux cloisons latérodorsales du système longitudinal périsquelettique et, vers le bas, le septum trans-

inférieure du pédoncule, parfois légèrement renflée, et s'y termine probablement en cul-de-sac.

Quelques auteurs parlent d'un orifice terminal, mais cet orifice n'est rien moins que démontré.

L'organe axial qu'elle contient descend aussi jusqu'à une petite distance de son extrémité inférieure et s'y termine, sans avoir en aucun point contracté d'union avec sa paroi. La tige squelettique se recourbe à l'extrémité et se termine en pointe mousse; les deux canaux ventral et latéraux l'accompagnent jusqu'au bout et se terminent en cul-de-sac.

Ce prolongement du canal dorsal qui occupe toute la cavité intérieure du pédoncule ne reste pas indivis. Il est séparé, en effet, en deux compartiments, un dorsal et un ventral, par une cloison transversale appelée le *septum transverse* (fig. 579, *spt.)* qui monte du fond de la cavité du pédoncule en s'insérant latéralement à ses deux parois droite et gauche. Arrivé au niveau de l'organe libre formé par la terminaison de la tige squelettique et des quatre canaux qui l'entourent, ce septum passe en avant de cet organe de manière à le loger dans le comparti- ment dorsal de la cavité pédonculaire. Un peu plus haut, ce septum se termine par un bord libre, concave en haut, et, si l'on suit les deux cornées latérales de ce bord concave, on voit qu'elles vont se jeter sur les deux cloisons latérodorsales qui sé- parent le canal dorsal des deux canaux latéraux. Ce rapport montre que le compartiment dorsal de la cavité pédonculaire doit être considéré comme le prolongement du canal dorsal et son compar- timent ventral comme formé par la fusion des canaux ventral et laté- raux. Dans l'épaisseur des parois latérales de la cavité pédonculaire naissent, par une fissure qui s'agrandit peu à peu en descendant, deux compartiments latéraux (fig. 579, *l'.*). Ces espaces, d'abord beaucoup plus petits que le canal primitif (*d.*), finissent en descen- dant par devenir à peu près égaux à lui et par substituer à ce que nous avons appelé la cavité pédonculaire quatre compartiments qui sont de nouveau un dorsal (*d.*), un ventral (*v'.*) et deux latéraux (*l'.*). Les canaux (*v'.*) et (*l'.*) ont leurs parois garnies de fissures trans- versales par lesquelles leurs cavités communiquent entre elles et avec celle du prolongement du canal (*d.*), dont le premier contient l'organe axial formé par la terminaison du squelette et des canaux latéraux (*l.*) et ventral (*v.*) primitifs.

Fig. 579.

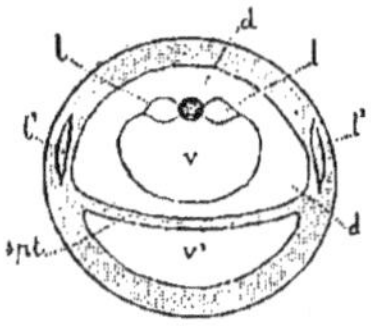

Coupe de l'extrémité inférieure du pédoncule (Sch.).

d., canal primitif; *l.*, canaux latéraux; *l'.*, compartiments laté- raux; *spt.*, septum transverse; *v.*, canal ventral primitif; *v'.*, compartiment ventral.

Mais ces compartiments latéraux nés ainsi par subdivision se- condaire du compartiment dorsal ou formés dans l'épaisseur de ses parois n'ont rien de commun avec les canaux homonymes du système qui entoure la tige squelettique, et leur signification est beaucoup moins importante. Leur disposition, leurs rapports, leur présence même sont sujets à des variations considérables, surtout en ce qui concerne les latéraux, tandis que les quatre canaux primitifs et leur mode de terminaison sont, à quelques exceptions près, un caractère général de tout le sous-ordre. L'exception la plus considérable consiste dans la réduction à deux, le dorsal et le ventral chez les Rénilles.

verse. Les 6 cloisons ventrales et latérales se fusionnent, on ne sait au juste comment, en deux, qui sont les deux cloisons latéroventrales du système périsquelettique et dont nous avons décrit le mode de terminaison vers le bas.

Les *canaux longitudinaux* (**54**, *fig. 6, cn.*) forment une couche continue sur toute la surface du pédoncule et se prolongent dans le rachis, sur la partie privée de Polypes, c'est-à-dire sur une bande ventrale régnant dans toute sa hauteur. Ils sont très fins, nombreux, serrés les uns contre les autres, comprimés transversalement et allongés dans le sens radiaire. Il n'y a entre eux et l'épiderme qu'une mince couche de sarcosome, garnie de spicules, et ils sont si rapprochés les uns des autres que le sarcosome interposé entre eux est réduit à de minces cloisons radiaires qui servent de support à leur paroi épithéliale endodermique.

Les *canaux circulaires* sont beaucoup moins développés et ne se rencontrent que sur le pédoncule.

Quant au *réseau de canalicules* irréguliers, il est répandu dans toutes les parties du sarcosome, y compris les cloisons qui séparent les quatre grands canaux longitudinaux.

Ce sont surtout ces derniers qui se mettent en rapport avec le fond de la cavité gastrique des Polypes et des siphonozoïdes, mais il y a aussi des communications directes entre les Polypes et les canaux longitudinaux les plus voisins. Tous ces canaux, quels qu'ils soient, sont tapissés d'endoderme.

Musculature. — La musculature des Polypes ne diffère en rien d'essentiel de celle du type des Octanthides, et n'a pas à être décrite de nouveau. Mais il y a ici une musculature spéciale de la colonie fort intéressante et qui doit être décrite. Elle est annexée aux canaux périphériques longitudinaux et circulaires et se trouve par conséquent dans les mêmes points que ceux-ci. La longitudinale forme dans les canaux longitudinaux une série de très fines bandelettes, saillantes dans la lumière du vaisseau (**54**, *fig. 6, cn.*) et qui sont une dépendance de leur épithélium.

Tige squelettique. — Cette tige (**54**, *fig. 2, 5 et 6, sq.*) qui est, à proprement parler, le polypier de l'animal, est une simple baguette cornéocalcaire, contenue dans la colonne axiale de mésoglée formée par le croisement des deux cloisons cruciales qui limitent les 4 grands canaux. Elle est atténuée aux deux bouts et, en outre, son extrémité inférieure est molle et un peu recourbée. La structure ne montre pas qu'elle soit formée de spicules soudés : on n'y voit qu'une striation radiaire qui semble indiquer la présence à son intérieur de fibres non calcifiées. Son mode de formation et, par suite, sa signification morphologique sont douteux. D'une part, elle est recouverte d'une couche épithéliale continue qui porte à l'assimiler au polypier ectodermique intérieur des Gorgones; d'autre part, le fait qu'elle ne fait pas saillie au dehors en bas, et qu'en haut elle se termine au milieu des spicules du sarcosome qui, en ce point seulement, envahissent la profondeur de la mésoglée, semble indiquer une nature mésodermique et une formation analogue à celle du polypier de *Corail*. Kocu le rapproche du polypier des Gorgones, mais avec un point d'interrogation. De nouvelles recherches sont nécessaires pour trancher la question.

Physiologie. — La physiologie du Polype ne présentant rien de spécial, nous n'avons à nous occuper que de celle de la colonie.

Celle-ci est libre, en ce sens qu'elle n'est pas soudée à un support, mais aussi complètement privée de locomotion que la Gorgone ou le Corail; elle est en effet fichée à demeure dans la boue du fond par son pédoncule dépourvu de Polypes. La musculature générale est disposée pour permettre une rétraction et une extension du sarcosome sur le polypier. Ici ces mouvements ne peuvent être que fort peu sensibles; mais il s'y joint, là où le squelette est flexible ou nul (*Veretillum*), des inflexions de la tige sur le tronc.

Les grands canaux sont évidemment les grandes voies de circulation, à travers la colonie, des liquides nutritifs élaborés par les Polypes. La fonction des siphonozoïdes est problématique. KÖLLIKER [72] les considère comme des voies de communication entre l'eau ambiante et le système aquifère. KOROTNEV [87], ayant trouvé chez *Veretillum* le pharynx des siphonozoïdes tapissé de petits nématoblastes, voudrait en faire des individus défenseurs. La formation de nouveaux individus par *bourgeonnement* se fait à la partie inférieure du rachis.

Plus récemment, YUNGERSEN [88] a donné une explication nouvelle des relations vasculaires de la colonie, qui simplifie beaucoup la conception de sa physiologie. Il la donne pour *Pennatula*, mais il semble légitime de l'étendre à tous les Pennatulidés. Les Polypes parfaits (**54**, *fig. 5, ph.*) déboucheraient, plus ou moins indirectement, mais exclusivement, dans le canal dorsal (**cn. d.**) du système des 4 grands canaux longitudinaux et introduiraient l'eau dans ce canal; les siphonozoïdes (**54**, *fig. 5, sipz.*) déboucheraient dans le canal ventral (**cn. v.**) et serviraient exclusivement à la sortie du liquide. Les canaux latéraux (**cn. l.**) sont en cul-de-sac aux deux bouts, mais ils communiquent par des solutions de continuité de leur paroi avec les canaux médians et, de la sorte, un cercle circulatoire est établi.

Développement. — Le développement est fort mal connu, sauf chez un genre, *Renilla*, étudié par WILSON [83] et qui, malheureusement, est exceptionnel par beaucoup de ses caractères.

La fécondation se fait ici hors de l'individu maternel et, comme les colonies ont les sexes séparés, cela augmente passablement les difficultés du sujet.

Le fait le plus remarquable et qui est certainement applicable à tous les Pennatulidés, c'est que la segmentation (tantôt totale et régulière, tantôt, mais moins souvent, irrégulière) donne naissance à une gastrula (par délamination et formation de la cavité gastrique par liquéfaction des cellules vitellines centrales) qui ne se fixe pas, et qui, après que sa bouche s'est formée (par disruption au fond du stomodæum invaginé) ainsi que ses cloisons gastriques, a les allures d'un Polype libre et nageant. Cependant, au bout de 4 ou 5 jours, elle s'arrête et, sans s'attacher comme les autres Octanthides par soudure à un support, se pose sur le fond;

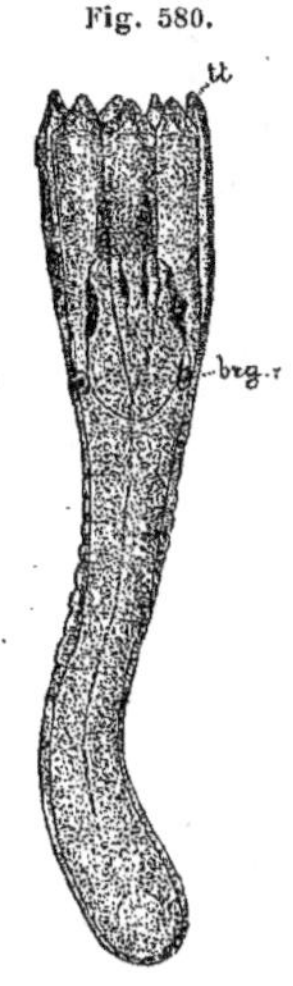

Fig. 580.

Renilla.
Vue dorsale
d'une larve âgée
de 4 jours et demi
(d'ap. Wilson).
brg.v, bourgeons;
tt., tentacules.

l'ectoderme de la partie inférieure du corps s'aplatit, sécrète une grande quantité d'une substance gélatineuse qui écarte ses cellules et l'animal passe physiologiquement à la condition fixée. C'est alors seulement que les tentacules poussent (fig. 580, *tt.*). — Les cloisons gastriques se forment suivant le processus normal, mais elles restent courtes et, dès ce moment, on peut distinguer dans l'animal deux parties : une supérieure avec la bouche, les tentacules, le pharynx invaginé et les cloisons, qui garde les caractères d'un Polype et qui est le *Polype terminal* de la colonie; et une inférieure, qui représente morphologiquement le corps du Polype terminal et physiologiquement l'axe de la future colonie, où se distingueront bientôt deux parties, une supérieure bourgeonnante qui sera le rachis et une inférieure non blastogène, le pédoncule. C'est dans le pédoncule que se développe, à partir du fond de sa cavité, le septum transverse qui, plus tard seulement, par l'effet de sa croissance, arrive à se mettre en rapport de continuité avec les deux cloisons gastriques dorsales. Il est donc formé comme par la soudure de ces deux cloisons, bien que son origine première soit indépendante de celles-ci.

Renilla présente malheureusement une structure exceptionnelle, en sorte qu'il ne nous renseigne pas sous certains rapports sur ce qui se passe dans le cas normal. Chez lui, en effet, il n'y a pas les 4 canaux longitudinaux et la tige squelettique est absente. Le septum transverse monte jusque dans le Polype terminal. On sait donc que les deux cloisons latéro-dorsales du système des grands canaux longitudinaux correspondent aux systèmes dorsaux des cloisons gastriques du Polype oozoïte fondateur de la colonie, mais on reste dans l'incertitude sur la question de savoir à quoi correspondent les cloisons latéro-ventrales de ce système : elles peuvent représenter les cloisons ventrales, les latérales restant alors courtes et limitées au Polype terminal, ou bien résulter de la fusion des ventrales et des latérales. — Même incertitude en ce qui concerne l'origine du squelette, qui serait si intéressante à connaître. Il y a dans l'épaisseur du septum transverse une petite lame de cellules qui pourrait provenir d'une invagination ectodermique au bout du pédoncule, et, dans ce cas, si ces cellules représentent, comme il serait probable, celles qui forment le squelette axial des autres Pennatulidés,

celui-ci serait ectodermique et semblable à celui des Gorgones, comme
le soupçonne Koch. Mais Wilson attribue à ces cellules une origine endodermique, en sorte que, si elles représentaient
les éléments squelettiques des autres Pennatulidés, ce qui devient plus improbable dans ce
cas, le squelette de ces animaux serait alors
endodermique et ne ressemblerait par son origine
ni à celui de la Gorgone ni à celui du Corail. Il
reste possible qu'il soit simplement mésogléen,
c'est-à-dire d'origine ectodermique indirecte,
comme celui de ce dernier, puisque l'embryogénie ne fournit aucun renseignement décisif
sur son origine.

Fig. 581.

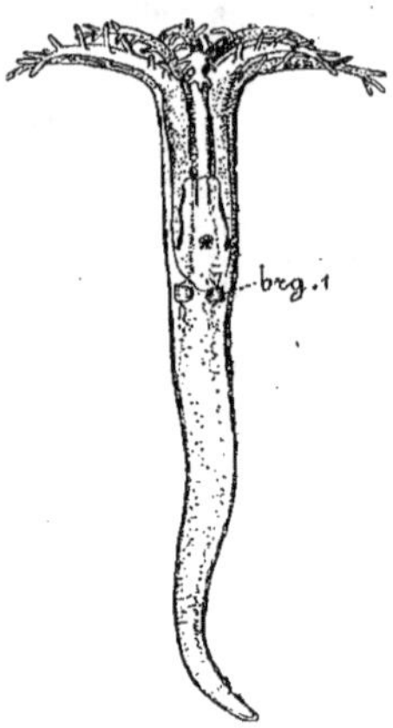

Polype vu du côté dorsal
(d'ap. Wilson).

Renilla.
brg.1, bourgeons.

La colonie se constitue par le fait que la portion moyenne du corps bourgeonne des blastozoïtes et se détermine ainsi comme étant le rachis
qui les supporte. C'est là le seul fait général. Le
reste de ce que nous apprennent les recherches
de Wilson est spécial à *Renilla*; aussi le résume-
rons-nous très rapidement. Il se forme d'abord,
dorsalement, une
paire de Polypes (fig.
581, *brg.*) ; puis, un
peu au-dessus d'eux,
un *siphonozoïde apical* médian plus grand
que ne seront les autres siphonozoïdes, qui
fonctionne comme orifice de sortie pour l'eau
introduite par les Polypes. Bientôt après,
naissent de nouveaux blastozoïdes (fig. 582
et 583) dans un ordre de succession régulier,
mais ne correspondant pas à une formule
très simple. Concurremment avec ces derniers se montrent enfin les Siphonozoïdes
latéraux.

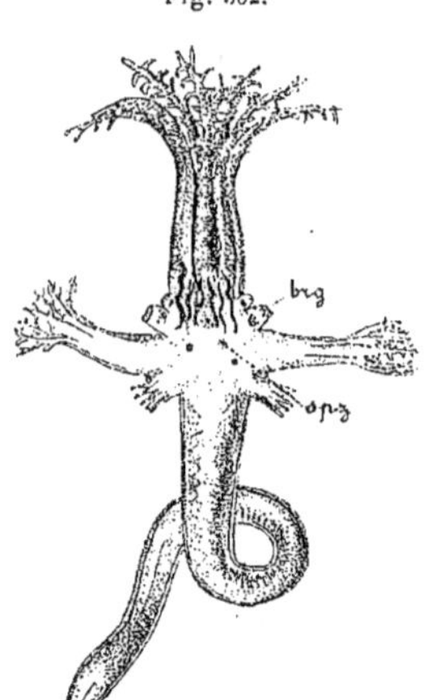

Fig. 582.

Renilla.
Vue dorsale d'une jeune colonie
(d'ap. Wilson).

brg., bourgeons;
spz., siphonozoïdes.

Des recherches de Lacaze-Duthiers [87] et
de Yungersen [88] résulte que, chez les Pennatules, il y a aussi un oozoïte fondateur qui
forme la colonie par bourgeonnement; le
siphonozoïde apical se montre également;
enfin les Polypes bourgeonnés sont d'abord
complètement distincts, mais, en croissant,
ils se fusionnent par leurs bases, de manière
à former les *lames polypifères* qui les portent
et sur lesquelles les nouveaux venus apparaissent toujours au côté ventral des précédents, en sorte que les plus dorsaux sont les plus anciens.

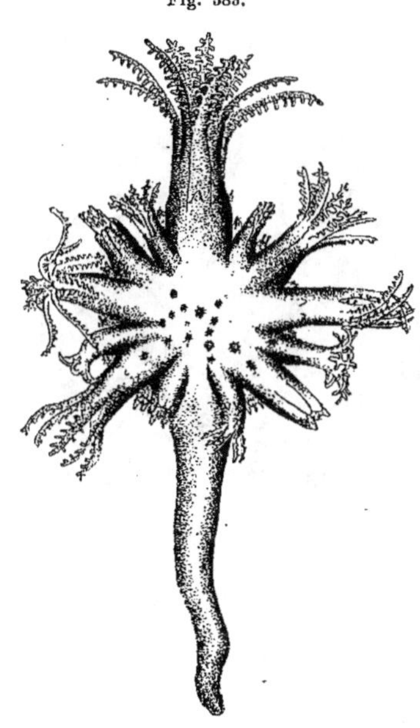

Fig. 583.

Colonie de *Renilla*
(d'ap. Wilson).

Nous diviserons les *PENNATULIDÆ* en cinq tribus :

FRONDINA, à rachis étalé en forme de fronde réniforme ;

UMBELLINA, à rachis très court, portant les Polypes groupés en une ombelle terminale ;

JUNCINA, à rachis styliforme comme un jonc, ou claviforme, portant les Polypes directement insérés sur lui ;

PENNINA, à rachis allongé, portant deux séries alternes de prolongements disposés comme les barbes d'une plume et sur lesquels sont insérés les Polypes ;

ACAULINA, à rachis directement fixé au sol, le pédoncule étant absent.

1re TRIBU

FRONDINES. — *FRONDINA*

[*RENILLEÆ* (Kölliker) ;
RENILLIDÆ (Kölliker) ;
p. p. CLAVIFORMES (Gray)]

TYPE MORPHOLOGIQUE
(FIG. 584 A 591)

La tribu ne contient qu'un genre qui doit être décrit en lui-même.

GENRE

Renilla (Lamarck) diffère sensiblement du genre que nous avons décrit comme type du sous-ordre et se présente comme une forme sans doute primitive, en tout cas simple et relativement peu différenciée (¹).

La forme générale est celle d'un éventail déployé (fig. 584 et 585). Le pédoncule (*pd.*) est assez court, cylindrique, mou ; le rachis (*frd.*) a l'aspect d'une feuille épaisse, charnue, à contour arrondi, insérée verticalement

---

(¹) KÖLLIKER [72] le trouve phylogénétiquement sans relations étroites avec les Pennatulidés vivants et le fait dériver d'une forme ancestrale idéale monozoïque, qu'il appelle *Archiptilum*.

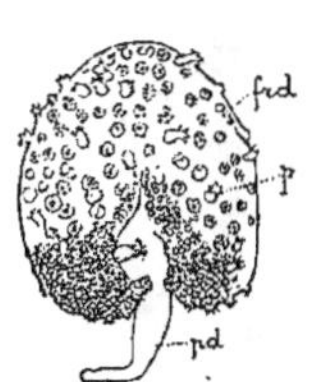

Fig. 584.

Colonie de
Renilla Deshayesi
demi-grandeur
naturelle, vue par
la face dorsale
(d'ap. Kölliker).

frd., fronde ;
p., Polype.

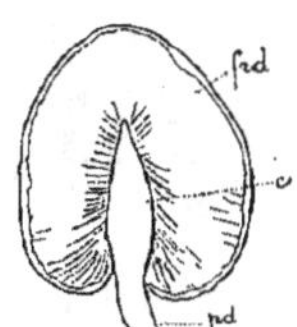

Fig. 585.

Colonie de
Renilla Deshayesi
vue par la face
ventrale demi-
grandeur naturelle
(d'ap. Kölliker).

frd., fronde ; **c.**, carène ; **pd.**, pédoncule

sur le pédoncule. Il ne se fixe pas bout à bout à celui-ci : son bord inférieur présente une profonde encoche qui le rend réniforme et c'est dans cette encoche que se fixe le pédoncule par son extrémité supérieure dilatée (fig. 585, *c.*). On compare quelquefois cette portion du pédoncule enchâssée dans le rachis à la nervure médiane de la feuille et on la nomme la *carène*, réservant le nom de *fronde* au rachis étalé. Celui-ci est légèrement convexe sur une de ses faces, la *dorsale* (fig. 584), tandis que sa face *ventrale* (fig. 585) est un peu concave. La première seule porte les Polypes (fig. 584, *p.*) et les siphonozoïdes qui garnissent toute sa surface.

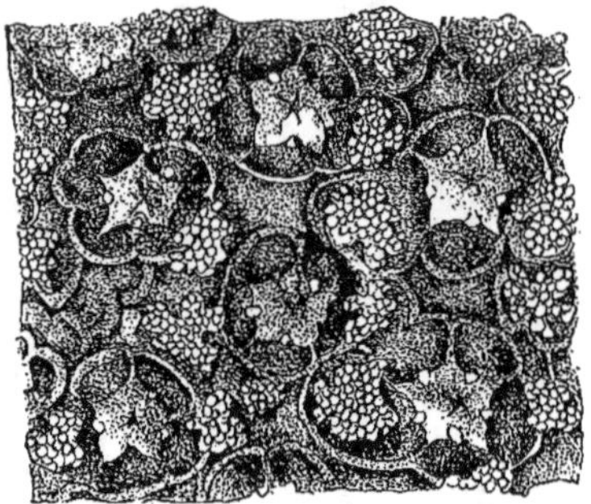

Renilla amethystina.
Portion de la surface dorsale montrant les prolongements en pointe des calices (d'ap. Kölliker).

Les Polypes sont disposés (fig. 586), d'une manière assez confuse d'ailleurs, sur des courbes parallèles au bord de la fronde et ayant pour centre le sommet de la carène. Les plus petits, qui sont en même temps les plus jeunes, sont les marginaux. L'accroissement se fait donc par le bord de la fronde. Ils sont formés d'une portion distale mince, rétractile et d'une courte et épaisse portion basilaire, le *calice* (fig. 587, *clc.*), sans compter leur région gastrique enchâssée dans l'épaisseur de la fronde. Leur calice forme à la surface de la fronde une saillie permanente dans laquelle se retire la portion mince rétractile. Il est prolongé en pointes correspondant aux chambres de la cavité gastrique, qui se continuent à leur intérieur en un diverticule cœcal. Mais ces pointes ne sont pas au nombre de 8. Il y en a au plus 7 et souvent 3 à 5 seulement; celle qui correspond à la chambre gastrique ventrale manque toujours; celle de la chambre dorsale ne manque jamais; pour les chambres latérales, la chose dépend des espèces. Si l'on ajoute que les Polypes ont tous leur partie dorsale tournée vers la carène, on aura une idée suffisante de la disposition des pointes qui ornent l'orifice des calices. Souvent les diverticules de la cavité gastrique (ou certains d'entre eux seulement) s'avancent au delà

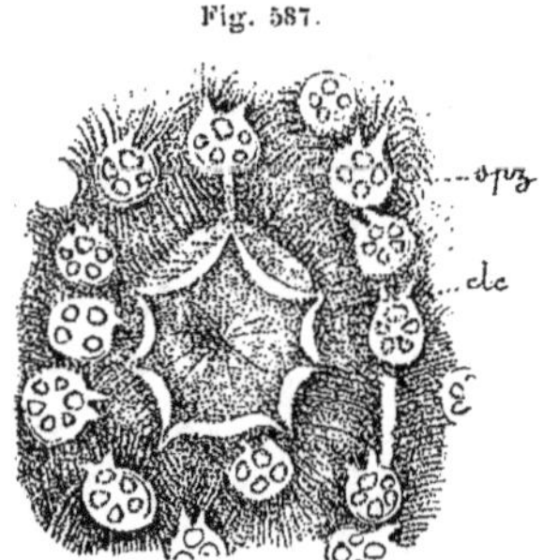

Portion de la surface de
Renilla reniformis
montrant un calice à 7 pointes, entouré de siphonozoïdes
(d'ap. Kölliker).

clc., calice; **spz.**, siphonozoïdes à deux tentacules.

même du prolongement du calice en une sorte de cœcum libre, à parois minces, que l'on pourrait presque appeler un *tentacule calicinal* (fig. 588, *t. c.*).

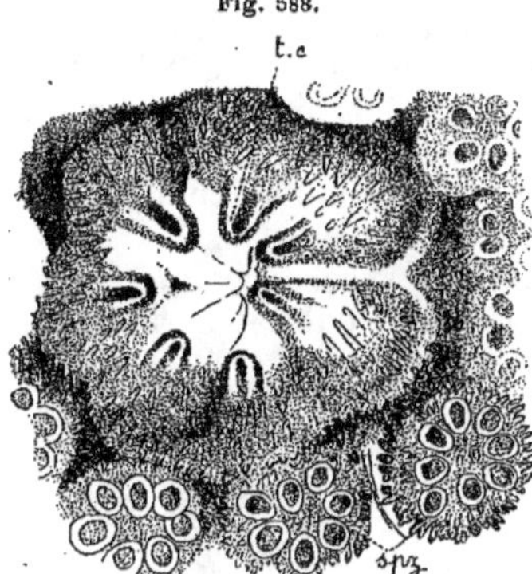

Portion de la surface supérieure de la fronde de *Renilla Deshayesi* (d'ap. Kölliker).

spz., Siphonozoïdes; **t. c.**, tentacules du calice.

Entre les calices, qui sont en somme assez espacés, sont les siphonozoïdes (fig. 587 et 588, *spz.*), très petits, et présentant cette particularité rare d'être disposés par groupes. Dans ces groupes comprenant de 5 ou 6 à 30 ou 40 individus, il y a parfois un siphonozoïde plus développé, celui qui est le plus voisin de la carène. Tous sont, comme les calices, munis d'un nombre variable de pointes et même de tentacules calicinaux comme les Polypes. Il y a en général, juste au-dessus du sommet de la carène, un gros siphonozoïde que F. Müller avait pris pour un orifice terminal du canal dorsal du pédoncule (¹).

La constitution interne présente aussi plusieurs particularités remarquables.

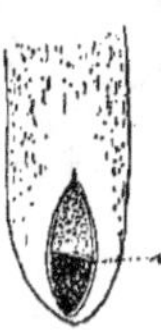

Extrémité pédonculaire de *Renilla reniformis* sur la paroi de laquelle on a pratiqué une boutonnière pour montrer le bord du septum (d'ap. Kölliker).

s., cloison.

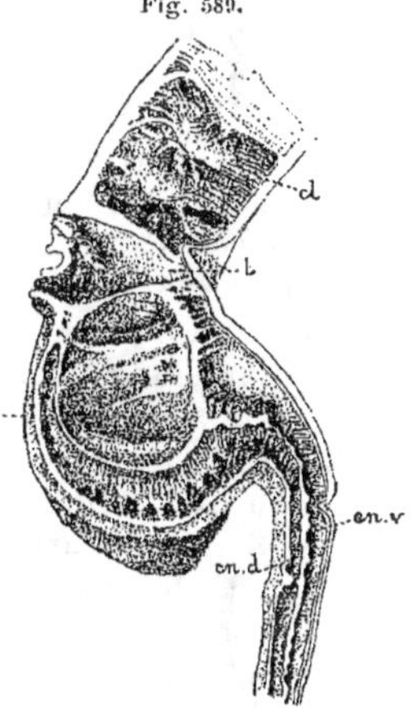

Renilla amethystina. Coupe sagittale d'une partie du pédoncule et de la fronde (d'ap. Kölliker).

cl., cloisons de séparation des Polypes; **cn. d.**, canal dorsal du pédoncule; **cn. v.**, canal ventral du pédoncule; **l.**, loge d'un Polype; **s.**, sinus médian.

Le pédoncule est dépourvu d'axe squelettique et ses grands canaux longitudinaux sont réduits à deux, le dorsal (fig. 589, *cn. d.*) et le ventral (*cn. v.*). Il est donc creusé d'une cavité axiale séparée par une cloison transversale contenant des fibres musculaires transversales en deux compartiments, dorsal et ventral. En bas, la cloison (fig. 590, *s.*) s'arrête avant d'atteindre l'extrémité et se termine par un bord libre semi-lunaire qui laisse

---

(¹) Le même auteur a décrit au bout inférieur du pédoncule un orifice terminal que Kölliker croit artificiel.

communiquer entre eux les deux canaux. En haut, en arrivant dans la carène, elle se divise en deux lames qui vont s'insérer, la dorsale à la face dorsale de la fronde, la ventrale à sa face ventrale, au niveau du sommet de la carène. L'espace compris entre elles (fig. 589, s.) est fermé distalement par une cloison. Mais cette cloison, aussi bien que celles provenant du dédoublement de la lame qui vient du pédoncule, est percée d'orifices multiples qui permettent au liquide contenu d'en sortir pour circuler dans toute l'épaisseur de la fronde.

La fronde ne contient aucun prolongement spécial des organes du pédoncule. Elle est uniquement formée par les cavités gastriques des Polypes. Elle est en effet subdivisée par des cloisons s'étendant entre ses parois dorsale et ventrale en compartiments contigus (fig. 590) qui sont les cavités gastriques des Polypes. Ces compartiments ont la forme de petites chambres hexagonales, allongées dans le sens radiaire et assez irrégulières. Les cloisons de séparation sont percées de multiples orifices permettant aux liquides élaborés par chaque Polype de circuler dans toute la colonie. Le pharynx et la portion exsertile des Polypes correspond à l'extrémité distale des chambres. En ouvrant celles-ci par abrasion de la paroi ventrale de la fronde, on voit dans chaque loge hexagonale le pharynx invaginé, disposé un peu obliquement comme s'il se dirigeait vers le sommet de la carène, avec les 8 cloisons qui en partent, les deux dorsales (fig. 591, *m. d.*) très longues s'étendant jusqu'au fond de la loge, les deux ventrales très courtes, les latérales de longueur intermédiaire et portant seules des produits sexuels.

On voit par là que l'espace de la

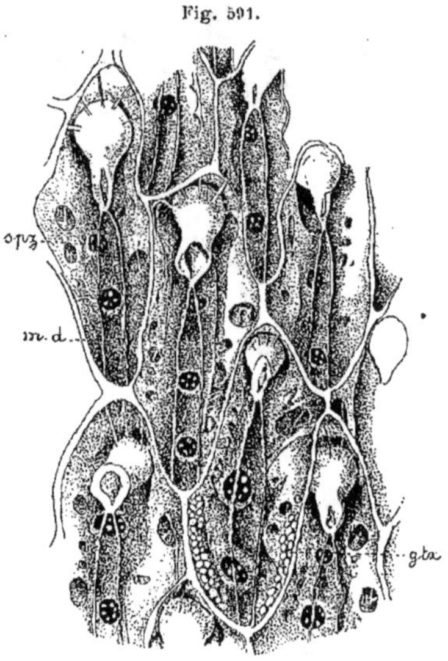

Fig. 591.

Portion de *Renilla Muelleri* vue du côté dorsal et sur laquelle la partie superficielle a été enlevée pour montrer la cavité des Polypes (d'ap. Kölliker).

gtx., glandes génitales des mésentères latéro-dorsaux ; **m. d.**, cloisons mésentéroïdes dorsales ; **spz.**, siphonozoïdes.

face dorsale de la fronde interposé entre les calices des Polypes est exclusivement formé par les faces dorsales des cavités gastriques de ceux-ci. C'est dans ces espaces que sont les groupes de siphonozoïdes (fig. 571, *spz.*). Ceux-ci présentent ici ce caractère remarquable et tout à fait exceptionnel de s'ouvrir directement dans la cavité gastrique des Polypes. On voit donc au plafond dorsal des cavités gastriques des Polypes de petites aires arrondies perforées de trous multiples qui cor-

respondent aux groupes de siphonozoïdes.
Nous avons décrit à propos du type morphologique ce que l'on sait du développement (5 à 10ᶜᵐ Atl., Pacif. amér., mer Rouge,
Australie; faible profondeur).

Herklotsia (Gray) à Polypes peu nombreux et
Renillina (Gray) à Polypes peu nombreux aussi et à fronde
étalée, lobée, ne sont que des sous-genres de *Renilla*,
si même ils ne doivent tomber en simple synonymie
de ce dernier.

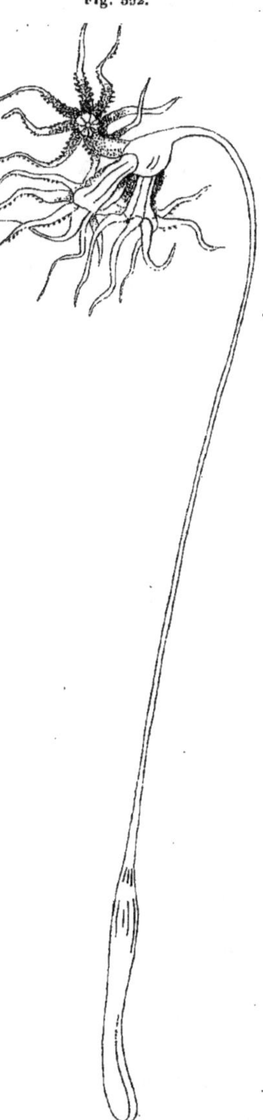

Jeune *Umbellula encrinus*
moitié de grandeur naturelle
(d'ap. Danielssen).

2ᵉ Tribu

UMBELLINES. — *UMBELLINA*

[*UMBELLULIDÆ* (Kölliker)]

TYPE MORPHOLOGIQUE

Cette tribu ne contient qu'un genre que
nous devons naturellement décrire en
lui-même.

GENRE

Umbellula (Cuvier) (fig. 592 à 601) est une
forme très remarquable qui mérite d'être
décrite avec quelque détail. Le pédoncule,
qui peut atteindre jusqu'à 2 mètres et plus
de longueur, est grêle et élancé. Il commence par une portion basilaire renflée en
fuseau (fig. 592), parfois un peu aplatie
d'avant en arrière, qui peut atteindre près
de 3 centimètres de diamètre dans sa partie
la plus large, et se termine en bas par une
extrémité obtuse. Au-dessus de cette *portion bulbeuse*, il s'élance vers le haut en
se rétrécissant progressivement. Un peu
avant d'atteindre le rachis, cependant, il
se dilate de nouveau en une partie à
laquelle on a donné le nom assez impropre
de *fourreau*. Le pédoncule est tordu sur
lui-même en hélice et, le plus souvent,
courbé au sommet de manière à donner
au rachis une direction descendante. Au-
dessus du fourreau, se trouve un court
rachis étalé en forme de feuille, formé
simplement par les bases confluentes d'un

bouquet terminal de Polypes (fig. 593 et 594). Ces Polypes (fig. 595 à 597), très grands, pouvant atteindre 5 à 6 centimètres de longueur, sont nor-

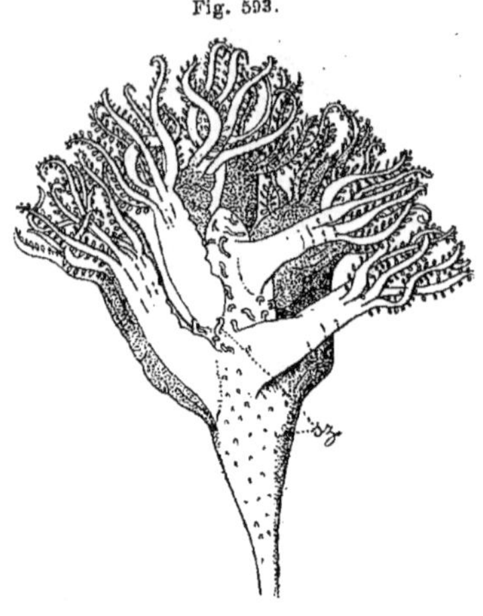

Fig. 593.

Umbellula gracilis.
Rachis vu du côté ventral (d'ap. Marshall).
sz., siphonozoïdes.

Fig. 594.

Umbellula encrinus
vu du côté ventral
(d'ap. Danielssen).

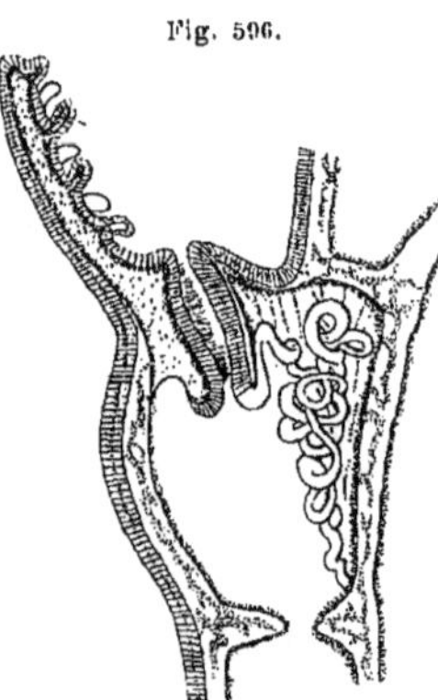

Fig. 596.

Coupe longitudinale
d'un Polype
de *Umbellula gracilis*
(d'ap. Marshall).

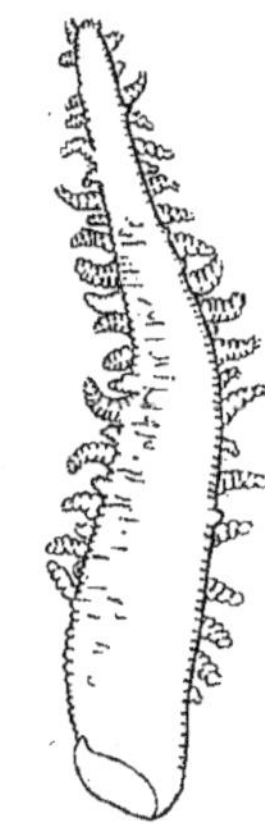

Fig. 595.

Umbellula gracilis.
Tentacule de
Polype,
avec ses pinnules
de deux grandeurs,
alternant
entre elles
(d'ap. Marshall).

malement conformés, non rétractiles; ils sont insérés à la face supérieure ou *dorsale* du rachis foliacé qui réunit leurs bases. Leur disposition semble au premier abord irrégulière, mais en les coupant à leur base et observant leur insertion sur le rachis, on constate qu'ils ont une disposition bilatérale. Il y a d'abord, au point où le pédoncule se termine dans le rachis, un *Polype terminal* (fig. 598, *c.*); autour de celui-ci, les autres sont disposés en 2 ou 4 rangées incomplètement circulaires, concentriques, et sont d'autant plus développés qu'ils appartiennent à une rangée plus extérieure. Ainsi l'accroissement et l'intercalation de nouveaux Polypes se fait entre le Polype terminal et la rangée la plus voisine, les Polypes les plus marginaux étant les plus anciens. Enfin, les deux moitiés droite et gauche de cette formation circulaire sont approximativement symétriques. En outre de ces Polypes au nombre de 15 à 20 seulement, se trouvent d'innombrables zoïdes très particuliers (fig. 593, *sz.*) qui gar-

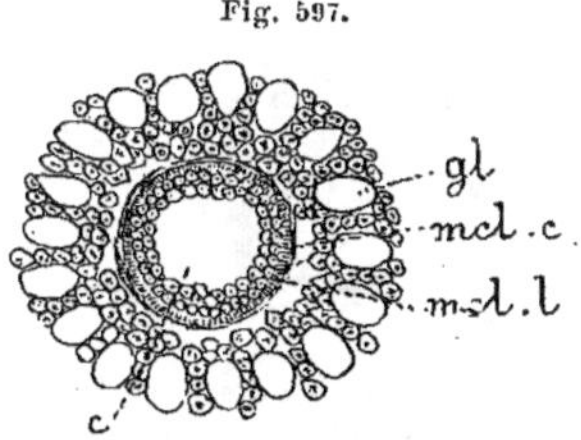

Fig. 597.

Coupe transversale d'un tentacule
(d'ap. Danielssen).

c., cavité endodermique du tentacule;
gl., glandes muqueuses; mcl. c.,
muscles circulaires; mcl. l., muscles
longitudinaux.

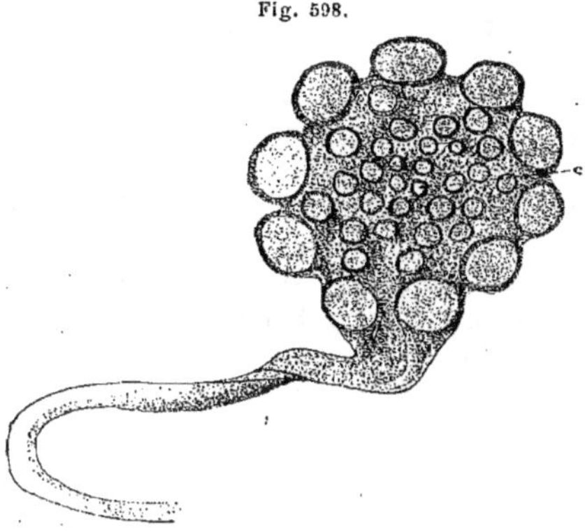

Fig. 598.

Umbellula encrinus. Extrémité supérieure du rachis
(d'ap. Danielssen).

c., Polype terminal.

nissent toute la face ventrale du rachis, la partie de la face dorsale située en dehors de la base des Polypes, toute la surface du fourreau à l'exception d'une étroite bande longitudinale au milieu de sa face ventrale, et s'étendent même, de plus en plus clairsemés, jusque

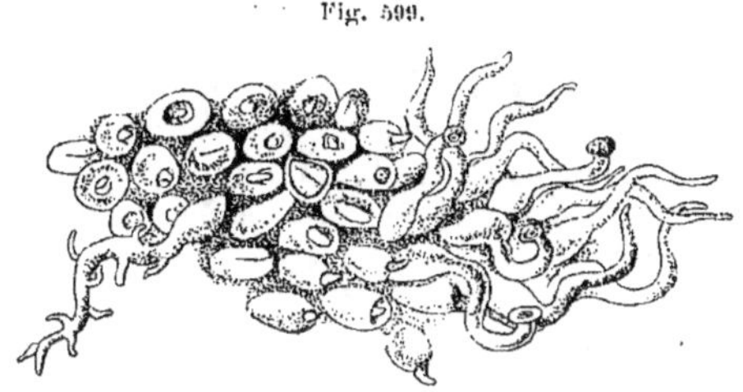

Fig. 599.

Umbellula encrinus. Groupe de zoïdes
(d'ap. Danielssen).

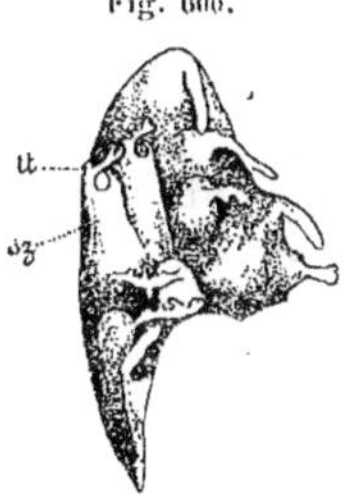

Fig. 600.

Umbellula gracilis.
Extrémité terminale
du rachis
avec ses siphonozoïdes
portant un seul
tentacule
(d'ap. Marshall).

sz., siphonozoïdes;
tt., tentacules.

vers la portion bulbeuse du pédoncule. Ces Zoïdes (fig. 599 et 600), très différents de ceux des autres Pennatulidés, mériteraient plutôt le nom de *dactylozoïdes* que celui de *siphonozoïdes*. Ils ont, en effet, la structure des siphonozoïdes ordinaires, mais en outre, un de leurs tentacules, le ventral, est relativement très développé tandis que les autres sont tout à fait absents. Ce tentacule est pourvu ou non de pinnules, il est invaginable en doigt de gant et peut disparaître complètement.

A l'intérieur, il y a dans le pédoncule une tige calcaire assez souple au sommet, de forme prismatique carrée (fig. 601, *ax.*), à faces concaves, recouverte d'une quantité minime de sarcosome; autour de cette tige, entourée de sa gaine de sarcosome, sont les 4 canaux longitudinaux habituels (*cn.*) et toute la structure à ce niveau ne diffère de la structure habituelle que par des caractères quantitatifs d'importance secondaire. Mais vers le fourreau, la disposition devient tout autre. La tige se rapproche du bord ventral et vient former sur ce bord une saillie longitudinale que nous avons déjà signalée comme la seule région du fourreau dépourvue de zoïdes. Par suite de cette position excentrique, le canal dorsal s'agrandit beaucoup dans le sens radiaire; les deux canaux latéraux s'allongent aussi, quoique un peu

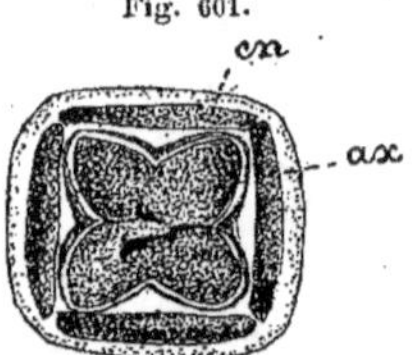

Fig. 601.

Umbellula encrinus.
Coupe transversale de la tige dans sa région moyenne
(d'ap. Danielssen).
ax., axe squelettique;
cn., canaux.

moins, dans le même sens et viennent se placer de part et d'autre du dorsal; et le ventral quitte tout à fait le côté ventral pour venir se placer parallèlement à l'un des latéraux, du côté où l'entraîne la soudure longitudinale de l'axe. En arrivant au rachis, la tige squelettique s'arrête en formant d'ordinaire une petite saillie sous-cutanée au-dessous du Polype terminal; les deux canaux latéraux s'arrêtent aussi; le ventral cesse un peu plus loin, et le dorsal seul continue jusqu'au rachis, où il se terminerait, au dire de DANIELSSEN et KOREN [84], par un petit orifice librement ouvert au dehors, opinion qui aurait besoin d'être confirmée.

Au point de vue de la structure intime, il faut signaler la présence dans l'ectoderme de grosses cellules glandulaires sécrétant un abondant mucus. Ces cellules se trouvent partout, sur le sarcosome, sur les Polypes et sont particulièrement nombreuses sur le tentacule unique des zoïdes (15ᶜᵐ à 2ᵐ27; à peu près cosmopolite, mer du Nord, oc. Arctique, oc. Antarct.; tout l'Atl., Pacif., Japon; 200 à 2500 brasses).

3ᵉ TRIBU

JUNCINES. — JUNCINA

[p. p. PENNIFORMES (Gray); — p. p. VERETELLIDÆ (Kölliker, 1872);
VERETILLEÆ + SPICATÆ (Kölliker, 1880);
FUNICULINEÆ (Gray); — FUNICULINIDÆ (Gray); — JUNCIFORMES (Gray)]

TYPE MORPHOLOGIQUE

C'est le même que celui que nous avons décrit pour le sous-ordre.

GENRES

1ʳᵉ FAM.: *VERETILLINÆ* [*Veretilleæ* (Kölliker), *Lituaridæ* + *Cornularidæ* (Kölliker)]. Rachis couvert de Polypes sur toute la surface, sans bande nue permettant de distinguer une face ventrale.

Veretillum (Cuvier) (fig. 622) diffère du type par sa constitution beaucoup

plus charnue et par la disposition de ses Polypes, insérés irrégulièrement sur toute la surface du rachis, sans bande ventrale qui en soit
dépourvue, en sorte qu'on ne peut dis-
tinguer une face ventrale et une face
dorsale.

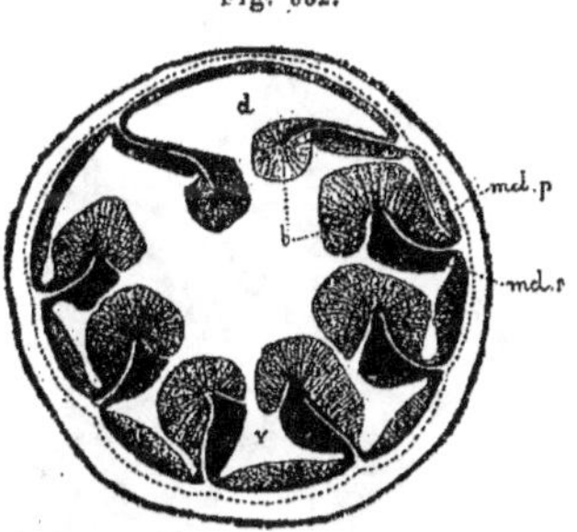

Coupe transversale d'un Polype
de *Veretillum cynomorium*
(d'ap. Kölliker).

b., filaments mésentéroïdes; **d.**, logo dorsale; **mcl. p.**, muscles protracteurs;
mcl. r., muscles rétracteurs; **v.**, logo
ventrale.

Ce caractère, joint à la grande épaisseur du sarcosome, donne à l'animal
l'aspect d'un Alcyon. Dans cet épais sarcosome, les Polypes peuvent s'enfoncer
à l'aise et noyer complètement leur
cavité gastrique, en sorte que celle-ci,
bien que notablement plus longue que
chez *Kophobelemnon*, n'est nulle part
superficielle et n'empêche pas les siphonozoïdes de garnir entièrement tout l'espace entre les Polypes. A l'intérieur, la
tige squelettique est absente ou réduite
à un court et grêle stylet pointu aux
deux bouts, situé à l'union du pédoncule avec le rachis; par contre, la mus-
culature est bien développée et permet des mouvements de flexion
générale du corps.

Le système nerveux est particulièrement riche. En outre des cellules
ganglionnaires situées entre les pieds des cellules ectodermiques, en
dehors de la couche musculaire, il y en a sous la couche musculaire,
contre la mésoglée.

Korotnev [87] a montré que ces cellules de la couche profonde sont
presque toutes accompagnées d'une paire de grosses cellules granuleuses entre lesquelles elles sont placées.

L'animal est phosphorescent, non le sarcosome mais les Polypes, et
il est à croire que ces éléments granuleux sont les *cellules de la phosphorescence*, car on ne les trouve que là où la phosphorescence existe,
c'est-à-dire sur les Polypes (Jusqu'à 50ᶜᵐ; Médit., Atl.).

Clavella (Gray) s'en distingue par sa tigelle squelettique plus longue (Australie).

Policella (Gray) de même, mais a, en outre, ses Polypes dépourvus de spicules (Golfe de Bengale
Australie, Philippines).

Lituaria (Valenciennes) a sa tigelle squelettique s'étendant dans toute la hauteur de la colonie
(Oc. Indien).

Cavernularia (Valenciennes) a sa tigelle squelettique courte ou nulle et ses Polypes sans spicules;
mais ceux-ci, dans le sarcosome, diffèrent de ceux des genres précédents par leur forme
allongée en baguette aplatie; en outre, dans le rachis, ils s'avancent dans la profondeur du
sarcosome (Philippines, Japon, oc. Indien).

Stylobelemnon (Kölliker) est de même, mais sa tigelle squelettique est longue et ses Polypes ont
des spicules (Médit.).

Sur ce caractère de taille des spicules, Kölliker fonde la distinction de deux familles, l'une
[*Lituaridæ*] à spicules longs comprenant ces deux derniers genres, l'autre [*Cavernularidæ*] à
spicules courts contenant les précédents.

===== 2º FAM. : *Kophobelemninæ* [*p. p. Junciformes* (Kölliker), *Kophobelemnonidæ* (= *Kophobelemnonieæ*, Kölliker) + *Protocaulidæ* (Kölliker); Claviformes (Gray)]. **Polypes disposés sur le rachis de manière à laisser une bande ventrale nue, mais sans former plusieurs séries distinctes latérales.**

Kophobelemnon (Asbjörnsen) (fig. 603 à 607). C'est lui que nous avons décrit comme type du sous-ordre. Il est caractérisé par sa forme élancée, son sarcosome peu

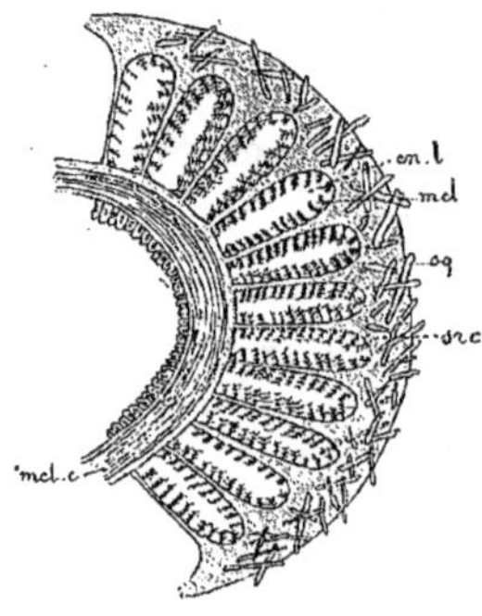

Fig. 606.

Coupe transversale de la tige
de *Kophobelemnon Moebiusi*
(d'ap. Koren et Danielssen).

cn. 1., canaux longitudinaux;
mcl., muscles longitudinaux
des canaux; **mcl. c.,** muscles
circulaires; **sq.,** spicules; **src.,**
sarcosome.

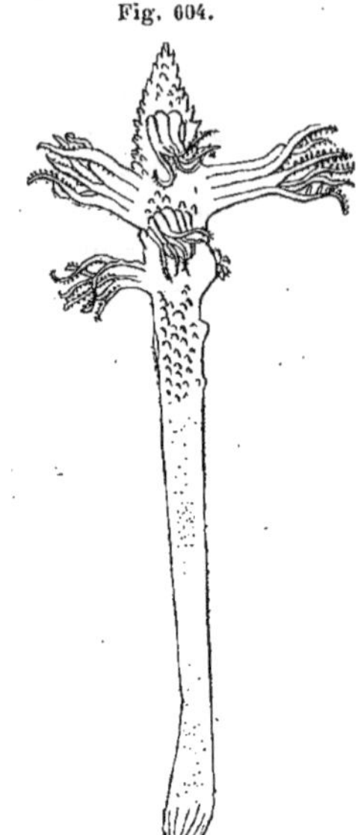

Fig. 604.

Kophobelemnon stelliferum,
var. *durum*, vu par sa
face dorsale
(d'ap. Marshall).

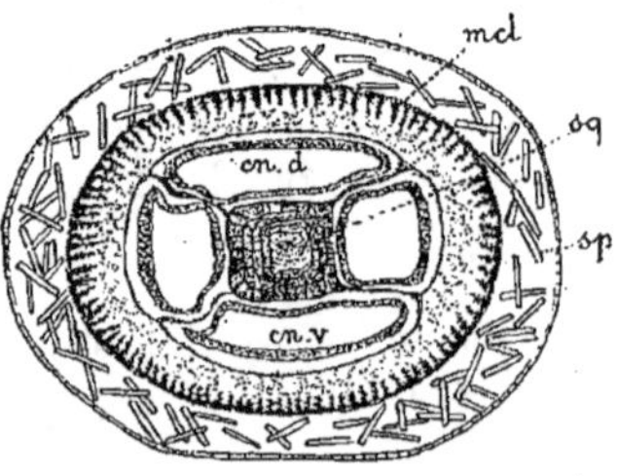

Fig. 605.

Kophobelemnon stelliferum, var. *durum.*
Coupe transversale de la tige
(d'ap. Marshall).

cn. d., canal dorsal; **cn. v.** canal ventral;
mcl., muscles longitudinaux; **sp.,** spicules; **sq.,** tige squelettique.

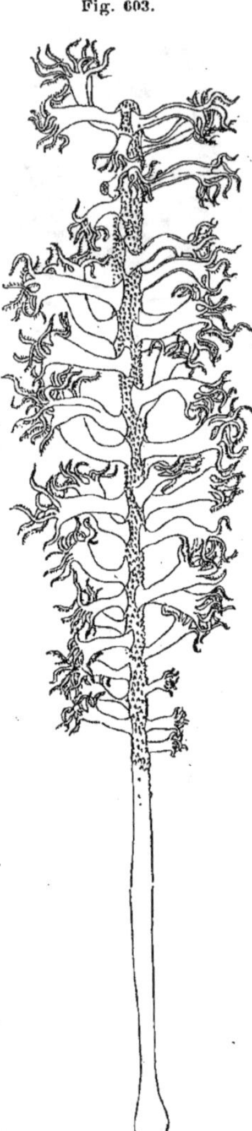

Fig. 603.

Kophobelemnon Moebiusi
demi-grandeur naturelle
(d'ap. Koren et Danielssen).

abondant, ses Polypes de grande taille disposés de manière à laisser libre, sur le rachis, une bande ventrale (20 à 30cm; Médit., Atl., oc. Arctique, Atl. et Pacif. amér., Philippines, Nouvelle-Zélande, Japon; 30 à 700 brasses).

Sclerobelemnon (Kölliker) en diffère par l'absence de spicules dans les Polypes (Formose).
Bathyptilum (Kölliker) est remarquable par une symétrie beaucoup plus accentuée, les Polypes

Fig. 607.

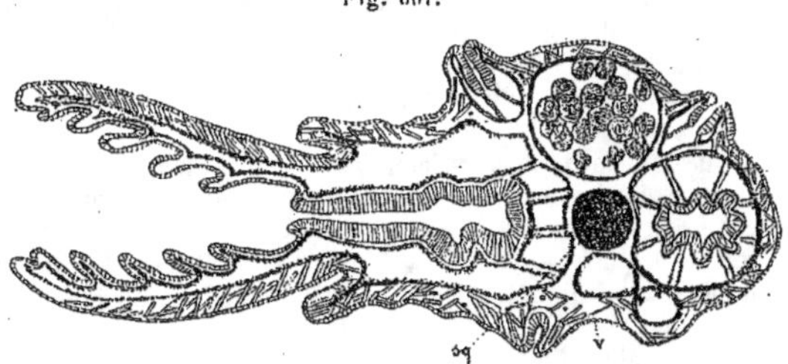

Kophobelemnon stelliferum, var. *durum*.
Coupe transversale du rachis (d'ap. Marshall).
sq., squelette ; **v.**, sillon ventral.

formant seulement deux rangées latérales régulières et les siphonozoïdes
étant aussi alignés en avant d'eux, au lieu de se répartir irrégulièrement
sur toute la surface (Mer du Nord).

 KÖLLIKER en avait fait une famille [*Bathyptileæ*] qu'il a abandonnée
depuis pour réunir ce genre aux deux précédents, en une seule famille
[*Kophobelemnonidæ*].

Scleroptilum (Kölliker), placé par son auteur près de *Protoptilum* semble
mieux placé ici, car ses Polypes n'ont pas de calices ; ils forment de
chaque côté du rachis une simple rangée ; les siphonozoïdes sont dorsaux et semblent former une rangée unique ; les spicules des Polypes
sont grands et s'avancent dans leurs tentacules d'une part et jusque
dans la profondeur du sarcosome du rachis d'autre part (Atl. nord
améric., Japon).

Protocaulon (Kölliker), que son auteur caractérise par l'absence de spicules et
par la disposition des Polypes en deux séries alternes, ne serait peut-être,
d'après VERRILL, qu'un jeune *Acanthoptilum* (Nouvelle-Zélande).

 KÖLLIKER en fait le type d'une famille [*Protocaulidæ*] où il place aussi
Cladiscus, mais à tort comme l'ont montré KOREN et DANIELSSEN [83].

 Dans cette famille est placé aussi par ses auteurs :

Deutocaulon (Marshall et Fowler), dont les Polypes ne sont pas disposés en
séries et forment des pennes latérales ; pas de calice, axe cylindrique (Mer
du Nord et Atl. septentr.)

  3° FAM. : *PROTOPTILINÆ* [*Protoptilidæ* (Kölliker)]. **Mêmes caractères, mais Polypes pourvus de calices.**

Protoptilum (Kölliker) (fig. 608) diffère essentiellement de
Kophobelemnon par la présence de *calices*. La portion
des Polypes qui s'élève au-dessus du sarcosome n'est
pas entièrement rétractile ; elle est formée d'une partie
distale mince, rétractile dans une partie proximale, le
calice, épaisse, et de même aspect que le sarcosome ambiant. Ses Polypes
sont disposés sans ordre tout autour du rachis, ne laissant libre que
la zone ventrale. VERRILL se demande si ce genre ne serait pas un jeune
Virgularia (Atl., 80 à 1 700 brasses).

Fig. 608.

*Protoptilum
lofotense*
(d'ap. Danielssen).

Microptilum (Kölliker) ayant seulement deux rangées latérales et alternes de calices triangulaires, pourvus d'une forte épine ventrale; un seul petit siphonozoïde à la base du calice, du côté ventral (Japon).

Leptoptilum (Kölliker) est de même, mais ses calices sont cylindriques avec huit épines, et ses siphonozoïdes forment un petit groupe entre chaque paire de Polypes (Nouvelle-Zélande).

Trichoptilum (Kölliker) est comme le précédent, mais ses siphonozoïdes sont intercalés par un à trois, dorsalement entre les Polypes. VERRILL pense que ce pourrait être un jeune *Funiculina* (Nouvelle-Guinée).

Distichoptilum (Verrill) a aussi ses Polypes en deux rangées latérales alternes, mais ses calices sont bilobés et accompagnés chacun de trois siphonozoïdes, un en avant et un de chaque côté (Pacif. amér. centr., Nouvelle-Angleterre).

Cladiscus (Koren et Danielssen) a les calices disposés en plusieurs (3 à 4) séries alternes de chaque côté et ornés de huit côtes longitudinales se terminant par autant de papilles bordant l'orifice; pas de spicules (Oc. Arctique, Pacif. amér. centr.).

Gunneria (Danielssen et Koren) a aussi les calices sur plusieurs rangées et est surtout remarquable par l'abondance extrême de ses spicules qui réduit le sarcosome et les calices à une véritable croûte calcaire (Côtes de Norvège).

Lygomorpha (Koren et Danielssen) a les Polypes disposés alternativement sur la face et sur les côtés du rachis; l'orifice des calices est semi-lunaire et armé de deux fortes dents; les siphonozoïdes sont peu nombreux, épars du côté dorsal; partout de nombreux spicules (Norvège).

4° FAM. : ANTHOPTILINÆ [*p. p. Funiculineæ* (Kölliker), *Anthoptilidæ* (Kölliker)]. Polypes sans calices, alignés en séries longitudinales distinctes sur les deux côtés du rachis.

Anthoptilum (Kölliker). Au lieu d'être distribués, comme dans les genres précédents, irrégulièrement sur le rachis, les Polypes sont ici disposés en séries longitudinales bien nettes. Ils n'ont pas de calices. La colonie a la forme d'une longue baguette flexible. A l'exception de la bande ventrale, les siphonozoïdes garnissent tous les intervalles entre les Polypes (30 à 50cm; Atl.; 600 à 1 500 brasses).

5° FAM. : FUNICULINÆ [*p. p. Funiculineæ* (Kölliker), *Funiculidæ* + *Stachyptilidæ* (Kölliker)]. Comme la précédente, mais Polypes dans des calices.

Funiculina (Lamarck) (fig. 609 et 610) est une forme élancée, à sarcosome peu abondant, dont le rachis, de forme carrée à angles mousses, est garni de Polypes rétractiles dans des calices qui restent très saillants en l'état de rétraction. Ces calices sont terminés par 8 dents aiguës, contenant un diverticule de la cavité gastrique et soutenues par des spicules, qui se rapprochent pour fermer l'orifice sur le Polype rétracté. Les Polypes laissent libre toute la face ventrale et un étroit sillon le long du côté dorsal, sur les parties latéro-dorsales; ils sont disposés en séries, non longitudinales, mais presque transversales ou plutôt obliquement ascen-

Fig. 609.

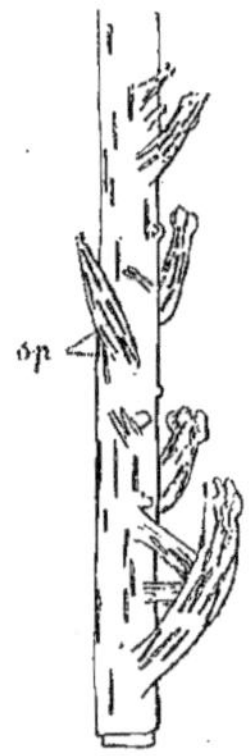

Funiculina quadrangularis. Portion du rachis d'un jeune spécimen vu du côté gauche montrant la disposition des spicules (d'ap. Marshall). sp., spicules.

dantes d'avant en arrière. Chaque série comprend 4 à 5 Polypes qui
vont en diminuant de taille
du ventre au dos. Les siphonozoïdes sont disposés le
long de la face dorsale,
entre le sillon nu et les Polypes les plus dorsaux. Les
calices sont légèrement confluents à leur base, et il ne
faudrait pas qu'ils le fussent
beaucoup plus pour que leur
base dessinât une crête commune au bord de laquelle ils
seraient insérés. Cette forme
fait donc le passage aux Pennines chez lesquels cette
crête existe. A l'intérieur,
signalons la forme de la tige
squelettique, qui est celle
d'un prisme à faces concaves
sur lequel se moulent les
quatre canaux longitudi-
naux (Atteint 1m35 sur 10 à 15mm
de large; Médit., Adriat., Atl.,
mer du Nord; 20 à 360 brasses).

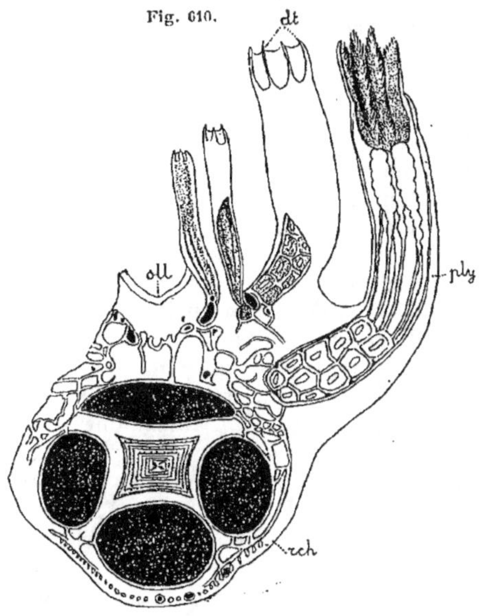

Funiculina quadrangularis. Coupe transversale
(d'ap. Kölliker).

dt., dents; ply., Polype; rch., rachis
sll., sillon ventral.

Halipteris (Kölliker) diffère du précédent par son rachis arrondi, ses ca-
lices à bouche entière ou faiblement bilabiée et ses siphonozoïdes dispersés entre les calices
(Mer du Nord).

Ces deux genres forment pour Kölliker une famille distincte [*Funiculidæ*], à laquelle il
oppose une deuxième famille [*Stachyptilidæ*] contenant le seul genre :

Stachyptilum (Kölliker) qui est une forme plus courte, plus massive, à tige squelettique plus
forte, à rachis couvert de calices alignés en séries serrées, ne laissant entre elles qu'un
étroit sillon du côté dorsal. Les siphonozoïdes couvrent tout le rachis, y compris la large
bande ventrale que respectent les calices (Nouvelle-Guinée, Pacif. amér. centr.).

4e TRIBU

PENNINES. — *PENNINA*

[*PENNATULEÆ* (Kölliker; — *PENNIFORMES* + *VIRGULARIEÆ* (Kölliker)]

TYPE MORPHOLOGIQUE
(FIG. 611 A 615)

Nous prendrons pour type le genre *Pennatula*, qui est le plus important et un des plus différenciés de la tribu.

Configuration extérieure. — Le pédoncule et le rachis ne présentent

rien de particulier et ont, comme dans la tribu précédente, la forme
d'une baguette rectiligne, ici assez trapue. Mais les Polypes, au lieu de
s'insérer directement sur le ra-
chis, sont fixés sur des appendices que nous n'avons pas rencontrés jusqu'ici et que l'on ap--
pelle les *lames polypifères* ou
simplement les *lames* (fig. 611) (¹).

Ces lames ont la forme générale d'un triangle à côtés plus ou
moins courbes, dont la base étroite
s'insère sur la partie latéro-dorsale du rachis. Elles sont dirigées
perpendiculairement au rachis,
horizontalement par conséquent,
et se superposent comme les feuil-
lets d'un livre (fig. 612). Elles sont très nombreuses (disons 30 à 50 de
chaque côté, pour donner une approximation qui ne peut être que très
peu précise), en sorte qu'elles se touchent presque. Elles alternent toujours d'un côté à l'autre (fig. 613); mais ce caractère, bien qu'important,
n'est pas très saisissant, parce qu'il ne se laisse pas constater au premier
coup d'œil. Les plus développées sont au milieu, en sorte que l'ensemble

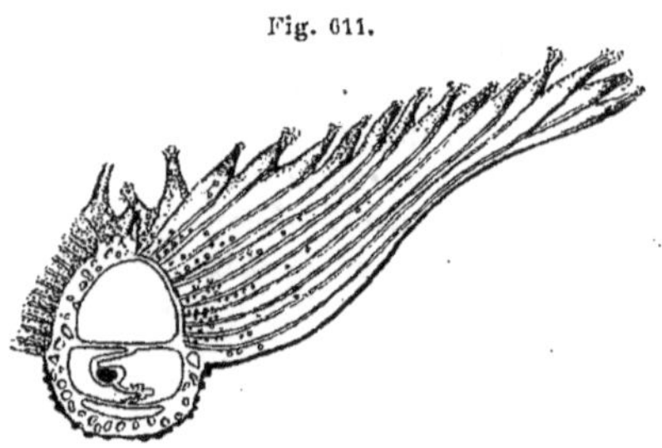

Fig. 611.

Pennatula phosphorea. Coupe transversale
du rachis avec une lame polypifère
(d'ap. Marshall).

du rachis est plus
renflé au milieu
qu'aux extrémités
(fig. 614). Leurs
deux bords sont
l'un dorsal, l'autre
ventral. C'est exclu-
sivement le premier
qui porte les Po-
lypes. Ceux-ci peu-
vent empiéter légè-
rement sur l'une ou
l'autre face (chez
Pennatula ils n'em-
piètent jamais sur la
face supérieure,
mais ce caractère n'a rien de général), mais jamais
bien loin, et seulement lorsque le bord ne leur laisse
pas assez de place. Entre les deux rangées de lames, le rachis est à nu
sur une bande étroite du côté dorsal (fig. 613), large du côté ventral

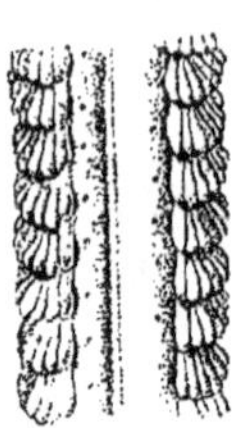

Fig. 612.

Portion
de *Virgularia
Reinwardti* vue
du côté ventral
(d'ap. Kölliker).

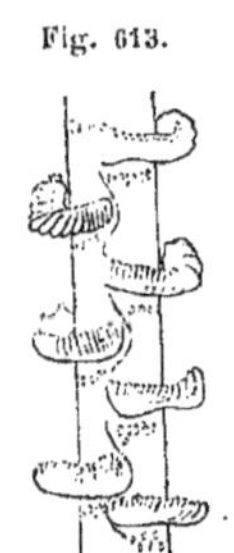

Fig. 613.

Portion
de *Virgularia
Loweni*
vue du côté dorsal
(d'ap. Kölliker).

Fig. 614.

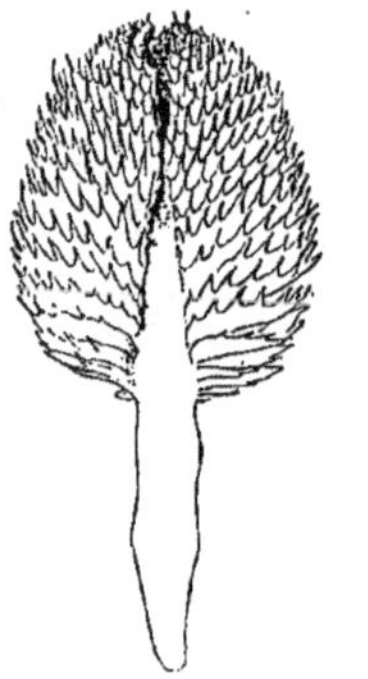

*Pteroeides Esperi
spinosum* vu de face
(d'ap. Kölliker).

(¹) Nous repoussons le nom de *pinnules* qu'on leur donne d'ordinaire, ce terme étant déjà
employé chez les mêmes animaux pour les ramifications des tentacules.

(fig. 612). La bande dorsale est creusée d'un sillon et toujours nue; la ventrale est garnie de siphonozoïdes de deux tailles. Ceux-ci (fig. 615, *sz.*) s'insinuent aussi sur les côtés du rachis, entre les bases des lames, en séries transversales qui peuvent se montrer du côté dorsal, mais jamais jusqu'au milieu ni en se fusionnant en bandes verticales continues.

Les Polypes sont munis, à leur base, de petits calices qui découpent en dents de scie le bord dorsal des lames (fig. 611). Ils sont disposés la face dorsale en haut. C'est donc à la face supérieure de la lame que sont attachées leurs longues cloisons dorsales stériles. Leurs cavités gastriques (fig. 615, *ply.*) sont très longues et s'avancent radiairement jusqu'au rachis. Elles occupent la totalité de l'espace compris dans l'épaisseur des lames. En fait, on peut les considérer comme limitées latéralement par des cloisons radiaires s'étendant du bord dorsal des lames au rachis. Dans ces cloisons sont des spicules orientés radiairement, qui leur servent de soutien, mais ne sont pas assez développés pour faire saillie au bord libre dorsal des lames, comme cela a lieu dans des genres voisins. Les cavités gastriques ainsi formées ne sont pas prismatiques, mais plutôt pyramidales, car elles se rétrécissent pour trouver place côte à côte au niveau de la base de la lame, beaucoup plus courte que son bord dorsal. Jusqu'à leur arrivée auprès du rachis, leurs parois latérales sont imperforées et elles ne communiquent pas entre elles. Mais, à leur extrémité proximale, elles communiquent toutes entre elles par de très nombreuses petites perforations qui paraissent munies d'un sphincter. Un peu plus loin, elles s'ouvrent dans le système des canalicules endodermiques voisins, contenus dans la mésoglée du rachis. La couche des canalicules circulaires est là tout près pour les recevoir.

Pennatula phosphorea
var. : *aculeata.*
Coupe longitudinale
passant par un Polype
et un siphonozoïde
(d'ap. Marshall).

ply., Polype;
sz., siphonozoïde.

Les siphonozoïdes (fig. 615, *sz.*) ne présentent rien de bien particulier. Disons cependant qu'ils sont implantés obliquement dans le sarcosome, la bouche dirigée en haut; ils ont le dos tourné vers l'axe, et du bord de leur bouche part une longue pointe rigide soutenue par des spicules, qui ont la signification non d'un tentacule, mais d'une de ces épines qui arment souvent (et en général au nombre de 8) le bord du calice des Polypes.

La structure intérieure ne présente rien de bien particulier dans le pédoncule. On y trouve les quatre grands canaux longitudinaux (fig. 611), l'axe squelettique central, la couche des muscles et des canaux circulaires, la couche des muscles et des canaux longitudinaux et enfin, sous l'épiderme, la couche des spicules, tout cela comme à l'ordinaire et avec les rapports habituels. Dans le rachis, les canalicules longitudinaux se

prolongent seulement sur les bandes ventrale et dorsale respectées par
la base des lames polypifères; mais ce sont surtout les quatre grands
canaux qui subissent une modification remarquable. Les quatre cloisons cruciales qui les séparent, au lieu de se réunir seulement au
niveau de l'axe, se comportent de la manière suivante : les deux ventrales se réunissent d'abord et se continuent en une cloison simple,
morphologiquement sagittale, mais très contournée, qui se jette sur
l'axe; les deux cloisons dorsales font de même, et il en résulte que les
deux canaux médians sont écartés de l'axe et perdent toute relation
immédiate avec lui, tandis que les deux latéraux entourent à eux seuls
l'axe tout entier, séparés l'un de l'autre par cet axe au
milieu et par deux cloisons médianes, une en avant,
l'autre en arrière de celui-ci.

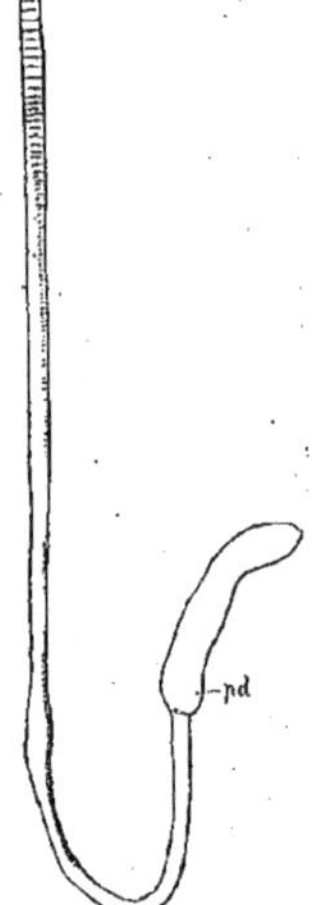

Fig. 616.

GENRES

1re FAM. : *Virgularinæ* [*Virgularidæ* (Kölliker)]. Lames polypifères petites et sans armature spiculeuse.

Virgularia (Lamarck) (fig. 612, 613 et 616 à 619) diffère
du type de la tribu par plusieurs caractères. La forme est
grêle, élancée (fig. 616); le pédoncule se termine en bas
par un renflement vésiculeux mou; le rachis est pourvu
de deux séries de lames polypifères; mais ces lames sont
très nombreuses et très peu saillantes (fig. 612, 613 et
617 à 619); en outre, au lieu de cesser brusquement
vers le bas, elles se continuent par une série très longue
de petites lames à peine saillantes, portant des Polypes
vrais (en ce sens que ce ne sont pas des
siphonozoïdes dépourvus de tentacules),
mais très peu développés. Il en résulte
que la transition du pédoncule au rachis
est insensible et que le pédoncule est en
réalité beaucoup plus court qu'il n'en
a l'air. Les lames se touchent et s'en-
trecroisent même quelquefois (rappelons qu'elles sont toujours alternes) du
côté dorsal; mais en avant, elles laissent une large bande nue. Entre elles
sont des rangées transversales de siphonozoïdes (fig. 617) qui s'étendent parfois sur les côtés de la bande ventrale
nue, mais fort peu. Ces siphonozoïdes

Fig. 617.

Portion de
Virgularia Loweni
vue de côté
(d'ap. Kölliker).

Virgularia juncea
demi-grandeur
naturelle
(d'ap. Kölliker).
pd., pédoncule.

se trouvent aussi entre les lames rudimentaires de la partie inférieure.
Ils continuent même au-dessous du point où celles-ci ont cessé, en deux
séries latérales qui descendent très bas sur le pédoncule.

La structure des lames et des Polypes ne présente rien de particulier. Ceux-ci ont leurs cloisons perforées d'orifices qui font communiquer entre elles leurs chambres gastriques. Les produits sexuels ne se rencontrent qu'exceptionnellement dans les Polypes des lames supérieures; c'est dans les Polypes peu développés de la partie inférieure qu'on les rencontre.

Portion
de *Virgularia
Rumphi*
vue du côté dorsal
(d'ap. Kölliker).

Portion de
Virgularia glacialis
vue de côté, et dans
laquelle deux lames
polypifères ont été
coupées à leur base
pour montrer
les siphonozoïdes
situés entre elles
(d'ap. Kölliker).

Il résulte de ces dispositions que le cycle de la colonie se traduit de lui-même. L'accroissement et la formation de nouvelles lames et de nouveaux Polypes se font à la partie inférieure du rachis. Les jeunes Polypes sont d'abord reproducteurs. Quand ils ont grandi et ont été refoulés plus haut par ceux nouvellement formés, ils deviennent stériles et passent à la fonction de nourriciers de la colonie.

La disposition des parties intérieures du tronc ne présente pas ces irrégularités que nous avons décrites chez *Pennatula*; les quatre canaux conservent leur disposition normale dans tout leur parcours. En bas, ils s'arrêtent (ainsi que la tigelle squelettique qu'ils entourent en passant, selon la règle, dans le canal dorsal) un peu au-dessus du renflement vésiculaire. Dans celui-ci, il n'y a qu'une cavité vide, divisée en deux moitiés, ventrale et dorsale, par le septum transversal. L'animal présente une aptitude marquée à la *régénération* (Adriat., Alt., mer du Nord, côtes Atl. et Pacif amér., Malaisie, golfe de Bengale, Australie, Japon; d'une faible profondeur à 80 brasses).

Lygus (Herklots) en diffère par l'arrangement des lames polypifères situées au haut de la tige sur deux séries opposées; chaque lame comprend huit Polypes (Norvège, mer du Nord, côtes d'Amér.).

Pavonaria (Cuvier, *emend.* Kölliker) est une forme plus épaisse, plus massive, sans renflement vésiculaire au bas du pédoncule, à Polypes plus grands; les plus développés d'entre eux sont sexués (Côtes de Norvège et occid. d'Afrique, 360 brasses).

Radiçipes (Stearns) à des caractères de *Pavonaria* joint un trait d'organisation qui le rapproche, au dire de son auteur, des Gorgonidés; sa base est en effet divisée en prolongements radiciformes ramifiés (Japon).

Scytalium (Herklots) a un renflement terminal mais non nettement délimité; ses lames polypifères ne se prolongent pas en une longue série de lames peu développées, les Polypes font saillie dans des calices distincts; l'axe squelettique se prolonge jusqu'au bout du pédoncule en passant dans le canal ventral et non dans le dorsal comme d'ordinaire (Mer du Nord, Philippines).

Svava (Danielssen et Koren) a les Polypes constituant les lames unis entre eux sur une si faible hauteur à leur base, que cette lame n'a presque point d'existence réelle, en sorte que ce genre pourrait aussi bien prendre place dans la tribu des Juncines. En tout cas il ne saurait être placé dans la famille des *Stylatulinæ* où, sous le nom de *Suava*, le mettent Wright et Studer [89], car, loin d'avoir la forte armature spiculeuse de cette famille, il est entièrement dépourvu de spicules dans ses Polypes et dans son sarcosome (Mer du Nord).

======= **2° FAM. :** *STYLATULINÆ* [*Stylatulidæ* (Kölliker)]. Lames polypifères petites et pourvues d'une armature spiculeuse.

Stylatula (Verrill) (fig. 620 à 623) ressemble en ses traits essentiels à *Virgularia*, mais il en diffère par la présence dans ses lames polypifères d'une armature spiculeuse spéciale. La face inférieure de chaque lame est pourvue de quelques grands spicules calcaires disposés en éventail (fig. 623), avec leurs bases rapprochées implantées dans le rachis, leurs corps enchâssés dans la paroi inférieure de la lame polypifère et leurs pointes divergentes librement saillantes comme un appareil défensif. Ces pointes peuvent même s'avancer au delà du bord libre de la lame. L'espace compris entre ces grands spicules formant, en quelque sorte, le squelette de l'éventail est garni de spicules plus petits, non saillants (10 à 25^{cm}; mer du Nord, Antilles; côtes Atl. et Pacif. d'Amér.; d'une faible profondeur à 8 ou 10 brasses).

Duebenia (Danielssen et Koren) a les spicules de l'armature dépassant de beaucoup le bord libre de la lame polypifère qui est très peu saillante (Mer du Nord, océan Arctique).

Acanthoptilum (Kölliker) ressemble à *Scytalium*, avec une armature spiculeuse en plus (Antilles).

======= **3° FAM. :** *PENNATULINÆ* [*Pennatulidæ* (Kölliker)]. Lames polypifères grandes, sans armature spiculeuse.

Fig. 621.

Portion de
Stylatula Lacazei
vue du côté dorsal
(d'ap. Kölliker).

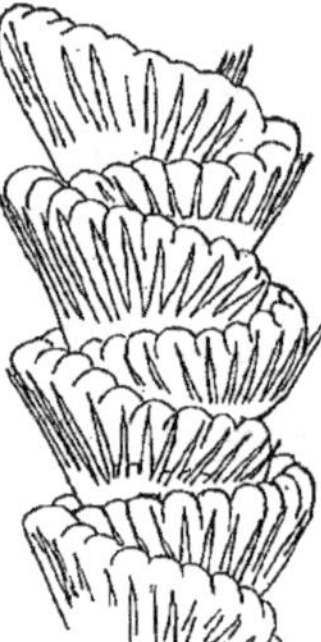

Fig. 622.

Fig. 620.

Fig. 623.

Lame polypifère de
Stylatula elegans
vue du côté dorsal
(d'ap. Kölliker).

Portion de
Stylatula Kinbergi
vue du côté dorsal
(d'ap. Kölliker).

Stylatula Kinbergi
demi-grandeur
naturelle
(d'ap. Kölliker).

Pennatula (Lamarck) (fig. 611, 615 et 624) est le genre que nous avons décrit comme type de la tribu (10 à 30^{cm}; Médit., mer du Nord, Atl., Nouvelle-Guinée, Japon, Philippines, Australie, Pacif. améric.; 20 à 360 brasses).

Ptilella (Gray) qui a trois rangées de Polypes sur chaque lame (Mer du Nord) et

Phosphorella (Gray) qui en a sur chaque lame une seule rangée peu nombreuse (8 ou 10) (Médit., Hébrides, côtes anglaises, cap Nord)

ne semblent pas devoir en être distingués génériquement.

Leioptilus (Gray, *emend.* Kölliker) est un genre très voisin, à Polypes formant deux à quatre rangées sur chaque lame, munis de calices avec une petite dent ventrale ; pas dé siphonozoïdes dorsaux, les ventraux tous de même taille, les latéraux rares mais très grands (Californie, Nouvelle-Guinée, Australie).

Ptilosarcus (Gray, *emend*, Kölliker) n'est guère qu'un sous-genre du précédent, avec deux dents aux calices (Vancouver).

Sarcoptilus (Gray) n'en diffère aussi que par des caractères qui ne paraissent pas de valeur générique (Californie, Nouvelle-Guinée).

Crispella (Gray) a les lames polypifères peu nombreuses, très courtes, de forme carrée ; il ne paraît pas non plus former un genre bien distinct (Japon).

Halisceptrum (Herklots) fait en quelque sorte le passage entre *Pennatula* et *Virgularia*, ayant, en outre des lames polypifères bien développées comme le premier, une longue série de lames rudimentaires s'étendant, comme chez le second, au-dessous des précédentes (Mozambique, Philippines, Japon).

Crinillum (Harting, Miquel, Van der Höven) n'est sans doute qu'un *Halisceptrum* dont le renflement vésiculeux de l'extrémité du pédoncule, fendu en quatre, laissait sortir le bout de la tige squelettique (Voir KÖLLIKER [72], p. 381) (Mer de Banda).

Sarcophyllum (Kölliker) appartient à cette famille par l'absence d'éventail spiculeux, mais il se rapproche de la suivante à laquelle le rapporte KÖLLIKER par la situation de ses siphonozoïdes non à la face antérieure du rachis, mais au bord ventral et sur la portion avoisinante des faces des lames polypifères ; il n'y a que deux canaux longitudinaux dans le rachis (Australie).

===== 4ᵉ FAM. : *PTEROEIDINÆ* [*Pteroidinæ* (Kölliker), *Pterocididæ* (Kölliker)]. Lames polyfères grandes, à armature spiculeuse.

Pteroeides (Herklots) (fig. 624, et 625 à 628) a, comme *Pennatula*, les lames polypifères grandes, bien développées et, comme *Stylatula*, ces lames soutenues en dessous par un éventail de spicules calcaires divergents dont les pointes font presque toujours saillie au dehors et forment un appareil de défense (fig. 626 à 628). Naturellement, cette armature spiculeuse est développée propor-

Fig. 624.

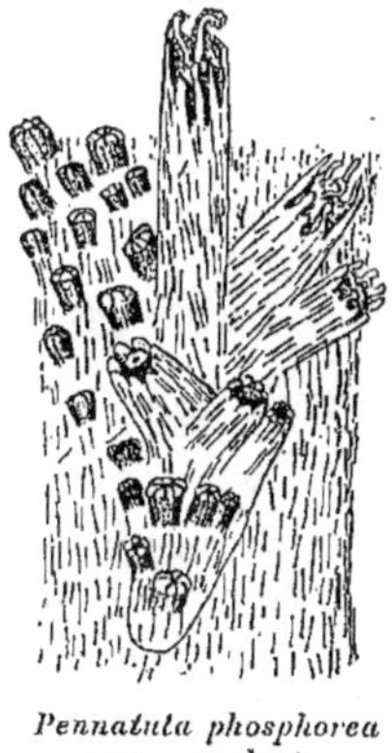

Fig. 625.

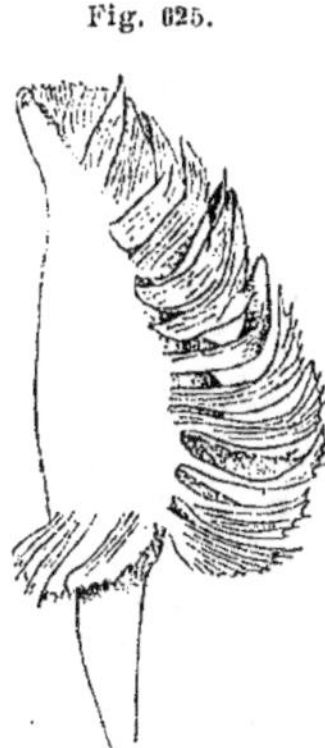

Pennatula phosphorea var. : *aculeata*. Base de l'extrémité du rachis vue du côté gauche, montrant l'indépendance des Polypes au moment de leur formation (d'ap. Marshall).

Fig. 626.

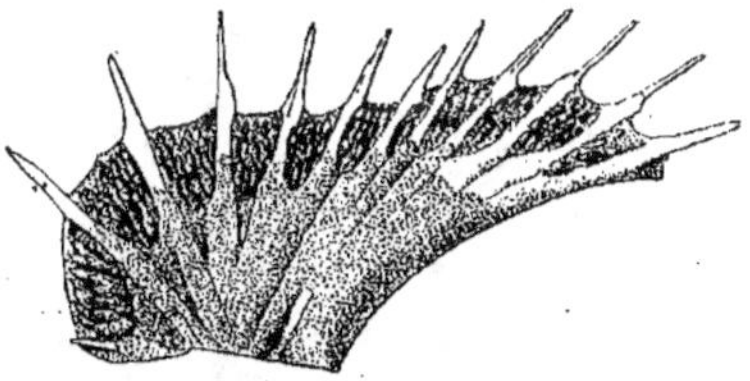

Lame polypifère de *Pteroeides Esperi latifolium* (d'ap. Kolliker).

Pteroeides hydropicum vu de profil (d'ap. Kölliker).

tionnellement à la largeur des lames et est, par conséquent, beaucoup plus considérable que chez *Stylatula*. En outre, et c'est même à ce dernier caractère que KÖLLIKER attache le plus d'importance, les siphonozoïdes, au lieu d'être situés sur le rachis, sont principalement placés sur les lames polypifères; ils occupent particulièrement leur face inférieure, mais ils envahissent aussi d'ordinaire leur bord ventral et leur face supérieure et même la face dorsale du rachis; il n'y en a jamais à la face ventrale de celui-ci (Très nombreuses espèces; 6 à 42ᶜᵐ; Médit., Mozambique, Pacif., Océanie, Philippines, Australie, Chine, Japon; 10 à 25 brasses).

Argentella (Gray) en diffère par ses lames courtes et en forme de quart de cercle (Californie, Australie, oc. Indien).

Godefroya (Kölliker) a l'armature spiculeuse réduite à un faisceau unique mais très fort de spicules; les siphonozoïdes forment à la face ventrale des lames une plaque qui déborde sur le rachis (Golfe de Siam).

Gyrophyllum (Studer) a les lames polypifères peu nombreuses, charnues, insérées par une base étroite, les autozoïdes irrégulièrement distribués sur le bord des lames et les siphonozoïdes couvrant leurs deux faces; l'axe calcaire parcourt tout le pédoncule (Açores; par 1266 mètres).

Fig. 627.

Lame polypifère de *Pterœides caledonicum* (d'ap. Kölliker).

Fig. 628.

Lame polypifère de *Pterœides longepinnatum* (d'ap. Kölliker).

5ᵉ TRIBU

ACAULINES. — *ACAULINA*

[*GŒNDULEÆ* (Koren et Danielssen); — *GŒNDULIDÆ* (Koren et Danielssen)]

TYPE MORPHOLOGIQUE
(FIG. 629 A 632)

Cette tribu contient un seul genre qui doit être décrit en lui-même.

GENRE

Gœndul (Koren et Danielssen) (fig. 629 à 632) est remarquable entre tous les Pennatulidés par l'absence de pédoncule. Le rachis, assez semblable pour le reste à celui des Pennines, est directement fixé à un support par un élargissement discoïde. Immédiatement au-dessus de la base de fixation commencent les deux séries de lames polypifères épaisses, se joignant du côté dorsal, laissant entre elles en avant un large espace vide. Sur ces lames, ici au nombre de 6 de chaque côté, sont de grands Polypes rétractiles dans un calice formé par un manchon spiculeux. Les sipho-

Fig. 629.

Gœndul mirabilis vu par la face ventrale (d'ap. Koren et Danielssen).

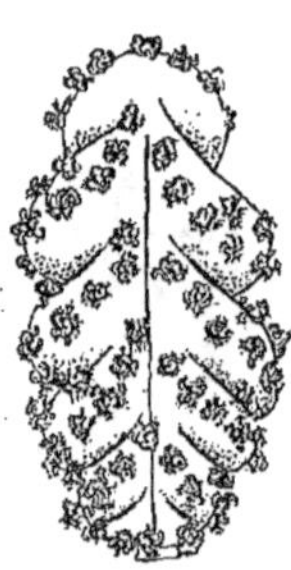

Fig. 630.

Gœndul mirabilis vu par la face dorsale (d'ap. Koren et Danielssen).

nozoïdes sont peu nombreux et dorsaux. Il n'y a pas de squelette calcaire, mais les quatre canaux longitudinaux sont présents avec leurs

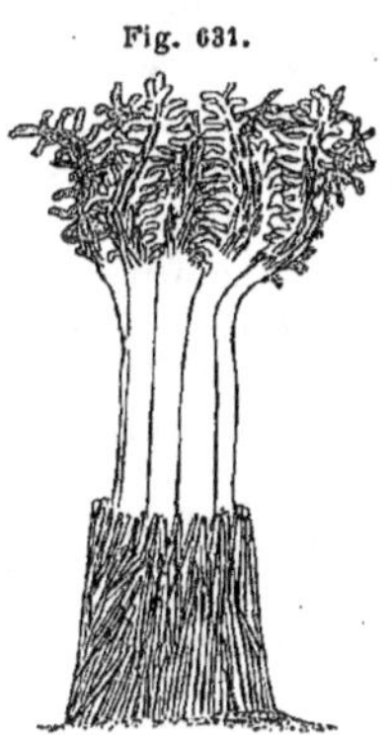

Fig. 631.

Polype de
Gœndul mirabilis
(d'ap. Koren et
Danielssen).

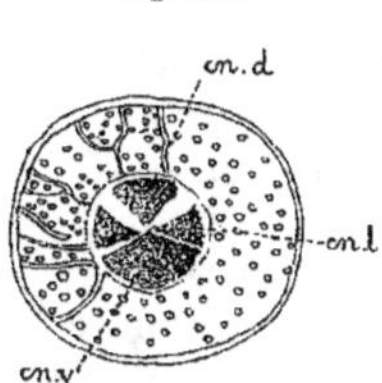

Fig. 632.

Coupe transversale
du rachis
de *Gœndul mirabilis*
(d'ap. Koren et
Danielssen).

cn. d., canal dorsal ; **cn. l.,**
canaux latéraux ; **cn. v.,**
canal ventral.

caractères normaux, les deux médians (fig. 632. *cn. d.*, *cn. v.*) se prolongeant seuls dans la partie inférieure et le dorsal disparaissant en haut dans le quart supérieur du rachis par fusion des deux parois qui le limitent (25ᵐᵐ ; un seul exemplaire trouvé fixé sur un pied d'*Oculina prolifera* des côtes de Norvège, par 180 brasses).

APPENDICE

Les caractères de la tige squelettique calcaire n'entrant que pour une faible part dans la classification des Pennatulidés, il est fort difficile de classer dans les tribus et familles précédentes les quelques formes fossiles de ce sous-ordre que l'on a rencontrées. Nous les citerons donc ici, à part :

Protovirgularia (Mac Goy) (Sil.) qui n'est peut-être qu'un Hydraire ;

Prographularia (Frech) (Trias), semblable à *Graphularia* mais à surface rayée longitudinalement et pourvue de deux profonds sillons symétriques ;

Pennatulites (Cocchi) (Crét.) ;

Glyptosceptron (Böhm) (Crét.) ;

Palæosceptron (Cocchi) (Crét.) ;

Graphularia (Milne-Edwards et Haime) (Tertiaire).

Milne-Edwards et J. Haime ont décrit un

Pavonaria (Cuvier) (Crét.) que nous n'osons identifier avec le *Pavonaria* vivant tel qu'il est compris actuellement, amendé par Kölliker (Voir p. 454).

Par contre, il est possible qu'un *Virgularia* et un *Juncella*, trouvés l'un et l'autre dans l'Éocène, soient génériquement identiques aux formes récentes homonymes décrites plus haut.

Citons ici le genre suivant :

Osteocella (Gray) envoyé d'Australie comme étant « l'os de l'échine d'un animal marin pris dans une eau profonde où il nageait avec une grande rapidité ». C'est une longue tige calcaire, dure, lisse, à surface un peu perlée, formée de couches concentriques. Carter et Kölliker y ont trouvé un mélange de substance calcaire et cornée, et Gray le considère comme la tige de quelque Pennatulidé voisin de *Halipteris*. Mais il reste possible que ce soit l'os dorsal de quelque Céphalopode.

2ᵉ Ordre

ACTINANTHIDES. — *ACTINANTHIDA*

[*Zoantharia* (Claus)].

TYPE MORPHOLOGIQUE

Nous n'en décrirons point un spécial. Il se confondra si l'on veut avec celui du 1ᵉʳ sous-ordre, celui des *Hexactinidæ*.

L'ordre des *ACTINANTHIDA* se divise en six sous-ordres :

HEXACTINIDÆ, cloisons disposées par couples; accroissement en largeur se faisant suivant des bandes méridiennes multiples, correspondant aux interloges et, normalement, en même nombre que celles-ci; pas de squelette calcaire;

HEXACORALLIDÆ, comme les précédents, mais pourvus d'un squelette calcaire([1]).

ZOANTHIDÆ (y compris *Gerardia*), cloisons disposées par couples; zones d'accroissement au nombre de deux seulement, symétriques, une de chaque côté de la loge directrice ventrale;

CERIANTHIDÆ, cloisons non disposées par couples; zone d'accroissement unique, médiane, dorsale;

ANTIPATHIDÆ, cloisons non disposées par couples; zones d'accroissement au nombre de quatre, deux latéro-ventrales et deux latéro-dorsales symétriques; cloisons non disposées par couples; un squelette gorgonoïde;

TETRACORALLIDÆ, zones d'accroissement au nombre de quatre, deux latéro-ventrales et deux latérales, symétriques; symétrie tétraradiée; un squelette calcaire madréporoïde; tous fossiles.

1er SOUS-ORDRE

HEXACTINIDÉS. — *HEXACTINIDÆ*

[ANÉMONES DE MER; — *p. p.* MALACODERMÉS; — *MALACODERMATA*]

TYPE MORPHOLOGIQUE
(Pl. 55 à 58 ET FIG. 633 A 664).

Extérieur. — L'animal se présente sous l'aspect d'un Polype d'assez forte taille : il mesure en moyenne de 4 à 5 centimètres de haut sur une largeur de 2 à 3 centimètres. La forme générale est cylindrique. La base inférieure du cylindre, fixée au support (plante ou rocher immergé dans la mer) constitue le *pied* (**55**, *d. p.*). La partie verticale constitue la *colonne;* la base supérieure est le *disque buccal* ou *péristome* (*d. tt.*). Ce péristome porte en son centre la *bouche* (*b.*) et, en dehors de celle-ci,

---

([1]) On a longtemps divisé les Actinanthides en deux grandes sections seulement : ceux sans squelette, MALACODERMÉS, et ceux pourvus d'un squelette calcaire qui pénètre tout l'animal, SCLÉRODERMÉS. Les recherches nouvelles ont montré qu'il convenait de distinguer dans les Malacodermés, trois types au moins, bien distincts, les Actinies vraies, les Zoanthes et les Cérianthes qui, malgré une certaine ressemblance générale, ont une organisation profondément différente de celle des Actinies et s'accroissent suivant une loi tout autre. D'autre part, les Sclérodermés sont pour la plupart très semblables aux Actinies dont ils ne diffèrent que par la présence du squelette surajouté et non par leur plan de structure. Aussi conviendrait-il peut-être d'en faire seulement une tribu de ce sous-ordre. Mais ces êtres sont si nombreux et si variés, qu'il paraît plus convenable d'en faire un sous-ordre distinct, d'autant plus que, les Madréporaires étant fort incomplètement connus, il est fort possible qu'il y ait parmi eux des formes dérivant des Zoanthes ou des Cérianthes.

jusqu'au bord de la colonne, des rangées concentriques de *tentacules*
(*tt.*). Le *pied* est en général étalé et déborde plus ou moins largement,
formant un bord onduleux ou festonné, appelé *limbe*, qui adhère étroitement au support à la manière d'une ventouse (¹). La *colonne*, épaisse et
charnue, comme le pied d'ailleurs, se dresse verticalement, tantôt
droite, tantôt plus ou moins convexe ou concave; elle est fréquemment ornée de verrues ou de côtes, séparées par des sillons correspondant à l'insertion des cloisons intérieures. Le *péristome*, plus mince et
plus délicat que les parties précédentes, est en général légèrement
concave : il est, lui aussi, généralement marqué de lignes radiaires qui
vont de la bouche aux tentacules, suivant l'insertion des cloisons sous-
jacentes.

La *bouche* a la forme d'une fente percée au centre du péristome. Sa
forme allongée détermine un plan de symétrie bilatérale que l'on considère comme sagittal, et avec raison comme nous le montrera
l'étude du développement. Ce plan passant par la bouche et par l'axe
du cylindre, sépare les moitiés droite et gauche du corps, mais rien
ne permet, pour le moment du moins, de distinguer ces moitiés l'une
de l'autre, ni de définir la partie antérieure par rapport à la postérieure.
— La fente buccale (*b.*), normalement fermée, est dilatée à ses extrémités qui restent toujours ouvertes, constituant l'entrée des *siphonoglyphes* (*spg. d.* et *spg. r.*) dont il sera question dans un instant.

Les *tentacules* sont disposés en cycles concentriques réguliers,
suivant une loi très simple (loi de Hollard) qui est celle-ci : chaque
cycle comprend autant de tentacules qu'il y a d'intervalles entre les
tentacules des cycles plus internes et, naturellement, ses tentacules
occupent les intervalles en question. Le premier cycle (*tt.* I) a toujours
6 tentacules dont deux sagittaux, correspondant aux angles de la
bouche; le 2ᵉ cycle (*tt.* II) a aussi 6 tentacules correspondant aux 6 intervalles du 1ᵉʳ cycle; le 3ᵉ cycle (*tt.* III) a 12 tentacules correspondant
aux 12 intervalles entre les 6 tentacules de 1ᵉʳ ordre et les 6 de 2ᵉ ordre;
le 4ᵉ cycle (*tt.* IV) en a 24 et ainsi de suite, toujours en doublant. Le
nombre total est donc $6+6+12+24+48\ldots\ldots+6\times 2^{n-2}=6\times 2^{n-1}$,
n étant le nombre des cycles.

Ce nombre *n* est fort variable : il peut être réduit à l'unité et ne
dépasse guère 5 ou 6. Donnons-en 4 à notre type, ce qui lui fera
48 tentacules (²).

(¹) Le *pied* manque assez souvent, dans toute la catégorie des *Actinies pivotantes*; le corps
alors se termine en bas en pointe mousse, et l'animal est simplement enfoncé dans le sable
jusqu'à une certaine profondeur, sans être fixé sur quelque support plus solide. Il existe des
formes pélagiques dont le pied est modifié en concordance avec leur genre de vie spécial.
Quelques Actinies, dépourvues de pied adhésif à l'extrémité aborale du corps, ont un orifice
considéré comme un anus (*Ilyanthus*).

(²) En ce qui concerne le nombre et la disposition des tentacules, il faut remarquer que le
premier est d'autant moins fixe et la seconde d'autant plus confuse, du moins pour les cycles

Les tentacules sont simples, coniques, relativement trapus, souvent percés, au bout, d'un petit orifice qu'on considère généralement comme un *pore excréteur* (*p.*). Ils se tiennent dressés ou renversés en dehors, plus ou moins, selon leur situation et le degré d'épanouissement de l'animal. Les plus externes sont les plus rabattus en dehors, les plus internes étant souvent dressés ou même inclinés vers la bouche, surtout quand l'animal commence à se contracter.

Conformation intérieure. — Comme chez tous les Polypes, l'intérieur est occupé par une cavité en cul-de-sac qui s'ouvre au dehors par la bouche. Le Polype étant un Scyphozoaire, la bouche se prolonge en un *pharynx* (**55, ph.**) invaginé qui descend dans la cavité centrale jusqu'à une certaine profondeur où il se termine brusquement. La cavité centrale est divisée par des *cloisons* (*cl.* I, *cl.* II.....) en *loges* (*lg.*) périphériques qui divisent la *cavité gastrovasculaire* en deux portions, une centrale, l'*estomac*, indivise, située sur le prolongement du pharynx, et une périphérique, la *cavité péricœlienne* cloisonnée.

Examinons la disposition de ces diverses parties.

Pharynx. — Le pharynx (*actinopharynx* de Van Beneden), appelé jadis *estomac* et plus tard *œsophage*, est un véritable *stomodæum*. Il a la forme d'un segment de cylindre inséré en haut à la bouche, terminé en bas par un bord libre. Quand la bouche est close, sa partie supérieure est fermée, aplatie de droite à gauche, tandis que sa partie inférieure est toujours ouverte, circulaire, maintenue dans cette forme par les cloisons qui s'attachent sur elle. Son orifice supérieur est la *bouche* (*b.*), *actinostome* de Van Beneden ; l'inférieur est appelé *cardia*, *entérostome* de Van Beneden. Cet auteur les nomme ainsi par opposition à l'orifice buccal unique des Hydroméduses qu'il nomme *hydrostome*. La surface interne est parcourue par des bourrelets et des sillons verticaux, plus ou moins accentués, qui partent de la bouche et descendent sur ses parois. Deux de ces sillons, beaucoup plus importants que les autres, occupent ses bords dorsal et ventral, faisant suite aux angles, ouverts en permanence, de la bouche : ce sont les *siphonoglyphes* (**spg. d.** et **spg. v.**) appelés aussi : *gouttières pharyngiennes*, *gouttières actinopharyngiennes*, *gonidium* et *gonidulum* d'Andres, *gouttières œsophagiennes*, *canaux gonidiens* (*gonidial canals* de Gosse), *sulcus* (le ventral) et *sulculus* (le dorsal) de Haddon [89].

Estomac. — L'estomac ou partie centrale indivise de la cavité gastrovasculaire n'a que l'intérêt d'une division purement théorique,

---

d'ordre élevé, que le nombre des cycles est plus grand. En général, les tentacules sont d'autant plus courts qu'ils appartiennent à un cycle d'ordre plus élevé. Mais il n'en est pas toujours ainsi. On les divise, sous le rapport de la taille relative, de la manière suivante :

Tentacules : isacmiens, tous égaux en longueur ;
—   endacmiens, ceux des cycles internes plus longs ;
—   mésacmiens,   —   moyens   —
—   ésacmiens,   —   externes   —

puisqu'il communique librement sur ses parties latérales avec la partie cloisonnée de la cavité commune.

Cloisons et cavité péricœlienne. — La cavité péricœlienne ou portion périphérique de la cavité gastro-vasculaire est divisée, comme chez tous les Anthozoariés, par des cloisons (*cl.* I, *cl.* II, *cl.* III) qui s'insèrent en dehors à la face interne de la colonne et se terminent en dedans par un bord libre. Ces cloisons ont reçu aussi de Häckel le nom de *sarcoseptes*, qui a l'avantage de les distinguer nettement des cloisons calcaires (*scléroseptes*) des Hexacorallidés. Quelques auteurs les appellent aussi *paries* (au pluriel *parietes*), que l'on pourrait traduire par *paroi*. Nous leur conserverons simplement celui de cloisons, réservant celui de *septes* (*septums*) aux cloisons calcaires des Polypes à polypiers. Les cloisons les plus développées s'étendent en hauteur depuis le péristome jusqu'au pied, et en largeur depuis la colonne jusqu'au pharynx. Nous les désignerons sous le nom de *cloisons macrentériques* (*cloisons complètes, cloisons parfaites, macroseptes* des auteurs). Elles s'insèrent en haut à la face inférieure du disque buccal (en passant toujours entre les orifices inférieurs des cavités tentaculaires), en dehors à la colonne dans toute sa hauteur, en bas à la face supérieure du disque pédieux depuis le bord jusqu'au centre, et en dedans, dans leur partie supérieure, à la face externe du pharynx; seule la partie inférieure de leur bord interne, sous-jacente au pharynx, est libre. Mais, comme les tentacules, les cloisons sont de divers ordres; celles d'ordre supérieur sont plus petites et, à mesure qu'elles se rapetissent, on voit leur insertion abandonner d'abord le pharynx et la partie centrale du disque pédieux, puis le péristome, puis la partie supérieure de la colonne, en même temps qu'elle s'avance de moins en moins sur le disque pédieux, jusqu'à se réduire à une courte et étroite lamelle insérée seulement à la partie inférieure de la colonne et à la partie périphérique du disque pédieux. Le point où le disque pédieux s'unit à la colonne est celui qu'elles abandonneraient en dernier lieu si elles disparaissaient tout à fait, comme c'est aussi celui où elles se montrent d'abord au moment de leur formation (¹).

Nous nommerons *cloisons micrentériques* (*cloisons incomplètes, cloisons imparfaites, microseptes* des auteurs) (²), celles qui ne prennent pas insertion sur le pharynx.

Une cloison aussi complète que possible se compose des parties suivantes : 1° une lame mince (**56**, *fig.* 4 et 5) qui est la membrane formant la cloison elle-même et pour laquelle H. de Lacaze-Duthiers a proposé le nom de *mésentéroïde*; 2° un bourrelet marginal formant un

---

(¹) Il y a cependant quelques cas où l'on trouve des cloisons rudimentaires dans l'angle de la colonne avec le péristome (*Edwardsia*).

(²) Les dénominations de macroseptes et de microseptes seraient plus commodes, mais nous ne pouvons les admettre, ayant réservé le nom de *septes* pour les cloisons calcaires des polypiers.

renflement du bord libre, et que l'on appelle, avec le même auteur, l'*entéroïde*; une *glande génitale* (**56**, *fig.* 4 et 5, gt., fig. 633, *gtx.*), conte-
nue dans l'épaisseur du mésentéroïde et faisant saillie à sa surface; un *ori-fice septal interne* ou *septostome interne* (ainsi nommé parce qu'il existe parfois un *orifice septal externe* ou *septostome externe*) percé dans la continuité du mésentéroïde au point où son insertion passe du péristome au pharynx (**56**, *fig.* 4 et 5, o.); enfin un *muscle longi-tudinal* ou *muscle unilatéral* (**56**, *fig.* 4, *mcl. l.*), qui fait partie non seulement de sa structure comme ses autres mus-cles, mais aussi de sa configuration macroscopique parce qu'il forme sur *une* des faces du mésentéroïde, une forte saillie longitudinale, le *bourrelet musculaire* (**56**, *fig.* 3, *mcl. l.*), s'éten-dant, en dehors de la glande génitale, du péristome au disque pédieux. Nous allons passer en revue ces diverses parties.

Fig. 703.

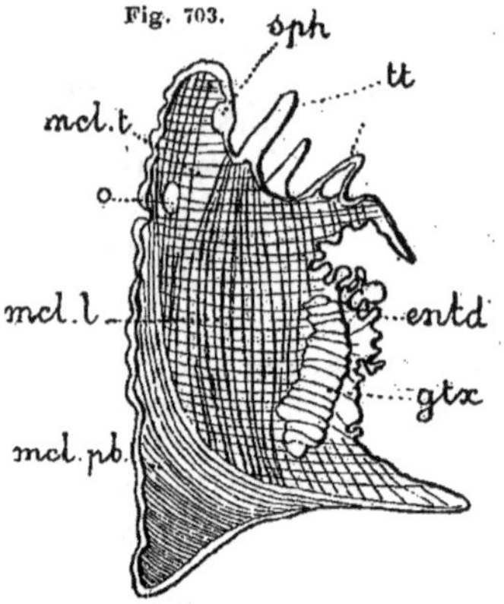

Cloison de *Tealia crassicornis*
(d'ap. O. et R. Hertwig).

entd., entéroïde; **gtx.**, glandes génitales; **mcl. l.**, muscle longitudinal de la cloison, **mcl. pb.**, muscle pariéto-basilaire; **mcl. t.**, muscle transverse; **o.**, septostome externe; **sph.**, sphincter; **tt.**, tentacules: en haut, à droite, la ligne pointillée sans lettre indi-que le septostome interne.

Le *mésentéroïde* est une simple lame membraneuse, n'offrant à étudier que sa structure, qui sera décrite quand nous nous occuperons de la struc-ture de notre animal.

L'*entéroïde* (**56**, *fig.* 3, 4, 5, etd.) ou *filament mésentérique* ou *cordon pelotonné* ou *craspedum* (Gosse) est un bourrelet trilobé offrant sur la coupe la forme d'un trèfle. Dans les cloisons macrentériques, il commence au point précis où le bord libre part de l'orifice inférieur du pharynx et descend le long de ce bord libre jusqu'à une distance variable au-dessus du pied, mais sans jamais atteindre ce dernier, laissant au-dessous de lui le bord libre mince sur une certaine étendue. Les cloisons micrentériques qui n'atteignent pas le bord inférieur du pharynx, portent leur entéroïde sur leur partie moyenne et ont, en haut comme en bas, leur bord interne mince sur une étendue variable.

La *glande génitale* (gtx.), dont la structure sera aussi étudiée plus loin, est située vers la partie inférieure de la cloison, en dehors du bour-relet musculaire, en dedans et au-dessous de l'entéroïde. Elle n'est pas présente sur toutes les cloisons : les plus petites, d'ordre élevé, n'en ont jamais; les plus grandes, de premier ordre, en ont une, peu déve-loppée et seulement pendant la jeunesse de l'animal, après quoi elles deviennent stériles; ce sont les cloisons d'ordre moyen qui portent les masses génitales bien développées et fonctionnelles.

Le *septostome interne*, situé au point de jonction de la cloison avec le pharynx, n'existe, naturellement, que dans les cloisons macrentériques qui s'étendent jusqu'au pharynx : les cloisons micrentériques en sont dépourvues. L'ensemble de ces orifices forme, entre les espaces séparés par les cloisons, une communication circulaire qui a été comparée au *sinus circulaire* des Acalèphes.

Le *muscle longitudinal* (**56**, *fig.* 3 et 4, *mcl. l.*), outre sa très remarquable structure, qui sera étudiée plus loin, n'offre à décrire que sa position, par rapport aux deux faces du mésentéroïde. Cette situation est soumise à une loi très remarquable et différente de celle des Octanthides ; mais nous ne pourrons la faire connaître qu'après avoir décrit la loi d'arrangement des cloisons.

Loi d'arrangement des cloisons. — Comme les tentacules, les cloisons sont de divers ordres (**55**, *cl.* I, *cl.* II, *cl.* III) et disposées en cycles successifs, de telle manière que les cloisons de chaque cycle occupent le milieu des intervalles entre les cloisons des cycles d'ordre moins élevé. Mais, au lieu d'être équidistantes et indépendantes les unes des autres, comme chez les Octanthides, elles sont associées par couples [1] (**55** et **56**, *fig. 1*), en sorte que la loi d'arrangement des tentacules peut s'appliquer aux cloisons, mais à la condition de substituer à la cloison simple une couple de cloisons égales et rapprochées l'une de l'autre. Il y a donc 6 couples de cloisons de 1er ordre, 6 couples de 2e ordre, 12 couples de 3e ordre, 24 couples de 4e ordre et ainsi de suite.

On est convenu d'appeler *loges* (*Binnenfach* des Allemands, *endocœles* de Van Beneden), les espaces compris entre les deux cloisons d'une même couple (**55**, *lg.*) et *interloges* (*ilg.*) (*Zwischenfach, exocœles* des mêmes auteurs) les espaces situés entre deux cloisons voisines appartenant à deux couples différentes. Les interloges alternent régulièrement avec les loges. Il y a donc 6 loges de 1er ordre (**56**, *fig. 1, lg.* I), avec 6 interloges (*ilg.* II) ; mais ces dernières n'ont qu'une existence virtuelle, car elles sont divisées par les 6 couples de cloisons du 2e cycle en 6 loges du 2e ordre (*lg.* II) et 12 interloges (*ilg.* III) ; ces dernières sont de même abolies par les couples de cloison du 3e cycle qui les divisent en 12 loges de 3e ordre (*lg.* III) et 24 interloges, et ainsi de suite. En sorte qu'il n'y a, en réalité, que des loges qui alternent successivement, de cycle en cycle, suivant la même loi que les paires de cloisons, le dernier cycle seul comportant, outre ses loges, un nombre égal d'interloges alternant avec elles. Une Actinie à 4 cycles de loges aurait donc :

6 loges de 1er ordre,			24 loges de 4e ordre,		
6	—	2^e	—	. . . .	
12	—	3^e	—	$6\times2^{n-2}$	— n^e —

soit, en tout, $6\times2^{n-1}$ loges de n^e ordre, plus $6\times2^{n-1}$ interloges de $n+1^e$ ordre.

---

[1] Contrairement à certains auteurs, nous appelons *couple* les deux cloisons rapprochées limitant une loge, et *paire* celles qui sont symétriques de part et d'autre du plan sagittal. Cela nous paraît plus conforme aux usages de la langue littéraire.

Les interloges ont un tentacule aussi bien que les loges. Une Actinie à 6 loges a donc 12 tentacules dont 6 loculaires et 6 interloculaires, une Actinie à 12 loges a 12 tentacules loculaires et 12 interloculaires, une à n loges a n tentacules loculaires et n tentacules interloculaires, en sorte qu'il y a normalement deux fois plus de tentacules que de loges et, par conséquent, autant de tentacules que de cloisons.

Le nombre des loges d'une Actinie à n cycles de loges étant $6 \times 2^{n-1}$, le nombre des tentacules de cette même actinie est 6×2^n. Aux loges de n^e ordre correspondent les tentacules de n^e ordre, mais les tentacules interloculaires des interloges de $n+1^e$ ordre intercalées aux loges de n^e ordre forment un cercle plus extérieur et à éléments plus petits que ceux des derniers loculaires; ils forment donc un cycle en dehors d'eux et sont le $(n+1)^e$ ordre. Une Actinie à n cycles de loges a donc $n+1$ cycles tentaculaires.

Des 6 loges du premier cycle, une est dorsale, une ventrale, deux, sont latéro-dorsales et deux latéro-ventrales. Les loges dorsale et ventrale correspondent aux extrémités de la bouche et, par conséquent, aux siphonoglyphes: on les appelle *loges directrices* et les cloisons qui les forment (**56**, *fig. 1*, *cl. d.*, *cl. v.*) sont dites aussi *cloisons directrices* (¹).

La disposition des faces musculaires des cloisons (on entend par *face musculaire* celle sur laquelle fait saillie le bourrelet formé par le muscle longitudinal), est définie ainsi par une loi très simple : les cloisons directrices (fig. 634, *cl. d.*, *cl. v.*) ont leurs muscles sur la face interloculaire;

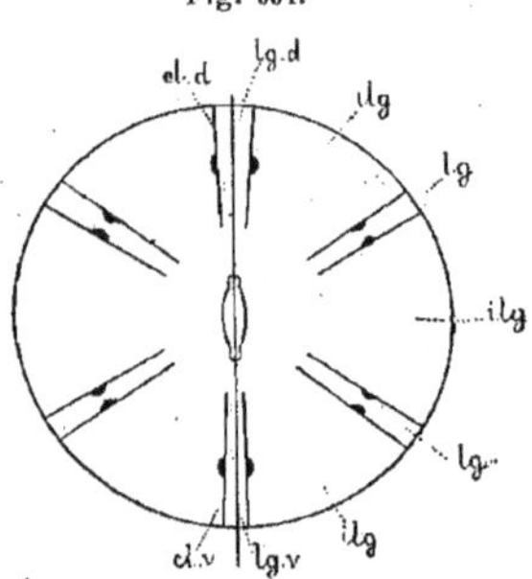

Fig. 634.

Position des muscles par rapport aux loges et aux interloges (Sch.).

cl. d., cloisons de la loge dorsale; **cl. v.**, cloisons de la loge ventrale; **ilg.**, interloges; **lg.**, loges; **lg. d.**, loge dorsale; **lg. v.**, loge ventrale.

toutes les autres ont leur muscle sur la face loculaire; toutes les loges ont des parois musculaires sauf les 2 loges directrices (fig. 634, *lg. d.*, *lg. v.*); toutes les interloges (*ilg.*) ont des parois non musculaires sauf les 4 contiguës aux 2 loges directrices, qui ont une paroi musculaire, celle qui est la plus voisine du plan sagittal, et une non musculaire, celle qui est la plus éloignée de ce plan (²).

(¹) En réalité, la chose ainsi exprimée n'est pas tout à fait conforme aux définitions adoptées. Les auteurs ne considèrent la loge ventrale ou la dorsale comme directrice que quand elle a ses parois dépourvues de muscles longitudinaux, ceux-ci étant rejetés sur la face opposée de ces parois. Quand, par exception, l'une ou l'autre a ses muscles longitudinaux sur la face interloculaire, elle n'est pas comptée comme directrice.

(²) La raison de cet arrangement des muscles longitudinaux n'est pas facile à saisir. MAC MURRICH [91] a émis l'opinion que les muscles ont déserté la face loculaire des cloisons directrices pour ne pas obturer la cavité des loges directrices qui a besoin d'être large, en

Enfin rappelons que les cloisons ont un développement inégal. Nous avons fait connaître leurs différences de taille et les différences que présentent leurs autres caractères en rapport avec la taille. Il va de soi que les plus grandes sont celles de ou des premiers ordres qui, seules, sont macrentériques, c'est-à-dire s'attachent à toute la hauteur du pharynx, et qu'elles vont en diminuant de taille à mesure qu'elles appartiennent à un cycle d'ordre plus élevé.

Structure. — La paroi du corps (qui, comme chez tous les Cœlentérés, constitue la totalité des organes), est formée, comme d'ordinaire, des trois couches fondamentales : ectoderme, mésoglée et endoderme. Comme dans tous les Scyphozoaires, l'ectoderme tapisse la surface externe du corps et des tentacules, et la surface interne du pharynx.

L'embryogénie démontre même (H. V. Wilson [88]) qu'il faut lui attribuer le revêtement épithélial des entéroïdes, sûrement pour les 12 cloisons macrentériques du premier cycle, et peut-être même pour les micrentériques ([1]).

L'endoderme tapisse la paroi interne du corps, y compris les cloisons, la face externe du pharynx et la cavité des tentacules. Le mésoglée est partout interposé aux deux feuillets précédents. Nous allons décrire successivement ces trois feuillets indiquant d'abord leurs caractères communs, puis les caractères spéciaux qu'ils revêtent dans les diverses régions.

Ectoderme. — Envisageons d'abord ses caractères généraux.

Les *caractères communs* à l'ectoderme en tous ses points sont ceux qui se rencontrent chez tous les Cœlentérés, sauf un qui constitue une particularité remarquable : c'est la dissociation de la cellule épithélio-musculaire en deux éléments séparés, une cellule épithéliale et une fibrille musculaire (fig. 635, *mcl.*). Cette dernière même s'incruste, parfois même s'enfonce tout à fait dans la mésoglée, en sorte qu'elle paraît appartenir à ce feuillet (fig. 636, *mcl. l.*). L'ectoderme comprend dès lors 6 sortes d'éléments : 1° les *cellules vibratiles* (fig. 635, *ect.*), jouant aussi le rôle d'éléments de soutien; elles sont de beaucoup les plus nombreuses, longues, étroites, terminées en dehors par un mince

---

raison de ses rapports avec les siphonoglyphes. Il arrive, à titre de variation individuelle (*Sagartia*, d'après Dixon) ou normalement chez certains genres (*Peachia, Cerianthus, Zoanthus*), que les muscles des cloisons directrices sont sur leurs faces loculaires, mais alors le siphonoglyphe correspondant a disparu. Chez une espèce d'*Actinoloba* (*Metridium marginatum*), Parker [97] a constaté que les individus avaient tantôt 1, tantôt 2 et parfois même 3 siphonoglyphes et que, toujours, les siphonoglyphes et les loges directrices se correspondent exactement.

([1]) Wilson a étudié sous ce rapport le genre *Manicina* qui est un Coralliaire. Mais il est infiniment probable que ce qui est vrai pour ces derniers est vrai aussi pour les Actinies. En ce qui concerne les cloisons micrentériques, Wilson a vu seulement que, dans les plans méridiens qui leur correspondent, l'ectoderme qui tapisse intérieurement le pharynx se réfléchit à la face externe de cet organe et prend là des caractères particuliers, différents de ceux de l'ectoderme aussi bien que de l'endoderme.

plateau muni de quelques cils vibratiles, en dedans par une extrémité élargie; ce sont elles qui représentent la
partie épithéliale de l'élément épithélio-musculaire dissocié; 2° les *cellules glandulaires*
(*gl.*), grosses, granuleuses, non ciliées, terminées en dedans par un ou deux filaments qui
se continuent avec la couche nerveuse; 3° les
nématoblastes (fig. 636, *cnd.*), qui ne présentent
ici rien de particulier et dont le prolongement nerveux a été mis très nettement en évidence par les frères Hertwig; 4° les *cellules
sensitives*, éparses entre les autres, semblables
aux ciliées, mais munies, en place de cils, d'une
soie sensitive raide et unique; elles ont un prolongement nerveux simple ou double très évident; 5° la *couche nerveuse* (fig. 635 et 636, *nf.*),
située comme d'ordinaire entre les pieds des
cellules épithéliales, et formée comme d'ordinaire de cellules bi- tri- et multipolaires, dans
un riche réseau de très
fines fibrilles qui se
continuent avec les
prolongements ner-
veux des cellules; 6° les *fibrilles musculaires*
(*mcl.*), partout longitudinales ou méridiennes,
très longuement fusiformes, avec un noyau logé
dans une petite masse protoplasmique au niveau
de la partie moyenne, sans aucune relation avec
l'épithélium et tout à fait indépendantes, incrustées dans la mésoglée sous-jacente.

Fig. 635.

Coupe transversale de la paroi
du disque buccal
(d'ap. O. et R. Hertwig).

ect., ectoderme; **ggl.**, cellules
ganglionnaires: **gl.**, cellules glandulaires; **mcl.**, muscles; **msg.**,
mésoglée; **nf.**, couche de fibrilles
nerveuses.

Fig. 636.

Coupe transversale
de la paroi d'un tentacule
de *Thealia crassicornis*
(d'ap. O. et R. Hertwig).

cnd., nématocystes; **ect.**, ectoderme; **end.**, endoderme;
mcl. c., muscles circulaires;
mcl. l., muscles longitudinaux; **msg.**, mésoglée; **nf.**,
couche nerveuse.

Voyons maintenant comment se comportent
ces éléments dans les diverses parties du corps.

La *colonne* et le *disque pédieux* ne sont pas
ciliés; ils sont riches en cellules glandulaires,
mais pauvres en nématoblastes et en éléments
nerveux; les fibrilles musculaires y font tout à
fait défaut. Le *péristome* est remarquable par le
nombre et l'activité de ses cils et par l'abondance
des cellules sensitives et nerveuses; les fibrilles
musculaires y sont radiaires. Les *tentacules* sont
aussi très riches en cils et en cellules sensitives
et nerveuses, surtout vers le bout qui est, de tout
le corps, la région la mieux fournie de ces éléments; les fibrilles musculaires y sont longitudi-
nales. Le *pharynx* est surtout riche en éléments vibratiles et glandulaires;

les cellules glandulaires sont les unes claires, à mucus, les autres granuleuses et chargées peut-être d'une sécrétion plus importante ; les cellules sécrétrices et nerveuses n'y sont pas rares ; dans les *siphonoglyphes*, les cils sont très développés et le mouvement ciliaire est particulièrement actif ; les éléments musculaires font entièrement défaut.

Mésoglée. — La mésoglée (fig. 635 et 636, *msg.*) est formée d'une épaisse lame de substance hyaline dans laquelle on observe une fine striation, et parfois divisée en deux couches où cette striation suit deux directions perpendiculaires (tangentielle en dehors, radiaire en dedans). Elle contient de nombreuses cellules étoilées de nature conjonctive qui y ont émigré des feuillets voisins (¹).

Elle est modérément épaisse sur le péristome et le pharynx, très mince sur les tentacules, très épaisse sur la colonne. En dehors, sa surface est lisse ; en dedans, elle se prolonge, au niveau de la colonne, en lames saillantes qui forment le squelette des cloisons (fig. 637, *msg.*) ; celles de ces lames qui appartiennent aux cloisons macrentériques vont se jeter sur la mésoglée pharyngienne. La couche mésogléenne des cloisons n'est pas une simple lame à faces parallèles, elle se développe et prend une figure spéciale dans les points où elle doit servir de soutien à des formations endodermiques développées. C'est le cas pour l'entéroïde et pour le ruban musculaire longitudinal. Au niveau des entéroïdes (fig. 637, *etd.*), elle s'épaissit et son bord se divise en trois lames formant le soutien des trois bandes épithéliales de cette région (fig. 638, *msg.*). Au niveau du muscle longitudinal et, naturellement, sur la seule face occupée par ce muscle, elle se développe en un système très riche de replis verticaux de deux ou trois ordres qui augmentent beaucoup sa surface et permet au muscle (fig. 637, *mcl. l.*), qui plonge

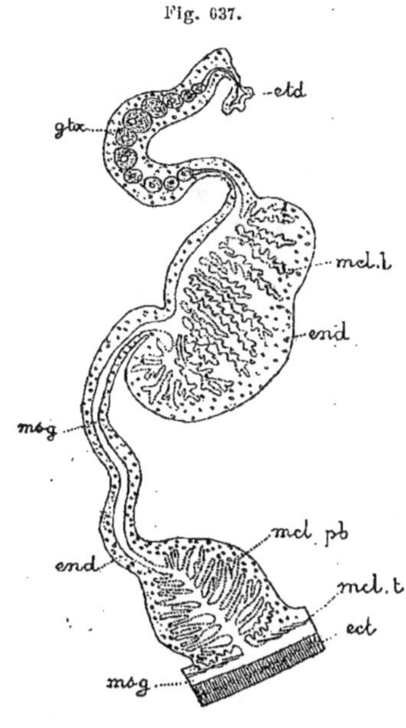

Coupe transversale d'une cloison d'*Edwardsia tuberculata* (d'ap. O. et R. Hertwig).

ect., ectoderme ; end., endoderme ; etd., entéroïde ; gtx., organes génitaux ; mcl. l., muscle longitudinal ; mcl. pb., muscle pariéto-basilaire ; mcl. t., muscle transverse ; msg., mésoglée.

(¹) FAUROT croit la mésoglée contractile, opinion qui ne paraît pas soutenable, étant donnée la structure histologique de ce tissu. Il n'a peut-être pas suffisamment distingué la mésoglée proprement dite des éléments musculaires endo- ou ectodermiques qui y sont immergés.

et pénètre dans tous ses replis, de prendre une étendue en largeur beaucoup plus considérable, tandis que l'endoderme (*end.*) qui passe sur le tout, comme un pont, sans plonger entre les replis, ne laisse voir qu'une saillie uniforme.

Endoderme. — L'endoderme a aussi des caractères communs et des caractères particuliers dans ses différents points.

Les *caractères communs* les plus remarquables sont ceux des cellules de soutien qui portent un seul flagellum et se continuent par leur pied avec les fibrilles musculaires à direction variable, circulaire en général, longitudinale ou radiaire sous les cloisons : elles sont donc épithélio-musculaires (fig. 639). Fréquemment elles contiennent des *Zooxanthelles*. Les cellules glandulaires sont nombreuses ; les cellules nerveuses sont assez rares, mêlées à des fibrilles plus grosses que celles de l'ectoderme, mais beaucoup moins nombreuses ;

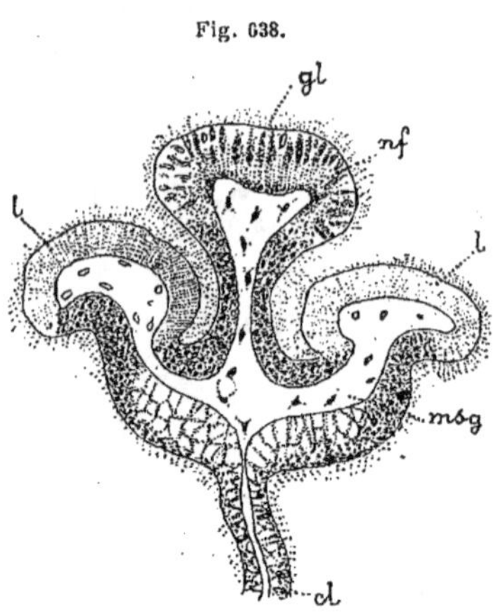

Fig. 638.

Coupe transversale de l'entéroïde
de *Sagartia parasitica*
(d'ap. O. et R. Hertwig).

cl., cloison ; gl., bandelette glandulaire ; l., bandelettes latérales ; msg., mésoglée ; nf., couche nerveuse.

les nématoblastes sont absents sauf en des points spéciaux où ils sont, au contraire, extrêmement nombreux.

Les *caractères variables* suivant les points sont surtout ceux relatifs à la musculature, aux éléments glandulaires et aux nématoblastes. Sur la paroi interne de la colonne, les fibrilles musculaires sont disposées circulairement et traversent la ligne d'insertion des cloisons sur la paroi. Sur le pied et le péristome, ces fibrilles deviennent circulaires autour du centre de ces organes. Sur le pharynx, elles redeviennent circulaires comme sur la colonne, mais ne sont pas particulièrement développées et ne forment pas de sphincter. Sur les tentacules, elles sont circulaires autour de leur axe. Au haut de la colonne ou sur la partie la plus externe du péristome, les fibres circulaires forment une accumulation notable, le *sphincter du péristome* (**55**, *sph.*) (¹) qui sert, dans la rétraction de l'animal, à renfer-

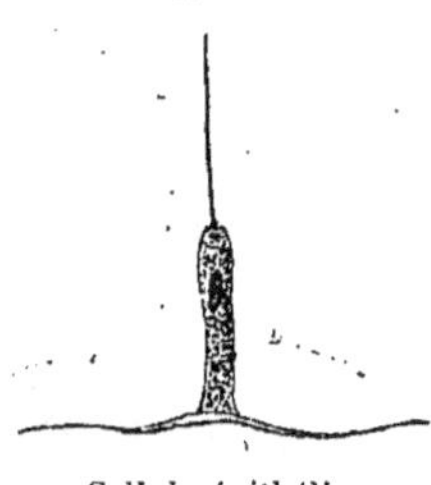

Fig. 639.

Cellule épithélio-
musculaire d'une cloison
d'*Adamsia Rondeleti*
(*Sagartia parasitica*)
(d'ap. O. et R. Hertwig).

______

(¹) Le sphincter est très inégalement développé selon les genres : tantôt nul (*Antea*) ; tantôt si fort et si condensé qu'il forme une saillie notable dans la cavité gastrovasculaire, au niveau

mer la bouche et les tentacules rétractés, comme dans une bourse dont on a tiré les cordons. La musculature circulaire des tentacules est faible et ne présente rien de notable à signaler.

C'est sur les cloisons que la musculature prend des caractères tout à fait remarquables. Elle est représentée par deux ordres de fibres que l'on considère comme formant trois muscles : le pariéto-basilaire, le longitudinal et le transversal.

Le *muscle transversal* (**56**, *fig*. 4 et 5, *mcl*., *t*.) est peu développé : il est formé de fibres à direction radiaire, allant horizontalement de la colonne au bord libre de la cloison sur la face opposée au muscle longitudinal.

Le *muscle pariéto-basilaire* (**56**, *fig*. 3, 4, 5, *mcl*., *pb*.) n'est, en somme, que la partie inférieure du précédent dont les fibres se sont plus développées et ont pris une direction arciforme ; mais il existe sur les deux faces. Les fibres vont de la colonne au disque pédieux en décrivant des arcs à concavité supéro-interne. Il sert surtout à attirer en haut le centre du pied, de manière à le faire fonctionner comme une ventouse.

Le *muscle longitudinal* ou *muscle unilatéral* (**56**, *fig*. 4 et 5, *mcl.·l*.), situé sur la face opposée à celle qui porte le transversal, est de beaucoup le plus fort et le plus important. Il va du pied au péristome, en s'étendant en largeur sur toutes les sinuosités des replis verticaux formés par la lame mésogléenne qui sert de squelette à la cloison. Les fibrilles s'incrustent plus ou moins dans la mésoglée, mais sans abandonner leurs relations avec les cellules épithéliales Par suite de cette disposition, elles forment une saillie notable, bien qu'elles restent sur une seule couche.

Les *cellules glandulaires* sont munies, comme les épithélio-musculaires, d'un seul flagellum ; mais elles sont grosses et bourrées de granulations. Leur base se prolonge en un ou deux filaments nerveux. On en rencontre sur la face interne de la colonne et sur les cloisons, mais elles sont surtout développées sur les entéroïdes ainsi que les nématoblastes.

Les *entéroïdes*, avons-nous vu, sont formés de trois bandelettes

---

du septostome externe toujours présent dans ce cas, comme pour lui faire place (*Tealia*) ; tantôt assez fort, mais étalé vers le sommet de la colonne, en sorte qu'il ne forme pas une saillie bien accentuée (*Sagartia* et la plupart des autres genres). Dans ce dernier cas, FAUROT a constaté que le sphincter n'est pas formé par une accumulation de fibrilles sur plusieurs plans. La structure est fondamentalement semblable à celle qui est décrite plus loin pour les muscles longitudinaux des cloisons. C'est-à-dire que la lame mésogléenne forme de nombreux replis, ici à direction circulaire, qui augmentent considérablement la surface de la paroi à leur niveau. L'épithélium passe en pont sur tous les intervalles de ces replis, mais la couche musculaire suit au contraire ses sinuosités, en sorte que ses fibrilles, bien qu'elles restent sur une seule assise, sont en fait beaucoup plus nombreuses. En outre, ces replis, qui sur les cloisons restent indépendants, se soudent ici irrégulièrement les uns aux autres par leurs faces et leurs bords de manière à former un réseau de lamelles dont les parois sont tapissées par les fibrilles musculaires.

saillantes, divergentes, dessinant en coupe transversale la forme d'une feuille de trèfle. La médiane, appelée aussi *bandelette glandulaire* (fig. 638, *gl.*), est grosse, un peu concave au bord libre et formée essentiellement de cellules glandulaires entremêlées d'un bon nombre de nématoblastes. Les cellules épithélio-musculaires et les sensitives y sont rares. Les bandelettes latérales (fig. 638, *l.*), séparées de la médiane par un profond sillon tapissé d'éléments de soutien, sont appelées *bandelettes ciliées*, car les cellules flagellées, avec un seul flagellum par cellule, les forment presque exclusivement, et leurs flagellums sont très longs et très actifs. La bandelette glandulaire est surtout développée sur les grandes cloisons qui s'avancent loin vers l'axe de la cavité gastrique et principalement vers le bas de ces cloisons. Sur la partie supérieure des cloisons et sur les cloisons d'ordre élevé, les bandelettes ciliées sont prédominantes. Nous verrons (p. 483) que si les bandelettes ciliées latérales, au moins pour les cloisons macrentériques, sont d'origine ectodermique, il est probable que la bandelette médiane ou glandulaire est formée par l'endoderme. Dans la profondeur de l'épithélium des bandelettes, la couche nerveuse est présente, passablement développée.

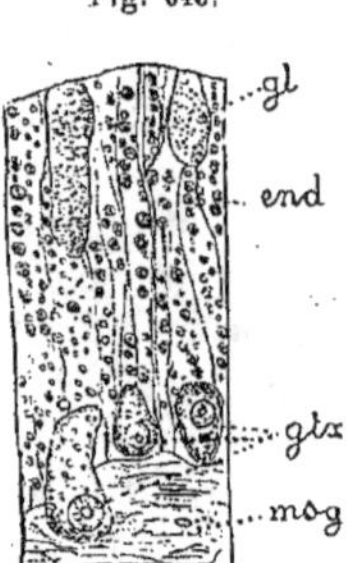

Fig. 640.

Coupe transversale de la face loculaire d'une cloison dans la région génitale, au moment de la différenciation des cellules interstitielles en cellules génitales (d'ap. O. et R. Hertwig).

end., endoderme; **gl.**, cellules glandulaires; **gtx.**, cellules génitales; **msg.**, mésoglée.

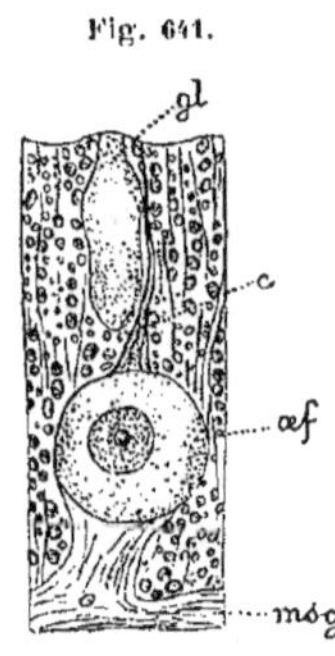

Fig. 641.

Coupe transversale d'une cloison dans la région génitale, au moment où l'œuf forme son cône nutritif (d'ap. O. et R. Hertwig).

c., cône nutritif en train de se former; **gl.**, cellule glandulaire; **msg.**, mésoglée; **œf.**, œuf.

Organes génitaux. — Les masses génitales (56, *fig. 3, gtx.*), dont nous avons indiqué plus haut la situation précise, ont la forme d'un boudin contourné dont les sinuosités sont rapprochées de manière à lui donner l'apparence d'une saillie ovoïde uniforme. Les cellules germinales (fig. 640, *gtx.*) commencent à se montrer, ainsi que l'a reconnu Faurot, sur la face loculaire de la cloison. Ce sont des interstitielles endodermiques. En grossissant, elles s'enfoncent dans la mésoglée sousjacente où elles achèvent de se développer, pour s'en dégager partiellement au moment

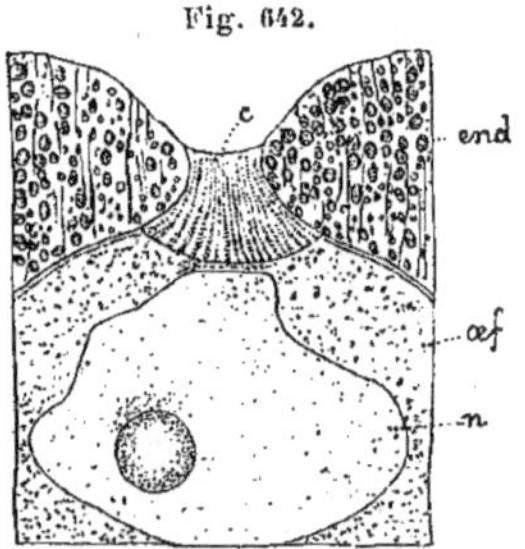

Fig. 642.

Coupe passant par l'axe du cône nutritif d'un œuf (d'ap. O. et R. Hertwig).

c., cône nutritif de l'œuf; **end.**, endoderme; **n.**, noyau de l'œuf; **œf.**, œuf.

de la maturité sexuelle (fig. 641 et 642, *œf.*) et se mettre en relation avec le dehors sur l'une des faces de la cloison. Les cellules femelles se développent en autant d'œufs indépendants, comprimés les uns contre les autres tout le long du boudin génital ([1]).

L'œuf se met en rapport avec la surface, en écartant les cellules épithéliales, par un prolongement, le *cône nutritif* (fig. 641 et 642, *c.*), qui est simplement une partie de son cytoplasme, différenciée en vue de l'absorption des sucs alimentaires de la cavité gastrique. — Les cellules mâles se développent, sans cône nutritif et, en se multipliant, forment chacune un petit follicule bourré de spermatoblastes (fig. 643). Ces follicules sont comprimés les uns contre les autres (fig. 644), tout le long du boudin génital, comme les œufs, auxquels ils ressemblent par leur volume. A maturité, ils se mettent en relation avec la surface par un prolongement qui se perce au sommet pour donner issue aux spermatozoïdes.

Il est assez difficile de se prononcer au sujet de l'hermaphroditisme, car aucun caractère autre que l'examen des produits ne permet de reconnaître le sexe. D'autre part, l'hermaphroditisme successif (protogynique) ayant été constaté, il semble imprudent, lorsqu'on trouve toutes les glandes d'un même sexe, d'affirmer la dioïcité absolue. Lacaze-Duthiers a trouvé bon nombre d'Actinies hermaphrodites; les frères Hertwig les ont généralement trouvées à sexes séparés. Les observations récentes de P. Mc Murrich [91] confirment l'opinion de ces derniers.

Cinclides et aconties. — Ce sont là deux organes qui, bien qu'on ne les trouve que dans un petit nombre d'Actinies, *Sagartia*, *Adamsia*, nous semblent devoir être décrits à l'occasion du type morphologique.

Les *cinclides* (**55**, *cld*.) sont de petits orifices percés dans la paroi de la colonne et mettant la cavité gastrovasculaire en communication avec le

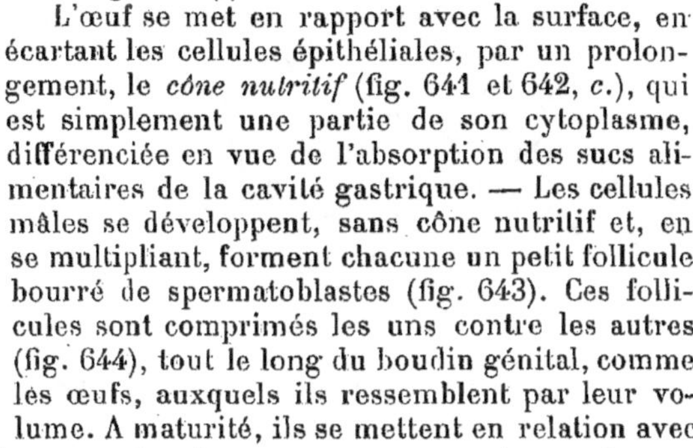

Coupe d'une cloison au niveau d'un testicule jeune (d'ap. O. et R. Hertwig).

end., endoderme; **gl.**, cellule glandulaire; **msg.**, mésoglée; **tst.**, testicule.

Fig. 644.

Coupe transversale d'une cloison au niveau d'un follicule testiculaire âgé (d'ap. O. et R. Hertwig).
end., endoderme; **tst.**, testicule.

([1]) Les frères Hertwig [79] les disent contenus chacun dans un follicule, mais leurs dessins ne montrent rien de ce follicule et leur texte n'est pas explicite.

dehors. Ils sont situés sur la partie moyenne de la colonne où on les aperçoit à la loupe sous la forme de petits points noirs. Ils sont disposés sur des lignes verticales régulières. En dedans ils s'ouvrent exclusivement dans les loges. Toutes les loges en sont pourvues, sauf les deux loges directrices ; les interloges n'en ont jamais. Ces orifices sont simplement tapissés d'un épithélium cylindrique qui réunit l'ectoderme à l'endoderme.

Les *aconties* (**55, acn.** et **56**, *fig. 4* et *5*, **aco.**) (¹) sont de longs filaments attachés par une extrémité à une cloison, libres à l'autre et flottant dans toute leur longueur au sein de la cavité gastro-vasculaire. Leur attache (**56**, *fig. 4*, **aco.**) se fait à la cloison, sur la face loculaire,

à une faible distance du bord libre, juste au-dessous de l'extrémité inférieure de l'entéroïde (*etd.*). Leur distribution est la même que celle des cinclides. Toutes les cloisons en sont pourvues, sauf celles des loges directrices. Une sorte de petite bandelette unit l'acontie à la base de l'entéroïde. L'acontie a à peu près la structure de la bandelette moyenne des entéroïdes. Sur la coupe (fig. 645), elle est à peu près demi-circulaire ; la surface, du côté plan, porte seulement des cellules flagellées ordinaires,

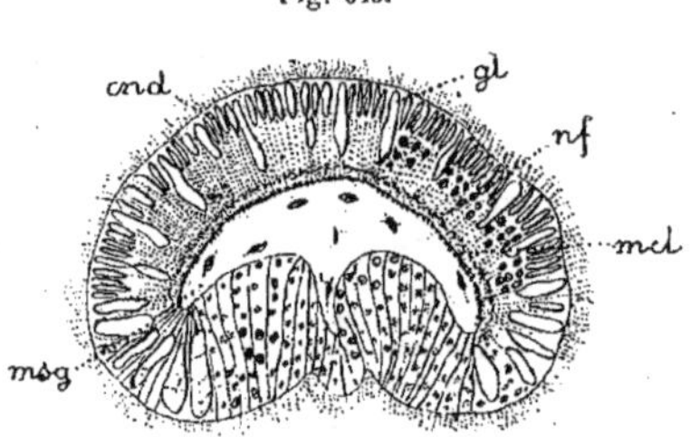

Fig. 645.

Coupe transversale d'acontie
d'*Adamsia Rondeleti* (*Sagartia parasitica*)
(d'ap. O. et R. Hertwig).

cnd., nématoblastes ; **gl.**, cellules glandulaires ; **mcl.**, muscles ; **msg.**, mésoglée ; **nf.**, couche nerveuse.

tandis que, du côté convexe, l'épithélium est surtout formé de nématoblastes (*cnd.*) entremêlés de cellules glandulaires (*gl.*). La différence avec la bandelette moyenne de l'entéroïde, c'est que les nématoblastes sont plus nombreux que les cellules glandulaires, tandis que c'était l'inverse pour cette dernière. Au centre de l'acontie est un ruban mésogléen (*msg.*) en continuité avec la lame mésogléenne de la cloison. Une forte couche de fibres musculaires longitudinales (*mcl.*) donne aux aconties une grande mobilité, en même temps que leurs propriétés sensitives sont assurées par la couche nerveuse, semblable ici à ce qu'elle est dans les autres points de l'endoderme.

Physiologie.

Habitat. Mouvements. — L'animal se tient fixé, le plus souvent à une profondeur modérée, sur quelque support, d'ordinaire rocheux, auquel

---

(¹) On les appelle généralement *acontium* et, au pluriel, *acontia*, pour suivre la déclinaison latine. Mais dans la langue littéraire, qui doit nous servir de modèle, on ne fait pas ainsi, on dit un *consortium*, des *consortiums*. Nous admettrons cette règle qui nous paraît très sage, car si on commence à décliner, il n'y a pas de raison pour ne pas continuer et dire : la largeur des *acontiorum*, le nerf qui se rend aux *acontiis*, etc.

il se fixe par la ventouse pédieuse. Là, il reste presque immobile, les tentacules étendus, le péristome étalé, mais la bouche fermée, jusqu'à ce que l'approche d'une proie ou d'un danger vienne à exciter des mouvements (¹). Parfois cependant, il se déplace par une lente reptation, une sorte de glissement insensible au moyen des contractions de son disque pédieux (²).

Quand il est fortement excité par des contacts violents, il se soustrait au danger par une contraction défensive : il ramène ses tentacules sur sa bouche, contracte son péristome, sur lequel le sphincter se referme, et rétracte sa colonne, jusqu'à se transformer en une boule de consistance dure et remarquablement plus petite que l'animal étalé (³).

Pendant le repos de l'animal, les cils vibratiles sont en activité : ceux des tentacules battent de la base vers le sommet de ces organes; ceux du péristome battent de même, de dedans en dehors; mais ceux des siphonoglyphes battent vers le dedans et déterminent, à l'intérieur de la cavité gastrovasculaire, une circulation d'eau qui, en même temps qu'elle entraîne des particules alimentaires, peut servir à la respiration (Voir la note de la page 320).

Alimentation. — Mais l'Actinie se nourrit surtout de grosses et même très grosses proies. L'un de nous a trouvé un jour dans un *Tealia cranicornis* un Tourteau (*Cancer pagurus*) de volume presque égal au sien. Quand une proie passe au voisinage de la bouche, les tentacules s'inclinent vers elle pour l'enserrer, la lardent de filaments urticants si elle est vivante et se défend, et la poussent vers la bouche, qui se dilate pour la recevoir. Le pharynx opère des mouvements péristaltiques qui contribuent à la déglutition. Dans la cavité gastrique, les nématoblastes des entéroïdes achèvent de tuer la proie, et aussitôt la digestion commence sous l'action des sucs sécrétés par les éléments glandulaires de l'endoderme, qui dissocient les aliments en particules absorbées ensuite par phagocytose (⁴). Les aconties, quand elles existent,

---

(¹) Certaines Actinies sont pélagiques et flottent, tournant vers la surface de l'eau leur pôle aboral dont le pied a disparu, par exemple *Mynias*; d'autres, comme *Gonactinia* peuvent nager. Cette dernière nage par bonds en rabattant brusquement ses tentacules de manière à se lancer la bouche en avant (Prouho [97]). D'autres encore se fixent sur des Algues, des Zostères *(Anthea)* ou sur des objets mobiles, comme diverses *Sagartia, Adamsia*, qui s'attachent aux coquilles habitées par les Pagures.

(²) L'*Anthea cereus* et la *Gonactinia* se déplacent aussi en se halant au moyen de leurs tentacules, que leur armature de nématoblastes rend passablement adhésifs.

(³) Certaines Actinies sont peu musculeuses, dépourvues de sphincter et incapables des mouvements ci-dessus décrits : ex. *Anthea*.

(⁴) C'est Chapeaux [93] qui a constaté l'existence de cette double digestion, extracellulaire et intracellulaire. — La première s'opère au moyen du suc digestif sécrété par les glandes, suc alcalin, plus alcalin que l'eau de mer, qui dissocie les albuminoïdes sans les peptonifier, émulsionne les graisses sans les saponifier et laisse inaltérés l'amidon et la cellulose. — La seconde, destinée à compléter la première par un phénomène de phagocytose, consiste dans l'absorption intracellulaire des particules dissociées par la première. Dans la cellule absorbante de l'endoderme, l'albumine est peptonifiée, la graisse est saponifiée et

contribuent au même titre que les entéroïdes, à tuer et à digérer la proie.

Sensibilité. — L'Actinie est sensible aux contacts, mais très inégalement en les divers points de son corps. Ce sont seulement les tentacules, surtout vers le bout, et le péristome, surtout au voisinage de la bouche, qui montrent quelque finesse de sensibilité. Si on touche un tentacule, il se contracte; si on excite les lèvres, les tentacules se rabattent vers elles. Il ne semble pas d'ailleurs que les voies d'association soient bien développées, car si on touche légèrement un tentacule ou un point du péristome, c'est seulement le tentacule touché ou les quelques tentacules voisins qui se contractent. Les excitations locales ne déterminent de mouvements généraux que quand elles sont énergiques. A l'approche d'une proie, l'Actinie manifeste par son agitation qu'elle reconnaît sa présence par des sensations très probablement olfactives (¹).

---

l'amidon est saccharifié; mais la cellulose n'est pas absorbée. Tandis que le suc digestif extracellulaire agit en milieu alcalin, le liquide intracellulaire est actif en milieu alcalin ou neutre ou même légèrement acide. Il semble que, dans la phagocytose des grosses parois, les cellules endodermiques puissent s'associer en fusionnant momentanément leurs pseudopodes, mais le fait n'a pas été constaté *de visu*.

(¹) Cette observation est due à POLLOK et ROMANES [82]. PARKER [96] a constaté que

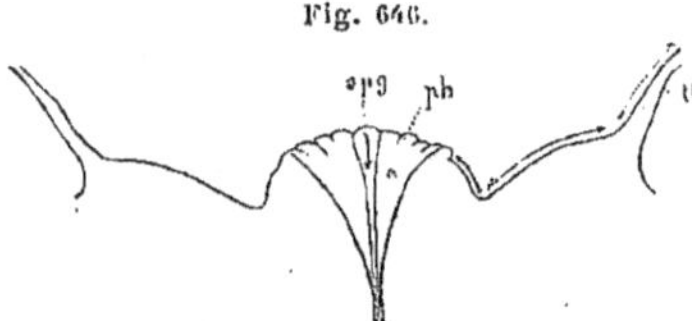

Fig. 646.

Directions du mouvement des cils de la
région buccale en présence des substances
insipides (d'ap. Vignon, inédit).
ph., pharynx; **spg.**, syphonoglyphe;
tt., tentacule.

Fig. 647.

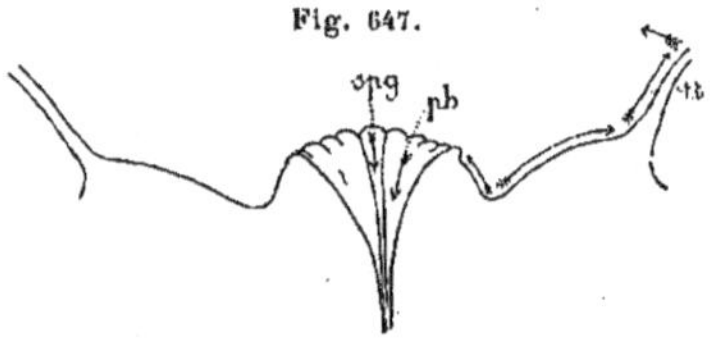

Direction du mouvement des cils de la
région buccale en présence des substances
sapides (d'ap. Vignon, inédit).
ph., pharynx; **spg.**, siphonoglyphe;
tt., tentacule.

l'approche d'une substance nutritive (jus de viande) ne provoque aucune réaction du disque; sur les tentacules, elle détermine un mouvement d'inflexion vers la bouche, des contractions des lèvres et des mouvements péristaltiques du pharynx. L'action la plus remarquable est celle que la solution nutritive exerce sur le péristome, dont les cils, battant normalement de dedans en dehors, renversent leur mouvement à son approche et battent vers la bouche. Ces résultats ont été partiellement confirmés par M. P. VIGNON (observation inédite) qui a bien voulu les contrôler sur notre demande (fig. 646 à 648). Il a constaté que, chez *Sagartia parasitica*, le mouvement des cils est toujours centrifuge sur les tentacules et sur la région externe du péristome, toujours centripète dans le siphonoglyphe

Fig. 648.

Direction du mouvement des cils
de la région buccale
pendant la régurgitation
(d'ap. Vignon, inédit).
spg., siphonoglyphe.

et au bord externe de la région labiale, mais que, à la face interne des lèvres, nul en temps ordinaire, il se produit en direction centripète, quand une substance rapide vient exciter l'Actinie.

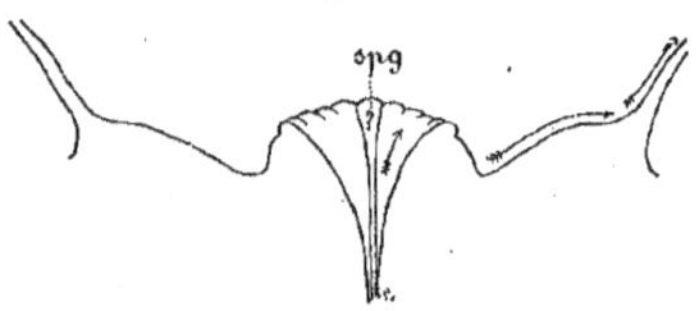

Excrétion. — On ne sait à peu près rien de cette fonction et c'est sans raisons positives que l'on a donné les noms de *pores excréteurs* aux cinclides d'une part, aux pores terminaux des tentacules d'autre part. D'ailleurs, le fait que ces deux sortes d'orifices manquent dans bon nombre de formes, suffit à montrer qu'il n'y a pas là une fonction bien localisée.

Reproduction asexuelle. Régénération. — Diverses Actinies peuvent se multiplier par scissiparité ou par bourgeonnement.

La *scissiparité longitudinale* a été observée dans bon nombre d'Actinies : elle est la plus fréquente. On voit l'animal s'étirer transversalement en biscuit et les deux moitiés s'écarter l'une de l'autre par une traction lente, jusqu'à couper le pont de substance qui les réunit. Le fait a été observé plusieurs fois dans les laboratoires de Roscoff et de Banyuls. Le phénomène est complet en quelques heures (*).

(¹) La scission longitudinale a été récemment étudiée par Torrey [98] et par Parker [99], chez *Actinoloba* (*Metridium*) (fig. 649 à 651). Deux stades principaux se rencontrent : l'un

Fig. 649.

Actinoloba (*Metridium*) *marginatum*
achevant de se diviser longitudinalement
(d'ap. Parker).

Fig. 650.

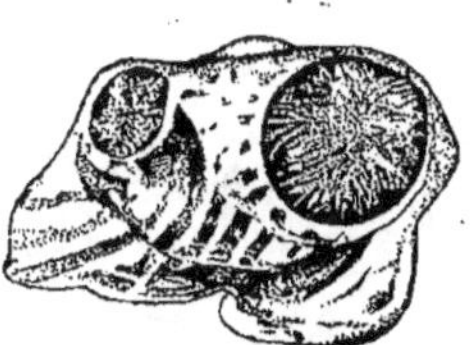

Division longitudinale
d'*Actinoloba*
(*Metridium*) *marginatum*.
Vue de dessus avec
les Polypes dilatés
(d'ap. Parker).

Fig. 651.

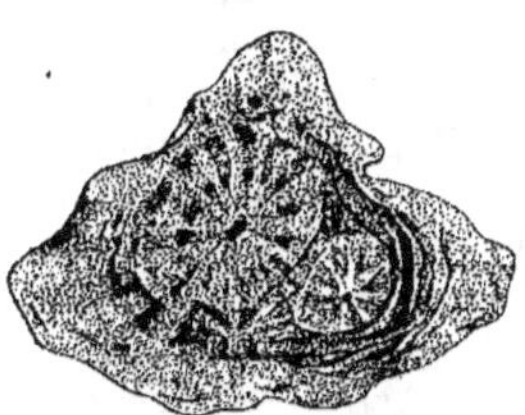

Division longitudinale
d'*Actinoloba*
(*Metridium*) *marginatum*.
Vue de dessus avec
les Polypes contractés
(d'ap. Parker).

où il y a deux bouches distinctes sur un péristome unique, l'autre où il y a deux parties supérieures du corps distinctes, se rattachant en Y à une partie inférieure unique. Ce ne sont là ni des monstruosités, comme on l'a cru pour le premier, ni des faits de fusion d'individus distincts, comme on l'a avancé pour le second. Le plan de séparation passe en général par un siphonoglyphe et fait un angle très faible d'un côté ou de l'autre avec le plan sagittal. Les deux individus en voie de séparation ont en général chacun un seul siphonoglyphe, à l'opposé du plan de division. On sait que chez Metridium, les siphonoglyphes sont variables, ce qui explique que cette condition ne soit pas constante. Dans les individus à bouche double et péristome unique, le stomodæum est incomplètement divisé ; les individus en Y ont deux stomodæums distincts. La scission passe toujours par deux loges ou interloges primaires, jamais par une loge d'un côté et par une interloge de l'autre.

La *scissiparité transversale* a été observée, en particulier chez *Gonactinia* par Sars [35, 51], Blochmann et Hilger [88], Prouho [91]. (fig. 652 et 653). On voit l'animal s'étrangler transversalement vers le milieu de la colonne et former au-dessous de cet étranglement une couronne de tubercules qui se développent en autant de tentacules. Ceux-ci grandissent et on a alors deux Actinies ayant entre elles exactement les mêmes rapports que les individus d'une Scyphostome de Méduse. L'individu supérieur, un peu plus grand que l'inférieur, se détache et ferme la plaie en se formant un pied, tandis que l'inférieur garde l'ouverture comme une bouche, qu'il invagine pour former son pharynx. La section commence par la mésoglée. Le phénomène peut se reproduire plusieurs fois non seulement chez l'individu proximal, mais chez le distal. Les individus qui se divisent, peuvent être porteurs de glandes génitales : il n'y a donc point alternance avec la reproduction sexuelle. L'individu distal emporte les organes génitaux et nage pour aller se fixer.

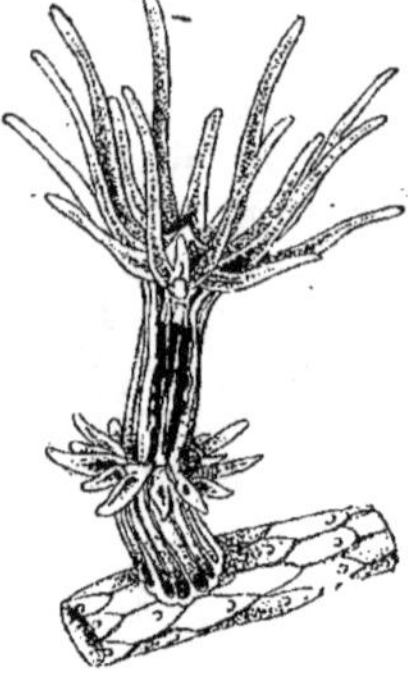

Fig. 652.

Gonactinia
en train de se diviser
transversalement
(d'ap. Prouho).

Fig. 653.

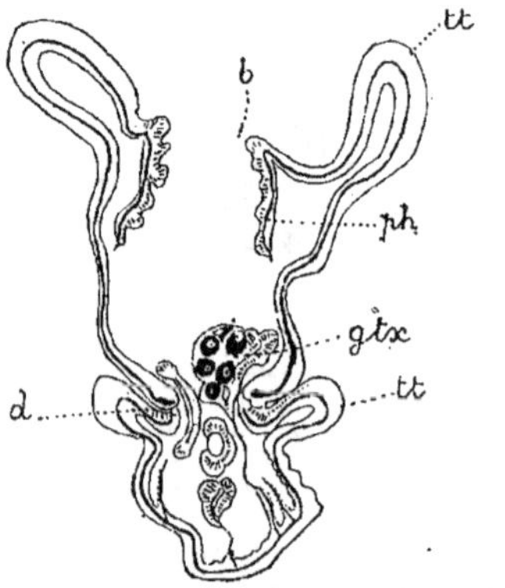

Coupe sagittale de *Gonactinia*
en état de division transversale
(d'ap. Prouho).

b., bouche; d., point de séparation des deux individus; gtx., organes génitaux; ph., pharynx; tt., tentacules.

Un autre processus bien remarquable est celui auquel on a donné le nom de *lacération*. On voit une partie du bord adhérent du pied, avec la portion de la colonne voisine, devenir plus opaque, se recouvrir d'un enduit sécrété, puis se séparer par étranglement progressif. Après quoi, le fragment s'arrondit et peu à peu se développe en une Actinie nouvelle, parfois même après s'être morcelé en fragments plus petits. Le phénomène observé déjà par les anciens auteurs, a été confirmé par Andres [82], par Parker [97] chez *Actinoloba* (*Metridium*), etc.

Le *bourgeonnement* n'est pas fréquent chez les Actinies. Il a été observé chez le même *Gonactinia*, chez *Epiactis* et, récemment par Farquhar [98] chez *Corynactis Haddoni* et par Torrey [98] chez *Actinoloba*

Enfin les individus en voie de scission sont d'un seul et même sexe, soit mâle, soit femelle, et la scission ne sépare pas les moitiés mâle et femelle d'un individu hermaphrodite.

(*Metridium*). Chez ce dernier, le bourgeon peut se former tantôt près du péristome, et sa bouche est une partie de celle du parent, tantôt plus bas sur la colonne, et sa bouche alors est entièrement de nouvelle formation.

L'Actinie peut aussi *régénérer* très facilement des parties considérables de son corps excisées. C'est au point qu'on a vu des fragments, même fort petits, à condition qu'ils présentent les couches essentielles du corps, régénérer autant d'individus entiers, par un phénomène comparable à celui dont nous venons de parler sous le nom de lacération.

Reproduction sexuelle. — La fécondation est interne et les jeunes se développent dans la cavité péricœlienne, en particulier dans les interloges qui peuvent être développées en cavités incubatrices (¹), d'où ils sortent par la bouche à un état plus ou moins avancé de développement, souvent sous la forme de jeunes Actinies déjà pourvues de tentacules.

Développement.
(Pl. 57 et 58 ET FIG. 657 A 664)

De la segmentation à la formation des cloisons et des tentacules. — La segmentation est totale et égale ou à peine inégale, et aboutit à une *blastula* claviforme (**57**, *fig. 1*), à paroi formée de longues cellules, dont les granulations lécithiques, plus ou moins abondantes, se rassemblent dans la partie interne. Une délamination séparant cette partie interne transforme la blastula en *planula* (**57**, *fig. 2*). Au petit bout de la larve se produit une invagination modérément profonde qui est le stoma-

---

(¹) CARLGREN [93] a constaté, en particulier chez une Paractinée et une Bunodinée arctiques ces loges incubatrices dépendant de la cavité péricœlienne (fig. 654). Chez une autre Bunodinée

Fig. 654.

Actinie présentant
des chambres incubatrices
dans les cloisons
(d'ap. Carlgren).
c., cavités des chambres
incubatrices.

Fig. 655.

Actinie présentant
des chambres
incubatrices externes
(d'ap. Carlgren).
o., orifices des chambres
incubatrices externes.

Fig. 656.

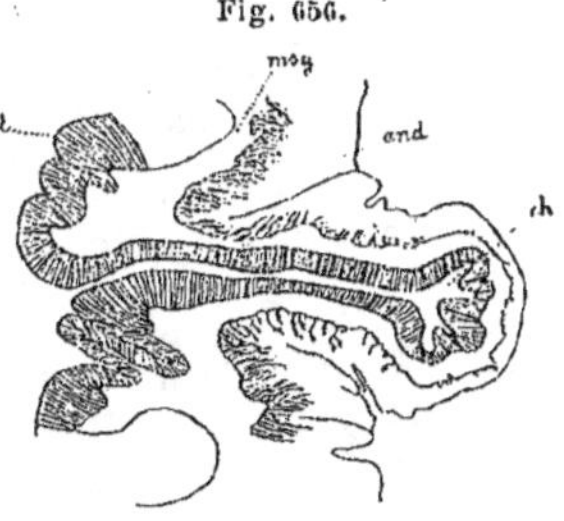

Chambre incubatrice formée
par une invagination de la paroi
chez une Actinie (d'ap. Carlgren).
ch., chambre incubatrice externe ;
ect., ectoderme ; end., endoderme ;
msg., mésoglée.

arctique, il a constaté des cavités incubatrices beaucoup plus singulières. Ce sont des refoulements de la paroi ectodermique de la colonne dans les interloges (fig. 655 et 656). Les cavités préexistent aux jeunes, qui y passent on ne sait comment et les dilatent en y grossissant, au point de réduire leurs parois à une membrane très mince, mais qui jamais ne crève en dedans.

dæum (**57**, *fig. 3 et 4 invg.*), dont le fond se perce d'un orifice. La larve devient par là en tout semblable à une gastrula, bien que son origine embryogénique soit tout autre. Cette planula est ciliée et nage en dirigeant en avant le gros bout, parfois muni d'un bouquet de cils plus longs que ceux du reste du corps, tandis que la bouche est à l'extrémité opposée. Son *pharynx* achève de s'invaginer pour prendre la disposition typique chez les Scyphozoaires. Entre les deux couches de cellules est sécrétée une mince *lame mésogléenne* (*Sekretlage* de Hertwig), qui s'épaissira plus tard (¹).

(¹) Le développement que nous décrivons ici est celui qui nous paraît le plus typique. C'est à peu près celui qu'on observe chez le Coralliaire *Manicina areolata* (Wilson [88]) et chez l'Actinie *Actinoloba* (*Metridium*) *marginatum* (P. Mc Murrich [91]) (fig. 657 à 659). Mais il y a bien des divergences. C'est normalement à l'état de blastula ou de planula ciliées que la larve sort de la mère. Mais *Adamsia Rondeleti*, d'après Kovalevsky et *Metridium marginatum*, d'après Mc Murrich, pondent des œufs non fécondés, tandis que chez quelques Actinies (*Heliactis bellis*, *Bunodes*, *Tealia*, etc.), le jeune sort de la mère déjà pourvu de tentacules et prêt à se fixer.

Kovalevsky [73] chez *Adamsia Rondeleti* et Götte [97] chez *Cereactis aurantiaca* ont montré qu'il se forme chez ces deux genres une *sterrula*, c'est-à-dire une sorte de morula ciliée dont les cellules superficielles forment l'ectoderme, enveloppant une masse centrale endodermique qui plus tard seulement se disposera en une couche régulière autour d'une cavité centrale. Ces différences sont secondaires et évidemment en relation avec l'abondance du vitellus nutritif, plus grande dans le second cas. D'après Kovalevsky, il y aurait chez une *Actinia* voisine d'*A. mesembyanthemum* une véritable gastrula formée par invagination de la blastula. Jourdan [80] a décrit et figuré la même chose chez *Actinia equina* (fig. 660 et 661). Mais il semble qu'il y a là des erreurs d'interprétation. Mc Murrich [91] a montré en effet que la couche endodermique délaminée est très difficile, avant l'ouverture de la bouche, à distinguer d'une masse nutritive (produite sans doute par la désagrégation d'une partie des cellules endodermiques) qui occupe à ce moment la cavité centrale. Comme, d'autre part, le pharynx se forme par une vraie invagination, on est porté à attribuer à la continuation de

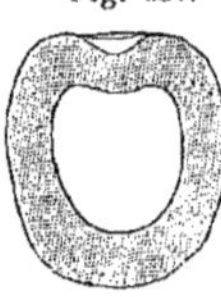

Fig. 657.

Coupe optique d'un blastula d'*Actinoloba* (*Metridium*) *marginatum* avant l'ouverture de la bouche (d'ap. Mac Murrich.)

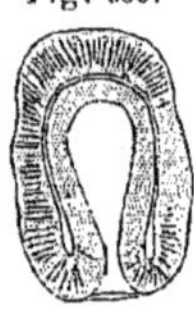

Fig. 659.

Pseudo-gastrula d'*Actinoloba* (*Metridium*) *marginatum* (d'ap. Mac Murrich).

Fig. 658.

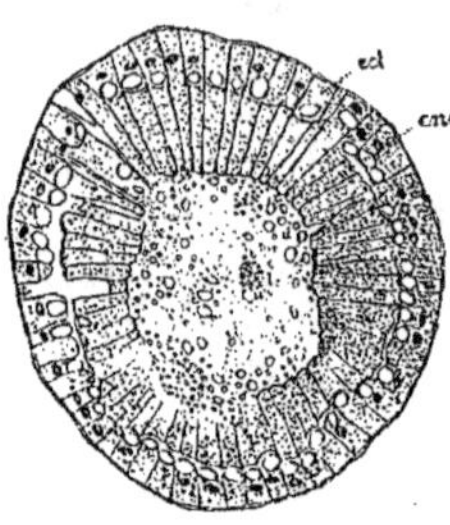

Coupe d'un embryon d'*Actinoloba* (*Metridium*) *marginatum* formant son endoderme par délamination (d'ap. Mac Murrich), **ect.**, ectoderme; **end.**, endoderme.

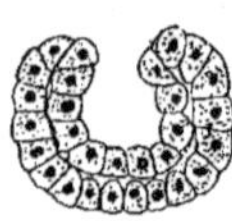

Fig. 660.

Larve à deux feuillets d'*Actinia equina* (d'ap. Jourdan).

Fig. 661.

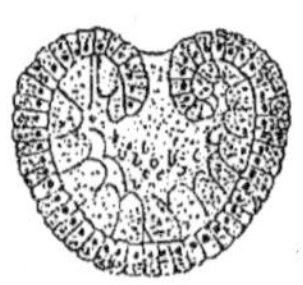

Larve d'*Actinia equina* après la formation du tube pharyngien (d'ap. Jourdan).

Formation des cloisons. — Les cloisons se forment par un repli endodermique contenant à son intérieur un prolongement de la lame mésogléenne, qui s'avance de la paroi gastrique vers l'axe de la cavité.

Si les choses se passaient de la manière la plus simple et conformément à ce que semble indiquer la structure de l'adulte, il devrait se former d'abord : les 6 paires de cloisons du 1er cycle, puis les 6 paires du 2e dans les interloges du 1er, puis les 12 paires du 3e dans les interloges du précédent, et ainsi de suite.

C'est ainsi que les choses se passent pour les cycles d'ordre supérieur au 1er, et l'on a longtemps cru, sur la foi de MILNE-EDWARDS et J. HAIME [57], qu'il en était de même pour les 12 cloisons de ce 1er cycle, c'est-à-dire qu'elles naissent simultanément puisqu'elles sont toutes de même ordre et de même taille.

C'est à H. DE LACAZE-DUTHIERS [72, 73] que revient l'honneur d'avoir substitué à cette notion inexacte fondée sur des inductions théoriques, la vérité reconnue par l'observation. L'uniformité de taille et de disposition des 6 paires de cloisons du 1er cycle, est le résultat d'un processus de régularisation secondaire. La disposition des cloisons de ce cycle est d'abord bilatérale et non radiaire, et aboutit d'abord à un stade tétraradié qui a une certaine durée (fig. 662. *B*), tandis que celui à 6 cloisons est fugace et à peine marqué.

La bouche est, déjà avant l'apparition des cloisons, allongée en forme de fente et détermine le plan sagittal du corps. La formation des cloisons a lieu, jusqu'au stade 12, symétriquement de part et d'autre de ce plan, par *paires* et non par *couples* (¹). Il apparaît d'abord une paire de cloisons n° 1 (**58**, *fig. 1. cl.* I.) (fig. 662, *y, z*), qui divisent la cavité gastrique en deux compartiments inégaux, un plus petit, que l'on est convenu (tout à fait arbitrairement d'ailleurs) d'appeler ventral, et un plus grand dorsal (²). Les autres paires de cloisons apparaissent alternativement de part et d'autre de la cloison n° 1, mais il y a des divergences dans les descriptions des auteurs, en ce qui concerne le détail de leur

---

l'invagination pharyngienne la formation de la couche endodermique que l'on voit bien lorsque la cavité gastrique s'est nettoyée. M⁰ MURRICH lui-même avait d'abord cru à une invagination et les coupes seules l'ont conduit à une interprétation exacte.

D'autre part, dans un travail sur *Urticina* qui paraît au moment où nous mettons la dernière main à ce travail, APPELLÖF [1900] donne encore une nouvelle interprétation des phénomènes. La partie proximale des cellules de la blastula, qui se sépare de la partie distale, serait dépourvue de noyau et formée presque exclusivement de deutolécithe. Il n'y aurait pas là une vraie division cellulaire ni une délamination, mais une sorte d'amputation par laquelle la cellule se débarrasse de matériaux inertes pour devenir plus active. Ces masses lécithiques tombent dans la cavité de segmentation où elles seront résorbées en servant d'aliment. L'endoderme se formerait par une vraie invagination qui refoulerait ces balles lécithiques pour se loger entre elles.

(¹) Voir page 464, note.

(²) On emploie quelquefois en place de ces dénominations, en particulier chez l'adulte, celles proposées par MILNES MARSHALL [83] et adoptées par FOWLER de *axial* (= dorsal) et *abaxial* (= ventral).

ordre d'apparition. Les schémas ci-contre (fig. 663), font mieux que toute description, comprendre les diverses opinions (¹).

Fig. 662.

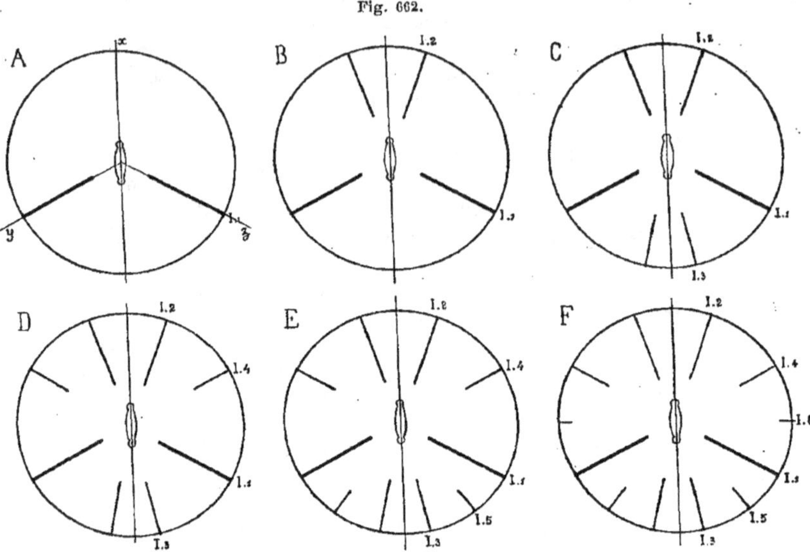

Formation des cloisons (Sch.).
A, B..... F, stades successifs de la formation des cloisons.
I_1, I_2..... I_6, cloisons du 1er cycle numérotés suivant leur ordre de formation.
x., axe de symétrie bilatérale; y. et z., axes de symétrie secondaire déterminés par les cloisons I_1.

(¹) Nous admettons comme étant la plus simple l'opinion d'après laquelle ces cloisons naissent alternativement en arrière et en avant de la cloison 1, de telle sorte que toutes les paires sont du côté dorsal et toutes les impaires du côté ventral de la cloison 1, et qu'elles sont de plus en plus jeunes en se rapprochant de cette cloison. Les choses se passent donc, s'il en est ainsi, comme si le foyer de prolifération qui donne naissance aux cloisons nouvelles allait toujours en se rapprochant de la cloison 1 (fig. 662, I_1).

On voit que HERTWIG (fig. 663, C), WILSON (D), FAUROT (B), CERFONTAINE (D), s'accordent cependant à former la loge directrice dorsale avec les cloisons 4 et non avec les cloisons 2. Cette unanimité porte à penser qu'il doit bien en être ainsi, au moins dans la plupart des cas. Mais hâtons-nous de dire que cela semble n'avoir qu'un médiocre intérêt, car les stades à 1 et à 4 paires, et plus tard à 6 paires de cloisons sont les seuls qui aient de l'importance par le fait qu'ils ont une certaine durée et correspondent à une courte pause dans le développement, tandis que l'apparition des cloisons 2, 3, 4, d'une part, et 5, 6 de l'autre, est presque simultanée, en sorte que l'anticipation de l'une ou de l'autre est presque négligeable. Il est certain d'ailleurs qu'il y a des différences sous ce rapport entre les différents types étudiés par les auteurs. Ainsi, HADDON [89] confirme pour les 4 premières paires de cloisons le schéma de LACAZE-DUTHIERS chez quatre espèces appartenant aux genres *Actinia*, *Cereus*, *Cylista*, *Bunodes*; mais chez un *Edwardsia*, il retrouve le schéma d'Hertwig.

D'autre part, APPELHÖF [1900] déclare que toutes ces cloisons apparaissent en même temps et que les différences signalées reposent sur des observations incomplètes. Cela semble peu admissible.

Le fait important à noter est l'existence d'une pause dans le développement au stade à 4 paires de cloisons que HADDON [90] et M° MURRICH [91], appellent le *stade Edwardsia* (fig. 662, B).

La disposition des faces musculaires des cloisons à ce stade est intéressante à noter. Les 4 cloisons les plus voisines du plan sagittal (fig. 663, A, l_2, I_3) ont leurs faces musculaires tournées en dehors

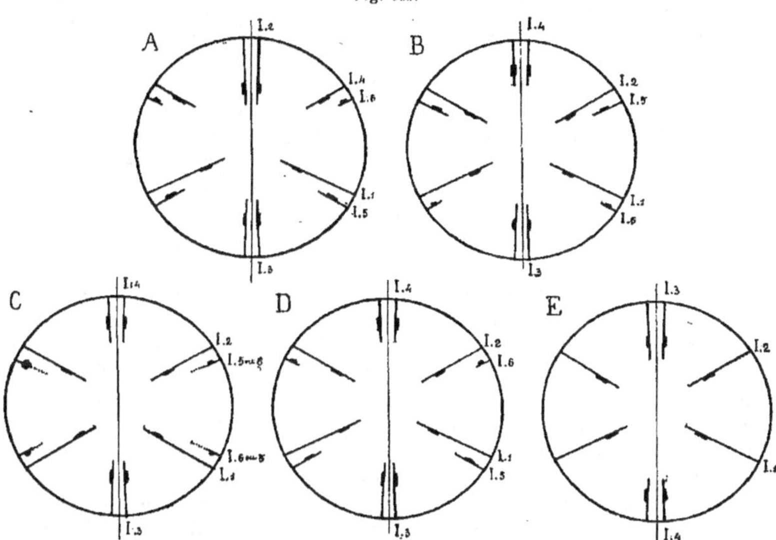

Fig. 663.

Schéma des opinions diverses concernant l'ordre de formation.

A, pour Haddon (*Bunodes*); B, pour Faurot (*Halcampa*, etc.); C, pour Hertwig (*Adamsia*), Boveri; D, pour Wilson (*Manicina*), Corfontaine, Mac Murrich (*Rhodactis*); E, pour Götte : pour cet auteur I_5 et I_6 paraissent irrégulièrement.

I_1, I_2..... I_6, cloisons du 1er cycle numérotées suivant leur ordre de formation.

et aucune cloison nouvelle ne naîtra entre elles. Elles limitent donc déjà d'une manière définitive, les deux *loges directrices* et sont elles-mêmes les *cloisons directrices*. Quant aux deux autres paires de cloisons (l_1 et I_4), elles ont leurs faces musculaires tournées du côté ventral et ne limitent point une loge. Ce sont les cloisons 5 et 6 (fig. 663, A, I_5, I_6) qui, naissant de part et d'autre de la cloison n° 1, avec leurs faces musculaires tournées dorsalement, compléteront avec chacune d'elle une couple de cloisons limitant une loge (¹).

____

(¹) Seul HERTWIG admet que ces cloisons du compartiment latéral se regardent par leurs faces musculaires et que les cloisons 5 et 6 naissent l'une et l'autre entre elles, dos à dos. Ce serait là une bien singulière exception à la règle que nous ferons bientôt connaître, d'après laquelle deux cloisons, se regardant par leurs faces musculaires et limitant une loge, n'admettent

Bientôt les 12 cloisons ainsi formées se régularisent et nous arrivons ainsi à un stade important, marqué par une pause dans le développement, où l'animal a 6 loges, dont 2 impaires, médianes, les directrices, et 4 paires, séparées par 6 interloges, 3 de chaque côté. C'est le *stade Halcampa* de M⁰ Murrich, qui nous représente l'Actinie parfaite, sous son état le plus simple.

Désormais, c'est dans les interloges que naîtront exclusivement les nouvelles cloisons, simultanément dans toutes, et non plus par paires, de part et d'autre du plan sagittal du corps, mais par paires de couples, chaque élément de la couple se composant de deux cloisons associées pour former une loge, dans le plan médian des interloges du cycle précédent. Toutes les cloisons d'un même cycle naîtront désormais *à peu près* simultanément; mais pas tout à fait, cependant, les paires dorsales apparaissant les premières. Nous verrons, à propos de la classification, que ce point a une haute importance. Les cloisons se montrent, en général, d'abord dans l'angle inféro-externe de l'interloge, à laquelle elles appartiennent et, de là, grandissent à la fois vers le haut et vers le dedans.

Entéroïdes. — Nous avons déjà indiqué que, pour ces 12 cloisons du premier cycle, les bandelettes latérales ciliées des entéroïdes sont formées par un empiètement vers le bas de l'ectoderme du fond du pharynx. Cette origine ectodermique est certaine pour les bandelettes latérales; elle est aussi admise par quelques-uns, pour la bandelette médiane ou glandulaire; mais M⁰ Murrich semble bien avoir démontré que cette bandelette, apparue avant les deux autres, est endodermique, formée simplement par un épaississement épithélial du bord libre des cloisons ([1]). Quant aux entéroïdes des autres cloisons, il semble bien qu'ils ne puissent se former qu'aux dépens de leur épithélium endodermique. Cependant, les observations de H. V. Wilson [88] (Voir p. 466, note) montrent qu'il faut faire des réserves sur ce point.

L'ordre d'apparitions des entéroïdes est beaucoup plus simple que celui des cloisons : il est parallèle à l'ordre anatomique des cloisons régularisées et ne tient aucun compte du rang embryogénique de celles-ci. Leur développement est naturellement en retard sur celui des cloisons, en ce sens que l'entéroïde n'apparaît sur une cloison que quand celle-ci est déjà passablement grande, et il se fait toujours sur les plus grandes des cloisons qui en sont encore dépourvues, c'est-à-dire sur celles appartenant au cycle anatomique le plus central.

Tentacules. — Les tentacules se forment tout simplement par un refoulement de la paroi du corps avec toutes ses couches. L'intérêt de leur développement concerne, ici aussi, leur ordre d'apparition.

---

point entre elles de nouvelles paires de cloisons, celles-ci naissant toujours, sauf très rare exception (*Endocœlactis*), dans les interloges.

([1]) Appelhöf [1900] admet une origine ectodermique pour les trois bandelettes.

Les 12 premiers, correspondant aux 6 premières loges et à leurs 6 interloges, naissent dans le même ordre que ces cavités, et c'est, pour eux aussi, d'une régularisation ultérieure que résulte l'arrangement définitif en deux cycles concentriques alternes. Il pousse d'abord un tentacule au-dessus du plus grand des deux compartiments déterminés par la 1re paire de cloisons (**57**, *fig. 6* et **58**, *fig. 1, tt. d.*). Ce tentacule correspond donc à un des angles de la bouche et à une des futures loges directrices, la dorsale. Pendant assez longtemps, il garde une notable prédominance de taille sur les tentacules nés ultérieurement (**57**, *fig. 8*), et par là se caractérise comme ayant une importance particulière. Les onze suivants naissant comme les loges et interloges auxquelles ils correspondent, il n'y a pas lieu d'insister sur leur ordre d'apparition (**57**, *fig. 9*). Les 6 correspondant aux interloges restent plus petits et sont refoulés plus en dehors que les 6 tentacules loculaires; ils forment le 2e cycle, tandis que les 6 loculaires forment le 1er cycle ([1]).

Quand les 12 premiers tentacules sont nés et se sont régularisés (**58**, *fig. 2*), on pourrait croire que les suivants naîtront désormais, conformément à l'ordre d'apparition des loges. Il n'en est rien. Ils se forment suivant une loi toute différente et passablement compliquée, découverte encore par H. DE LACAZE-DUTHIERS [72]. Prenons l'Actinie au moment où elle a seulement 6 loges et 12 tentacules, 6 loculaires formant le 1er cycle (**58**, *fig. 2, tt. I*) et 6 interloculaires formant le 2e (*tt. II*), nés comme nous l'avons indiqué suivant l'ordre des loges correspondantes, et voyons comment va se former le 3e cycle qui devra comprendre 12 tentacules.

Nous venons de voir que, la formation des loges étant régulière à partir de ce moment, les 6 loges du 2e cycle vont se former à peu près simultanément dans les 6 interloges. Ces 6 loges occupant le milieu des dites interloges vont se trouver correspondre aux 6 tentacules interloculaires du 2e cycle, et, si les choses se passaient de la manière la plus simple et la plus naturelle, les 6 tentacules interloculaires devraient devenir les tentacules loculaires de ces 6 nouvelles loges, et les 12 tentacules nouveaux qui vont naître devraient se former, un à droite et un à gauche de chacun de ces 6 tentacules de 2e cycle et former ainsi les 12 interloculaires du 3e cycle.

Ce n'est pas cela qui a lieu.

Dans chaque interloge, les 2 tentacules nouveaux de 3e génération (**58**, *fig. 3, Crg. et tt. 3*) naissent côte à côte, d'un même côté du tentacule de 2e génération, en sorte que, dans l'interloge, on a bien 3 tentacules (**58**, *fig. 4, tt. 2 + tt. 3*), mais c'est l'un des deux nouveaux qui est au milieu, flanqué d'un côté par son frère jumeau, l'autre tentacule de 3e génération, et de l'autre par son frère aîné, le tentacule de

---

2ᵉ génération (**58**, *fig*. 5, *tt*. **2**), refoulé par lui vers la partie latérale de l'interloge. Il en résulte que la loge de 2ᵉ cycle (**58**, *fig*. 4 et 5, *lg*. II), en grandissant dans l'interloge où elle s'est formée, va se trouver correspondre au tentacule médian de 3ᵉ génération qui deviendra loculaire du 2ᵉ cycle (**58**, *fig*. 5, *tt*. II), tandis que les interloculaires du 3ᵉ cycle (*tt*. III) seront l'un son jumeau de 3ᵉ génération, l'autre son aîné de 2ᵉ génération.

Pendant un certain temps, fort court d'ailleurs, les tentacules du 2ᵉ et du 3ᵉ cycle se trouvent au même rang, sur une même ligne circulaire, et leurs grandeurs correspondent à leur génération, en sorte que les tentacules du 2ᵉ cycle, étant de 3ᵉ génération, sont égaux en taille à une moitié des éléments du 3ᵉ cycle (leurs jumeaux de 3ᵉ génération) et plus petits que l'autre moitié de ces éléments (leurs aînés de 2ᵉ génération). Mais bientôt survient un *processus de régularisation*, par suite duquel les éléments du 2ᵉ cycle se portent en dedans et grandissent de manière à dépasser en grandeur leurs aînés de 2ᵉ génération, passés au 3ᵉ cycle, tandis que, dans le 3ᵉ cycle, formé par moitié d'éléments de 2ᵉ et de 3ᵉ génération, les tentacules de 2ᵉ génération grandissent peu ou point et ceux de 3ᵉ génération grandissent juste assez pour égaler ces derniers (**58**, *fig*. 5).

Dès lors, un état régulier est rétabli; on a en dedans un cycle de 6 grands tentacules loculaires de 1ᵉʳ cycle (**58**, *fig*. 5, *tt*. I), plus en dehors un cycle de 6 tentacules moyens, loculaires de 2ᵉ cycle (*tt*. II), et plus, en dehors encore, un cycle de 12 petits tentacules interloculaires de 3ᵉ cycle (*tt*. III), et le même résultat *apparent* est atteint que si les choses s'étaient passées de la manière simple et logique que nous avons un instant supposée. Mais au fond il y a une grande différence entre les deux résultats. Car, dans le développement logique, les cycles correspondraient aux générations, tandis que dans le développement réel, le 2ᵉ cycle est de 3ᵉ génération et le 3ᵉ cycle est formé pour une moitié de tentacules de 3ᵉ génération (**58**, *fig*. 5, *tt*. **3**), frères jumeaux de ceux du 2ᵉ cycle et, pour l'autre moitié de tentacules de 2ᵉ génération (*tt*. **2**), qui formaient le 2ᵉ cycle au stade précédent, mais qui ont été refoulés au 3ᵉ cycle.

Un point encore reste à préciser.

Dans chaque interloge du 2ᵉ cycle naissent, comme nous venons de le voir, 2 tentacules nouveaux de 3ᵉ génération d'un même côté du tentacule de 2ᵉ génération qui occupe cette interloge. Mais de quel côté de ce tentacule naîtront-ils? Sera-ce au hasard, n'importe comment, ou toujours d'un même côté, le droit ou le gauche? Ni l'un ni l'autre : ils naissent alternativement à droite et à gauche, en sorte que partant d'un tentacule 2 (de 2ᵉ génération) (**58**, *fig*. 4, *tt*. **2**), on rencontre deux tentacules 3 (de 3ᵉ génération), puis un tentacule 1 et de nouveau deux tentacules 3, puis un tentacule 2. Mais après ce tentacule 2 on trouve une demi-interloge vide, puis un tentacule 1, puis une autre demi-interloge vide, puis encore un tentacule 2, après lequel la série recommence dans le même ordre que l'on peut exprimer par la série circulaire de chiffres A (fig. 663 *bis*).

On voit que, par là, la symétrie bilatérale en même temps que radiaire est conservée, tandis qu'il n'en serait pas ainsi si les tenta-

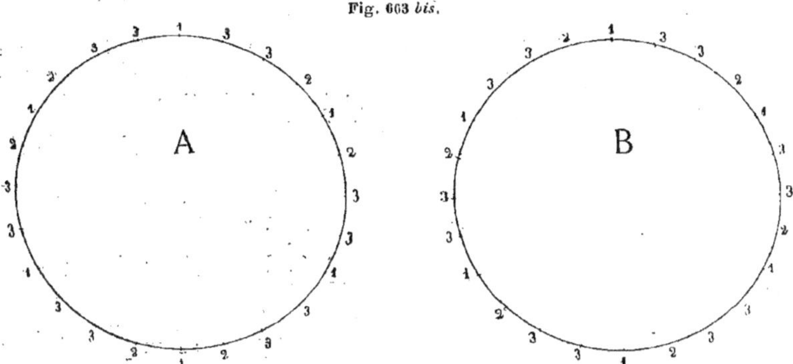

Fig. 663 *bis*.

cules 3 naissaient tous d'un même côté des tentacules 2, suivant la série B.

Les choses étant les mêmes pour les cycles ultérieurs, la question peut être traitée algébriquement dans le cas général pour un cycle n quelconque.

Prenons une Actinie ayant déjà $n-1$ cycles de loges et par conséquent n cycles tentaculaires et qui va former un nouveau cycle de loges et de tentacules.

Elle a, d'après ce que nous avons expliqué (voir page 464), $6 \times 2^{n-3}$ loges de $(n-1)^e$ ordre avec $6 \times 2^{n-3}$ tentacules loculaires de $(n-1)^e$ cycle et $6 \times 2^{n-2}$ interloges de n^e ordre avec $6 \times 2^{n-2}$ tentacules interloculaires de n^e cycle.

Le cycle des loges de n^e ordre se formera simplement par l'apparition d'une paire de cloisons dans les $6 \times 2^{n-2}$ interloges de n^e ordre, et il en résultera $6 \times 2^{n-2}$ loges nouvelles de n^e ordre et $6 \times 2^{n-1}$ interloges d'ordre $n+1$. Cela ne changera rien à la disposition et à la nature des loges du cycle précédent. Seules les $6 \times 2^{n-2}$ interloges de n^e ordre se seront divisées en 3 parties, une moyenne formant les $6 \times 2^{n-2}$ loges de n^e ordre et deux latérales formant les $6 \times 2^{n-1}$ interloges de $(n+1)^e$ ordre.

Avant l'apparition des loges n, nous avions un tentacule de cycle $n-1$ dans chaque loge d'ordre $n-1$ et un tentacule de cycle n dans chaque interloge d'ordre n.

Si les choses se passaient de la façon la plus naturelle, et conformément à l'opinion *a priori* des anciens auteurs, les deux cloisons de la loge n qui apparaît dans l'interloge n devraient se former de part et d'autre du tentacule n qui, d'interloculaire deviendrait loculaire sans changer de cycle; et il devrait se former deux autres nouveaux tentacules $n+1$ dans chacune des interloges $n+1$.

Mais il n'en est pas ainsi :

Les nouveaux tentacules $n+1$ ne naissent pas un de chaque côté des tentacules n du cycle immédiatement précédent. Ils se forment par paires d'un seul et même côté de ce dernier, non pas pour tous du même côté, mais alternativement à droite et à gauche, en sorte qu'il y a toujours deux paires de tentacules $n+1$ de suite, séparées seulement par un tentacule plus grand de cycle $n-x$, puis deux intervalles sans tentacules, puis, de nouveau, deux paires de tentacules $n+1$ séparées par un tentacule $n-x$, et ainsi de suite. Mais toujours un tentacule n du dernier cycle du stade précédent est flanqué soit d'un côté, soit de l'autre, de deux tentacules $n+1$.

D'autre part, le tentacule n étant repoussé latéralement vers l'un des bords de l'interlöge n, lorsque les deux cloisons de la loge n vont, en s'accroissant, arriver sous les tentacules, elles se trouveront comprendre entre elles, non le tentacule n, mais l'un des deux tentacules $n+1$, celui qui occupe la position moyenne dans le groupe des trois, et c'est ce tentacule médian de génération $n+1$ qui deviendra le loculaire du cycle n, tandis que l'ancien interloculaire du cycle n passera au cycle $n+1$ en restant interloculaire. Le tentacule médian de génération $n+1$ et devenu de cycle n grandit, non seulement plus que son congénère $n+1$, mais plus que son aîné n de génération précédente, et s'avance en dedans de lui, de manière à se substituer à lui, à prendre son rang dans la série des cycles anatomiques, tandis que le tentacule n recule d'un rang et passe au cycle $n+1$, pour former la paire avec le tentacule latéral $n+1$ qui, seul, ne change pas de cycle.

Ainsi, les tentacules qui étaient avant la régularisation n, $n+1$, $n+1$ deviennent après la régularisation, respectivement $n+1$, n, $n+1$.

Comme tout tentacule de rang n, ainsi que nous venons de le voir, est flanqué, d'un côté au moins, de deux tentacules $n+1$ qui lui font subir et subissent eux-mêmes le sort indiqué, on peut généraliser et dire :

Tout tentacule actuellement de dernier cycle et par conséquent interloculaire, au moment de la formation d'un nouveau cycle, reste interloculaire et passe dans le dernier cycle nouveau, tandis que, des deux tentacules de ce nouveau cycle, l'un reste dans ce dernier cycle pour faire la paire avec le précédent et l'autre passe dans le cycle précédent.

Pour ce dernier, la chose est définitive, car il est maintenant de cycle n et a derrière lui un cycle $n+1$ dont les éléments seront seuls remaniés par l'apparition des tentacules $n+2$. D'où cette conséquence que : tout cycle anatomique de rang n est formé des tentacules de génération $n+1$.

Envisageons maintenant le dernier cycle anatomique. On voit qu'il est formé uniquement de tentacules interloculaires et qui l'ont toujours été; il comprend l'ensemble de tous ceux qui, ayant été interloculaires à un moment donné, ont été repoussés toujours au dernier rang. Il comprend donc les 6 tentacules de 2e génération, 6 des 12 tentacules de 3e génération, 12 des 24 tentacules de 4e génération, $n/2$ des n tentacules de n^e génération. L'analyse mathématique de la formule générale

$$g\,(n)\quad = c\,(n+1)$$
$$g\,(n+1) = c\,(n)$$
$$g'(n+1) = c'(n+1)$$

ou $g\,(n)$ signifie tentacule de génération n, $c\,(n)$ tentacule de cycle n, etc., confirme ce résultat, car de ces $g\,(n)$ qui deviennent $c\,(n+1)$, la moitié était de génération n (de même que des $(n+1)$ définitifs de la formule, la moitié $c'\,(n+1)$ était déjà $n+1$ à la génération précédente); mais l'autre moitié

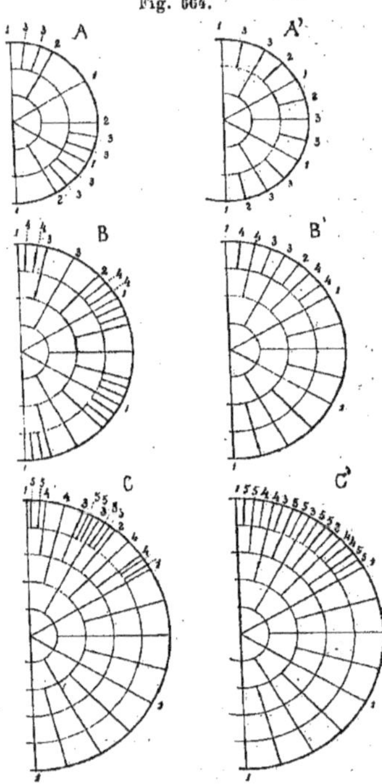

Schémas montrant l'évolution des tentacules depuis le 1er jusqu'au 5e cycle (Sch.).

A, B, C, stades d'apparition des tentacules.
A', B', C', stades de régularisation.

était de génération $n-1$ (de même que l'autre moitié des $n+1$ définitifs de la formule, ceux marqués $c(n+1)$ sont de génération n). De même, de ces $n-1$ actuellement devenus $n+1$, la moitié était d'origine $n-2$, et ainsi de suite jusqu'au 1er cycle exclu, lequel reste immuablement composé des 6 premiers tentacules.

Pour rendre la chose plus claire aux personnes peu habituées à l'abstraction mathématique, nous donnerons les schémas suivants (fig. 664) qui montrent l'évolution des tentacules depuis le 1er cycle jusqu'au 5e. Dans ces figures, le rang anatomique des tentacules est indiqué par le rang de la circonférence à laquelle aboutissent les lignes qui les représentent, et leur numéro de génération est indiqué par un chiffre placé à leur extrémité. Pour passer de l'un à l'autre stade, il suffit d'ajouter aux places convenables (alternativement à droite et à gauche des tentacules de dernier cycle anatomique du stade précédent) une paire de tentacules représentés par deux lignes jumelles, puis de figurer le stade de régularisation consécutif, en prolongeant les lignes radiaires vers le centre conformément à la loi de leur distribution anatomique, sans tenir compte de leur origine embryologique.

On est conduit ainsi à un certain nombre de conclusions générales qui se déduisent aussi, aisément, du cas concret que nous venons d'exposer. Voici ces conclusions que l'on peut considérer comme les lois de formation de tentacules.

1° Tout cycle tentaculaire nouveau $n+1$, comprend deux fois plus de tentacules que le cycle précédent n. Ces tentacules se forment, non isolément, un dans chacun des espaces intertentaculaires du cycle précédent, mais par couples, alternativement à droite et à gauche des tentacules du cycle précédent, de telle manière qu'on rencontre successivement deux espaces intertentaculaires vides, puis deux espaces occupés par une couple de tentacules nouveaux et ainsi de suite.

2° Des trois tentacules formés par une couple de tentacules nouveaux de génération $n+1$ et un tentacule de génération n, le tentacule médian de génération $n+1$ grandit plus que les autres, se porte en dedans et forme le cycle n, tandis que les tentacules qui formaient le cycle n au stade précédent sont refoulés plus en dehors, grandissent peu et forment avec les tentacules latéraux de génération $n+1$ le cycle $n+1$.

3° C'est le tentacule médian de génération $n+1$ passé au cycle n, qui forme le tentacule loculaire de la loge nouvelle du cycle n, née comme les 2 tentacules $n+1$ dans la même interloge, tandis que le tentacule interloculaire de génération n en passant au cycle $n+1$ est resté interloculaire, et que le tentacule latéral de génération $n+1$ est resté de cycle $n+1$ et interloculaire.

4° Tout tentacule loculaire de cycle n est de génération $n+1$ et ne change plus de cycle après avoir ainsi avancé d'un rang dans la série, au stade de régularisation qui a suivi sa formation. Né loculaire, il reste toujours loculaire.

5° Tout tentacule né interloculaire reste indéfiniment interloculaire et, à chaque formation d'un nouveau cycle, est repoussé plus loin dans le dernier cycle formé par l'ensemble des interloculaires.

6° Les interloculaires formant le dernier cycle, bien qu'ils soient au même rang et de même taille, sont formés en réalité d'éléments extrêmement hétérogènes, provenant de tous les cycles précédents sauf le premier. Une moitié est de n^e cycle et l'autre provient du cycle $n-1$; cette moitié elle-même est formée de deux quarts, l'un du cycle $n-1$, l'autre du cycle $n-2$; ce second quart est formé de deux huitièmes, l'un du cycle $n-2$, l'autre de cycle $n-3$, et ainsi de suite. Comptant en sens inverse, on peut dire qu'ils comprennent 6 tentacules provenant du 2e cycle, 12 provenant du 3e, 24 du 4e et ainsi de suite, et autant du dernier cycle qu'il y en a en tout, provenant de l'ensemble des cycles précédents. Seul le 1er cycle ne fournit pas d'éléments aux interloculaires du dernier cycle, et cela parce qu'il est formé uniquement de tentacules loculaires, qui, comme tels, restent à leur rang et ne sont jamais refoulés.

C'est en général au stade où elle passe de 12 à 24 tentacules que la jeune larve se fixe, à un moment par conséquent où elle a déjà tous les caractères d'une Actinie. Elle n'a alors qu'à grandir, à multiplier ses parties suivant les lois indiquées, et finalement à développer ses glandes génitales.

Le sous-ordre des *HEXACTINIDÆ* se divise en quatre tribus :

EDWARDSINA, ayant le premier cycle de cloisons incomplet sous le rapport soit du nombre, soit de la taille de ses éléments, avec ou sans un second cycle incomplet également;

HALCAMPINA, ayant leur premier cycle complet et régulier et un second cycle plus ou moins incomplet;

ACTININA, ayant les deux premiers cycles réguliers et complets avec un nombre variable d'autres cycles complets et réguliers également; un seul tentacule pour chaque loge ou interloge;

STICHODACTYLINA, comme les *ACTININA*, mais plus d'un tentacule dans chaque loge ou interloge.

La classification des Actinies a été, depuis quelque dix ans, l'objet de nombreux et importants travaux. BOVERI [90], M^c MURRICH [91], CARLGREN [91 à 97], VAN BENEDEN [98], ont tenté de l'établir sur une base phylogénétique plus scientifique que celle dont s'étaient servis les auteurs précédents, en particulier R. HERTWIG [82, 88] et ANDRES [84]. On sait notre opinion sur la valeur de ces tentatives. Mais les faits découverts à l'occasion de ces recherches n'en restent pas moins et le lien, soi-disant phylogénétique, établi entre les formes successives, s'il est aussi artificiel que les autres, a du moins l'avantage d'être logique, de parler à l'intelligence et de soulager la mémoire.

L'Edwardsie, tant qu'on ne lui a connu que 4 paires de cloisons, a été considérée comme une forme à part, ancestrale, dont ont pu dériver non seulement tous les autres Actinanthides, y compris les Polypiers Rugueux. La découverte faite par FAUROT [95] de cloisons rudimentaires complétant le premier et commençant un second cycle, est venue la détrôner de cette position privilégiée et l'on ne peut que souscrire au jugement de VAN BENEDEN [98] qui la déclare à peine différente de *Gonactinia*. Dès lors, nous avons cru bien faire en versant dans une même tribu, *EDWARDSINA*, non seulement ces deux genres, mais tous ceux qui présentent ce même caractère dans la distribution des cloisons, *Protanthea, Oractis*.

De même, la découverte par M^c MURRICH [91], chez *Halcampa*, d'un second cycle rudimentaire de cloisons, nous a permis de verser dans une même seconde tribu, *HALCAMPINA* les genres ayant un premier cycle complet et un second incomplet, ou imparfait sous quelque rapport, c'est-à-dire les *Monaulæ* de R. Hertwig (*Scytophorus*), les *Holactiniæ* de Boveri (*Gyractis*) et même, malgré d'importantes différences, les genres *Peachia* et *Thaumactis*.

Il ne reste, ces deux tribus mises à part, que les Actinies à constitution régulière sous le rapport des cloisons (sauf quelques divergences de détail), et nous y laissons les *Paractiniæ* de R. Hertwig, car on ne peut guère, ainsi que le fait remarquer Van Beneden, faire un groupe à part pour des genres présentant pour unique particularité différentielle, un caractère qui se trouve dans des espèces appartenant aux genres les plus réguliers. Cette particularité, un nombre d'antimères différent de 6, se rencontre en effet chez certains *Sagartia*, *Sideractis*, *Aiptasia*, *Tealia*, et Faurot [95] a montré comment, dans ce dernier genre, elle s'établit par un simple retard dans l'ordre d'apparition des cloisons. Mais sous le rapport des tentacules nous trouvons une différence importante, celle sur laquelle est fondée la tribu de *Stichodactylina*, et il ne reste dès lors dans les *Actinina*, qui sont les plus nombreuses des Actinies, que des formes normales sous tous les rapports essentiels.

1re Tribu

EDWARDSINES. — *EDWARDSINA*

[*Edwardsiæ* (R. Hertwig); *Edwardsidæ*, *Edwardsinæ* (Andres)
+ *Protactiniæ* (Mc Murrich); *p. p. Potantheæ* (Carlgren)]

TYPE MORPHOLOGIQUE
(FIG. 674)

L'animal ne diffère en rien extérieurement d'une Actinie ordinaire. Le nombre de ses tentacules peut même être fort élevé, en sorte que rien n'annonce la réduction de nombre et de taille des cloisons que nous allons rencontrer en l'ouvrant.

A l'intérieur, on ne trouve de bien développées que les 8 premières cloisons du 1er cycle (fig. 665). L'animal rappelle sous ce rapport les Octanthides et semble être arrêté à ce stade du développement que nous avons appelé *stade Edwardsia* dans l'étude du type des Hexanthida. Mais en y regardant de près, on trouve, indépendamment de ces 8 *cloisons macrentériques*, de petites *cloisons micrentériques* n'atteignant pas, tant s'en faut, le pharynx. Il y a 2 paires de micrentériques du 1er cycle qui sont les cloisons I$_5$ et I$_6$, complétant avec les cloisons I$_1$ et I$_2$, les 6 loges du 1er cycle.

Fig. 665.

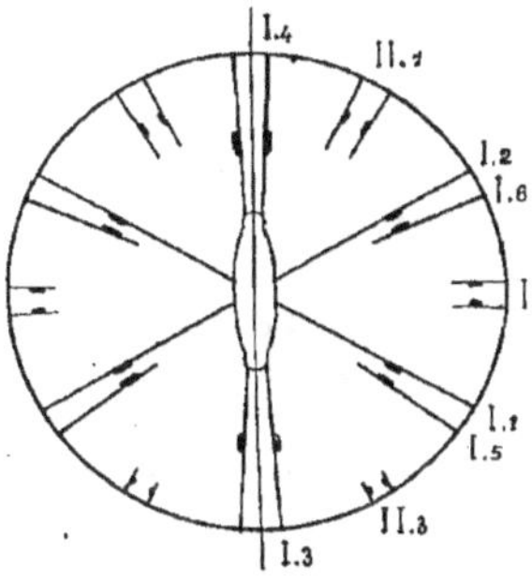

Disposition des cloisons dans le type morphologique des *Edwardsines* (Sch.).

Le 2e cycle de cloisons a aussi commencé à se développer, mais incomplètement, et comme, suivant la règle, ses éléments se forment du côté dorsal au côté ventral, on a d'abord de chaque côté, une couple de petites cloisons II$_1$, dans l'interloge latéro-dorsale, puis une 2e couple de cloisons plus petites, II$_2$, dans l'interloge latérale; et enfin, une 3e couple plus petite encore, II_3, dans l'interloge latéro-ventrale. D'ailleurs, ces cloisons micrentériques peuvent manquer et, dans ce cas, celles qui manquent d'abord sont les couples II_3, puis II_2, la couple II_1 et les cloisons I_6 et I_5 disparaissent les dernières.

Enfin, les cloisons sont simplifiées dans leur structure : elles n'ont point de *septostome* et leur entéroïde est dépourvu de bandelettes ciliées.

Comment doit-on considérer cet organisme? est-ce une forme primitive qui n'a pas encore les systèmes complets que montrent les Actinies parfaites, ou une forme régressive qui a perdu une partie de ses cloisons par arrêt de développement?

A l'appui de la première hypothèse, vient le fait que certains des genres de ce groupe (*Gonactinia*, *Protanthea*) ont une musculature longitudinale et une couche nerveuse ectodermique sur la colonne. Or il semble assez naturel d'admettre que ces couches musculaire et nerveuse, qui existent sur le péristome et les tentacules, n'ont disparu sur la colonne que par suite d'une localisation des fonctions plus avancée. En faveur de la seconde, plaide le fait que le nombre des tentacules est en général plus grand et parfois beaucoup plus grand que celui des loges et interloges. Or on sait que la loge précède le tentacule dans l'évolution ; en sorte qu'on est fondé à penser que ces êtres ont eu jadis plus de loges qu'ils n'en ont aujourd'hui, que ce sont par conséquent des formes régressées. En sa faveur plaide aussi le fait que, chez l'un de ces êtres au moins, *Edwardsia*, les micrentériques sont au plafond de la cavité gastro-vasculaire, sous le péristome, tandis que les cloisons en voie de formation apparaissent d'abord au plancher.

Nous ne croyons pas qu'il soit possible avec de tels éléments de tirer une conclusion certaine sur les relations phylogénétiques; mais la deuxième hypothèse nous semble plus naturelle et surtout plus commode pour l'exposé des faits. Nous la choisirons donc et considérerons l'animal comme une Actinie normale dont les cloisons et divers autres organes (septostome, bandelettes ciliées des entéroïdes) ont subi un arrêt de développement.

Dans le développement ontogénétique, les cloisons apparaissent suivant leur ordre numérique.

GENRES

1ʳᵉ FAM. : *EDWARDSINÆ* [*p.p.* Actinies pivotantes (H. Milne-Edwards); *p. p. Ilyanthidæ* (Gosse); *Edwardsiæ*, *Edwardsinæ* (Andres)]. Cloisons I à IV du 1ᵉʳ cycle seules bien développées; les micrentériques, quand elles existent, confinées à l'angle supero-externe, sous le péristome.

Edwardsia (de Quatrefages) (**Pl. 59**. *fig. 1* et fig. 666, 667). C'est une des Actinies que H. Milne-Edwards rangeait dans son groupe des *pivotantes*. Elle est en effet dépourvue de disque pédieux et se termine en bas en pointe mousse; aussi n'est-elle pas fixée, mais simplement fichée dans le sable et incapable de se déplacer, étant privée de la possibilité de ramper sur le disque pédieux. Son corps long et mince est plutôt en forme de prisme cannelé que de cylindre. Il est, en effet, pourvu de 8 crêtes longitudinales tuberculeuses, séparant autant de sillons. La partie

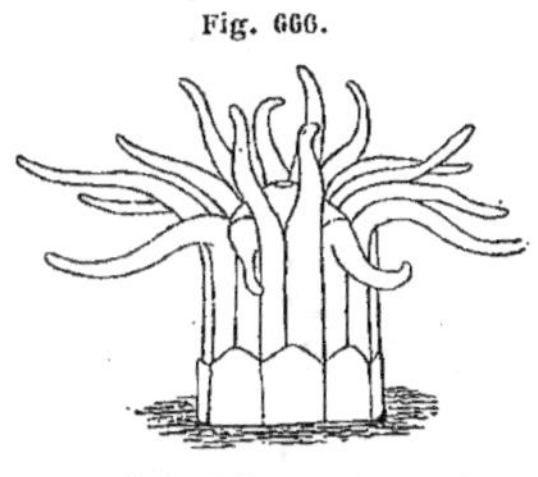

Edwardsia Beautempsi
(d'ap. Faurot).

moyenne, appelée *scapus*, est revêtue d'une enveloppe brune, rugueuse, inextensible, formée par une sécrétion durcie dans laquelle on trouve englobées des particules diverses et quelques nématoblastes qui y sont tombés de l'ectoderme. La partie supérieure, ou *capitulum* (fig. 666), et l'inférieure, ou *physa*, sont nues et rétractiles dans le scapus cuirassé. Le capitulum se termine en haut par 16 tentacules disposés en deux cycles très rapprochés, de 8 tentacules chacun, ceux du cycle externe plus grands que ceux de l'interne (Carlgren [92]). Il y a deux siphonoglyphes. — A l'intérieur (fig. 667), on trouve toujours au moins les 4 paires de cloisons I_1 à I_4 avec leurs faces musculaires toutes tournées vers l'axe du compartiment latéro-ventral, comme chez les Actinies normales au stade correspondant de leur développement. — Certaines espèces paraissent n'avoir pas d'autres cloisons ([1]). Elles se présentent alors avec une constitution tout à fait aberrante pour un Actinanthide et qui se rapproche de celle des Octanthides. Aussi a-t-on pensé que l'Edwardsie pouvait être la souche commune de ces trois groupes, opinion forte-

ment ébranlée par la présence de cloisons micrentériques chez d'autres espèces. Quoi qu'il en soit, il y a là un indice de structure tétramérique remarquable, et qui se reflète dans les tentacules. Mais chez les espèces les mieux connues, *E. Beautempsi* et *E. Adenensis*, il existe en outre les microseptes I_5 et I_6 du 1er cycle et la 1re couple II_1 (de chaque côté) des microseptes du 2e cycle. Chez *E. adenensis*, il y a même la paire de couples II_2. — Conformément à la règle, il n'y a ni septostome, ni bandes ciliées aux entéroïdes [est-ce vrai pour toutes les espèces?]. Comme chez toutes les Actinies pivotantes, il n'y a pas de sphincter et les muscles

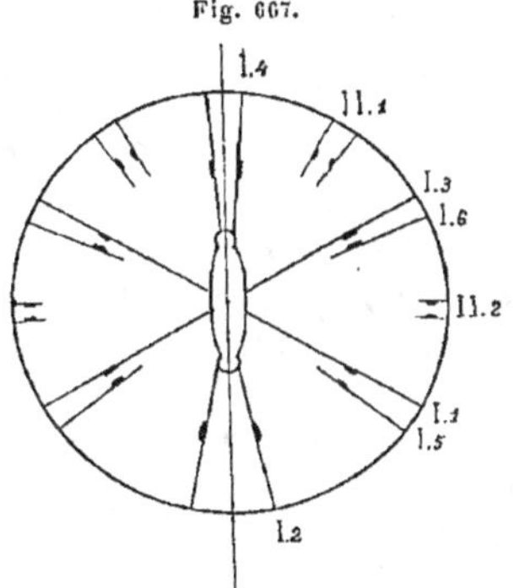

Fig. 667.

Disposition des cloisons
chez *Edwardsia* (Sch.).

pariéto-basilaires sont absents. Les cloisons macrentériques sont toutes pourvues de glandes génitales. Les sexes sont séparés. — L'animal se

---

([1]) La chose n'est rien moins que certaine, car Faurot a trouvé les cloisons micrentériques cachées sous le capitulum, chez les deux espèces qu'il a étudiées, et les autres espèces n'ont pas été examinées avec assez de soin pour qu'on puisse affirmer leur absence.

tient dans le sable au niveau des basses mers, à peu près immobile, capable seulement d'incurver son corps et de rétracter les extrémités dans la partie moyenne. Une espèce a ses larves parasites dans un *Bolina*, une autre dans le Cténophore *Mnemiopsis* (4 à 7^{cm} sur 3 à 5^{mm}; Manche, Atl., côtes de Norvège, Médit., îles du Cap Vert; du niveau des marées à 1100 brasses).

Edwardsioïdes (Danielssen) diffère d'*Edwardsia* par l'enveloppe du scapus mince et transparente, par la présence de nombreuses petites ventouses sur les lignes saillantes séparant les 8 sillons longitudinaux et par la petitesse et la non-rétractilité du physa. La seule espèce connue serait hermaphrodite (Au large des côtes de Norvège).

Edwardsiella (Andres) se distingue d'*Edwardsia* par sa forme plus cylindrique et surtout par ses tentacules au nombre de 20 dont 8 du 1er cycle et 12 du second (Manche, Médit., île Kerguelen).

Milne-Edwardsia (Carlgren) a les cycles tentaculaires réguliers d'une Actinie normale (6 + 6 + 12 + 24) (Côte sud-ouest d'Angleterre).

La disposition des tentacules ne paraît pas clairement élucidée dans cette famille. ANDRES trouve les 16 tentacules d'Edwardsia ne formant qu'un cycle. CARLGREN [92] trouve partout 8 tentacules de 1er cycle et, au second cycle, 8 tentacules plus internes chez *Edwardsia* et 12 tentacules plus externes (sans compter un nombre variable de tentacules de 3e cycle) chez *Edwardsiella*. Tout cela serait à reprendre en tenant compte des cloisons micrentériques qui peuvent se trouver éventuellement sous le péristome et qui permettent seules de déterminer sans erreur le rang d'un tentacule indépendamment de sa grosseur. CARLGREN [92] trouve, chez *Edwardsiella* aussi bien que chez *Edwardsia*, des espèces chez lesquelles le tentacule de l'espace primaire latéro-dorsal manque, ce qui ramène à 6 le nombre des tentacules du 1er cycle, à 6 aussi celui du second, à 12 celui du 3e, en sorte que la symétrie hexamère normale reparaît. Il propose de redistribuer les *Edwardsia* et les *Edwardsiella*, d'après ce caractère, en deux sous-familles : l'une [*Edwardsidæ*] pour les formes octomères, l'autre [*Milne-Edwardsidæ*] pour les formes hexamères.

2° FAM. : PROTANTHEINÆ [*p. p.* *Protanthea* (Carlgren); *p. p.* *Protactiniæ* (M° Murrich)]. Cloisons macrentériques 4 seulement, représentant les cloisons I à IV du 1er cycle; toujours des micrentériques complétant le 1er cycle et en formant un 2e plus ou moins complet, et développées à la partie inféro-externe de la cavité gastro-vasculaire.

Gonactinia (Sars) (fig. 668 à 671). C'est une très curieuse petite Actinie, aussi intéressante par ses particularités biologiques que par son anatomie. Elle a un disque pédieux, mais peu développé, et qui ne lui permet de se fixer qu'assez faiblement au sol. Les tentacules sont non rétractiles et au nombre de 16 formant 2 cycles de 8, autour de la bouche pourvue de deux siphonoglyphes. A l'intérieur (fig. 668), elle a, de chaque côté, 4 cloisons macrentériques et 4 micrentériques disposées exactement comme chez *Edwardria Beautempsi*, en ce qui concerne l'orientation

Fig. 668.

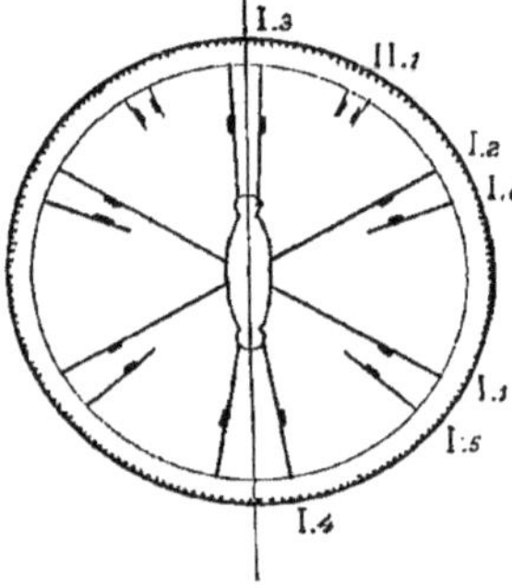

Disposition des cloisons chez *Gonactinia* (Sch.).

des faces musculaires et le groupement, mais placées, comme normalement chez toutes Actinies sauf *Edwardsia*, à l'angle inféro-externe de la cavité gastrovasculaire, comme des cloisons naissantes. — La structure de la muraille présente un caractère très exceptionnel : la couche musculaire longitudinale ectodermique et la couche nerveuse ectodermique sont bien développées, tandis qu'elles sont d'ordinaire, chez les Actinies normales, absentes sur toute cette région du corps et ne se retrouvent que sur le péritoine et les tentacules. Ce caractère est considéré comme archaïque avec toute apparence de raison. Ce genre aurait donc plus de droit qu'*Edwardsia*, à être considéré comme une forme souche; et cela d'autant plus, que ses cloisons micrentériques ont la position de cloisons naissantes et non, comme chez *Edwardsia*, celle des cloisons qui n'ont pas achevé de se résorber. Comme chez *Edwardsia*, les cloisons n'ont ni septostome, ni bandes ciliées aux entéroïdes. Au point de vue physiologique, ce genre est remarquable par une haute aptitude à se reproduire asexuellement (2^{mm} à 3 sur 2^{mm}; côtes de Norvège par 2 à 20 brasses, Médit. par 80 mètres, Nouméa sur les Coraux morts).

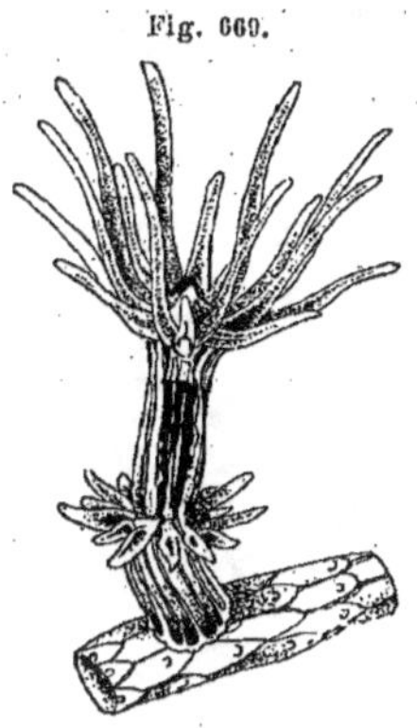

Fig. 669.

Gonactinia
en train de se diviser
transversalement
(d'ap. Prouho).

Haddon [89] a émis l'idée que cette Actinie pouvait être le jeune d'*Anthea cereus* ou d'*Actinopsis flava*. Mais rien n'est venu confirmer cette hypothèse qui semble bien peu probable,

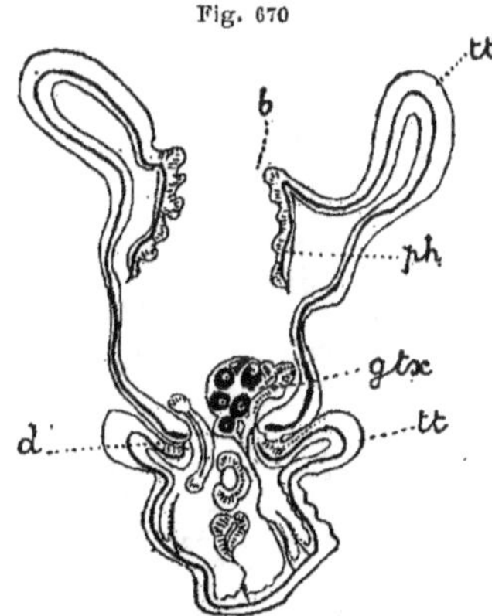

Fig. 670

Coupe sagittale de *Gonactinia*
en état de division transversale
(d'ap. Prouho).

b., bouche; **d.**, point de séparation des deux individus; **gtx.**, organes génitaux; **ph.**, pharynx; **tt.**, tentacules.

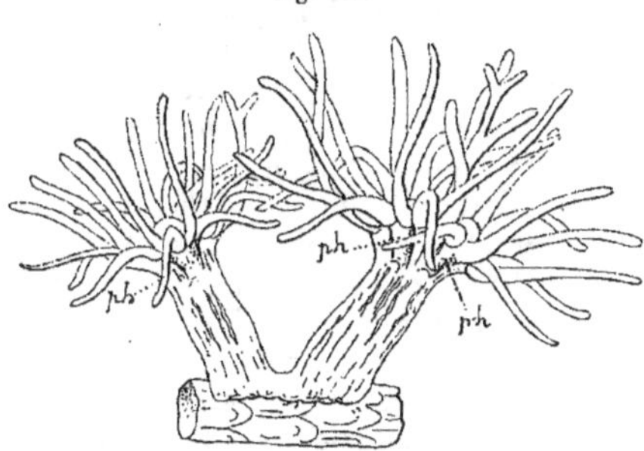

Fig. 671.

Gonactinia en état de division longitudinale
(d'ap. Prouho).

ph., pharynx des trois Polypes.

puisque les cloisons macrentériques portent des glandes génitales mûres. Sars [35, 51] avait déjà reconnu, et la chose a été confirmée par les observations de Blochmann et Hilger [88] et de Prouho [91], que l'animal peut se reproduire par division transversale (fig. 669 et 670), c'est-à-dire par un processus tout à fait exceptionnel chez les Actinies. (Voir p. 477). Exceptionnellement, on a observé le bourgeonnement latéral (BLOCHMANN ET HILGER [88]) et la division longitudinale comme chez les Polypiers (PROUHO [94]) (fig. 674). Mais dans ce dernier cas, les individus étaient anormaux. — La Gonactinie est capable non seulement de ramper au moyen de ses tentacules, comme diverses autres Actinies, mais de nager (PROUHO) au moyen de flexions brusques, simultanées, rythmiques de ses tentacules, la bouche en avant, à l'inverse des Méduses. Cette propriété est fort utile à l'animal, pour permettre à l'individu proximal de chercher une nouvelle place, quand quelque violence a vaincu la faible adhérence de son disque pédieux, et surtout pour permettre à l'individu distal de chercher un endroit propice pour se fixer, au lieu de tomber simplement au pied de celui dont il vient de se séparer.

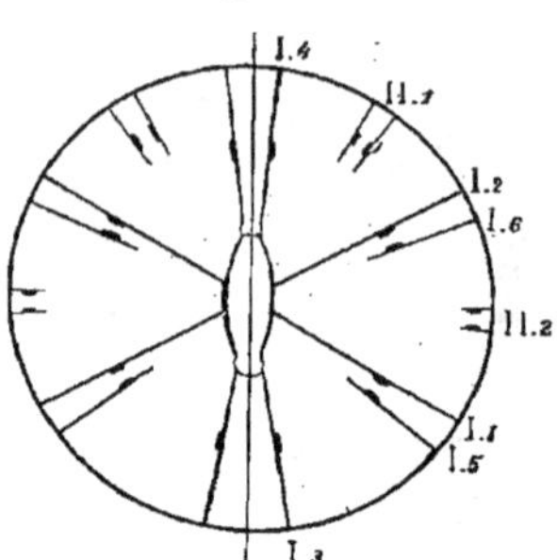

Fig. 672.

Disposition des cloisons chez *Oractis* (Sch.).

Oractis (M⁰ Murrich) (fig. 672) diffère de *Gonactinia*, sous le rapport des cloisons, uniquement par l'addition d'une 2ᵉ couple de cloisons II, continuant le second cycle. En outre, il n'y a qu'un seul siphonoglyphe, le ventral. C'est une Actinie incomplètement connue sous les autres rapports, par des exemplaires détériorés. Il n'y a que 10 tentacules réduits à des tubercules mousses ; les caractères de l'ectoderme de la colonne sont inconnus, cette couche ayant disparu sur les échantillons observés. Les entéroïdes semblent aussi manquer de bandelettes ciliées (5 à 8ᵐᵐ de haut sur 10 à 13ᵐᵐ de large ; par 1414 brasses au large des côtes de la Californie).

Protanthea (Carlgren) (fig. 673) achève la série de perfectionnements commencée par *Gonactinia* et continuée par *Oractis*. Il a en effet un 1ᵉʳ cycle de cloisons constitué comme chez ces derniers, mais son 2ᵉ cycle est complet, comprenant une couple de cloisons dans chaque interloge du 1ᵉʳ cycle ; mais complet sous le rapport du nombre seulement, car les cloisons sont toujours des micrentériques n'arrivant pas jusqu'au pharynx. Les tentacules, au nombre d'une centaine, forment, autant qu'on en peut juger, 5 cycles : $6+6+12+24+48$. Il y a deux siphonoglyphes, pas de septostomes, pas de bandelettes ciliées aux entéroïdes. La colonne a une couche musculaire longitudinale et une couche nerveuse ectodermique comme chez *Gonactinia* (15ᵐᵐ sur 8ᵐᵐ ; côtes occidentales de Suède).

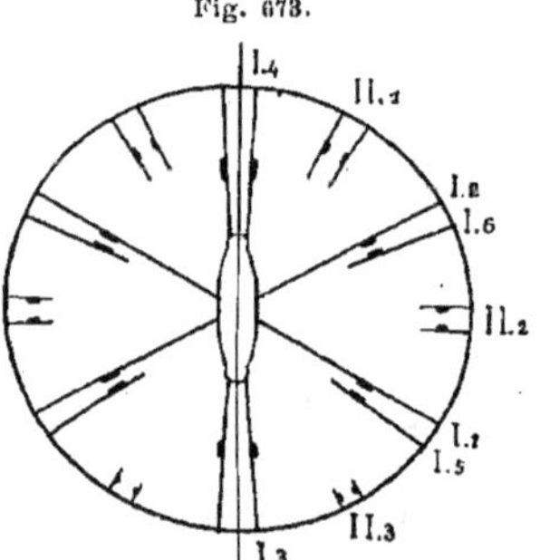

Fig. 673.

Disposition des cloisons chez *Protanthea* (Sch.).

2ᵉ Tribu

HALCAMPINES. — *HALCAMPINA*

[*p. p. Ilyanthidæ* (Gosse); — *Halcampidæ* (Andres, Haddon)
+ *Monauleæ* (R. Hertwig) + *Holactiniæ* (Boveri)
+ *Thaumactiniæ* (Fowler) + *Siphonactinidæ* (Andres)]

TYPE MORPHOLOGIQUE

Ce type morphologique est suffisamment défini par la caractéristique suivante : un 1ᵉʳ cycle complet de 12 cloisons macrentériques et un 2ᵉ cycle plus ou moins incomplet sous le rapport de la taille ou du nombre des cloisons; parfois les rudiments d'un 3ᵉ cycle.

GENRES

1ʳᵉ FAM. : *Halcampinæ* [*p. p. Halcampidæ* (Andres) + *Siphonactinidæ* (Andres)]. 1ᵉʳ cycle de cloisons complet et formé de 12 macrentériques; 2ᵉ cycle nul ou formé de 6 couples micrentériques.

Halcampa (Gosse) (fig. 674 à 676). Cette Actinie ressemble beaucoup, au premier abord, a une *Edwardsia*. Comme celle-ci, elle est allongée, dépourvue de disque pédieux, terminée en bas en pointe mousse, a le corps sillonné longitudinalement et divisé en physa, scapus et capitulum, et vit enlizée dans le sable ou la vase jusqu'à la couronne tentaculaire. Le capitulum est rétractile. Le corps est garni de petites verrues et recouvert d'une fine couche de particules légèrement agglomérées par du mucus, mais il n'y a pas d'enveloppe rigide au scapus. Les tentacules sont au nombre de 12 seulement, en 2 cycles de 6. A l'intérieur, et c'est là pour nous un caractère essentiel, il y a un premier cycle de 12 cloisons macrentériques fertiles atteignant le pharynx et déterminant 6 loges et 6 interloges primaires auxquelles correspondent les 12 tentacules. Il y a en outre, dans chaque interloge une couple de micrentériques s'étendant dans toute la hauteur du corps, mais très peu saillantes et toujours stériles, et déterminant un 2ᵉ cycle de 12 loges rudimentaires. Mais le nombre de tentacules n'augmente pas, les 12 interloculaires du 2ᵉ cycle ne se formant pas. Il y a deux siphonoglyphes, mais parfois peu accusés. Le sphincter est complètement absent (2 à 5ᶜᵐ sur 1/2 à 1ᶜᵐ, côtes de France et d'Angleterre, mer du Nord, Manche, Médit., îles Kerguelen, baie de Cumberland, du niveau des marées à 127 brasses).

Fig. 674.

Halcampa chrysanthellum (d'ap. Gosse).

Fig. 675.

Halcampa Andresi (d'ap. Haddon).

Un reste de l'état des cloisons caractéristique des *Edwardsina* se retrouve ici dans le fait que les cloisons I_5 et I_6 ont les entéroïdes descendant moins bas que les cloisons I_1 et I_2 avec lesquelles elles forment la couple d'une même loge. — L'animal est capable de ramper sur le sable au moyen de mouvements péristaltiques faibles et lents et de s'enlizer par ce moyen. Ses larves ont été trouvées, vivant en parasites sur des Leptoméduses (*Thaumanthias*), fixées à la paroi sous-ombrellaire de l'estomac par leurs tentacules. — D'autre part, on a décrit sous le nom de

Calliphobe (Busch), une forme allongée, ovale, ciliée, avec 8 sillons méridiens et un pinceau de flagellums au pôle aboral, percée au pôle oral d'une bouche entourée de 8 tentacules tuberculiformes, que Metchnikov pense être une larve d'*Halcampa*.

Halcampella (Andres) ne diffère d'*Halcampa* que par ses tentacules, au nombre de 24 sur 3 cycles. La larve a été trouvée aussi parasite, mais de Méduses Acalèphes (Médit., îles du Cap-Vert, Philippines).

Halcampoides (Danielssen) diffère d'*Halcampa* principalement par l'absence des cloisons micrentériques du 2ᵉ cycle. Il représente donc un état, soit plus primitif,

Fig. 676.

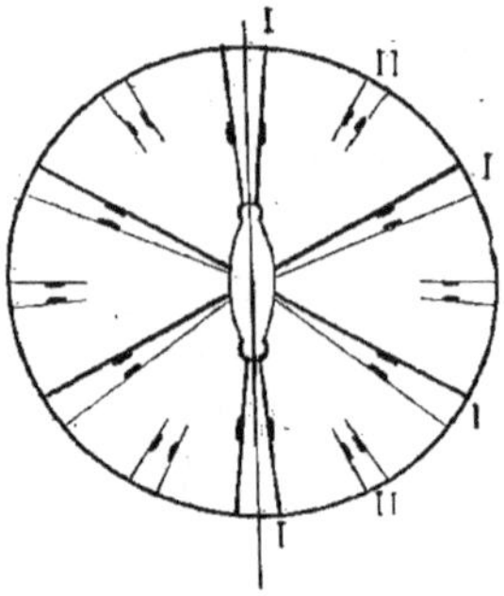

Disposition des cloisons
chez *Halcampa* (Sch.).

soit plus avancé dans la régression, mais en tout cas, plus simple et plus typique : c'est la réalisation exacte du *stade Halcampa* du développement de notre type morphologique (Voir p. 483). En outre, le corps est nu, non verruqueux, et l'extrémité de la physa est percée de 24 petits pores qui s'ouvrent dans les 24 loges et interloges (Mer du Nord, îles Kerguelen, Australie, par 120 à 620 brasses).

Danielssen [87] a décrit deux genres très curieux, *Fenja* et *Ægir*, trouvés par lui en compagnie du précédent et qui se distingueraient de toutes les Actinies connues par la présence d'un tube digestif complet, avec bouche et anus. Après discussion entre l'auteur et F. E. Schulze [89], il a été finalement établi, par les recherches d'Appelhöf [97], que ces prétendus genres ne sont autre chose que des *Halcampoides* détériorés et rétractés. L'animal a eu d'abord l'extrémité inférieure du corps coupée, ce qui a produit un orifice artificiel; puis il s'est extrêmement rétracté, au point que ses tentacules sont venus ressortir par l'orifice artificiel inférieur. Dans cet état, Danielssen a pris cette extrémité inférieure par où sortaient les tentacules pour la tête, la partie invaginée pour le tube digestif et l'orifice d'invagination pour l'anus.

Halcampactis (Farquhar) a, comme *Halcampa*, le corps divisé en capitulum rétractile, scapus et physa, dépourvu de disque pédieux, arrondi en bas, garni de verrues adhésives; mais il a en outre des aconties, ce qui le rapproche des *Sagartia*, et son auteur le considère comme établissant un lien en ces deux groupes si différents d'Actinies; pas de sphincter bien défini, tentacules peu nombreux, cylindro-coniques; cloisons du 1ᵉʳ cycle macrentériques, celles du 2ᵉ cycle micrentériques (Nouvelle-Zélande).

Fig. 677.

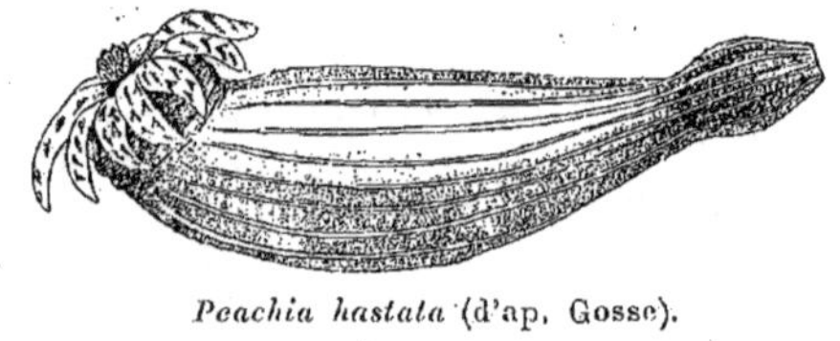

Peachia hastata (d'ap. Gosse).

Peachia (Gosse) (**Pl. 59**, *fig. 2* et fig. 677 à 681) est, comme *Halcampa*, une Actinie pivotante, c'est-à-dire

sans disque pédieux adhésif, et terminée en bas en pointe mousse.
On peut lui distinguer aussi les trois parties du corps : capitulum, scapus
et physa. Cette dernière
paraît percée d'un orifice
qui a été pris pour un
anus, mais qui n'est, en
réalité, qu'une profonde
invagination (jusqu'à 1
centimètre) de l'extré-
mité aborale introversée
à l'intérieur. Nous ver-
rons que cette disposi-
tion correspond à une
fonction spéciale. Le
corps, allongé, est garni
de nombreuses verruco-
sités qui sont autant de
petites ventouses. Le ca-

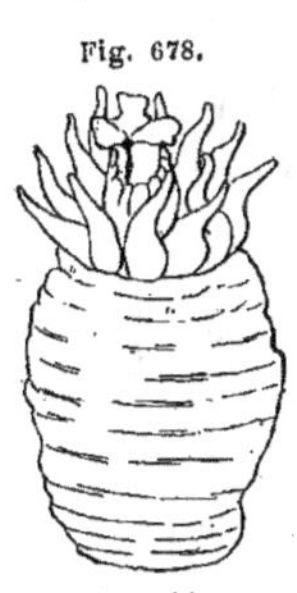

Fig. 678.

Peachia
(*Siphonactinia*)
Boeckii
(d'ap. Danielssen
et Koren).

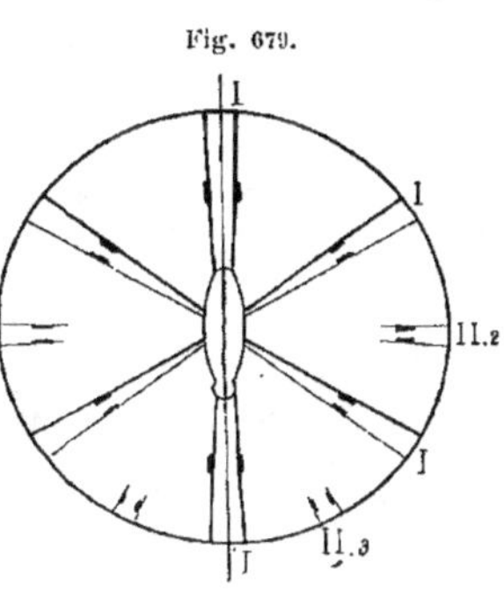

Fig. 679.

Disposition des cloisons
chez *Peachia* (Sch.).

pitulum, rétractile, est muni de 12 tentacules. La bouche, ovale, est
pourvue d'un seul siphonoglyphe, qui est ventral et se prolonge au-dessus
du capitulum en un gros tube fendu en dedans, très saillant, lobé à
l'extrémité terminale évasée, et que l'on appelle la *conchula* (fig. 680
et 681). A l'intérieur, la structure est celle d'un *Halcampa* qui n'aurait
au second cycle que les couples II_2 et II_3. La couple manquante est donc
la plus dorsale, contrairement à la règle de développement dorso-ventral, ce qui pourrait peut-être permettre d'interpréter cette absence
comme résultant plutôt d'une dis-
parition régressive que d'une non-
formation. Les cloisons du 1er cycle
sont toutes fertiles. Les deux qui
forment la loge directrice ventrale
sont très développées et rapprochées de manière à continuer le
siphonoglyphe jusqu'à l'extrémité
inférieure du corps en un tube physiologiquement fermé, mais anatomiquement fendu en long du côté
axial. Le siphonoglyphe se continue dans le pharynx
en un tube fermé de même, et la conchula n'est
que la prolongation de ce tube au delà de la bouche. Il y a des septostomes ; le sphincter est absent (10 à 25cm sur 1/2 à 2cm ; Manche, Médit., côtes
de Norvège, oc. Antarct.).

Fig. 680.

Peachia hastata.
Conchula
n'ayant encore que
6 lobes simples
(d'ap. Haddon
et Dixon).

Fig. 681.

Peachia hastata.
Conchula
à l'état de complet
développement
(d'ap. Haddon et Dixon).

Il semble bien que ce soit sa larve qui a été décrite sous le nom de *Bicidium* et de *Philomedusa*, parasite chez certaines Méduses (Voir ci-dessous le genre *Bicidium*).

Faurot [95] a fait connaître le moyen par lequel l'animal arrive à s'enlizer dans le sable.

Il commence par évacuer par sa bouche presque toute l'eau qu'il contient, puis évagine violemment la portion invaginée de sa physa, de manière à refouler le sable; il redescend dans la cavité ainsi obtenue en invaginant de nouveau sa physa; puis l'évagine de nouveau et ainsi de suite.

Bicidium (L. Agassiz) (fig. 682) ne diffère pas de *Peachia* par ses caractères extérieurs, et son organisation interne n'est pas connue. C'est plutôt par son habitat qu'il se caractérise. Mais il n'est sans doute qu'une forme larvaire de *Peachia* (Voir HADDON [87]) (1 1/2 à 5^{cm}; parasite de certaines Méduses *Chrysaora*, *Olyndias*, *Cyanea*, fixé par la bouche sur leur manubrium, dans la cavité sous-ombrellaire ou dans la cavité gastro-vasculaire; Médit., Atl.).

Actinopsis (Danielssen et Koren) s'en distingue par ses tentacules plus nombreux, par sa conchula double, les deux siphonoglyphes se prolongeant l'un et l'autre en un gros tube bilabié au bout, et par la présence d'un disque pédieux normal. L'organisation interne n'est pas connue (Côtes de Norvège).

Fig. 682.

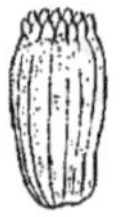

Bicidium
(*Philomedusa*)
parasitica
(d'ap. Verrill).

Ces deux genres constituent pour ANDRES avec *Peachia* (*Siphonactinia* de Müller) une famille [*Siphonactinidæ*, Andres] qui ne doit pas être conservée.

Halcurias (Mc Murrich) (fig. 683). Sous le rapport des cloisons, ce genre peut être défini : un *Peachia* dont les cloisons II₂ et II₃ se sont développées jusqu'à atteindre le pharynx et à s'insérer à lui. Elles restent cependant, vers le bas, beaucoup plus étroites que celles du 1er cycle. Toutes les cloisons sont fertiles. Il n'y a qu'un siphonoglyphe, le ventral. Les tentacules sont au nombre d'environ 70. Il n'y a pas de sphincter péristomien. Il y a dans l'ectoderme de la colonne une couche musculaire longitudinale et une couche nerveuse. Pour le reste, l'animal a une structure normale; il est pourvu d'un pied adhésif et vit fixé (2 à 3^{cm} sur 2^{mc}; côtes de Patagonie, par 450 brasses).

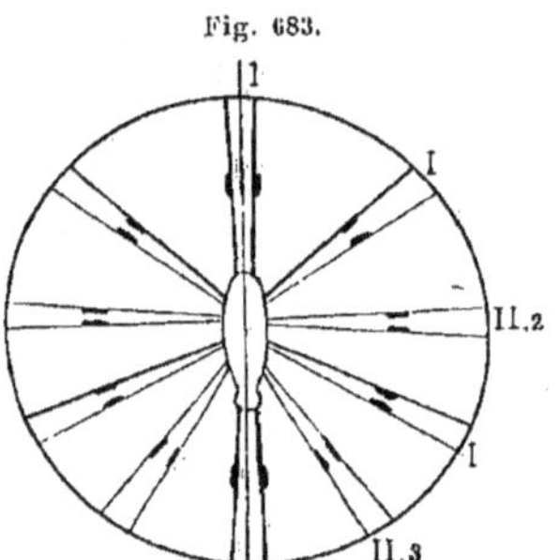

Fig. 683.

Disposition des cloisons
chez *Halcurias* (Sch.).

======= 2° FAM. : MONAULINÆ [*Monauleæ*, *Monaulidæ* (R. Hertwig)]. 1er cycle de cloisons complet; du 2° cycle, une seule cloison de chaque côté, dans l'interloge latéro-dorsale.

Scytophorus (R. Hertwig) (fig. 684 et 685) est de forme allongée, recouvert d'une épaisse cuticule (qui semble se renouveler par des mues partielles portant sur une partie de son épaisseur) et parcouru par 14 profonds sillons longitudinaux. Ce nombre 14, multiple de 2 et non de 4, est déjà fait pour attirer l'attention. Plus curieux encore est le fait qu'il y a seulement 14 tentacules. Enfin, quand on ouvre l'animal, on constate qu'il y a de même 14 cloisons, c'est-à-dire un nombre de paires impair, ce qui est un cas absolument unique. Ces cloisons sont d'ailleurs toutes égales, toutes macrentériques, toutes non seulement fertiles, mais hermaphrodites, femelles vers le haut, mâles vers le bas, ce qui est aussi fort rare. En étudiant de plus près la disposition des cloisons et des loges, on constate qu'il y a une seule loge directrice ventrale, à laquelle correspond un seul siphonoglyphe, d'ailleurs peu accusé. Les 6 paires de cloisons du 1er cycle

Fig. 684.

Scytophorus
striatus
(d'ap. Hertwig).

normal I₁ à I₆ sont présentes à leur place, mais il y a en outre une cloison supplémentaire II₁ que l'on peut considérer comme la cloison ven-

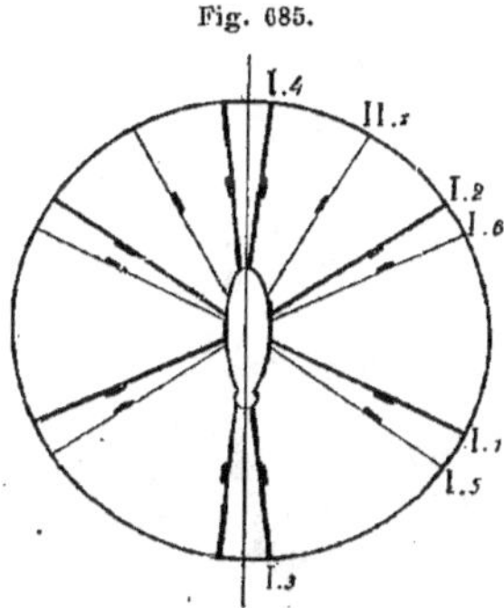

Fig. 685.

Disposition des cloisons
chez *Scytophorus* (Sch.).

trale de la couple dorsale du 2ᵉ cycle d'*Halcampa*. L'interposition de cette cloison isolée a pour effet de bouleverser tout l'arrangement des cloisons dans la région dorsale du corps. Cette cloison a, en effet, sa face musculaire tournée vers la cloison I₄ et forme avec elle une loge; et comme il ne peut y avoir 2 loges de suite, il en résulte que la loge directrice dorsale devient une simple interloge, ce que confirme en outre la disparition du siphonoglyphe dorsal. Il y a donc 7 loges et 7 interloges avec 14 tentacules. Telle est l'interprétation de Hertwig. On peut aussi, avec Mᶜ Murrich et Van Beneden, considérer la directrice dorsale comme restant une loge, et, de chaque côté, les deux espaces suivants comme formant une seule interloge subdivisée par une cloison surnuméraire. Tout cela est question de mots (3ᵉᵐ sur 1ᵉᵐ; îles Kerguelen par 150 brasses).

3ᵉ FAM. : HOLACTININÆ [*Holactiniæ* (Boveri)]. 1ᵉʳ cycle complet; du 2ᵉ cycle, deux cloisons seulement de chaque côté, isolées, l'une dans l'interloge latéro-dorsale, l'autre dans la latéro-ventrale, déterminant une symétrie octomère rigoureusement radiaire; les autres cycles réguliers.

Gyractis (Boveri) (**Pl. 59**, *fig.* 3, et fig. 686 et 687). Supposons que chez *Scytophorus* une autre cloison du 2ᵉ cycle, la cloison II₃, vienne de chaque côté s'intercaler dans l'interloge primaire latéro-ventrale : elle fera subir au côté ventral de l'animal la même disturbation que du côté dorsal, et il en résultera que la symétrie sera rétablie. Mais, au lieu de se rapprocher par là davantage du type normal, l'Actinie ainsi modifiée s'en écartera au contraire encore plus peut-être. Le siphonoglyphe ventral, en effet, disparaît à son tour, et avec elle la loge directrice restante; la bouche devient entièrement circulaire et l'animal acquiert une symétrie radiaire parfaite, sans trace de bilatéralité, avec 16 cloisons toutes fertiles, formant 8 loges et 8 interloges alternant régulièrement, les faces musculaires des

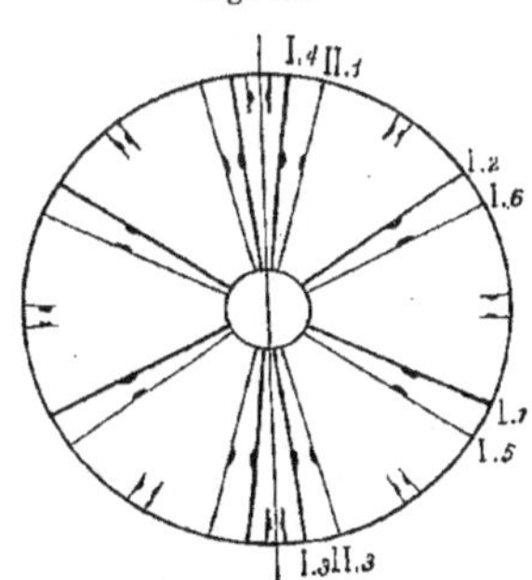

Fig. 686.

Disposition des cloisons
chez *Gyractis* (Sch.)

cloisons étant pour toutes, sans exception, tournées vers l'intérieur des loges. D'ailleurs, le type radiaire octomère ainsi établi se conserve malgré

la formation de cloisons et de loges d'ordre plus élevé, les nouvelles
loges se formant par des couples de cloisons dans les interloges du cycle précédent, selon la loi normale (¹). Ajoutons que les tentacules, au nombre d'une soixantaine, mais peu réguliers, laissent parfois reconnaître une disposition en 5 cycles, 2 internes presque au même rang et 3 externes très rapprochés aussi l'un de l'autre, mais séparés des deux cycles externes par un intervalle. Les tentacules les plus gros sont, contrairement à la règle, les interloculaires du dernier cycle. Le corps, trapu et terminé par un disque pédieux adhésif normal, est garni de verrues irrégulièrement distribuées sur la colonne et d'une bordure de tubercules marginaux. L'ensemble offre l'aspect d'un petit *Bunodes* (2ᶜᵐ sur 2ᶜᵐ 1/2; Ceylan).

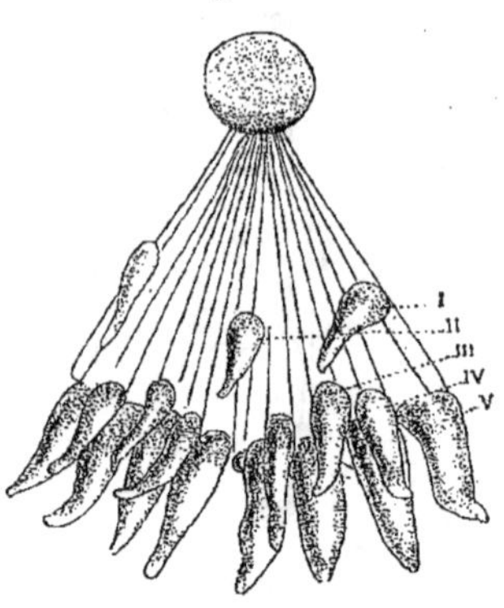

Portion du disque buccal
de *Gyractis excavata* (d'ap. Boveri).
I à V, tentacules des cycles 1 à 5.

3° TRIBU

ACTININES. — *ACTININA*

[*HEXACTINIÆ* (Hertwig); — *ACTINIÆ* + *THALASSIANTHINÆ* (Andres)
ACTININÆ (Mᶜ Murrich)]

TYPE MORPHOLOGIQUE

C'est celui-là même que nous avons choisi pour le sous-ordre, car cette tribu contient les formes normales du groupe, qui sont aussi les plus nombreuses. Il se caractérise, par rapport aux types des tribus précédentes, par la constitution régulièrement hexamérique de ses cycles de loges qui sont complets et, par rapport à celui de la 4ᵉ tribu, par ses tentacules disposés en cycles alternes, de telle sorte qu'il n'y en a jamais plus d'un sur un même rayon du péristome. Désormais, les cloisons macrentériques et microentériques seront toujours régulièrement distribuées, celles-ci dans les cycles les plus externes et les plus jeunes, celles là dans les cycles les plus âgés et les plus internes.

(¹) BOVERI dit nettement qu'il n'y a plus trace de loges directrices, en sorte que celles-ci deviennent des interloges; et il assure d'autre part que toutes les interloges donnent naissance à des cloisons du 3ᵉ cycle et des cycles suivants. Il y aurait donc des loges dans les anciennes directrices. Cependant, il est à remarquer qu'il ne donne aucune figure relativement à ce point.

GENRES

======= **1ʳᵉ FAM. :** *ILYANTHINÆ* [*Ilyanthidæ* (Gosse)]. **Formes libres sans disque pédieux, sans sphincter, à cloisons formant 3 cycles seulement, toutes fertiles.**

Ilyanthus (Forbes) (fig. 688 et 689) est une grande Actinie pivotante, dont le corps cylindrique se termine en bas par une extrémité arrondie, percée d'un petit orifice conduisant dans le fond de la cavité gastrique. La colonne est lisse, mince, transparente, et laisse voir des bandes correspondant à l'insertion des principales cloisons. Le péristome, large et étalé, porte 48 tentacules régulièrement disposés en 4 cycles alternes, se prolongeant tous en pointe jusqu'à l'orifice buccal. Celui-ci est allongé et pourvu, ainsi que le pharynx, de deux siphonoglyphes bien développés

Fig. 688.

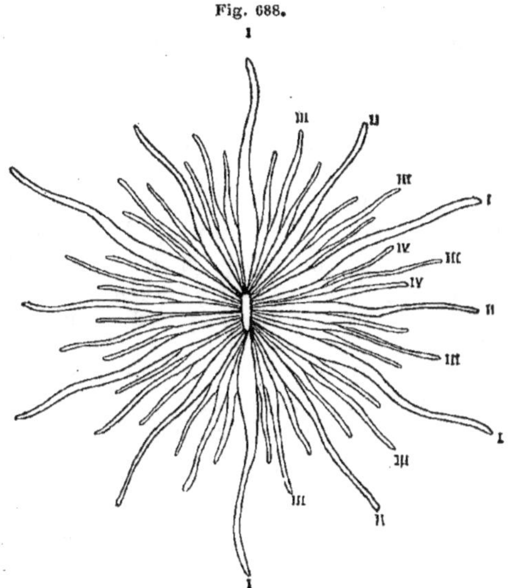

Ilyanthus parthenopeus vu par la face orale
(d'ap. Faurot).

I, II, III, IV, 1ᵉʳ, 2ᵉ, 3ᵉ, 4ᵉ cycles de tentacules.

Fig. 689.

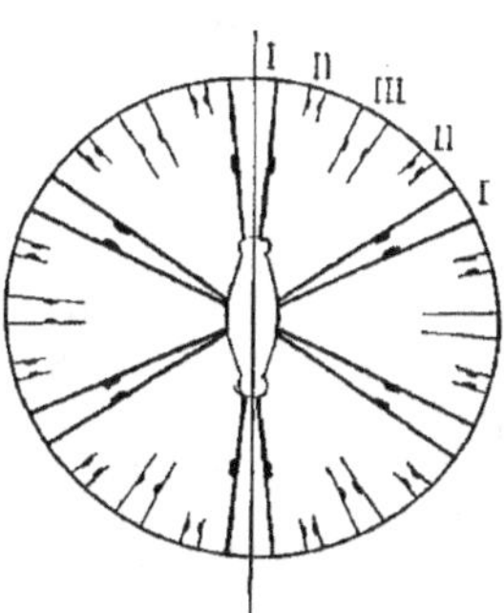

Disposition des cloisons
chez *Ilyanthus* (Sch.).

(Faurot contre Hertwig). À l'intérieur, il n'y a pas de sphincter. Les cloisons forment 24 couples, régulièrement disposés en 3 cycles alternes et forment 24 loges auxquelles correspondent les 3 premiers cycles de tentacules et 24 interloges où s'ouvrent les 24 tentacules du dernier cycle. Toutes ces cloisons sont fertiles, mais les bandelettes génitales sont plus développées sur les cloisons des deux premiers cycles que sur celles du dernier; seules celles du 1ᵉʳ cycle sont macrentiques. Les deux loges médianes sont directrices. Les faces musculaires sont régulièrement disposées (4 à 20ᶜᵐ; Manche, Atl., Médit.; dans la vase, du niveau des basses mers à 50 mètres).

Cette Actinie a des relations très réelles avec *Halcampa* et est souvent placée à côté de cette dernière. Elle en diffère cependant, ainsi que de toutes les *Halcampina*, par la constitution régulière et complète de ses trois cycles de cloisons. On peut la considérer comme faisant le passage des *Halcampina* aux *Actinina*.

===== 2ᵉ FAM. : *Mesacmæinæ* [*Mesacmæidæ* (Andres)].

Mesacmæa (Andres) (fig. 690). Nous plaçons ici avec Andres ce genre, bien que son auteur ne donne sur son organisation intérieure aucun renseignement justifiant sa position. Andres le caractérise comme suit : pied très réduit, colonne lisse, ovoïde et assez charnue ; péristome étroit, tentacules peu nombreux, subuliformes, disposés en 3 cycles mésacmiens, c'est-à-dire de telle sorte, que ceux du cycle moyen sont les plus grands (6ᶜᵐ ; Médit., en eau profonde).

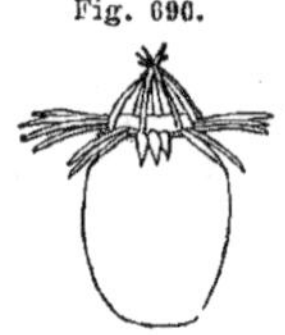

Fig. 690.

Mesacmæa stellata (d'ap. Andres).

===== 3ᵉ FAM. : *Antheinæ* [*Antheadæ* (Gosse, R. Hertwig 82) + *Antheomorphidæ* (R. Hertwig) ; *Actinidæ* (Andres, R. Hertwig 88) + *Cereactidæ* (Andres) + *Bolocelatidæ* (Mᶜ Murrich)]. Sphincter endodermique, faible ou nul ; colonne lisse ou quelque peu verruqueuse vers le haut seulement. Toutes les cloisons petites, sauf les directrices.

Actinia (Browne). C'est une Actinie de forme et d'aspect tout à fait normaux, lisse, trapue, à tentacules nombreux, à loges très nombreuses et disposées suivant la loi que nous avons fait connaître à l'occasion du type morphologique. Mais, à l'inverse des autres Actinies, elle ne peut, quand on la tracasse, rétracter son péristome et le refermer sur les tentacules rétractés, comme une bourse dont a tiré les cordons. Elle reste exposée aux attouchements, se contractant à peine ou pas du tout. Cela tient à la faiblesse extrême ou même à l'absence totale de sphincter du péristome. Les tentacules sont percés au sommet. Au bord du péristome, en dehors des derniers tentacules, est une couronne de *tubercules marginaux*, *tubercules cnidifères*, *acrorhages* d'Andres (*), chargés de nématoblastes (3 à 4ᶜᵐ de haut et de large ; Manche, Atl., Médit., détr. de Torrès, îles Abrohlos, niveau des marées).

Fig. 691.

Anemonia (Risso) (**Pl. 59**, *fig. 4*) diffère du précédent par l'absence de tubercules marginaux (Manche, Atl., Médit., côtes de Patagonie, Pichilingue bay, détroit de Torrès).

La distinction de ces deux genres n'est pas nette. Les espèces types, *Actinia equina* et *Anemonia (Anthea) cereus* diffèrent en ce que la 1ʳᵉ est un peu rétractile, a les tentacules courts et des tubercules marginaux, tandis que la seconde est absolument non rétractile, a les tentacules longs et pas de tubercules. Malheureusement, il ne semble pas que ces trois caractères ou même deux d'entre eux restent réunis dans les diverses espèces. Dès lors, il faut choisir. Andres prend la longueur des tentacules, Mᶜ Murrich préfère les tubercules.

Actinioides (Haddon et Shackleton) a la colonne verruqueuse vers le haut et une couronne de tubercules marginaux (Australie, Philippines).

Condylactis (Duchassaing et Michelotti) (fig. 694) a une colonne

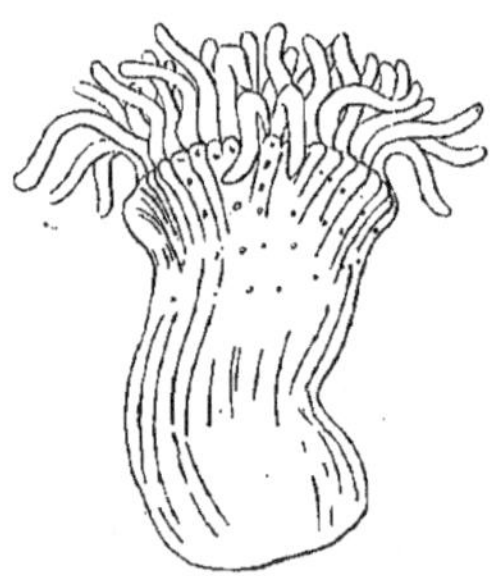

Condylactis (Cereactis) aurantiaca (d'ap. Andres).

(*) Nous préférons le nom de *tubercules marginaux* à celui de *tubercules cnidifères* qui est pourtant plus expressif, parce que la présence des nématoblastes n'a souvent pas été constatée chez eux.

élevée, lisse en bas, parsemée vers le haut de verrues adhésives, comme chez *Bunodes*, et, à la place des tubercules marginaux, un sillon continu, profond, déterminé par leur saillie du bord du péristome (Manche, Médit., détr. de Magellan, détr. de Torrès, Philippines). ANDRES a proposé pour ce genre, qu'il a baptisé *Cereactis*, une sous-famille spéciale [*Cereactidæ*].

Antheopsis (Simon) est très voisin du précédent; le bord saillant de son péristome forme une sorte de collerette, et les tentacules sont longs et nombreux et partent de la surface du disque oral étalé (Mer Rouge).

Comactis (Milne-Edwards) diffère d'*Actinia* par la situation de ses tubercules marginaux situés dans un sillon qui court au bord du péristome, en dehors des tentacules (Madère, Atl. sud, cap de Bonne-Espérance).

Myriactis (Haddon), que son auteur considère comme ne pouvant prendre place dans aucune des familles connues, a cependant la plupart des caractères des *Antheinæ*. Sa colonne, cylindrique et pourvue vers le haut de verrues adhésives, se termine par un péristome couvert de tentacules coniques, modérément longs, très nombreux (plus de 400, sans compter la couronne marginale), formant 8 à 9 cycles subégaux, et bordé d'une couronne périphérique de petits tentacules papilliformes [qui ne sont peut-être que des tubercules marginaux modifiés]. Les cloisons forment 48 couples et sont toutes macrentériques et fertiles. Elles sont pourvues de forts muscles unilatéraux, mais le sphincter (endodermique) est très peu développé. L'animal vit dans la vase où il se forme un long tube au moyen de mucus solidifié, empâtant une énorme quantité de nématoblastes (jusqu'à près de 50^{cm} de haut; archipel Mergui dans le golfe de Bengale).

Macrodactyla (Haddon) a la partie supérieure de la colonne garnie de verrues adhésives, pas de collerette péristomienne ni de tubercules marginaux, les tentacules longs et forts, non caducs, 3 cycles de cloisons toutes fertiles, les deux derniers micrentériques (Détr. de Torrès).

Myonanthus (Mc Murrich) est placé par son auteur en appendice à cette famille, mais avec doute, car s'il présente nombre de caractères d'*Actinia*, il en diffère par la présence d'un sphincter endodermique bien développé et par la rétractilité de son péristome. Les cloisons forment 4 cycles, dont le 1er seul est complètement développé; toutes, sauf les directrices et celles du 4e cycle, sont fertiles. Il n'y a pas de tubercules marginaux (Floride).

Fig. 692.

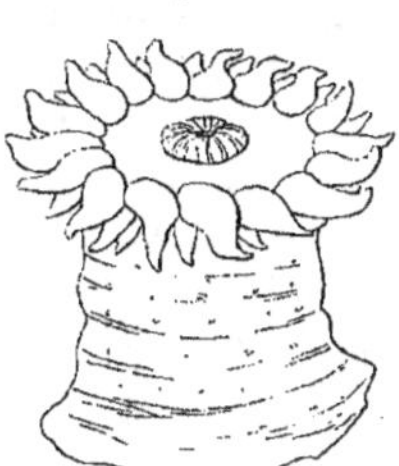

Bolocera Tuediæ
(d'ap. Gosse).

Bolocera (Gosse) (fig. 692) à colonne forte et de consistance ferme, ornée, surtout dans la moitié supérieure, de petites verrues espacées, irrégulièrement distribuées, est principalement caractérisé par ses tentacules courts, renflés, sillonnés en long et rattachés au péristome par une base étranglée, étroite, en sorte qu'ils se détachent facilement par suite de la contraction d'un sphincter situé à leur base (CARLGREN [91]). Les tentacules sont fermes, non rétractiles; il y a un sphincter endodermique, mais peu développé (3 à 10^{cm}; Manche, Médit., Pacifique, cap Horn).

Mc MURRICH propose pour ce genre une famille spéciale [*Boloceridæ*]. CARLGREN [94] a montré que la place de ce genre était ici et non avec les *Bunodes* où le place ANDRES.

Sideractis (Danielssen), pour lequel son auteur propose une famille nouvelle [*Sideractidæ*], ne serait, d'après Mc MURRICH [93], qu'un *Bolocera*. Son sphincter, il est vrai, est donné par son auteur comme endodermique, mais Mc Murrich fait remarquer que les figures mêmes de Danielssen ne semblent guère en faveur de cette opinion. Nous avons fait une remarque analogue pour *Cylindrosactis* (Ile Jan Mayen).

Antheomorphe (R. Hertwig) (fig. 693) diffère de tous les précédents par l'absence complète de sphincter; mais il leur ressemble par tous ses autres caractères, en particulier par la longueur de ses tentacules, par le faible développement des muscles tentaculaires, par sa colonne lisse et par ses cloisons nombreuses toutes fertiles. Les tentacules sont tous relégués au bord du disque, mais leur taille alternativement grande, petite et moyenne, permet de reconnaître en eux 3 cycles (2^{em}; Pacif. nord, par 2900 brasses).

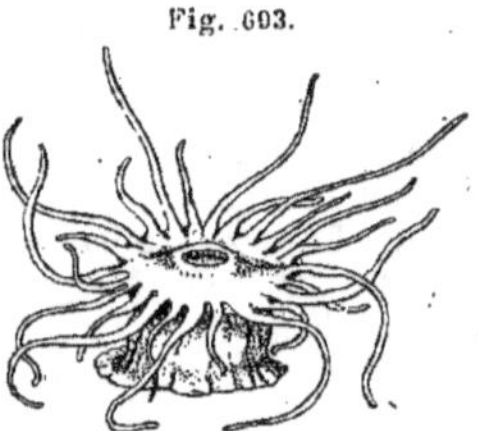

Fig. 693.

Antheomorphe elegans
(d'ap. Hertwig).

R. HERTWIG [82] propose pour ce genre et le suivant, découvert plus tard [88], une famille fondée sur l'absence totale de sphincter [*Antheomorphidæ*] qu'avec M^c MURRICH [93] nous réunissons aux *Antheinæ*.

Ilyanthopsis (R. Hertwig) diffère d'*Antheomorphe* par sa forme conique à base supérieure et par ses tentacules non exclusivement marginaux et garnissant une partie du disque (Bermudes).

Porponia (R. Hertwig) (fig. 694) est un genre créé pour deux formes qui semblent voisines des précédentes et que leur état de détérioration n'a pas permis de caractériser (Japon, Australie, grande profondeur).

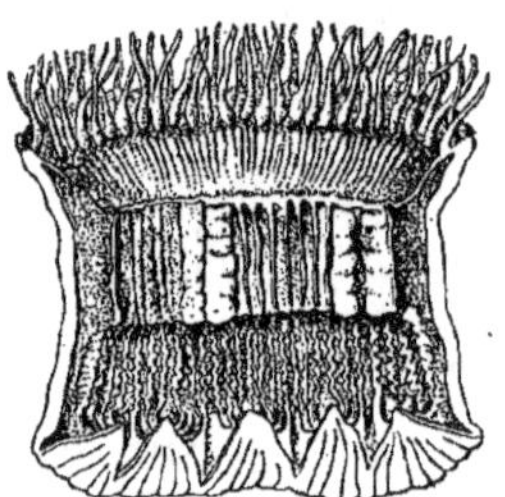

Fig. 694.

Porponia elongata ouvert
(d'ap. Hertwig).

═══ 4° FAM. : *PTYCHODACTISINÆ* [*Ptychodactidæ* (Appelhöf)]. Bouche occupant presque toute la largeur du péristome, pharynx rudimentaire.

Ptychodactis (Appelhöf) (fig. 695 et 696) présente une physionomie tout à fait exceptionnelle. Large et bas, de consistance très molle, il est surtout remarquable par la largeur énorme de la bouche, qui occupe presque toute la largeur du péristome, ne laissant en dehors d'elle qu'une étroite bordure où se pressent des tentacules coniques, pas très grands, au nombre de 100 à 120, formant 5 cycles endacmiens. A la bouche fait suite un pharynx rudimentaire, guère plus long que l'épaisseur de la paroi péristomienne, en sorte qu'il semble tout à fait absent. Il en résulte que tout l'intérieur de la cavité gastro-vasculaire est exposé aux regards et laisse voir les cloisons avec leurs entéroïdes et leurs bourrelets génitaux. Le sphincter étant absent, l'animal ne doit pouvoir que fort peu réduire le diamètre de cette vaste ouverture. Cependant le pharynx n'est pas en tous ses points aussi ré-

Fig. 695.

Ptychodactis patula. Vue de la face orale
(d'ap. Appelhöf).

duit que nous venons de le dire. Au niveau des points où les couples de loges du 1ᵉʳ et du 2ᵉ cycle s'insèrent sur lui, il descend un peu plus bas, formant ainsi 12 lobes godronnés, dont 6 plus grands alternant avec 6 plus petits (mais sans grande régularité dans la taille), séparés par autant d'intervalles où son atrophie est presque complète. Il n'y a pas trace de siphonoglyphes. La présence d'organes destinés à faciliter la circulation de l'eau dans la cavité gastrique est en effet parfaitement inutile ici. — Les cloisons forment environ 72 couples dont 6 de premier cycle, formant 6 loges dont 2 directrices. Dans les 6 inter-loges de ce cycle sont placées les couples d'ordre plus élevé, paraissant former 4 autres cycles, mais disposées sans égard à la loi d'alternance régulière. — Les cloisons, peu saillantes et toutes fertiles, sauf les petites du dernier cycle, sont remarquables par le rejet des bourrelets géni-taux à la partie inférieure, au-dessous de l'entéroïde et par la richesse des circonvolutions de ce dernier. Les entéroïdes sont dépourvus de bandelettes ci-liées, ce qui s'explique, comme

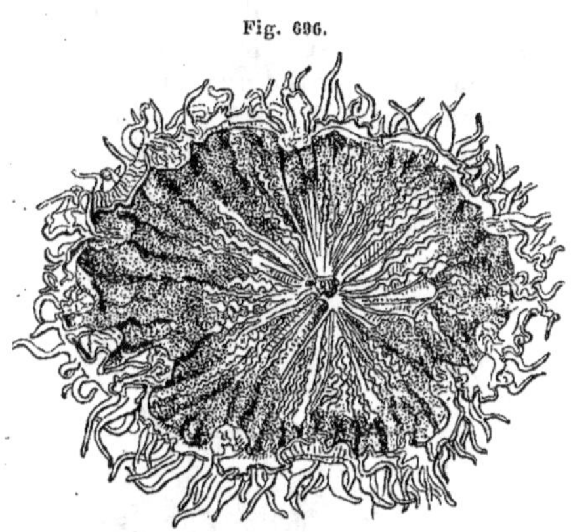

Fig. 696.

Ptychodactis patula. Vue de la bouche ouverte
(d'ap. Appelhöf).

celle des siphonoglyphes, par l'inutilité de favoriser la circulation de l'eau dans la cavité gastrique. Les sexes sont sépa-rés. La colonne présente le caractère primitif d'avoir une couche nerveuse et une musculaire longitudinale (5 à 8ᶜᵐ de large, hauteur non indiquée; côte de Norvège, sur des Alcyonaires, par 100 brasses; plusieurs exemplaires, observés vivants).

═══ 5ᵉ FAM. : *Bunodinæ* [*Bunodidæ* (Gosse); *p. p.* Actinies verruqueuses (Milne-Edwards); *Cereæ* (Du-chassaing et Michelotti); *Tealidæ* (Hertwig)]. **Un sphincter endodermique fort et nettement li-mité; colonne le plus souvent verruqueuse; d'or-dinaire, des tubercules marginaux au bord du péristome; cloisons toutes petites, sauf les di-rectrices.**

Bunodes (Gosse) (**Pl. 59**, *fig.* 5 et fig. 697) est une Actinie de configuration nor-male, mais qui se distingue par deux caractères essentiels. La colonne,

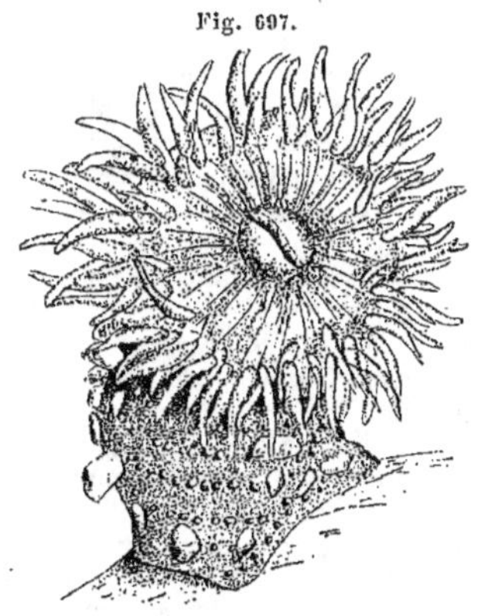

Fig. 697.

Bunodes californica
(d'ap. W. Fewkes).

cylindrique, est garnie de tubercules hémisphériques très apparents, disposés en séries verticales correspondant aux tentacules, ou du moins à ceux des premiers cycles. Ces séries de tubercules occupent toute la hauteur de la colonne, depuis le péristome jusqu'au limbe. Mais celles correspondant aux tentacules des premiers cycles arrivent seules jusqu'au limbe, les autres s'arrêtant d'autant plus loin du limbe qu'elles correspondent à des cycles tentaculaires d'ordre plus élevé. Le second caractère essentiel consiste dans la présence d'un sphincter endodermique extrêmement développé, formant une forte saillie annulaire. Grâce à lui, l'animal peut complètement refermer son péristome sur ses tentacules rétractés. Le bord du péristome est garni d'une couronne de tubercules marginaux modérément développés. Il y a 24 paires de cloisons dont 12 macrentériques ; toutes sont fertiles, sauf les 4 directrices (2 à 4^{cm} ; côtes de Norvège, Manche, Atl., Médit., Bahama, oc. Indien sud ; du niveau des marées à 672 brasses).

Phymactis (H. Milne-Edwards) (fig. 698) se distingue de *Bunodes* par les verrues de sa colonne disposées sans ordre et par ses tubercules marginaux très gros et de couleur particulière (à peu près cosmopolite).

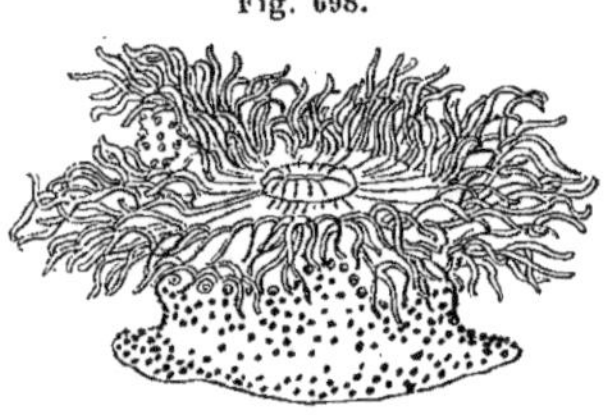

Fig. 698.

Phymactis clematis (d'ap. Danu).

Fig. 699.

Aulactinia Alfordii
(d'ap. Gosse).

Aulactinia (Verrill) (fig. 699) a les verrues disposées, comme chez *Bunodes*, en séries verticales, mais toutes s'arrêtant vers le milieu et laissant lisse la partie inférieure de la colonne. Le bord du péristome est relevé en collier, mais ne porte pas de tubercules cnidifères (M° Murrich contre Verrill et Andres) ; il y a 4 ou 5 cycles de cloisons, mais le 1er est seul formé de cloisons macrentériques. Le bord du péristome est garni d'une rangée de tubercules marginaux plus ou moins lobés (Médit., Atl., Amér., Bahama).

Anthopleura (Duchassaing et Michelotti) (fig. 700) diffère du précédent par la présence au bord du péristome d'une couronne de proéminences tentaculiformes perforées en dehors de nombreux pores et assimilées aux tubercules marginaux. L'autonomie de ce genre est fort douteuse. Verrill nie les perforations ; Duerden [97] assure que ce n'est qu'un *Bunodes* (Médit., Antilles).

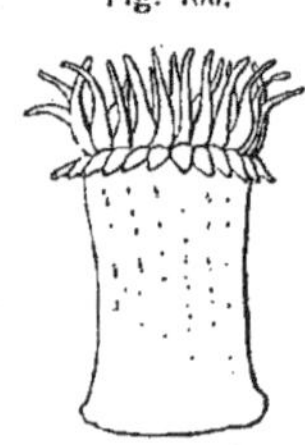

Fig. 700.

Anthopleura Krebsi
(d'ap. Duchassaing
et Michelotti).

Ixalactis (Haddon) se caractérise par ses tentacules disposés les uns à la périphérie du péristome, les autres vers la partie centrale, ce qui lui donne un aspect de Stichodactyline et rappelle en particulier *Phymanthus* ; mais le caractère de Stichodactyline n'a pu être constaté, et le sphincter est celui d'une Bunodinée (Détr. de Torrès).

Evactis (Verrill) a la colonne perforée, garnie de verrues qui vont en diminuant de haut en bas et de grands tubercules marginaux (Médit., Amér. nord occid.).

Thelactis (Klunzinger) (fig. 701) a des verrues coniques ne formant qu'une rangée circulaire vers le milieu de la colonne (Médit., mer Rouge).

Pour ces derniers genres, leur place dans cette famille n'est que provisoire; ils y sont mis par Andres, en raison de leur colonne verruqueuse, caractère sans grande valeur auquel, avec R. Hertwig, nous avons substitué, pour définir la famille, celui du sphincter. Or ce sphincter n'a généralement pas été étudié dans ces genres.

Fig. 701.

Thelactis simplex (d'ap. Klunzinger).

Tealia (Gosse) (fig. 702 et 703) est une belle Actinie de forme trapue, dont la colonne, large et basse, charnue, est ornée de verrues. Mais ces verrues sont éparses, clairsemées, sans disposition régulière et agissent à la manière de ventouses pour fixer des particules de sable ou de coquilles, dont l'animal se sert pour se protéger. Le bord du péristome est élevé, denticulé. Les tentacules nombreux et poly-cycles, bien que tous de même taille, sont courts, gros, coniques, rétractiles par eux-mêmes, indépendamment de la contractilité du péristome, dont le puissant sphincter peut se refermer sur eux. Le pharynx se dévagine facilement. (2 à 5ᶜᵐ sur 1 à 10ᶜᵐ; Manche, Atl., Médit., Tristan d'Acunha).

Fig. 702.

Tealia crassicornis (d'ap. Johnston).

Fig. 633.

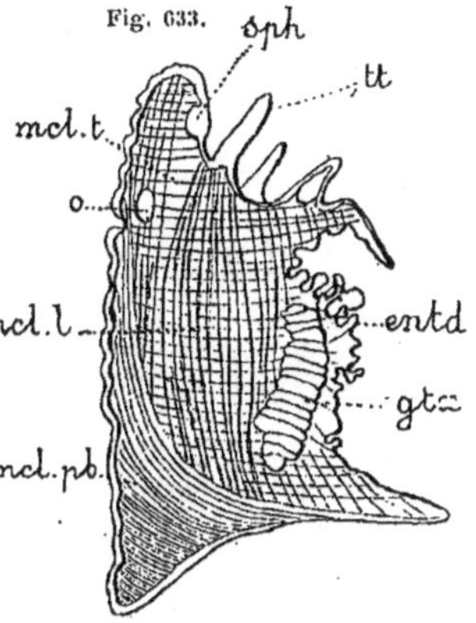

Cloison de *Tealia crassicornis* (d'ap. O. et R. Hertwig).

entd., entéroïde; gtx., glandes génitales; mcl. l., muscle longitudinal de la cloison; mcl. pb., muscle pariéto-basilaire; mcl.t., muscle transverse; o., orifice septal externe; en regard, sous l'angle de l'orifice buccal, se trouve l'orifice septal interne; sph., sphincter; tt., tentacules.

Tealiopsis (Danielssen) a les verrues adhésives régulièrement disposées en séries longitudinales et fixant une couche épaisse de sable et de débris de coquilles (Oc. Arctique).

Leiotealia (R. Hertwig) diffère de *Tealia* et de toutes les autres Bunodinées par l'absence complète de verrues sur la colonne et de tubercules marginaux. Celle-ci est lisse, mais parcourue de sillons correspondant aux cloisons (Détr. de Magellan, Chili, îles Kerguelen, oc. Arct.).

===== 6ᵉ FAM.: Phyllactinæ [p. p. *Phyllactinæ* (Verrill, Klunzinger); *Phyllactidæ* (Andres)]. Sur le péristome, en dehors des tentacules circumbuccaux, un large espace occupé par des appendices foliacés ou parfois digitiformes; le sphincter entre ces appendices et les tentacules.

Phyllactis (H. Milne-Edwards) (fig. 704). La colonne, élevée, cylindrique, lisse, légèrement sillonnée en long mais sans verrues, ne présente rien de bien particulier. Il en est de même du pied. Mais le péristome a une configuration toute particulière. Autour de la bouche centrale, munie de deux profonds siphonoglyphes qui se prolongent en bas jusqu'au delà du pharynx, est une couronne de tentacules simples, ordinaires;

puis, séparée de celle-ci par un espace annulaire nu, est une couronne marginale de processus frondiformes au nombre de 30 à 50, beaucoup plus larges que les tentacules, et appelés les *frondes*. Il vient tout d'abord à l'idée de considérer ces frondes comme des tentacules foliacés, et telle est en effet l'opinion d'Andres et de tous les anciens auteurs. Mais Mc Murrich [89] a montré qu'il faut plutôt les comparer aux tubercules marginaux qui, d'après ce qui existe dans d'autres genres, peuvent prendre un grand développement. Le sphincter, diffus mais néanmoins bien développé, est en effet situé sous la zone annulaire nue, intermédiaire aux frondes et aux vrais tentacules, ce qui ne saurait être si ces frondes étaient des tentacules modifiés. La question a un certain intérêt au point de vue taxinomique, car si les frondes étaient morphologiquement assimilables à des tentacules, elles seraient placées sur le même rayon que les tentacules vrais et s'ouvriraient dans les mêmes chambres péricœliques que ceux-ci, particularité caractéristique d'une tribu différente d'Actinies, celle des *Stichodactylina* (10cm : Médit., mer Rouge, Rio-de-Janeiro, Atl.).

Fig. 704.

Phyllactis pratexta (d'ap. Dana).

Oulactis (H. Milne-Edwards) (fig. 705) diffère de *Phyllactis* par sa colonne qui est verruqueuse dans sa partie supérieure (Médit., Antilles, Bahama, Bermudes, Pérou, Nouvelle-Galles du Sud).

Lophactis (Verrill) (fig. 706) ne semble pas être distinct génériquement d'*Oulactis* (Médit., Atl. et Pacif., Amér.).

Asteractis (Verrill) diffère d'*Oulactis* par la disposition de ses frondes qui, au lieu d'être toutes égales, forment 3 cycles dont les frondes partent toutes du bord du péristome, mais s'étendent plus ou moins loin en dedans, les primaires allant jusqu'à la région tentaculaire, les secondaires s'arrêtant à moitié route, les tertiaires n'allant que jusqu'au quart de cette distance. En outre, les frondes sont de structure de plus en plus compliquée à partir du centre où elles commencent par de simples papilles vers la périphérie où elles sont tout à fait chicoracées (Médit., Pacif., Amér.).

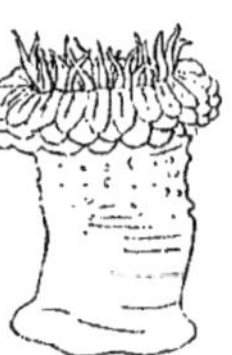

Fig. 705.

Oulactis concinnata (d'ap. Dana).

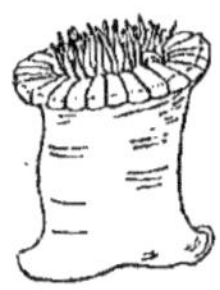

Fig. 706.

Lophactis radiata (d'ap. Duchassaing et Michelotti).

Cradactis (Mc Murrich) a les frondes non plus foliacées, mais formées de faisceaux de courts processus tentaculiformes simples ou ramifiés; le sphincter est mieux circonscrit; il y a 24 cloisons, dont 12 macrentériques (Cap. Horn).

Diplactis (Mc Murrich) a les frondes réduites à un cycle unique de processus tout à fait tentaculiformes, en sorte qu'elles semblent former un cycle externe de tentacules; toutes les cloisons fertiles, sauf celles du 1er cycle (Bermudes).

Hoplophoria (H. V. Wilson) n'a que 4 frondes digitiformes, situées juste au-dessous des tentacules et chargées de nématoblastes. Les frondes ont été reconnues ici comme des diverticules des loges de second ordre et sont considérées par l'auteur comme homologues des tubercules marginaux. Il y a 6 paires de cloisons macrentériques dont 4 seulement sont fertiles (Bahama, détr. de Torrès).

Phyllodiscus (Kwietniewski) a les frondes s'étendant sur les 2/3 supérieurs de la colonne sous la forme de courts processus très-ramifiés, urticants (Philippines).

===== 7° **FAM· : ALICIINÆ** [*Aliciidæ* (Duerden)]. Colonne pourvue de protubérances vésiculeuses creuses, simples ou composées, ayant tendance à se disposer en rangées verticales; un sphincter endodermique diffus, de force variable.

Alicia (J. Y. Johnson) (fig. 707) est une grande Actinie, à colonne assez élevée, à large pied muni d'un limbe très développé et peu adhérent, en sorte que, chez certaines espèces au moins (*A. mirabilis*), il se détache facilement et l'animal vient flotter à la surface, son corps pendant au-dessous dans l'eau, la bouche en bas. Le caractère le plus remarquable est celui des verrues de la colonne qui, au lieu d'être de simples proéminences hémisphériques, comme chez *Bunodes*, sont de grandes protubérances creuses, irrégulièrement distribuées, dont les plus développées sont pédonculées, ramifiées et capitées. Vers le bas de la colonne, elles sont plus petites, simples et sessiles; mais vers le haut, elles sont constituées à la manière d'un chou-fleur, leur pédoncule, qui peut atteindre près d'un centimètre étant divisé en nombreuses (jusqu'à 60) ramifications, toutes terminées par un renflement formé par une accumulation de nématoblastes. Sur les parties moyennes de la colonne, leur complication est intermédiaire. Quand l'animal est dilaté, ces protubérances sont espacées et laissent entre elles la colonne à nu, mais quand il se contracte, elles se touchent, en sorte que la surface de la colonne n'est plus qu'une vaste batterie de nématoblastes. Les tentacules allongés, plus ou moins rétractiles, en 3 ou 4 cycles, les cloisons en 3 cycles, dont le premier seul macrentérique, ne présentent rien de bien spécial. Le sphincter est endodermique, diffus, modérément développé. Tous les tissus sont très délicats (5 à 40 cm de haut; Médit., Atl., détr. de Torrès).

Fig. 707.

Alicia (Cladactis) mirabilis
(d'ap. Johnson).

Cystiactis (H. Milne-Edwards) (fig. 708) a la colonne toute couverte de grosses verrues phlycténiformes, de taille et de forme régulières, et les cloisons macrentériques plus nombreuses (Médit., Chili, Rio-de-Janeiro, cap de Bonne-Espérance, Australie).

Bunodeopsis (Andres) a les verrues confinées à la partie inférieure de la colonne, qu'elles rendent beaucoup plus large que la partie supérieure lisse et nue. Ces verrues sont très irrégulières, sans forme bien nette. Le sphincter est faible; les cloisons assez variables de nombre; plus de 8 d'entre elles s'insèrent au pharynx (Médit., Jamaïque, Australie).

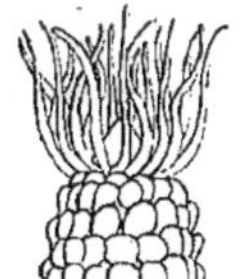

Fig. 708.

Cystiactis Eugenia
(d'ap. Duchassaing
et Michelotti).

Thaumactis (Fowler) (fig. 709). Cette Actinie a été décrite comme très aberrante par son auteur. De forme lenticulaire, elle ne présente aucune trace de disque pédieux, ce qui porte à penser qu'elle doit être libre. Il n'y aurait pas, à proprement parler de colonne, celle-ci étant réduite au cercle équatorial qui réunit les faces supérieure et inférieure de la lentille. La face supérieure serait un vaste péristome présentant, au centre, la bouche dépourvue de siphonoglyphes, entourée de 20 tentacules qui se présentaient invaginés en doigt de gant. A la périphérie, le péristome est parsemé de protubérances que l'auteur appelle des *pseudo-tentacules* et qui sont des refoulements de la paroi péristomienne. Ces pseudo-tentacules, irréguliers de forme, de taille et de disposition sont formés d'une base émettant horizontalement 3 ou 4 courts processus que l'auteur appelle *racines* et prolongés en un processus terminal plus long en forme de doigt de gant. Les cloisons forment 3 cycles. Le 1ᵉʳ comprend 6 couples de cloisons macrentériques, formant 6 loges normales, sauf que la dorsale seule est directrice, la ventrale ayant ses muscles

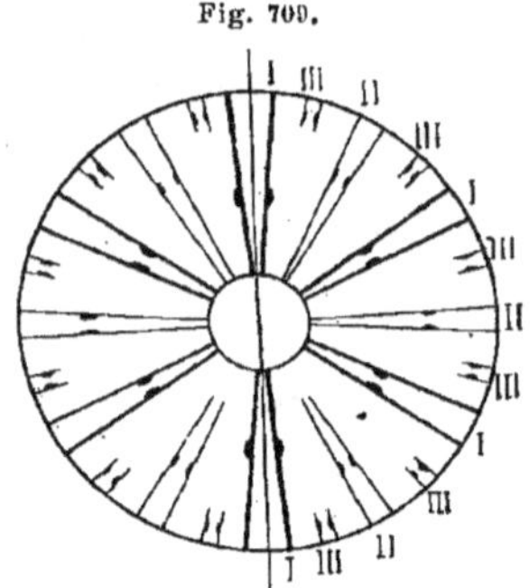

Fig. 700.

Disposition des cloisons de *Thaumactis* (Sch.).

longitudinaux sur les faces loculaires des cloisons. Le second cycle a aussi 6 couples de cloisons normalement placées, mais dont 4 sont macrentériques aussi et prennent rang dans le 1ᵉʳ cycle, tandis que les 2 autres, situées de part et d'autre de la loge ventrale, s'arrêtent avant de s'insérer au pharynx, semblant constituer ainsi à elles seules un second cycle réduit à 2 couples de cloisons. Le 3ᵉ cycle est formé de 12 couples de micrentériques normalement disposées, sauf que la plus voisine de la loge ventrale existerait d'un côté seulement. Aucune cloison n'était fertile dans les échantillons observés. Les parois ectodermiques ont une musculature longitudinale. Par le caractère de ses cloisons et de sa musculature, l'animal semblerait pouvoir être rattaché aux *Halcampina* et c'est là que CARLGREN a proposé de le placer. Mais HADDON et DUERDEN [96], bien qu'ils ne donnent pas de figures et semblent n'avoir pas vu l'animal, sont d'avis que FOWLER a été conduit à des interprétations erronées par la rétraction et le mauvais état de conservation des spécimens observés par lui. La prétendue face péristomienne ferait en réalité partie de la colonne, et les pseudo-tentacules ne seraient que des protubérances creuses de la colonne, semblables à celle des *Aliciinæ* et présentant seulement ce caractère particulier d'être prolongée en processus plus ou moins longs. Le vrai péristome serait la partie invaginée. Enfin, l'irrégularité des cloisons proviendrait simplement de ce que les individus observés sont des jeunes, non encore entièrement développés, comme le prouve l'absence de masses sexuelles. Cependant, la musculature longitudinale ectodermique et la singularité des autres caractères plaident en faveur de l'opportunité de créer pour ce genre une famille spéciale [*Thaumactiniæ* (FOWLER)] comme le propose FOWLER (3ᵐᵐ de diamètre ; Tahiti, parmi les Coraux).

8° **FAM.** : *PARACTINÆ* [*Paractidæ* (Hertwig)]. Tentacules et cloisons comme dans les *Bunodinæ*; sphincter non moins fort, mais mésodermique.

Paractis (H. Milne-Edwards *emend.*) (fig. 710 et 711). Par ses caractères extérieurs, cette Actinie ne diffère en rien d'une Bunodinée non verruqueuse, telle que *Leiotealia*. La colonne est lisse, sans verrues ni tubercules marginaux, ordinairement sillonnée longitudinalement; les tentacules sont modérément nombreux, subégaux en longueur et en grosseur, très rétractiles, et le bord du péristome est pourvu d'un fort sphincter qui peut le refermer en bourse par dessus la bouche. Mais la constitution de ce sphincter est tout autre : au lieu de faire saillie librement dans la cavité du corps, il s'est développé du côté de la mésoglée, dans laquelle ses fibres se sont creusé une place, d'où le nom de mésodermique qu'on lui donne par abréviation. Par ce caractère, l'animal et tous ceux de la même famille se rapprochent de *Sagartia*, mais l'absence d'aconties et de cinclides ainsi que le nombre plus élevé de cloisons macrentériques l'en distinguent nettement (2 à 7ᵉᵐ; Médit., mer Rouge, oc. Indien, Atl., Terre-de-Feu, Nouvelle-Zélande, Pacif. nord et sud, mer de Chine).

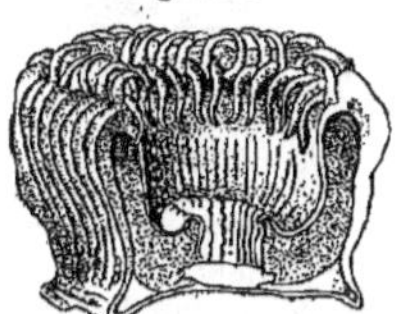

Fig. 710.

Paractis excavata ouvert (d'ap. R. Hertwig).

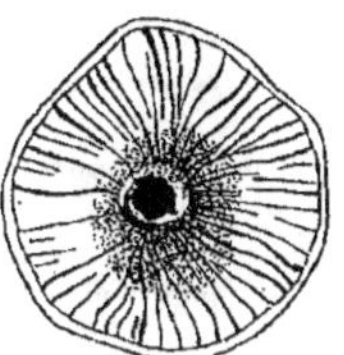

Fig. 711.

Paractis striata contracté (d'ap. Jourdan).

Paranthus (Andres) diffère de *Paractis* par sa forme cylindrique haute, son pied étroit à peine adhérent, et par la présence d'une zone annulaire nue (*collare* d'Andres) entre le bord du péristome et le dernier cycle de tentacules (Médit., Adriat.).

Paractinia (Andres) a, au contraire, un pied large et très adhérent, une colonne courte, conique, et le bord du péristome relevé et replié (Médit.).

Dysactis (H. Milne-Edwards) se distingue par ses tentacules de taille très inégale, les internes plus grands que les externes (endacmiens) (Ile Kerguelen).

Cadosactis (Danielsson) (fig. 712), que son auteur écrit contrairement aux règles *Kadosactis*, se fait remarquer par son pied étalé, par sa forme en urne et par sa colonne striée transversalement et garnie de nombreuses petites ventouses adhésives (Mer du Nord).

Cyathactis (Danielsson) (fig. 713), que son auteur écrit de même *Kyathactis*, est cupuliforme, à base étroite, et a la colonne striée longitudinalement et garnie de nombreuses petites verrues adhésives (Spitzberg).

Tealidium (R. Hertwig) peut être défini : un *Tealia* à sphincter mésodermique, ou un *Paractis* à colonne verruqueuse (Oc. Antarct.).

Antholoba (R. Hertwig) (fig. 714). Par les caractères extérieurs, c'est un *Actinoloba* : il a le même péristome lobé, avec des milliers de petits tentacules portés sur un bourrelet marginal. Mais par ses caractères intérieurs, c'est une Paractinée, car il a un sphincter mésodermique et de nombreuses cloisons parfaites s'insérant au pharynx (Ile Kerguelen, Patagonie, Chili, Galapagos).

Fig. 712.

Fig. 713.

Cyathactis hyalina (d'ap. Danielsson).

Cadosactis rosea (d'ap. Danielsson).

Actinernus (Verrill) a une colonne à parois épaisses, surmontée d'un péristome à bord lobé; les tentacules, courts et situés tout au bord du capitulum, ont à la base un fort renflement bulbeux déterminé par un épaississement de la mésoglée, et ces renflements forment au bord du capitulum une couronne de proéminences dentiformes. Le sphincter est faible, peut-être nul chez certaines espèces (Atl. amér., oc. Indien).

Actinostola (Verrill) a, au contraire, le sphincter très développé; c'est une Actinie de grande taille, à paroi ferme, coriace, rugueuse, sans être vraiment tuberculeuse; le bord du capitulum est entier et porte les tentacules qui sont courts, trapus, cannelés, avec leurs muscles longitudinaux empâtés dans la mésoglée (Atl. nord-amér., oc. Indien, île Kerguelen).

Fig. 714.

Antholoba reticulata
(d'ap. Hertwig).

Pycnanthus (Mc Murrich) a la colonne lisse et souple quoique à parois assez épaisses; le bord du péristome est entier et porte les tentacules qui sont courts et minces, à base non renflée; de leur base partent de légers sillons qui descendent sur la partie supérieure de la colonne; le sphincter est peu développé et confine à l'endoderme, bien qu'il reste mésodermique (Chine).

Cymbactis (Mc Murrich) pourrait être défini un *Actinernus* cratériforme, à tentacules non bulbeux à la base; le sphincter est comme chez *Pycnanthus* (Chine).

━━━ 9° FAM. : Sᴀɢᴀʀᴛɪɴᴀ̨ [Actinies perforées (Milne-Edwards); *Sagartiadæ* (Gosse); *Sagartinæ* (Verrill); *Adamsidæ* (Andres)]. **Un sphincter mésodermique, des aconties avec ou sans cinclides; cloisons macrentériques peu nombreuses (en général un seul cycle) et fertiles, sauf parfois les directrices.**

A. *Des cinclides, colonne nue, non recouverte d'une cuticule* [*Adamsidæ*].

Sagartia (Gosse). Épanouie et au repos, cette Actinie ne présente rien de bien particulier. Sa colonne lisse, sans cuticule ni verrues, est plus haute que large; son disque pédieux et son capitulum sont modérément élargis, ce dernier sans tubercules marginaux; ses tentacules, modérément longs, forment une couronne composée de 3 ou 4 cycles. Mais quand on l'excite, on constate d'abord que les tentacules sont rétractiles; puis que le bord du péristome se contracte énergiquement en bourse au dessus d'eux, ce qui dénote la présence d'un puissant sphincter; enfin et surtout, que de tous côtés sortent, par la bouche et à travers la colonne, de longs filaments blancs mobiles qui sont des aconties. C'est là, avec la constitution spéciale du sphincter, le caractère essentiel de l'animal. Nous avons fait connaître, à propos du type morphologique (Voir page 472), la nature et la constitution des aconties et des cinclides. Ajoutons seulement que les cinclides sont nombreux, répandus dans toute l'étendue de la colonie, mais surtout vers le haut, et rappelons qu'ils sont régulièrement disposés; s'ouvrant dans les loges et jamais dans les interloges et que les aconties, insérées sur les cloisons des premiers cycles, un peu au-dessous de la portion génitale, sont formées d'un prolongement filiforme de la mésoglée et d'un épithélium endodermique riche surtout en cellules glandulaires et urticantes et qui fournit à l'organe des fibres musculaires longitudinales. Ainsi que nous l'avons vu, la fonction de ces organes est d'achever la proie lorsqu'elle se défend encore après avoir été ingurgitée, de contribuer à la digérer au moyen des éléments glandulaires, et enfin, lorsqu'ils sont émis au dehors, de défendre l'Actinie contre ses ennemis, pendant qu'elle se soustrait le mieux possible à leur attaque en se contractant. Les aconties qui n'ont pas été rompues, peuvent rentrer peu à peu dans le corps, par l'orifice par lequel elles étaient sorties, bouche ou cinclides. Il paraît que les aconties peuvent sortir quelquefois par le sommet percé des tentacules. — Le sphincter péristomien est aussi fort que chez *Bunodes*, mais, au lieu de faire librement saillie dans la cavité du corps, il est empâté dans la mésoglée : les fibres ont, en effet, perdu leurs relations avec les cellules et se sont incrustées dans la mésoglée sous-jacente, profondément sillonnée pour leur donner plus de développement (1 à 2^{cm}; oc. Arctique, mer du Nord, Manche, Atl., Médit., cap Horn, Pacif. sud amér., Australie, arch. Asiatique; du niveau des marées à 450 brasses).

Sagartiomorphe (Kwiétniewski) (Philippines) et
Thoe (P. Wright) ne sont que des sous-genres de *Sagartia*.
Mitactis (Haddon et Duerden) ne semble pas non plus en différer génériquement (Australie).
Nemactis (H. Milne-Edwards) (fig. 715) en diffère par la présence d'une bordure de tubercules marginaux et par la situation de ses cinclides vers le sommet de la colonne (Médit.).
Stelidiactis (Danielssen) a les tentacules courts et peu nombreux, ne formant qu'un ou deux cycles, la colonne côtelée longitudinalement, et a été trouvé fixé par son disque pédieux étalé sur les branches d'un *Mopsea* (Côte de Norvège).
Aiptasia (Gosse) (**Pl. 59**, *fig. 6*) en diffère par la non-rétractilité de ses tentacules qui sont, en outre, fort longs ; le sphincter n'est pas très puissant, mais la colonne est très contractile; des cinclides forment une à plusieurs séries circulaires horizontales vers le milieu de la colonne (Médit., Bermudes, Bahama).

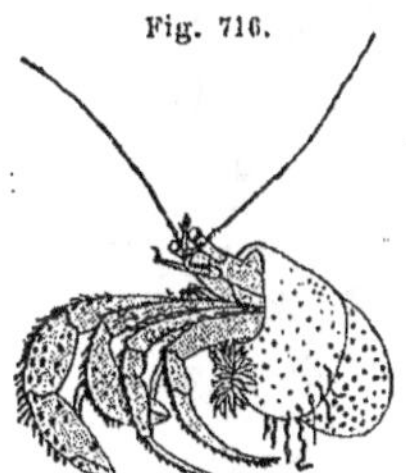

Fig. 715.

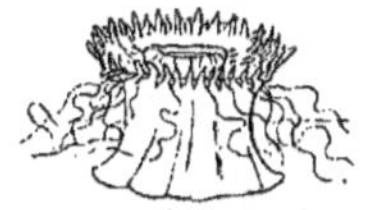

Nemactis primula
(d'ap. H. Milne Edwards)

Adamsia (Forbes) (fig. 716 à 720) a ses cinclides disposés en une ou deux

Fig. 716.

Adamsia palliata
(d'ap. Andres).

séries longitudinales circulaires, à une petite distance au-dessus du limbe, et percés dans un petit tubercule; le reste de la colonne est lisse et im-

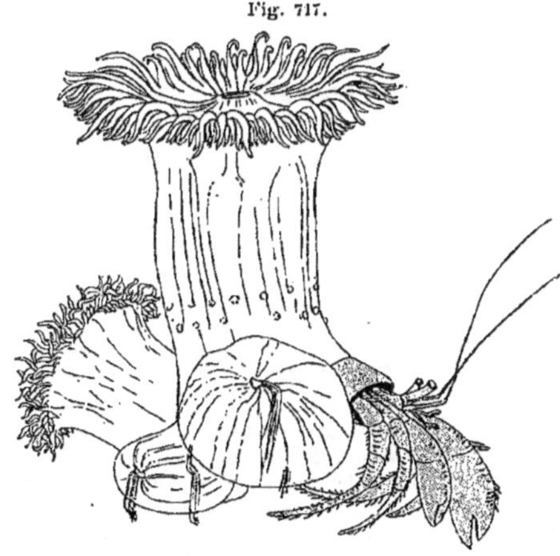

Fig. 717.

Adamsia Rondeleti (Sagartia parasitica) (d'ap. Andres).

perforé; le pied sécrète une membrane cuticulaire; le sphincter est bien développé, ses tentacules sont très nom-
breux. Toutes les espèces se fixent sur des objets mobiles, principale-ment les coquilles de Gastéropodes habitées par des Pagures, mais occasionnellement sur les objets les plus di-vers : *Maia*, *Carcinus*, *Lepas* et, faute de mieux, sur des roches fixes. Elles ne demand-dent en général à leur support que la mobi-lité. Mais une espèce *A. palliata* vit en véri-table commensalisme avec l'*Eupagurus Pri-deauxi* habitant des coquilles de *Nassa*, de *Natica*, de *Murex* : elle

Fig. 719.

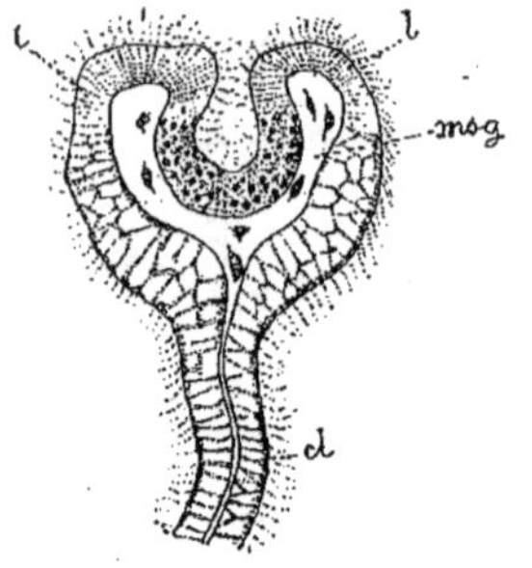

Coupe transversale de l'entéroïde
d'une petite cloison
d'*Adamsia Rondeleti*
(*Sagartia parasitica*)
(d'ap. O. et R. Hertwig).

cl., cloison ; **l.**, bandelettes latérales ;
msg., mésoglée.

Fig. 718.

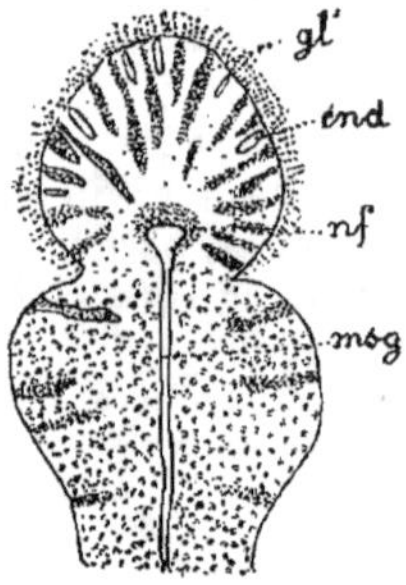

Coupe transversale
du bord d'une cloison
dans sa partie inférieure
chez *Adamsia Rondeleti*
(*Sagartia parasitica*)
(d'ap. O. et R. Hertwig).
cnd., nématocystes; **gl.**, cellules glandulaires; **msg.**,
mésoglée; **nf.**, couche nerveuse.

est en effet fixée à la bouche de la coquille, sous le ventre du Pagure, en sorte qu'elle reçoit naturellement les débris du repas de ce dernier. Peut-être, par contre, le défend-elle contre l'invasion des Cypris de Pelto-gaster (Spits-berg, 3 à 10^{cm}; Manche, Atl., Médit., oc. Indien, ar-chip. Asiati-que, détr. de Torrès; du ni-veau des ma-rées à 750 brasses).

Fig. 721.

Actinoloba (de Blainville) (fig. 721 et 722) a

Actinoloba dianthus
(d'ap. Gosse).

Fig. 720.

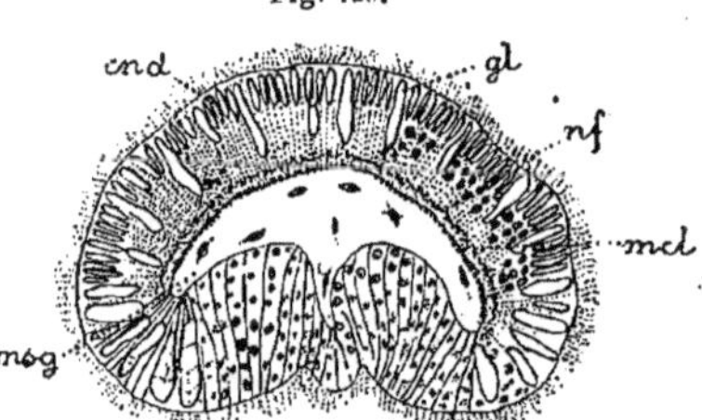

Coupe transversale d'acontie
d'*Adamsia Rondeleti* (*Sagartia parasitica*)
(d'ap. O. et R. Hertwig).
cnd., nématocystes; **gl.**, cellules glandulaires; **mcl.**,
muscles; **msg.**, mésoglée; **nf.**, couche nerveuse.

une colonne haute, cylindrique, lisse et nue, percée de cinclides et terminée par un capitulum évasé et formant de nombreux festons. Immédiatement au-dessous du capitulum est un bour-relet annulaire qui entoure le sommet de la colonne. Les tentacules sont très nombreux et très courts (Atteint 15^{cm}; mer du Nord, Manche, Atl., Médit.).

Heliactis (Thompson) diffère d'*Actinoloba* par sa colonne, lisse en bas mais garnie vers le haut de grosses verrues, sans cordon annulaire, et par son capitulum moins profondément quoique encore très fortement festonné et ses tentacules moins nombreux et plus gros quoique

encore petits et abondants (Mer du Nord, Manche, Atl., Médit., Pacif. amér., île Paumota).
Cylista (Gosse) a aussi la colonne lisse en bas, verruqueuse en haut mais à verrues petites ; le

capitulum est moins large, les tentacules
sont plus longs et moins nombreux
(Dans le sable ; mer du Nord, Manche,
Atl., Médit., Panama).

B. *Pas de cinclides ; partie inférieure
de la colonne* (scapus) *noduleuse,
verruqueuse, rigide, protégée par
une sécrétion cuticulaire ; la supérieure* (capitulum) *lisse et molle,
rétractile dans l'inférieure ; cloisons
du 1er cycle seules macrentériques
et stériles* [Sous-Fam. des PHELLINÆ
(Verrill), PHELLIDÆ (Andres), CHON-
DRACTINÆ (Haddon).]

Chondractinia (Lütken). C'est une
Actinie remarquable par une
consistance   particulièrement

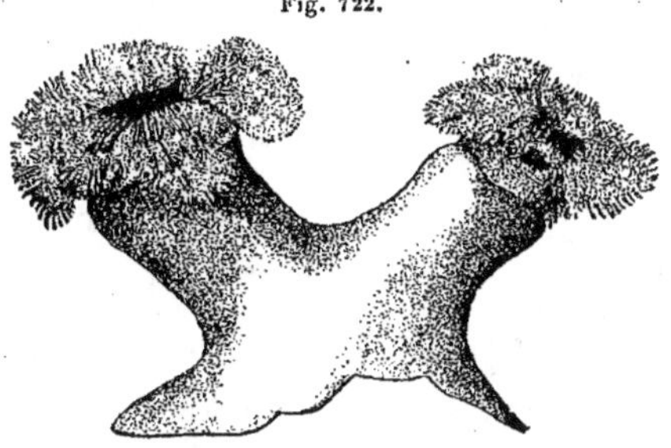

Fig. 722.

Actinoloba (Metridium) *marginatum*
achevant de se diviser longitudinalement
(d'ap. Parker).

ferme, presque cartilagineuse, due à l'épaisseur de sa mésoglée qui
forme, non pas comme d'ordinaire une mince lame, mais une couche
puissante comme dans l'ombrelle des Méduses. Cependant ce caractère
ne s'applique pas à la totalité de son corps. Le scapus, qui forme la plus
grande partie de la colonne, a aussi une mésoglée épaisse et une consistance ferme qui le rendent à peu près incapable de se contracter ; il est
en outre muni d'une cuticule plus ou moins forte et garni de verrues.
Ces verrues sont plus ou moins développées, mais celles qui forment au
nombre de 12 (*tubercules coronaux*) la rangée supérieure, à la limite du

capitulum, sont toujours très grandes. Le
capitulum surmontant le scapus est souple,
dépressible, ordinairement lisse et s'invagine
pour s'abriter dans le scapus. A l'intérieur,
les caractères du sphincter sont les mêmes
que chez *Sagartia ;* il y a de même des aconties, mais peu nombreuses et pas de cinclides, en sorte que, lorsqu'elles sont émises
au dehors, ce que l'Actinie ne fait pas volontiers, c'est seulement par la bouche. Parmi
les cloisons, celles du 1er cycle sont seules
macrentériques et sont stériles (6cm ; mers du
Nord de l'Europe et Arctiques ; 100 brasses).

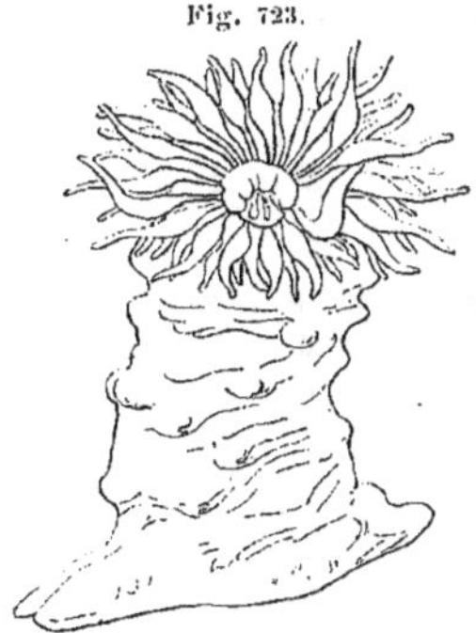

Fig. 723.

Actinauge nodosa
(d'ap. Danielssen).

Actinauge (Verrill) (fig. 723) diffère de *Chondractinia* par son
capitulum sillonné de côtes partant des tubercules coronaux
du scapus (moins nettement distincts des autres que chez
Chondractinia) et allant aux tentacules. Ceux-ci sont *tous* (Mc MURRICH contre HADDON) pourvus
à leur base, du côté externe, d'un renflement bulbeux. Chez certaines espèces, le disque pédieux
s'excave en sphère creuse qui se remplit de sable et sert à ancrer l'animal (Mers nord-europ.,
Médit., Atl. et Pacif. amér. ; 70 à 2000 mètres).

Chitonanthus (Mᶜ Murrich) a le capitulum sillonné d'*Actinauge*, mais les tentacules non bulbeux à la base; les verrues du scapus, pointues, coniques et irrégulièrement distribuées, peuvent être réduites à celles du cercle coronal (Cap Horn).

Chitonactis (P. Fischer) (fig. 724) a le capitulum lisse, les tentacules non bulbeux, le scapus pourvu de verrues à cuticule très développée, coniques, irrégulièrement disséminées, dont 12 formant un cercle coronal (Mer du Nord, Baltique, Manche, Atl., oc. Indien).

Hormathia (Gosse, *sens*. Mᶜ Murrich *nec* Haddon) n'a au scapus que la rangée de tubercules coronaux, a le capitulum lisse et les tentacules non bulbeux, très rétractiles; toute la colonne est très contractile (Shetland).

Paraphellia (Haddon) a la colonne entièrement lisse, sans verrues ni tubercules coronaux; la cuticule n'est pas développée, mais le corps est incrusté de sable; le sphincter est peu développé, la mésoglée relativement peu épaisse (Irlande, détr. de Torrès).

Phelliactis (Simon) a le scapus avec une très délicate cuticule, les tentacules petits avec un renflement arrondi au côté externe (Habitat non indiqué).

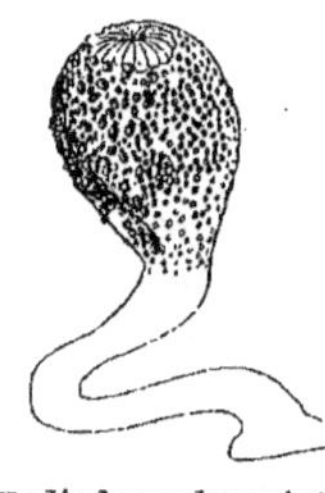

Fig. 724.

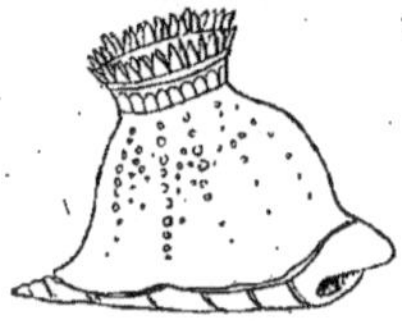

Chitonactis coronata
(d'ap. Gosse).

Phellia (Gosse) (**Pl. 59**, *fig*. 7 et fig. 725 et 726) n'a pas une mésoglée particulièrement épaisse. Sa colonne est néanmoins composée d'un scapus rigide et d'un capitulum lisse, souple, invaginable, mais, comme chez *Edwardsia* ou *Halcampa*, par suite de la présence d'une cuticule chitineuse coriace autour du scapus. Les tentacules sont courts, annelés, peu nombreux, et forment d'ordinaire 3 cycles. Les cinclides sont absents et les aconties difficiles à reconnaître (6ᶜᵐ; oc. Arctique, mer du Nord, Manche, Atl., Médit., oc. Indien sud, détr. de Torrès, Philippines).

Fig. 725.

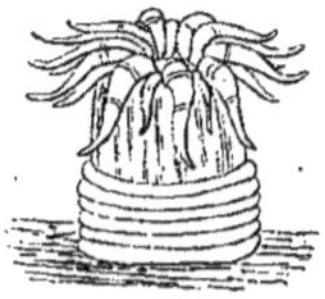

Phellia murocincta
(d'ap. Gosse).

Fig. 726.

Phellia pectinata
ouverte
longitudinalement
(d'ap. Hertwig).

Octophellia (Andres) est un *Phellia* dont les tentacules forment 2 cycles de 8 chacun (Manche, Médit.).

Ilyactis (Andres) a la colonne sillonnée en long et munie vers le haut d'un bourrelet annulaire saillant (Médit.).

Ammonactis (Verrill) a la colonne entièrement lisse et uniforme, mais revêtue d'une épaisse cuticule; le bord du capitulum est orné d'un cercle de tubercules correspondant aux tentacules qui sont longs et pointus (Médit., Pacif. nord).

Kodiodes (Danielssen) (fig. 727) présente une forme peu commune. Il est formé d'un capitulum ovoïde, porté par un long pédoncule cylindrique fixé par un petit disque pédieux. Ce capitulum est garni de verrues adhésives qui fixent des particules de sable et de coquilles, et lui forment une enveloppe épaisse. Les tentacules, peu nombreux et rétractiles, forment

Fig. 727.

Kodiodes pedunculata,
débarrassé
du côté droit
des corps étrangers
adhérents à la surface
pour montrer
les ventouses
(d'ap. Danielssen).

2 cycles; les cloisons 2 cycles également, et celles du 1er sont seules macrentériques; point de siphonoglyphes. Malgré l'absence de cuticule, ce genre mérite de prendre place ici, en raison de l'absence de cinclides et de la présence d'aconties (5^{em} de haut, y compris le pédoncule; mer du Nord par 587 brasses).

Cactosoma (Danielssen) (fig. 728) ressemble fort au précédent non seulement par la forme mais par ses caractères; il a deux siphonoglyphes (Côte de Norvège).

Fig. 728.

En appendice à la famille des Sagartinées, nous plaçons ici provisoirement les genres suivants trouvés par DANIELSSEN [90] dans les mers baignant la Norvège et dont certains caractères ne paraissent pas établis avec assez de certitude pour que l'on puisse prendre une décision définitive à leur égard. M^c MURRICH [93] les trouve aussi trop imparfaitement connus pour leur donner place dans sa classification.

Andvakia (Danielssen) (fig. 729) est une forme remarquable, non fixée, et dont le corps, allongé en forme de corne d'abondance, se laisse diviser, comme dans quelques autres genres, en capitulum, scapus et physa. Le scapus est courbe et logé dans une enveloppe épaisse formée de particules fortement agglomérées; il n'est pas rétractile, mais peut se contracter au sommet par dessus le capitulum rétracté, de manière à le protéger. La physa est libre, terminée non par un disque pédieux, mais une extrémité libre, renflée en hémisphère, très mobile et de forme très variable. Le capitulum est nu, cylindrique, rétractile dans le scapus, demi-transparent, sillonné en long, percé de cinclides; il porte 24 tentacules rétractiles en 2 cycles alternes. A l'intérieur, il y a 2 cycles de cloisons, celles du premier, complètes et stériles, dépourvues d'aconties, celles du second rudimentaires, mais fertiles et munies d'aconties. Les aconties, les cinclides rapprochent l'animal des *Sagartia* et ses autres caractères ne l'en éloignent pas absolument; mais il mériterait une place à part [*Andvakiadæ*, Danielssen], en raison de son sphincter endodermique et très développé. Cependant, il faut remarquer que le caractère endodermique ou mésodermique du muscle ne dépend pas seulement de sa situation plus ou moins saillante dans la cavité gastrique ou enfoncée dans la mésoglée, mais surtout des rapports intimes des fibrilles musculaires qui, dans le premier cas, restent unies aux pieds des cellules endodermiques, et dans le second, s'en détachent pour s'enfoncer dans la mésoglée à titre d'éléments histologiques distincts. Or il ne paraît pas qu'ici, pas plus que dans les autres genres découverts par lui, l'auteur ait suffisamment précisé ce caractère (6 à 7^{cm} sur

Fig. 729.

Andvakia mirabilis
(d'ap. Danielssen.)

*Cactosoma
abyssorum*
(d'ap. Danielssen).

Fig. 730.

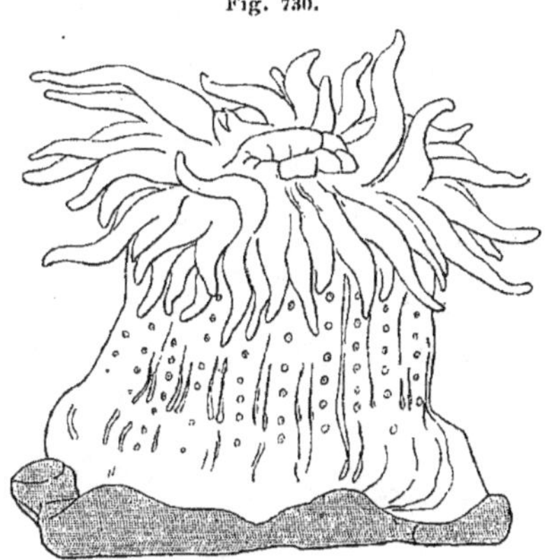

Cylindrosactis elegans (d'ap. Danielssen).

1 1/2 au niveau du capitulum; côtes de Norvège, par 100 à 150 brasses, nombreux spécimens).

Cylindrosactis Danielssen) (fig. 730), que son auteur appelle *Kylindroractis* contrairement aux règles adoptées pour les mots dérivés du grec, est de forme ordinaire, avec un disque pédieux normal; sa colonne est garnie de nombreuses et fortes verrues adhésives disposées en séries longitudinales, qui fixent des grains de sable et des débris de coquilles; entre les verrues sont

épars des cinclides, et les aconties sont sur les cloisons micrentériques fertiles de 3e et 4e ordre, tandis que les cloisons de 1re et de 2e ordre sont macrentériques et dépourvues d'aconties. Son sphincter serait aussi endodermique. Son auteur le place auprès de *Tealia* (Côtes de Norvège).

Madoniactis (Danielssen) (fig. 731), pour lequel son auteur propose une famille nouvelle [*Madoniactidæ*], a aussi des cinclides épars et des aconties, et son sphincter serait de même endodermique; mais il n'a pas de verrues adhésives ni de revêtement de particules étrangères, et ses cloisons complètes et stériles forment un seul cycle (Iles Lofoden).

Allantactis (Danielssen) (fig. 732) a le sphincter mésodermique normal dans ce groupe et pourrait prendre place dans les Sagartinées normales, la plupart de ses caractères n'ayant rien de particulier; mais il est décrit comme dépourvu d'aconties, bien que pourvu de cinclides. Peut-être faut-il faire ici quelques réserves, la présence des cinclides ne s'expliquant pas en l'absence d'aconties et celles-ci pouvant échapper à la recherche lorsqu'elles sont peu développées (Côtes de Norvège).

Anthosactis (Danielssen) (fig. 733) ne diffère du précédent que par sa forme et par quelques autres caractères peu importants (Côtes de Norvège).

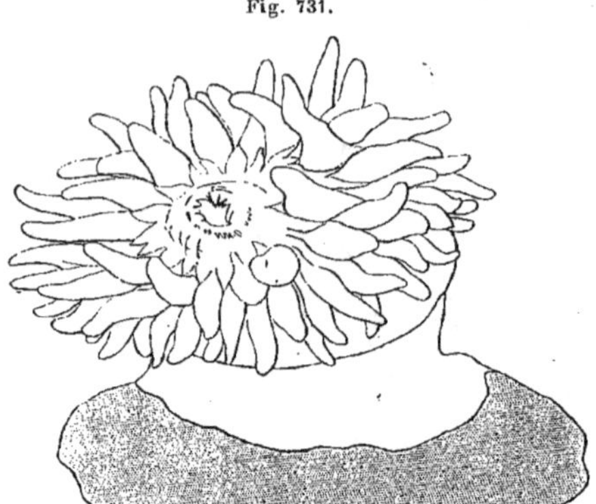

Madoniactis lofotensis (d'ap. Danielssen).

Fig. 733.   Fig. 732.

Anthosactis Jan-Mayeni (d'ap. Danielssen).   *Allantactis parasitica* (d'ap. Danielssen).

======= 10e FAM. : *AMPHIANTHINÆ* [*Amphiantidæ* (R. Hertwig)]. Pas d'aconties, parfois des cinclides; un fort sphincter mésodermique; les cloisons du 1er cycle seules macrentériques et stériles; axe transversal allongé par suite de la fixation sur un objet bacilliforme, squelette d'Alcyonaire ou autre.

Stephanactis (R. Hertwig) (fig. 734). L'animal emprunte à son mode de fixation une physionomie toute particulière. Sur son support, tige de *Virgularia*, tige de *Mopsea*, pédoncule de *Hyalonema* (du moins en était-il ainsi pour les seuls individus observés, mais sans doute la nature précise du support n'est pas un caractère générique); il est fixé, non point au hasard comme cela pourrait arriver éventuellement à toute Actinie, mais dans des conditions que l'observation

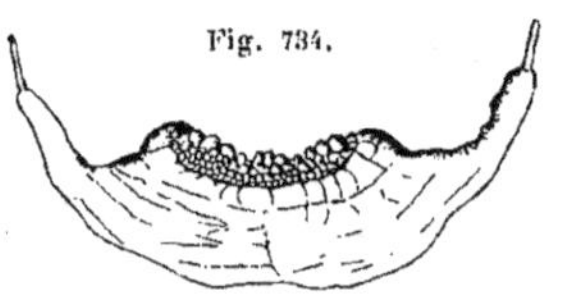

Stephanactis tuberculata (d'ap. Hertwig).

du genre *Amphianthus* permet de considérer comme caractéristiques. Son axe transversal est en effet dirigé suivant la longueur du support et s'allonge dans le sens de celui-ci, tandis que l'axe sagittal est très réduit, en sorte que la colonne et l'œsophage deviennent elliptiques sur la coupe transversale et que les deux siphonoglyphes, situés aux extrémités du petit axe de l'ellipse, se touchent presque. Le pied entoure le support complètement, de telle manière que ses deux bords se touchent et s'engrènent l'un dans l'autre au-dessous de celui-ci, comme les deux valves d'un Lamellibranche. La colonne est ferme, dépourvue de cuticule et présente à sa partie supérieure un bourrelet annulaire que l'on peut considérer comme la limite du scapus et du capitulum. La paroi est percée de cinclides (qui n'ont pas été retrouvés chez *Amphianthus*) mais on n'a point trouvé d'aconties. A l'intérieur, sauf l'absence d'aconties, la structure est celle de *Sagartia* : il y a le même fort sphincter mésodermique et les cloisons ont la même disposition que chez ce dernier (3 à 10^{em} de long sur 0,5 à 2^{em} de haut; Atl. nord-amér., Pacif., Japon ; 345 à 1 350 brasses).

Amphianthus (R. Hertwig) (fig. 734 *bis*) a la colonne dépourvue de bourrelet annulaire mais garnie de fines verrues; on n'a pas vu les cinclides (Sur une tige de Gorgone, Pacif. nord, par 2 300 brasses).

Peronanthus (Hiles) dont l'auteur indique seulement les affinités sans donner aucun détail sur sa structure (Voir ce volume, p. 429) (Sur un *Verrucella*, Atl., Antilles, oc. Indien, Nouvelle-Bretagne, Pacif.).

Ici semble devoir prendre place, mais avec doute, l'orientation de l'animal sur son support n'ayant pas été notée, le genre

Gephyra (Koch), à colonne lisse et délicate, enduite d'un mucus abondant et à nombreux tentacules formant 3 ou 4 cycles. L'animal sécrète une membrane entre son pied et son support (Sur des tiges d'*Isis* ou de Tubulaires; Irlande, golfe de Biscaye, Atl., Médit.).

Fig. 734 *bis*.

Amphianthus ornatum
(d'ap. Hertwig et Erdmann).

Koch [78] s'est efforcé de montrer que cette forme pouvait être considérée comme montrant ce qu'a dû être la phylogénie des Antipathaires. Plus douteuse encore est la place de *Korenia* (Danielssen) (fig. 735 et 736). L'animal est, ici aussi, fixé sur un support analogue aux

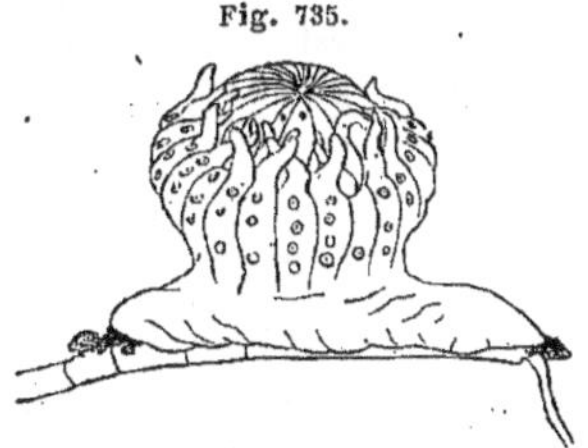

Fig. 735.

Korenia margaritacea
vu de profil (d'ap. Danielssen).

Fig. 736.

Korenia margaritacea vu par la face orale
(d'ap. Danielssen)

précédents (tige de *Bathycrinus*) et son pied, allongé dans le sens du support, sécrète une membrane cuticulaire comme chez *Gephyra* ; grâce sans doute à cette sécrétion, le pied ne se réarrondit pas quand on le sépare du support, en sorte que la modification de forme imprimée par le support est permanente, du moins chez les individus adultes. Mais la colonne, fortement côtelée et garnie de protubérances creuses; la bouche et le pharynx sont peu modifiés dans leur forme, qui devient seulement ovale, et les siphonoglyphes correspondent aux extrémités du grand axe. Les cloisons macrentériques sont nombreuses, les tentacules peu nombreux. Il n'est question ni de cinclides ni d'aconties; le sphincter est mésodermique (Mer du Nord, oc. Glacial arctique; 3 individus, tous fixés sur *Bathycrinus*).

======= 11° FAM. : *HETERACTINÆ* [*Heteractidæ* (Andres)]. **Famille probablement fort artificielle, réunissant provisoirement des Actinies dont la constitution interne est à peine connue et qui ont pour caractères communs une colonne lisse et striée, mais non verruqueuse, et des tentacules munis de renflements urticants, diversement disposés mais non ramifiés.**

Eloactis (Andres) (fig. 737) est une Actinie de forme variable en raison de sa grande contractilité, à base peu ou point adhérente, à colonne lisse ou rugueuse selon son état de contraction, profondément sillonnée en long ; ses tentacules, peu nombreux et disposés sur deux cycles, sont capités, c'est-à-dire terminés par un renflement arrondi, richement armé de nématoblastes; il n'y a pas de sphincter (1 à 8ᶜᵐ ; Médit., Australie).

Fig. 737.

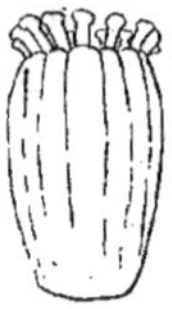

Eloactis Mazelii
(d'ap. Andres).

Ropalactis (Andres) (fig. 738) a le péristome évasé et les tentacules claviformes, c'est-à-dire progressivement renflés de la base vers le sommet (Médit., Vanikoro).

Ragactis (Andres) (fig. 739) a une colonne ferme, presque dure, sauf au bord du péristome, et les

Fig. 738.

Fig. 739.

Fig. 740.

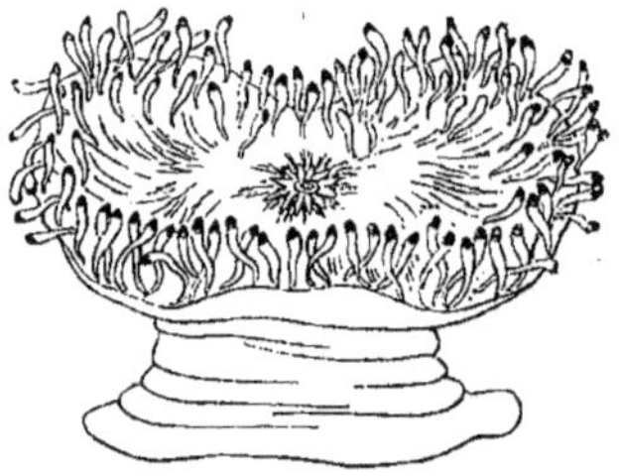

Ropalactis magnifica
(d'ap. Guoy et Gaimard).

Tentacule de
Ragactis lucida
(d'ap. Duchassaing
et Michelotti).

Heteractis aurora
(d'ap. Guoy et Gaimard).

tentacules nombreux et parsemés sur toute leur longueur de varicosités latérales (Médit., Antilles)

Heteractis (H. Milne-Edwards) (fig. 740) a une colonne cylindrique couronnée de nombreux tentacules moniliformes (Médit., Atl., Nouvelle-Guinée, Mélanésie).

Stauractis (Andres) (fig. 741) se distingue entre tous par ses tentacules de deux sortes, bien que peu nombreux, les uns courts, ordinaires, les autres plus longs et terminés par un renflement trilobé à lobes laciniés (Médit., Antilles).

Fig. 741.

Stauractis Bosci
(d'ap. Duchassaing
et Michelotti).

======= 12° FAM. : *LIPONEMINÆ* [*Lipenomidæ* (R. Hertwig)]. **Groupement provisoire de genres qui n'ont probablement entre eux aucune affinité réelle et qui ont pour caractère commun la réduction de leurs tentacules à un court tube ouvert au bout, réduction qui pourrait bien n'être qu'apparente et résulter de la chute accidentelle de ces organes.**

Polysiphonia (R. Hertwig) (fig. 742 et 743) a une forme peu commune. Le pied, bien que nettement dessiné, est étroit et la colonne, épaisse et de consistance très ferme, va en s'élargissant légèrement vers le haut pour

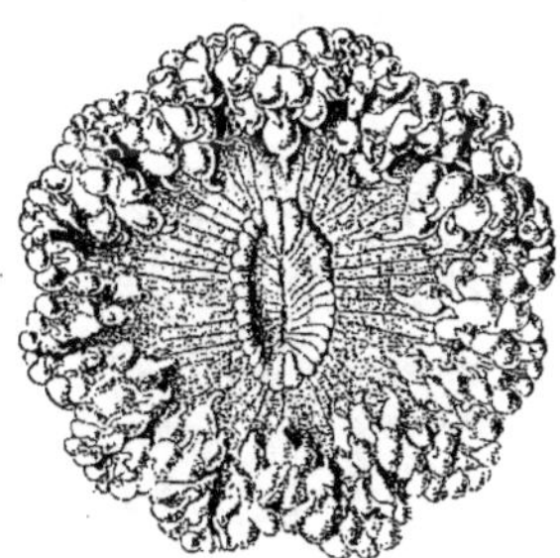

Polysiphonia tuberosa
(d'ap. Hertwig).

se terminer par un péristome étalé dont le bord est découpé en 12 festons. C'est sur ces festons que sont disposés les tentacules, au nombre de 200 au moins et de conformation très particulière. Ils sont modérément larges à la base et dilatés un peu au-dessus en un gros renflement bulbeux que termine un court prolongement tubuleux, largement ouvert au sommet. Leur structure n'est pas moins singulière. Au lieu d'être souples, flexibles, très mobiles, ils ont une épaisse mésoglée qui les rend presque rigides, et leur musculature longitudinale, enfouie dans cette mésoglée, est si peu développée qu'elle doit être de nul effet. Cette épaisse mésoglée est épaisse surtout du côté externe et c'est entièrement à ses dépens qu'est formé le renflement bulbeux, car le canal axial du tentacule n'est pas dilaté et traverse le bulbe excentriquement, le long du bord interne. Hertwig pense que ces tentacules ont abandonné leur fonction préhensile pour se transformer en canaux inhalants pour l'eau qui doit apporter dans la cavité gastrique les particules alimentaires; mais aucune observation de l'animal vivant n'a pu être faite pour justifier cette opinion qui n'est qu'une déduction des caractères anatomiques. Ces tentacules sont de taille inégale et singulièrement distribués. Au sommet interne des 12 festons rentrants se trouve un gros tentacule; en dehors de celui-ci, il y en a deux, très gros aussi, dont les bulbes sont généralement soudés; puis la taille va en diminuant progressivement à mesure que l'on s'éloigne de ces trois tentacules, en se portant vers la partie externe des festons. A l'intérieur, la mésoglée de la colonne est très épaisse, traversée de fibres musculaires radiaires (fig. 743), il y a un sphincter mésodermique très diffus. Les cloisons forment 48 couples dont 24 macrentériques. Les gonades n'ont pu être observées. Les 12 plus grands tentacules correspondent aux 12 loges des 2 premiers cycles, et ce sont les plus petits tentacules qui

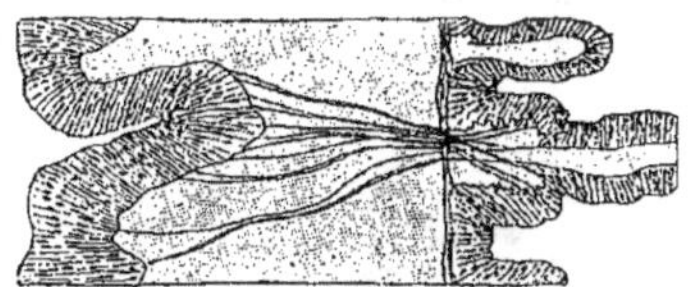

Coupe transversale au voisinage du disque pédieux de *Polysiphonia tuberosa*, montrant les fibres musculaires radiaires dans la mésoglée (d'ap. Hertwig).

s'ouvrent dans les loges du 3ᵉ cycle, en sorte que la loi de décroissance régulière des tentacules n'est pas observée (5 à 8ᶜᵐ de haut sur 8 à 10ᶜᵐ de large au niveau du disque ; Japon, archipel Asiatique, par 565 brasses).

Si vraiment les tentacules sont, comme le veut R. Hertwig, des organes en voie d'atrophie, premier stade d'une régression qui va se trouver complète dans les genres voisins; si vraiment ils ont perdu leurs fonctions primitives pour devenir des tubes inhalants, il est parfaitement légitime de créer pour ce genre et pour les genres voisins, une famille distincte, sinon même un groupe plus important. Mais M⁰ Murrich [93] a donné de bonnes raisons de croire que la disparition des tentacules peut être l'effet d'un traumatisme accidentel, chez *Liponema* sinon chez les autres genres de la famille, et que *Polysiphonia* n'est rien autre chose qu'une espèce du genre *Actinernus*, dont les tentacules (à la longueur près), le péristome, le sphincter, etc., présentent les mêmes caractères. Aussi est-il prudent de considérer comme provisoire la famille des Liponémines, et cela d'autant plus que, par leurs autres caractères, en particulier celui du sphincter, les genres qui la composent n'ont rien de commun.

Fig. 744.

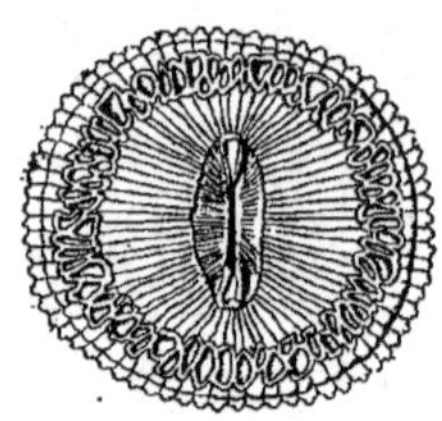

Polystomidium patens
vu par la face orale
(d'ap. Hertwig).

Polystomidium (R. Hertwig) (fig. 744) a la colonne lisse, sillonnée verticalement en correspondance avec les cloisons, et pourvue vers le haut, sous le bord du péristome, d'une couronne de sphérules qui rappellent des tubercules marginaux, bien qu'ils soient un peu différemment placés. Les tentacules sont tout à fait disparus, ne laissant à leur place qu'un large orifice entouré d'un petit rebord saillant et que Hertwig appelle *stomidie*. Ces stomidies, au nombre de 72 environ, sont situées en couronne au bord du péristome, laissant libre toute la partie centrale. Le sphincter est endodermique. Les cloisons, au nombre de 36 couples, et toutes macrentériques, seraient tout autrement distribuées que d'ordinaire, formant deux premiers cycles de 6 et un troisième cycle de 24, par le fait que dans chaque interloge se seraient développées non pas une mais deux loges du dernier cycle. Il est peut-être prudent de n'accueillir qu'avec quelque réserve des données fournies sur un animal dont on n'a jamais eu qu'un seul échantillon fortement endommagé. Les raisons que donne Hertwig à l'appui de l'idée que les stomidies ne résultent pas de la chute des tentacules, sont aussi quelque peu insuffisantes. Si la famille était supprimée, c'est dans les *Antheinæ* que le genre devrait prendre place (Pacif. sud, région de l'île Saint-Paul, par 1 825 brasses.

Liponema (R. Hertwig) diffère du précédent principalement par l'absence de sphérules marginales. Son sphincter est faible, double et également endodermique; les stomidies, au nombre de plusieurs centaines, disposées en plusieurs cycles peu réguliers, couvrent la presque totalité du péristome (Japon, île Crozet, Pacif. sud-améric.; de 120 à 1 600 brasses).

D'après M⁰ Murrich [93] *Liponema* ne serait qu'un *Bolocera* ayant perdu accidentellement ses tentacules et devrait tomber en synonymie de *Bolocera*.

Aulorchis (R. Hertwig) (fig. 744 *bis*) a environ 64 stomidies, 32 plus grandes formant un premier cycle interne, alternant avec les 32 externes plus petites, et, à part quelques particularités histologiques inutiles à signaler ici, ne présente rien de bien particulier. Mais ses organes génitaux présentent une constitution extrêmement aberrante. Les cloisons sont toutes dépourvues de masses génitales et l'appareil reproducteur est condensé en un organe spécial, distinct, unique, qui n'a son analogue chez aucune Actinie. C'est une sorte de tube à parois épaisses, contenu dans la cavité gastrique, dont une extrémité sort par un orifice percé à côté de la bouche dans la paroi labiale du péristome et se termine librement au dehors, tandis que l'extrémité opposée se dirige vers l'une des cloisons et porte deux masses latérales épaisses qui renferment les œufs. L'étude microscopique montre que ce tube est tapissé d'endoderme en dedans et en dehors, et que la plus forte partie de son épaisseur est formée par une couche mésogléenne dans laquelle sont les œufs. Ceux-ci paraissent provenir d'une lame granuleuse

Fig. 744 *bis*.

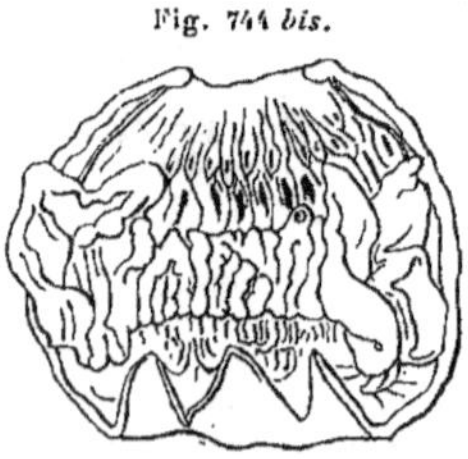

Aulorchis paradoxa
(d'ap. Hertwig et Erdmann).

qui divise la couche mésogléenne en deux parties, une externe sous la surface, une interne entourant la cavité axiale. La nature de cette couche granuleuse n'a pu être élucidée. A son intérieur sont les œufs les plus jeunes, ceux de plus grande taille étant logés dans la mésoglée interne des masses latérales. Les œufs et peut-être les embryons tomberaient à maturité dans la cavité axiale pour être émis au dehors par l'orifice terminal (Pacif. sud Amér., par 2160 brasses).

On ne peut se défendre de quelque hésitation à accepter les descriptions précédentes en présence de ce fait que l'échantillon observé était unique, fort détérioré, et que la continuité de l'organe génital avec les tissus de l'Actinie n'a pu être mise hors de doute. Ne serait-ce pas quelque organisme étranger ?

===== 13ᵉ **FAM. :** *PARACTINÆ* [*Paractinix* (R. Hertwig); *Sicyonidæ* (R. Hertwig) + *Polyopidæ* (R. Hertwig)]. **Tentacules réduits [normalement ou par accident?] à des stomidies; cloisons à disposition aberrante, ne procédant pas par cycles de 6 couples.**

Sicyonis (R. Hertwig) (fig. 745) est une très curieuse et très aberrante Actinie. Sa forme est celle d'un disque quatre fois plus large que haut. La colonne est très ferme, de consistance presque cartilagineuse, en raison surtout de l'épaisseur de sa mésoglée parcourue par un réseau de fines fibrilles. Le disque pédieux est bien développé, sillonné radiairement en correspondance avec l'insertion des cloisons. Le péristome, très étalé, porte une couronne de 64 tentacules sur 2 cycles alternes de 32, qui, par leur constitution, sont un des traits les plus curieux de l'animal. Ils sont, en effet, extrêmement courts et largement ouverts au sommet, d'où le nom de *stomidies* qui leur a été donné. Ces stomidies ont l'aspect de petites ventouses, mais elles n'en ont nullement la structure ni les fonctions. La musculature tentaculaire est en effet formée seulement de faisceaux longitudinaux, développés surtout du côté interne, et qui s'arrêtent brusquement à une certaine distance au-dessous de l'orifice terminal. Les stomidies ne sont donc que des tentacules ordinaires, extrêmement réduits en longueur et dont l'orifice terminal, souvent présent chez les formes les plus normales, est considérablement élargi. Ici aussi, il est permis de se demander si la réduction des tentacules n'est pas simplement le fait d'une chute accidentelle due à la détérioration de l'animal. La surface du péristome est, comme celle du pied, sillonnée radiairement, en correspondance avec l'insertion des cloisons. La bouche, bordée d'un bourrelet, montre l'entrée très nette des deux

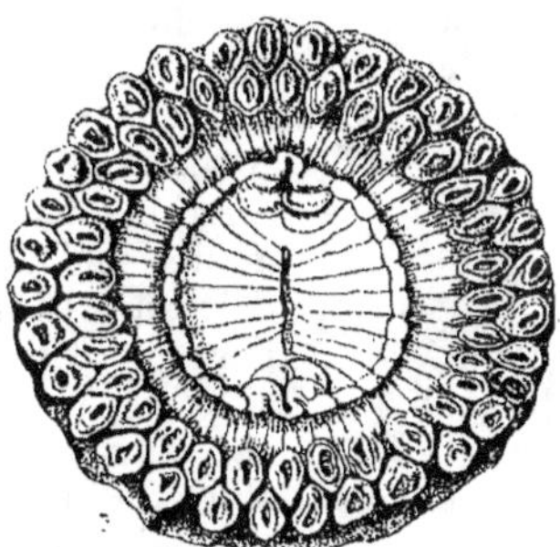

Fig. 745.

Sicyonis crassa vu par la face orale (d'ap. Hertwig).

siphonoglyphes. A l'intérieur, le sphincter est diffus, mésodermique, peu développé. Mais ce sont surtout les cloisons qui sont caractéristiques par leur structure et leurs dispositions. Elles forment 3 cycles. Le 1ᵉʳ comprend 16 couples de cloisons macrentériques, normalement constituées, mais stériles et formant 16 loges dont les médianes sont directrices par la disposition de leurs faces musculaires. Le 2ᵉ cycle comprend aussi 16 couples de cloisons bien développées, bien musclées, stériles aussi, mais micrentériques, ne s'attachant pas au pharynx. Le 3ᵉ cycle est formé de 32 couples de cloisons fertiles, non seulement micrentériques, mais très rudimentaires, à peine saillantes, disparaissant avant d'atteindre même le péristome, sans muscles ni entéroïdes, à peu près comme chez *Ophiodiscus*. Les 64 tentacules correspondent aux 32 loges de 1ᵉʳ cycle et de 2ᵉ cycle et aux 32 interloges dans lesquelles sont les loges de 3ᵉ cycle. Ces dernières n'ont donc pas déterminé l'apparition de nouveaux tentacules et tout se passe, sous le rapport des tentacules, comme si elles n'existaient pas. On voit que ces cycles procèdent par multiples de 4 et non de 6, et R. Hertwig a attaché une haute importance à ce caractère, sur lequel il a établi sa famille des *Paractiniæ*. Mais Faurot [95] ayant montré que, dans les autres cas où la base arithmétique des cycles est modifiée, cela tient à une simple interpolation d'une partie des éléments d'un cycle dans ceux du cycle précédent, conséquence d'une rupture du synchronisme évolutif, nous admettrons, avec Van Beneden [98], que ce caractère n'a qu'une valeur subordonnée et nous ferons passer au premier rang, avec Mᶜ Murrich [93], la constitution des tentacules dans la caractéristique des Paractinées. Il forme à lui seul pour Hertwig une famille [*Sicyonidæ*] (2ᶜᵐ de haut sur 7 à 9 de large; îles Crozet par 1 600 brasses).

Polyopis (R. Hertwig) (fig. 746) a aussi les tentacules réduits à des stomidies, mais, sous la plupart des autres rapports, il diffère profondément de *Sicyonis* et semble se rapprocher d'*Ilyanthus*. Il est de forme ovoïde et dépourvu de disque pédieux. C'est donc une Actinie pivotante, vivant dans le sable. Le pôle aboral semble percé d'une minime ouverture. La colonne est striée longitudinalement, en correspondance avec l'insertion des cloisons. Les stomidies sont au nombre de 36 sur un seul cercle marginal; elles sont allongées dans le sens radiaire et leurs bords sont renflés. En dedans d'elles, le péristome est sillonné de 36 bourrelets radiaires qui en dedans vont se perdre vers la bouche, et en dehors se bifurquent. Entre les deux branches de bifurcation est une dépression allongée qui se prolonge en cul-de-sac à une certaine profondeur dans l'axe du bourrelet. Le pharynx serait percé de fentes longitudinales conduisant dans les loges; mais le mauvais état de conservation de l'unique échantillon observé ne permet pas d'affirmer absolument que ce caractère soit réel. Les cloisons sont passablement inégales entre elles, mais très irrégulièrement, en sorte qu'on ne saurait les diviser en cycles distincts. Toutes sont macrentériques, musclées et fertiles. Elles sont au nombre de 36 formant 18 loges dont 2 directrices. Hertwig les considère, on ne

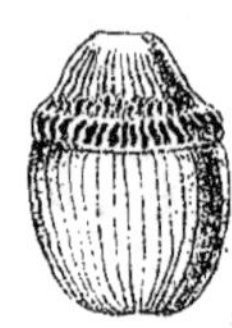

Fig. 746.

Polyopis striata
(d'ap. Hertwig).

voit pas de quel droit, comme un système de 16 loges (multiple de 4)
avec 2 loges supplémentaires. Les tentacules correspondent à ces 18 loges
et à leurs 18 interloges. Les cloisons sont percées de deux septostomes : un
interne très petit, un peu douteux, un externe très grand. Le sphincter
est tout à fait absent. Ce genre forme à lui seul, pour HERTWIG, une famille
[*Polyopidæ*] (2ᵉᵐ sur 2ᶜᵐ; Pacif. sud amér., par 2160 brasses).

═══ 14ᵉ FAM. : *PHIALACTINÆ* [*Phialactidæ* (Fowler)]. Tentacules réduits à de petites
saillies verruciformes imperforées.

Phialactis (Fowler) (fig. 747 et 748) est non moins singulier par sa forme
que par le détail de ses caractères. Il figure une coupe profonde, hémisphérique, portée sur un court et large pied étranglé à son union avec
la coupe. Le pied se termine en bas par un large disque adhésif; la
cavité de la coupe est formée
par le péristome profondément excavé, percé au fond
par l'orifice buccal; sa paroi
externe convexe appartient à
la colonne, sa paroi interne
au péristome. Cette dernière
est parsemée de petites papilles hémisphériques que
l'auteur appelle *sphéridies* par
opposition aux *stomidies* de la famille précédente. Ces sphéridies en
effet sont creuses et s'ouvrent en dessous dans les loges et interloges
de la cavité péricœlique, mais elles sont fermées au sommet et représentent des tentacules rudimentaires imperforés, comme les stomidies
représentaient des tentacules perforés. Les sphéridies sont disposées
sans grande régularité, et il est impossible de les distribuer en cycles.
A l'intérieur, la mésoglée est épaisse, toute la musculature est très
faible, le sphincter est absent. Les cloisons forment 2 cycles réguliers
et un 3ᵉ cycle incomplet avec des rudiments de couples plus jeunes
prenant naissance, non comme d'ordinaire dans l'angle inféro-externe,
mais tout au haut, au bord interne et supérieur du péristome. Il n'y a
point de siphonoglyphes; on n'a pu reconnaître qu'une loge directrice.
Avec FOWLER nous plaçons ici ce genre singulier, bien que HERTWIG ait
exprimé à l'auteur l'avis qu'il se rattachait peut-être à *Corallimorphus*
(6ᵐᵐ de haut et de large; Tahiti).

Fig. 747.

Phialactis neglecta
(d'ap. Fowler).

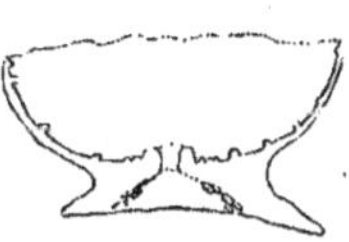

Fig. 748.

Coupe axiale
de *Phialactis neglecta*
(d'ap. Fowler).

═══ 15ᵉ FAM. : *DENDROMELINÆ* [*Dendromelinæ* (Mᶜ Murrich)]. A la partie supérieure de
la colonne, une couronne de gros processus dendriformes, les pseudotentacules.

Lebrunia (Duchassaing et Michelotti). La colonne plissée transversalement
et très finement tuberculeuse, le disque pédieux bien développé, le péristome étalé, percé au centre de la bouche fissiforme avec 2 siphonoglyphes bien distincts, les tentacules longs, simples, coniques, récom-

bants, tous rejetés à la périphérie du péristome où ils forment 5 ou 6 cycles serrés les uns contre les autres : tout cela n'a rien de bien particulier. Mais ce qui est tout à fait caractéristique, c'est la présence, au sommet de la colonne, d'un cercle de 6 gros *pseudotentacules* ramifiés. Ces prolongements diffèrent des tentacules vrais en ce qu'ils appartiennent nettement à la colonne et non au péristome. Ils sont au nombre de 6, régulièrement disposés en alternance avec les 6 tentacules vrais du 1er cycle, fort gros (mesurant près de 6cm de long sur 8mm de large à leur base), plusieurs fois ramifiés et si fortement urticants aux extrémités des branches, qu'ils produisent une vive brûlure quand ils touchent une partie délicate de la peau. Ils ont leur musculature longitudinale endodermique formée de faisceaux séparés et une mince couche nerveuse. Les cloisons, qui n'ont pu être très exactement étudiées, semblent former deux cycles de loges alternes, l'interne seul s'insérant au pharynx. Toutes sont fertiles. Il n'y a pas de sphincter (3 à 6cm de haut sur 1 1/2 à 2cm de large ; Antilles, Bahama).

Eumenides (Lesson) est décrit par son auteur comme ayant des tentacules fusiformes, perforés au sommet, très nombreux, insérés non sur le péristome, mais sur la colonne, dans les intervalles compris entre cinq grosses côtes saillantes allant du pied au péristome. C'est donc une forme très aberrante. Son auteur la considérait comme faisant le passage aux Echinodermes. Elle ne pourra être classée définitivement que quand elle aura été retrouvée et décrite en détail. M° Murrich [89] est d'avis que ses caractères paraissent la rapprocher de *Lebrunia* (Nouvelle-Guinée).

Ophiodicus (R. Hertwig) (fig. 749) est une Actinie fort aberrante qui mériterait sans doute de former une famille à part et dont les affinités sont fort douteuses, son auteur la plaçant dans les *Paractinæ*, tandis que M° Murrich [89], sans autres éléments de jugement que la description de Hertwig, la place ici, dans ses *Dendromelinæ* qu'il élève au rang de sous-tribu. La difficulté est que le caractère qui permet de la rapprocher de *Lebrunia* n'est pas certain.

La colonne, plus large que haute, est lisse et laisse voir des sillons longitudinaux correspondant à l'insertion des cloisons. Les tentacules, au nombre de 48, sont extrêmement longs, presque tous rompus, et insérés tous à l'extrême bord du péristome, de telle façon que leur face externe est la continuation directe de la paroi columnaire et paraît être, comme celle-ci, dépourvue de muscles longitudinaux, tandis que la paroi interne, continuation du péristome, possède une riche musculature longitudinale qui se continue

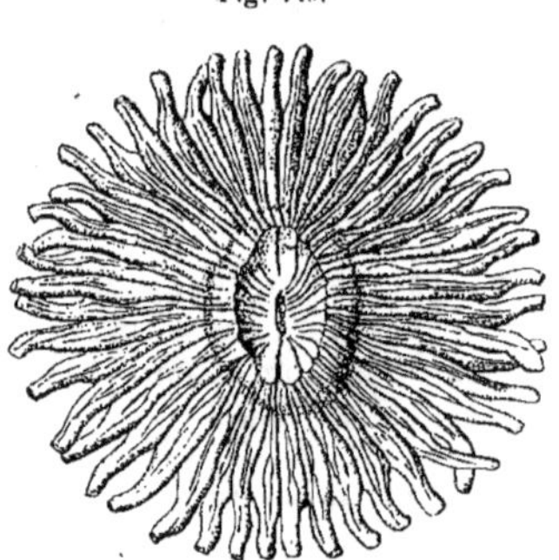

Fig. 749.

Ophiodiscus sulcatus
(d'ap. Hertwig).

avec la musculature radiaire du péristome et qui la rend beaucoup plus épaisse que la paroi externe. Ainsi sont-ils très rétractiles de ce côté. Le sphincter est relativement peu développé, et les animaux tués sans précaution ne se montrent pas contractés en bourse. Les cloisons sont très curieuses. Il y en a 4 cycles dont les 3 premiers sont stériles et normalement conformés avec muscles et entéroïdes, tandis que le 4ᵉ est fertile, mais dépourvu à la fois de muscles et d'entéroïdes. Ces cloisons du 4ᵉ cycle sont très peu développées, à peine saillantes, et se distinguent brusquement de celles des cycles précédents. Celles des cycles 1 et 2 sont macrentériques; celles du cycle n° 3 sont micrentériques, mais sont néanmoins beaucoup plus saillantes que celles du 4ᵉ cycle.

Dans le flacon de la collection du Challenger où étaient contenus les 5 échantillons des 2 espèces de ce genre, se trouvait un paquet de filaments qui, une fois débrouillé, se trouva être une sorte de grand tentacule ramifié et à branches parfois anastomosées, présentant la structure caractéristique des tissus de Cœlentérés. HERTWIG donne des raisons de croire, sans que ce soit certain cependant, que cet organe devait appartenir à l'Actinie ici décrite, laquelle en possédait sans doute d'autres semblables, bien qu'on n'en trouve pas trace sur ses tissus altérés. Il le considère comme un *tentacule accessoire* ou un *pseudo-tentacule* comparable à ceux du genre *Lebrunia*. S'il en est ainsi, le rapprochement effectué par Mᶜ MURRICH est justifiable, bien que la distribution et la structure des cloisons, ainsi que la présence d'un sphincter, établissent entre eux une différence notable (1/2 à 1ᶜᵐ de haut sur 4.9ᶜᵐ de large; Pacif. sud-Amér., par 1 375 à 2 160 brasses).

16ᵉ FAM. : *MINYASINÆ* [*Minyadinæ* (H. Milne-Edwards); *Minyadidæ* (Andres); *Minyæ* (Carlgren)]. **Actinies flottantes à la surface de l'eau, soutenues par un flotteur formé par le disque pédieux excavé. Les loges sont plus larges que les interloges, en sorte que les couples semblent formés par des cloisons qui, en réalité, appartiennent à deux loges voisines.**

Minyas (H. Milne-Edwards) (fig. 750 à 752). Par son apparence extérieure, cette Actinie ne diffère pas notablement des formes ordinaires, non fixées, du moins quand on l'observe morte. Elle est terminée en bas par un renflement arrondi, remplaçant le disque pédieux comme chez les Actinies non fixées;

Fig. 750.

Minyas cærulea épanoui, en position physiologique (d'ap. H. M. Edwards).

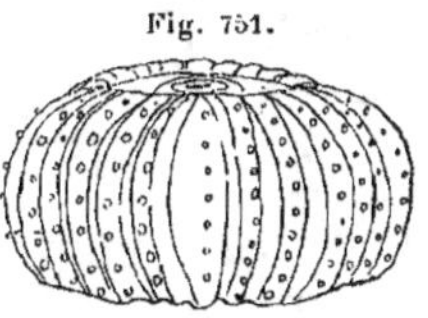

Fig. 751.

Minyas cærulea contracté, en position physiologique (d'ap. H. M. Edward)

sa colonne est ornée de 20 côtes méridiennes verruqueuses très accentuées, partant du pôle aboral pour se terminer au bord du péristome. Celui-ci est

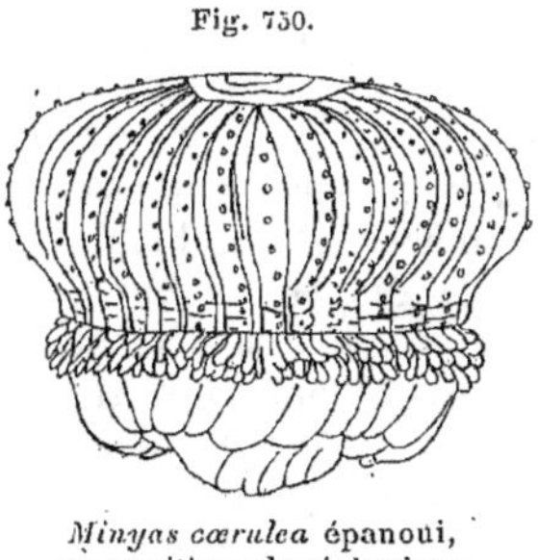

percé au centre d'une bouche ronde, avec un seul siphonoglyphe ventral,
et bordé d'une couronne de courts tentacules simples, non perforés au
sommet et semblant former deux cycles. Mais quand on examine la région
aborale, on découvre là un organe nouveau qui n'existe chez aucune
autre Actinie. C'est une sorte de flotteur (fig. 752, *pn.*) appelé *pneumocyste* et qui a la plus grande ressemblance
avec le pneumatophore d'un Siphonophore.
Ce n'est pourtant pas un organe de nouvelle
formation, c'est le résultat d'une modification du disque pédieux, qui s'est excavé en
sphère creuse et dont le bord, au lieu de
s'étaler pour former le limbe, s'est recourbé
en dessous pour fermer la cavité enclose,
ne laissant qu'un minime orifice central
par lequel elle communique avec le dehors.
Les bords de cet orifice sont d'ailleurs munis
d'un sphincter qui permet à l'animal de
le fermer complètement. A l'intérieur, la
cavité, tapissée par l'ectoderme du disque

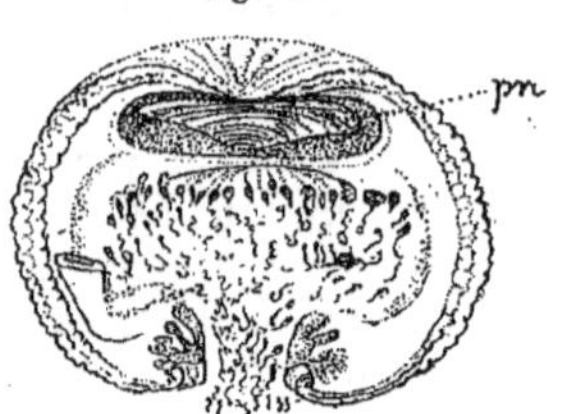

Fig. 752.

Minyas cærulea coupe sagittale
en position physiologique
(d'ap. H. Milne-Edwards).
pn., pneumocyste.

pédieux, n'est pas libre. Elle est occupée par une masse caverneuse,
aréolaire de chitine, sécrétée par la paroi ectodermique, et les mailles
de cette éponge chitineuse sont remplies d'air. La structure de cette
masse n'est pas uniforme : les parties les plus anciennement sécrétées,
c'est-à-dire celles qui avoisinent le centre de la cavité et le point de la
paroi antipode de l'orifice de communication avec le dehors, sont
formées d'une chitine plus dense, à aréoles petites et serrées, tandis
que le reste est fait d'une chitine plus délicate, à alvéoles grandes et à
parois plus minces. Ce n'est là évidemment qu'une modification, une
amplification d'une structure normale. La plupart des Actinies fixées,
lorsqu'on les détache et qu'on les fait flotter, le disque pédieux en
haut, excavent plus ou moins ce disque (*Anemonia*). Il en est d'autres
dont le disque pédieux, bien qu'il reste étalé, sécrète une membrane
chitineuse (*Aiptasia*); d'autres enfin (*Actinauge*), chez lesquelles le
disque pédieux s'excave aussi en sphère creuse, mais pour se remplir
de sable et rendre plus solide la fixation de l'animal dans le sable
où il vit. Ici, grâce à l'air contenu dans la cavité du pied, l'animal
flotte, le pied en haut, à la surface de l'eau, la bouche en bas. —
A l'intérieur, le sphincter péristomien est circonscrit et semblable à
celui des *Bunodinæ*. Les cloisons présentent une disposition tout à
fait singulière. Elles sont au nombre de 40, dont 20 s'insérant au pharynx, alternant avec 20 plus petites qui n'atteignent pas cet organe.
Elles ne suivent donc pas la règle du multiple de 6. De pareil fait nous
avons déjà rencontré maint exemple. Mais ce qui est plus singulier,
c'est leur arrangement. Les couples, au lieu d'être formées de deux
cloisons pareilles, sont formées d'une grande et d'une petite cloison et

les loges comprises entre les deux éléments des couples ont leurs faces musculaires tournées en dehors, en sorte qu'il y a deux irrégularités tout à fait remarquables. Mais ce n'est là qu'une apparence; car CARL-GREN a montré que, pour tourner cette difficulté, il suffit de considérer comme loges les apparentes interloges et comme interloges les apparentes loges : tout rentre alors dans la règle, les loges étant formées de deux cloisons pareilles et ayant (sauf les deux directrices, comme toujours), leurs faces musculaires en regard. La seule irrégularité, et elle est bien moins grave, consiste en ce que les loges sont plus larges que les interloges. Elles forment deux cycles alternes, l'un de 10 grandes loges à parois macrentériques, l'autre de 10 petites loges à parois micrentériques (Taille plutôt petite; flotte à la surface en haute mer, dans la Méditerranée et les mers de l'hémisphère sud).

Acerominyas (Andres) (fig. 753) à côtes tuberculeuses,

Stichophora (Brandt) (fig. 754) à côtes lisses et tentacules tout petits, papilliformes et

Plotactis (H. Milne-Edwards) (fig. 755) à colonne lisse ou simplement rugueuse, sans côtes ni tubercules bien distincts, ne sont que de simples sous-genres.

Oceanactis (Moseley) n'en diffère pas non plus génériquement par les caractères de sa colonne et

Fig. 753. Fig. 754. Fig. 755. Fig. 756.

Acerominyas viridula (d'ap. Guoy et Gaimard). *Stichophora* (*Phlyctænominyas*) *purpurea* (d'ap. Moseley). *Plotactis* (*Dactylominyas*) *flava* (d'ap. Lesueur).

de ses tentacules, mais la cavité du flotteur s'ouvrirait en haut dans la cavité gastrique (Nouvelle-Zélande).

Nautactis (H. Milne-Edwards) (fig. 756), à l'état de contraction, a la forme d'un melon à 22 grosses côtes égales; mais il est susceptible de s'allonger beaucoup et peut aussi évaginer son disque pédieux sous la forme d'une grosse vessie, capable d'adhérer momentanément aux objets immergés. Les tentacules sont petits, disposés en séries radiaires, les plus gros vers là périphérie et multilobés, les plus petits vers le centre, avec leurs lobes réduits à de minimes tubercules ou nuls (Médit., Antilles).

Nautactis (*Phyllominyas*) *olivacea* (d'ap. Lesueur)

Par la disposition radiaire de ses tentacules, ce dernier genre semblerait devoir prendre place dans les *Stychodactylina*. Il est possible qu'il convienne de démembrer les *Minyasinæ*, mais l'anatomie du *Nautactis* est trop mal connue pour qu'on puisse le tenter sur ce seul caractère. D'accord avec BELL [86], nous n'avons pas adopté le remaniement des genres de cette famille proposé par ANDRES.

17e FAM. : *ENDOCŒLACTINÆ* [*Endocœlactidæ* (Carlgren)]. Loges des 2e et 3e cycles situées dans les loges du 1er cycle, qui sont plus grandes que les interloges correspondantes.

Endocœlactis (Carlgren) (fig. 757). Cette Actinie ne présente rien de particulier dans sa configuration extérieure, si ce n'est une assez grande irrégularité dans la distribution des tentacules. Elle a un disque pédieux régulièrement conformé. Par son organisation interne, elle est cependant une des plus aberrantes. Les cloisons forment 3 cycles régulièrement alternes. Le premier cycle comprend 10 couples formant 2 loges directrices de largeur normale et 4 paires de loges latérales beaucoup plus larges que les interloges correspondantes. A la partie supérieure du corps, il n'existe rien de plus et, si les choses en restaient là, l'animal,

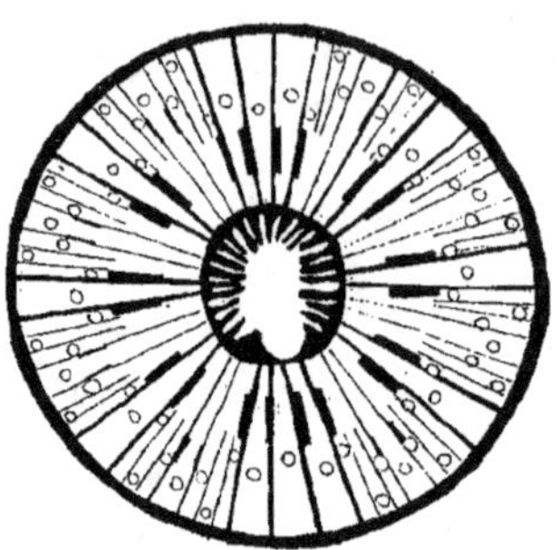

Fig. 757.

Distribution des cloisons
et des tentacules chez *Endocœlactis*
(d'ap. Carlgren).

avec son siphonoglyphe unique ventral, ne mériterait peut-être pas, malgré l'absence de sphincter, de former une famille distincte de celle des *Minyasinæ*. Mais au-dessous du pharynx, se montrent 4 paires de couples de cloisons formant 8 loges du 2ᵉ cycle qui, au lieu de se trouver, suivant la règle invariable, dans les interloges du 1ᵉʳ cycle, sont dans les 8 loges latérales de ce 1ᵉʳ cycle, c'est-à-dire dans toutes ses loges, sauf les directrices; et c'est pour pouvoir les contenir que ces loges sont, contre l'ordinaire, plus larges que les interloges intermédiaires. Il y a enfin un 3ᵉ cycle de 16 loges, situées de part et d'autre des loges du 2ᵉ cycle, dans un espace interloculaire par rapport aux loges du 2ᵉ cycle, mais intraloculaire par rapport à celles du premier. Le nombre total des loges est donc 34, et la symétrie est décamérique pour le 1ᵉʳ cycle et octomérique pour les deux autres en raison du fait que les loges directrices restent vides de toute formation ultérieure. Les loges du 1ᵉʳ cycle sont cependant d'abord au nombre de 6 seulement, conformément à la règle; mais il se forme bientôt 2 autres paires de loges, une dans chacune des loges latérales du 1ᵉʳ cycle, par des couples de cloisons qui ont leurs faces musculaires tournées non l'une vers l'autre, mais chacune vers la cloison voisine du stade précédent, de manière à former avec elle une des loges du 1ᵉʳ cycle décamérique. Quant aux tentacules, les plus internes sont les interloculaires, contrairement à la règle ordinaire (2 à 6ᶜᵐ; Chine, Japon).

━━━━ 18ᵉ FAM. : *OCTINEONINÆ* [*Octineonidæ* (Fowler)]. Symétrie radiaire du 1ᵉʳ cycle de cloisons troublée par une grande inégalité dans le développement des muscles unilatéraux.

Octineon (Moseley) (fig. 758 à 762). L'animal semble dès l'abord très aberrant et l'obser-

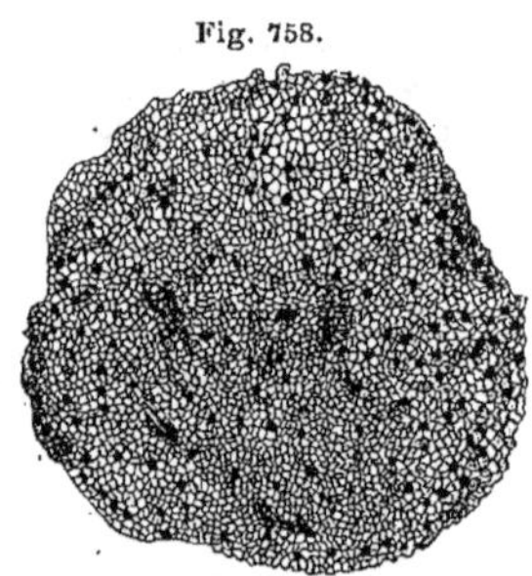

Octineon Lindahli
vu par la face orale
(d'ap. Fowler).

vation de l'organisation interne ne fait que confirmer cette première
impression. Dans l'état de rétraction extrême où il a été observé (et il
est étonnamment contractile), il se réduit à un disque 2 à 3 fois plus

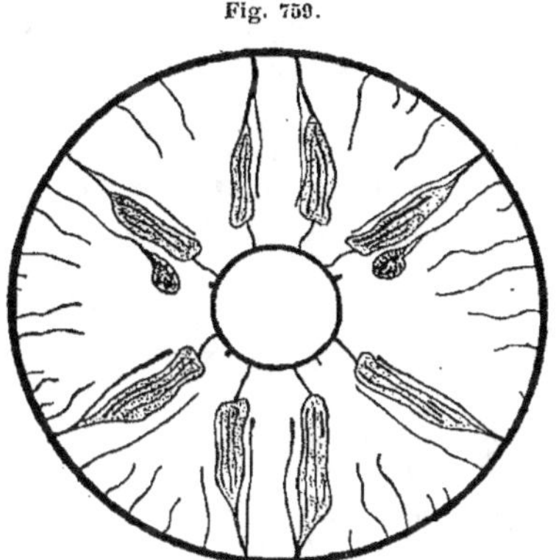

Fig. 759.

Coupe schématique montrant la disposition
des cloisons, chez *Octineon Lindahli*
(d'ap. Fowler).

Fig. 760.

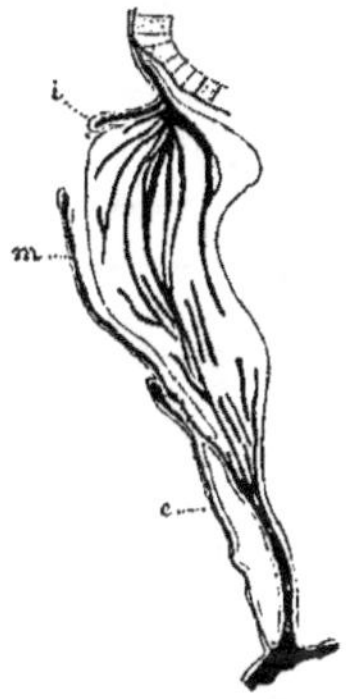

Coupe transversale
d'une cloison
d'*Octineon Lindahli*
(d'ap. Fowler).

e., m., i., portions ex-
terne, moyenne et in-
terne des replis de la
cloison.

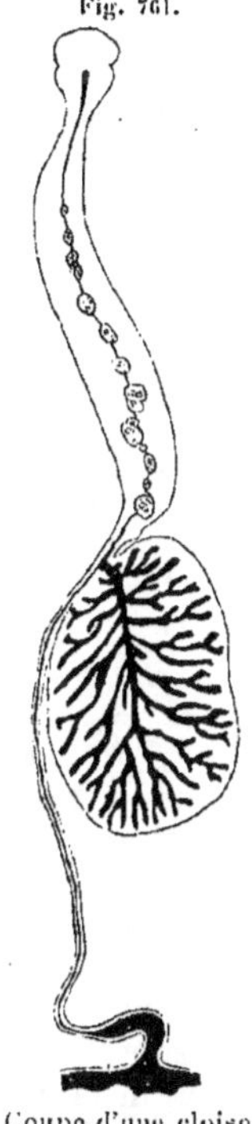

Fig. 761.

Coupe d'une cloison
d'*Octineon Lindahli*
perpendiculaire
à la direction
du muscle rétracteur
et dont on a déplissé
la portion génitale
(im. Fowler).

large que haut et complètement
caché sous une couche continue de
sable dont sa surface est incrustée.
Les particules de sable sont données comme fixées dans
la mésoglée qui est remarquablement épaisse; mais le
mauvais état de conservation n'ayant pas permis de
retrouver l'ectoderme, il est difficile de se prononcer
sur leur situation exacte. La face inférieure du disque
représente un large disque pédieux. L'animal ne semble
pas cependant avoir été fixé pendant sa vie. Au milieu
de la face supérieure est une proéminence percée au
centre d'un orifice qui n'est pas la bouche ni même le
bord du péristome, mais appartient entièrement à la
colonne, dont la partie supérieure a été introversée
par suite de l'extrême contraction du corps. La partie
invaginée de la colonne est incrustée de sable comme le reste, et c'est
seulement à une notable profondeur au-dessous de l'orifice d'invagination que commence le péristome, à parois beaucoup plus minces, à ectoderme reconnaissable et dépourvu d'incrustations sableuses. Sur ce
péristome est un cercle de tentacules courts, subulés, qui semblent être
au nombre de 12 seulement, dont 6 correspondant aux 6 loges primaires
et 6 alternant avec les précédents. Après le péristome viennent la bouche
et le pharynx, si contractés et plissés qu'on ne peut reconnaître s'il y a

des siphonoglyphes. — A l'intérieur, point de renseignements sur l'existence d'un sphincter; mais les cloisons ont pu être bien étudiées et sont très singulièrement conformées. Il y en a 12 formant un premier cycle de 6 loges, dont deux sont directrices. Dans les interloges alternant avec elles sont une trentaine de cloisons, si irrégulières de taille et de disposition qu'il est impossible de les distribuer en cycles : un petit nombre d'entre elles atteignent tout juste le pharynx; toutes sont minces, stériles, dépourvues de muscles et d'entéroïde. Les 12 cloisons primaires sont très inégales, 8 seulement sont macrentériques et normales, pourvues de puissants muscles unilatéraux, d'entéroïdes et de glandes génitales. Ces 8 cloisons sont celles formant les

Fig. 762.

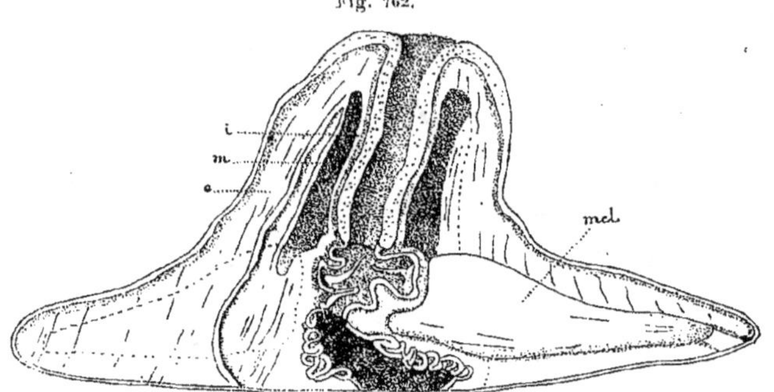

Coupe axiale schématique d'*Octineon Lindahli* (d'ap. Fowler).
e., m., i., portions externe, moyenne et interne du repli de la cloison;
mcl., muscle de la cloison.

4 premières paires du stade Edwardsia dans le développement. Les cloisons 5 et 6 s'insèrent aussi au pharynx, mais elles sont minces, n'ont ni entéroïdes ni glandes génitales; la cloison 6 a un faible muscle unilatéral, la cloison 5 en est entièrement dépourvue et ne diffère que par sa taille un peu plus grande des plus grandes cloisons des cycles suivants. Ainsi, les loges directrices seules ont des parois symétriques; les loges latérales du premier cycle ont leur cloison dorsale normale et bien développée, et leur cloison ventrale réduite et incomplète. — Ce n'est pas tout. Ces cloisons parfaites des paires 2 à 4 présentent elles-mêmes une constitution très aberrante. Leur muscle unilatéral est énorme et tend à s'individualiser en se séparant latéralement de la cloison et se munissant à ses extrémités de deux tendons indépendants, s'insérant l'un au péristome, l'autre au pied; en sorte qu'il ne se rattache à la cloison dont il provient que par ses bords longitudinaux interne et externe. Enfin, la lame mince non musculeuse, qui forme à côté du muscle la portion fondamentale de la cloison, est percée en haut d'un orifice septal interne énorme, qui se présente comme une vaste perte

de substance un peu en dehors de l'insertion pharyngienne de la cloison.

Le fait que les 4 paires de cloisons complètes sont précisément celles qui correspondent aux 4 paires du stade Edwardsia, fait que l'on peut se demander si ce n'est pas dans les *Edwarsia* qu'il conviendrait de placer cette singulière Actinie. FOWLER est d'avis que ce serait un tort en raison : 1° du nombre considérable des cloisons des autres cycles, 2° du fait que la réduction des paires 5 et 6 du premier cycle et peut-être des cloisons des cycles d'ordre plus élevé, semble moins un état primitif que le résultat d'une haute différenciation se manifestant par l'atrophie de deux paires de muscles longitudinaux, consécutive à l'énorme développement des 4 autres paires (1 à 2^{mm}1/2 de haut sur 3 à 5^{mm} de largeur dans l'état de contraction extrême ; côte sud de l'Espagne, par 227 à 364 brasses ; nombreux échantillons).

—— 19ᵉ FAM. : *ISOHEXACTININÆ* [*Isohexatiniæ* (Kwietniewski); *Gyrostomidæ* (Kwienietwski)]. Caractères du genre qui la compose.

Gyrostoma (Kwietniewski) (fig. 763 A et B). Cette Actinie se distingue par une symétrie radiaire parfaite. La bouche est ronde avec 6 siphonoglyphes. Il y a 6 loges directrices semblables par le fait que les 6 couples macrentériques du 1ᵉʳ cycle ont toutes de même leurs faces musculaires tournées hors de la loge ; d'autre part, les couples des cycles suivants, les unes

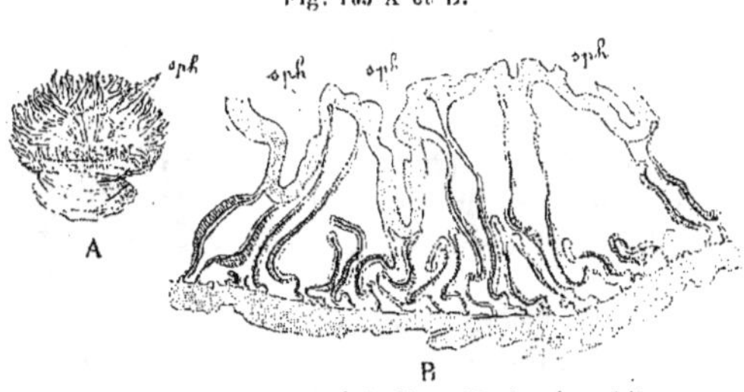

Fig. 763 A et B.

Gyrostoma Hertwigi (d'ap. Kwietniewski).
sph., siphonoglyphes.

macrentériques, les autres micrentériques, ont leurs faces musculaires tournées vers la loge limitée par elles. Toutes les cloisons, sauf celles du 1ᵉʳ cycle, sont petites et pourvues d'entéroïdes (Archipel Malais, détr. de Torrès).

HADDON [98] voudrait n'en faire qu'un synonyme d'*Anemonia*.

4ᵉ TRIBU

STICHODACTYLINES. — *STICHODACTYLINA*

[*STICHODACTYLINÆ* (Andres, *emend.*)]

TYPE MORPHOLOGIQUE

Tentacules, les uns, dits *principaux*, normaux, formant une couronne marginale, les autres, dits *accessoires*, disposés radiairement en dedans des précédents, de telle sorte qu'ils s'ouvrent dans les mêmes loges ou interloges que les tentacules marginaux.

Parmi les Stichodactylines, les unes n'ont pas de sphincter (*Coralli-morphus*, *Thelaceros*), les autres en ont un, autant au moins qu'on en peut juger d'après leur aptitude à refermer leur péristome (*Corynactis viridis*), et sans doute ce sphincter doit présenter des différences ana-tomiques comme dans la tribu précédente. Mais l'anatomie des Sticho-dactylins est si mal connue, qu'il est impossible, pour le moment, de tenir compte de ce caractère. Il en résulte que cette seconde tribu est classée d'après un critérium emprunté aux tentacules et tout différent de celui qui a servi pour la première.

GENRES

═══ 1re FAM. : *CORALLIMORPHINÆ* [*Corallimorphidæ* (R. Hertwig']. **Tentacules tous capités.**

Corallimorphus (Moseley) (fig. 764 et 765) est de forme basse, trapue, de consistance particulièrement ferme. La colonne et le disque pédieux ne présentent rien de particulier. Le péristome large, étalé, porte à la périphérie 48 tentacules disposés sur un seul cercle, mais où l'on peut néanmoins reconnaître, à leur taille, les éléments de 4 cycles alternes : le 1er de 6 tentacules assez grands, le 2e de 6 tentacules un peu moins grands, le 3e de 12 et le 4e de 24 tentacules encore plus petits. Tous ces tentacules sont relativement gros et courts, formés d'un pédoncule cylindri-que terminé par une tête arron-die, fortement urticante. Sur la

Fig. 764.

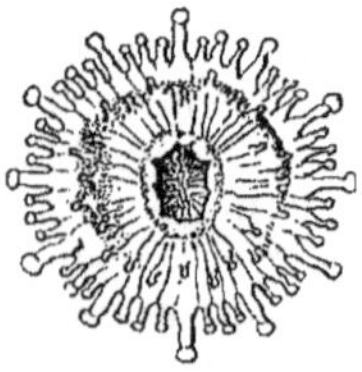

Disque oral
de *Corallimorphus
rigidus*
(d'ap. Hertwig).

Fig. 765.

Cloison
de *Corallimorphus
rigidus*
(d'ap. Hertwig).

partie moyenne du péristome se trouvent des tentacules de même forme, mais plus petits, en nombre variable mais peu élevé (12 à 24), réguliè-ment disposés. Il n'y a rien là de bien extraordinaire, car chez maintes autres Actinies, on trouve des tentacules rejetés ainsi vers le centre, en quelque sorte par la compression des parties périphériques. Mais dans ce cas, ces tentacules font partie de cycles normaux, alternes avec les éléments de cycles plus externes, et correspondent à des loges diffé-rentes de celles où s'ouvrent les tentacules périphériques. Ici, il n'en est plus de même : ils sont rigoureusement sur les mêmes radius que certains des tentacules marginaux et s'ouvrent dans les mêmes loges, (ce pourrait aussi bien être des interloges) que ceux-ci. Ils sont dits *tentacules accessoires* par opposition aux marginaux qui sont les *tenta-cules principaux*. Leur présence est caractéristique de la tribu tout entière. — A l'intérieur, le pharynx n'a pas de siphonoglyphes; le sphincter est nul; la musculature entière est très faible; les cloisons, au nombre de

24 couples, forment 4 cycles dont les deux premiers sont macrentériques; toutes sont fertiles (1ᵉᵐ de haut sur 2ᶜᵐ1/2 de large à 5ᶜᵐ sur 8 ᶜᵐ; Médit., Atl., Pacif., archip. Asiatique, oc. Indien, oc. Antarct., de 400 à 2 000 brasses).

Corynactis (Allman) (**Pl. 59**, *fig. 9*) en diffère par sa consistance plus molle, par ses tentacules accessoires formant des séries radiaires plus nombreuses, et probablement par la présence d'un sphincter, car l'animal est susceptible; en se contractant, de refermer son péristome sur ses tentacules. Une espèce, *C. Haddoni* bourgeonne par le pied et forme de petites colonies (Farquhar [98]) (cosmopolite).

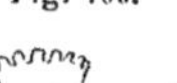

Chalmersia (Nobis). Nous proposons de donner ce nom au *Corynactis sp*, décrit par R. Hertwig [88] pour lequel Chalmers Mitchel [90] a montré qu'il doit être séparé du genre *Corynactis*, en raison de l'absence de sphincter, spécifiée par Hertwig (Iles de l'Amirauté, 150 brasses).

Capnea (Forbes) (fig. 766) se distingue par la forme de ses tentacules qui tous, principaux et accessoires, sont en forme de prisme quadrangulaire, très courts, et non pas précisément capités, mais tronqués carrément à l'extrémité (Grande-Bretagne, Médit.).

Fig. 766.

Capnea sanguinea
(d'ap. Forbes).

======= 2ᵉ FAM.: *Thelacerinæ* [*Thelaceridæ* (Chalmers Mitchell)]. **Tentacules principaux garnis de processus ramifiés.**

Thelaceros (P. Chalmers Mitchell) (fig. 767 et 768) a des tentacules accessoires nombreux et rudimentaires. Les tentacules principaux ne sont pas capités, mais garnis de petits processus creux ramifiés; sphincter et siphonoglyphes nuls; les muscles longitudinaux sont très forts; il n'y a d'organes génitaux que sur les 12 premières couples de cloisons qui sont macrentériques (5ᶜᵐ; Célèbes; dans un marais de Palétuviers).

Fig. 767.

Tentacule
de *Thelaceros
rhizophoræ*
(d'ap. C. Mitchell).

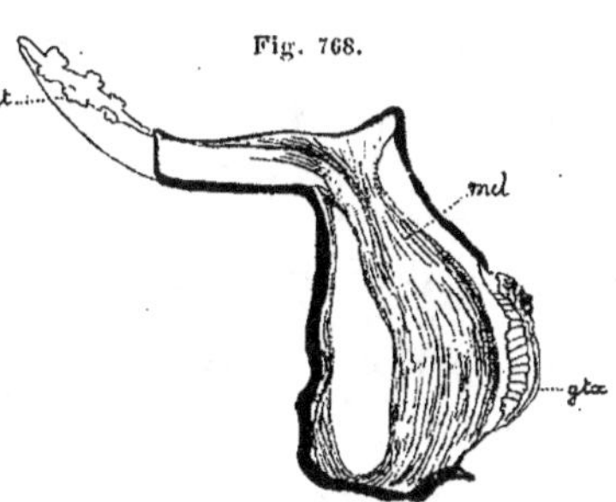

Fig. 768.

Cloison de 1ᵉʳ ordre
de *Thelaceros rhizophoræ* (d'ap. Mitchell).
gtx., glandes génitales; **mcl.**, muscles longitudinaux de la cloison; **tt.**, tentacule.

======= 3ᵉ FAM.: *Discosominæ* [*Discosomidæ* (Verrill); *Discosomidæ p. p.* (Klunzinger)]. **Tentacules nombreux, courts, tous cylindriques.**

Discosoma (Leuckart) (fig. 769). La colonne et le pied ne présentent rien de particulier, mais le péristome est presque entièrement garni de tentacules courts, digitiformes, à extrémité arrondie, très nombreux (jusqu'à près de 600) et disposés en séries radiaires, composées chacune d'un nombre notable (mais irrégulièrement variable) de tentacules s'ouvrant tous dans la même loge. A l'intérieur sont à signaler, le sphincter endodermique diffus et très développé, et les cloisons très nombreuses, formant 100 à 200 couples, alternativement macrentériques et micrentériques (4 à 15^{cm}; Médit., mer Rouge, Atl., Antilles, Terre-de-Feu, Bermudes, Pacif., détr. de Torrès).

Discosomoides (Haddon), qui en diffère par l'absence de sphincter et de verrues et ses tentacules tuberculiformes,

Radianthus (Kwietniewski), à sphincter restreint, pourvu de verrues et de tentacules longs et courts, terminés en pointe,

Stoichaotis (Haddon), à sphincter circonscrit, pourvu de verrues et à courts tentacules pointus ou mousses,

Stichodactis (Kwietniewski), à tentacules peu nombreux correspondant seulement aux loges des premiers cycles et

Helianthopsis (Kwietniewski), à tentacules en partie ramifiés (Philippines) doivent sans doute être considérés comme des sous-genres.

Echinactis (H. Milne-Edwards) (fig. 770) diffère de *Discosoma*, principalement par sa colonne garnie de tubercules (Médit., arch., Asiatique, Vanikoro).

Stichodactyla (Brandt) est un genre insuffisamment défini qui prend place ici (Médit. et Micronésie, Walan).

Fig. 769.

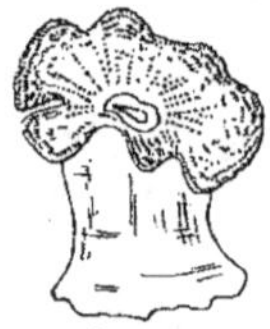

Discosoma giganteum (d'ap. Klunzinger).

Fig. 770.

Echinactis papillosa (d'ap. Lesson).

═══ 4e FAM.: *AURELIANINÆ* [*Aurelianidæ* (Andres)]. Tentacules garnis de petits processus non ramifiés.

Aureliania (Gosse) (**Pl. 59**, *fig. 8*) est de forme conique, à colonne lisse, et les tentacules, qui sont plus ou moins nombreux, sont non pas précisément ramifiés, mais garnis de petits processus verruciformes, simples ou géminés, arrondis ou lancéolés (2 1/2 à 5^{cm}; Manche, Médit., Antilles?).

═══ 5e FAM.: *RHODACTINÆ* [*Rhodactidæ* (Andres)]. Tentacules principaux de forme normale; tentacules accessoires verruciformes, ramifiés ou follés.

Rhodactis (H. Milne-Edwards) (fig. 771) a la colonne sillonnée en long mais lisse, surmontée d'un large péristome étalé, sur lequel sont des tentacules de diverses sortes. Les tentacules principaux sont marginaux, courts, nombreux, de forme simple, normale, disposés en une seule couronne au bord du disque, bien que leurs différences de taille permettent de reconnaître qu'ils forment plusieurs cycles. Les tentacules accessoires sont disposés en deux groupes, un interne, formant une petite couronne labiale de tentacules simples ou à peine lobés, fort petits; l'autre, occupant toute la surface du péristome, sauf deux zones annulaires nues, qui les séparent des tentacules marginaux et des labiaux, et formée de tentacules nombreux plus ou moins ramifiés ou lobés. Il n'y a pas de sphincter, toute la musculature est faible, les cloisons sont nombreuses et un grand nombre sont macrentériques (2 à 7^{cm}; Médit., mer Rouge, Bahama, Australie).

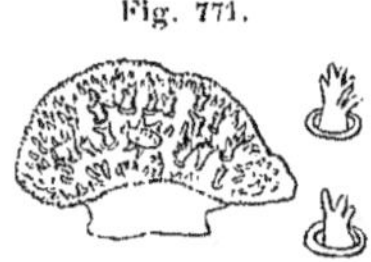

Fig. 771.

Rhodactis rhodostoma (d'ap. Klunzinger).

Heteranthus (Klunzinger) a de même les tentacules principaux disposés en une couronne marginale, mais les accessoires couvrent tout le péristome de leurs rangées radiaires et sont tuberculiformes (Médit., Antilles, Bahama).

Taractea (Andres) a les tentacules les uns simples, les autres ramifiés, entremêlés (Antilles).

===== 6ᵉ FAM.: *Phymanthinæ* [*Phymanthidæ* (Andres)]. **Tentacules principaux grands, verruqueux ou pinnés; accessoires petits et papilliformes.**

Phymanthus (H. Milne-Edwards) (fig. 772) a la colonne ornée à sa partie supérieure de verrues disposées en séries longitudinales. Les tentacules marginaux sont grands et garnis de processus, soit tuberculiformes, soit allongés et ramifiés; les tentacules accessoires sont peu nombreux, petits, réduits à de simples papilles (2 à 8ᶜᵐ; Médit., mer Rouge, Atl., Bahama, détr. de Torrès).

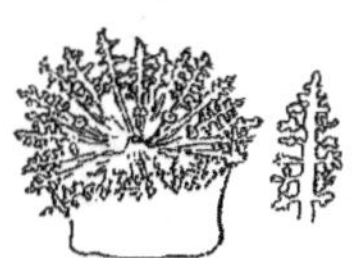

Fig. 772.

Phymantus Loligo
(d'ap. Klunzinger).

Fig. 773.

Triactis producta
(d'ap. Klunzinger).

Triactis (Klunzinger) (fig. 773) genre à situation indécise, semble prendre place ici. Il est hautement caractérisé par la forme singulière de sa bouche qui s'élève en un long tube dont l'extrémité s'évase en entonnoir découpé en grandes lanières (Médit., mer Rouge).

===== 7ᵉ FAM.: *Crambactinæ* [*Crambactidæ* (Andres)]. **Tentacules principaux ordinaires; les accessoires frondiformes.**

Crambactis (Häckel) (fig. 774) est une forme curieuse qui représente à peu près l'inverse de *Phyllactis* qu'Andres place ici, mais que nous avons reporté bien loin, conformément à l'opinion de Mac Murrich [89]. La colonne large et basse, lisse, est surmontée d'un vaste péristome étalé portant une large couronne marginale de tentacules principaux simples, coniques, courts, très nombreux, nettement polycycles, tandis que la surface du péristome est toute garnie de tentacules accessoires en forme de larges frondes ramifiées (Médit., mer Rouge).

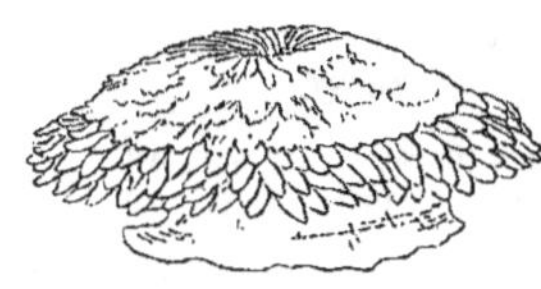

Fig. 774.

Crambactis arabica
(d'ap. Häckel).

===== 8ᵉ FAM.: *Cryptodendrinæ* [*Cryptodendridæ* (Andres)]. **Tentacules de formes diverses, mais non cylindriques.**

Cryptodendron (Klunzinger) (fig. 775) a une colonne large et basse, tuberculeuse, surmontée d'un ample péristome évasé, garni de tentacules de trois sortes: au bord, une couronne de processus laciniés, puis une zone plus large de petits tubercules et enfin, sur tout le reste du péristome, des sortes de processus villeux, rappelant ceux de la périphérie, mais plus petits et moins ramifiés. Tous sont disposés en séries radiaires bien nettes. Ainsi, et c'est là le principal caractère, il n'y a plus nulle part de tentacules normaux coniques ou subulés (4ᵉᵐ sur 6ᵉᵐ; Médit., mer Rouge, détr. de Torrès).

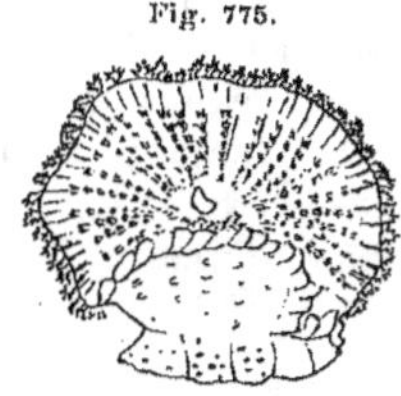

Fig. 775.

*Criptodendrum
adhæsivum*
(d'ap. Klunzinger).

Heterodactyla (Ehrenberg) (fig. 776) a la colonne lisse ou à peine tuberculeuse et le large péristome tout garni de petits tentacules ramifiés, très nombreux, à disposition radiaire indistincte, auxquels est entremêlée une seule rangée circulaire submarginale de tentacules, en forme de courte grappe à grains arrondis et serrés, ayant l'aspect de petites ventouses (Médit., mer Rouge, détr. de Torrès).

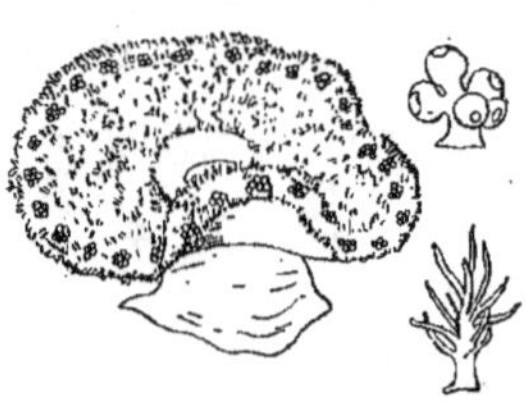

Fig. 776.

Heterodactyla Hemprichi et ses tentacules (d'ap. Klunzinger).

Fig. 777.

Thalassianthus aster vu par sa face orale et un tentacule (d'ap. Klunzinger).

═══ 9ᵉ FAM. : *Thalassianthi-næ* [*Thalassianthinæ* (Klunzinger); *Thalassianthidæ* (Andres) + *Sarcophianthidæ* (Andres)]. **Tentacules simples ou ramifiés, pourvus de petits prolongements de forme variée.**

Thalassianthus (Leuckart) (fig. 777) est une petite Actinie à colonne légèrement tuberculeuse vers le haut, dont le péristome large et concave porte, vers la périphérie, une couronne polycycle de tentacules gros, médiocrement nombreux, qui, au lieu d'être simples comme d'ordinaire, sont garnis de petits prolongements. Ces prolongements sont de deux sortes : le long du bord interne du tentacule et à son sommet, ce sont des processus prismatiques pinnés ; du côté externe, un peu au-dessous du sommet, ce sont de petits tubercules aciniformes (2 1/2ᶜᵐ de haut sur 4ᵐᵐ de large ; Médit., mer Rouge).

Actineria (de Blainville) a les tentacules allongés, fortement claviformes, alternativement gros et minces, garnis sur la face externe de tubercules, sur l'interne de villosités (Médit., île Tonga, détr. de Torrès).

Megalactis (Ehrenberg) (fig. 778) a la colonne entièrement lisse, les tentacules longs et coniques, et garnis de villosités isolées ou en touffes (Médit., mer Rouge, détr. de Torrès).

HADDON [98] place ce genre avec le suivant et quelques autres dans une famille spéciale [*Actinodendridæ* (Haddon)].

Fig. 778.

Megalactis Hemprichi (d'ap. Klunzinger).

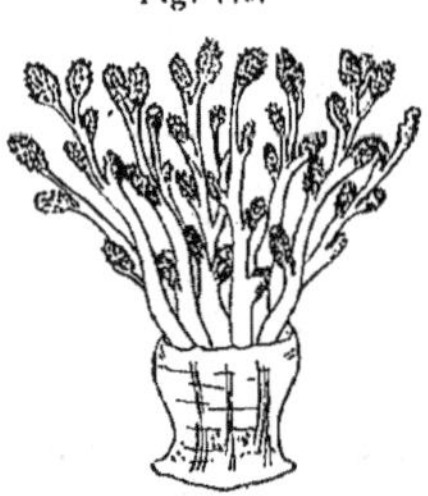

Fig. 779.

Actinodendron arboreum (d'ap. Guoy et Gaimard).

Actinodendron (Quoy et Gaymard) (fig. 779) est une très grande Actinie à colonne entièrement lisse et à tentacules gros, très grands, peu nombreux et divisés en branches, dont chacun se termine par un gros renflement urticant, ovoïde, villeux (33ᶜᵐ ; Médit., Nouvelle-Guinée, île Tonga, détr. de Torrès).

Acremodactyla (Kwietniewski) a la colonne lisse, confondue avec le pied, les tentacules relativement grands, en plusieurs cycles et couverts de prolongements ramifiés, les angles de la bouche marqués de 3 forts renflements ; toutes les cloisons macrentériques et fertiles ; pas de sphincter (Philippines).

Actinostephanus (Kwietniewski) a les prolongements des tentacules simplement coniques, les cloisons directrices stériles et rien de particulier aux coins de la bouche (Philippines).

Ces deux genres forment pour leur auteur une famille spéciale (*Acremodactylidæ*).

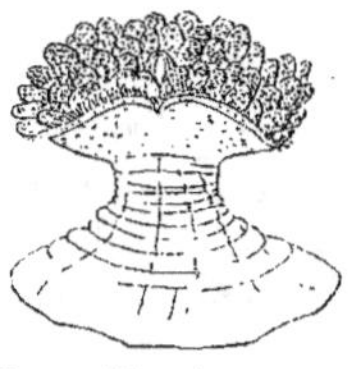

Fig. 780.

Sarcophianthus sertus
(d'ap. Lesson).

Sarcophianthus (Lesson) (fig. 780) a la colonne étroite, lisse en bas, squameuse en haut; le pied et le péristome notablement plus larges que la colonne; ce dernier, relevé au bord et bilobé; les tentacules nombreux, en forme de massue courte et grosse et garnis de petits lobules terminés chacun par un crochet (ou peut-être par une ventouse). En dehors de ces tentacules se trouve un cycle de tentacules moins apparents, laciniés et en forme de palmettes multifides (18^em; Médit., Polynésie).

Ce dernier genre forme pour Andres une sous-famille [*Sarcophianthidæ*].

ACTINÆ DUBIÆ

Nous réunissons ici un certain nombre de formes trop incomplètement décrites pour que leur synonymie ou leur place dans la classification ait pu être établie. Nous en empruntons la liste en grande partie à ANDRES, en donnant le caractère principal de chaque genre.

Lepactis (Bruguière) à colonne écailleuse,
Tetractis (Bruguière) à colonne quadrangulaire,
Spiractis (Quoy et Gaymard) à colonne spirale,
Acëractis (H. Milne-Edwards) dépourvu de tentacules,
Tilesia (H. Milne-Edwards) à péristome muni de 3 bourrelets saillants,
Orinia (Duchassaing et Michelotti) à péristome percé de pores,
Dendractis (Tilesius) à tentacules ramifiés,
Petalactis (Lesson) à tentacules aplatis,
Physobrachia (Sav. Kent) à tentacules vésiculeux au bout (Australie),
Stomphia (Gosse), à bouche très large et présentant d'après son auteur des caractères intermédiaires
   à *Bunodes* et à *Sagartia*, mais sans verrues ni aconties, appartient peut-être aux *Paractinæ*.

APPENDICE
POLYPARIUM AMBULANS
(FIG. 781 ET 782)

Vu l'incertitude de ses affinités, nous plaçons ici, en appendice aux Actinies, cette forme curieuse qui a été observée une seule fois par A. KOROTNEV [86, 87] en Malaisie, entre les îles Billiton et Mendanao, dans les produits d'un dragage à profondeur assez grande.

Polyparium (Korotnev) (fig. 781 et 782), se présente, à l'état d'extension, sous la forme d'un Ver long de 7^cm, large de 25^mm sur 8^mm environ d'épaisseur. Les deux extrémités sont identiques et progressivement effilées, l'épaisseur et la largeur indiquées étant celles de la partie moyenne du corps. Il rampe sur une de ses faces qui constitue une *sole plantaire* aplatie, considérée comme ventrale, tandis que la partie dorsale est régulièrement convexe. Ce prétendu Ver n'a rien de commun

avec ces animaux, sauf la forme générale et l'aspect à distance; il n'a
ni bouche ni anus et, examiné de près, montre les particularités suivantes. La surface dorsale est hérissée de papilles volumineuses, ovoïdes,
percées au sommet d'autant d'orifices que l'auteur appelle des *bouches*,
mais qu'il est préférable d'appeler *ostioles*. Ces *papilles ostiales* présentent
un certain arrangement sub-régulier. Dans le sens longitudinal, l'irrégularité est complète, mais dans le sens transversal elles sont ordonnées
en séries successives (¹). Il y a 6 à 7 papilles ostiales dans chaque série
transversale.

La sole plantaire est divisée par deux bandes longitudinales en trois
zones, une médiane et deux latérales, celles-ci à peu près moitié moins
larges chacune que la médiane(²). Elle est garnie de *papilles adhésives*,
véritables *ven-
touses* portées
par un tuber-
cule saillant.
Ces ventouses
sont de même
ordonnées plus
ou moins régu-
lièrement en sé-
ries transver-
sales corres-
pondant à celles
des papilles os-

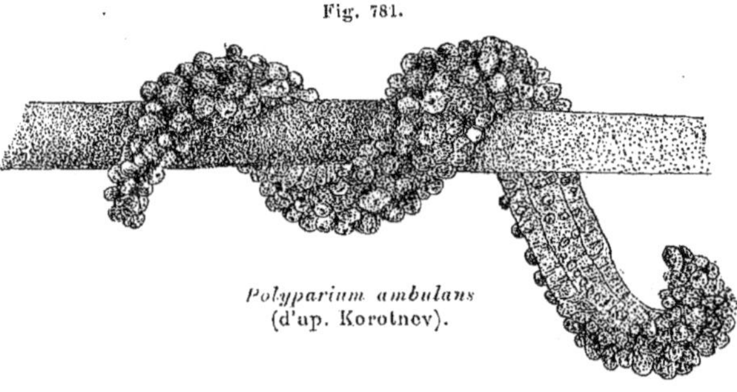

Fig. 781.

Polyparium ambulans
(d'ap. Korotnev).

tiales du côté dorsal : il y en a en général trois dans la zone médiane
et deux dans chacune des zones latérales, donc à peu près autant en
tout que de papilles ostiales dans la série dorsale correspondante. Les
séries transversales de ventouses sont séparées plus nettement que celles
des papilles ostiales, par des sillons transversaux assez apparents, surtout après l'action de l'alcool.

Intérieurement, (fig. 782) le corps est creux et divisé en compartiments par des cloisons transversales complètes qui s'insèrent tout autour
à la paroi du corps. Avec l'auteur, nous appellerons ces compartiments
des *loges*. Ces loges, comme celles des Actinies, sont limitées chacune
par deux *cloisons* qui lui appartiennent en propre, en ce sens que la
cloison d'une loge ne lui est pas commune avec la loge voisine, mais
qu'il y a entre deux loges deux cloisons, et ces cloisons sont séparées

----

(¹) Dans chaque série leur disposition est passablement irrégulière. Elles sont clairsemées
sur le milieu du dos et d'un côté; mais en approchant du bord opposé elles deviennent de plus
en plus serrées, jusqu'à former, le long même de ce bord, une vraie palissade.

(²) L'une des bandes latérales est limitée, à l'opposé de la bande médiane, par un rebord
saillant qui la sépare nettement de la face dorsale; l'autre au contraire, celle qui correspond
au côté où les papilles ostiales se forment en palissade, se continue insensiblement avec cette
dernière.

par un étroit intervalle qui est une *interloge*, tout comme chez les Actinies.

Mais une différence capitale avec la disposition qui existe chez ces dernières, est que les cloisons sont complètes, ne laissent point une partie axiale libre et que les loges ne communiquent point entre elles pas plus qu'avec les interloges. Les cloisons sont percées cependant de nombreuses perforations, mais qui sont des *orifices septaux* comparables aux organes homonymes des Actinies, et permettant aux liquides de se mouvoir dans toute l'étendue du corps ([1]).

Les papilles ostiales sont creuses et s'ouvrent, d'une part, à leur sommet, au dehors, d'autre part, à leur base, dans la loge sous-jacente.

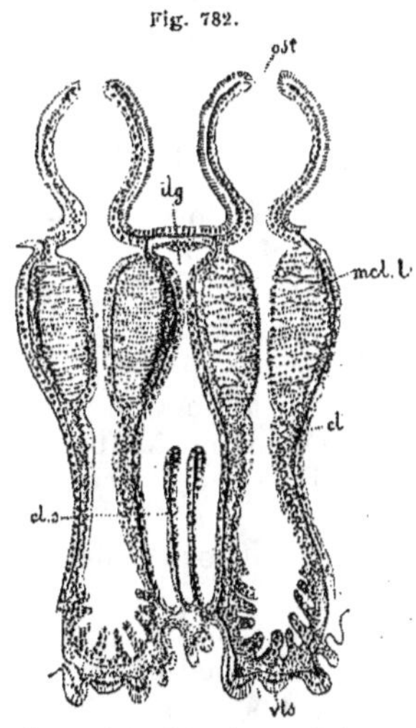

Fig. 782.

Coupe de *Polyparium ambulans*
(d'ap. Korotnev).

cl., cloisons; cl. s., cloisons en voie de formation; ilg., interloges; mcl. l., muscles longitudinaux; ost., ostioles; vts., ventouses.

Chaque série correspond à une loge et établit pour elle six à sept communications avec le dehors. De même, les papilles adhésives de la sole plantaire correspondent aux loges, et même chacune semble correspondre à une papille ostiale. Ces ventouses, d'ailleurs, ne sont pas perforées et n'ont qu'une minime cupule centrale.

La structure des parois du corps est exactement la même que chez les Actinies : ectoderme, avec ses couches nerveuse et musculaire, cette dernière longitudinale et incrustée dans la mésoglée ([2]); lame mésogléenne, avec fibrilles et cellules étoilées, émigrées évidemment des couches voisines; endoderme avec rares fibrilles musculaires, longitudinales aussi et formant, au niveau des ventouses, des saillies épithéliales très accentuées qui ont peut-être un rôle dans la digestion.

Seule, la structure des cloisons présente une différence importante avec celle des mêmes organes chez les Actinies. Les deux faces sont musculaires et, comme chez les Actinies, la face interloculaire n'a que des muscles peu saillants, tandis que la face loculaire présente deux gros bourrelets musculaires très saillants dans la cavité. Mais, ici, les muscles septaux saillants sont transversaux et vont horizontalement d'un bord à l'autre de la paroi du corps, perpendiculairement au plan sagittal qui irait d'un bout à l'autre

---

([1]) Ces orifices septaux sont ovales, bordés d'une lèvre saillante et semblent pourvus d'un sphincter.

([2]) A la face plantaire, l'ectoderme est surtout glandulaire et parsemé d'éléments sensitifs, principalement sur les ventouses.

de l'animal en passant par le milieu du dos et de la face plantaire; les muscles des faces interloculaires sont au contraire verticaux, allant du dos à la sole. Ces muscles sont donc disposés comme chez les Actinies, en ce qui concerne leur structure et leur disposition par rapport aux cloisons et aux loges, mais inversement en ce qui concerne leur direction par rapport à la paroi du corps et aux axes de l'animal.

Nous verrons l'intéressante explication que donne HAACKE [88] de cette particularité.

On n'a trouvé ni entéroïdes, ni aconties, ni gonades.

Dans les interloges se trouvent des couples de cloisons en voie de formation (fig. 782, *cl. s.*), qui naissent de la face plantaire, peu à peu grandissent, montent vers la face dorsale où, sans doute, une fois complètes, elles se mettent en relation avec le dehors par une série transversale d'ostioles de nouvelle formation.

L'accroissement est donc intercalaire et interloculaire, comme chez les Actinies.

La *physiologie*, ou du moins le peu qu'on en sait, est fort simple. L'animal rampe sur sa face plantaire, s'enroule volontiers autour des objets saillants et se contracte quand il est inquiété. Évidemment, ses papilles ostiales lui servent à l'introduction des aliments ainsi qu'à la sortie des déchets. La disposition transversale de droite à gauche des puissants muscles unilatéraux des cloisons permet à l'animal de s'allonger, mouvement nécessaire pour la reptation, et en même temps ils donnent aux loges une forme plus sphérique aux dépens de la cavité des interloges, ce qui doit faciliter l'alimentation.

L'*interprétation* de cet organisme et ses *affinités* sont fort difficiles et ont donné lieu à diverses hypothèses.

KOROTNEV [87] considère le *Polyparium* comme comparable à une bande de Méandrine. Supposons qu'une Actinie simple se mette à bourgeonner de nouveaux individus à la file. Si les individus de la colonie sont suffisamment rapprochés, il arrivera, comme chez la Méandrine, que les tentacules seront rejetés sur les côtés en deux files parallèles. C'est là, sur les bords du corps, que seraient les tentacules du *Polyparium;* mais, devenus inutiles par suite de la vie libre, ils ont disparu. De même, l'absence de pharynx invaginé dans les papilles ostiales, qui représentent les bouches des individus de la colonie, permet aux cloisons de grandir vers l'axe et de se rejoindre au centre. Les diverses particularités de l'organisation interne doivent ainsi être considérées comme la conséquence d'un petit nombre de modifications primordiales : la vie libre, le bourgeonnement linéaire et l'absence de stomodæum. Le point faible de cette théorie est que l'auteur considère les ostioles comme autant de bouches. Or ce ne sont point des bouches, ainsi que le montre l'absence de l'organe essentiel, le pharynx invaginé, mais, ainsi que l'a montré EHLERS [87], des *stomidies*, c'est-à-dire des orifices de tentacules abortifs faisant fonction de bouches.

E. Perrier [88] voit dans le *Polyparium* une colonie d'individus élémentaires plus ou moins étroitement unis entre eux. Chaque papille ostiale, avec sa ventouse et la portion de loge correspondante, représente un individu. Les individus d'une même série transversale sont fusionnés entre eux jusqu'à n'avoir plus qu'une cavité gastrique commune, tandis que ces petites colonies transversales se soudent les unes aux autres en série linéaire sans fusionner leurs cavités. Il suffit de considérer le mode de formation des nouvelles séries transversales par une couple de cloisons sans trace de subdivision, pour comprendre que ces séries ne sont point décomposables en individus, sinon d'une manière purement spéculative. Si chaque tentacule est un individu, chaque loge d'une Stichodactyline représente donc plusieurs individus; de même aussi alors chaque branche des tentacules des formes à tentacules ramifiés comme *Actinodendron*. C'est une pure vue de l'esprit; car, lorsqu'on cherche dans l'embryogénie ou ailleurs les traces d'un stade moins avancé de cet extrême fusionnement, on ne les trouve nulle part, et plus les organes sont jeunes, plus au contraire est intime la fusion de leurs parties. La formation des tentacules n'est pas le résultat d'un processus de fusionnement, mais au contraire d'un processus de démembrement.

Ehlers [87] compare, comme nous l'avons indiqué, et sans doute avec raison, les papilles ostiales aux stomidies de formes, telles que *Corallimorphus* ou *Liponema*, et pense que le *Polyparium* peut être une de ces formes, dites *paranomales*, provenant de l'intervention de conditions spéciales. Ce n'est peut-être qu'un morceau du corps d'une Actinie des grands fonds, gigantesque et à stomidies, séparé par un coup de dents de Poisson ou par un coup de pince de Crabe, qui a soudé et cicatrisé la section et s'est arrangée de cette condition nouvelle pour vivre comme elle pouvait avec les organes qui lui restaient. La sole serait une portion de la colonne avec des verrues adhésives, le dos une portion du péristome, le bord où les stomidies se pressent en palissade correspondant au bord externe du péristome et celui qui porte un rebord au bord oral. L'absence de gonades donne quelque appui à cette manière de voir.

Mais l'opinion qui semble la mieux assise, parce qu'elle explique le plus naturellement les diverses particularités de la structure, est celle de Haacke [88]. D'après lui, le *Polyparium* représente une Actinie simple, unique, qui s'est modifiée de la façon suivante. Le corps s'est fortement développé en largeur, de manière à rester très bas du pied au péristome, très court d'avant en arrière, mais très long d'un côté à l'autre. Par suite de cette modification, le pied circulaire est devenu la sole plantaire, les deux sillons de cette sole (qui se rejoignent aux extrémités) proviennent d'un sillon pédieux circulaire allongé en une ellipse extrêmement excentrique; la face dorsale représente un péristome dont la bouche centrale a disparu et dont les tentacules, conformés en stomidies, se sont multipliés là où ils ont trouvé de la place, c'est-à-dire sur les côtés. Enfin, et c'est là le point le plus remarquable de la complication, les cloisons diamétralement opposées se sont étendues l'une vers l'autre et soudées, non par leur bord interne, mais par l'extrémité axiale de leur bord inférieur, laquelle s'est accrue ensuite vers le haut jusqu'à rejoindre le péristome. Il est résulté de là un mouvement de rotation par suite duquel le bord interne, primitivement vertical, est devenu horizontal supérieur et s'est soudé au péristome. Les muscles unilatéraux, primitivement verticaux comme le bord interne de la cloison, ont suivi la rotation de celui-ci et sont devenus horizontaux. A l'appui de cette idée, vient le fait que ces muscles sont interrompus au milieu, suivant une ligne verticale correspondant à la soudure des deux cloisons opposées. Par suite du même mouvement, les muscles horizontaux des faces interloculaires sont devenus verticaux. Ainsi, les bords prétendus latéraux du *Polyparium* sont, en réalité, l'un antérieur et l'autre postérieur, et les extrémités sont l'une droite et l'autre gauche.

Une observation à faire pourrait permettre de vérifier cette théorie : si elle est vraie, on doit trouver au milieu du corps une loge représentant la fusion des deux directrices et que l'on reconnaîtra à ce que ses cloisons auront leurs muscles saillants sur la face interloculaire (7^{cm} de long sur 25^{mm} de large et 8^{mm} de haut; Malaisie, dans un dragage profond.)

2e SOUS-ORDRE

HEXACORALLIDÉS. — *HEXACORALLIDÆ*

CORAUX; — *p. p.* MADRÉPORAIRES; — *p. p.* MADREPORARIA
(H. Milne-Edwards et J. Haime);
ZOANTHAIRES SCLÉRODERMÉS; — *p. p.* ZOANTHARIA SCLERODERMATA
(Edwards et Haime);
HEXACORALLIAIRES; — *HEXACORALLA* (Häckel)]

TYPE MORPHOLOGIQUE
(Pl. 60 à 62 et FIG. 783 à 832)

Les Coralliaires, au sens restreint où ils sont compris ici, c'est-à-dire en éliminant de l'acception primitive de ce terme les polypiers *Rugueux*, *Rugosa*, qui forment un groupe tout différent et les *Tabulés*, *Tabulata*, dont nous avons expliqué ailleurs le démembrement, peuvent être définis des *Actinies à polypier*. Ce sont en effet des Actinies, non pas seulement au sens large, en y comprenant comme on le fait souvent les Zoanthes, les Cérianthes et les diverses formes inférieures ou exceptionnelles où les cycles de loges et de tentacules sont plus ou moins aberrants, mais des Actinies normales à loges et tentacules disposés en cycles par 6 ou multiples de 6, telles qu'elles sont définies dans le type morphologique des Hexactinidés (Voir page 459 et suivantes).

A l'état d'oozoïte solitaire, l'Hexacorallidé n'est rien autre chose qu'une telle Actinie avec addition d'un squelette calcaire constituant le *polypier* (**60**, *fig*. 2). Il y a donc deux choses dans notre animal : le parties molles et un squelette. Il s'en faut de beaucoup qu'on ait étudié les parties molles de tous les Hexacorallidés actuels (les innombrables fossiles qui se rapportent à ce groupe, se soustrayant naturellement à toute étude de ce genre) ; mais jusqu'ici aucun indice n'autorise à dire qu'il peut y avoir des Hexacorallidés, dont les parties molles soient constituées autrement et se développent d'une autre façon que dans l'Actinie normale. Nous pouvons donc laisser entièrement de côté toute description de ces parties molles, tant au point de vue embryogénique qu'à celui de la constitution anatomique et de la structure histologique (**¹**).

Il y a cependant certaines différences, fort importantes même, dans la disposition architecturale des parties molles ; mais ces différences ne sont ni essentielles ni primitives : elles résultent exclusivement de l'intrusion du polypier dans les parties molles, et consistent dans des refoulements et des subdivisions des cavités normales par les saillies du polypier ; ainsi, elles n'ont pas d'existence propre, d'autonomie en quelque sorte, elles sont les effets purement mécaniques de la présence du polypier et ne peuvent être décrites que parallèlement à l'étude du polypier dont elles dépendent. Nous pouvons donc les laisser ici entièrement de côté.

Il en est ainsi, disons-nous, pour l'individu simple, pour l'oozoïte. Mais, tandis que chez l'Actinie l'oozoïte reste isolé, ici il se multiplie activement par blastogenèse et donne naissance à des colonies très nombreuses et extrêmement variées de forme et de structure. Parmi les Actiniaires malacodermés, il n'en est ainsi que chez les Zoanthes ; mais les Zoanthes ont, comme nous le verrons, une constitution anatomique fort différente de celle des Actinies normales, et ce n'est pas à eux qu'il est possible de rattacher les colonies d'Hexacorallidés. C'est donc un trait nouveau, s'ajoutant ici à la constitution de l'Actinie normale qui nous sert de point de départ.

Nous aurons donc à traiter dans le type morphologique deux points principaux : le squelette ou polypier de l'oozoïte, puis la formation des colonies, sans nous occuper des parties molles autrement que pour bien marquer leurs rapports avec le squelette calcaire qu'elles forment et qui les déforme (**²**).

(¹) Signalons cependant le fait que, chez quelques genres, *Mussa, Lophohelia, Euphyllia*, il n'y a pas de loges directrices, en ce sens que les 2 loges sagittales ont leurs faces loculaires musculaires comme les autres loges.

(²) Cette conformité de structure entre les parties molles d'Hexacorallidés et celles des Actinies normales, est si étroite que bien des auteurs, en particulier E. Van Beneden [98] y voient l'indice d'une parenté non moins étroite et, pour en tenir compte dans la classification, fondent les Hexacorallidés ou Hexactinidés à squelette, Sclérodermés, avec les Hexactinidés mous ou Malacodermés, et les interposent par conséquent entre ceux-ci et les Zoanthidés et Cérianthidés,

Oozoïte solitaire.
(Pl. 60.)

Polypier chez l'adulte. — Le polypier de l'oozoïte solitaire ou, ce qui revient au même, d'un individu isolé d'une colonie, est ce que H. MILNE-EDWARDS appelle un *polypiérite* (¹). Pour avoir l'occasion de décrire toutes les parties pouvant se rencontrer dans un polypiérite, nous supposerons un être idéal, dont le polypier contiendrait toutes ces parties, bien que certaines d'entre elles ne se rencontrent jamais associées, comme les synapticules et les palis par exemple. Nous sommes d'autant plus autorisés à faire ainsi, qu'il s'agit là simplement de non-existence simultanée et non d'incompatibilité vraie, anatomique ou physiologique.

Il est commode, pour la compréhension des choses, de distinguer dans le polypier trois sortes de parties : les unes, horizontales ou transversales, s'étendant parallèlement à la base, les autres verticales, perpendiculaires à cette base et se subdivisant elles-mêmes en axiales, radiaires et tangentielles, les premières suivant l'axe du corps, les secondes disposées en lames convergentes à la manière des cloisons du Polype, les dernières formant des lames circulaires parallèles à la colonne ou au pharynx du Polype. Nous ne suivrons pas cependant cet ordre dans l'énumération des parties, parce que cela nous entraînerait à décrire des parties secondaires avant les parties principales, et suivrons plutôt un ordre physiologique.

Muraille. — La muraille ou *thèque* (*theca*) (**60**, *fig. 1*, *mr.*), est une formation tangentielle disposée comme la colonne dans le Polype. C'est

---

tandis que les anciens auteurs plaçaient au contraire les Zoanthes et les Cérianthes avec les Actinies vraies, avant les Sclérodermés. Nous avons longtemps hésité à suivre cet exemple, pour deux raisons : d'abord, parce qu'il nous paraissait fâcheux, pour la clarté de l'exposition dans un livre didactique, de séparer l'étude des Actinies vraies de celle des Zoanthes et des Cérianthes qui en sont, en somme, si voisins, par celle de l'immense groupe des Hexacorallidés ; ensuite et surtout parce qu'il nous semblait peut-être exagéré de réduire à si peu l'importance du squelette chez les Anthozoaires, quand dans d'autres groupes, tels que les Spongiaires, on lui en donne une si grande que l'on a refondu, d'après ses caractères, toute l'ancienne classification fondée sur la constitution des parties molles. Cependant, tout compte fait, il nous a paru préférable de traiter des Sclérodermés tout de suite après les Actinies molles normales et avant les groupes des Zoanthes et des Cérianthes qui en sont, anatomiquement, si différents. Mais pour le reste de la classification, nous n'avons pas cru devoir suivre les innovations de Van Beneden.

Voici la classification de E. VAN BENEDEN [98] à laquelle nous faisons allusion :

$$ANTHOZOA = SCYPHOZOA \begin{cases} ZOANTHACTINIARIA \\ OCTACTINIARIA \\ SCYPHACTINIARIA \end{cases} \begin{cases} ZOANTHINARIA \\ HEXACTINIARIA \begin{cases} Madreporaria. \\ Actiniaria. \end{cases} \\ CERIANTHIPATHARIA \begin{cases} Ceriantharia. \\ Antipatharia. \end{cases} \\ SCYPHOMEDUSA \\ RUGOSA \end{cases}$$

(¹) Tandis qu'il appelle *polypiéroïde* le squelette des formes, nombreuses chez les Octanthides, où les spicules ne se soudent pas et donnent seulement une certaine coriacité aux parties molles.

une épaisse lame de forme cylindrique, ou plus souvent tronc-conique, à grande base supérieure, limitant une large cavité centrale cylindrique, ou plus souvent évasée vers le haut et que l'on appelle le *calice* du polypier (¹). Parfois, elle porte de petits prolongements calcaires tubuleux qui, partant de sa partie inférieure, l'attachent au support et que l'on appelle les *radicelles* (²).

Sole. — La *sole* ou *base* (*basis*) (**60**, *fig. 1, so.*), est une lame horizontale qui ferme en bas l'ouverture inférieure de la muraille et se soude au bord inférieur de celle-ci. Elle est en contact immédiat avec le support,

----

(¹) La muraille peut présenter bien des variétés de formes : elle peut s'étaler en un disque horizontal plan ou même légèrement convexe vers le haut (*Fungia*), s'élever en cornet (*Turbinolia*), se comprimer en prisme (*Columnaria*) ou en éventail (*Flabellum*), etc., ; elle peut enfin être rudimentaire ou même manquer (divers *Thamnastræinæ*).

(²) On ne trouve nulle part de renseignements sur la nature et la signification de ces

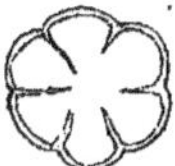

Fig. 783.

Très jeune polypier de *Flabellum* ne présentant encore que 6 septes, vu de dessus (d'ap. Lacaze-Duthiers).

Fig. 784.

Polypier de *Flabellum* commençant à s'incurver (d'ap. Lacaze-Duthiers).

Fig. 785.

Polypiers de *Flabellum* jeune, pendant la formation du prolongement latéral (d'ap. Lacaze-Duthiers).

a., prolongement latéral.

Fig. 786.

Polypier de *Flabellum* ayant reconstitué sa muraille au-dessus du prolongement latéral (d'ap. Lacaze-Duthiers).

radicelles. Mais les recherches de H. de Lacaze-Duthiers [97] sur le développement du *Flabellum* permettent peut-être de deviner leur origine. Chez le Flabellum tout jeune et n'ayant encore que 6 septes, le calice est entièrement symétrique (fig. 783). Mais à ce moment, on voit se former, dans le plan sagittal, au côté ventral, un allongement du calice qui devient d'abord ovale (fig. 784,) puis s'étire en bec d'aiguière et finalement forme un long processus débordant qui descend jusqu'au support et entre en contact avec lui (fig. 785). Mais plus tard (fig. 786), les nouvelles couches calcaires qui déterminent l'accroissement en hauteur du calice, ferment peu à peu cette lèvre et la raccourcissent progressivement jusqu'à restituer à l'orifice supérieur du calice une forme symétrique par rapport au plan transversal, telle qu'on la voit chez l'adulte (fig. 787). Cette *lèvre calicinale* se trouve de la sorte transformée en une protubérance qui part de la muraille, à une faible hauteur au-dessus de sa base et se dirige en bas vers le sol, formation en tout comparable aux radicelles décrits chez divers Hexacorallidés. S'il en est ainsi, ces radicelles ne seraient donc que des lèvres calicinales ayant existé à un moment chez le jeune, et on devrait trouver à leur intérieur (à moins qu'un dépôt secondaire ne l'ait fait ultérieurement disparaître) une cavité en communication avec la cavité calicinale et contenant un prolongement des septes de la région.

Fig. 787.

Polypier de *Flabellum* et son prolongement (d'ap. Lacaze-Duthiers).

Une cavité, ainsi en communication avec celle du calice, a été trouvée dans les radicelles de divers Hexacorallidés (*Rhizotrochus*) et Tetracorallidés (*Omphyma*).

soudée à lui, et c'est par son intermédiaire que le polypier est fixé. Elle peut cependant ne pas être soudée au support et alors le *polypier* est dit *libre*; cela arrive assez fréquemment dans les formes solitaires, non coloniales, mais il faut bien comprendre que, si le polypier est libre, le Polype n'en est pas moins adhérent par son pied, à la manière des Actinies.

Columelle. — La columelle (*columella*) (**60**, *fig. 1 clm.*) est une formation axiale. C'est une tigelle qui part du centre de la base et monte dans l'axe du calice, sans s'élever en général aussi haut que le bord de la muraille. Sous son expression la plus parfaite, elle est *compacte* et *styliforme* (*Turbinolia*, *Stylopora*). Elle peut cependant devenir *fasciculée*, c'est-à-dire formée d'un faisceau de tigelles arrondies (*Caryophyllia*), ou *lamelliforme*, c'est-à-dire formée d'un faisceau de tigelles aplaties en lamelles (*Sphenotrochus*), sans cesser d'être pour cela une *columelle vraie* ou *columelle essentielle* (*columella propria*), c'est-à-dire une formation autonome. Mais nous verrons qu'il existe, à titre de dépendance des septes, des *pseudocolumelles* de constitution variée. Beaucoup plus souvent que la muraille, la columelle peut manquer.

Septes. — Les septes (*septum*, *septa*) (**60** *fig. 1*, *spt. I*, *spt. II*,...), ont reçu aussi les noms de *cloisons calcaires* ou simplement de *cloisons*, *scléroseptes*. Parmi ces diverses dénominations, la plus claire est celle de *scléroseptes* opposée à celle de *sarcoseptes*, désignant les replis mésentéroïdes du Polype. Mais ces termes sont un peu longs et la distinction est suffisamment établie en employant rigoureusement, comme nous l'avons fait, le nom de *cloisons* pour les cloisons molles du Polype et celui de *septes* pour les cloisons calcaires du polypier. Les septes sont les parties les plus importantes du polypier. Ce sont des lames verticales radiaires, partant de la muraille et se dirigeant vers l'axe sans l'atteindre (sauf exceptions qui seront signalées en temps et lieu) ([1]). Ils ont donc un bord externe soudé à la muraille, un bord interne libre, une extrémité inférieure étroite partant de la base et une extrémité supérieure, généralement élargie, libre à l'entrée du calice. Son bord libre est tantôt *lisse* et *tranchant* ou *épaissi*, tantôt *denté*, *crénelé*, *denticulé*, *échinulé*, selon la forme et la profondeur des découpures de son bord libre. Le septe est dit *exsert* ou *débordant* quand ce bord libre s'élève au-dessus de celui de la muraille.

Ses faces présentent d'ordinaire des *sillons*, les uns *longitudinaux*, parallèles au bord libre interne, les autres *transversaux* parallèles au bord libre supérieur et, le plus souvent, des *granulations*, sortes de petites tubérosités plus ou moins saillantes, sans compter les parties pouvant

---

([1]) Normalement les septes sont tous indépendants les uns des autres, et s'ils s'unissent, c'est par des pièces surajoutées, les *synapticules*, ainsi que nous le verrons bientôt. Mais parfois certains d'entre eux s'incurvent vers leurs voisins et se joignent à eux à leur extrémité interne. On les dit alors *conjoints* ou *anastomosés* et il en résulte une disposition *pinnée*; ceux qui se détournent ainsi, s'unissent comme les barbes d'une plume à ceux qui sont restés droits (Ex.: *Balanophyllia*).

provenir du développement de ces granulations et qui sont décrites un peu plus loin.

Les septes sont nombreux dans le polypier et disposés d'une façon régulière qui rappelle la symétrie hexamérique du Polype. Il y a d'abord un 1ᵉʳ cycle de 6 grands septes de 1ᵉʳ ordre (**60** et **61**, *fig. 1, spt.*), égaux entre eux, divisant le calice en autant de compartiments semblables. Dans leurs intervalles se trouve un second cycle de 6 septes un peu moins grands de 2ᵉ ordre (*spt.* II), déterminant avec les précédents 12 intervalles égaux ; dans ces 12 intervalles sont 12 septes de 3ᵉ cycle un peu moindres encore (*spt.* III) ; dans les 24 intervalles, 24 septes de 4ᵉ cycle encore plus petits, égaux et équidistants et ainsi de suite, sans que le nombre des cycles puisse jamais s'élever bien haut.

On voit d'emblée que cette disposition est conforme à celle des tentacules du Polype et non à celle de ses cloisons qui, elles, vont par couples. Cela seul suffirait à faire deviner que les septes ne correspondent pas aux cloisons et ne sont pas logés dans leur intérieur. Sans entrer encore dans la description des rapports du Polype et du polypier, nous pouvons dire, pour fixer les idées, que les septes, correspondant aux loges et aux interloges, sont contenus au milieu des loges et des interloges et correspondent par conséquent aux tentacules loculaires et interloculaires, qui eux-mêmes surplombent les loges et les interloges. Tous les cycles de septes, sauf le dernier, sont loculaires et correspondent à l'axe des loges (**61**, *spt.* I, *spt.* II) et aux tentacules loculaires, tandis que les septes du dernier cycle, en nombre égal à la somme de ceux des autres cycles réunis, sont interloculaires, situés dans l'axe des interloges et correspondent aux tentacules interloculaires.

Aux septes se rattachent, à titre de formations dépendantes, un grand nombre des parties qui entrent dans la constitution du polypier : les *côtes*, les *palis*, les *synapticules*, les *dissépiments*, les *pseudocolumelles* et les *pseudothèques*.

Côtes. — Les côtes (*costæ*) (**60** et **61**, *fig. 1, co.*), formations fréquentes mais non constantes, tant s'en faut, peuvent être définies : la portion extra-murale des septes. Les septes, en effet, ne se forment pas après la muraille et à titre d'apophyses de celle-ci ; ils apparaissent avant elle, et quand la muraille se montre, elle peut se former soit en dehors des septes, auquel cas il n'y a pas de côtes, soit un peu en dedans de leur extrémité externe, et c'est alors cette extrémité extra-murale des septes qui constitue les côtes. Les côtes correspondent donc rigoureusement aux septes (¹) et ne sont pas surajoutées à la muraille en dehors des

---

(¹) Il y a cependant quelques rares exceptions à cette règle : chez *Stephanophyllia, Micrabacia, Leptopenus*, etc., les côtes alternent avec les septes comme si elles s'étaient fendues et réassociées deux à deux dans les intervalles qui les séparaient ; chez *Dasmia*, il n'y a qu'une côte pour trois septes. Bourne [88] pense que, dans ce cas, les côtes ne sont plus le prolongement des septes, mais sont une formation indépendante produite par l'exosarque (Voir plus loin, page 563).

septes, mais en continuité avec ceux-ci à travers la muraille. Normalement, les côtes sont moins développées que les septes correspondants. Il y a cependant des exceptions (*Acervularia, Aulophyllum*), dans lesquels la côte, principalement au dernier cycle, est bien développée, tandis que le septe correspondant est rudimentaire; mais on ne voit jamais côte et septe également bien développés : il y a entre ces deux parties une sorte de contre-balancement. La côte est aussi moins compliquée de structure que le septe, étant souvent lisse quand celui-ci a son bord denté ou crénelé. Quand la muraille est absente ou à peine indiquée, on peut donner à l'ensemble continu du septe et de la côte, le nom de *lame septo-costale* (*Thamnastræa, Polyphyllia*).

Palis. — Les palis (*palus* au pluriel *pali, palulus*) (**60** et **61** *fig. 1*, **pa.**), sont des tigelles verticales annexées aux septes et situées en dedans d'eux, entre leur bord interne et la columelle; chacun se rattache en bas au bord interne du septe correspondant à la manière d'une apophyse, mais s'en sépare bientôt pour monter le long de ce bord, et sans plus se souder à lui. Le pali se distingue en outre par son épaisseur plus grande et, en général, par le développement plus grand des granulations dont il est orné.

Les palis sont une formation pas très commune dans les Hexacorallidés, et, dans les espèces où on les rencontre, il n'y en a jamais à tous les septes. Leur distribution suit une règle fixe qui a été découverte par H. MILNE-EDWARDS et J. HAIME [57]. Si le nombre des cycles de septes est n et si l'on désigne ces cycles par leurs numéros d'ordre n, $n-1$, $n-2$, $n-3$,..... 3, 2, 1 (n étant le cycle le plus élevé, formé par les septes les plus jeunes et les plus petits), on constate que :

1° Le cycle n n'a jamais de palis ([1]);

2° S'il n'y a qu'une couronne de palis, elle appartient aux septes $n-1$;

3° S'il y en a plusieurs, les autres appartiennent aux septes $n-2$, $n-3$, etc.; et cet ordre est rigoureux en ce sens que jamais un cycle de septes n'a de palis, si un autre cycle plus voisin du cycle n en est privé.

Ainsi, le nombre des couronnes de palis est au plus égal à $n-1$: un polypier à 5 cycles ne peut avoir que 4 couronnes de palis au plus, et elles seront sur les cycles 4, 3, 2 et 1. Mais il peut en avoir moins; s'il n'y en a que 3, elles seront sur les cycles 4, 3 et 2; s'il n'y en a que 2, sur les cycles 4 et 3; s'il n'en reste qu'une, ce sera celle du cycle 4.

On devine d'avance que, dans le développement, cette loi ne peut se maintenir qu'au moyen de mutations, et c'est H. DE LACAZE-DUTHIERS [97] qui a eu le mérite de les découvrir.

Synapticules et *pseudosynapticules*. — Les synapticules (*synapticulæ*), (**61**, *fig.* 2, **syp.**) sont des formations transversales non constantes, se

---

([1]) Il y a cependant deux exceptions à cette règle : elles sont fournies par les genres *Leptocyathus* et *Heterocyathus*.

rencontrant seulement dans quelques groupes (ceux des Fongies, normalement, et éventuellement, des Eupsammies). Ce sont des tigelles s'étendant entre les faces adjacentes des septes voisins (fig. 788). Si l'on suppose que certaines des *granulations* qui ornent ces faces s'accroissent jusqu'à se rencontrer d'un septe à l'autre au milieu de l'espace interposé, on aura l'idée d'un synapticule. Ce ne sera cependant pas un vrai synapticule, et nous le nommerons avec PRATZ [82] un *pseudosynapticule*. Le *synapticule vrai* ne diffère en rien du précédent par la configuration macroscopique; mais, histologiquement, il s'en distingue par le fait qu'il contient un ou plusieurs centres propres de calcification, complétant la tigelle commencée aux deux bouts par l'accroissement des granulations septales, tandis que le pseudosynapticule est tout entier formé par la soudure de granulations opposées. D'ailleurs il faut bien comprendre : 1° que les synapticules peuvent être et sont en général plus gros que les granulations ordinaires, soit qu'ils soient formés par de grosses granulations, soit que plusieurs granulations s'associent pour les former; 2° que les synapticules sont bien moins nombreux que les granulations, car il n'y a qu'un petit nombre de celles-ci qui se développent en synapticules.

La disposition des synapticules est variable : ils forment en général une ou plusieurs séries ascendantes, mais peuvent être irrégulièrement disséminés.

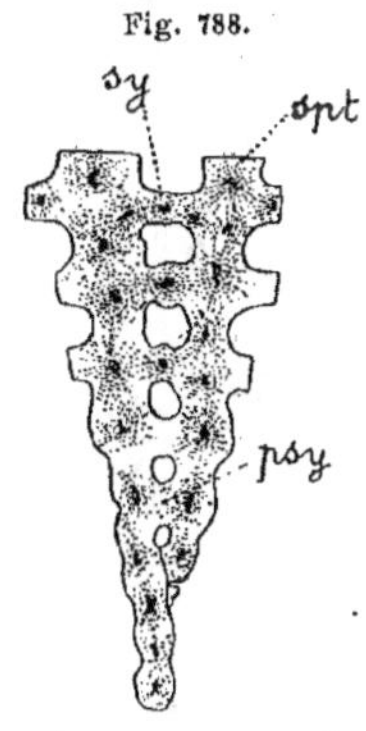

Fig. 788.

Coupe transversale de deux septes réunis par des synapticules qui présentent un centre de calcification et par des pseudosynapticules qui en sont dépourvus (d'ap. Ogilvie).

psy., pseudosynapticules; **spt.**, septes; **sy.**, synapticules.

Carènes. — Les carènes (*carinæ*) sont des formations d'importance secondaire, que nous rapprochons des synapticules parce qu'elles ont une origine analogue. Ce sont des petites côtes saillantes qui parcourent les faces des septes et qui sont formées aussi par la soudure des granulations, mais sur une même face d'un même septe et non d'un septe au voisin. Ces soudures se font toujours en séries linéaires et souvent dans deux directions différentes, donnant lieu, selon le cas, soit à des *carènes longitudinales*, soit à des *carènes transversales*.

Les carènes peuvent, comme les granulations simples, se souder d'un septe à l'autre, formant ainsi des *carènes synapticulaires*. Les synapticules auxquels prennent part plus d'une granulation à chaque extrémité sont, à proprement parler, des carènes synapticulaires : les lames synapticulaires de *Fungia* en sont un exemple parfait.

Ici doit prendre place la description de deux parties qui, malgré leurs noms, ne sont aussi que des dépendances septales, la *pseudocolumelle* et la *pseudothèque*.

Pseudocolumelle. — Il arrive parfois, qu'en l'absence d'une *columelle vraie* (*columelle styliforme, columella propria*), l'axe du calice est occupé par une dépendance du bord interne des septes, qui forme là une *pseudocolumelle* (*pseudocolumella*). Tantôt, ce sont les septes eux-mêmes qui, égalant le rayon du calice, se joignent au centre où ils forment un faisceau axial de lamelles verticales : c'est alors la *pseudocolumelle septale* (*columella septalis* [Ex.: *Paracyathus*]); ailleurs, les parties axiales des septes formant la pseudocolumelle, au lieu de rester à l'état de lames simples verticales, se divisent en lamelles et trabécules irréguliers, agencés de manière à former une colonne spongieuse et plus ou moins cimentés par un dépôt secondaire : c'est alors la *pseudocolumelle trabeculinaire* (*columella parietalis*) [Ex. : *Dendrophyllia*, *Flabellum*].

Pseudothèque.—Supposons qu'en l'absence de muraille vraie, les septes portent tous, au voisinage de leur bord externe, une forte saillie, et que toutes ces saillies arrivent à se joindre; il en résultera une paroi tangentielle ayant toute l'apparence d'une muraille (fig. 789), bien qu'elle en diffère par son origine : ce sera un pseudothèque (*pseudotheca*) (*ps. th.*). Elle diffère de la vraie muraille (*eutheca*), avec laquelle elle ne coexiste jamais, par ce caractère histologique qu'elle ne possède pas de centres propres de calcification, tandis que la vraie muraille en possède, même quand des saillies des septes contribuent à la former. Chez les *Astræinæ*, les pseudothèques sont fréquentes (¹).

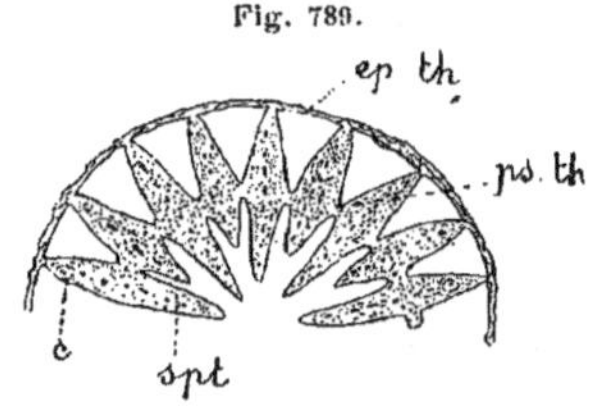

Fig. 789.

Coupe transversale d'un squelette dans lequel la muraille est remplacée par une pseudothèque (d'ap. Ogilvie).

c., côte; **ep. th.**, épithèque; **ps. th.**, pseudothèque; **spt.**, septes.

Endothèque. — À mesure que la muraille et les septes croissent en hauteur, le calice s'approfondit et il surviendrait fatalement un état incompatible avec la profondeur maxima du calice dans l'espèce, si n'intervenait un phénomène correcteur. C'est là la raison d'être des trois formations suivantes, d'ailleurs exclusives les unes des autres : le *dépôt basilaire*, les *planchers* et les *dissépiments*, parfois réunis sous la désignation commune d'*endothèque*.

Dépôt basilaire. — Il est tantôt *continu*, et c'est alors un simple épaississement progressif de la sole du polypier, grâce auquel le fond du calice monte en même temps que ses bords, de manière à maintenir sa profondeur en deçà de certaines limites (*Oculina*); ou bien il est *aréolaire* et formé d'une sorte de réseau rappelant le tissu spongieux des os, et qui envahit le fond du calice et des espaces interseptaux. Même sous cet état aréolaire, ce mode de comblement des calices nécessite une grande dépense de matière sans avantage pour l'animal, inconvénient qu'évitent les modes suivants.

(¹) HEIDER [86] a fondé sur la distinction de la pseudothèque (*pseudotheca*) et de la vraie muraille (*eutheca*) une division des Hexacorallidés en *Pseudothecalia* (*Cladocora*, *Dendrophyllia*, *Rhodopsammia*, etc.,) et *Euthecalia* (*Astroides* et peut-être *Flabellum*), qui n'a pas été acceptée.

Planchers. — Les planchers (*tabulæ*) (**61**, *fig. 4, plch.*) sont des lames horizontales ou plus souvent convexes vers le haut, qui s'établissent successivement, à la fin de chaque période de croissance, à quelque distance au-dessus de la précédente, laissant entre elles et cette dernière un espace vide qu'ont abandonné les tissus mous. Les planchers se soudent en dehors à la muraille et, aux points où ils les rencontrent, aux septes, et, s'il y a lieu, à la columelle et aux palis.

Nous avons vu antérieurement (Voir page 391) que les Polypes pourvus de planchers, d'abord réunis sous le nom de TABULÉS, avaient été, à la suite d'études approfondies sur leur organisation, distribués dans des groupes divers de Cnidaires. Il reste cependant quelques Hexacorallidés vrais pourvus des planchers (*Oculina*, *Turbinolia*, *Stylina*, etc.) et, à ce titre, le plancher reste une partie intégrante du polypier. Les planchers ne sont pas toujours compacts et peuvent former de simples lames vésiculaires ou discontinues.

Dissépiments. — Les dissépiments (*dissepimenta*) (**60**, *fig. 3, dsp.* et **62**, *fig. 2*) sont des planchers incomplets, réduits à la portion marginale interseptale, la portion périaxiale du calice restant libre. Ils sont surtout caractéristiques des Astrées et des genres voisins. Ils peuvent, comme certains planchers, se réduire à des lames incomplètes, sorte de tissu feuilleté de lamelles soudées en un ensemble discontinu, laissant communiquer les espaces qu'ils séparent. Mais s'il en est ainsi sur le polypier, le but physiologique n'en est pas moins atteint, de même que dans le cas des planchers vésiculaires ou discontinus, par le fait que la paroi molle du polype passe sur ces lacunes et les comble, interceptant toute communication avec les espaces situés au-dessous. Cette paroi molle passe de même comme un pont sur la partie périaxiale, laissée libre par les dissépiments, en sorte que ceux-ci, physiologiquement, arrivent au même résultat que les planchers continus.

Épithèque. — L'épithèque (*epitheca*) (**60**, *fig. 1, epth.*) est une formation tangentielle, extérieure à la muraille et parallèle à elle. S'il y a des côtes, elle passe en dehors d'elles, se soudant à leur bord externe, et est séparée par elles de la muraille (*Acervularia*); s'il n'y a pas de côtes, elle peut se souder à la muraille, dont rien dès lors ne la sépare (fig. 790), ou à une pseudothèque (*Goniastræa*), ou former seule la

Fig. 790.

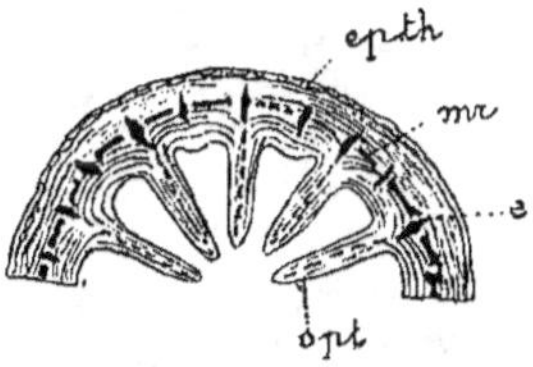

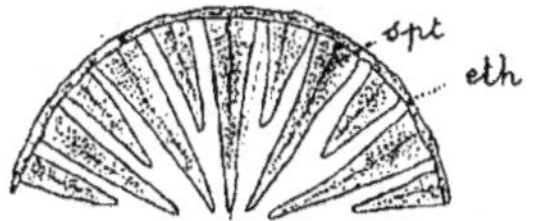

Coupe transversale du squelette
d'une loge (d'ap. Ogilvie).
c., côtes; **epth.**, épithèque;
mr., muraille; **spt.**, septes.

Fig. 791.

Section transversale
d'un polypier chez lequel
la muraille est absente.
Les côtes des septes
rejoignent l'épithèque
(d'ap. Ogilvie).
eth., épithèque; **spt.**, septes.

paroi du calice, la muraille ayant disparu (fig. 791) (*Montlivaultia*). En bas, l'épithèque se continue avec la sole dont elle est une dépendance. On peut dans le cas où elle remplace la muraille, se demander à quoi on la distingue de celle-ci. Cette distinction repose sur ce que l'épithèque est toujours indépendante des septes; quand elle se soude à eux, c'est seulement à leur bord externe et sans confondre sa substance avec la leur, en ce sens que l'on ne voit jamais un même centre de calcification former à la fois une partie de l'épithèque et une partie du septe, à l'endroit de la soudure. Pour la muraille, au contraire, c'est l'inverse, et l'on voit au point d'union le dépôt calcaire provenant d'un même centre former à la fois partie de l'une et de l'autre ([1]).

Telles sont les parties qui se peuvent rencontrer dans un Polypier isolé ou dans l'individu isolé de beaucoup de Polypiers coloniaux. Chez ces derniers, il peut exister encore une autre partie correspondant au sarcosome des parties molles, mais nous ne pourrons utilement la décrire qu'en parlant de ces formes coloniales : c'est le *cœnenchyme* avec les dérivés qu'on a voulu assez inutilement distinguer de lui : *exothèque* et *périthèque*.

Développement du polypier et rapports du Polype et du polypier chez l'oozoïte. — En ce qui concerne le développement, nous n'avons, ici encore, rien à dire des parties molles qui, autant qu'on sache, ne diffère en rien de celui des parties similaires des Actinies molles ([2]). Nous prendrons donc l'animal au moment où va commencer la formation du polypier. Ce moment est celui où la larve vient de se fixer, et nous donnerons à cette larve tous les caractères que nous lui connaissons chez les Actinies molles (Voir page 479).

La sole se forme la première par un dépôt annulaire correspondant à la partie marginale du disque pédieux, puis cet anneau, s'élargissant peu à peu par sa circonférence interne, arrive à former un disque continu. Alors seulement commence la forma-

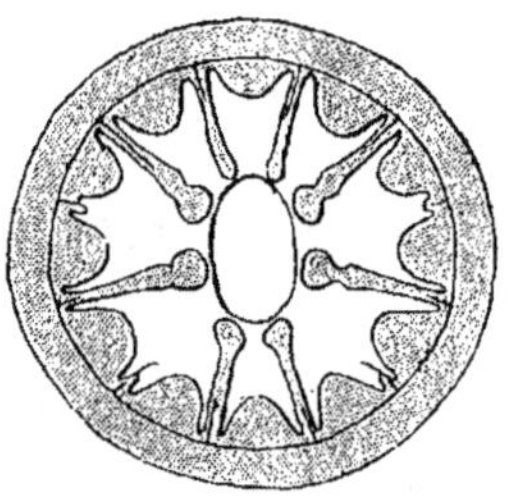

Fig. 792.

Partie orale d'une jeune larve de *Caryophyllia cyathus*, vue par sa face interne pour montrer les procloisons (d'ap. Koch).

([1]) Il est bon de remarquer que la figure classique et si souvent reproduite donnée par Koch [87, pl. IX, fig. 11] est inexacte ou, si l'on préfère, outrageusement schématisée lorsqu'elle représente une épithèque doublant dans toute sa hauteur la muraille. Ainsi que le fait remarquer Bourne [88], aucun Polypier vivant ou fossile n'a jamais présenté une pareille disposition.

([2]) Koch [97] a cependant décrit chez la larve de *Caryophyllia*, avant la fixation et avant toute apparition de squelette, des replis de la cavité gastrique, purement endodermiques (sans lame mésogléenne), qui précèdent les cloisons (sauf les deux premières paires), mais qui ne leur correspondent pas, bien qu'ils soient également au nombre de 12, car les cloisons vraies se montrent entre eux et sans alternance régulière. Koch appelle ces replis les *procloisons* (Vorsepten) (fig. 792).

tion des septes (¹). Ceux-ci se montrent à peu près simultanément au nombre de 6 (²) sous la forme de 6 tigelles calcaires disposées en 6 rayons égaux et équidistants.

Ainsi, la sole précède les septes, mais de bien peu, et elle est encore extrêmement mince lorsque commence la formation de ceux-ci; son épaississement se fera ultérieurement par couches qui empâteront la base des septes et de la muraille, en sorte que, chez l'adulte, les septes et la muraille ne se sont pas soudés à la face supérieure de la sole, mais traversent toute son épaisseur presque jusqu'à sa surface inférieure.

Quelques divergences règnent en ce qui concerne l'origine de la muraille. D'après Koch, celle-ci (chez *Astroides*) ne résulterait pas d'une formation indépendante : les baguettes septales se bifurqueraient à leur extrémité externe et ce seraient ces branches de bifurcation qui, se joignant d'un septe à l'autre dans les espaces interseptaux, constitueraient le premier rudiment de la muraille, qui n'aurait plus ensuite qu'à grandir en hauteur. Mais DE LACAZE-DUTHIERS [97] a bien montré que la muraille naît par des nodules interseptaux indépendants de ceux qui forment les septes (³). Koch [97] a reconnu ultérieurement que, chez *Caryophyllia* (fig. 794), la muraille a aussi une origine indépendante.

Quoi qu'il en soit de ces divergences sur les points secondaires, un fait capital est établi, et c'est lui qui va dominer toute l'orgagenèse du

---

(¹) Chez *Caryophyllia*, d'après Koch [97], la sole se forme par 6 dépôts indépendants, correspondant aux premiers espaces interseptaux, qui se fusionnent bientôt en un disque complet.

(²) Chez les *Poreux*, il s'en forme d'emblée 12, d'après DE LACAZE-DUTHIERS; mais la similitude du développement se rétablit rapidement.

(³) La figure donnée par DE LACAZE-DUTHIERS relativement à *Caryophyllia Smithi* ne paraît laisser aucun doute sur ce point (fig. 793). Cependant une objection a été faite par Miss OGILVIE [97], qui a sa valeur, bien que non faite à propos des figures du travail de 1872 sur l'*Astroides* : c'est que la prétendue muraille en question pourrait n'être qu'une épithèque. La *C. Smithi* n'a pas d'épithèque dans les parties élevées de sa muraille, mais, tout à fait à la base, le bourrelet calcaire débordant dessiné par de Lacaze-Duthiers pourrait n'être qu'une épithèque.

Cependant, même si cette interprétation était fondée, l'opinion de DE LACAZE-DUTHIERS devrait être préférée à celle de Koch, car les branches de bifurcation des septes naissent par des nodules indépendants de ceux qui forment la branche radiaire; cette branche radiaire forme seule le septe proprement dit et les branches de bifurcation, même au cas où elles formeraient seules la vraie muraille, n'en

Fig. 793.

Deux stades successifs du développement du polypier de *Caryophyllia Smithi* (d'ap. Lacaze-Duthiers).

seraient pas moins indépendantes de la branche formant le septe. Il se comprend fort bien que la muraille puisse naître au moyen de rudiments, ayant la disposition que montrent les branches de bifurcation des septes : cela résulte des inflexions que forme la muraille en dedans aux points où elle se joint aux septes. Le fait que Koch admet chez *Caryophyllia* une origine indépendante de la muraille vient encore à l'appui de la thèse de de Lacaze-Duthiers.

polypier et nous faire comprendre ses relations avec les parties molles. Ce fait, découvert par Koch, est que le dépôt calcaire qui donne naissance au polypier se fait au contact immédiat du sol, entre le sol et l'ectoderme basilaire du disque pédieux. Avec cette simple donnée et en notant bien qu'elle ne subit d'exception en aucun point, le développement du polypier et ses rapports avec les parties molles vont se comprendre de la manière la plus simple.

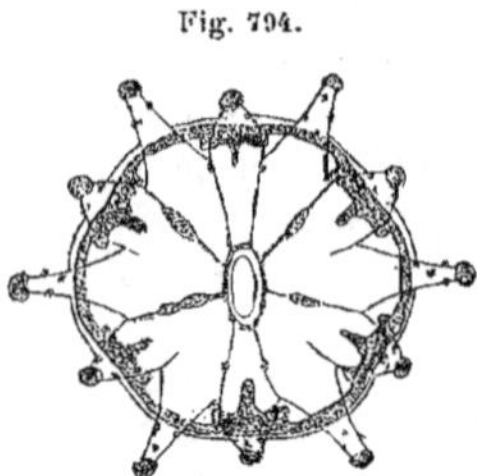

Stade jeune de *Caryophyllia cyathus* montrant le squelette par transparence et en particulier les centres de formation de la sole (d'ap. Koch).

La muraille et les septes, en s'élevant, refoulent devant eux la paroi pédieuse avec ses trois couches (fig. 795), ectoderme, mésoglée et endoderme, et forment dans le Polype des saillies très développées, mais coiffées de ces refoulements et toujours morphologiquement extérieures au Polype et séparées de sa cavité gastrocœlienne par une paroi complète avec ses trois couches. Il ne saurait d'ailleurs en être autrement, puisque chaque nouvelle addition de calcaire, augmentant la hauteur des parties préexistantes, se fait entre ces dernières et l'ectoderme du refoulement, lequel se trouve, par là même, refoulé un peu plus haut sans être jamais entamé ou perforé.

On donne parfois le nom de *paroi orale* ou *lame orale* à celle qui forme, avec ses trois couches, la surface extérieure du Polype (péristome, tentacules, colonne) et qui n'est point en rapport immédiat avec le polypier, limitant d'un côté la surface libre du corps, de l'autre la cavité gastrique avec ses dépendances, et celui de *paroi aborale* ou *lame aborale* à la lame pédieuse avec ses refoulements, formés aussi des trois couches, d'un côté en rapport avec le squelette, de l'autre limitant la cavité gastrique et ses dépendances.

Bien que toutes les particularités des rapports du Polype et du polypier soient des conséquences logiques du processus indiqué, il n'est pas inutile d'indiquer comment les choses se passent pour chaque organe en particulier.

Sole, planchers, dissépiments. — La sole, nous le savons, est n contact inférieurement avec le

Fig. 795.

Coupe d'un embryon d'Astroïde (d'ap. Koch). **b.**, bouche; **cacb.**, calcoblastes; **ph.**, pharynx; **s.**, support; **spt.**, septe.

support, quel qu'il soit, et est soudée à lui. Par sa face supérieure, dans l'intervalle des formations ascendantes auxquelles elle sert de support (columelle, palis, septes, muraille), elle est en rapport immédiat avec la face inférieure ectodermique du disque pédieux qui, dans l'intervalle des refoulements qui coiffent les dites formations ascendantes, descend jusqu'au fond du calice. Cependant, dans le cas où le calice s'est formé un nouveau fond complet (*plancher*) ou incomplet (*dissépiments*), la paroi inférieure du Polype s'arrête à ces formations nouvelles et l'ancienne base perd toutes relations avec les parties molles : l'espace entre elle et le plancher ou les dissépiments est vide.

La formation de ces planchers ou de ces dissépiments s'explique par une série d'alternances dans le cycle biologique de l'animal. Ce cycle se compose de périodes successives d'accroissement et de repos, ces dernières coïncidant peut-être avec les périodes de reproduction sexuelle. Pendant les premières, la muraille, les septes, les palis, la columelle s'accroissent en hauteur par addition de nouvelles couches à leur extrémité supérieure et le calice s'approfondit. Pendant les secondes, la lame pédieuse (**60**, *fig. 2, so.*), accolée au fond du calice, se dégage peu à peu de son adhérence avec le fond calcaire du calice et se soulève jusqu'à une certaine hauteur au-dessus de lui, et là forme soit un plancher complet, soit un cercle de dissépiments, qui relèvent d'autant le fond du calice et ramènent sa profondeur à des dimensions normales.

Columelle. — La columelle (**60**, *fig. 2, clm.*) soulève le centre de la paroi aborale du Polype, contenue dans un diverticule axial de cette paroi, qui sera pour nous le *refoulement columellaire*. Ainsi revêtue, elle occupe l'axe de l'estomac. Ses rapports et son mode d'accroissement ne présentent aucune difficulté à être compris.

Septes. — Les septes sont contenus non dans les cloisons, mais entre elles, dans l'axe des loges et des interloges (**61**, *fig. 1, spt. I, spt. II, spt. III*) (¹); les refoulements qui les contiennent sont donc des saillies radiaires (**60**, *fig. 2, spt. I, spt. II*), disposées comme les cloisons (*cl.*), mais alternant avec elles et différant d'elles par l'absence d'entéroïdes et de masses génitales et par leur disposition équidistante et non couplée. Nous les appellerons les *refoulements septaux*. Ils suivent dans leur développement celui des cycles de loges, et ne le précèdent jamais. Quand, dans les interloges occupées par les septes du dernier cycle, naît un nouveau cycle de couples de cloisons, celles-ci se forment de part et d'autre du septe interloculaire qui, de ce fait, devient loculaire, et bientôt un nouveau cycle de septes se forme dans les nouvelles interloges qui viennent d'être formées. Les cycles naissent successivement et jamais un cycle ne commence à se former avant que le précédent soit complet; mais, dans les cycles d'ordre un peu élevé (à partir du 4ᵉ inclusivement, car dans les trois premiers cette condition ne se rencontre pas), l'apparition des septes n'est pas simultanée, ceux qui ont

---

(¹) Il n'y a pas toujours des septes dans les interloges. Chez *Fungia* et divers autres, les septes sont tous loculaires.

pour voisin aîné un septe plus âgé se montrent avant ceux dont le voisin aîné est plus jeune ([1]). Cette règle découverte par EDWARDS et HAIME [57] et donnée par eux comme absolue, a été infirmée par les observations plus minutieuses des auteurs modernes. Mais ceux-ci ont seulement montré qu'elle était mise en défaut par d'importantes irrégularités, sans lui en substituer une plus exacte. Nous la conservons donc tout en admettant les irrégularités qui lui enlèvent le caractère absolu que son

---

([1]) D'après EDWARDS et HAIME [57], une règle assez compliquée présiderait à leur ordre d'apparition. Pour comprendre la chose, il faut avoir sous les yeux la figure schématique de cet auteur (fig. 796). On voit sur cette figure que les septes forment 6 secteurs égaux appelés *systèmes*, dans lesquels les mêmes choses se répètent de la même façon. Examinons un de ces systèmes limité par deux septes *1*, de 1er cycle. Le 2e cycle est formé d'un seul septe *2* qui naît à son moment, sans donner lieu à aucune difficulté. De même, les septes *3, 3* ne donnent lieu à aucun embarras, étant placés chacun entre un septe *1* et un septe *2* : ils ont identiquement les mêmes relations de voisinage, et il n'y a aucune raison pour que l'un se développe avant l'autre. Mais au 3e cycle, nous avons 4 septes qui ne sont pas dans des conditions de voisinage identiques. Tous sont bien contigus d'une part à un septe *3*, mais de l'autre côté, deux d'entre eux confinent à un septe *1* et les deux autres à un septe *2*. Dans ces conditions, il n'est plus nécessaire qu'ils se développent simultanément et Edwards et Haime posent en règle que ceux, *4*, confinant aux septes *1* se développeront avant ceux, *4'*, confinant aux septes *2*. De même au 5e cycle, nous avons 8 septes *5*, tous confinant d'un côté à un septe *4*, mais contigus d'autre part, les uns *5* à un septe *1*, les autres *5'* à un septe *2* et les derniers *5"* à un septe *3*. Edwards et Haime posent en règle que les 1ers, *5*, se développeront d'abord, les seconds, *5'*, ensuite et les 3e, *5"*, en dernier lieu.

Fig. 796.

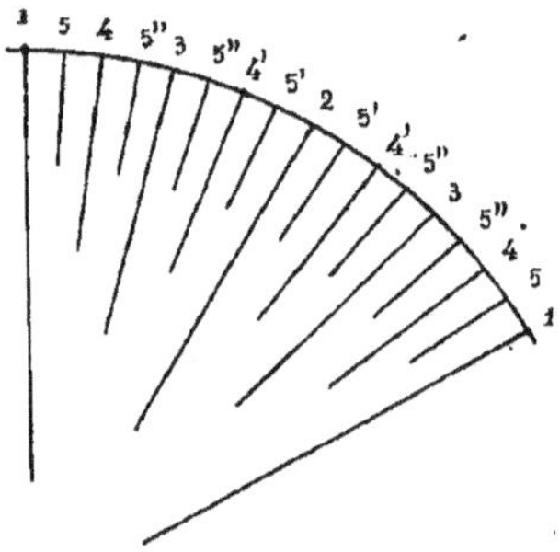

Pour donner de ces faits une expression plus mathématique, il désigne chaque espace interseptal par une somme composée de deux chiffres, qui sont ceux exprimant le numéro du cycle auquel appartient chacun des septes qui le limitent. Dans le dernier cas cité, on dira que *5* naît dans l'espace $1+4$, *5'* dans $2+4$ et *5"* dans $3+4$. Cette notation admise, il exprime l'ordre d'apparition par cinq règles suivantes :

1° La formation des septes nouveaux a lieu simultanément dans tous les espaces interseptaux qui ont une même expression ;

2° La formation des septes a lieu successivement dans les espaces qui ont une expression différente ;

3° L'ordre de succession des septes est déterminé en premier lieu par l'âge du cycle, dont les septes font partie, et les membres d'un nouveau cycle ne commencent à se former qu'après l'achèvement du cycle précédent ;

4° Parmi les septes qui appartiennent à un même cycle, mais qui ont des expressions différentes, la précession dans l'acte du dédoublement est déterminée par l'infériorité de la somme des deux termes de cette expression ;

5° Parmi les septes qui appartiennent à un même cycle et qui ont des expressions différentes, mais qui donnent une même somme par l'addition des deux termes de cette expression, l'ordre d'apparition des cloisons est déterminé par les relations qui existent entre les termes les plus faibles de cette expression, et les septes nouveaux se constituent d'abord là où il existe le terme le moins élevé.

auteur avait cru pouvoir lui attribuer (*). Il y a là un fait remarquable
à opposer à la simultanéité d'apparition (non absolue non plus, ainsi
que nous en avons donné des exemples) des couples de cloisons dans
le Polype.

Palis (fig. 797 et **60**, *fig. 2, pa.*). — Les palis déterminent des refoulements périaxiaux de la paroi aborale du Polype, comme la columelle détermine un refoulement central. Nous les appellerons les *refoulements paliaux*. Ni dans leurs rapports avec le Polype, ni dans leur
mode d'accroissement, ils ne présentent à l'esprit la moindre difficulté.
Mais un point fort délicat est la question de savoir comment peut se
maintenir à travers les phases du développement la règle constante de
leurs relations avec les septes. EDWARDS et HAIME ont établi, comme
nous l'avons dit un peu plus haut (Voir page 551), que les couronnes de

Fig. 797.

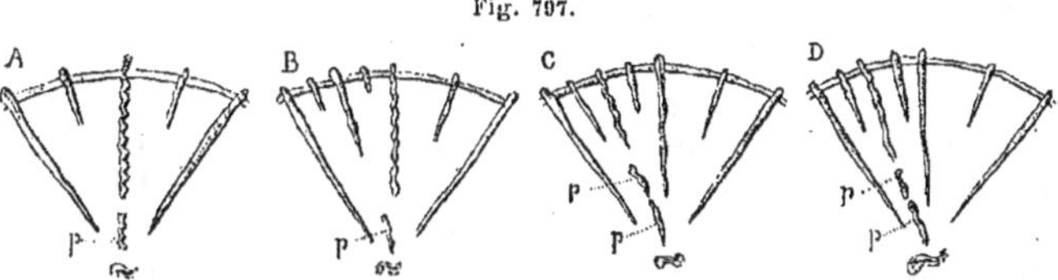

Formation des palis chez Caryophyllia clavus (d'ap. de Lacaze-Duthiers).
A, B, C, D, Stades successifs du développement.
p., palis.

palis ne se montraient pas successivement de dedans en dehors comme
les cycles de septes, mais que s'il n'y avait qu'une couronne, c'était celle
du cycle $n-1$, et que les autres couronnes appartenaient successivement
aux cycles $n-2$, $n-3$, $n-4$, etc., de telle sorte que jamais un cycle
de septes ne possédait de palis sans que tout autre cycle, plus voisin
du cycle n, en possédât aussi. Or il est facile de voir que cette règle
implique des mutations dans la correspondance entre les palis et les

---

Les 3 premières règles ne font qu'exprimer l'idée de l'apparition successive des cycles et ne
sont pas relatives à la question plus délicate qui fait l'objet de cette note. La 4e se comprend aisément. La 5e est superflue et se trouve nécessitée seulement par le fait qu'Edwards
et Haime ont eu la fâcheuse idée de numéroter les septes, non par le numéro de leur cycle
précisé par les indications prime, seconde, tierce, désignant leur situation dans le cycle,
ainsi que nous l'avons fait, mais par un numéro représentant leur ordre d'apparition dans
l'ensemble du système. Ainsi, pour lui, nos septes 4 et 4' deviennent 4 et 5. Dès lors, la somme
2+4' des espaces où sont les septes 5', devient 2+5 égale à la somme 4+3 des espaces
où sont les septes 5'' et il faut une nouvelle règle pour indiquer que 5' naîtra avant 5''. On
voit qu'avec notre notation, cette règle devient superflue, et il suffit de dire, ce qui résume
tout, que : les septes naissent successivement dans les cycles successifs et, dans chaque cycle,
ils naissent d'autant plus tôt qu'ils ont pour voisin aîné un septe plus âgé et par conséquent
d'ordre moins élevé.

(¹) Cette irrégularité, signalée par SEMPER et par DE LACAZE-DUTHIERS, a conduit à la
considération de *systèmes incomplets* pouvant s'intercaler aux *systèmes complets*.

septes. Supposons un polypier possédant à l'âge adulte 4 cycles de septes, tel que *Caryophyllia clavus* qui est précisément l'espèce sur laquelle H. DE LACAZE-DUTHIERS [97] a élucidé cette difficile question. Il a 6 septes *1*, 6 septes *2*, 12 septes *3* et 24 septes *4*. D'après la règle, il devra avoir une couronne de 12 palis correspondant aux 12 septes *3*; et il en est ainsi en effet. Mais, dans le développement, il y a eu un moment où le polypier n'avait que 3 cycles de septes. A ce moment les palis devaient être au nombre de 6 et appartenir aux septes *2*. Quand le 4ᵉ cycle de septes s'est formé, il a donc fallu ou que les palis des septes *2* se détruisissent pour être remplacés par ceux des septes *3* ou qu'ils se déplaçassent pour s'adjoindre à une partie des septes *3*. Voici comment les choses se passent, d'après les recherches de Lacaze-Duthiers, complétées par les indications verbales qu'il a bien voulu nous fournir. Au moment où les septes *4* vont se montrer, il y a, en effet, 6 palis appartenant aux septes *2*. Quand les septes *4* ont fait leur apparition, on voit chaque pali se fendre, se diviser en deux branches. En réalité, le pali, formation rigide, ne se fend pas, mais c'est le lieu de dépôt des couches d'accroissement qui se divise, de telle manière que l'accroissement du pali se fait désormais suivant deux directions divergentes vers les plans des septes voisins. En sorte qu'en suivant chez l'adulte un pali faisant face à un septe *3*, on le verrait, tout à fait vers la base, se détourner vers le septe *2* voisin et, à l'origine, se rattacher à lui.

Cela se voit très nettement sur les photographies si nettes publiées par l'auteur dans son mémoire. Celle formant la figure 1 de la planche 2 de l'auteur, semble très démonstrative à cet égard, surtout dans les systèmes marqués E et F.

Comme tout cela se passe quand le polypier est encore très petit, cette confluence des 12 palis des septes *3* à leur base en 6 palis des septes *2* se fait très bas, dans une aire très limitée, et peut passer inaperçue.

Quant à la portion médiane du pali, elle se joint finalement à la columelle; en sorte que, chez l'animal très adulte, il ne reste à peu près rien de ces mutations de place successives des palis qui s'opèrent chez le jeune.

Muraille. — En ce qui concerne le mode d'accroissement et les rapports généraux avec le disque pédieux, la muraille (**60**, *fig. 2, mr.*) ne présente rien de particulier, sauf que sa direction est tangentielle au lieu d'être radiaire; elle se comporte comme les septes, c'est-à-dire qu'elle refoule la paroi pédieuse du Polype en se coiffant d'une lame de son tissu avec ses trois couches, que nous appellerons le *refoulement mural*. Mais en raison de sa situation, elle détermine dans la configuration de la cavité péricœlique une complication qu'il est utile de bien comprendre.

La muraille s'élève, en effet, non dans l'épaisseur de la colonne du Polype, mais en dedans de celle-ci, de manière à déterminer entre la paroi interne endodermique de la colonne et le repli, revêtu aussi d'endoderme qui la coiffe, une galerie circulaire (**60**, *fig. 2*, **cv. exs.**) ayant la forme de l'espace que limitent entre eux deux cylindres creux de diamètre inégal emboîtés l'un dans l'autre.

HEIDER [86] a proposé d'appeler *Randplatte* l'ensemble des parties situées en dehors de la muraille. Ce nom a été adopté par KOCH et les Allemands. Miss OGILVIE [97] a traduit ce terme en anglais par celui de *Edge-zone*. On pourrait en français employer celui de *zone périmurale* ou d'*exosarque*. L'exosarque comprend trois parties : 1° la colonne du Polype avec ses trois couches; 2° la lame externe du refoulement mural composée aussi des trois couches du corps; 3° un espace libre interposé, que nous appellerons *espace périmural* ou *galerie périmurale*, car il a, en effet, la forme d'une galerie circulaire. Cette galerie est partout tapissée d'endoderme, et elle a pour parois : en dehors la colonne, en dedans la muraille doublée de son feuillet refoulé, en bas le bord de la sole doublé des trois couches qui forment le pied du Polype, et s'ouvre seulement en haut où elle communique, par dessus le bord libre de la muraille avec la cavité intracalicinale([1]).

Il importe de bien comprendre, qu'en soulevant le disque pédieux du Polype, la muraille soulève en même temps les cloisons, mais seulement et exclusivement cette partie de chaque cloison qui est exactement au-dessus de son bord supérieur en voie d'accroissement, en sorte que, chez l'adulte, les cloisons (**60**, *fig. 2*, **cl.**) se trouvent contenues en partie dans la cavité calicinale (**cv.**), en partie dans l'espace périmural (**cv. exs.**). Pour préciser, disons que le bord inférieur de chaque cloison (du moins des grandes cloisons bien développées) qui, sans la muraille, s'étendrait en ligne droite et radiaire du bord inférieur de la colonne au centre du disque pédieux, le long d'un rayon de ce disque, suit, après formation de la muraille, le trajet compliqué suivant : il part de la base de la columelle, traverse radiairement et parallèlement à la base une partie du disque pédieux, arrive au feuillet interne du refoulement mural, monte le long de ce feuillet jusqu'à son sommet, contourne ce sommet, redescend le long du feuillet externe du refoulement mural, arrive au sol de la galerie périmurale, traverse l'étroite largeur de cette galerie et se termine au bord inférieur de la colonne. Le bord externe de cette même cloison n'est pas modifié (**61**, *fig. 1*, **cl.**); il s'insère donc à la face interne de la colonne dans toute sa hauteur. Son bord supérieur n'est pas modifié non plus et s'insère à la face inférieure du péristome. Enfin son bord interne, non modifié lui non plus, s'insère en haut à la face externe du pharynx et est libre en bas jusqu'au point où il rejoint l'extrémité interne du bord inférieur. Ce

---

([1]) L'exosarque est une formation presque constante. Il peut cependant manquer, par exemple chez *Flabellum*. Nous verrons qu'il manque aussi chez toutes les formes coloniales où le cœnenchyme monte très haut.

bord présente un entéroïde non modifié. La cloison dans tout son trajet reste contenue dans un même plan méridien.

Ainsi on voit que la cloison se trouve dès lors composée de deux parties : 1° une intracalicinale s'insérant en dehors au feuillet interne du refoulement mural et cloisonnant la cavité du Polype jusqu'à une certaine distance de l'axe qui reste libre et contient la columelle et les palis; 2° une dépendant de l'exosarque qui cloisonne complètement la galerie périmurale, s'insérant à ses quatre parois, pédieuse en bas, columnaire en dehors, murale en dedans, péristomienne en haut. C'est la partie intracalicinale qui seule porte les entéroïdes, les gonades et les muscles longitudinaux. Les loges comme les interloges se retrouvent donc dans la galerie périmurale, ne communiquant avec la partie intracalicinale de ces mêmes cavités que par une ouverture assez étroite, limitée en bas par le bord supérieur de la muraille (revêtue de son refoulement), en haut par la face inférieure du péristome et sur les côtés par la partie des cloisons elles-mêmes qui s'étend du péristome au bord supérieur de la muraille. Ces détails un peu longs nous ont paru nécessaires, car c'est là un point essentiel de la structure de l'animal.

Côtes. — Les côtes (**60**, *fig. 1* et *2, co.* et **61**, *fig. 1 co. l.*) se comportent, par rapport à la muraille et en dehors d'elle, exactement comme les septes en dedans d'elle. Elles sont situées dans la galerie périmurale, revêtues chacune de son *refoulement costal*, les unes dans les portions loculaires, les autres dans les portions interloculaires de celle-ci, et n'atteignent pas tout à fait la paroi interne de la colonne, qui passe un peu en dehors d'elles de manière à laisser communiquer entre eux dans toute leur hauteur les espaces intercostaux. Il en est ainsi au seul point de vue anatomique bien entendu, car physiologiquement, rien n'empêche la paroi columnaire de s'appuyer sur le bord des côtes quand celles-ci sont assez saillantes. Mais le point important, c'est que les deux endodermes columnaire et péricostal ne se soudent jamais et restent distincts. Les côtes primitives, celles qui dépendent des septes contemporains de la muraille, sont des prolongements de ces septes; mais celles d'ordre plus élevé ou celles qui ne correspondent pas aux septes, sont formées, d'après BOURNE [88], indépendamment des septes, par le feuillet externe du refoulement mural.

Épithèque. — L'épithèque (**60**, *fig. 1* et *2, epth.*) est souvent décrite comme une formation extérieure à la colonne, revêtant celle-ci à sa base de manière à la laisser en dehors d'elle. Cela n'est pas exact et, s'il en était ainsi, on ne comprendrait pas comment elle peut se souder au bord externe des côtes, puisqu'elle en serait séparée par toute l'épaisseur de l'exosarque. En réalité, voici comment les choses se passent. Pour former une épithèque, le bord inférieur de la colonne, au point où il se réfléchit en dedans pour former le disque pédieux, se soulève légèrement en se séparant du bord de la sole et, entre lui et cette sole, sécrète un anneau calcaire large mais très peu élevé, soudé dès son apparition au bord de la sole. Le même phénomène continuant, le bord inférieur de la colonne se soulève de plus en plus et, au fur et à mesure, augmente la hauteur de l'anneau épithécal. On comprend que, selon qu'il y a ou non des côtes, l'épithèque puisse se souder soit au bord externe de celles-ci, soit directement à la muraille.

Synapticules. — Nous avons vu que les synapticules sont des tigelles horizontales s'étendant d'un septe à l'autre, soit par coalescence directe de deux protubérances au milieu de l'espace intermédiaire (pseudo-synapticules) soit par réunion de deux telles protubérances au moyen d'une pièce intermédiaire autonome (synapticules vrais) (**61**, *fig. 2, syp.*). Il semble qu'en se soudant d'un côté à l'autre, ces protubérances doivent percer non seulement le refoulement septal, mais aussi la cloison molle qui occupe l'espace interseptal.

La conséquence de ce processus serait très importante au point de vue des rapports du Polype et du polypier.

Nous avons vu en effet que toutes les parties précédemment étudiées du polypier se développent en refoulant les parties molles, lesquelles les revêtent comme un gant, en sorte que, théoriquement, on pourrait dépouiller le polypier des parties molles et enlever complètement celles-ci sans les rompre en aucun point, de même qu'on peut retirer un gant sans le déchirer. Mais, si chaque synapticule perce les revêtements de deux refoulements qui gantent les septes correspondants et la cloison molle qui passe entre eux, il ne pourra plus en être de même et l'on ne pourra plus dégager l'enveloppe molle du synapticule sans déchirer non seulement cette enveloppe, mais la cloison et même le feuillet interne du refoulement mural. Bourne [87] avait en effet décrit le synapticule comme perçant les parties molles qui séparent les septes qu'il rejoint, mais Miss Ogilvie [97] a montré qu'il n'en était pas ainsi.

Pour comprendre comment les choses se passent, supposons un polypier sans synapticules et voyons comment ceux-ci vont se développer. Le premier synapticule va se développer tout au bas, près de la sole et, au lieu de percer l'invagination septale, soulever la membrane pédieuse qui revêt en dedans la sole et s'insinuer entre la sole et la dite membrane, pour rejoindre le septe suivant. Une fois ce synapticule établi, la disposition va se trouver la suivante : en faisant glisser une pointe de dedans en dehors le long de l'endoderme qui revêt le fond du calice, arrivé au niveau du synapticule, au lieu de passer au-dessous de celui-ci, comme cela serait si la théorie de Bourne était vraie, on sera arrêté par un repli des parties molles s'étendant de la sole au synapticule, et on sera obligé de contourner celui-ci pour arriver jusqu'à la muraille. En un mot, le synapticule, au lieu d'être complètement logé dans un manchon cylindrique de tissus mous, en rapport seulement par ses extrémités avec ceux des invaginations septales voisines, est rattaché, en outre, par un mésentère de tissus mous à la membrane pédieuse qui revêt la sole. Ce manchon incomplet, avec son mésentère, constitue le *refoulement synapticulaire*. Naturellement, le synapticule se comporte par rapport à la cloison interseptale comme par rapport au refoulement septal.

Le synapticule suivant se formera au-dessus du précédent (**62**, *fig. 1*) et se comportera de même, c'est-à-dire formera un nouveau refoulement, avec cette différence que ce second refoulement n'ira pas jusqu'à la sole mais seulement jusqu'au synapticule précédent et sera simplement une extension vers le haut du refoulement du premier synapticule, en sorte que les deux synapticules seront contenus dans un refoulement synapticulaire commun, séparés seulement par une inflexion des parties molles qui, de chaque côté, s'avancent entre les deux synapticules, l'une vers l'autre, mais sans se souder l'une à l'autre. Il n'est pas besoin de prolonger cette explication et l'on comprend qu'il en sera de même pour tous les synapticules à venir. De la sorte, les parties molles ne sont nullement percées; elles sont seulement refoulées et, pas plus pour les synapticules que pour les autres formations squelettiques, il n'est, théoriquement, nécessaire de rien déchirer pour extraire le Polype, pour déganter en quelque sorte le polypier du Polype qui le revêt. Il va de soi que les synapticules ne se produisent pas, comme nous l'avons supposé, sur un polypier achevé. Ils naissent progressivement, le premier quand le septe est encore très court, le suivant quand il s'est un peu allongé et ainsi de suite. Mais toujours ils se forment successivement de bas en haut. Un synapticule peut s'accroître dans divers sens après s'être formé et pendant toute la vie du polypier, mais jamais il ne se forme avant un autre situé plus bas que lui.

Nous avons supposé dans ce qui précède qu'il n'y avait qu'une rangée verticale de synapticules. Mais il peut y en avoir plusieurs rangées longitudinales (fig. 798) (*Siderastræa*), ou même ils peuvent être disposés tout à fait irrégulièrement (*Eupsammia*). Dans ce cas, la disposition est fondamentalement la même, la membrane pédieuse forme un repli (**62**, *fig. 1*, **r.**) qui, partant d'en bas, enveloppe l'ensemble des synapticules en formant entre eux de profondes invaginations. A chaque période de croissance, quand une nouvelle série de synapticules se forme *au-dessus* des précédents, le repli s'élève un peu plus haut pour l'englober. Ce repli sera le *refoulement synapticulaire commun*.

Fig. 798.

Surface septale
avec plusieurs
rangées de
synapticules (d'ap.
Miss Ogilvie).
sy., synapticules.

La complication architecturale des parties molles résultant de la présence des synapticules, est considérable. Par suite de leur présence, les espaces interseptaux, libres d'ordinaire jusqu'à la muraille dans un sens, jusqu'au fond de la cavité calicinale de l'autre, se trouvent cloisonnés par des refoulements verticaux s'étendant parallèlement à la muraille dans les espaces interseptaux et divisant les espaces interseptaux en deux parties : une interne, librement ouverte dans la partie axiale de la cavité calicinale, l'autre externe en forme de diverticule vertical, limitée en dehors par le refoulement mural, à droite et à gauche par les refoulements septaux, en bas par la membrane pédieuse, en dedans par le refoulement synapticulaire commun, et ouverte en haut seulement au-dessus du dernier synapticule. Ces diverticules interseptaux retro-synapticulaires sont en outre subdivisés par les cloisons, qui se comportent ici comme par rapport à l'espace périmural, c'est-à-dire descendent jusqu'au fond du diverticule, s'insérant d'une part à sa paroi externe ou murale, de l'autre à sa paroi interne ou synapticulaire (¹).

Dans le cas où les septes sont *conjoints* ou *pinnés*, le rapport avec les parties molles ne paraît pas avoir été défini, mais il est à croire qu'il en est de même que pour les synapticules, c'est-à-dire que la soudure des septes ne coupe pas le refoulement septal, mais le repousse de bas en haut et n'altère pas la formule générale du rapport des parties molles avec le polypier d'après laquelle celui-ci est *ganté* par celles-là.

Structure et formation histologique du polypier. — Nous avons indiqué où et aux dépens de quel feuillet se forme le polypier, il faut maintenant

---

(¹) Une autre particularité vient encore compliquer la configuration, dans le groupe où les synapticules se rencontrent surtout, celui des Fongies (*Fungina*). Chez les Fongies, comme nous le verrons à propos de la classification, le polypier, au lieu de conserver la forme normale cylindrique ou en cornet, s'évase extrêmement, au point de prendre une forme tout

Fig. 799.

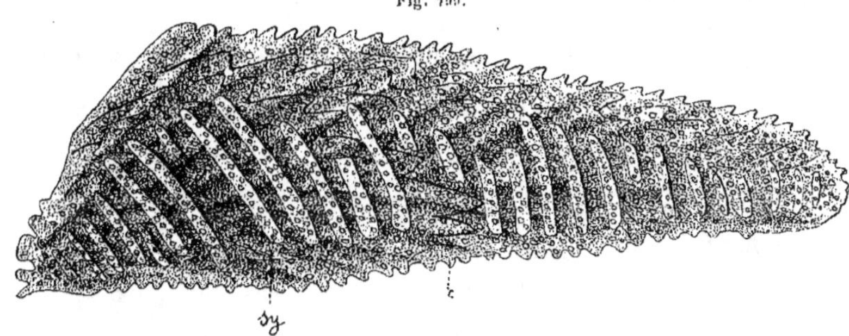

Septe de *Fungia* (d'ap. Miss Ogilvie).
c., côte échinulée; **sy.**, synapticules.

à fait étalée, discoïde, la muraille étant horizontale avec sa face morphologiquement externe en bas, et la surface supérieure du polypier étant formée par l'ensemble des bords morphologiquement internes des septes. Dès lors, la série des synapticules (fig. 799, *sy.*), au lieu d'être verticalement ascendante, est dirigée horizontalement de dedans en dehors, suivant un rayon du disque, et le refoulement synapticulaire, ainsi que le diverticule synapticulaire, est horizontal et radiaire. En outre, les synapticules sont des *carènes synapticulaires*, très développées dans le sens morphologiquement radiaire (ici vertical), et les replis qui plongent entre eux sont très profonds.

faire connaître le détail de cette formation et la structure qui en est la conséquence.

La première question qui se pose est celle-ci : la substance calcaire est-elle sécrété par l'ectoderme extérieurement à lui ou est-elle une calcification d'éléments ectodermiques?

Heider [81] qui, le premier, a vu les éléments formateurs du polypier, les a nommés *calicoblastes*. Il avait reconnu leur nature ectodermique, mais il croyait que le squelette était logé dans l'épaisseur de la mésoglée et que les calicoblastes avaient émigré de l'ectoderme superficiel et étaient venus au contact du calcaire à travers la mésoglée. Il n'avait pas d'ailleurs reconnu leur disposition en feuillet continu. C'est Koch [82] qui a compris que la couche des calicoblastes n'était autre chose que l'ectoderme du disque pédieux, refoulé par les pièces calcaires formées par lui et ayant conservé une continuité parfaite malgré le nombre, la variété et la profondeur des replis formés par lui.

Heider avait indiqué que la substance calcaire se forme à l'intérieur des calicoblastes sous la forme d'aiguilles, qui peu à peu remplissent la cellule et déterminent l'atrophie du noyau, le polypier étant formé par les calicoblastes calcifiés et agglomérés. Koch au contraire admit une sécrétion extracellulaire, et son avis autorisé a régné jusqu'à ces dernières années, quand un mémoire très approfondi de Miss Ogilvie [97] est venu montrer que l'opinion de Heider était la vraie et donner de nombreux détails qui ont jeté une vive lumière sur la question de la structure du polypier. L'ectoderme pédieux refoulé par les parties saillantes du polypier ne reste pas sur une seule couche, car dans ce cas il ne pourrait produire le calcaire que par voie de sécrétion. Il comprend deux assises, une profonde l'*ectoderme* proprement dit et une superficielle les *calicoblastes*, ceux-ci se dépensant sans cesse pour la formation du polypier, mais étant remplacés d'une façon continue par la multiplication des cellules ectodermiques. Quand une cellule doit devenir calicoblaste, elle perd son rang dans l'ectoderme et s'accole au squelette ; dans son intérieur apparaît une cristallisation calcaire sous la forme d'un faisceau de *fibres d'aragonite* (fig. 800 et 801). Ces aiguilles calcaires déterminent peu à peu l'atrophie du noyau et la réduction des parties molles de la cellule à un reliquat insignifiant ; dès lors

Fig. 800.

Dissépiment de *Galaxea*, montrant l'imbrication des calicoblastes (d'ap. Miss Ogilvie).

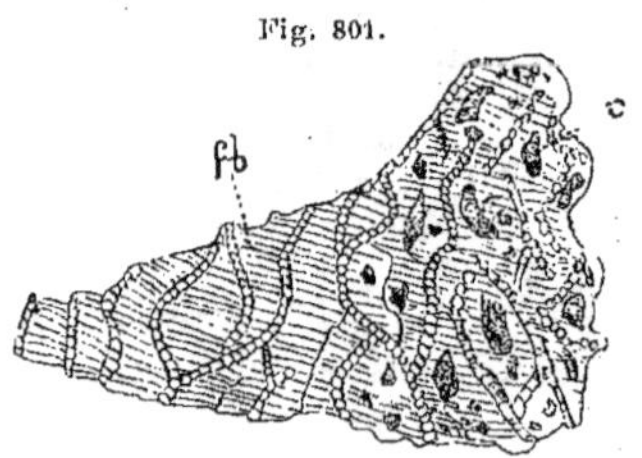

Fig. 801.

Dissépiment de *Galaxea*, montrant l'imbrication des calicoblastes (d'ap. Miss Ogilvie).

c., reste des parties organiques des calicoblastes ; fb., fibres d'aragonite.

la cellule calcifiée se soude au squelette et cesse d'être calicoblaste pour devenir partie intégrante de celui-ci, tandis que d'autres calicoblastes formés par l'ectoderme prennent la place de ceux qui ont ainsi disparu.

Tel est le phénomène qui se produit pour chaque calicoblaste en particulier. Voyons maintenant ce qui se passe dans l'ensemble pendant l'accroissement du squelette, et, pour cela, prenons pour exemple un septe, les choses étant à peu près les mêmes pour les autres parties du squelette.

Au moment où va se former, sur ce septe déjà grand, une nouvelle couche calcaire, on voit les calicoblastes appliqués sur lui en une couche continue. Ces éléments (fig. 802) ont la forme de cellules prismatiques, mais très aplaties, de telle sorte que leur épaisseur n'a que 3 μ environ tandis que les autres dimensions mesurent de 10 à 15 μ; ils forment donc des sortes d'écailles. Ces écailles sont disposées sur le septe non à plat, ni perpendiculairement, mais obliquement en haut et en dehors, de manière à s'imbriquer; au sommet du septe, elles sont complètement dressées. Il résulte de là que, lorsque cette couche sera calcifiée, le septe se trouvera accru en épaisseur d'une quantité peu supérieure à l'épaisseur d'un calicoblaste, tandis qu'en hauteur il se sera accru d'une quantité égale à la hauteur de cet élément. Cela explique que l'accroissement en hauteur du calice et de ses parties marche plus vite que l'accroissement en épaisseur. Pour chaque calicoblaste, la portion résiduelle de la cellule est tournée du côté du squelette et la partie minéralisée en dehors, en sorte qu'après le dépôt, la couche déposée se trouvera formée de deux assises, une externe calcaire, dure et brillante, et une interne molle et sombre, mais cette dernière si mince qu'elle forme une simple ligne presque sans épaisseur. Par suite de ce processus, le calcaire du polypier se trouve formé de strates calcaires parallèles, de quelques μ d'épaisseur, séparées par de fines lignes sombres (fig. 803).

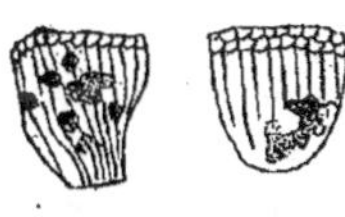

Fig. 802.

Calicoblastes isolés à des stades divers de calcification (d'ap. Miss Ogilvie).

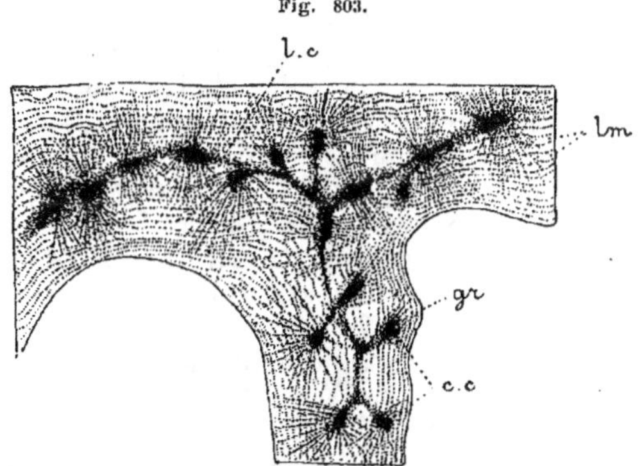

Fig. 803.

Coupe transversale d'une portion du squelette d'un polypier (d'ap. Miss Ogilvie).

c. c., centres de calcification; gr., granulation; l. c., ligne sombre; lm., lamelles formées par les aiguilles d'aragonite.

Ces strates sont traversées par de fines aiguilles dirigées en divergeant en haut et en dehors par rapport à l'axe de la pièce calcaire et qui semblent résulter de la condensation et de l'orientation en ligne droite des faisceaux de fibres des calicoblastes ajustés bout à bout (¹).

Le dépôt n'est pas uniforme comme nous l'avons supposé : il est plus actif par places et donne naissance ainsi aux *granulations* qui garnissent les faces des septes.

Telle est la structure des septes dans la plus grande partie de leur masse; mais au milieu de leur épaisseur se trouve en outre une mince zone foncée, presque noire, appelée la *ligne sombre* ou *ligne primaire*. Ce n'est pas une ligne, mais une lame; nous l'appellerons donc la *lamelle sombre*. Cette lamelle médiane a été interprétée comme un *septe primaire* sur les faces duquel se déposerait un calcaire amorphe, appelé *stéréoplasme*, pour former le septe définitif. Mais ce prétendu septe primaire n'est rien autre chose qu'une zone non calcifiée, formée par les parties résiduelles des calicoblastes, tout comme les fines stries sombres qui séparent les assises calcaires dans les parties périphériques de la pièce, et le prétendu stéréoplasme n'est pas amorphe puisqu'il présente une disposition stratifiée, sans compter les particularités de structure décrites plus haut. Au sommet du septe, en effet, là où se fait l'accroissement en hauteur, les calicoblastes du côté droit s'adossent à ceux du côté gauche; ces éléments se touchent donc par leur face proximale (par rapport au plan médian du septe) qui est celle que la calcification n'envahira pas et qui restera comme un résidu organique. Ces deux résidus organiques adossés forment la lamelle sombre en question (²).

Cette lamelle sombre est donc, en somme, un plan de symétrie pour le dépôt du calcaire, une sorte de centre général de calcification, mais non calcifié lui-même. Dans tous les points où va s'établir une calcification particulièrement active, on retrouve ce centre organique sombre. C'est le cas pour les granulations des septes et cela explique pourquoi les strates formant les granulations sont plus ou moins concentriques à un *centre de calcification* sombre comme la lamelle centrale, se rattachant à elle par une ramification et d'où partent

---

(¹) Il y a ici quelque obscurité dans le travail de Miss OGILVIE et malgré tous nos efforts, nous n'avons pu nous faire une opinion parfaitement certaine, relativement aux rapports de ces faisceaux de fibres qui traversent les strates avec ceux des calicoblastes individuels. Ceux-ci sont beaucoup plus nombreux que ceux-là et l'on se demande pourquoi tous les calicoblastes ne contribuent pas à former les dits faisceaux de fibres. Il est permis de se demander s'il n'y a pas là plutôt un remaniement ultérieur des éléments calcaires, par une cristallisation secondaire.

(²) Cependant, s'il en était ainsi, la lamelle sombre médiane du septe ne devrait avoir que le double de l'épaisseur des stries noires du calcaire périphérique; or elle est beaucoup plus épaisse que cela. Sans doute au sommet du septe, où la formation des calicoblastes est très active et par conséquent très rapide, la portion résiduelle non calcifiée est plus abondante que sur les faces où le phénomène est plus lent.

en divergeant les faisceaux de fibres qui coupent radiairement les strates ([1]).

Ce qui vient d'être expliqué pour le septe s'applique, à quelques particularités près, aux autres parties du squelette, et donne une idée de la structure histologique de celui-ci.

Il nous faut maintenant indiquer ce qui concerne la structure, non plus microscopique, mais celle que dévoile l'examen à l'œil simple ou à la loupe. Ici encore, prenons pour exemple un septe, on distinguera aisément ce qui est général de ce qui s'applique au septe seul.

Souvent le septe ne montre qu'une lame calcaire plane, lisse; mais dans d'autres cas, ses faces et ses bords montrent des particularités qui nous renseigneront sur son évolution. C'est à ces cas qu'il faut s'adresser pour avoir une vue approfondie des choses.

Si l'on examine attentivement les faces d'un des septes auxquels nous faisons allusion, on voit qu'elles sont parcourues par des *stries longitudinales* (fig. 804) qui, partant du bord inférieur inséré sur la sole, montent en divergeant vers le bord libre supéro-interne. Ces stries se correspondent d'une face à l'autre et, au sommet, aboutissent éventuellement entre les denticules dont le bord libre est orné. Le septe peut donc être considéré comme formé d'éléments longitudinaux juxta-posés que l'on appelle les *poutrelles* ou *trabécules* (*trabeculæ*) (MILNE-EDWARDS écrivait *trabicules*). Quand le bord libre est denté, chaque dent correspond à un trabécule qu'elle termine.

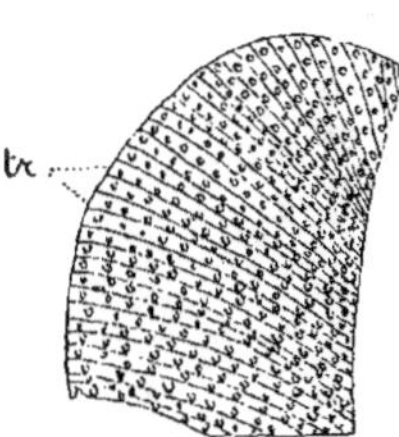

Fig. 804.

Septum
d'une Turbinolinée
(d'ap. Miss Ogilvie).
tr., trabécules.

Les faces septales sont, en outre, traversées par un système de *lignes d'accroissement* parallèles entre elles et au bord libre supérieur, et ordinairement courbes. La partie comprise entre deux lignes d'accroissement voisines est une *bande d'accroissement* et représente l'accroissement en hauteur du septe pendant une période d'activité végétative. On donne le nom de *segment trabéculaire* à la partie d'un trabécule comprise entre deux lignes d'accroissement. Un segment trabéculaire est la quantité dont s'est accru un trabécule en hauteur pendant une période d'accroissement. Les granulations sont sur les segments trabéculaires. Quand on fait des coupes d'un septe parallèlement à ses faces (fig. 805), on constate que, d'ordinaire, la lamelle sombre centrale se décompose en autant de

---

([1]) C'est probablement l'aspect que prennent sur les coupes, les strates et les faisceaux de fibres lorsque deux granulations se font vis-à-vis aux deux faces opposées du septe qui a conduit KOCH, et à sa suite tous les auteurs jusqu'au travail de Miss OGILVIE, à déclarer que le polypier était formé par des *sphéroïdes* ou des *ellipsoïdes* calcaires soudés ensemble. Dans ce cas, on a, en effet, plus ou moins l'aspect de sphéroïdes relativement indépendants, centrés autour d'un centre noir, formés de lamelles concentriques et traversés de lignes radiaires. Mais ces sphéroïdes n'ont jamais pu être isolés et jamais on ne les rencontre avec quelque régularité.

segments longitudinaux (*épines primaires* des auteurs) qu'il y a de trabécules et, dans ceux-ci, en autant de segments transversaux qu'il y a de bandes d'accroissement. Chaque segment trabéculaire a donc, normalement, son centre sombre de substance organique résiduelle, qui joue chez lui le rôle d'un centre de calcification autour duquel s'est déposée la substance calcaire stratifiée formant les faces du septe.

Fig. 805.

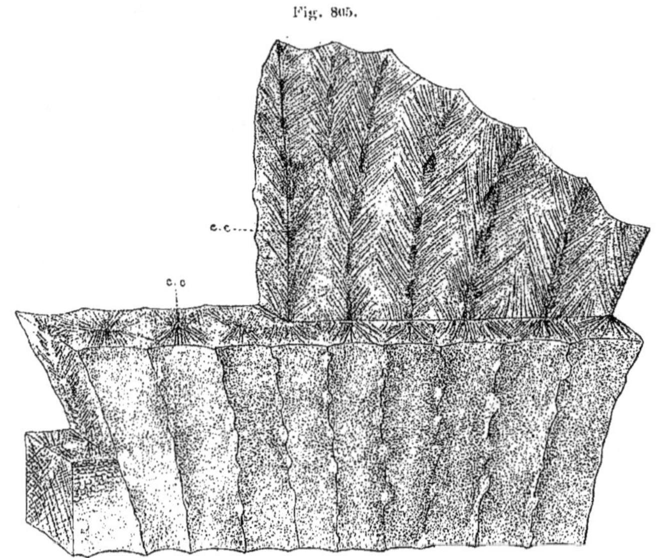

Septe de *Galaxea* préparé pour montrer la disposition des centres de calcification
(d'ap. Miss Ogilvie).
c. c., centres de calcification.

Mais il n'y a dans tout cela rien d'absolu, si ce n'est la relation générale entre la partie sombre résiduelle centrale et la partie calcaire stratifiée, le reste devant être considéré comme un type de structure normal sans être constant.

Dans la muraille, on observe une structure analogue, ce qui fait que, sur les coupes transversales de l'ensemble du polypier, on voit à la fois les septes et la muraille, celle-ci comme ceux-là avec sa lamelle sombre médiane et ses couches stratifiées périphériques. On conçoit dès lors comment il est possible de distinguer, d'après la structure, si la muraille est, ou non, une formation indépendante des septes; car, si elle n'est qu'une dépendance de ceux-ci, sa lamelle sombre ne sera qu'une extension de la leur; si elle en est indépendante, les trabécules qui la formeront auront leur centre sombre propre, indice d'une activité formatrice indépendante. Or c'est ce qui a lieu toujours pour les murailles vraies (*eutheca*) (fig. 806, *m.*) tandis qu'il n'en est pas de même pour les fausses murailles (*pseudotheca*); de même pour les *pseudosynapticules* comparés aux *synapticules vrais.*

Dans le mode d'union des segments trabéculaires entre eux, soit dans un même trabécule, soit dans une même bande

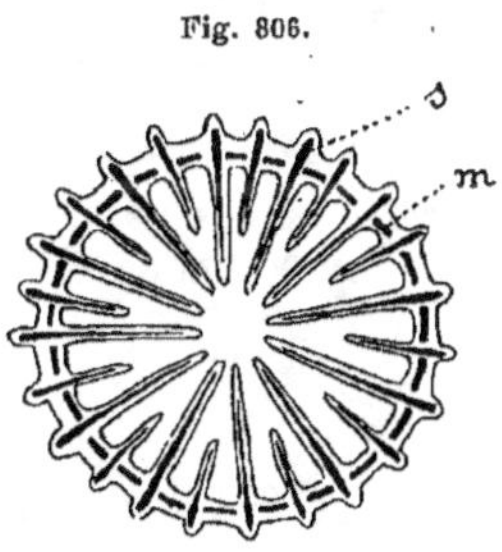

Coupe transversale d'une loge de *Galaxea* montrant la position des centres de calcification (d'ap. Miss Ogilvie).

m., centres de calcification de la muraille; s., centres de calcification des septes et des côtes.

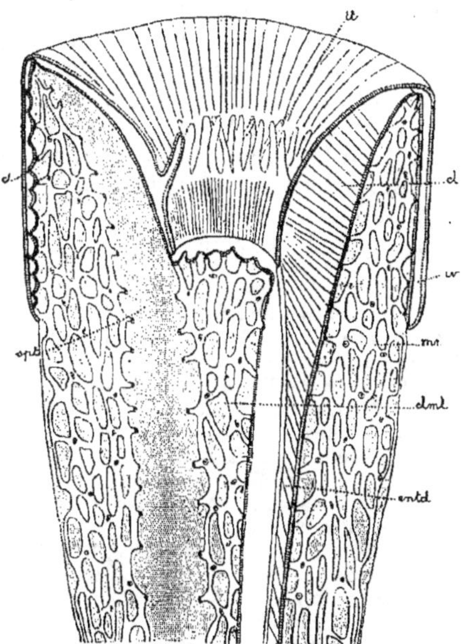

Fig. 808.

Coupe schématique longitudinale de *Rhodopsammia* (d'ap. Fowler).

c., côte; cl., cloison; clml., columelle; cv., cavité périmurale; entd, entéroïde; mr., muraille; spt., septe; tt., tentacules.

Septe poreux (d'ap. Miss Ogilvie).

gr., granulation synapticulaire; p., pores; tb., trabécules.

d'accroissement, deux cas peuvent se présenter. Ou bien le segment trabéculaire s'unit à ses voisins du même trabécule ou de la même bande d'accroissement, par toute sa surface, et forme alors le *squelette imperforé;* ou bien il laisse entre lui et ses voisins des lacunes qui se présentent sous la forme de petits canaux traversant toute l'épaisseur du septe et forme alors le *squelette perforé* (fig. 807). La même condition se retrouve dans les deux cas, pour la muraille. De là, la division des Hexactinidés en les deux grands groupes des *Perforés* ou *Poreux* et des *Imperforés* ou *Apores*, sur laquelle est basée la classification de Milne-Edwards et J. Haime et qui, jusqu'à ces dernières années, a été acceptée sans conteste. Il faut bien se rendre compte que ces perforations sont tapissées par les trois couches des tissus mous, que l'endoderme les pénètre, en sorte qu'elles établissent des communications directes, chez le Polype vivant, celles de la muraille entre la galerie périmurale et les loges et interloges intra-calicinales, et celles des septes entre les espaces interseptaux (fig. 808).

On voit que, par suite de ces dispositions chez les Perforés et chez les Apores qui ont accidentellement des perforations, les parties molles du Polype ne pourraient plus, même théoriquement, être séparées sans ruptures du squelette qu'elles revêtent([1]).

Formation des colonies.

Chez les Hexactinidés, l'état solitaire était la règle, et la formation de colonies, l'exception. Ici, c'est l'inverse, et, le plus souvent, l'oozoïte donne naissance à des colonies nombreuses par *scissiparité* incomplète ou par *bourgeonnement*. Ici encore, en ce qui concerne les parties molles, nous n'avons à peu près rien à ajouter à ce que nous avons fait connaître précédemment, et en quelques mots nous aurons donné une idée de ce qui est essentiel.

Bourgeonnement. — Il se produit ici, comme chez les autres Cœlentérés, par un processus extrêmement simple. En un point, la paroi du corps, avec ses trois couches, se soulève et forme une petite protubérance creuse dont la cavité est d'emblée en communication avec celle du Polype bourgeonnant. Les cloisons se forment par des replis intérieurs, le stomodæum s'invagine, une bouche se perce au fond de l'invagination et les tentacules naissent autour d'elle comme autant de refoulements indépendants.

([1]) Ainsi que nous le verrons en décrivant les genres, le type de perforation ci-dessus décrit est souvent voilé, en ce sens qu'on ne peut distinguer les éléments trabéculaires ni reconnaître une situation des pores régulière, à leur jonction avec des éléments voisins. En particulier, il ne se retrouve plus du tout dans les cas où l'état perforé est très accentué, comme pour la muraille des Madrépores et pour la muraille et les septes des Porites. On ne retrouve plus alors les trabécules, zones d'accroissement et éléments trabéculaires ci-dessus décrits : il n'y a plus qu'un réseau de substance calcaire dont les larges mailles sont remplies par des tubes anastomosés, formés par la paroi molle du Polype avec ses trois couches et établissant de larges communications entre toutes les parties, à travers tous les éléments du squelette. Si l'on voulait encore rattacher cette structure à celle que nous avons décrite comme typique, on pourrait peut-être le faire en considérant les trabécules comme devenus grêles, indépendants les uns des autres et non plus rectilignes, mais fortement en zigzag, avec jonction

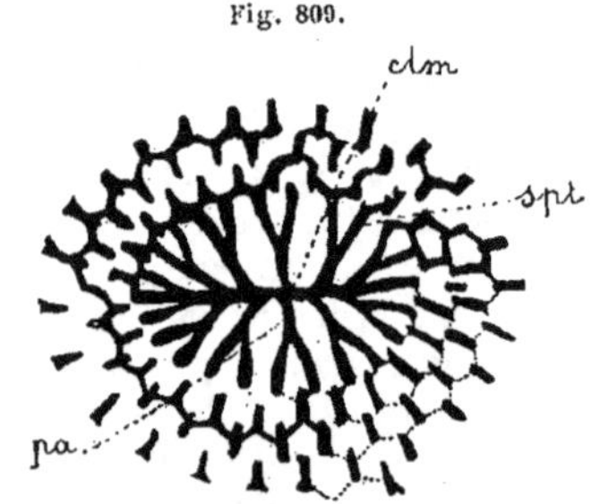

Fig. 809.

Coupe transversale
de la région inférieure du calice
de *Turbinaria mesenterina*
(d'ap. Miss Ogilvie).

clm., columelle; **pa.**, palis; **spt.**, septes.

et anastomose entre eux aux points où les parties saillantes des zigzags se rencontrent (fig. 809).

La formation des bourgeons a lieu soit à la base du calice, directement sur le bord du pied, *bourgeonnement basilaire*, ou sur des prolongements de cette base, *bourgeonnement stolonial*, soit sur la colonne, *bourgeonnement pariétal*, soit même sur le péristome, et, dans ce cas, de beaucoup le plus rare, le bourgeon, au lieu de s'ajouter, se substitue à l'individu mère, qui meurt et est remplacé par l'individu bourgeonné. Le calice de celui-ci s'insère à l'intérieur du calice maternel. Mais on a reconnu que, dans certains cas, on a interprété comme *bourgeonnement intracalicinal*, les zones successives d'accroissement d'un même calice, dont le développement se fait par poussées actives, séparées par des périodes de repos.

Scissiparité. — Le phénomène est ici semblable à celui que nous avons décrit chez certaines Actinies. Le péristome s'allonge suivant son grand axe, puis se pince au milieu, et les deux moitiés s'écartent, se complètent l'une et l'autre. Mais, tandis que chez l'Actinie, la séparation se poursuivait jusqu'au pied et donnait naissance à deux individus distincts, ici elle est incomplète, et les deux individus restent unis par la partie inférieure de leur corps, donnant naissance à un individu en Y formé de deux têtes qui, à partir d'un certain point, divergent d'un pied commun (¹).

Effets sur le squelette. — Sous un individu nouvellement bourgeonné, le squelette maternel ne montre d'abord aucune modification ; mais, à mesure que le Polype nouveau grandit, il forme un squelette par un processus identique à celui que nous avons indiqué pour l'oozoïte, avec cette différence que le nouveau calice, au lieu de reposer sur un support indépendant, a pour support le squelette de l'individu maternel, en sorte que les rapports du calice nouveau avec le squelette ancien sont iden-

---

(¹) *Pseudo-colonies.* — Lacaze-Duthiers [99] (fig. 810 et 811) a montré que dans certains cas (*Caryophyllia*) des bouquets d'individus s'étant fixés les uns sur les autres et ayant grandi côte à côte, pouvaient en imposer pour de vraies colonies soit gemmipares, soit fissipares. L'apparence de gemmiparité résulte de ce que les polypiers d'individus jeunes se montrent unis à leur base avec un point de la surface du polypier d'un individu plus âgé. Mais le fait que cette union se trouve toujours en un point où la surface du polypier servant de support était à nu au-dessous de l'exosarque montre qu'il y a eu là simplement la fixation d'une jeune larve sur une paroi calcaire faisant office de support inanimé. L'apparence de fissiparité résulte de ce que l'on rencontre des calices en biscuit semblant indiquer une scission inachevée. Mais le fait que les polypiers que terminent ces calices, au lieu de se fusionner plus bas, deviennent au contraire indépendants, montre qu'il y a eu là simplement soudure de deux individus voisins par leurs exosarques qui se sont fusionnés sur une certaine étendue en une lame unique, qui a sécrété des parties calcaires communes aux deux calices et a soudé ceux-ci entre eux.

Fig. 810.

Trois *Caryophyllia*
accolées
l'une à l'autre
(d'ap. Lacaze-
Duthiers).

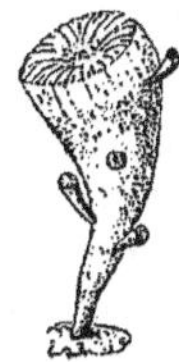

Fig. 811.

Caryophyllia
portant
de jeune polypiers
qui se sont fixés
à la partie nue
de son squelette
(d'ap. Lacaze-
Duthiers).

liquement les mêmes que ceux du Polype nouveau avec le Polype
souche, sauf un certain retard dans l'état d'avancement du phénomène.
En ce qui concerne la division, la chose est à peu près la même. Le
squelette de l'individu qui s'est divisé est d'abord non modifié, pour la
bonne raison que ce squelette est situé au-dessous des parties molles
dans la partie indivise du Polype. Mais quand, en s'accroissant en hauteur, il a atteint le niveau de la bifurcation, il se divise lui-même comme
les parties molles et par le même processus. C'est d'abord la columelle,
lorsqu'il y en a une, qui se bifurque ; puis le bord du calice se pince, les
deux moitiés s'écartent dans le sens du plus grand diamètre et finissent
par former deux calices indépendants au sommet, réunis à leur base
en un pied commun. Bien entendu, les parties déjà calcifiées ne
subissent jamais de modifications, et le pincement ainsi que la division
progressive résultent de ce que les parties nouvelles qui s'ajoutent aux
anciennes dans l'accroissement en hauteur se déposent sous une figure
nouvelle et suivant deux directions d'accroissement divergentes.

Notons d'ailleurs que les deux modes de formation des colonies ne
s'excluent pas, bien que l'un d'eux soit toujours très prédominant et
caractéristique pour chaque espèce donnée. La présence de fissiparités
accidentelles chez les gemmipares est considérée comme plus fréquente
que celle de bourgeons chez les fissipares ; mais la chose n'est pas bien
certaine, car les recherches nouvelles ont montré qu'il fallait attribuer
au bourgeonnement bien des cas rapportés auparavant à la fissiparité.

Le processus général étant bien compris, nous n'avons, pour indiquer ses effets, qu'à étudier les différentes formes que revêt le squelette des polypiers coloniaux.

Formes diverses des polypiers coloniaux. — Plusieurs conditions variables
influencent la forme générale de la colonie, et il est utile de distinguer
les colonies issues du bourgeonnement et celles provenant de la scissiparité. Pour les polypiers issus du bourgeonnement, ce sont : le lieu où
naissent les bourgeons, leur fréquence, leur direction et leur vitesse
d'accroissement ; pour ceux provenant de la scissiparité, ce sont : l'angle
de divergence des deux individus issus de la division, la direction de la
scissiparité, la fréquence de l'acte scissipare et le rapport des vitesses
d'accroissement en hauteur et en épaisseur. De la combinaison variable
de ces éléments résultent trois formes types de colonies, reliées d'ailleurs par une série à peu près complète d'intermédiaires.

Forme cespiteuse. — Cette forme rappelle la cyme dichotome des
botanistes. Elle est aisément produite dans les polypiers fissipares
lorsque l'accroissement en hauteur est rapide et que l'angle de divergence est assez ouvert (**62**, *fig. 3*). Chaque branche terminale se fend
alors au bout en deux autres qui se séparent complètement, s'accroissent
en divergeant, se comportent de même à leur tour et ainsi de suite.
Les directions suivant lesquelles les branches se scindent étant quelconques, la division se fait suivant tous les azimuts, en sorte que le

polypier, au lieu de rester dans un plan, se développe dans tous les sens.

Forme lamellaire. — Imaginons que le Polype terminal se divise seulement dans un sens, la colonie s'étalera dans un plan ; supposons, en outre, que les produits de la scission s'écartent peu : la colonie prendra alors la forme d'une lame continue dont le bord supérieur libre portera les calices. On a alors la forme lamellaire. Ce sont seulement les individus extrêmes qui se divisent, en sorte que la lame ne s'accroît que par ses bords. Mais il faut bien comprendre que cette lame ne reste pas plane, et qu'elle peut se contourner de mille façons ; en outre, de temps en temps, un individu moyen peut se diviser, non plus dans la longueur de la lame, mais perpendiculairement à elle et donner ainsi naissance à une lame nouvelle, greffée sur la première et qui s'accroîtra pour son compte dans une direction différente de la précédente.

Fig. 812.

Calices confluents
(d'ap. Studer).

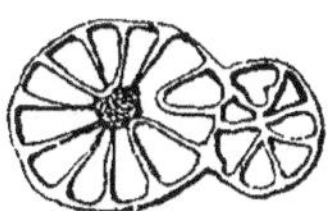

Fig. 813.

Deux calices
confluents
d'*Oculina diffusa*
(d'ap. Studer).

Forme massive. — Dans une forme cespiteuse ou lamellaire, les branches ou les lames peuvent être rapprochées au point de se toucher et de se souder, soit directement par les parois murales, soit par l'intermédiaire des côtes. On a alors une forme massive. Quand les côtes par l'intermédiaire desquelles se fait la soudure, sont très développées et portent, comme il arrive, des prolongements lamellaires, sortes de *synapticules costaux*, de *dissépiments costaux*, mais, en général, irréguliers, il en résulte une sorte de tissu de jonction que l'on appelle un *faux cœnenchyme*.

Dans les *polypiers gemmipares*, la production des formes cespiteuses et massives se conçoit sans autre explication. Mais la forme lamellaire

Fig. 814.

Calices confluents
de *Dasyphyllia echinulata*
(d'ap. Studer).

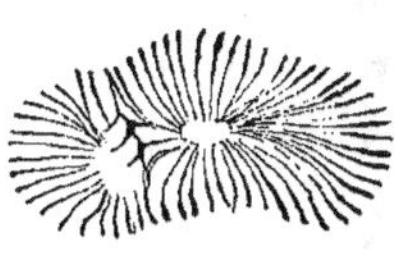

Fig. 815.

Deux calices confluents
de *Favia speciosa*
vus de dessus
(d'ap. Studer).

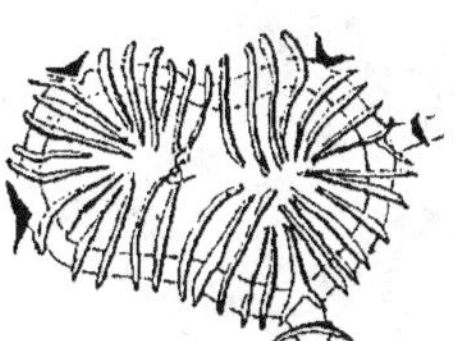

Fig. 816.

Calices confluents
de *Favia conferta*
(d'ap. Studer).

et, dans les formes massives, celles qui sont constituées par des lamelles rapprochées de manière à supprimer leurs intervalles, sont dues à la fissiparité seule, bien que des bourgeons puissent se former çà et là sur la colonie.

Formes méandriques. — Dans les polypiers fissipares lamellaires ou massifs, formés de lamelles rapprochées et soudées, il peut arriver

que, la séparation des calices étant incomplète, on ait des *cavités calicinales confluen'..s.* c'est-à-dire s'ouvrant les unes dans les autres. Cette confluence peu. se faire à des degrés divers (fig. 812 à 816). Elle peut respecter l'individualité des ca-
lices, dont les septes restent orientés radiairement autour de centres distincts occupés ou non par une columelle indépendante; elle peut aussi fusionner toute la série linéaire en un long ca-lice composé, dont les murailles s'alignent en deux lignes paral-lèles plus ou moins onduleuses, dont les septes forment deux rangées continues symétriques, sans trace de dispositions ra-diaires ni de centres de groupe-ment et dont les columelles elles-mêmes se fusionnent en une longue lamelle courant entre les deux rangées de septes. Dans

Fig. 817.

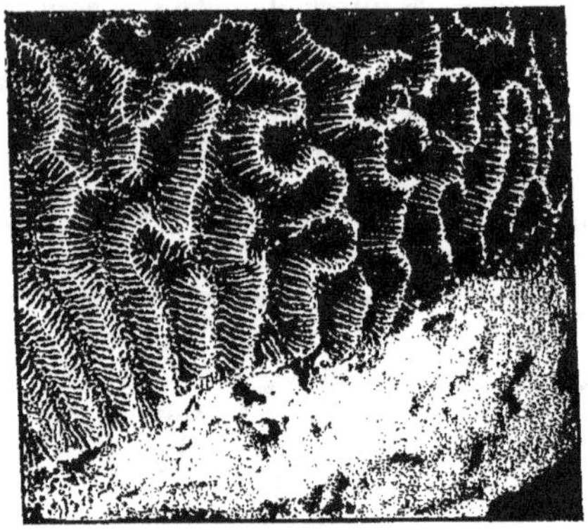

Cœloria arabica var.: *leptochila*
(d'ap. Klunzinger).

ce cas. il ne reste plus trace de l'individualité des calices et on ne peut
les compter. Mais il est toute une série de cas intermédiaires où les colu-melles restent distinctes, où les bords muraux parallèles s'incur-vent à intervalles réguliers mar-quant les séparations des calices, et où les septes sont, surtout au niveau de ces incurvations. plus ou moins dirigés vers le centre du ca-lice auquel ils appartiennent.

On donne à ces longs calices qui. dans les polypiers massifs issus de la forme lamellaire (fig. 817 et 818), serpentent sur la surface, le nom de *vallées calicinales* ou sim-plement de *vallées*, car ils sont, en effet, en contre-bas de la surface générale; et on appelle *collines* les côtes saillantes formées par les murailles adossées et soudées de deux vallées calicinales adjacentes;

Fig. 818.

Leptoria gracilis (d'ap. Klunzinger).

les collines peuvent être parcourues dans toute leur longueur par un
sillon plus ou moins profond indiquant que la soudure des murailles

ne s'est pas étendue tout à fait jusqu'à leur partie supérieure. Les polypiers ainsi constitués sont dits *méandriformes*.

Mais il faut bien noter que, quel que soit le degré de fusion des cavités calicinales, les Polypes restent indépendants au-dessus d'elles, ayant chacun une bouche, un système tentaculaire et un péristome distincts, et la colonne même libre sur une certaine hauteur.

Rapports des parties molles avec le squelette dans le polypier composé. — Dans un polypier cespiteux, le rapport des parties molles avec le squelette est le même que chez le polypier simple, avec cette différence que les parties basilaires sont mortes, nues, non recouvertes par les tissus mous vivants, qui se sont retirés au fur et à mesure de l'accroissement, de manière à abandonner les parties basilaires anciennes et à ne revêtir que les extrémités récentes en voie d'accroissement. Lorsque deux Polypes (**62**, *fig.* 3), sont séparés par un intervalle pas trop profond, leurs exosarques (**exs.**) descendent jusqu'au fond de cet intervalle et là se fusionnent, en sorte que leurs galeries périmurales se jettent l'une dans l'autre. Mais quand, par suite de l'accroissement en hauteur, cet intervalle dépasse une certaine profondeur, les deux exosarques se séparent et se ferment l'un et l'autre en cul-de-sac. Ce cul-de-sac, au fur et à mesure que l'accroissement en hauteur continue, remonte de plus en plus, de manière à conserver une profondeur à peu près constante, et laisse au-dessous de lui une partie de plus en plus haute qui reste nue et qui, n'étant plus en rapport avec sa couche nourricière de calicoblastes, ne tarde pas à mourir.

C'est dans ce cas que l'on voit d'ordinaire le bord inférieur de l'exosarque déposer cette couche de substance calcaire extérieure à la muraille et à ses côtes, et que nous avons nommée *épithèque* (**epth.**).

Cœnenchyme et cœnosarque. — Jusqu'ici nous avons vu le polypier ne devenir massif que par rapprochement et soudure directe des calices, soit directement par les murailles, soit indirectement par les côtes. Nous allons voir maintenant qu'il peut le devenir par suite du remplissage des intervalles des branches par un dépôt secondaire de calcaire. On a donné à ce dépôt le nom de *cœnenchyme* et il importe de le décrire avec quelque détail, car il est extrêmement répandu et joue un rôle considérable dans la constitution des polypiers. Les tissus qui le recouvrent sont, en effet, aptes à bourgeonner tout aussi bien que les Polypes eux-mêmes, et cela a une grande influence sur la forme des colonies.

Il importe d'en distinguer deux sortes : le *cœnenchyme imperforé*, qui se rencontre chez quelques Apores et le *cœnenchyme poreux*, qui existe à titre de formation constante chez les Perforés coloniaux.

Cœnenchyme imperforé. — Prenons pour point de départ un polypier analogue à celui de la figure précédente (**62**, *fig.* 4), mais supposons qu'au fond de l'angle de séparation de deux calices, la couche de calicoblastes donne naissance à un dépôt de calcaire qui comblera cet angle, augmentant d'épaisseur au fur et à mesure que l'angle s'approfondira par l'accroissement en hauteur des deux calices qui forment ses bords. Ce dépôt (*cœch.*), bien qu'il soit presque toujours caverneux, aréolaire, constituera le cœnenchyme imperforé (Ex. : *Galaxea*). Dans ce cas, les exosarques de deux Polypes voisins, au lieu de se couper à un moment donné et de se séparer, restent unis par une lame transversale, horizontale, qui revêt la face supérieure du cœnenchyme et que l'on appelle le *cœnosarque* (Ex. : *Pocillopora*).

Ce *cœnosarque* a, lui aussi, une extrême importance, et il importe de bien comprendre sa constitution. Il est formé, en somme, par la continuation de l'exosarque (*exs.*) et comprend comme lui deux lames, formées l'une et l'autre des trois couches constitutives des tissus du Polype et séparées par un espace libre. De ces deux lames, correspondant à ce que nous avons défini plus haut (p. 557) sous les noms de lame orale et de lame aborale, la superficielle ou orale est la continuation directe de la colonne du Polype; la profonde ou aborale est la continuation directe de sa paroi pédieuse, celle qui, plus loin, forme les refoulements mural, septaux, columellaire, etc., et dont l'ectoderme forme une couche de calicoblastes; enfin l'espace interposé est la continuation de la galerie périmurale : il est donc tapissé d'endoderme. Cette galerie périmurale est cloisonnée, comme nous l'avons vu, par les prolongements extra-muraux des cloisons et par les côtes avec leurs refoulements costaux.

La cavité du cœnosarque est, elle aussi, plus ou moins cloisonnée et divisée en canaux par des lames molles s'étendant de l'une à l'autre de ses parois, et des lames calcaires dépendant du cœnenchyme font plus ou moins saillie dans son intérieur, revêtues, bien entendu, par les tissus mous. Mais ces lames cloisonnantes ne sont pas la continuation des cloisons et ces saillies calcaires ne sont point la continuation des côtes. Les cloisons s'arrêtent au fond de la galerie périmurale et les côtes, s'il y en a, continuent leur trajet sur la portion de la muraille immergée dans le cœnenchyme. Les canaux du cœnosarque sont des formations indépendantes, fort importantes d'ailleurs, car ils s'ouvrent dans les galeries périmurales limitrophes aux points où ils les abordent et établissent une continuité circulatoire entre tous les membres de la colonie.

Le cœnosarque est important à un autre point de vue, car il est très apte à bourgeonner et, dans les formes scissipares, c'est sur lui que naissent le plus souvent les nouveaux membres de la colonie.

Ainsi, dans ce cas, et c'est là la caractéristique du cœnenchyme imperforé, le tissu cœnenchymateux, bien qu'alvéolaire et vésiculeux, n'est pas canaliculaire : il n'est point traversé de canaux en communication directe avec les cavités calicinales voisines; il est entièrement séparé de celles-ci par la muraille, et les canaux du cœnosarque sont à la surface et ne le pénètrent à peu près point. En outre, il ne s'élève jamais assez haut pour empâter complètement les calices, et laisse à ceux-ci une portion libre revêtue d'exosarque (¹).

Cœnenchyme poreux. — Ici, au contraire, le cœnenchyme (fig. 819 et **62**, *fig. 5, cœch. p.*) est si abondant qu'il comble dans toute leur profondeur les intervalles entre les calices jusqu'à leur sommet, ne les laissant émerger que peu ou point. On voit que, dans ce cas, l'exosarque se trouve supprimé ou réduit à un vestige insignifiant. Comme sur le cœnenchyme imperforé, il y a un *cœnosarque* (**cœs.**), c'est-à-dire une couche de tissus mous recouvrant le cœnenchyme, et ce cœnosarque est formé de même de deux lames de tissus mous, contenant chacune les 3 couches du corps, l'externe avec l'endoderme en dedans et l'ectoderme libre au dehors, l'interne avec l'endoderme en dehors et l'ectoderme calicoblastique au contact du cœnenchyme

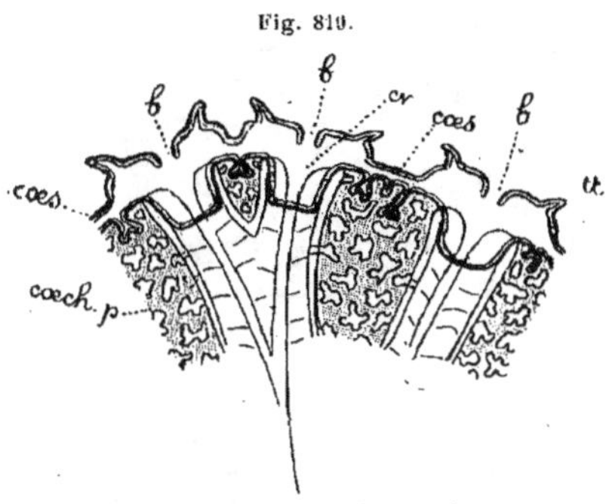

Fig. 819.

Rapport du squelette et des parties molles chez les formes à cœnenchyme poreux (Sch.).

b., bouche; **cœch. p.**, cœnenchyme poreux; **cœs.**, cœnosarque; **cv.**, cavité viscérale; **tt.**, tentacules.

calcaire; entre les deux, est, de même, une mince cavité endodermique qui, au niveau des péristomes, communique avec la cavité gastrique des Polypes. Mais le cœnenchyme est ici criblé de canaux formant à son in-

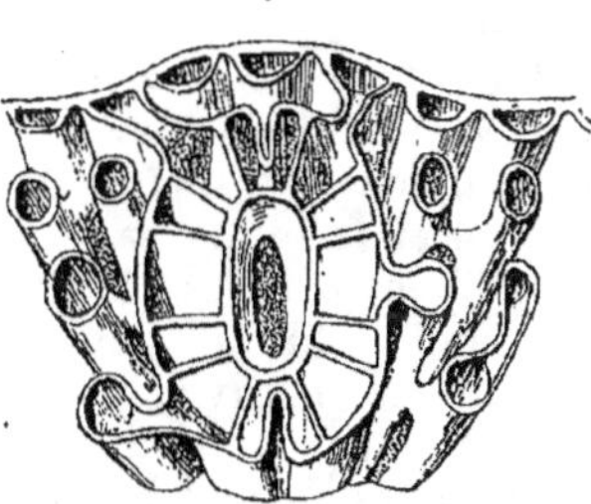

Fig. 820.

Coupe d'une portion de polypier décalcifié, par un plan parallèle et sous-jacent au disque tentaculaire (d'ap. Fowler).

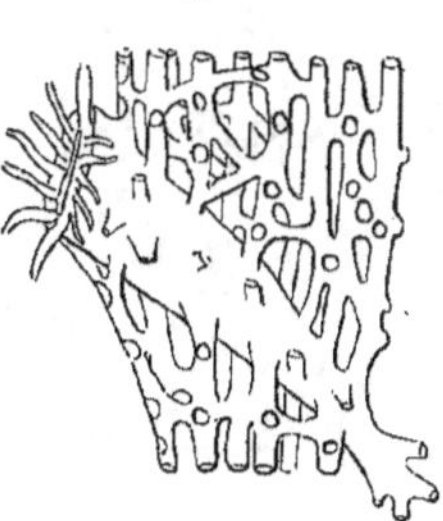

Fig. 821.

Coupe au travers d'un Madrépore décalcifié, montrant les canaux endodermiques (d'ap. Fowler).

térieur et dans toute l'épaisseur de sa couche vivante un riche réseau, canaux tapissés d'un revêtement formé par les parties molles avec leurs rois couches (fig. 820 et 821), l'endoderme en dedans tapissant leur

---

(¹) On a voulu distinguer du cœnenchyme des variétés diverses sous les noms d'*exothèque*, de *périthèque*, mais aucune distinction précise n'existe entre ces diverses formations et ces

cavité, et l'ectoderme calicoblastique en dehors, au contact du calcaire. Les canaux du cœnenchyme squelettique traversent les murailles voisines; ils s'ouvrent en dedans dans les cavités calicinales sur toute la hauteur de ces dernières et, superficiellement, débouchent à la surface du polypier. Les canaux de tissus mous qu'ils contiennent, s'ouvrent en dedans dans les cavités des Polypes et superficiellement dans la mince cavité (fig. 822, *exs.*) située entre les deux feuillets du cœnosarque. On voit par là que le cœnosarque et l'exosarque sont une seule et même chose, mais avec deux différences : le premier correspond aux calices, le second au cœnenchyme intercalicinal; celui-là contient des prolongements des cloisons, celui-ci n'en contient pas. Ce dernier est cependant plus ou moins cloisonné, mais par fusion directe des deux lames qui forment le plafond et le plancher de sa cavité, au niveau des points où les saillies spiniformes ou costiformes du cœnenchyme calcaire soulèvent le plancher jusqu'au contact du plafond.

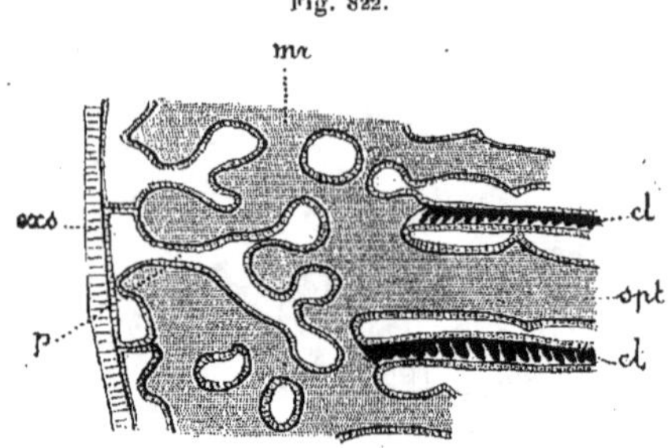

Fig. 822.

Partie d'une coupe transversale de *Rhodopsammia* montrant les rapports de la cavité du corps avec la cavité de l'*exosarque* (d'ap. Fowler).

cl., cloisons; **exs.**, cavité de l'exosarque; **mr.**, muraille; **p.**, canaux traversant la muraille; **spt.**, septe.

Fowler [87] a bien décrit comment se fait, chez *Madrepora*, l'accroissement du cœnenchyme en épaisseur. La surface du cœnenchyme est recouverte de saillies costiformes (fig. 823) entre lesquelles circulent des sillons ramifiés qui, au niveau des calices, s'ouvrent dans la cavité calicinale en passant par-dessus le bord libre de la muraille. Par suite du dépôt de nouvelles couches calcaires, ces sillons se transforment en canaux complets, et les couches de tissus mous qui les tapissaient en gouttière se ferment aussi en canaux complets. Ces canaux forment

Fig. 823.

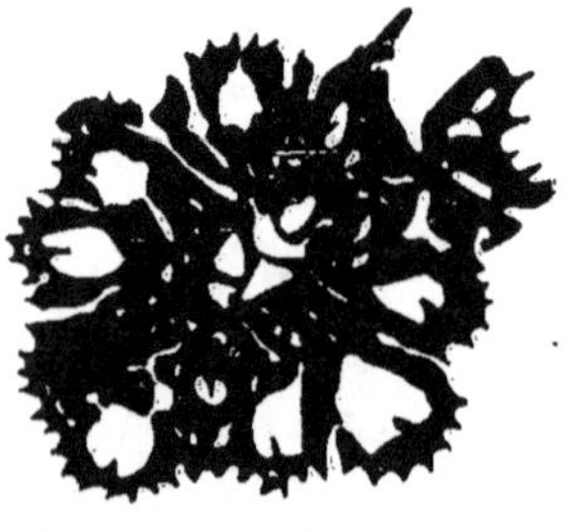

Coupe transversale du squelette de *Madrepora aspersa* (d'ap. Fowler).

dénominations doivent être rejetées pour ne garder que celle de *cœnenchyme* qui les comprend toutes. Même l'*épithèque* n'est, on le voit, qu'une variété de cœnenchyme, se présentant en lames minces concentriques aux murailles et ne comblant pas les intervalles intercalicinaux. Il convient cependant de la distinguer, car, si morphologiquement elle se confond avec le cœnenchyme, elle en diffère anatomiquement par un caractère très net, sa forme, comparable à celle de la muraille.

un réseau dans un plan tangentiel, mais communiquent profondément avec ceux de la couche sous-jacente (fig. 824); superficiellement, ils restent ouverts en quelques points pour rester en relation avec ceux de la nouvelle couche superficielle qui va se former; et, au niveau des calices, ils s'ouvrent dans la partie supérieure des cavités calicinales, par des trous provenant de la fermeture des sillons en gouttière qui passaient par dessus le bord des calices au stade précédent. La chose ayant continué ainsi depuis l'origine, on voit qu'au début le cœnenchyme perforé a dû provenir d'un accroissement du système de côtes et de sillons qui garnissaient les faces extérieures des calices.

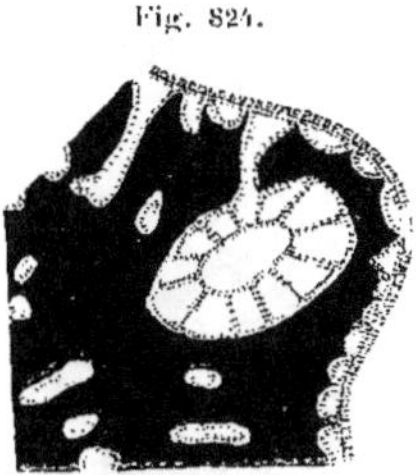

Fig. 824.

Coupe transversale du squelette de *Madrepora Durvillei*, revêtu de ses parties molles (d'ap. Fowler).

Physiologie.

On ne sait à peu près rien sur la physiologie individuelle des Polypes à polypiers, en dehors de ce qui leur est commun avec ceux dépourvus de squelette. La seule chose à indiquer ici concerne les particularités qui résultent pour eux de la présence même du squelette.

Ce squelette est pour eux un tissu de soutien beaucoup plus efficace que celui des Alcyonnaires, par sa constitution plus massive et par suite de ce fait que, pénétrant le Polype lui-même, il lui fournit un support dans toutes ses parties. Certainement les Octanthides les mieux pourvus, comme les Gorgones et le Corail, seraient incapables de résister aux violences qui, au bord externe des récifs coralliens, sont au contraire pour beaucoup d'Hexacorallidés une condition essentielle de prospérité.

Par l'étendue énorme que donnent à l'endoderme les nombreux refoulements qui revêtent les parties saillantes du calice, la surface absorbante se trouve considérablement augmentée.

Signalons ici une remarque intéressante de Moseley [81] touchant l'influence de la nature du fond sur les caractères du squelette. *Bathyactis* a une muraille d'épaisseur normale et imperforée; mais les échantillons provenant de certains fonds siliceux, formés de squelettes de Diatomées, ont la muraille très mince et perforée comme celle des Fongies.

Les Récifs coralliens.

Les Coraux ne sont pas, comme tant d'autres êtres, isolés et disséminés dans les régions qu'ils habitent. A certaines places, rassemblés en nombre immense, ils forment des masses considérables qui, en raison de leur situation au voisinage de la surface et de la solidité pierreuse de leur squelette, constituent des récifs (fig. 825), sur lesquels ont eu lieu de fréquents naufrages. Par suite de ces conditions, l'attention a été attiréc sur ces récifs, et l'on n'a pas tardé à remarquer qu'ils présentent dans les particularités très curieuses de leur forme et de leur structure, et dans certaines incompatibilités apparentes entre la biologie des Polypes constructeurs et les caractères des récifs édifiés par eux, un problème fort difficile à résoudre. Il y a donc une *question des récifs coralliens* et cette question doit nous retenir un instant.

Constitution des récifs coralliens. — Le récif doit être envisagé dans ses caractères extrinsèques c'est-à-dire dans ses rapports avec les terres voisines ou la mer ambiante et dans ses caractères intrinsèques. Ses caractères extrinsèques ont été définis par DARWIN d'une manière très nette, et la terminologie qu'il a proposée a été universellement adoptée.

Il existe le long des rivages de certaines terres (îles ou continents), principalement dans les points où elles sont escarpées, une ceinture de récifs directement accolés à la terre ferme : ce sont les *récifs*

Fig. 825.

Madréporaires sur la côte d'Apia (d'ap. Krämer).

frangeants (fig. 830, *b.*). On en trouve de bons exemples à la Nouvelle-Calédonie, aux Philippines, etc. Leurs dimensions en longueur sont naturellement illimitées ; leur largeur est d'ordinaire assez faible.

Ailleurs on observe une ceinture semblable, mais qui borde le rivage à distance, laissant entre elle et lui un espace libre appelé la *lagune* : ce sont les *récifs-barrières* (fig. 830, *r.*). Ils sont plus nombreux que les précédents. Le *grand récif-barrière* qui longe sur une étendue d'environ 2 400 kilomètres la côte N.E. de l'Australie, en est l'exemple le plus remarquable. On en trouve aussi à la Nouvelle-Calédonie, en Floride, etc. Leur puissance peut être considérable. La largeur du récif peut atteindre jusqu'à plusieurs milles marins ; celle de la lagune varie de quelques mètres à 100 kilomètres et plus (récif-barrière d'Australie).

Enfin, en plein océan, on rencontre des récifs isolés, sans terre leur servant de point d'appui, que l'on appelle *atolls* (c'est leur nom dans la langue des Maldives). Ces atolls (fig. 826) ont la forme d'un anneau souvent circulaire, parfois ovale ou allongé, circonscrivant une lagune centrale, sorte de lac, isolé de la mer ambiante par le récif annulaire, mais communiquant le plus souvent avec elle par un chenal. Leurs dimensions sont aussi très variables. Il en est de tout petits, mesurant à peine quelques centaines de mètres. Les plus grands, sans atteindre jamais les dimensions colossales des récifs-barrières, sont parfois considérables : il y en a de près de 60 milles de long sur 20 à 25 milles de large (¹).

Ces trois sortes de récifs ont des caractères communs auxquels ceux de la lagune des récifs barrières et ceux de la forme annulaire des atolls sont en quelque sorte surajoutés, en sorte que les atolls peuvent être considérés comme la forme la plus complète, et, en la décrivant en elle-même, nous n'aurons que peu à dire pour faire comprendre les barrières et les frangeants.

Description d'un atoll. — *A mer haute* et par un temps calme, l'atoll (fig. 826) se présente sous l'aspect d'une île dont la partie centrale est

Fig. 826.

Atoll (d'ap. Darwin).

occupée par une sorte de lac d'eau de mer si grand qu'il réduit la terre émergée à un anneau relativement très étroit, n'ayant que quelques centaines de mètres de largeur, tandis que le diamètre total atteint plusieurs milles. Cette bande de *terre émergée* (fig. 827, *t.*) est élevée seulement de 1 à 3 mètres au-dessus du niveau des plus hautes marées. Elle se termine du côté de la mer par un étroit *cordon littoral*, formé de blocs entassés, roulés, usés, qui plonge presqu'à pic vers la mer. La surface, un peu au

---

(¹) On trouve parfois aussi, en plein océan, des récifs émergés ou immergés comme un sommet de montagne, sans lagune centrale ni aucune particularité de forme. On les nomme *bancs coralliens*. Krämer (97) propose aussi de distinguer dans les récifs frangeants, le *récif bordure* (*Saumriff*) faisant une faible saillie abrupte, en forme de balcon le long d'un rivage abrupt, du *récif côtier* (*Strandriff*) qui s'étend plus loin en pente plus douce vers le large.

delà de cette zone dont la terre et la mer se disputent la possession, se montre couverte d'une riche végétation tropicale représentée principalement par des Cocotiers. Sur la partie du récif immergée à mer haute, se rencontrent souvent des *Palétuviers* qui s'accommodent fort bien de l'eau

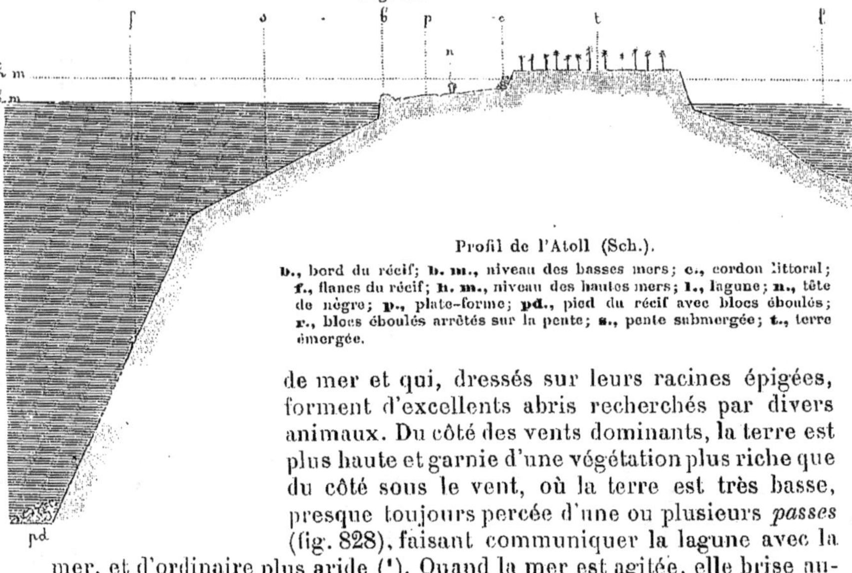

Fig. 827.

Profil de l'Atoll (Sch.).

b., bord du récif; **b. m.**, niveau des basses mers; **c.**, cordon littoral; **f.**, flancs du récif; **h. m.**, niveau des hautes mers; **l.**, lagune; **n.**, tête de nègre; **p.**, plate-forme; **pd.**, pied du récif avec blocs éboulés; **r.**, blocs éboulés arrêtés sur la pente; **s.**, pente submergée; **t.**, terre émergée.

de mer et qui, dressés sur leurs racines épigées, forment d'excellents abris recherchés par divers animaux. Du côté des vents dominants, la terre est plus haute et garnie d'une végétation plus riche que du côté sous le vent, où la terre est très basse, presque toujours percée d'une ou plusieurs *passes* (fig. 828), faisant communiquer la lagune avec la mer, et d'ordinaire plus aride (¹). Quand la mer est agitée, elle brise autour de la terre ferme, du côté du vent, sur une grande étendue, indice d'un bas-fond dont nous allons maintenant parler.

A mer basse, la terre de l'atoll est entourée d'une zone annulaire émergée qui constitue le *récif* proprement dit et qu'on appelle la *plate-forme* (fig. 827, *p.*). Cette plate-forme, large aussi de quelques centaines de mètres, est horizontale ou très légèrement inclinée vers la mer. Son

Fig. 828.

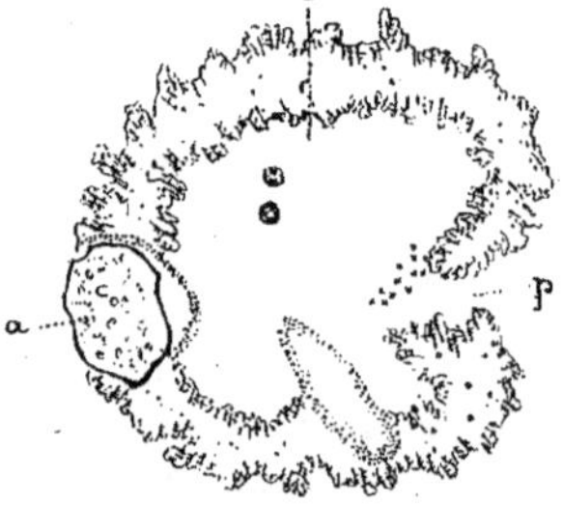

Atoll rose (d'ap. Krämer).

a., partie surélevée du côté du vent dominant; **l.**, lagune; **p.**, passe.

(¹) La ceinture de terre est généralement d'autant plus complète et uniforme que l'atoll est plus petit. Dans les très grands atolls, elle est ordinairement fragmentée en îlots disposés circulairement autour de la lagune centrale; mais les chenaux qui séparent ces îles n'existent souvent qu'à mer haute, un soubassement commun portant toute la formation. Les îlots au vent sont aussi plus grands et garnis d'une végétation plus riche que les îlots sous le vent.

niveau moyen est au-dessus du niveau de basse mer, à 1/3 environ de
la hauteur qui sépare ce niveau de celui de la haute mer, ce qu'on exprime en disant qu'il est à 1/3 de marée. Elle commence au cordon littoral
ci-dessus décrit et s'avance jusqu'au *bord* (*b.*) du récif, bord marqué par
une saillie de 1 mètre environ de hauteur sur une vingtaine de mètres
de large et par une structure particulièrement lisse et compacte. Cette
saillie, tout à fait remarquable et caractéristique, a l'aspect d'une digue
artificielle qui aurait été construite pour protéger les parties inférieures
du récif contre l'action destructive des vagues. Cette digue est, selon les
points, ici continue, là découpée en mamelons indépendants séparés par
des canaux irréguliers, partout remarquablement lisse, compacte, dure.
Disons tout de suite qu'elle n'est par formée par du Corail, mais par
des Algues calcaires, des Nullipores, ce qui explique sa surface unie et
sa compacité.

Le sol de la plate-forme est essentiellement constitué de calcaire
corallien *mort*, car la température de ces régions ne permet pas aux
Polypes si délicats des Coraux de vivre à un niveau où chaque jour,
pendant près de quatre heures, l'échauffement n'est pas combattu par
l'interposition d'une couche d'eau constamment renouvelée. Dans la
plus grande partie de son étendue, cette plate-forme est remarquablement
unie et semble formée par une sorte de dallage de calcaire compact. Elle
est à peine çà et là déprimée en petites cavités où restent des flaques d'eau.
Vers le bord externe, au contraire, elle est coupée d'anfractuosités profondes qui rendent son exploration passablement difficile et même dangereuse. On risque en effet, soit par suite d'un faux pas, soit par suite de la
rupture des lames friables, en surplomb, sur lesquelles on s'est aven-
turé, de tomber dans des anfractuosités profondes dont les parois et le
fond sont hérissés de pointes et d'aspérités. Mais, par contre, on est
sûr d'y rencontrer de nombreux animaux qui trouvent à s'y abriter en
attendant le retour de marée. Là, en effet, les vagues qui déferlent sans
cesse, même par les temps calmes, par dessus la digue, ou pénètrent
entre ses brèches, renouvellent et rafraîchissent continuellement l'eau
retenue dans les dépressions. Ce sont des Crabes, des Pagures, des Échinodermes, des Holothuries, y compris le Trépang, des Ascidies, des Éponges, des Annélides, y compris le Palolo, des Mollusques, en particulier
l'énorme Tridacne, et de nombreux Coraux d'espèce plus résistante,
avec des Poissons très variés, en particulier les Scares qui broutent les
Coraux à l'aide de leurs puissantes dents ([1]). C'est là la région fruc-
tueuse à observer pour le naturaliste, mais elle est fort dangereuse,
car, outre les chutes, on y risque, même par les temps calmes, d'être
enlevé par les grandes lames, lorsqu'on s'y aventure trop loin.

Les conditions nécessaires pour que ces êtres puissent vivre là, au-

---

([1]) Nous n'avons rien à dire des Tridacnes, des poissons qui forment la base de la nourriture des indigènes, ni du *Trépang*, Holothurie qui est pêchée en grandes quantités et en partie

dessus du niveau de basse mer, se trouvent réalisées, non seulement au bord externe du récif où la saillie de la digue retient des flaques d'eau plus considérables, continuellement renouvelées par le ressac, mais aussi sous les gros blocs du cordon littoral, qui forment des grottes relativement fraîches, où l'on trouve tous les êtres qui sur nos grèves peuplent les grottes similaires, mais représentés par les formes tropicales.

Sur la plate-forme se trouvent, en divers points, des surfaces garnies de sable corallien détritique accumulé par les vagues et non encore cimenté en calcaire compact, et, çà et là, peuvent se rencontrer de gros rocs faisant saillie bien au-dessus du niveau de haute mer, et qui, étant le plus souvent arrondis par la mer et érodés à leur base, ont une forme qui leur a valu, de FLINDERS, le nom de *têtes de nègre* (fig. 827, *n*.). Nous verrons l'importance de ces formations pour la théorie des récifs.

En dehors de la plate-forme, le sol s'abaisse brusquement, et l'on rencontre, au pied même de la saillie de ce bord, 2 à 3 brasses d'eau. Puis, sur une largeur de quelques centaines de mètres, le sol continue à s'abaisser progressivement sous un angle de quelques degrés jusqu'à 20 à 30 brasses de profondeur ou même plus. C'est sur cette *pente submergée (s.)* et très raboteuse du récif que se trouvent surtout les Coraux vivants, déployant là toute la luxuriance de leur végétation. C'est là que

mangée sur place, en partie expédiée au loin, particulièrement en Chine, donnant lieu ainsi à un commerce fort important. Moins connu est le *Palolo, Lysidice viridis* (fig. 829), étudié par KRÄMER [97] et par A. COLLIN dans un appendice au travail de ce dernier. Ce palolo ne se trouve pas dans tous les récifs. Il est commun aux Samoa et dans les groupes voisins (Tonga, Fidji, Gilbert) et peut-être aux Nouvelles-Hébrides et à la Nouvelle-Bretagne. Il est long de 50 centimètres, large de 3 à 5 millimètres et complètement gorgé de produits sexuels au moment où on le pêche. Il se tient, pendant la plus grande partie de l'année, caché dans les parties immergées du récif, du côté de la lagune, et c'est seulement deux fois par an qu'on le voit apparaître, en octobre et en novembre, exactement le jour du dernier quartier de la lune ainsi que le jour qui précède et le jour qui suit. A ce moment, un peu avant le lever du soleil, il monte du fond et vient nager à la surface pour lâcher ses produits sexuels, puis retombe au fond au moment où le soleil commence à monter à l'horizon. Son abondance est telle que la mer en est épaissie et que, sous une couche d'eau de 10 centimètres, on ne peut voir un mouchoir blanc. On en prend alors des quantités énormes qui servent

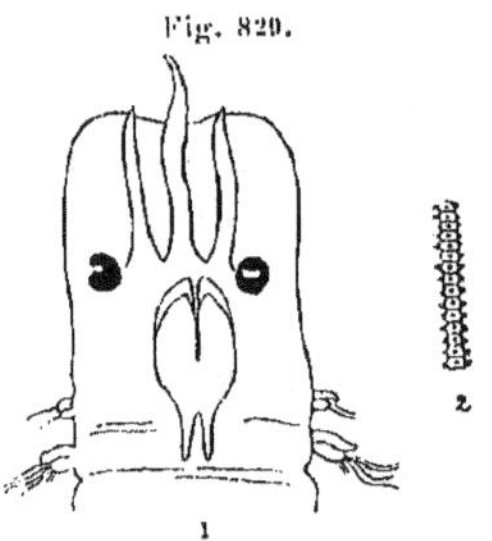

Fig. 829.

Palolo (Lysidice viridis)
(d'ap. Krämer).

1, tête; 2, un tronçon du corps.

à l'alimentation des indigènes. Ce sont souvent des fragments sans tête qui viennent nager ainsi, à la surface, et POWELL pense que la tête peut rester au fond pour régénérer un autre Ver tandis que le corps est allé à la surface, pour assurer la reproduction sexuelle. Cette précision dans l'apparition du Palolo est tout à fait remarquable. Grâce à elle, cette apparition est une date importante dans le calendrier des indigènes (octobre et novembre sont respectivement le petit et le grand *mois du Palolo*), et c'est l'occasion de fêtes et de festins. Le nom du Ver dans le dialecte indigène signifie : qui donne de l'huile (lolo), en crevant (Pa), allusion aux produits sexuels qui sortent par les ruptures artificielles.

l'on trouve les Madrépores de plusieurs mètres de large, les Porites, les Astrées, les Méandrines, les Pocillopores, les Favies et même les Millepores, en un mot, les vrais constructeurs du récif. D'ailleurs, même sur ces parties submergées, il peut y avoir de larges surfaces inhabitées, formées seulement de sable détritique, ou même un fond général de sable dans lequel les parties garnies de Coraux forment des oasis.

Enfin au-delà de la pente submergée, la déclivité s'accentue brusquement, et, sous un angle de 45 degrés ou plus, conduit rapidement vers les fonds de plusieurs centaines de brasses ou même mille et au delà. Sur ces *flancs* du récif (*f.*), les Coraux continuent de vivre jusqu'à la profondeur limite, c'est-à-dire jusqu'à 60 ou 80 mètres au moins, presque jusqu'à 100 mètres. C'est vers 12 brasses qu'est leur optimum de prospérité. Au point où les *flancs* rencontrent le fond, et que l'on appelle *pied* du récif (*pd.*), se trouve un amas informe de *blocs éboulés* provenant des flancs auxquels ils ont été arrachés par la mer ou dont ils se sont naturellement détachés. Çà et là sur les flancs se trouvent quelques-uns de ces blocs, éboulés de plus haut et arrêtés là par quelque accident de la surface.

Du côté de la lagune, la disposition est, en petit, la même que du côté de la mer, sauf l'absence de plate-forme horizontale. Dès le bord, le sol s'incline doucement de manière à atteindre peu à peu quelques brasses, et le Corail végète activement sur ce fond toujours noyé; puis, sous un angle très marqué, s'enfonce à la profondeur fort variable qu'atteint la lagune et qui est ordinairement de 20 à 60 brasses, limites qui peuvent être dépassées dans les deux sens. Sur cette pente, les Coraux continuent à prospérer jusqu'à la profondeur limite, mais d'ordinaire ils n'atteignent pas le fond où une sédimentation active s'oppose à leur développement. Dans les grands atolls dont la lagune est assez étendue pour pouvoir être agitée par le vent, il peut se former, en certains points au moins, un petit cordon littoral qui est une réduction de celui du large.

La *passe* (fig. 828, *p.*) qui fait communiquer la lagune avec le dehors est un canal, d'ordinaire irrégulier, situé sous le vent, de profondeur extrêmement variable, admettant les plus grands navires ou suffisant à peine pour un canot. Le courant y est très fort aux retours de marée dans les deux sens, conditions qui fait que les Coraux y prospèrent activement. Il y a souvent plusieurs passes; très rarement, il n'y en a aucune et la vie devient alors impossible dans la lagune pour la plupart des animaux, bien que l'eau puisse y filtrer à travers la masse caverneuse du récif.

Dans les grands atolls, il peut y avoir à l'intérieur de la lagune un îlot central, parfois fort élevé, ou plusieurs, sur les bords desquels se répètent, en abrégé, les mêmes dispositions que sur le rivage de la lagune.

Structure superficielle de l'atoll. — De quoi est formé l'atoll, soit à la surface même, soit immédiatement au-dessous, la question de l'infrastructure profonde étant pour le moment laissée de côté?

La partie toujours submergée est tapissée, comme nous l'avons vu, d'une couche de Corail vivant et il n'est guère possible de savoir ce qui est au-dessous ; mais il faut bien comprendre que le Corail vivant ne forme pas, même là, un tapis continu : en de nombreux points on ne trouve que du sable calcaire formé de débris de Coraux, de coquilles de Mollusques, de tests d'Échinodermes et de Crustacés, etc., et il semble y avoir une lutte continuelle entre le Corail qui tend à envahir et le dépôt sédimentaire qui tend à s'étendre en étouffant le Corail vivant.

La plate-forme, en dehors du bord du large et des crevasses où des Coraux vivants trouvent à végéter, est formée de calcaire corallien, mort, nu, compact ou bréchoïde. Ce calcaire est formé par des fragments plus ou moins volumineux, quelques-uns en place, la plupart déplacés, usés, roulés, dont les intervalles ont été comblés par du sable corallien, le tout fusionné par un ciment calcaire. Ce ciment provient de la minime quantité de calcaire qui, contenue dans l'eau, grâce à l'acide carbonique qu'elle tient en dissolution, se précipite, lorsque cette eau s'évapore, sur les parties qu'elle laisse mouillées quand le récif vient à sec à chaque marée. Dans ce calcaire, on trouve englobés accidentellement des débris variés provenant des coquilles ou des tests des animaux vivant sur le récif. Le bord externe et relevé du récif est particulièrement compact, grâce au développement en ce point d'Algues calcaires, Nullipores (*Lithothamnium*, *Halimeda*, etc.), qui comblent les anfractuosités et revêtent le tout d'une couche lisse, dense et résistante. Mais cette région, ainsi que la partie adjacente de la plate-forme, est secondairement criblée de trous par les Mollusques perforants, les Échinodermes, etc., qui cherchent à se créer un abri dans cette zone, recherchée par eux à cause du voisinage de l'eau à basse mer et de son aération plus parfaite.

Le cordon littoral de gros blocs est formé par des fragments détachés du récif, que la mer, pendant les tempêtes, a roulés toujours plus haut, jusqu'à ce qu'elle ait été forcée de les abandonner au niveau le plus élevé qu'elle atteigne.

Dans les anfractuosités de ces blocs, elle rejette du sable coquillier et corallien qui s'accumule de plus en plus vers les parties les plus élevées et là finit, comme sur la plate-forme, par les souder pour les joindre à la terre ferme.

La partie émergée du récif n'a pas une autre origine ni une autre structure. Elle est formée uniquement par un entassement de gros blocs, dont les intervalles sont plus ou moins comblés par du sable calcaire, le tout étant plus ou moins soudé en un conglomérat dans les parties profondes, tandis qu'à la surface le sable est entremêlé de particules plus foncées, d'origine organique, qui constituent avec lui une façon d'humus très maigre, mais suffisante cependant pour nourrir les plantes diverses et les Cocotiers, qui demandent surtout à l'atmosphère les matériaux de leur accroissement. Du côté intérieur, on trouve d'abord la même structure que sur les parties immergées du bord du large ; puis, au fond de la lagune, où la sédimentation est plus active et où les matériaux amenés risquent moins d'être entraînés au dehors, un limon calcaire plus ou moins entremêlé de graviers de même origine.

Récifs frangeants et récifs barrières. — Les récifs frangeants et les récifs barrières ont absolument la même structure, sauf les différences résultant de la configuration générale.

Pour les *récifs frangeants* (fig. 830, *b*.) on trouve, immédiatement accollé au rivage de terre ferme, un ensemble de formations identique à ce

Fig. 830.

Ile avec récif barrière et récif frangeant (d'ap. Dana).
A gauche et sur le devant, un récif barrière. *a.*, son récif intérieur ; *l.*, sa lagune ; *r.*, son récif extérieur. Entre la partie à gauche et celle qui est en avant, une *passe*. A droite, un récif frangeant. *b*.

qui se trouve dans l'atoll au delà de la bande toujours émergée, du côté du large, c'est-à-dire le petit cordon littoral, la plate-forme, la pente douce submergée et les flancs en pente raide plongeant vers les grandes profondeurs.

Les *récifs barrières* (fig. 830 et 831, *r*.) présentent la succession des parties que l'on rencontre dans un atoll entre la terre ferme et la mer en passant par la lagune, c'est-à-dire une lagune puis un récif avec ses divers éléments. Mais entre la lagune et le rivage s'interpose d'ordinaire une bande de récif frangeant, appelée le *récif intérieur* (fig. 830, *a*.), qui a à peu près les caractères du récif extérieur, mais

Fig. 831.

Ile *Vanikoro* et son récif barrière (d'ap. Darwin).
f., récif frangeant; *l.*, lagune; *r.*, récif barrière.

avec un développement beaucoup moindre. Les dimensions des diverses parties de ces récifs sont encore plus variables que celles des atolls : on trouve tous les intermédiaires entre ceux dont la lagune admet à peine un canot et ceux dans la lagune desquels un grand navire peut louvoyer à l'aise, comme c'est le cas pour le grand récif de la côte N. E. de l'Australie où cette lagune a 20 à 60 milles de large et de 10 à 60 brasses de profondeur (¹).

Biologie du récif. — Les diverses parties du récif sont dans des conditions bien différentes sous les rapports de l'aération de l'eau, de son agitation, de sa température et de l'apport de matériaux nutritifs ; enfin, on sait que la profondeur à laquelle les Coraux peuvent vivre est médiocre. Du conflit de ces conditions résulte, *pour le récif une fois formé*, un état d'équilibre dont il est utile de donner un aperçu.

Une eau pure, aérée, bien battue, une température convenable ne descendant pas au-dessous de 20 à 30 degrés, une nourriture abondante, une profondeur modérée (1 à 80ᵐ) sont les conditions favorables qui activent la croissance des polypiers ; la stagnation de l'eau, une température trop basse, des impuretés, en particulier les particules qui se déposent dans une sédimentation active, enfin la pénurie alimentaire sont des conditions fâcheuses qui retardent la croissance.

Les conditions favorables se rencontrent surtout au bord externe des récifs, là où ils sont en contact avec la mer libre et exposés au grand ressac qui aère l'eau et lave les Polypes des sédiments qui tendraient à les étouffer. Aussi les voit-on croître et prospérer activement sur la pente qui fait suite à la plate-forme, où ils descendent jusqu'à

(¹) Il n'y a pas à décrire ici toutes les particularités déjà indiquées pour les atolls. Ajoutons quelques mots seulement pour signaler deux particularités intéressantes. On trouve des *têtes de nègre* (fig. 827, *n*.) aussi bien sur le récif intérieur que sur l'extérieur, et cela élimine l'idée que ce soient des blocs charriés par les lames, car celles-ci ne sont pas assez fortes dans les lagunes étroites pour déplacer de telles masses sur le récif intérieur. Sur la pente submergée du récif extérieur, on rencontre parfois une disposition particulière qui a fait donner aux parties qui la constituent les noms de *champignons* ou de *chapeaux*. Ce sont des plates-formes de forme irrégulière et de dimensions très variables, excavées en dessous et supportées par une étroite colonne. L'ensemble forme un plancher horizontal, coupé en tous sens de canaux très irréguliers, supporté par des colonnes invisibles de dessus. Entre ces plates-formes, sur lesquelles on peut à mer basse marcher à pied sec, les canaux ont une profondeur de plusieurs brasses. On rencontre cette disposition dans le récif des Abrolhos (fig 832). Il semble bien qu'il y ait là une formation de même origine que les têtes de nègre, quoique à un niveau plus bas et avec des caractères différents.

Fig. 832.

Récif des Abrolhos (d'ap. Dana).

80 et même 100 mètres, mais en montrant vers 10 à 15 mètres leur maximum de prospérité (¹).

Diverses causes peuvent intervenir pour les empêcher de descendre indéfiniment sur les pentes du récif. L'une d'elles pourrait être la température qui s'abaisse à mesure que l'on s'enfonce et dépasse bientôt le minimum compatible avec la vie des Coraux. On pourrait même être tenté de croire que c'est la seule. Mais s'il en était ainsi, on verrait la limite bathymétrique s'abaisser dans les régions les plus chaudes et se relever à mesure qu'on s'éloigne de l'équateur. Or il n'en est rien, et il faut admettre que la profondeur intervient soit par la pression, soit par quelque cause (lumière, aération) autre que la température. KRÄMER [97] attribue nettement au besoin de lumière l'existence d'une limite inférieure qu'il trouve, conformément à sa théorie, plus basse dans les eaux pures de la mer libre que dans celles des golfes plus chargées de sédiments.

Le plancton nutritif n'est point, comme on le croyait, extrèmement riche dans les mers où se trouvent les récifs. KRÄMER a montré qu'il était au contraire relativement pauvre (²). Mais cela n'empêche pas qu'il soit forcément plus riche au bord externe du récif, puisque c'est, en dernière analyse, de la mer du large que le récif doit tirer les matériaux de son accroissement, et plus riche surtout du côté des vents dominants, ce qui contribue sans doute a rendre plus élevé le bord des atolls qui est au vent. Sur la plate-forme, les conditions sont trop mauvaises pour permettre autre chose que le maintien d'individus plus ou moins nombreux, de taille médiocre, dans les crevasses qui conservent de l'eau à mer basse; et il ne saurait être question d'une croissance en masse à ce niveau.

Dans la lagune, la tranquillité relative de l'eau est favorable au développement des formes délicates, à branches ramifiées et grèles, que le grand ressac du large briserait; mais l'aération moindre, la nourriture plus parcimonieuse et surtout la sédimentation plus active s'opposent à une croissance en masse très accentuée. Le fond de la lagune, même lorsqu'il ne dépasse pas la limite de profondeur des Coraux, est en général couvert d'une boue ou d'un sable qui se dépose sans cesse et s'oppose à leur développement. Sur les pentes, au contraire, les Coraux sont très beaux. Dans la (ou les) passe, il en est de même, un courant très vif, à chaque retour de marée, ramenant des conditions plus semblables à celles du bord du large.

Plus ou moins activement, selon les cas, le récif ne saurait vivre sans s'accroître. Un Coralliaire ne peut vivre sans bourgeonner, sans augmenter sa taille, et, en raison du squelette calcaire qui forme la plus grande partie de sa masse, les parties vivantes s'ajoutent sans cesse aux

---

(¹) On trouve dans presque toutes les mers et à toute profondeur des Coralliaires, tels que *Lophohelia*, *Lophoseris*; mais ce ne sont point des constructeurs de récifs.

(²) KRÄMER y trouve 0ᶜᵐᵉ43 de plancton, au lieu de 4 à 5ᵉᵐᵉ dans la Baltique.

parties mortes, les dimensions s'augmentent dans tous les sens ([1]). Il résulte de là que la lagune doit avoir une tendance à se combler et que la pente submergée doit tendre à se rapprocher sans cesse de la surface, de manière à empiéter sur les flancs abrupts vers le dehors, tandis qu'au dedans elle tend à se transformer en plate-forme qui s'accroît à ses dépens. Mais l'action des lames vient compliquer les résultats. Sur la pente, des blocs sont arrachés par les tempêtes et roulent sur les flancs le long desquels ils forment, à la longue, des éboulis qui peuvent les recouvrir presque entièrement. D'autres blocs sont poussés vers la plate-forme, où ils sont plus ou moins réunis par des sédiments plus petits et cimentés par des Nullipores, reculant ainsi vers le large la limite de la plate-forme. D'autres sont poussés sur la plate-forme jusqu'au cordon littoral qu'ils accroissent, et viennent augmenter, aux dépens de la plate-forme, la largeur de la terre ferme.

Mais ces causes modificatrices semblent agir avec une grande lenteur. En tout cas, à chaque instant donné, la forme et les caractères du récif sont le résultat du conflit de conditions modificatrices opposées, actuellement en action.

Structure profonde du récif. — Il est fort difficile de connaître la nature minéralogique et géologique des masses qui forment le soubassement du récif, et cela est cependant absolument nécessaire pour déterminer l'origine de ces formations et de leurs formes singulières. Il faudrait, pour cela, forer dans la profondeur du récif des puits profonds, disposés de manière à traverser sûrement le soubassement vrai et dans des conditions qui permettent de reconnaître la nature des couches. Des tentatives ont été faites dans ce sens, mais les résultats sont encore très incomplets, et il faut attendre pour avoir de ce côté les documents nécessaires ([2]).

Il a pu être établi cependant, tant par ces forages que par l'examen

---

([1]) La vitesse d'accroissement des Coraux est une question très contestée : les uns la donnent comme très forte, les autres comme très lente. Darwin rapporte que, d'après le lieutenant Wellstead, un navire échoué dans le golfe Persique fut en 20 mois recouvert d'une couche de Coraux de 60 centimètres d'épaisseur. Pourtalès trouva aux Tortugas, sur des blocs de conglomérat artificiel placés pour la construction du fort Jefferson vingt ans auparavant, une Méandrine de 30 centimètres de large et de 10 centimètres d'épaisseur. Des bouteilles provenant d'un naufrage furent trouvées, garnies en soixante-quatre ans d'une couche d'*Orbicella* de 20 centimètres d'épaisseur. Mais ces derniers chiffres sont des minimums, car on ne sait si les Coraux ont commencé à se fixer sur ces objets dès leur immersion. Sur des parties du même navire, des Madrépores avaient, en soixante-quatre ans, formé une couche de plus de 4ᵐ50. La comparaison de ce cas avec le précédent montre que l'espèce du Corail est une condition importante. Les Coraux poreux doivent croître beaucoup plus vite que les massifs.

([2]) Une des plus importantes recherches faites dans cette voie est le forage du récif de Funafuti, entrepris par Sollas en 1896 et continué par E. David en 1897 et 1898. Le forage n'a rencontré, sur 210 mètres, que des calcaires coralliens, et Sollas [98] interprète ce résultat comme une confirmation de la théorie de Darwin-Dana. Mais ils resterait à savoir si ces calcaires coralliens sont fossiles ou actuels.

de la surface du récif et par les sondages le long de ses flancs, que la
nature du soubassement est variable. Tantôt c'est de la roche sédimentaire
en place, le récif étant formé par une montagne ou par une chaîne de
montagnes qui se dresse du fond, comme sur terre les Alpes ou les
Pyrénées avec leurs pics. C'est ainsi que, d'après AGASSIZ [98], l'immense
récif barrière de l'Australie et celui de la Nouvelle-Guinée sont entièrement dessinés par des montagnes formées de roches primaires, sur
lesquelles les Coraux vivants forment une simple croûte très superficielle.
On voit, dans tous les points émergés de la région, cette roche en place
et on la retrouve en divers points sur les parties accessibles du récif,
où elles forment les *têtes de nègre*.

Ailleurs, la forme en cratère arrondi de certains atolls et la présence
sur leurs flancs de roches éruptives ou d'une boue d'origine manifestement
volcanique, montre que l'atoll couronne un ancien volcan.

Mais dans la grande majorité des récifs, le soubassement, sinon en
totalité, du moins sur une épaisseur considérable (atteignant plusieurs
centaines de mètres), est formé par du calcaire corallien. Ce calcaire corallien, d'ailleurs, est non seulement mort mais *fossile*, remontant au
Tertiaire ou au Crétacé, ainsi que le prouve la présence, dans leur masse,
de fossiles caractéristiques de ces époques géologiques. Donc, dans tous
les cas, le Corail actuel, vivant ou ayant vécu à l'époque géologique
actuelle, ne forme qu'une croûte mince qui ne contribue que pour le
détail à la configuration du relief.

Théories de la formation des récifs. — Avant DARWIN, CHAMISSO avait
reconnu, dans son voyage avec KOTZEBUE, que les Coraux ne vivent pas
au delà d'une profondeur assez médiocre, et cherché à montrer que la
forme des atolls résulte du conflit des conditions de croissance. QUOY et
GAYMARD admirent que les récifs ne sont que le couronnement de montagnes
sous-marines et en particulier de volcans, et on verra que c'est à ces
idées que l'on revient aujourd'hui. Mais ce n'est que plus tard que l'on
a cherché à expliquer l'ensemble des formations coralliennes par une
théorie générale.

La première et l'une des plus ingénieuses est celle de DARWIN [42, 78],
soutenue ultérieurement avec quelques modifications par DANA [72], d'où
le nom de théorie DARWIN-DANA qui lui est souvent donnée. Darwin partit
de cet *à priori* (reconnu faux aujourd'hui), que les récifs de Coraux, et
en particulier les barrières et les atolls, sont formés dans toute leur
hauteur par les Coralliaires actuels et ont été édifiés de toutes pièces par
eux, les couches profondes étant mortes mais récentes, et chaque couche
vivante s'ajoutant par un phénomène continu aux couches mortes sous-
jacentes, dès qu'elle a donné naissance elle-même à une nouvelle couche
vivante par scission, bourgeonnement, ou par des larves se fixant dans
le voisinage. Or, s'il en est ainsi, comment ont pu vivre les couches
situées au delà de la limite de profondeur que tolèrent les Coraux? Il y
a là une incompatibilité qui n'est pas sans analogie avec celle qui se

présente dans le problème de l'origine des espèces entre la variation aveugle et l'adaptation. De même que Darwin avait eu l'idée géniale de la sélection naturelle, qui permet de faire l'adaptation avec la variation aveugle, sans intervention d'une direction clairvoyante quelconque; de même, il concilia la hauteur énorme des récifs avec l'impossibilité où sont leurs constructeurs de vivre au delà de 80 à 100 mètres, par une hypothèse qu'on qualifierait aussi de géniale, si les études ultérieures avaient montré sa justesse. Cette hypothèse est celle d'un enfoncement graduel du sol dans la région des barrières et des atolls. Sur un haut fond quelconque, un récif commence à se former; bientôt il atteindrait la surface et serait arrêté dans son développement. Mais si le sol s'enfonce avec une vitesse non supérieure à celle d'accroissement des Coraux, l'accroissement de ceux-ci pourra être indéfini et donner naissance aux hautes montagnes sous-marines qui forment aujourd'hui le soubassement des récifs.

Malheureusement pour cette hypothèse séduisante, l'examen impartial des faits est venu montrer, comme pour celle plus séduisante encore de la sélection naturelle, qu'elle n'était pas admissible. Avant même que l'étude de la structure du soubassement soit venue la ruiner en la montrant inutile, elle avait reçu un coup mortel de la constatation de phénomènes d'exhaussement dans les points mêmes où la théorie réclamait un enfoncement. Pour Darwin, les récifs frangeants ne restent tels que là où le sol est immobile ou s'élève; s'il s'enfonce, le récif frangeant se transforme en barrière s'il est accolé à un continent, en atoll s'il dépend d'une île. Supposons en effet une île assez étendue, bordée d'un récif frangeant. Si cette île s'enfonce, le récif s'accroîtra en hauteur, mais d'une façon prédominante au bord du large où les conditions sont meilleures, et deviendra récif-barrière. La lagune tendra de plus en plus à s'agrandir parce que la sédimentation, l'apport des eaux douces, l'insuffisance d'aération par les lames que la barrière arrête entravent la croissance des Coraux. Lorsque, par suite de l'enfoncement progressif, toute terre ferme aura disparu, la lagune annulaire de la barrière se trouvera transformée en une lagune circulaire, et l'on aura un atoll. Frangeant, barrière et atoll sont donc trois degrés d'une même évolution.

Mais, par suite de la théorie, on voit que les barrières et les atolls, indices d'un affaissement, ne sauraient coexister avec les frangeants, indices de l'immobilité ou du soulèvement. Or les trois sortes coexistent en la plupart des points. Aux Philippines, Lecuyer [68] montre que les récifs forment des atolls au nord, des barrières au milieu, des frangeants au sud-ouest, et constate en certains points un relèvement de 80 à 100 mètres. Il faudrait donc que l'archipel ait tourné sur son axe. Il en est de même aux Bermudes, où Rein [69 et 70] trouve des barrières au nord et des frangeants au sud. Et il en est de même encore dans beaucoup d'autres points. Aux Bermudes, Rein trouve au-dessus du niveau de la mer des bancs de Moules récentes qui prouvent un soulèvement[1].

A la théorie de plus en plus battue en brèche de Darwin [2], MURRAY [80, 89], un des premiers contradicteurs de Darwin, et MURRAY et IRVINE [90] en ont substitué une autre qui fait appel, non plus à un enfoncement du sol, mais à la sédimentation.

En l'absence des mouvements du sol admis par Darwin, ce qui semble incompréhensible dans l'existence des récifs-barrières et des atolls c'est qu'il se soit trouvé un si grand nombre de montagnes sous-marines arrivant précisément à cette hauteur de 0 à 100^m au-dessous du niveau de la mer, qui seule permet le commencement de l'édification du récif [3]. Murray s'efforce d'alléger la difficulté en montrant que la

---

[1] Dans le même travail où il combat les théories de DARWIN et de DANA, SEMPER (99) en propose une autre où il ne réclame comme nécessaire aucun mouvement du sol, bien qu'il croie à un lent exhaussement, et invoque seulement la croissance des polypiers, l'action des courants, des marées, en un mot des conditions actuelles. Il montre d'abord que les données sur lesquelles s'appuie Darwin pour attribuer aux récifs une épaisseur considérable sont dépourvues de base expérimentale. Or c'est le fondement même de la théorie de Darwin, car l'affaissement n'est invoqué que pour expliquer la présence, à des profondeurs considérables, de Coraux qui ne peuvent vivre qu'à une profondeur modérée. A la base des récifs émergés, on trouve des formes délicates d'eau profonde, telles que *Lophoseris*, ce qui montre que le sous-sol du récif était d'abord profond et s'est ensuite élevé. Ces mouvements du sol, bien qu'il les fasse intervenir dans sa théorie, en sont, en réalité, indépendants. Mais quand Semper cherche à concilier ce prétendu exhaussement avec la présence des lagunes, son argumentation devient très précaire. Voici comment il explique les choses.

Si on examine une colonie de *Porites*, par exemple, croissant peu au-dessous du niveau des marées, on constate qu'en avançant en âge elle modifie sa forme. Elle est d'abord régulièrement convexe, tant qu'elle reste au-dessous du niveau des plus basses mers et augmente de taille concentriquement. Ce faisant, elle atteint d'abord par le sommet de sa courbure un niveau qui découvre aux plus basses mers, puis à des marées de plus en plus fréquentes; les Polypes occupant le sommet se trouvent dès lors dans des conditions de plus en plus fâcheuses et finissent par mourir, en sorte que ce sommet cesse de s'élever, tandis que les bords continuent à croître et à élargir la colonie en même temps qu'ils s'élèvent. Le niveau des basses mers semble ainsi raser la colonie. La partie centrale morte laisse son calcaire dénudé exposé aux actions érosives des courants et autres agents qui, peu à peu, la creusent en cuvette, que des stries élargies en rigoles font communiquer avec le dehors. On a finalement une large colonie formée d'une partie annulaire vivante, entourant une partie centrale morte et excavée. C'est l'image d'un atoll et les atolls ne se forment pas autrement. Il y a d'abord un récif qui s'établit sur un sommet sous-marin, atteint la surface, est rasé, comme ci-dessus la colonie de Porites par le niveau de basse mer, puis les actions érosives creusent la lagune et les chenaux. Sans cesse la lagune s'accroît aux dépens du bord annulaire vivant, mais celui-ci s'accroît en direction centrifuge, par la croissance des polypiers qui le forment et qui sont dans de bonnes conditions de prospérité. Le point faible de la théorie est dans la lagune, car on ne comprend guère une action érosive se poursuivant sur une couche d'eau déjà épaisse, et lorsque tout montre, au contraire, que cette lagune est le siège d'une sédimentation active. SEMPER explique comment la lagune peut commencer à se creuser, mais non comment elle atteint les profondeurs de 20 à 60 brasses qu'elle possède en général.

[2] BOURNE [87, 88], LISTER, WALTHER, ORTMANN, WHARTON [87, 88] et d'autres ont également combattu la théorie de Darwin.

[3] C'est ici le lieu de citer la théorie de KRÄMER [97] qui attribue comme soubassement aux atolls du Pacifique des geyzers s'élevant par groupes sur de vastes plateaux sous-marins

sédimentation est capable d'amener à cette cote de 100 mètres toute montagne ou élévation sous-marine, pourvu qu'elle soit déjà un relief notable par rapport au niveau général du fond ([1]). Généralisant la découverte de boues volcaniques sur les flancs ou au pied de divers atolls par le Challenger, il admet qu'il existe au fond des océans de nombreux cônes volcaniques s'élevant à des profondeurs diverses au-dessous de la surface. Ceux qui sont entre 0 et 100 mètres, sont d'emblée en état de servir de base à des atolls; les autres sont peu à peu amenés à cette hauteur par la sédimentation. Il est vrai qu'on ne trouve aucune trace d'une pareille sédimentation dans les dragages ou sondages des grands fonds, mais cela tient à ce que les coquilles de Foraminifères et autres particules calcaires qui pourraient former ces sédiments mettent à atteindre le fond un temps très long et, traversant des couches d'eau où la pression, et par conséquent la quantité de CO_2 dissoute est de plus en plus grande, sont dissoutes elles-mêmes avant d'atteindre le fond. A l'aplomb des sommets sous-marins, au contraire, elles atteignent le fond beaucoup plus vite et baignent dans une eau beaucoup moins chargée de CO_2, en sorte qu'elles persistent, et que la sédimentation peut s'effectuer. Cette théorie est inexacte. On a reconnu en effet que Murray avait fort exagéré le temps que met une particule calcaire à atteindre le fond, et surtout que la quantité de CO_2 dissous n'augmentait pas avec la profondeur, en sorte que, si dans les grands fonds il n'y a pas de sédimentation, il ne peut y en avoir davantage sur les sommets sous-marins.

Murray expliquait aussi la forme des atolls par l'action de CO_2. Les Coraux du bord du récif reçoivent une eau chargée de calcaire, retiennent la chaux pour l'édification de leur squelette et rejettent du CO_2; cette eau arrive alors aux parties centrales du récif, appauvrie en chaux et enrichie en CO_2, en sorte qu'au lieu d'apporter les éléments du squelette, elle est capable de dissoudre du calcaire, d'où végétation ralentie des Polypes, dissolution des squelettes dénudés formés de calcaire mort et, par suite, creusement de la lagune. Ici encore, les prétendues différences dans la composition de l'eau, avant et après son passage sur le bord externe du récif, semblent plus théoriques que réelles. On voit en outre que Murray part du même point de vue faux que Darwin, en admettant que le récif est formé, dans toute son épaisseur, de Corail récent ([2]).

---

leur servant de fond commun. Il émet cette idée à la suite d'une étude détaillée des conditions biologiques des Samoa, mais ne donne point d'argument en faveur de son hypothèse.

([1]) Comme exemple de haut fond sous-marin, on peut citer le grand *plateau de Pourtalès* trouvé par ce dernier [70] le long de la Floride et de Cuba, qui atteint par place jusqu'à 18 milles de large et qui n'est séparé de la surface que par une profondeur de 170 à 800 mètres. Il est considéré, sans preuves suffisantes, comme essentiellement dû à la sédimentation.

([2]) On donne parfois le nom de MURRAY-GUPPY à la théorie de MURRAY, parce que GUPPY (85-86) a apporté de nombreux arguments de détail contre la théorie de Darwin combattue par Murray et qu'il admet comme ce dernier l'origine surtout volcanique du soubassement

A ces théories, A. Agassiz [96 à 1900] en a substitué une nouvelle, qui semble beaucoup plus en accord avec les faits d'observation. Dans une longue série d'explorations qui ont porté sur tous les principaux récifs du globe (Floride, Bahamas, Bermudes, Grande barrière d'Australie, récifs de l'Océanie) et qui continuent encore au moment où nous écrivons ces lignes, Agassiz a reconnu que, partout, le Corail récent forme sur son soubassement une croûte mince de quelques décimètres à quelques mètres seulement, en sorte que, s'il forme les petits accidents de la surface, il n'est pour rien dans la configuration générale. Les atolls, les barrières sont revêtus de corail récent et non formés par lui. Le soubassement est formé de roches volcaniques ou sédimentaires qui, à une époque antérieure, émergeaient au-dessus des eaux sous forme de pics, de chaînes de montagnes, de plateaux, d'îles volcaniques, etc. Le grand facteur qui les a réduits à l'état d'élévations sous-marines pouvant servir de base à des polypiers, est l'érosion par les agents atmosphériques, les vagues et les courants marins. Leurs rivages ont été rongés, érodés, leurs pentes ravinées par les eaux pluviales, leurs roches délitées par les agents atmosphériques, et finalement la mer a balayé le tout jusqu'à une faible profondeur au-dessous de sa surface; et c'est alors seulement que les polypiers actuels s'y sont développés et les ont relevés jusqu'au niveau de la mer et protégés contre une érosion ultérieure. Les particularités de la configuration sont dues aux différences de résistance des diverses parties de la roche aux agents destructifs. Les *têtes de nègre*, qui ont résisté et sont restées à leur niveau primitif, tandis que l'érosion abaissait le niveau autour d'elles, montrent un exemple de ce phénomène.

---

des atolls. Mais sa théorie est, en réalité, fort différente de celle de Murray, parce qu'il fait jouer au soulèvement le rôle que Murray attribue à la sédimentation.

La théorie de Darwin-Dana a été soutenue plus récemment par Langenbeck [90] au moyen d'arguments surtout géophysiques et géologiques. L'auteur a trouvé dans les terrains les plus divers des masses puissantes de calcaires coralliens avec des indices d'abaissement qui ne peuvent s'expliquer que par la théorie de Darwin. L'observation des récifs actuels le conduit à la même conclusion. Par contre, il combat sérieusement la théorie de Murray-Guppy. Contre cette théorie, s'est prononcé aussi, à l'aide d'arguments surtout géologiques, Lendenfeld [90].

On a cherché aussi à tirer des arguments pour ou contre les théories de Murray et de Darwin de ce qu'on appelle les *atolls noyés*. On trouve dans diverses régions (groupe Chagos, banc de Macclesfield dans la mer de Chine, etc.) des atolls entièrement submergés, recouverts d'une couche d'eau de plusieurs brasses. Darwin les considère comme des atolls morts, qui ont subi le mouvement d'affaissement sans pouvoir le compenser par un accroissement corrélatif. Mais il résulte des observations de Basseth-Smith [98] et de W. J. L. Wharton [98] que ces atolls noyés sont, certains au moins, parfaitement vivants et en voie de croissance active. Comme, d'autre part, ils se rencontrent dans les mêmes régions que d'autres atolls émergés, on ne peut admettre qu'ils aient été noyés par suite d'un affaissement plus rapide que leur croissance. La seule explication est donc que ce sont des atolls en voie de formation qui n'ont pas encore atteint la surface. Certains montrent déjà une excavation centrale qui sera plus tard la lagune. Ils ont évidemment pour base un cratère sous-marin.

Quant à la nature du soubassement, elle est variable, ainsi que les causes qui ont déterminé sa formation.

En Floride, aux Bahamas, aux Bermudes, il semble que ce soient les sables du rivage, relevés en dunes par les vents et cimentés ensuite par les eaux pluviales, qui ont formé le relief, qu'un affaissement subséquent, mais antérieur à l'époque actuelle, a ramené au niveau de la mer et soumis à l'action érosive des vagues.

En Australie, pour le grand récif-barrière, rien n'est vrai dans la théorie et dans le célèbre schéma de Jukes [47], qui attribue au Corail actuel l'énorme épaisseur du récif. Celui-ci est formé essentiellement par une chaîne de roches anciennes, parallèles à la rive continentale, qu'un affaissement tertiaire a submergée, formant du même coup la lagune et la barrière avec les innombrables îles qui en dépendent, le Corail récent ne formant sur tout cela qu'une couche insignifiante de 25 à 30 mètres au plus.

En Océanie, ce sont plutôt des sommets volcaniques qui ont été rasés par l'érosion, sans intervention d'un mouvement du sol.

En bien des points, des masses puissantes de calcaire corallien fossile servent de base au récif actuel. Si les exigences biologiques des Coraux tertiaires et crétacés étaient les mêmes que celles des Coraux actuels, ces masses n'ont pu se former que conformément à la théorie de Darwin, pendant un affaissement lent et continu, et cette théorie reprendrait toute sa valeur pour le calcaire corallien servant de base à nombre de récifs actuels. Mais nous ne pouvons pas affirmer qu'il en soit ainsi. Peut-être les Coraux tertiaires et crétacés étaient-ils capables de prospérer à de grandes profondeurs, soit que les conditions de température et autres fussent différentes à cette époque, soit que les genres et espèces auxquels ils appartiennent aient eu des exigences biologiques différentes. En tout cas, il s'agit là de phénomènes géologiques et non de la formation des récifs actuels.

Ce n'est pas à dire que les théories de Darwin et de Murray ne puissent être vraies dans certains cas : celle-ci peut être pour les récifs-barrières de la Floride ; celle-là très probablement pour certains atolls du Pacifique. Mais ni l'une ni l'autre ne peuvent suffire, comme le croyaient leurs auteurs, à l'explication de la généralité des faits. Celle d'Agassiz, au contraire, est conforme aux faits d'observation et se présente avec un caractère de généralité et de souplesse qui lui permet de s'adapter aux cas particuliers, sans torturer les interprétations pour les faire cadrer avec une explication rigide, absolue. Il faut reconnaître cependant que tout n'est pas dit et que l'on doit attendre les résultats des forages de récifs pour se prononcer, en réduisant au minimum la part de l'hypothèse dans la théorie.

Le sous-ordre des *Madréporidés* se divise en trois tribus :

Aporina : muraille toujours imperforée, septes ordinairement imperforés ; cœnenchyme imperforé lorsqu'il existe, ce qui est exceptionnel ;

d'ordinaire un exosarque ; reproduction par fissiparité plutôt que par bourgeonnement ;

FUNGINA : muraille le plus souvent imperforée, parfois irrégulièrement poreuse ; septes perforés ou non, toujours réunis par des synapticules ; cœnenchyme imperforé lorsqu'il existe, ce qui est exceptionnel ; un exosarque ; reproduction par fissiparité et par bourgeonnement.

PORINA : muraille toujours régulièrement perforée ; septes perforés ou non ; cœnenchyme présent chez toutes les formes coloniales et toujours poreux ; pas d'exosarque ; reproduction par bourgeonnement (¹).

1re TRIBU

APORINES. — *APORINA*

[MADRÉPORAIRES APORES ; — *MADREPORARIA APOROSA* (H. Milne-Edwards et J. Haime)]

TYPE MORPHOLOGIQUE

C'est le type même que nous venons de décrire, sauf quelques soustractions faciles à indiquer. Il suffit d'en retirer les indications données

---

(¹) La classification de MILNE-EDWARDS et JULES HAIME [57] n'admettait que les *Imperforés* ou *Apores* (Aporosa) et les *Poreux* ou *Perforés* (*Imperforata*) ; les Fongies étaient réunies aux Apores. Elle a régné sans conteste jusqu'à ces dernières années et, aujourd'hui encore, ceux qui ont cherché à lui en substituer une autre fondée sur de nouveaux caractères n'ont pas réussi à convaincre les zoologistes. Tout ce que l'on peut faire est de la compléter et de la corriger. Voici le résumé de cette classification :

	TURBINOLIDÆ	*Turbinolinæ* / *Caryophyllinæ*
	DASMIDÆ	
	OCULINIDÆ	
	STYLOPHORIDÆ	
MADREPORARIA APOROSA	*ECHINOPORIDÆ*	
	ASTRÆIDÆ	*Eusmilinæ* / *Astræinæ*
	MERULINACEÆ	
	FUNGIDÆ	*Funginæ* / *Lophoserinæ*
MADREPORARIA PERFORATA	*MADREPORIDÆ*	*Eupsamminæ* / *Madreporinæ* / *Turbinarinæ*
	PORITIDÆ	
	MONTIPORIDÆ	

Il y aurait à ajouter les *Seriatoporidæ* qu'Edwards et Haime mettaient à tort dans les Tabulés.

KLUNZINGER [79] a montré qu'il convenait de faire entrer les Montipores dans les Porites de la manière suivante :

PORITIDÆ	*Poritinæ* / *Montiporinæ*

relativement aux Fongies et à leurs synapticules d'une part, aux pores
des Perforés et à leur cœnenchyme poreux d'autre part, pour avoir le

ZITTEL [95] a accepté cette classification avec quelques changements de détail. Voici celle
qu'il propose :

APOROSA	*TURBINOLIDÆ*	
	OCULINIDÆ	
	POCILLOPORIDÆ	
	STYLOPHORIDÆ	
	ASTRÆIDÆ	*Astræinæ* / *Eusmilinæ*
	FUNGIDÆ	
PERFORATA	*ARCHÆOCYATHIDÆ*	
	EUPSAMMIDÆ	
	THAMNASTRÆIDÆ	
	PORITIDÆ	*Spongiomorphinæ* / *Turbinarinæ* / *Poritinæ* / *Alveoporinæ*
	MADREPORIDÆ	

Mais la plupart des autres auteurs l'ont plus profondément remaniée.

Indépendamment l'un de l'autre et la même année, FOWLER [85] et DUNCAN [85], tout en
acceptant les Perforés et les Imperforés d'Edwards et Haime, ont séparé des premiers les
Fungies pour en faire un groupe distinct de valeur égale. Les Fungies, en effet, et les formes
qu'on peut leur rattacher se séparent des Apores et se rapprochent des Poreux par leurs
septes généralement perforés et par leur muraille qui l'est quelquefois; et, à ce titre, ils
forment un groupe de transition entre les deux premiers. Mais d'autre part, ils se séparent
des Apores, outre la perforation fréquente de leur squelette, par l'importance que prennent
chez eux les formations synapticulaires, et des Perforés, par leur muraille, qui reste presque
toujours pseudothécale et non euthécale comme chez ceux-ci, par l'absence de cœnenchyme
perforé, par la présence d'un exosarque et par la nature même de leurs pores qui, lorsque par
exception ils existent sur la muraille, sont peu abondants, disséminés et ne donnent pas accès
à des canaux de tissus mous mettant en communication directe le cœnenchyme avec la
cavité intérieure des Polypes.

C'est la classification de Duncan que nous avons principalement suivie.

Quant aux classifications qui empruntent leur critérium à d'autres caractères que ceux
choisis par Edwards et Haime, elles ne nous paraissent pas constituer un progrès réel. Nous
résumerons rapidement les principales.

HEIDER [86] a le premier introduit la distinction entre l'euthèque et la pseudothèque et
fondé sur elle une classification. Aux *Euthecalia* pourvus d'une muraille vraie, formée chez
la larve par des centres de calcification spéciaux et indépendants des septes, il rapporte les
genres *Astroides* et peut-être *Flabellum* ; aux *Pseudothecalia*, à muraille formée chez la larve,
conformément à la théorie de Koch, par les extrémités externes divergentes des septes, il
rapporte les genres *Cladocora*, *Dendrophyllia*, *Rhodopsammia*, *Balanophyllia*, *Caryophyllia*, etc.
Mais il n'a pas donné une répartition complète des genres entre ces deux groupes, en sorte
que l'on resterait, pour la plupart d'entre eux, dans l'indécision s'il fallait appliquer son
système, vu que l'on ne connaît le développement que d'un très petit nombre de formes.

ORTMANN [99] a rendu plus pratique l'application de ce système en modifiant la définition
du critérium de manière à le rendre discernable chez l'adulte : il appelle *Euthecalia* les formes
chez lesquelles la muraille montre, sur les coupes du polypier achevé, des centres distincts de
calcification, reconnaissables à la partie centrale sombre, due, comme nous savons, à un résidu
organique non minéralisé des premiers calicoblastes groupés autour de ce centre ; les *Pseudothecalia* sont pour lui ceux dont la muraille n'a pas de centres indépendants ; et il distingue en

type des *Aporina*. Il nous suffira donc de rappeler ses caractères essentiels qui sont les parois imperforées (sauf rare exception et dans ce cas

outre, sous le nom d'*Athecalia* les Perforés (Madrépores et Porites), chez lesquels il considère la muraille comme véritablement absente, ce qui semble la représenter n'étant qu'un lacis de synapticules dépendant des septes, opinion inacceptable ; car, d'une part, les trabécules de la muraille n'ont nullement l'orientation transversale des synapticules, et d'autre part, ces trabécules passent en dehors des septes, c'est-à-dire en un point où il ne saurait y avoir de synapticules. Du moins ORTMANN a-t-il donné une classification générale, bien que non complète, fondée sur son critérium. La voici :

I. *ATHECALIA*. 1 *INEXPLETA* (sans synapticules) : *Cylicia*. 2 *SYNAPTICULATA* : a) *Stephanophyllia*. b) *THAMNASTRÆIDÆ* ; *LOPHOSERIDÆ* ; *PORITIDÆ* (p. p.) ; *FUNGIDÆ*. c) *EUPSAMMIDÆ* (*Balanophyllia, Heteropsammia*).

II. *PSEUDOTHECALIA* : a) *Caryophyllia, Desmophyllum*. b) *MUSSIDÆ* (*nov. fam.*) (α. *Lithophyllia, Mussa, Symphyllia* ; β. *Diploria, Mæandrina?* [*Cœloria, Goniastræa, Favia*]?, *Prionastræa* ; γ. *Pectinia*). c) *Cladocora, Cyathohelia* ; *HELIASTRÆIDÆ* (*nov. fam.*) (*Heliastræa, Plesiastræa, Cyphastræa, Leptastræa, Oculina*).

III. *EUTHECALIA* : a) *Deltocyathus, Paracyathus*. b) *ECHINOPORIDÆ*. c) *EUSMILIDÆ* (*nov. fam.*) (*Mussismilia* [*Caulastræa, Dasyphyllia, Eusmilia*], *Trachyphyllia, Manicina, Colpophyllia, Tridacophyllia*) ; *EUPHYLLIDÆ* (*nov. fam.*) (α. *Euphyllia, Plerogyra* ; β. *Lophohelia* ; γ. *Amphihelia, Acrohelia* ; δ. *Galaxea*).

Miss OGILVIE [97] sans accepter la classification d'Ortmann ni même celle de Heider (car elle rejette les *Athecalia*), indique comment, à son avis, devrait être faite la distribution des familles suivant le caractère euthécal ou pseudothécal de la muraille.

EUTHECALIA	*TURBINOLIDÆ* *OCULINIDÆ* *AMPHIASTRÆIDÆ* (type *Euphyllia*) *POCILLOPORIDÆ* *MADREPORIDÆ* *PORITIDÆ*
PSEUDOTHECALIA	*ASTRÆIDÆ* (sauf les *Eusmilinæ* de Edwards et Haime) *FUNGIDÆ* (avec les *Pseudoastræinæ* de Pratz) *LOPHOSERIDÆ* *EUPSAMMIDÆ*

Enfin Miss OGILVIE [97], dans un ouvrage remarquable où l'on regrette que les nombreuses et importantes observations soient noyées dans une exposition sans méthode et sans clarté, émet deux classifications ayant l'une et l'autre des prétentions phylogénétiques, l'une fondée sur des caractères macroscopiques et dont elle ne fait point usage, l'autre fondée surtout sur la structure histologique et qu'elle propose d'accepter.

Voici la classification anatomique :

1. *MUROCORALLIA*. — Formes anciennes où prédominent les formations tangentielles, muraille ou épithèque, qui sont bien développées et constituent la partie essentielle du polypier, tandis que les formations radiaires et longitudinales sont rudimentaires ou nulles ; les septes sont peu développés et jamais débordants : ils sont formés de trabécules très obliques partant presque horizontalement de la muraille elle-même ; enfin le caractère colonial est peu accentué ; les individus sont solitaires ou gardent dans la colonie une individualité marquée. Outre les *Zaphrentidæ* qui sont des Tétracorallidés, ce groupe comprend les *Turbinolidæ* et les *Amphiastræidæ*.

2. *CŒNENCHYMATA*. — Formes anciennes, présentant le même caractère de la muraille et des septes que les précédentes, mais à caractère colonial accentué ; les calices sont noyés dans un cœnenchyme abondant, percé d'un riche réseau de canaux qui établit entre les Polypes des relations vasculaires multiples et les rend très dépendants les uns des autres. Ce groupe comprend les *Pocilloporidæ, Oculinidæ* et *Stylinidæ*.

à un faible degré), l'absence ordinaire de synapticules et la fréquence des dissépiments, la rareté du cœnenchyme qui, lorsqu'il existe, est

---

3. *Septocorallia.* — Ici, la protection tangentielle, au contraire, faiblit et passe au second plan : la muraille est rarement présente et d'ordinaire remplacée par une épithèque ou une pseudothèque peu développée, tandis que les septes sont grands, débordants, solides et de structure très différenciée (bord denté, fortes granulations sur les faces, etc.); en outre, les trabécules qui les forment sont verticaux ou à peine obliques, plus ou moins perpendiculaires au bord supérieur libre du septe. Ce groupe comprend, en outre des *Cyathophyllidæ* qui sont des Tétracorallidés, les *Astreidæ* et les *Fungidæ*.

4. *Spinocorallia.* — Le squelette tout entier, septes, muraille, cœnenchyme, est ici réduit à des *épines calcaires*, qui sont morphologiquement les *segments trabéculaires*, mais qui, au lieu de se souder en des formations continues, les trabécules, restent isolés et indépendants, ou se soudent, mais sans aucune régularité, en un réseau très poreux où l'on ne peut que çà et là distinguer des trabécules ou des septes reconnaissables, tant leur constitution est fragmentaire. Ce groupe comprend outre les *Cystiphyllidæ* qui sont des Tétracorallidés, les *Archæocyathidæ* et les *Eupsammidæ*.

5. *Porosa.* — Squelette formé d'une masse continue de cœnenchyme dans laquelle sont creusés çà et là des calices, reconnaissables seulement à leur cavité plus ou moins arrondie, dont le bord est subdivisé d'une manière irrégulière et confuse par les septes. Le tout est formé de trabécules anastomosés en réseau, et la seule différence entre le cœnenchyme et les calices c'est que, dans ces derniers, les trabécules sont soudés pour former la muraille et les septes, par un dépôt secondaire plus dense qui les rend un peu plus compacts. Dans les septes, les trabécules sont ordinairement ascendants. Ce groupe ne comprend que les *Poritidæ*. Leur structure est en rapport avec les nécessités d'un accroissement rapide qui explique le rôle important qu'ils jouent dans la formation des récifs coralliens.

L'autre classification du même auteur, établie d'après la structure microscopique des éléments du polypier, est donnée comme fondée sur un meilleur critérium phylogénétique. Mais nous nous demandons où est la preuve de cette assertion. Rien ne démontre à notre avis que la structure intime des parties soit moins variable que leur agencement, et que les rapprochements fondés sur les similitudes de cette structure aient une valeur phylogénétique supérieure. À ce titre, il faudrait séparer les Mammifères à hématies nucléées des autres Mammifères et les joindre aux Oiseaux sans tenir compte des poils, des pattes et des dents.

Voici cette classification.

1. *Zaphrentoidea vel Madreporaria Haplophracta* (Ogilvie). — Formes anciennes ou conservatrices; septes à structure primitive, simple, purement trabéculaire, à bord libre lisse, à faces nues, ou montrant seulement des séries de granulations parallèles au bord septal ; trabécules petits, de taille uniforme, à fibres disposées symétriquement par rapport à leur plan médian, formés d'une succession régulière de centres de calcification très rapprochés et situés dans ce plan médian. Ce groupe comprend, outre les *Zaphrentidæ* qui sont des Tétracorallidés, les :

<table>
<tr><td>*AMPHIASTRÆIDÆ*</td><td></td></tr>
<tr><td rowspan="3">*TURBINOLIDÆ*</td><td>*TROCHOSMILINÆ*</td></tr>
<tr><td>*TROCHOCYATHINÆ*</td></tr>
<tr><td>*TURBINOLINÆ*</td></tr>
<tr><td>*STYLINIDÆ*</td><td></td></tr>
<tr><td>*OCULINIDÆ*</td><td></td></tr>
<tr><td>*POCILLOPORIDÆ*</td><td></td></tr>
<tr><td>*MADREPORIDÆ*</td><td></td></tr>
<tr><td>*PORITIDÆ*</td><td></td></tr>
</table>

2. *Cyathophylloidea* (Nicholson) *vel Madreporaria Pollaplophracta* (Ogilvie). — Formes récentes ou progressives; septes à structure compliquée, à bord libre ordinairement garni de denticules auxquels aboutissent les séries ascendantes de granulations qui ornent les faces, formés par des centres de calcification non uniformément répartis, mais rapprochés

imperforé, la présence habituelle d'un exosarque, enfin la prédominance de la fissiparité dans la formation des colonies.

GENRES

1ʳᵉ FAM. : *TÜRBINOLINÆ* [*Turbinolidæ* (Edwards et Haime)]. **Formes le plus souvent solitaires, les coloniales étant gemmipares; muraille euthécale épaisse, bien développée, imperforée; septes à bord entier, bien développés, imperforés, présents dans les loges et dans les interloges; espaces interseptaux libres jusqu'au fond, sans synapticules, rarement pourvus de dissépiments, la compensation de l'accroissement en hauteur se faisant par un dépôt basilaire; le plus souvent une columelle et des palis.**

A. — *Formes solitaires.*

Caryophyllia (Lamarck) **(63,** *fig. 1* et fig. 833 et 834). C'est le type le plus normal des Hexacorallidés solitaires. La forme est habituellement celle d'un tronc de cône modérément élevé, fixé par la petite base qui est infé-

Fig. 833.

Trois *Caryophyllia* accolés l'un à l'autre (d'ap. Lacaze-Duthiers).

rieure; mais elle peut s'allonger ou se surbaisser, se comprimer en coin, se contourner en corne, et sa base de fixation peut s'élargir ou se rétrécir jusqu'à disparaître, le corps se terminant alors en pointe, ce que l'on exprime par la dénomination de *polypier libre*. Le calice, modérément profond, montre au centre une *columelle essentielle* (c'est-à-dire indépendante des septes),

Fig. 834.

Caryophyllia portant de jeunes polypiers qui se sont fixés à la partie nue de son squelette (d'ap. Lacaze-Duthiers).

fasciculée (c'est-à-dire formée d'un faisceau de tigelles), plus ou moins tordue sur son axe et souvent *chicoracée* (c'est-à-dire terminée par un semis de papilles contournées, mousses). Les septes, présents à la fois dans les interloges et dans les loges, sont bien compacts, développés, débordants, à bord lisse, nombreux (environ 80 chez *C. cyathus*); mais, par suite de la similitude de taille entre les éléments des divers cycles et peut-être de la présence de cycles incomplets, on ne distingue en réalité que 3 ou, au plus, 4 ordres de grandeur, le 1ᵉʳ ordre contenant environ 10 ou 20 septes de première grandeur. Il y a une couronne unique de palis bien développés, au nombre d'une

---

par groupes séparés par des intervalles notables, les fibres calcaires étant disposées non symétriquement par rapport au plan médian, mais radiairement par rapport à ces centres ou à ces groupes de centres. Ce groupe comprend outre les *Cyathophyllidæ* et les *Cystiphyllidæ* qui sont des Tétracorallidés, les :

EUPSAMMIDÆ	
FUNGIDÆ	{ *FUNGINÆ* *LOPHOSERINÆ* *THAMNASTÆINÆ*
ASTÆIDÆ	

Nous n'avons pas à parler ici des classifications dans lesquels les auteurs passent immédiatement aux familles sans subdivisions de valeur intermédiaire.

vingtaine, correspondant aux cloisons de l'avant-dernier cycle. Les espaces interseptaux sont libres jusqu'au fond, sans synapticules ni dissépiments. En dehors de la muraille, qui est bien dessinée, épaisse, compacte et porte ordinairement des côtes à bord lisse, une épithèque plus ou moins épaisse revêt, jusqu'au bord, le calice.

Le Polype, richement coloré, s'élève à l'état d'extension notablement au-dessus du calice (1^{cm} sur des échantillons de 2 à 3^{cm} de haut); il montre une couronne de tentacules étalés, correspondant, en grandeur et en position aux septes et terminés par un bouton urticant. L'exosarque, peu développée, ne recouvre que la portion débordante des septes et laisse par conséquent la muraille entière à nu, ce qui explique que celle-ci puisse être jusqu'au haut recouverte d'une épithèque. Rappelons ce que nous avons dit de la structure et du développement à propos du type morphologique, d'après les travaux de Lacaze-Duthiers [97] et de Koch [97] (1 à 4^{cm}; Manche, Médit., côtes de l'Europe et fossile depuis le Crétacé).

Blastocyathus (Reuss) n'est qu'un Caryophyllia portant accidentellement des bourgeons attachés sur lui et n'a pas même la valeur d'un sous-genre.
Acanthocyathus (Edwards et Haime) (fig. 835) n'est qu'un sous-genre à côtes plus ou moins épineuses.
Stenocyathus (Pourtalès) allongé, cylindrique, a des tubercules costaux creux, communiquant avec la cavité calicinale; épithèque douteuse (Açores, Antilles).
Ceratotrochus (Edwards et Haime) est libre à l'état adulte; la columelle est très développée et fasciculée, avec ou sans épithèque (Vivant dans la plupart des mers et tertiaire).

Trochocyathus (Edwards et Haime) pédiculé ou libre, diffère de *Caryophyllia* principalement par sa couronne de palis qui est double; sa columelle est formée d'un faisceau de trabécules (Antilles, Australie et fossile depuis le Lias).

Tropidocyathus (Edwards et Haime),
Thecocyathus (Edwards et Haime) et
Blanfordia (Duncan), ne sont que des sous-genres du précédent.
Deltocyathus (Edwards et Haime) (fig. 836 à 839), quoique de forme aplatie et discoïde, est libre,

Deltocyathus italicus vu de profil
(d'ap. Moseley).

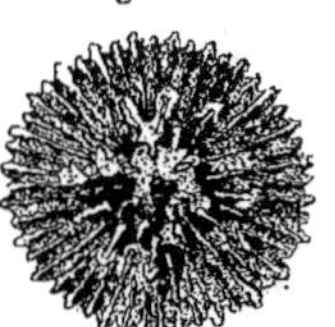

Deltocyathus italicus
vu par la face orale
(d'ap. Moseley).

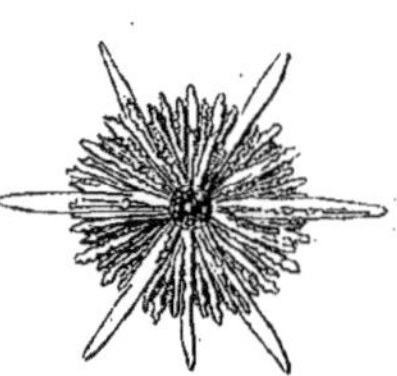

Deltocyathus italicus
var. : *stella*
vu par sa face orale
(d'ap. Moseley).

sans trace de fixation et a des palis devant tous les septes, sauf ceux du dernier cycle (Atl., Antilles, Pacif., Chine et foss. depuis le Miocène).

Odontocyathus (Moseley) (fig. 840) en coupe profonde à base large, formée d'épines tuberculeuses

Fig. 839.

Dellocyathus magnificus
vu de profil (d'ap. Moseley).

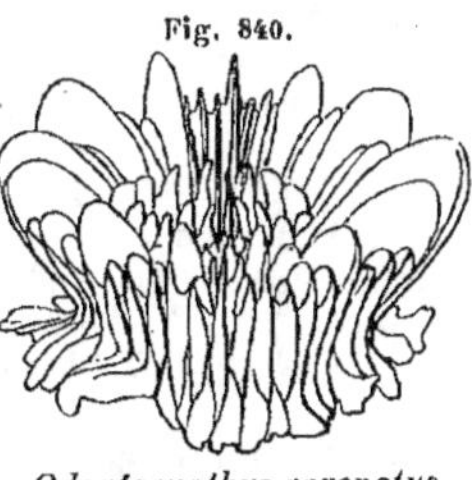

Fig. 840.

Odontocyathus coronatus
(d'ap. Moseley).

Fig. 841.

*Paracyathus
Agassizi*
(d'ap. Duncan).

radiaires fusionnées, est libre, mais avec une cicatrice de fixation; 3 couronnes de palis (Antilles).

Leptocyathus (Edwards et Haime), libre et discoïde, a des palis devant tous les septes. [Il y aurait là une exception à la règle établie par les auteurs mêmes du genre, que les palis manquent toujours devant les septes du dernier cycle] (Açores, Antilles et fossile depuis l'Éocène).

Heterocyathus (Edwards et Haime) aurait de même des palis à tous les septes, mais sa forme est cylindroïde et il est largement fixé; en outre, les septes du dernier cycle sont plus grands que ceux de l'avant-dernier (Philipp., Corée, région africaine occidentale).

Paracyathus (Edwards et Haime) (**63**, *fig.* 2 et fig. 841) fixé et à base très large, a des palis devant tous les septes, sauf ceux du dernier cycle; mais les palis de la couronne la plus externe sont les plus grands (Médit., Atl., Pacif., oc. Indien et fossile depuis l'Éocène).

Tous ces genres forment ensemble pour DUNCAN un groupe des *Turbinolida*.

Fig. 842.

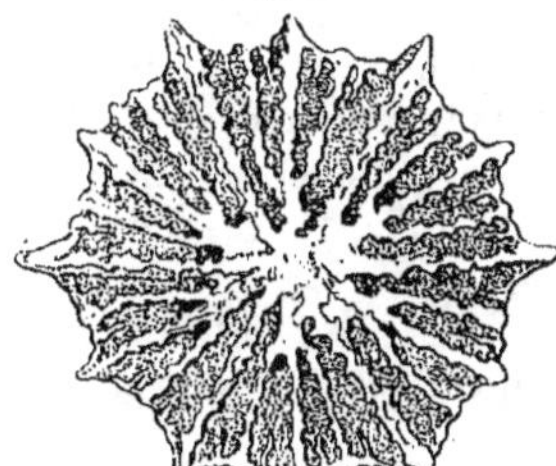

*Sabinotrochus
apertus*. Polypier
vu de profil
(d'ap. Duncan).

Fig. 843.

Sabinotrochus apertus.
Calice vu de dessus
(d'ap. Duncan).

Discocyathus (Edwards et Haime) est libre et remarquable par sa forme basse, discoïde, due à ce que la muraille est étalée presque dans un plan; cette muraille est en outre recouverte d'une épithèque plissée circulairement; les septes sont larges, très débordants; il y a une columelle lamellaire et une couronne unique de palis bien développés (Jur.).

Brachytrochus (Duncan *nec* Reuss) est dépourvu de columelle (Sumatra).

Sabinotrochus (Duncan) (fig. 842 et 843) est fixé par un délicat pédoncule; sa columelle est septale; ses côtes sont plus nombreuses que les septes (Atl.).

Stephanotrochus (Moseley) (fig. 844) est libre mais avec une cicatrice de fixation; ses côtes sont épineuses; ses septes sont extrêmement débordants, ceux de 4e ou 5e ordre égaux à ceux de 3e ordre ou plus grands (Açores, Atl. sud, Australie).

Fig. 844.

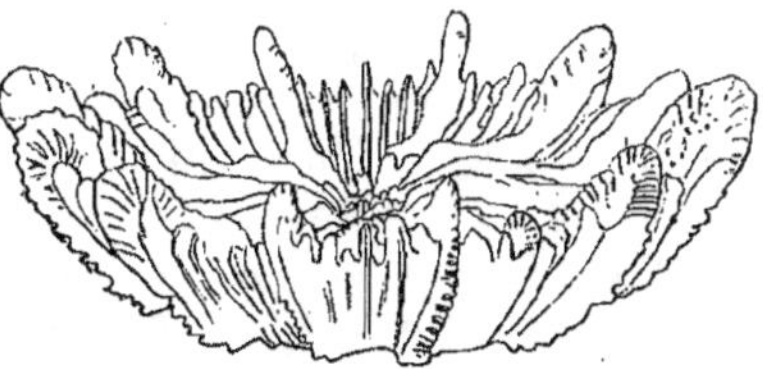

Stephanotrochus diadema
(d'ap. Moseley).

Cyathoceras (Moseley) a l'épithèque partielle ou rudimentaire, un fort pédicule, la columelle forte
et fasciculaire (Atl. sud, Nouvelles-Galles du sud, îles Little-Ki).

Discotrochus (Edwards et Haime) a les septes à peine débordants; la columelle est fasciculaire,
papilleuse (Tert.).

Cyclocyathus (Edward et Haime), fixé à l'état jeune, libre plus tard, a les septes subcrénulés et
les palis très grands (Crét.).

Brachycyathus (Edwards et Haime), libre, subpédicellé, a les septes débordants mais étroits, et les
palis très larges; les côtes sont indistinctes (Crét.).

Antemiphyllia (Pourtalès) libre ou fixé par une pédicelle, à columelle grossière et spongieuse, a
une forte épithèque qui recouvre les côtes jusqu'au bord du calice (Antilles).

Paterocyathus (Duchassaing et Michelotti), insuffisamment défini, est supprimé par DUNCAN.

Fungiacyathus (Sars) libre, sans trace d'adhésion, a, malgré sa muraille
étalée, un calice profondément excavé par le fait que ses septes font
une saillie considérable d'où résulte une cavité centrale d'où émerge une petite columelle formée par
leurs extrémités internes; il n'y a pas de palis, ni
d'épithèque; le Polype est rouge vif et ses tentacules
nombreux et petits sont situés tout au bord de la
bouche (Iles Lofoden).

Ces genres forment pour DUNCAN le groupe des *Discocyathoida*.

Fig. 845.

Guynia annulata
(d'ap. Duncan).

Guynia (Duncan) (fig. 845) est simple, long et étroit, fixé;
il a les septes parfois disposés comme à l'ordinaire,
mais le plus souvent groupés en 4 systèmes avec un
septe plus grand que les autres, ce qui lui donne
une certaine ressemblance avec les Tétracorallidés.
Cette affinité, si elle était mieux assise, chez un polypier récent, serait
du plus haut intérêt. Il a une mince épithèque et une columelle essentielle (Méd., oc. Indien).

Duncania (Pourtalès) est cylindrique, a une forte épithèque dépassant le bord du calice, les septes
arrangés sans ordre, les chambres interseptales remplies en bas par un dépôt compact;
parfois des palis; une columelle (Oc. Indien).

Haplophyllia (Pourtalès) se fait remarquer par sa forte columelle styliforme très épaisse, parfois
double (?); il y a 16 septes, dont 8 plus grands s'unissent à la columelle (Floride).

Turbinolia (Edwards et Haime) est de forme conique et son sommet est
libre; les septes, formant 3 à 4 cycles, sont débordants, et toujours
certains d'entre eux au moins s'unissent à la columelle essentielle styliforme. Il n'y a pas de palis et peu ou point d'épithèque. Les côtes, dont
on trouve parfois un 4e cycle chez les espèces à 3 cycles de septes, sont
droites, entières, bien saillantes surtout vers la base et pourvues sur leurs
faces de cannelures horizontales aboutissant, au point où la cannelure
atteint la muraille, à une petite fossette. Ces doubles rangées de fossettes
des espaces intercostaux simulent de petites perforations de la muraille,
mais elles ne traversent pas toute l'épaisseur de celle-ci (Tert. et peut-être
vivant dans la mer des Antilles).

Stylotrochus (Fromentel) en diffère par l'absence de fossette. Duncan ne lui accorde que la valeur d'un sous-genre, les fossettes pouvant manquer dans les Turbinolies vraies (Crét., Tert.).

Stylocyathus (d'Orbigny) a une épithèque développée jusque vers le haut de la muraille et des palis devant tous les septes, sauf ceux du dernier cycle (Crét.; Tert.).

Bistylia (T. Woods) est fixé et sa columelle est formée de deux tigelles (Tert.).

Conocyathus (d'Orbigny) est libre, a les septes fortement échinulés sur les côtés, pas de columelle, des palis devant l'avant-dernier cycle de septes (Australie, Nouvelle-Zélande et fossile depuis le Miocène).

Trematotrochus (T. Woods, *emend.* Duncan) est libre, sans columelle, a les septes courts et peu nombreux, des nodules paliformes sur les septes du 1er cycle; les fossettes ont été décrites comme des perforations complètes, mais cela ne semble pas exact (Miocène).

Ces genres forment pour Duncan le groupe des *Turbinoloida.*

Placotrochus (Edwards et Haime, *emend.* Duncan) est caractérisé par sa forme conique mais comprimée parallèlement à l'axe du cône de manière à devenir flabelliforme et par sa columelle essentielle qui est lamellaire. Une épithèque pelliculaire revêt le calice dans toute sa hauteur (Australie, Philippines, Chine et fossile depuis le Miocène).

Sphenotrochus (Edwards et Haime) (fig. 846 et 847) a la columelle lamellaire aussi, mais lobée ou noduleuse au sommet (Médit., Atl., Brésil, Austr. et fossile depuis le Crét.).

Nototrochus (Duncan) a les septes du 3e cycle plus larges que ceux du 2e, et se rejoignant en dedans de ceux-ci, en même temps qu'ils s'unissent à la columelle, ainsi que ceux du 1er cycle, par un lobe paliforme; les courts septes du 2e cycle s'anastomosent avec ceux du 3e par leur bord interne et par des prolongements latéraux (Tert.).

Placocyathus (Edwards et Haime, *emend.* Duncan), fixé ou libre, avec une base tantôt pédicellée tantôt large, a des palis devant deux au moins et souvent devant tous ses septes, sauf ceux du dernier cycle (Vivant, habitat inconnu et Tert.).

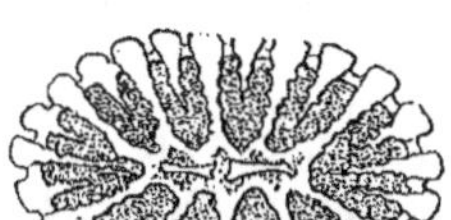

Fig. 846.

Sphenotrochus intermedius.
Polypier
vu de profil
(d'ap. Duncan).

Fig. 847.

Sphenotrochus intermedius.
Calice vu de dessus
(d'ap. Duncan).

Platytrochus (Edwards et Haime), de forme aplatie comme tous les genres se rattachant à *Placotrochus*, a sur les faces aplaties de la muraille des côtes qui deviennent de plus en plus saillantes de bas en haut, et sur les bords des côtes qui, au contraire, deviennent de plus en plus saillantes de haut en bas (Eocène et peut-être vivant dans les mers Australiennes).

Ces genres forment pour Duncan un groupe des *Placotrochoida*, caractérisé par l'aplatissement flabelliforme et la columelle essentielle lamellaire.

Flabellum (Lesson) (fig. 848 à 851). Le polypier est flabelliforme, comme chez *Placotrochus*, et on sait ici, par suite de la connaissance des parties molles, que l'aplatissement a lieu parallèlement au plan sagittal. Toujours fixé à l'état jeune par le sommet plus ou moins rétréci en pédoncule, il peut devenir libre à l'âge adulte. Les

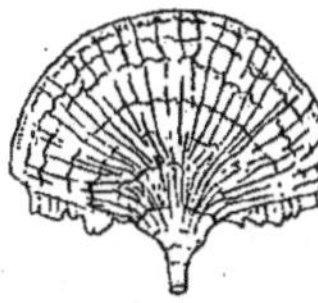

Fig. 848.

Flabellum distinctum
vu de profil par
son grand diamètre
(d'ap. Duncan).

Fig. 849.

Flabellum distinctum
vu de profil
par son
petit diamètre
(d'ap. Duncan).

septes sont nombreux et peu ou point débordants. Les cycles semblent être multiples de 10, mais cela tient, ainsi que l'a montré DE LACAZE-DUTHIERS [94],

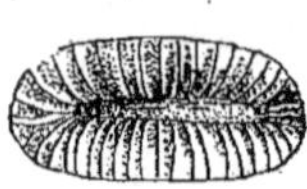

Fig. 850.

Flabellum distinctum vu de dessus (d'ap. Duncan).

à ce que chez le jeune, au stade à **12** septes, des 6 septes du second cycle, 4, les plus voisins du plan sagittal, s'accroissent davantage et prennent **rang** dans le 1er cycle ; les cycles ultérieurs continuent cette symétrie décamère. Entre les bords internes des septes, est une cavité calicinale profonde et généralement étroite, au fond de laquelle est une courte pseudocolumelle septale. Une

Fig. 851.

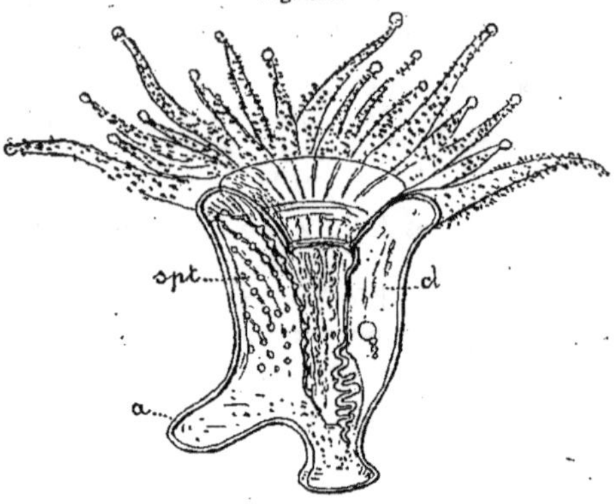

Coupe verticale de *Flabellum anthophyllum* (d'ap. de Lacaze-Duthiers).
a., processus latéral ; **cl.**, cloison ; **spt.**, septe.

mince épithèque pelliculaire recouvre la muraille et ses côtes dans toute la hauteur. Il n'y a pas de palis. Parfois il se rencontre des radicelles ([1]). Le Polype dépasse notablement la hauteur du calice et montre des tentacules légèrement capités correspondant en nombre et en situation aux septes (A peu près cosmopolite et fossile depuis l'Éocène).

Blastotrochus (Edwards et Haime) n'a que la valeur d'un sous-genre, étant semblable au précédent par ses caractères anatomiques ; mais il est remarquable par la propriété de produire, sur la paroi externe de son corps, des bourgeons qui se détachent pour se fixer auprès de la mère (Philippines).

Thysanus (Duncan) a une base allongée d'un bout de laquelle part un pédicelle fixé à l'état jeune, libre plus tard ; le centre de divergence des septes et des côtes est au sommet du pédicelle, par conséquent à une des extrémités de la base. [N'y aurait-il pas là une formation analogue à celle par laquelle se forment sans doute les radicelles et qui a été décrite par Lacaze-Duthiers chez *Flabellum* (Voir page 548, note)] (Miocène).

Rhizotrochus (Edwards et Haime, *emend.* Duncan) n'a pas de columelle, ses septes se réunissant au centre du calice directement ou par l'intermédiaire de quelques trabécules. La muraille vraie paraît manquer ainsi que les côtes et être remplacée par une épithèque mince ou forte, qui se prolonge en radicelles creuses dont la cavité communique avec les espaces interseptaux de la cavité calicinale et qui servent à fixer le polypier (Médit., Floride, Pacif.).

Ces genres forment pour DUNCAN le groupe des *Flabelloida*.

([1]) Au sujet de ces organes (Voir page 548, note) l'interprétation qu'on en peut donner d'après les travaux de DE LACAZE-DUTHIERS [97] sur ce genre.

Smilotrochus (Edwards et Haime, *emend.* Duncan). Le polypier, de forme très variable, cylindrique, conique, comprimée, turbinée, etc., libre à l'état adulte, est remarquable par l'absence de columelle, bien que les septes ne se réunissent pas au centre et laissent l'axe libre. Pas de palis et, ordinairement, pas d'épithèque (Crét. et Tert.)

Blagrovia (Duncan) n'est qu'un sous-genre de *Smilotrochus* (Eocène).

Onchotrochus (Duncan) est de forme longue et étroite, n'a pas de columelle et ses septes se joignent au centre; une épithèque pelliculaire (Crét.).

Desmophyllum (Ehrenberg, *emend.* Duncan) (**63**, *fig. 3* et fig. 852) fixé par une base large ou étroite, avec ou sans radicelles, a un calice profond et largement ouvert, libre dans l'axe et sans columelle; les septes sont débordants; une épithèque ou non (Médit., Atl., Pacif., Patagonie et fossile depuis le Tertiaire).

Javania (Duncan) n'est qu'un sous-genre de *Desmophyllum* (Japon[1]).

Schizocyathus (Pourtalès) n'a pas de columelle et a des palis à l'avant-dernier cycle de septes, mais divisés comme pour passer au dernier cycle. Il serait très remarquable par l'absence de vraie muraille, remplacée par une forte épithèque, et produirait des bourgeons intracalicinaux qui, chaque fois, mettraient fin à l'existence du parent, pour lui substituer le bourgeon, lequel subirait lui-même le sort du parent de la part du bourgeon suivant. Mais la nature épithécale de la muraille n'est pas démontrée (bien que les côtes soient absentes) et le prétendu bourgeonnement intracalicinal pourrait bien n'être qu'un accroissement du même individu par poussées successives, comme cela se voit souvent (Atl., Antilles, Sumatra; 100 à 760 brasses).

Microtrochus (T. Woods) est un genre douteux, fondé sur l'observation d'un échantillon non adulte. Ces genres forment pour Duncan le groupe des *Smilotrochoida*.

Fig. 852.

Polypier
de *Desmophyllum
cristo-galli*
(d'ap. Duncan).

Dasmia (Edwards et Haime, *emend.* Duncan) libre, subturbiné et pédicellé, est remarquable par ses côtes très saillantes, séparées par des sillons profonds et correspondant chacune à trois septes qui s'insèrent à la muraille en face de la côte correspondante et s'écartent en se portant vers le centre du calice (Néocomien).

Ce curieux genre a été considéré comme le type d'une famille [*Pseudoturbinolidæ* (Edwards et Haime), *Dasmidæ* (Edwards)].

B. — *Formes coloniales.*

Cœnocyathus (Edwards et Haime) (**63**, *fig. 6*). L'oozoïte, ici, produit des bourgeons qui ne se séparent pas, bourgeonnent eux-mêmes et donnent naissance à une colonie en touffe plus ou moins ramifiée. Les calices sont profonds, conico-cylindriques; il y a une couronne de palis et une petite columelle formée de quelques tigelles tordues (Médit., et Tert.).

Gemmulatrochus (Duncan) a la columelle rudimentaire et une épithèque bien développée (Côtes nord de la Médit.).

Ces deux genres forment les *Turbinolidæ gemmantes* de Duncan.

Polycyathus (Duncan) est colonial aussi, mais les individus poussent sur une expansion basilaire du parent primitif, que les bourgeons contribuent à étendre ; il y a une columelle profondément placée, deux couronnes de palis, des côtes et une épithèque bien développée (Sainte-Hélène).

Agelecyathus (Duncan), sans épithèque, n'est qu'un sous-genre de *Polycyathus* (Sainte-Hélène et golfe Persique).

Il forme avec ce dernier les *Turbinolidæ reptantes* de DUNCAN.

2° FAM. : OCULININÆ [*Oculinidæ* (Edwards et Haime, *sens. emend.* ;) *Oculinacea* (Verrill, *sens. restrict.*)]. Formes coloniales, parfois massives ou encroûtantes, mais le plus souvent ramifiées, presque exclusivement gemmipares. Calices à muraille épaisse, compacte ; septes bien développés, sauf rare exception ; espaces interseptaux le plus souvent libres, rarement recoupés de planchers ou de dissépiments, mais réduits, ainsi que l'ensemble de la cavité calicinale, par un abondant dépôt secondaire sur les parois septales et murale ; parfois des palis ; le plus souvent une columelle ou une pseudo-columelle. Les intervalles des calices sont comblés par un cœnenchyme abondant et compact qui tantôt laisse émerger une certaine hauteur de la muraille, tantôt s'élève plus haut au contraire, en sorte que les calices forment des dépressions. Polypes à tentacules ordinairement capités, au nombre de 10 à 48 ou plus ; colonne s'élevant notablement au-dessus du calice et revêtant la partie saillante de celui-ci (lorsqu'elle existe) d'un exosarque qui se continue à la base avec le cœnosarque et dont la cavité périmurale est normalement cloisonnée par les prolongements des cloisons.

Oculina (Edwards et Haime) (fig. 853 et 854) est dendriforme ou en touffe, avec les calices dispersés sur les branches ou montrant un arrangement spiral ; la columelle, parfois rudimentaire, les septes débordants ou non, échinulés ou non au bord libre, sont variables ; mais il y a toujours des palis à tous les septes, sauf naturellement ceux du dernier cycle. Les côtes sont visibles vers le haut des calices. La quantité de cœnenchyme est fort variable, tantôt comblant tout jusqu'à rendre les calices déprimés, plus souvent les laissant saillants sur une certaine hauteur, parfois, quand l'accroissement est rapide, semblant manquer presque entièrement. La fissiparité s'observe, mais moins dans les formes récentes que dans les fossiles (Atl., Bermudes, Antilles, Floride, oc. Indien, Philippines, probablement Pacifique et fossile depuis l'Eocène).

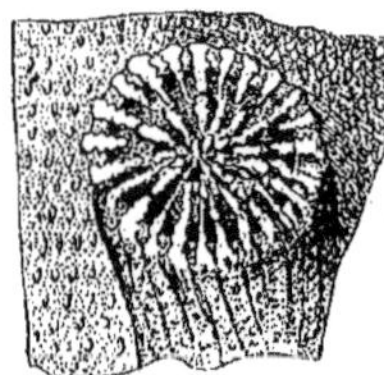

Fig. 853.

Une loge d'*Oculina speciosa.* (d'ap. Edwards et Haime).

Fig. 854.

Une branche d'*Oculina speciosa* (d'ap. Edwards et Haime).

Agathelia (Reuss) n'est qu'un sous-genre d'*Oculina* (Crét.).

Cyathohelia (Edwards et Haime) en diffère par ses calices comprimés, bourgeonnant sur les deux bords opposés, libres sur les faces, au niveau desquelles le cœnenchyme s'élève beaucoup moins haut que sur les bords ; deux couronnes de palis seulement, ceux du 1er cycle de septes étant absents (Corée, Japon, Moluques par 825 brasses).

Synhelia (Edwards et Haime, *emend.* Duncan) a les calices disposés irrégulièrement sur le tronc, en vagues hélices sur les branches et une columelle styliforme ; les septes d'ordre élevé se soudent en dedans, et devant leur soudure est un pali ou lobe paliforme commun (Crét.).

Trymohelia (Edwards et Haime) n'a pas de columelle ; les palis se soudent par leurs bords en un tube à parois épaisses (Pacif. et fossile depuis le Mioc.).

Sclerohelia (Edwards et Haime) a la columelle bi- ou multilobée, les palis peu développés, parfois des dissépiments (Sainte-Hélène).

Bathelia (Moseley) a les calices très proéminents, disposés sur les branches en 2 séries opposées, alternes ; la columelle est grande, formée de nombreux trabécules ; les palis forment une seule couronne, bien qu'il y ait 4 cycles de septes ; les côtes descendent sur le cœnenchyme et s'y continuent sur toute la surface où elles dessinent des lignes courbes (au large du Rio de la Plata par 600 brasses).

Haplohelia (Reuss) a des calices d'un seul côté des branches, 2 couronnes de palis, des côtes tout le long des branches (Mioc.).

Ces genres forment pour DUNCAN le groupe des *Oculinoida*. Le suivant forme à lui seul pour le même auteur celui des *Prohelioida*.

Prohelia (Fromentel) est ramifié en espalier ; ses calices, saillants et disposés en deux séries latérales, sont tordus sur leur axe (Jur. et Crét.).

Tiaradendron (Quenstedt),
Platyhelia (T. Woods) et
Placohelia (Fromentel)

sont supprimés par DUNCAN comme insuffisamment définis.

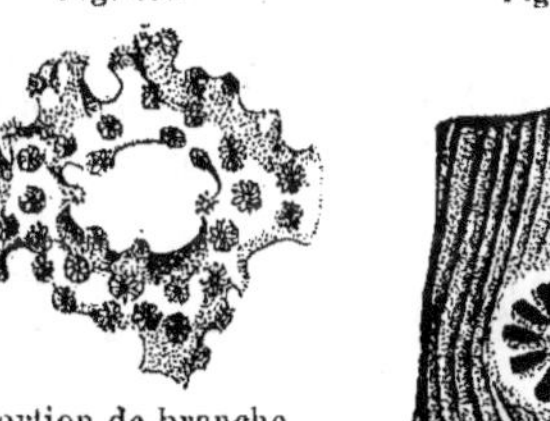

Fig. 855.

Stylophora subseriata
(d'ap. Edwards
et Haime).

Stylophora (Edwards et Haime) (fig. 855). La forme est variable, inconstante, palmée ou dendritique ; les calices, irrégulièrement disposés, sont notablement déprimés, avec 12 septes, 6 grands et 6 rudimentaires ; ils ont un columelle styliforme et des dissépiments qui souvent suppriment presque toute la cavité calicinale. Miss OGILVIE place ce genre, ainsi que *Madracis*, dans *Pocilloporinæ* (Mer Rouge, oc. Indien, Philippines, Moluques, îles Fidji, cap de Bonne Espérance, Chine, Australie (?) et fossile depuis l'Eocène).

Madracis (Edwards et Haime, *emend.* Duncan) (fig. 856 et 857) a les septes égaux et débordants, les calices disposés plus ou moins en hélice, le cœnenchyme fortement échinulé ou celluleux, pas de côtes. Miss OGILVIE place ce genre avec *Stylophora* dans les *Pocilloporinæ* (Madère, Bermudes, Antilles, Floride, Brésil, île Bourbon, oc. Indien et peut-être Médit.).

Fig. 856.

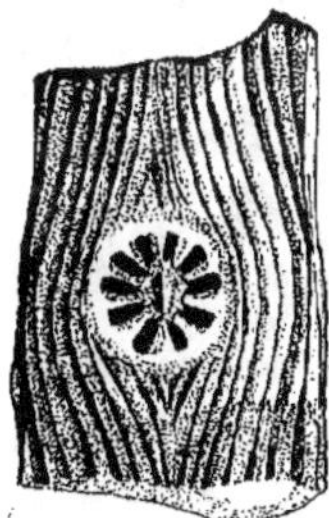

Fig. 857.

Portion de branche
de *Madracis*
(*Axhelia*) *myriaster*
(d'ap. Edwards
et Haime).

Une loge
de *Madracis* (*Axhelia*)
myriaster
(d'ap. Edwards
et Haime).

Stylohelia (Fromentel) a au contraire les calices très saillants ; ses septes forment 3 cycles, dont le dernier rudimentaire et dont les plus grands se joignent à la forte columelle styliforme par des trabécules horizontaux (Jur.).

Ces genres forment pour DUNCAN le groupe des *Stylophoroida*.

Lophohelia (Edwards et Haime) est dendriforme avec les calices irrégulièrement alternes et le bourgeonnement localisé vers le bout des branches; les calices ont les parois épaisses et sont très profonds, malgré l'existence de dissépiments ou même de vrais *planchers;* les septes, bien développés et débordants, sont irrégulièrement disposés, par une columelle vraie, parfois une pseudocolumelle; des côtes au voisinage du bord des calices (Médit., Atl., Antilles, oc. Indien, Philippines, Moluques et fossile depuis le Miocène).

Amphihelia (Edwards et Haime, *emend.* Duncan) (**63,** *fig.* 5 et fig. 858) a une collumelle et pas de dissépiments; parfois les cavités calicinales se fusionnent, ce que l'on exprime en disant que les calices deviennent *coalescents,* cas assez fréquent dans ce groupe (Médit., Atl., Antilles, Australie, Moluques, Formose et fossile depuis l'Eoc.).

Enallohelia (Edwards et Haime, *emend.* Duncan) a la forme d'un arbuste ou d'un buisson dont les branches se réunissent; les systèmes de septes sont parfois octomères ou décamères (Crét.).

Euhelia (Edwards et Haime, *emend.* Duncan) a les calices à angle droit sur les branches et subturbinés, et la columelle rudimentaire (Jur.).

Acrohelia (Edwards et Haime) a les septes très débordants et se rejoignant au bas au centre du calice dépourvu de columelle et de palis (Iles Fidji, mer de Banda).

Astrohelia (Edwards et Haime, *emend.* Duncan), encroûtant ou à branches coalescentes, a une petite columelle septale rudimentaire et point de palis (Miocène).

Dendrohelia (Etallon), massif ou rameux à branches coalescentes, a une columelle styliforme et les bourgeons irrégulièrement disposés (Jur.).

Ces genres forment pour DUNCAN un groupe des *Lopho-helioïda.*

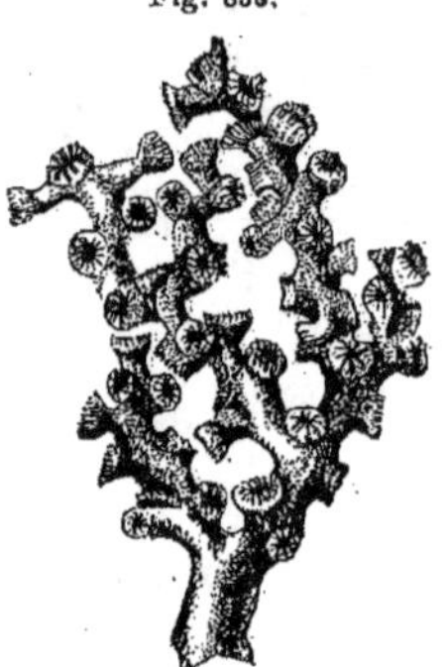

Fig. 858.

Amphihelia venusta
(d'ap. M. Edwards
et Haime).

Neohelia (Moseley) forme sur les Gorgones un encroûtement d'où se détachent de courtes branches; il y a un cœnenchyme abondant et diffus sur lequel les côtes se prolongent en crêtes irrégulièrement longitudinales; les calices, sans palis ni columelle, ont des septes en systèmes pentamères (Pacif., Nouvelles-Hébrides).

Baryhelia (Edwards et Haime) est massif et a des dissépiments rudimentaires (Crét.).

Diblasus (Lonsdale) est encroûtant, a les calices disséminés et saillants, point de palis, mais une columelle septale rudimentaire; les côtes vont d'un calice à l'autre en passant sur le cœnenchyme intermédiaire (Crét.).

Ces genres forment pour DUNCAN le groupe des *Baryhelioïda.*

3ᵉ FAM. : POCILLOPORINÆ [*Pocilloporidæ* (Edwards et Haime)]. Colonies de forme variable, à calices petits, peu ou point saillants, ou déprimés avec un abondant cœnenchyme compact à surface échinulée; muraille compacte, septes peu nombreux à structure inférieure; columelle variable; cavité calicinale avec des planchers ou en partie comblée par un dépôt secondaire continu.

Pocillopora (Lamarck *p. p.*). Sur une base encroûtante s'élèvent des lobes ou des branches verruqueuses ou ramifiées sur lesquelles se pressent, irrégulièrement distribués, les calices tangents vers le sommet, séparés vers le bas par un cœnenchyme plus abondant à surface échinulée. Les septes sont plus ou moins rudimentaires et souvent représentés par une série d'épines calcaires horizontales distinctes; il y en a 12 dont 6 plus grands; au milieu du calice, dont la cavité est réduite par des planchers, peut s'élever une columelle petite et peu saillante. — Les Polypes ont 12 tentacules capités formant 2 cycles, et 12 cloisons inégales et dissemblables, 6 étant bien développées et 6 très réduites en hauteur. Ces dernières sont les dernières nées du stade Halcampa, celles que nous avons numérotées 4, 5 et 6. Des 6 grandes, 2 (les cloisons n° 1) sont plus grandes que les autres, fertiles, portant des gonades des deux sexes et munies d'un long mésentéroïde, tandis que les 4 autres (les cloisons 2 et 3) sont stériles et leurs mésentéroïdes sont rudimentaires ou nuls. Il n'y a pas d'exosarque et la cavité intérieure du Polype se continue avec celle des individus voisins,

Fig. 859.

Polype de *Seriatopora* vu de dessus (d'ap. Fowler).

directement par-dessus le bord peu ou point saillant du calice, par les canaux du cœnosarque qui courent entre les rangées d'épines à la surface du cœnenchyme. Gemmipare, fissiparité très rare (Antilles, mer Rouge, Pacif., Tahiti, Fidji, oc. Indien, Philippines, Moluques et fossile depuis le Miocène).

Seriatopora (Lamarck) (fig. 859 et 860) diffère du précédent moins par l'anatomie du Polype ou du polypier que par la forme, qui est arborescente, et par la disposition des calices, qui forment des séries régulières le long des branches. Les calices sont oblongs, la columelle est grande et les planchers sont ordinairement remplacés par un dépôt basilaire continu (Mer Rouge, Pacif., oc. Indien, Philippines, Moluques, îles Fidji).

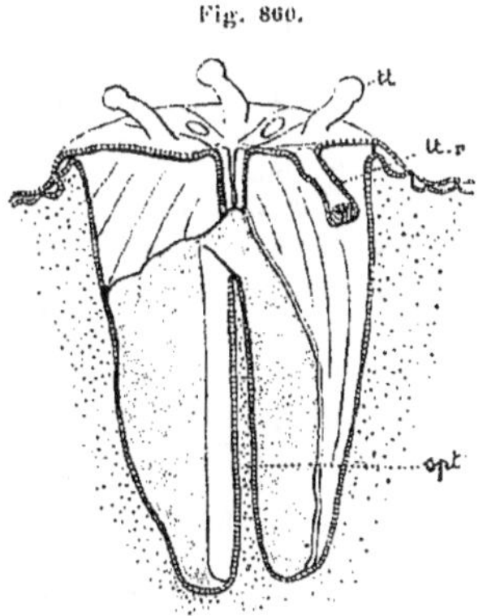

Fig. 860.

Coupe longitudinale schématique de *Seriatopora* (d'ap. Fowler).
spt., septe; **tt.**, tentacule; **tt. r.**, tentacule rétracté.

Trachypora (Edwards et Haime) (Dév.).
Rhabdopora (Mc Coy) (Carb.) sont des genres douteux.

4° FAM. : Astræinæ [*Astræidæ* (Dana, *emend.* Edwards et Haime)]. Parfois simple, le plus souvent colonies massives ou dendritiques avec peu ou point de cœnenchyme, mais une épithèque bien développée, enveloppant la base de la colonie ou les branches ou même les calices individuels. Ceux-ci pourvus d'une muraille tantôt euthécale, tantôt pseudothécale, qui peut se souder à l'épithèque ou en rester distincte. Septes plus ou moins développés, à bord libre tantôt lisse, tantôt denté. La cavité calicinale est cloisonnée par des étages successifs de disséptiments bien marqués, qui rarement se complètent en planchers. Colonies s'accroissant par bourgeonnement et surtout par fissiparité, celle-ci donnant lieu souvent, par fusion des cavités calicinales, à de longs calices composés méandriformes (¹).

(¹) La classification de cette immense famille a été fortement controversée, mais en somme, c'est encore celle d'Edwards et Haime qui, avec des modifications de détail, en reste comme la

A. — *Astræines inermes, c'est-à-dire chez lesquelles les septes ont le bord libre entier* [EUSMILIENS, *EUSMILINÆ* (Edwards et Haime)].

1° *Formes simples* (Voir p. 621) [*ASTRÆIDÆ SIMPLICES p. p.* (Duncan)]. L'animal est réduit à l'oozoïte isolé.

Trochosmilia (Edwards et Haime). L'oozoïte reste isolé et se présente sous la forme d'un tronc de cône fixé par la petite base, plus ou moins large ou réduite à un pédicelle. La muraille est euthécale, il n'y a ni columelle ni palis et l'épithèque est rudimentaire ou absente; les côtes sont bien développées ainsi que les dissépiments (Jur. à Mioc.).

Epismilia (Fromentel) et
Cœlosmilia (Edwards et Haime) sont des sous-genres de *Trochosmilia*.
Diploctenium (Goldfuss) est libre, pédonculé et très comprimé (Crét.).
Ces genres font partie des *Trochosmilioida* de DUNCAN (Voir p. 621).

---

base inébranlée. La difficulté principale résulte de la ressemblance de certaines formes avec les Turbinolinés, et Miss OGILVIE a délibérémment versé dans cette dernière famille bon nombre des Astræines du groupe des Eusmiliens et en particulier les Trochosmiliens (*Trochosmilia, Placosmilia, Plocophyllia, Pleurosmilia, Solenophyllia, Epismilia, Phyllosmilia, Parasmilia, Diploctenium, Cœlosmilia, Lophosmilia, Arterosmilia, Conosmilia, Blastosmilia, Axosmilia, Trismilia, Dichocœnia*). Le même auteur taille dans les Astræines 3 familles égales, l'une [*Amphiastræidæ*, Ogilvie] pour les genres à muraille vraie, *eutheca*, avec une forte épithèque recouvrant non seulement la colonie mais les calices particuliers; une seconde [*Astræidæ*] à muraille très rarement euthécale, presque toujours pseudothécale et à épithèque entourant la base et les branches mais non les calices individuels, et la troisième [*Stylinidæ*] semblable à la précédente pour la plupart de ces caractères, mais à reproduction essentiellement gemmipare et non fissipare comme dans cette dernière. Nous ne suivrons pas cette classification, estimant que la valeur phylogénétique du caractère histologique n'est pas démontrée et qu'il est plus commode de s'en tenir aux critériums anatomiques, plus faciles à reconnaître. Mais, à titre de renseignement complémentaire, nous donnons ici la liste des *Amphiastræidæ* de Miss OGILVIE qui ont tous une vraie theca, tout en faisant observer que certains genres anciens de ses *Astræidæ* et de ses *Stylinidæ* peuvent aussi avoir une euthèque avec ou sans pseudothèque.

Liste des *Amphiastræidæ* : *Acanthogyra, Amphiastræa, Aplosmilia, Aulastræa, Battersbya, Coccophyllum, Columnaria, Dendrogyra, Eugyra, Euphyllia, Guynia, Gyrosmilia, Heterophyllia, Lingulosmilia, Nilodendron, Opistophyllum, Pachygyra, Pectinia, Pinacophyllum, Pseudothecosmilia, Rhipidogyra, Sclerosmilia, Selenegyra, Stauria, Stylosmilia, Thecidiosmilia.* L'auteur ne dit pas que cette liste soit complète.

Edwards et Haime avaient divisé les Astréens en deux sous-familles, les *Eusmiliens, Eusmilinæ* (Edwards et Haime) dits à *cloisons inermes*, c'est-à-dire dont les septes ont le bord libre entier et les *Astréens, Astræinæ* (Edwards et Haime) à *cloisons armées*, c'est-à-dire dont les septes sont dentés au bord libre; et, dans chacune de ces sous-familles, ils distinguaient les formes *simples*, les formes *massives*, les formes *cespiteuses* et les formes *méandroïdes*. Cette classification admirablement simple et claire, a été adoptée à peu près telle quelle, sauf modifications de détail par ZITTEL [95]. DUNCAN [85] a cru bien faire en confondant les formes armées et les inermes pour la raison que, dans d'autres groupes, des espèces à septes lisses et d'autres à septes dentés se rencontrent dans les mêmes genres, et en divisant, d'après le mode d'accroissement et la forme de la colonie, l'ensemble des *Astræidæ* en : *simplices, reptantes, gemmantes, cespitosæ, confluentes, agglomeratæ fissiparantes* et *agglomeratæ gemmantes*. Tout en acceptant à peu près le groupement de Duncan, nous croyons bien faire en rétablissant les deux grandes divisions de Milne-Edwards et J. Haime, malgré la difficulté résultant quelquefois de l'état rudimentaire des denticulations ou de l'absence de renseignement sur ce caractère.

Placosmilia (Edwards et Haime, *emend.* Duncan) est libre, pédonculé, comprimé et a une columelle lamellaire (Crét. à Eocène).

Lophosmilia (Edwards et Haime) a la columelle lamellaire (Antilles et fossile depuis le Crét.).
Plesiosmilia (Milachevitch) n'est qu'un sous-genre du précédent.
Peplosmilia (Edwards et Haime) a une épithèque membraneuse recouvrant tout le calice, et la columelle lamellaire (Crét.).
Pleurosmilia (Fromentel) diffère du précédent par la présence d'un septe plus grand que les autres et qui s'unit à la columelle (Jur.).
Blastosmilia (Etallon, *nec* Duncan) se fait remarquer par ses bourgeons qui se forment sur le bord renversé du calice et se détachent en laissant une cicatrice (Jur.).
Trismilia (Fromentel) dont la place ici est douteuse, se rattacherait à *Pleurosmilia*, mais n'a que trois septes primaires bien développés, et sa columelle est en pyramide triangulaire (Crét.).
   Ces genres forment une partie des *Placosmiloida* de Duncan (Voir p. 622).

Parasmilia (Edwards et Haime) se fait remarquer par sa columelle spongieuse et par l'absence d'épithèque (Antilles, Philippines, et fossile depuis le Crét.)

Dasmosmilia (Pourtalès) a de faux palis et une fausse columelle formée par des lobes des septes (Floride).
Conosmilia (Duncan) a le calice elliptique et une columelle vraie, formée de deux lames tordues (Tert.).
   Ces genres font partie du groupe des *Lithophyllioida* de Duncan (Voir p. 622).

Asterosmilia (Duncan) est allongé et plus ou moins cornu, a une courte columelle vraie, lamellaire et des palis devant tous les septes, sauf ceux du dernier cycle (Atl., Floride et fossile depuis l'Eocène).

Stephanosmilia (Fromentel) en diffère par sa columelle fasciculée et par ses palis formant deux couronnes seulement (Crét., Tert.).
Cyathosmilia (T. Woods) n'a pas de columelle (Tert.).
   Ces genres font partie des *Asterosmilioida* de Duncan (Voir p. 622).
Axosmilia (Edwards et Haime) a les septes non débordants, certains d'entre eux unis à la columelle, qui est essentielle et styliforme; l'épithèque et l'endothèque sont bien développées (Jur.).

   2° *Formes gemmipares basiblastiques.* [Astrangiaceæ (Edwards et Haime); Astræidæ reptantes (Duncan)]. Le bourgeonnement n'a lieu que sur des stolons basilaires ou sur une lame basilaire commune et non, sauf rare exception, sur la colonne des individus.

   Point de genres à septes inermes dans cette catégorie.

   3° *Formes gemmipares pariétoblastiques* [Stylinaceæ independentes (Edwards et Haime); p. p. Astræidæ gemmates (Duncan)]. Le bourgeonnement a lieu sur les parois latérales du corps et les bourgeons ne sont soudés à la mère que par leur pied.

Pourtalosmilia (Duncan). Sur les parois latérales de l'oozoïte rectiligne, naissent des bourgeons qui se recourbent parallèlement à celui-ci; columelle rudimentaire et septale; la muraille est mince, doublée d'une épithèque granuleuse; les dissépiments sont largement espacés (Médit.).

Dendrosmilia (Edwards et Haime) a une columelle spongieuse, bien développée, et pas d'épithèque (Crét.).
   Ces genres forment le groupe des *Dendrosmiloida* de Duncan, qui ne contiennent pas de genres à septes dentés.

Stylosmilia (Edwards et Haime) forme des touffes fasciculées d'individus allongés qui, de place en place, peuvent se souder entre eux ; la columelle est styliforme, bien développée ; les septes principaux s'unissent à elle par des prolongements spiniformes horizontaux, les dissépiments sont rares ; l'épithèque est présente ou nulle (Jur., Crét.)

Placophyllia (d'Orbigny) en diffère par ses dissépiments plus nombreux et son épithèque forte (Jur.).

Donascomilia (Fromentel) paraît n'avoir pas de columelle (Jur.).

Ces genres appartiennent aux *Stylosmilioida* de Duncan (Voir p. 623), qu'Edwards et Haime plaçaient dans leurs *Stylinaceæ*.

Hexasmilia (Fromentel) a, comme *Pleurosmilia*, un septe plus grand, atteignant seul le centre (Crét.).

Ce dernier genre est considéré par Duncan comme isolé et méritant de former à lui seul un groupe à part, auquel il ne donne pas de nom.

4° *Formes fissipares cespiteuses* (Voir p. 624) [*Euphylliaceæ cespitosæ* (Edwards et Haime) ; *p. p. Astræidæ cespitosæ* (Duncan)]. Les colonies sont dendritiques et presque exclusivement fissipares.

Eusmilia (Edwards et Haime). La fissiparité étant rapide et se produisant sous un angle assez ouvert, la colonie est dendritique, di- ou trichotome, à branches jamais anastomosées. Les calices sont grands et ovales ou plus ou moins irréguliers. Au fond de la cavité, qui est fort creuse, se dresse une columelle spongieuse ; les septes sont débordants, les côtes bien marquées, mais, sauf exception, au bord des calices seulement ; les dissépiments sont peu développés et l'épithèque est membraneuse et n'entoure que la base de la colonie (Antilles et fossile depuis le Pliocène).

Fig. 861.

Solenosmilia variabilis (d'ap. Duncan).

Caulastræa (Dana) n'est qu'un sous-genre du précédent (Pacifique et (?) oc. Indien).

Aplosmilia (d'Orbigny, *emend.* Duncan) a la columelle lamellaire et pas d'épithèque (Jur.).

Solenosmilia (Duncan) (fig. 861) a la columelle profondément située et formée de lamelles des extrémités paliformes des septes, dont plusieurs joignent la columelle ; le bourgeonnement prend une part notable à la formation de la colonie (Atl., Antilles, oc. Indien, Philippines, Japon, par 1098 brasses).

Ces genres appartiennent au groupe des *Calamophyllioida* de Duncan (Voir p. 624).

5° *Formes confluentes* (Voir p. 626) [*Astræidæ confluentes* (Duncan)]. Cespiteuses, mais avec une séparation moins accentuée des calices et tendant à former des lames.

Euphyllia (Edwards et Haime) (fig. 862 et 863). La forme de la colonie est passablement variable par le fait qu'il y a une tendance des calices à rester unis en lames et que cette tendance se réalise à des degrés divers. Les calices peuvent devenir tout à fait libres, ou rester soudés en séries lamellaires, au point que leurs centres

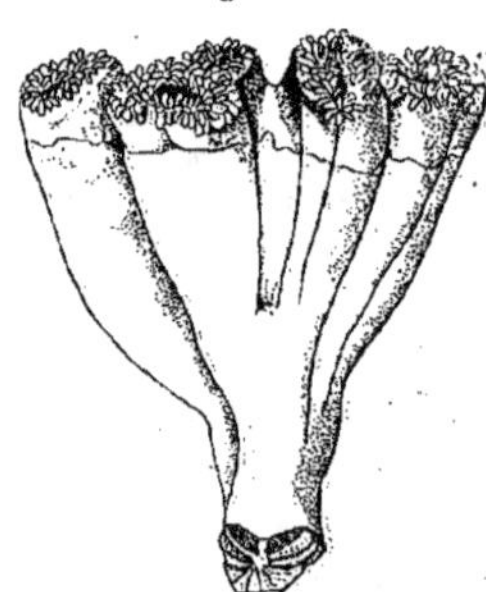

Fig. 862.

Euphyllia glabrescens (d'ap. Bourne).

peuvent devenir indistincts en certains points, et il y a de la sorte tous les intermédiaires entre une forme cespiteuse presque pure [*Euphylliæ cymosæ* (Edwards et Haime)] et une forme franchement lamellaire [*Euphylliæ gyrosæ* (Edwards et Haime)] à lames contournées et ramifiées ; mais les faces de ces lames restent en tous cas libres, et la colonie ne devient jamais massive ; en outre, les Polypes sont toujours distincts, et ce sont les calices seuls qui se confondent. Il n'y a pas trace de columelle ; les septes sont très nombreux, minces, débordants et souvent onduleux ; les murailles sont minces, costulées vers le haut, à dissépiments nombreux, mais laissant une bonne profondeur aux cavités calicinales ; il n'y a pas d'épithèque (Pacifique, Australie, oc. Indien, Singapour, Chine et fossile depuis le Jurassique. Les formes cespiteuses sont exclusivement vivantes, les gyreuses sont vivantes et fossiles).

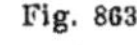

Fig. 863.

Euphyllia striata
(d'ap. M. Edwards et Haime).

Rhipidogyra (Edwards et Haime) est tout à fait lamellaire, à centres calicinaux indistincts, et il y a une columelle lamellaire (Jur., Crét.).

Desmooladia (Reuss) a la columelle septale et spongieuse ; sa place est douteuse, l'état lisse ou denté de ses septes n'étant pas indiqué (Eoc.).

Ces genres appartiennent au groupe des *Euphyllioida* de DUNCAN (Voir p. 626).

Dendrogyra (Ehrenberg). Supposons que dans une des *Euphylliæ gyrosæ* à calices bien confluents, les lames flexueuses portant à leur bord libre les calices, au lieu de rester séparées les unes des autres par des espaces libres, se rapprochent au point de se souder en une lame murale appelée *colline*, commune à 2 vallées calicinales, et nous aurons le présent genre. La forme générale de la colonie est dès lors massive et souvent columnaire. Ajoutons que les columelles forment des séries de renflements compacts ou de lamelles interrompues (Antilles et autres localités non indiquées).

Peotinia (Edwards et Haime) a la base étroite et une large surface calicinale ; columelle continue dans toute la longueur des vallées calicinales ; des sortes de palis sous forme de lamelles accessoires devant les septes et une épithèque rudimentaire à la base de la colonie (Antilles, Brésil).

Eugyra (Fromentel) a une épithèque complète, pas de columelle et les vallées calicinales méandriformes au milieu de la colonie et radiaires à la périphérie (Crét.).

Pachygyra (Edwards et Haime) n'a que peu ou point d'épithèque, la columelle est lamellaire et continue et les lames murales entre les vallées sont formées, non par l'adossement direct des murailles, mais par la soudure des côtes et de leurs dépendances, formant une sorte de faux cœnenchyme (Jur., Crét.).

Ces genres appartiennent aux *Eugyroida* de DUNCAN (Voir p. 627).

Plerogyra (Edwards et Haime) (fig. 864) n'a pas de columelle et les parois murales restent parfois libres sur une certaine hauteur (Mer Rouge, oc. Indien, archipel Asiatique et fossile depuis le Crét.).

Physogyra (Quelch) a les parois murales très minces, les centres calicinaux distincts, pas de columelle et les dissépiments sous forme de larges lames, convexes en haut, très complètes et bien séparées (arch. Asiatique).

Phytogyra (d'Orbigny) forme des branches horizontales libres et une columelle lamellaire continue (Jur.).

Ces genres appartiennent au groupe des *Symphyllioida* de Duncan (Voir p. 627).

Fig. 864.

Plerogyra excavata
(d'ap. M. Edwards
et Haime).

6° *Formes agglomérées fissipares* (Voir p. 628) [*p. p. Agglomeratæ fissiparantes congruentes* (Duncan)]. Cavités calicinales non confluentes, mais calices disséminés irrégulièrement et réunis en une colonie fissipare, massive par soudure des murailles ou des côtes, avec ou sans interposition d'un cœnenchyme.

Dichocœnia (Ewards et Haime) forme une colonie fissipare massive pédonculée, dont la surface libre est parsemée de calices indépendants, montrant çà et là une indice de disposition sériale, pourvus de fortes côtes épineuses reconnaissables jusqu'au fond des intervalles intercalicinaux qui sont comblés par un abondant cœnenchyme compact; septes débordants, la plupart avec palis; columelle petite, vaguement lamellaire ou papilleuse; épithèque rudimentaire (Antilles, oc. Indien et fossile depuis le Miocène).

Barysmilia (Edwards et Haime, *emend.* Duncan) a les calices elliptiques à grand axe perpendiculaire aux séries et la columelle rudimentaire ou nulle (Crét., Tert.).

Stenosmilia (Fromentel) a les calices clairsemés, libres sur une faible hauteur, une columelle lamellaire et les septes non débordants (Crét.).

Ces genres appartiennent au groupe des *Favioida* de Duncan (Voir p. 629).

7° *Formes agglomérées gemmipares* (Voir p. 629) [*p.p. Stylinaceæ agglomeratæ* (Edwards et Haime); *p. p. Astroidæ agglomeratæ gemmantes* (Duncan). Comme les précédents, mais colonie s'accroissant par des bourgeons qui peuvent se former, soit dans les calices, soit sur les tissus intercalicinaux.

Placocœnia (d'Orbigny), forme massive à grands calices espacés, soudés par leurs côtes, à columelle lamellaire ou papilleuse, à bourgeonnement intercalicinal (Jur., Crét.).

Placophora (Fromentel), forme étalée à calices notablement saillants (Crét.).

Pleurostylina (Fromentel), pourvu d'un septe plus grand qui atteint le centre et y forme une columelle (Jur.).

Ces genres forment pour Duncan le groupe des *Placocœnioida*.

Stylina (Lamarck, *emend.* Edwards et Haime) est de forme dendroïde ou massive avec soudure par les côtes et par un pseudocœnenchyme; la columelle est styliforme; les septes sont débordants et la muraille est épaisse; le bourgeonnement a lieu, soit sur les espaces intercalicinaux, soit sur les parois externes des calices eux-mêmes (Trias à Crét.)

Heliocœnia (Etallon) n'est qu'un sous-genre du précédent.

Psammocœnia (Edwards et Haime) a six palis (Jur.).

Ces genres font partie du groupe des *Stylinoida* de DUNCAN (Voir p. 631).

Phyllocœnia (Edwards et Haime, *emend.* Duncan, *nec* Laube) a la columelle rudimentaire ou nulle (Crét., Tert.).

Convexastræa (d'Orbigny) n'a pas non plus de columelle et les côtes ne sont pas complètement unies d'un calice à l'autre, en sorte qu'il reste entre ces dernières des espaces libres (Trias à Jur.).

Ces deux derniers genres font partie du groupe des *Phyllocœnioida* de DUNCAN (Voir p. 634).

Cyathophora (Michelin) a les dissépiments développés en planchers et pas de columelle (Jur., Crét.).

Areacis (Edwards et Haime) a au contraire le système dissépimental rudimentaire, mais a un cœnenchyme vrai (Tert.).

Psammophora (Fromentel) est imparfaitement décrit et placé ici avec doute (Crét.).

Ces trois genres forment pour DUNCAN le groupe des *Cyathophoroida* de DUNCAN.

Pentacœnia (d'Orbigny) n'a ni columelle ni cœnenchyme et n'a que 5 septes (Crét.)

Acanthocœnia (d'Orbigny) n'a que 5 septes au 1er cycle, mais a deux autres cycles de septes (Crét.).

Ces deux genres forment pour DUNCAN le groupe des *Pentacœnioida*.

Diplocœnia (Fromentel) rappelle *Stylina*, mais a, en dehors des côtes, une seconde muraille qui se soude à celles des individus voisins et dont la signification morphologique exacte ne paraît pas avoir été nettement déterminée (Jur., Crét.)

Koilocœnia (Duncan) n'a pas de columelle (Trias).

Anisocœnia (Reuss), de même sans columelle, a un pseudo-cœnenchyme (Tert.).

Heterocœnia (Edwards et Haime) est de même, mais son pseudo-cœnenchyme est très développé (Crét.).

Elasmocœnia (Edwards et Haime), avec des caractères analogues, se fait remarquer par l'épaisseur de sa muraille.

Ces genres font partie pour DUNCAN du groupe des *Elasmocœnioida* (Voir p. 634).

Fig. 865.

Galaxea (d'ap. Faurot).

Galaxea (Oken, *emend.* Edwards et Haime) (fig. 805, 806, 865) est principalement caractérisé par la présence d'un cœnenchyme périthécal qui réunit les calices à leur base; il forme des colonies sub-massives ou fasciculés de calices allongés, à parois fortes, marquées de faibles côtes ; les septes sont débordants, lancéolés; la columelle est rudimentaire ou nulle (Mer Rouge, oc. Indien, Pacif., îles Fidji, Australie, Philippines, Moluques et sub-fossile).

Stylocœnia (Edwards et Haime), en forme de lame épaisse, ordinairement repliée sur elle-même et dont la base commune est garnie d'une épithèque plissée, est remarquable par la présence, le long des arêtes des calices de forme prismatique, de petites colonnes cannelées très saillantes, par lesquelles ils s'unissent entre eux et au sommet desquelles peut se

trouver un calice abortif; la columelle est styliforme et libre (Jur., à Miocène).

Haldonia (Duncan) n'a ni columelle ni colonnettes et possède des palis entre les septes du premier cycle (Crét.).

Bathycœnia (Tomes), dont la place ici est un peu douteuse, a la columelle formée par la réunion axiale des septes (Jur.).

Ces genres font partie du groupe des *Astrocœnioida* de DUNCAN (Voir p. 632).

Aplocœnia (Edwards et Haime) n'a pas de columelle, vraie ni fausse, et a ses calices prismatiques directement unis entre eux par leurs faces (Eoc.).

Il fait partie du groupe des *Isastræoida* de DUNCAN (Voir p. 632).

Holocœnia (Edwards et Haime) a une columelle styliforme et les septes passent directement d'un calice à l'autre par-dessus les bords libres des murailles, la partie intercalicinale pouvant être interprétée comme une côte reliant les calices soudés par leurs faces (Crét. à Eoc.).

Ce genre fait partie du groupe des *Plerastræoida* de DUNCAN (Voir p. 633).

Holocystis (Lonsdale) a les calices prismatiques aussi et unis par leurs faces, la columelle petite et styliforme, 4 septes plus grands que les autres et débordants, et de grands dissépiments régulièrement étagés comme des planchers que traversent seulement les septes primaires (Crét.)

Ce genre fait partie du groupe des *Tabuloida* de DUNCAN (Voir p. 633).

B. — *Astræines armées, c'est-à-dire chez lesquelles le bord libre des septes, de certains au moins sinon de tous, est denticulé.*

1° *Formes simples* (Voir page 615).

Montlivaultia (Lamouroux) (fig. 866) est une forme simple, libre ou fixée, avec une base large ou pédicellée; sa forme est variable. Son caractère le plus remarquable consiste dans l'absence de muraille, celle-ci étant remplacée par une épithèque qui entoure complètement le squelette. Les septes sont forts, nombreux, généralement débordants et, comme dans toutes les *Astræines armées*, ont un bord libre denté ou tout au moins noduleux ou lobé. Il n'y a pas de palis; les dissépiments sont bien développés (Trias à Eocène).

Fig. 866.

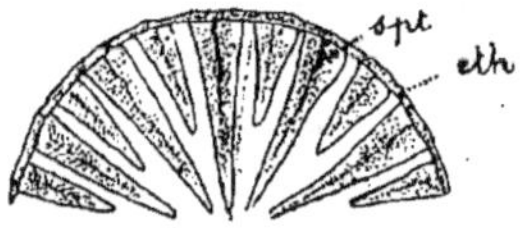

Section transversale d'un polypier chez lequel la muraille est absente. Les côtes des septes rejoignent l'épithèque (d'ap. Ogilvie).

eth., épithèque; spt., septes.

Leptomussa (d'Achiardi)
Oppelismilia (Duncan)
Ceratophyllia (Fritsch) ne sont que des sous-genres du précédent.

Feddenia (Duncan) a des côtes [et par conséquent une muraille sans doute], une épithèque variable et des lobes paliformes aux septes (Eoc.).

Ces genres font partie du groupe des *Trochosmilioida* de DUNCAN (Voir p. 615).

Sphenophyllia (Moseley) est remarquable par ses côtes denticulées qui le rendent particulièrement âpre; il y a une maigre épithèque basilaire, pas de palis ni de dissépiments, mais une columelle lamellaire. L'absence de dissépiments, si elle est absolue, ce que DUNCAN met en doute, rendrait problématique la place de ce genre dans les Astræines (Vivant, habitat inconnu).

Ce genre fait partie du groupe des *Placosmiloida* de Duncan (Voir p. 616).

Lithophyllia (Edwards et Haime), est fixé, de forme variable, à côtes épineuses, sans épithèque, à dissépiments bien développés ; sa columelle est spongieuse ou trabéculaire et tordue (Antilles et fossile depuis le Miocène).

Circophyllia (Edwards et Haime) a la columelle grande et chicoracée (Eoc.).
Leptaxis (Reuss) et
Antilla (Duncan) ne sont que des sous-genres de *Circophyllia*.
     Ces genres font partie du groupe des *Lithpohyllioida* de Duncan (Voir p. 616).
Sclerophyllia (Klunzinger) (fig. 867) a une épithèque très développée et sa columelle tend à devenir compacte (Mer Rouge).

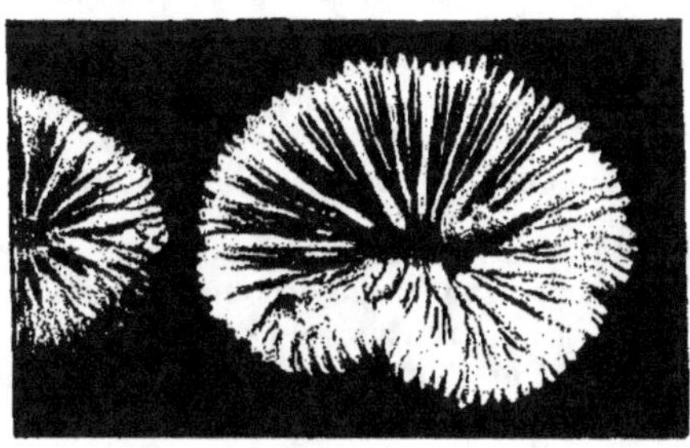

Fig. 867.

Sclerophyllia margariticola (d'ap. Klunzinger).

Pattalophyllia (d'Achiardi) est libre, cornu, sans columelle, et a des palis à l'avant-dernier cycle de septes (Eocène).

     Ce genre fait partie des *Asterosmilioida* de Duncan (Voir p. 616).

Stylophyllum (Reuss, *emend.* Frech) a les septes formés de trabécules distincts ; il est simple ou forme des colonies basiblastiques ou massives (Trias).

Mæandrostylis (Frech) est un sous-genre du précédent.
Stylophyllopsis (Frech) est, en coupe longitudinale comme *Stylophyllum*, en coupe transversale comme *Montlivaultia* (Trias).
     Ces trois genres forment pour Frech une sous-fam. [*Stylophyllinæ*, (Frech)].

     2° *Formes gemmipares basiblastiques* (Voir page 616). [Astrangiaceæ (Edwards et Haime)].

Cylicia (Edwards et Haime) forme des colonies rampantes, formées d'individus distincts, fixés par leur pied sur la base du parent ou sur des stolons plus ou moins longs partant de cette base et qu'envahit le tissu squelettique ; il y a une columelle papilleuse et une épithèque complète ; les septes primaires ne sont pas dentés (Cap de Bonne-Espérance, Natal, Australie, Nouvelle-Zélande, Singapour).

Scolangia (T. Woods) a des stolons calcaires et pas de columelle (Tert.).
Cryptangia (Edwards et Haime) a des stolons non calcaires et les septes tous dentés ; il est toujours contenu dans des Cellepores (Tert.).
Rhizangia (Edwards et Haime) forme ses bourgeons sur des expansions basilaires où se prolonge le squelette ; il n'est pas certain qu'il diffère de *Cladangia* (Crét., Tert.).
Bathangia (Keferstein) a la même membrane bourgeonnante et une couronne de palis (Tert.).
     Ces genres forment le groupe des *Rhizangioida* de Duncan.

Astrangia (Edwards et Haime) diffère de *Cylicia* principalement par l'absence d'épithèque, la muraille avec ses côtes reste à nu ; les bourgeons naissent d'une expansion basilaire ; il y a une columelle mixte, formée de trabécules propres, auxquels se joignent les prolongements des septes ; certains septes portent une grande dent paliforme (Atl. et Pacif. amér., oc. Indien et fossile depuis l'Éocène).

Cœnangia (Verrill) et
Phyllangia (Edwards et Haime) sont des sous-genres d'*Astrangia*.
Ulangia (Edwards et Haime, *emend.* Verrill, Duncan) n'a pas de squelette dans sa membrane bourgeonnante basilaire ; les septes des cycles d'ordre élevé sont seuls denticulés (Panama, Philippines).
Colangia (Pourtalès) est comme le précédent sous le rapport des septes ; mais ceux de 3e cycle ont des palis ; la membrane bourgeonnante forme des étages successifs, un à chaque nouvelle période d'accroissement (Floride, Antilles).
Cladangia (Edwards et Haime) a le bord des septes simplement lobé et, entre les calices, des lames exothécales formant des séries verticales (Oc. Indien et foss. depuis le Mioc.).
Latusastræa (d'Orbigny, *emend.* Duncan) colonie cratériforme à base couverte d'une forte épithèque ; pas de columelle ; un septe beaucoup plus grand que les autres s'avance non seulement jusqu'à l'axe, mais au delà vers le bord opposé du calice (Jur., Crét.).

Ces genres forment le groupe des *Astrangioida* de Duncan.

3° *Formes gemmipares pariétoblastiques* (voir page 616). [*Cladocoraceæ* (Edwards et Haime)].

Cladocora (Edwards et Haime) (fig. 868) se distingue des Astræines armées précédentes par son mode de bourgeonnement qui se fait sur la paroi latérale du corps des Polypes, souvent en deux rangées opposées, d'où résulte une colonie dendritique ou fasciculée. Les Polypes, libres latéralement et fixés sur la colonie seulement par leur pied, sont entourés d'une épithèque incomplète qui forme une succession de collerettes horizontales ; il y a des côtes granuleuses ou finement échinulées, une muraille modérément épaisse, des septes débordants, finement dentés au bord libre, granuleux sur leurs faces, une columelle chicoracée bien développée, des palis à tous les septes sauf ceux du dernier cycle et des dissépiments peu développés (Médit., Atl., Madère, Antilles et foss. depuis le Jur.).

Fig. 868.

Cladocora cœspitosa
(d'ap. Jourdan).

Pleurocora (Edwards et Haime) n'a pas d'épithèque et la muraille épaisse, surtout vers le bas, se soude à la base de celle des calices voisins (Crét.).

Ces genres forment pour Duncan le groupe des *Cladocoroida*.

Goniocora (Edwards et Haime) n'a pas de palis et sa columelle est rudimentaire (Trias et Jur.).
Rhabdocora (Fromentel) n'a ni palis ni columelle (Crét.).

Ces deux genres forment pour Duncan le groupe des *Goniocoroida*.
Stylocora (Reuss 1872) a une columelle styliforme et les plus grands septes pourvus d'un prolongement paliforme en contact avec la columelle (Crét., Tert.).

Sous le même nom, Fromentel a décrit en 1873 un genre dont nous changerons le nom en *Stylocorella* (Nobis, *post* Fromentel) à columelle chicoracée et sans palis (Crét.).

Ces deux genres font partie du groupe des *Stylosmilioida* de Duncan (Voir page 617).

4° *Formes fissipares cespiteuses* (Voir page 617). [*ASTRÆACEÆ CESPITOSÆ* (Edwards et Haime)].

Dasyphyllia (Edwards et Haime). La colonie est fasciculée ou dendritique, formée de Polypes qui se multiplient par fissiparité et s'accroissent rapidement de manière à devenir libres sur une longueur notable avant qu'une nouvelle division n'intervienne. Les calices, modérément profonds, contiennent une columelle spongieuse, des septes débordants à dents plus grandes en dedans qu'en dehors; la muraille est munie de côtes échinulées; l'épithèque est rudimentaire; les dissépiments sont bien développés (Oc. Indien, Malacca et foss. depuis le Tert.).

Calamophyllia (Edwards et Haime) a les côtes simplement granuleuses, et la columelle rudimentaire ou nulle (Trias à Tert.).

Pleurophyllia (Fromentel) a une épithèque forte, les septes heptamériques, l'un des sept septes du 1er cycle étant plus grand que les autres et atteignant l'axe, où son bord remplace la columelle (Jur.).

Dendrocora (Duncan) n'a pas d'épithèque, mais a une couronne de palis, et sa columelle est trabéculaire (Côtes Afric. de l'Atl.).

Dactylosmilia (d'Orbigny) a des palis devant tous les septes, sauf ceux du dernier cycle (Crét.).

Hymenophyllia (Edwards et Haime) a une épithèque complète, séparée par les côtes de la muraille qu'elle double; la columelle est rudimentaire ou nulle; les septes ont un lobe paliforme (Crét.).

Rhabdophyllia (Edwards et Haime, *emend.* Duncan) a une columelle forte et spongieuse et pas d'épithèque (Trias à Tert.).

Ces genres font partie du groupe des *Calamophyllioida* de DUNCAN (Voir p. 617).

Thecosmilia (Edwards et Haime). La colonie est dendritique et fissipare, sauf intervention passablement fréquente de bourgeons, qui ensuite se divisent comme les autres Polypes; les calices restent soudés dans une plus ou moins grande étendue de leurs faces latérales, en sorte que la forme tend à devenir submassive; les calices ont le bord irrégulier, les septes débordants, régulièrement dentés; la columelle est rudimentaire ou nulle; l'épithèque, forte et plissée remonte assez haut; les dissépiments sont bien développés (Trias à Tert.).

Cladophyllia (Edwards et Haime) n'est qu'un sous-genre de *Thecosmilia*.

Cœnotheoa (Quenstedt) semble n'être que le pédoncule de quelque genre de ce groupe.

Ces genres forment pour DUNCAN le groupe de *Thecosmilioida*.

Fig. 869.

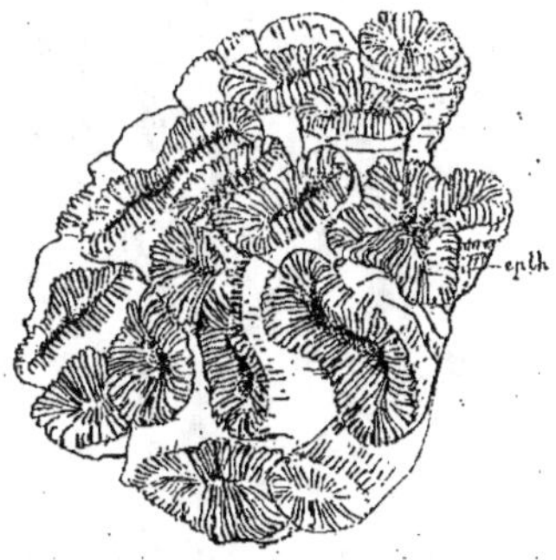

Mussa distans (im. Bourne).

epth., épithèque.

Fig. 870.

Portion d'une colonie de *Mussa corymbosa* avec ses Polypes contractés (d'ap. Bourne).

Mussa (Oken, *emend.* Edwards et Haime) (fig. 869 à 872) forme de grandes colonies cespiteuses dont les calices parfois circonscrits, c'est-à-dire libres tout autour (*Mussæ cymosæ* d'Edwards et Haime) ont une tendance à se séparer incomplètement dans l'acte de la fissiparité, de manière à former des séries linéaires (*Mussæ gyrosæ* des mêmes auteurs); mais les lames portant ces séries restent en tout cas libres sur les bords. La muraille est pseudothécale, nue ou avec une faible épithèque et porte des côtes épineuses; les septes forment des cycles irréguliers où la disposition hexamérique ne se retrouve pas; ils sont très débordants, très dentés, à dents décroissant de dehors en dedans et uniquement endocœliques, les interloculaires manquant; il y a une columelle spongieuse bien développée et des dissépiments bien développés aussi (Antilles, mer Rouge, oc. Indien, Australie, Philippines, Chine, Pacif.).

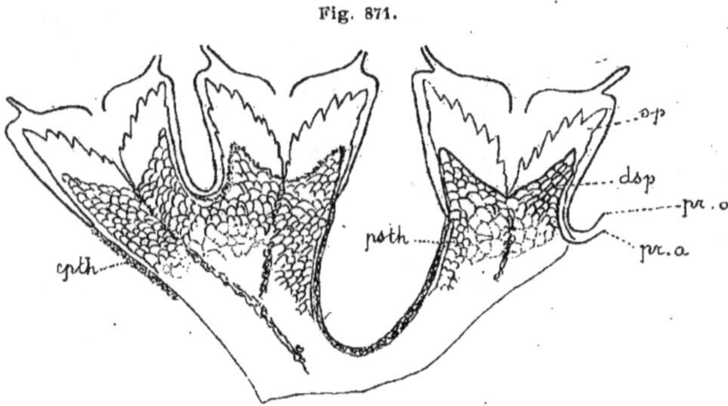

Fig. 871.

Mussa. Type de polypier non cœnenchymateux
(d'ap. Miss Ogilvie).

dsp., dissépiment; **epth.**, épithèque; **pr. a.**, paroi ou lame aborale du corps; **pr. o.**, paroi ou lame orale du corps; **psth.**, pseudothèque; **sp.**, septes.

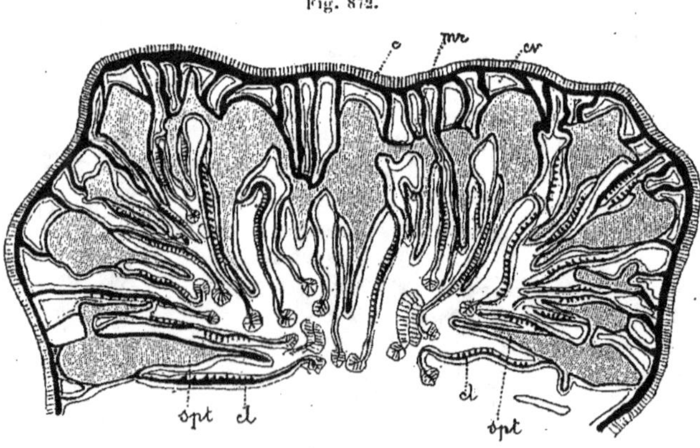

Fig. 872.

Coupe transversale d'un polype de *Mussa corymbosa*
(d'ap. Bourne).

c., côtes; **cl.**, cloisons; **cv.**, cavité périmurale; **mr.**, muraille; **spt.**, septes.

Trachyphyllia (Edwards et Haime) a les dents des septes petites et subégales (Mer Rouge,
oc. Indien, Philippines, Chine).
Ces genres forment pour DUNCAN le groupe des *Mussaoida*.

5° *Formes confluentes.* (Voy. p. 617).

Glyphophyllia (Fromentel) colonies flabelliformes à calices tous disposés en
longues séries lamellaires, mais libres cependant; pas de columelle (Crét.).

Teleiophyllia (Duncan) a une longue columelle lamellaire (Tert.).
Ces genres font partie du groupe des *Euphyllioida* de DUNCAN.

Diploria (Edwards et Haime). Les calices sont complètement confluents et
forment des vallées à centres calicinaux non distincts, séparées par des
collines résultant de la soudure des parois calicinales latérales, non
directement entre elles, mais par leurs côtes très développés et dont les
intervalles sont occupés par une certaine quantité de tissu exothécal.
Les vallées sont très profondes, très sinueuses. Il y a une columelle
essentielle, bien développée, spongieuse; les septes sont débordants, à
denticules subégaux. Une espèce (*D. cerebriformis*) est connue sous le
nom vulgaire de *Cerveau de Neptune* (Antilles, Bermudes, Chine et foss. depuis
le Crét.).

Stiboria (Étallon) a les calices à centres indistincts et confluents seulement à la base, séparés vers
le haut par un sillon qui court le long de la ligne de faîte des collines; pas de columelle; septes
denticulés en dedans; côtes de la face
basilaire de la colonie recouvertes par
une épithèque (Jur.).

Manicina (Ehrenberg, *emend.* Edwards et
Haime) a les côtes calicinales rudimentaires ou nulles, en sorte que les parois
calicinales sont directement soudées entre
elles en collines étroites; mais la base de
la colonie est garnie de délicates côtes
dentées, en partie recouvertes par une
fragile épithèque (Antilles, Bermudes,
Australie).

Mæandrina (Lamarck, *emend.* Edwards et
Haime) a les septes dilatés en dedans en
un lobe paliforme (Antilles, oc. Indien,
Pacif., arch. Asiatique et foss. depuis le
Jur.).

Cœloria (Edwards et Haime) (fig. 873) n'est
qu'un sous-genre de *Mæandrina*.

Leptoria (Edwards et Haime) (fig. 874) a la columelle lamellaire (Mer Rouge, Seychelles,
oc. Indien, Pacif. et foss. depuis le Crét.).

Stelloria (d'Orbigny) a la columelle rudimentaire ou nulle (Crét.).

Fig. 873.

Cœloria arabica var. : *leptochila*
(d'ap. Klunzinger).

Brachymæandrina (Duncan) a les vallées à
direction principalement radiaire; les collines rudimentaires, discontinues, réduites à des
séries de tubercules, la columelle essentielle, petite, avec addition de trabécules septaux
(Mer Rouge, îles de l'Ascension, arch. Merghi).

Mæandrastræa (Edwards et Haime) diffère des précédents par ses vallées courtes et nombreuses, à centres distincts; leurs auteurs le plaçaient, peut-être avec raison, à côté de *Favia* (Crét.). Ces genres font partie du groupe des *Eugyroida* de DUNCAN.

Symphyllia (Edwards et Haime) (fig. 875) a les vallées formées de calices à centres distincts, séparées par de hautes collines parfois pourvues d'un sillon; la soudure des calices est directe, et se fait sur toute la hauteur, ou vers le bas, ou bien vers le haut des calices par l'intermédiaire des côtes : les septes ont les denticules forts et décroissants de dehors en dedans (Antilles, Bermudes, oc. Indien, Australie, mer de Banda, Philippines et foss. depuis le Jur.).

Fig. 874.

Leptoria gracilis (d'ap. Klunzinger).

Mycetophyllia (Edwards et Haime) a les denticules des septes forts et subégaux, la columelle rudimentaire ou nulle (Mers Orientales et foss. depuis le Crét.).

Ulophyllia (Edwards et Haime) a les denticules des septes forts et décroissant de dedans en dehors, et la columelle faible et spongieuse (Oc. Indien, arch. Asiat. et foss. depuis le Jur.).

Tridacophyllia (Edwards et Haime) a les denticules des septes petits, la columelle rudimentaire ou nulle, la muraille très haute et les cloisons étroites (Atlant. et Pacif. amér., oc. Indien, arch. Asiat., Chine, Pacif.).

Colpophyllia (Edwards et Haime) diffère de *Tridacophyllia* par sa muraille basse et ses cloisons larges (Antilles).

Scapophyllia (Edwards et Haime) a la columelle grande et tuberculeuse (Chine, Jap).

Latiphyllia (Fromentel) a les calices disposés en séries radiaires, divergeant d'un calice central et couverts d'épithèque; pas de columelle (Jur.).

Stibastræa (Étallon) a les mêmes séries radiaires, mais une columelle chicoracée (Jur.).

Dimorphophyllia (Reuss, *emend.* Duncan) a les septes du calice central confluents avec ceux des calices radiaires; la columelle semble absente (Jur.).

Phyllogyra (Tomes) prend place ici avec doute; il est formé d'expansions foliacées procédant d'un individu central; le bourgeonnement prend une part importante à la formation de la colonie (Jur.).

Ces genres appartiennent au groupe des *Symphylloida* de DUNCAN.

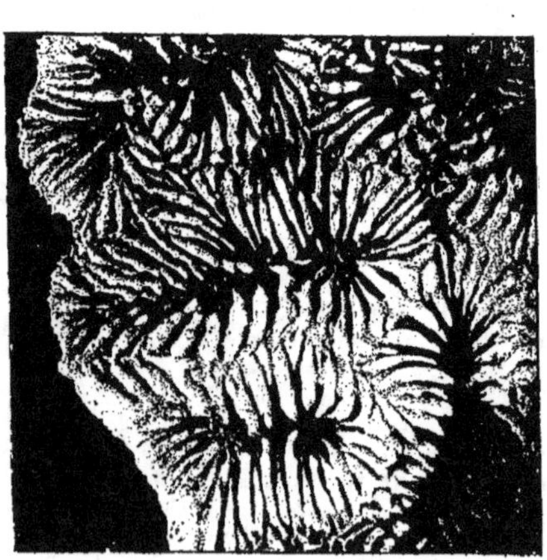

Fig. 875.

Symphyllia (Isophyllia) erythræa
(d'ap. Klunzinger).

Aspidiscus (Kœnig, *emend.* Duncan) forme des colonies libres, concaves à la face inférieure, qui est revêtue d'une forte épithèque plissée circulairement; à ses vallées divergentes, séparées

par de hautes collines radiaires formées par la soudure directe des parois; pas de columelle;
les calices sont bien distincts, et les marginaux, beaucoup plus développés que les autres, forment une large bordure à la circonférence de la colonie (Crét.).

Hydnophorella (Nobis, *post* Fischer) (fig. 876) a les calices indistincts; les collines sont interrompues et formées de petits monticules indépendants et marqués de fortes côtes aux points de croisement des vallées; pas de columelle (Mer Rouge, oc. Indien, arch. Asiatique, Pacif., et fossile depuis le Crét.).

Nous proposons ce nom en place de celui d'*Hydnophora* déjà appliqué par Fischer à un Tétracoralliaire. C'est par suite d'une erreur d'interprétation que ce genre a été confondu par Edwards et Haime et d'autres avec celui de Fischer.

Monticulastræa (Duncan) a les collines irrégulières, costulées, et une columelle lamellaire continue (Mioc.).

Ces genres forment le groupe des *Monticuloida* de DUNCAN.

6° *Formes agglomérées fissipares* (Voir p. 619). [*p. p. FAVIACEÆ* (Edwards et Haime).]

Favia (Oken, *emend.* Edwards et Haime) (fig. 877). Ici, la colonie se forme par fissiparité comme dans le groupe précédent, mais sans intervention de bourgeonnement, et les calices se séparent complètement et sont disposés sans ordre, sans indication de séries linéaires; il en résulte un polypier massif, libre ou fixé, convexe, lobé, où les calices sont unis par leurs cloisons avec une certaine quantité de cœnenchyme compact, vésiculeux; les calices ont le bord libre, les septes débordants, avec une dent axiale paliforme et une columelle spongieuse; les dissépiments sont bien développés (Antilles, Atl., mer Rouge, oc. Indien, Australie, Pacif., et foss. depuis le Jur.).

Favoidea (Reuss) n'a pas de columelle (Tert.).

Fig. 876.

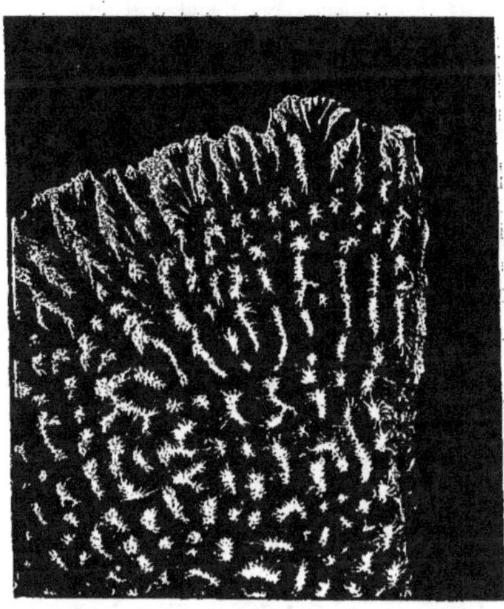

Hydnophorella (Hydnophora) contignatio
(d'ap. Klunzinger).

Fig. 877.

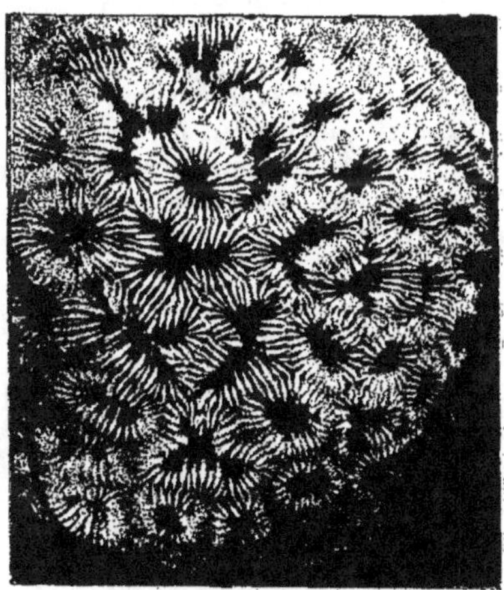

Favia Ehrenbergi var. : *laticollis*
(d'ap. Klunzinger).

Baryphyllia (Fromentel) de même et a la forme d'un tronc élevé, avec les calices au sommet (Jur.).

Spinellia (d'Achiardi) de même, et a la forme d'une lame pédonculée (Éoc.).

Phyllastræa (Fromentel *nec* Dana) a une courte columelle lamellaire et forme des colonies dendritiques avec cœnenchyme abondant (Crét.).

D'Achiardia (Duncan) a aussi un cœnenchyme abondant, avec une columelle variable, chicoracée ou non, et de petits palis devant les septes de premier ordre (Mioc.).

Ces genres appartiennent au groupe des *Favioida* de Duncan.

Goniastræa (Edwards et Haime) diffère des précédents par ses calices prismatiques, soudés directement sans interposition de cœnenchyme; il a une columelle spongieuse et des palis à tous les septes, sauf ceux du dernier cycle (Mer Rouge, oc. Indien, Australie, arch. Asiatique, Pacif. et foss. depuis le Tert.).

Lamellastræa (Duncan) a une forte columelle propre, lamellaire et pas de palis (Mioc.).

Aphrastræa (Edwards et Haime) a des palis et la columelle comme *Goniastræa*, mais la muraille est particulièrement épaisse et tout à fait vésiculeuse (Oc. Indien).

Septastræa (d'Orbigny) n'a ni columelle ni palis, et les calices prismatiques sont soudés par leurs arêtes, les espaces entre les faces restant vides, par suite de l'absence de cœnenchyme (Éoc., Mioc.)

Ce groupe constitue les *Goniastræoida* de Duncan.

7º *Formes agglomérées gemmipares* (Voir p. 619) [MERULINACEÆ (Edwards et Haime) + ECHINOPORIDÆ (Edwards et Haime)].

Orbicella (Dana) (fig. 877). C'est le genre *Heliastræa* d'Edwards et Haime, mais VERRILL a montré que l'ancien nom de Dana devait être conservé. Il est de forme variable, encroûtante, convexe ou arrondie, tantôt libre, tantôt fixé. Il consiste en un agrégat massif de calices, séparés par un certain intervalle comblé par les côtes souvent épineuses et par un tissu exothécal, en partie intercostal et constituant un pseudocœnenchyme, en partie s'étendant au delà des côtes et méritant le nom de cœnenchyme imperforé. L'accroissement se fait uniquement par bourgeonnement de nouveaux individus dans les intervalles des précédents. La colonie est revêtue inférieurement d'épithèque. Les calices montrent une columelle spongieuse bien développée, des septes dentés dont la dent interne se développe en un lobe paliforme; les dissépiments sont bien développés (Mer Rouge, oc. Indien, Pacif., Antilles, Brésil et foss. depuis le Jur.).

Fig. 878.

Orbicella mammilosa (d'ap. Klunzinger).

Ulastræa (Edwards et Haime) n'est qu'un sous-genre d'*Heliastræa*.

Brachyphyllia (Reuss) a les calices soudés directement par leurs côtes très développées, avec un abondant pseudocœnenchyme dans les intervalles (Crét. à Tert.).

Cyatomorpha (Reuss) a les calices bien séparés et généralement non soudés par leurs côtes, qui sont cependant bien développées et se continuent avec les septes par dessus le bord du calice ; un lobe paliforme à tous les septes, sauf ceux du dernier cycle (Éoc.).

Plesiastræa (Edwards et Haime) a de vrais palis à tous les septes, sauf ceux du dernier cycle ; la columelle est spongieuse ; les dissépiments très peu développés (Antilles, oc. Indien, Austr., Pacif., et fossile depuis l'Éoc.).

Antillastræa (Duncan) a les dissépiments et les palis comme *Plesiastræa*, mais sa columelle est styliforme (Mioc.).

Phymastræa (Edwards et Haime) n'a point de côtes ; ses calices sont soudés par de gros tubercules disséminés sur la muraille (Oc. Indien, mer de Banda et fossile depuis le Jur.).

Solenastræa (Edwards et Haime) (fig. 879) n'a pas de côte non plus, et ses calices sont soudés par le cœnenchyme (Mer Rouge, oc. Indien, Singapour, Nouvelles-Hébrides, Philippines, Antilles).

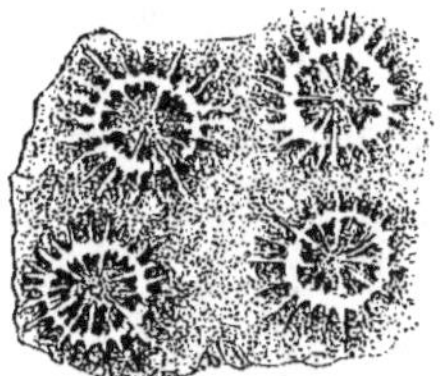

Solenastræa sarcinula
(d'ap. M. Edwards
et Haime).

Cyphastræa (Edwards et Haime) (fig. 880 et 881) n'est qu'un sous-genre de *Solenastræa*. Ses septes sont perforés.

Ces genres constituent pour DUNCAN le groupe des *Orbicelloida*.

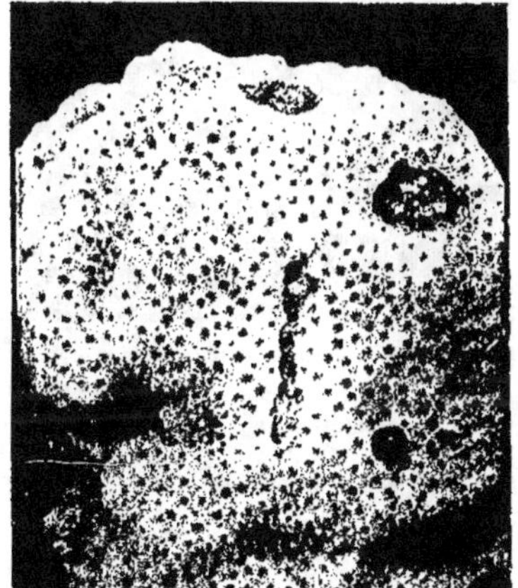

Cyphastræa Savignyi
(d'ap. Klunzinger).

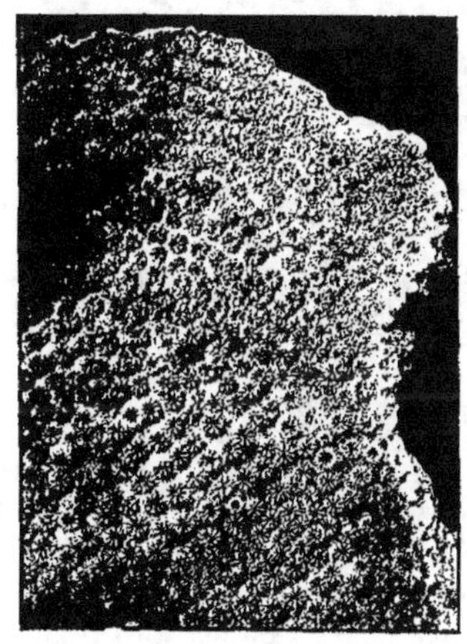

Cyphastræa serailia
(d'ap. Klunzinger).

Leptastræa (Edwards et Haime) (fig. 882), qui a les septes denticulés seulement dans la portion supérieure de leur bord libre, est placé ici par leurs auteurs. Duncan en fait un groupe à part (innomé) à côté de *Galaxea*. Les formes encroûtantes paraissent s'étendre par des sortes de stolons bourgeonnants (Mer Rouge, oc. Indien, Tahiti).

Columnastræa (Edwards et Haime) a les calices unis par leurs côtes seu-

lement, la columelle styliforme et petite, et une couronne unique de
palis (Crét. à Tert.).

Stylastræa (Fromentel) peut être défini un *Stylina* à septes denticulés (Crét.).
    Ces genres font partie pour DUNCAN du groupe des *Stylinoida* (Voir p. 620).
Adelastræa (Reuss) a les septes réunis au centre et pas de columelle (Trias à Crét.).
    Ce genre fait partie du groupe des *Phyllocœnioida* de DUNCAN (Voir p. 620).

Diplothecastræa (Duncan) est remarquable par la présence, dans le cœ-
    nenchyme qui sépare les calices circulaires, de grandes lames qui
    dessinent un réseau polygonal, dont chaque maille polygonale entoure
    un des calices; columelle lamellaire (Mioc.).

Fig. 882.

Fig. 883.

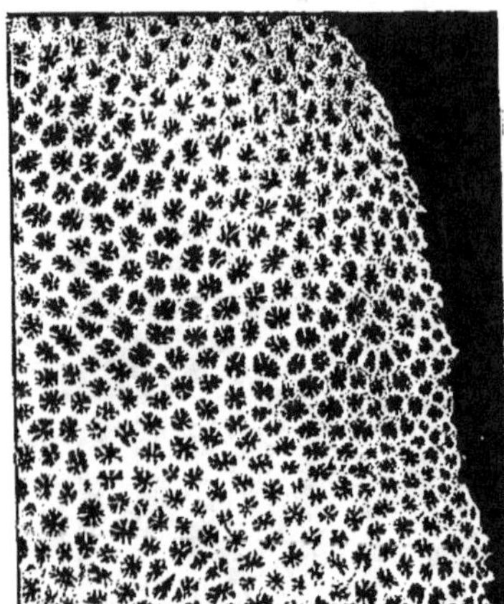

Leplastræa immersa (d'ap. Klunzinger).

Echinopora fruticulosa (d'ap. Klunzinger).

Diplocœniastræa (d'Achiardi) a les calices plongés dans un abondant cœnenchyme imperforé,
    compact, et la columelle petite et spongieuse.
    Ces genres font partie pour DUNCAN du groupe des *Elasmocœnioida* (Voir p. 620).

Echinopora (Dana, *emend.*) (fig. 883). La colonie est formée de lames foliacées,
    ordinairement lobées, partant d'une base commune, munies d'une mince
    épithèque. Ces lames sont formées de calices très épineux, plongés dans
    un abondant cœnenchyme imperforé qui est lui-même échinulé. Les
    septes sont très denticulés et leur dent interne est souvent paliforme;
    il y a une columelle spongieuse; les dissépiments sont peu développés
    (Mer Rouge, oc. Indien, Pacif. et foss. depuis le Miocène).

Acanthopora (Verrill) a la columelle subchicoracée et les calices presque comblés par un dépôt
    endothécal secondaire (oc. Indien).
Physophyllia (Duncan) dont la place ici est douteuse est formé de lames portant sur une seule
    face les calices qui y sont plus ou moins disposés en séries circulaires; les septes sont continus

avec les côtes qui confluent latéralement avec celles des calices voisins du même cercle, et parfois radiairement avec les calices des cercles voisins; il y a une petite columelle trabéculaire; la fissiparité prend une part notable à la formation de la colonie (British Museum, habitat inconnu.)

Ces genres constituent le groupe des *Echinoporoida* de DUNCAN.

Barysastræa (Edwards et Haime) forme des colonies convexes très compactes dans lesquelles les calices sont polygonaux et directement soudés par leurs murailles, avec leurs séparations à peine indiquées par un étroit sillon. Dans ces conditions, les bourgeons n'ont plus de place pour se former entre les calices et naissent sur le bord même des calices ou à leur intérieur. La columelle est subchicoracée au bout, compacte au bas. Les denticules des septes vont en croissant de dehors en dedans. (Vivant, habitat inconnu).

Acanthastræa (Edwards et Haime) (fig. 884) en diffère principalement par les denticules des septes, dont les plus externes sont les plus grands (Mer Rouge, oc. Indien, Pacif., îles Fidji).

Ces genres forment le groupe des *Barysastræoida* de DUNCAN.

Astrocœnia (Edwards et Haime) a un peu de cœnenchyme entre les Polypes; aussi le bourgeonnement est-il en partie intercalicinal; sa columelle est styliforme (Antilles et fossile depuis le Trias).

Cyathocœnia (Duncan) n'a pas de columelle (Infra-lias).

Stephanocœnia (Edwards et Haime) a la columelle styliforme et des palis à tous les septes, sauf le dernier (vivant, habitat inconnu et fossile depuis le Jur.).

Narcissastræa (Pratz) n'a pas du tout de cœnenchyme, ni de côtes, une seule couronne de palis, columelle inconnue (Éoc.).

Ces genres font partie pour DUNCAN de son groupe des *Astrocœnioida* (Voir p. 624).

Isastræa (Edwards et Haime) a au contraire, les parois des calices complètement soudées à celles des calices voisins; le bourgeonnement est donc forcément intracalicinal, ou tout au plus submarginal; la columelle est rudimentaire ou nulle (Trias à Tert.).

Placastræa (Stoliczka) est comme *Isastræa*, mais a la columelle lamellaire (Crét.).

Elysastræa (Lambe) a les calices unis aux voisins par une large surface et la columelle rudimentaire ou spongieuse (Lias).

Lepidophyllia (Duncan) n'a pas de columelle; les bourgeons naissent au centre même des calices (Jur.).

Ces genres font partie du groupe des *Isastræoida* de DUNCAN (Voir p. 624).

Prionastræa (Edwards et Haime) (fig. 885) a les parois des calices soudées vers le sommet, mais indépendantes plus bas; il y a une columelle spongieuse (Antilles, mer Rouge, oc. Indien, Austr., arch. Asiatique, Pacif., et foss. depuis le Tert.).

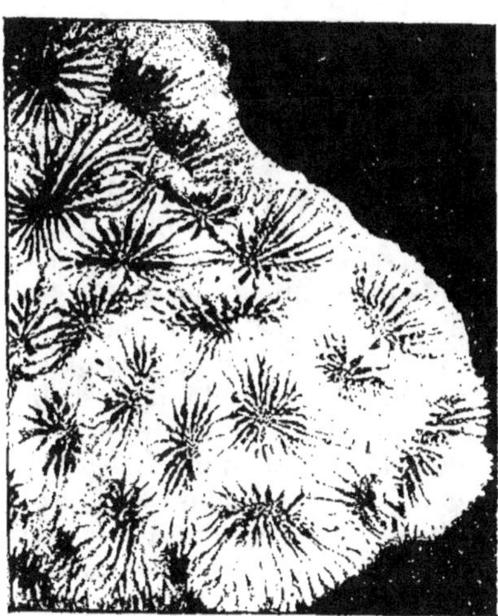

Fig. 884.

Acanthastræa hirsuta var. : *megalostoma*
(d'ap. Klunzinger).

Latimæandra (Edwards et Haime) a les calices soudés de manière à rendre le bourgeonnement calicinal ou submarginal; mais ces calices, en outre, ont une tendance à se fusionner en courtes vallées (Trias à Tert.).

Heterogyra (Reuss) a les calices des séries unis seulement par le bas, libres vers le sommet (Éoc.).

Ces deux genres forment pour DUNCAN son groupe des *Latimæandroida*.

Plerastræa (Edwards et Haime) se distingue par ses septes plus ou moins horizontaux et se continuant par dessus le bord des calices en côtes confluentes avec celles des calices voisins : la columelle est chicoracée; le bourgeonnement peut être intercalicinal (Mer Rouge [?] et foss. depuis le Trias .

Ce genre fait partie du groupe des *Plerastræoida* de DUNCAN (Voir p. 621).

Le genre *Coccophyllum* (Reuss) placé ici par son auteur, et dans ses *Tabuloida* (Voir p. 621) par Duncan, a été transporté par FRECH dans les Tétracoralliaires.

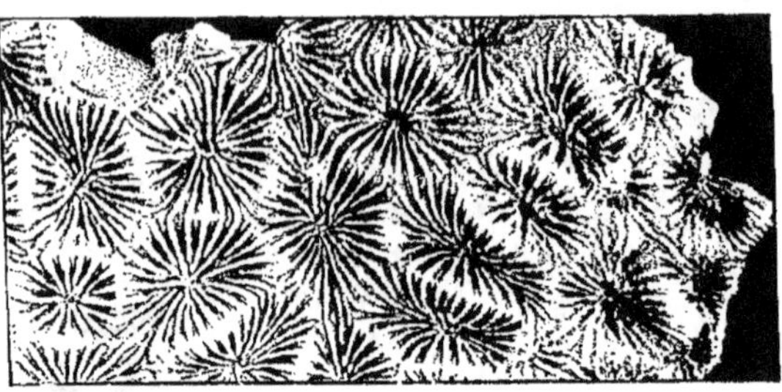

Fig. 885.

Prionastræa casta var. : *superficialis* (d'ap. Klunzinger).

Moseleya (Quelch) est une curieuse forme isolée dans les Astræides agglomérés gemmipares. Il est aplati ou plus ou moins convexe et montre un très grand calice central à septes formant de très nombreux cycles, qui est sans doute l'oozoïte d'où sont nés par bourgeonnement calicinal marginal les calices plus petits de la colonie. La muraille est très mince et interrompue par places, et par ces lacunes les septes des calices qu'elles laissent communiquer se continuent de l'un à l'autre sans interruption : il y a une fausse columelle septale et des dissépiments très nombreux et montant très haut (Détr. de Torrès).

Dictyophyllia (de Blainville, *emend.* Duncan) est aussi une forme isolée et à situation d'autant plus douteuse, qu'il n'est pas dit si ses septes sont denticulés ou non. Il forme de grandes colonies encroûtantes à calices séparés par d'étroits sillons, parfois si allongés qu'ils proviennent probablement de plusieurs calices fusionnés en ligne et devenus indistincts; il y a une columelle très volumineuse formée, de trabécules unis par des barres transversales (Crét.).

Merulina (Ehrenberg, *emend.*). Ce dernier genre de l'immense famille des Astræinées présente un caractère qui le rapproche de la tribu des Fongines. Il forme des colonies foliacées ou subdendritiques avec les calices fusionnés en séries linéaires mais à centres distincts; les séries sont séparées par des collines murales simples; la columelle est peu développée, trabéculaire ou spongieuse. La base commune de la colonie, d'où partent les lames qui la composent, est striée de lignes divergentes et échinulées et, entre les stries, sont des dépressions punctiformes qui, vers le bord, se transforment en véritables trous conduisant dans les cavités calicinales voisines. Par là, le polypier se rapproche de celui des Fongies, mais l'absence des synapticules l'en sépare. En outre, dans les formes massives qui se rencontrent quelquefois, ces perforations manquent (Pacif., Moluques, mer de Banda, oc. Indien).

2ᵉ TRIBU

FONGINES. — *FUNGINA*

[*FUNGIDÆ* (Edwards et Haime, *emend*, Duncan);
MADREPORARIA FUNGINA (Duncan) (¹)].

TYPE MORPHOLOGIQUE
(Pl. 64)

Nous prendrons pour type de la tribu le genre *Fungia*.

L'animal est simple, libre et de grande taille, mesurant, quand il est bien développé, de 10 à 20ᶜᵐ de large ou plus. Il se distingue au premier abord par sa forme qui est celle d'une lentille concavo-convexe. La face convexe est la supérieure, et représente comme toujours la face péristomienne. La face inférieure concave représente seulement les faces latérales du polypier normal qui, ici, au lieu de rester verticales ou simplement obliques en cône renversé, se sont complètement étalées jusqu'à atteindre et même dépasser l'horizontale. Quant à la face basilaire, elle est représentée morphologiquement par le centre de la face concave; mais rien ne la distingue, puisque le polypier est libre de toute attache au sol. Cette disposition remarquable n'est que le résultat d'une forme particulière d'accroissement, car le jeune est cupuliforme comme d'ordinaire, et c'est seulement par suite de la direction de l'accroissement du bord du calice qu'il renverse ses bords et s'étale de plus en plus jusqu'à devenir discoïde, puis lenticuliforme et enfin même concave en dessous.

La face inférieure du polypier est formée par une muraille (**64,** *fig.* 5, *mr.*) toute garnie d'épines en séries radiaires divergeant du centre. Ces épines représentent des côtes (**co.**) devenues discontinues, ou plutôt dont la partie basilaire, la côte proprement dite, s'est atrophiée et n'a laissé que la série d'épines qui ornaient son bord libre. Cette muraille est compacte dans sa partie centrale (**c.**), mais dans tout le reste de son étendue elle est *perforée*, comme chez une Hexacoralidé poreux, de trous (**p.**) qui conduisent dans la cavité calicinale. La muraille est nettement pseudothécale, la face orale montre les septes (**spt.**) qui, en raison de la disposition générale du polypier, tournent vers le haut leur bord

---

(¹) Cette tribu est ici comprise, dans une acception beaucoup plus large que d'ordinaire. Nous y faisons entrer, avec DUNCAN, toutes les formes à synapticules, dont bon nombre étaient jadis placées parmi les autres tribus, non seulement des Apores (en particulier des Astræinées), mais aussi des Perforés (*Coscinaraea* et autres).

morphologiquement vertical interne, devenu supérieur et horizontal. Ce
bord est échinulé. Les septes forment un certain nombre de cycles, six
par exemple, régulièrement distribués, sauf une particularité. Le 1er cycle
en comprend 12 arrivant jusqu'à la bouche, le 2e 12 s'avançant presque
aussi loin, le 3e 24 s'arrêtant à quelque distance en deçà, le 4e 48, le
5e 96, le 6e 192. Mais les 96 septes du 5e cycle sont sur deux cercles; il y
en a 48 s'avançant plus en dedans, situés de part et d'autre des septes
des 1er et 2e cycles et 48 s'arrêtant plus en dehors, de part et d'autre des
septes du 3e cycle; en sorte qu'il paraît y avoir un cycle de plus, le
5e étant dédoublé. Au 1er cycle, les deux septes correspondant aux loges
directrices, s'avancent un peu moins loin que les autres du même cycle.

Au centre est une columelle trabéculaire rudimentaire.

Un des traits d'organisation les plus remarquables, est la présence
de synapticules qui s'étendent entre les faces des septes voisins. Ces
synapticules (**64**, *fig. 4* et *5*, **dsp**.) sont ici non en forme de tigelles,
mais élargis en lames verticales occupant la plus grande partie de la
largeur des septes. Ces *lames synapticulaires* forment une seule série qui
s'étend sur presque toute la longeur de chaque septe.

L'animal, revêtu de ses parties molles et vivant, se montre sous une
forme tout à fait semblable à celle du polypier (**64**, *fig. 6*), car l'épaisseur
des parties molles est très faible. Celles-ci comprennent cependant toutes
les parties que nous avons décrites dans le type morphologique général.
Il y a un péristome, mince et moulé sur le bord supérieur des septes,
aboutissant à une bouche centrale ovalaire (**64**, *fig. 5*, **b.**), mais à pharynx très court et, autant qu'on peut le constater, sans siphonoglyphes.
Autour de la bouche sont disséminés de courts tentacules (**tt.**) papilliformes, nombreux mais très espacés, en raison du large espace sur
lequel ils sont disséminés. Pour donner une idée de leur distribution, il
suffira de dire qu'ils correspondent exactement à l'extrémité interne des
septes. Les cloisons sont deux fois plus nombreuses que les septes,
ceux-ci étant exclusivement loculaires et manquant dans les interloges.
Celles des deux premiers cycles s'insèrent au pharynx; les autres s'avancent de moins en moins loin, mais toutes s'étendent de la colonne au
péristome. Leurs faces musculaires ont la disposition normale y compris
ce qui concerne les loges directrices. Elles n'ont pas d'aconties, la présence de ces organes, signalée par BOURNE [87], ayant été démentie par
cet auteur lui-même [88]. Il y a en dehors de la muraille un exosarque
avec cavité périmurale, parfaitement développés, constitués comme dans
le type morphologique, et continus entre eux, non seulement par dessus
le bord du calice, mais par tous les trous dont est percée la muraille et
qui contiennent des canaux formés par les parties molles avec leurs trois
couches. La cavité périmurale contient des prolongements des cloisons
et par conséquent est divisée en compartiments endocœliques et exocœ-
liques, les premiers contenant les séries d'épines qui représentent les
côtes. Le point le plus remarquable dans les rapports des parties molles

avec le polypier, est celui qui concerne le revêtement des synapticules et la manière dont se comportent les cloisons par rapport à eux. Mais une description complète en a été donnée à propos du type morphologique (Voir page 564).

Bien qu'il soit solitaire, l'individu Fongie n'est pas un oozoïte, L'oozoïte (**64**, *fig. 1*) est fixé à la manière d'une Caryophyllie. Mais de très bonne heure, ce petit Polype fixé se coupe par une sorte de fissiparité transversale (**64**, *fig. 2*), et sa partie distale (**64**, *fig. 3*, **d**.) devient libre sous la forme d'une petite Fongie, tandis que la base (**s**) continue à vivre et à s'accroître pour se diviser de nouveau. Il y a là un curieux phénomène qui rappelle tout à fait une strobilisation monodisque. Sur la jeune Fongie qui vient de se détacher, existe une lacune à la partie basilaire (**64**, *fig. 4*, **o**.), aussi bien dans le polypier que dans les parties molles. Celles-ci recouvrent bien vite la plaie et la ferment; du calcaire est sécrété sous la forme d'un bouchon obturateur (**64**, *fig. 5*, **o**.) et il ne reste chez l'adulte aucune trace de cet état primitif, si ce n'est que la partie calcaire qui bouche l'orifice est imperforée et se distingue par là du reste de la muraille.

L'animal adulte peut se reproduire par bourgeons qui se forment sur les parois de la muraille, à la face inférieure par conséquent, et que l'on trouve parfois attachés à la mère. Mais jamais il ne forme de véritables colonies. Très rarement, mais d'une façon incontestable, la Fongie adulte peut se reproduire par fissiparité transversale. Certains polypiers montrent l'indication incontestable de cette division.

En raison de la faible hauteur du Polype au-dessus du polypier, du faible développement de ses tentacules et de l'étalement de son péristome, la rétraction a peu d'effets sur lui et n'a d'autre résultat que de raccourcir les tentacules sans invaginer le péristome, comme cela a lieu généralement.

De tous ces caractères, un seul définit à l'exclusion de tous autres la tribu, c'est la présence de synapticules entre les septes.

GENRES

==== 1ᵉ **FAM.** : *PLESIOFUNGINÆ* [*Plesiofungidæ* (Duncan)]. Des dissépiments en même temps que les synapticules ; formes faisant le passage aux *Astræinæ*.

Epistreptophyllum (Milachevitch) est simple et fixé, conique ou cylindrique, a des septes nombreux, non débordants, une forte columelle spongieuse; mais sa particularité la plus remarquable est la présence dans les espaces interseptaux, à la fois des synapticules caractéristiques des Fonginées et des dissépiments caractéristiques des Astræinées, caractère qui se retrouve dans toute cette première famille et en fait un groupe de passage (Jur.).

Thamnastræa (Lesauvage, *emend.* Edwards et Haime) forme des colonies encroûtantes à dendritiques avec toutes les formes intermédiaires, couvertes de calices grands, à centres bien marqués par une columelle d'ailleurs variable et par la convergences des septes, mais à limites peu distinctes par suite de l'absence de muraille nette, celle-ci étant nulle ou rudimentaire ou remplacée par les synapticules les plus externes; de la sorte, les septes se continuent directement avec les côtes (*costoseptes, septo-costæ*) et celles-ci s'unissent d'un calice à l'autre; les septes ont les trabécules distincts et sont parfois perforés; les synapticules sont petits et nombreux ; il y a des dissépiments (Trias à Tert.).

Centrastræa (d'Orbigny) n'est qu'un sous-genre du précédent.

Clausastræa (d'Orbigny) n'a pas de columelle (Jur.).

Pseudastræa (Reuss) a une columelle, une couronne de palis et les calices séparés les uns des autres par un sillon étroit (Jur.).

Pironastræa (d'Achiardi) a les calices confluents et disposés en cercles concentriques, la columelle nulle ou réduite à un simple tubercule (Tert.).

Reussastræa (d'Achiardi, *emend.* Duncan) est lamellaire, a les calices irrégulièrement distribués, et une columelle propre lamellaire (Tert.).

Dimorphastræa (d'Orbigny, *emend.*) a les calices disposés concentriquement autour d'un grand calice maternel central; columelle petite et chicoracée (Crét.).

Dimorphocœnia (Fromentel) a la même disposition des calices que *Dimorphastræa*, mais pas de columelle (Crét.).

Stylomæandra (Fromentel), placé ici avec doute, a l'aspect d'un *Latimæandra* avec une columelle styliforme.

  Ces genres, depuis *Thamnastræa* inclus, forment pour DUNCAN son groupe des *Thamnastroida*.

Mastophyllia (J. Félix) a les calices très saillants, hémisphériques ou coniques, garnis de côtes; septes poreux, trabéculaires; columelle spongieuse (Crét.).

Astræomorpha (Reuss) a les calices petits, une columelle styliforme et le bord interne des septes, uni à cette columelle par de petits trabécules régulièrement étagés à 1/2 ou 3/4 de millimètres les uns des autres; les dissépiments se développent en planchers (Trias).

Mesomorpha (Pratz) a les calices non distincts, réunis par les prolongements costaux des costoseptes, qui vont en ondulant de l'un à l'autre; la columelle styliforme est libre (Crét.).

  Ces deux genres forment pour Duncan le groupe des *Astræomorphoida*.

Procyclolithes (Frech) est simple et les septes sont poreux (Trias).

  FRECH le place, avec les deux genres précédents et le suivant, dans une sous-famille [*Astræomorphinæ*] d'une famille des *Thamnastræidæ*.

Spongiomorpha (Frech) diffère d'*Astræomorpha* principalement par la disposition des septes, remplacés par des trabécules indépendants portant des apophyses horizontales qui ne se rejoignent pas; il y a des dissépiments (Trias).

Heptastylopsis (Frech) n'est qu'un sous-genre du précédent.

Heptastylis (Frech) diffère de *Spongiomorpha* par l'absence de dissépiments, et la présence de pseudosynapticules formées par la soudure des apophyses des trabécules septaux (Trias).

Stromatomorpha (Frech) a les trabécules septaux munis, à intervalles réguliers, de renflements annulaires auxquels s'attachent des dissépiments horizontaux (Trias).

  Ces 3 genres forment par FRECH une famille distincte [*Spongiomorphidæ*].

Polyaræa (Fritsch) a les calices libres vers le haut, soudés entre eux vers le bas, les septes perforés et une columelle spongieuse bien développée (Tert.).

  Ce genre forme pour DUNCAN un groupe autonome innomé.

Astræa (Lamarck, *emend.* Edwards et Haime), considéré autrefois comme le type des Astræines armées, appartient en réalité à ce groupe. Il a, en effet, les septes garnis, au voisinage de la muraille, de deux rangs de tubercules qui se fusionnent de l'un à l'autre à la manière de synapticules; en outre, L. AGASSIZ a montré que la structure des parties molles

est celle des Fungines et les tentacules, dont Pourtalès a donné le dessin,
confirment ce rapprochement. On lui substitue d'ordinaire le genre
Siderastræa, mais ce dernier, moins ancien (1830 au lieu de 1801) doit
céder le pas. Sous tous les autres rapports, il rappelle le genre *Barysastræa* auquel nous nous contenterons de renvoyer, sauf que ses septes
sont plus fortement dentés, les tentacules allant en augmentant du
dehors en dedans. Les septes sont imperforés (Antilles, Bermudes, Atl.
Africain, mer Rouge, oc. Indien, Banda, Philippines, îles Fidji et foss. depuis l'Éoc.).

Ce genre forme pour Duncan, sous le nom de *Siderastræa*, un groupe innomé.

====== 2ᵉ FAM. : *Funginæ* (Edwards et Haime) [*Fungidæ* (Duncan)]. Pas de dissépiments ;
muraille perforée et échinulée.

a) Formes simples.

Fungia (Dana, *emend.* Edwards et Haime) (**Pl. 64**). C'est le genre que nous
avons décrit comme type. Il se tient dans les récifs coralliens, principalement du côté du large dont les grandes lames lui sont favorables,
abrité sous les branches des Madrépores qui l'empêchent d'être roulé et
emporté par elles, ce qui lui arriverait sans cela, puisqu'il est libre. Le
genre a été divisé en sections : *Fungiæ lacerantes* à bord septal fortement
épineux, *Fungiæ subintegræ* à bord septal finement denticulé et *Fungiæ
lobiferæ* à bord septal marqué seulement de lobes onduleux (Mer Rouge,
oc. Indien, arch. Asiatique, Océanie, Pacif., et subfossile).

Haliglossa (Ehrenberg) n'est qu'un sous-genre de *Fungia*.
Diafungia (Duncan) a un aspect brisé et ressoudé, dû à la forme triangulaire de la pièce centrale
de la face aborale ; la forme est asymétrique, les septes sont disposés d'une manière confuse
et se jettent les uns sur les autres ; il n'y a pas de columelle ; les côtes grandes, bifurquées, à
direction variable, sont unies par des *synapticules costaux* équidistants, bien développés (Corée).
Micrabacia (Edwards et Haime, *emend.* Duncan) a les côtes régulièrement divergentes, correspondant aux intervalles des septes et se bifurquant distalement pour se continuer avec les
septes, et la columelle est fausse et septale (Crét.).
Ces genres forment pour Duncan le groupe des *Fungioida*.

b) Formes coloniales.

Halomitra (Dana) forme une colonie, tantôt libre, tantôt fixée, convexe,
montrant à la face supérieure un grand calice central infundibuliforme,
entouré d'un cercle de calices plus petits dont les costoseptes se continuent radiairement avec ceux du calice central ; la face inférieure est
non poreuse, parcourue par des côtes fortement échinulées (Mer Rouge,
oc. Indien, Philippines, Océanie).

Podabacia (Edwards et Haime), que Duncan place à tort en synonymie du précédent, en diffère
par sa face inférieure poreuse et par ses septes moins proéminents et plus finement denticulés (Moluques).
Sandalolitha (Quelch) a le calice central très grand et les calices marginaux peu nombreux, et
disposés radiairement autour de lui (Tahiti).
Cryptabacia (Edwards et Haime) est de forme oblongue avec plusieurs calices centraux formant
une série linéaire sur le grand diamètre, et des calices marginaux sur les côtés (Oc. Indien,
Philippines, Moluques, Pacif.).
Ces genres forment pour Duncan le groupe des *Cryptabacioida*.

Herpolitha (Eschscholtz, *emend.* Duncan) est long et étroit, avec une longue série axiale de grands calices multiseptes et une zone marginale de petits calices irrégulièrement distribués et chez lesquels le nombre des septes est très réduit (Mer Rouge, oc. Indien).

Polyphyllia (Quoy et Gaymard) a les calices marginaux beaucoup plus rudimentaires, réduits à une seule grande lame septocostale, en partie recouverte par une sorte de capuchon, formé par quelques lames septales d'ordre supérieur qui se réunissent au-dessus d'elle. A ces sortes de *faux calices* (Duncan) ou plutôt de calices dégénérés, correspond sur le vivant un seul tentacule, charnu et de grande taille (Mer Rouge, Pacif.).

Lithactinia (Lesson) n'a plus de calices complets ; tous sont abortifs et constitués à peu près comme ceux de *Polyphyllia* (Pacif., Océanie).

Zoopilus (Dana) a les calices disposés en séries radiaires et reconnaissables à leur dépression centrale correspondant à la bouche du Polype, et entourés de courts septes qui ne se continuent pas de l'un à l'autre, tandis que de grands septes, continus jusqu'au bord de la colonie, passent entre les bouches sans s'interrompre (Pacif.).

Ces genres forment pour Duncan le groupe des *Herpolithoida*, caractérisé par la réduction plus ou moins accentuée de certains calices de la colonie, ou même de tous.

===== 3ᵉ FAM.: *Lophoserinæ* (Edwards et Haime) [*Lophoseridæ* (Duncan)]. Pas de dissépiments : muraille ni perforée ni échinulée ; septes entiers ou parfois quelque peu perforés mais jamais jusqu'à la base.

a) Formes simples [Lophoseridæ simplices (Duncan)].

Trochoseris (Edwards et Haime) est une forme simple comme *Fungia*, mais d'un tout autre aspect ; il est tronc-conique ou cylindrique et fixé par la base. La muraille est nue, non perforée, ni échinulée, parcourue par de délicates stries costales ; les septes sont nombreux, fortement granuleux, unis par de nombreux synapticules ; la columelle est chicoracée (Tahiti, Philippines et foss. depuis le Crét.).

Gyroseris (Reuss) est pédonculé et libre (Crét.).

Turbinoseris (Duncan) n'a pas de columelle (Tert.).

Palæoseris (Duncan) n'est qu'un sous-genre de *Turbinoseris*.

Phragmatoseris (Milachevitch) a les synapticules supérieurs encore à l'état de granulations saillantes (Jur.).

Omphalophyllia (Laube) a les septes bi- et trifurqués, anastomosés, et la columelle styliforme, saillante (Trias.).

Placoseris (Fromentel) est cylindrique, largement fixé et a une columelle formée de trabécules soudés ensemble et fortement épineux sur les côtés (Crét.).

Elliptoseris (Duncan) est de forme elliptique, a les septes réunis, pas de columelle, des palis (Tert.).

Ces genres forment pour Duncan le groupe des *Trochoserivida*.

Cycloseris (Edwards et Haime) a au contraire la forme générale d'une Fongie et est libre comme elle ; mais sa muraille imperforée l'en distingue absolument (Mer Rouge, Pacif., Philippines, Chine et foss. depuis le Crét.).

Tricycloseris (Tomes) est une forme voisine, supprimée par Duncan comme douteuse.

Diaseris (Edwards et Haime) est formé de lobes distincts irrégulièrement unis entre eux. Quelch [86] pense qu'il n'est peut-être qu'un *Cycloseris* rompu et irrégulièrement resoudé (Floride, Barbades, Atl. nord, Pacif., Australie et foss., depuis le Miocène).

Zittelofungia (Duncan) n'a pas de columelle ; la base porte une épithèque plissée circulairement (Tert.).

Bathyactis (Moseley) (fig. 886 et 887) a les septes primaires libres et les autres unis en 6 groupes deltoïdes, d'ordinaire recouverts à la partie interne par les expansions des bords libres des septes qui les forment; columelle bien développée; synapticules disposés en séries circulaires concentriques; pas d'épithèque (Atlant. nord et sud, Antilles, oc. Indien, Malaisie, Austr., Pacif., de 30 brasses aux plus grandes profondeurs).

Asteroseris (Fromentel) a des palis devant les septes de 3ᵉ ordre (Crét.).

Microseris (Fromentel) est un genre imparfaitement caractérisé qui a les septes réunis au centre du calice (Crét.).

Ces genres forment pour DUNCAN le groupe des *Cycloserioida*.

Gonioseris (Duncan) est de grande taille et remarquable

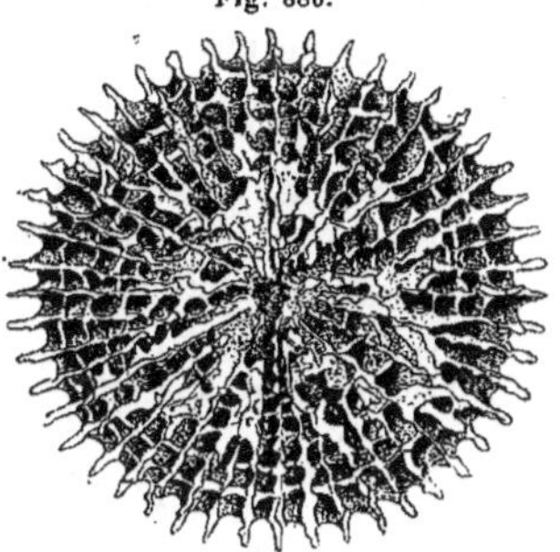
Fig. 886.

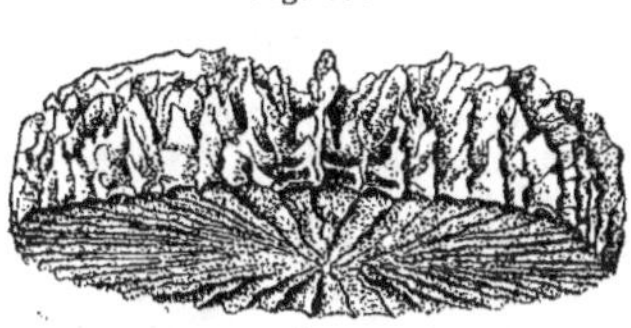
Fig. 887.

Bathyactis symmetrica,
vu de profil (d'ap. Moseley).

Bathyactis symmetrica,
vu par la face orale (d'ap. Moseley).

par sa forme polygonale à côtés concaves; la base libre est concave; les côtes disposées en groupes convergent vers les angles du bord du calice où elles rencontrent un grand septe qui se continue jusqu'au centre; les autres septes plus petits se continuent avec les côtes qui arrivent aux côtés du polygone (Jur.).

Ce genre constitue à lui seul pour DUNCAN un groupe d'ailleurs innomé.

Psammoseris (Edwards et Haime *emend.* Duncan) est fixé sur une coquille de Gastéropode qu'il entoure de toutes parts, sauf à la bouche (Edwards), ou contient un Sipunculide (Duncan); les septes du 4ᵉ cycle sont beaucoup plus grands que ceux du 3ᵉ et se joignent en dedans de ceux-ci (Malacca, Chine).

Stephanoseris (Edwards et Haime), fixé ou habité comme le précédent, a, en outre, des palis devant tous les septes sauf ceux du dernier cycle (Zanzibar).

Ces deux genres forment pour DUNCAN le groupe de *Psammoserioida* que cet auteur place ici avec doute, la présence des synapticules n'ayant pas été constatée chez *Stephanoseris*.

Podoseris (Duncan) est fixé directement au sol, par une base large ou pédonculée; les septes sont réunis et forment une fausse columelle septale (Crét.).

Episeris (Fromentel) est grand, fixé, étalé, puis cylindrique, a de grands septes très débordants et une forte épithèque plissée (Crét.).

Ces deux genres forment pour DUNCAN le groupe des *Podoserioida*.

b) Formes coloniales [*Lophoserinæ aggregatæ* (Duncan)].

Cyathoseris (Edwards et Haime) forme une colonie fixée trochoïde dont la surface latérale est costulée et dépourvue d'épithèque et dont la face supérieure porte les calices disposés en séries radiaires, assez distinctes (Crét.).

Crateroseris (Tomes) a les calices distribués uniformément, avec les espaces intercalicinaux déprimés (Jur.).

Thamnoseris (Étallon), en masses arrondies ou en minces lamelles, a une mince épithèque complète (Jur.).

Ces genres forment pour Duncan le groupe des *Cyathoserioida*.

Pavonia (Lamarck, *emend.* Duncan) forme de minces lames foliacées, dressées, de forme irrégulière, garnies sur leurs deux faces ou sur une seule de calices disposés radiairement et confluents par leurs costo-septes. Il n'y a pas de muraille proprement dite, celle-ci étant remplacée par un treillis de synapticules marginaux plus ou moins soudés entre eux; la columelle est tuberculeuse ou rudimentaire (Mer Rouge, oc. Indien, Océanie, Pacif., Australie, Chine, Japon).

Edwards et Haime avaient proposé pour ce genre le nom de *Lophoseris*, *Pavonia* désignant aussi un Lépidoptère. Mais le *Pavonia* de LAMARCK étant plus ancien, c'est le nom du Lépidoptère qui doit tomber, ainsi que l'a fait remarquer VERRILL.

Haloseris (Edwards et Haime) n'est qu'un sous-genre de *Lophoseris*.

Protoseris (Edwards et Haime) diffère de *Lophoseris* par sa columelle papilleuse bien développée; les lames polypifères sont courbes et polypifères seulement dans leur concavité (Jur.).

Phylloseris (Tomes) n'est qu'un sous-genre de *Protoseris*.

Tichoseris (Quelch) a les calices pourvus d'une paroi propre massive, et les uns entièrement distincts de leurs voisins, les autres réunis en petits groupes méandroïdes issus d'un même individu maternel qui les a formés en formant à son intérieur de nouvelles murailles par le développement des synapticules dans une région donnée (Iles Fidji).

Mycedium (Oken) a les calices nettement circonscrits et disposés en séries concentriques autour d'un calice central (Antilles, oc. Indien, Pacif.).

Leptoseris (Edwards et Haime) est comme *Mycedium*, mais a les calices mal circonscrits (Ile Bourbon et peut-être fossile depuis l'Éoc.).

Oxypora (Kent) a les calices sans muraille propre, mais à centres distincts, vers lesquels les septes voisins convergent, tandis que ceux qui font passage de l'un à l'autre sont subparallèles entre eux; septes fortement dentés. C'est le genre *Trachypora* de Verrill, changé comme préoccupé par un Coralliaire fossile différent (Oc. Indien, Moluques).

Ces genres forment pour Duncan le groupe des *Pavonioida*.

Stephanaria (Verrill) tend vers la forme dendritique; mais ses branches ne sont que des lobes courts; il a devant les septes principaux des lobes paliformes dont les plus internes se confondent avec la columelle (Pacif.).

Pratzia (Duncan) est massif, encroûtant et a une pseudocolumelle septale substyloïde (Tert.).

Ces deux genres forment pour Duncan le groupe des *Stephanarioida*.

Agaricia (Lamarck) forme des colonies foliacées et irrégulières, avec des calices sur les deux faces ou sur une seule, et disposés en séries trans-verses ou concentriques le long desquelles ils sont confluents par leurs bords en contact, tandis que leurs bords libres s'adossent entre les séries contiguës de manière à former des collines de séparation sur lesquelles les costoseptes passent pour se rendre de l'une à l'autre série; columelle tuberculeuse ou comprimée (Antilles, Bermudes, mer Rouge, oc. Indien et foss. depuis le Mioc.).

Psammocora (Dana) (fig. 888), à calices petits, séparés par places par du cœnenchyme, à parois murales peu distinctes, a l'aspect d'un Perforé. Mais il y a de nombreux synapticules; la muraille semble formée par eux; certains septes claviformes s'étendent dans les intervalles des calices et rendent l'arrangement fort confus (Oc. Indien, Chine, Pacif. Philippines, Iles Fidji).

Domoseris (Quelch) formé de lames larges, irrégulièrement étalées, fixées par le centre et, surtout lorsqu'elles sont âgées, fixées en outre par un ou plusieurs pédicules irréguliers, et parcourues à leur face supérieure par des saillies irrégulières portant les calices à leur bord libre et, éventuellement, sur leurs côtés; septes comme chez le précédent (Tahiti).

Plesioseris (Duncan) se fait remarquer par ses synapticules qui sont de deux sortes: les uns longs, larges, verticaux, forment deux séries près de la paroi murale; les autres petits et nodulaires occupent la partie voisine de l'axe; les calices forment des séries courtes et ont leurs centres distincts (Pacif.).

Pachyseris (Edwards et Haime, *emend.* Duncan) est de même pour les synapticules, mais ses vallées calicinales sont profondes, à centres indistincts, à septes parallèles, non convergents comme chez les Mæandrines; columelle moniliforme ou absente; espace columellaire rempli par une série de dissépiments (Tahiti, Pacif., oc. Indien et foss. depuis l'Éoc.).

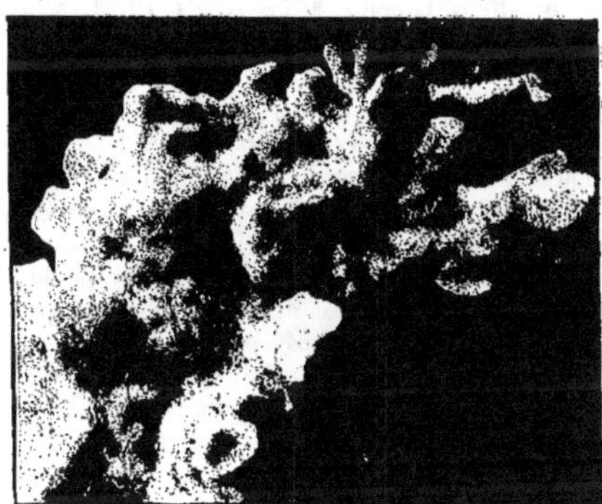

Fig. 888.

Psammocora gonagra (d'ap. Klunzinger).

Comoseris (d'Orbigny) est fixé ou libre et a la base couverte d'une forte épithèque; les calices ont leurs centres distincts (Jur., Crét.).

Oroseris (Edward et Haime) n'est qu'un sous-genre de *Comoseris*.

Coscinaræa (Edwards et Haime) (fig. 889) est massif avec les calices en courtes séries, et à centres distincts, séparés par des éminences sur lesquelles passent les costoseptes comme sur les collines complètes d'*Agaricia*; les septes sont perforés, les uns simples, les autres unis latéralement aux plus grands; columelle petite et papilleuse (Mer Rouge, Maurice et foss. depuis le Crét.).

Hydnophorabacia (d'Achiardi) a les calices uniformément distribués, séparés par des éminences coniques qui semblent aussi résulter d'une fragmentation des collines; columelle papilleuse (Tert.).

Cylloseris (Quelch). Quelch a donné ce nom au genre innomé cité à cette place par DUNCAN et représenté par deux échantillons du British Museum où ces fragments de collines sont plus allongés et qui ont la columelle tuberculeuse ou substyliforme. Il a été retrouvé par Le Challenger (Tahiti).

Ces genres forment pour Duncan le groupe des *Agaricioida*.

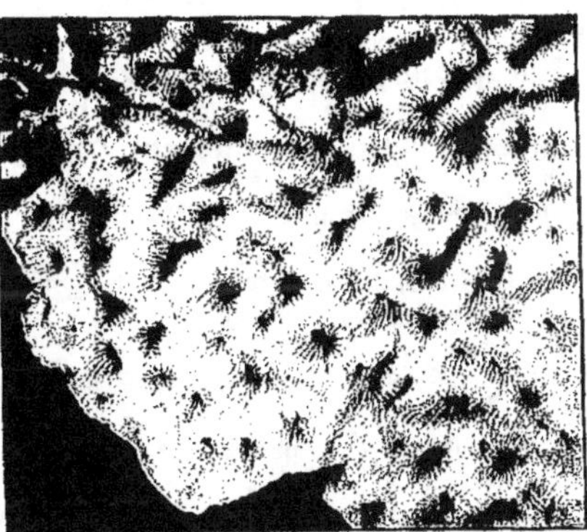

Fig. 889.

Coscinaræa monile (d'ap. Klunzinger).

===== 4° **FAM.:** *PLESIOPORITINÆ* [*Plesioporitidæ* (Duncan)]. **Dissépiments présents ou absents; muraille absente ou présente et imperforée, septes trabéculaires et perforés à la manière de ceux des Porina auxquels cette famille fait passage.**

a) Formes simples.

Leptophyllia (Reuss) est simple, plus ou moins conique, pédonculé, fixé, à muraille nue, pourvu de côtes pressées, granuleuses, à septes très nombreux, souvent réunies à leur bord interne et formées de trabécules entre lesquels sont des séries régulières de perforations ; pas de columelle ; dans les espaces interseptaux, des dissépiments en outre des nombreux synapticules (Jur., Crét.).

Thecoseris (Fromentel) et

Trocharæa (Étallon) ne sont que des sous-genres de *Leptophyllia*.

Ce genre forme pour Duncan le groupe des *Leptophyllioida*.

Anabacia (d'Orbigny) est libre, plan-convexe ou biconvexe, sans muraille distincte, à costoseptes subtrabéculaires, fenestrés mais pas jusqu'au bas (Jur.).

Ce genre fait partie pour Duncan de la famille des *Anabaciadæ* [*Anabacieæ* (Edwards et Haime)] qui ne nous paraît pas mériter d'être distinguée de la présente famille.

Cyclolites (Lamarck *emend.*) est libre, plan-convexe ou un peu concave en dessous, à base garnie d'une forte épithèque plissée circulairement, à septes en partie solides, en partie trabéculaires et souvent perforés en treillage ; des dissépiments ; synapticules peu développés (Jur. Crét.).

Ce genre forme pour Duncan un groupe à part, innomé.

b) Formes coloniales.

Mycetaræa (Pratz) est intermédiaire aux formes simples et aux coloniales, étant tantôt simple, tantôt formé de deux ou plusieurs calices confluents. Les jeunes qui naissent du parent, tantôt restent unis au calice maternel, tantôt s'en séparent vers le haut en avançant en âge (Jur.).

Microsolena (Lamouroux) est colonial, polymorphe, de forme massive à subdentritique, à paroi inférieure garnie de côtes recouvertes d'une forte épithèque ; les calices serrés ou disséminés sans ordre n'ont pas de muraille propre ; les septes sont formés de trabécules moniliformes perforés comme un grillage régulier ; columelle très petite ou nulle ; synapticules petits et nombreux (Trias (?) et Jur.).

Anomophyllum (Römer) est un genre douteux voisin, établi sur des échantillons mal conservés (Jur.).

Polyphylloseris (Fromentel) a les calices sur des saillies en forme de dômes (Crét.).

Thamnaræa (Étallon) est si parfaitement perforé qu'il a été placé par son auteur près du genre perforé *Psammocora* (Jur.).

Diplaræa (Milachevitch) a les septes épais et compacts en dehors, minces et perforés en dedans (Jur.).

Disaræa (Fromentel) a les septes formés de nodules et de tigelles qui se joignent à celles des septes voisins (Jur.).

Dimorpharæa (Duncan) a un calice central, entouré de calices disposés concentriquement, dont les costoseptes se continuent avec ceux du calice central (Jur.).

Latimæandraræa (Fromentel) a les calices disposés en vallées séparées par des collines assez hautes, à sommet mousse (Crét.).

Mæandroseris (Rousseau) a les calices groupés en séries linéaires longues ou courtes, séparées par des collines peu élevées, à synapticules de deux sortes (Mer Rouge, oc. Indien).

Ces genres forment pour Duncan le groupe des *Microsolenoida*.

Genabacia (Edwards et Haime) est comme *Anabacia*, mais forme des colonies avec un calice central entouré d'un ou deux cercles concentriques de calices plus petits (Jur.).

Ce genre forme pour Duncan, avec *Anabacia*, la famille des *Anabaciadæ*.

3ᵉ Tribu.

PERFORÉS. — POREUX. — *PORINA*

[*MADREPORARIA PERFORATA* (Edwards et Haime)].

TYPE MORPHOLOGIQUE
(FIG. 890 A 893)

L'animal peut être solitaire ; mais beaucoup plus souvent il forme des colonies, et c'est dans ce dernier cas qu'il revêt le plus nettement les caractères qui le distinguent des autres tribus d'Hexacorallidés. La colonie comprend deux parties, les calices toujours distincts, jamais confluents, et un cœnenchyme abondant (fig. 890, *cœch. p.*) qui comble tous les intervalles intercalicinaux. La paroi calicinale est complètement perforée dans toute sa hauteur et le cœnenchyme est, lui aussi, perforé dans toute son épaisseur, c'est-à-dire traversé d'un réseau de canaux qui s'anastomosent entre eux et communiquent d'une part avec la surface où ils s'ouvrent, d'autre part avec les perforations de la paroi calicinale, par lesquelles ils communiquent avec les cavités calicinales. Tout cela forme un ensemble de canaux continu et très développé qui donne à ces colonies un caractère fort différent de celui des colonies des Apores. Souvent la paroi calicinale se confond si bien avec le cœnenchyme ambiant, qu'on ne la distingue plus et que le système calicinal se réduit à des cavités creusées comme en plein cœnenchyme et cloisonnées radiairement par les septes. Ceux-ci peuvent être poreux comme la muraille, mais fort souvent ils sont pleins (*Madreporinæ*). La columelle, quand elle existe, est poreuse comme la muraille. Il peut y avoir des dissépiments ou des planchers. Les parties molles qui revêtent le squelette pénètrent dans toutes les cavités de celui-ci. Le revêtement intérieur des calices s'engage dans les perforations de la muraille et se continue dans les canaux du cœnenchyme, dans lequel il forme un réseau semblable de canaux dont la paroi comprend les trois couches de tissus mous, ectoderme à calycoblastes en dehors, touchant au squelette, mésoglée, et endoderme limitant la cavité centrale. Celle-ci, continue dans tout le sys-

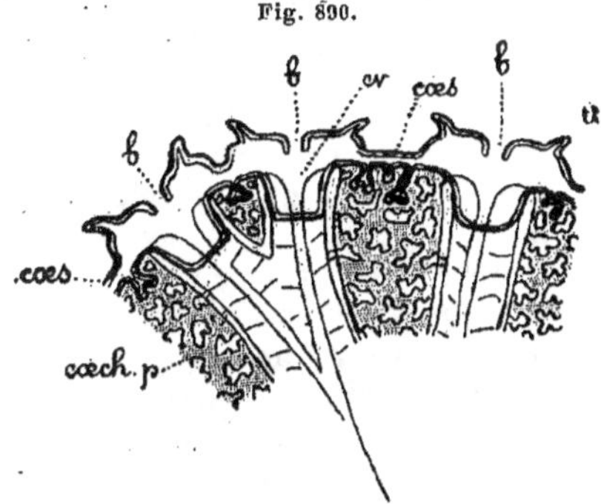

Fig. 890.

Rapport du squelette et des parties molles
chez les formes à cœnenchyme poreux (Sch.).

b., bouche ; **cœch. p.**, cœnenchyme poreux ;
cœs., cœnosarque ; **cv.**, cavité endodermique ;
tt., tentacules.

tème, s'ouvre d'une part dans la cavité gastrique des Polypes, d'autre part à la surface, dans la mince cavité du cœnosarque. A la surface du squelette, en effet, est un cœnosarque composé des parties suivantes : 1° une lame de tissus mous avec leurs trois couches, qui se continue avec celle qui revêt intérieurement les calices par dessus le bord de ceux-ci, lame aborale ; 2° une lame (fig. 890, *cœs.*) de tissus mous, avec leurs trois couches également, qui se continue, au niveau des Polypes, avec leur péristome, lame orale ; 3° une mince cavité interposée dans laquelle s'ouvrent, au plancher, les canaux du cœnenchyme, et qui communique du côté des Polypes avec le sommet des loges de ceux-ci (*cv.*). Les calices n'étant point saillants, il ne saurait y avoir d'exosarque, mais le cœnosarque n'est rien autre chose qu'un exosarque en rapport avec le cœnenchyme au lieu de la muraille des calices, et ayant pris des caractères particuliers comme conséquence de ce rapport. On voit par là, ainsi que nous l'avons déjà fait remarquer à propos du type morphologique, que, dans ces conditions, les tissus mous ne pourraient plus être séparés du squelette, sans déchirures, comme un gant.

Avec une pareille structure, aucune confusion n'est possible avec les tribus voisines. Mais il n'en est plus de même pour les formes solitaires ou pour certaines coloniales chez lesquelles il n'y a plus de cœnenchyme perforé. Dans ce cas, en effet, il n'y a pour caractériser le type que les perforations de la muraille. Or nous avons vu que ces perforations peuvent se rencontrer chez les Fongines. Lorsqu'il arrive, que des synapticules s'établissent entre les septes, comme chez beaucoup d'*Eupsammiæ*, ou même que la forme s'étale en disque à paroi murale inférieure ou horizontale, comme chez *Stephanophyllia*, en même temps qu'il y a des synapticules, alors le caractère distinctif semble s'effacer tout à fait, et cela d'autant plus que la muraille est pseudothécale chez l'une et l'autre, tandis qu'elle est euthécale chez les Madréporinées ordinaires. Cela a conduit certains auteurs (en particulier miss OGILVIE) à supprimer le groupe des Perforés et à disloquer les familles qu'il contient en rapprochant les Eupsamminées des Fongines. Les affinités de ces deux groupes sont indéniables ; cependant il reste des caractères distinctifs dont quelques-uns, mis en lumière par MOSELEY [81] et par Miss OGILVIE [97] elle-même, permettent de les distinguer et de conserver le groupe, si commode à tous les autres point de vue, des Perforés d'EDWARDS et HAIME. Les perforations de la muraille, sont beaucoup plus accentuées que chez les Fongines, et cela au point que la muraille parfois disparaît presque. Les septes (fig. 891, *p.*) sont quelquefois perforés chez les Fongines ; ils le sont toujours chez les Eupsamminées, au moins ceux

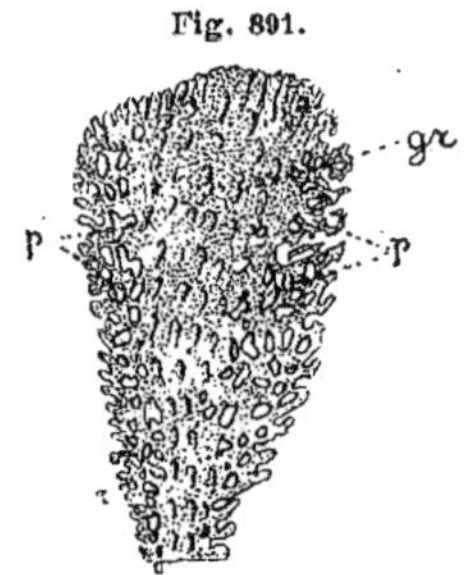

Septum
d'*Eupsammia trochiformis*
(d'ap. Miss Ogilvie).
gr., granulations ;
p., pores septaux.

d'ordre élevé, et leur structure est beaucoup moins parfaite chez ces dernières. Ils sont en effet formés d'épines calcaires souvent mal associées en trabécules, et ces derniers sont toujours mal joints entre eux, se terminant à des hauteurs différentes, de manière à former un ensemble très irrégulier. Enfin, les synapticules, lorsqu'ils existent, ne sont jamais aussi largement ni aussi régulièrement développés que chez les Fongines : ce sont de fortes granulations septales qui, éventuellement, se rejoignent d'un septe à l'autre ([1]).

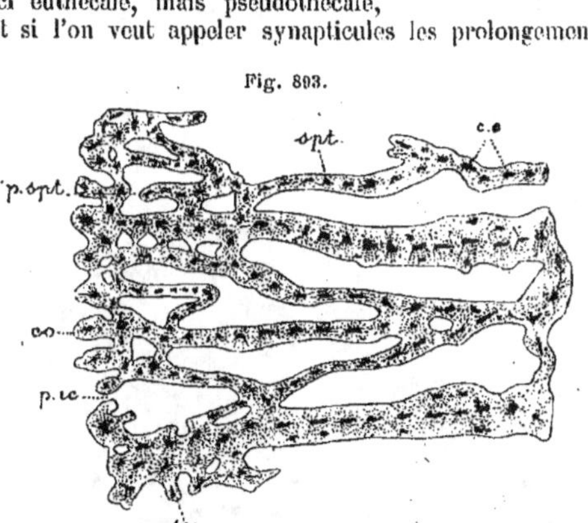

Fig. 892.

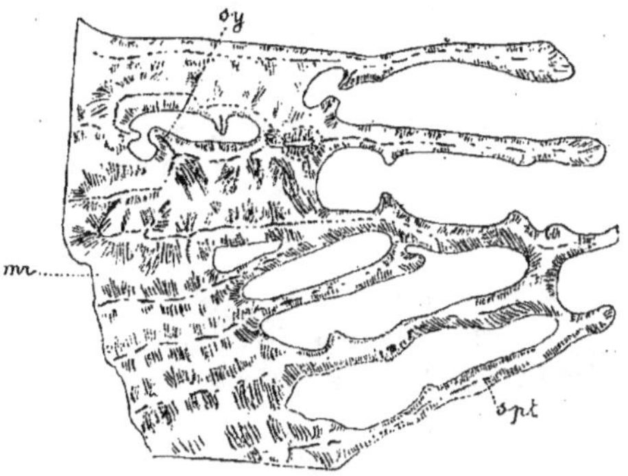

Coupe transversale de la paroi d'une loge d'*Eupsammia* (d'ap. Miss Ogilvie).

mr., muraille pseudothécale; **spt.**, septes; **sy.**, synapticules.

([1]) Cependant Miss OGILVIE [97] décrit chez *Eupsammia* de vrais synapticules, plus développés même que chez *Fungia*. Mais c'est là une question d'interprétation. Ces prétendus synapticules (fig. 892 et 893, *sy.*) se rencontrent à la périphérie des septes où ils sont, en effet, très nombreux et forment tout un système réticulaire de lamelles qui constitue en réalité la muraille perforée.

La muraille, en effet, n'est pas ici euthécale, mais pseudothécale, et si l'on veut appeler synapticules les prolongements septaux qui la forment (*muraille synapticulaire* d'Ogilvie), il faudrait aussi, pour être logique, appeler synapticules les prolongements septaux qui forment la muraille pseudothécale des Apores, comme chez beaucoup d'Astræinées, par exemple. Mais, bien qu'à un certain point de vue morphologique la chose soit peut-être soutenable, il n'y en a pas moins une différence très nette entre ces synapticules muraux et ceux qui se trouvent en outre de la muraille et en dedans de celle-ci. C'est de ces derniers seulement qu'il est question quand on base la différence entre les Eupsamminées et les Fongines sur l'absence, chez les premières, du système bien développé de synapticules qui caractérise les premières.

Il ne faut pas non plus confondre avec les synapticules, les proéminences calcaires qui, au bord interne des septes, s'étendent souvent de l'un

Fig. 893.

Coupe transversale du squelette d'une loge d'*Eupsammia* (d'ap. Miss Ogilvie).

c. c., centres de calcification; **co.**, côtes; **p. ic.**, pore intercostal **p. spt.**, pore septal; **spt.**, septes; **sy.**, synapticules.

à l'autre et réunissent ceux-ci par groupes plus ou moins nombreux, comme on en trouve des exemples chez les Hexacorallidés les plus divers.

En ce qui concerne le développement, rappelons seulement ce fait déjà indiqué que, chez les Poreux, les premiers septes se montrent au nombre de 12 à la fois au lieu de 6 comme chez les Apores.

GENRES

1ʳᵉ FAM : *Eupsamminæ* (Edwards et Haime) [*Eupsammidæ* (*Auct.*)]. Perforés simples ou coloniaux. Calices bien développés, muraille pseudothécale, septes ordinairement conjoints en dedans, les petits perforés, les grands imperforés si ce n'est près de la muraille ; parfois des synapticules. Groupe de passage aux Fongines.

a) Formes simples.

Stephanophyllia (Michelin) (fig. 894). L'animal ressemble à une Fongie et c'est pour les formes de ce genre que se pose surtout la question du rattachement des *Eupsamminæ* aux *Fungina* ou aux *Porina*. Le polypier est libre, discoïde, et étalé au point que la muraille est horizontale et inférieure ; cette muraille est perforée et garnie de fines côtes radiaires, réduites à des files de granulation. Les septes sont plus ou moins dentés et perforés ; les primaires sont indépendants, les autres conjoints en dedans, de manière à former 6 ou 12 groupes réunis par des expansions latérales qui peuvent former une sorte de toit commun recouvrant l'extrémité axiale du groupe. Il y a une columelle distincte et pas de synapticules (Pacif., Philippines, île Little Key et foss. depuis le Crét.).

Fig. 894.

Stephanophyllia formosissima
(d'ap. Moseley).

La structure des parties molles n'a pas été très exactement décrite. Cependant MOSELEY indique un caractère qui s'ajoute à ceux qui différencient l'animal de la Fongie. Les tissus extra- et intra-muraux, sont reliés par des tractus, en sorte qu'après décalcification, on ne voit pas l'exosarque se séparer du reste, comme chez la Fongie, sous la forme d'une lame rattachée seulement au pourtour du péristome.

Discopsammia (d'Orbigny) n'est qu'un sous-genre de *Stephanophyllia*.

Leptopenus (Moseley) (fig. 895 et 896) se distingue de *Stephanophyllia* par la structure extrêmement poreuse de son polypier, dont la partie calcaire est réduite à de grêles tigelles limitant des pores plus larges qu'elles ; les côtes alternent avec les septes ; les tentacules sont capités (Grandes mers de l'hémisphère sud par 1500 brasses et au delà).

Ces genres forment pour DUNCAN son groupe des *Stephanophyllioïda*.

Balanophyllia (S. Wood, *emend.*) (**63**, *fig.* 4). Ici, les caractères redevien-

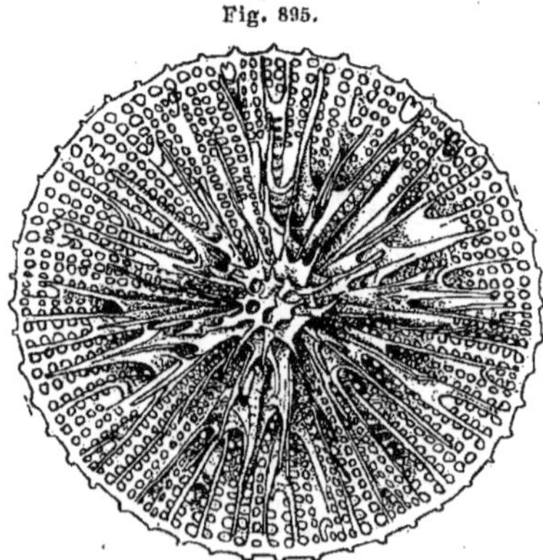

Fig. 895.

Leptopenus discus vu par la face orale
(d'ap. Moseley).

nent normaux : l'animal est de forme plus ou moins cylindrique ou conique, avec une muraille latérale et les septes dirigés verticalement. Le polypier est fixé, mais peut ultérieurement devenir libre. La muraille est bien développée, poreuse, munie de côtes bien marquées, subégales, avec ou sans épithèque basilaire; les septes sont minces, perforés près de la muraille, ceux du dernier cycle plus grands que ceux du pénultième et conjoints entre eux, en dedans de ceux-ci; leurs granulations sont développées en synapticules. Columelle variable. Polype peu élevé, à tentacules capités (Semble cosmopolite dans les mers chaudes et tempérées ; fossile depuis l'Éoc.).

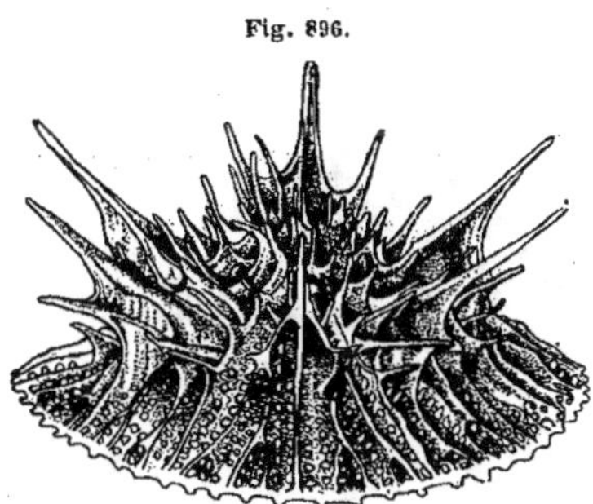

Fig. 896.

Leptopenus discus vu de profil
(d'ap. Moseley).

Thecopsammia (Pourtalès) n'est qu'un sous-genre de *Balanophyllia*.

Eupsammia (Edwards et Haime) (fig. 891 à 893) est toujours libre dès l'âge adulte et a les septes plus épais et moins perforés (Chine et foss. depuis le Tert.).

Endopachys (Lonsdale) est comprimé et caréné le long des bords étroits qui se développent en sorte d'appendices aliformes (Austr.? et foss. depuis l'Éoc.).

Heteropsammia (Edwards et Haime) a les côtes réduites à des granulations confuses. Il est fixé sur une coquille univalve et contient un Siponculien Comme il est fissipare, il forme à certains moments des colonies de 2 ou 3 individus (Côte orient. de l'Afrique; Austr., Philippines, Chine).

Ces genres forment pour Duncan son groupe des *Balanophyllioida*.

Leptopsammia (Edwards et Haime) (**63**, *fig. 8*) présente des irrégularités dans les derniers cycles de septes, irrégularités décrites d'une manière peu compréhensible; les septes sont minces et peu granuleux (Médit., Philippines).

Endopsammia (Edwards et Haime) diffère du précédent par ses septes épais et très granuleux (Philippines).

Ces deux genres forment pour Duncan son groupe des *Leptopsammoida*.

Rhodopsammia (Semper) (fig. 897 à 899); tantôt fixé, tantôt libre,

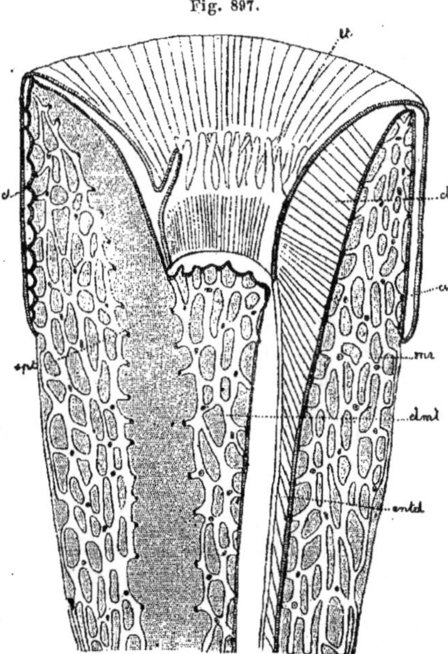

Fig. 897.

Coupe schématique longitudinale de *Rhodopsammia*
(d'ap. Fowler).

c., côte; cl., cloison; clml., columelle; cv., cavité périmurale; entd., entéroïde; mr., muraille; spt., septe; tt., tentacules.

a le calice plus ou moins comprimé, la columelle formée de lamelles
contournées, les septes des deux premiers cycles indépendants, les
autres étant conjoints; il bourgeonne, par les parties latérales de la colonne, des jeunes qui, avant de se détacher, peuvent bourgeonner eux-mêmes, en sorte que certains individus sont simples, tandis que d'autres peuvent former de petites colonies (Philippines[1]).

Fig. 898.

Rhodopsammia socialis
(d'ap. Semper).

Fig. 899.

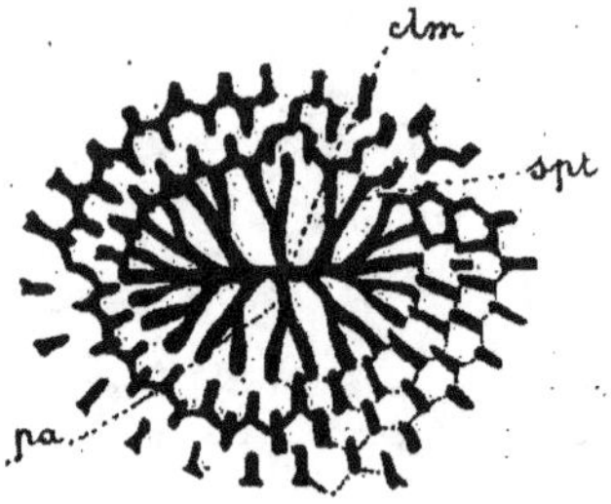

Coupe transversale
de la région inférieure du calice
de *Turbinaria mesenterina*
(d'ap. Miss Ogilvie).

clm., columelle; **pa.**, palis; **spt.**, septes.

Blastopsammia (Klunzinger) est proposé par son auteur
pour les formes qui, comme *Balanophyllia gemmifera*, forment des bourgeons caducs et font
le passage aux formes coloniales (Mer Rouge).

b) *Formes coloniales.*

Dendrophyllia (Edwards et Haime) (**63**, *fig.* 7) est ordinairement dendritique, à calices bien dégagés, unis entre eux seulement à leur base
ou parfois, en outre, en quelque autre point où ils ont été amenés en
contact; mais dans certaines espèces, la forme devient encroûtante et
massive, et les intervalles intercalicinaux contiennent un peu de
cœnenchyme. Les calices sont grands, allongés, profonds; la muraille
est garnie de côtes réduites à des files de fines granulations qui deviennent
plus grosses sur les branches; les septes sont minces, peu ou point
conjoints; la columelle est ordinairement bien développée. Les
Polypes sont grands, munis de longs tentacules; le cœnosarque descend
sur les branches mais pas jusqu'à la base, qui est nue (Manche, Atl.,
Médit., Pacif., îles Fidji, Australie, Philippines, Chine et foss. depuis l'Éoc.).

Cœnopsammia (Edwards et Haime) n'est qu'un sous-genre du précédent.
Placopsammia (Reuss) a les calices elliptiques et les septes de certains cycles conjoints (Arch. des
Galapagos? et foss. depuis le Miocène).
Astropsammia (Verrill) forme des colonies massives où les calices sont noyés dans un abondant
cœnenchyme dont leurs parois sont à peine distinctes; columelle bien développée; des dissé-
piments (Arch. Mergui, golfe de Calif.).
Pachypsammia (Verrill) diffère du précédent par sa columelle rudimentaire (Chine).
Stereopsammia (Edwards et Haime) a les calices empâtés dans le cœnenchyme à la base seule-
ment et libres dans le reste de leur hauteur (Tert.).
    Ces genres forment pour Duncan, qui y joint le genre *Calostylis* (Voir aux Tetracoral-
lidés), son groupe des *Dendrophyllioida.*
Cladopsammia (H. de Lacaze-Duthiers) peut être défini : un *Leptopsammia* colonial (Médit.).

Astroides (de Blainville) forme des masses encroûtantes, presque massives, dont les calices sont situés côte à côte, sans cœnenchyme interposé. Selon qu'ils sont plus ou moins serrés les uns contre les autres, ils peuvent être libres latéralement, soudés seulement par leurs bases ou soudés aussi par les côtés. La muraille est finement spongieuse et dense ; la cavité calicinale est assez profonde, les septes très minces, non débordants, non conjoints, décroissant régulièrement dans les cycles successifs ; il y a au centre une belle columelle, conique, finement spongieuse. Même quand ils sont soudés, les calices ont une épithèque mince et compacte. Les Polypes dépassent largement la hauteur des calices et ont plusieurs cycles de tentacules marginaux, subulés. La colonie s'accroît par gemmiparité (Médit.).

Lobopsammia (Edwards et Haime) est fissipare et ses septes sont conjoints (Tert.).

Rhizopsammia (Verrill) a des prolongements paliformes des septes, pas d'épithèque, et émet des stolons basilaires bourgeonneants (Pacif.).

Ces trois genres ne forment pas un groupe et n'ont pas entre eux d'affinité spéciale.

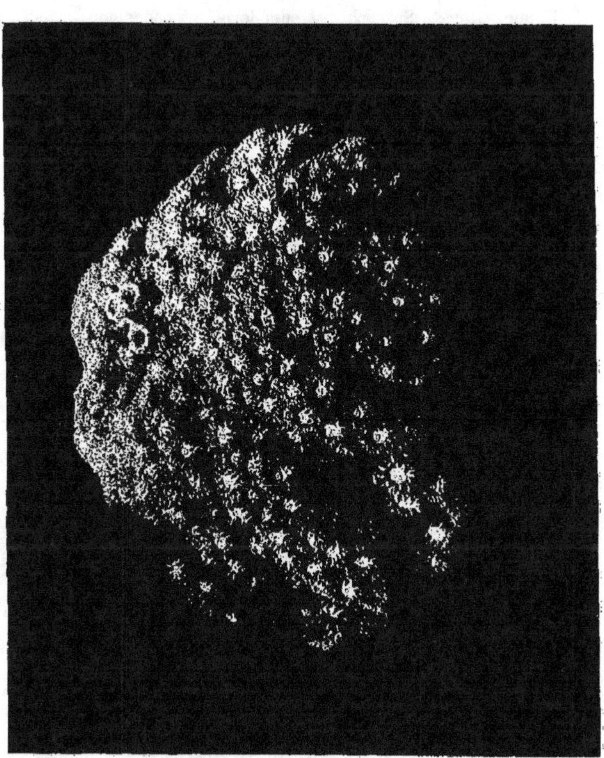

Fig. 900.

Turbinaria épanoui (d'après un original de François).

2ᵉ FAM. : MADREPORINÆ [*Madreporidæ* (Edwards et Haime)]. — **Formes toujours coloniales et gemmipares, à cœnenchyme perforé comblant les intervalles des calices ; parois calicinales perforées ; septes peu ou point perforés.**

Turbinaria (Oken) (fig. 900 et 901). Colonie cratériforme ou foliacée, à

parois calicinales distinctes du cœnenchyme ambiant et plus ou moins
saillantes ; septes subégaux ; columelle spongieuse
bien développée (Mer Rouge, oc. Indien, Pacif., Australie, et foss. depuis le Mioc.).

Dendracis (Edwards et Haime) est dendritique, et sans columelle
(Tert.).

Astræopora (de Blainville) est massif, sans columelle, à septes plus
ou moins inégaux et a quelquefois des planchers (Mer Rouge, oc.
Indien, Pacif., île Banda et foss. depuis l'Éoc.).

Actinacis (d'Orbigny) est subdendritique et a des palis à tous les
septes (Crét.).

Palæacis (J. Haime, *emend.* Seebach) est cunéiforme et pédonculé
avec les calices largement ouverts, montrant des septes fixes et
nombreux de diverses grandeurs (Carb.).

Stylaræa (Seebach) est de forme basse, à calices polygonaux, prolongés en pointes aux angles, avec deux cycles de septes fortement crénelés (Sil.).
Ces genres forment par Duncan son groupe des *Turbinarioida*.

Fig. 901.

Polypier de
Turbinaria cinerascens
(d'ap. H. M. Edwards
et Haime).

Madrepora (Linnæus, *emend.*) (fig. 902 à 904) est de forme très variable,
d'ordinaire dendritique, mais souvent foliacée ou lobée, ou même massive ou encroûtante.
Les calices, tantôt sail-
lants tantôt enfoncés,
n'ont plus de paroi ca-
licinale distincte du
cœnenchyme, l'iden-
tité de structure entre
les deux ne permettant
pas de les distinguer.
Les calices sont donc
comme percés en plein
dans le cœnenchyme,
parfois relevé autour
de leur cavité. Les
septes sont variables, mais toujours les deux
médians du premier cycle sont notablement
plus grands que les autres et se joignent
presque au niveau de l'axe; pas de columelle, parfois des dissépiments ou même
des planchers. La surface entière du cœnenchyme est spinuleuse et réticulée. Çà et là,
principalement vers les sommets, on rencontre quelques calices plus grands que l'on
considère comme appartenant aux membres
les plus anciens de la colonie (Antilles, mer Rouge, oc. Indien, Pacif., Océanie).

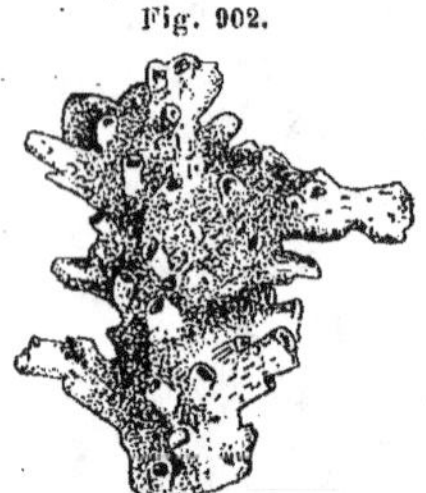

Fig. 902.

Polypier de
Madrepora Durvillei
vu par la face dorsale
(d'ap. Fowler).

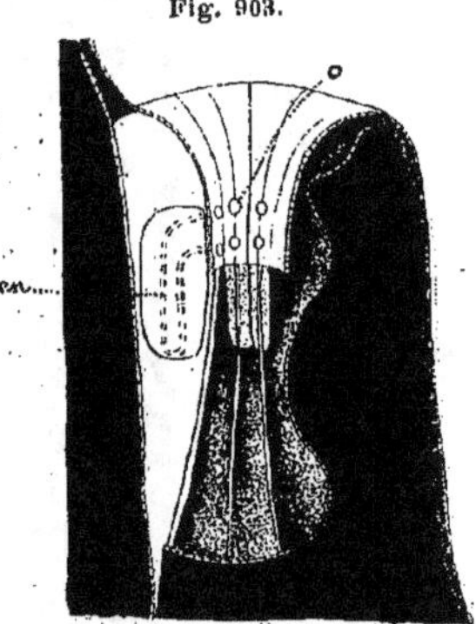

Fig. 903.

Coupe longitudinale d'un Polype
de *Madreporaria Durvillei*
(d'ap. Fowler).

Les tentacules n'ont pas été représentés; on voit dans la cloison
figurée à gauche du dessin le canal
en U contenu dans un renflement
de sa paroi, et dans le pharynx les
orifices de ces canaux.

cn., canal en U de la cloison ; **o.**, orifices des canaux en U dans le
pharynx.

Ce genre, immense par le nombre de ses espèces et de leurs individus et important entre
tous par le rôle qu'il joue dans la formation des récifs coralliens, mérite que l'on fasse connaître

les particularités de structure qui ont été reconnues en lui et dont certaines ont, en elles-mêmes, un réel intérêt morphologique. Les tentacules sont au nombre de 12, dont 6 loculaires

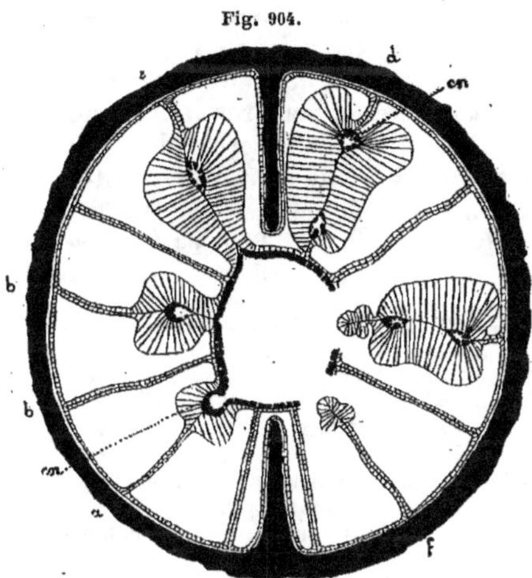

Fig. 904.

Madrepora Durvillei. Coupe transversale d'un Polype dans laquelle les sections des cloisons sont supposées menées à des niveaux différents (d'ap. Fowler).

a., cloison coupée par un plan horizontal passant par l'orifice du canal en U supérieur dans le pharynx; **b.** et **c.,** cloison coupée par un plan horizontal passant entre les deux orifices du canal en U; **en.,** canal en U; **d.,** cloison coupée par un plan horizontal passant vers l'extrémité inférieure du pharynx au-dessous des deux orifices du canal en U; **e.,** cloison coupée par un plan horizontal passant un peu au-dessous du pharynx; **f.,** cloison coupée par un plan horizontal passant au-dessous de la région du canal en U.

plus grands que les interloculaires; les cloisons, au nombre de 12 aussi, ne forment pas des couples réguliers, car 6 grandes alternent avec 6 petites, les premières ayant une étendue normale et pourvues d'entéroïdes bien développés, les autres ne s'étendant pas au-dessous du bord inférieur du pharynx. Parmi les 6 grandes cloisons, deux sont plus grandes que les autres, descendent jusqu'au fond de la cavité gastrique et paraissent être les seules fertiles. Si, comme il semble qu'on soit en droit de le faire, on considère comme ventral le côté désigné par Fowler comme *axial* et tourné vers l'axe de la colonie, et comme dorsal le côté *abaxial*, il se trouvera que les grandes cloisons sont les cloisons 1, 2, 3, et les petites les cloisons 4, 5, 6, et que, parmi les grandes, ce sont les cloisons 1 qui sont les plus grandes et les seules fertiles. Nous avons indiqué la structure de son polypier et son mode d'accroissement (Voir p. 581), d'après les recherches de Fowler [87]. Ce même auteur [86 et 90] a reconnu chez une espèce au moins (*M. Durvillei*) l'existence d'un curieux dimorphisme. Chez un tiers environ des individus, les grandes cloisons 1, 2, 3, de chaque côté présentent, vers leur partie supérieure, un gros renflement ovoïde formé principalement par un épaississement de l'endoderme, lequel reste cependant constitué à ce niveau par une seule couche de cellules, mais très hautes. Dans ce renflement est un canal en forme d'U dont les branches, verticales et inégales, vont s'ouvrir l'une au-dessous de l'autre dans la cavité pharyngienne. Ainsi, le pharynx présente 6 paires de trous équidistantes. Les deux trous de chaque paire sont situés l'un au-dessus de l'autre et sont les orifices extérieurs d'un canal contenu dans l'épaisseur de la mésoglée des mésentères correspondants. On ne sait rien de la signification de cette curieuse disposition (fig. 903).

Les Madrépores vivent au bord du large des récifs coralliens où leur solidité, leur remarquable activité gemmipare leur permettent de prospérer malgré l'attaque des vagues et de défendre les polypiers plus fragiles qui s'abritent sous eux.

Isopora (Studer) n'est qu'un sous-genre de *Madrepora*.

Ce genre, avec son sous-genre, forme pour Duncan son groupe de *Madreporoida*.

===== 3e FAM. : *Poritinæ* [*Poritidæ* (Edwards et Haime)]. — Squelette entièrement et extrêmement poreux, y compris les septes, et réduit à une sorte de grillage formé de trabécules soudés entre eux. Calices unis directement ou par un cœnenchyme.

Porites (Edwards et Haime) n'est pas moins variable de forme que *Madrepora*; mais ses calices, au lieu d'être noyés dans le cœnenchyme, sont directement unis entre eux par leur muraille; ou, plus exactement, les murailles des calices voisins sont confondues en une paroi commune. De là résulte que la forme doit être polygonale : elle est en effet pentagonale. Les calices sont petits; leurs parois sont extrêmement perforées, réduites à un treillage calcaire; ils contiennent une douzaine (ou moins) de septes peu développés, trabéculaires et fortement perforés, ou même réduits à un treillage comme les murailles; il y a un cercle de 5 ou 6 palis et une petite columelle prolongée en un tubercule ou en une pointe; il peut y avoir des dissépiments et même des planchers (Antilles, Bermudes, mer Rouge, oc. Indien, Pacif., Tahiti, Nouvelles-Hébrides, Philippines et fossile depuis l'Éoc.).

Ce genre, quoique moins nombreux en espèce, joue aussi un rôle considérable dans la formation des récifs coralliens.

Rhodaræa (Edwards et Haime) diffère de *Porites* par ses murailles bien développées et l'absence de tubercule columellaire (Oc. Indien, Austr., Philippines, Chine, et foss. depuis le Mioc.).

Synaræa (Verrill) a les septes et la columelle rudimentaires, 6 palis bien développés et parfois, entre les calices, un peu de cœnenchyme (Pacif., Tahiti).

Napopora (Quelch) est remarquable par son mode de gemmation : les bourgeons se forment par groupes de 2 à 6 dans les calices maternels, dépourvus de muraille propre et entourés en commun par la muraille du parent; mais en grandissant, ils se munissent d'une muraille propre (Tahiti).

Dictyaræa (Reuss) a les calices irréguliers, pentagonaux, séparés par une étroite crête, et les septes réunis, autour de l'axe dépourvu de columelle, par des lobes septaux paliformes (Tert.).

Goniopora (Quoy et Gaymard) a les calices pentagonaux, pas de palis, une columelle spongieuse bien développée et des dissépiments (Mer Rouge, oc. Indien, Pacif., Philippines).

Litharæa (Edwards et Haime) a une columelle septale trabéculaire et pas de palis (Crét. à Tert.).

Fig. 905.

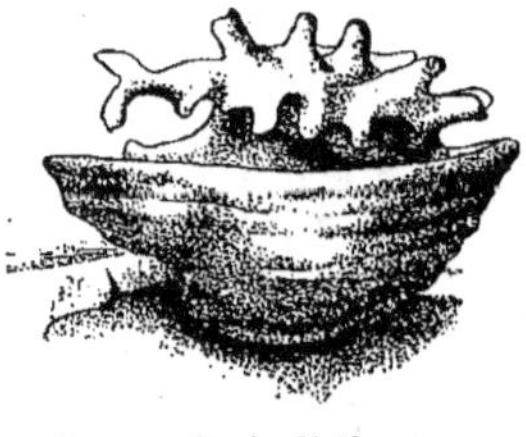

Jeune colonie d'*Alveopora*, vue de profil (d'ap. H. M. Bernard).

Fig. 906.

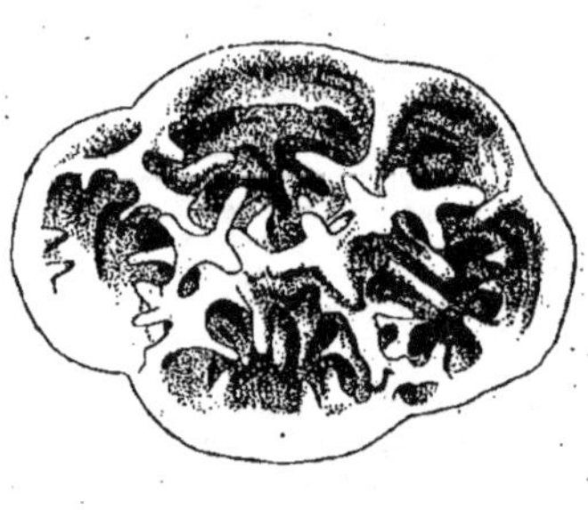

Jeune colonie d'*Alveopora* vue de dessus (d'ap. H. M. Bernard).

Tichopora (Quelch) diffère de *Litharæa* par ses septes trabéculaires, perforés, par sa columelle proéminente et par ses palis représentés par des épines irrégulières, situées devant le second cycle de septes et presque impossibles à distinguer des pointes des trabécules de la columelle (Philippines).

Protaræa (Edwards et Haime, *emend.*) a les calices polygonaux et les murailles simples et ornées aux angles de petites pointes saillantes; pas de columelle (Sil.).

Alveopora (Quoy et Gaymard) (fig. 905 et 906) a les parois murales communes aux calices contigus trabéculaires et largement fenestrées; les septes réduits à trabécules spiniformes séparés les uns des autres, la columelle nulle ou fausse (Mer Rouge, oc. Indien, Australie, Pacif.).

Favositipora (S. Kent) n'est qu'un sous-genre d'*Alveopora*.

Somphophora (Lindström) a les parois murales épaisses, six septes n'atteignant pas l'axe et des dissépiments ou des planchers irréguliers (Sil.).

Dichoræa (T. Woods) a les parois murales toutes garnies en dedans de fortes et courtes pointes coniques à base renflée, dirigeant leur pointe vers l'intérieur (Pacif.).

Ces genres forment pour Duncan le groupe des *Poritinoida*.

Montipora (Quoy et Gaymard) est aussi de forme variable, a les calices petits et profonds et largement séparés, avec un abondant cœnenchyme remplissant leurs intervalles. Ce cœnenchyme forme entre les calices des saillies diverses, papilles, épines, crêtes. Les septes sont petits, peu développés, au nombre de 6 à 12, souvent trabéculaires; il y a des palis et une columelle (Mer Rouge, oc. Indien, Pacif., îles Fidji, Banda, Philippines, Tahiti).

Anacropora (Ridley) a, comme *Madrepora*, les deux septes médians du 1er cycle plus grands que les quatre latéraux. Les colonies dendritiques n'ont pas de calice terminal au sommet des branches, qui est formé par du cœnenchyme; les nouveaux calices bourgeonnés se forment en direction centripète vers le sommet des branches (Iles Keeling, Banda, Kandavu).

Ces genres forment, pour Duncan, le groupe des *Montiporoida*.

3e Sous-Ordre

ZOANTHIDÉS. — *ZOANTHIDÆ*

[ZOANTHAIRES CORIACÉS (de Blainville);
ZOANTHINA CORIACEA (Ehrenberg); — *ZOANTHIDÆ* (Dana);
ZOANTHINÆ (H. Milne-Edwards); — *ZOANTHACEA* (Verrill);
ZOANTHARIA (Klunzinger);
ZOANTHINIAIRES; *ZOANTHINIARIA* (Ed. van Beneden).

TYPE MORPHOLOGIQUE
(Pl. 65 et FIG. 897 A 904.)

Extérieur. Conformation générale. — Sauf très rares exceptions ([1]), l'animal n'est pas solitaire comme les Actinies auxquelles il a été longtemps réuni, et il rappelle certains Alcyonides par le fait qu'il constitue des colonies (**65**, *fig. 1*) nées par bourgeonnement d'un oozoïte fondateur. Ces colonies, le plus souvent peu nombreuses en individus, se composent d'une base étalée, rampante, la membrane stoloniale, sur laquelle se dressent côte à côte les Polypes. La base est peu épaisse et se moule sur les objets qui lui servent de support; aussi n'a-t-elle pas une forme nettement définie. Elle est formée soit d'une membrane continue, soit de stolons plus ou moins ramifiés et anastomosés.

A cela près, les caractères extérieurs ne sont pas très particuliers. Les Polypes, en général bien détachés de la membrane stoloniale basilaire, ont une colonne lisse, cylindrique, terminée par un péristome élargi portant des tentacules coniques, modérément nombreux, disposés en deux cycles qui ne sont plus ici nécessairement des multiples de 6. En dehors de la dernière rangée de tentacules, tout au bord du péristome,

---

([1]) Le genre *Sphenopus* et quelques espèces du genre *Epizoanthus*.

est une couronne de prolongements (**65**, *fig.* 2 et **3** *bct.*) appelés *bractées*
par FAUROT [93] qui les a découverts ([1]).

Ces bractées, malgré leur aspect, leur situation et leur correspondance
de nombre et de position avec les tentacules ([2]), n'ont rien de commun
avec ces appendices. Loin d'être comme ceux-ci délicats, sensitifs, ces
organes servent de boucliers protecteurs. Ils ont la forme de lamelles
triangulaires, insérées par leur base à l'extrême bord du péristome, et qui
se rabattent dans la contraction du corps sur le péristome de manière à
se toucher par leurs bords et par leurs pointes et à former sur la bouche
et les tentacules rétractés, un opercule complet. Leur structure est
celle de la colonne et leur face externe est incrustée comme celle-ci
de particules sableuses. La bouche est allongée et montre un seul siphonoglyphe (le ventral). Naturellement, il n'y
a pas de pied, c'est la membrane stoloniale basilaire qui en tient lieu.

Mais à l'intérieur, la constitution de
l'appareil cloisonnaire est très différente
de celle des Actinies ordinaires et tout à
fait caractéristique. Pour la bien comprendre il faut l'étudier d'abord sur le Polype
jeune. La coupe transversale (fig. 907)
montre qu'à ce moment l'appareil cloisonnaire comprend seulement les 6 paires
d'un premier cycle, tout à fait normales
quant à leur disposition, mais présentant
ceci de particulier que les 3 cloisons les
plus anciennes, celles des paires 1, 2, 3,
sont seules macrentériques, tandis que
celles des 3 dernières paires, 4, 5 et 6 sont

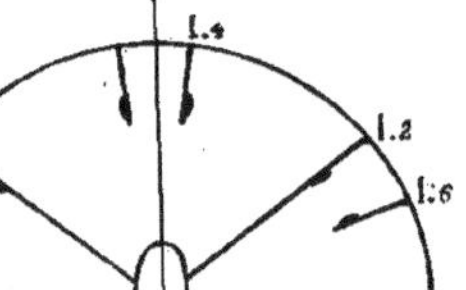

Fig. 907.

Disposition des cloisons
chez un jeune Zoanthidé (Sch.).

micrentériques. Pour les cloisons 5 et 6, cela n'a rien d'étonnant, car
entre les stades *Edwardsia* et *Halcampa* du développement normal, il
existe un stade assez long dans lequel ces cloisons restent micrentériques; mais pour les cloisons n° 4, il n'en est pas ainsi d'ordinaire et
elles arrivent au pharynx immédiatement après celles n° 3; en outre, cet
état micrentérique des 3 dernières paires du 1er cycle est ici tout à fait
définitif et permanent même chez l'adulte ([3]). Les muscles longitudinaux,

---

([1]) FAUROT a constaté leur existence chez les genres *Palythoa*, *Epizoanthus* et *Corticifera*.
Il reste à savoir s'ils se rencontrent aussi chez les autres Zoanthidés. Le fait que les auteurs
ne les signalent pas ne suffit pas à démontrer leur absence, car aucun naturaliste ne les avait
reconnus avant Faurot. Il faut, en effet, pour les voir, observer l'animal vivant, épanoui, et
non, comme presque toujours, contracté par les liquides conservateurs.

([2]) Chez *Palythoa arenacea*, où Faurot les a décrits, il y a dix-huit tentacules à chaque
cycle et quarante-huit bractées alternant avec les tentacules du deuxième cycle et correspondant
à ceux du premier.

([3]) Nous verrons que, chez quelques genres dits *Macrocnémiens*, la cloison n° 5 devient
macrentérique.

bien que très peu développés, ont sur toutes les cloisons la disposition normale, déterminant deux loges directrices à faces musculaires externes et deux paires de loges latérales à faces musculaires internes. Il y a donc une loge directrice ventrale à parois macrentériques correspondant à l'unique siphonoglyphe, une directrice dorsale à parois micrentériques et deux loges latérales formées chacune d'une cloison macrentérique dorsale et d'une micrentérique ventrale.

Tout cela ne constitue pas encore, par rapport aux Actinies ordinaires, une différence suffisante pour légitimer la création d'un sous-ordre. La particularité caractéristique consiste en ce que les cloisons qui se forment ultérieurement naissent non pas radiairement dans toutes les exocèles, mais bilatéralement dans la seule exocèle latéro-ventrale. Elles se forment là par paires de couples, toujours de part et d'autre des cloisons n° 3, de telle façon que chacune est toujours plus ventrale que la précédente. Les deux cloisons d'une même couple se regardent, conformément à la règle, par leurs faces musculaires, mais elles sont fortement inégales; en grandissant, la plus ventrale des deux devient macrentérique, tandis que la dorsale reste indéfiniment micrentérique.

Quelques auteurs caractérisent la disposition à laquelle on arrive finalement en disant que l'appareil est formé de deux loges directrices, l'une ventrale macrentérique, l'autre dorsale micrentérique, et de loges latérales qui toutes sont formées

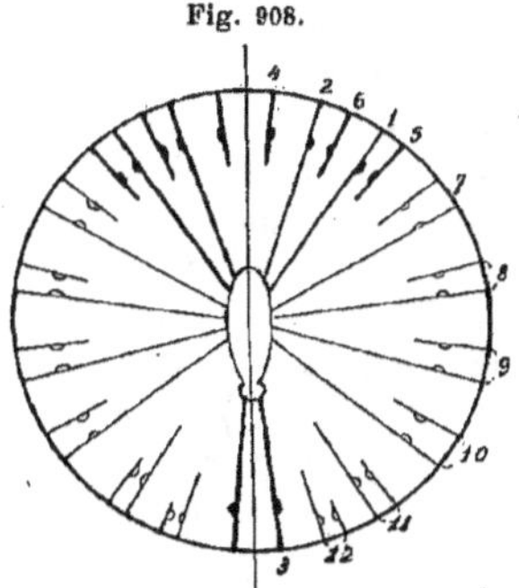

Fig. 908.

Disposition des cloisons chez un Zoanthidé plus âgé, mais qui n'a pas encore atteint l'âge adulte (Sch.).

d'une cloison macrentérique ventrale et d'une micrentérique dorsale (fig. 908), sauf deux paires du côté dorsal chez lesquelles ces rapports sont renversés. Au point de vue descriptif, cela est exact, car les loges finissent chez l'adulte par ne plus former qu'un seul cycle auquel correspondent les tentacules de la rangée interne, tandis que ceux de la rangée externe s'ouvrent dans les interloges alternant avec elles. Mais il est bien préférable de décrire les choses comme nous l'avons fait avec ERDMANN [85], Mᶜ MURRICH [89-97], HADDON et SHACKLETON [91], en distinguant entre les cloisons du cycle primaire et celles qui apparaissent ultérieurement.

Ce qui est surtout à remarquer, au point de vue de la différence avec les Actinies ordinaires, c'est la localisation en deux régions symétriques de la faculté de former de nouvelles cloisons, et la localisation dans les mêmes points de la faculté d'accroissement transversal de la colonne. Tandis que chez les autres Actinies, cet accroissement se fait tout autour de la colonne dans toutes les exocèles, suivant des bandes longitudinales de plus en plus nombreuses et rapprochées, mais toujours équidistantes et uniformément espacées, ici, il se fait suivant deux bandes seulement, situées dans les seules exocèles latéro-ventrales, immédiatement en dehors des cloisons directrices ventrales.

Ajoutons enfin que les cloisons macrentériques sont seules fertiles et seules pourvues d'entéroïdes, et que le cœnosarque basilaire est parcouru par un réseau de canaux endodermiques (**65**, *fig. 2, cn.*) dans lesquels s'ouvre, à sa base, la cavité gastrique de tous les Polypes, et qui s'accroissent à la périphérie; de ces canaux procèdent par bourgeonnement les nouveaux Polypes qui viennent grossir la colonie.

Structure. — La structure de divers organes présente aussi des particularités qui, sans être toutes aussi constantes que la disposition des cloisons, n'en sont pas moins très caractéristiques.

L'*ectoderme* ne présente rien de particulier, si ce n'est la présence d'une cuticule sur la colonne et sur la membrane stoloniale basilaire (¹).

La *mésoglée* (**65**, *fig. 2, msg.*), au contraire, présente dans les mêmes régions une structure très différente de celle des vraies Actinies. Elle est fort épaisse et riche en éléments figurés. Parmi ceux-ci se rencontrent les cellules étoilées que HEIDER [97] considère comme nerveuses, mais sans fournir de preuves suffisantes à l'appui de cette interprétation. Elle est parcourue par un système de canaux fort irréguliers, tantôt allongés, ramifiés, tantôt dilatés en lacunes, toujours anastomosés entre eux. Ces *canaux mésogléens* (**65**, *fig. 2 cn. ect.*) s'étendent même dans l'épaisseur de la lame qui sert de support aux cloisons. Partout ils sont tapissés d'un épithélium continu. En quelques points,

---

(¹) Il offre cependant une apparence très singulière qui n'a été que tout récemment élucidée par HEIDER [97]. L'*ectoderme* était décrit comme formé d'une couche discontinue de cellules cylindriques dissociées (fig. 909), entre lesquelles la mésoglée se serait insinuée pour former, *extérieurement à lui*, une mince couche de *mésoglée périphérique* recouverte par une *cuticule*. Heider a montré que, chez *Zoanthus* tout au moins et probablement chez les autres, les cellules ectodermiques forment une couche continue, et que la cuticule est formée simplement par leur plateau distal soudé en une lame continue. Sous l'action de l'alcool, leur corps se contracte fortement et détermine entre elles de larges lacunes allant, dans toute leur épaisseur, de la cuticule à la mésoglée, tandis que leurs extrémités maintenues fixes, les distales par leur union en une membrane cuticulaire, les proximales par leur union à la mésoglée, restent inaltérées. Les corps cellulaires, ainsi rendus presque méconnaissables, ont été pris pour des tractus de mésoglée réunissant la

Fig. 909.

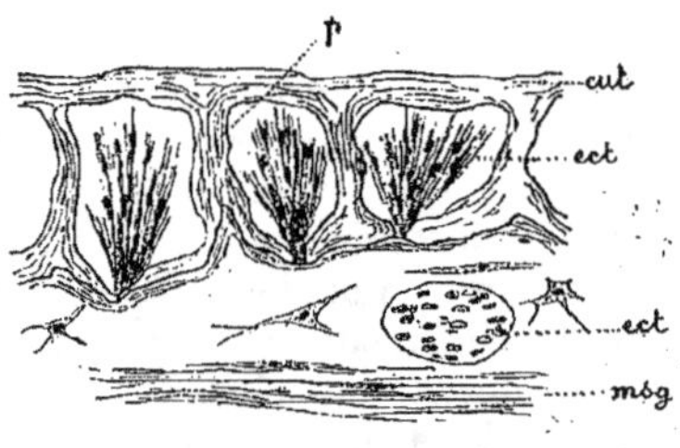

Coupe de la paroi d'un *Epizoanthus* dont les rapports des éléments sont probablement altérés par l'action des réactifs (d'ap. Erdmann). **cut.**, cuticule; **ect.**, enclaves ectodermiques; **msg.**, mésoglée; **p.**, ponts de substance cuticulaire.

mésoglée sous-ectodermique à une mince couche de *mésoglée sous-cuticulaire*, et les lacunes intercellulaires pour des groupes de cellules.

ils se continuent avec l'endoderme dont ils sont une dépendance ; partout ailleurs, c'est de l'ectoderme qu'ils procèdent et l'on voit les cellules de ce feuillet s'invaginer pour les former. La plupart ont une lumière assez large, occupée par des éléments, sans doute errants, auxquels peuvent se mêler des nématoblastes provenant de l'ectoderme et parfois des *Zooxanthelles*, provenant de l'endoderme où ces Algues ne sont pas rares chez certaines formes ; les plus petits peuvent être réduits à une colonne cellulaire pleine. Çà et là peuvent se rencontrer des îlots cellulaires, détachés sans doute de l'ectoderme.

Le plus souvent, les couches externes de la mésoglée, aussi bien sous l'ectoderme qu'en dehors de lui; sont bourrées de particules étrangères, grains de sable, spicules d'Éponges, squelettes de Foraminifères, débris de coquilles, etc., selon la nature des sédiments dans la région où vit l'animal. Ces particules forment un encroûtement continu de la colonne et du cœnenchyme basilaire, qui sert à protéger l'animal en soutenant ses tissus et leur communiquant une coriacité peu engageante pour ses ennemis.

L'endoderme n'offre rien de bien remarquable ; rappelons qu'il tapisse les canaux (**65**, *fig.* 2, *cn.*) du cœnenchyme basilaire.

Le *sphincter* (**65**, *fig.* 2 et 3, *sph.*) (¹) est mésodermique.

Les *cloisons micrentériques* n'offrent rien de plus à décrire que ce que nous avons déjà indiqué. Rappelons l'absence chez elles d'entéroïde et d'éléments sexuels.

Les *cloisons macrentériques* sont au contraire fertiles et munies d'un entéroïde, mais ce dernier présente des caractères exceptionnels. La bandelette médiane glandulaire (fig. 910, *bd. gl.* et **65**, *fig. 1* et 2, *b. gl.*) ne présente rien de particulier. Les bandelettes latérales ou ciliées (fig. 910 et 911, *bd. c.* et **65**, *fig. 1* et 2, *b. lt.*) sont extrêmement développées et font saillie, sur les coupes transversales,

Fig. 910.

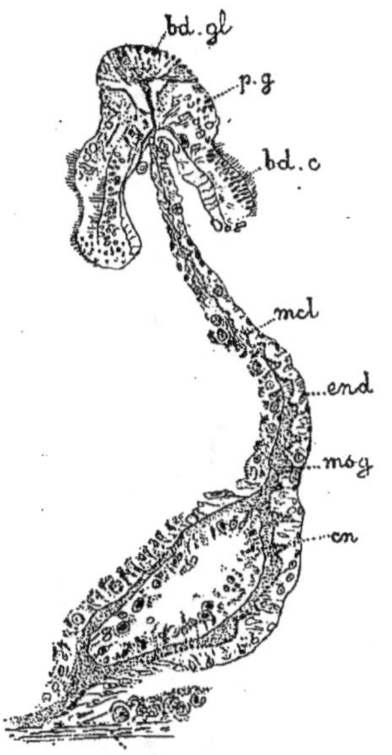

Zoanthus Chierchiæ.
Coupe transversale d'une cloison par un plan passant au-dessous du pharynx et par la plaque gaufrée (im. Heider).
bd. c., bandelette ciliée ; **bd. gl.**, bandelette glandulaire ; **cn.**, canal mésogléén de la cloison ; **end.**, endoderme ; **mcl.**, muscles longitudinaux de la cloison ; **msg.**, mésoglée ; **p. g.**, plaque gaufrée.

(¹) Sauf chez le genre *Parazoanthus*, où il est endodermique.

sous la forme d'une sorte de V dont les branches se portent obliquement en dehors, libres de toute union avec la cloison, sauf bien entendu au niveau de leur insertion sur celle-ci. Telle est la disposition de l'entéroïde au-dessous du pharynx. En arrivant au bord inférieur de celui-ci, la bandelette moyenne ou glandulaire se jette comme d'ordinaire sur l'ectoderme pharyngien et disparaît; les bandelettes latérales ou ciliées, au contraire, au lieu de faire de même, comme d'ordinaire, remontent beaucoup plus haut sur les faces latérales de la cloison et reviennent au pharynx après avoir décrit une courbe en forme de crosse, à concavité inféro-interne. Au niveau de la crosse elle-même, la structure de la bandelette ciliée n'est pas changée; mais dans l'espace circonscrit par elle, apparaît une structure toute spéciale (**65**, *fig, 2, pg.*), interprétée inexactement par VERRILL et par ANDRES comme branchiale. Cette prétendue *branchie* est une plaque d'épithélium ectodermique épaissi, dérivant de celui du pharynx, qui a débordé sur la cloison pour la former (*ectoderme réfléchi* de HADDON et SHACKLETON) et qui a pris à ce niveau une configuration gaufrée à plis longitudinaux et une structure glandulaire. On ne connaît pas ses usages. HEIDER [95] à qui on doit la meilleure description de cet organe, incline à voir en lui une surface digestive.

Fig. 911.

Zoanthus Chierchiæ.
Coupe transversale
d'une cloison par un plan
passant au-dessus
de l'extrémité inférieure
du pharynx
et par la plaque gaufrée
(d'ap. Heider).

bd. c., bandelette ciliée;
cl., cloison; **p. g.**, plaque
gaufrée.

L'animal est parfois hermaphrodite, mais le plus souvent dioïque, et il semble que, dans ce cas, les colonies elles-mêmes soient dioïques également.

Développement. — Nos connaissances sur le développement de ces êtres sont malheureusement très fragmentaires. Les premiers phénomènes sont entièrement inconnus; mais les recherches de SEMPER [67], de M° MURRICH [91] et de VAN BENEDEN [98] nous ont appris plusieurs faits intéressants sur la phase suivante du développement, représentée par une larve connue sous le nom de *larve de Semper* (fig. 912 à 914) et à laquelle Van Beneden a donné provisoirement les noms de *Zoanthella* et de *Zoanthina*.

Ces larves, trouvées à la pêche pélagique dans la plupart des grands océans (Atlantique, cap de Bonne-Espérance, Philip-

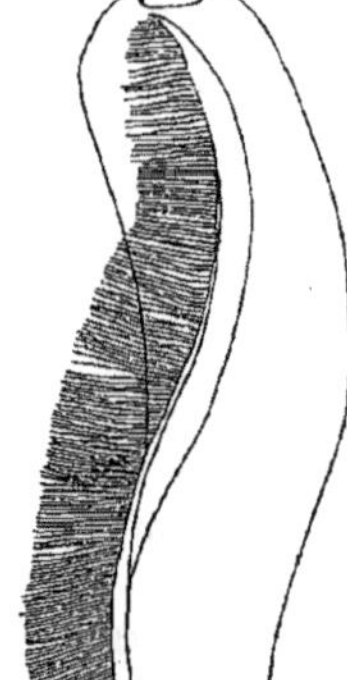

ZOANTHIDÆ.
Larve de Semper
ou *Zoanthella*
(im. Semper).

Fig. 912.

pines, océan Indien, de la surface jusqu'à 400 mètres de profondeur) revêtent deux formes passablement différentes, surtout en ce qui concerne les caractères extérieurs. L'une, *Zoanthella* (fig. 912 et 913), *première larve de Semper* (mesure 6 à 13ᵐᵐ), est ovoïde, à un bout percée d'un

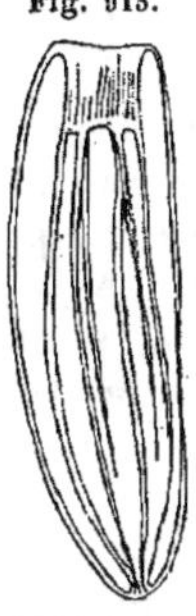

ZOANTHIDÆ
Larve de Semper
laissant voir
par transparence
ses 6 cloisons
(d'ap. Semper).

large orifice buccal, à l'autre percée ou non d'un petit pore aboral. Elle nage au moyen d'une bande de cils s'étendant le long du méridien ventral de son corps. L'autre larve, *Zoanthina* (fig. 914), plus ovoïde et beaucoup plus petite (2 à 3ᵐᵐ), n'est percée que de l'orifice buccal, et, en place de la bande ciliée longitudinale, a une ceinture transversale de puissants flagellums située dans un profond sillon qui fait le tour de son corps au niveau de l'union du pharynx avec l'estomac. A l'intérieur, l'une et l'autre montrent

Zoanthina nationalis.
Coupe à peu près axiale
de la larve
(d'ap. E. Van Beneden).
ph., pharynx ;
c., gouttière ciliée.

les 12 cloisons du premier cycle avec les caractères que nous leur avons assignés. Leur étude a permis de reconnaître positivement l'ordre d'apparition des cloisons 1, 2 et 3 et d'admettre comme très probable que la cloison n° 4 est antérieure aux cloisons 5 et 6. Mac Murrich a même observé la première paire de couples des cloisons secondaires, en sorte que malgré l'imperfection de nos connaissances, on peut dire que l'embryogénie corrobore ce que l'étude de l'adulte avait permis de soupçonner.

Le sous-ordre des *Zoanthidæ* se divise en trois tribus :

Brachycnemina, cloison n° 5 du 1ᵉʳ cycle microentérique ;

Macrocnemina, cloison n° 5 du 1ᵉʳ cycle macrentérique ;

Gerardina, organisation des *Macrocnemina*, mais avec addition d'un polypier analogue à celui des Antipathidés.

1ʳᵉ Tribu

BRACHYCNÉMINES. — *BRACHYCNEMINA*

[Type brachycnémique (Erdmann) ;
Brachycneminæ (Haddon et Shackleton) ; — Microtypes (Faurot)]

TYPE MORPHOLOGIQUE

C'est celui qui nous a servi pour le sous-ordre. Ajoutons que chez tous les genres de la tribu, le sphincter est mésogléen.

GENRES

Ces genres sont assez voisins pour qu'il n'y ait pas lieu de les subdiviser en familles.

Zoanthus (Cuvier) (fig. 915). Les Polypes allongés, claviformes, se dressent, rattachés seulement par l'extrémité de leur pied au cœnenchyme, qui forme un réseau de stolons rampants. Il n'y a point d'incrustations sableuses, en sorte que la paroi est molle et dépressible. A la périphérie du péristome, on n'a point signalé de bractées, mais il y a un profond sillon dont le fond est garni de nématoblastes. Comme particularité de l'organisation intérieure, il n'y a à signaler que l'existence d'un double sphincter, un péristonien et un columnaire, situés de part et d'autre du sillon urticant. Les espèces sont les unes hermaphrodites, les autres dioïques (Polypes 5 à 25^{mm} de haut, colonies comprenant de quelques individus jusqu'à 400 et plus ; paraît cosmopolite).

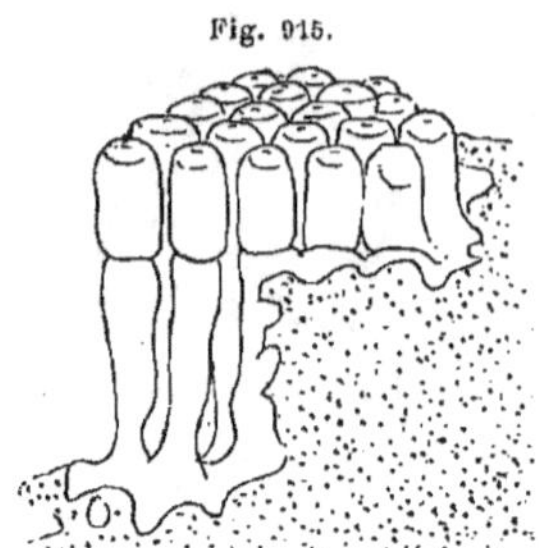
Zoanthus Danæ
(d'ap. Hertwig et Erdmann).

Isaurus (Gray) est, de même, dépourvu d'incrustations, mais son sphincter est unique ; Polype parfois solitaire (Bermudes, Guadeloupe, Austr.).

Mammillifera (Lesueur), dont les caractères intérieurs sont imparfaitement connus, présente les mêmes caractères extérieurs qu'*Isaurus*, mais ses Polypes ont une tendance à se souder entre eux par leurs faces latérales (Antilles).

Gemmaria (Duchassaing et Michelotti) est plus conforme au type morphologique en ce qu'il a un seul sphincter et que sa paroi est incrustée de sable ; il est solitaire ou forme de très petites colonies (13-25^{mm} ; Bahama, Bermudes, Australie, Philippines).

Palythoa (Lamouroux, Haddon et Schackleton, *nec* Erdmann, *nec* R. Hertwig) (fig. 916 et 917) est aussi incrusté, et même très abondamment, et à sphincter unique ; sa caractéristique est que les Polypes sont enfoncés presque jusqu'au péristome dans un abondant cœnenchyme qui s'étend en membrane continue sur les objets divers. Des bractées ; sexes séparés (Diamètre des Polypes, 2 à 7^{mm} ; paraît cosmopolite).

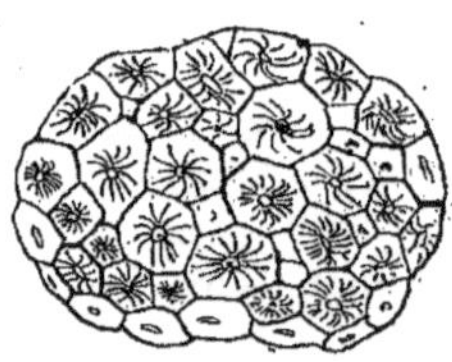
Palythoa norvegica
(d'ap. Koren et Danielssen).

Palythoa (corticifera) tuberculosa (d'ap. Hertwig et Erdmann).

Pour la synonymie très compliquée du genre *Palythoa*, nous renvoyons à HADDON et SHACKLETON [91, p. 691]. Disons seulement que *Palythoa* d'Erdmann et de Hertwig [88] devient *Parazoanthus* et que *Corticifera* d'Erdmann et de Hertwig redevient *Palythoa*.

Sphenopus (Steenstrup) (fig. 918 à 921) est aussi incrusté, à sphincter mésodermique unique; mais c'est une forme libre et solitaire dont la

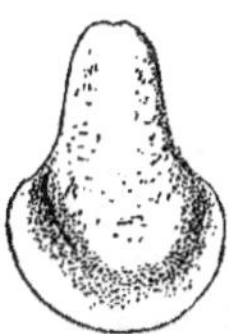

*Sphenopus
marsupialis*
(d'ap. Steenstrup).

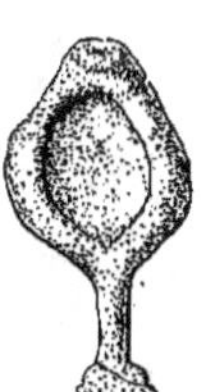

*Sphenopus
pedunculatus*
contracté
(d'ap. Hertwig
et Erdmann).

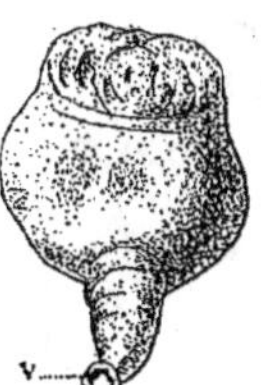

*Sphenopus
pedunculatus*
épanoui
(d'ap. Hertwig
et Erdmann).

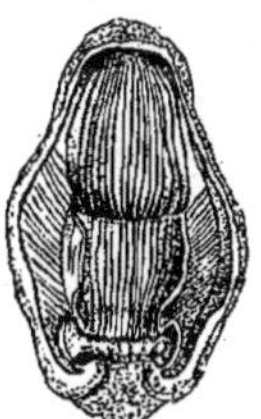

Coupe
longitudinale
de *Sphenopus
arenaceus*
(d'ap. Hertwig).

colonne, pédonculiforme dans sa partie inférieure, se termine en bas par un pied à ventouse comme dans les Actinies ordinaires (Amérique nord, cap York, Philippines, Chine).

Ce genre forme pour ANDRES et ERDMANN, en raison de sa non-fixation, une famille spéciale [*Sphenopidæ* (Andres)].

C'est avec toutes réserves que nous plaçons ici le genre ci-dessous, dont l'attribution aux *Zoanthidæ* est elle-même un peu douteuse.

Stephanidium (R. Hertwig) (fig. 922) qui présente, comme trait particulièrement remarquable, à la partie supérieure du péristome, une couronne de sphérules creuses, communiquant avec la cavité péricœlique et situées immédiatement au-dessus du sphincter qui est faible et mésodermique. Ces sphérules, rappelant les tubercules marginaux d'*Actinia mesembryanthemum*, sont exactement en même nombre que les loges. L'état de conservation, fort défectueux, a tout juste permis de reconnaître que la loge directrice dorsale était formée de cloisons micrentériques et qu'il y a deux cloisons

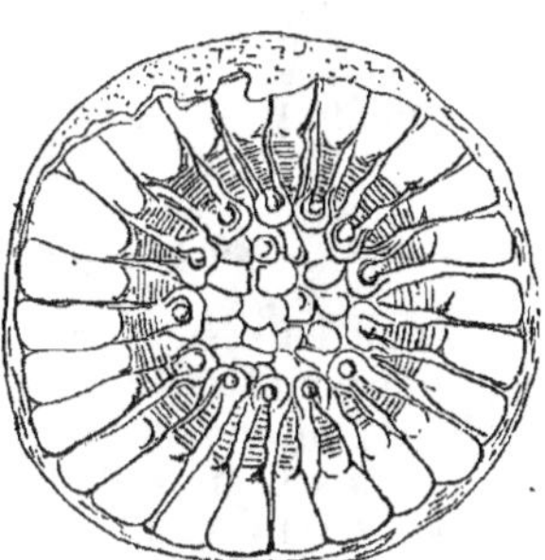

Stephanidium schulzii
(d'ap. Hertwig et Erdmann).

micrentériques de suite au point où les loges ventrales confinent aux dorsales, ce qui rattache le genre aux Brachycnémines. L'animal est isolé; sa paroi est dépourvue d'incrustations; il ne paraît pas avoir de siphonoglyphes (Philippines).

2ᵉ Tribu

MACROCNÉMINES. — *MACROCNEMINA*

[Type macrocnémique (Erdmann);
Macrocneminæ (Haddon et Shackleton); — Macrotypes (Faurot)].

TYPE MORPHOLOGIQUE
(FIG. 923 A 925)

L'animal diffère du type des Brachycnémines seulement en un point. Tandis que chez celui-ci (fig. 923), la cloison n° 5 du 1ᵉʳ cycle est micrentérique, elle est ici macrentérique. Comme les loges ultérieures se forment, comme chez les Brachycnémines, au même point, entre les cloisons 3 et 5 et (fig. 924, 925) avec la même alternance de macrentériques ventrales et de micrentériques

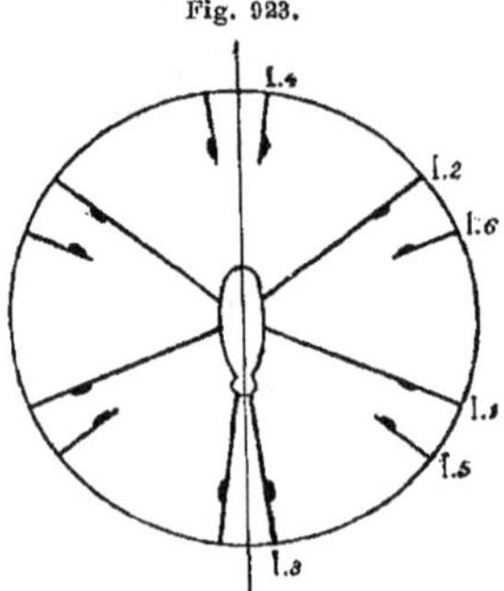

Fig. 923.

Disposition des cloisons chez les *BRACHYCNEMINA* (Sch.).

Fig. 924.

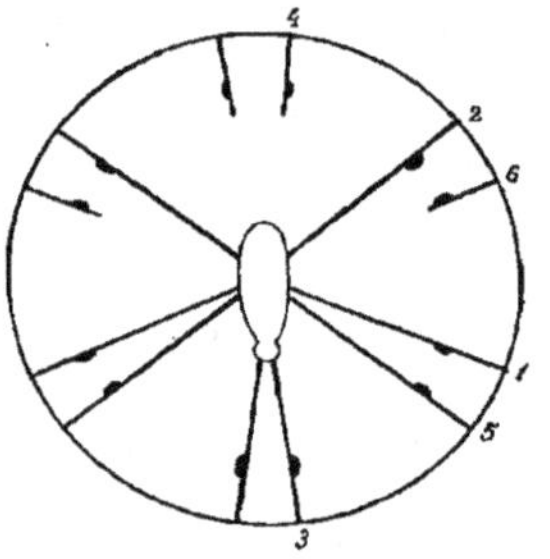

Disposition des cloisons chez les jeunes *MACROCNEMINA* (Sch.).

dorsales, il en résulte qu'indépendamment de la directrice ventrale, il y a de chaque côté une loge parfaite, limitée par deux cloisons macrentériques; c'est la seconde après la directrice dorsale, tandis que chez les Brachycnémines, toutes les loges, sauf les directrices, étaient formées par deux cloisons inégales, l'une macrentérique, l'autre micrentérique.

Heider [97] a fait remarquer en outre que les genres de cette tribu (il n'y en a que deux) ont ceci de commun, qu'ils sont fixés sur des objets vivants : Polypiers, Mollusques, pédoncule de *Hyalonema*, etc., en sorte que l'accroissement de la membrane stoloniale basilaire est limité; et il constate, sans l'expliquer d'ailleurs, une relation entre cette condition biologique et la structure macronémique. Il déclare même que cette condition

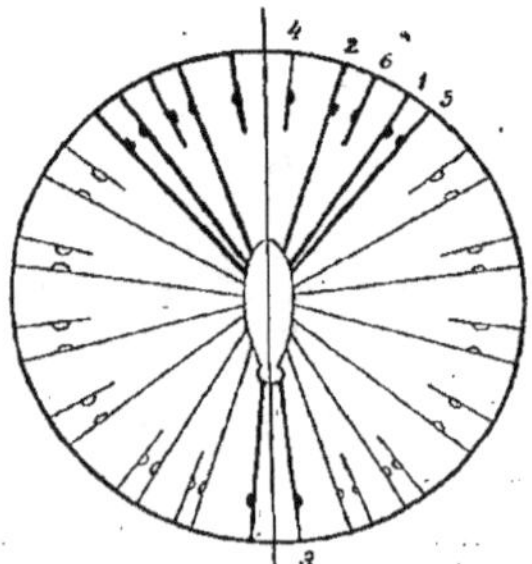

Fig. 925.

Disposition des cloisons chez les *MACROCNEMINA* adultes (Sch.).

biologique marche de pair avec la séparation des sexes, tandis que les

Brachycnémines à accroissement basilaire continu seraient hermaphrodites. Mais c'est là une simple erreur d'observation. Quant à la première relation, elle est réelle, mais comme elle ne s'applique qu'à deux genres et qu'on n'entrevoit nullement sa causalité, on est en droit de la considérer, jusqu'à plus ample informé, comme une simple coïncidence.

GENRES

1ʳᵉ FAM. : *Epizoanthinæ* [*p. p. Mardœllidæ* (Danielssen)]. — Sphincter mésodermique.

Epizoanthus (Gray) (fig. 926 à 928). Au point de vue anatomique, l'animal est défini par ces deux caractères : cloison nᵒ 5 macrentérique et sphincter mésodermique, auxquels il convient d'ajouter que la paroi est fortement incrustée et que dans la mésoglée se trouvent des îlots cellulaires épars. Les sexes sont séparés. Au point de vue des caractères extérieurs, il est défini par son cœnenchyme étalé en une membrane (sauf chez les formes libres où il est absent) sur laquelle se dressent les Polypes, qui n'y sont rattachés que par le pied. La colonie est parfois libre et formée alors d'un ou de deux individus plus gros qui en portent de plus petits, bourgeonnés latéralement sur leur pied ; il n'y a pas de cœnenchyme et la colonie repose simplement sur le sable. Le plus souvent, le cœnenchyme forme une membrane étalée et fixée, parfois sur des objets inorganiques (cailloux) ou morts (coquilles vides), mais d'ordinaire sur des objets vivants de natures très diverses : Gorgones, Ascidies, Hydraires, pédoncule de *Hyalonema*, coquilles de Gastéropodes habitées par des Pagures. Dans ce dernier cas, il se passe le même phénomène que pour le *Suberites domuncula* (Voir vol. II 1ʳᵉ partie, p. 171) : la coquille est peu à peu dissoute et le Crustacé se trouve habiter une cavité hélicoïdale moulée directement dans le cœnenchyme de l'*Epizoanthus* (Colonies de quelques millimètres à 1 décimètre et plus ; Polypes 3 à 25ᵐᵐ de haut ; semble cosmopolite ; du niveau des marées à 2 160 brasses).

Fig. 926.

Epizoanthus thalamophitus (d'ap. Erdmann).

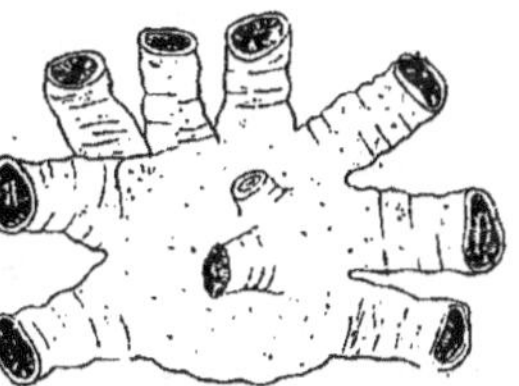

Fig. 927.

Epizoanthus parasiticus (d'ap. Hertwig).

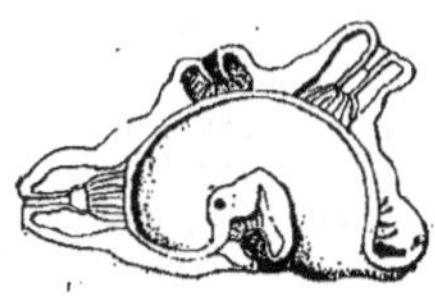

Fig. 928.

Coupe longitudinale d'une colonie d'*Epizoanthus parasiticus* (d'ap. Hertwig).

===== **2ᵉ FAM. : *PARAZOANTHINÆ*. — Sphincter endodermique.**

Parazoanthus (Haddon et Shackleton). Les auteurs ont créé ce genre
pour des formes confondues, soit avec *Epizoanthus*, soit avec *Palythoa*,
et qui se distinguent de ce dernier par sa cloison 5 macrentérique, et
des deux par son sphincter, qui est endodermique et diffus. Il est incrusté
et a dans sa mésoglée des îlots cellulaires ; certains des canaux qui y serpentent sont orientés circulairement autour de la cavité gastrique,
disposition qui a reçu le nom de *sinus circulaire*. Les cloisons macrentériques portent, comme chez *Epizoanthus*, une pseudobranchie. Le
cœnenchyme forme une mince membrane encroûtante. Les sexes sont
séparés. (Polypes 3 à 20ᵐᵐ ; Manche, Médit., Australie, Tristan d'Acunha).

3ᵉ TRIBU

GÉRARDINES. — *GERARDINA*

[*SAVALINI* (Nardo) ; — *GERARDIDÆ* (Verrill) ; — *GERARDIIDÆ* (Bell) ;
SAVAGLIIDÆ (Brook)]

La tribu contient le seul genre *Gerardia* que nous devons décrire en
lui-même (¹).

Gerardia (Lacaze-Duthiers) (**Pl. 66** et fig. 929). Au premier abord, l'animal (**66**, *fig. 1*) n'a rien de commun avec les
Zoanthidés et son aspect est plutôt celui
d'une Gorgone et surtout d'un Antipathe. Il
forme en effet comme eux des colonies arborescentes, soutenues par un polypier dendriforme. Mais l'examen de ses tentacules, de
ses cloisons, montre qu'il n'y a là qu'une
ressemblance superficielle. Les Polypes ont
presque identiquement l'organisation d'un
Zoanthidé macrocnémique, en particulier de
Parazoanthus. La paroi du corps est de même
incrustée de sable ou de débris organiques

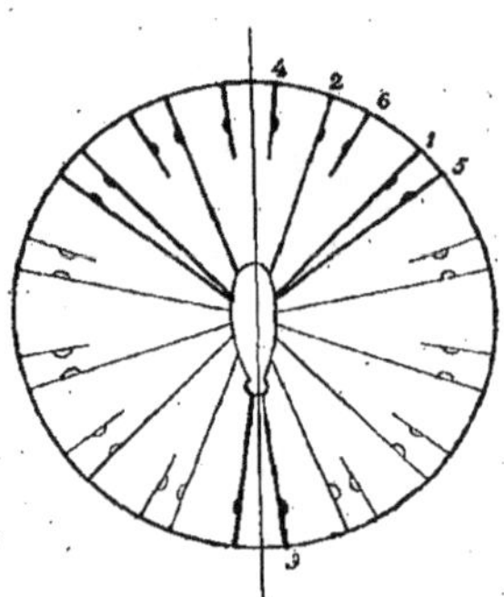

Fig. 929.

Disposition des cloisons
chez *Gerardia* (Sch.)..

(¹) Au point de vue taxinomique strict, il faudrait peut-
être appeler l'animal *Savaglia* (Nardo), ce nom étant plus
ancien (1844 au lieu de 1864). Mais BROOK [89] qui propose
de reprendre le nom de *Savaglia*, n'est pas bien sûr que
l'animal de Nardo soit le même que celui de LACAZE-
DUTHIERS, et BELL [94] arrive, après une discussion bibliographique attentive, à la conclusion
qu'il convient seulement de changer le nom d'espèce, la *Gerardia Lamarcki* de Lacaze-
Duthiers devenant *Gerardia savaglia*. Rappelons que cet animal est celui décrit aussi sous le
nom impropre de *Leiopathes Lamarcki* (J. Haime). Rangée jusqu'à ces derniers temps dans les
Anthipathidés, la Gérardie a été rattachée aux Zoanthidés par CARLGREN [95], qui a définitivement tranché la question soulevée par POURTALÈS, BROOK et VAN BENEDEN. LACAZE-
DUTHIERS [64], tout en rattachant l'animal aux Antipathidés, avait déjà exprimé des doutes
formels sur l'opportunité de ce rapprochement. C'est à ses travaux surtout, complétés par
ceux de CARLGREN, que nous devons presque toutes nos connaissances sur cet animal.

divers (spicules, débris de coquilles, etc.), mais ne contient pas de formations squelettiques formées par elle; dans la mésoglée se rencontrent les mêmes îlots cellulaires et le même sinus circulaire; le sphincter est semblablement endodermique et diffus. Il y a normalement 28 tentacules (¹) disposés sur deux cycles alternes (**66**, *fig. 4, tt. e. et tt. i.*), le cycle externe formé de tentacules plus petits. Le pharynx montre un unique siphonoglyphe ventral très accentué (**66**, *fig. 4, sipg. v.*). Le système cloisonnaire (fig. 929) est celui d'un Zoanthidé macrocnémien : les cloisons secondaires de l'interloge latéro-ventrale formant de chaque côté 4 couples, ce qui, avec les cloisons du 1ᵉʳ cycle fait 14 couples et autant de loges auxquelles correspondent les 14 tentacules internes, tandis que les 14 externes sont interloculaires. Les cloisons macrentériques sont seules fertiles et munies d'un entéroïde; à la partie supérieure de leurs faces latérales, elles portent une pseudo branchie (**66**, *fig. 4, p.g.*) semblable à celle que nous avons décrite chez le type du sous-ordre (Voir p. 659). La cavité gastrique ne se prolonge pas, comme d'ordinaire, en son milieu, pour se continuer avec le système de canaux du cœnosarque. La base du Polype est imperforée et les cloisons convergent, tout comme chez une Actinie, vers le centre de cette base. Mais les loges, ainsi que les interloges, sont percées à leur angle inféro-externe d'un unique et large orifice (**66**, *fig. 4 et 5, o.*) qui débouche dans les canaux endodermiques du cœnosarque voisin.

L'animal, lorsqu'il est jeune, forme de petites colonies encroûtantes, étalées sur des supports divers, le plus souvent sur des Gorgonidés (*Muricea, Bebryce*) dont les parties vivantes recouvertes par le parasite sont étouffées par lui. A ce moment, il ne diffère en rien d'essentiel, par l'aspect, d'un Zoanthidé normal, en particulier d'un *Epizoanthus*. Mais bientôt l'ectoderme, en contact avec le support, sécrète une lame de consistance cornée qui est le premier rudiment d'un polypier. La Gérardie, en effet, grâce à l'activité de sa croissance, dépasse bientôt les limites de son support et forme des branches autonomes ramifiées. Dans l'axe de ces branches, se prolonge l'ectoderme basilaire qui sécrète la même substance cornée (**66**, *fig. 4, pp.*) qu'à la base, mais en forme de rameaux qui désormais s'accroissent par eux-mêmes et forment le squelette des parties de la colonie qui ne sont pas immédiatement appliquées sur le support primitif. Ce polypier est formé de couches stratifiées de substance chitinoïde. Il est de couleur foncé, d'où le nom de *Corail noir* donné à l'animal par les pêcheurs; ses branches sont légèrement aplaties, terminées non en pointe, mais par un petit renflement obtus; enfin elles sont entièrement lisses, ce qui distingue le polypier de celui des Antipathidés avec lequel il avait été confondu. Les sexes sont séparés, non seulement sur les Polypes, mais même sur les colonies (Polypes jusqu'à 2 à 3ᶜᵐ de long; colonies jusqu'à 1ᵐ et plus de haut, la base de

---

(¹) Parfois 26; d'après Lacaze-Duthiers, 24 seulement.

celles qui ont été fréquemment brisées atteignant la grosseur de la jambe d'un homme ; Médit., dans les fonds du Corail, Atl.)

Citons en terminant deux genres de *Zoanthidæ* impossibles à classer faute de renseignements sur leur organisation intérieure :

Verrillia (Andres), proposé par cet auteur pour un *Epizoanthus* présentant deux tubercules à la base de chaque tentacule (Côte Pacif. d'Amér.).

Bergia (Duchassaing et Michelotti) (fig. 930), pour lequel ANDRES propose une sous-famille [*Bergidæ*], qui serait caractérisée par la conformation de son cœnenchyme, lequel, au lieu de former une expansion basilaire, se rattache aux Polypes à une certaine hauteur au-dessus de leur base et ne confine pas au sol (Antilles).

Fig. 930.

Bergia catenularis (d'ap. Duchassaing et Michelotti).

Citons aussi un genre dont la place, même parmi les Zoanthidés, est douteuse :

Epiactis (Verrill) qui a sur le limbe de son disque pédieux une couronne de 30 à 40 jeunes individus ; mais il reste un peu douteux si ceux-ci proviennent de larves fixées là ou de bourgeons nés sur place (Côte Pacif. Amér.).

C'est ici aussi que nous reléguerons les nombreux sous-genres proposés par ANDRES et dont la synonymie est fort complexe et parfois impossible à déterminer, cet auteur ayant fondé sa classification uniquement sur des caractères extérieurs. Comme sous-genres de son genre *Polythoa*, formé d'espèces des genres les plus disparates (*Palythoa, Isaurus, Epizoanthus, Parazoanthus*), il propose :

Monothoa,	*Gemmithoa,*	*Endeithoa,*
Mammithoa,	*Tæniothoa,*	*Corticithoa.*

Comme sous-genres de *Zoanthus*, il propose :

Monanthus,	*Corticanthus,*	*Rhyzanthus.*

La synonymie d'une partie des espèces de ces genres est donnée par HADDON et SHACKLETON [94].

4° SOUS-ORDRE

CÉRIANTHIDÉS. — *CERIANTHIDÆ*

[*CERIANTHIDÆ* (Milne-Edwards et Haime) ;
ILYANTHIDÆ (*p. p.* Verrill) ; — *CERIANTHINÆ* (Andres) ;
CERIANTHIPATHAIRES (*p. p.* Van Beneden)]

TYPE MORPHOLOGIQUE
(Pl. 63, *Fig.* 9 ET FIG. 931 A 941)

Outre le Cérianthe, le sous-ordre ne comprend que quelques autres formes ou très voisines et de valeur générique douteuse, ou connues seulement par leurs larves, ou fort aberrantes. Nous prendrons donc comme type le genre *Cerianthus*, et en particulier le *C. membranaceus*, bien connu grâce aux recherches des HERTWIG [79], de HEIDER [79], de FAUROT [95] et de VAN BENEDEN [98].

Configuration externe. — L'animal a la forme des Actinies que l'on appelait autrefois pivotantes (fig. 931 et **63**, *fig.* 9). La colonne est très allongée et mesure, dans l'état d'extension, jusqu'à 30^{cm} de long sur 3^{cm} de diamètre ; elle est entièrement lisse. Elle se termine inférieurement par une extrémité légèrement rétrécie, mais mousse et obtuse, percée d'un *pore aboral*. En haut, elle se dilate légèrement et se termine par un péristome concave. Au centre du péristome, la bouche, très allongée, présente un seul siphonoglyphe, considéré comme ventral. Les tentacules forment deux systèmes, un marginal et un labial, séparés par un large espace annulaire nu, parcouru par des sillons radiaires correspondant à l'insertion des cloisons à la face opposée. Ils ne sont pas régis par la loi des multiples de 6.

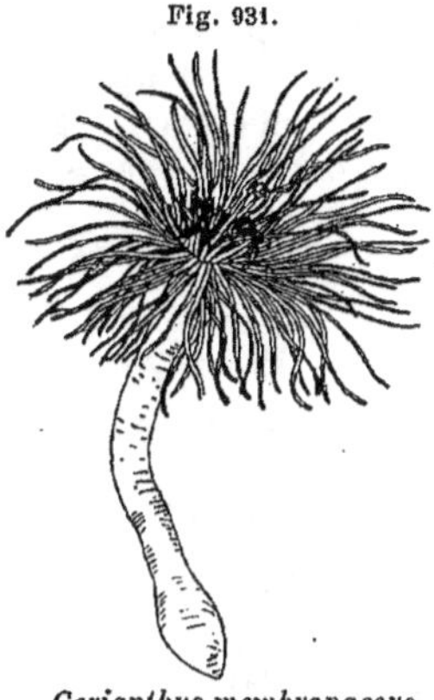

Fig. 931.

Cerianthus membranaceus
(d'ap. Andres).

Les *tentacules marginaux* sont longs, subulés, non rétractiles. Contrairement à ce qui existe chez toutes les Actinies vraies, leur nombre est impair : il y en a un, dit *tentacule marginal médian*, impair, ventral, correspondant au siphonoglyphe et, de chaque côté de celui-ci, un grand nombre qui sont pairs et symétriques. En face du tentacule médian, à l'autre extrémité de la bouche, est un intervalle intertentaculaire. Le nombre des tentacules marginaux pairs est variable, très grand, et peut atteindre jusqu'à 72 de chaque côté, ce qui fait 145 en tout chez des individus très adultes. Ils sont de taille différente et disposés en 4 cycles. Mais, ni dans le nombre, ni dans la disposition des tentacules dans ces divers cycles on n'observe la régularité si caractéristique dans les Actinies ordinaires. Les 4 cycles, en effet, ont approximativement (mais non exactement) autant de tentacules les uns que les autres ; en outre les 3° et 4° cycles sont peu ou point distincts l'un de l'autre ([1]).

Les *tentacules labiaux* sont en même nombre que les marginaux. Il y en a donc un impair médian ventral, correspondant au marginal de même position, et, de chaque côté, des latéraux pairs correspondant, un par un, aux marginaux latéraux. Tous sont de même taille, et notablement plus courts que les marginaux. Bien qu'occupant une zone beaucoup plus étroite que les marginaux, ils n'en forment pas moins, comme ceux-ci, 4 cycles ; mais, si les tentacules marginaux et labiaux, individuellement, se correspondent exactement, il n'en est pas de même des cycles, en ce sens que le labial correspondant à un marginal d'un cycle donné peut n'être pas de même cycle que celui-ci et inversement.

([1]) On remarquera, que si l'on considérait les 3e et 4e cycles, si peu distincts, comme n'en formant qu'un seul, on se rapprocherait de la condition normale, puisqu'on aurait trois cycles, le 1er et le 2e à *n* tentacules et le 3e à 2 *n* tentacules, sauf les petites différences ci-dessus mentionnées.

De même les cycles des labiaux comprennent approximativement le même nombre de tentacules, mais non exactement (¹).

Les tentacules marginaux sont perforés, non d'un pore terminal comme cela arrive souvent, mais de toute une série de *pores tentaculaires* situés sur chacun d'eux, le long de la génératrice interne.

Le Cérianthe est renfermé dans un *tube* de consistance et d'apparence gélatineuse (**63**, *fig. 9*), formé par une sécrétion muqueuse solidifiée, bourrée d'innombrables nématoblastes qui y sont tombés de l'ectoderme, pendant sa formation. La surface interne est lisse et transparente; les couches moyennes sont transparentes aussi; mais les couches superficielles sont plus ou moins salies par de la vase, du sable et des particules étrangères de toute sorte agglutinées par elle. La paroi, fort épaisse, peut atteindre jusqu'à 15ᵐᵐ d'épaisseur; aussi est-il assez résistant, malgré le peu de ténacité de sa substance.

Sa forme est celle du corps de l'animal, sauf qu'à son extrémité inférieure, il est imperforé. Sa longueur est telle, que l'animal, lorsqu'il descend jusqu'au fond mais sans aucunement se contracter, y est entièrement caché, y compris ses tentacules, bien que ceux-ci, ramenés alors au-dessus de la bouche parallèlement à l'axe du corps, augmentent de toute leur longueur la longueur de celui-ci.

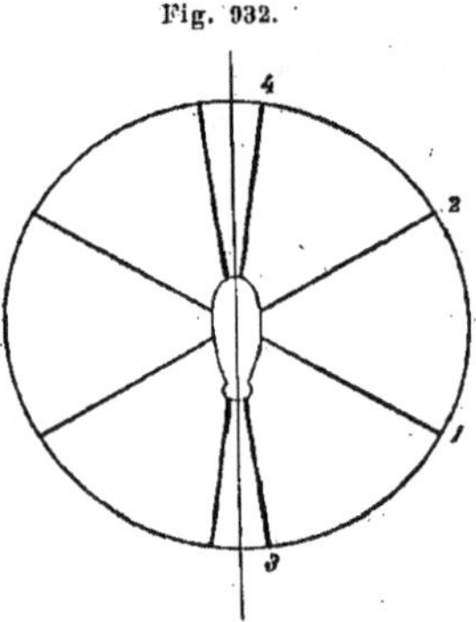

Fig. 932.

Disposition des cloisons au stade *Cerinula* (Sch.).

Conformation interne. — A l'intérieur, outre le pharynx, régulièrement conformé et pourvu de son siphonoglyphe ventral, il n'y a à décrire que les cloisons. Mais celles-ci sont disposées suivant une loi toute différente de celle des Actinies vraies. Il convient, pour se bien rendre compte de leurs singuliers caractères, de les examiner d'abord sur la coupe transversale, puis dans leur longueur.

Sur la coupe transversale, toutes les cloisons, sauf bien entendu celles qui, nouvellement formées, n'auraient pas pris encore leur accroissement total, sont macrentériques, c'est-à-dire vont du pharynx à la colonne, divisant complètement l'espace intermédiaire. A un stade fort jeune, que nous pourrions appeler avec ED. VAN BENEDEN [98] le *stade Cerinula* (fig. 932), l'appareil cloisonnaire est constitué exactement

---

(¹) Ainsi, chez un Cérianthe à 57 tentacules, FAUROT [95] a trouvé :

		tentacules marginaux		tentacules labiaux	
1ᵉʳ cycle	15	tentacules marginaux	16	tentacules labiaux	
2ᵉ —	12	—	16	—	
3ᵉ —	16	—	11	—	
4ᵉ —	14	—	14	—	
	57		57		

comme celui de notre type morphologique général des *Hexactinidæ* un peu avant le *stade Edwardsia*, lorsque les cloisons 5 et 6 n'ont pas encore paru. Il y a 4 paires de cloisons qui, selon leur ordre d'apparition, peuvent être, du ventre au dos, numérotées 3, 1, 2, 4. Nous les appellerons *les cloisons primitives*. Jusqu'ici, tout est donc normal. Mais à partir de là, les nombreuses cloisons dites *cloisons secondaires* (et elles sont très nombreuses) qui vont se former apparaîtront dans un ordre et à une place essentiellement différents de l'ordinaire. Elles vont toutes prendre naissance par paires, dans l'espace dorsal limité par les deux cloisons 4, et chaque nouvelle paire se formera toujours dans l'espace dorsal compris entre les deux cloisons de la paire précédente (fig. 933); en sorte que l'addition des cloisons nouvelles se fait toujours *par apposition* et jamais *par interpolation* comme chez les Actinies ordinaires. On donne à cet espace dorsal opposé à la loge directrice ventrale, où prennent toujours naissance les cloisons nouvelles, le nom de *loge de multiplication* (¹).

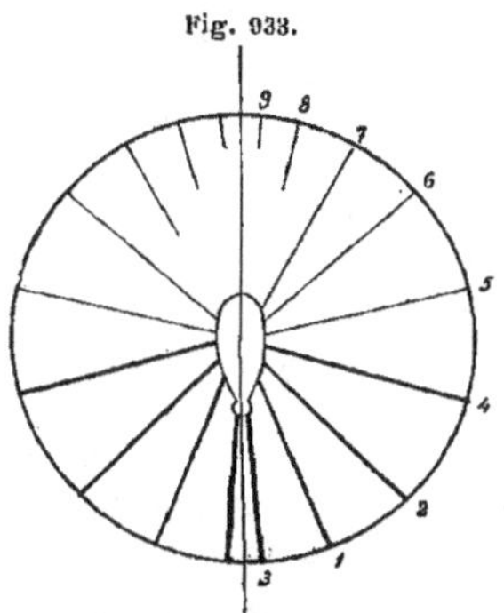

Fig. 933.

Disposition des cloisons chez les *Cerianthidés* (Sch.).

1, 2, 3, 4, cloisons primitives; 5, 6, 7, etc., cloisons secondaires développées dans la loge de multiplication.

Lorsqu'il n'y a encore que les 4 paires de cloisons primitives, l'espace compris entre les cloisons n° 4 n'est pas plus grand que les autres compartiments du système cloisonnaire. Mais dans le progrès du développement, l'accroissement en largeur de la colonne se fait presque exclusivement dans cet espace, en sorte que les cloisons nouvelles, au lieu de se trouver tassées dans un espace de plus en plus restreint, conservent entre elles des intervalles normaux, et que les cloisons primitives, augmentant peu ou point les intervalles qui les séparent, se trouvent reléguées au côté ventral de la colonne. C'est au même point que les cloisons nouvelles que naissent aussi les tentacules nouveaux, c'est-à-dire dans l'espace intertentaculaire opposé au tentacule médian, aussi bien pour les marginaux que pour les labiaux. Les tentacules se forment un peu plus tard que les loges correspondantes, les labiaux après les marginaux et ceux du côté droit, un peu en avance sur ceux du côté gauche.

Comment interpréter la succession d'intervalles ainsi produite, au point de vue de la distinction des loges et des interloges?

La chose est fort difficile en raison de ce fait que les muscles longitudinaux des cloisons, qui fournissent les éléments de cette distinction,

---

(¹) Ed. Van Beneden [98] a constaté que les cloisons du côté droit sont toujours un peu en avance sur celles du côté gauche, et que ce côté peut même être en avance d'une cloison sur le côté opposé.

sont si faibles qu'on reconnaît à peine leur présence, et peut-être même variables, si l'on en juge par les divergences dans les opinions des auteurs (¹).

Cependant CARLGREN [93] a conclu d'observations concordantes sur plusieurs espèces de provenance variée, que ces mucles existent non dans toute l'étendue des cloisons, mais au voisinage de leur insertion pharyngienne, et qu'ils sont disposés pour toutes de la même manière, savoir, sur la face dorsale de celle-ci (fig. 934). Il résulte de là, qu'au stade à 4 paires de cloisons, il n'y a qu'une loge indiscutable, la directrice ventrale. Les espaces latéro-ventraux, latéraux et latéro-dorsaux ayant une face musculaire et une non musculaire, ne sont point des loges, ni des interloges non plus d'ailleurs, car il ne saurait y en avoir plusieurs de suite : ce sont des espaces non différenciés en loge ou interloge, mais qui pourraient devenir tels s'il apparaissait, comme dans le développement du type général, des cloisons convenablement orientées, par exemple une entre 1 et 2 et une entre 2 et 4 à faces musculaires ventrales; mais cela n'a pas lieu. Le compartiment dorsal compris entre les cloisons 4, au contraire, peut être considéré comme une loge, non directrice d'ailleurs, et les cloisons secondaires apparaîtraient dans cette loge dorsale toujours persistante, puisque leurs faces musculaires restent tournées vers le dos et que la loge d'accroissement reste toujours comprise entre les deux cloisons formées les dernières (²). En somme, l'arrangement caractéristique n'est réductible d'aucune manière à celui des Actinies ordinaires (³).

Il résulte des descriptions précédentes que les cloisons secondaires, pas plus que les primaires, ne sont associées par couples pour

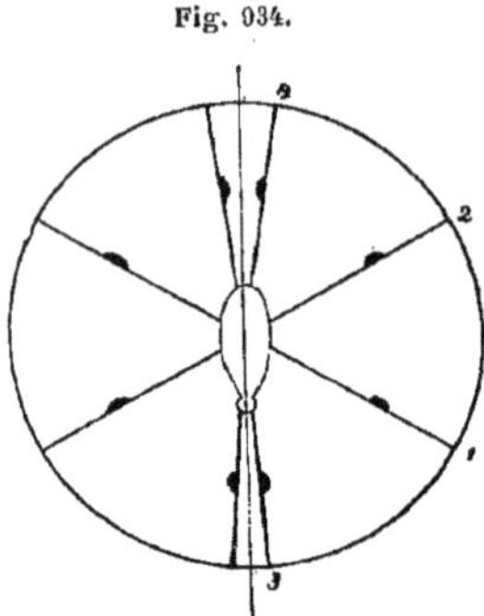

Fig. 934.

Position des muscles
sur les cloisons du Cérianthe
(Sch.).

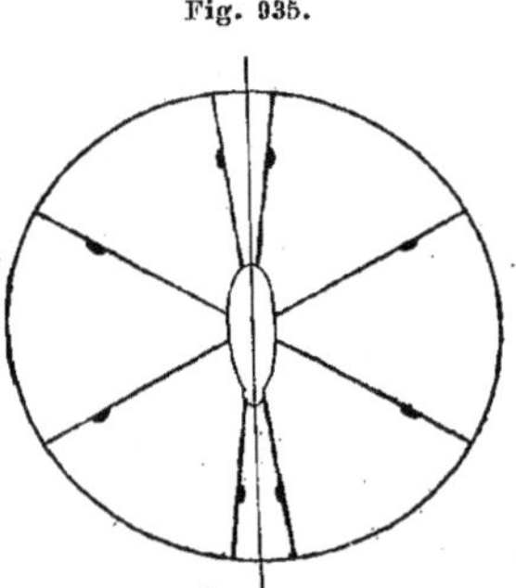

Fig. 935.

Position des muscles
dans les cloisons
des Alcyonnaires (Sch.).

(¹) Chez deux larves, VAN BENEDEN a constaté qu'ils étaient également développés sur les deux faces des cloisons.

(²) Les cloisons nouvelles naissent, non pas comme d'ordinaire à la partie inféro-externe de la loge, mais à la partie supéro-externe, à l'angle entre la colonne et le péristome.

(³) CARLGREN [93] propose de retourner le Cérianthe et de considérer la loge directrice comme dorsale (fig. 935). L'arrangement des huit cloisons primaires devient alors identique à celui des *Octactiniæ*, sauf que le siphonogryphe se trouverait disposé à l'inverse.

former de part et d'autre du plan sagittal des loges symétriques (¹); et c'est là, avec l'accroissement limité à la génératrice dorsale de la colonne au lieu de s'étendre à toutes les génératrices interloculaires comme chez les Actinies vraies ou à une paire de génératrices ventrales comme chez les Zoanthidés, un des traits les plus caractéristiques de notre type.

Dans le sens longitudinal, les cloisons ne sont pas moins différentes de celles des Actinies vraies. Elles présentent en effet des différences de longueur réglées sur une loi assez compliquée.

Les 6 premières *cloisons primaires* doivent, sous ce rapport, être distinguées des secondaires, car elles ne sont pas disposées suivant la loi applicable à celles-ci. Les deux cloisons directrices (n° 3), longtemps méconnues, sont courtes; les cloisons suivantes (n° 1) sont au contraire extrêmement longues et descendent jusqu'au pore aboral; les cloisons (n° 3) sont courtes aussi mais un peu moins que les directrices.

Fig. 936.

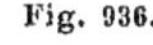

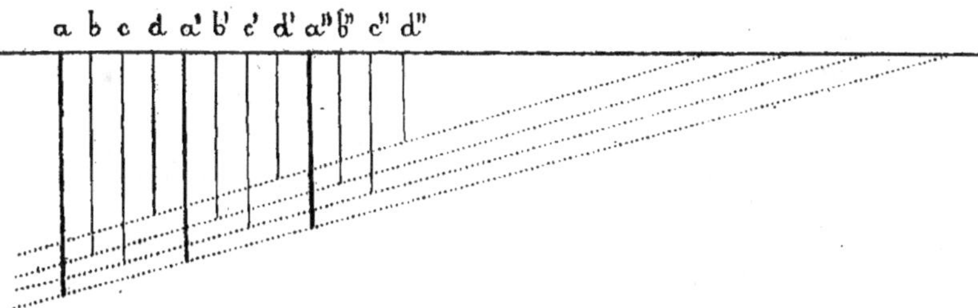

Longueurs et positions relatives des cloisons chez le Cérianthe (Sch.).

Les *cloisons secondaires* forment avec les deux cloisons primaires (n° 4) un système tout différent. D'une manière générale, elles vont en diminuant de longueur du ventre au dos, mais pas régulièrement. On trouve alternativement une cloison longue et une cloison courte. La loi d'arrangement ne serait pas encore bien compliquée si les cloisons longues et les cloisons courtes décroissaient régulièrement suivant deux séries parallèles. Mais il n'en est pas ainsi. Parmi les cloisons *longues*, on en trouve alternativement une *majeure* (fig. 936, *a.*) plus longue et une *mineure* (*c.*) moins longue, puis une *majeure* (*a'.*) (de longueur intermédiaire aux deux précédentes), puis une *mineure* (*c'.*) moins longue, de longueur moindre que l'une quelconque des trois longues précédentes, et ainsi de suite. De même dans les courtes, on en trouve alternativement une *majeure* (*b.*) moins courte et une *mineure* (*d.*) plus courte, puis

____

(¹) Rappelons encore une fois que nous prenons ici les mots *paire* et *couple* exactement en sens inverse de Faurot et de Van Beneden. L'acception que nous donnons à ces termes nous paraît plus conforme au sens littéraire de ces mots dans notre langue.

une *majeure* (*b'*) moins courte (intermédiaire aux deux précédentes) et une *mineure* (*d'*) plus courte (plus courte que l'une quelconque des 3 courtes précédentes) et ainsi de suite. C'est comme si, dans un alignement régulièrement décroissant, on avait interverti les positions de chaque numéro pair avec le numéro impair suivant. Il en résulte : que les cloisons forment ainsi des groupes successifs de 4 comprenant chacun une *longue majeure* n° 1, une *courte majeure* n° 2, une *longue mineure* n° 3 plus courte que 1 et plus longue que 2 et une *courte mineure* n° 4 plus courte que 1, 2 et 3 ; que la décroissance régulière s'observe, entre les *longues majeures*, entre les *longues mineures*, entre les *courtes majeures* et entre les *courtes mineures* des groupes successifs, mais non entre toutes les cloisons successives, ni même entre les majeures ou entre les mineures sans distinction (¹).

La *constitution des cloisons* n'est pas moins remarquable que leur arrangement. Les cloisons primaires et les cloisons secondaires longues (majeures et mineures) sont fertiles ; les secondaires courtes (majeures et mineures) sont stériles. Les fertiles et les stériles alternent donc régulièrement en dehors de l'étroite région formée par les cloisons primaires.

Chaque cloison présente un *entéroïde* (²), dans lequel on peut distinguer deux parties : une supérieure rectiligne et une inférieure pelotonnée. La portion rectiligne commence au cardia et s'arrête plus ou moins bas, au point où commence le peloton. Elle a la constitution ordinaire de l'entéroïde et se montre formée par trois bandelettes parallèles (fig. 937), donnant sur la coupe transversale la figure d'un trèfle, la bandelette moyenne étant glandulaire et urticante, et les deux latérales ciliées seulement. La portion inférieure pelotonnée est formée par le prolongement de la bandelette moyenne qui se continue seule, les deux bandelettes ciliées s'arrêtant à l'union des deux portions. Cette partie pelotonnée descend plus ou moins loin sur la cloison, mais s'arrête toujours avant celle-ci, laissant une portion inférieure où le bord libre n'est pas épaissi. Cette partie de l'entéroïde n'est pas seulement pelotonnée, elle émet de petits prolongements ramifiés qui s'entremêlent en un petit buisson. Ces prolongements (fig. 938, *p.*), assimilés

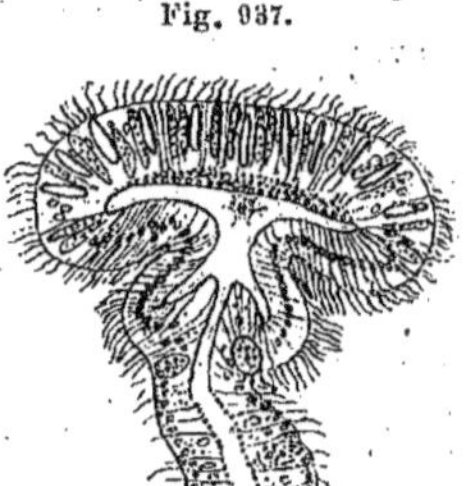

Fig. 937.

Cerianthus membranaceus.
Coupe transversale
de l'entéroïde.
(d'ap. O. et R. Hertwig).

(¹) FAUROT a donné aux groupes de 4 le nom peu satisfaisant de *quatroseptes*, que VAN BENEDEN a accepté ; ce dernier distingue dans chaque quatrosepte deux *biseptes*. L'un et l'autre appellent *macroseptes* et *microseptes*, respectivement les cloisons longues et les courtes, ce qui est fâcheux, ces termes ayant été préalablement employés pour désigner les cloisons selon qu'elles s'insèrent ou non au pharynx.

(²) VAN BENEDEN appelle *mésentérelle* la portion légèrement différenciée de la cloison qui porte l'entéroïde.

à tort à des aconties, sont de simples dépendances de la bandelette qui forme le peloton : il n'y a pas de véritables aconties ([1]).

La partie pelotonnée est, sur les cloisons, d'autant plus longue proportionnellement et d'autant plus rapprochée du pharynx que la cloison elle-même est plus courte. Sur les grandes cloisons n° 1, elle descend jusqu'au pore aboral. Sur les cloisons directrices, elle manque : ces cloisons sont bordées seulement d'un rebord épaissi rectiligne, de structure un peu différente de celle des entéroïdes normaux ([2]).

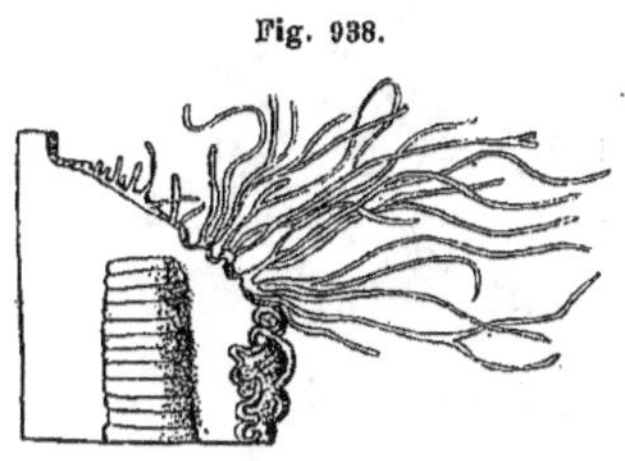

Fig. 938.

Cloison de *Cerianthus membranaceus* avec ses prolongements ramifiés (d'ap. O. et R. Hertwig).

Rapports des tentacules avec les loges. — Nous avons vu qu'à part la directrice, il n'y avait pas de loges proprement dites, mais, entre les cloisons, des espaces successifs tous semblables, non différenciés en loges et interloges. Dans chacun de ces espaces s'ouvrent deux tentacules, un labial et un marginal, et c'est là encore un caractère très particulier du Cérianthe, qui le sépare des autres Actinies, sauf les Stichodactylines dont il ne se rapproche d'ailleurs par aucun autre caractère.

Les rapports des tentacules labiaux avec les espaces intercloisonnaires des divers ordres n'ont pu être nettement définis. En tout cas, on peut assurer que ces rapports ne sauraient être réguliers à la fois pour les tentacules labiaux et pour les marginaux, puisque labiaux et marginaux des divers cycles ne se correspondent pas régulièrement ([3]).

Structure. — Nous ne devons ici décrire que ce qui est particulier au Cérianthe, par rapport aux Actinies vraies.

L'*ectoderme* est remarquable par l'abondance des cellules glandulaires (fig. 939, *gl.*) chargées de sécréter la substance du tube, et par la taille énorme de ses nématoblastes, qui passent en grand nombre dans cette enveloppe : après éclatement, leur fil mesure jusqu'à 1/2 centimètre. Les cellules de soutien sont uniflagellées. L'assise nerveuse (*n.*) est particulièrement épaisse. Au-dessous d'elle se voit une assise mus-

---

([1]) Cependant, E. Van Beneden [96] a décrit chez certaines larves (*Ovactis, Dactylactis, Arachnactis*), des formations rudimentaires qu'il rapporte aux aconties.

([2]) Van Beneden [96] distingue sur ces cloisons un *hyposulcus* qui n'est que la continuation du siphonoglyphe, plus long que les autres parties du pharynx, et un *hemisulcus* formé par les bourrelets en question, résultant de ce que l'hyposulcus s'est fendu en deux moitiés se prolongeant chacune sur une des cloisons directrices.

([3]) En ce qui concerne les tentacules marginaux, à l'espace compris entre une cloison courte mineure et la longue majeure voisine correspond un tentacule de 1er cycle; à l'espace suivant (en allant vers le bord dorsal), compris entre la longue majeure et la courte majeure suivante, correspond un tentacule de 3e cycle; à l'espace suivant, entre la courte majeure et la longue mineure suivante, correspond un tentacule de 2e cycle; enfin, à l'espace suivant, entre cette longue mineure et la courte mineure suivante, correspond un tentacule de

culaire longitudinale (*mcl.*), qui paraît indépendante des cellules ecto-dermiques. Cette assise n'est formée que d'une seule couche de fibres, mais elle est très développée cependant sur la colonne, car la mésoglée sous-jacente forme des saillies disposées suivant les génératrices du cylindre columnaire, à la manière des feuillets d'un livre, et les fibres s'étendent sur les deux faces de ces feuillets et sur les espaces intermédiaires. C'est sans doute cette puissante musculature qui rend inutile les muscles longitudinaux des cloisons qui sont si peu développés. Les muscles longitudinaux de la colonne se continuent sur le péristome où ils deviennent radiaires et sur le pharynx où ils sont de nouveau longitudinaux. Sur les tentacules, ils se prolongent également. Il y a des fibres qui s'étendent directement d'un tentacule à l'autre par leurs faces latérales contiguës.

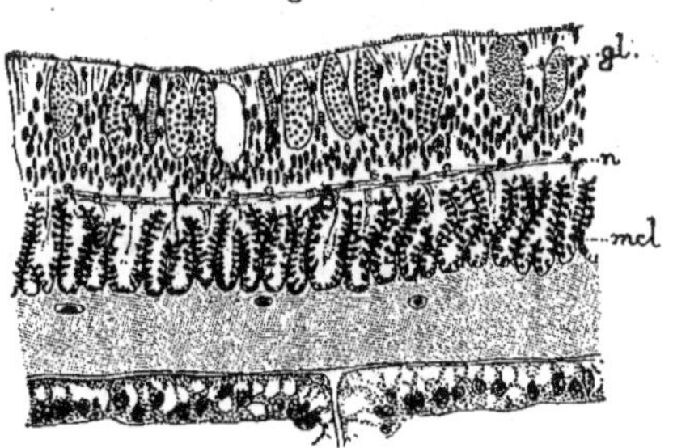

Fig. 939.

Coupe transversale de la muraille d'*Ovactis brasiliensis* (d'ap. E. Van Beneden). **gl.**, cellules glandulaires; **mcl.**, muscles longitudinaux; **n.**, couche nerveuse.

La *mésoglée* ne présente rien de bien particulier.

L'*endoderme* offre à signaler la discontinuité de ses fibres musculaires circulaires, qui s'interrompent à l'insertion de toutes les cloisons, et l'absence de sphincter.

Physiologie. — L'animal ne présente ici à décrire que ses relations avec son tube et ses mouvements. Il est logé dans son tube qui est enfoncé dans la boue du fond. Complètement libre dans ce tube, il

---

4° cycle. Pour les tentacules labiaux, Van Beneden fait correspondre le 1er cycle au 4° des marginaux; le 2° au 1er, le 3° au 2° et le 4° au 3°. Mais, pour cette correspondance, nous avons vu qu'elle ne semblait pas régulière (Faurot). Voici un diagramme qui rendra plus claires ces relations compliquées :

	CLOISONS	TENTACULES MARGINAUX	TENTACULES LABIAUX
	Courte mineure. . . .	. . . 1er cycle	. . . 2° cycle
	Longue majeure. . . .	. . . 3° cycle	. . . 4° cycle
GROUPE DE 4 .	Courte majeure	. . . 2° cycle	. . . 3° cycle
	Longue mineure . . .	. . . 4° cycle	. . . 1er cycle
	Courte mineure		

monte à son intérieur pour épanouir sa corolle de tentacules, ou descend au fond en réunissant ceux-ci en pinceau au-dessus de sa bouche, et, lorsqu'il est effrayé, se contracte en outre énergiquement, jusqu'à se réduire à 1/6 de sa longueur primitive. Ses tentacules sont très mobiles, mais non rétractiles.

Il exécute ses mouvements à l'aide des contractions de sa colonne et principalement de la partie inférieure. Il peut quitter son tube et se loge parfois dans celui d'un autre individu avec lequel il cohabite plus ou moins longtemps. Privé de tube, il en reforme un autre assez rapidement en commençant par la partie supérieure.

Son pore aboral, pas plus que chez les Actinies vraies qui en sont pourvues, ne lui sert d'anus ; il n'évacue par là que de l'eau, et rejette par la bouche les résidus de sa digestion.

Il est hermaphrodite, mais peut-être certaines espèces sont-elles dioïques.

Développement. Arachnactis. — Les premiers stades du développement ne semblent rien présenter de bien particulier. L'œuf, mis en liberté avant toute segmentation, subit une division totale et inégale et donne une blastula qui, par une invagination embolique, devient une gastrula typique. Ce qu'il y a de remarquable, c'est que la phase larvaire libre qui succède à cette gastrula et se distingue de celle-ci par la présence des premières cloisons et des premiers tenta-

Fig. 940.

Arachnactis vu de face
(d'ap. E. Van Beneden).

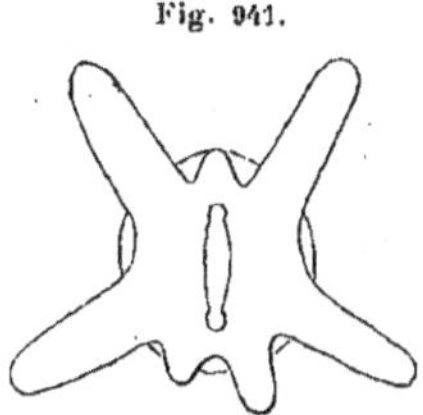

Fig. 941.

Arachnactis
vu par sa face orale
(d'ap. E. Van Beneden).

cules, semble avoir une vie libre, indépendante, assez longue, car on la rencontre fréquemment dans les pêches pélagiques. Cette larve a été connue sous le nom d'*Arachnactis* (fig. 940 et 941) bien avant que l'on sût ses relations avec le Cérianthe et, aujourd'hui encore, bien des espèces d'Arachnactis ne sont connues qu'à l'état d'Arachnactis, et ce n'est que par une induction assez légitime d'ailleurs, que l'on considère en bloc les Arachnactis comme des larves de Cérianthes.

On ne saurait décrire l'*Arachnactis* comme une forme définie, car elle varie, non seulement selon les espèces, mais selon les stades de son développement. Après le stade gastrula, se montrent les 6 premières cloisons 1, 2, 3, suivant l'ordre que nous avons décrit et qui est rappelé par leurs numéros ; puis viennent les cloisons 4 qui pourraient aussi bien, sinon mieux, être considérées comme les premières cloisons secondaires que comme les dernières cloisons primaires. Sur ces cloisons 4, E. Van Beneden [98] a découvert une paire de petites aconties rudimentaires, s'insérant à la place normale, un peu au-dessous de la terminaison inférieure de l'entéroïde, sur la cloison elle-même, un peu en dehors de son bord libre. C'est un filament simple qui, après un très court trajet, se divise en deux branches légèrement inégales, l'une ascendante, l'autre descendante. Ce filament a exactement la structure des aconties ordinaires, mais il est très court et ne saurait servir un peu efficacement aux mêmes fonctions. Il manque chez les très jeunes larves et a complètement disparu chez l'adulte.

Les tentacules naissent dans le même ordre que les cloisons. Le tentacule médian se montre après la 2e paire et souvent avant la 5e paire : c'est affaire d'espèce.

Les tentacules labiaux commencent à se montrer à peu près à ce moment, et alors commence l'apparition progressive des cloisons secondaires et des tentacules qui leur correspondent, au point opposé au tentacule médian.

L'animal mesure de 3 à 15ᵐᵐ et a l'aspect d'un jeune Cérianthe dont il diffère par sa forme plus courte, ses tentacules encore peu nombreux et par la forme de cône buccal, qui est saillant au lieu d'être invaginé.

Symétrie bilatérale et comparaison avec les larves des Prochordés et des Annelés. — Supposons qu'au lieu de placer le Cérianthe la bouche en haut et l'axe oro-aboral verticalement, nous placions verticalement la fente buccale et le tentacule médian en haut. L'animal sera symétrique par rapport à un plan sagittal passant par la fente buccale et le pore aboral, et présentera une ressemblance inattendue avec une larve de Prochordé ou d'Annelé, car les loges auront alors la disposition de saccules entérocœliques, et les cloisons celle des lames qui les séparent (1).

Nous ne voulons pas dire que cela suffise pour donner une indication phylogénétique, mais il y a là un rapprochement utile à signaler dont on pourra peut-être ultérieurement tirer parti.

GENRES

====== 1re FAM. : *CERIANTHINÆ*. — Pas d'autres appendices du péristome que les tentacules marginaux et labiaux.

Cerianthus (Delle Chiaje) (**63**, *fig. 9* et fig. 937). C'est le genre que nous venons de décrire comme type. Il se tient dans son tube, fiché verticalement dans la boue ou le sable du fond. Nous avons vu que, pour certaines espèces au moins, la larve a reçu le nom d'*Arachnactis* (10 à 50ᶜᵐ; Manche, Atl. nord et sud, europ. et amér., Médit., côtes Scandinaves, océan Arctique; Arachnactis pélagique dans la plupart des grandes mers, de 0 à 500ᵐ de profondeur).

Saccanthus (H. Milne-Edwards) (fig. 942) semble, malgré la prétendue absence de pore aboral, n'être qu'un Cérianthe très contracté (Nice, Madère).
Bathyanthus (Andres) est une forme insuffisamment définie d'après un unique

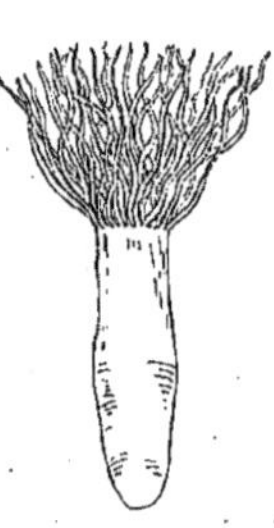

Fig. 942.

Saccanthus purpurascens (d'ap. H. Milne Edwards).

---

(1) E. Van Beneden, qui suggère l'idée de cette orientation, veut que la face buccale soit considérée comme dorsale. Cela n'est peut-être pas nécessaire.

échantillon mal conservé, décrite sous le nom de *C. bathymetricus* par Moseley [77], qui lui assigne 12 cloisons longues alternant avec 12 courtes, et, au-dessous du pharynx, un sac stomacal rattaché au corps par trois cordons musculaires qui vont s'insérer au voisinage du pore aboral. Andres, en créant pour cette espèce un genre nouveau, fait des réserves sur cet estomac et ces cordons, qui pourraient être le résultat d'une mutilation, ou un simple objet étranger ingurgité à titre d'aliment (Atlant., par 2750 brasses).

Indépendamment d'*Arachnactis*, il a été décrit par E. Van Beneden [98], un certain nombre de formes larvaires semblables, dont les adultes ne sont pas connus, mais doivent se rattacher aux Cérianthes. Voici ces genres :

Arachnactis (Sars), lui-même, doit être cité ici, car il n'est nullement démontré que toutes ses espèces appartiennent strictement au genre *Cerianthus*. Nous rappellerons ses caractères, consistant dans sa forme allongée, ses tentacules, l'apparition du tentacule médian à peu près en même temps que la troisième paire des latéraux, et les aconties rudimentaires de ses cloisons n° 4 (La plupart des grands océans, de la surface à 500 mètres).

Ovactis (E. Van Beneden) (fig. 943) est de forme ovoïde; ses tentacules marginaux sont nom-

Fig. 943.

*Ovactis
æquatorialis*
(im. Ed. Van
Beneden).

Fig. 944.

Dactylactis digitata
(im. Ed. Van Beneden).

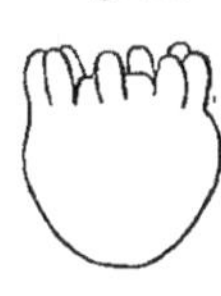

Fig. 945.

Dactylactis elegans
vu de profil (im.
Ed. Van Beneden).

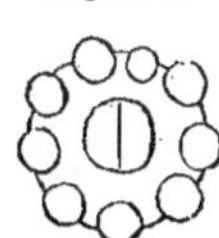

Fig. 946.

Dactylactis elegans
vu par la face
orale (im.
Ed. Van Beneden).

breux mais très courts, tuberculiformes; le tentacule médian et les tentacules labiaux se montrent tardivement, après les latéraux n° 6; aconties comme chez *Arachnactis* (Atlant. tropical, Bermudes, de 0 à 400 mètres).

Dactylactis (E. Van Beneden) (fig. 944 à 946 et **63**, *fig. 10*) a au contraire les tentacules à développement rapide, les marginaux contigus au bord supérieur de la colonne; le médian précoce,

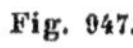

Fig. 947.

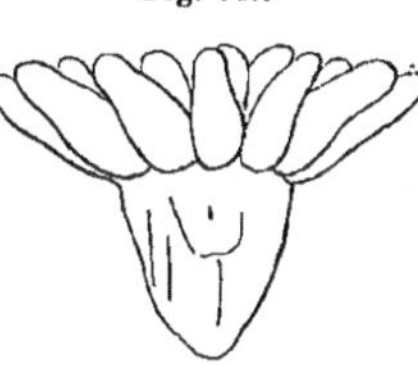

Solasteractis macropoda
vu de profil
(im. Ed. Van Beneden).

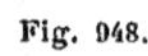

Fig. 948.

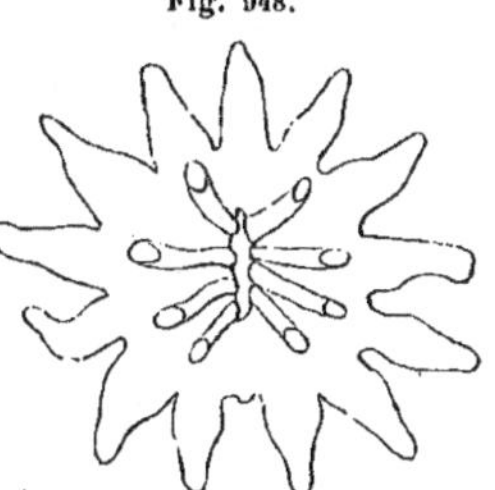

Solasteractis macropoda
vu par la face orale
(im. Ed. Van Beneden).

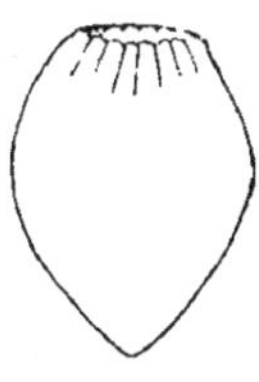

Fig. 949.

Apiactis denticulata
vu de profil
(im. Ed. Van
Beneden).

ainsi que les labiaux, tous de forme quadrilatère sur la coupe transversale; cloisons directrices relativement longues; aconties comme chez *Arachnactis* (All. tropical, Bermudes, de 0 à 500 mètres).

Solasteractis (E. Van Beneden) (fig. 947 et 948), comme le précédent, mais tentacules marginaux séparés du bord de la colonne par un sillon et de forme différente; aconties absentes ou tardives (Bermudes, à la surface).

Apiactis (E. Van Beneden) (fig. 949 et 950) piriforme; tentacules marginaux remplacés par des festons du bord supérieur de la colonne; tentacules labiaux tuberculiformes; aconties nulles ou tardives. (Atlant. tropical, de 0 à 400 mètres).

Peponactis (E. Van Beneden) (fig. 951). Forme sphérique, tentacules marginaux filiformes, très espacés; tentacules labiaux capités, beaucoup moins nombreux que les marginaux; aconties absentes ou tardives. (Atlant. tropic., de 0 à 400 mètres.)

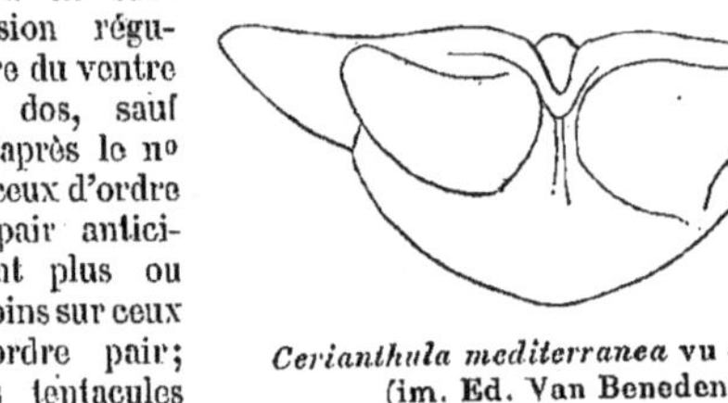

Fig. 950.

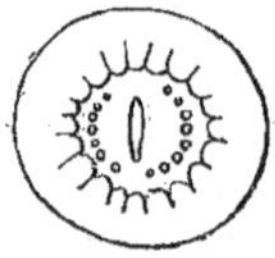

Apiactis denticulata
vu par la face orale
(im. Ed. Van Beneden).

Ces six genres ont pour caractères communs que leurs tentacules apparaissent dans l'ordre des cloisons correspondantes et qu'ils possèdent, ou non, des aconties rudimentaires, mais non les formations dont il va être parlé sous les noms de bothrucnides et de cnidorages. Pour cela, Van Beneden les réduit en une famille [Acontifères] à laquelle il oppose les deux genres suivants, dont il forme une deuxième famille [Bothrucnidifères écrit par l'auteur tantôt avec, tantôt sans h], caractérisés par l'ordre d'apparition de leurs tentacules, qui se montrent en succession régulière du ventre au dos, sauf qu'après le n° 3, ceux d'ordre impair anticipent plus ou moins sur ceux d'ordre pair; les tentacules labiaux sont absents ou tardifs; pas d'aconties, mais des bothrucnides, formations homologues, mais tout autrement constituées.

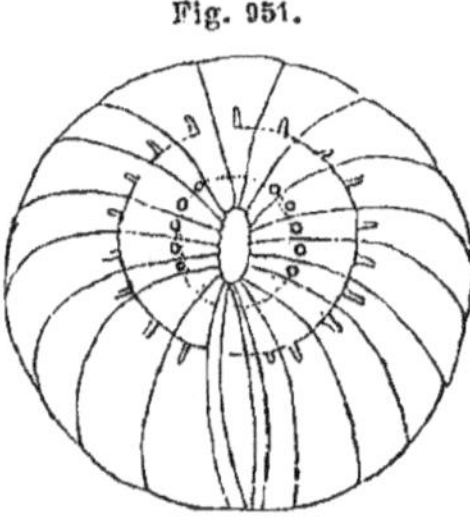

Fig. 951.

Peponactis æquatorialis
(im. Ed. Van Beneden).

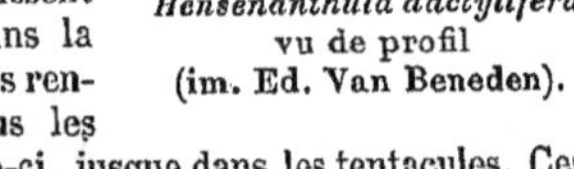

Fig. 952.

Cerianthula mediterranea vu de profil
(im. Ed. Van Beneden).

Sur certaines cloisons, immédiatement au-dessous de la terminaison de l'entéroïde, non au bord libre de la cloison, mais à une petite distance de ce bord, sur les faces latérales, et par conséquent exactement au point où s'insèrent les aconties, quand il y en a, se trouve un petit amas bosselé, comme une grappe sessile. Cet amas est le *bothrucnide*; les grains, à mesure qu'ils grossissent, se pédiculisent et, par rupture ou résorption de leur pédicule, finissent par tomber dans la cavité, et on les rencontre en tous les points de celle-ci, jusque dans les tentacules. Ces grains tombés sont les *cnidorages*. Ils sont formés d'un petit nombre de nématoblastes géants auxquels sont associés d'autres nématoblastes, les uns petits, les autres moyens, tous orientés normalement à la surface, le pôle d'éclatement vers la surface libre; le tout est entouré d'une membrane des cellules endodermiques non différenciées. On voit que l'ensemble peut être comparé à une acontie large et courte qui s'égrènerait au fur et à mesure de sa formation. Les

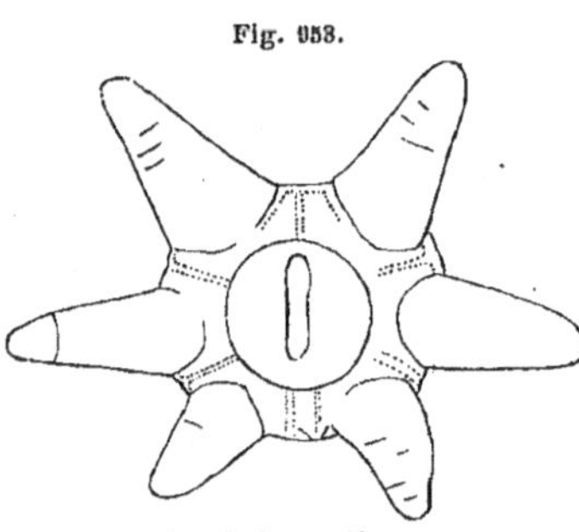

Fig. 953.

Cerianthula mediterranea
vu par la face orale et montrant à droite
le commencement d'un 4° tentacule
(im. Ed. Van Beneden).

Fig. 954.

Hensenanthula dactylifera
vu de profil
(im. Ed. Van Beneden).

bothrucnides se montrent d'abord sur les cloisons 1, 2, 3, 4, les cloisons directrices n° 3 en étant toujours dépourvues, et on les rencontre ensuite, suivant les espèces et suivant les stades, sur des cloisons d'ordre plus ou moins élevé. Il est probable qu'ils persistent chez les adultes.

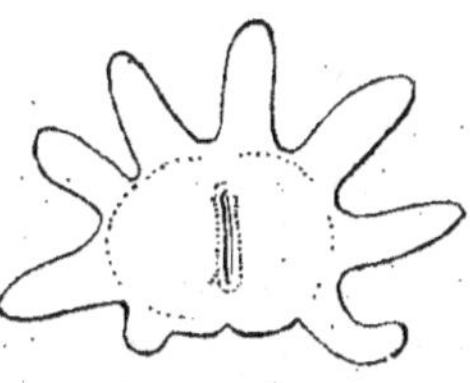

Fig. 955.

Hensenanthula dactylifera
vu par la face orale
(im. Ed. Van Beneden).

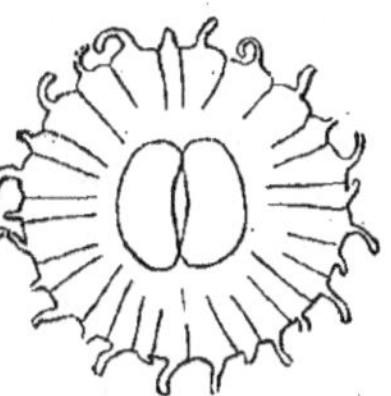

Fig. 956.

Calpanthula guineensis
vu par sa face orale
(im. Ed. Van Beneden).

Fig. 957.

Calpanthula guineensis
vu de profil
(im. Ed. Van Beneden).

Les genres des Bothrucnidifères sont au nombre de trois, dont leur auteur ne donne pas les diagnoses génériques:

Cerianthula (E. Van Beneden) (fig. 952 et 953) (Médit.);
Hensenanthula (E. Van Beneden) (fig. 954 et 955) (Atlant. tropic., de 0 à 400 mètres);
Calpanthula (E. Van Beneden) (fig. 956 et 957) (Atlant. tropic., de 0 à 400 mètres).

5° Sous-Ordre

ANTIPATHIDÉS. — *ANTIPATHIDÆ*

[*ANTIPATHACEA* (Dana); — p. p. *CERATOPHYTA* (Gray);
ANTIPATHARIA (*auct.*) moins *Gerardia*;
ANTIPATHAIRES; — *ANTIPATHARIA* (H. Milne Edwards);
ANTIPATHIDÆ (Verrill); — CORAIL NOIR]

TYPE MORPHOLOGIQUE
(Pl. 67 et FIG. 958)

Anatomie.

Configuration extérieure. — L'apparence extérieure de l'animal est tout à fait celle d'une Gorgone et, de fait, les Antipathaires ont été longtemps confondus avec ces animaux, dont ils ont été définitivement séparés seulement en 1857 par H. MILNE-EDWARDS et J. HAIME ([1]). Comme les Gorgones, ils forment des colonies arborescentes soutenues par un polypier corné, rameux (**67**, *fig. 1*). Mais la nature non pinnée des tentacules suffit, sans compter les autres caractères, à montrer que, sous la ressemblance superficielle, se cache une différence profonde dans l'organisation.

([1]) Déjà, en 1846, DANA avait eu l'idée de cette séparation et avait reconnu que les affinités des Antipathes étaient plutôt avec les Actinies qu'avec les Gorgones, en raison de leurs tentacules non pinnés.

La colonie est fixée à quelque support immergé par le pied étalé de son polypier, d'où part un tronc qui se ramifie en branches de plus en plus fines. Ces branches sont revêtues d'un cœnosarque (**67**, *fig. 6, cchy.*) dans lequel sont implantés les zoïdes (*p.*). Ceux-ci, sur les grosses branches, sont rares, clairsemés et situés en un point quelconque de la surface; sur les petites, qui sont les plus jeunes, ils sont disposés tous à la file, sur une seule génératrice; ils sont petits et peu saillants, mesurent seulement 1 à 2^{mm} de large, et ont l'aspect de petites Actinies à 6 tentacules simples, non pinnés. Leur corps est un peu allongé dans le sens de la branche à laquelle ils appartiennent et l'on serait tenté (la chose a été faite par certains auteurs) de considérer la direction de cet allongement comme donnant celle du plan sagittal du Polype. Mais quand on examine la fente buccale (**67**, *fig. 7*), on voit que celle-ci est dirigée transversalement par rapport à la longueur de la branche et au grand diamètre de la colonne; et l'ensemble de l'organisation montre qu'entre ces deux plans perpendiculaires, entre lesquels on pourrait hésiter, c'est celui de la bouche qu'il faut prendre pour plan sagittal. L'animal est donc orienté en travers sur la branche qui le porte, mais son corps est allongé transversalement, suivant la longueur de cette branche.

Il y a, avons-nous vu, 6 tentacules, et ce nombre est constant. Mais ces tentacules ne sont pas tous semblablement disposés. Il y en a deux médians (**67**, *fig. 2, tt. d, tt. v.*) correspondant aux angles de la bouche et 4 latéraux (*tt. l.*) formant 2 paires. Ces derniers sont situés, comme d'ordinaire, sur le péristome. Les premiers, au contraire, sont situés à une petite distance au-dessous du péristome, sur la colonne à laquelle ils appartiennent, étant formés par des refoulements de la paroi de celle-ci. La fente buccale a un siphonoglyphe ventral (**67**, *fig. 2, sph.*), mais peu accentué.

Organisation intérieure des Polypes. — La cavité du corps est divisée en 6 compartiments par autant de cloisons complètes, c'est-à-dire prenant insertion sur le pharynx. Mais ces cloisons ne sont ni semblables ni équidistantes, bien qu'elles soient de même cycle. Il y en a une paire ventrale (fig. 958, *cl.v.*) et une paire dorsale (*cl.d.*), limitant chacune une petite loge médiane, tandis qu'elles laissent entre elles un très vaste espace latéral. Dans cet espace se trouve, de chaque côté, une grande cloison latérale (*cl.l.*), située exactement dans le plan transver-

Fig. 958.

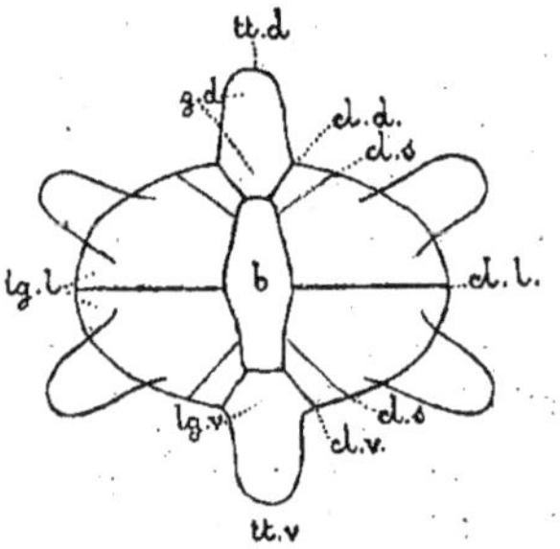

Schéma de la position relative des loges et des cloisons, chez *Antipathella* et *Parantipathe* (d'ap. E. Van Beneden).

b., bouche; **cl. d.**, cloisons dorsales **cl. l.**, cloisons latérales; **cl. v.**, cloisons ventrales; **cl. s.**, cloisons secondaires; **lg. d.**, loge dorsale; **lg. l.**, loges latérales; **lg. v.**, loge ventrale; **tt. d.**, tentacule dorsal; **tt. v.**, tentacule ventral.

sal. Ces cloisons transversales (**67**, *fig. 3*, *cl.l.*) sont longues, chargées de gonades et portent au bord un entéroïde bien développé (**67**, *fig. 2*, *entd.*), tandis que les autres (**67**, *fig. 2 et 3*, *cl.d.*) sont courtes, stériles et dépourvues d'entéroïde, ou n'ont qu'un entéroïde rudimentaire. — On voit que ces cloisons ne sont point groupées par couples et comme, en outre, leurs muscles longitudinaux sont absents ou si peu développés qu'on n'a pu déterminer leur position, il en résulte qu'on ne peut établir de distinction entre loges et interloges, ni assimiler les cloisons avec quelque précision à celles qui apparaissent les premières dans le développement des vraies Actinies.

Ces cloisons primaires peuvent exister seules (*Cladopathes*), mais presque toujours il en existe 4 autres beaucoup plus petites (fig. 958, *cl.s.*), s'insérant toujours au pharynx et, d'ordinaire, à la colonne, mais confinées au sommet de la cavité, sous le péristome, dépourvues de gonades et d'entéroïdes, et assez difficiles à voir, ce qui explique qu'elles n'aient été découvertes (par Koch) que longtemps après les autres. Le fait qu'elles s'attachent sur une plus grande longueur au pharynx qu'à la colonne, est à remarquer et empêche, malgré leur brièveté, de les assimiler aux cloisons micrentériques des Actinies ordinaires : on les appelle les *cloisons secondaires*. Ces cloisons secondaires, quand elles sont, conformément à la règle, au nombre de 4 formant deux paires, sont situées dans les loges latérales, mais tout près des cloisons ventrales et dorsales, de manière à donner naissance à 4 petites loges, 2 latéro-dorsales et 2 latéro-ventrales, beaucoup plus étroites que les loges latérales ou même que les médianes (¹).

La disposition des tentacules est tout à fait indépendante de ces cloisons accessoires, et est la même que si celles-ci n'existaient pas. Il y en a 2 médians pour les 2 loges médianes et 4 latéraux

Fig. 959.

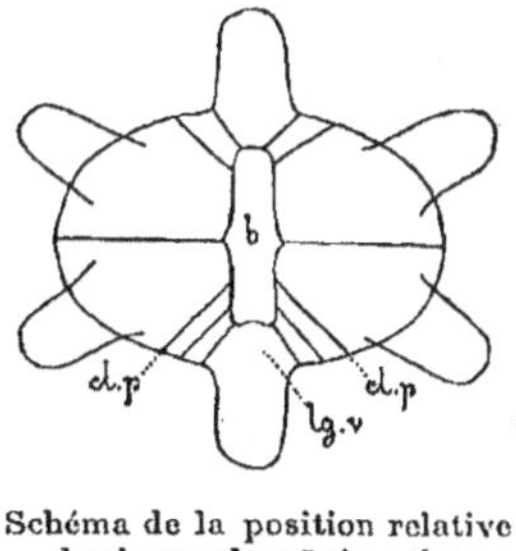

Schéma de la position relative des loges chez *Leiopathes* (d'ap. E. Van Beneden).

b., bouche; **cl. p.**, cloisons spéciales des Leiopathes; **lg. v.**, loge ventrale.

(¹) Chez *Leiopathes glaberrima*, il y a 6 cloisons accessoires, et les deux supplémentaires (fig. 959, *cl.p.*), situées de part et d'autre des latéro-ventrales, sont très plates aussi. Si, contre notre habitude, nous citons ici, à l'occasion du type morphologique, le cas exceptionnel où il y a 6 loges accessoires, c'est pour avoir occasion de signaler une opinion d'après laquelle ce nombre 6 serait typique et primitif et, portant à 12 le nombre total, permettrait d'assimiler l'Antipathaire à une Actinie normale à 12 cloisons. Mais on voit que les positions relatives de ces cloisons ne concordent nullement avec celles des Actinies ordinaires. Il ne nous paraît pas davantage possible d'accepter l'opinion de Van Beneden [98] qui rapproche les Antipathaires des Cérianthes sous le nom de *Cériantipathaires*. Il faut être conséquent avec soi-même, et, si l'on sépare les Cérianthes des autres Actinies en raison de ce que les bandes méridiennes d'accroissement sont tout autrement disposées chez ceux-là que chez celles-ci, il faut aussi les séparer des Antipathaires qui ne sont pas moins différents d'eux sous ce rapport.

pour les 4 loges latérales; les loges accessoires sont dépourvues de tentacules et fermées en cul-de-sac au sommet.

Rappelons que les 4 tentacules latéraux (**67**, *fig. 2 et 3, tt.l.*) s'ouvrent au sommet des loges latérales, tandis que les deux médians débouchent dans les loges correspondantes un peu plus bas, en un point de leur paroi columnaire.

Structure. — *Polypes.* — La structure des Polypes eux-mêmes ne présente rien de bien particulier, si ce n'est pour remplacer l'absence déjà signalée de muscles longitudinaux des cloisons, la présence d'une couche de fibres longitudinales ectodermiques sur les parois de la colonne.

Rapports du polypier. — Le polypier (**67**, *fig. 6, sq.*) parcourt toutes les branches de la colonie. Dans le tronc et les grosses branches, il occupe le centre, revêtu d'une couche relativement peu épaisse de cœnosarque, dans laquelle sont dispersés au hasard de rares Polypes clairsemés; dans les petites branches terminales, où les Polypes sont disposés à la file sur une seule ligne, il forme une mince tigelle, située à l'opposé de la génératrice polypifère et logée dans l'épaisseur de la paroi aborale des chambres gastriques. Sur une coupe transversale passant par un Polype, on le voit former (**67**, *fig. 2, sq.*), au plancher de la cavité, une voussure assez accentuée, tapissée par l'endoderme gastrique.

Cœnosarque. — Sur une pareille coupe transversale, il n'existe, pour ainsi dire, pas de cœnosarque, à moins qu'on ne veuille considérer comme tel, la partie des tissus mous qui est au côté aboral du polypier. D'autre part, sur la longueur de la branche, les Polypes étant très rapprochés les uns des autres ne laissent place qu'à une faible quantité de cœnenchyme vrai. Dans ces aires cœnosarciques, leurs cavités gastriques envoient à la rencontre l'une de l'autre des prolongements tubuleux (**67**, *fig. 3, pr.*) qui se joignent, mais sont séparés par des cloisons incomplètes qui laissent communiquer ensemble les cavités de tous les Polypes de la colonie(¹).

Sur les branches plus grosses et sur le tronc, où les Polypes sont clairsemés, il ne saurait en être ainsi; il y a évidemment de larges aires de cœnosarque et, très probablement, des canaux les traversent et se mettent en communication avec les cavités des Polypes; mais la structure de ces parties n'a pas été convenablement élucidée.

Polypier. — Le polypier est formé d'une substance cornée de couleur foncée, d'où le nom de *Corail noir*, donné par les pêcheurs de la Méditerranée à toutes les espèces d'Antipathidés indistinctement. Il est

---

(¹) Dans certains cas, cependant, il n'en est pas ainsi. Chez *Cirripathes propinqua*, les cavités des Polypes, qui sont fort petites par rapport au diamètre du polypier, séparées les unes des autres par des intervalles notables, ne s'étendent qu'à une petite distance autour de la branche et communiquent entre elles par des canaux ramifiés, à direction générale transversale, creusés dans un cœnenchyme assez étendu.

recouvert d'épines (**67**, *fig.* 4, 5 et 6), et c'est là un caractère de première importance, car il permet, sur les pièces sèches, de distinguer les Antipathes des Gorgones, qui leur ressemblent considérablement sous tous les autres rapports. Ces épines manquent à l'extrême bout des dernières branches, où elles ne sont pas encore formées; sur les grosses branches et surtout sur le tronc, elles sont très réduites, parfois tout à fait disparues, et la distinction avec un tronçon de pied de Gorgone deviendrait alors presque impossible sans le secours de la structure microscopique. C'est sur les petites branches (**67**, *fig.* 4) qu'elles se montrent avec leurs caractères normaux; on les trouve là avec leur maximum de hauteur, bien dégagées et disposées à des intervalles sub-égaux, mais sans grande régularité. Elles ont les mêmes rapports que les parties axiales du squelette, mais elles s'avancent dans l'épaisseur des tissus périphériques et, parfois même, font saillie à la surface. Leur présence est fort gênante pour l'anatomiste, en ce qu'elle empêche toute décortication un peu étendue, faite en vue d'obtenir des lames de cœnenchyme que l'on puisse ensuite couper sans être gêné par le polypier.

Le polypier est creux. Au centre se trouve une cavité axiale (**67**, *fig.* 5, **c.**) cloisonnée par des lamelles de la substance qui forme les parois; mais les cavités des diverses branches ne communiquent pas entre elles; car, à l'union de chaque branche avec celle dont elle provient, la structure devient massive sur une certaine étendue. Enfin, la cavité axiale ne communique avec l'extérieur ni à la base du pied, ni au bout des branches, qui se terminent par une extrémité obtuse et close. On ne sait rien sur l'origine et le mode de formation de cette cavité.

Sur les coupes, on constate que le polypier est formé de lamelles successives, déposées de dedans en dehors, et comme ces couches continuent à se déposer après la formation des épines, elles empâtent peu à peu celles-ci (**67**, *fig.* 5, **ep.**). De là résultent deux choses : premièrement, que les épines deviennent de moins en moins saillantes sur les parties anciennes représentées par les grosses branches et le tronc, et finissent par se réduire à de petits tubercules et disparaître tout à fait; secondement, que sur les coupes on peut poursuivre jusque près du centre les épines, à travers la masse du tissu, de la même manière qu'on peut suivre sur les arbres le prolongement des rameaux sur les branches dont ils proviennent.

Le polypier (**67**, *fig.* 3, **sq.**), avons-nous vu, est logé dans la méso-glée. Mais il n'est pas immédiatement en contact avec elle, ni formé par elle. Il en est séparé par une assise épithéliale continue qui l'enveloppe en tous ses points et coiffe également les épines. Sans en avoir fourni la preuve embryogénique, Koch [89] affirme, et il semble y être autorisé, que cet épithélium est d'origine ectodermique. Les relations seraient donc ici tout à fait les mêmes que pour les Gorgones, et nous renvoyons à ce qui a été dit au sujet de celles-ci (Voir p. 381).

Physiologie.

La physiologie propre du Polype ne présente rien de particulier à signaler ; mais il n'en est pas de même pour la formation et l'évolution de la colonie. Les Polypes et les colonies elles-mêmes sont dioïques.

Bourgeonnement. Accroissement de la colonie. — L'accroissement en longueur n'est pas intercalaire et se fait seulement au bout des dernières branches. Là, le polypier s'arrête un peu en deçà du sommet, qui est formé par un court cylindre de tissus mous indifférenciés, où il n'y a ni Polypes ni polypier, et qui s'accroît continuellement. Ce tissu terminal (**67**, *fig. 3*, a.) est formé seulement d'ectoderme, et il faut aller un peu en deçà pour rencontrer l'endoderme doublé d'une mince lame mésogléenne. Cet endoderme est amené là par un prolongement (*pr.*) de la cavité gastrique du Polype voisin, lequel pousse en doigt de gant vers le bout. C'est sur ce prolongement que naît par bourgeonnement (*brg.*) un nouvel individu.

Le bourgeonnement est fort simple : c'est un simple diverticule de la cavité, qui s'avance vers le dehors et se munit de tentacules et de cloisons, tandis que, par invagination, se creuse le pharynx, qui se percera au fond. C'est seulement après que toutes ces parties sont formées, que le nouveau Polype se sépare par une cloison transversale de celui qui lui a donné naissance. Par un processus semblable peuvent se former des Polypes intercalaires sur les parties plus âgées, là où l'accroissement en épaisseur permet une distribution autre que celle en file longitudinale unique, caractéristique des petites branches.

L'accroissement du polypier en longueur se fait aussi au bout des dernières branches. Là, on voit dans l'épaisseur de la mésoglée, sur la génératrice opposée à celle qui porte les Polypes, se former un bourrelet longitudinal dans lequel s'avance le polypier, toujours coiffé et précédé de sa couche de cellules ectodermiques formatrices.

L'accroissement en épaisseur se fait, comme il a été dit, par le dépôt de couches nouvelles sur le polypier ; le cœnenchyme s'étend proportionnellement pour le recouvrir, et de nouveaux Polypes se forment par bourgeonnement dans ce cœnenchyme.

Dégénérescence. — Nous avons vu comment les épines, continuellement recouvertes par de nouvelles couches de substance cornée, sont peu à peu empâtées jusqu'à disparaître. Il n'en serait pas ainsi évidemment si le dépôt était uniforme ; l'épine alors diminuerait de hauteur par rapport à sa largeur, mais sa longueur absolue demeurerait invariable. Il n'en est pas ainsi par suite de ce fait, que le dépôt n'est pas uniforme, qu'il est plus abondant au sommet de l'épine, tant que celle-ci grandit, et qu'il cesse, au contraire, au sommet, plus ou moins complètement, sur les parties âgées.

Les Polypes subissent aussi une dégénérescence dans les parties âgées de la colonie, et c'est pour cela qu'on les trouve rares et épars sur les

grosses branches, et tout à fait disparus à la base du tronc. Les tentacules tombent d'abord, puis la bouche se ferme et les cloisons s'atrophient. Parfois la bouche se ferme avant la chute des tentacules. Par
suite de la disparition des Polypes, précisément dans les parties où
l'accroissement en épaisseur a le plus accumulé ses effets, le cœnosarque devient très abondant sur le tronc et les grosses branches, et
DE LACAZE-DUTHIERS est d'avis qu'il doit nécessairement s'établir dans ces
régions un système de canaux pour pourvoir à l'entretien de la vie du
cœnenchyme. Mais la structure de ces parties n'a pas été approfondie.

Développement.

Le développement est entièrement inconnu. Il est à croire qu'il se
passe ici le même fait que pour les Gorgones, c'est-à-dire que l'oozoïte
se fixe et sécrète au niveau de sa base de fixation des couches successives de substance squelettique qui s'élèvent en cône, puis s'accroissent
en un système ramifié, refoulant toujours devant elles l'ectoderme
basilaire dont elles se coiffent et qui pénètre ainsi jusqu'au bout des
hanches, formant la couche épithéliale squelettogène.

Le sous-ordre des *ANTIPATHIDÆ* se divise en trois tribus :

ANTIPATHINA, Polypes tous semblables entre eux, et à 6 tentacules
simples ;

SCHIZOPATHINA, Polypes les uns stériles, les autres sexués et à
2 tentacules simples ;

DENDROPATHINA, Polypes tous semblables et à 4 tentacules longuement pinnés.

1re TRIBU

ANTIPATHINES. — ANTIPATHINA

[ANTIPATHINÆ (Brook)]

TYPE MORPHOLOGIQUE

C'est celui qui nous a servi pour le sous-ordre. Il est caractérisé par
ses Polypes non dimorphes, tous semblables, tous à 6 tentacules non
pinnés.

GENRES

1re FAM. : *RHABDOSINÆ* [*Antipathinæ indivisæ* (Brook)]. — Polypier en forme de
tige non ramifiée.

Stichopathes (Brook) diffère de notre type morphologique principalement
par la forme de la colonie qui, au lieu de se ramifier, est constituée par
une simple tige longue et flexible, souvent tordue en spirale. Les
Polypes sont alignés suivant une génératrice; ils ont des tentacules très
longs. Fréquemment des Polypes plus petits alternent avec les grands

et sont en partie cachés sous les tentacules de ceux-ci. Au côté opposé aux
Polypes règne une large bande de cœnenchyme,
traversée par des canaux, principalement transversaux (Atl. Nord et Sud, Antilles; par 10 à 878 brasses).

Cirripathes (de Blainville) (fig. 960) diffère du précédent par la disposition de ses Polypes, distribués tout autour de la tige. Il y a
un cœnenchyme interposé aux Polypes et traversé par des canaux
à direction principalement transversale, allant de l'un à l'autre (Mer
Rouge, oc. Indien; par 1 à 4 brasses).

Fig. 960.

Cirripathes propinqua.
Portion d'une branche
(d'ap. Brook).

═══ 2° FAM·: *RAMOSINÆ* [*Anthipathinæ divisæ* (Brook)]. — Colonie ramifiée.

Antipathes (Pallas, *emend.*). Ici, la colonie est ramifiée et toute l'organisation est conforme à celle de notre type morphologique. Les épines sont
longues et nombreuses; sur le corps et surtout sur les tentacules sont
de petites papilles urticantes (Médit., Atl. Nord, oc. Indien, Pacif. nord et sud;
par 10 à 140 brasses).

Antipathella (Brook) diffère d'*Antipathes* par ses Polypes plus petits, notablement allongés transversalement, en sorte que les tentacules semblent former deux rangées parallèles de trois tentacules chacune; les épines sont courtes. La colonie a une tendance à s'étaler dans un plan,
et parfois les bran-
ches s'anastomo-
sent (Médit., Atl.
nord, Antilles, oc.
Indien, Pacif. nord
et sud; par 33 à
226 brasses).

Aphanipathes (Brook)
(fig. 961) a les Po-
lypes peu visibles
et séparés par des
aires de cœnen-
chyme assez lar-
ges; leurs tenta-
cules médians par-
tent du péristome
comme les laté-
raux; les épines
sont très longues
et font saillie dans ces aires ou dans le corps des
Polypes, ou sortent même par leur bouche, toujours revêtues de leur couche endodermique. La
colonie est en forme de buisson ou étalée en éven-

Fig. 961.

A   B

Aphanipathes sarothamnoides
(d'ap. Brook).

A, portion du squelette;
B, une épine du squelette.

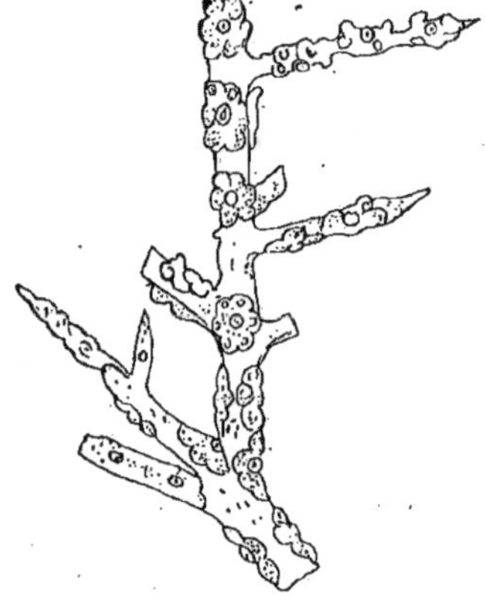

Fig. 962.

Tylopathes crispa (d'ap. Brook).

tail, avec anastomoses entre les branches (Atlant. nord et sud, Antilles, oc. Indien, Pacif.
sud; par 76 à 287 brasses).

Tylopathes (Brook) (fig. 962) a les Polypes petits, épars et séparés par de larges aires de cœnenchyme, mais les épines sont courtes (Oc. Indien, Pacif. nord et sud; par 400 brasses).

Pteropathes (Brook) a, au contraire, les Polypes, orientés d'ailleurs suivant une même génération, si serrés les uns contre les autres que le cœnenchyme interposé est réduit à une mince
bande transversale; les tentacules médians sont insérés très bas sur la colonne; les épines
sont grandes et fortes; la colonie est en éventail avec des anastomoses (Île Saint-Paul).

Parantipathes (Brook) (fig. 963) est remarquable par le grand allongement de ses Polypes dans le sens transversal, en sorte que les tentacules d'une même paire morphologique sont très éloignés les uns des autres, tandis que ceux qui se correspondent dans les deux moitiés ventrale et dorsale du péristome se rapprochent; en outre, on observe sur le péristome, de part et d'autre des tentacules médians, 2 paires de pincements qui constituent un indice de division de la cavité gastrique en 3 compartiments correspondant aux trois groupes de tentacules. Cette disposition ainsi que d'autres particularités de l'organisation interne le rapprochent des Schizopathines. Les épines sont rares et courtes; la colonie est formée d'une tige peu ou point ramifiée portant des rameaux simples ou verticillés (Médit., Antilles, Pacif. sud; par 54 à 861 brasses).

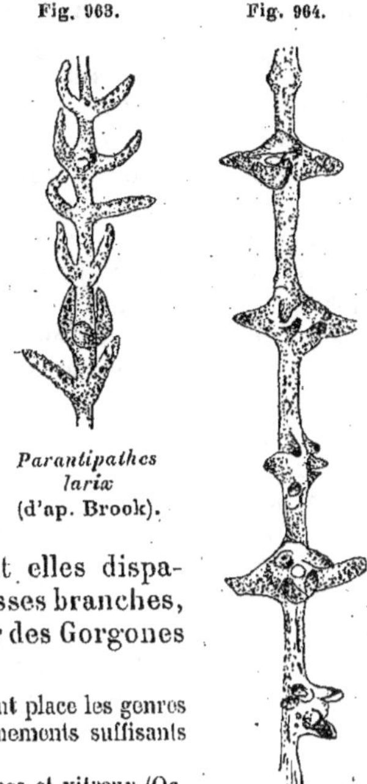

Fig. 963.　　　　Fig. 964.

Parantipathes larix (d'ap. Brook).

Leiopathes glaberrima (d'ap. Brook).

Leiopathes (Gray, *emend.*) (fig. 959 et 964) diffère de tous les autres Antipathidés par la présence de 6 cloisons accessoires au lieu de 4. Nous avons, à propos du type morphologique (Voir p. 682), indiqué leur disposition. La colonie est dendriforme et ses dernières branches sont particulièrement grêles. Les épines sont courtes et distantes, même sur les parties jeunes, et elles disparaissent complètement sur le tronc et les grosses branches, laissant ces parties lisses comme le polypier des Gorgones (Médit.; par 35 à 324 brasses).

C'est très probablement dans cette tribu que prennent place les genres suivants pour lesquels on ne possède point de renseignements suffisants sur la structure de leurs Polypes :

Hyalopathes (H. Milne-Edwards), à polypier lisse, sans épines et vitreux (Oc. Indien?) et

Arachnopathes (H. Milne-Edwards), dont les branches forment un réseau buissonneux, non étalé dans un plan, mais en forme de touffe arrondie (Oc. Indien).

2ᵉ Tribu

SCHIZOPATHINES. — *SCHIZOPATHINA*

[*Schizopathinæ* (Brook)]

TYPE MORPHOLOGIQUE
(FIG. 965 A 967)

Ce type diffère de celui de la tribu précédente par une seule particularité, mais qui suffit à lui donner une apparence toute différente. Les Polypes sont, en effet, tous bitentaculés et sont dimorphes, les uns, *gastrozoïdes*, ayant une bouche et pas de gonades, les autres, *gonozoïdes*, ayant des gonades et point de bouche. Mais ces différences sont au fond beaucoup moins considérables qu'elles ne paraissent, car elles sont simplement le résultat d'une division en trois du Polype primitif. Le dimorphisme ne provient pas ici, comme d'ordinaire, d'une différenciation particulière d'individus entiers, mais de la division de l'individu complet en parties différentes.

Nous avons décrit dans la tribu précédente un genre *Parantipathes* présentant les particularités suivantes : le corps était très allongé transversalement dans le sens de la branche (fig. 965) et les tentacules se trouvaient par suite entraînés, de manière à former 3 groupes de 2, 1 groupe central formé par les 2 médians et 2 groupes latéraux formés par les 4 latéraux. Même, un double pincement avait commencé à diviser le péristome et la cavité gastrique en 3 portions, 1 centrale comprenant la bouche et les 2 tentacules médians,

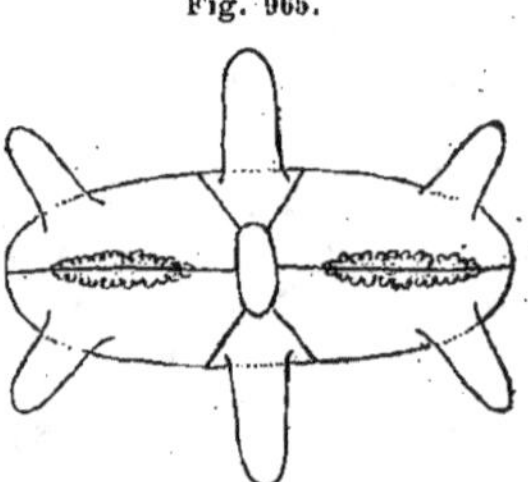

Parantipathes
vu par la face orale
pour montrer l'allongement
de l'axe transversal du Polype
(Sch.).

et 2 marginales comprenant chacune seulement 2 tentacules latéraux. Supposons que ce pincement s'accentue (fig. 966) et se complète (fig. 967)

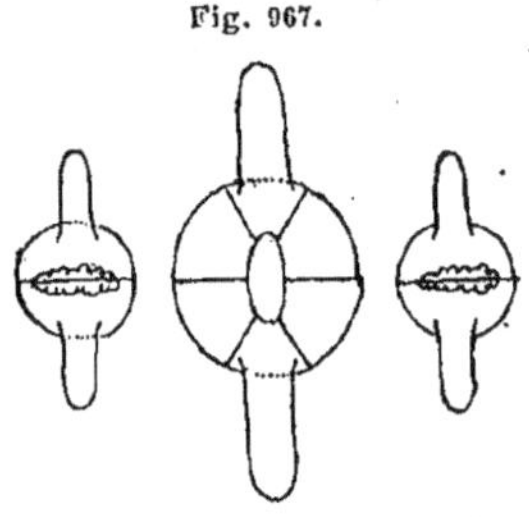

jusqu'à diviser complètement le Polype primitif en 3 parties distinctes, et nous aurons le type de la tribu actuelle. Par suite de cette séparation, le zoïde médian conservera, outre la bouche, la totalité des mésentères, puisque tous s'insèrent au pharynx ; les latéraux, au contraire, n'emporteront que la partie la

Schéma destiné à montrer
le passage de la forme
Parantipathes à la forme des
SCHIZOPATHINA (Sch.).

Séparation complète
des parties latérales
de la figure précédente
représentant la forme des
SCHIZOPATHINA (Sch.).

plus externe des cloisons transversales ; mais, comme c'est sur cette partie externe que se trouvent les gonades, ils se trouveront sexués, tandis que l'individu central sera stérile.

Sur la branche, où les Polypes sont disposés à la file, la distance n'est pas plus grande entre les Polypes primitifs qu'entre les zoïdes provenant de leur morcellement ; on observe seulement une alternance régulière entre un gastrozoïde et deux gonozoïdes ; mais l'on doit par la pensée associer ensemble chaque gastrozoïde avec les deux gonozoïdes voisins, l'un au-dessous, l'autre au-dessus, et considérer l'ensemble comme représentant un Polype primitif. Dans le gastrozoïde, la structure ne réclame aucun éclaircissement : sauf l'absence de tentacules latéraux et la stérilité des cloisons transversales, il n'y a point de différence avec les Polypes du type du sous-ordre. Dans les gonozoïdes, il faut bien comprendre qu'outre la réduction des tentacules à deux, il y a absence de bouche, et que la cavité gastrique est traversée dans toute sa largeur, diamétralement, par une cloison unique, parallèle à l'axe de la branche et qui est chargée de gonades.

Les cloisons qui séparent les trois segments du Polype primitif sont identiques à celles qui séparent les Polypes les uns des autres, formées de mésoglée tapissée d'endoderme, et incomplètes, laissant la cavité des gonozoïdes communiquer avec celle des gastrozoïdes par des orifices par lesquels passent les produits sexuels pour s'échapper au dehors par la bouche de ceux-ci. Il y a ici, sous le rapport de ces séparations, les mêmes différences que chez les *ANTIPATHINA* : tantôt, ce sont de simples lames étroites, perpendiculaires à l'axe de la branche et percées simplement près de la base (*Schizopathes*); tantôt, ce sont des espaces plus larges, véritables aires cœnosarciques, traversées par des canaux

Fig. 968.

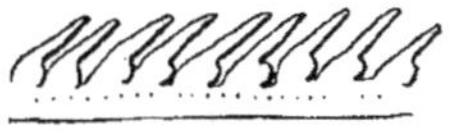

Schizopathes conferta.
Portion de branche
(d'ap. Brook)

Fig. 969.

Bathypathes lyra.
Portion d'une branche
(d'ap. Brook).

longitudinaux (*Bathy-pathes*) s'ouvrant à leurs extrémités dans les cavités gastriques voisines.

Les épines sont toujours de forme plus ou moins triangulaire.

GENRES

Schizopathes (Brook) (fig. 968). La colonie a la forme d'une tige sim-

Fig. 970.

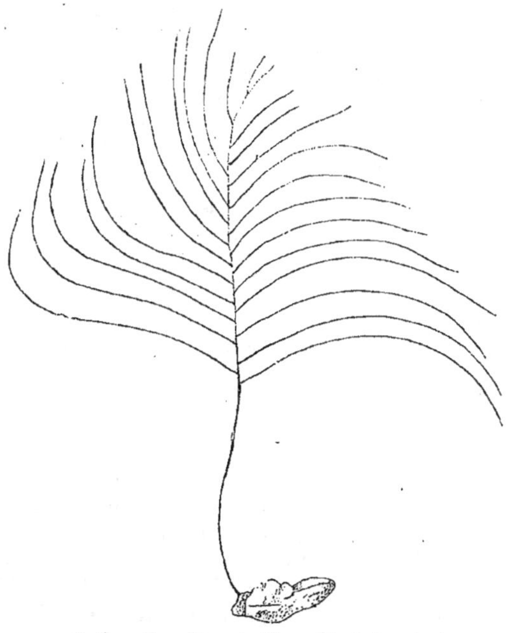

Bathypathes alternata. Ensemble de la colonie
(d'ap. Brook).

ple, portant seulement une double série de branches; inférieurement, au lieu d'être fixée par une extrémité dilatée, elle se termine par une extrémité libre, allongée en pointe aplatie et recourbée en crochet, par le moyen de laquelle elle s'ancre dans le sol. Les zoïdes sont serrés les uns contre les autres, sans intervalles plus grands entre ceux qui appartiennent à un même Polype qu'entre ceux qui proviennent du morcellement d'un même Polype, ce qu'on exprime en disant que les *triades* ne sont pas distinctes (Antilles, Atl. Sud, oc. Indien, Pacif. Sud; par 310 à 1900 brasses).

Bathypathes (Brook) (fig. 969 et 970). La colonie est semblable par la forme à celle de *Schizopathes*, mais elle est normalement fixée par une base élargie; les zoïdes sont tous séparés par des distances notables. La bouche est allongée dans le sens transversal. Les œufs, gros et rares, sont enfermés dans une chambre spéciale (Antilles, oc. Indien, Pacif. sud; par 1070 à 2900 brasses.

Taxipathes (Brook). Les zoïdes sont serrés les uns contre les autres et ont la bouche allongée dans le sens transversal; la tige porte des branches fortes, disposées à angle droit, sur lesquelles sont les rameaux disposés sur 6 rangées longitudinales spirales. Les œufs sont gros mais non renfermés dans des chambres spéciales. On ne connaît pas la base ni par conséquent le mode de fixation (Atlant. sud; par 420 brasses).

Cladopathes (Brook) (fig. 971). Les zoïdes sont très serrés les uns contre les autres et souvent incomplètement séparés. La bouche, située au sommet d'un prolongement cylindrique, est très plissée, irrégulière, et son plus grand diamètre n'est pas dirigé dans le sens sagittal. La colonie est très branchue; les épines sont plus grandes que dans tout autre Antipathaire et un peu recourbées vers le haut (Oc. Indien, par 310 brasses).

Cladopathes
plumosa
(d'ap. Brook).

3ᵉ TRIBU

DENDROPATHINES. — *DENDROPATHINA*

[*DENDROBRACHIIDÆ* (Brook)]

TYPE MORPHOLOGIQUE
(FIG. 972)

Le type se confond avec le genre *Dendrobrachia* qui, à lui seul, constitue toute la tribu.

L'animal est fort imparfaitement connu. Mais deux caractères certains au moins lui font une place à part dans le sous-ordre. Les tentacules, dont le nombre n'a pu être nettement déterminé, sont assez longuement pinnés (fig. 972). Le squelette, qui est dendriforme, est plein, sans cavité axiale; au bout, les branches se terminent par 5 à 7 petites lamelles divergentes denticulées; mais peu à peu les dépôts concentriques de substance squelettique les empâtent en une tige cylindrique comme les parties plus anciennes. Les Polypes, assez écartés les uns des autres, sont sub-opposés aux deux côtés des branches et dirigés, non perpendiculairement à l'axe de celles-ci, mais un peu obliquement vers le haut.

Dendrobrachia fallax.
Portion d'une branche avec un Polype
(d'ap. Brook).

GENRE

Dendrobrachia (Brook) (fig. 972) est le genre que nous venons de décrire comme type (Atl. Sud ; par 425 brasses).

6ᵉ Sous-Ordre

TÉTRACORALLIDÉS. — *TETRACORALLIDÆ*

[Madréporaires rugueux ; — *Madreporaria rugosa* (Edwards et Haime) ;
Tétracoralliaires ; *Tetracoralla* (Hæckel) ;
Pterocorallia (Frech)]

TYPE MORPHOLOGIQUE
(FIG. 973 A 975)

L'animal n'existant aujourd'hui qu'à l'état fossile, on ne connaît que son squelette.

Celui-ci se présente sous l'aspect d'un polypier simple ou composé qui, au premier coup d'œil, offre une grande ressemblance avec celui d'un Hexacorallidé. Mais un examen plus approfondi montre des différences essentielles entre l'un et l'autre.

Examinons-le d'abord à l'état d'organisme simple.

C'est un polypier de taille assez grande, mesurant si l'on veut 4 à 5 centimètres de long sur 2 dans sa plus grande largeur, qui correspond à la partie supérieure, la forme étant conique à sommet inférieur. La muraille est bien dessinée, mais en général peu épaisse, recouverte ou non d'une épithèque distincte, jamais perforée (¹).

Le système septal montre d'abord un septe impair, médian (fig. 973, *spt. p.*), en gé-

Fig. 973.

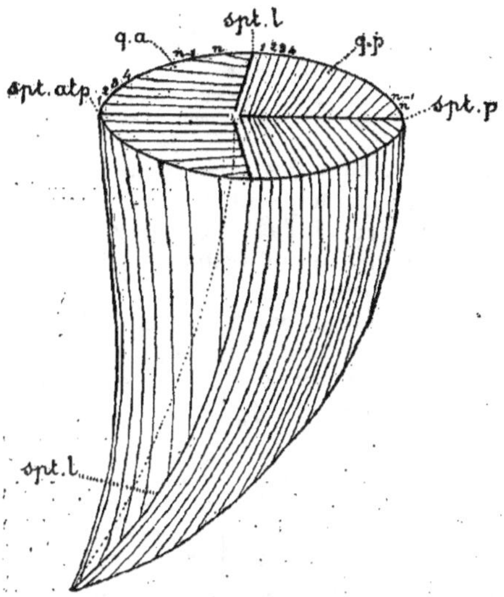

Tetracorallidæ. (Type morphologique), vu du côté droit (Sch.).

q. a., quadrants antipodes ; **q. p.,** quadrants principaux ; **spt. atp.,** septe antipode ; **spt. l.,** septes latéraux ; **spt. p.,** septe principal.

1, 2, 3, 4, ...,.. *n*—1, *n*, septes secondaires numérotés suivant leur ordre d'apparition.

---

(1) Miss Ogilvie [97] considère cette muraille comme euthécale, bien que la manière dont elle se forme, d'après elle, semblerait devoir la faire considérer comme une épithèque un peu spéciale. Il n'y aurait pas eu chez l'animal vivant d'exosarque, et la muraille aurait été formée par la surface externe de l'ectoderme de la colonne, qui aurait ensuite continué à s'épaissir

néral grand et s'avançant jusqu'au voisinage de l'axe, que l'on appelle *septe principal* (*Hauptseptum*) et que nous considérerons, arbitrairement d'ailleurs, comme ventral.

A l'opposé de celui-ci, est un autre septe impair médian, dorsal, ordinairement plus petit, et que l'on appelle le *septe antipode* (*Gegenseptum*) (*spt. atp.*). Ces deux septes déterminent le plan sagittal. En croix avec eux, se trouvent deux *septes latéraux* (*spt. l.*), toujours symétriques et semblables. Souvent le septe principal et parfois les autres sont insérés dans une excavation radiaire occupant le fond du calice et que l'on appelle la *fossule, fossula*. Il y a donc de 1 à 4 fossules. Ces 4 septes, considérés comme *septes primaires*,

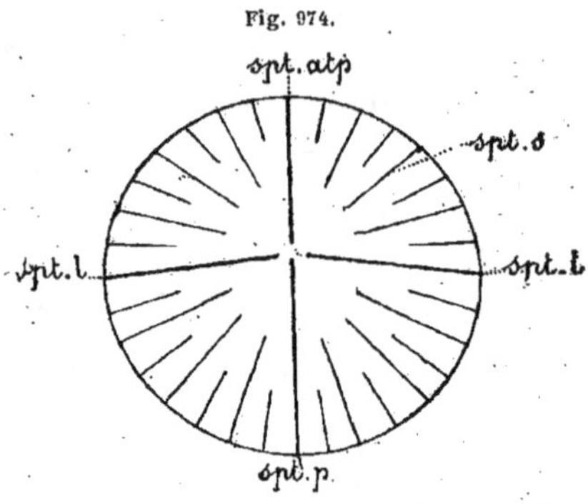

Calice montrant la disposition radiaire des septes secondaires (Sch.).

spt. atp., septe antipode; **spt. l.,** septes latéraux; **spt. p.,** septe principal; **spt. s.,** septes secondaires.

divisent le champ calicinal en 4 quadrants, deux *quadrants principaux* ou *ventraux* (*q. p.*) de part et d'autre du septe principal et deux *quadrants accessoires, dorsaux* ou *antipodes* (*q. a.*) de part et d'autre du septe antipode. Ces quatre champs sont occupés chacun par un système de *septes secondaires*, souvent disposés en deux cycles, par le fait qu'ils sont de deux tailles et régulièrement alternes. L'animal présente donc une *symétrie tétraradiée*, qui est un premier caractère par lequel il se distingue des polypiers hexacorallidés à symétrie hexaradiée.

Dans beaucoup de genres, les septes secondaires, quand on les observe chez l'adulte par l'ouverture du calice, sont régulièrement radiaires, c'est-à-dire dirigés vers l'axe du calice (fig. 974). Cette disposition régulière n'est pas, malgré ce que l'on pourrait supposer, typique et caractéristique. La disposition qui mériterait ces qualificatifs se rencontre à l'âge adulte chez certains genres plus rares (*Menophyllum*) et montre les septes disposés bilatéralement. Dans les deux quadrants

Fig. 975.

Schéma d'un Tétracorallidé à cloisons secondaires orientées en symétrie bilatérale (d'ap. Kunth).

---

par dépôt de lames concentriques à la face interne des précédentes. Elle se fonde pour juger ainsi sur l'absence dans cette muraille de lamelle centrale noire, soit indépendante, soit continue avec celle des septes. Il en est ainsi du moins chez les Zaphrentinés, tandis que les Cyathophyllinés auraient une vraie muraille euthécale, continue en dehors avec l'épithèque et pouvant être doublée en dedans par une pseudothèque, séparée d'elle par un intervalle plus ou moins large et constituant ce que l'on appelle la *muraille interne* chez beaucoup de ces polypiers.

principaux ou ventraux, ils ont une direction générale sub-parallèle aux septes latéraux, mais sont indépendants de ceux-ci, et se jettent sur le septe principal, auquel ils sont *conjoints* en dedans et avec lequel ils forment un ensemble à *disposition bipinnée* (fig. 973 et 975). Dans les deux quadrants dorsaux ou accessoires, ils sont sub-parallèles au septe antipode, mais indépendants de lui et se jettent sur le septe accessoire du même côté, auquel ils sont conjoints en dedans et avec lequel ils forment un ensemble à *disposition unipinnée* ou *pinnée unilatérale*.

Quand on suit les septes secondaires dans la profondeur du calice, on constate qu'ils s'unissent ainsi aux septes principal et latéraux, non seulement au niveau de leur bord libre, à l'ouverture du calice, mais dans toute la hauteur de leur bord interne, et que leur insertion murale, au lieu d'être verticale, suivant les génératrices du cône, vient se jeter en bas obliquement sur celle du septe principal pour les quadrants ventraux et sur celle des septes latéraux pour les quadrants dorsaux.

La plupart du temps, ces caractères ne peuvent être reconnus, la cavité calicinale étant en majeure partie comblée par un dépôt endo-thécal ou par des planchers dont il sera question plus loin. Mais dans quelques cas, par exemple chez *Streptelasma*, on constate très aisément le dernier, en regardant le polypier par la surface latérale, après avoir, s'il le faut, enlevé l'épithèque. Le bord par lequel les septes s'insèrent à la muraille se manifeste alors à la surface par une strie, et la direction de ces stries, combinée avec celle du bord libre des septes, donne une vue d'ensemble très nette de la disposition générale des septes et de leurs rapports (fig. 973).

Il y a plus : chez les formes où les septes, vus de dessus chez l'adulte, présentent la disposition radiaire régulière que nous avons d'abord décrite, la disposition pinnée indiquée ici se retrouve toujours (du moins Kunth [69, 70] à qui l'on doit ces belles découvertes, l'a-t-il constaté souvent, sans jamais rencontrer d'exception), à un âge suffisamment jeune. Et, si la disposition devient radiaire, c'est par une modification secondaire, résultant de ce que les septes secondaires, d'abord pinnés, perdent à un certain niveau, en grandissant, leurs connexions avec les septes principal et secondaires, et deviennent radiaires. Le dépôt endo-thécal ou tabulaire qui comble le fond du calice ne permet plus de voir aisément la disposition des parties jeunes des septes.

Cette disposition pinnée est un second caractère important qui dis-tingue les Tétracorallidés des Hexacorallidés ; mais il en est un troisième, plus important encore à nos yeux, et dont la connaissance est due aussi à Kunth. En examinant par la face murale, les échantillons montrant l'insertion murale des septes, on voit que les septes primaires des-cendent seuls jusqu'au bas du polypier, constatation qui a son intérêt, car elle permet de considérer ces septes comme étant ceux du premier cycle, même lorsque, comme il arrive chez certains genres, ils sont au contraire plus petits que les septes secondaires. Les septes secondaires s'insèrent sur les septes principal et latéraux à des niveaux différents et de telle sorte que, dans les quadrants ventraux ou principaux, c'est le septe le plus voisin du septe latéral qui descend le plus bas, les autres descendant de moins en moins loin, régulièrement, à mesure qu'ils s'éloignent; et ce sont les plus voisins du septe principal qui sont les plus courts. Dans les quadrants accessoires ou dorsaux, c'est l'inverse : ce sont les plus voisins des septes latéraux qui sont les plus courts, et ils descendent régulièrement de plus en plus bas à mesure qu'ils se rapprochent du septe antipode. Cette disposition nous permet de déduire avec une parfaite certitude l'ordre d'apparition des septes, car les plus courts sont forcément nés *après* les plus longs. Le polypier, en effet, en grandissant, s'accroît en hauteur par tranches successives perpendiculaires à l'axe, et tout ce qui est au-dessus d'une tranche donnée est forcément postérieur à ce qui est au-dessous de cette même tranche. Ainsi, les septes nouvellement formés s'intercalent toujours, pour les quadrants ventraux entre les précédents et le septe principal, pour les quadrants dorsaux entre les précédents et les septes latéraux. Leur ordre d'apparition est nettement indiqué par les chiffres de la figure 973.

Grâce à cette notion, nous sommes renseignés sur la manière dont se faisait l'accroissement en diamètre chez l'animal vivant. Il se faisait, et c'est là le troisième point qui le caractérise, non suivant une multitude de bandes méridiennes interloculaires, régulièrement distribuées comme chez les Hexactinidés, non par deux bandes latéro-ventrales comme chez les Zoanthidés, non par une bande médio-dorsale comme chez les Cérianthidés, mais par 4 bandes symétriques formant deux paires, l'une latérale, au ras des septes primaires latéraux, au côté dorsal de ceux-ci, l'autre ventrale, de part et d'autre du septe principal.

C'est là le point essentiel de l'organisation, et il suffit maintenant, pour compléter la connaissance du type morphologique, d'ajouter quelques indications touchant les autres caractères du polypier.

Les septes sont souvent plus ou moins incomplets, mais non perforés; ils sont dépourvus de granulations (au moins de quelque importance) et de synapticules. Il peut y avoir une columelle. Les espaces interseptaux sont le plus souvent occupés, dans le bas, soit par un dépôt continu vésiculeux, soit par des planchers superposés; et parfois la cavité calicinale est presque entièrement comblée par ces formations endothécales.

Ces formes solitaires se reproduisent exclusivement par gemmiparité.

Les formes coloniales, moins fréquentes que les solitaires, se constituent sans intervention de cœnenchyme. Elles se forment aussi par gemmiparité, et souvent les bourgeons sont intracalicinaux et mettent ainsi un terme à la vie des calices maternels auxquels ils se substituent.

On ne sait naturellement rien des parties molles; mais sans doute, ici, comme chez les Hexacorallidés, les septes marquent la place des tentacules et alternent avec les cloisons.

Il faut dire aussi que les traits d'organisations caractéristiques des Tétracorallidés n'ont pas été reconnus nettement chez tous les genres rapportés à ce groupe; que plusieurs ne lui sont rapportés que par des analogies apparentes et pourraient peut-être être attribués aussi bien aux Hexacorallidés : tels sont *Battersbya, Stauria, Heterophyllia, Calostylis.* Inversement, certains Hexacorallidés, tels que *Guynia, Duncania, Haplophyllia,* sont peut-être apparentés de près aux Rugueux.

Ces êtres, sauf quelques exceptions, appartiennent aux temps primaires où ils étaient très nombreux.

La classification des Tétracorallidés a été l'objet de tentatives variées.

EDWARDS et HAIME [57] divisaient ces êtres de la manière suivante :

Septes rudimentaires . . . . *Cystiphyllidæ* (Ed. et H.).

Septes bien développés :
- interrompus par des planchers . . . . *Cyathophyllidæ* (Ed. et H.).
- ininterrompus :
  - libres latéralement . . . . *Cyathaxonidæ* (Ed. et H.).
  - unis latéralement par des traverses lamellaires . . . . *Stauridæ* (Ed. et H.)

Sauf la dernière, ces familles ont été acceptées, mais le groupe n'en a pas moins été remanié. DYBOWSKI [70] le divise ainsi :

INEXPLETA (Dyb.) : à septes bien développés avec espaces interseptaux libres ou ne présentant que peu d'endothèque et seulement au bas ; pas de planchers.
- Calice profond, septes développés dans toute leur hauteur . . . . *Cyathaxoninæ* (Ed. et H.).
- Calice profond, septes bien développés au fond seulement . . . . *Petrainæ* (Dyb).
- Calice peu profond, discoïde ou cupuliforme . . . . *Palæocyclinæ* (Dyb.).

EXPLETA (Dyb.). Planchers ou endothèque vésiculaire dans toute la hauteur.
- *DIAPHRAGMATOPHORA* (Dyb.). Planchers entiers, endothèque vésiculeuse peu développée septes radiaires.
- *PLEONOPHORA* (Dyb.). Planchers incomplets, dans la région axiale seulement; endothèque à la périphérie.
- *CYSTOPHORA* (Dyb.). Pas de planchers, rien que de l'endothèque dans toute la hauteur et toute la largeur du calice.
  - *Cystiphyllinæ* (Ed. et H.) (Endothèque en tranches verticales radiaires).
  - *Plasmophyllinæ* (Dyb.) (Endothèque comblant uniformément la cavité).
  - *Goniophyllinæ* (Dyb.) (Opercule calcaire),
    - auxquels Zittel ajoute :
  - *Fletcherinæ* (Zittel) (Endothèque à grandes mailles).

Le nombre des familles a été augmenté par RÖMER [83] qui les a groupées conformément au tableau suivant :

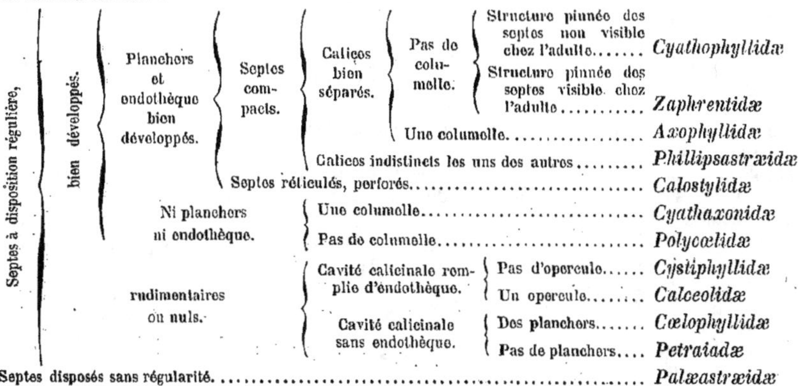

Septes à disposition régulière,
- bien développés.
  - Planchers et endothèque bien développés.
    - Septes compacts.
      - Calices bien séparés.
        - Pas de columelle.
          - Structure pinnée des septes non visible chez l'adulte . . . . *Cyathophyllidæ*
          - Structure pinnée des septes visible chez l'adulte . . . . *Zaphrentidæ*
        - Une columelle . . . . *Axophyllidæ*
      - Calices indistincts les uns des autres . . . . *Phillipsastræidæ*
    - Septes réticulés, perforés . . . . *Calostylidæ*
  - Ni planchers ni endothèque.
    - Une columelle . . . . *Cyathaxonidæ*
    - Pas de columelle . . . . *Polycœlidæ*
  - rudimentaires ou nuls.
    - Cavité calicinale remplie d'endothèque.
      - Pas d'opercule . . . . . . *Cystiphyllidæ*
      - Un opercule . . . . *Calceolidæ*
    - Cavité calicinale sans endothèque.
      - Des planchers . . . . *Cœlophyllidæ*
      - Pas de planchers . . . . *Petraiadæ*
- Septes disposés sans régularité . . . . *Palæastræidæ*

Neumayr [89] combine les classifications de Römer et de Dyboswski de la manière suivante :

Expleta
{
  Zaphrentidæ.
  Cyathophyllidæ.
  Axophyllidæ.
  Cystiphyllidæ.
  Calceolidæ.
}

Inexpleta
{
  Petraiadæ.
  Polycœlidæ.
  Cyathaxonidæ.
}

GENRES

===== 1re FAM. : ZAPHRENTINÆ [Zaphrentidæ (Edwards et Haime)]. — **Formes simples sauf rare exception, à septes pinnés, et le plus souvent pourvues de planchers.**

Zaphrentis (Rafinesque et Clifford) (fig. 976 et 977). C'est à peu près la forme

Fig. 976.

Zaphrentis cornicula (d'ap. Zittel).

que nous avons décrite comme type morphologique. Il est simple, en forme de cône circulaire, à axe un peu incurvé, avec une épithèque complète ; septe principal seul dans une profonde fossule, les septes secondaires bilatéraux (disposition pinnée) ; tous les septes denticulés et s'avançant jusqu'auprès de l'axe ; pas de columelle ; des planchers complets et bien dessinés (Sil. à Carb.).

Fig. 977.

Zaphrentis cornucopiæ vu par la face orale (d'ap. Zittel).

Heterophrentis (Billings) est une forme très voisine (Sil.).
Amplexus (Sowerby) a les septes moins larges et laissant un large espace axial libre (Dév. à Carb.).
Acanthodes (Dybowski *nec* Agassiz) se distingue de tous les autres par l'état rudimentaire de ses septes (Sil.).
Trochophyllum (Edwards et Haime) diffère de *Zaphrentis* par sa fossule rudimentaire et ses septes à bord entier (Carb.).
Menophyllum (Edwards et Haime) (fig. 978) a les septes dorsaux s'avançant presque jusqu'à l'axe, mais les ventraux courts et laissant un espace libre semi-lunaire ; il y a 3 fossules, une pour le septe principal et deux pour les latéraux (Carb.).
Hallia (Edwards et Haime) a les septes radiaires dans la moitié ventrale, convergeants dans la moitié dorsale vers le septe principal qui est très grand. Une espèce aurait un opercule (Sil., Dév.).
Aulacophyllum (Edwards et Haime) est de même, mais la place du septe principal est occupée par une profonde fossule (Sil., Dév.).
Aspasmophyllum (Römer) a les septes comme le précédent, mais il est déprimé, fixé sur un pédoncule de Crinoïde pendant la vie de celui-ci, de manière à l'entourer (Dév.).
Pentaphyllum (de Koninck) se distingue par le grand développement des deux cloisons limitant la fossule du septe principal (Carb.).
Anisophyllum (Edwards et Haime) a trois septes, un principal et deux latéraux très grands, le 2e principal et les secondaires très courts (Sil.).
Baryphyllum (Edwards et Haime) (fig 979 et 980) est comme *Anisophyllum*, mais subdiscoïde (Sil. ou Dév.).

Fig. 978.

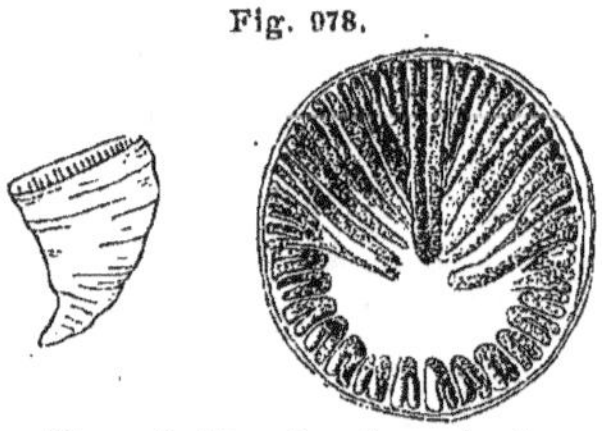

Menophyllum tenuimarginatum (d'ap. Edwards et Haime).

Fig. 979.

Baryphyllum Verneuilanum vu de profil (d'ap. Edwards et Haime).

Hadrophyllum (Edwards et Haime) en diffère par ses espaces interseptaux très peu profonds, surtout vers la muraille (Dév.).

Dipterophyllum (Frech) peut être considéré comme un sous-genre d'*Hadrophyllum*.

Combophyllum (Edwards et Haime) (fig. 981) est discoïde aussi, mais dépourvu d'épithèque et costulé (Dév.).

Microcyclus (Meek et Worthen) est discoïde également mais pourvu d'une épithèque, et a les septes tous courts et presque régulièrement radiaires (Dév.).

Streptelasma (Hall) (fig. 982) ressemble à *Zaphrentis* par sa forme et sa structure; mais ses septes, qui s'avancent loin vers l'axe, sont contournés en spirale à leur partie interne et forment dans la région axiale, en s'entortillant ensemble, une sorte de fausse columelle (Sil.).

Palæophyllum (Billings) peut être défini un *Streptelasma* colonial, fasciculé (Sil.).

Lophophyllum (Edwards et Haime) a une vraie petite columelle cristiforme (Carb.)

Siphonaxis (Dybowski) (Sil.).

Pycnophyllum (Lindström) (Sil.).

Ptychophyllum (Edwards et Haime) (Sil., Dév.).

Thamnophyllum (Penecke) (Dév.)
semblent prendre place ici.

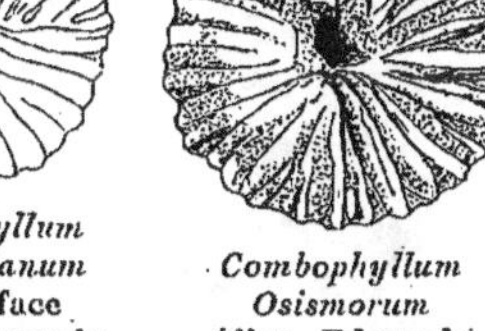

Fig. 980.

*Baryphyllum
Verneuilanum*
vu de face
(d'ap. Edwards
et Haime).

Fig. 981.

*Combophyllum
Osismorum*
(d'ap. Edwards
et Haime).

Fig. 982.

Streptelasma
(d'ap. Kunth).

══════ 2° **FAM. :** *CYATHOPHYLLINÆ* (Edwards et Haime, *emend.* Frech) [*Cyathophyllidæ* (Frech)]. — **Même structure que chez les Zaphrentinés, mais septes à disposition radiaire et présence fréquente d'une muraille interne pseudothécale, séparée de l'externe par un certain intervalle** [1].

Cyathophyllum (Goldfuss) (fig. 983 et 984) est le type de ces formes, décrites à propos du type morphologique, chez lesquelles la disposition bilatérale et pinnée des septes secondaires n'existe que chez le jeune et est remplacée chez l'adulte par une disposition régulièrement radiaire. Il est tantôt simple, tantôt associé en colonies astréiformes ou fasciculés, s'accroissant par bourgeonnement latéral ou calicinal. La muraille est unique, les septes sont grands et arrivent jusqu'à l'axe, où même ils peuvent former une petite

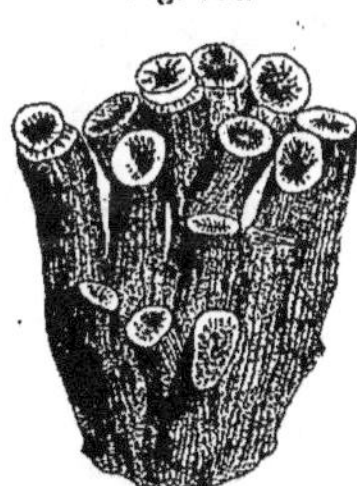

Fig. 983.

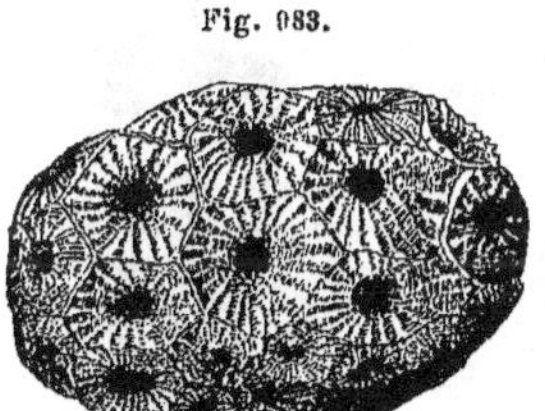

Cyathophyllum hexagonum
(d'ap. Zittel).

Fig. 984.

*Cyathophyllum
cæspitosum*
(d'ap. Zittel).

---

(1) En réalité, Neumayr a montré que la séparation de cette famille de celle des Zaphrentinés est fort artificielle et qu'il vaudrait mieux y renoncer. Mais les essais faits dans ce sens semblent encore insuffisants.

pseudocolumelle. Des planchers cloisonnent la partie axiale des calices, dont les parties périphériques sont comblées jusqu'au même niveau par un tissu aréolaire (Sil. à Carb.).

D'après LINDSTRÖM, il existerait chez *C. prismaticum* un *opercule* semblable à celui de *Calceola*.

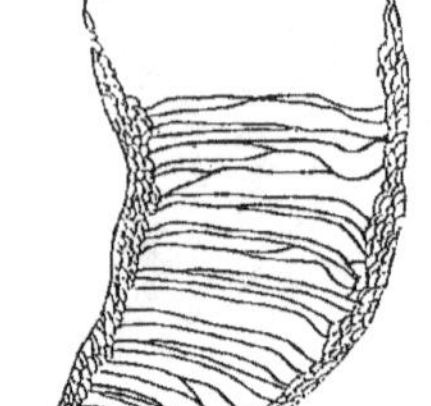

Fig. 985.

Campophyllum Murchisoni.
Coupe sagittale
(d'ap. Edwards
et Haime).

Fig. 986.

Spongophyllum Sedgwicki
(d'ap. Edwards
(et Haime).

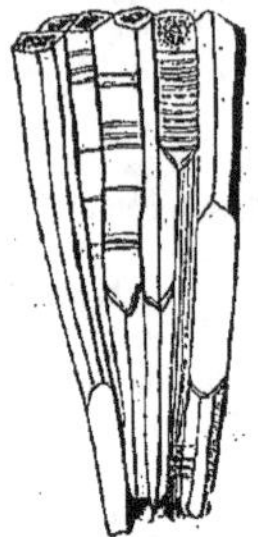

Fig. 987.

Spongophyllum Sedgwicki.
Coupe sagittale
(d'ap. Edwards
et Haime).

Fig. 988.

Columnaria alveolata
(d'ap. Römer).

Bothrophyllum (Trautschold) n'a que la valeur d'un sous-genre de *Cyathophyllum*.

Campophyllum (Edwards et Haime) (fig. 985) s'en distingue par ses septes s'avançant moins loin vers l'axe et par ses planchers peu développés (Dév., Carb.).

Spongophyllum (Edwards et Haime) (fig. 986 et 987) a les septes minces, se perdant en dedans dans un abondant tissu vésiculeux qui comble la région péri-axiale du calice, tandis que l'étroite région axiale est occupée par de petits planchers (Dév.).

Columnaria (Goldfuss) (fig. 988) a une fausse columelle septale et des planchers complets (Sil., Dév.).

Pinacophyllum (Frech) a les septes denticulés, de deux tailles alternes, et des planchers espacés ; l'accroissement est scissipare (Trias).

Coccophyllum (Reuss, *emend.* Frech), placé par son premier auteur dans les Astrées, diffère du précédent par son mode de division et par la présence probable de tissu endothécal entre les planchers (Trias).

Omphyma (Rafinesque et Clifford) (fig. 989 et 990), simple et fixé par des racines, a les planchers très complets et les 4 septes principaux dans autant de fossules formant une croix bien marquée (Sil.).

Chonophyllum (Edwards et Haime) est simple aussi et remarquable par l'absence de muraille, en sorte qu'il est formé d'une succession de grands planchers superposés et déprimés au centre, entre lesquels sont les septes, qui s'étendent jusqu'au centre où ils forment une fausse columelle (Sil., Dév.).

Fig. 989.

Fig. 990.

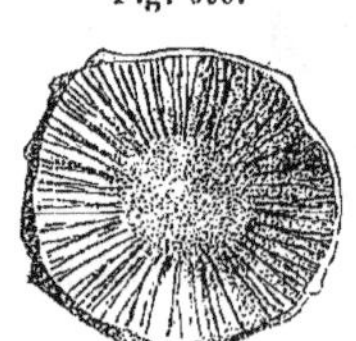

Omphyma subturbinata
vu par la face orale
(d'ap. Zittel).

Omphyma subturbinata
vu de profil
(d'ap. Zittel).

Blothrophyllum (Billings) diffère à peine de *Chonophyllum* (Sil., Dév.).

Ptychophyllum (Edwards et Haime) (fig. 991 et 992) est semblable, mais sans columelle (Sil., Dév.).

Heliophyllum (Dana) (fig. 993 et 994) diffère de *Cyathophyllum* par la présence de dissépiments qui s'étendent entre les septes, montant très obliquement de la muraille vers le bord libre des septes, sur lequel ils dessinent comme des denticulations (Dév.).

Crepidophyllum (Thomson et Nicholson) n'est qu'un sous-genre d'*Heliophyllum*.

Palæocyclus (Edwards et Haime), placé par ces auteurs parmi les Fongies, n'est qu'un *Cyathophyllum* à septes denticulés, ses prétendus synapticules n'étant qu'un tissu aréolaire interseptal (Sil. Dév.).

Acanthocyclus (Dybowski) n'est qu'un sous-genre de *Palæocyclus*. *Palæocyclus* est pour Dybowski le type d'une famille (*Palæocyclidæ*, Dybowski) se distinguant des Zaphrentinés principalement par l'absence complète de planchers, et où il fait entrer les genres *Combophyllum*, *Baryphyllum*, *Hadrophyllum*, *Microcyclus*.

Acanthophyllum (Dybowski) (Sil.) et *Craspedophyllum* (Dybowski) (Sil.) semblent prendre place ici.

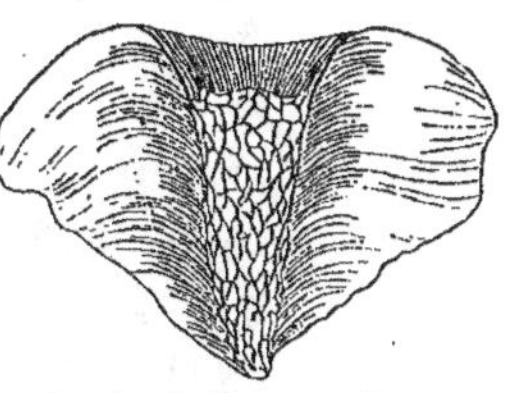

Fig. 991.

Ptychophyllum patellatum.
Coupe sagittale (d'ap. Römer).

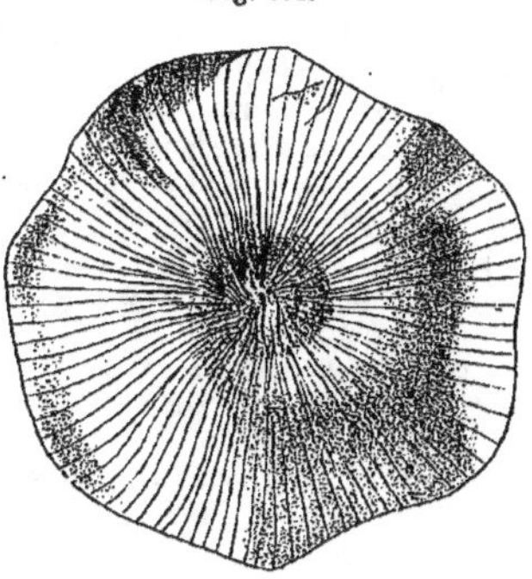

Fig. 992.

Ptychophyllum patellatum
vu de dessus (d'ap. Römer).

Stauria (Edwards et Haime) se distingue de *Cyathophyllum* principalement par la répartition de ses septes secondaires en 4 systèmes séparés par les 4 septes principaux beaucoup plus grands et se rejoignant au centre (Sil.).

Ce genre considéré par ses auteurs comme le type d'une famille spéciale [*Stauridæ* (Edwards et Haime)] ne mérite pas d'être séparé des Cyathophyllinés.

Metriophyllum (Edwards et Haime) diffère du précédent par ses systèmes septaux plus confus (Dév.).

Fig. 993.

Heliophyllum Halli.
Aspect extérieur
(d'ap. Römer).

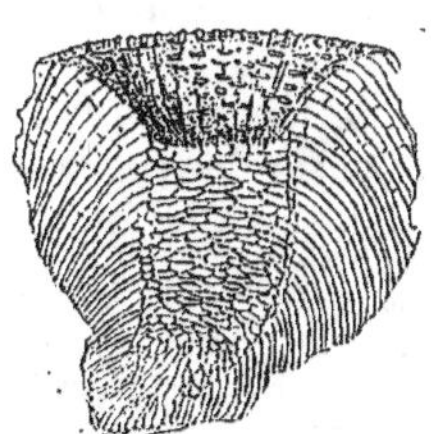

Fig. 994.

Heliophyllum Halli.
Coupe sagittale
(d'ap. Römer).

Acervularia (Schweigger) (fig. 995) forme des colonies dans lesquelles les calices sont remarquables par la présence, en dedans de la muraille externe correspondant à celle de *Cyathophyllum*, d'une *muraille interne* pseudothécale, concentrique à l'externe; les septes sont bien marqués entre les deux murailles, tandis qu'ils sont peu développés à l'intérieur de la muraille vraie; pas de columelle. Le bourgeonnement est calicinal (Sil., Dév.).

Fig. 995.

Acervulariã pentagona.
Coupe transversale
(d'ap. Edwards
et Haime).

Diplophyllum (Hall) ne paraît pas différer génériquement d'*Acervularia*.

Endophyllum (Edwards et Haime) (fig. 996) a la muraille externe rudimentaire et les septes ne
s'étendant pas entre les deux murailles; l'intervalle
est occupé par un tissu aréolaire représentant un système réticulé de dissépiments (Dév.).

Aulophyllum (Edwards et Haime) est un *Acervularia* simple,
à planchers peu développés (Carb.).

Eridophyllum (Edwards et Haime) est un *Acervularia* à
septes ne s'étendant pas en dedans de la muraille interne, et dont les calices sont unis entre eux dans la
colonie par de larges ponts formés par l'épithèque
(Sil., Dév.).

Diphyphyllum (Lonsdale) se distingue par ses septes peu
développés, situés en dedans de la muraille interne,
mais laissant libre tout l'espace périaxial occupé par
les planchers, et réunis par un abondant tissu aréolaire
(Carb.).

Fascicularia (Dybowski) est comme *Diphyphyllum*, mais
a les septes plus grands (Sil., Dév.).

Donacophyllum (Dybowski) est comme *Fascicularia*, mais à vésicules endothécales grosses (Sil.).

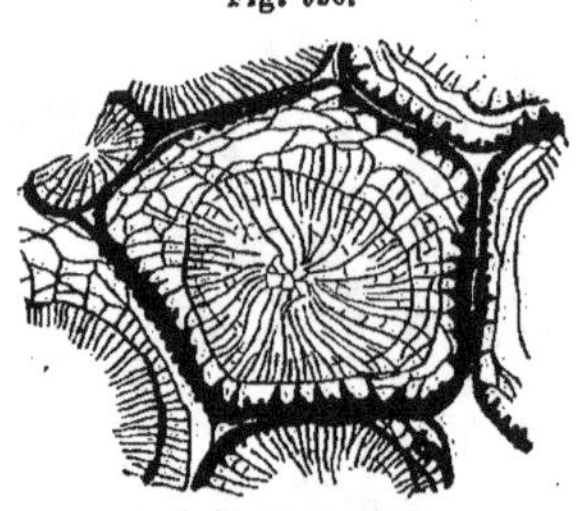

Fig. 996.

Endophyllum abditum.
Coupe transversale
(d'ap. Edwards et Haime).

Lonsdaleia (Mac Coy) (fig. 997 et 998) forme des colonies fasciculées ou
astréiformes dont les individus
sont remarquables par une double
muraille (muraille accessoire interne) dont l'intervalle est rempli
par un tissu vésiculeux, et par la
présence d'une forte columelle
formée de lamelles imbriquées et
tordues ensemble; les septes s'arrêtent à la muraille interne (Carb.).

Ce genre forme avec les suivants, pour
Römer [83], une famille distincte (*Axophyllidæ* Frech) caractérisée par la columelle.

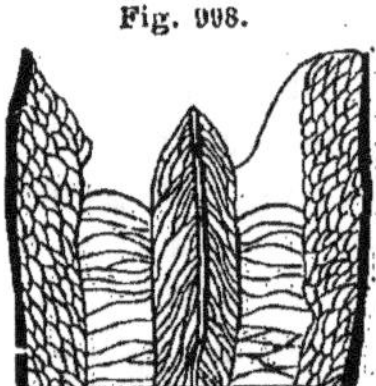

Fig. 997.

Lonsdaleia rugosa.
Coupe transversale
(d'ap. Kunth).

Fig. 998.

Lonsdaleia rugosa.
Coupe sagittale
(d'ap. Kunth).

Petalaxis (Edwards et Haime) (fig. 999) se distingue de *Lonsdaleia* par sa columelle mince et
comprimée (Carb.).

Chonaxis (Edwards et Haime) (fig. 1000 et 1001)
est comme *Lonsdaleia*,
mais sans muraille ex-
terne (Carb.).

Axophyllum (Edwards et
Haime) est semblable
aussi, mais simple, et
ses septes se prolongent
jusqu'à la muraille ex-
terne (Carb.).

Clisiophyllum (Dana) (fig. 1002 et 1003) est simple
aussi et remarquable par la structure compliquée
de sa columelle, dont la partie centrale seule
semble représenter la columelle ordinaire et est
formée de lamelles tordues, tandis que la péri-
phérie est formée par deux assises distinctes de tissu vésiculeux (Sil. à Carb.).

Fig. 999.

Petalaxis Portlocki
(d'ap. Edwards
et Haime).

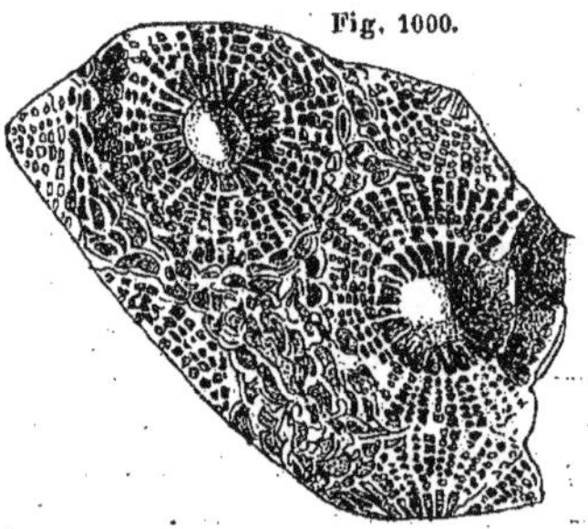

Fig. 1000.

Chonaxis Verneuili vu de face
(d'ap. Edwards et Haime).

Dibunophyllum (Thomson et Nicholson) ((Carb.),
Aspidophyllum (Thomson et Nicholson) (Carb.),
Kumatiophyllum (Thomson et Nicholson) (Carb.) et
Cyclophyllum (Duncan et Thomson) (Carb.) semblent prendre place ici.
Lithostrotion (Fleming) forme des colonies, comme *Lonsdaleia*, dans lesquelles les calices, qui se

Fig. 1001.

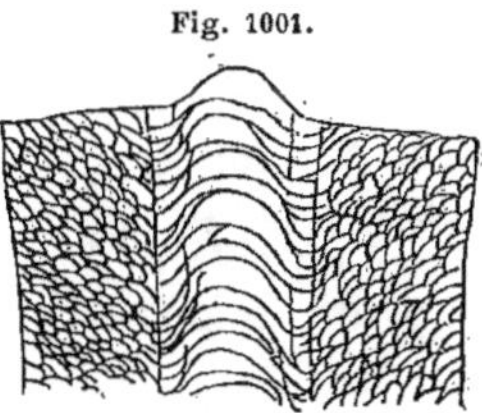

Chonaxis Verneuili.
Coupe sagittale
(d'ap. Edwards et Haime).

Fig. 1002.

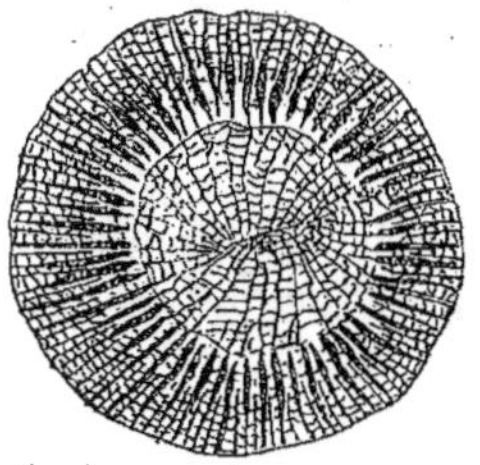

Clisiophyllum vu de dessus
(d'ap. Thomson et Nicholson).

Fig. 1003.

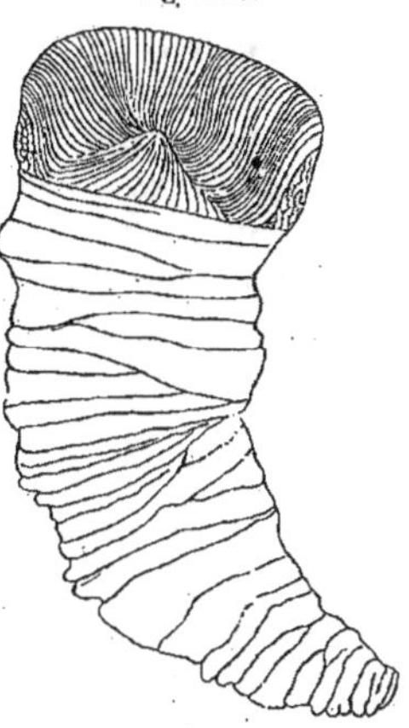

Coupe sagittale de
Clisiophyllum
(d'ap. Thomson et Nicholson).

multiplient par bourgeonnement latéral, sont séparés par d'étroits intervalles et alors cylindriques, ou serrés les uns contre les autres et prismatiques. Il y a une épithèque; la columelle est styliforme, comprimée, bien développée ainsi que les septes; le calice est cloisonné par des planchers irréguliers correspondant à ses parties périaxiales, tandis que les parties périphériques sont remplies par un dépôt vésiculeux (Carb.).

Koninckophyllum (Thomson et Nicholson) a les septes moins saillants que le précédent (Carb.).

Hydnophora (Fischer) ne doit pas être confondu avec l'Hexacorallidé de même nom d'Edwards, et Haime que nous avons proposé d'appeler *Hydnophorella* pour éviter toute confusion. Ce sont des colonies entourées d'épithèque, formées d'une masse de tissu vésiculeuse, dans laquelle sont noyés des calices représentés par leurs septes, sans trace de paroi murale (Carb. russe).

Fig. 1004.

Phillipsastræa Verneuili
(d'ap. Billings).

Fig. 1005.

*Pachyphyllum
devoniense*
(d'ap. Edwards
et Haime).

Phillipsastræa (d'Orbigny) (fig. 1004) a la structure générale d'*Acervularia*, mais la muraille interne manque le plus souvent, et les septes, très développés en dehors de la muraille unique (représentant sans doute la muraille externe), se continuent d'un calice à l'autre; les septes sont de deux tailles et alternes, réunis par un abondant tissu aréolaire; planchers peu développés; parfois une petite papille axiale qui n'est pas une columelle; la colonie est munie d'une épithèque commune (Dév., Carb.).

Pour Römer [54], ce genre forme avec le suivant une famille (*Phillipsastræinæ*, Frech).

Syringophyllum (Edwards et Haime) se distingue de *Phillipsastræa* par sa muraille interne bien
développée (Dév., Sil.).

Pachyphyllum (Edwards et Haime) (fig. 1005)a les calices unis entre eux uniquement par leur partie
inférieure. Ce seraient des côtes et non des cloisons débordantes qui les réuniraient; mais il y
a des états intermédiaires (Dév.).

Calostylis (Lindström) forme des colonies recouvertes d'une mince épithèque commune, dont les calices sont remarquables par leurs septes très
nombreux (jusqu'à 140), perforés au point d'être réduits à l'état réticulaire, en sorte que ces êtres ont été d'abord placés parmi les Perforés.
Il n'y a pas de vraie muraille, mais les septes sont réunis entre eux par
de petits prolongements crochus. Les bourgeons se forment d'un même
côté de la colonie, sur un bourrelet longitudinal formé de petits prolongements crochus superposés en grand nombre (Sil.).

Ce genre est considéré comme méritant de former une famille distincte (*Calostylinæ*,
Römer).

═══ 3ᵉ FAM.: CYATHAXONINÆ [*Cyathaxonidæ* (Edwards et Haime)]. — Formes simples
à septes régulièrement radiaires, sans planchers ni formations endothécales.

a). *Une columelle* [CYATHAXONIDÆ s. str. (Frech)].

Cyathaxonia (Michelin) est simple, conique, courbé en corne, revêtu d'une
épithèque; il a une fossule bien marquée, correspondant au côté convexe,
une columelle styliforme bien dessinée que rejoignent les septes, pas
de planchers, les espaces interseptaux complètement libres (Carb.).

Duncanella (Nicholson) n'a qu'une petite pseudo-columelle, pas de fossule et l'absence d'épithèque
au bas du calice laisse les chambres interseptales ouvertes à ce niveau. FRECH trouve qu'il
serait mieux placé près de *Petraia* (Sil).

Lindstrœmia (Nicholson et Thomson) a une vraie columelle (FRECH) (et non une pseudocolumelle
septale), très grande mais comprimée, et a quelques dissépiments ou planchers (Sil., Dév.).

Gigantostylis (Frech) a les septes rudimentaires et une énorme columelle remplissant presque
tout le calice (Trias).

Son auteur propose pour lui une sous-famille [*Gigantostylinæ*].

b). *Pas de columelle.*

Polycœlia (King) a les 4 septes principaux très accentués,pas de columelle,
pas d'endothèque dans les espaces interseptaux, mais quelques rares
planchers peu développés (Permien).

Ce genre forme avec les suivants, pour RÖMER, une famille distincte (*Polycœlidæ*, Römer).

Phryganophyllum (de Koninck) a les planchers plus accentués (Carb.).

Kenophyllum (Dybowski) a le calice peu profond et l'épithèque ornée de stries pinnées (Sil.).

Il faut réserver une place à part pour

Lingulosmilia (Koby), qui paraît avoir tantôt une columelle, tantôt un grand septe principa
s'avançant jusqu'à l'axe. Ce genre devrait être sans doute dédoublé (Sil.).

═══ 4ᵈ FAM.: PALÆASTRÆINÆ [*Palæastræoida* (Duncan)]. — Septes disposés sans ordre
ni symétrie radiaire ou bilatérale.

Heterophyllia (Mac Coy) (fig. 1006 et 1007) est simple, très long, prismatique,
non rectiligne, sans épithèque, sillonné de côtes longitudinales. Les septes
sont en nombre indéfini, sans aucune disposition régulière, sauf parfois

lorsqu'il y en a 6 à peu près réguliers; dans les espaces interseptaux, des dissépiments espacés, convexes vers le haut (Carb.).

Battersbya (Edwards et Haime) forme des colonies fasciculées de calices allongés, de forme cylindroïde (Dév.).

Ce genre, placé jadis par Edwards et Haime parmi les Millépores, a été joint, ainsi que *Heterophyllia*, par Duncan à ses Astréides bourgeonnantes. Frech les place tous les deux dans les Tétracorallidés. Leurs affinités réelles ne semblent pas nettement établies.

==== 5ᵉ FAM. : Cystiphyllinæ [*Cystiphyllidæ* (Edwards et Haime)]. — Septes rudimentaires.

Fig. 1006.

Fig. 1007.

Cystiphyllum (Lonsdale) est simple ou forme des colonies d'individus lâchement réunis. Les septes sont réduits à des stries radiaires du fond du calice, qui est tout entier rempli par un dépôt endothécal aréolaire; pas de planchers (Sil., Dév.).

Heterophyllia Lyelli.
Coupe transversale
(d'ap. Duncan).

Heterophyllia mirabilis
(d'ap. Duncan).

Microplasma (Dybowski) est colonial, fasciculé et a les septes un peu plus développés (Sil.).

Strombodes (Schweigger) forme des colonies massives où les individus n'ont pas de limites distinctes, sauf à la surface où les calices ont un contour polygonal distinct (Sil.).

Fig. 1008.

Vesioularia (Rominger) a des planchers séparant en étages superposés le tissu vésiculeux (Sil.).

Darwinia (Dybowski) (fig. 1008 et 1009) a aussi des planchers, mais les calices arrondis et non contigus; les septes forment au contre une pseudocolumelle septale et se réunissent d'un calice à l'autre (Sil.).

Fig. 1009.

Coupe de *Darwinia speciosa,*
var. : *major* (d'ap. Dybowski).

Darwinia speciosa,
var. : *minor*
(d'ap. Römer).

Prisoiturben (Kunth) est étalé et fixé par toute sa face inférieure. Ce genre, placé par son auteur parmi les Hexacorallidés, a été reporté ici par Römer (Sil.).

Plasmophyllum (Dybowski) (Sil.) et

Clisiophylloides (Dybowski) (Sil.) semblent prendre place ici, ainsi que

Fletcheria (Edwards et Haime) (Sil.) et

Rhizopora (de Koninck) (Carb.), pour lesquels Zittel avait proposé un groupe spécial [*Fletcherinæ*].

Cœlophyllum (Römer) est comme *Cystiphyllum*, mais il est toujours colonial et ses calices sont cloisonnés par des planchers espacés, entre lesquels n'est aucun tissu aréolaire endothécal (Dév.).

Frech veut faire pour ce genre une famille distincte [*Cœlophyllidæ* (Römer)].

Petraia (Münster) est simple, conique, fixé par le sommet et recouvert d'une mince épithèque; sa cavité calicinale, profonde, est presque entièrement vide, sans columelle, ni planchers, ni endothèque, et ne montre que les septes, réduits vers le haut à de simples stries et ne prenant qu'au fond une certaine largeur (Dév. Carb.).

Frech propose pour ce genre aussi une famille distincte [*Petraiadæ* (Römer)].

==== 6ᵉ FAM. : Calceolinæ [*Calceolidæ* (Römer)]. — Septes rudimentaires; orifice calicinal muni d'un opercule.

Calceola (Lamarck) (fig. 1010 et 1011). L'animal est simple et libre. Il tire son nom de sa ressemblance de forme avec le bout d'une pantoufle orientale. Cette forme est celle d'une moitié de cône sectionné suivant l'axe. La cavité calicinale (fig. 1010) est très profonde et presque vide, par suite de l'absence de columelle et de la très faible largeur des septes, réduits à de simples petites côtes à peine saillantes. Le septe principal correspond au milieu de la face convexe, le septe antipode au milieu de la face plane et les septes latéraux aux deux bords où la face plane confine à la face convexe. On voit très bien sur cette dernière, l'insertion des septes accessoires ventraux avec leur disposition pinnée, et sur la face plane celle des septes accessoires ventraux, parallèles au septe antipode. Les espaces interseptaux sont remplis par un tissu aréolaire à aréoles si fines qu'on le dirait compact. Le bord libre du calice est muni, le long du côté rectiligne, d'une série de *dents articulaires* dont chacune termine un des septes secondaires dorsaux. A la coquille formée par ce calice s'adapte une seconde valve plane, faisant fonction d'*opercule* (fig. 1011, *op.*). Celui-ci est demi-circulaire ; son bord diamétral est pourvu d'une rangée de dents articulaires correspondant aux intervalles des dents du bord calicinal et s'engrenant avec ces dernières. La face inférieure de cet opercule présente une longue côte antéro-postérieure médiane et, de part et d'autre de celle-ci, des côtes plus fines qui, partant du bord cardinal, aboutissent au bord convexe en décrivant une courbe.

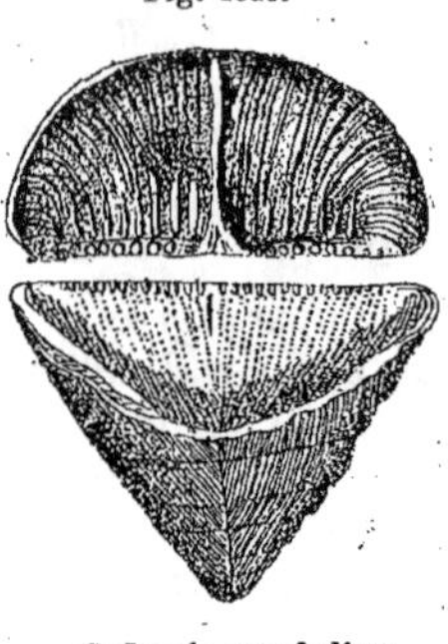

Fig. 1010.

Calceola sandalina
(d'ap. Zittel).

L'existence de cet opercule donne lieu à quelques remarques.

Au point de vue purement taxinomique, il ne semble pas aussi important qu'on serait tenté de le penser et ne trace pas entre les *Calceolinæ* et les autres Tétracorallidés une ligne de démarcation infranchissable. Un opercule analogue a été signalé en effet par LINDSTRÖM [66] chez *Fletcheria*, chez certaines espèces de *Cyathophyllum* et de *Cystiphyllum* et peut-être chez *Hallia*. Mais, au point de vue physiologique, il est passablement embarrassant.

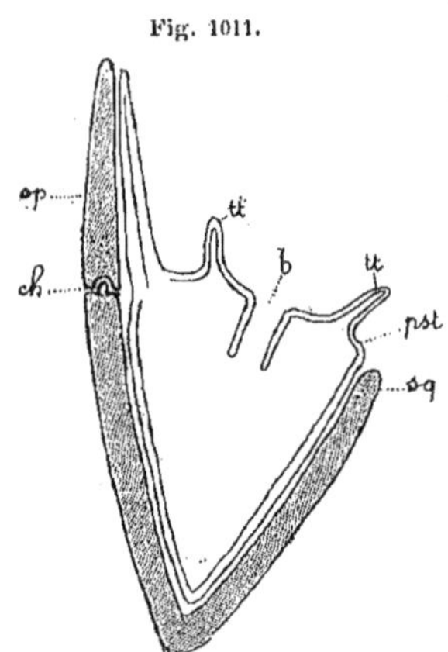

Fig. 1011.

Coupe sagittale de *Calceola*
(Sch.).

b., bouche ; ch., charnière ; pst., péristome ; op., opercule ; sq., muraille du squelette ; tt., tentacules.

On ne sait rien des parties molles des Tétracorallidés, mais on est autorisé à supposer qu'elles devaient ressembler à celles des Hexacorallidés. Dès lors, l'opercule ne peut se comprendre qu'en supposant que la coquille tout entière était de nature épithécale, renforcée ou non en dedans par des couches euthécales, mais en tout cas entièrement extérieure, et tapissée en dedans seulement par les 3 couches du corps, endoderme en dedans, calicoblastes en dehors. De même l'opercule devait être en rapport avec les parties molles, seulement à la face interne ; et ces parties molles devaient être une simple duplicature des téguments, à l'union de la colonne avec le péristome. La charnière (*ch.*) était dès lors extérieure aux parties molles, et les rapports généraux se trouvaient être ceux de la coquille d'un Lamellibranche avec le manteau de celui-ci. L'opercule, doublé en dedans de son repli palléal, devait se rabattre sur le péristome (*pst.*) garni de ses tentacules (*tt.*) et portant la bouche (*b.*) au centre. Cette vue est certainement tout à fait hypothétique, mais elle explique au moins les choses, tandis que l'on n'explique rien en se contentant de comparer, comme on le fait partout, cet opercule à celui des *Primnoa* ou des *Anthomuricea* (Voir p. 425 et 421), car ce dernier est constitué d'une toute autre façon (Dév.).

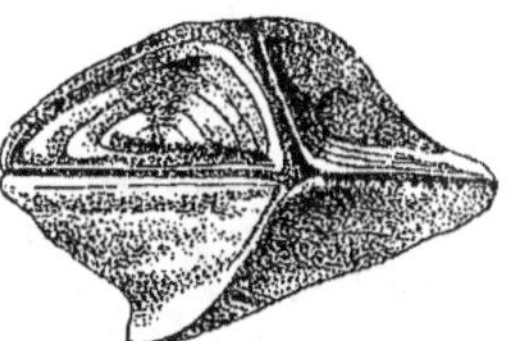

Fig. 1012.

Goniophyllum
(d'ap. Lindström).

Rhizophyllum (Lindströmn) diffère de *Calceola* par son tissu endothécal beaucoup plus aréolaire, sans apparence pseudo-compacte, et par la présence de radicelles creuses partant principalement de la face plane (Sil.).

Goniophyllum (Edwards et Haime) (fig. 1012) est en forme de pyramide quadrangulaire, et son opercule est formé de quatre lames triangulaires, articulées par la base avec un des côtés du bord calicinal et se rejoignant par leurs bords libres lorqu'elles sont rabattues (Sil.).

2ᵉ SOUS-EMBRANCHEMENT

CTÉNAIRES — *CTENAREA*

[MÉDUSES VIBRANTES (CHAMISSO et EISENHARDT); — *CTENOPHORÆ* (ESCHSCHOLTZ);
CILIATA (LATREILLE) ; — CILIOGRADES (DE BLAINVILLE) ;
ACALÈPHES CTÉNOPHORES (H. MILNE-EDWARDS)].

TYPE MORPHOLOGIQUE
(Pl. 68 à 70 ET FIG. 1003 A 1058).

Nous prendrons pour type une forme de l'ordre des Cydippides,
comme *Hormiphora* ou *Pleurobrachia*, sans cependant nous astreindre
à décrire un genre spécial.

Anatomie.

Extérieur. — L'animal (fig. 1013) se présente sous l'aspect d'un petit
globe transparent, irisé, gros environ comme une cerise, qui se déplace
dans l'eau par un mouvement continu, assez
vif. La forme n'est pas rigoureusement sphérique; le corps s'atténue plus ou moins vers
l'un des pôles, qui est antérieur dans la locomotion et que nous considérerons comme
supérieur : il porte en effet la *bouche* (**68** et
fig. 1014, *b*.). Au pôle opposé ou aboral est un
statocyste de structure très particulière, souvent désigné sous les noms d'*organe sensitif*
ou d'*organe aboral* (**68, stlth.**). D'un pôle à
l'autre s'étendent, suivant les méridiens,
8 bandes longitudinales équidistantes que l'on
appelle les *côtes*, et qui sont formées chacune
par une série de *palettes* mobiles : ce sont ces

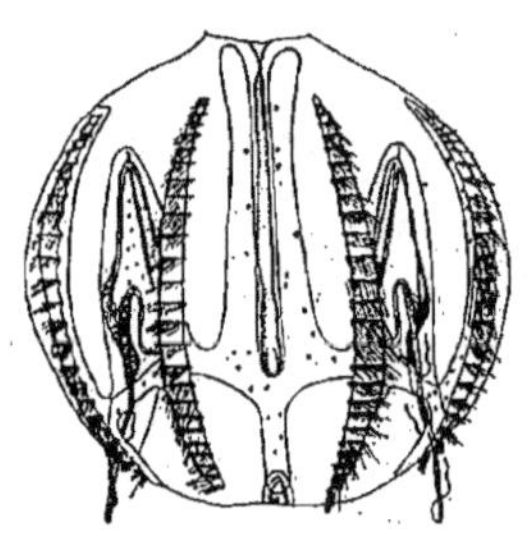

Fig. 1013.

Pleurobrachia rhododactyla
(d'ap. Agassiz).

palettes qui, par leurs battements, font progresser le corps. Les côtes
atteignent presque en bas le statocyste, tandis qu'en haut elles s'arrêtent
à une certaine distance de la bouche.

En deux points opposés, sur l'hémisphère inférieur, s'insèrent deux
longs tentacules plumeux (**68, tt.**), très grêles et très contractiles, qui
peuvent s'incurver en tous sens et se rétracter complètement, chacun
dans une profonde poche en cul-de-sac ou *gaine tentaculaire* (**g. tt.**),
au fond de laquelle il s'insère.

L'*axe sagittal* du corps est déterminé par une ligne allant de la
bouche à l'organe sensitif.

La bouche n'est pas ronde, mais fissiforme comme celle des Actinies, et cela permet de définir un *plan sagittal* ou *buccal* qui est celui passant par l'axe et par la fente buccale.

Les tentacules ne sont point dans ce plan, mais à 90° de là, en sorte qu'un plan passant par l'axe et par les tentacules, se trouve à angle droit avec le plan sagittal. C'est le plan *transversal* ou *plan tentaculaire*(¹).

Ces deux plans perpendiculaires peuvent être assimilés aux deux *plans perradiaux* des Méduses, avec cette différence qu'ils ne sont pas identiques entre eux, les deux moitiés séparées par l'un étant différentes des deux moitiés séparées par l'autre. Comme chez les Actinies, on peut conventionnellement distinguer ce qui est latéral de ce qui est antéro-postérieur, mais non distinguer, pas plus que chez elles, la droite de la gauche, ni l'avant de l'arrière. Les côtes méridiennes ne sont ni perradiales ni interradiales, mais adradiales, et l'on désigne sous le nom de *parasagittales* ou *subsagittales* (**69**, *fig. 1, plt. s.*) les quatre plus voisines du plan sagittal et sous celui de *paratransversales* ou *subtransversales* (**69**, *fig. 1, plt. tr.*) les quatre plus voisines du plan transversal.

Pour en finir avec ce qui concerne l'extérieur, ajoutons, bien que ce caractère soit d'ordre presque microscopique, qu'il y a au pôle aboral, de part et d'autres de l'organe sensitif, deux tout petits orifices considérés comme des *pores excréteurs* (**69**, *fig. 3, p. e.*) et qui sont placés dans les *plans interradiaux*, diagonalement de part et d'autre des deux plans perradiaux. Lorsqu'on regarde l'animal par le pôle sensitif, de manière à ce que le plan tentaculaire soit dirigé transversalement, les

---

(¹) Le plan transversal a reçu aussi le nom de *plan de l'entonnoir*, dont la signification sera expliquée un peu plus loin. La définition des plans *sagittal* et *transversal* a donné lieu à quelques controverses.

Si l'on compare le Cténaire à une Actinie et la bouche de l'un à celle de l'autre, le plan buccal sera sagittal. C'est ainsi que Claus l'avait nommé et cela a été admis par R. Hertwig et la plupart des auteurs. Mais Chun a fait remarquer que cette assimilation ne s'impose pas et proposé de prendre pour sagittal le plan par rapport auquel le corps reste symétrique tandis qu'il cesserait de l'être par rapport à l'autre plan. D'une manière presque absolue, la symétrie est parfaite par rapport à l'un comme à l'autre plan. Mais Chun a trouvé une larve, qu'il n'a pu d'ailleurs rapporter à aucune forme adulte et qu'il a nommée *Thoe paradoxa*, chez laquelle les deux tentacules apparaissent successivement. A un stade suffisamment jeune, lorsqu'elle n'a encore qu'un tentacule, cette larve n'est donc symétrique que par rapport à son plan tentaculaire et Chun voit là une raison de prendre ce plan pour sagittal. Cette raison ne nous paraît pas de valeur égale à celle qui s'appuie sur le sens d'aplatissement du pharynx chez les Cténaires et les Actinies. En outre, une raison d'ordre embryogénique vient infirmer l'opinion de Chun. Le premier plan qui divise l'œuf est le plan buccal. Si donc ce plan était transversal, il faudrait que la première segmentation séparât les moitiés dorsale et ventrale au lieu des moitiés droite et gauche, ce qui est contraire à ce qui se passe chez les animaux à symétrie bilatérale accentuée. Chun, d'ailleurs, a changé ultérieurement sa manière de voir et accepté l'orientation que nous admettons ici.

Voici la synonymie des deux plans :

Plan buccal = *Plan stomacal* (Chun), *plan latéral* (Chun), *plan cœliaque* (L. et A. Agassis), *plan sagittal* (Claus, Häckel), *plan transversal* (Fol).

Plan tentaculaire = *plan de l'entonnoir* (Chun), *plan sagittal* (Chun), *plan dicœliaque* (L. et A. Agassis), *plan transversal* (Claus), *plan latéral* (Fol, Häckel).

pores sont l'un en haut et à gauche, l'autre en bas et à droite : c'est là un caractère constant.

Enfin, du statocyste partent deux aires ciliées (**69**, *fig. 3*, **chp.**), appelées *champs polaires*, qui s'étendent dans le plan sagittal, sur une certaine longueur, de part et d'autre de cet organe.

Disposition générale des organes internes. — Le corps tout entier de l'animal est constitué par une masse de mésoglée, revêtue d'ectoderme et creusée d'un système de cavités et de canaux qui constituent l'*appareil gastrovasculaire*. Nous n'avons donc ici qu'à indiquer la disposition générale de ce dernier.

De la bouche part un *pharynx* (fig. 1014 et **68**, *ph.*), plus souvent appelé *estomac*, mais auquel nous conservons ce nom parce qu'il est tapissé d'ectoderme et représente un *stomodæum* comme le pharynx des Actinies. Il a la forme d'un sac très aplati dans

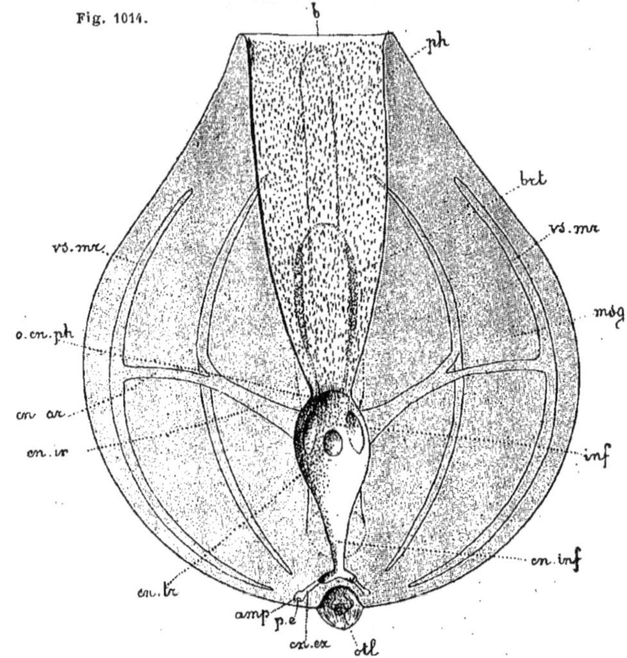

CTENAREA. Coupe sagittale (Type morphologique).

amp., ampoule terminale d'un canal excréteur; **b.**, bouche; **brt.**, bourrelet pharyngien; **cn. ar.**, canaux adradiaux; **cn. ex.**, canaux excréteurs; **cn. inf.**, canal de l'entonnoir; **cn. ir.**, canaux interradiaux; **inf.**, entonnoir; **msg.**, mésoglée; **o. cn. ph.**, orifice d'un canal pharyngien; **otl.**, statolithe; **p. e.**, pore excréteur; **ph.**, pharynx; **vs. mr.**, vaisseaux méridiens.

le même sens que la bouche et qui descend jusqu'au delà du centre du corps. En bas, il se jette dans une seconde cavité, infundibuliforme et aplatie aussi, mais en sens inverse, sa plus grande largeur étant dans le plan transversal, et que l'on appelle l'*entonnoir* ou *infundibulum* (fig. 1014 et **68**, *inf.*). C'est pour cela que l'on désigne parfois le plan transversal sous le nom de *plan de l'entonnoir*. L'entonnoir, ainsi que toutes les parties du système gastro-vasculaire situées au delà, est tapissé d'endoderme.

De l'entonnoir, partent des canaux dans trois directions : ascendante, descendante et horizontale.

En direction ascendante partent les *canaux pharyngiens* (fig. 1015 et **68, cn. ph.**) (plus souvent appelés *canaux stomacaux*), ainsi nommés en raison de leur situation le long des faces du pharynx. Ils partent de la voûte de l'entonnoir, tout près de l'ouverture du pharynx, montent

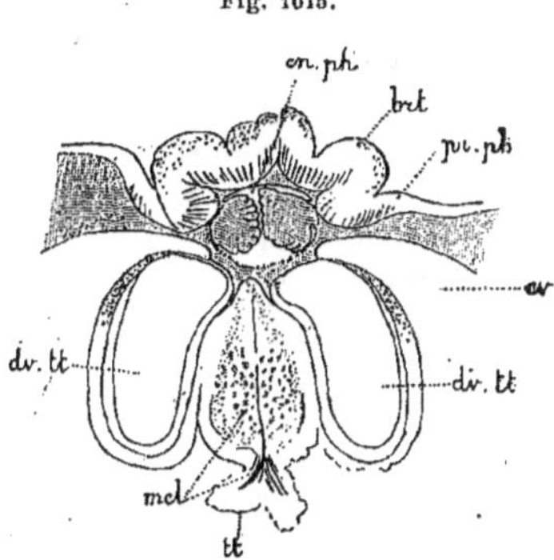

Fig. 1015.

Hormiphora plumosa.
Coupe transversale à la base de la racine du tentacule (d'ap. Chun).

brt., bourrelet pharyngien; **cn. ph.**, canal pharyngien; **cv.**, cavité de la gaine tentaculaire; **dv. tt.**, diverticules endodermiques tentaculaires; **mcl.**, muscles; **pr. ph.**, paroi pharyngienne; **tt.** tentacule.

le long de ce dernier et se terminent en cul-de-sac un peu au-dessous de la bouche. Vers le bas, part un seul canal, dit *canal de l'entonnoir* (**68, cn. inf.**), qui continue le sommet inférieur de ce dernier et se porte vers le pôle aboral. Après un très court trajet, il se divise dans le plan sagittal en deux branches (**69,** *fig. 2,* **cn. exc.**) qui bientôt se bifurquent elles-mêmes parallèlement au plan transversal. Les quatre branches résultant de cette double bifurcation sont donc interradiales. Elles descendent jusque sous la surface aborale, et là se terminent chacune par une dilatation ampulliforme (fig. 1014, *amp.*). De ces quatre vésicules, disposées en cercle au-dessus de l'organe sensitif, deux sont fermées en cul-de-sac et deux s'ouvrent au dehors par un petit orifice, déjà décrit sous le nom de pore *excréteur*. On appelle *canaux excréteurs, ampoules excrétrices,* ces quatre canaux et les quatre ampoules, bien que deux seulement s'ouvrent au dehors. La situation de ces dernières par rapport aux deux branches et ampoules en cul-de-sac se définit de la même manière que celle des pores excréteurs.

Dans le sens horizontal ou radiaire, l'entonnoir se prolonge en deux très courts *canaux transverses* (**68** et **69** *fig. 1* et *2,* **cn. tr.**), situés à l'opposé l'un de l'autre, dans le plan tentaculaire, et qui bientôt se divisent, chacun horizontalement, en trois branches, une perradiale impaire et deux interradiales, symétriques l'une de l'autre par rapport au plan tentaculaire. La branche perradiale ou *vaisseau tentaculaire* se porte vers la racine du tentacule correspondant et s'y termine par deux cœcums verticalement ascendants, qui sont les *diverticules tentaculaires* (**dv. tt.**). Les branches interradiales (**cn. ir.**) se portent vers le dehors, et bientôt se divisent chacune en deux branches adradiales (**cn. ar.**), qui continuent à se porter vers la surface, où elles se jettent chacune perpendiculairement dans un des *vaisseaux méridiens* (**vs. mr.**). Ces derniers sont huit longs canaux qui courent parallèlement à la surface, sous les côtes méridiennes, et se terminent à leurs extrémités en pointe fermée, ne communiquant avec le reste du système gastro-vasculaire que par les huit branches adradiales ci-dessus décrites.

Il convient de distinguer dans ce système gastro-vasculaire compliqué une *partie centrale*, comprenant l'entonnoir, le canal de l'entonnoir et les quatre canaux excréteurs avec leurs quatre ampoules et leurs deux orifices, et un *système périphérique* comprenant tout le reste.

Les *gonades* (**69**, *fig. 1* et *2*, **gtx.**) sont logées dans les vaisseaux méridiens.

Nous pouvons, après cette indication de la topographie générale, passer à la description plus détaillée des organes et des tissus.

Ectoderme superficiel. — La surface générale du corps est recouverte d'un épiderme formé essentiellement de *cellules glandulaires* qui sécrè-tent à leur inté-rieur et expulsent à la surface des *granulations brillantes*. Le rôle de ces innombra-bles granulations n'a pas été nette-ment défini.

Fréquemment (selon les genres et les points d'un corps) ces cellu-les glandulaires ne forment pas un tout continu, et sont séparées par des *cellules intermédiaires*, dites *cellules in-terstitielles*, sans

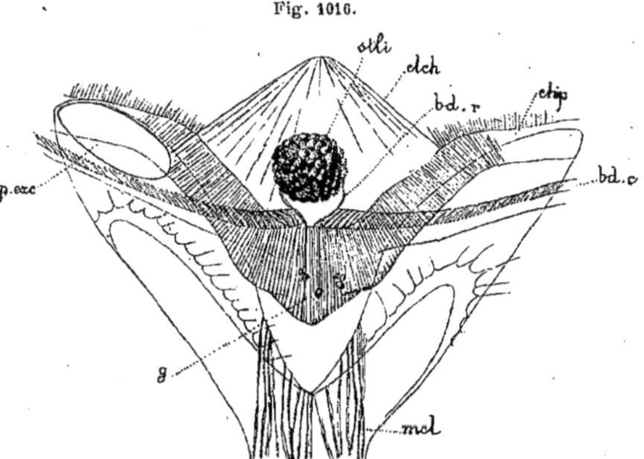

Fig. 1010.

Statocyste de *Cestus Veneris* vu de profil (d'ap. Chun).

bd. c., bandes ciliées; **bd. r.**, bandes à ressort; **chp.**, champ polaire; **clch.**, cloche du statocyste; **g.**, grains du statolithe en formation; **mcl.**, muscles; **p. exc.**, pore excréteur; **stll.**, statolithe.

limites précises et qui ont les caractères d'éléments de soutien. L'ecto-derme n'est pas vibratile, mais il s'y rencontre çà et là des cellules vibratiles assez clairsemées, principalement au pôle aboral et parfois au voisinage du bord de la bouche([1]).

Statocyste. — Le statocyste (**68** et **69**, *stlth.*), appelé communément

---

([1]) Chez certains genres *(Eucharis, Beroe)* il existe, en particulier autour de la bouche, des cellules munies d'un prolongement acéré et ferme, que l'on avait prises d'abord pour sensitives mais qui, d'après LENDENFELD [85], seraient des *hoplocystes*, c'est-à-dire des cellules armées d'un stylet par lequel elles inoculeraient le venin des cellules glandulaires qui se trouvent à leur base.

organe sensitif, organe aboral, n'est rien autre chose que l'organe sensitivo-moteur que nous avons désigné sous le nom de statocyste chez tous les autres Cœlentérés ; mais il présente ici une complexité de structure tout à fait remarquable.

Au pôle apical est creusée dans la mésoglée une petite cupule de 1^{mm} de large environ, en forme de pyramide à base rectangulaire et à angles arrondis, les deux grands côtés du rectangle de base étant parallèles au plan sagittal.

A l'exception de cette cupule, déterminée par une dépression de la mésoglée, toutes les parties de l'organe sont des différenciations ou des

Fig. 1017.

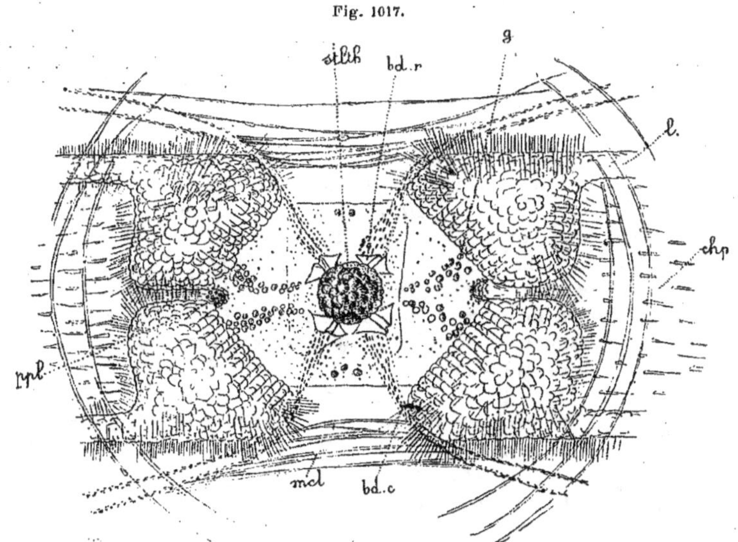

Eucharis multicornis vu de face par le pôle aboral (d'ap. Chun).
bd. c., bandes ciliées ; **bd r.,** bandes à ressort ; **chp.,** champ polaire ; **g.,** grains du statolithe en formation ; **l.,** bordure du champ polaire ; **mcl.,** muscles ; **ppl.,** papille épithéliale ; **stlth.,** statolithe.

productions des cellules ectodermiques très finement ciliées qui tapissent sa cavité.

Les cils qui bordent sa base sont extrêmement longs et soudés en une sorte de membrane hyaline appelée la *cloche* (fig. 1016 et **68** et **69**, *fig. 3, clch.*), qui, si on tourne l'animal le pôle apical en haut, forme comme une haute voûte au-dessus de la cupule. La cavité limitée par les parois de la cupule et de la cloche, ou cavité du statocyste, communique avec le dehors par six ouvertures percées dans la base de la cloche, au ras de la paroi du corps. Deux de ces ouvertures, assez larges (**69**, *fig. 3, o.*), se font face dans le plan sagittal, l'une en avant, l'autre en arrière ; les quatre autres (**o'.**), beaucoup plus petites, sont dans les plans interradiaux.

Dans ces mêmes plans interradiaux, sont quatre lames, appelées les *ressorts* (fig. 1017 et **69**, *fig. 3, bd. r.*), formées également de cils agglutinés. Leur forme (fig. 1018 et 1019) est passablement compliquée. Que l'on se figure, pour chacun d'eux, une lame triangulaire isocèle, fixée dans la cupule, à quelque distance du fond, par sa base courbée avec la concavité en dehors. La lame, ainsi ployée en gouttière à concavité externe, se porte vers le bas, non verticalement, mais en se contournant dans le plan interradial en forme d'S. Les extrémités libres des quatre ressorts convergent, sans se rejoindre, vers le centre de la cupule et là sont enchâssées dans la masse du statolithe qu'ils servent à soutenir.

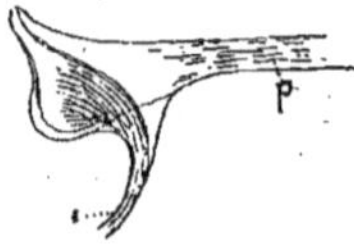

Ressort du statolithe
d'*Eucharis* vu de profil
(d'ap. Chun).

p., bandelette ciliée;
l., ressort.

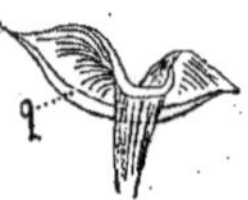

Ressort
du statolithe
d'*Eucharis*
vu de face
(d'ap. Chun).

q., base.

Le *statolithe* (**68** et **69**, *fig. 3, stlth.*) est une masse plus ou moins sphérique, occupant à peu près le centre de la cavité limitée par la cloche et par la cupule. Sa surface est formée de petites saillies régulièrement rangées côte à côte, comme celle d'une mûre. Cela tient à ce que le statolithe est formé de grains élémentaires réunis par une substance gélatineuse. Chacun de ces grains est lui-même formé par une cellule dans laquelle s'est développée une grosse concrétion formée de couches concentriques de phosphate de chaux (fig. 1020), qui a refoulé le noyau et réduit le reste de la cellule à une mince pellicule (fig. 1021).

Ces grains statolithiques élémentaires prennent naissance dans des cellules formant deux groupes situés l'un d'un côté, l'autre de l'autre, dans le plan transversal, sur la paroi de la cupule (fig. 1016 et 1017, *g.*). Celles-ci forment à leur intérieur, dans une vacuole, une concrétion qui grossit peu à peu. Lorsqu'il ne reste plus de plasma cellulaire permettant à l'accroissement de continuer, la cellule se détache et, poussée sans doute par le mouvement ciliaire, va s'accoler à la masse statolithique dans laquelle elle prend place. C'est ainsi que se forme le statolithe chez le jeune et qu'il s'accroît plus tard. L'addition de nouveaux grains se ralentit considérablement chez l'adulte, mais elle ne cesse jamais, en sorte que le statolithe s'accroît pendant toute la durée de l'existence.

Coupe des cellules
à concrétions
du statolithe
de *Beroe*
(d'ap. Samassa).

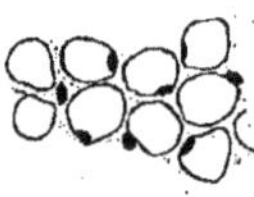

Coupe à travers
le statolithe
de *Callianira*
(d'ap. Samassa).

De la base de chacun des quatre ressorts part une étroite *aire ciliée*

(**69**, *fig*, *3*, *a*. *c*.) de forme triangulaire, qui part de l'insertion du ressort, présentant en ce point la même largeur que cette insertion, et se porte en dehors en se rétrécissant beaucoup, pour aboutir à l'orifice interradial de la cupule correspondant et, par cet orifice, sortir de la cupule pour se continuer, en se bifurquant, avec deux *bandelettes ciliées* adradiales (*bd.c.*), qui se rendent chacune à la dernière palette locomotrice de la série correspondante ([1]). Ces aires ciliées sont des différenciations de l'épithélium de la cupule ; leur structure est identique à celle des *bandelettes ciliées* extra-cupulaires sur lesquelles nous aurons à nous étendre plus loin ([2]).

En dehors de la cupule et de la cloche se trouvent encore deux organes que l'on décrit conjointement avec l'organe aboral, bien qu'ils soient entièrement distincts du statocyste qui le constitue essentiellement : ce sont les *champs polaires* (**69**, *fig*. *3*, *chp*.). Ce sont deux aires différenciées de l'épithélium général de la surface du corps qui, partant de la base de la cloche, s'étendent jusqu'à une certaine distance, de chaque côté, dans le plan sagittal. Chacune a la forme d'une bande allongée et se compose de deux parties, une centrale, le *champ intérieur* (*chp.*), et une périphérique, la *bordure* (*l.*).

La *bordure* (*l.*) est formée par une bande d'épithélium unistratifié, dont les cellules sont hautes, cylindriques et munies chacune d'un unique grand cil. Elle forme une sorte de fer à cheval, dont les deux branches, étroites dans la plus grande partie de leur étendue, s'élargissent à leur extrémité, au voisinage de la cupule, en même temps que leurs cellules, plus hautes, forment une saillie plus accentuée. Ces extrémités élargies ne laissent entre elles qu'un couloir étroit, correspondant au grand orifice de la cupule.

Les cellules du *champ intérieur* sont basses et munies de quelques cils soudés en une petite *palette*, identique, sauf ses dimensions beaucoup moindres (7 µ de large à la base) aux grandes palettes locomotrices. Comme ces dernières, celles du champ polaire sont coudées à une petite distance de leur base, et la partie distale est dirigée, à l'état de repos, vers le statocyste. Ces petites palettes battent l'eau énergiquement, et entretiennent dans la cavité du statocyste un vif courant qui entre de chaque côté par le grand orifice du plan sagittal et ressort par les quatre petits orifices interradiaux.

Palettes et bandelettes ciliées. — Les palettes (**69**, *fig*. *1*, *plt*. *s*.) sont

---

([1]) La bifurcation commence à l'orifice même et se fait sentir dans toute la longueur de l'aire ciliée intracupulaire, formée de deux surfaces ciliaires juxtaposées, de largeur inégale. L'une de ces surfaces se continue avec l'une des bandes de bifurcation, l'autre avec l'autre. Si l'on distingue, comme nous l'avons indiqué plus haut, les huit plans adradiaux en quatre parasagittaux et quatre paratransversaux, on peut dire que la plus large des aires ciliées intracupulaires donne origine à la bandelette ciliée paratransversale et la plus petite à la parasagittale.

([2]) Dans la cupule se trouvent deux petites *papilles épithéliales*, situées juste en face des deux grandes ouvertures du plan buccal. Sur la ligne qui joint ces papilles au fond de la cupule, le mouvement ciliaire est plus vif que dans les autres points de la cupule.

des lames rectangulaires insérées sur le corps par un de leurs bords,
perpendiculairement au méridien suivant lequel leur série est orientée.

Fig. 1022.   Fig. 1023.

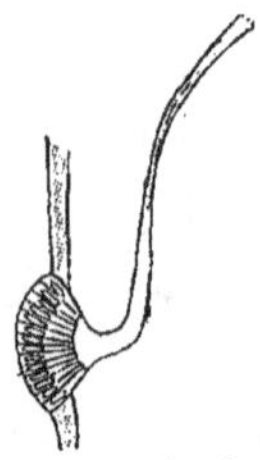

Coupe sagittale
d'une palette
natatoire
en position
morphologique
(d'ap. Chun).

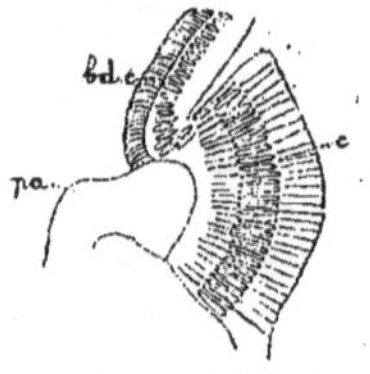

Coupe axiale
de la 1ʳᵉ palette
natatoire de
Callianira bialata
(d'ap. Chun).

bd. c., bandelette ciliée ;
c., coussinet épithélial
de la palette natatoire ;
pa., palette ciliée.

Elles mesurent
1 à 2ᵐᵐ de large
sur 2 à 3ᵐᵐ
(parfois jusqu'à
5ᵐᵐ) de long.
Leur épaisseur
est extrême-
ment faible. A
l'état de repos,
elles sont cou-
dées presque à
angle droit, à
une petite dis-
tance de leur
base, tournant
leur bord libre
vers le pôle oral (fig. 1022 et 1023). Elles sont
formées de cils agglutinés, portés par des cellules
spéciales (fig. 1024), formant ce que Chun appelle
le *coussin basilaire*
(fig. 1025, *cs.*). Ce
coussin est une sail-
lie épithéliale de
forme ovale, à grand
axe dirigé transver-
salement. Les cel-
lules qui le forment
sont disposées sur une seule couche,
comme sur le reste de la surface du corps ;
mais elles sont beaucoup plus hautes et
déterminent ainsi la saillie du coussin.
Elles forment de nombreuses séries transversales, et sont surtout celles des rangées périphériques, plus étroites au sommet qu'à la base, en sorte que, sur les
coupes transversales, le coussin forme une
saillie tronc-conique. Chaque cellule porte
de nombreux cils qui sont soudés non
seulement entre eux, mais à tous ceux de
la même palette en une lame continue
(fig. 1026). On peut les dissocier au moyen
de réactifs appropriés. Ces cils comptent
parmi les plus grands que l'on puisse observer chez les animaux, si

Fig. 1024.

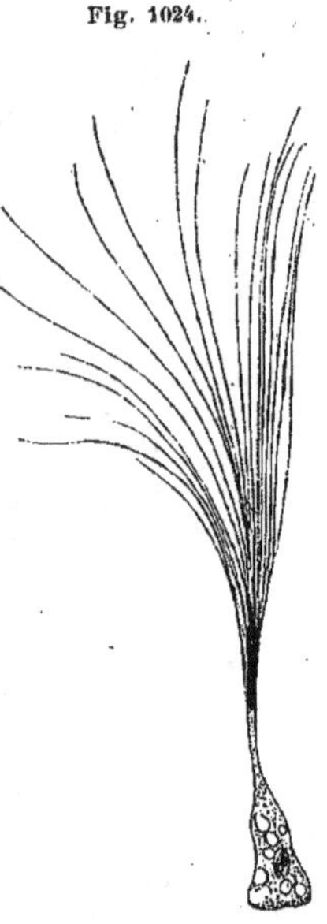

Eucharis multicornis.
Une cellule ciliée
des palettes natatoires
(d'ap. Chun).

Fig. 1025.

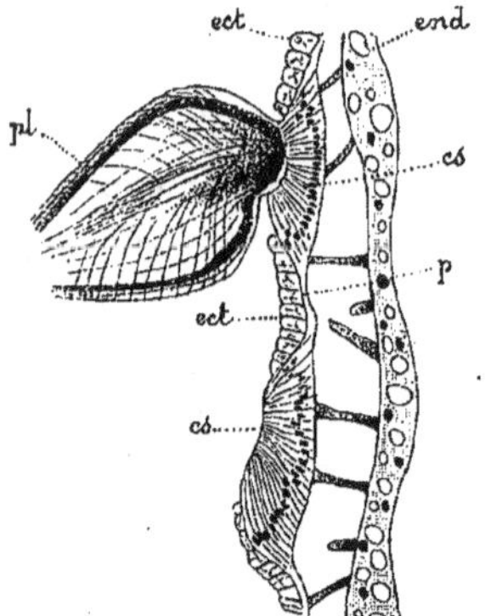

Coupe longitudinale d'une côte ciliée
de *Callianira* (d'ap. Samassa).

cs., coussinets basilaires des palettes ;
ect., ectoderme ; **end.,** endoderme ;
p., prolongement des cellules des
coussinets basilaires ; **pl.,** palette natatoire.

même ils ne sont les plus grands, puisqu'ils mesurent 2 à 3 et parfois jusqu'à 5ᵐᵐ.

La dernière palette de chaque côté, la plus voisine par conséquent du pôle aboral, est reliée à l'organe sensitif, qui occupe ce pôle par la

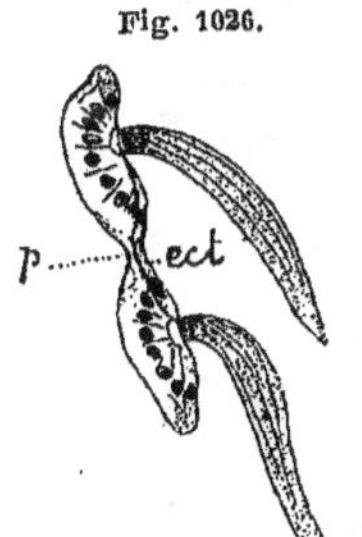

Fig. 1026.

Coupe longitudinale
d'une côte ciliée
chez *Euchlora*
(d'ap. Samassa).

ect., ectoderme ; **p.**, prolongement des cellules
des coussinets basi-
laires.

bandelette ciliée (**69**, *fig. 3, bd. c.*) déjà décrite. Cette bandelette est souvent appelée *nerf* ou *sillon cilié*, dénominations impropres, car elle n'est pas creusée en sillon et n'a nullement la structure d'un nerf, bien qu'elle en assume les fonctions dans une certaine mesure. Nous avons expliqué, en décrivant l'organe aboral, comment les huit bandelettes ciliées se continuent du côté de cet organe avec les quatre aires ciliées (**a. c.**) intracupulaires interradiales, mais nous devons indiquer ici comment elles sont constituées et comment elles se comportent par rapport aux côtes méridiennes. Chacune d'elles est formée d'une étroite bande de petites cellules cylindriques ciliées, dont les cils sont incomparablement plus petits que ceux des palettes, mais coudés comme eux à quelque distance de leur base vers le pôle oral. En arrivant à la palette, la bandelette ciliée s'élargit et se jette sur la base de celle-ci, ses cellules se continuant avec celles du coussin épithélial et ses cils avec ceux de la palette,

mais tout en conservant, les unes et les autres, leurs caractères spéciaux.

Chez les Cténaires appartenant aux sous-ordres des *Lobiferidæ* et des *Cestidæ*, la bandelette ciliée se continue dans toute la longueur de la côte méridienne dans les espaces entre les palettes, et les cellules des coussins épithéliaux des palettes ne présentent rien de particulier. Chez tous les autres au contraire, *Cydippidæ* et *Nudictenida* (les premiers étant ceux auxquels nous avons emprunté notre type morphologique), la bandelette ciliée ne se continue pas au delà de la palette la plus voisine du pôle aboral ; mais les cellules qui portent les cils des palettes présentent une disposition particulière destinée à suppléer physiologiquement à l'absence de bandelette ciliée entre les autres palettes de la série. Cette disposition, définie par SAMASSA [92], consiste en ce qu'ici ces cellules se continuent à leur base en un prolongement oblique (fig. 1027, *p.*), qui bientôt se bifurque : l'une des branches se porte vers la mésoglée, à laquelle elle semble s'attacher ; l'autre se joint aux prolongements similaires des quelques cellules voisines, pour former une fibrille qui se porte à la rencontre d'une

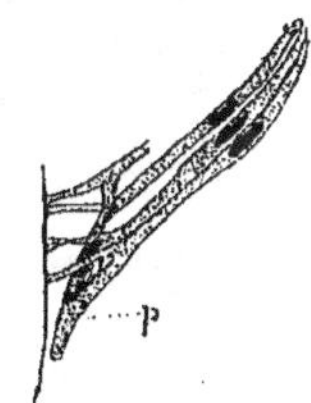

Fig. 1027.

Prolongements **p.**,
des cellules
des palettes
chez *Callianira*
(d'ap. Samassa).

fibrille semblable venue de la palette suivante et se confondre avec elle (fig. 1025, *p.*). L'ensemble de ces fibrilles forme un système qui se révèle par une striation méridienne s'étendant dans les intervalles entre les palettes successives (fig. 1028) ([1]). Ces fibres sont sous-épithéliales, recouvertes, entre les palettes, par l'épithélium général de revêtement.

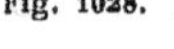

Fig. 1028.

Ces dispositions diverses permettent de comprendre comment les excitations motrices se propagent de l'organe aboral qui en est le centre. La bandelette ciliée conduit l'excitation de ce centre à la palette la plus voisine. Là, deux cas se présentent. Quand un sillon se continue entre la palette (Lobiféridés et Cestidés) la première palette, en se contractant, communique l'excitation à la portion de bandelette ciliée qui la sépare de la 2° palette ; celle-ci la transmet à la 2° palette ; la 2° palette à la 2° bandelette

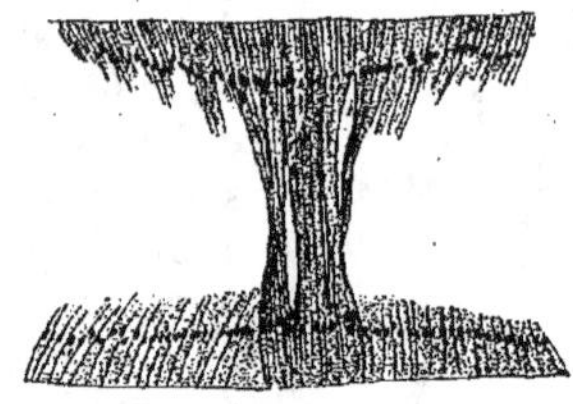

Réunion des cellules des coussinets des palettes natatoires chez *Hormiphora* (d'ap. Samassa).

ciliée et ainsi de suite. Chez les formes (Cydippidés et Nudicténides) où la bande ciliée est remplacée par les fibres pédieuses de communication, c'est par ces dernières que l'excitation se transmet, directement de palette en palette ([2]).

Tentacules. — L'appareil tentaculaire présente à considérer deux parties, la *gaine tentaculaire* et le *tentacule*.

La *gaine tentaculaire* (**68**, *g. tt.*) débouche au dehors, de chaque côté, par un petit orifice arrondi situé dans le plan transversal, au-dessous du milieu du corps, à peu près au tiers de la distance entre le statocyste et la bouche. Partant de cet orifice, la gaine s'enfonce comme une large et profonde invagination, qui se porte obliquement en haut et en dedans, en s'évasant, pour se terminer en cul-de-sac, notablement au-dessus du milieu du corps, de part et d'autre de la partie inférieure du pharynx. Elle est tapissée d'un épithélium ectodermique qui ne

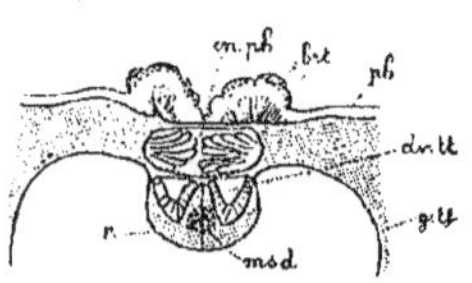

Hormiphora plumosa.
Coupe transversale au niveau de la racine tentaculaire
(d'ap. Chun).

brt., bourrelets épithéliaux ; **en. ph.,** canal pharyngien ; **dv. tt.,** diverticules endodermiques tentaculaires ; **g. tt.,** gaine tentaculaire ; **msd.,** mésoderme ; **ph.,** paroi du pharynx ; **r.,** racine tentaculaire.

diffère en rien de celui de la surface du corps. Sur cet épithélium est une couche remarquable de fibres musculaires, circulaires par rapport

---

([1]) Ces *aires striées*, vues déjà par R. HERTWIG [80], sont moins larges que les palettes qu'elles réunissent et peuvent n'établir de relations qu'entre les cellules de leurs parties moyennes, les prolongements des extrémités du coussin se perdant sans atteindre le coussin suivant.

([2]) CHUN croyait que, là où la bandelette ciliée manque entre les palettes, celles-ci étaient assez rapprochées pour se heurter les unes les autres en se mouvant et se communiquer ainsi mécaniquement l'excitation des unes aux autres. Mais SAMASSA a montré qu'il n'en était pas ainsi.

à l'axe de la gaine, formant un *muscle constricteur de la gaine* qui est capable de réduire très fortement la cavité de cette dernière.

Dans le tentacule, il convient de distinguer deux parties, la partie libre ou *tentacule* proprement dit, et la base d'implantation ou *racine* (fig. 1029, *r.*); et dans la première il faut distinguer encore le *tentacule* lui-même (**68**. *tt.*), formant la partie axiale, et ses branches que l'on pourrait, comme chez les Siphonophores, appeler les *tentilles* (*ttl.*).

Tentacule et tentilles. — Le *tentacule* proprement dit, partie axiale libre, est un long filament très contractile. Il est formé de trois parties : l'*épithélium*, la *musculature* et le *cordon axial*. Il n'est point creux mais plein, et l'endoderme ne figure pas au nombre de ses parties constitutives.

L'*épithélium* est formé de *cellules* très particulières, les *colloblastes*, que nous retrouverons plus développées sur les tentilles et que nous décrirons à leur occasion. — La *musculature* (fig. 1030) est formée d'une puissante couche de fibres longitudinales striées, engainées dans un périmysium. — Le *cordon axial* (fig. 1031, *ax.*) consiste en une substance de la même nature que la mésoglée des Cnidaires, avec des cellules conjonctives étoilées répandues dans sa masse, et où R. HERTWIG [80] a décrit des fibrilles nerveuses dont l'existence a été ultérieurement infirmée par SAMASSA [92]. Il est parfois entouré d'une membrane engainante.

Les *tentilles* (fig. 1032 et **68**, *ttl.*), bien qu'elles semblent distribuées irrégulièrement sur le tentacule, au moins à sa base, sont en réalité disposées uniquement le long de sa génératrice supérieure, et c'est par suite des torsions, inévitables sur un organe si souple et si allongé, qu'elles paraissent parfois implantées sur toute sa surface.

Leur structure est, qualitativement, la même

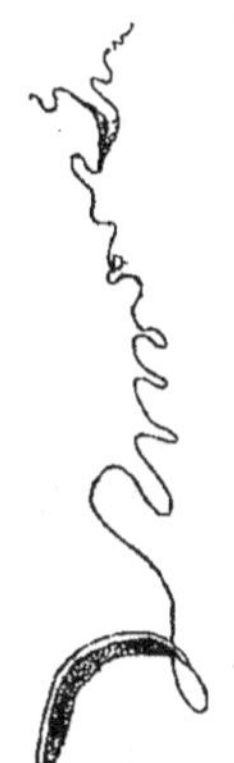

Fig. 1030.

Faisceau musculaire jeune de *Callianira* (d'ap. Samassa).

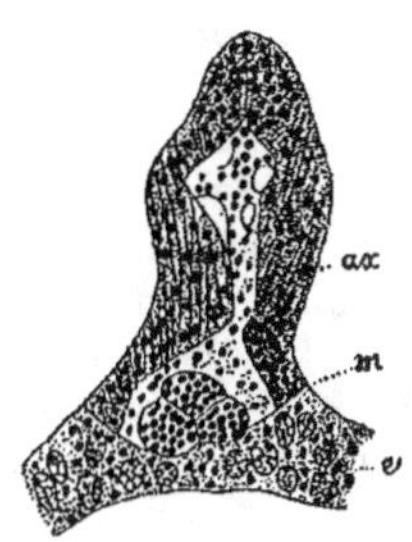

Fig. 1031.

Coupe transversale à la base du tentacule d'*Hormiphora* (d'ap. Samassa).

ax., axe tentaculaire; *e.*, cellules embryonnaires de l'ectoderme; *m.*, centre de formation de l'axe du tentacule.

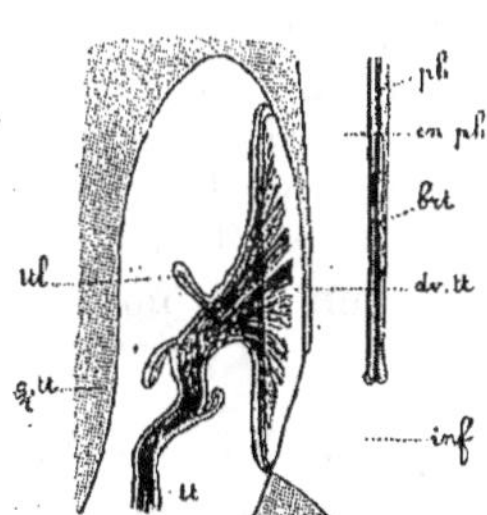

Fig. 1032.

Appareil tentaculaire d'*Hormiphora plumosa* vu de profil (d'ap. Chun).

brt., bourrelet épithélial du pharynx; *cn. ph.*, canal pharyngien; *dv. tt.*, diverticules endodermiques tentaculaires; *g. tt.*, gaine tentaculaire; *inf.*, infundibulum ou entonnoir; *ph.*, pharynx; *tt.*, tentacule; *ttl.*, tentilles.

que celle du tentacule, mais elle en diffère par les proportions des parties. Le cordon axial est prédominant; la musculature est moins développée et peut même manquer (*Hormiphora*); enfin l'épithélium est formé d'éléments semblables, mais plus volumineux.

Cet épithélium, tout à fait caractéristique des Cténaires, est formé principalement de *cellules agglutinantes* que nous appellerons *colloblastes* lesquelles, sans être peut-être exactement assimilables morphologiquement aux nématoblastes des Cnidaires, ont un rôle physiologique analogue et ont la même valeur en tant que caractère histologique pathognomonique. En fait d'autres éléments, l'épithélium ne renferme que des cellules interstitielles étoilées, sans grand intérêt, occupant les intervalles des colloblastes, et peut-être des éléments sensitifs, que R. HERTWIG y a trouvés. D'après SAMASSA, ces derniers n'existeraient pas.

Les *collobastes* ([1]) (*Greifzellen* des Allemands, *lasso-cells* des Anglais) se composent, d'après SAMASSA, de trois parties : la *cupule glandulaire* (fig. 1033, *gl.*), le *filament axial* (*f. a.*) et le *filament spiral* (*f. s.*). La *cupule glandulaire* est une cellule, sœur de celles qui sont si abondantes dans l'épiderme général, mais qui a pris la forme d'une coupe hémisphérique, dont la convexité est tournée vers le dehors. Elle mesure 10 à 13 μ ; sa surface convexe est toute formée de petites saillies réfringentes qui jouissent de la propriété de se coller fortement aux objets qu'elles touchent. Du centre de la concavité partent les deux filaments.

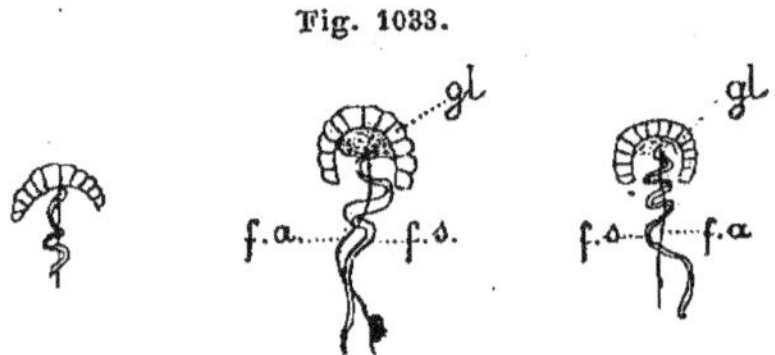

Fig. 1033.

Colloblastes d'*Hormiphora* (d'ap. Samassa).
f. a., filament axial; f. s., filament spiral;
gl., cupule glandulaire.

Le *filament axial* ou *protoplasmique* (*f. a.*) est rectiligne, extrêmement fin; il plonge dans la profondeur, passe entre les fibres musculaires quand il y en a et va s'insérer sur le cordon axial. Sur le tentacule, où la couche musculaire est beaucoup plus épaisse, il s'attache au périmysium. Près de son extrémité proximale, il porte un petit noyau allongé, et parfois il y en a un second à l'extrémité opposée, au point où il s'attache à la cupule glandulaire.

Le *filament spiral* ou *musculaire* (*f. s.*), parti du même point que le précédent, s'enfonce en décrivant quelques tours de spire et va s'insérer aussi soit au cordon axial (tentilles), soit au périmysium (tentacule) par une extrémité dilatée ; il est sensiblement plus gros que le filament protoplasmique et a été découvert bien avant lui; il n'a pas de noyau propre.

Le développement de ce singulier appareil, étudié par SAMASSA [92],

----

([1]) De κόλλα, colle, auquel nous empruntons son radical κολλ avec un *o* euphonique, la seconde partie du mot étant destinée à rappeler les nématoblastes, éléments comparables chez les Cnidaires.

montre qu'il provient de deux cellules. Une de celles-ci est une cellule glandulaire (fig. 1034, *gl.*), identique à celles de l'épiderme du corps, qui

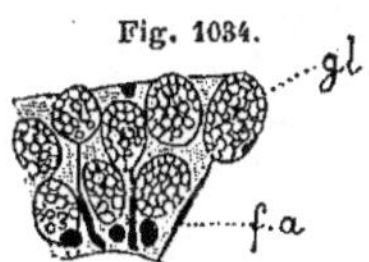

Fig. 1034.

Formation des colloblastes aux dépens des cellules glandulaires de la paroi (d'ap. Samassa).

f. a., filament axial; **gl.,** cellule glandulaire se transformant en colloblaste.

peu à peu se creuse et se transforme en la cupule glandulaire, en même temps que son noyau (fig. 1035, *n.*) disparaît; l'autre est une cellule interstitielle de l'épiderme, qui se place sous la précédente, s'allonge (fig. 1034, *f. a.*), se fixe à elle et au cordon axial, et se transforme en le filament protoplasmique, sans perdre son noyau que l'on retrouve près de son extrémité proximale.

L'origine du filament spiral est moins certaine. Samassa pense qu'il est formé par allongement du filament protoplasmique, à partir de l'insertion sur la cupule, en direction récurrente. (¹)

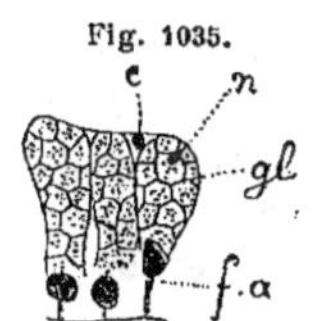

Fig. 1035.

Cellules glandulaires de la paroi se transformant en colloblastes (d'ap. Samassa).

c., cellule interstitielle; **f. a.,** cellule interstitielle transformée en filament axiale; **gl.,** cellule glandulaire; **n.,** noyau de la cellule glandulaire.

Vu de face (fig. 1036), l'épithélium à colloblastes présente un aspect très caractéristique. Ses cellules se présentent par le dôme de la cupule glandulaire, qui se projette en un cercle et laisse voir par transparence la spire du filament spiral. Sur le tentacule très contracté, les cercles se touchent presque; à l'état d'extension, ils sont séparés par des espaces notables occupés par l'épithélium interstitiel.

Grâce à leur pédoncule spiral et musculaire, les colloblastes peuvent être soulevés au-dessus de la surface épithéliale par la résistance des objets auxquels

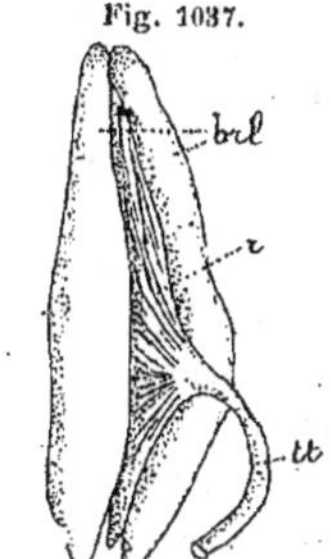

Fig. 1036.

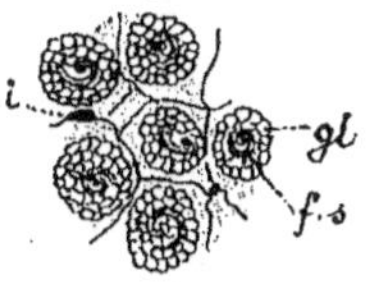

Colloblastes vus de face, chez *Hormiphora* (d'ap. Samassa).

f. s., filament spiral vu par transparence à travers la cupule glandulaire; **gl.,** cupule glandulaire; **i.,** cellules interstitielles.

Fig. 1037.

Racine tentaculaire de *Callianira bialata* (d'ap. R. Hertwig).

brl., bourrelets latéraux de la racine tentaculaire; **r.,** racine du tentacule; **tt.,** tentacule.

ils se sont collés à la traction exercée par le tentacule. Dans ce mouvement, le filament spiral s'étend; mais, par sa contraction, il ramène la cellule au niveau de l'épithélium, dès que la résistance a cessé ou est suffisamment diminuée.

Racine tentaculaire. — La racine tentaculaire est la base élargie

---

(¹) Toutes ces descriptions de Samassa présentent bien des singularités et des obscurités. Chun ne parle pas du filament axile; Hertwig l'a figuré dans quelques cas; Samassa le voit partout et en fait un organe essentiel. P. Vignon, d'après des observations encore inédites sur *Callianira*, qu'il veut bien nous communiquer, nie l'existence du filament protoplasmique et se rallie aux vues de Chun. Le manchon protoplasmique qui subsiste autour du filament spiral dans la cellule collante non adulte, a pu induire Samassa en erreur.

(fig. 1037, *r.*) par laquelle le tentacule s'implante sur la paroi interne de la gaine tentaculaire. Elle est essentiellement formée par des tissus jeunes, qui prolifèrent activement et servent à sa croissance. Le tentacule est en effet en voie d'accroissement continu par sa base, et deviendrait effectivement de plus en plus long si l'extrémité n'était sans cesse rognée par suite d'accidents qui, à la longue, deviennent la règle dans la vie de l'animal.

La racine tentaculaire a la forme d'une saillie allongée verticalement et composée de trois bourrelets parallèles, un médian et deux latéraux symétriques par rapport au premier. Deux sillons parallèles plus ou moins profonds séparent les trois bourrelets (fig. 1037, *brl.*).

C'est de la partie moyenne du bourrelet médian (*r.*) que part le tentacule, les bourrelets latéraux n'ayant avec lui que des relations plus indirectes.

Les *bourrelets latéraux* sont chargés de fournir l'épithélium du tentacule (fig. 1038, *tt.*). Ils sont pour cela revêtus d'une épaisse couche d'épithélium embryonnaire multistratifié, où l'on trouve les divers stades que nous avons décrits dans la formation des colloblastes. Ceux-ci y sont encore à l'état de cellules muqueuses arrondies et mêlées aux interstitielles, dont les unes resteront à l'état d'éléments interstitiels, tandis que les autres formeront le filament protoplasmique et peut-être le filament spiral. A mesure que le tentacule pousse, une couche de ces cellules s'étend sur les parties nouvelles pour leur fournir leur épithélium.

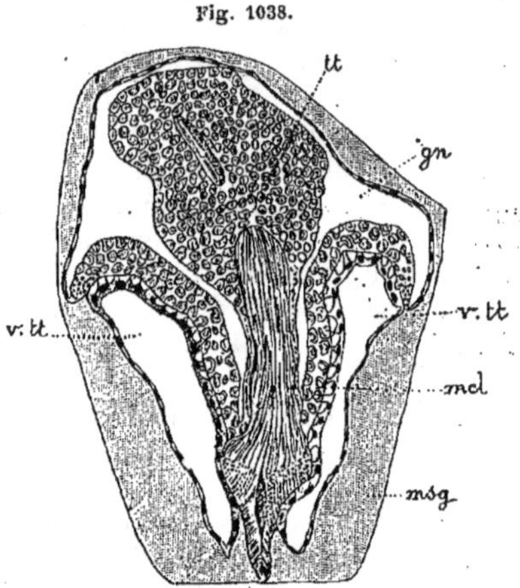

Fig. 1038.

Coupe transversale au niveau de la racine du tentacule (d'ap. R. Hertwig).

gn., gaine tentaculaire; **mcl.**, musculature tentaculaire; **msg.**, mésoglée; **tt.**, tentacule; **v. tt.**, diverticules tentaculaires.

Sous cette épaisse couche épithéliale se trouve un canal endodermique, le *diverticule tentaculaire*, qui part de l'entonnoir, aborde le bourrelet par son extrémité inférieure, le parcourt dans toute sa hauteur et se termine en cœcum à son extrémité supérieure. C'est principalement ce canal endodermique qui détermine la saillie des bourrelets latéraux.

Le *bourrelet médian* est chargé de fournir les éléments axiaux du tentacule, muscles et mésoglée. Son épithélium est banal, semblable à celui qui revêt la paroi de la gaine, et ne contribue pas à former celui du tentacule. Il ne contient point de diverticule endodermique. La voussure est déterminée par la présence à son intérieur d'une masse de cellules mésodermiques embryonnaires (**68**. *fig. 1*, *msd.*), qui en occupe l'axe et se continue avec l'axe du tentacule. Cette masse forme sans cesse des fibres musculaires par sa superficie et de la mésoglée en son centre, en sorte que la mésoglée du tentacule se termine à la base par un petit amas de mésoglée jeune, tandis que les muscles du tentacule (fig. 1038, *mcl.*) se divisent en deux lames, l'une antérieure, l'autre postérieure, symétriques par rapport au plan de symétrie du bourrelet médian, et qui viennent se perdre en éventail, dans l'épaisseur des deux lames mésodermiques, mais plus particulièrement dans leur couche externe sous-épidermique.

Cette masse embryonnaire forme une colonne massive dans l'angle dièdre compris entre les deux diverticules tentaculaires endodermiques. De cette colonne partent deux prolongements latéraux adossés l'un à l'autre par leurs parois internes en haut et en bas où ils ne sont séparés que par une fente virtuelle, tandis qu'au milieu ils sont séparés par un espace réel où ils sécrètent une petite masse de mésoglée, origine de la mésoglée tentaculaire. C'est sur les faces externes en rapport avec l'épithélium que vient s'étaler l'éventail formé par l'écartement des muscles du tentacule (fig. 1037, *r.*) ; et ces fibres musculaires prennent origine des cellules embryonnaires sous-jacentes à elles, comme la mésoglée des cellules embryonnaires qui l'entourent.

Il faut se représenter cette masse comme un sac à parois épaisses formées de cellules. En haut et en bas, les parois du sac sont accolées, de manière à réduire sa cavité à un espace virtuel ; au milieu, au contraire, la cavité devient réelle par suite de la sécrétion en ce point, par les cellules ambiantes, d'une petite masse centrale de mésoglée. A ce niveau, correspondant à l'insertion du tentacule sur le bourrelet médian, le sac mésodermique embryonnaire est ouvert en avant pour permettre à la masse de mésoglée qu'il contient de se continuer avec le cordon mésogléen axial du tentacule. Les fibres musculaires du tentacule, au contraire, viennent de chaque côté se perdre en éventail dans les lames latérales du sac mésodermique, dont les cellules servent à les former.

Les nouvelles fibres se forment principalement à la partie supérieure de l'éventail et, quelque peu, à la partie inférieure, en direction centrifuge par rapport à la bissectrice de l'éventail, de sorte que les fibres voisines de cette bissectrice sont les plus âgées et les plus avancées. A ce niveau, le processus a envahi presque toute l'épaisseur des deux lames mésodermiques, tandis qu'aux extrémités il est encore superficiel.

Formation des tentilles. — A mesure que le tentacule s'allonge par la racine, de nouvelles tentilles doivent se former, sans quoi le tentacule, constamment rogné à l'extrémité opposée, finirait par en être dépourvu. Ces tentilles naissent (**68.** *n.*) toutes sur la ligne médiane du bourrelet médian, au-dessus de la base du tentacule, en sorte que, lorsque par suite de l'accroissement progressif elles passent dans le tentacule, elles sont toutes situées sur la génératrice supérieure ou orale et gardent toujours cette situation morphologique, quels que soient les contournements que peut subir le tentacule autour de son axe. Ces tentilles empruntent, comme le tentacule lui-même, leur épithélium au revêtement épithélial des bourrelets latéraux et leurs parties mésogléennes et musculaires à la masse mésodermique embryonnaire du bourrelet médian.

Pour chaque nouvelle tentille, une petite masse cellulaire s'isole dans l'espace virtuel situé au-dessus du tentacule entre les deux lames de cellules embryonnaires, espace qu'elle rend réel par sa présence. Cette masse donne exclusivement naissance à l'axe mésogléen de la tentille. Pour cela, elle pousse vers le dehors en écartant les deux lames cellulaires entre lesquelles elle est comprise et refoule l'épithélium en se coiffant d'un diverticule de ce feuillet.

Quant aux muscles de la tentille, lorsqu'ils existent, ils sont la continuation directe de ceux de l'éventail tentaculaire.

Appareil gastro-vasculaire. — Cet appareil comprend, comme nous l'avons vu, deux parties bien distinctes : le stomodæum ectodermique et l'ensemble des cavités tapissées d'endoderme. Nous ne reviendrons pas ici sur les dispositions générales qui ont été décrites dans l'esquisse de l'organisation intérieure, et ferons connaître seulement les points particuliers de la structure.

La *bouche* est munie d'un sphincter, et parfois pourvue d'un petit bourrelet labial et capable de se fixer comme une ventouse.

Le *pharynx* (fig. 1014 et **68. ph.**) est un *stomodæum* et, morphologiquement, ne mérite point le nom d'*estomac* qui lui est donné d'ordinaire. Mais physiologiquement, c'est bien un estomac, en ce sens que c'est là que sont digérés les aliments, les résidus indigestes remontant par la bouche, et l'entonnoir ne recevant qu'un chyme déjà partiellement élaboré. Il est richement cilié. Sur ses faces latérales droite et gauche sont situées deux saillies épithéliales en fer à cheval, les *bourrelets pharyngiens*, (fig. 1014, *brt.*), symétriques par rapport au plan sagittal. Ces bourrelets s'étendent en hauteur seulement sur la moitié inférieure du pharynx. La concavité du fer à cheval est tournée vers le bas ; leurs deux branches commencent à l'entrée de l'entonnoir, occupée de chaque côté par un arc cilié (fig. 1039, *a. c.*), concave vers le bas et dont les deux extrémités se continuent chacune avec une des branches du fer à cheval. Ces branches sont d'abord grêles, et formées d'un simple cordon saillant ; à mesure qu'elles montent, elles deviennent plus larges et plus épaisses et se chargent de proéminences lobées, puis se réduisent de nouveau progressivement à un simple cordon qui se continue tel jusqu'au haut et forme, sans changer d'aspect, l'arc qui réunit les deux branches du fer à cheval. Le pharynx est tapissé d'éléments semblables à ceux du reste de l'ectoderme, mais plus petits et ciliés. Les bourrelets, encore insuffisamment étudiés au

Fig. 1039.

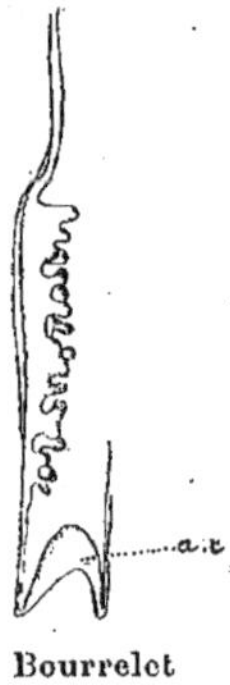

Bourrelet
pharyngien
d'*Hormiphora*
(d'ap. Chun).

a.c., arc cilié de l'extrémité inférieure
du pharynx.

point de vue histologique, semblent formés d'une seule couche de
hautes cellules cylindriques. Il semble bien que ces bourrelets aient

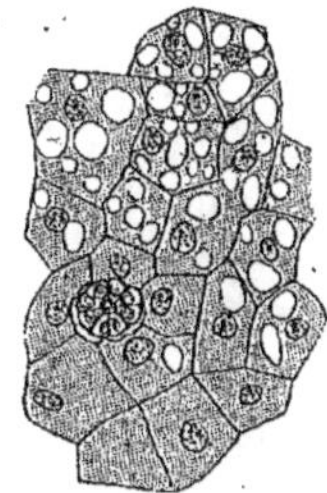

Fig. 1040.

pour fonction d'augmenter la surface absorbante, car
ils manquent chez les formes où le pharynx est très
développé (*Euchlora rubra*) et sont d'autant plus développés que l'estomac est plus petit.

Les cavités endodermiques sont tapissées d'un épithélium plat à cellules polygonales, munies d'un unique
flagellum bien développé, que R. Hertwig croit formé
d'un pinceau de cils. Mais en certains points cet épithélium est remplacé par un autre à hautes cellules
cylindriques non ciliées.

Dans la *partie centrale* du système gastro-vasculaire,
entonnoir, canal de l'entonnoir, canaux excréteurs et

*Rosette ciliée
de Beroe ovata
vue de face
(d'ap. Chun).*

ampoules, on ne trouve
que l'épithélium plat. Un
sphincter bien développé
entoure l'orifice infundi-
bulo-pharyngien et peut occasionnellement
le fermer tout à fait; le canal de l'entonnoir
et les canaux excréteurs sont pourvus d'une
musculature délicate qui leur permet de se
contracter pour expulser leur contenu par
les deux pores excréteurs.

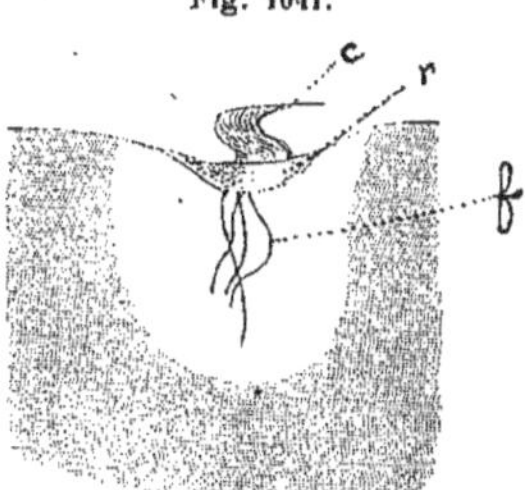

Fig. 1041.

Rosette ciliée d'*Eucharis*
vue de profil (im. Chun).

r., rosette; c., cils de la lumière du
vaisseau; f., cils appendus dans le
puits creusé dans la mésoglée.

Dans la partie périphérique du système
gastro-vasculaire, l'épithélium plat et cilié
dont nous venons de parler présente de distance en distance des ouvertures (fig. 1040),

Fig. 1042.

sortes de *stomates* au niveau desquels la cavité

des canaux est en contact immédiat avec la mésoglée sous-jacente (¹). Ces orifices sont percés au
fond d'une petite dépression conique, en sorte qu'ils
sont saillants dans la mésoglée (fig. 1041 et 1042).
Ils sont entourés d'une couronne, appelée la *rosette
ciliée* ou simplement la *rosette*, formée de deux
assises superposées, comprenant chacune 8 cellules
(fig. 1043). L'assise interne est pourvue de petits
flagellums très actifs qui battent dans la lumière

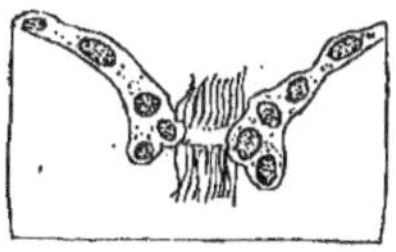

Coupe d'un entonnoir
cilié de *Beroe ovata*
(d'ap. R. Hertwig).

du canal; l'assise externe possède un plus petit nombre de grands flagellums qui battent dans la mésoglée, ou du moins dans une petite exca-

____

(¹) Il n'est pas très clairement indiqué dans les ouvrages si le canal de l'entonnoir et les
canaux excréteurs ont ou n'ont pas de stomates. C'est dans les canaux méridiens que semble
être leur siège principal.

vation dont cette substance est creusée au niveau de la rosette. La rosette tout entière mesure 20 μ et le stomate 4 à 5 μ. Les cils battent vers la mésoglée et tendent à pousser vers elle le liquide cavitaire, et cela, pense-t-on, pour apporter d'une manière plus immédiate des éléments nutritifs, soit à la mésoglée elle-même (R. Hertwig), soit aux muscles sous-épithéliaux (Chun). Il n'y a jamais de stomates sur les parties des parois revêtues d'un épithélium cylindrique non cilié.

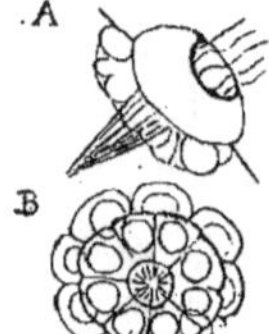

Fig. 1043.

Rosette ciliée de *Beroe ovata* (d'ap. Chun). A, vue de profil, B, vue de face.

Les *canaux pharyngiens* n'ont d'épithélium plat et cilié que sur leurs parois interne et externe, parallèles au pharynx; leurs parois antérieure et postérieure sont occupées par un bourrelet épithélial (**69**. *fig. 2*, **brt. ep.**) non cilié, très saillant.

Les *canaux transverses* et les trois branches en lesquelles ils se divisent, ne présentent rien à signaler. Elles sont partout revêtues de l'épithélium plat et cilié ci-dessus décrit. Il en est de même pour les deux *diverticules tentaculaires* que fournit la branche moyenne et qui se prolongent dans les bourrelets latéraux de la racine tentaculaire, abordant ces bourrelets par leur extrémité inférieure et les parcourant jusqu'à leur extrémité supérieure où ils se terminent en cul-de-sac. Il en est de même aussi pour les deux branches latérales ou canaux interradiaux. Elles se dirigent horizontalement, dans les plans interradiaux et, après un court trajet, se divisent chacune en deux branches adradiales qui vont se jeter dans les canaux méridiens correspondants.

Les *canaux méridiens*, au contraire, n'ont d'épithélium plat et cilié que sur leur paroi axiale (fig. 1044), et c'est là surtout que les *rosettes* sont fréquentes. Leur paroi abaxiale, située sous l'ectoderme dont elle n'est séparée que par une même couche de mésoglée, est garnie d'un haut épithélium cylindrique, tandis que les parois latérales portent les *bourrelets génitaux*, dont il sera question dans un instant. Ces canaux sont aplatis de dedans en dehors, de manière à présenter sur la coupe une forme ovale à grand axe tangentiel.

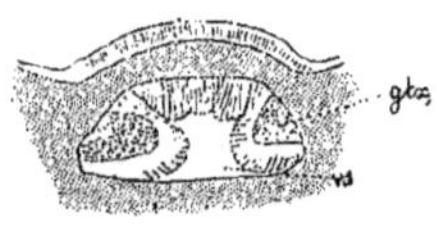

Fig. 1044.

Coupe transversale d'un vaisseau méridien de *Lampetia pancerina* (d'ap. Chun.)

gtx., glandes génitales; **vs.**, vaisseau méridien.

Gonades. — L'animal est hermaphrodite. Les *bourrelets génitaux*, dont nous venons de rappeler la situation, sont, dans chaque canal méridien, l'un mâle (**69**. *fig. 1*, **gtx.** ♂), l'autre femelle (**gtx.** ♀), ce dernier du côté perradial du canal, le premier du côté interradial. Les bourrelets mâles sont blanchâtres, les bourrelets femelles sont colorés. Les bourrelets génitaux ne sont pas formés par l'épithélium même du canal endodermique, mais sous-jacents à lui et recouverts par ses cellules, qui offrent là un caractère intermédiaire à celui des faces axiale et abaxiale (fig. 1045) (¹). Les œufs se forment dans les bourrelets femelles sans follicule et, à maturité tombent, en rompant la paroi épithéliale, dans le canal, où le mouvement ciliaire les fait cheminer vers l'entonnoir pour être expulsés par la bouche et peut-être aussi par les pores excréteurs. Il en est de même du sperme.

Mésoglée et Musculature. — A l'exception de l'épiderme avec ses dépendances, du revêtement endodermique et de la mince musculature qui va être décrite, toute la masse du corps est formée par la mésoglée. Celle-ci est donc très abondante, et sous ce rapport le Cténaire est comparable aux Méduses. Cette mésoglée est formée de la même substance gélati-

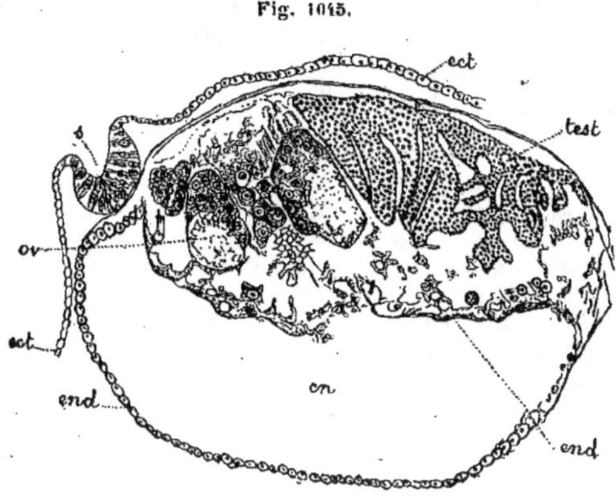

Fig. 1045.

Callianira bialata. Coupe transversale d'un vaisseau méridien (d'ap. Chun).

cn., cavité du vaisseau méridien; **ect.**, ectoderme; **end.**, endoderme; **s.**, saccule endodermique; **ov.**, ovaire; **test.**, testicule.

(¹) Chun donne les bourrelets génitaux comme formés par l'épithélium même du canal, mais R. Hertwig, dont les recherches sont, sur ce point, beaucoup plus détaillées que celles de

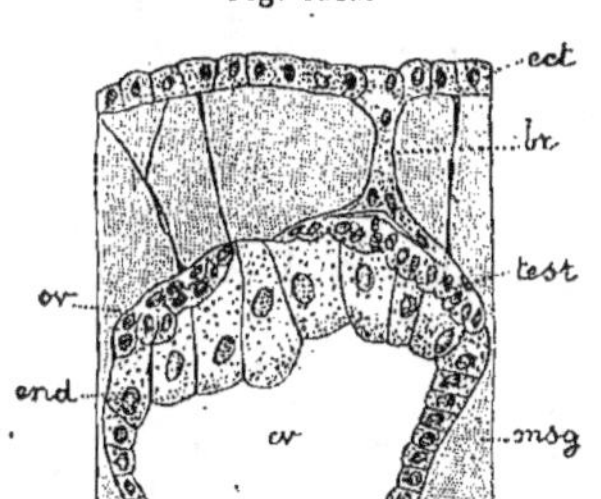

Fig. 1046.

Coupe transversale d'un canal de très jeune *Callianira bialata* (d'ap. R. Hertwig).

br., bride considérée par Hertwig comme ectodermique; **cv.**, lumière du vaisseau méridien; **ect.**, ectoderme; **end.**, endoderme; **msg.**, mésoglée; **ov.**, ovaire jeune; **test.**, testicule.

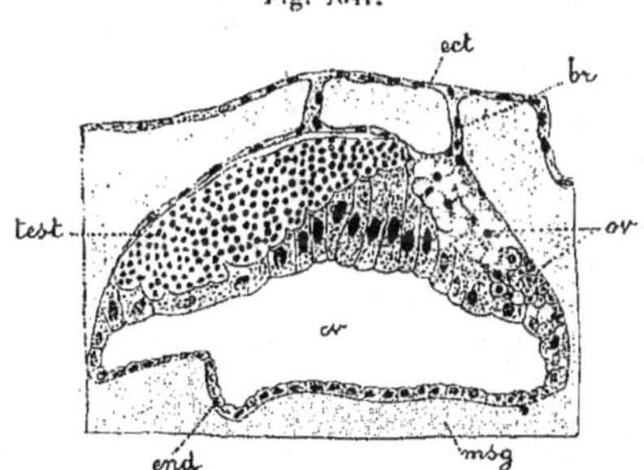

Fig. 1047.

Coupe transversale d'un vaisseau méridien de *Callianira bialata* (d'ap. R. Hertwig).

br., bride considérée comme ectodermique par R. Hertwig; **cv.**, lumière du vaisseau méridien; **ect.**, ectoderme; **end.**, endoderme; **msg.**, mésoglée; **ov.**, ovaire; **test.**, testicule.

Chun, a montré qu'il n'en était pas ainsi et qu'ils sont sous-jacents à un épithélium endodermique continu. Ses figures sont très significatives à cet égard (fig. 1046 et 1047).

niforme anhiste que chez ces dernières, et il s'y trouve de même des cellules étoilées, noyées dans la masse. Mais, ainsi que nous le verrons en étudiant le développement, ces éléments de la mésoglée ne sont pas, du moins tous, émigrés des feuillets voisins et en particulier de l'ectoderme. Ils proviennent au moins en majeure partie d'un mésoderme qui s'est formé en même temps que les deux autres feuillets et qui

---

Des recherches du même auteur résulterait que les gonades seraient en réalité une dépendance de l'ectoderme. Chez *Callianira bialata*, les gonades occupent seulement les extrémités des canaux méridiens, et forment dans chacun deux groupes séparés. Dans chaque groupe, le bourrelet mâle et le femelle n'occupent pas précisément les faces latérales du canal, mais les côtés de la face abaxiale. La masse cellulaire formant les bourrelets génitaux est reliée de distance en distance à l'ectoderme, à travers la mésoglée, par un cordon cellulaire. Or, en examinant le bourrelet génital chez le jeune ou les parties jeunes de ce bourrelet chez l'adulte, on trouve, à la place de ces cordons cellulaires, de petites invaginations ectodermiques, partant de la surface et se terminant en cul-de-sac au contact de l'endoderme du canal (fig. 1048). De ce fait et de la présence d'un reste de cavité dans le bourrelet mâle, HERTWIG se croit autorisé à conclure que ces invaginations ectodermiques sont l'ébauche des cordons génitaux. D'après lui, le pédicule de l'invagination se transformerait en un cordon plein que l'on retrouve dans l'organe achevé ; le feuillet profond de l'invagination formerait les deux bourrelets génitaux, mâle et femelle, du canal ; quant à la cavité et au feuillet superficiels, ils disparaîtraient dans la partie femelle et persisteraient dans la partie mâle, où on les retrouve sous la forme d'un *sinus génital* sous-jacent à la gonade mâle et séparé de la mésoglée par une mince lame épithéliale.

Le fait que Hertwig n'a trouvé ces dispositions, cordons cellulaires et invaginations ectodermiques, que dans la partie des gonades située dans l'extrémité inférieure du canal jette quelque doute sur la réalité de ce processus. SAMASSA après avoir dans son premier travail [92], confirmé en quelques mots (à la page 234), l'idée de Hertwig, revient sur son opinion dans un petit travail subséquent [93] : les culs-de-sac ectodermiques ne seraient pas des organes fixes, et l'origine des cellules sexuelles à leurs dépens serait douteuse. CHUN [92, 98] constate que ces invaginations ne se rencontrent que chez *Callianira bialata* et manquent chez tous les autres Cténaires, qu'elles sont identiques à elles-mêmes chez les individus jeunes et infertiles et chez les sexuellement mûrs, qu'elles ne montrent jamais le moindre indice d'une tendance à se séparer de l'endoderme, ni aucune forme cellulaire de transition vers les éléments des gonades, et enfin qu'elles n'existent qu'au voisinage du pôle sensitif ; elles sont d'ailleurs, chez cet animal et à cette place, parfaitement fixes et constantes et semblent, en raison de leur situation et de leur structure à épithélium cylindrique cilié, pouvoir être considérées comme des organes sensitifs. Si leur signification précise reste douteuse, il semble certain qu'elles n'ont aucun rapport avec les organes génitaux.

Malgré tout, la question nécessite de nouvelles études.

Fig. 1048.

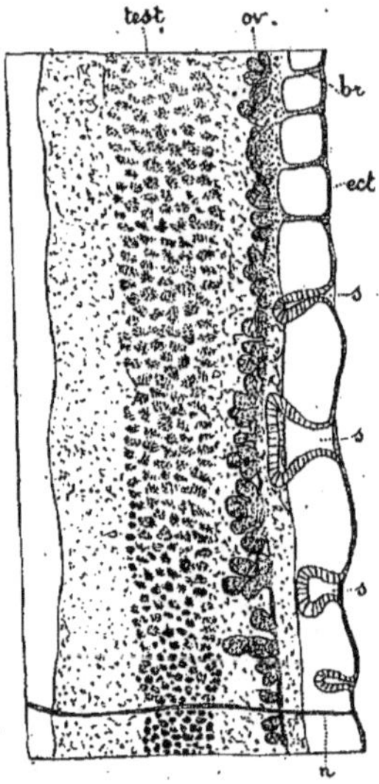

Organes génitaux
de *Callianira bialata*
vus par transparence
(d'ap. R. Hertwig).

br., brides réunissant l'ectoderme au canal méridien, considérées comme des diverticules ectodermiques par Hertwig ; **ect.**, ectoderme ; **n.**, faisceau nerveux ; **ov.**, ovaire ; **s.**, saccules ectodermiques ; **test.**, testicule.

fournit la plus grande partie de ces éléments étoilés et de la musculature. Comme l'ectoderme continue, lentement mais pendant toute la
vie, de fournir des éléments à la mésoglée, c'est en certains points une
question délicate de distinguer, en particulier pour les éléments musculaires, ce qui provient de l'ectoderme et ce qui dérive du mésoderme
embryonnaire. En tout cas, il est certain qu'il n'y a pas d'éléments épithélio-musculaires, toutes ces fibres musculaires étant indépendantes de l'ectoderme et de l'endoderme; et il semble bien établi par
Samassa que les éléments fibrillaires ou étoilés de la mésoglée n'ont
pas la nature nerveuse que leur attribuait Hertwig, et sont simplement
conjonctifs.

En outre de l'appareil musculaire des tentacules, décrit plus haut,
les muscles forment trois systèmes : tangentiel sous-épidermique, tangentiel sous-jacent au système gastro-vasculaire et radiaire. Les *tangentiels sous-épidermiques* forment deux couches, une longitudinale externe
et une circulaire interne; sauf quelques cas particuliers, ils sont peu
développés, car ils ne servent qu'à produire des contractions générales
d'utilité secondaire puisque, sauf l'exception citée, la natation se fait
par les palettes ([1]). Les *tangentiels du système gastro-vasculaire* sont
moins développés encore, sauf les circulaires en quelques points où ils
forment des sphincters et que nous avons déjà signalés. Les *radiaires*
s'étendent de l'épiderme aux différents points des canaux gastro-vasculaires et servent à la fois à contracter le corps, rétracter les palettes,
etc., et à dilater les canaux gastro-vasculaires. Ce dernier effet cependant peut être supprimé lorsque les muscles circulaires gastro-vasculaires, principalement là où ils forment des sphincters, se contractent et
forment un point d'appui fixe qui reporte à la surface du corps tout
l'effet de la contraction.

Fig. 1049.

Muscle de *Callianira* (d'ap. Samassa).

Les fibres musculaires sont lisses ([2]), longues, fines, ramifiées aux
extrémités sur une certaine longueur. Elles comprennent deux parties :
une centrale médullaire, protoplasmique contenant les noyaux, et une
corticale qui ne montre même pas de striation longitudinale (fig. 1049).

Système nerveux. — La question du système nerveux des Cténophores
est fort controversée et l'accord n'est pas encore fait, même en ce qui
concerne l'existence de ce système. Quatre points sont à examiner : le
système nerveux central, les bandes nerveuses méridiennes, le plexus
sous-épidermique et les éléments nerveux de la mésoglée.

([1]) Cette exception concerne les Lobiféridés et les Cestidés, qui nagent par des mouvements
musculaires.

([2]) Une striation transversale a cependant été observée dans les muscles tentaculaires chez
Euplokamis.

Chun attribue la signification d'un *système nerveux central* à l'organe
aboral. Mais la structure de cet organe montre à l'évidence qu'il n'est
qu'un statocyste, auquel est annexée peut-être une surface olfactive, et
qu'il n'est par conséquent qu'un organe sensitif périphérique, pouvant
donner à l'animal des sensations de mouvement, intervenir dans la
détermination des mouvements réflexes nécessaires au maintien de
l'équilibre, et nullement un centre nerveux. C'est l'opinion de R. Hertwig et on ne peut que s'y rallier.

Les huit *bandelettes ciliées* (**69**, *fig. 3*, **bd. c.**) qui réunissent la dernière palette de chaque rangée à l'organe aboral ne sont pas des nerfs.
Nous avons vu que leur structure, exclusivement épithéliale, n'a rien
de celle d'un nerf. Elles en ont les fonctions conductrices d'excitation
motrice, mais par un procédé qui n'a rien de nerveux, par le choc direct
des palettes d'une cellule à la voisine, de proche en proche tout le long
de la bandelette.

Les *prolongements cellulaires* qui s'étendent chez les Cydippidés et
les Nudicténides entre les cellules des palettes successives ont mieux
les caractères de filaments nerveux, et on peut, si l'on veut, leur en
attribuer la signification : singuliers nerfs en tout cas, qui s'étendent
entre deux cellules épithéliales périphériques sans communiquer avec
quoi que ce soit, présentant les caractères d'un centre ganglionnaire.

Les *éléments fibrillaires et étoilés de la mésoglée* ont mieux l'apparence d'organes nerveux, mais on sait combien il est difficile de distinguer en pareil cas ce qui est nerveux de ce qui est simplement conjonctif. Hertwig affirme la nature nerveuse; K. C. Schneider [93] est du
même avis; Samassa la nie et, de fait, la preuve histologique et physiologique reste à fournir. Samassa pense que les fibrilles de la mésoglée
pourraient, sans être nerveuses, transmettre les excitations de l'épiderme
à la paroi gastro-vasculaire, par le fait
qu'étant tiraillées par les contractions des
muscles sous-épidermiques, elles tiraille-
raient à leur tour les fibres musculaires
péri-vasculaires et pourraient ainsi, mécaniquement, les exciter à se contracter :
procédé bien primitif en tout cas, et qui
ne permet pas bien de concevoir comment
les contractions sont adéquates à un but
utile.

La plus grave question est celle qui
concerne l'existence d'un *plexus nerveux
sous-épidermique*. R. Hertwig [80] a très
nettement figuré un magnifique réseau
polygonal situé *sous* l'épiderme, entre lui
et la mésoglée, et formé de fibres avec cellules étoilées aux points nodaux
(fig. 1050 et 1051). Samassa [92] a complètement nié l'existence de ce

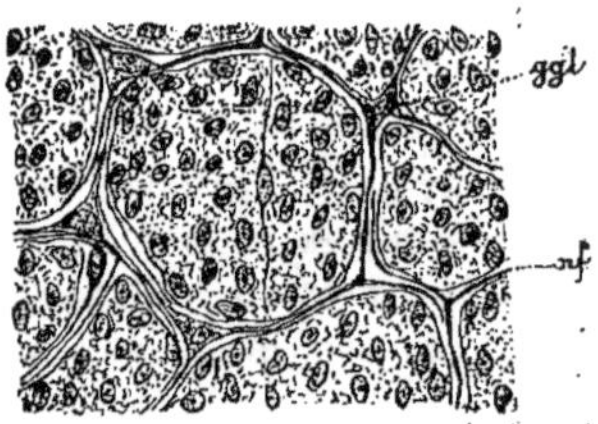

Fig. 1050.

Épithélium de *Beroe ovata*,
après traitement par acide
acéto-osmique (d'ap. R. Hertwig).

ggl, cellules ganglionnaires;
nf., filaments nerveux.

réseau. Nagel [93] a constaté par des expériences d'excitation que l'animal réagit comme si ce réseau existait et a conclu à son existence.

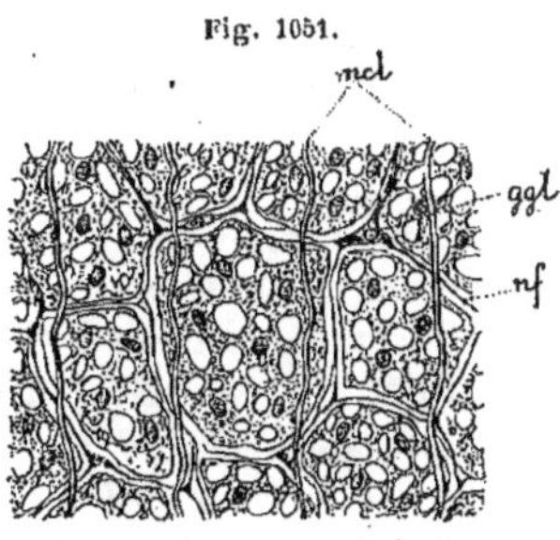

Fig. 1051.

Plexus nerveux cutané et faisceaux musculaires ectodermiques de *Cydippe hormiphora*, après traitement par acide acéto-osmique (d'ap. R. Hertwig).

ggl., ganglion nerveux; **mcl.**, faisceaux musculaires; **nf.**, filets nerveux.

Bethe [95] l'a confirmée par le procédé au bleu de méthylène, et Samassa enfin [95] a maintenu contre Bethe ses premières conclusions. En ce qui concerne l'existence du réseau, les arguments négatifs de Samassa ne sauraient prévaloir contre les arguments positifs des autres naturalistes, surtout étant donnée la netteté des descriptions et des figures d'Hertwig. Pour ce qui est de son interprétation, il semble bien difficile de le considérer comme conjonctif, étant données sa situation et sa régularité. On peut donc, tout en réclamant confirmation, l'admettre provisoirement.

Si ce réseau nerveux existe, il devient problable qu'existent aussi les cellules sensitives périphériques que Hertwig a décrites comme distribuées çà et là dans l'épiderme (¹).

Physiologie.

L'animal est pélagique, exclusivement marin. Il se meut d'un mouvement assez vif par le battement de ses palettes, la bouche en avant. Les gaines tentaculaires ont, dans la progression, leur ouverture dirigée en arrière, et l'eau ne peut s'y engouffrer et gêner les mouvements des tentacules. Ceux-ci pendent mollement en dehors, décrivant des ondulations gracieuses par suite des changements de direction du corps qui les entraîne.

Le statocyste est l'organe directeur des mouvements. D'après Engelmann [87], dont l'opinion semble très justifiée, son mode d'action serait le suivant. Quand l'animal se meut suivant son axe, le statolithe presse également sur les 4 ressorts; mais quand il dévie, le ressort du côté où il dévie est plus pressé que les autres et transmet son excitation aux deux rangées de palettes qui en partent et qui, activant leur mouvement, redressent la trajectoire. Verworn [91] a précisé son rôle en montrant que, si on le détruit, l'animal peut continuer à vivre, manger, produire de la lumière (il s'agit de *Beroe*, qui est phosphorescent), mais ne peut se maintenir en position normale. Il en est de même pour la moitié buccale d'un individu sectionné transversalement, tandis que la moitié aborale nage normalement.

Pour s'enfoncer l'animal n'a qu'à cesser tout mouvement, car il est

---

(¹) Mais le rôle sensitif ne paraît pas pouvoir être attribué aux *hoplocystes* péribuccaux (Voir p. 744).

plus lourd que l'eau; pour monter il doit manœuvrer ses palettes (¹). Il est capable de modifier la forme de son corps par des contractions musculaires : il peut l'arrondir, le comprimer, le contourner plus ou moins ; mais il ne semble pas que cela puisse l'aider dans ses mouvements d'ascension et de descente en agissant indirectement sur son volume et sa densité.

Dans d'autres expériences, VERWORN [90] a étudié la transmission de l'excitation motrice le long de la série des palettes d'une même rangée. Normalement, les palettes se contractent successivement (*contraction métachrone*) du pôle aboral vers la bouche, et régulièrement. Après incision transversale de la côte, la régularité est abolie. Une palette isolée se contracte, pourvu qu'une certaine quantité de protoplasma du coussin basilaire lui reste attachée. Si, chez *Beroe* [et il en serait sans doute de même chez les Cydippidés], on excise une palette, le mouvement parti du pôle aboral s'arrête à la palette excisée. Mais il n'en est pas de même chez *Cestus* [ni probablement chez les Lobiféridés qui ont une bandelette ciliaire tout le long de la côte]. La bouche s'étend ou se rétracte, s'arrondit ou s'aplatit.

Les *tentacules*, grâce à leurs mouvements propres, fouillent l'eau ambiante et, au moyen de leurs colloblastes, dont nous avons expliqué, en les décrivant, le rôle spécial, saisissent de petites proies, en particulier des Crustacés pélagiques qu'ils portent ensuite vers la bouche et dont l'animal fait sa principale nourriture. Sans doute les *champs polaires* lui communiquent des sensations olfactives utiles pour la recherche de sa nourriture (²).

La *digestion* se fait dans le pharynx; les déchets sont rejetés par la bouche, et il ne passe dans l'entonnoir et les autres parties du système gastro-vasculaire qu'un suc assimilable. Celui-ci est porté dans tout le corps par les canaux de ce système et arrive en particulier aux organes génitaux qui en consomment la majeure partie. Rappelons les orifices des rosettes ciliées, qui permettent aux sucs de pénétrer aisément dans la mésoglée et, par elle, d'arriver aux muscles, au réseau nerveux, à l'épiderme et en particulier aux palettes qui, étant d'actifs producteurs d'énergie, sont aussi de grands consommateurs. Les produits usés sont rejetés par les pores excréteurs, mais on ne sait rien de la manière dont ils se séparent et arrivent aux ampoules excrétrices.

C'est surtout la nuit que l'animal monte à la surface, par le mouvement de ses palettes; pendant le jour, il s'enfonce et on ne l'aperçoit que rarement. Il est rare aussi, au moins dans la Méditerranée pendant la

---

(¹) VERWORN [92] a émis l'idée que le contenu de ses vacuoles est plus léger que l'eau de mer, étant moins chargé de sels, en sorte que, selon la proportion relative entre le protoplasma plus lourd que l'eau et les vacuoles plus légères, l'animal serait plus ou moins lourd. Mais cela ne semble pas nettement établi.

(²) GRABER [89] a constaté que *Beroe* était légèrement sensible aux odeurs.

belle saison. C'est en automne qu'on le rencontre en abondance, et son apparition est brusque. Sans doute, les œufs pondus et fécondés en plus grande abondance au premier printemps tombent au fond, et les jeunes ne remontent que quelques mois plus tard, quand ils sont en état d'affronter la vie pélagique.

Les Cténaires ont pour ennemis tous les carnivores pélagiques; mais leur transparence leur assure une protection assez efficace.

Développement.

Les œufs sont mûrs dans la Méditerranée à toutes les époques de l'année, sauf en hiver, mais particulièrement au printemps; dans les régions plus froides, en particulier au fond de l'Adriatique, ils n'arrivent guère à maturité avant l'été. Ils sont en général pondus isolément et fécondés dans l'eau. Ils sont entourés d'une épaisse couche de substance gélatineuse, rappelant la mésoglée et limitée extérieurement par une membrane. Ils contiennent une notable quantité de deutolécithe, répandue dans tout l'œuf, sauf au pôle animal où est le noyau (*œuf télolécithe*) et qui marque déjà la place du pôle aboral du futur animal.

La *segmentation*, totale et inégale, débute par deux plans méridiens perpendiculaires entre eux et passant par le pôle animal. Le premier formé est le plan sagittal, le second le plan transversal. Puis, au lieu d'un plan parallèle à l'équateur, viennent deux plans, verticaux encore et bissecteurs des précédents (¹). Il en résulte 8 cellules allongées verticalement et disposées en cercle autour d'une longue et étroite cavité prismatique qui est la cavité de segmentation, disposée suivant l'axe sagittal de l'animal futur (fig. 1052).

Un plan paraéquatorial détache alors 8 micromères ectodermiques inférieurs et 8 gros macromères supérieurs (fig. 1053 et **70**,

Fig. 1052.

Embryon de *Callianira bialata* au stade de 8 cellules, vu de profil (d'ap. Metchnikov).

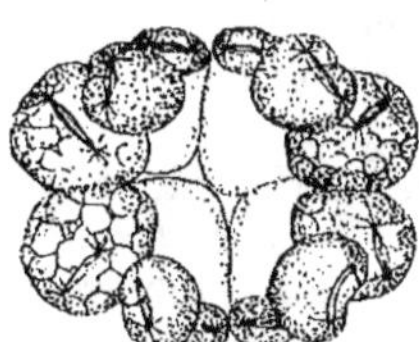

Fig. 1053.

Embryon de *Callianira bialata* au stade de 16 cellules, vu par le pôle aboral (d'ap. Metchnikov).

fig. 1). Les micromères augmentent rapidement de nombre, se multipliant par eux-mêmes et par addition de nouveaux éléments détachés de l'extrémité inférieure des macromères, de la même manière que les 8 premiers (fig. 1054 à 1056 et **70**, *fig. 2 et 3*). Ces micromères se disposent en une calotte apicale qui s'étend épiboliquement autour des macromères, laissant un large blastopore supérieur, qui diminue peu à

(¹) Ces deux plans ne sont pas exactement bissecteurs des plans cardinaux. Ils divisent chacun les quatre premiers macromères en deux cellules, une parasagittale plus grande et une paratransversale plus petite. Par la suite, les quatre plus gros macromères se divisent toujours un peu plus tôt que les autres.

peu et deviendra la bouche, et un petit orifice inférieur, le *pseudoblasto-pore* (**70**, *fig.* 2 et 3, *pbl.*), qui se ferme assez tardivement, mais com-

Fig. 1054.

Embryon
de *Callianira bialata*,
au moment de la formation
du pseudoblastopore,
vu par le pôle aboral
(d'ap. Metchnikov).

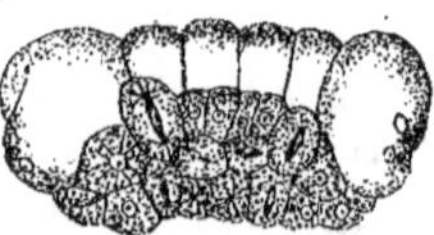

Fig. 1055.

Embryon
de *Callianira bialata*,
ayant formé
son pseudoblastopore
et vu de profil
(d'ap. Metchnikov).

Fig. 1056.

Embryon
de *Callinaria bialata*,
au moment
de la formation
du mésoderme
(d'ap. Metchnikov).

plètement sans laisser de traces. Ils constituent *l'ectoderme*, tandis que les macromères sont un *endoderme primitif*. Au fur et à mesure que la segmentation progresse, les macromères subissent une rotation, de manière à toujours avoir leur extrémité protoplasmique en contact avec le blastopore, c'est-à-dire avec la région où doivent prendre place les micromères ectodermiques auxquels ils donnent naissance; en sorte que, quand l'épibolie est achevée, ils ont tourné de 180° et présentent leur extrémité animale en haut dans le blastopore (**70**, *fig.* 1 à 3). Là, ils subissent une division qui porte leur nombre à 16 (¹), disposés 8 en dedans et 8 en dehors, et donnent naissance, par un dernier effort, à 16 micromères; mais ceux-ci, au lieu de se joindre, comme les précédents à l'ectoderme, passent à l'intérieur de la cavité de segmentation, et de là gagnent l'extrémité aborale (**70**, *fig.* 4, *msd.*), où ils s'insinuent entre l'ectoderme (**70**, *fig.* 5, *msd.*), dont le pseudoblastopore se ferme à ce moment, et l'endoderme qui se referme bientôt au-dessus d'eux. Ils constituent le *mésoderme* et les macromères sont dès lors l'*endoderme définitif*. Ce mouvement est au moins en partie corrélatif d'une rotation des macromères qui porte vers la cavité de segmentation leur extrémité nucléée, de manière à se disposer en couche épithéliale autour de cette cavité (**end.**). Il y a dans ces divers mouvements de rotation et d'enfoncement quelque chose qui rappelle le processus embolique, en sorte que l'embryon peut être maintenant considéré comme une gastrula épibolique achevée par embolie. L'ectoderme suit aussi ce mouvement et, au niveau du blastopore rétréci, s'enfonce dans la cavité de segmentation, de manière à la tapisser dans une certaine étendue. C'est un *stomodæum* (**70**, *fig.* 4 et 6, *stmd.*) correspondant au futur pharynx.

La *formation des organes* commence alors et, bien que simultanée,

---

(¹) Avec un stade intermédiaire à 12 macromères par le fait que les quatre plus gros devancent les autres. De même les micromères mésodermiques sont d'abord 12 puis 16.

elle doit être décrite successivement; l'inspection des figures renseignera sur la correspondance chronologique des divers phénomènes.

Les *tentacules* se forment par les activités réunies de l'ectoderme et du mésoderme. Arrivé au pôle aboral, ce dernier s'y forme en une plaque cellulaire qui s'étend en 4 branches (fig. 1057), deux transversales plus grandes (**70**,*fig. 8, msd. t.*) et deux sagittales plus petites (*msd. s.*). Celles-ci sont destinées à se dissocier peu à peu pour former les cellules errantes que l'on trouvera plus tard dans la mésoglée et quiformeront les muscles et les éléments conjonctifs. Les cellules des branches transversales, au lieu de se disperser, se rassemblent vers les extrémités des branches transversales où elles déterminent une saillie de chaque côté du pôle aboral (**70**, *fig. 7, msd.*). Au point correspondant, l'ectoderme prolifère activement et le tout forme une proéminence qui est le rudiment du tentacule (fig. 1058 et **70**, *fig. 7, tt.*). En même temps que le tentacule pousse, sa base s'invagine de manière à former la gaine tentaculaire.

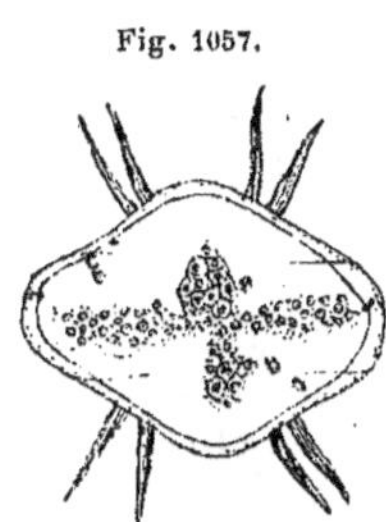

Fig. 1057.

Mésoderme vu par le pôle aboral chez *Callianira bialata* (d'ap. Metchnikov).

L'*organe aboral* est formé par l'ectoderme seul. Ce feuillet se creuse au pôle inférieur en une petite cupule au niveau de laquelle son épaisseur est augmentée. Dans ses cellules apparaissent d'abord 4 petits groupes interradiaux de concrétions (**70**, *fig. 7, g.*), destinés à être expulsés pour former les *statolithes*, conformément à ce que nous avons expliqué antérieurement (p. 713). Mais avant cette expulsion se forment, par des cils agglutinés, la *cloche* (*cloh.*) et les *ressorts*. Une surface différenciée de l'ectoderme voisin donne naissance aux *champs polaires*.

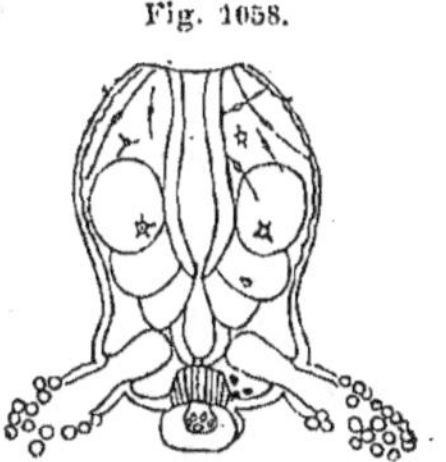

Fig. 1058.

Embryon de *Callianira bialata* (d'ap. Metchnikov).

Les *palettes* sont formées aussi par l'ectoderme seul. Celui-ci n'est point cilié (¹); mais dans chaque interradius se montre une double rangée de cellules qui prolifèrent activement et se garnissent de cils, qui bientôt se soudent en une lame (**70**, *fig. 8, pa.*). Chaque palette doit son origine à une seule cellule ectodermique primitive. Les palettes forment d'abord des rangées très courtes, au voisinage du pôle aboral, mais qui gagnent rapidement en longueur. Les 8 rangées sont d'abord groupées par deux dans les plans interradiaux (**70**, *fig. 8, pa.*), mais peu à peu elles s'écartent (**70**, *fig. 9, pa.*) pour se placer dans les adradius et devenir toutes équidistantes (**70**, *fig. 10, pa. s. et pa. t.*).

(¹) Cependant Chun a reconnu chez l'embryon d'*Eucharis multicornis* un fin revêtement général des cils.

La *cavité gastro-vasculaire* se forme par les activités réunies de l'ectoderme, de l'endoderme et de la mésoglée. Nous avons vu comment se formait une cavité endodermique centrale, qui n'est en somme que l'ancienne cavité de segmentation (**70**, *fig. 5*); nous avons vu aussi comment l'ectoderme s'invagine au blastopore de manière à former le *pharynx* (**70**, *fig. 7, ph.*). Celui-ci est cylindrique et garni de cils. En s'enfonçant dans la cavité endodermique primitive, il détermine au plafond de cette dernière une saillie en *museau de tanche*. La cavité annulaire entourant cette saillie ne reste pas circulaire : elle se creuse en 4 diverticules interradiaux, très comparables aux poches péripharyngiennes que Götte a décrites dans l'embryon des Acraspèdes (Voir p. 306).

Les parois de la cavité ainsi constituée confinent de toutes parts à l'ectoderme, car il n'y a pas encore de mésoglée à ce moment, ou s'il y en a un peu, c'est seulement autour de l'orifice buccal, entre l'ectoderme et le stomodæum. La mésoglée va maintenant faire son apparition. En se développant, non seulement elle va augmenter rapidement le volume du corps et modifier sa forme, mais elle va être l'agent principal des modifications que va subir la cavité gastro-vasculaire pour arriver à sa constitution définitive. En effet, en s'interposant entre l'ectoderme et la paroi des chambres gastriques, elle va tendre à refouler cette dernière ; mais celle-ci reste soudée à l'ectoderme suivant 8 lignes méridiennes adradiales et ne se laisse refouler que dans les intervalles de ces lignes, ce qui donne d'emblée naissance aux 8 canaux méridiens (**70**, *fig. 8 à 10, m.*) et aux 4 branches interradiales qui les rattachent à la cavité gastrique. Les canaux pharyngiens, et les diverticules tentaculaires (**70**, *fig. 10, dv.*) se forment de la même manière, par accolement localisé de l'ectoderme à l'endoderme qui s'allonge à partir de ce point.

Les prolongements endodermiques sont d'abord des cordons pleins, formés par une active multiplication des cellules de la paroi gastrique. Mais bientôt ils deviennent creux par suite de l'extension de la cavité centrale à leur intérieur.

L'animal a dès maintenant la constitution typique d'un Cténophore. Il en diffère encore par la forme, en ce sens que sa partie inférieure est beaucoup moins développée que la supérieure. Par suite, ses tentacules (**70**, *fig. 7, tt.*), relativement très gros, sont tout à fait aboraux et confinent au statocyste, lui aussi relativement très volumineux. Les palettes sont encore très peu nombreuses dans chaque série. Mais tout cela se régularise peu à peu par adjonction de nouvelles palettes et par accélération de la croissance relative au pôle aboral.

Il n'y a donc pas de métamorphose. Mais nous verrons que, s'il en est ainsi pour les formes qui nous ont fourni notre type morphologique, il n'en est pas de même pour certains autres (les Cténaires lobés) (¹).

(¹) Les œufs de certains Cténaires (*Beroe*) ont été l'objet d'intéressantes expériences d'ootomie, de blastotomie (en 1895, Driesch, Morgan, Chun, Roux; en 1896 et 1897,

Le sous-embranchement des *CTENAREA* ne comporte qu'une classe, *CTENARIA*, présentant naturellement les mêmes caractères, et que nous diviserons immédiatement en 3 ordres :

FILICTENIDA, sans sole plantaire, pourvus de tentacules,

NUDICTENIDA, sans sole plantaire, ni tentacules,

PLATYCTENIDA, à face buccale aplatie et transformée en une sole plantaire ciliée.

1er ORDRE

FILICTÉNIDES — *FILICTENIDA*

[*TENTACULATÆ* (Chun)].

TYPE MORPHOLOGIQUE

C'est celui du sous-embranchement.

L'ordre se divise en 3 sous-ordres :

CYDIPPIDÆ, corps arrondi ou ovoïde, avec deux tentacules rétractiles dans une gaine profonde, à canaux méridiens et pharyngiens clos à leurs extrémités ;

LOBIFERIDÆ, corps comprimé transversalement ; aplati à la face orale, qui est munie de 2 grands lobes péristomiens dans le plan sagittal et de 4 petits lobes ou auricules aux extrémités supérieures des 4 séries paratransverses de palettes ; canaux méridiens en communication avec les canaux pharyngiens ; tentacules réduits à leur portion basilaire et dépourvus de gaine, tandis que les tentilles sont nombreuses, non rétractiles, contenues dans un sillon ;

CESTIDÆ, corps très comprimé transversalement et très allongé dans le sens sagittal, au point d'être rubané ; appareils gastro-vasculaire et tentaculaire comme chez les *Lobiferidæ*, sauf que la gaine tentaculaire est présente.

1er SOUS-ORDRE

CYDIPPIDÉS — *CYDIPPIDÆ*

[*CALLIANIRIDÆ* (Eschscholtz) ; — *CYDIPPÆ* (Lesson) ;
CYDDIPIDÆ (Gegenbaur) ; — *SACCATÆ* (L. Agassiz).

TYPE MORPHOLOGIQUE

C'est encore le même que celui du sous-embranchement, puisque c'est à ce sous-ordre que nous avons emprunté ce dernier. Il est caractérisé différentiellement par ses deux tentacules retractiles et par ses canaux pharyngiens et méridiens en culs-de-sac et sans communication entre eux, autrement que par l'intermédiaire de l'entonnoir.

FISCHEL, etc.) et d'observations cytologiques et embryogéniques (ZIEGLER en 1898, RHUMBLER en 1900) que nous ne pouvons relater ici (Voir *Année biologique*, vol. I et suiv.).

GENRES

======= 1ʳᵉ FAM. : MERTENSINÆ [*Mertensidæ* (L. Agassiz)]. — Corps comprimé parallèlement au plan transversal; côtes paratransversales plus longues que les parasagittales.

Euchlora (Chun) (fig. 1059). L'animal diffère de notre type par sa forme, comprimée perpendiculairement au plan sagittal, par ses côtes méridiennes d'inégale longueur, les paratransversales étant plus longues, commençant notablement plus haut que les parasagittales. Une des espèces au moins (*E. rubra*) présente un caractère histologique très remarquable dans le fait que les tentacules (qui sont simples, sans tentilles) sont dépourvus de colloblastes et munis de deux rangées longitudinales, bien ordonnées, de nématoblastes (7 à 10ᵐᵐ; Médit., Atl., mers Arctiques).

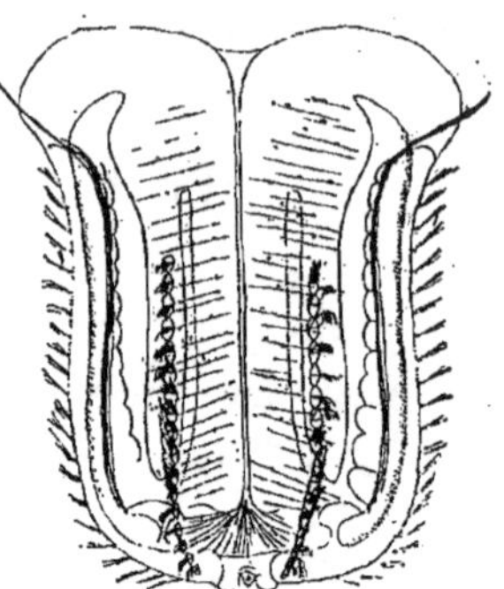

Fig. 1059.

Euchlora rubra (d'ap. Chun).

C'est l'ancien genre *Mertensia* de Lesson, dont CHUN a cru devoir changer le nom, malgré sa priorité incontestable, à cause des méprises auxquelles il a donné lieu. Chun assigne au genre d'autres caractères, mais qui semblent manquer à une autre espèce décrite par lui-même.

Charistephane (Chun) (fig. 1060) a les côtes méridiennes formées chacune de deux palettes seulement; mais les plus voisines de la bouche sont si larges qu'elles forment presque un cercle continu.

Les moitiés aborales des 8 canaux méridiens sont dilatées; les moitiés orales des 4 canaux parasagittaux manquent; celles des 4 paratransversaux contiennent les gonades. En raison de la petite taille et du petit nombre des palettes, ce pourrait être une larve, et la présence de gonades n'est pas une preuve qu'il n'en soit pas ainsi, étant donnés les phénomènes d'hétérogonie dont il sera question plus loin : ce pourrait être une larve d'un genre d'un des sous-ordres suivants (3 à 5ᵐᵐ; Médit., Atl.).

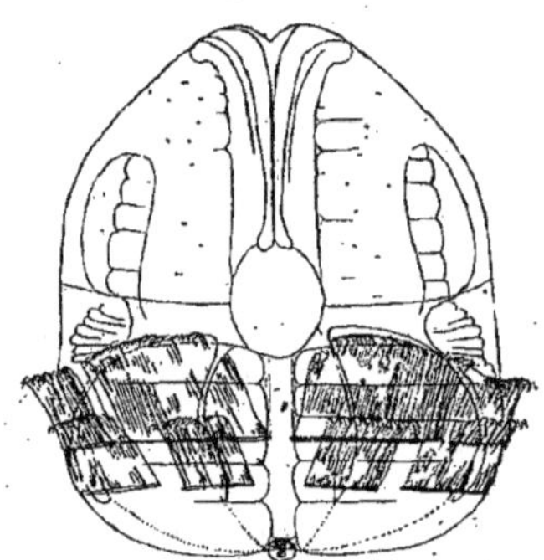

Fig. 1060.

Tinerfe (Chun) (fig. 1061) a au pôle aboral deux saillies réniformes, formées par un épaississement de la mésoglée et situées de part et d'autre du statocyste, dans le plan transversal; les vaisseaux méridiens paratransversaux contiennent seuls des gonades (Atl.).

======= 2ᵉ FAM. : CALLIANIRINÆ [*Callianiridæ* (Chun)]. Caractères du genre unique qui la constitue.

Callianira (Péron) (fig. 1062 à 1065). Le corps, arrondi sur la coupe transversale, se prolonge en bas en deux ou quatre grands appendices aliformes situés dans le plan transversal et dans lesquels se prolongent,

Charistephane fugiens (d'ap. Chun).

jusqu'à leur extrémité, les 8 canaux méridiens. La fossette qui contient le statocyste est limitée par deux lèvres saillantes (Voir page 726, 727, pour ce qui concerne les gonades et les cœcums ectodermiques.) (2 à 3ᶜᵐ, y compris les appendices; Médit., Atl., mers tropicales, Arct. et Antarct.).

Lophoctenia (C. G. Bourne) n'est qu'un sous-genre contenant les formes à quatre ailes, tandis

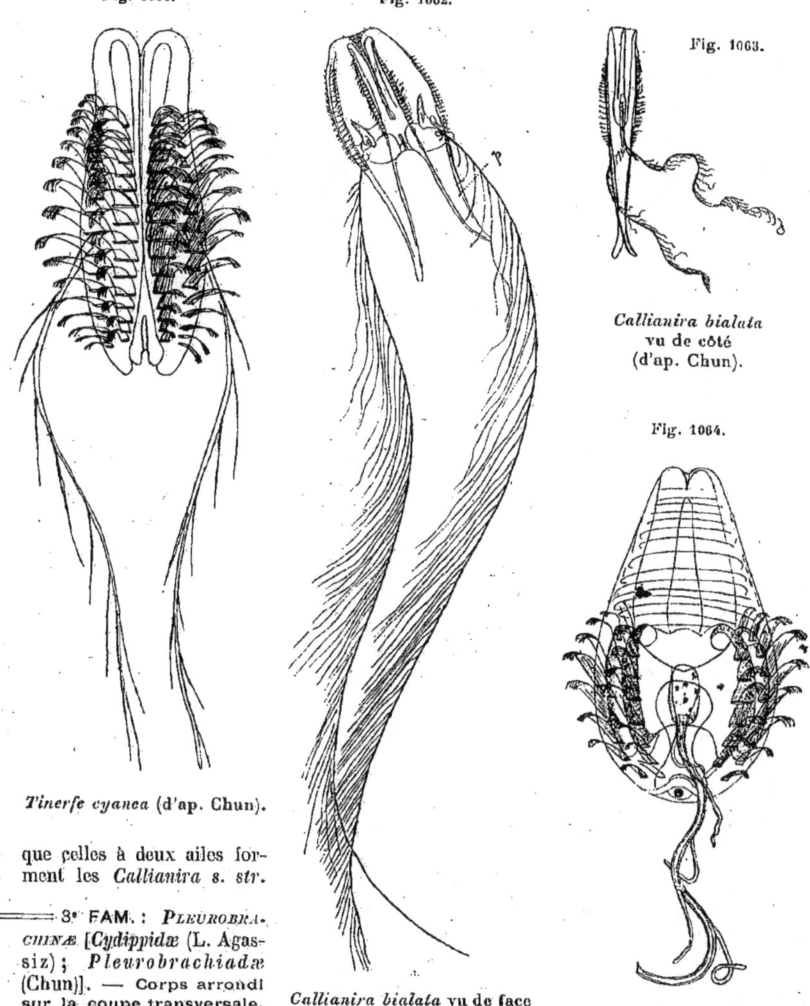

Fig. 1061.

Tinerfe cyanea (d'ap. Chun).

que celles à deux ailes forment les *Callianira s. str.*

3ᵉ FAM. : *PLEUROBRA-
CHINÆ* [*Cydippidæ* (L. Agassiz) ; *Pleurobrachiadæ*
(Chun)]. — Corps arrondi
sur la coupe transversale,
côtes toutes égales.

Fig. 1062.

Callianira bialata vu de face
(d'ap. Chun).
p., prolongements aliformes.

Fig. 1063.

Callianira bialata
vu de côté
(d'ap. Chun).

Fig. 1064.

Larve de *Callianira bialata*
(d'ap. Chun).

Hormiphora (L. Agassis)
(fig. 1066) est à peu de chose près le genre que nous avons décrit comme
type. Génériquement, il se caractérise par sa forme ovoïde, ronde sur
la coupe transversale, ovale sur la coupe longitudinale et par ses côtes

toutes égales, se terminant en bas à égale distance du pôle aboral. Il a
deux sortes de tentilles sur ses tentacules, les unes ordinaires, les autres

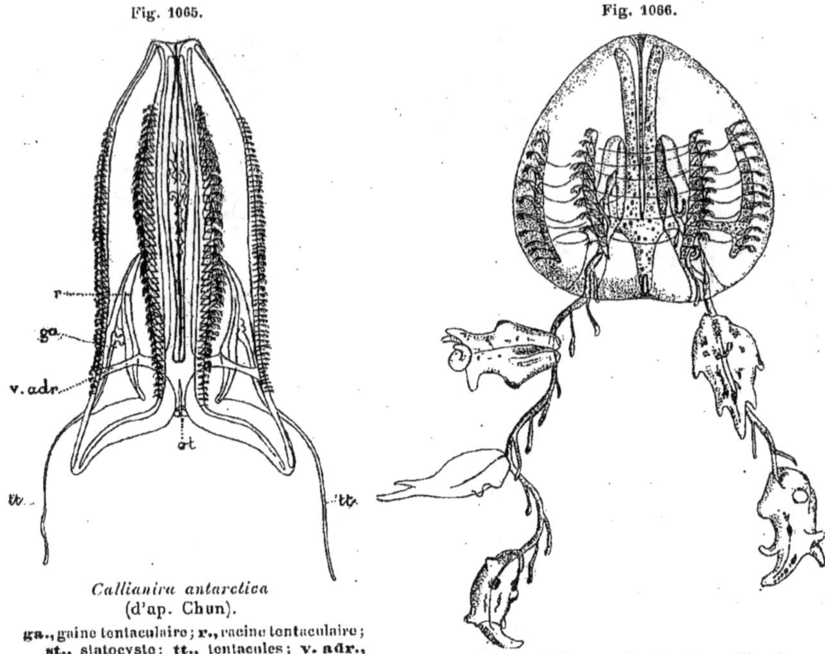

Fig. 1065.

Fig. 1066.

Callianira antarctica
(d'ap. Chun).
ga., gaine tentaculaire; **r.**, racine tentaculaire;
st., statocyste; **tt.**, tentacules; **v. adr.**,
vaisseau adradial.

Larve de *Hormiphora palmata* (d'ap. Chun).

plus grandes, disposées de distance en distance, régulièrement entre les
précédentes. C'est le seul genre présentant ce
caractère (5 à 20ᵐᵐ; Médit., Atl.).

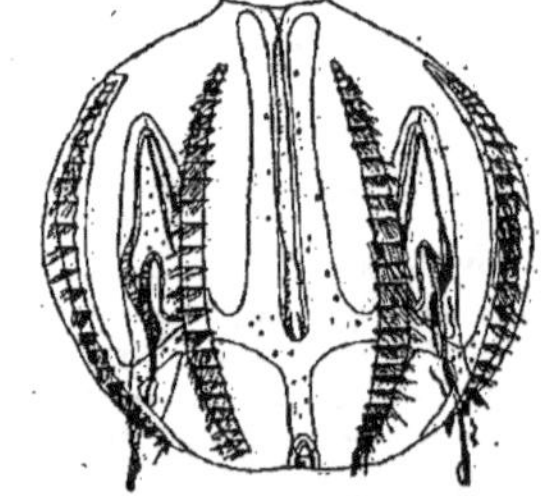

Fig. 1067.

Pleurobrachia (Fleming) (fig. 1067) est l'*Hormiphora* de nos
côtes de la Manche. Il se distingue d'*Hormiphora* par ses côtes
méridiennes qui, tout en restant égales, sont plus longues
et s'avancent plus loin vers l'un et l'autre pôle. Les tentilles sont d'une seule espèce (5 à 7ᶜᵐ; Médit., Atl. nord,
Manche, mer du Nord, oc. Arct., côtes orientales et occid.
de l'Amér. nord.).

Les précédents, en raison de leur forme ovoïde, forment
pour Chun un groupe des *Pleurobrachiadæ ovatæ*, tandis
que les suivants, plus allongés, forment ses *Pleurobrachiadæ
cylindricæ*.

Lampetia (Chun) (fig. 1068 et 1069) est cylindrique, à peine
atténué vers la bouche; les côtes ne commencent qu'au-dessous du premier tiers du corps, mais s'étendent jusqu'au
pôle aboral; la bouche, large, est extrêmement dilatable et peut s'étaler en une large sole, sur
laquelle l'animal peut ramper, soit sur le sol, soit contre la surface de l'eau; les tentacules

Pleurobrachia rhododactyla
(les tentacules sont rétractés)
(d'ap. Agassiz).

sont longs, munis de longues tentilles et naissent dans une gaine courte et étroite, au-dessus du milieu du corps, vers le milieu de la hauteur du pharynx. Les canaux transverses montent verticalement jusque vers le milieu de la hauteur du pharynx et, là seulement, se divisent pour donner les canaux méridiens, qui s'étendent du pôle aboral à la bouche, et s'avancent par suite beaucoup plus haut que les côtes méridiennes, lesquelles ne commencent qu'au delà du niveau où la région buccale peut s'étaler en sole plantaire (2 à 5cm; Médit., Atl.).

A ce genre, CHUN rattache hypothétique-

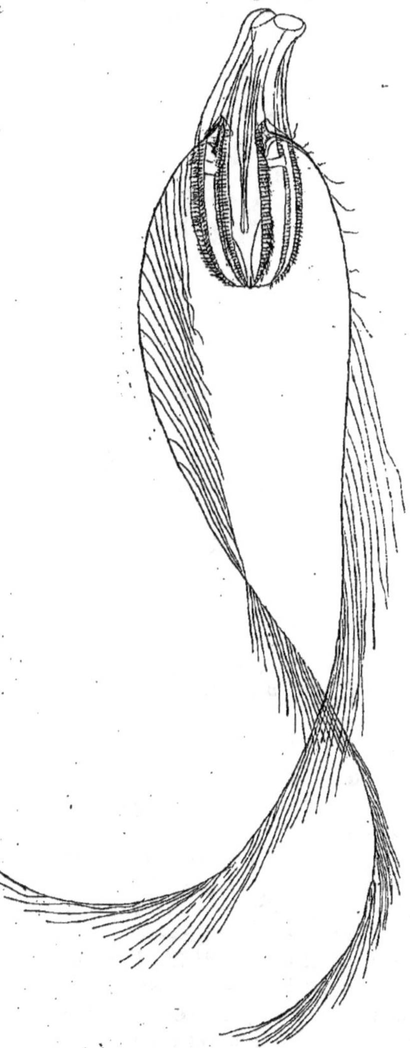

Fig. 1068.

Lampetia Pancerina, avec la bouche contractée
(d'ap. Chun).

Fig. 1069.

Lampetia Pancerina,
avec l'orifice buccal dilaté (d'ap. Chun).

ment, n'ayant pas suivi son développement, une curieuse larve, qu'il a nommée provisoirement.
(*Thoe*, Chun) (*T. paradoxa*) (fig. 1070), remarquable par le fait qu'il n'y a d'abord qu'un tentacule, l'autre ne se montrant qu'un peu plus tard (Voir p. 708, note, les conclusions théoriques que l'auteur avait déduites de ce fait).

Euplokamis (Chun) (fig. 1071) est tout à fait cylindrique; les côtes s'étendent jusqu'au voisinage

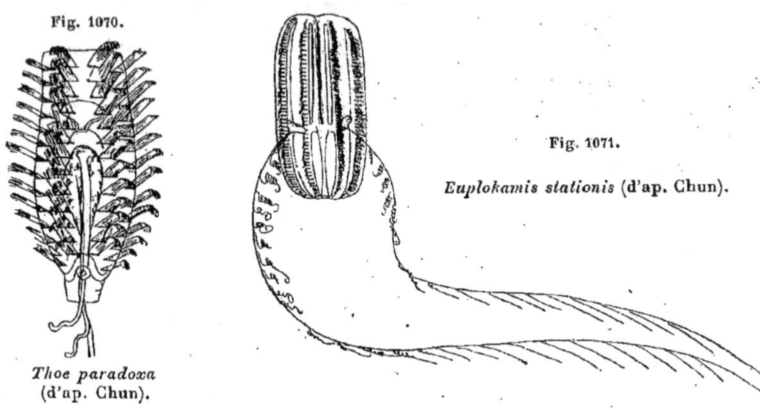

Fig. 1070.

Thoe paradoxa
(d'ap. Chun).

Fig. 1071.

Euplokamis stationis (d'ap. Chun).

de la bouche; les tentacules naissent vers le tiers inférieur du corps et sont munis de tentilles enroulables en hélice, et pourvus d'une puissante musculature *striée* (2 1/2^{cm} de long sur 1 1/3 de large; Médit.; un seul exemplaire).

2e Sous-Ordre

LOBIFÉRIDÉS — *LOBIFERIDÆ*

[*BEROIDÆ LOBATÆ* (Eschscholtz); — *MNEMINIDÆ* (Eschscholtz);
CALYMNIDÆ (Gegenbaur); — *LOBATÆ* (L. Agassiz)].

TYPE MORPHOLOGIQUE
(FIG. 1072 a 1076)

Nous prendrons pour type une forme moyenne, le genre *Deiopea*.
L'animal diffère du type général, qui nous a servi de point de départ par un bon nombre de caractères très remarquables.

Organisation. — Le corps est fortement comprimé d'un côté à l'autre, en sorte que l'axe transversal est beaucoup plus court que le sagittal (fig. 1072), arrondi en dôme au pôle aboral, aplati du côté oral, qui forme une sorte de péristome ovalaire, prolongé en avant et en arrière en deux grands *lobes péristomiens* spatuliformes (fig. 1072, *lb.*). Un peu au-dessous du péristome, dans les quatre adradius paratransversaux, sur le prolongement des côtes méridiennes qui occupent ces adradius, sont autant de lobes, beaucoup plus petits que les péristomiens et de forme plus allongée, que l'on appelle les *auricules* (fig. 1072 à 1075, *aur.*), et qui sont d'ordinaire rabattus vers le plan transversal.

Du pôle aboral, occupé par le statocyste logé dans une profonde fossette comprimée dans le même sens que le corps, partent, à quelque distance de cet organe, les 8 côtes méridiennes (fig. 1072, *tt.*), formées de palettes peu nombreuses et assez espacées, mais très grandes. La bandelette ciliée qui, dans notre type général, réunissait la palette la plus voisine du pôle aboral au statocyste, se continue ici entre les palettes suivantes, dans toute la longueur des côtes méridiennes; cette bandelette remplace les prolongements pédieux qui, chez le type général, s'étendaient des cellules d'une palette à celles de la palette voisine, et remplissent la même fonction, qui est en somme celle d'un cordon nerveux. Le long des côtes, de part et d'autre des palettes, sont des séries de points blancs, petites papilles sessiles garnies de soies raides (fig. 1076, *s.*).

Les côtes parasagittales s'arrêtent à la base des lobes péristomiens, sans rien présenter de particulier; les paratransversales sont plus courtes et s'arrêtent à la base des auricules, mais de toutes petites palettes très serrées les unes contre les autres (fig. 1072 et 1074, *pa.*) les continuent sur ces dernières, suivant tout leur bord libre inférieur, contournant leur extrémité et se poursuivant le long de leur bord libre supérieur, jusqu'à sa base.

Le péristome présente la forme d'un losange très allongé, à grande diagonale antéro-postérieure et dont les extrémités sagittales se continuent avec la face supérieure des lobes péristomiens, qui en est une dépendance. Les côtés du losange, en effet, au lieu de se rejoindre aux extrémités antérieure et postérieure, s'écartent à ce niveau et se portent en dehors et en bas, pour aller se perdre à la base des auricules.

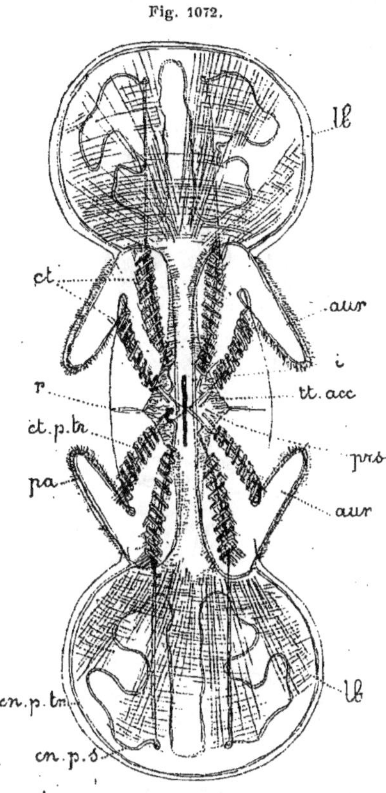

Fig. 1072.

Deiopea kaloktenota vu par le pôle apical (d'ap. Chun).

aur., auricules; **cn. p. s.**, canaux parasagittaux; **cn. p. tr.**, canaux paratransversaux; **ct.**, côtes ciliées; **ct. p. tr.**, côte ciliée paratransversale; **i.**, branches de bifurcation des canaux pharyngiens; **lb.**, lobes péristomiens; **pa.**, palettes des auricules; **prst.**, péristome vu par transparence; **r.**, racine tentaculaire; **tt. acc.**,

Les angles latéraux du losange (fig. 1072, *r.*), au contraire, sont fermés, et c'est à leur extrémité que se trouvent les grands tentacules, chez ceux des genres du sous-ordre qui en possèdent (*Eucharis*); mais en tout cas, la gaine tentaculaire est toujours absente. De très nombreux et de très fins *tentacules accessoires* (fig. 1072 et 1073 *tt. acc.*), désignés d'ordinaire sous le même nom que les tentilles, bien qu'il ne soit pas sûr qu'ils leur correspondent, occupent le long *sillon tentaculaire* qui, de chaque côté, suit les bords du losange, c'est-à-dire la limite du péristome. Ces tentacules accessoires sont insérés sur un bourrelet allongé qui est une extension de la racine tentaculaire, racine qui est toujours présente, même quand le tentacule principal est absent. Ceux de la partie moyenne sont plus longs que les autres. Au milieu du losange, occupant la partie moyenne de sa longue diagonale, est la fente buccale, longue et étroite à l'état de repos.

L'organisation intérieure présente des particularités non moins remarquables. Les canaux transverses sont absents et de l'entonnoir partent directement : 1° les 2 canaux tentaculaires, qui se portent en arc vers la partie moyenne du sillon tentaculaire et se divisent en deux branches qui se terminent en cul-de-sac ; 2° les 4 canaux interradiaux (fig. 1062 à 1064, *cn. ir.*), qui se portent en bas et en dehors, puis se bifurquent en 8 branches adradiales (fig. 1073 et 1074, *cn. ar.*), qui fournissent les canaux méridiens. Ceux-ci, au lieu de s'insérer sur les canaux interradiaux par leur partie moyenne, les continuent directement et abordent les côtes méridiennes par leur extrémité aborale ; de là ils montent, sous-jacents à celles-ci, vers la bouche et, arrivés à leur extrémité supérieure, se comportent de deux manières différentes.

Fig. 1073.

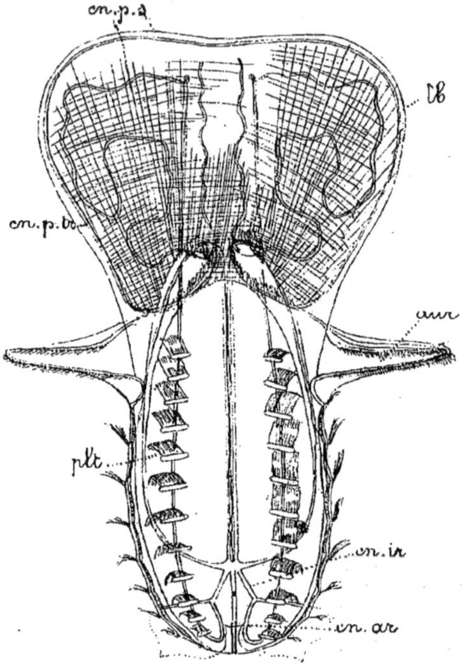

Deiopea kaloktenota vu de face (d'ap. Chun).

aur., auricules ; **cn. ar.**, canaux adradiaux ; **cn. ir.**, canaux interradiaux ; **cn. p. s.**, canaux parasagittaux ; **cn. p. tr.**, canaux paratransversaux ; **lb.**, lobe péristomien ; **plt.**, palettes natatoires.

Les paratransversaux (fig. 1072 à 1075, *cn. p. tr.*) pénètrent dans les
auricules, montant le long du bord inférieur, contournant l'extrémité et
redescendant le long du bord supérieur jusqu'à leur base, tout comme
les petites palettes auriculaires dont ils suivent le trajet; puis, arrivés à
la base de l'auricule, ils passent dans le lobe péristomien correspondant,
qui commence précisément en ce point, contournent son bord libre et
vont, au milieu de celui-ci, se continuer à plein canal avec leur symétrique, qui a suivi le trajet correspondant du côté opposé. Les canaux

Fig. 1074.

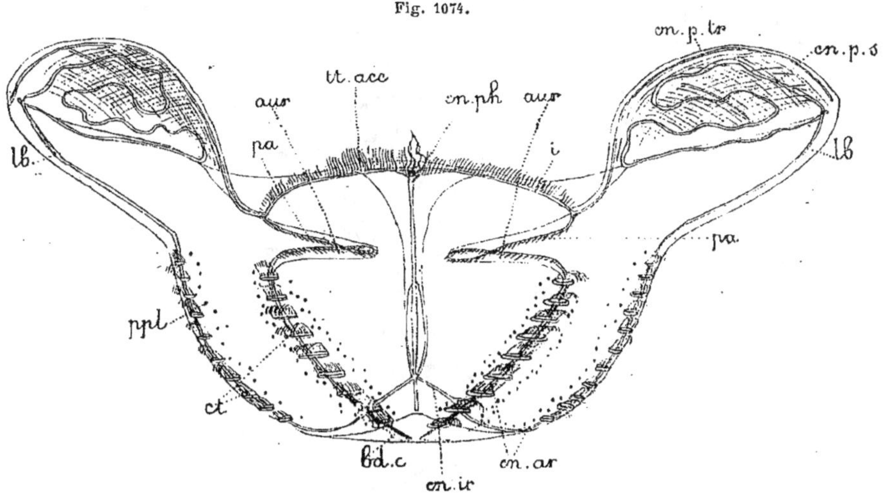

Deiopea kaloktenota vu de profil (d'ap. Chun).

aur., auricules; **bd. c.,** bandes ciliées; **cn. ar.,** canaux adradiaux; **cn. ir.,** canaux interradiaux;
cn. ph., canaux pharyngiens; **cn. p. s.,** canaux parasagittaux; **cn. p. tr.,** canaux paratransversaux; **ct.,** côtes ciliées; **i.,** branche de la bifurcation des canaux pharyngiens; **lb.,** lobes péristomiens; **pa.,** palettes ciliées des auricules; **ppl.,** papilles tactiles; **tt. acc.,** tentacules accessoires.

parasagittaux (*cn. p. s.*) abordent chaque lobe péristomien à droite et à
gauche du plan sagittal, montent en ligne directe vers son bord libre,
mais, avant de l'atteindre, se détournant en dehors, décrivent de longues
sinuosités plus ou moins compliquées, et regagnent finalement la ligne
médiane, où ils se continuent de même à plein canal avec leur symétrique
du côté opposé, mais sans communiquer avec les paratransversaux. Enfin
les canaux pharyngiens, après être montés comme d'ordinaire jusque
sous la bouche, au lieu de se terminer là en cul-de-sac, se divisent en
deux branches (fig. 1074, *i.*), qui se portent l'une en avant l'autre en
arrière vers l'angle entre la base de l'auricule et celle du lobe péristomien, et là se jettent dans le canal méridien paratransversal qui, ainsi
que nous l'avons vu, passe précisément en ce point.

Les gonades sont contenues dans les 8 canaux méridiens, par petits groupes correspondant aux intervalles entre les palettes. Mais ce n'est pas là leur situation habituelle dans ce sous-ordre. D'ordinaire, les groupes génitaux sont contenus dans de petits diverticules sous-jacents aux palettes.

Pour faire un vrai type morphologique, il faudrait placer ainsi les gonades et ajouter une paire de tentacules principaux sans tentilles aux angles latéraux du péristome, comme chez *Eucharis*.

Physiologie — L'animal est très délicat, très timide et reste contracté pendant des heures dès qu'il a été inquiété. Par contre, il est très agile et peut nager, non seulement comme d'ordinaire avec ses palettes, mais par des battements rhythmiques des lobes péristomiaux, et alors à la manière des Méduses, le pôle aboral en avant. Les auricules semblent servir à assurer un vif renouvellement d'eau dans la région péristomienne.

Développement. — A l'état jeune, l'animal est tout à fait cydippoïde et, comme il en est de même de tous les Cténaires, on pourrait peut-être admettre un stade *Cydippula* dans leur développement. A ce moment, en effet, le corps est comprimé d'avant en arrière, il y a une paire de tentacules à leur place normale, et les canaux méridiens se terminent en cul-de-sac ainsi que le canal pharyngien. Peu à peu, la forme se modifie, les lobes péristomiens et les auricules poussent, les tentacules principaux disparaissent, les tentacules accessoires se forment de rudiments indépendants, et les prolongements des canaux poussent et s'anastomosent de la manière décrite chez l'adulte. On dit d'ordinaire qu'il y a métamorphose, mais tous ces changements sont graduels.

Dissogonie. — CHUN a montré qu'il y avait dans ce sous-ordre, comme

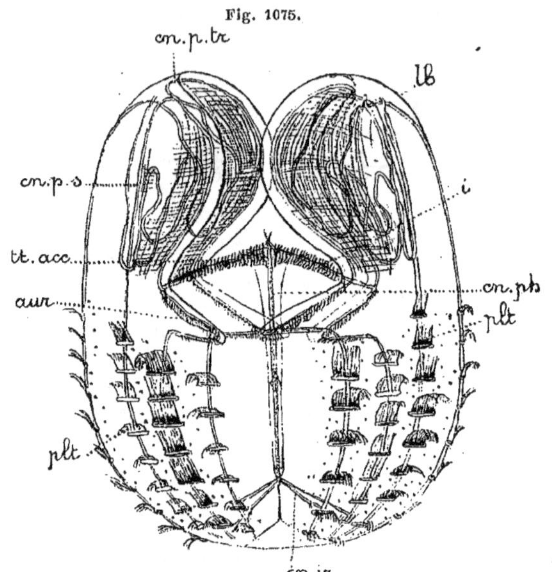

Deiopea kaloktenota vu de côté (d'ap. Chun).

aur., auricule; **cn. ir.**, canaux interradiaux, **cn. ph.**, canaux pharyngiens; **cn. p. s.**, canaux parasagittaux; **cn. p. tr.**, canaux paratransversaux; **i.**, branche de bifurcation des canaux pharyngiens; **lb.**, lobe péristomien; **plt.**, palettes natatoires; **tt. acc.**, tentacules accessoires.

746 CTÉNAIRES

dans le suivant, un phénomène de *pædogenèse* particulier qu'il a nommé d'abord *hétérogonie* puis *dissogonie*. Les larves cydippoïdes ont déjà des produits sexuels qui mûrissent et peuvent se développer; puis, à l'époque où il prend les caractères définitifs de l'adulte, l'animal redevient stérile, comme si les forces évolutives ayant à se dépenser alors pour les besoins de l'individu ne pouvaient plus s'employer à former des produits sexuels, comme cela avait lieu pendant la pause de croissance de l'état larvaire. Puis, quand la croissance est achevée, l'adulte redevient fertile.

Si, comme on est en droit de le supposer, pareille chose se rencontre chez certains Siphonophores et Acalèphes, il est possible que certains des genres Häckeliens à faciès larvaire, admis comme autonomes en raison de la présence de produits sexuels, ne soient cependant que les jeunes d'autres genres.

GENRES

===== 1ʳᵉ FAM.: *LESUEURINÆ* [*Lesueuridæ* (Chun)]. — Lobes rudimentaires; auricules longues et rubanées.

Lesueuria (H. Milne-Edwards) se distingue du type morphologique par ses lobes péristomiens rudimentaires et par l'état rudimentaire des circonvolutions que forment les canaux méridiens parasagittaux à son intérieur, tandis que les auricules sont bien développées, longues et rubanées (Médit., Amér.).

===== 2ᵉ FAM. : *BOLININÆ* [*Bolinidæ* (Chun)]. — Lobes modérément développés; auricules courtes.

Deiopea (Chun) (fig. 1072 à 1075) est notre type morphologique (3 à 4ᶜᵐ 1/2; Médit.).

Chun fait pour lui une famille des *Deiopeidæ*, qui ne nous paraît pas suffisamment distincte de ses *Bolinidæ*, pour que nous la conservions.

Bolina (Mertens) (fig. 1076 et 1077) diffère du précédent par sa forme moins comprimée, par ses palettes moins grandes et plus nombreuses, et par la moindre complication des circonvolutions que forment les canaux méridiens dans les lobes péristomiens (Oc. Arct. et Atl. nord, européens et américains, Médit., Australie, oc. Antarct.).

Bolinopsis (L. Agassiz) a le corps couvert de papilles; ses côtes parasagittales s'avancent sur les lobes péristomiens jusqu'aux circonvolutions des canaux méridiens; les lobes péristomiens sont profondément dentés (Pacif.).

Hapalia (Eschscholtz), décrit d'après un échantillon insuffisant, ne serait d'après AGASSIZ qu'un *Mnemia*; CHUN le rapproche de *Bolina* (Cap de Bonne-Espérance).

Fig. 1076.

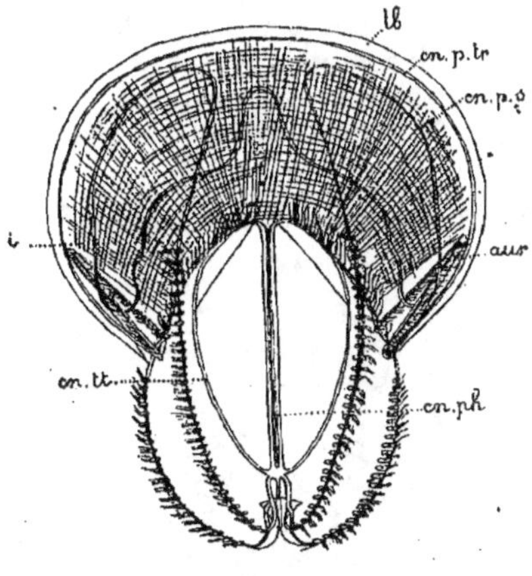

Bolina hydatina vu de face (d'ap. Chun).

aur., auricules; **cn. ph.**, canaux pharyngiens; **cn. p. s.**, canaux parasagittaux; **cn. p. tr.**, canaux paratransversaux; **cn. tt.**, canaux tentaculaires; **i.**, branches de bifurcation des canaux pharyngiens; **lb.**, lobes péristomiens.

=== 3ᵉ FAM. : *Eurhamphæinæ* [*Eurhamphæidæ* (Chun)]. — Caractères du genre.

Eurhamphæa (Gegenbaur) est une forme très allongée et comprimée, remarquable en particulier par la présence, au pôle aboral, d'une paire de prolongements aliformes, situés symétriquement dans le perradius transversal, et dans lesquels se prolongent les canaux méridiens paratransversaux, tandis que les côtes paratransversales se continuent à leur surface (3 à 4ᶜᵐ; Médit. et régions Atlant. voisines).

=== 4ᵉ FAM. : *Eucharisinæ* [*Eucharidæ* (Chun)]. — Caractères du genre.

Eucharis (Eschscholtz) (fig. 1078, 1079 et 1080). Ce magnifique animal se distingue du type morphologique par plusieurs caractères importants. Il est, comme lui, comprimé transversalement, mais beaucoup moins allongé dans le sens sagittal et beaucoup haut de la bouche au pôle aboral. Les lobes péristomiens sont très grands, aussi grands que le reste du corps, mais développés surtout en largeur, au point qu'ils sont presque bilobés. Une musculature puissante, radiaire et circulaire, dessine un quadrillage à leur surface. Les auricules sont très longues, rubanées et se contournent volontiers en spirale. En outre des petits et nombreux tentacules accessoires, il y a une paire de longs tentacules principaux, filiformes, sans tentilles, partant de l'angle latéral du péristome. Un profond diverticule part, de chaque côté, d'un peu au-dessous de la base du tentacule principal, et se continue jusqu'au niveau de l'entonnoir où il se termine en cul-de-sac. Ce n'est point une gaine tentaculaire, car le tentacule principal n'a pas son pied à son intérieur et ne peut s'y rétracter. — Tout le corps est garni, ainsi que la face

Fig. 1077.

Bolina hydatina vu de côté (d'ap. Chun).

aur., auricules; **cn. ir.**, canaux interradiaux; **cn. p. s.**, canaux parasagittaux; **cn. p. tr.**, canaux paratransversaux; **ct. p. s.**, côtes parasagittales; **ct. p. tr.** côtes paratransversales; **i.**, branches de bifurcation des canaux pharyngiens; **lb.**, lobes péristomiens; **mcl.**, muscles; **pa.**, palettes des auricules; **tt. acc.**, tentacules accessoires.

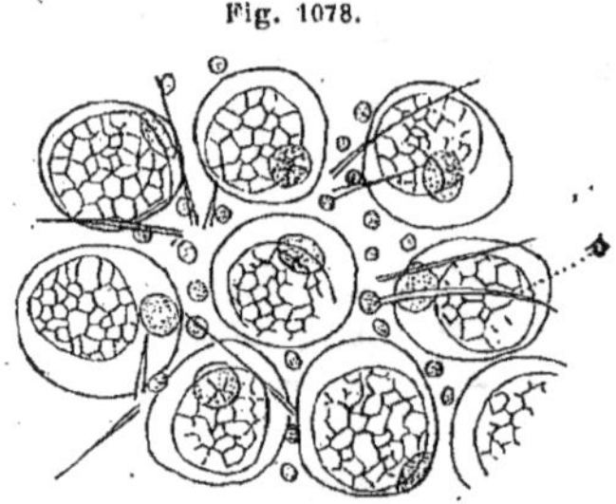

Eucharis multicornis.
Papilles tactiles situées le long des côtes
(d'ap. Chun).
s., soies tactiles.

aborale des lobes, de nombreuses papilles tactiles portées par un pédoncule contractile et garnies de soies tactiles raides, ordinairement groupées par trois. — La fosse allongée dans laquelle est logé le statocyste est limitée par deux bourrelets dont les extrémités se prolongent sur le corps en une crête située dans le subradius entre la côte parasagittale et la côte paratransversale correspondantes. Les palettes sont grandes et nombreuses. — Le bord de la bouche est garni d'hoplocystes. — Les canaux méridiens paratransversaux, au lieu de se continuer avec les canaux interradiaux par leur extrémité aborale, comme cela a lieu pour les parasagittaux et pour les uns et les autres

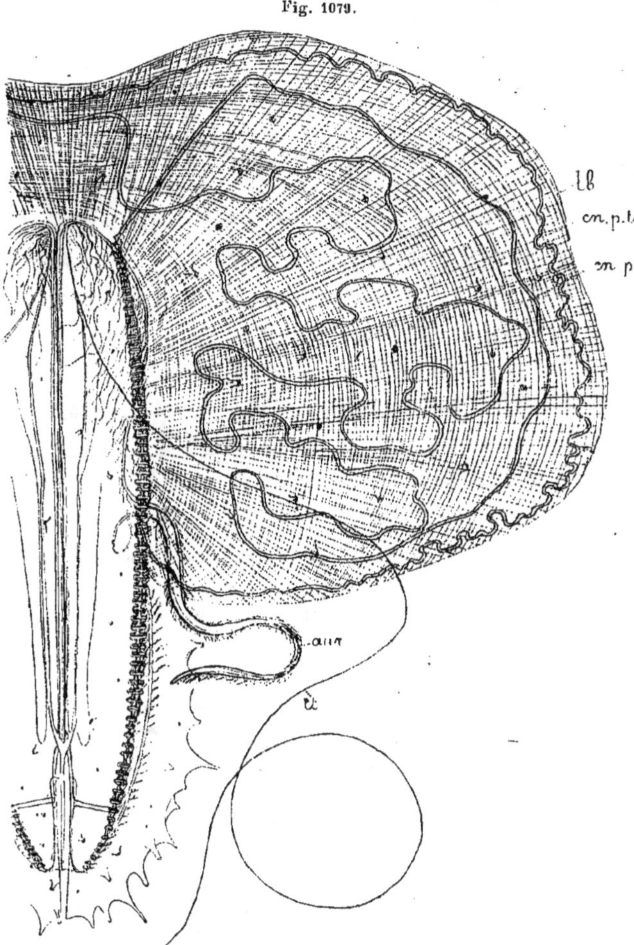

Fig. 1079.

Eucharis multicornis vu de face (d'ap. Chun).
aur., auricule; **cn. p. s.**, canal parasagittal; **cn. p. tr.**, canal paratransversal; **lb.**, lobe péristomien; **tt.**, tentacule.

dans les autres genres des Lobiféridés, se rattachent à eux, comme dans le type général des Cténaires, en un point de leur longueur, pas très loin de leur extrémité aborale. Les parties des huit canaux méridiens qui circulent dans les lobes sont très longues et par suite très sinueuses. — Les gonades sont dans des diverticules sacciformes des canaux méri-

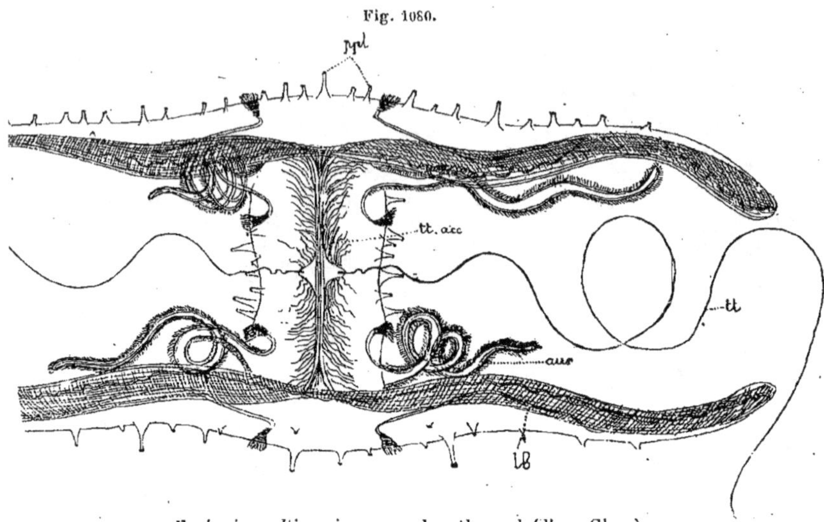

Fig. 1080.

Eucharis multicornis vu par le pôle oral (d'ap. Chun).

aur., auricules; **lb.**, lobes péristomiens; **ppl.**, papilles; **tt.**, tentacules; **tt. acc.**, tentacules accessoires.

diens, sous-jacents aux palettes. Le canal tentaculaire présente une dilatation ampullaire au niveau de la base du tentacule principal (Jusqu'à 25^{cm} de haut; Médit., Atl., Pacif.).

===== 5° FAM. : MNEMIINÆ [*Mnemiidæ* (Chun)]. — Lobes très grands, naissant ainsi que les auricules très bas, presque au niveau de l'entonnoir. Auricules longues et rubanées.

Mnemia (Eschscholtz). Surface du corps lisse, lobes péristomiens simples. (Atl. et Pacif. tropicaux.).

Alcinoe (Rang) ne serait, d'après L. Agassiz, pas distinct de *Mnemia*. Cependant, d'après les figures, la disposition des côtes paraît différente (Atl. tropical).

Mnemiopsis (L. Agassiz) est remarquable principalement par le fait que les côtes parasagittales se continuent à la face orale des lobes péristomiens. Une espèce (*M. Leidyi*) a été trouvée par Sharp [88] dans un étang d'eau entièrement douce, où elle a pu pénétrer aux moments où on établissait une communication temporaire avec la mer; ce nouvel habitat n'aurait en rien modifié ses caractères (Bermudes, Atl. améric.).

===== 6° FAM. : CALYMMINÆ [*Calymmidæ* (Chun)]. — Corps très comprimé; côtes dirigées presque horizontalement; lobes grands et naissant presque au niveau de l'entonnoir.

Calymma (Eschscholtz). Les caractères de famille ci-dessus, qui devraient être ceux du genre unique, sont donnés par Chun. D'après Eschscholtz, les côtes sont absentes sur le corps, et il n'y a de palettes que sur quatre prolongements qui ne peuvent être que les auricules (6 à 7^{cm}, ovoïde; Atl. et Pacif. tropicaux).

Bucephalon (Lesson) ressemble au précédent, dont il se distingue principalement par sa forme plus large que haute, tubuleuse (Ceylan).

Axiotima (Eschscholtz) donné comme caractérisé par l'absence d'appendices oraux et par la petitesse du pharynx, est décrit d'après un échantillon imparfait et reste fort douteux (Pacif. équat.).

===== 7º FAM. : OCYROINÆ [*Ocyroidæ* (Chun)]. — Caractères du genre.

Ocyroe (Rang) a les lobes extrêmement longs, très détachés du corps; les auricules, de taille moyenne et rubanées, s'insèrent à la base des lobes; les côtes ont, à l'état de repos, une direction à peu près horizontale; quand il étend ses lobes, il peut flotter immobile et n'a qu'à les reployer pour s'enfoncer, sous l'action de la pesanteur (Atl. tropical).

3º SOUS-ORDRE

CESTIDÉS — *CESTIDÆ*

[*CALLIANIRIDÆ* (Eschscholtz) ; — *CESTOIDEÆ* (Lesson) ; *CESTIDÆ* (Gegenbaur) ; — *TÆNIATÆ* (L. Agassiz]

TYPE MORPHOLOGIQUE
(Pl. 71 ET FIG. 1081 A 1083)

Nous prendrons pour type le genre *Cestus* qui constitue presque à lui seul tout le sous-ordre.

Par son aspect général, l'animal ne ressemble en rien à un Cténaire. C'est un grand ruban, qui atteint 1^{m}1/2 de long sur 8^{cm} de large, mais très mince, fait d'une substance transparente sur laquelle jouent des reflets de lumière irisée (¹) et qui se déplace par des ondulations gracieuses, caractères qui lui ont voulu le nom poétique de *Ceinture de Vénus* ou *Ceste de Vénus*. Cependant, malgré son apparence étrange, sa structure n'est pas tellement particulière qu'on ne puisse la ramener aisément à celle du type général des Cténaires, surtout si l'on se rappelle les modifications présentées par le type des Lobiféridés, dont celui des Cestidés n'est à certains égards que la reproduction exagérée.

Que l'on se représente un *Deiopea*, sans les lobes ni les auricules, mais beaucoup plus comprimé dans le sens latéral, au point de devenir long et étroit comme un ruban. Le statocyste (**71**, *fig. 1* et *4, stc.*) et la bouche (**71**, *fig. 1, b.*) ne sont point modifiés : ils occupent le milieu des bords inférieur et supérieur du ruban; mais ce que nous avons nommé le péristome, au lieu de former un losange, s'est allongé en une surface presque linéaire, très longue et très étroite, allant d'un bout à l'autre du bord supérieur du ruban. Les deux bords du péristome sont marqués

---

(¹) La couleur varie du vert au bleu et rappelle la fluorescence du pétrole; elle est due aux cellules glandulaires de l'épiderme.

par un *sillon tentaculaire* (**71**, *fig. 1*, **sill.**). Sa partie moyenne, un peu plus épaisse, présente, de part et d'autre de la fente buccale, une petite *gaine tentaculaire* (**g. tt.**), de laquelle ne sort pas de tentacule principal, cet organe étant absent ou plutôt représenté seulement par sa racine; mais, comme chez *Deiopea*, cette racine se prolonge, sous la forme d'un bourrelet linéaire (**brl.**), tout le long du sillon tentaculaire, jusqu'aux extrémités du ruban, et porte dans toute sa longueur d'innombrables petits *tentacules accessoires* (**tt. acc.**) : ceux de la partie moyenne, immédiatement au-dessus de la gaine tentaculaire, sont un peu plus longs que les autres. Les *côtes méridiennes* sont naturellement très modifiées. Les parasagittales (**cn. p. s.**), partant du voisinage du pôle aboral, courent côte à côte le long du bord inférieur du ruban jusqu'à son extrémité; les paratransversales (**cn. p. tr.**) qui devraient monter sur

les faces latérales du ruban, du pôle aboral à la bouche, paraissent absentes, car ces faces latérales sont nues. Elles sont présentes cependant, mais très rudimentaires, réduites chacune à quatre à six palettes, voisines du pôle aboral, et semblant faire partie de

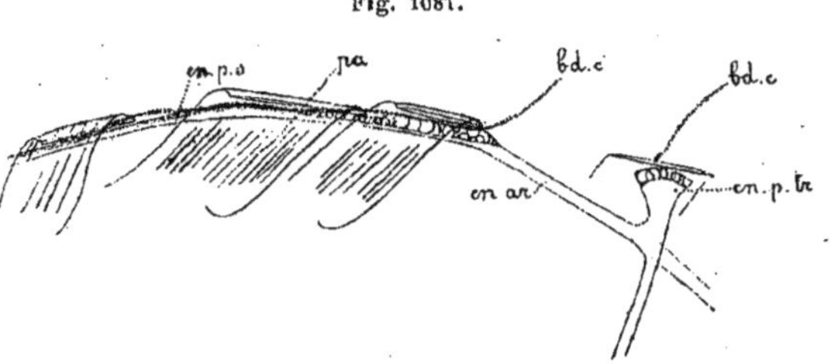

Portion de la région aborale d'un jeune *Cestus* (d'ap. Chun).
bd. c., bandelettes ciliées; **cn. ar.**, canal adradial parasagittal; **cn. p. s.**, canal parasagittal; **cn. p. tr.**, canal paratransversal; **pa.**, palettes natatoires.

la série des palettes parasagittales (fig. 1081). — *L'appareil gastrovasculaire* dérive directement de celui de *Deiopea*. La partie centrale ne présente rien de particulier; mais, dans la partie périphérique, les canaux perradiaux manquent, les interradiaux (**71**, *fig. 1*, **cn. ir.**) partant directement de l'entonnoir. Le canal tentaculaire (**cn. tt.**) se divise à la base de la gaine tentaculaire en deux branches (**dv. tt.**) qui se terminent en cul-de-sac à l'extrémité de cette gaine. Le canal pharyngien (**cn. ph.**) court parallèlement au précédent et, comme lui, se divise en deux branches (**i.**), qui courent le long du bord correspondant du péristome jusqu'aux extrémités du ruban, mais là, comme nous le verrons, ne se terminent pas en cul-de-sac. Les canaux méridiens parasagittaux (**71**, *fig. 1*, 3 et 4, **cn. p. s.**) courent sous les palettes correspondantes jusqu'aux bouts du ruban, juste à l'opposé des précédents. Les canaux paratransversaux (**71**, *fig. 2*, **cn. p. tr.**) montent vers la bouche, de chaque côté, de part et d'autre du milieu des faces du ruban; mais, arrivés à moitié chemin, ils se détournent à angle droit, chacun de son côté, et suivant le milieu des faces latérales, parallèlement aux bords, arrivent aussi aux extrémités du ruban. A ces extrémités, représentées par les petits côtés du long rectangle que forme le corps, deux anastomoses vasculaires parallèles (**71**, *fig 3, i.*) et très rapprochées, mais indépendantes et sans communication entre elles, réunissent les extrémités des canaux parasagittaux, paratransversaux et pharyngiens. Ainsi, les trois canaux de chaque quadrant morphologique communiquent entre eux aux extrémités du ruban, mais non avec ceux du quadrant opposé parallèle qui aboutit à la même extrémité. — Les *gonades* forment dans les canaux méridiens de petits groupes allongés sous les palettes tant paratransversales que parasagittales, mais il n'y en a point dans les parties de ces canaux auxquelles ne correspondent point des palettes.

Grâce à une forte musculature, morphologiquement transversale, en fait parallèle aux longs bords du ruban et occupant ses faces, l'animal exécute des mouvements ondulatoires au moyen desquels il se meut. Mais il peut aussi, à l'état de repos, se mouvoir, la bouche

Fig. 1082.

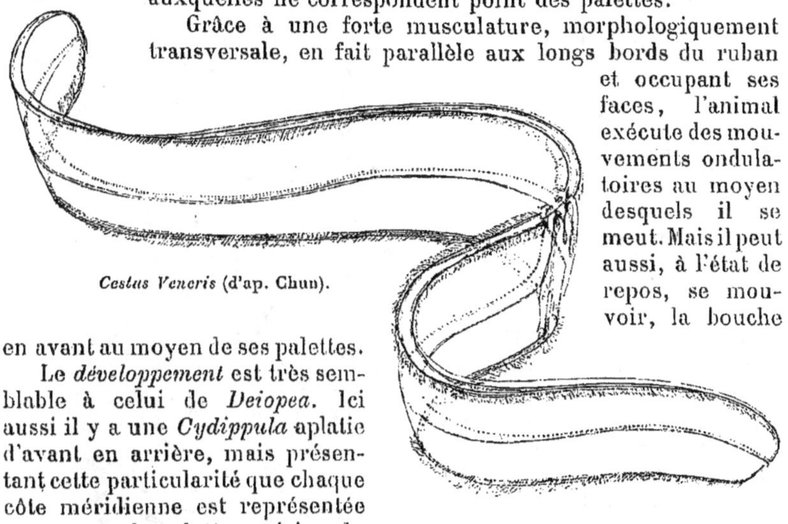

Cestus Veneris (d'ap. Chun).

en avant au moyen de ses palettes.

Le *développement* est très semblable à celui de *Deiopea*. Ici aussi il y a une *Cydippula* aplatie d'avant en arrière, mais présentant cette particularité que chaque côte méridienne est représentée par une seule palette, voisine du pôle aboral. La forme devient d'abord ronde, puis aplatie transversalement et enfin rubanée, et de nouvelles palettes parasagittales s'ajoutent peu à peu à la première, en direction centrifuge, tandis que les paratransversales n'arrivent qu'au nombre de quatre à six pour chaque côte. La transformation est, de même, progressive. Il n'y a pas dissogonie.

Fig. 1083.

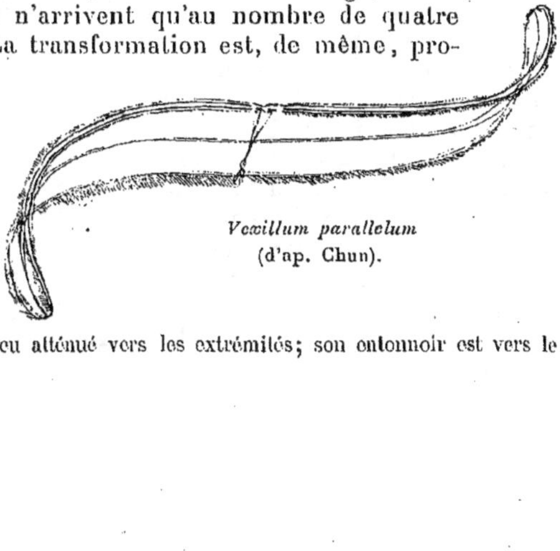

GENRES

Cestus (Lesueur) (**71** et fig. 1081, 1082). C'est le genre ci-dessus décrit (Jusqu'à 1ᵐ50 de long sur 0ᵐ8 de haut; Médit. et parties chaudes de toutes les mers).

Vexillum parallelum
(d'ap. Chun).

Vexillum (Fol) (fig. 1083) est un peu atténué vers les extrémités; son entonnoir est vers le milieu de la hauteur du corps, et les canaux méridiens paratransversaux se détachent des canaux interradiaux près de l'origine de ceux-ci, pour se rendre directement aux extrémités du ruban, sans descendre d'abord vers les palettes paratransversales (14^{cm} sur 15^{mm} ; Médit., Canaries).

2° ORDRE

NUDICTÉNIDES
NUDICTENIDA

[*BEROIDÆ* (Eschscholtz) ;
BÉROÏDES (Lamarck) ;
BEROÆ (Lesson) ;
EURYSTOMEÆ (Claus)]

TYPE MORPHOLOGIQUE
(Pl. 72 ET FIG. 1084)

Nous décrirons comme type le genre principal sinon unique de l'ordre, *Beroe*.

Organisation. — L'animal est de grande taille, mesurant 15 à 20 centimètres de haut (fig. 1084). Sa forme est celle d'un cylindre aplati ou d'une pyramide comprimée dont la base, dilatée en trompette à l'état d'extension, représente l'ouverture buccale, démesurément grande. L'aplatissement a lieu dans le plan transversal, en sorte que la dimension transversale est plus faible que l'antéro-postérieure, laquelle est de beaucoup dépassée par la dimension verticale. Le statocyste (**72**, *fig. 1, stc.*) ne présente rien de particulier, mais les *plaques polaires* (fig. 1084) ont leurs bords garnis de digitations ramifiées saillantes. Les huit côtes méridiennes (**72**, *fig. 1 et 2, chp.*) sont égales et équidistantes, formées d'un nombre énorme de petites palettes très serrées les unes contre les autres.

L'appareil tentaculaire est totalement absent : il n'y a ni tentacules, ni gaine, ni canaux tentaculaires. C'est

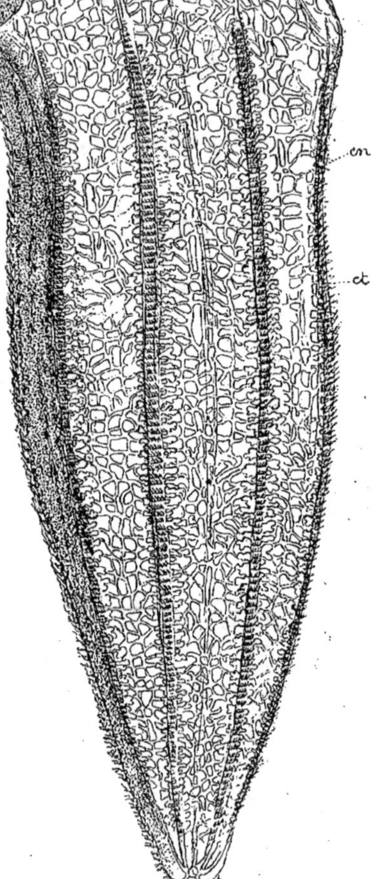

Fig. 1084.

Beroe Forskali (d'ap. Chun).
b., bouche ; cn., canaux endodermiques ;
ct., côtes ciliées.

à cette absence de tentacules que nous empruntons le nom de l'ordre.

La *bouche* donne accès dans un immense *pharynx* (**72**, *fig. 1, ph.*), si vaste qu'il réduit le corps à une sorte de sac à parois médiocrement épaisses. Ces parois s'amincissent particulièrement au voisinage de la bouche (*b.*), de manière à donner à celle-ci une faculté remarquable d'extension. Le bord de la bouche est garni d'hoplocystes. L'estomac n'a pas de bourrelets; mais, pour retenir les proies, il est pourvu de *cils crochus* qui garnissent toute sa première portion, sur un cinquième environ de sa hauteur, et de là descendent sur une hauteur au moins égale, mais suivant des lignes séparées par des espaces qui en sont dépourvus.

L'entonnoir (**72**, *fig. 1, inf.*) est très petit et relégué tout au bas du corps. Le *canal impair de l'entonnoir* manque, les deux branches sagittales (**cn. ex.**) en lesquelles il se divise d'ordinaire, partant ici directement de lui pour se diviser, suivant la règle, en quatre branches interradiales terminées par des ampoules, dont deux diagonales s'ouvrent (**72**, *fig. 2, p.*) au dehors.

Les *canaux pharyngiens* (**72**, *fig. 1, cn. ph.*), très larges, se divisent à leur extrémité buccale en deux branches (*i.*) qui se portent l'une en avant, l'autre en arrière, dans le bord de la bouche, de manière à l'entourer d'un anneau vasculaire; mais cet anneau est incomplet, interrompu sur un très court espace dans le plan sagittal, et chaque branche se jette dans le canal parasagittal qui lui correspond. Les canaux méridiens et pharyngiens présentent des prolongements ramifiés, formant dans l'épaisseur de la mésoglée un riche système de canalicules qui ont une forte tendance à s'anastomoser en *réseau* (¹).

Il existe une puissante musculature sous-épidermique et mésogléenne, et il semble que ce soit surtout pour la nourrir que se sont développées les ramifications des canaux méridiens et pharyngiens. Ces ramifications ne sont donc qu'un perfectionnement de la disposition présentée chez les autres Cténophores par les *rosettes*.

Les *gonades* sont contenues dans des ramifications latérales en cul-de-sac des canaux méridiens.

Physiologie. — Privé de tentacules qui lui permettent de saisir les proies à distance, l'animal semble moins bien armé pour la lutte que les autres Cténaires. C'est l'inverse, car il nage au moyen de ses palettes très énergiquement, et se promène ainsi dans l'eau, la bouche largement ouverte comme une nasse, capturant tout ce que rencontre son ouverture. Il est d'une voracité extrême et avale des proies parfois presque aussi grosses que lui, au point que la paroi de son corps risquerait d'éclater si elle n'était fortifiée par la musculature

---

(¹) Chez *B. Forskali,* ces ramifications s'anastomosent en un riche réseau fermé, occupant toute la mésoglée et formant en particulier une couche autour du pharynx. Chez *B. ovata*, les ramifications latérales sont indépendantes et fermées en cul-de-sac, mais la branche principale de chaque touffe ramifiée communique avec les voisines et forme un réseau fermé autour du pharynx.

mésogléenne. Il se nourrit principalement de Cténaires Lobiféridés.
Les canaux et leurs ramifications sont phosphorescents.

Développement. — Le développement ne présente rien de particulier,
en ce sens que c'est toujours la même forme originelle cydippoïde, se
modifiant graduellement pour acquérir les caractères de l'adulte ; mais
la larve elle-même présente un caractère tout à fait remarquable : c'est
l'absence radicale, dès l'origine, de tout appareil tentaculaire. Elle
diffère sous ce rapport de la *Cydippula* habituelle, et c'est là un des
caractères les plus saillants de l'ordre.

GENRES

Beroe (Browne) (fig. 1084). C'est le type que nous venons de décrire.
(15 à 20ᶜᵐ de haut ; cosmopolite et très nombreux dans toutes les mers, sous tous les
climats).

La variabilité extrême sous le rapport de certains caractères, a donné lieu à de telles
divergences de vue entre les classificateurs, que les uns (CHUN) n'y voient qu'un genre,
tandis que d'autres (LESSON) y comptent plusieurs genres ou même (L. AGASSIZ) plusieurs
familles. Avec CHUN, nous rejetons tous ces genres en synonymie, à l'exception du suivant
que LENDENFELD a replacé au rang du genre ; et il est fort possible que des études ultérieures
montrent qu'il en doit être de même pour les autres genres de Lesson.

Neis (Lesson) diffère de *Beroe* principalement par sa forme plus comprimée et par la présence
de deux grands appendices aliformes, de part et d'autre de l'organe aboral ; en outre, les
branches des canaux pharyngiens s'anastomosent d'un côté à l'autre (Nˡˡᵉˢ-Galles du Sud,
Australie).

3° ORDRE

PLATYCTÉNIDES — *PLATYCTENIDA*

[ARCHIPLANOIDEA (Willey) ; — PLATYCTENEA (Bourne)]

L'ordre ne contient que deux genres, trop différents et trop importants pour qu'il convienne de les schématiser en un type commun, et
que nous décrirons séparément.

Ctenoplana (Korotnev) (fig. 1085 à 1088). L'animal ressemble autant à une
Planaire qu'à un Cténaire, et c'est cette double ressemblance, qui se
poursuit dans une certaine mesure dans les organes internes, qui lui
a valu son nom. Il a la forme d'un disque (fig. 1085 et 1086) dont
une des faces serait fortement épaissie dans la région centrale. La
face morphologiquement supérieure ou buccale est entièrement plane
et mérite le nom de *face ventrale :* l'animal peut ramper sur elle comme
une Planaire. Elle ne présente d'autre particularité que la bouche, centrale et de forme ronde (fig. 1087, *b.*), et un revêtement ciliaire général,
sauf peut-être la région péribuccale qui serait non cilliée (WILLEY contre
KOROTNEV). La *face inférieure* ou *apicale* ou *dorsale* porte tous les autres
organes externes. Au centre est l'*organe sensitif*, composé des deux
parties habituelles : le *statocyste* (fig. 1088, *oll.*), présentant ceci de

particulier que les ressorts seraient au nombre de deux seulement, et les *champs polaires*, dont la bordure est transformée, par exagération d'une particularité déjà signalée chez *Beroe*, en deux groupes demi-circulaires de longs *tentacules sensitifs* très évidents. Tout près de ce dernier sont les deux tentacules, à peine plus longs que le diamètre du corps. Leurs gaines (*g. tt.*) s'enfoncent horizontalement vers le statocyste sans l'atteindre et déterminent une forte saillie de chaque côté.

Les huit *côtes méridiennes* (fig. 1085, *ct. m.*) sont adradiales comme d'or-

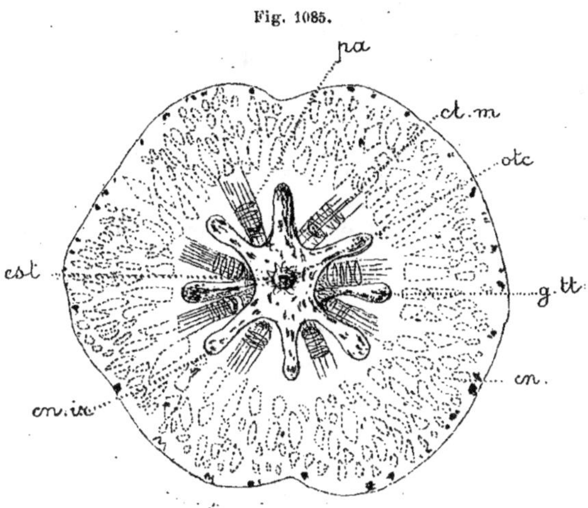

Fig. 1085.

Ctenoplana Kovalevskyi vu par la face aborale
(d'ap. Korotnev).

cn., canaux périphériques de l'estomac; **cn. ir.,** canaux interradiaux; **ct. m.,** côtes méridiennes; **est.,** estomac; **g. tt.,** gaine tentaculaire; **otc.,** statocyste; **pa.,** palettes natatoires.

dinaire, équidistantes, mais très courtes, saillantes et logées dans de profondes dépressions déterminées par la saillie des parties intermédiaires sous-jacentes, qui sont : dans le plan transversal les gaines tentaculaires ci-dessus mentionnées, dans le plan sagittal l'estomac, et dans les plans interradiaux les diverticules de l'estomac (*cn. ir.*). Ces dépressions ont la forme de gouttières qui, distalement, se perdent insensiblement sur la partie non épaissie du disque, tandis que du côté proximal elles se complètent en une courte invagination qui s'enfonce sous la partie épaissie du disque. Quand l'animal se contracte, les gouttières se creusent, rapprochent leurs bords, et les palettes rétractées se dissi-

Fig. 1086.

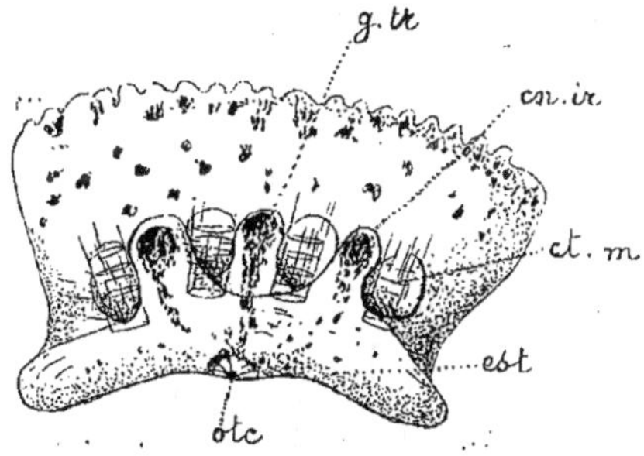

Ctenoplana Kovalevskyi
contracté et vu de profil (d'ap. Korotnev).

cn. ir., canaux interradiaux; **ct. m.,** côtes méridiennes; **est.,** estomac; **g. tt.,** gaine tentaculaire; **oct.,** statocyste.

mulent à leur intérieur. Chaque côté comprend sept à huit palettes.

De la bouche part une cavité appelée *estomac* (fig. 1087, *est.*), mais qui est peut-être, au moins en partie, un stomodæum, car le caractère blastodermique de son épithélium n'a pas été déterminé. Il est, comme un *pharynx*, aplati transversalement, mais c'est de lui directement, comme d'un *infundibulum*, que partent les canaux du système périphérique. Il se prolonge en bas en un court canal axial qui se termine par une dilatation ampulliforme que l'on a nommée l'*infundibulum*, mais qui semble bien plutôt correspondre à l'ensemble des ampoules excrétrices, bien qu'il n'y avait pas de pores excréteurs pour les mettre en relation directe avec le dehors. Des parties latérales du soi-disant

Fig. 1087.

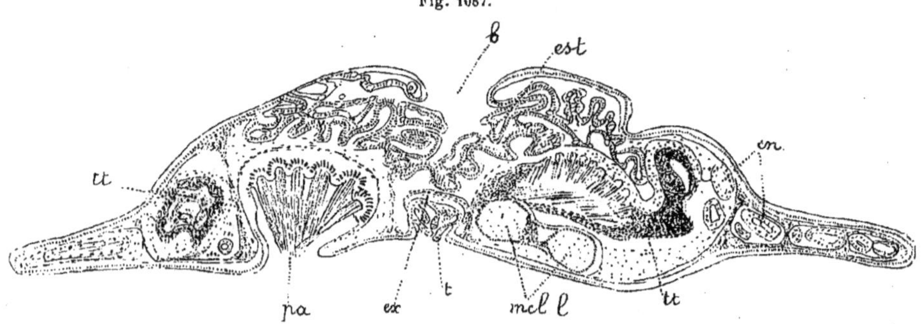

Coupe axiale transverse de *Ctenoplana Kovalevskyi* (d'ap. Korotnev).

b., bouche; **cn.**, canaux périphériques de l'estomac; **est.**, estomac; **ex.**, infundibulum; **mcl. l.**, muscles longitudinaux; **pa.**, palettes natatoires; **t.**, tentacules du statocyste; **tt.**, tentacules.

estomac partent, à droite et à gauche, deux étroits canaux transversaux qui donnent accès dans quatre larges *diverticules gastriques* interradiaux formant, à la face dorsale, ainsi que nous l'avons vu, une saillie entre les côtes parasagittales et paratransversales. Du côté ventral, ces diverticules se continuent avec un système de cavités irrégulières, qui serpentent dans l'épaisseur de la partie mince du disque, sans former de canal circulaire bien défini ([1]).

En fait de *gonades*, on ne connaît que les *testicules* (fig. 1087, *tt.*), au nombre de quatre, situés contre la face distale des quatre diverticules gastriques; ils sont constitués chacun par un sac ovoïde rempli de sperme, prolongé en un col qui va s'ouvrir au dehors, à la face

---

([1]) L'appareil gastro-vasculaire est limité par une couche épithéliale cylindrique ciliée, sans caractères particuliers; mais, au niveau du cul-de-sac apical des diverticules gastriques, est un épithélium doublé d'une épaisse couche de cellules d'apparence glandulaire (*glandes gastriques*). A certaines places, ces cellules contiennent de remarquables granulations jaunes (*cellules chloragènes*), et quelques granulations semblables se rencontrent même dans l'épithélium gastrique sous-jacent.

dorsale du disque, au niveau de l'extrémité distale des côtes méridiennes, par un ou trois petits *pores sexuels*; c'est là un fait unique chez les Cténaires et même chez les Cœlentérés. Sous l'épiderme est une *musculature pariétale* à deux couches, longitudinale externe, tranversale interne. Les auteurs ne parlent pas de mésoglée : l'espace entre l'endoderme et l'ectoderme est occupé par un parenchyme avec fibres musculaires dorso-ventrales comme chez les Planaires. L'axe des tentacules semble occupé par des cellules mésodermiques en continuité avec celles qui occupent sa racine (*).

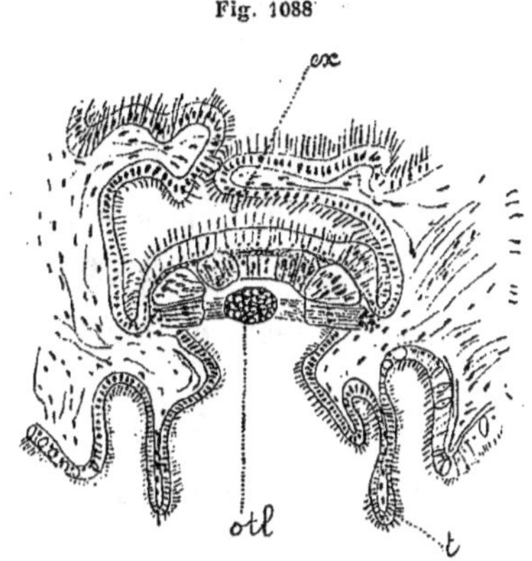

Fig. 1088

Coupe axiale du pôle aboral
de *Ctenoplana Kovalevskyi* (d'ap. Korotnev).
cx., infundibulum; **ott.**, statolithe;
t., tentacules du statocyste.

L'animal habite la mer. Il a deux modes de locomotion très différents : tantôt il rampe sur sa face ventrale, comme une Planaire, soit contre le sol par des mouvements musculaires, soit contre la surface de l'eau par l'action de ses cils ; tantôt il nage comme un Cténaire avec ses palettes, mais le pôle aboral en avant, et en fermant comme une lèvre les lobes antérieur et postérieur de la portion amincie de son corps (fig. 1086). Et ce qu'il y a de remarquable, c'est que, dans le premier cas, il a une symétrie physiologique bilatérale, progressant uniquement dans le plan sagittal, tandis que, dans le second, il se meut comme un Cténaire, dans la direction de n'importe lequel de ses rayons. Les tentacules sont très mobiles et rétractiles dans leur gaine. On ne sait rien du sexe femelle, ou peut-être de l'hermaphroditisme successif, ni rien du développement (6mm de diamètre; un exemplaire trouvé par Korotnev près de l'île corallienne Pupu, dans la Malaisie [*C. Kovalevskyi*], et quatre trouvés par Willey à la Nouvelle-Guinée sur un os de Seiche flottant, trois [*C. Korotnevi*] verts et un [*C. rosacea*] rouge.)

Cœloplana (Kovalevsky) est tout à fait planariforme, plat, discoïde, ovalaire avec le grand axe dirigé sagittalement. Toute la surface du corps est uniformément ciliée et il n'y a pas de trace de palettes. La face dorsale présente au centre le statocyste, sans champs polaires tentaculiformes ou autres, et deux tentacules tentillifères, rétractiles; la face ventrale porte au centre la bouche qui conduit dans un estomac (?) dont

---

(1) Sous le pied des cellules sétigères du statocyste, se trouveraient, dans le tissu sous-jacent, quelques cellules en relation étroite avec les cellules sétigères, et se prolongeant du côté opposé en un faisceau de fibrilles : cela a été considéré comme un *système nerveux*.

les relations avec les feuillets sont inconnues. L'estomac se prolonge en bas en deux canaux, qui se terminent de part et d'autre du statocyste par une dilatation en cul-de-sac représentant les ampoules excrétrices, et latéralement en quatre diverticules interradiaux ; ces derniers communiquent avec un système de cavités irrégulières occupant la région marginale du corps, et qui débouchent dans un *canal circulaire*, rappelant l'organe homonyme des Méduses, d'où partent encore des ramifications périphériques en cul-de-sac. On n'a pas trouvé d'organes génitaux, en sorte qu'il se pourrait que ce fût une larve (6^{mm} ; mer Rouge ; une seule espèce [*C. Metchnikovi*] trouvée une seule fois.)

APPENDICE AUX CTÉNAIRES

Nous décrirons ici une forme dont les affinités sont trop douteuses pour qu'on puisse lui assigner une position plus précise. C'est le genre *Gastrodes* (Korotnev) (fig. 1089 et 1090). Il se présente sous la forme d'une petite masse hémisphérique, située dans l'épaisseur de la tunique des Salpes. La face plane, qui est plutôt légèrement concave, est tournée vers le corps de l'Ascidie et porte en son centre la bouche ; la face convexe ne présente d'autre

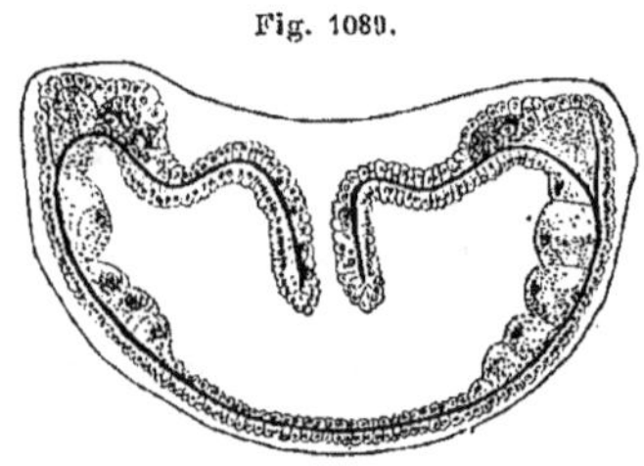

Fig. 1089.

Gastrodes parasiticum
(d'ap. Korotnev).

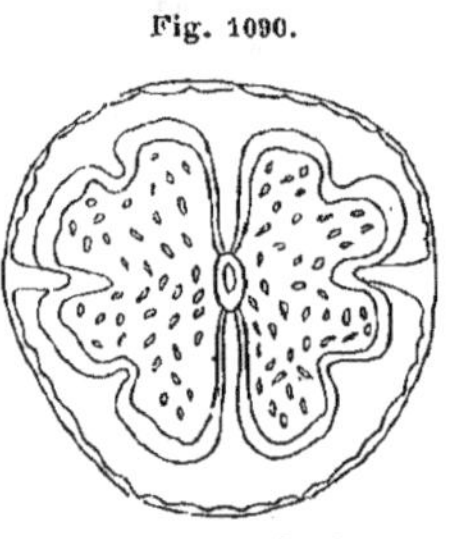

Fig. 1090.

Gastrodes vu de dessus
(d'ap. Heider et Korotnev).

particularité qu'une paire de petites invaginations ectodermiques au voisinage du pôle aboral. Il n'y a ni côtes de palettes, ni statocyste, ni tentacules ; mais les deux invaginations ci-dessus mentionnées peuvent être considérées comme des gaines tentaculaires rudimentaires et marquent le plan transversal du corps. — De la *bouche* part un *pharynx* ectodermique qui pend dans une vaste *cavité stomacale* endodermique, indivise chez le jeune, mais divisée chez l'adulte, en huit *diverticules adradiaux*, situés comme les canaux méridiens des Cténaires ([1]). Les *gaines tentaculaires* sont vides, vu l'absence de tentacules (fig. 1090) ; mais on peut cependant considérer comme représentant la racine tentaculaire un bouchon de cellules ectodermiques qui

---

([1]) Ces diverticules sont séparés par des replis de l'endoderme. Les deux replis sagittaux sont très développés et divisent presque entièrement la cavité stomacale ; les transversaux le sont un peu moins et les interradiaux sont à peine marqués. Tous sont formés par l'endoderme seul, à l'exception des transversaux, produits par les invaginations ectodermiques que nous avons comparées aux gaines tentaculaires.

en occupe le fond. — La structure comporte un ectoderme, un endoderme et une mince lame de mésoglée. Les *gonades* sont représentées
par de simples *cellules germinales* qui se développent en certains
points, aux dépens des feuillets principaux, entre eux et la mésoglée
sous-jacente. L'animal est hermaphrodite. Les cellules femelles sont
ectodermiques et forment deux groupes, un annulaire à la périphérie
du péristome, l'autre dans l'intérieur du pharynx ; elles évoluent en
œufs gros et très évidents. Les cellules mâles, bien moins nettement
définies, semblent dépendre de l'endoderme péripharyngien.

Les *affinités* de l'animal sont assez obscures. KOROTNEV [88], n'ayant
pas vu d'abord les cloisons, l'avait interprété comme une Méduse parasite voisine de *Cunina* : la seule présence du pharynx ectodermique
eût dû l'avertir que cette opinion était peu fondée. Plus tard [91], ayant
trouvé les cloisons, il considéra l'animal comme une Actinie parasite,
opinion plus plausible, mais contre laquelle s'élèvent la présence de huit
cloisons non groupées par couples, ainsi que l'hermaphroditisme et
l'absence de nématoblastes. C'est HEIDER [93] qui a reconnu les ressemblances avec un Cténaire, fondées principalement sur les gaines tentaculaires, le cloisonnement de la cavité endodermique en huit diverticules
et l'hermaphroditisme. Cet auteur considère le *Gastrodes* comme
une larve de Cténaire, chez laquelle le parasitisme a déterminé la
non-formation des tentacules, des palettes et de l'organe aboral. La
présence de gonades chez une larve serait un fait de *dissogonie* comme
chez les Cténaires lobés. La connaissance du développement serait
nécessaire pour lever tous les doutes. Les Salpes infectées sont privées
d'œufs et d'embryons, mais leurs glandes mâles seront fertiles (1/2 mm ;
parasite chez *Salpa fusiformis* et *S. scutigera*).

Affinités des Cténaires.

Les Cténaires se rattacheraient d'après les uns aux Turbellariés,
d'après les autres aux Cœlentérés, et les opinions varient quant au
groupe de Cnidaires dont ils se rapprochent le plus. Trois questions
se posent donc : les Cténaires sont-ils des Turbellariés, sont-ils des
Cœlentérés et, dans ce cas, quelle place leur donner parmi ces derniers (¹)?

Affinités avec les Turbellariés. — Le développement des Cténaires se
rapproche de celui des Turbellariés par certains points, qui sont précisément ceux par lesquels il diffère de celui des Cnidaires. La segmentation, la gastrulation et surtout la formation de la lame mésodermique
cruciforme qui donne, en se dissociant, les éléments du mésenchyme,

---

(¹) L'idée émise par L. et A. AGASSIZ que les Cténaires ont des affinités avec les
Échinodermes, a été réfutée par CHUN et peut être considérée comme n'ayant plus qu'un
intérêt historique.

sont autant de traits communs avec les Polyclades. Cependant il est
probable qu'on n'aurait pas accordé une grande importance à ces
ressemblances, constatées depuis longtemps par SELENKA, sans la découverte de *Ctenoplana* et *Cœloplana*, formes de transition qui viennent
appuyer fortement la théorie qu'elles suggèrent. *Ctenoplana* est un
Cténaire incontestable, avec les palettes caractéristiques, mais aplati
et susceptible de ramper comme une Planaire ; son appareil gastro-
vasculaire, réduit, simplifié, rappelle à peu près autant celui des
Planaires que celui des Cténaires, et sa face plantaire, où est la
bouche, est garnie de cils qui lui permettent même de glisser sous la
surface de l'eau, tout comme chez le premier de ces animaux. *Cœloplana*, dont l'organisation est malheureusement très mal connue, n'a
plus de palettes, possède un revêtement ciliaire général et présente
tout à fait l'allure d'une Planaire ; ses deux tentacules latéraux, musculeux et rétractiles avec le statocyste situé entre eux et son appareil
gastro-vasculaire, autant planaroïde que cténaroïde, lui donnent un
caractère indécis qui rend véritablement fort difficile de le classer.
LANG [84, *Die Polycladen* in *Fauna und Flora von Neapel*] a soutenu
avec beaucoup d'énergie qu'il faut mettre dans les Turbellariés *Cœloplana*, lequel entraîne *Ctenoplana* et à sa suite tous les Cténaires.
WILLEY [96] voit dans ces deux genres des formes primitives, le prolongement direct d'un tronc commun qui a donné en se bifurquant les
Planaires et les Cténaires. Mais les ressemblances de *Ctenoplana* et de
Cœloplana avec les Turbellariés semblent surtout adaptatives et sont
probablement secondaires : ce seraient, comme le dit HATSCHEK dans
son traité de zoologie, des Cténaires aberrants ou plutôt ayant subi
une réduction, puis la disparition des caractères cténaroïdes qui
sont en rapport avec la vie pélagique (forme globuleuse, palettes), et
ayant pris de plus en plus ceux qui sont en rapport avec la locomotion
rampante (aplatissement, sole plantaire ciliée) et qui les rapprochent
des Planaires uniquement parce que celles-ci sont aussi des animaux
rampants. Déjà chez un Cténaire vrai, *Lampetia*, on trouve un commencement d'adaptation à la vie côtière, l'animal pouvant ramper et se
fixer par la bouche comme avec une ventouse. On s'accorde à dire que
ces caractères adaptatifs n'ont pas de valeur phylogénétique, en sorte
qu'il ne reste guère en faveur des affinités planariennes des Cténaires
que les caractères embryogéniques reconnus par SELENKA. Signalons
aussi, comme différence capitale, l'absence chez les Cténaires des
organes excréteurs caractéristiques des Vers.

Affinités avec les Cnidaires. — Ici, la ressemblance porte sur des caractères anatomiques d'importance capitale : symétrie radiaire, fusion des
cavités générale et gastrique en une cavité gastro-vasculaire unique en
cul-de-sac avec canaux radiaires contenant les gonades, mésoglée. Par
contre, quelques caractères différentiels importants résident dans le mésoderme et les relations de la musculature avec lui, dans la constitution

des tentacules, dans le remplacement des nématoblastes par les colloblastes, dans la présence des palettes.

Ces divers points demandent à être examinés.

La *symétrie* n'est pas rigoureusement radiaire, puisque les plans sagittal et transversal ne sont pas semblables, mais c'est une altération médiocre, telle qu'il s'en trouve chez les Actinies à stomodæum aplati, à loges directrices différentes des autres, permettant même souvent la distinction des côtés ventral et dorsal, etc., ou chez diverses Méduses ou Hydraires à tentacules réduits à deux ou même à un seul. Malgré ces altérations, il n'y en a pas moins division du corps en quatre quadrants disposés antimériquement et présentant une constitution identique dans la plupart de leurs parties (¹).

La présence d'une *cavité gastro-vasculaire* non distincte d'une cavité générale et en cul-de-sac est un trait de ressemblance important, et ce n'est pas la présence de pores excréteurs qui peut diminuer son importance, car ces pores ne sont pas un anus et il existe chez diverses Actinies un pore aboral.

La *mésoglée* diffère de celle des Méduses par la présence à son intérieur d'éléments mésodermiques, qui semblent la former. Mais sa présence n'en est pas moins un caractère remarquable, qui ne se retrouve nulle part ailleurs dans les autres embranchements. Elle renferme chez les Cnidaires des éléments semblables à ceux qu'on y trouve chez les Cténaires, en sorte que toute la différence porte sur la nature blastogénique des éléments qu'elle contient, différence qui n'est qu'un des aspects de la question du mésoderme. Il en est de même pour la différence des tentacules.

Le *mésoderme* est considéré comme introduisant une divergence capitale. Par là, en effet, les Cténaires se séparent des Cnidaires et se rapprochent des Turbellariés. Mais est-ce là un point aussi capital qu'on veut bien le dire?

Chez les Cnidaires, les éléments de la mésoglée se détachent pendant toute la vie de l'ectoderme; les fibres musculaires, quand elles sont, comme il arrive souvent, séparées de l'élément épithélial qui leur a donné naissance, deviennent anatomiquement mésodermiques. Est-ce donc une différence vraiment capitale que ces éléments mésogléens se séparent de bonne heure et en bloc du matériel embryonnaire ou qu'ils s'en séparent plus tard et successivement? D'après Chun, chez les Cténaires, l'ectoderme, pendant toute la vie, fournit des éléments musculaires qui passent dans la mésoglée et se confondent avec ceux d'origine mésodermique. Ira-t-on dire qu'il y a entre ces deux sortes d'éléments une différence capitale, quand tout est identique entre eux, sauf le

---

(¹) Les pores excréteurs altèrent cette symétrie, mais les ampoules qui leur correspondent sont au nombre de quatre, et il semble bien que ce soit secondairement que deux d'entre elles se sont fermées.

moment où ils se sont séparés d'un des feuillets principaux? Là manière
dont se forme le mésoderme est identique à celle dont se sont formés
les éléments de l'ectoderme. On peut donc le considérer comme un
ectoderme tardif. La seule différence est alors que, chez les Actinies ou
les Méduses, cet ectoderme est encore plus tardif (¹).

Les *tentacules* présentent une différence importante dans la constitution de leur axe, endodermique chez les Cnidaires, mésogléen et musculaire chez les Cténaires. C'est comme si l'endoderme s'en était retiré,
laissant la mésoglée y pénétrer, tandis que le mésoderme y forme une
enveloppe musculaire (²).

L'absence des *nématoblastes* et leur remplacement par les *colloblastes*
est une dernière différence de haute valeur. On a cherché, mais sans
succès, à homologuer ces deux éléments. Anatomiquement et embryogéniquement, ils ne se ressemblent guère, mais il n'y en a pas moins quelque
chose de bien singulier dans cette aptitude des cellules ectodermiques
dans les deux groupes à se transformer en appareils aptes à remplir, par
des moyens différents, une fonction commune si particulière. Rappelons qu'il y a un Cténaire (*Euchlora rubra*) qui a ses tentacules armés
de nématoblastes en place de colloblastes.

Enfin, les *palettes* sont un dernier trait différentiel caractéristique,
mais on les conçoit aisément comme dérivées d'un revêtement ciliaire
général qui existe chez tous les Cnidaires, du moins à l'état larvaire.

Nous croyons tenir compte également des ressemblances et des différences ci-dessus examinées en séparant les Cténaires des Plathelmin-
thes pour les placer avec les Cnidaires dans l'embranchement des
Cœlentérés, mais en les séparant des Cnidaires pour en faire un sous-
embranchement distinct.

Sans chercher à résoudre une question phylogénétique sans doute
insoluble, on peut se demander de quels Cnidaires les Cténaires se
rapprochent le plus.

Ici encore, les avis sont très partagés.

HÆCKEL [79] les rapporte aux Anthoméduses et voit dans *Clenaria*
(fig. 1091) le lien entre les deux groupes. Nous avons indiqué (Voir p. 77),

---

(¹) Cependant, comme il y a une division égale des 8 macromères en 16 avant la séparation des éléments mésodermiques, il peut sembler plus naturel de considérer le mésoderme
comme un endoderme précoce. Cela ne modifie guère les assimilations ci-dessus indiquées,
puisque les relations de l'endoderme avec la mésoglée sont fondamentalement les mêmes que
celles de l'ectoderme, et en considérant les choses ainsi, on atténuerait la différence qui existe
entre les tentacules des Cténaires et ceux des Cnidaires, car leur axe deviendrait alors
endodermique. Cet axe est déjà chez les Cnidaires tantôt creux, tantôt plein ; la différence se
réduirait à ceci, que chez les Cnidaires à tentacules pleins cet axe est cellulaire, chordoïde,
tandis qu'ici les éléments endodermiques s'y sont transformés en muscles. Mais cela conduirait
à admettre un cordon de mésoglée au centre d'un tube endodermique, ce qui est un rapport
inadmissible, en sorte que, tout bien considéré, il vaut mieux laisser au mésoderme l'interprétation d'ectoderme tardif.

(²) Voir la note ci-dessus.

les caractères généraux de cette Méduse, mais il faut ici insister sur ceux sur lesquels repose la comparaison.

La forme est ovoïde et l'entrée de la cavité sous-ombrellaire est particulièrement étroite, ce qui permet de comparer celle-ci à la bouche du Cténaire. et la cavité elle-même avec son pharynx. Sur l'exombrelle courent huit rangées adradiales de nématoblastes qui rappellent, au moins par leur situation, les huit rangées de palettes. Il n'y a que deux tentacules, perradiaux et garnis de filaments secondaires, et à la base de chacun d'eux est une profonde poche, garnie de néma-

Fig. 1091.

Ctenaria ctenophora (d'ap. Häckel).

toblastes, qui s'enfonce dans l'épaisseur de l'exombrelle et où Häckel suppose que les tentacules peuvent se rétracter, ce qui permet de les assimiler aux gaines tentaculaires des Cténaires. De l'estomac partent quatre canaux perradiaux qui se divisent bientôt en deux; de manière à former huit branches adradiales qui courent sous les bandes de nématoblastes comme ceux des Cténaires sous les rangées de palettes. Enfin, l'estomac a un basigaster qui rappelle un peu le fond de l'entonnoir du Cténaire.

Il y a là, en effet, quelques traits de ressemblance remarquables, mais les différences restent considérables. Les rangées de nématoblastes ne sont pas des palettes. Il n'y a pas trace du statocyste aboral, si caractéristique. L'assimilation de la cavité sous-ombrellaire au pharynx semble très abusive, car ce qui correspond au pharynx chez la Méduse Acalèphe, c'est le stomodæum du Scyphostome et non la cavité sous-ombrellaire; or la cavité sous-ombrellaire de l'Anthoméduse correspond évidemment à celle de l'Acalèphe; en outre, rien ne correspond chez le Cténaire au manubrium muni de seize tentacules qui existe chez *Ctenaria* dans la cavité sous-ombrellaire. Les tentacules présentent dans les deux formes les différences de structure que nous avons indiquées; ils sont oraux chez les Cnidaires, aboraux chez les Cténaires; leurs rapports avec la cavité située à leur base est tout autre que chez le Cténaire, et leur rétractilité dans cette cavité est une simple hypothèse. Enfin, la Méduse a un canal circulaire, point de pores excréteurs aboraux, et ses gonades sont sur les parois du manubrium et non dans les canaux radiaires.

Ce qu'il y a de plus grave encore, c'est que tous les caractères de ressemblance se rencontrent disséminés chez d'autres Méduses, en sorte qu'il est probable que leur réunion chez une même Méduse est un simple fait de hasard.

Les Cnidaires les plus comparables aux Cténaires ne sauraient être que des Scyphozoaires, ce qui élimine la *Ctenaria* qui est une Hydroméduse. Parmi les premiers on peut hésiter entre les Acalèphes (CHUN) et les Anthozoaires (HUXLEY), et il semble qu'une Actinie pélagique qui aurait développé sa mésoglée et conservé ses cils ectodermiques, grâce à son pharynx aplati, ne différerait pas plus du Cténaire qu'une Acalèphe.

D'autre part, les produits sexuels ectodermiques des Cténaires les éloignent des Scyphozoaires où ils sont toujours endodermiques, tandis que chez les Hydroméduses ils dérivent, soit de l'un, soit de l'autre feuillet.

Toutes ces relations sont donc bien lointaines, et nous nous rallierions volontiers à l'opinion de R. HERTWIG [80], qui est aussi celle de KORSCHELT et HEIDER, en disant pour nous exprimer en langage phylogénétique, que les Cténaires se sont détachés de la base du tronc des Cœlentérés en même temps que les Cnidaires, en sorte que Cnidaires et Cténaires ont un ancêtre Cœlentéré commun, mais qu'aucun Cnidaire n'est l'ancêtre du Cténaire, pas plus que l'inverse n'a lieu. C'est ce que nous exprimons en faisant des Cnidaires et des Cténaires deux sous-embranchements de l'embranchement des Cœlentérés. Quant à chercher les caractères de l'ancêtre commun, larve de *Stylochus* (G. C. BOURNE, in *Treatise on zoology de Ray Lankester*), larve d'Actinie (KORSCHELT et HEIDER), *Ctenoplana* (WILLEY [96]), Polype tétraradié à tentacules creux et sans nématoblastes (SAMASSA [92]), nous nous en abstiendrons, considérant que nous manquons d'éléments pour le faire efficacement.

En résumé, les Cténaires sont des Cœlentérés, caractérisés comme tels par leur symétrie radiaire, leur cavité gastro-vasculaire, leur mésoglée, la position de leurs gonades et l'absence de rein défini; mais ils se distinguent des Cnidaires par leur organe sensitif aboral, leurs palettes, leurs tentacules à axe mésogléen et leur mésoderme.

APPENDICE AUX CŒLENTÉRÉS

L'animal que nous allons décrire ici, connu sous les noms de *Tetraplatia volitans*, Tétraptère (*Tetrapteron*, Claus), présente dans son organisation de telles particularités qu'il est impossible, jusqu'à ce que son développement soit connu, de lui assigner une place dans le cadre normal des Cœlentérés. Comme il est entièrement isolé et unique en son genre, il n'y a qu'à le décrire en lui-même.

Tetraplatia (Busch) (fig. 1092 à 1101) est un petit être blanchâtre, mesurant de 1 à 5^{mm} de long, parfois même plus. Sa forme a été comparée à celle de deux pyramides quadrangulaires réunies par leurs bases, et dont les arêtes et le sommet inférieur seraient arrondis tandis que le sommet supérieur serait tronqué (fig. 1092). Ce dernier est percé d'un orifice étroit, mais très dilatable, qui est la bouche. Il est morphologiquement supérieur, mais l'animal se tient comme les Méduses et nage le pôle aboral en avant. Les quatre arêtes, fort saillantes vers la partie moyenne du corps (fig. 1093), deviennent de moins en moins marquées vers les

bouts; elles disparaissent complètement avant d'atteindre le pôle inférieur, dont la coupe transversale est circulaire, mais on les retrouve
jusqu'aux bords de la bouche, dont la coupe transversale est franchement carrée, à angles saillants. On leur donne le nom de *bourrelets
longitudinaux*. Vers le milieu du corps, ou plutôt un peu au dessous,
car la pyramide supérieure est un peu plus grande que l'inférieure,
les arêtes sont même entièrement détachées du
corps sur une très faible hauteur; il y a là 4 orifices, fort petits d'ailleurs, disposés en cercle
et permettant de faire le tour du corps en passant en dedans des arêtes, en sorte que Viguier [90]
à qui l'on doit le travail le plus récent et le plus
complet sur le Tétraptère (¹), le compare à une
sorte d'amphore à quatre anses.

Entre ces quatre *anses*, *arcs-boutants* de Viguier, se trouvent, alternant avec elles, quatre
excavations assez profondes, appelées *niches*
ou *fossettes*. A la partie inférieure de chaque
niche s'insère
une large lame
cutanée mo-
bile qui fait
saillie à la ma-
nière d'une
aile, d'où le
nom donné à
l'animal (fig.
1092 et 1093).
Ces *ailes* sont
donc morpho-
logiquement
ascendantes,
mais n'ou-
blions pas que
c'est juste l'in-

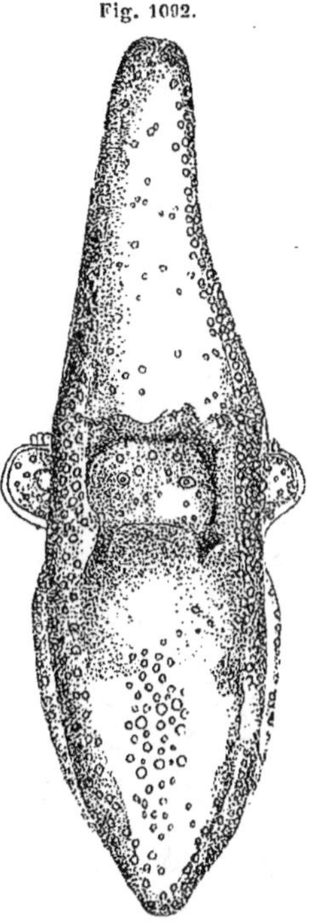

Fig. 1092.

Tetraplatia volitans
vu de face (d'ap. Viguier).

Fig. 1093.

Tetraplatia volitans
vu par le pôle aboral (d'ap. Viguier).

verse dans la position physiologique. Leur bord libre, mince et tendu
dans l'état d'expansion, est comme gaufré dans l'état inverse. Chaque
aile présente, au voisinage de sa base, deux épaississements notables,
symétriques par rapport à son plan vertical médian et formant voussure
à la face externe de l'aile, tandis qu'à la face interne, tournée vers la
bouche et vers l'axe du corps, ils dessinent une concavité. Dans cette
concavité se trouve une vésicule arrondie qui a la signification d'un
statocyste (fig. 1094).

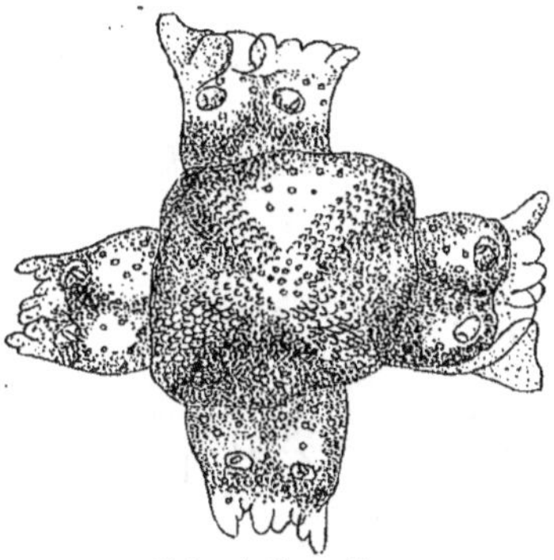

(¹) Nous n'avons pu nous procurer le travail de Bargoni [95].

La disposition géométrique du corps permet de distinguer quatre plans verticaux se coupant le long de l'axe sagittal, savoir : deux *plans diagonaux* perpendiculaires entre eux et passant par les bourrelets longitudinaux, et deux *plans faciaux* (plans verticaux droits, de Viguier), perpendiculaires entre eux, à 45° des diagonaux, passant par les niches et les ailes.

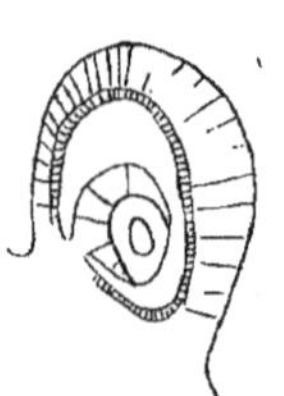

Statocyste de *Tetraplatia volitans* (d'ap. Viguier).

L'intérieur du corps est creux et constitue une vaste *cavité endodermique* (fig. 1094) qui reproduit la forme extérieure, sauf les particularités que nous allons indiquer. *La bouche* est carrée à angles diagonaux ; à l'état de dilatation extrême, elle devient presque ronde ; à l'état de contraction, elle forme une étoile à 4 branches. A la bouche fait suite une sorte de vestibule, *œsophage* ou *pharynx* (fig. 1095, *ct.*, 1096, *œs.*), occupant la plus grande partie de la hauteur de la moitié supérieure du corps et de forme quadrangulaire à angles situés dans les plans faciaux ; puis vient l'*estomac* (fig. 1095 et 1097 à 1101), cruciforme, à branches situées aussi dans les plans faciaux, rem-

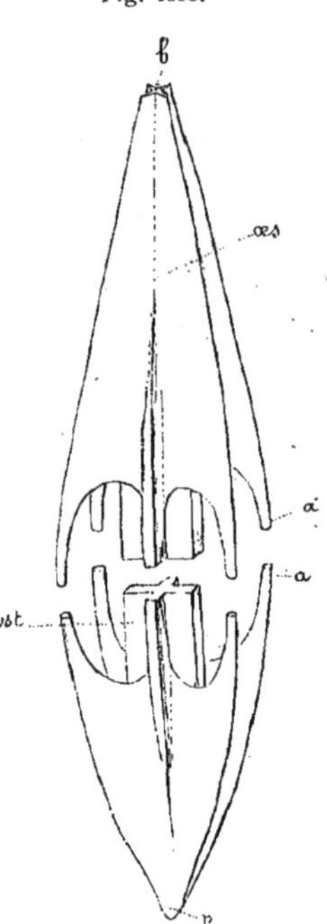

Fig. 1095.

Disposition des cavités endodermiques de *Tetraplatia volitans* (Sch.).

Ce dessin représente non pas l'endoderme, mais l'ensemble des cavités creusées dans l'endoderme. Une coupe transversale a été faite au niveau des anses, pour mettre mieux en évidence la forme et les rapports des différentes cavités.

a., canaux des anses ; **b.**, bouche ; **est.**, estomac ; **œs.**, œsophage ; **p.**, prolongement apical.

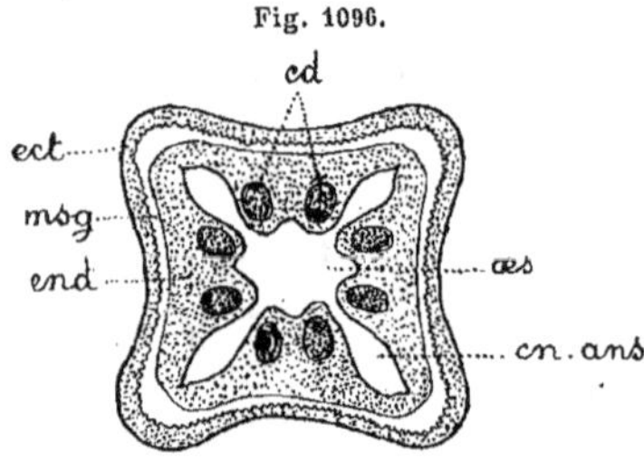

Fig. 1096.

Tetraplatia volitans.
Coupe transversale dans la région œsophagienne (d'ap. Viguier).

cd., branches de bifurcation des cordons dits génitaux ; **cn. ans.**, canaux des anses ; **ect.**, ectoderme ; **end.**, endoderme ; **msg.**, mésoglée ; **œs.**, cavité de l'œsophage.

plissant tout le reste du corps, avec un léger étranglement au niveau de la région des niches et des anses, et se terminant en bas par un petit *prolongement apical*, conique (fig. 1102, *p.*).

Mais ce que nous venons de décrire ne constitue que la partie principale de la cavité gastrique. Les *anses* sont creuses, tubuleuses et contiennent chacune un canal, et ces quatre canaux, en haut et en bas, se continuent dans les arêtes du corps et se prolongent aussi, parallè-lement à l'estomac, jusqu'à une assez grande distance, pour, finale-ment, s'ouvrir dans la cavité gastrique, à leurs deux bouts, non pas brusquement par des orifices nette-ment découpés, mais par autant de gouttières qui se perdent peu à peu dans la paroi gastrique. Il y a donc ainsi, en dehors de la cavité gastrique principale axiale, 4 canaux longitudi-naux qui partent de cette cavité au-dessous de la bouche et y débouchent de nouveau au-dessus du diverticule aboral, après avoir passé dans les arêtes et dans les anses du corps.

Les ailes contiennent un diverti-cule de la paroi gastrique, mais ce diverticule n'est pas creux : c'est une lame pleine, plus épaisse sur les côtés que sur la ligne médiane de l'organe.

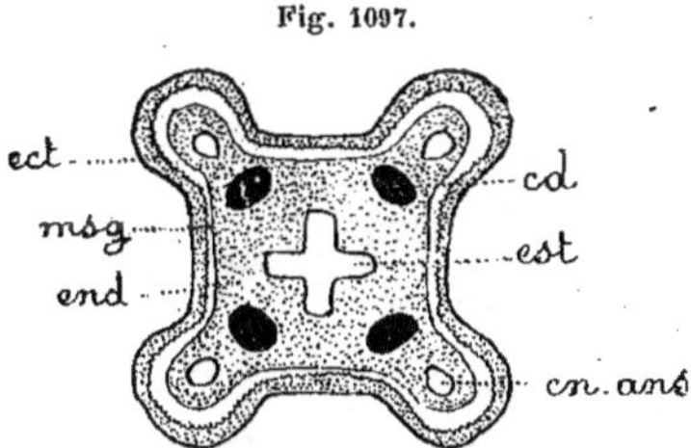

Tetraplatia volitans. Coupe transversale passant par la région supérieure des fossettes (d'ap. Viguier).

cd., cordon dit génital; **cn. ans.,** canal de l'anse; **ect.,** ectoderme; **end.,** endoderme; **est.,** estomac; **msg.,** mésoglée.

La *structure* du corps est fondamentalement celle d'un Cnidaire : on y retrouve les trois couches fondamentales, ectoderme et endo-derme, cellulaires, séparés par une couche mince, anhiste, comparable à la lame mésogléenne des Polypes d'Hydroméduses.

L'*endoderme* commence à la bouche même; il est formé, aussi bien dans la cavité gastrique proprement dite que dans les canaux longitudinaux, de grosses cellules, dont certaines montrent nettement un caractère sécréteur, tandis que d'autres paraissent avoir celui d'élé-ments absorbants. Les cellules de la lame moyenne des ailes semblent avoir subi la dégénérescence notochordale et constituer ainsi une lame élastique ferme, ce qui lui permet d'agir comme ressort antagoniste des mouvements actifs.

L'*ectoderme* est formé d'une seule couche de cellules ciliées, auxquelles sont entremêlés, en quantité variable selon les points, des éléments glandulaires et des nématoblastes. Ces derniers sont de deux sortes et se montrent surtout abon-dants sur les anses et les bourrelets lon-gitudinaux, qui en sont garnis dans toute leur longueur. La question de savoir si les cellules ciliées sont épi-thélio-musculaires, reste douteuse. Claus [78] l'affirme, Viguier le nie.

Fig. 1098.

Tetraplatia volitans. Coupe transversale passant au niveau de l'aisselle des ailes (d'ap. Viguier).

ans., anses; **cd.,** point où les cordons génitaux se rattachant à l'ectoderme; **ect.,** ectoderme; **est.,** estomac; **l.,** lame endodermique; **msg.,** mésoglée; **o.,** orifice entre le corps et les anses; **s.,** aisselle de l'aile.

L'ectoderme forme deux organes qui sont à décrire comme ses dépendances, les *statocystes* et les *cordons génitaux*.

Les *statocystes*, dont nous avons indiqué la position par paires à la face axiale de chaque aile, sont formés chacun par une vésicule épithéliale, dont la paroi est, du côté de l'aile et de l'axe du corps, épaisse et formée de plusieurs couches, tandis qu'elle est mince et unistratifiée du côté opposé. Dans cette vésicule, attachée à sa base adhérente du côté abaxial, est une sphérule cellulaire contenant excentriquement, du côté interne, une concrétion calcaire de structure cristalline et de volume relativement considérable. La forme de cette concrétion est celle d'un ménisque plan-convexe, dont la face plane porte en son centre une grosse saillie hémisphérique. Il y a là une structure passablement différente de celle des organes similaires des autres Cœlentérés, mais suffisamment appropriée aux fonctions qu'on leur attribue.

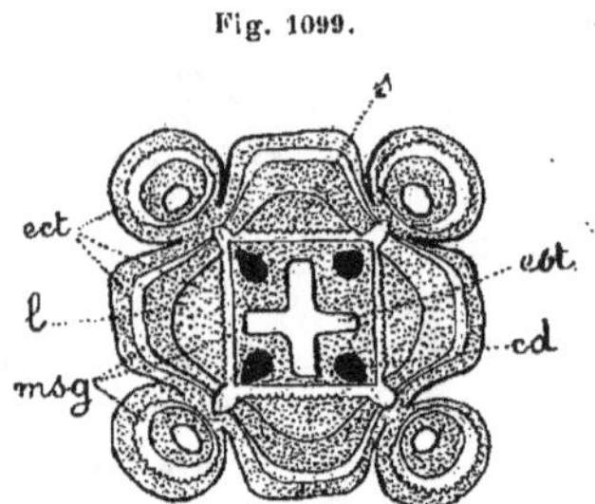

Fig. 1099.

Tetraplatia volitans.
Coupe au niveau de la base des ailes
(d'ap. Viguier).

cd., cordons génitaux; **ect.**, ectoderme; **est.**, estomac; **l.**, lame endodermique de l'aile; **msg.**, mésoglée; **s.**, ectoderme du fond de l'aisselle de l'aile.

Les *cordons génitaux*, ainsi nommés par CLAUS bien qu'ils n'aient rien de nettement génital, sont simplement quatre cordons cellulaires non différenciés qui, partant de l'ectoderme, s'enfoncent dans l'épaisseur de l'endoderme en traversant la lame mésogléenne. Ils se détachent de l'ectoderme du corps, en face des anses, exactement au point où la paroi du corps forme avec le bord axial de l'anse un petit orifice tangentiel. Là, aussi bien d'ailleurs à la face interne de l'anse qu'en face de celle-ci sur la paroi du corps, l'ectoderme s'amincit fortement, et ses cellules deviennent sensiblement plus petites et resteront telles dans toute l'étendue des cordons génitaux. Pour former ces derniers, l'ectoderme envoie deux prolongements, l'un ascendant, l'autre descendant, qui, presque immédiatement, passent en dedans de la lame mésogléenne, et, dans l'épaisseur même de l'endoderme, se divisent en deux branches adjacentes qui continuent la direction primitive, sauf qu'elles divergent légèrement, puis se terminent en pointe obtuse après un court trajet. Avant leur bifurcation, les cordons génitaux sont rigoureusement dans les plans diagonaux et sont placés

Fig. 1100.

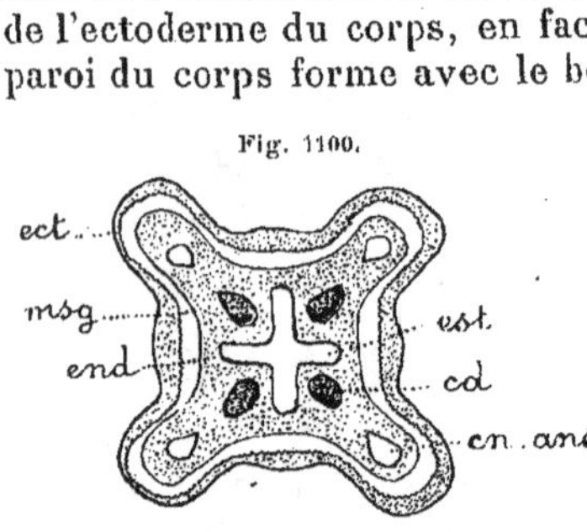

Tetraplatia volitans. Coupe transversale menée au-dessous des ailes
(d'ap. Viguier).

cd., cordons génitaux; **cn. ans.**, canaux des anses; **ect.**, ectoderme; **end.**, endoderme; **est.**, estomac; **msg.**, mésoglée.

dans l'angle que forment les sillons faciaux de l'estomac, dont on se rappelle la forme cruciale sur les coupes transversales, en dedans des canaux gastriques longitudinaux contenus dans les bourrelets longitudinaux. Après s'être bifurqués, ils forment, dans chaque moitié supérieure et inférieure du corps, 8 branches placées dans les angles, entre les plans diagonaux et les plans faciaux, et les canaux gastriques longitudinaux, en se portant en dedans pour se jeter dans la cavité gastrique, passent entre les deux branches de chaque paire. Ces cordons sont pleins et leurs éléments ne diffèrent que par une taille un peu moindre de ceux qui forment l'ectoderme du corps au voisinage du point où ils prennent naissance.

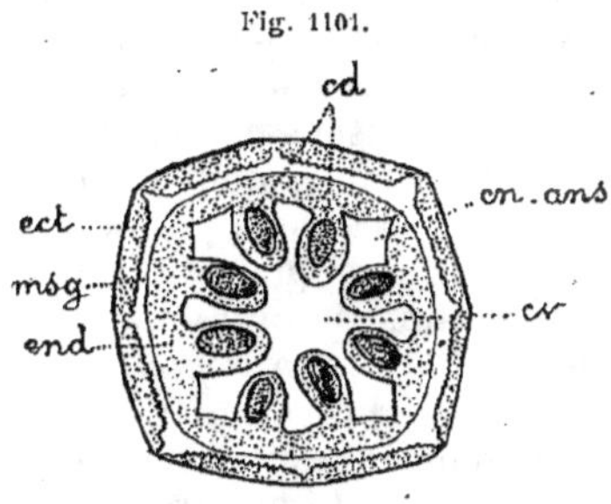

Tetraplatia volitans.
Coupe transversale au-dessous des fossettes (d'ap. Viguier).

cd., branche de bifurcation des cordons génitaux; **cn. ans.,** canaux des anses; **cv**, cavité endodermique; **ect.,** ectoderme; **end.,** endoderme; **msg.,** mésoglée.

La *lame mésogléenne* mérite à peine une description, du moins en ce qui concerne sa disposition générale. Elle se rencontre en effet, partout où deux lames épithéliales sont en contact, pour les séparer. Il y a donc un feuillet principal, parallèle à la surface du corps et à la cavité gastrique, et divers prolongements que nous allons rapidement énumérer. Les canaux gastriques longitudinaux sont accompagnés dans les anses d'une gaine complète qui se jette aux deux extrémités sur le feuillet principal. Les ailes sont pourvues aussi d'une double lame qui pénètre dans leur intérieur, engainant la lame endodermique pleine qui occupe le milieu de leur épaisseur. Enfin, les cordons génitaux sont, eux aussi, entourés d'une très mince lame de mésoglée, qui s'invagine dans l'endoderme à la manière d'un diverticule cœcal, bifurqué comme ces cordons eux-mêmes et se rattachant à la lame principale au point où se fait l'invagination ectodermique qui forme ces cordons. La lame mésogléenne est formée de deux couches, et la couche externe est partout, sauf à la face externe des ailes, creusée de fines cannelures longitudinales qui rappellent tout à fait celles qui, chez divers autres Cœlentérés, servent à étendre sa surface pour augmenter le nombre des fibrilles musculaires qui s'appuient sur la lame mésogléenne. Ici, ces fibres musculaires sont signalées par Claus, mais comme pauvrement développées; elles sont niées par Viguier. Krohn [65] avait décrit des fibres musculaires beaucoup plus développées, mais Claus assure

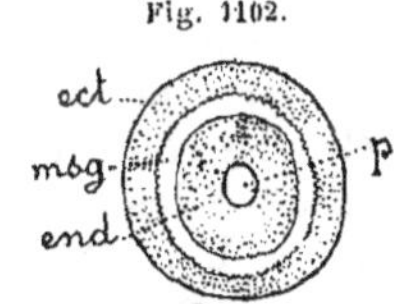

Tetraplatia volitans.
Coupe transversale dans la région apicale (d'ap. Viguier).

ect., ectoderme; **end.,** endoderme; **msg.,** mésoglée; **p.,** prolongement apical de la cavité endodermique.

qu'il a pris pour telles les cannelures de la mésoglée. Cependant, étant données les cannelures de la mésoglée et la haute contractilité de l'animal, il est bien difficile d'admettre avec VIGUIER que cette contractilité soit due aux seuls éléments ectodermiques non différenciés, et il est permis de croire qu'une technique plus précise révélera dans ces cannelures l'existence de fibres semblables à celles des cloisons des Actinies.

La *physiologie* n'est connue qu'en ce qui concerne les mouvements. L'animal peut lentement se déplacer sur le fond par le seul jeu de ses cils ectodermiques; mais il peut aussi ramper énergiquement sur le sol à la manière d'une Planaire, et les déformations et contractions de son corps sont très amples dans ce mouvement. Enfin, il nage vivement en pleine eau au moyen de battements rythmiques de ses quatre ailes. VIGUIER l'a vu donner dans une minute 120 battements qui lui faisaient parcourir 4 centimètres. Quand il se déplace ainsi, c'est toujours le pôle aboral en avant, et l'alimentation ne peut se faire que par les particules poussées dans la cavité gastrique par les cils de l'ectoderme.

Le *développement* est entièrement inconnu; on n'a même jamais trouvé la moindre différenciation génitale dans ses cordons génitaux. Ce fait, joint à la remarque de VIGUIER qu'on rencontre l'animal (d'ailleurs toujours fort rare) dans les pêches pélagiques, non quand le vent souffle du large, mais quand il vient de terre, et en particulier au large des prairies de Zostères, porte à croire qu'il n'est sans doute qu'une larve de quelque forme fixée. En raison de sa délicatesse, les tentatives d'élevage ont toujours échoué.

Les *affinités* resteront indécises jusqu'au jour où l'on connaîtra son développement, et jusque-là on doit le laisser au chapitre des *incertæ sedis* et se borner à quelques brèves remarques.

Sa constitution est évidemment celle d'un Cœlentéré : la cavité gastrique en cul-de-sac, la symétrie radiaire, les nématoblastes ne laissent aucun doute sur ce point. Mais il est non moins évident qu'il diffère hautement de tous les groupes classiques de cet embranchement. L'absence de pharynx ectodermique invaginé et de cloisons gastriques l'éloigne radicalement des Anthozoaires. L'absence de tentacules et la présence des 4 canaux longitudinaux, l'éloigne des Polypes d'Hydroméduses. Rien, malgré l'avis de FEWKES [83], ne permet de le placer dans les Cténaires : l'organe sensitivo-moteur, si caractéristique de ces derniers, ne ressemble ni par la forme, ni par la situation, ni par la structure aux 4 organes sensitifs du Tétraptère. C'est des Méduses et en particulier des Acalèphes qu'il serait le moins difficile de le rapprocher, en assimilant peut-être ses anses à des canaux radiaires qu'une modification secondaire, comparable à celle qui engendre le portique des Rhizostomes, aurait séparés du corps dans une partie de leur trajet. On a aussi tenté d'assimiler les ailes à un velum fragmenté, mais toutes ces assimilations sont sans aucune solidité, et il n'y a vraiment qu'à attendre avant de se prononcer (1 à 5^{mm}; Médit).

LES CŒLENTÉRÉS

CONSIDÉRÉS DANS LEUR ENSEMBLE

Grâce à la séparation des Spongiaires dans un embranchement différent, les Cœlentérés se trouvent avoir un ensemble de caractères communs qui en font un des groupes les mieux définis du Règne animal. Indiquer ces caractères, en suivant à grands traits leurs variations à travers les divisions principales de l'embranchement, tel sera le but de ce chapitre.

Cœlome et mésoderme. — Au stade gastrulaire, chez tous les êtres, y compris les Cœlentérés, quel qu'ait été le mode de formation de la gastrula, la larve possède deux cavités, le *gastrocœle* ou *cavité gastrique* et le *blastocœle* ou *cavité de segmentation*. Chez les Métazoaires supérieurs aux Cœlentérés, une troisième cavité se forme, le *cœlome* : tantôt des refoulements de la paroi gastrique, constituant le *mésoderme*, s'enfoncent dans le blastocœle et se substituent à cette cavité (qui devient presque virtuelle et formera chez l'adulte l'*hæmocœle*) un *cœlome entérocœlien* dépendant du gastrocœle, mais qui bientôt se sépare entièrement de lui ; tantôt le mésoderme apparaît entre les deux feuillets principaux sous la forme d'éléments qui peu à peu comblent le blastocœle (destiné à devenir l'hæmocœle, comme dans le cas précédent) et une cavité nouvelle, un *cœlome schizocœlien*, se creuse dans la masse mésodermique. Ici il n'en est plus de même. Chez les Cnidaires, il n'y a pas de mésoderme : une substance anhiste, la mésoglée, sécrétée entre les deux feuillets principaux, comble complètement le blastocœle, qui d'ailleurs n'était dès le début que virtuel, et cette cavité disparaît définitivement. Chez les Cténaires les mêmes phénomènes se reproduisent ; il y a bien un mésoderme, si l'on veut (¹), mais il reste ou bien très localisé et massif (dans les tentacules), ou bien se désagrège en éléments qui se répandent dans la mésoglée où ils jouent le même rôle que ceux qui, chez les Cnidaires,

---

(¹) Sur l'interprétation de ce mésoderme, voir p. 762, 763.

y émigrent plus tardivement. Ainsi le cœlome est absent et l'animal ne possède qu'une seule cavité, le gastrocœle, qui forme la cavité gastrique et ses dépendances (¹).

Cavité gastrique. — Tous les Cœlentérés sont dépourvus d'anus ; leur cavité gastrique est en cul-de-sac, et ils rejettent par la bouche les résidus indigestes. La présence d'un *pore pédieux* chez quelques Actinies (Cérianthes et autres) et les *pores excréteurs* chez les Cténaires n'infirment point ce caractère, car ces orifices ne servent pas à l'évacuation des résidus indigestes et ne sont pas un vrai anus. Chez tous à peu près, la *digestion intracellulaire* a été constatée.

La cavité gastrique s'ouvre au dehors par une bouche toujours axiale, terminale, tantôt située à l'union de l'endoderme et de l'ectoderme (Hydrozoaires), tantôt prolongée en un *stomodæum* invaginé (Scyphozoaires et Cténaires), qui cependant, chez les Acalèphes, ne se présente que chez le premier individu provenant de la segmentation de la larve Scyphostome et non chez les suivants, beaucoup plus nombreux. — Dans les *formes polypoïdes*, la cavité gastrique est simple chez les Hydrozoaires, cloisonnée chez les Scyphozoaires Anthozoaires par des replis radiaires formés par l'endoderme et la mésoglée, et remarquables par la présence de l'*entéroïde* au bord libre et du *muscle unilatéral* sur une de leurs faces ; ces cloisons sont équidistantes chez les Octanthides et déterminent autant de *loges* uniformes ; elles sont disposées chez les Actinanthides par *couples*, comprenant à leur intérieur une loge, et séparées les unes des autres par des *interloges*. Dans les *formes médusoïdes*, la cavité gastrique n'est libre que dans sa partie axiale ; elle est en partie oblitérée dans sa partie périphérique qui ne laisse libre que des espaces de forme variée : *canaux radiaires* et *sinus circulaires* des Craspédotes, *poches gastriques* et canaux ramifiés des Acraspèdes, avec les *tænioles* et *columelles*. Rappelons les *filaments gastriques* comme caractère distinctif de ces derniers. Chez les Cténaires enfin, dont on ne peut assurer s'ils se rattachent à la forme polypoïde ou à la médusoïde, la cavité gastrique se prolonge en un système compliqué de canaux occupant l'épaisse mésoglée qui forme presque toute la masse du corps.

Nématoblastes et colloblastes. — L'ectoderme présente chez tous les Cœlentérés une différenciation très caractéristique de certains éléments : chez les Cnidaires, les *nématoblastes*, chez les Cténaires, les *colloblastes* ;

(¹) Récemment, SAINT-GARDINER [1900] a émis une intéressante hypothèse relative à l'interprétation des feuillets chez les Anthozoaires. Pour lui, le stomodæum et les entéroïdes représenteraient les parois de la cavité digestive (et par conséquent, bien qu'il ne dise pas le mot, l'endoderme), et le feuillet tapissant les cavités des loges et interloges serait un mésoderme, ainsi que le montre son aptitude à former des muscles (et par conséquent, bien qu'il ne le dise pas expressément, les cavités tapissées par le prétendu mésoderme seraient un vaste entérocœle formé de saccules disposés antimériquement). Dès lors les Anthozoaires seraient des Métazoaires triplobastiques, entérocœliens. Cela est très ingénieux ; mais que sont alors les prolongements de la cavité digestive axiale chez les Cténaires et chez les Hydrozoaires, Méduses et formes polypoïdes coloniales ?

et il suffit de les rappeler ici sans revenir sur leur description ou leur comparaison (Voir p. 6, 719 et 763). On peut les comparer aux *trichocystes* que l'on rencontre chez beaucoup d'Infusoires et chez certains Vers, mais ce sont des éléments incomparablement plus perfectionnés.

Cellules épithélio-musculaires et musculature. — Chez beaucoup de Polypes Hydrozoaires, l'élément musculaire est représenté par un prolongement contractile du pied de la cellule épithéliale et forme avec celle-ci un élément très caractéristique. Mais ce caractère est loin d'être général et l'élément musculaire a une tendance accentuée à se séparer de l'élément épithélial auquel il doit son origine. Déjà chez beaucoup d'Hydraires (*Tubularia*) la séparation est effectuée ; chez les Actinies, les fibres du sphincter sont non seulement séparées, mais éloignées de l'épithélium ; enfin chez les Cténaires, la séparation est complète dès les stades jeunes de l'embryogénie, puisque la plupart des éléments musculaires proviennent du mésoderme.

Symétries radiaire et bilatérale. — La symétrie radiaire est un des faits les plus caractéristiques des Cœlentérés : elle ne fait jamais défaut, et elle n'est que rarement et faiblement altérée par un commencement de symétrie bilatérale.

Chez les Hydraires, chez les Méduses Craspédotes et Acalèphes, la symétrie radiaire est à peu près parfaite. On ne peut vraiment considérer comme établissant une symétrie bilatérale la réduction des tentacules à deux ou à un dans quelques cas exceptionnels ; géométriquement, cela établit cette symétrie, mais non morphologiquement. Chez les Anthozoaires, l'allongement de la bouche et l'aplatissement du stomodæum déterminent un plan de symétrie qui permet de distinguer, *conventionnellement* l'avant ou l'arrière de la droite ou de la gauche. Quelquefois même, lorsque par exemple il n'y a qu'un siphonoglyphe ou qu'une cloison directrice, on pourrait distinguer l'avant de l'arrière et la droite de la gauche, mais cela serait purement géométrique et conventionnel. En outre, l'altération de la symétrie radiaire n'intéresse à peu près point la physiologie de l'animal ([1]). Cela est si vrai que les Cténaires, dont la symétrie bilatérale est bien plus nettement accusée que celle des Actinies, grâce à leurs tentacules, n'en sont pas moins de purs radiaires dans leur locomotion, car ils nagent sans aucune préoccupation de leurs plans buccal et tentaculaire. C'est seulement chez le *Ctenoplana*, qui n'est déjà presque plus un Cœlentéré, que l'on voit se dessiner un mode de locomotion d'être bilatéral, et cela seulement quand l'animal rampe à la façon d'une Planaire.

Tentacules. — Dans certains autres groupes, en particulier chez les

---

([1]) Lorsque la bouche est fermée, l'eau circule entre l'estomac et le dehors par les siphonoglyphes ; elle peut entrer par l'un et sortir par l'autre, ou entrer par le siphonoglyphe unique. Mais ce sont là des points bien insignifiants. Une Actinie ne se déplace pas dans un sens déterminé et n'établit aucune différence fonctionnelle entre ses tentacules.

Vermidiens, on trouve des tentacules. Ces organes n'en sont pas moins caractéristiques à un certain degré des Cœlentérés par leur généralité et leur importance dans l'anatomie et la physiologie de ces êtres. Ils ne sont guère absents, en dehors de quelques formes exceptionnelles, que chez les Acalèphes Rhizostomidés et les Cténaires : il s'agit ici des tentacules péribuccaux dont ceux des Cténaires sont profondément différents. Normalement les tentacules sont creux et contiennent un diverticule de la cavité gastrique; mais souvent leur revêtement endodermique se transforme en un axe plein, chordoïde. Chez la plupart des Actinies (exception pour les Stichodactylines) et des Méduses (exception pour celles à tentacules très nombreux et groupés en faisceaux), les tentacules comptent les antimères. Chez les Polypes Hydrozoaires, ils sont beaucoup moins réguliers et sont distribués souvent presque au hasard et sur tout le corps. Partout ils sont un lieu d'élection pour les cils vibratiles, les cellules sensitives et les nématoblastes.

Appareil circulatoire. Organes excréteurs. — L'absence d'organes spéciaux pour ces deux fonctions est aussi un caractère très remarquable des Cœlentérés. La cavité gastrique se prolonge chez les formes médusoïdes et chez les formes coloniales des Siphonophores et des Anthozoaires en canaux qui ont bien l'aspect et la disposition de vaisseaux; mais si, morphologiquement, ou peut-être phylogénétiquement, on peut chercher à établir une comparaison entre eux et l'appareil circulatoire des Métazoaires supérieurs, anatomiquement ce n'est point un appareil circulatoire, car il lui manque les deux caractères essentiels d'un tel appareil : il n'est point séparé de la cavité gastrique, et les liquides qui s'y meuvent n'y parcourent pas une trajectoire fermée.

En ce qui concerne les organes excréteurs, on peut dire qu'ils sont absents : il n'y a point d'*organes segmentaires* ou *néphridiens*, point de *rein d'accumulation*. L'excrétion semble se faire par les éléments de la cavité gastrique, sans différenciation accentuée pour cette fonction. Les *canaux excréteurs* des Cténaires avec leurs ampoules, les *pores excréteurs* signalés sur le trajet du canal circulaire de certaines Méduses, les Cystozoïdes des Siphonophores sont peut-être des organes excréteurs spéciaux mais leur physiologie est encore très obscure.

Système nerveux. Sens. — Chez bon nombre de Cœlentérés à forme polypoïde, le système nerveux consiste essentiellement en un réseau de fibres entremêlées de cellules glanglionnaires, situé dans la couche profonde de l'ectoderme. Cette condition très simple semble pouvoir être considérée comme primitive. Mais il s'en faut de beaucoup qu'elle soit générale. Elle est réalisée chez les Polypes Hydrozoaires, chez certaines Actinies inférieures et très probablement chez les Cténaires. Mais chez les Actinies supérieures, le réseau disparaît sur la colonne, et chez les Méduses il disparaît sur presque toute la surface du corps. — Le fait que le réseau est d'ordinaire plus riche, plus dense autour de la bouche, semble indiquer un acheminement vers un anneau périœsophagien;

mais ce dernier n'est point réalisé, et l'on ne trouve pas non plus de cordon ventral ou de cordons méridiens disposés dans les antimères, en sorte que la distinction est très nette entre ce système et celui des Vers et des Échinodermes. Le double anneau nerveux des Méduses Craspédotes ne semble pas devoir être considéré comme un anneau circumbuccal; il semble plutôt être dû à une concordance avec la disposition des muscles et des organes sensitifs; les amas nerveux annexés aux rhopalies chez les Acalèphes rappelleraient davantage une disposition antimérique.

En ce qui concerne les sens, les organes visuels et tactiles ne présentent rien de bien spécial, mais les *statocystes* sont tout à fait remarquables par leur généralité, leur multiplicité et leur diversité de structure chez toutes les formes libres. Chez les Cténaires ils arrivent à un degré de complexité et de perfection inconnu chez tous les autres animaux. Le fait qu'ils manquent chez les formes fixées vient encore confirmer l'idée, déjà établie expérimentalement, qu'ils servent à l'équilibration bien plus qu'à l'audition.

Gonades. — La situation et la conformation de ces organes ne sont point très pathognomoniques chez les Cœlentérés, en ce sens qu'on retrouve dans d'autres embranchements des caractères semblables. La séparation presque constante des sexes est à remarquer chez ces êtres inférieurs. Rappelons l'absence de conduits excréteurs (sauf chez le seul *Ctenoplana*) et la situation inverse des masses germinales sous l'ectoderme chez les Hydrozoaires, sous l'endoderme chez les Scyphozoaires et les Cténaires, tout en notant bien que ce voisinage n'implique pas du tout une origine commune; car chez les Hydraires les produits sexuels tirent leur première origine, tantôt de l'un, tantôt de l'autre feuillet.

Squelette. — La mésoglée devient, chez divers Méduses et Siphonophores, assez ferme pour constituer physiologiquement une sorte de squelette interne; mais il existe souvent un vrai squelette surajouté. Tantôt c'est un simple revêtement externe, chitineux (périthèque des Calyptoblastes) ou calcaire (épithèque des Polypiers); tantôt c'est un ensemble de spicules isolés (Alcyon) ou soudés en un système continu (Tubipore, Corail), logés dans la mésoglée loin sous l'ectoderme, bien qu'ils en proviennent embryogéniquement, étant formés dans des cellules émigrées dans la mésoglée (¹); tantôt enfin et plus souvent, c'est un squelette d'apparence interne, mais morphologiquement externe, formé par l'ectoderme et restant toujours en rapport avec ce feuillet qu'il refoule en se développant (Gorgones, Polypiers). Ce squelette joue un rôle capital dans la formation des colonies, et seul il rend possible la formation des colonies dressées de grande taille. Rappelons leur rôle dans la constitution des récifs coralliens.

(¹) Bien qu'appartenant à la mésoglée, ils peuvent, en faisant saillie au dehors par leur pointe, former un revêtement physiologiquement externe, commun chez les Alcyonnaires cuirassés (*Spongodes, Nephthya*).

Bourgeonnement. Colonies. — L'aptitude au bourgeonnement est très générale chez les Cœlentérés. Font exception : les Cténaires, quelques rares Polypes Hydrozoaires et Alcyonidés, la plupart des Hexactinidés, un certain nombre de Polypiers, toutes les Méduses Acalèphes et la très grande majorité des Craspédotes. Quelques formes rares (*Hydra*) bourgeonnent sans former de colonies, les bourgeons se détachant au fur et à mesure de leur naissance ou au bout de peu de temps. Presque toujours le bourgeonnement donne naissance à des colonies de formes extraordinairement variées. Il suffit pour évoquer l'idée de cette variété de rappeler une Plumulaire, un Corail, une Pennatule, une Oculine, une Méandrine, un Zoanthe, un Siphonophore. — Au contraire, les processus anatomiques et histologiques du développement sont presque toujours très simples et très uniformes : les bourgeons à *nodule médusaire* seuls présentent un caractère un peu particulier.

Scissiparité. — Ce mode de multiplication est aussi passablement répandu, bien moins toutefois que le précédent. Il contribue à la formation de colonies, mais se rencontre aussi chez des formes simples telles que les Actinies.

Polymorphisme. — Deux sortes bien différentes de polymorphisme se rencontrent chez les Cœlentérés. Ce sont celles qui ont été définies par l'un de nous [1] sous les épithètes de métagénique et ergatogénique.

Le *polymorphisme métagénique* est celui dans lequel le cycle évolutif comprend deux formes très différentes l'une de l'autre, l'une larvaire, non sexuée qui, ici, se multiplie indéfiniment par bourgeonnement, et qui bourgeonne une forme adulte sexuée laquelle reproduit la première sexuellement. Ce polymorphisme est caractéristique chez un grand nombre d'Hydrozoaires ; les deux formes sont l'Hydraire et la Méduse. Mais il n'est pas général, certains Hydraires se reproduisant sexuellement sans Méduses (*Hydra*) [2] et nombre de Méduses se reproduisant sans former d'Hydraire (Trachoméduses et Narcoméduses).

Le *polymorphisme ergatogénique* est celui dans lequel la différence des individus est en rapport non avec l'alternance de génération mais avec la division du travail. Les Siphonophores en sont l'exemple le plus célèbre et le plus magnifique qui existe dans le Règne animal. Il peut chez eux se combiner avec le polymorphisme précédent, représenté par les Méduses sexuées qui se détachent de la colonie pour la reproduire et par les colonies secondaires qui se détachent de la principale pour le même but (Eudoxies et Ersées).

Un polymorphisme analogue mais moins accentué se rencontre chez d'autres Cœlentérés. Chez les Hydraires, citons les *Zoïdes spiraux* des Hydractinies, les *Nématophores* des Plumulaires, les *Dactylozoïdes* des

----

[1] Chez un bien plus grand nombre, la métagenèse disparaît, secondairement sans doute, par suite de la réduction de la Méduse à un organe médusomorphe fixe, gonophore ou sporosac.

[2] Y. DELAGE, dans *Année biologique*, vol. III, 1897.

Millépores, les *Siphonozoïdes* de beaucoup d'Octanthides, en particulier les *Pennatulidés*, les *Gonozoïdes* des Schizopathines, etc.

Rôle dans la nature. — Les Cœlentérés sont, parmi les Métazoaires, les moins hautement organisés. Pris dans leur ensemble, ils sont considérablement moins compliqués et perfectionnés que les Échinodermes et même que les Vers; et cependant on est émerveillé de voir ce que les forces évolutives aux prises avec l'ambiance ont pu faire d'un simple sac à double paroi entouré d'une couronne de tentacules. Avec un bien petit nombre d'éléments de diversification (variation de la forme générale; variation du nombre, de la situation et de la forme des tentacules; variation dans l'abondance et de la répartition de la mésoglée; sécrétion d'un squelette; formation de colonies; établissement du polymorphisme ergatogénique), la petite gastrule tentaculée devient Hydraire, Méduse, Siphonophore, Corail, Pennatule, Actinie, Polypier, Cydippe, Beroe, etc., etc.

On a tenté de retrouver dans les formes non différenciées des Cœlentérés la souche phylétique des embranchements supérieurs. Nous avons exposé quelques-uns de ces essais dans les volumes V, p. 179 et VIII, p. 317 de ce Traité. Nous ne croyons pas devoir développer ici ce sujet, où l'hypothèse gratuite ou insuffisamment fondée a une trop large part.

Au point de vue utilitaire, les Cœlentérés sont sans intérêt pour l'homme : aucun ne lui fournit un aliment sérieux, aucun n'est nuisible, soit par lui-même, soit en s'attaquant aux êtres protégés par lui. Mais d'une manière indirecte leur intérêt devient très grand, en tant que constructeurs de ces étonnants récifs coralliens qui peuplent d'îles les mers équatoriales, étendent vers le large les îles et les continents des mêmes régions, offrant à la végétation de nouvelles surfaces, à l'homme de nouvelles terres, aux navigateurs de nouveaux périls.

Tableaux synoptiques de la classification des Cœlentérés.

Rappelons pour l'intelligence de ces tableaux que :

La désinence :	*ia*	indique les classes;
—	*iæ*	— — sous-classes;
—	*ida*	— — ordres;
—	*idæ*	— — sous-ordres;
—	*ina*	— — tribus;
—	*inæ*	— — familles;
—	*ea, cæ,* etc.	— — groupes hors cadre.

Les nombres entre parenthèses renvoient aux pages où il est question des groupes correspondants.

1er SOUS-EMBRANCHEMENT. — *CNIDAREA.*

Des nématoblastes ; pas de palettes ni de statocyste aboral, ni de mésoderme ; sexes presque toujours séparés (2).

1re CLASSE — *HYDROZOARIA.*

Bouche saillante, sans stomodæum ; cavité gastrique sans cloisons ; gonades sous l'ectoderme (19).

1. *HYDROPHORIÆ.* Formes soit fixées, simples ou coloniales ; soit libres, pélagiques, simples ou formant par bourgeonnement des groupes transitoires d'individus plus ou moins semblables, et ne formant pas, par conséquent, de colonies permanentes à membres très polymorphes (23)

1. *HYDRIDA.* Polypoïdes pendant toute leur évolution ; fixés, ne formant pas de colonies permanentes (23). . . . .
> Hydra. Microhydra. Protohydra. Halereinita. (Polypodium.)

2. *LEPTOLIDA.* État larvaire polypoïde, simple ou colonial. Adulte : Méduse parfaite (Craspédote) ou réduite à un organe médusiforme plus ou moins régressé (38)

1. *GYMNOBLASTIDÆ.* Forme polypoïde : Hydraire nu, sans périderme détaché du corps. Adulte : Méduse parfaite (Anthoméduse) ocellate ayant 4 à 8 canaux radiaires et les gonades sur le manubrium ; ou organe médusiforme nu (52). . . . .
> Hippocrene. Dicoryne. Garveia. Eudendrium. Dysmorphosa. Hydractinia. Clavatella. Cladonema. Pteronema. Nemopsis. Tubularia. Turritopsis. Stomotoca. Turris. Clava. Cordylophora. Corymorpha. Monocaulus. Pennaria. Cladocoryne. Syncoryne. Coryne. Tiarella. Myriothela. Willia. Monobrachium.

2. *CALYPTOBLASTIDÆ.* Forme polypoïde : Hydraire muni d'un périderme formant hydrothèque autour des hydranthes. Forme adulte : Méduse parfaite (Leptoméduse) ocellate ou vésiculate, à canaux radiaires nombreux, à gonades sur les canaux ; ou organe médusiforme contenu dans une gonothèque (108). . . . . . .
> Sertularia. Grammaria. Idia. Plumularia. Aglaophenia. Halecium. Perisiphonia. Hydrella. Salacia. Campanularia. Clathrozoon. Obelia. Clytia. Eutima. Irene. Æquorea. Thaumantias. Melicertum. Orchistoma. Berenice. Polyorchis.

3. *HYDROCORALLIDÆ.* Forme polypoïde : Hydraire à périderme très abondant, massif, calcaire, empâtant les hydranthes. Forme adulte : Méduse libre plus ou moins réduite (145). . . . .
> Millepora. Sporadopora. Stylaster.

3. *RHABDOPHORIDA.* Formes très spéciales, coloniales, toutes fossiles (163).

1. *GRAPTOLINA.* Un canal axial distinct pour chaque hydrothèque (164) . . . .
> Monograptus. Diplograptus. Didymograptus.

2. *RETIOLINA.* Un seul canal axial pour 2 rangées d'hydrothèques (173) . . . .
> Retiolites.

3. *DENDROINA.* Pas de virgula ; des nématophores et des individus blastogènes particuliers (175)
> Dictyonema.

4. *TRACHYLIDA.* Méduses libres se reproduisant sans l'intermédiaire d'une forme polypoïde (177).

1. *TRACHOMEDUSIDÆ.* Bord ombrellaire entier ; les tentacules marginaux ; canaux radiaires 4 à 8, contenant les gonades (182) . . . .
> Petasus. Trachynema. Homœonema. Pectyllis. Aglaura. Liriope. Geryonia.

2. *NARCOMEDUSIDÆ.* Bord ombrellaire lobé ; les tentacules séparés du bord ombrellaire par des péronies ; canaux radiaires 8 à 32 ; gonades gastriques (192) . . . .
> Cunina. Pegantha. Ægina. Solmaris. (Limnocodium). (Limnocnida).

2. SIPHONOPHORIÆ. Colonies libres, pélagiques, formées d'individus très polymorphes (210).

1. PHYSOPHORIDA. Un flotteur monothalame; sauf rare exception, cloches natatoires, boucliers et autres éléments des cormidies normales présents; gonozoïdes ♂ et ♀ donnant des Médusoïdes fixes (230).

- **1. PHYSONECTIDÆ.** Flotteur normal avec l'entonnoir au-dessus du réservoir et fermé en bas (230). . . . . . .
  - **1. SIPHOSTELINA.** Formes à caractères larvaires (ou larves?) formées d'un seul gastrozoïde dont le pédoncule court donne insertion aux autres membres de la colonie (230). . . . . — *Circalia. Athoria.*
  - **2. MACROSTELINA.** Stolon du siphosome, au moins égal en longueur à celui du nectosome (233) . . . . — *Stephanomia. Anthemodes. Cupulita. Lychnagalma. Apolemia. Dicymba. Forskalia.*
  - **3. BRACHYSTELINA.** Stolon du siphosome raccourci en une grosse vésicule autour de laquelle les éléments du siphosome sont rangés en cercle (236) . . . . — *Nectalia. Physophora. Anthophysa.*
- **2. AURONECTIDÆ.** Flotteur très grand et à constitution toute particulière, formé d'un grand sac aérifère auquel est annexé un aurophore par lequel il communique avec le dehors (240) . . . . — *Rhodalia. Stephalia.*

2. CYSTONECTIDA. Un flotteur monothalame très grand; ni cloches natatoires ni boucliers; gonozoïdes ♂ donnant des Médusoïdes fixes; gonozoïdes ♀ donnant des Médusoïdes libres (244).

- **1. RHISOPHYSINA.** Cormidies étagées le long d'une longue tige (245) . . . . — *Rhizophysa. Pterophysa. Bathyphysa. Salacetta.*
- **2. PHYSALINA.** Cormidies sans tiges distinctes, insérées sous la face ventrale du flotteur (248) — *Physalia. Epibulia.*

3. CHONDROPHORIDA. Un flotteur très grand, polythalame; ni cloches natatoires ni boucliers, ni filaments pêcheurs; stolon extrêmement court; gonozoïdes ♂ et ♀ donnant des Médusoïdes libres (253). — *Discalia. Porpita. Velella.*

4. CALYCOPHORIDA. Pas de flotteur: des cloches natatoires très grandes, des boucliers et des gastrozoïdes à filaments pêcheurs, mais pas de cystozoïdes; gonozoïdes ♂ et ♀ donnant des Médusoïdes fixes (264).

- **1. POLYPHYIDÆ.** Cloches natatoires nombreuses soumises à une rénovation continue par des cloches de remplacement (270) . . . . — *Desmophyes. Polyphyes. Stephanophyes.*
- **2. DIPHYIDÆ.** N'ayant à la fois que deux cloches développées, soumises à une rénovation continue par des cloches de remplacement (274). . . . .
  - **1. PRAYINA.** Cloches adultes juxtaposées, opposées; cormidies restant fixées à la colonie (274) . . . . — *Praya. Liliopsis.*
  - **2. DIPHYINA.** Cloches adultes superposées; cormidies devenant libres sous la forme d'Eudoxies ou d'Ersées (276) . . . . — *Diphyes. Abyla.*
  - **3. AMPHICARYONINA.** Cloches adultes superposées, la supérieure remplacée par un pseudo-bouclier (281) . . . . . . — *Mitrophyes. Amphicarion.*
- **3. MONOPHYIDÆ.** N'ayant qu'une cloche développée, sans rénovation par des cloches de remplacement (282) . . . . .
  - **1. SPHÆRONECTINA.** Cloche sans arêtes vives, dérivant de la cloche prim. non caduque (282). — *Sphæronectes. Monophyes.*
  - **2. CYMBONECTINA.** Cloche anguleuse à arêtes vives, ayant succédé à une cloche primaire caduque (284) . . . . — *Cucubalus. Cymbonectes.*

2ᵉ SOUS-CLASSE. — SCHYPHOZOARIA.

Un stomodæum ectodermique; cavité gastrique pourvue de cloisons; gonades sous l'ectoderme.

1. ACRASPEDIÆ. Larve polypoïde; adulte médusoïde (295).

1. PHRAGMIDA. Caractères du sous-ordre (316).

- **CHARYBDEIDÆ.** Forme cubique; lèvres courtes; tænioles nulles: septums très longs séparant complètement les 4 chambres radiaires: saccules nuls ou très réduits (313). . . . . . — *Charybdea. Chirodropus. Tripedalia.*

2. TÆNIOLIDA. Forme conique; lèvres courtes; tænioles et columelles persistantes; septums petits; saccules ordinairement très larges et très profonds (318).

- **1. LUCERNARIDÆ.** Fixées par un pédoncule aboral; tentacules groupés en bouquets; rhopalies nulles ou remplacées par des organes adhésifs; septums très longs (319) . . . . — *Haliclystus. Lucernaria. Halicyathus. Capria.*
- **2. TESSERIDÆ.** Fixées ou libres; pas de rhopalies; saccules petits ou nuls; septums réduits à 4 points d'attache (325) . . . . — *Depastrella. Tessera.*
- **3. PERIPHYLLIDÆ.** Libres; rhopalies normales; un sillon exombrellaire et des pédales; saccules très larges et très profonds; septums réduits à 4 points d'attache (327) . . . . — *Periphylla. Pericrypta.*

3. DISCOSTYLIDA. (Caractères du sous-ordre (336)). . . . .

- **EPHYROPSIDÆ.** Forme lenticulaire; lèvres courtes; un sillon exombrellaire et des pédales; pas de tænioles ni de septums; des columelles; saccules petits et peu profonds (336) . . . . — *Ephyropsis. Nausithoe. Atolla. Linerges.*

4. CHEILIDA. Forme lenticulaire; lèvres dévelop. en 4 grands bras buccaux; ni tæn. ni colum.; saccules peu profonds; portion périphérique de la cavité endodermique divisée en un système de canaux ramifiés (343).

- **1. SEMOSTOMIDÆ.** Des tentacules marginaux; lèvres en gouttière ouverte; bouche librement ouverte (344) . . . . — *Pelagia. Chrysaora. Cyanea. Floscula. Aurelia.*
- **2. RHIZOSTOMIDÆ.** Pas de tentacules marginaux; lèvres soudées ainsi que la bouche, qui est remplacée par des ostioles disposées tout le long des sutures labiales et buccales (352). . . . . . .
  - **1. TETRADEMNINA.** Saccules indépendants (359). . . . . — *Archirhiza. Lichnorhiza. Cassiopea. Stomolophus. Rhizostoma.*
  - **2. MONODEMNINA,** Saccules fusionnés en une cavité unique interposée à la sous-ombrelle et au disque buccal (363). . . . . — *Pseudorhiza. Haplorhiza. Versura. Crambessa. Leonura.*

2. ANTHOZOARIE. Restant polypoïde pendant toute la durée du cycle évolutif (369).

1. OCTANTHIDA. Tentacules pinnés, invariablement au nombre de 8, ainsi que les cloisons, qui sont équidistantes, non disposées par couples (371).

1. ALCYONIDÆ. Individus solitaires ou colonies fixées sans endosquelette ; souvent un mésosquelette, parfois continu (382).

Halmea. Hartea. Monoxenia. Cornularia. Clavularia. Stereosoma. Hicksonia. Tulipora. Favosites. Siryngspora. — *Halysiltes. Heliopora. Monticulipora. Clœtetes. Spongodes. Alcyonium. Solenocaulon. Suberogorgia. Melitodes. Corallium.*

2. GORGONIDÆ. Colonies fixées, supportées par un endosquelette dendriforme (416).

Gorgonia. Hymenogorgia. Muricea. Plexaura. Eunicea. Strophogorgia. Dasigorgia. Primnoa. Isis. Isidella. Mopsea. Gorgonella.

3. PENNATULIDÆ. Colonies non fixées, simplement fichées dans le sol ; à Polypes polymorphes, distribués régulièrement sur un rachis terminal porté par un pédoncule dépourvu de Polypes (429).

- **1. FRONDINA.** Rachis étalé en fronde réniforme (438) . . . *Renilla.*
- **2. UMBELLINA.** Rachis très court, portant les Polypes groupés en une ombelle terminale (442) . . . *Umbellula.*
- **3. JUNCINA.** Rachis styliforme comme un jonc ou claviforme, portant les Polypes directement insérés sur lui (445) . . . *Veretillum. Kophobelemnon. Protoptilum. Anthoptilum. Funiculina.*
- **4. PENNINA.** Rachis allongé, portant 2 séries alternes se prolongeant en barbes de plumes qui portent les Polypes (450) . . . *Virgularia. Stylatula. Pennatula. Pteroeides.*
- **5. ACAULINA.** Pas de pédoncule ; rachis directement en rapport avec le sol (457) . . . *Goendul.*

2. ACTINANTHIDA. Tentacules non pinnés, au nombre de 6 ou d'un multiple de 6, ainsi que les cloisons, sauf chez les *Tetracorallidæ* qui sont tétramères (458).

1. HEXACTINIDÆ. Cloisons disposées par couples ; accroissement en largeur se faisant suivant des bandes méridiennes multiples et équidistantes, correspondant aux interloges et normalement en même nombre que celles-ci. Pas de squelette calcaire (549).

- **1. EDWARDSINA.** 1er cycle de cloisons incomplet sous le rapport, soit du nombre, soit de la taille de ses éléments avec ou sans un second cycle également incomplet (490). . . *Edwardsia. Gonactinia. Oractis. Protanthea.*
- **2. HALCAMPINA.** 1er cycle complet et régulier ; 2e cycle plus ou moins incomplet (496). . . *Halcampa. Halcampactis. Peachia. Scytophorus. Gyractis.*
- **3. ACTININA.** Les deux premiers cycles réguliers et complets, avec un nombre variable d'autres cycles complets et réguliers également. Un seul tentacule pour chaque loge ou interloge (501). . . *Ilyanthus. Mesacmea. Actinia. Bolocera. Antheomorphe. Ptychodactis. Bunodes. Tealia. Phyllactis. Alicia. Thaumactis. Paractis. Sagartia. Adamsia. Chondractinia. Phellia. Kodiodes. Stephanactis. Eloactis. Polysiphonia. Phialactis. Sicyonis. Polyopis. Lebrunea. Ophyodiscus. Minyas. Endocœlactis. Octineon. Gyrostoma.*
- **4. STICHODACTYLINA.** Comme la précédente, mais plus d'un tentacule pour chaque loge ou interloge (534). . . *Corallimorphus. Thelaceros. Discosoma. Aureliania. Rhodactis. Phymanthus. Crambactis. Cryptodendron. Thalassianthus. Actinodendron. Sarcophianthus.*

APPENDICE (540) . . . *Polyparium.*

2. ANTHOZOARIÆ. Restant polypoïde pendant toute la durée du cycle évolutif (*Suite*).

2. ACTINANTHIDA. Tentacules non pinnés, au nombre de 6 ou d'un multiple de 6, ainsi que les cloisons, sauf chez les *Tetracorallidæ* qui sont tétramères (*Suite*).

2. HEXACORALLIDÆ. Comme le précédent, mais en plus un squelette calcaire (545) . . . .

1. *APORINA.* Muraille toujours imperforée ; septes ordinairement imperforés ; cœnenchyme imperforé quand il existe, ce qui est exceptionnel ; d'ordinaire un exosarque ; multiplication par fissiparité plutôt que par bourgeonnement (600) . . . . . .

Caryophyllia. — *Trochocyathus.* — *Discocyathus.* — *Fungiacyathus.* — *Guynia.* — *Turbinolia.* — *Placotrochus.* — *Flabellum.* — *Rhizotrochus.* — *Similotrochus.* — *Dasmia.* — *Cœnocyathus.* — *Polycyathus.* — *Oculina.* — *Stylophora.* — *Lophohelia.* — *Neohelia.* — *Pocillopora.* — *Seriatopora.* — *Placosmilia.* — *Parasmilia.* — *Asterosmilia.* — *Pourtalosmilia.* — *Stylosmilia.* — *Eusmilia.* — *Euphyllia.* — *Dendrogyra.* — *Dichocœnia.* — *Placocœnia.* — *Stylina.* — *Cyatophora.*

Pentacœnia. — *Diplocœnia.* — *Galaxea.* — *Stylocœnia.* — *Holocystis.* — *Montlivaultia.* — *Sphenophyllia.* — *Lithophyllia.* — *Pattalophyllia.* — *Stylophyllum.* — *Cylicia.* — *Astrangia.* — *Cladocora.* — *Dasyphyllia.* — *Thecosmilia.* — *Mussa.* — *Glyphophyllia.* — *Diploria.* — *Symphyllia.* — *Favia.* — *Goniastrœa.* — *Orbicella.* — *Columnastrœa.* — *Diplothecastrœa.* — *Echinopora.* — *Barysastrœa.* — *Latimœandra.* — *Moseleya.* — *Dichophyllia.* — *Merulina.*

2. *FUNGINA.* Muraille le plus souvent imperforée ; parfois irrégulièrement poreuse ; septes perforés ou non, toujours réunis par des synapticules ; cœnenchyme imperforé quand il existe, ce qui est exceptionnel ; un exosarque ; multiplication par fissiparité et bourgeonnement (634) . . . .

Epistrephophyllum. — *Thamnastrœa.* — *Astrœa.* — *Fungia.* — *Halomitra.* — *Herpolitha.* — *Trochoseris.* — *Cycloseris.* — *Psammoseris.* — *Podoseris.* — *Cyathoseris.* — *Agaricia.* — *Leptophyllia.* — *Mycciarœa.* — *Microsolena.*

3. *PORINA.* Muraille toujours régulièrement perforée ; septes perforés ou non ; cœnenchyme présent sous toutes les formes coloniales et toujours poreux ; pas d'exosarque ; multiplication par bourgeonnement (644) . . .

Stephanophyllia. — *Balanophyllia.* — *Rhodopsammia.* — *Dendrophyllia.* — *Astroïdes.* — *Turbinaria.* — *Madrepora.* — *Porites.* — *Montipora.*

3. ZOANTHIDÆ. Cloisons disposées par couples ; bandes d'accroissement au nombre de 2 seulement, symétriques, une de chaque côté de la loge directrice ventrale. Pas de squelette (654) . . .

1. *BRACHYCNEMINA.* Cloison n° 5 du 1er cycle microentérique (660) . . . . — *Zoanthus.* — *Gemmaria.* — *Palithoa.* — *Sphenopus.*

2. *MACROCNEMINA.* Cloison n° 5 du 1er cycle macroentérique (663) . . . . — *Epizoanthus.* — *Parazoanthus.*

3. *GERARDINA.* Comme le précédent, mais avec un polypier gorgonoïde (665) . . . . — *Gerardia.*

4. CERIANTHIDÆ. Cloisons non disposées par couples ; bande d'accroissement unique, médiane dorsale ; pas de squelette (667) . . . . — *Cerianthus.*

5. ANTIPATHIDÆ. Cloisons non disposées par couples. Bandes d'accroissement au nombre de 4, 2 latéro-dorsales et 2 latéro-ventrales symétriques ; un squelette gorgonoïde (680) . . . . .

1. *ANTIPATHINA.* Polypes tous semblables entre eux, tous à 6 tentacules simples (686) . . . . — *Stichopathes.* — *Antipathes.* — *Leiopathes.*

2. *SCHIZOPATHINA.* Polypes les uns stériles, les autres sexués, tous à 2 tentacules simples (688) . . . . — *Schizopathes.*

3. *DENDROPATHINA.* Polypes tous semblables à tentacules pinnés (691) . . . . — *Dendrobrachia.*

6. TETRACORALLIDÆ. Bandes d'accroissement au nombre de 4, 2 latéro-ventrales et 2 latérales symétriques ; symétrie tétraradiée ; un squelette calcaire madréporoïde ; tous fossiles (692) . . . .

Zaphrentis. — *Cyathophyllium.* — *Stauria.* — *Acervularia.* — *Lonsdaleia.* — *Phillipsastrœa.* — *Calostylis.* — *Cyathaxonia.* — *Polycœlia.* — *Heterophyllia.* — *Cystiphyllum.* — *Calceola.*

2ᵉ Sous-Embranchement. — *CTENAREA*.

Pas de nématoblastes ; des colloblastes, des palettes ; un mésoderme ; un statocyste apical ; hermaphrodites (707).

1. *FILICTENIDA*. Des tentacules (736).	**1. *CYDIPPIDÆ*. Forme normale (736)**	*Euchlora.* *Callianira.* *Hormiphora.*
	2. *LOBIFERIDÆ*. Deux grands lobes péristomiens (741)	*Lesueuria.* *Eurhamphæa.* *Eucharis.* *Mnemia.* *Calymma.* *Ocyroe.*
	3. *CESTIDÆ*. Forme rubanée (750)	*Cestus.*
2. *NUDICTENIDA*. Pas de tentacules (753)		*Beroe.*
3. *PLATYCTENIDA*. Forme planaroïde (755).		*Ctenoplana.* *Cœloplana.*
Appendice aux *Ctenaria* (759).		*Gastrodes.*
Appendice aux *Cœlenterata* (765)		*Tetraplatia.*

INDEX BIBLIOGRAPHIQUE

GÉNÉRALITÉS

Voir les traités classiques de H. MILNE-EDWARDS (Anat. comparée, 12 vol., 1857-1881), CLAUS, NEU-
MAYR, VOGT et YUNG, LANG, E. PERRIER, RAY LANKESTER, BALFOUR, KORSCHELT et HEIDER, ZITTEL, BRONN
(*Cœlenterata* par CHUN), etc.

AGASSIZ (A.). — Three cruises of the U. S. Coast and geodetic Survey Steamer
    " Blake ". (Bull. Mus. Harvard Coll. Cœlenterata XIV, p. 52-92, fig.; Charac-
    teristic Deep-Sea types XX, p. 128-156, fig. 422-483)........................ 1887

AGASSIZ (A.), FAXON (W.) et MARK (E. L.). — Selections from Embryological Mono-
    graphs. III. Polyps by L. Mark. (Mem. Mus. Harvard Coll. IX, n° 3, pl. 11-13,
    avec explic. détaillée)..................................... 1884

AGASSIZ (L.). — Homologies of Radiata. (Proc. Boston Nat. Hist. Soc., VIII, p. 226-232). 1861

ALLMAN (G. J.). — On the homological Relations of the Cœlenterata. (Proc. R. Soc.
    Edinburgh, vol. 26, p. 459-466)..................................... 1872

BEDOT (M.). — Recherches sur les cellules urticantes. I. Vélellides, Physalides. (Rec.
    zool. Suisse, vol. 4, p. 51-70, pl. 2, 3)............................... 1886

—— Note sur les cellules urticantes. (*Ibid.*, p. 533-539, pl. 18)...................... 1896

BENEDEN (P. J. Van). — Recherches sur la faune littorale de Belgique (Polypes). (Mém.
    Ac. r. Belgique, vol. 35, 207 p., 18 pl.)............................. 1867

BÜLOW (C.). — Ueber anscheinend freiwillige und künstliche Theilung mit nachfol-
    gender Regeneration bei Cœlenteraten, Echinodermen und Würmern. (Biol.
    Centralbl., vol. 3, p. 14-20)..................................... 1883

CHUN (C.). — Die Natur und Wirkungsweise der Nesselzellen bei Cœlenteraten. (Zool.
    Anz., vol. 4, p. 646-650..................................... 1881

—— Die pelagische Thierwelt in grösseren Meerestiefen und ihre Beziehungen zu der
    Oberflächenfauna. (Bibl. Zool. part. 1, 66 p., 5 pl.)...................... 1888

—— Die Dissogonie, eine neue Form der geschlechtlichen Zeugung. (Leuckart's
    Festschr. p. 77-108, 5 pl., 3 fig.)..................................... 1892

CLAUS (C.). — Zur Kenntniss der Aufnahme körperlicher Elemente von Entodermzellen
    der Cœlenteraten. (Zool. Anz., vol. 4, p. 116, 117)....................... 1881

CUVIER (G.). — Les Vers et les Zoophytes, décrits et figurés d'après la classification
    mise au courant des progrès de la science. (8°, 88 p., 37 pl., Paris).......... 1869

DAVENPORT (C. B.). — Studies in Morphogenesis. 2 : Regeneration in *Obelia* and its
    Bearing on Differenciation in the Germ-Plasma. (Anat. Anz., vol. 9, p. 283-294,
    391-392, 6 fig.)..................................... 1894

ENGELMANN (Th. W.). — Ueber die Function der Otolithen. (Zool. Anz., vol. 10, p. 430-444). 1887

ETHERIDGE (R.). — Fossils of the British Islands, stratigraphically and zoologically
    arranged. Vol. 1. Palæozoic. (Oxford, 4°, VIII-468 p.)...................... 1888

GŒTTE (A.). — Ueber die Entwickelung der Scyphopolypen. (Zeitschr. f. wiss. Zool.,
    vol. 63, p. 292-378, 25 fig., pl. 10-19)............................... 1879

GRENACHER (H.). — Ueber die Nesselkapseln von *Hydra*. (Zool. Anz., vol. 18, p. 310-321,
    7 fig.)..................................... 1895

HÆCKEL (E.). Das System der Medusen. (1 vol. Texte XXVI+672 p., 1 vol. Atlas, 40 pl.
    4°, Jena)..................................... 1879

HAMANN (O.). — Studien über Cœlenteraten. (Jen. Zeitschr., vol. 15, p. 545-557, 2 pl.). 1882

HERTWIG (O.). — Beiträge zur Kenntniss der Bildung, Befruchtung und Theilung des thierischen Eies. III, 2: Ueber die ersten Entwickelungsvorgänge im Ei der Cœlenteraten. (Morph. Jahrb., vol. 4, p. 177-213).......................... 1878

—— Ueber die Muskulatur der Cœlenteraten (Jen. Zeitschr., vol. 13. Suppl. p. 142-146) 1880

HERTWIG (R.). — Ueber die Geschlechtsorgane der Cœlenteraten und ihre systematische Bedeutung. (Jen. Zeitschr., vol. 13. Suppl. 116-121).................. 1880

HUXLEY (T. H.).—The Oceanic Hydrozoa. (Ray Soc., 4°, 143 p. 12 pl., fig. dans le texte). 1858

IVANZOV (N.). — Ueber den Bau, die Wirkungsweise und die Entwickelung der Nesselkapseln der Cœlenteraten. (Bull. Soc. Nat. Moscou, sér. 2, vol. 10, p. 95-161, 323-355, pl. 3-6).......................... 1896
Comm. prélim. sur le même sujet in Anat. Anz., vol. 11, p. 551-556.

JOHNSTON (G.). — A History of the British Zoophytes. (1 vol. texte, 1 vol. 74 pl., 8°, London).......................... 1847

KOVALEVSKY (A.). — Untersuchungen über die Entwickelung der Cœlenteraten. 1. Pelagia. 2. Campanularia aus Eucope, 3. Agalma, 4. Actinia, 5. Ctenophora. (Göttinger Nachrichten, p. 154-159).......................... 1868

LENDENFELD (R. von). — Das System der Hydromedusen. (Zool. Anz., vol. 8, p. 425-429, 444-448).......................... 1884

—— The Function of Nettlecells. (Quart. journ. of micr. sc., sér. 2, vol. 27, p. 393-399, pl. 30, fig. 4).......................... 1887

—— Descriptive Catalogue of the Medusæ of the Australian Seas. I Scyphomedusæ. II. Hydromedusæ. (Sidney, Australian Museum, 32 et 40 p.).................. 1887

LESSON (R. P.). — Zoophytes. (Voyage autour du monde, exécuté par ordre du roi sur la corvette de S. M. La Coquille pendant les années 1822-1825, publié par L. J. Duperrey. Zool. Paris).......................... 1826

LOEB (J.). — Untersuchungen zur physiologischen Morphologie der Thiere. 1. Ueber Heteromorphose. (Würzburg, 90 p., 3 fig. pl.).......................... 1890

METCHNIKOV (E.). — Studien über die Entwickelung der Medusen und Siphonophoren. (Zeitschr. wiss. Zool., vol. 24, p. 15-83, pl. 2-12).......................... 1874

—— Ueber die intracelluläre Verdauung bei Cœlenteraten. (Zool. Anz., vol. 3, p. 261-263). 1880

—— Zur Lehre über die intracelluläre Verdauung niederer Thiere. (Ibid., vol. 5, p. 310-316) 1882

—— Medusologische Mittheilungen. (Arb. Zool. Inst. Wien, vol. 6, p. 237-266, pl. 22, 23). 1886

—— Embryologische Studien an Medusen. Ein Beitrag zur Genealogie der Primitiv-Organe. (Wien, 150 p., 10 fig., 12 pl.).......................... 1886

MŒBIUS (K.). — Ueber den Bau, den Mechanismus und die Entwickelung der Meereskapseln einiger Polypen und Quallen. (Abh. naturw. Ver. Hamburg, vol. 5, 24 p., 2 pl.).......................... 1866

MURBACH (L.). — Beiträge zur Kenntniss der Anatomie und Entwickelung der Nesselorgane der Hydroiden. (Arch. Naturg., vol. 60, p. 217-254).......................... 1894

NAGEL (W. A.). — Experimentelle sinnesphysiologische Untersuchungen an Cœlenteraten. (Arch. f. d. gesammte Physiol., vol. 8, p. 495-552).................. 1894
Résumé dans Zool. Centralbl., vol. 2, p. 302, 303.

NUSSBAUM (M.). — Ueber die Theilbarkeit der lebendigen Materie. 2. Mitth. Beiträge zur Naturgeschichte des Genus Hydra. (Arch. f. mikr. Anat., vol. 29, p. 265-366, pl. 13-20).......................... 1887

PANCERI (P.). — Études sur la phosphorescence d'animaux marins. II. Du siège du mouvement lumineux dans les Méduses; III. Organes lumineux et lumière des Pennatules; VI. Sur un Pennatulaire phosphorescent encore inconnu dans les environs de Naples (Cavernularia pusilla); IX. Des organes lumineux et de la lumière des Béroidiens. (Ann. Sc. Nat., sér. 5, vol. 16, 67 p., 1 pl.).......................... 1872

PÉRON (M. F.). — Voyage de découvertes aux terres australes, exécuté par ordre de S. M. sur les corvettes le Géographe, le Naturaliste et la goëlette la Casuarina pendant les années 1800-1804. (In-4°; atlas in-folio de 51 pl., par Lesueur et Petit, Paris).......................... 1807

QUOY et GAYMARD. — Voyage de découvertes de l'Astrolabe, exécuté par ordre du roi pendant les années 1826-1829, sous le commandement de M. J. Dumont d'Urville. Zoologie. IV, Zoophytes. Atl. in-folio, Paris).......................... 1833

RIDLEY (S. O.). — Cœlenterata Collected during the Expedition of H. M. S. "Alert" in the Straits of Magellan and on the coast of Patagonia. (Proc. Zool. Soc. London, p. 101-107, 1 pl.).......................... 1881

ROMANES (G. J.). — Gelly-Fish, Star-Fish and Sea-Urchins. (London, 323 p., 63 fig.). 1885

Schneider (K. C.). — Einige histologische Befunde an Cœlenteraten. (Jen. Zeitschr. vol. 27, p. 379-462, pl. 10-16).. 1893
—— Mittheilungen über Siphonophoren: 1 Nesselzellen. (Zool. Anz., vol. 17, p. 461-471). 1894
Seeliger (O.). — Ueber das Verhalten der Keimblätter bei der Knospung der Cœlenteraten. (Zeitschr. wiss. Zool., vol. 58, p. 152-188, pl. 7-9).................... 1894
Verworn (Max). — Gleichgewicht und Otolithenorgan. Experimentelle Untersuchung (Arch. Phys. Pflüger, vol. 50, p. 423-472, 5 fig.)............................. 1891
—— Ueber die Fähigkeit der Zelle, activ ihr specifischer Gewicht zu ändern. (Pflüger's Arch. Phys., vol. 53, p. 140-155).. 1892

HYDROPHORIÉS

(Moins les *Graptolina*).

Allman (G. J.). — A Monograph of the Gymnoblastic or Tubularian Hydroids (4°, xxiv-154 p., 12 pl. London Ray Society)................................... 1871
—— A new Order of Hydrozoa (*Thecomedusæ*). (Ann. Mag. Nat. Hist., sér. 4, vol. 14, p. 237, 238)... 1874
—— On a mode of reproduction by spontaneous Fusion in the Hydroida. (Quart. Journ. Micr. Sc. (n. s.), vol. 11, p. 18-21, 1 pl.)............................... 1871
—— Report on the Hydroida collected during the expedition of H. M. S. "Porcupine". (Trans. Zool. Soc. London, vol. 8, p. 469-482, 4 pl.)...................... 1874
—— Diagnoses of new genera and species of Hydroida. (Journ. Linn. Soc. London, vol. 12, p. 251-284, 13 pl. (1876)................................... 1874
—— On the structure and systematic position of *Stephanoscyphus mirabilis*, the type of a new order of Hydrozoa. (Trans. Linn. Soc. Lond. sér. 2, vol. 1, p. 61-66, 1 pl).. 1875
—— On the structure and development of *Myriothela*. (Phil. Trans., vol. 165, p. 549-576, pl. 55 à 58)....................................... 1875
        Extr. in Arch. Zool. exp., vol. 5, p. lviii-lxii.
—— Report on the Hydroida collected during the Exploration of the Gulfstreams by L. F. de Pourtalès. (Mem. Mus. comp. Zool. Harvard College, vol. 5, n° 2, Cambridge, 4°, 66 p., 34 pl.) 1877
—— Report on the Hydroida dredged by H. M. S. "Challenger". 1. *Plumularidæ*. (Chall. Reports, vol. 7, 55 p., 20 pl.).................................. 1883
—— Report on the Hydroida dredged by H. M. S. "Challenger" during the cruise 1873-1876. 2. The *Tubularinæ, Corymorphinæ, Campanularinæ, Sertularinæ* and *Thalamophora*. (Challenger Reports, vol. 23, 70, 69 et 90 p., 39 pl., 1 carte).... 1888
Bale (W. M.). — The genera of *Plumulariidæ* with Observations on various Australian Hydroids. (Trans. Roy. Soc. Victoria, vol. 22, 38 p. et Journ. Roy. Micr. Soc., p. 248).. 1887
Beneden (Ed. Van). — De la distinction originelle du testicule et de l'ovaire; caractère sexuel des deux feuillets primordiaux de l'embryon; hermaphroditisme morphologique de toute individualité animale; essai d'une théorie de la fécondation. 1 : Introduction; II : Historique des recherches faites sur l'origine des produits sexuels chez les Polypes; III : Etudes sur l'*Hydractinia echinata*. (Bull. Ac. Sc. Belgique, sér. 2, vol. 37, p. 530-595, 2 pl.).................... 1874
Bonnevie (Kristine). — Zur Systematik der Hydroiden. (Zeitschr. f. wiss. Zool., vol. 63, p. 465-493 et 495, 3 pl., 1 fig.)................................... 1898
Bourne (A. G.). — Recent Researches upon the Origin of the sexual cells in Hydroids. (Quart. journ. of micr. sc., sér. 2, vol. 23, p. 617-622).................... 1885
Bræm (F.). — Ueber die Knospung bei mehrschichtigen Thieren, insbesondere bei Hydroiden. (Biol. Centralbl., vol. 14, p. 140-161, 5 fig.)................... 1894
Brauer (A.). — Ueber die Entwickelung von *Hydra*. (Zeitschr. f. wiss. Zool., vol. 52, p. 169-216, pl. 9-12)...................................... 1891
—— Ueber die Entstehung der Geschlechtsproducte und die Entwickelung von *Tubularia mesembrianthemum*. (Zeit. wiss. Zool., vol, 53, p. 551-579, 3 pl.) 1891
Brooks (W. K.). — On the Life-History of *Eutima* and on radial and bilateral symmetry in Hydroids. (Zool. Anz., vol. 7, p. 709-711)......................... 1884
—— The Life-History of the Hydromedusæ : A Discussion of the Origin of the Medusæ and of the Significance of Metagenesis. (Mem. Boston Soc. Nat. Hist., vol. 3, p. 359-430, pl. 37-44)................................. 1886

Principaux points, résumés par l'auteur sous le titre : The Origin of Metagenesis among the Hydromedusæ in Ann. Mag. Nat. Hist., sér. 5, vol. 18, p. 22-30. 1886.

—— The Life-History of *Epenthesis Mac Cradyi* (*n. sp.*). (Stud. biol. Lab. J. Hopkins Univ., vol. 4, p. 147-162, pl. 13-15)...... 1888

—— On a new Method of Multiplication in Hydroids. (John Hopkins Univ. Circulars, vol. 7, p. 29, 30)...... 1888

BROWNE (E. T.). — On British Hydroids and Medusæ. (Proc. Zool. Soc. London, p. 459-500, pl. 16, 17)...... 1896

—— On British Medusæ. (*Ibid.*, p. 816-835, pl. 48, 49)...... 1897

CARLGREN (O.). — *Branchiocerianthus urceolus* (E. L. Mark) eine Hydroïde? (Zool. Anz., p. 102, 103)...... 1899

CHUN (C.). — Atlantis. Biologische Studien über pelagische Organismen. 1 : Die Knospungsgesetze der proliferenden Medusen. (Bibl. Zool., vol. 19, p. 1-52, 4 fig., pl. 1-2). 1895

—— Cœlenterata (Bronn's Thier-Reich, II, 2, jusqu'ici 318 p. et 18 pl. parues).. 1897-1900

CIAMICIAN (J.). — Zur Frage über die Entstehung der Geschlechtsstoffe bei den Hydroiden. (Zeitschr. f. wiss. Zool., vol. 30, p. 501-510, 2 pl.)...... 1878

—— Ueber den feineren Bau und die Entwickelung von *Tubularia mesembryanthemum* Allman. (*Ibid.* vol. 32, p. 323-347, 2 pl.).. 1879

CLARKE (S. F.). — Report on the Dredging of the U. S. Coast surveying Steamer "Blake". III. Report on the Hydroida. (Bull. Mus. Comp. Zool. Harvard College, vol. 5, p. 239-252, 5 pl.).. 1878-1879

COPE (E. D.). — New Hydroid Polype (Journ. roy. micr. Soc., sér. 2, vol. 3, p. 666). [*Rhizohydra*].. 1883

DAVIDOV (M.). — Ueber Theilungsvorgänge bei *Phialidium variabile*, Häckel. (Zool. Anz., vol. 4, p. 620-622, fig.)...... 1881

DOFLEIN (F. Th.). — Die Eibildung bei *Tubularia*. (Zeitschr. f. wiss. Zool., vol. 62, p. 61-73, pl. 2)...... 1896

DRIESCH (H.). — Tektonische Studien an Hydroidpolypen. 1. Die Campanulariden und Sertulariden. (Jen. Zeitschr. f. Naturw., vol. 24, p. 189-226, 12 fig.)...... 1889

—— Tektonische Studien an Hydroidpolypen. 2. *Plumularia* und *Aglaophenia*. Die Tubulariden. Nebst allgemeinen Erörterungen über die Natur thierischer Stöcke. (Jen. Zeitschr. f. Naturw., vol. 24, 657-688, 6 fig.)...... 1890

—— Heliotropismus bei Hydroidpolypen. (Zool. Jahrb., Morph. Abth. V, p. 147-156, 3 fig.)...... 1890

—— Die Stockbildung bei den Hydroidpolypen und ihre theoretische Bedeutung. (Biol. Centralbl., vol. 11, p. 14-21)...... 1891

—— Tektonische Studien an Hydroidpolypen. 3. (Schluss) *Antennularia*. (Jen. Zeitschr. f. Naturw., vol. 25, p. 467-479, 3 fig.)...... 1891

—— Studien über das Regulationsvermögen der Organismen. 1. Von den regulativen Wachsthums- und Differenzirungsfähigkeiten der *Tubularia*. (Arch. Entw.-Mech., vol. 5, p. 389-418, 14 fig.)...... 1897

FRAIPONT (J.). — Histologie, développement et origine du testicule et de l'ovaire de la *Campanularia angulata* (Hincks). (C. R. Ac. sc. Paris, vol. 90, p. 43-45)...... 1880

GOTO (S.). — *Dendrocoryne* (Inaba), Vertreterin einer neuen Familie der Hydromedusen. (Annot. z. Japon, Tokyo, vol. 1, p. 93-104, fig. 106-113, pl. 6)...... 1897

GREEFF (R.). — *Protohydra Leuckarti*, eine marine Stammform der Cœlenteraten. (Zeitschr. f. wiss. Zool., vol. 20, p. 37-54, pl. 4 et 5)...... 1870

GRÖNBERG (G.). — Beiträge zur Kenntniss der Gattung *Tubularia*, (Zool. Jahrb., Morph. vol. 11, p. 61-76, pl. 4-5)...... 1897

HÆCKEL (E.). — Das System der Medusen. (4°, Jena, xxv+672 p., 40 pl. I. Die Craspedoten, p. 1-360, pl. 1-20)...... 1879-1880

—— Report on deep Sea Keratosa collected by H. M. S. Challenger during the years 1873-1876. (Challenger Rep., vol. 32, 92 p., 8 pl.)...... 1889

HAMANN (O.). — Der Organismus der Hydroidpolypen. (Jenaische Zeitschr. f. Naturw. vol. 15, p. 473-545, pl. 20-25, 6 fig.)...... 1882

—— Studien über Cœlenteraten. (*Ibid.*, p. 545-557, pl. 26, 27)...... 1882

—— Zur Entstehung und Entwickelung der grünen Zellen bei *Hydra*. (Zeitschr. f. wiss. Zool., vol. 37, p. 458-464, pl. 26)...... 1882

HARDY (W. R.). — On some points in the Histology and Development of *Myriothela phrygia*. (Quart. journ. of micr. sc., sér. 2, vol. 32, p. 505-537, pl. 36, 37)...... 1891

Hargitt (C. W.). — Recent experiments on Regeneration. (Zool. Bull. Boston, vol. 1, p. 27-34, 5 fig.) 1897

Hartlaub (C.). — Beobachtungen über die Entstehung der Sexualzellen bei *Obelia*. (Zeitschr. f. wiss. Zool., vol. 41, p. 159-185, pl. 11-12) 1884

—— Die Polypen und Quallen von *Stauridium productum* Wright und *Perigonimus repens* Wright. (Zeitschr. f. wiss. Zool., vol. 61, p. 142-162, pl. 7-9) 1895

—— Ueber Reproduction des Manubriums bei Sarsien und dabei auftretende siphonophorenähnliche Polygastric. (Verh. Deutsch. Zool. Ges. 6. Vers., p. 182-191, 4 fig.) 1896

—— Die Hydromedusen Heigolands. (Wiss. Meeresunters. des deutschen Meeres II, 1, p. 449-512, pl. 14-23) 1897

Hertwig (O. et R.). — Der Organismus der Medusen und seine Stellung zur Keimblättertheorie (4°, 70 p., 3 pl., Jena) 1878

Hickson (Sydney J.). — On the sexual cells and the early stages in the development of *Millepora plicata*. (Phil. Trans., vol. 179 B, p. 193-204, pl. 38, 39) 1889

—— On the maturation of the ovum and the early stages in the development of *Allopora*. (Quart. journ. of micr. sc., vol. 30, p. 579-598, 2 fig., pl. 38) .:....... 1890

—— The Medusæ of *Millepora Murrayi* and the gonophores of *Allopora* and *Distichopora*. (Quart. journ. of micr. sc. (n. s.), vol. 32, p. 375-407, pl. 29, 30) 1891

—— On the meaning of the ampullæ in *Millepora Murrayi*. (Rep. 60 Meet. Brit. Ass. Adv. Sc. p. 863-864) 1891

—— On the Medusæ of Millepora and their relation to the medusiform gonophores of the Hydromedusæ. (Proc. Cambridge phil. soc., vol. 7, p. 147-148) 1892

—— The early stages in the development of *Distichopora violacea*, with a short essay on the fragmentation of the nucleus. (*Ibid.*, vol. 35, p. 129-158, pl. 9) 1893

—— The medusæ of *Millepora* (Proceed. roy. soc. London, vol. 66, p. 6-10, 10 fig.)... 1899

Hincks (Th.). — A history of the British Hydroid zoophytes. (8°, 1 vol. texte LXVIII +338 p., 45 fig., 1 vol. pl.) 1868

Holm (O.). — Beiträge zur Kenntniss der Alcyonidengattung *Spongodes*, Lesson. (Zool. Jahrb., Syst. vol. 8, p. 8-57, 2 pl.) 1895
Résumé dans Zool. Centralbl., vol. 2, p. 140-141.

Ichikava (C.). — Trembley's Umkehrungsversuche an Hydra nach neuen Versuchen erklärt. (Zeit. wiss. Zool., vol. 49, p. 433-460, 4 fig., pl. 18-20) 1890

Jickeli (C. F.). — Der Bau der Hydroidpolypen. 1. Ueber den histiologischen Bau von *Eudendrium* Ehrbg. und *Hydra* Linn. (Morph. Jahrb. vol. 8, p. 373-416, pl. 16-18) 1883

Kennel (J. von). — Ueber eine Süsswassermeduse. (Sitzber. Nat. Ges. Dorpat., vol. 9, p. 282-288 et Ann. Mag. Nat. Hist., sér. 6, vol. 8, p. 259-263) 1891

Kerschner (L.). — Entwickelungsgeschichte von *Hydra*. (Zool. Anz. vol. 3, p. 454).. 1880

Klaatsch (H.). — Beiträge zur genaueren Kenntniss der Campanularien. (Morph. Jahrb., vol. 9, p. 534-596, pl. 25-27) 1884

—— Ueber Stielneubildung bei *Tubularia mesembryanthemum* Allm. (Arch. mikr. Anat., vol. 27, p. 632-650, pl. 33) 1886

Kleinenberg (N.). — *Hydra*, eine anatomisch-entwickelungsgeschichtliche Untersuchung. (Leipzig) 1872

Korotnev (A.). — Histologie de l'Hydre et de la Lucernaire. (Arch. Zool. exp. vol. 5) 1876
—— Zur Kenntniss der Embryologie der *Hydra*. (Zeitschr. f. wiss. Zool., vol. 38)...... 1883
—— *Cunoctanta* und *Gastrodes*. (Zeitschr. f. wiss. Zool., vol. 47, p. 650-657, pl. 40).... 1888
—— Contribution à l'étude des Hydraires. (Arch. zool. exp., sér. 2, vol. 6, p. 21-31, pl. 1-2) 1888

Labbé (A.). — Sur la formation de l'œuf dans les genres Myriothèle et *Tubularia* (C. R. Ac. sc. Paris, vol. 128, p. 1056-1057) 1899
Et dans Arch. Zool. Expér. 1899

Lang (Alb.). — Ueber die Knospung bei *Hydra* und einigen Hydropolypen. Mit einem Vorwort von A. Weismann. (Zeitschr. f. wiss. Zool., vol. 54, p. 365-385, pl. 17). 1892
—— Zur Frage der Knospung der Hydroiden. (Biol Centralbl., vol. 14, p. 682-687).... 1894

Lang (Arn.). — *Gastroblasta Raffaeli*. Eine durch eine Art unvollständiger Theilung entstehende Medusencolonie. (Jena. Zeitschr. f. Naturw., vol. 19, p. 735-763, pl. 20-21)... 1886

Lankester (E. Ray). — On *Limnocodium* [*Craspedacustes*] *Sowerbii*. A new Trachomedusa inhabiting Fresh Water. (Quart. journ. of micr. sc. vol. 20, p. 351-371, pl. 30-31) 1880

LANKESTER (E. Ray). — The young stadges of *Limnocodium* and *Geryonia*. (*Ibid.*,
    vol. 21, p. 194-201, fig. texte et pl. 13)...................................... 1882
LOMAN (J. C. C.). — Ueber Hydroidpolypen mit zusammengesetztem Cœnososarkrohr
    nach Untersuchungn an *Amalthæa vardæensis*. (Tijdschr. Nederl. Dierk. Ver.
    (2) part. 2, p. 263-284, pl. 13, 5 fig.)....................................... 1889
MAAS (O.). — Ueber Bau und Entwickelung der Cuninenknospen. (Zool. Jahrb., Abth.
    Morph., vol. 5, p. 271-300, pl. 21-22).. 1891
—— Die craspedoten Medusen der Plankton-Expedition. (Sitzber. d. Akad. Berlin,
    p. 333-338)... 1891
—— Die Craspedoten-Medusen der Plankton-Expedition. (Ergeb. d. Plankt.-Exp.,
    vol. 2, K, c, 4°, 30 p., 6 pl., 2 cartes, Kiel et Leipzig).................... 1893
—— Die craspedoten Medusen. (Erg. d. Plankton-Exp., vol. 2, 107 p., 3 fig., 8 pl.).... 1894
—— Reports of an Exploration of the west coasts of Mexico, central and north America
    and of the Galapagos islands by the steamer *Albatros*. XXI, Die Medusen.
    (Mem. Mus. comp. zool. Harvard Coll., vol. 23, n° 1, 4°, 92 p., 14 pl., 1 carte) 1897
MARK (E. L.). — Preliminary Report on *Branchiocerianthus urceolus*, a new type of Acti-
    nian. (Bull. Mus. comp. zool. Harvard college, vol. 32, n° 8, p. 147-152, 2 pl.). 1898
—— *Branchiocerianthus*, a correction. (Zool. Anz., vol. 22, p. 274, 275)............... 1899
MARSHALL (A. Milnes). — The Morphology of the sexual Organs of *Hydra*. (Mem. Man-
    chester Literary and Phil. soc. et dans Stud. Biol. Lab. Owens Coll., vol. 1,
    p. 324-328)... 1885
MAYER (P.). Ueber Stielneubildung bei *Tubularia*. (Zool. Anz., vol. 10, p. 365)........ 1887
METCHNIKOV (E.). — Vergleichende embryologische Studien : 1. Entodermbildung der
    Geryoniden, 2. Ueber einige Studien der in *Carmarina* parasitirenden *Cunina*
    (*Cunoctantha Häckel*). Zeit. wiss. Zool., vol. 36, p. 433-458, pl. 28)........... 1882
MIYAJIMA (R.). — On a Specimen of a gigantic Hydroid, *Branchiocerianthus imperator*
    (Allman) found in the Sagami Sea. (Journ. Coll. Sci. imp. Univ. Tokyo, vol. 13,
    p. 235-262, 3 fig., pl. 14)... 1900
MORGAN (T. H.). — Regeneration in the Hydromedusa *Gonionemus Vertens*. (Amer. Nat.,
    vol. 33, p. 939-951, 12 fig.)... 1899
MOSELEY (H. N.). — Report on the Hydrocorallinæ (Challenger Reports, vol. 2, p. 11-
    101 et 209-230, 14 pl.)... 1881
NICHOLSON (H. A.). — Monograph of the British Stromatoporoids (Palæontogr. Soc.). 1885
NUSSBAUM (M.). — Ueber die Theilbarkeit der lebendigen Materie. II, Beiträge zur
    Naturgeschichte des Genus *Hydra*. (Arch. mikr. Anat. vol. 29, p. 265-367,
    pl. 13 à 20).. 1887
—— Die Umstülpung der Polypen. Erklärung und Bedeutung dieser Versuche.
    (Arch. mikr. Anat., vol. 35, p. 111-120)...................................... 1890
—— Mechanik des Trembley'schen Umstülpungsversuches. (Arch. mikr. Anat., vol. 37,
    p. 513-568, fig. pl. 26-30)... 1891
NUTTING (C. C.). — The sarcostyles of the *Plumularidæ*. (Ann. Mag. Nat. Hist., sér. 7,
    vol. 2, p. 118-123).. 1898
PARKER (G. H.). — The reaction of *Metridium* to food and other substances. (Bull.
    Mus. Harvard coll., vol. 29, p. 107-119)...................................... 1896
PEEBLES (F.). — Experimental Studies on *Hydra*. (Arch. Entwickelungsmech. d. Organis-
    men, vol. 5, p. 794-819, 34 fig.)... 1897
PICTET (C.). — Etude sur les Hydraires de la baie d'Amboine. (Rev. zool. Suisse, vol. 1,
    p. 1-64, pl. 1-3)... 1893
RAND (Herbert W.). — The regulation of graft abnormalities in *Hydra*. (Arch. Entw.-
    Mechanik, vol. 9, p. 161-214, pl. 5-7).. 1899
RÖSEL (A. J. von Rosenhof). — Insekten-Belustigung. (Vol. 3, Nürnberg)............... 1755
RYDER (J. A.). — The development and Structure of *Protohydra Ryderi*, Potts. (Am.
    Nat. vol. 19, p. 1232 à 1236, fig.)... 1885
SCHAUDINN (F.). — *Haleremita*, ein neues marines Hydroidpolyp. (Sitz.-Ber. Ges. naturf.
    Freunde zu Berlin, n° 9, p. 226-234, 8 fig.).................................. 1894
SCHNEIDER (K. C.). — Histologie von *Hydra fusca* mit besonderer Berücksichtigung
    des Nervensystems der Hydropolypen (Arch. mikr. Anat., vol. 35, p. 221-379,
    pl. 17-19)... 1890
SCHULZE (F. E.). — Ueber den Bau und die Entwicklung von *Cordylophora lacustris*
    (Allman), nebst Bemerkungen über Vorkommen und Lebensweise dieses
    Thieres. (4°, Leipzig, 52 p., 6 pl.).. 1871

SCHULZE (F. E.). — Ueber die Cuninen-Knospenähren im Magen von Gergonien. (Naturw. Ver. Steiermark, 48. Versamm. d. Naturf. u. Aerzte als Festgabe, p. 125-157, pl. 1) 1875

—— Spongicola fistularis, ein in Spongien wohnendes Hydrozoon. (Arch. mikr. Anat. vol. 13, p. 795-817, pl. 45-47) 1877

THALLWITZ (J.). — Ueber die Entwicklung der männlichen Keimzellen bei den Hydroideen. (Jen. Zeitschr. Naturw., vol. 18, p. 385-444, pl. 12-14) 1885

TREMBLEY. — Mémoire pour servir à l'Histoire d'un genre de Polypes d'eau douce à bras. (Paris) 1744

ULJANIN (B.). — Ueber die Knospung der Cuninen im Magen der Geryoniden. (Arch. Naturg. vol. 41, p. 333-337. Extr. dans Arch. zool. exp. vol. 5, p. XLIV-XLVI) 1875

USSOV (M.). — Eine neue Form von Süsswasser-Cœlenteraten. (Morph. Jahrb., vol. 12, p. 137-153, pl. 8) 1887

VANHÖFFEN (E). — Versuch einer natürlichen Gruppierung der Anthomedusen. (Zool. Anz. vol. 14, p. 439-446) 1891

VARENNE (A. de). — Recherches sur la reproduction des Polypes Hydraires. (Arch. zool. exp., vol. 10, p. 611-710, pl. 29-38) 1882

WAGNER (Jul.). — Recherches sur l'organisation de *Monobrachium parasiticum* Merej. (Arch. biol., vol. 10, p. 273-309, pl. 8-9) 1890

WEISMANN (A.). — Die Entstehung der Sexualzellen bei Hydromedusen, zugleich als Beitrag zur Kenntniss des Baues und der Lebenserscheinungen dieser Gruppe. (Jena.) (Comm. prélim. en 1880 dans Zool. Anz., vol. 3, p. 226-233 et 367-370). 1883

—— Bemerkungen zu Ichikava's Umkehrungsversuchen an *Hydra*. (Arch. mikr. Anat., vol. 36, p. 627-638, fig.) 1890

WETZEL (G.). — Transplantationsversuche mit *Hydra*. (Arch. mikr. Anat., vol. 45, p. 273-294, pl. 18) 1895

—— *Id*. (*Ibid*., vol. 52, p. 70-96, pl. 7) 1898

WILSON (H. V.). — The structure of *Cunoctantha octonaria* in the adult and larval stages. (Stud. biol. lab. J. Hopkins Univ., vol. 4, p. 95-107, pl. 1-3) 1887

ZERNECKE (E.). — *Cordylophora lacustris* (Schluss). (Zool. Garten, vol. 36, p. 336-343). 1896   Et dans Zool. Anz., p. 490 1895

ZOJA (R.). — Alcune ricerche morfologiche e fisiologiche nell' *Hydra*. (Boll. sc. Pavia, vol. 12, 90 p., 6 pl.) 1890

ZYKOV (W.). — Ueber die Bewegung der *Hydra fusca* L. (Biol. Centralbl. vol. 18, p. 270-272, 1 fig.) 1898

GRAPTOLINES

BARRANDE (J.). — Graptolites de Bohème, extrait du système silurien du centre de la Bohème. Continué par Perner. (Voir à ce dernier). (Prague) 1850

FRECH (F.). — Graptolitiden (*Lethæa geognostica*, vol. 1, p. 544-685, fig. 127-226, 2 pl.). 1897

GÜRICH (G.). — Ueber die Form der Zellenmündung von *Monograptus priodon* und über Silur und Devon des polnischen Mittelgebirges. (Jahresber. schlesisch. Ges. vol. 70, p. 12-13) 1893

HOLM (G.). — Om *Didymograptus, Tetragraptus* och *Phyllograptus*. (Geol. Mag. n. 1., vol. 2, p. 433-441, 481-492, pl. 13-14) 1895

HOPKINSON (J.). — On some points in the morphology of the *Rhabdophora* or true Graptolites. (Ann. Mag. Nat. Hist., sér. 5, vol. 9, p. 54-57) 1890

LAPWORTH (C.). — Brief an Joh. Walther. (Zeitschr. d. deutsch. geol. Gesellsch., vol. 47, p. 241-258) 1897

NICHOLSON (H. A.). — A monograph of the British Graptolitidæ. I. (x + 133 p., 74 fig., Edinb. et London) 1872

NICHOLSON et MARR (J. E.). — Notes on the Phylogeny of the Graptolites. (Geol. Mag., n. s., vol. 2, p. 529-539) 1895

PERNER (J.). — Etudes sur les Graptolites de Bohème. I. Structure microscopique des genres *Monograptus* et *Retiolites*. (Suite au Système Silurien du centre de la Bohème de G. Barrande, p. 1-14, pl. 1-3, Prague) 1894

—— *Id*. II. Monographie des Graptolites de l'étage D. (*Ibid*., p. 1-31, pl. 4-8) 1895

RÜDEMANN (R.). — Development and mode of growth of *Diplograptus* Mc Coy. (Rep. state geologist of New York for 1894, p. 217-250, pl. 1-5) 1895

TÖRNQUIST (S. L.). — Studier öfver Retiolites. (Geol. Fören. i Stockholms Förhandl.
    vol. 5, nᵒ 7 (nᵒ 63), p. 292)...   1881
—— Observations on the structure of some Diprionidæ. (Kongl. Fysiogr. Sällsk. Handl.
    Lund, vol. 4)..   1893
WIMAN (G.). — Ueber die Graptoliten. (Bull. Geol. Inst. Upsala, vol. 2, p. 239-316,
    pl. 9-15)...   1896
—— The structure of the Graptolites. (Nat. Sc., vol. 9, p. 186-192, 240-249, 19 fig.)...   1896

SIPHONOPHORIÉS

AGASSIZ (A.). — Exploration of the surface fauna of the Gulf Stream under the aus-
    pices of the coast survey. III, 1. The *Porpipitidæ* and *Velellidæ*. (Mem. mus.
    Harvard College, vol. 8, p. 1-16, pl. 1-12)...............................   1883
BEDOT (M.). — Recherches sur le foie des Vélelles. (C. r. ac. sc. Paris, vol. 98, p. 1004-
    1006)..   1884
—— Recherches sur l'organe central et le système vasculaire des Vélelles. (Rec. zool.
    Suisse, vol. 1, p. 491-517, pl. 15, 16)..................................   1884
—— Sur l'histologie de la *Porpita mediterranea*. (Rec. zool. Suisse, vol. 2, p. 189-194).   1885
—— Contribution à l'étude des Vélelles. (*Ibid.*, p. 237-251, pl. 9)...............   1885
—— *Bathyphysa Grimaldii* (*n. sp.*), Siphonophore bathypélagique de l'Atlantique
    Nord. (Camp. scient. Albert Iᵉʳ pr. de Monaco, vol. 5, 14 p., 1 pl., Monaco)..   1893
—— Révision de la famille des Forskalidæ. (Rev. zool. Suisse, vol. 1, p. 231-254).....   1893
—— Les Siphonophores de la baie d'Amboine. (Rev. zool. Suisse, vol. 3, p. 367-414,
    pl. 12)..   1896
—— Sur l'*Agalma Clausi n. sp.* (Recueil zool. Suisse, vol. 5, p. 73-91, pl. 3-4).......   1889
BIGELOW (R. P.). — Notes on the physiology of *Caravella maxima*. (John Hopkins univ.
    circ., vol. 9, p. 61-62)...   1890
BROOKS (W. K.) et CONKLIN (E. G.). — On the Structure and development of the gono-
    phores of a certain Siphonophore belonging to the order *Auronectæ* (Hæckel).
    (John Hopk. univ. circ., vol. 10, p. 87-89, 1 pl.)........................   1891
CHUN (C.). — Ueber die cyklische Entwickelung und die Verwandtschaftsverhältnisse
    der Siphonophoren. (Sitzb. Akad. Wiss. Berlin, p. 1155-1172, pl. 17).........   1882
—— Ueber die cyklische Entwickelung der Siphonophoren. (*Ibid.*, p. 511-529, pl. 2)..   1885
—— Ueber Bau und Entwickelung der Siphonophoren. (Sitzb. Akad. Berlin, p. 681-
    688)...   1886
—— Zur Morphologie der Siphonophoren. (Zool. Anz., vol. 10, p. 511-515, 529-533, 557-
    561, 574-577)...   1887
—— Die pelagische Thierwelt in grösseren Meerestiefen und ihre Beziehungen zur
    Oberflächenfauna. (Bibl. Zool., vol. 1, p. 1-66, pl. 1-5)................   1887
—— Die kanarischen Siphonophoren in monographischer Darstellung. 1. *Stepha-
    nophies superba* und die Familie der Stephanophyiden. (Abh. Senckenb. Nat.
    Ges. Frankfurt, vol. 16, p. 553-627, 5 fig., 7 pl.)......................   1891
—— Die kanarischen Siphonophoren in monographischer Darstellung. 2. Die Mono-
    phyiden nebst Bemerkungen über Monophyiden des pacifischen Oceans. (Abh.
    Senckenb. Nat. Ges. Frankfurt, vol. 18, p. 56-144, fig. pl. 8-12)..........   1892
—— Die Dissogonie, eine neue Form der geschlechtlichen Zeugung. (Festschift
    Leuckart Leipzig, p. 77-108, 3 fig., pl. 9-13)   1892
—— Die Siphonophoren der Plankton-Expedition. (Erg. Plank. Exp., vol. 2, K. C.,
    126 p., 2 fig., 5 pl., 3 cartes)..   1897
—— Ueber den Bau und die morphologische Auffassung der Siphonophoren. (Verh.
    deutsch. zool. Gesellsch., vol. 7, p. 48-111, 29 fig.)..................   1897
—— Ueber K. C. Schneider's System der Siphonophoren. (Zool. Anz., vol. 21, p. 298-
    313, 321-327)...   1898
CLAUS (C.). — Ueber *Physophora hydrostatica*, nebst Bemerkungen über andere Sipho-
    nophoren. (Zeitschr. f. wiss. Zool., vol. 10, p. 295-332, pl. 15-17).........   1860
—— Ueber *Halistemma tergestinum n. sp.*, nebst Bemerkungen über den feinern Bau
    der Physophoriden. (Arb. zool. Inst. Wien und zool. Stat. Triest, vol. 1, p. 1-
    56, pl. 1-5)..   1878
—— Ueber das Verhältniss von *Monophyes* zu den Diphyiden, sowie über den phyle-
    tischen Entwicklungsgang der Siphonophoren. (Arb. zool. Inst. Wien,
    vol. 5., p. 10)...   1884

CLAUS (C.). — Ueber das Verhältniss von *Monophyes* zu den Diphyiden und über die sogenannte cyklische Entwickelung der Siphonophoren. (Zool. Anz., vol. 8, p. 443-448) 1885

——— Zur Beurtheilung des Organismus der Siphonophoren und deren phylogenetischer Ableitung. Eine Kritik von E. Hæckel's sogenannter Medusom-Theorie. (Arb. zool. Inst. Wien, vol. 8, p. 159-174 et Ann. Mag. Nat. Hist., vol. 4, 185-198) 1889

ESCHSCHOLTZ (Fr.). — System der Akalephen. Eine ausführliche Beschreibung aller medusenartigen Strahlthiere. (Berlin, 190 p., 16 pl.) 1829

EYSENHARDT (F. W.). — Zur Anatomie und Naturgeschichte der Quallen. II. Ueber die Seeblasen (p. 410-422, pl. 35). (Nov. Act. Acad. Cæs. Leopold. Carol., vol. 10, p. 375-422, pl. 34-35) 1821

FEWKES (J. W.). — On the development of *Agalma*. (Bull. mus. Harvard coll., vol. 12, p. 239-275, pl. 1-4) 1885

——— Report on the Medusæ collected by the U. S. Fish Commission Steamer *Albatros* in the region of the Gulf Stream in 1883-1884). (Ann. Rep. Comm. of fish and fisheries for 1884, p. 927-977, 10 pl., Washington) 1886

——— On a new Physophore, *Plæophysa* and its Relationships to other Siphonophores. (Ann. Mag. Nat. Hist., sér. 6, vol. 1, p. 317-322, pl. 17) 1888

GEGENBAUR (C.). — Beiträge zur näheren Kenntniss der Schwimmpolypen (Siphonophoren). (Zeitschr. f. wiss. Zool. vol. 5, p. 285-344, pl. 16-18) 1854

——— Neue Beiträge zur näheren Kenntniss der Siphonophoren. (Nov. Act. Acad. Cæs. Leopold. Carol., vol. 27, p. 331-424, pl. 26-32) 1860

GOTO (S.). — Die Entwickelung der gonophoren bei *Physalia maxima*. (Journ. Coll. Sc. Japan, vol. 10, p. 175-191, pl. 15) 1897

HÄCKEL (E.). — Zur Entwickelungsgeschichte der Genera *Physophora, Crystallodes, Athorybia*, und Reflexionen über die Entwickelungsgeschichte der Siphonophoren im Allgemeinen. (Utrecht, 120 p., 14 pl.) 1869

——— System der Siphonophoren auf phylogenetischer Grundlage entworfen. (Jen. Zeitschr. Naturw., vol. 22, p. 1-16) 1888

——— Report on the Siphonophoræ collected by H. M. S. '' Challenger '' during the Cruise 1873-1876. (Challenger Reports, vol. 28, 380 p., 50 pl.) 1888

HARTLAUB (Cl.). — Ueber Reproduction des Manubriums und dabei auftretende siphonophorenähnliche Polygastric. (Verh. deutsch. zool. Ges., p. 182) 1896

HUXLEY (T. H.). — Upon animal individuality. (Ann. Mag. Nat. Hist., vol. 5, p. 305-000) 1852

——— The oceanic Hydrozoa : a description of the Calycophoridæ and Physophoridæ observed during the voyage of H. M. S. "Rattlesnake" in the years 1846-50. (London, Ray Society, gr. 4°, 143 p., 12 pl.) 1859

KEFERSTEIN (W.) et EHLERS (E.). — Zoologische Beiträge, gesammelt im Winter 1859-1869 in Neapel und Messina. I. Beobachtungen über die Siphonophoren von Messina. (Leipzig, 4°, p. 1-34. pl. 1-5) 1861

KÖLLIKER (A.). — Die Schwimmpolypen oder Siphonophoren von Messina. (96 p., 12 pl., Leipzig) 1853

KOROTNEV (A.). — Zur Histologie der Siphonophoren. (Mitth. zool. Stat. Neapel, vol. 5, p. 229-288, pl. 14-19) 1884

——— Pneumatophore der Siphonophoren. (Zool. Anz., vol. 7, p. 327-328) 1884

LACAZE-DUTHIERS (H. de). — Embryogénie des Rayonnés. Reproduction généagénétique des Porpites. Extrait d'une lettre adressée à M. de Quatrefages. (C. r. ac. sc. Paris, vol. 53, p. 851-853) 1861

LEUCKART (R.). — Ueber den Bau der Physalien und der Röhrenquallen im Allgemeinen. (Zeitschr. f. wiss. Zool., vol. 3, p. 189-213, pl. 6, fig. 1 à 6) 1851

——— Zoologische Untersuchungen. I. Die Siphonophoren. In-4°, p. 1-95, pl. 1-3, Giessen) 1853

——— Zur näheren Kenntniss der Siphonophoren von Nizza. (Arch. Naturg. vol. 5, p. 249-377, pl. 11-13) 1854

METCHNIKOV (E.). — Studien über die Entwickelung der Medusen und Siphonophoren. (Zeitschr. f. wiss. Zool., vol. 24, p. 35, pl. 6-12) 1874

METCHNIKOV (E. et L.). — Matériaux pour l'étude des Siphonophores et des Méduses (En russe). (Comptes rendus de la Société des Amis des sciences de Moscou, vol. 5) 1870

MILNE-EDWARDS (H.). — Description de la *Stephanomia contorta* et de la *Stephanomia prolifera*. (Ann. sc. nat., sér. 2., vol. 16, p. 217, pl. 7-10) 1842

MILNE-EDWARDS (H.). — Sur les Acalephes hydrostatiques. (C. r. ac. sc. Paris, vol. 10, p. 780 et l'Institut, vol. 8, p. 175) 1840

MÜLLER (P. E.). — Jagttagelser over nogle Siphonophorer. (Naturhist. Tidsskr., sér. 3, vol. 7, p. 261-332 et 541-547, pl. 11-13) 1870–71

QUATREFAGES (A. de). — Mémoire sur l'organisation des Physalies (*Physalia*). (Ann. des sc. nat., sér. 4, vol. 2, p. 107-142, pl. 3-4) 1854

SCHÄPPI (Th.). — Untersuchungen über das Nervensystem der Siphonophoren. (Jenaische Zeitschr. Naturw., vol. 32, p. 483-550, 11 fig., pl. 22-28) 1898

SCHNEIDER (K. C.). — Mittheilungen über Siphonophoren :

    I. Nesselzellen. (Zool. Anz., vol. 17, p. 461-471) 1894

    II. Grundriss der Organisation der Siphonophoren. (Zool. Jahrb., Morph., vol. 9, p. 571-664, 32 fig., pl. 43-45) 1896

    III. Systematische und andere Bemerkungen. (*Ibid.*, vol. 21, p. 51-57, 73-95, 153-173, 185-200) 1898

    IV. Nesselknöpfe. (Arb. Zool. Instit. Wien, vol. 11, p. 65-116, pl. 9-12). 1889
        [Parvenu à notre connaissance trop tard pour que nous ayons pu en tirer parti].

—— Hydropolypen von Rovigno, nebst Uebersicht über das System der Hydropolypen im Allgemeinen. (Zool. Jahrb., Syst., vol. 10, p. 472-555, 2 fig.) 1897

STUDER (Th.). — Ueber Siphonophoren des tiefen Meeres. (Zeitschr. f. wiss. Zool., vol. 31, p. 1-24, pl. 1-3) 1878

VOGT (C.). — Recherches sur les animaux inférieurs de la Méditerranée. (Mém. Inst. Genevois, vol. 1, 164 p., 21 pl.) 1854

WILLEM (V.). — La Structure des palpons d'*Apolemia uvaria*, Eschsch., et les phéno- mènes de l'absorption des ces organes. (Bull. ac. Belgique, sér. 3, vol. 27, p. 354- 363, pl. 1, fig. 1) 1895

ACRASPÉDIÉS

AGASSIZ (A.) et MAYER (A. Goldsborough). — On some Medusæ from Australia. (Bull. Mus. comp. zool. Harvard College, vol. 22, p. 15-19, pl. 1-3) 1898

—— Studies from the Newport marine Laboratory. N° XLI. On *Dactylometra*. (*Ibid.*, vol. 23, p. 1-11, pl. 1-13) 1898

—— Acalephs from the Fidji islands. (Bull. Mus. Harward coll., vol. 33, p. 157-189, 17 pl.) 1899

AGASSIZ (L.). — Contributions to the natural history of the Acalephæ of North-America :

    I. (Mem. of Amer. Acad. of Arts and Sci., vol. 4, p. 221-316, 8 pl.) 1850
    II. (*Ibid.*, p. 313-374, 8 pl.) 1850
    III. (XI+301 p., 19 pl., Boston.) 1860
    IV. (VIII+380 p., 35 pl., Boston.) 1862

ANTIPA (Gr.). — Die Lucernariden der Bremer Expedition nach Ostspitzbergen im Jahre 1889. Nebst Anhang über rudimentare Tentakel bei Lucernariden. (Zool. Jahrb., Abth. Syst., vol. 6, p. 377-396, pl. 17-18) 1892

BERGH (R. S.). — Bemærkninger om Udviklingen af *Lucernarida* (Vidensk. Meddel. naturhist. Foren., p. 214-220, 7 fig., Copenhague) 1888

BIGELOW (R. P.). — The marginal sense organs in the *Pelagidæ*. (John Hopkins Univ. Circ., vol. 9, p. 65-67) 1891

BIGELOW (R. P.). — On reproduction by budding in the *Discomedusæ*. (John Hopkins Univ. Circ., vol. 9, n° 97, p. 71-72) 1892

CHEVIAKOV (W.). — Beiträge zur Kenntniss des Acalephenauges. (Morph. Jahrb., vol. 15, p. 21-60, 3 pl.) 1889

CHUN (C.). — Das Knospungsgesetz der proliferenden Medusen. (Bibl. Zool. 19) 1885

CLARK (H. James). — Lucernariæ and their allies. A memoir on the anatomy and phy- siology of *Haliclystus auricula* and other Lucernarians with a discussion of their relations to other Acalephæ, to Beroids and Polypi. (Smithsonian contri- bution to knowledge, 4°, vol. 23, 130 p., 11 pl.) 1878

CLAUS (C.). — Untersuchungen über Organisation und Entwickelung der Medusen. (Prag et Leipzig) 1883

—— Die Ephyren von *Cotylorhiza* und *Rhizostoma*. (Arb. zool. Inst. Wien, vol. 5) 1884

—— Die Classification der Medusen mit Rücksicht auf die sogenannten Peromedusen, die Periphylliden und Pericolpiden. (*Ibid.*, vol. 7, p. 97-110, 4 fig. dans le texte). 1888

CLAUS (C.). — Ueber die Entwickelung der Scyphostoma von *Cotyloihiza, Aurelia* und
    Chrysaora, sowie über die systematische Stellung der Scyphomedusen.
        I. (Arb. zool. Inst. Wien, vol. 9, p. 85-128, pl. 4-6) 1891
        II. (*Ibid.*, vol. 10, p. 1-70, pl. 1-3) 1892
—— Studien über Polypen und Quallen der Adria. I. Acalephen. (Denk. Nat. Math. Cl.
    Acad. Wien, vol. 38) 1877
—— Ueber *Charbydæa marsupialis.* (Arb. zool. Inst. Wien, vol. 1) 1878
—— Ueber *Æquorea Forskalea.* (*Ibid.*, vol. 3) 1880
CONANT (F. S.). — The Cubomedusæ. (Mem. biol. lab. John Hopkins Univ., vol. 4, n° 1,
    61 p., fig., 8 pl.) 1898
ESCHSCHOLTZ (Fr.). — System der Akalephen. Eine ausführliche Beschreibung aller
    medusenartigen Strahlthiere. (Berlin, 190 p., 16 pl.) 1829
EYSENHARDT (F. W.). — Zur Anatomie und Naturgeschichte der Quallen. I. (p. 375-409,
    pl. 34). (Nov. act. Ac. Cæs. Leopold. Carol., vol. 10, p. 375-422, pl. 34-35) 1821
FEWKES (J. W.). — Are deep see Medusæ. (Ann. mag. nat. Hist., sér. 6, vol. 1) 1888
—— Studies on the jelly-fishes of Narragansett Bay. (Bull. mus. comp. zool. Harvard
    coll., vol. 8, p. 141-182, 10 pl.) 1880-1881
—— Exploration of the surface Fauna of the Gulf Stream. I. Notes on Acalephæ from
    the Tortugas with a description of new genera and species. (*Ibid.*, vol. 9,
    p. 251-289, 7 pl.) 1882
—— On a few Medusæ from the Bermudas. (Expl. of the surf. fauna of the Gulf
    Stream... in Bull. mus. comp. zool. Harvard coll., vol. 11, p. 79-90, 1 pl.) 1883
—— Report on the Medusæ collected by the U. S. F. C. Albatross in the region of the
    Gulf Stream in 1883-1884. (U. S. comm. fish fisheries, 12, rep. for 1884, p. 927-
    980, 10 pl.) 1886
—— Report on the Medusæ collected by the U. S. fish commission steamer "Alba-
    tross" in the region of the Gulf Stream in 1885-1886. (U. S. comm. fish
    fisheries, 14, Rep. for 1886, p. 513-536, pl.) 1889
FORBES (E.). — A monograph of the Bristish naked-eyed Medusæ. (Ray Soc., 104 p.,
    13 pl., London) 1848
GEGENBAUR (C.). — Versuch eines Systems der Medusen. (Zeitschr. f. wiss. Zool., vol. 8). 1857
GÖTTE (A.). — Abhandlungen zur Entwickelungsgeschichte der Thiere. 4. Entwicke-
    lungsgeschichte der *Aurelia aurita* und *Cotylorhiza tuberculata*. (Hambourg et
    Leipzig, 79 p., 26 fig., 9 pl.) 1887
—— Vergleichende Entwickelungsgeschichte der *Pelagia noctiluca*. (Zeit. wiss. Zool.
    vol. 45, p. 645-695, pl. 28-31 et 11 fig. texte) 1893
—— Vergleichende Entwickelungsgeschichte von *Pelagia noctiluca* Pér. (Zeitschr.
    wiss. Zool., vol. 55, p. 645-695, 11 fig., pl. 28-31) 1893
HÄCKEL (E.). — Das System der Medusen. (Jena, gr. in-4°, xxv+672 p., Atl. de 40 pl. II.
    Die Acraspeden, p. 361-656, pl. 21-40) 1879
—— Monographie der Medusen. 1. Die Tiefsee-Medusen der Challenger-Reise; 2. Der
    Organismus der Medusen, p. 1-205, pl. 1-12, (32 pl., fig. dans le texte. Jena). . 1881
HERTWIG (O. et R.). — Der Organismus der Medusen und seine Stellung zur Keimblät-
    tertheorie. (Abh. Jena. Ges., vol. 2, 70 p., pl. 1-3) 1878
—— Das Nervensystem und die Sinnesorgane der Medusen. (4°, 196 p., 10 pl., Leipzig). 1878
HESSE (R.). — Ueber das Nervensystem und die Sinnesorgane von *Rhizostoma Cuvieri*.
    (Zeitschr. f. wiss. Zool., vol. 60, p. 411-456, 3 fig., pl. 20-22) 1895
HYDE (Ida H.). — Entwickelungsgeschichte einiger Scyphomedusen. (Zeitschr. f. wiss.
    Zool. vol. 58, p. 521-565, pl. 32-37) 1894
—— Entwickelungsgeschichte einiger Scyphomedusen. (Zeitschr. f. wiss. Zool., vol. 58,
    p. 551-565, 6 pl., 4 fig.) 1895
KELLER (C.). — Mittheilungen über Medusen. (Rec. zool. Suisse, vol. 1, p. 403-422, pl. 21) 1884
KELLER (O.). — Untersuchungen über Medusen aus dem rothen Meer. (Zeit. wiss.
    Zool., vol. 38) 1883
KLING (O.). — Ueber *Craterolophus Tethys*. Ein Beitrag zur Anatomie und Histologie
    der Lucernarien. (Morph. Jahrb., vol. 5, p. 141-167, pl. 9-11) 1879
KOVALEVSKY (A.). — Zur Entwickelungsgeschichte der *Lucernaria*. (Zool. Anz., vol. 7,
    p. 712-717). 1884
LENDENFELD (R. von). — Zur Metamorphose der Rhizostomen. (*Ibid.*, vol. 7, p. 429-431). 1884
—— Note on the Development of Versuridæ. (Proc. Linn. Soc. N. S. Wales, vol. 9, p. 307-309,
    pl. 5) 1884

LENDENFELD (R. von). — Ueber Cœlenteraten der Südsee. 7e Mittheil. Die australischen rhizostomen Medusen. (Zeitschr. f. wiss. Zool., vol. 47, p. 201-324, pl. 18-27).   1888

—— R. Hesse's Untersuchungen über das Nervensystem und die Sinnesorgane der Medusen. (Biol. Centralbl. vol. 16, p. 371-374).....................................   1896

LESSON (R. P.). — Histoire naturelle des zoophytes Acalèphes. (Suite à Buffon, 8°, Paris, 596 p., 12 pl.)..   1843

MAAS (O.). — Die Medusen. (Rep. expl. west coasts Mexico, centr. and south America and Galapagos islands by the U. S. fish comm. steamer Albatross during 1891. 4°, 92 p., 14 pl., 1 carte)...   1897

METCHNIKOV (E.). — Medusologische Mittheilungen. (Arb. zool. Inst. Wien vol. 6, p. 237-266, pl. 22, 23)..   1886

SARS (G. O.). — Ueber die Entwickelung der Medusa aurita und der Cyanea capillata. (Wiegman's Arch. f. Naturg., vol. 1, p. 9).................................   1841

SCHLATER (G.). — La structure histologique des ventouses de la Lucernaire (Haliclystus auricula) en connexion avec le système nerveux. (Revue sc. nat. Petersbourg, vol. 2, p. 176-177)   1891

SCHNEIDER (A.). — Zur Entwickelungsgeschichte der Aurelia aurita. (Arch. mikr. Anat. vol. 6, p. 363-367, pl. 19)...   1870·

STEENSTRUP (Joh. J.). — Om Fortpflantning od Udvikling gjennem vexlende Generationsræcker, en særegen Form for Opfostringen i de lavere Dyrklasser. (Kjobenhavn, 76 p., 3 pl.)..   1842

     [Sur l'alternance de générations ou la propagation et le développement d'animaux par génération alternante, forme particulière de formation des larves dans les classes inférieures d'animaux. Trad. la même année, en allemand par LORENZ KOPENH et en 1845 en anglais par G. BUSK.]

VANHÖFFEN (E.). — Zur Systematik der Scyphomedusen. (Zool. Anz. vol. 14, p. 244-248)..   1891

—— Untersuchungen über semäostome und rhizostome Medusen. (Bibl. Zool. 3, 54 p., 6 pl., 1 carte)..   1889

—— Die Akalephen der Plankton-Expedition. (Erg. d. Plankton-Exp., vol. 2, 28 p., 4 pl., 1 carte)..   1892

WALCOTT (Ch. Doolittle). — Fossil Medusæ (Monogr. of the U. S. Geol. Survey, vol. 30, 4°, 101 p., 48 pl.)..   1898

OCTANTHIDES

ASHWORTH (J. H.). — The structure of Xenia Hicksoni, n. sp., with some observations on Heteroxenia Elisabethæ, Kölliker. (Quart. journ. micr. sci., vol. 42, p. 245 à 304, fig. pl. 23-27)...   1899

—— Report on the Xeniidæ collected by Dr Willey (Zoological Results based on material from New Britain, New Guinea, Loyalty islands and elsewhere, collected during the years 1895, 1896 and 1897 by A. Willey, IV, p. 509-530, pl. 52, 53)........   1900

BOURNE (G. C.). — On the structure and affinities of Heliopora cœrulea Pallas. With some observations on the structure of Xenia and Heteroxenia. (Phil. Trans. vol. 186 B, p. 455-483, pl. 10-13)...   1895

BROWN (W. L.). — Note on the chemical constitution of the mesoglœa of Alcyonium digitalum. (Quart. journ. of micr. sc., sér. 2, vol. 37, p. 389-393).............   1895

DANIELSSEN (D. C.) og KOREN (J.). — Pennatulida. (Norsk. Nordhavsexped. Zool. XII, 4°, 83 p., 13 pl., Christiania)...   1884

—— Alcyonida. (Den Norsk. Nordhavs-Exped. 1876-1878, XVII, 169 p., 23 pl., Christiania)..   1887

EDWARDS et HAIME. — (Voir aux Madreporidæ.)

FOWLER (G. H.). — On a new Pennatula from the Bahamas. (Proc. zool. Soc. London, p. 135-140, pl. 6)...   1888

GRIEG (J. A.). — Bidrag til Kjendskaben om de nordiske Alcyonarier. (Bergens Mus. Aarbog. 1893 n°, 2, 21 p., 2 pl.)..   1894

HAACKE (W.). — Ueber die Mesenterial-Filamente der Alcyonariengattungen Xenia und Sympodium. (Zool. Anz., vol. 7, p. 405-407)...........................   1884

HERDMAN (W. A.). — On the structure of Sarcodictyon. (Proc. physic. soc. Edinburgh, vol. 8, p. 31-51, 3 pl.)..   1884

HICKSON (S. J.). — A revision of the genera of the Alcyonaria stolonifera, with a description of one new genus and several new species. (Trans. zool. soc. London, vol. 13, p. 325-347, pl. 45-50).................................   1894

Hickson (S. J.). — The structure and relations of *Tubipora*. (Quart. journ. of micr. sc.,
        sér. 2, vol. 23, p. 556-578, 2 pl.).. 1883
—— The Anatomy of *Alcyonium digitatum*. (Quart. journ. of micr. sc., sér. 2, vol. 37,
        p. 343-388, pl. 36-39).. 1895
—— The classification of the Alcyonaria. (Congrès intern. zool., 3ᵉ sess., Leyde,
        p. 352-356)... 1896
Jungersen (H.). — Ueber den Bau und die Entwickelung der Colonie von *Pennatula
        phosphorea* L. (Zeitschr. f. wiss. Zool., vol. 47, p. 626-649, pl. 39)........... 1888
Klunzinger (C. B.). — Die Corallenthiere des rothen Meeres. 3 Theile. 1 : Alcyo-
        -narien und Malacodermen; 2 : Madreporaceen und Oculinaceen; 3 : Astræaceen
        und Fungiaceen. (Berlin, 4°, 3 vol. : 1, viii+98 p., 8 pl.; 2, iv+88 p., 8 pl.;
        3, iii+100 p., 10 pl.).. 1877 et 1879
Koch (G. von). — Anatomie der Orgelkoralle (*Tubipora Hemprichi*, Ehrenb.), ein
        Beitrag zur Kenntniss des Baues der Zoophyten. (Jena, 26 p., 2 pl.)............ 1874
—— Anatomie von *Isis neapolitana* n. sp. (Morph. Jahrb., vol. 4, p. 112-125, 1 pl.)... 1878
—— Mittheilungen über *Gorgonia verrucosa*, Pallas. (*Ibid.*, p. 269-278, 1 pl.)........ 1878
—— Das Skelett der Alcyonarien. (*Ibid.*, p. 447-479, 2 pl.)........................... 1878
—— Anatomie der *Clavularia prolifera* n. sp. nebst einigen vergleichenden Bemer-
        kungen. (Morph. Jahrb. vol. 7, p. 467-487, pl. 22, 23)......................... 1882
—— Vorläufige Mittheilung über die Gorgonien (*Alcyonaria axifera*) von Neapel und
        über die Entwickelung der *Gorgonia verrucosa*. (Mittheil. zool. Stat. Neapel,
        vol. 3, p. 535-550, 15 fig. texte)... 1882
—— Die Gorgoniden. (Fauna u. Flora Golf Neapel., vol 15, 99 p., 10 pl.)............. 1887
—— Ueber *Flabellum*. (Morph. Jahrb., vol. 14, p. 329-344, pl. 13)................... 1888
—— Die *Alcyonacea* des Golfes von Neapel. (Mitth. zool. Stat. Neapel, vol. 9, p. 652-
        676, 28 fig., pl. 25).. 1891
—— Beobachtungen des Wachsens von *Clavularia ochracea*. (Morph. Jahrb. vol. 18,
        p. 605-608)... 1892
Kölliker (A.). — *Icones histologicæ*. II, 1, Die Bindesubstanz der Cœlenteraten, p. 83-182.
        (Folio, 10 pl., Leipzig).. 1865
—— Anatomisch-systematische Beschreibung der Alcyonarien : Die Pennatuliden.
        I. (Abh. Senckenberg. Naturforsch. Ges. vol. 7, p. 109-256, 10 pl.)..... 1869-70
        II. (*Ibid.*, p. 487-602, 7 pl.)... 1869-70
        III. (*Ibid.*, vol. 8, p. 85-275, 7 pl.).................................... 1872
        Les 3 mémoires précédents réunis. (1 vol., 4°, Francfort, 458 p., 23 pl.). 1872
—— Die Pennatulide *Umbellula* und zwei neue Typen der Alcyonarien. (Festschr. zur
        Feier d. 25 jähr. Bestehens d. physikalisch-medicin. Gesellsch. Würzburg, 4°,
        24 p., 2 pl.)... 1875
—— Report on the Pennatulida. (Challenger Reports, vol. 1, 41 p., 11 pl.).......... 1880
Koren (J.) et Danielssen (D. C.). — (A) Beskrivelse over nogle nye norske Cœlente-
        rater. (B) Bidrag til de vet den norske Kyst levende Pennatuliders Naturhis-
        torie. *Fauna littoralis Norvegiæ*. (Vol. 3, p. 77-103, pl., Bergen).......... 1877
Korotnev (A.). — Zur Anatomie und Histologie des *Veretillum*. (Zool. Anz., vol. 10,
        p. 387-390)... 1887
—— Zwei neue Cœlenteraten. (Zeitschr. wiss. Zool., vol. 45, p. 468-490, pl. 23)..... 1887
Kovalevsky (A.) et Marion (A. F.) — Documents pour servir à l'histoire embryo-
        génique des Alcyonaires. (Ann. Mus. Marseille, vol. 1, n° 4, 50 p., 5 pl.)..... 1884
Krukenberg (C. Fr. W.). — Die nervösen Leitungsbahnen in dem Polypar der Alcyo-
        niden. (Vergl. phys. Stud., 2. Reihe, 4. Abth., 1. Theil. Heidelberg, p. 59-76, 1 pl.) 1887
Kükenthal (W.). — Alcyonaceen von Ternate. Nephthiidæ. (Verrill) und Siphonogor-
        giidæ (Kölliker). (Abh. Senkenb. Ges. Frankfurt, vol. 23, p. 81-144, pl. 5-8). 1896
Lacaze-Duthiers (H. de). — Histoire naturelle du Corail, organisation, reproduction,
        pêche en Algérie, industrie et commerce. (8, xxvi+371 p., 20 pl., Paris)...... 1864
—— La couleur des Alcyonaires et ses variations expliquée par l'histologie. (C. r.
        ac. sc. Paris, vol. 59, p. 252-255).. 1864
—— Histologie du polypier des Gorgones. (Ann. sc. nat. sér. 5, vol. 3, p. 353-356, 1 pl.). 1865
—— Des sexes chez les Alcyonaires. (*Ibid.*, vol. 50, p. 840-843).................... 1865
—— Sur le développement des Pennatules (*Pennatula grisea*) et les conditions biolo-
        giques que présente le laboratoire Arago pour les études zoologiques. (*Ibid.*,
        vol. 104, p. 463-469)... 1887
Langdon Brown (W.). — Note on the chemical constitution of mesoglœa of *Alcyonium
        digitatum*. (Quart. journ. of micr. sc., vol. 37, p. 389-393)................. 1895

LINDAHL (Josua). — Om Pennatulidenslägtet *Umbellula* Cuv. (Kongl. Svenska Vetensk. Akad. Handl. (Ny följd.), vol. 12, 22 p., 3 pl.)............................ 1874

MARION (A. F.). — Les Alcyonaires du golfe de Marseille. (C. r. ac. sc. Paris, vol. 94, p. 406-409).. 1882

MARSHALL (A. M.). — Report on the *Pennatulida* dredged by H. M. S. " Triton ". (Trans. Roy. Soc. Edinb., vol. 32, p. 119-152, 5 pl.)................ 1882-83

MARSHALL (A. M.) et MARSHALL (W. P.). — Report on the *Pennatulida* collected in the Oban dredging excursion of the Birmingham nat. hist. and micr. soc., august 1881. (Midland naturalist, vol. 5, p. 1-9, 25-36, 49-56, 121-128, 145-151, 193-202, 217-227, 241-250, 265-273, 4 pl.)................................ 1882

MAY (W.). — Beiträge zur Systematik und Chorologie der Alcyonaceen. (Jenaische Zeit. f. Naturw., n. F., vol. 33, p. 1-180)..................................... 1899

MILNE-EDWARDS (H.). — Recherches anatomiques, physiologiques et zoologiques sur les polypes. (Ann. sc. nat. sér. 2, vol. 4, p. 321) 1835

MOSELEY (H. N.). — Report on Helioporidæ. In : Report on certain Hydroid, Alcyonarian and Madreporarian Corals procured during the Voyage of H. M. S. " The Challenger ", 248 p., 32 pl. (Chall. Rep., vol. 2, p. 102-126 et 231-237, 2 pl.). 1881

NICHOLSON (H. A.). — On the structure of the skeleton of *Tubipora musica* and on the relation of the genus *Tubipora* to *Syringopora*. (Proc. roy. soc. Edinburgh, vol. 11, p. 219-229, 3 fig.).. 1881

NUTTING (C. C.). — Contribution to the anatomy of Gorgonidæ. (Bull. lab. nat. hist. state univ. Jowa, I, p. 97-169, 10 pl.)....... 1889

PANCERI (P). — Gli organi luminosi e la luce delle Pennatule. (Atti d. r. accad. d. sc. fis. e math. Napoli, vol. 5)..................................... 1871
    (Anal. dans Arch. zool. exp. vol. 1, p. 25, 26, 1872, et trad. dans Quart. journ. of micr. sc. (n. s.), vol. 12, p. 248-254, 1872.)

POUCHET (G.) et MYEVRE (A.). — Contribution à l'Anatomie des Alcyonaires. (Journ. anat. et physiol., n° de mai, 31 p., 14 pl.)............................... 1870

RICHIARDI (Seb.). — Monographia della famiglia dei Pennatularii. (8°, Bologna, 150 p., 14 pl. et Arch. zool. Firenze, sér. 2, vol. 1, p. 1-150, 14 pl.)............... 1870

RIDLEY (St. O.). — *Alcyonaria* of the voyage of the Alert. (Rep. zool. coll. Alert, p. 327-365, 578-581, 3 pl.)... 1884

SARDESON (Fr. W.). — Ueber die Beziehungen der fossilen Tabulaten zu den Alcyonarien. (N. Jahrb. Min. Geol. Pal., vol. 10, Suppl. II, p. 249-362, 42 fig.)...... 1896

STUDER (Th.). — Uebersicht der *Anthozoa Alcyonaria*, welche während der Reise H. M. S. " Gazelle " um die Erde gesammelt wurden. (Monatsb. Akad. Wiss. Berlin, p. 632-688, 5 pl.).. 1878

—— Versuch eines Systems der *Alcyonaria*. (Arch. Naturg., vol. 53, p. 1-74, pl. 1).... 1887

—— Supplementary report on the *Alcyonaria* collected by H. M. S. " Challenger " during the years 1873-1876. (Challenger Rep., vol. 32, 31 p., 6 pl.)........... 1889

—— Cas de fissiparité chez un Alcyonaire. (Bull. Soc. Zool. France, vol. 16, p. 28-30).. 1891

WEISSERMEL. — Die Gattung *Ræmeria* (Edw. et Haime) und die Beziehungen zwischen *Farosites* und *Syringopora*. (Zeitschr. d. deutsch. Geol. Ges., vol. 49, p. 368-383). 1897

WENZEL (J.). — Zur Kenntniss der Zoantharia tabulata. (Denkschr. Akad. Wien, vol. 62, p. 479-516, 5 pl.).. 1895

WILSON (E. B.). — The mesenterial filaments of the *Alcyonaria*. (Mitth. Zool. Stat. Neapel, vol. 5, p. 1-27, pl. 1-2) 1884

—— The Development of *Renilla*. (Phil. Trans., vol. 174, p. 723-815, 16 pl.)......... 1884

WRIGHT (E. P.) et STUDER (Th.). — Report on the *Alcyonaria* collected by H. M. S. " Challenger " during the years 1873-1876. (Challenger Reports, vol. 31, 314 p., 43 pl.)... 1889

ACTINANTHIDES

(HEXACTINIDÉS, ZOANTHIDÉS, CÉRIANTHIDÉS ET ANTIPATHIDÉS.)

ANDRES (A.). — Le Attinie. (Fauna und Flora des Golfes von Neapel, 9° Monogr. Vol. 1 : introduzione e specigrafia, 459 p., 78 fig., 13 pl. — La suite n'a jamais paru). 1884

APPELHÖF (A.). — Zur Kenntniss der Edwardsien. (Bergens Mus. Aarsb. f. 1891, n° 4, 32 p., 3 pl.).. 1892

—— *Ptychodactis patula*, n. g., n. sp., der Repräsentant einer neuen Hexactinien-Familie. (Bergens Mus. Aarbog f. 1893, n° 4, 22 p., 3 pl.)........................ 1894

APPELHÖF (A.). — Die Actiniengattungen *Fenja*, *Ægir* und *Halcampoides* Dan. (Bergens
    Mus. Aarborg f. 1896, n° 11, 16 p., 2 pl.).. 1897
—— Studien über Actinien-Entwickelung. (*Ibid.*, n° 1, p. 1-99, 13 fig., pl. 1-4)...... 1900
BELL (F. J.). — Description of a new species of Minyad (*Minyas torpedo*) from North-
    West Australia. (Journ. Linn. soc. London, vol. 19, p. 114-116, figures)...... 1885
BENEDEN (E. van). — Recherches sur le Développement des *Arachnactis*. (Arch. biol.
    vol. 11, p. 115-146, 2 fig., pl. 3-5).. 1891
—— Les Anthozoaires de la « Plankton-Expedition ».(Ergebn. der Plankton-Expedi-
    tion, vol. 2 K. e., 4°, 222 p., 16 pl., 1 carte, Kiel u. Leipzig)................. 1897
BERANEK (Ed.). — Etudes sur les corpuscules marginaux des Actinies. (Neufchatel, 40 p.,
    1 pl.).. 1888
BLOCHMANN (F.) et HILGER (C.). — Ueber *Gonactinia prolifera* Sars, eine durch Quer-
    theilung sich vermehrende Actinie. (Morph. Jahrb., vol. 13, p. 385-401, pl. 14-15). 1888
BOVERI (Th.). — Ueber Entwickelung und Verwandtschaftsbeziehungen der Actinien.
    (Zeit. wiss. Zool., vol. 49, p. 461-502, pl. 21-23)................................ 1890
—— Das Genus *Gyractis*, eine radial-symmetrische Actinienform. (Zool. Jahrb., Abth.
    Syst., vol. 7, p. 241-253, 3 fig., pl. 10).. 1893
BROOK (G.). — Report on the Antipatharia collected by H. M. S. "Challenger" during
    the years 1873-1876. (Challenger Report, vol. 32, 222 p., 15 pl.)........ 1889
CARLGREEN (Osk.). — Beiträge zur Kenntniss der Actiniengattung *Bolocera*. (*Ibid.*,
    p. 241-250)... 1891
—— *Protanthea simplex*, n. g., n. sp., eine eigenthümliche Actinie. (Ofv. vet. Akad. Föhr.
    Stockholm, vol. 48, p. 81-89, fig.).. 1891
—— Ueber das Vorkommen von Braträumen bei Actinien. (Vorl. Mitth.) (*Ibid.*, vol. 50,
    p. 231-238, fig.).. 1893
—— Zur Kenntniss der Septenmusculatur bei Ceriantheen und der Schlundrinnen bei
    den Anthozoen. (*Ibid.*, p. 239-247, fig.).. 1893
—— Zur Kenntniss der Minyaden. (Oefv. Vet. Akad. Föhr. Stockholm, vol. 51, p. 19-24,
    2 fig.)... 1894
—— Ueber die Gattung *Gerardia*, Lac. Duth. (Ac. sc. Stockholm. Compt. rend. des
    trav., vol. 52, p. 319-333).. 1895
—— Beobachtungen über die Mesenterienstellung der Zoantharien, nebst Bemerkungen
    über die bilaterale Symmetrie der Anthozoen. (Festschr. Lilljeborg. Upsala,
    p. 147-164, pl. 8)... 1896
—— Zur Mesenterienentwickelung der Actinien. (Oefv. Vet. Akad. Föhr. Stockholm,
    vol. 54, p. 159-172, fig.)... 1897
CAZURRO (M.). — *Anemonia sulcata* Pennant, estudio anatómico histológico de una
    Actinia. (Anal. Soc. Españ. Hist. nat., sér. 2, vol. 1, p. 307-320, fig.)......... 1892
        (Etude détaillée d'une Actinie. Nous n'avons pu nous la procurer. Rien de
    neuf, paraît-il.)
CERFONTAINE (P.). — Sur l'organisation et le développement des différentes formes
    d'Anthozoaires. (Bull. acad. Belg., sér. 3, vol. 21 (p. 25-39, pl. 1-2; vol. 22,
    p. 128-148, pl. 1)... 1891
CHAPEAUX (Marc). — Recherches sur la digestion des Cœlentérés. (Arch. zool. exp.
    sér. 3, vol. 1, p. 139-160).. 1893
DANIELSSEN (D. C.). — Actinida of the Norwegian North-Atlantic Expedition. (Bergens
    Mus. Aarsberet, for 1887, 24 p., 3 pl.)... 1888
—— *Cerianthus borealis*. (Bergens Mus. Aarsberet, 12 p., 1 pl.)...................... 1888
—— Ueber den Bau der Actinien *Fenja* und *Ægir*. (Sitzb. Ges. Nat. Freunde Berlin,
    p. 99-100)... 1889
—— *Actinida*. (Norsk. Nordhavs-Exped. 1876-1878, n° 19, avec trad. anglaise, 184 p.,
    25 pl., 1 carte).. 1890
DIXON (G. Y.) et DIXON (A. F.). — Notes on *Bunodes* and *Tealia*. (Proc. R. Dublin Soc.,
    vol. 6, p. 310-326, pl. 4-5).. 1889
DIXON (A. F.). — Note on the Mesenteries of Actinians. (Quart. journ. micr. sc., sér. 2,
    vol. 35, p. 551-553)... 1894
DURDEN (J. E.). — The Actiniarian family Aliciidæ. (Ann. Mag. nat. Hist., sér. 6,
    vol. 20, p. 1-15, pl. 1)... 1897
EDWARDS (H. Milne) et HAIME (G.). — (Voir aux Hexacorallidés.)
EHLERS (E.). — Zur Auffassung des *Polyparium ambulans* (Korotnev). (Zeitschr. f. wiss.
    Zool., vol. 45, p. 491-498).. 1887

ERDMANN (A.). — Ueber einige neue Zoantheen. Ein Beitrag zur anatomischen und systematischen Kenntniss der Actinien. (Jen. Zeitschr. f. Naturw., vol. 19, p. 430-488, 2 pl.) 1885

FAUROT (L.). — Etudes sur l'anatomie, l'histologie et le développement des Actinies. (Arch. zool. exp., sér. 3, vol. 3, p. 43-262, 29 fig., pl. 4-15) 1895

FISCHER (P.). — Contribution à l'actinologie française. (Arch. zool. exp. sér. 2, vol. 5, p. 381-442) 1888

—— Sur la disposition des tentacules chez les *Cerianthus*. (Bull. soc. zool. France, vol. 14, p. 24-27, fig.) 1889

FOWLER (G. H.). — Two new types of Actinaria. (Quart. journ. micr. sc., sér. 2, vol. 28, p. 413-430, pl. 32-33) 1888

—— *Actineon Lindahli* (W. B. Carpenter) : an undescribed Anthozoon of novel structure. (Quart. journ. of micr. sc., new ser., vol. 35, p. 461-480, pl. 29-30) 1894

—— Contribution to our knowledge of the plankton of the Fœroe channel, n° 3. The later development of *Arachnactis albida* (M. Sars), with notes on *A. Bournei* (*sp. n.*). (Proc. zool. soc. London, p. 803-809, pl. 47) 1897

GÖTTE (A.). — Einiges über die Entwickelung der Scyphopolypen. (Zeitschr. f. wiss. Zool., vol. 63, p. 292-378, 25 fig., pl. 16-19) 1897

HAACKE (W.). — Zur Tectologie und Phylogenie des Korotnev'schen Anthozoengenus *Polyparium*. (Biol. Centralbl., vol. 7, p. 685-690, fig.) 1888

HADDON (A. C.). — Revision of the British Actiniæ. (Trans. r. Dublin soc., sér. 2, vol. 4, p. 297-360, pl. 31-37) 1889

HADDON (A. C.) et DIXON (G. Y.). — The structure and habits of *Peachia hastata* Gosse. 1. (Proc. r. Dublin soc., sér. 2, vol. 4, p. 399-406, 3 pl.) 1885

—— Note on *Halcampa chrysanthellum* Peach. (Proc. r. Dublin soc., sér. 2, vol. 5, p. 1-12, fig.) 1886

—— Note on the arrangement of the mesenteries in the parasitic larva of *Halcampa chrysanthellum* Peach. (Proc. r. Dublin soc., sér. 2, vol. 5, p. 473-481, pl. 11) 1887

—— On two species of Actiniæ from the Mergui archipelago. (Journ. linn. soc. London, vol. 21, p. 247-255, pl. 19-20) 1888

HADDON (A. C.) et DUERDEN (J. E.). — On some Actiniaria from Australia and other districts. (Trans. roy. Dublin soc., sér. 2, vol. 6, p. 139-164, p. 7-10) 1896

HADDON (A. C.) et SHAKLETON (Miss A. M.). — A revision of the British Actiniæ. 2 : The Zoantheæ. (Trans. r. Dublin Soc., sér. 2, vol. 4, p. 609-672, pl. 58-60) 1891

—— Reports of the zoological collection made in Torres Straits. Actiniæ. 1. Zoantheæ. (*Ibid.*, p. 603-701. 2 fig., pl. 61-64) 1891

—— *Zoanthus chierchiæ, n. sp.* (Zeitschr. f. wiss. Zool., vol. 59, p. 109-136, pl. 1-3) 1895

HERTWIG (R.). — Die Actinien der Challengerexpedition. (Challeng. Reports, vol. 40, p. 1-136, 14 pl.) 1882

—— Bau der Ovarien der Actinien. (Jena. Zeitschr., Sitzungsb., p. 18) 1882

—— Supplementary Report on Challenger Actiniæ. (Challenger reports, vol. 26, 56 p., 4 pl.) 1888

HERTWIG (O. et R.). — Die Actinien anatomisch und histologisch mit besonderer Berücksichtigung des Nervensystems untersucht. (Jenaische Zeitsch., vol. 13, p. 457-640, pl. 17-26) 1879

—— (*Ibid.* vol 14, p. 39-89) 1880

KLUNZINGER (C. R.). — (Voir aux Octanthides.)

KOCH (G. von). — Die Antipathiden des Golfes von Neapel. (Mitth. d. zool. Stat. Neapel, vol. 9, p. 187-204, fig.) 1889

KOROTNEV (A.). — Zwei neue Cœlenteraten. [*Polyparium ambulans.*] (Zeit. wiss. Zool., vol. 45, p. 468-486, 4 fig., pl. 23, fig. 1-17) 1887

KVIETNIEVSKY (C. R.). — Ein Beitrag zur Anatomie und Systematik der Actiniarien. (Dissert. Jena, 34 p.) Comm. prélim 1897

LACAZE-DUTHIERS (H. de). — Mémoire sur les Antipathaires (Genre *Gerardia*). (Ann. sc. nat., sér. 5, vol. 2, p. 169-239, 6 pl.) 1864

—— Deuxième Mémoire sur les Antipathaires (Antipathes vrais). (*Ibid.*, vol. 4, p. 1-62, pl. 1-4) 1865

—— Développement des Coralliaires. Actiniaires sans polypier. (Arch. zool. exp., vol. 1, p. 289-396, pl. 11-16) 1872

MITCHELL (P. Chalmers). — *Thelaceros Rhizophoræ, n. g., n. sp.,* an Actinian from Celebes. (Quart. journ. of micr. sc., new. ser., vol. 30, pl. 551-563, pl. 36) 1890

Murrich (J. Playfair Mc). — A contribution to the Actinology of the Bermudas. (Proc. Ac. N. Sc. Philadelphia, p. 102-126, pl. 6-7) ... 1889

—— On the occurrence of an *Edwarsia* stage in the free-swimming embryos of an Hexactinian. (John Hopkins univ. circ., vol. 8, p. 31, fig.) ... 1889

—— The Actiniaria of the Bahama islands. (Journ. morph. Boston, vol. 3. p. 1-80, pl. 1-4) ... 1889

—— Contributions on the morphology of the Actinozoa.
    1. The structure of *Cerianthus americanus*. (Journ. Morph., vol. 4, p. 131-150, pl. 6, 7) ... 1891
    2. On the development of the *Hexactiniæ*. (*Ibid.*, p. 303-330, pl. 13) ... 1891
    3. The Phylogeny of the Actinozoa. (*Ibid.*, vol. 5, p. 125-164, 4 fig., pl. 11) ... 1891

—— Report on the Actiniæ collected by the U. S. fish comm. steamer "Albatross" during the winter of 1887-1888. (Proc. U. S. nation. mus., vol. 16, p. 11-216, pl. 19-35) ... 1893

Nagel (W.). — Der Geschmackssinn der Actinien. (Zool. Anz. vol. 15, p. 334-338) ... 1892

Parker (G. H.). — The reactions of *Metridium* to food and other substances. (Bull. Mus. Harvard Coll., vol. 20, p. 107-119) ... 1896

——. The mesenteries and solenoglyph in *Metridium marginatum* Milne-Edwards. (*Ibid.*, vol. 30, p. 259-373, 1 pl.) ... 1897

—— Longitudinal fission in *Metridium marginatum*, Milne-Edwards. (Bull. Mus. Comp. Zool. Harvard College, vol. 35, p. 43-56, pl. 1-3) ... 1899

Perrier (E.). — Le *Polyparium ambulans*. (La Nature, vol. 16, p. 5-7, fig.) ... 1888

Pollock (W. H.) et Romanes (G. J.). — On indications of the sense of smell in Actiniæ. (Journ. linn. soc., vol. 16, p. 474-476) ... 1882

Prouho (H.). — Observation sur la *Gonactinia prolifera* Sars, draguée dans la Méditerranée. (Arch. zool. exp., sér. 2, vol. 9, p. 247-254, pl. 9) ... 1891

Semper (C.). — Ueber einige tropische Larvenformen. (Zeitschr. wiss. Zool., vol. 17, p. 413) ... 1867

Simon (J. A.). — Ein Beitrag zur Anatomie und Systematik der Hexactinien. (Inaug.-Dissert. München, 106 p.) ... 1892

Torrey (H. B.). — Observations on Monogenesis in *Metridium* (Proc. California Acad. sc., ser. 3. vol. 1, p. 345-360, pl. 21) ... 1898

Vanhöffen (E.). — Zoologische Ergebnisse der Grönlandexpedition nach Dr Vanhöffen's Sammlungen bearbeitet. 1 : Untersuchungen über Anatomie und Entwickelungsgeschichte von *Arachnactis albida* Sars. (Bibl. Zool., vol. 20, 1-14, pl. 1). ... 1895

Verrill (A. E.). — Results of the exploration made by the Steamer "Albatross" of the Northern Coast of the U. S. in 1883. (U. S. Comm. Fish and Fisheries, vol. 11, p. 503-606. *Anthozoa.*, p. 508-517, 532-536, 9 pl.) ... 1886

Vogt (C.). — Des genres *Arachnactis* et *Cerianthus*. (Arch. Biol., vol. 8, p. 1-41, pl. 1-3). ... 1888

Willem (W.). — La digestion chez les Actiniés. (Bull. Soc. Méd. Gand, p. 295-305) ... 1892

Wilson (H. V.). — On a new Actinia *Hoplophoria coralligens*. (Stud. biol. lab. John Hopkins univ., vol. 4, p. 379-387, pl. 43) ... 1890

(Hexacorallidés et Tetracorallidés.)

Agassiz (A.). — The Tortugas and Florida reefs. (Mem. of Americ. Acad., vol. 11) ... 1882

——. Three Cruises of the U. S. Coast and geodetic survey Steamer "Blake". (Bull. Mus. Harvard College, vol. 14, p. 52-92; 15, p. 128-156, 422-483, fig.) ... 1888

—— The coral reefs of the Hawaiian Islands. (*Ibid.*, vol. 17, p. 121-170, 13 pl.) ... 1889

—— General Sketch of the cruise of the "Albatross", Febr. till May 1891. (*Ibid.*, vol. 23). ... 1892

—— A reconnoissance of the Bahamas and the elevated reefs of Cuba. (*Ibid.*, vol. 26, p. 108-136) ... 1894

—— A visit to Bermudas in March 1894. (*Ibid.*, vol. 26, p. 209-281, 30 pl.) ... 1895

—— A visit to the Great Barrier reefs of Australia in the steamer "Croydon" during april and may 1896. (*Ibid.*, vol. 28, p. 95-148, 41 pl. ou cartes) ... 1898

—— The islands and coral reefs of Fidji. (*Ibid.*, vol. 33, 167 p., 120 pl.) ... 1899

Bassett-Smith (P. W.). — On the formation of the Coral reefs on the n. w. Coast of Australia. (Proc. zool. soc. London, p. 157-159, fig.) ... 1899

Bercher (Ch. E.). — The Development of a palæozoic poriferous Coral. (Trans. Connecticut acad., vol. 8, p. 207-214, pl. 9-13) ... 1892

Bonney (T. G.). — The structure and distribution of coral reefs. (Nature, vol. 40, p. 77, 125, 222) ... 1889

BOURNE (G. C.). — The anatomy of the Madreporarian Coral *Fungia*. (Quart. journ. of micr. sc., new ser., vol. 27, p. 293-324, pl. 23-25) ... 1887

—— On the anatomy of *Mussa* and *Euphyllia* and on the morphology of the Madreporarian skeleton. (*Ibid.*, vol. 28, p. 21-51, pl. 3-4) ... 1887

—— On the postembryonic development of *Fungia*. (Trans. r. Dublin soc., vol. 5, p. 205-238, pl. 22-25) ... 1893

—— Id. (*Ibid.*, vol. 8, p. 244-246) ... 1894

—— On the structure and affinities of *Heliopora Cœrulea* Pallas, with some observations on the structure of *Xenia* and *Heteroxenia*. (Phil. Trans., vol. 186 B, p. 455-483, pl. 10-13) ... 1895

CHEVIAKOV (Vlad.). — Beiträge zur Kenntnis des Acalephenauges. (Morph. Jahrb., vol. 15, p. 21-60, pl. 1-3) ... 1889

CLAUS (C.). — Die Ephyren von *Cotylorhiza* und *Rhizostoma* und ihre Entwickelung zu achtarmigen Medusen. (Arb. Zool. Inst. Wien, vol. 5, p. 169-178) ... 1884

—— Ueber die Classification der Medusen, mit Rücksicht auf die Stellung der sogenannten Peromedusen, der Periphylliden und Pericolpiden. (Arb. Zool. Inst. Wien, vol. 7, p. 97-110, 4 fig.) ... 1886

—— Ueber die Entwickelung des Scyphostoma von *Cotylorhiza*, *Aurelia* und *Chrysaora*, sowie über die systematische Stellung der Scyphomedusen. (Arb. d. Zool. Inst. Wien, vol. 9, p. 85-128, pl. 4-6) ... 1890

—— 2. *Ibid.* Vol. 10, p. 1-70, pl. 1-3) ... 1892

DANA (J. D.). — Origin of coral reefs and islands. (Am. Journ., sér. 3, vol. 30, p. 89-105, 169-191, 1 pl.) ... 1885

—— Corals and coral islands, new edit. N. Y. 440 p., nombr. fig., 17 pl.) ... 1890

DARWIN (Ch.). — The structure and distribution of coral reefs. 3º éd. (London, 350 p. fig.). 1re édition 1842. Trad. française de la 2º édition 1878 ... 1889

DUNCAN (P. M.). — On the relation of the pali of Corals to the tentacles. (Ann. Mag. Nat. Hist., sér. 5, vol. 13, p. 466-467) ... 1884

—— A revision of the families and genera of the sclerodermic Zoantharia M. E. et H. or Madreporaria. (M. rugosa except.) Journ. Linn. soc. London, vol. 18, p. 1-204). (Lu en avril 1884) ... 1885

DYBOWSKI (M. W.). — Monographie der Zoantharia sclerodermata rugosa aus der Silurformation Esthlands, Nord-Livlands und der Insel Gotland. (Arch. f. d. Naturk. Liv-, Esth- und Kurlands, vol. 5) ... 1874

EDWARDS (H. Milne) et HAIME (J.). — Histoire naturelle des Coralliaires [comprenant tous les Anthozoaires]. (8º, 3 vol. texte, 1 vol. planches) ... 1857

ÉTHERIDGE (R. jr.) et FOORD (H.). — Description of palæozoic Corals in the collections of the British museum. (Ann. mag. nat. hist., sér. 5, vol. 14, p. 472-476, 1 pl.) ... 1884

FOWLER (G. H.). — The anatomy of the Madreporaria.

    I. Quart. journ. of micr. sc., sér. 2, vol. 25, p. 577-597, pl. 40-42. [*Flabellum, Rhodopsammia*] ... 1885

    II. *Ibid.*, vol. 27, p. 1-16, pl 1. [*Madrepora*] ... 1886

    III. *Ibid.*, vol. 28, p. 1-19, pl. 1-2. [*Turbinaria, Lophohelia, Seriatopora, Pocillopora, Flabellum*] ... 1887

    IV. *Ibid.*, vol. 28, p. 413-430, pl. 32, 33. [*Madracis, Amphihelia, Stephanophyllia, Stephanaria, Pocillopora, Seriatopora*] ... 1888

    V. *Ibid.*, vol. 30, p. 405-419, fig., pl. 28. [*Duncania, Madrepora, Galaxea, Heteropsammia, Bathyactis*] ... 1890

GARDINER (J. Stanley). — The coral reefs of Funafuti, Rotuma, Fidji... (Proc. philos. soc. Cambridge, vol. 9, p. 417-503) ... 1898

—— On the anatomy of a supposed new species of *Cœnopsammia* from Lifu. (Zool. results based on material from New Britain... collected by A. WILLEY, part IV, p. 357-380, 2 fig. et pl. 34) ... 1900

GEIKIE (A.). — The origin of coral reefs. (Nature, vol. 29, p. 107-110, 124-128, fig.) ... 1884

GUPPY (H. B.). — The origin of the coral reefs. (Nature, vol. 29, p. 214-215) ... 1884

—— Suggestions as to the mode of formation of barrier reefs in Bougainville straits, Salomon Group. (Proc. Linn. Soc. N. S. Wales, vol. 9, p. 949-959, 1 pl.) ... 1885

—— The structure and distribution of coral reefs. (Nature, vol. 40, p. 53-54, 102, 173-174, 222-223) ... 1889

HEIDER (A. von). — Die Gattung *Cladocora*. (Sitz. Ac. Wiss. Wien, vol. 84, p. 634-667, 4 pl., 3 fig.) ... 1882

Heider (A. R. von). — Korallenstudien. (Zeitschr. f. wiss. Zool., vol. 44, p. 507-535, 5 fig.,
    pl. 30, 31)..   1886
Jukes. — Narrative of the voyage of H. M. S. Fly...............................   1847
Kent (Saville). — The Great Barrier of Australia, its products and potentialities.
    (London, 4°, xxiii + 387 p., 64 pl., 1 carte)...............................   1893
Klunzinger (C. B.). — Die Korallthiere des Rothen Meeres (2. u. 3. Theil. Die Stein-
    korallen, 4°, Berlin)...   1879
Koch (G. von). — Ueber die Entwickelung des Kalkskelettes von *Asteroides calycularis*
    und dessen morphologischer Bedeutung. (Mittheil. zool. Stat. Neapel, vol. 8,
    p. 284-292, pl. 20, 21)...   1882
——— Morphologische Bedeutung des Korallenskeletes (Biol. Centralbl. vol. 2, p. 583-
    593)..   1883
——— Ueber das Verhältniss von Skelett und Weichtheilen bei den Madreporen. (Morph.
    Jahrb., vol. 12, p. 154-161, pl. 9)..   1887
——— Die ungeschlechtliche Vermehrung von *Madrepora*. (Abh. Nat. Ges. Nürnberg,
    p. 1-18, 6 fig. pl. 1)..   1893
——— Das Skelett der Steinkorallen. (Festschr. Gegenbaur, Leipzig, vol. 2, p. 249-276,
    23 fig., pl.)...   1896
——— Entwickelung von *Caryophyllia cyathus*. (Mitth. d. Zool. Stat. Neapel, vol. 12,
    p. 755-772, 21 fig., pl. 34)..   1897
Krämer (A.). — Ueber den Bau der Korallenriffe und die Planktonvertheilung an den
    samoanischen Küsten. Avec un appendice de A. Collin sur le Ver Palolo. (Kiel
    et Leipzig, 174 p., fig., 1 carte)...   1897
Kunth (A.). — Das Wachsthumsgesetz der Zoantharia rugosa und über *Calceola san-
    dalina*. (Zeitschr. geol. G., vol. 28, p. 647-688, pl. 18, 19).............   1869
——— Ueber Analoga des Deckels der Zoantharia rugosa bei lebenden Korallen. (*Ibid.*,
    vol. 22, p. 24, 25, pl. 1)..   1870
Lacaze-Duthiers (H. de). — Développement des Coralliaires. 2e mémoire. Actiniaires
    à polypier [*Astroides*]. (Arch. zool. exp., vol. 2, p. 269-348, pl. 12-15)........   1873
——— Faune du Golfe du Lion. Evolution du polypier du *Flabellum anthophyllum*.
    (*Ibid.*, sér. 3, vol. 2, p. 445 à 484, pl. 18)............................   1894
——— Id. Coralliaires. Zoanthaires. Sclérodermés. 2e mémoire (*Ibid.*, sér. 3, vol. 5, p. 1-
    249, 10 fig., pl. 1-12)...   1897
Langenbeck (R.). — Die Theorien über die Entstehung der Koralleninseln und der
    Korallenriffe und ihre Bedeutung für geographische Fragen.(Leipzig,190 p.,fig.)   1890
Lapparent (A. de). — La théorie des récifs coralliens. (Rev. sc. Paris, sér. 3, vol. 35,
    p. 556-561)...   1885
Lindström (G.). — Some observations on the Zoantharia rugosa. (Geol. Mag., vol. 3,
    p. 356-362). Trad. d'un mémoire suédois de l'année précédente..............   1866
Lister (S. J.). — On some points in the natural History of *Fungia*. (Quart. journ.
    of micr. sc., new ser., vol. 29, p. 359-363, fig.).........................   1889
Morris (Ch.).—Theories of the formation of coral islands. (Proc. Acad. Nat. Sc. Phila-
    delphia, p. 419-420)..   1888
Moseley (H. N.). — On the deep-sea Madreporaria. (Challenger Rep., vol 2, p. 127-
    208 et 238-248, 16 pl.)...   1881
Murray (John). —Structure, origin and distribution of coral reefs and islands (Pro-
    ceed. Roy. Soc. Edinburgh, vol. 10, p. 505-518, 1879, 1880, et Nature, vol. 22,
    p. 558..   1880
——— Id. (*Ibid.*, vol. 39, p. 424-428).......................................   1889
Murray et Irvine. — On coral reefs and other Carbonate of lime formations in modern
    seas. (Proc. roy. Soc. Edinburgh, vol. 17)................................   1889
Ogilvie (Maria M.). — The classification of Madreporaria. (Nature, vol. 55, p. 280-284,
    9 fig.)...   1897
——— Microscopic and systematic study of madreporarian types of Corals. (Phil. Trans.,
    vol. 187 B, p. 83-345, 75 fig.)...   1897
Ortmann (A.). — Die Morphologie des Skelettes der Steinkorallen in Beziehung zur
    Koloniebildung. (Zeitschr. f. wiss. Zool., vol. 50, p. 278-316, pl. 11).........   1890
Parker (G. H.). — The mesenteries and syphonoglyphs in *Metridium marginatum*
    M. Edw. (Bull. mus. Harvard coll. vol. 30, p. 259-273, pl.)...............   1897
Pratz (E.). — Ueber die Verwandtschaftlichen Beziehungen einiger Korallengattun-
    gen mit hauptsächlicher Berücksichtigung ihrer Septalstructur. (Palæonto-
    graphica, vol. 29)...   1882

QUELCH (J. J.). — Report on the reef-corals collected by H. M. S. Challenger during the years 1873-1876. (Chall. rep., vol. 16, 203 p., 12 pl.)................... 1886

RÖMER (F.). — Zoantharia rugosa (Lethæa geognostica. I. Lethæa palæozoica, p. 327-416, 37 fig., pl. 10, Stuttgart).. 1883

ROSS (J. G.). — Coral formations. (Nature, vol. 37, p. 462, 584-585)................. 1888

SARDESON (Fr. W.). — (Voir aux Octanthides.)

SEMPER (K.). — The natural conditions of existence as they affect animal life. (London, 8°, 472 p., 106 fig., 2 cartes. [En particulier, p. 200-276, où sont développées les idées émises sur la question des Récifs dans l'ouvrage sur les Philippines.] 1899

SOLLAS (W. J.). — Report to the Committee of the Royal Society appointed to invertigate the structure of a coral reef by boring. (Proc. Roy. Soc. London, vol. 60, p. 502-512, fig. et dans Nature, vol. 55, p. 373-377)................. 1897

WHARTON (W. J. L.). — Coral formations. (Nature, vol. 37, p. 393-395).............. 1888

—— Drowned atolls. (Nature, vol, 42, p. 222)........................... 1898

WILSON (H. V.). — On the development of *Manicina areolata*. (Journ. Morph. Boston, vol. 2, p. 191-252, pl. 14-20).. 1888

CTÉNAIRES

AGASSIZ (A.). — Embryology of the Ctenophoræ. (Mem. Amer. Acad. Arts and Sci., vol. 10, p. 357-398, 5 pl.).. 1874

BETHE (Albr.). — Der subepitheliale Nervenplexus der Ctenophoren. (Biol. Centralbl., vol. 15, p. 140-145, 2 fig.).. 1895

CHUN (C.). — Die Ctenophoren des Golfes Neapel. Eine Monographie. (Fauna und Flora des Golfes von Neapel, 4°, 313 p., 18 pl., Leipzig)................... 1880

—— Die Dissogonie, eine new Form der geschlechtlichen Zeugung. (Festschr. Leuckart, p. 77-108, 3 fig., pl. 9-13).. 1892

—— Die Ctenophoren der Plankton-Expedition (Ergeb. Plankt.-Exp., vol. 2 K. a, 32 p., 3 pl., Kiel u. Leipzig).. 1898

CLAUS (C.). — Ueber *Deiopea calctenota* Chun als Ctenophore der Adria, nebst Bemerkungen über die Architektonik der Rippenquallen. (Morph. Jahrb, vol. 7, p. 83-97, pl. 3). [Paru aussi dans Arb. Wien, vol. 7, p. 27-110, 4 fig., 1886].... 1888

ENGELMANN (Th. W.). — Ueber die Function der Otolithen. (Zool. Anz., vol. 10, p. 439-444).. 1887

HEIDER (K.). — Ueber *Gastrodes*, eine parasitische Ctenophore. (Sitzb. d. Ges. d. Nat.-Freunde Berlin, p. 114-119, 2 fig.).. 1893

HERTWIG (R.). — Ueber den Bau der Ctenophoren. (Jen. Zeitschr., vol. 14, p. 313-457, 7 pl.) 1880

KOROTNEV (A.). — *Ctenoplana Kovalevskyi*. (Zeitschr. f. wiss. Zool., vol. 43, p. 242-251 .. 1886

—— *Cunoctantha* und *Gastrodes*. (Zeitschr. f. wiss. Zool. vol. 47, p. 650-667, p. 40).. 1888

—— Zoologische Paradoxen (*Cunoctantha* et *Gastrodes*). (Zeitschr. f. wiss. Zool., vol. 51, p. 613-628, pl. 30-32).. 1891

KOVALEVSKI (A.). — Entwickelungsgeschichte der Rippenquallen. (Mém. Acad. Sc. Saint-Pétersbourg, vol. 10, VIII+28 p., 5 pl.).. 1867

—— Ueber *Cœloplana Metchnikovi*. (Zool. Anz., vol. 3, p. 140)................... 1880

—— Ueber *Cœloplana Metchnikovi*. (Verhandlungen d. zool. Section der 6. Versammlung russischer Naturforscher und Aerzte). Referat in................. 1880

LENDENFELD (R. von). — Ueber Cœlenteraten der Südsee. VI. *Neis cordigera* Lesson, eine australische Beroide. (Zeit. wiss. Zool., vol. 41, p. 673-682, pl. 33)..... 1885

METCHNIKOV (E.). — Vergleichend-embryologische Studien. I. Ueber die Gastrulation und Mesodermbildung der Ctenophoren. (Zeitschr. f. wiss. Zool., vol. 42, p. 648-656, pl. 24-25).. 1885

NAGEL (W.). — Versuche zur Sinnesphysiologie von *Beroe ovata* und *Carmarina hastata*. (Pflüger's Archiv, vol. 54, p. 165-188, 5 fig.)................... 1893

SAMASSA (P.). — Zur Histologie der Ctenophoren. (Arch. f. mikr. Anat., vol. 40, p. 157-242, pl. 8-12).. 1892

SHARP (B.). — Ctenophores in freshwater. (Proc. acad. nat. sc. Philadelphie, p. 82-83).. 1888

VERWORN (M.). — Studien zur Physiologie der Flimmerbewegung. (Pflüger's Arch. f. ges. Phys., vol. 48, p. 149-180, 4 fig.).. 1890

—— Gleichgewicht und Otolithenorgan. Experimentelle Untersuchungen. (*Ibid.*, vol. 50, p. 423-472, 5 fig.).. 1891

VERWORN Ueber die Fähigkeit der Zelle, activ ihr specifisches Gewicht zu ändern. (Pflüger's Archiv, vol. 53, p. 140-155, fig.)............................... 1892

WILLEY. — On Heteroplana, a New genus of Planarians. (Quart. journ. of micr. sc., new ser., vol. 40, p. 203-205, 1 fig.)... 1897

WILLEY (A.). — On *Ctenoplana*. (Quart. journ. of micr. sc., new ser., vol. 39, p. 323-342, 1 pl.)... 1869

APPENDICE (*TETRAPLATIA*)

BARGONI (E.). — Sul *Tetraplatia volitans* Busch. (8°, 19 p., 1 pl., Messina (Fil. d'Angelo). [Nous n'avons pu nous le procurer].................................... 1895

BUSCH (W.). — Beobachtungen über Anatomie und Entwickelung einiger wirbellosen Thiere. (*Tetraplatia*, p. 110, pl. 10, fig. 3, 4) 1851

CLAUS. — Ueber *Tetrapteron* (*Tetraplatia*) *volitans*. (Arch. mikr. Anat., vol. 15, p. 349-359, pl. 22)... 1878

FEWKES (W.). — The affinities of *Tetraptera volitans*. (The amer. Nat., vol. 17, p. 426). 1883

KROHN. — Ueber *Tetraplatia volitans*. (Arch. Naturg., p. 337, pl. 14)............... 1865

VIGUIER (C.). — Etudes sur les animaux inférieurs de la baie d'Alger. 4. Le Tétraptère (*Tetraplatia volitans* Busch). (Arch. zool. exp., sér. 2, vol. 8, p. 101-142, pl. 7-9) 1890

TABLE DES MOTS TECHNIQUES

ET INDICATIONS DIVERSES

LISTE DES HÔTES DES PARASITES

INDEX GÉNÉRIQUE

DES

CŒLENTERES

CONTENANT LES PRINCIPAUX SYNONYMES

Les noms de groupes sont en gros caractères, les noms de genres en petits caractères, les synonymes entre parenthèses et en retrait.

L'astérisque précédant un nom de genre signifie que ce genre est parasite.

A

Abietinaria 115
Abyla 280 = (Amphirhoa)
   (Abylopsis, Chun) = Aglaismoides, Calpe
Acabaria 414
   (Acalephæ) 295
Acalèphes 295
   (Acalèphes cténophores) 707
   (Acalèphes hydrostatiques) 210
Acamptogorgia 422 = (Perisceles)
Acanella 427
   (Acanelladæ) 427
Acanthastræa 632
Acanthella 120
   (Acanthobrachia, Str. Wright) = ? Eucope
Acanthocladium 124
Acanthoclema 398
Acanthocœnia 620
Acanthocyathus 605
Acanthocyclus 700
Acanthodes 697
Acanthogorgia 421 = (Blepharogorgia)
Acanthograptus 177
Acanthoisis 428
Acanthophyllum 700
Acanthopora 631
   (Acanthoptilon, Kölliker) = var. orth. pour
Acanthoptilum 455   [Acanthoptilum
   (Acathamnata) 310, 343
Acaulina 438, 457
Acaulines 457
Acaulis 97
   (Accarbarium, Rumphius) = Melithæa, Ocu-
Aceractis 540   [lina
Acerominyas 530   [Fungites
Acervularia 700 = (Favastræa, Floscularia,
Acharadria 97
Acis 422

Acladia 121
   (Acolloblastæ) 53
   (Acraspedæ) 52, 295
Acraspèdes 295
Acraspediæ 295, 310
Acraspedites 348
Acremodactyla 539
   (Acrocordium, Meyen) = Coryne
   (Acrocyathus, d'Orbigny) = Lithostrotion
Acrohelia 613
   (Acropora, Oken) = p.p. Pocillopora
   (Acrosmilia, d'Orbigny) = Leptophyllia,
       [Montlivaultia, Trochosmilia
Acryptolaria 118
Actinacis 651
   (Actinantha, Lesson) = Xenia
Actinanthida 371, 458, 459
Actinanthides 458
   (Actinastræa, d'Orbigny) = ?Astrocœnia
Actinauge 516 = (Urticina)
   (Actinaræa, d'Orbigny) = Microsolena
   (Actinecta, de Blainville) = Minyas
Actineria 539
Actinernus 513
Actinia 503 = Colum, Diplostephanus, Hexas-
    tephanus, Monostephanus, Polystemma,
    Priapus, Tristemma, Tristephanus.
   (Actiniæ) 501
   (Actinidæ) 503
   (Actinies perforées) 513
   (Actinies verruqueuses) 506
Actinina 489, 501
   (Actininæ) 501
Actinines 501
Actinioides 503   [Bunodes, Heliactis,
   (Actinocereus, de Blainville) = Anemonia
   (Actinocœnia, d'Orbigny) = Phyllocœnia

Atolla 341 = (Collaspis)
(Atractylis, Str. Wright) = Perigonimus,
Atractyloides 130 [Wrightia, Hydranthea.
(Augia) err. orth. pour Angia
Aulacophyllum 697 = (Caninia)
Aulactinia 507 = (Ægeon)
Aulophyllum 701 = (Fungites)
Autopora 392 = (Stomatopora, Alecto, Mille-
[porites, Olopora, Tubiporites)
(Aulopsammia, Reuss) = Donné par son
auteur comme voisin de Dendrophyllia;
Aulorchis 523 [n'est pas un Anthozoaire
Auralia 242
Aureletta 351
Aurelia 350 = (Biblis, Claustra, Evagora,
Macrostoma, Monocraspedon, Ocyroe).
Aureliania 537 = (Actinoporus)
(Aurelianidæ) 537
Aurelianinæ 537
(Aurelidæ) 351
Aurelissa 351
Auricoma 351
(Auronectæ) 230, 240
Auronectidæ 230, 240
Auronectidés 240
(Aurophoridæ) 240
Aurophysa 246
Aurosa 351
(Autothecalia) 387
(Axhelia) = Var. ort. pour Axohelia
(Axifera) 410, 412 [me pour Axinura
(Axinira) = Erreur orth. d'Edwards [et Hai-
(Axinura, Castelnau) = Lithostrotion
Axiotima 750
(Axohelia, Edwards et Haime) = Madracis
(Axonolipa) 171
(Axonolipa dendrograptidi) 175
(Axonophora) 168, 170
(Axophyllia, d'Orbigny) = ?Latimæandra
(Axophyllidæ) 696, 701
Axophyllum 701
Axopora 153 = (Holaræa)
Axosmilia 616
Azygograptus 172
Azygoplon 125 = (Halicornopsis)

B

Bactropora 398
Balanophyllia 647
(Balanophyllioida) 648
Balboporites, Pander) = ?Favosites
(Balticina, Gray) = Pavonaria
Barathrobius, 405
(Bartholomea, Duchassaing et Michelotti)
[= Aiptasia

Baryhelia 613
(Baryhelioida) 613
Baryphyllia 629
Baryphyllum 697
Barysastræa 632
(Barysastræoida) 632
Barysmilia 619
Bassia 281 = (Sphenoides)
(Basta, Oken) = p.p. Gorgonia
(Batea, Koren et Danielssen) = Duchenia
Bathangia 622
Bathelia 612
Bathyactis 640
Bathyanthus 677
Bathycodon 101
Bathycœnia 621
(Bathycyathus, Edwards et Haime) = Ca-
Bathygorgia 427 [ryophyllia
Bathyluca 340
Bathypathes 691
Bathyphysa 246
Bathyphysinæ 246
(Bathyptileæ) 448
Bathyptilum 448
Batostoma 398
Batostomella 398
(Batostomellidæ) 397
Battersbyia 704
Beatricea 162
Beaumontia, xi (aux Errata).
Bebryce 422
(Bellonella, Gray) = Nidalia
(Bellonelladæ) 400
Berenicanna 143
Berenice 143 = (Cuvieria, Histiodactyla)
Berenicetta 143
(Berenicidæ) 143
Bergia 667
Beroe 753, 755
(Beroæ) 753
(Beroidæ) 753
(Beroidæ lobatæ) 741
(Beroïdes) 753
(Biblis, Lesson) = Aurelia
*Bicidium 499 = (Philomedusa)
Billingsia 392
Bimeria 66 = (Manicella)
(Bimeriidæ) 55, 65
Bistylia 608
Blagrovia 610
Blanfordia 605
Blastocyathus 605
Blastogaster 71
Blastopsammia 649
Blastosmilia 616
(Blastosmilia, Duncan) = Pourtalosmilia,
Blastothela 97 [changé comme préoccupé

C

E

H

K

(Kadosactis) = var. orth. pour Cadosactis
(Kalliphobe) = var. orth. pour Calliphobe
(Kanophyllum)= err. orth. dans Zittel pour
[Kenophyllum
(Kapnea, Forbes) = orth. primitive pour
Kenophyllum 703   [Capnea
(Keratoisidæ) 427
(Keratoisis) = var. orth. pour Ceratoisis
(Keratophyton, Seba) = Ctenocella, Ple-
Keroeides 414   [xaura
Kirchenpaueria 120
Kodiodes 517
Koilocœnia 620
(Koilotrochus, Woods) = Ceratotrochus
(Koninckia, Edwards et Haime) = Favositi-
Koninckophyllum 702   [pora
Kophobelemninæ 447
Kophobelemnon 429, 447
(Kophobelemnonidæ) 447
(Kophobelemnonieæ) 447
Korenia 520
Krystallofanes 411
Kumatiophyllum 702
(Kunthia, Schlüter) = Cyathophyllum
(Kyathactis) = var. orth. pour Cyathactis
(Kylindrosactis) = var. orth. pour Cylin-
[drosactis

L

Labechia 162 = (Monticularia)
(Labechides) 162
Labiopora 157
(Laceripora, Eichwald) = Favosites.
Lafoea 127
(Lafoeidæ) 125
Lafoeina 129
Lamellastræa 629
(Lamellopora, Owen) = Strombodes
Lampetia 739 = (Thoe)
Lampra 94
Laodice 141 = (Callirrhoe, Cosmetira)
(Laodicidæ) 141
(Laomedea, Lamouroux) = Obelia
(Laomedia) = var. orth. pour Laomedea.
Laotira 363
(Lar) = Willia
(LARIDÆ, Allman) = Hydrolaridæ
(nom changé par l'auteur comme préoc-
[cupé par une famille d'Oiseaux)
Lasiograptus 171 = (Hallograptus)
(Lasmocyathus, d'Orbigny) = Lithostrotion
(Lasmogyra, d'Orbigny) — Rhipidogyra
(Lasmophyllia, d'Orbigny) = Montlivaul-
[tia, Trochosmilia
(Lasmosmilia, d'Orbigny) = Thecosmilia
Latimæandra 633 = (Axophyllia, Chorisas-

træa, Comophyllia, Dipsastræa, Micro-
[phyllia, Polyastræa)
Latimæandrarœa 643 = (Meandrarœa)
(Latimæandroida) 633
Latiphyllia 627
(Latomæandra) = var. orth. pour Lati-
Latusastræa 623 = (Pleurocœnia) [mæandra
.(Lebrunea) = erreur orth. de Mc Murrich,
Lebrunia 526   [pour Lebrunia
(Lecythia, Sars) = Edwardsiella
Leioclema 398
Leiopathes 688
(Leioptilum, Verrill) = Leioptilus
Leioptilus 455 = (Leioptilum)
Leiotealia 508   [nium
(Lemnalia, Gray) = Ammothea ou Alcyo-
(Lemnaliadæ) 400
Leonura 369
Lepactis 540
Lepidisis 428
Lepidogorgia 425
Lepidophyllia 632
Leptastræa 630
Leptaxis 622
Leptobothrus 161
Leptobrachia 369
(Leptobrachidæ) 369
Leptobrachinæ 369
Leptobrachites 363 = (Craspedonites)
Leptocyathus 606 = (Ecmesus)
Leptogorgia 420
(Leptograptidæ) 171
Leptograptus 172
Leptolida 23, 38
Leptolides 38
(Leptolinæ) 38
(Leptomedusæ) 108
(Leptomeduses) 108
Leptomussa 621
Leptopenus 647
Leptophyllia 642 = (Acrosmilia, Haplarœa)
(Leptophyllioida) 643
Leptopsammia 648
(Leptopsammoida) 648
Leptoptilum 449
Leptoria 626 = (Mæandrites)
*Leptoscyphus 136
Leptoseris 641
(Leptosmilia, Edwards et Haime) = Eus-
Leptotrypa 398   [milia
(Leptusæ) 108
Lesueuria 746.
(Lesueuridæ) 746
Lesueurinæ 746
Leucoella 413
Lichenotrypa 398

Tealia 508 = (Rhodactinia)

(Tealidæ) 506

Tealidium 512

Tealiopsis 508

Teleiophyllia 626

(Telescella, Gray) = *p. p.* Telesto

(Telesco, Gray) = *p. p.* Telesto

Telesto 399 = (Alexella, Carijoa + Telescella

Telestinæ 398   [+ [Telesco)

Temnograptus 172

Temnophysa 235

Tentaculatæ, 736

Tessera 325, 327

Tesserantha 327

Tesseraria 327

Tesseridæ 319, 325

(Tesseridæ) 310, 325

Tesséridés 325

Tesserinæ 327

(Tesseroniæ) 310

(Tessomedusæ) 310

(Tetracocœnia) = erreur orth. d'Edwards

     [et Haime pour Tetracœnia

.(Tetracœnia, d'Orbigny) = Holocystis

(Tetracoralla) 692

(Tétracoralliaires) 692

Tetracorallidæ, 459, 692

Tétracorallidés, 692

Tetractis 540

(Tetrademniæ) 359

Tetrademnina 359

Tetrademnines 359

Tetradium 392 = (Solenopora)

(Tetragameliæ, Häckel) = Tetra-

Tetragraptus 171   [demniæ

(Tetrameralia) 310, 312, 319

Tetranema 142 = (Prothaumantias)

(Tetraperiæ) 310

Tetraplatia 765 = (Tetrapteron)

(Tetrapteron, Claus) = Tetraplatia

Tetrapurena 101   [mospongia

Thalaminia 163 = (Thalamosmilia, Thala-

(Thalamocœnia, d'Orbigny) = Favia

(Thalamosmilia, Fromentel) = Thalaminia

(Thalamospongia, d'Orbigny) = Thalaminia

(Thalassantheæ 192

(Thalassiantidæ) 539

Thalassianthinæ, 539

(Thalassianthinæ) 501, 539

Thalassianthus 539 = (Epicladia)

Thamnarœa 643

(Thamnasteria, Lesauvage) = Thamnastræa

(Thamnasteria, Lesauvage) = Thamnastræa

Thamnastræa 636 = (Dactylastræa, Dactylo-

     cœnia, Polyphyllastræa, Thamnasteria,

     Tremocœnia, Siderastræa, Synastræa)

(Thamnastrea, Lesauvage) = var. orth.

     [pour Thamnastræa

(Thamnastræidæ) 637

(Thamnastroida) 637

Thamnitis 71

Thamnocnidia 81

Thamnocœlum 173

Thamnograptus 177

Thamnophyllum 698

(Thamnopora, Steininger) = p.p. Favosites

Thamnoseris 641

Thamnostoma 70

(Thamnostomidæ) 69

(Thamnostylis) = var. orth. pour Thamno-

Thamnostylus 69 = (Favonia)   [stylus

(Thaumactiniæ) 496

Thaumactis 510

(Thaumantiadæ) 108

Thaumantias 141

(Thaumantidæ) 141

Thaumantinæ 141

(Thecaphora) 108

Thecia 396

Thecocladium 117

Thecocyathus 605

(Thecophyllia, d'Orbigny) = Montlivaultia,

Thecopsammia 648   [Omphalophyllia

Thecoseris 643

Thecosmilia 624 = (Amblophyllia, Eunomia,

     [Lasmosmilia, Litodendron, Lobophyllia)

(Thecosmilioida) 624

Thecostegites 391

(Thelaceridæ) 536

Thelacerinæ, 536

Thelaceros 536

Thelactis 507

Thesea 422

(Thoa, Lamouroux) = Halecium

Thoe 514

(Thoe, Chun) = Lampetia

Tholus 185

Thouarella 426

Thuiaria 116

(Thujaria) = var. orth. pour Thuiaria

Thyroscyphus 129

Thysanostoma 369 = (Gymnocraspedon,

Thysanus 609   [Melitea)

Tiara 84 = (Foveolia, Octoplocamus)

Tiaradendron 612

Tiaranna 84

*Tiarella 103

(Tiaridæ) 82, 83

Tiarissa 84

Tiaropsis 133

Paris. — Imprimerie Paul Schmidt, 20, rue du Dragon.

DISTRIBUTION

DU

TRAITÉ DE ZOOLOGIE CONCRÈTE

Tome   I. — LA CELLULE ET LES PROTOZOAIRES.

Tome II.
  1re *Partie*. — LES MÉSOZOAIRES. LES SPONGIAIRES.
  2e *Partie*. — LES CŒLENTÉRÉS.

Tome III. — LES ÉCHINODERMES.

Tome IV. — LES VERS.

Tome V. — LES VERMIDIENS.

Tome VI. — LES ARTICULÉS.

Tome VII. — LES MOLLUSQUES.

Tome VIII. — LES PROCORDÉS.

Tome IX. — LES VERTÉBRÉS.

Les tomes I, II, 1re et 2e *parties*, V, VIII sont publiés.

Le tome III est en cours d'exécution et paraîtra en 1902.

Les tomes IV, VI, VII et IX paraîtront autant que possible suivant l'ordre numérique.

N. B. — *Les auteurs sollicitent des zoologistes l'envoi de leurs mémoires anatomiques, embryogéniques et taxonomiques, dont la possession facilite leur travail et les garantit contre les omissions possibles.*

Paris. — Imprimerie Paul Schmidt, 20, rue du Dragon.